Vorstoß ins All

Vorstoß ins All

Werner Buedeler

Die faszinierende Geschichte der Raumfahrt

Verlag Das Beste
Stuttgart · Zürich · Wien

Einband Vorderseite:
Der sowjetische Raumflug-Startplatz Baikonur kurz vor dem Start von Sojus 26 zur Raumstation Saljut am 13. Dezember 1977.

Titelbild Seite 2:
Start des Satelliten Intelsat II am 27. September 1967. Im Hintergrund die Startanlagen von Cape Canaveral im Lichtschein der aufsteigenden Rakete.

Einband Rückseite:
Apollo 9 bei der Erdumfliegung im März 1969. Astronaut Scott steht in der offenen Luke der Raumkapsel.

Sonderausgabe (1982) für Verlag Das Beste GmbH, Stuttgart

Projektleitung: Rudolf Werk
Layout: Günther Schmidt
Satz und Druck: J. Fink, Ostfildern 4
Printed in Germany
ISBN 3 87070 182 X

Vorwort

Die Schriften des genialen Kopernikus standen meines Wissens noch 1821 auf dem Index der katholischen Kirche, während beim Raumfahrtkongreß in Rom der Papst sagte, daß der Schöpfungsbericht der Bibel mit dem Wort »Erde« nicht nur unseren kleinen Planeten gemeint haben dürfte.
Wenn man weiter bedenkt, daß die ersten konkreten Versuche, eine Rakete ins Weltall zu schießen, noch keine fünfzig Jahre zurückliegen und daß noch vor dreißig Jahren selbst Nobelpreisträger den Sinn und sogar die Möglichkeit der Weltraumfahrt bestritten, dann wird einem bewußt, welch ein weiter und steiniger Weg es war, das Verständnis der Menschen für Reisen zu anderen Planeten und Gestirnen zu wecken.
Dieses prachtvoll ausgestattete Buch über die Geschichte der Raumfahrt beschreibt in vorbildlicher Weise die Wandlung des Weltbildes im Bewußtsein der Menschen über mehrere Jahrtausende hinweg. Es zeigt in eindrucksvoller Weise die Öffnung des menschlichen Geistes zu jener Einstellung, die als vorläufigen Höhepunkt die Landung eines Menschen auf dem Mond ermöglichte.
Insofern ist dieses Buch mehr als nur eine Geschichte über Raketen, Satelliten und Raumstationen. Es ist auch ein Buch über ein bemerkenswertes Stück Geschichte des menschlichen Geistes. Sein klar gegliederter und verständlicher Text und die großzügigen Illustrationen machen dieses Buch zweifellos zu einem Werk der Raumfahrtliteratur, dem eine große Verbreitung zu wünschen ist.
Wird uns die Weltraumtechnik Segen oder Verderben bringen? An sich ist die Technik weder gut noch böse. Es kommt auf den Zweck an, für den man sie benützt. Hoffen wir, daß die Größe der Idee auch das Gewissen der Handelnden schärfen wird.

H. Oberth

Inhalt

EINFÜHRUNG

IDEEN

REALISIERUNG

Künstliche Erdsatelliten

Raumsonden

Bemannte Raumfahrt auf der Erde und um die Erde

Die Eroberung des Mondes

Raumstationen

EINFÜHRUNG
Raumfahrt – eine Geschichte der Geschichten

Von der Bedeutung der Raumfahrt

Es gehört zu den Eigentümlichkeiten des Menschen, daß er nur selten die historische Bedeutung von Geschehnissen zu ermessen vermag, die sich zu seiner eigenen Zeit abspielen. Dies wird sicher bei der Erfindung des Rades im Orient zwischen 4000 und 1200 vor Christi Geburt ebenso der Fall gewesen sein, wie es für die Entdeckung der Kugelgestalt der Erde zur Zeit des Pythagoras um 500 v. Chr., die (Wieder-)Entdeckung Amerikas durch Christoph Kolumbus im Jahre 1492, die Erfindung des Fernrohrs durch den Holländer Hans Lippershey 1608 und die Anwendung dieses Fernrohrs in der Himmelsbeobachtung im Jahre 1609 durch Galileo Galilei gilt. Es trifft zu für die Propagierung des heliozentrischen Weltbildes durch Nikolaus Kopernikus in seinem berühmten, 1543 erschienenen Buch »De revolutionibus orbium coelestium« (»Über die Kreisbewegungen der Himmelskörper«), mit dem die alte Idee des Aristarch wiederbelebt wurde, daß nicht die Erde, sondern die Sonne Mittelpunkt des Universums ist, für die Erfindung des Mikroskops durch den Holländer Zacharias Janszen im Jahre 1590 und für die Entdeckung der Bakterien durch Antony van Leeuwenhoek (ebenfalls ein Holländer) im Jahre 1683. Viele Männer, die grundlegende Entdeckungen machten oder beachtliche Dinge erfanden, ernteten Unglauben und oftmals Spott anstatt Anerkennung und Lob.

Mit der Idee der Raumfahrt und deren Verwirklichung ging es nicht anders. Die meisten derjenigen, die im Wettstreit der Ideen oder im Kampf gegen die Widerwärtigkeiten der Werkstoffe Meilensteine setzten, wurden verlacht, oder ihre Pläne und Vorstellungen wurden so lange »wissenschaftlich widerlegt«, bis sie ihre Thesen verwirklicht hatten. Das Konzept künstlicher Erdsatelliten ist dafür ebenso ein Beispiel wie der Flug von Menschen zum Mond.

Heute noch Phantasie, im nächsten Jahrhundert vielleicht Wirklichkeit: eine radförmige Weltraumkolonie für 10000 Bewohner. In dem Innenteil des TORUS sieht man Land-, Wald- und Wohngebiete sowie einen See und einen Fluß. Raumtaxis bringen letzte Bauteile heran. Jalousien über den 30 Meter langen, streifenförmigen Fenstern halten die auftreffende kosmische Strahlung zurück, aber reflektieren das Sonnenlicht ins Innere. Durch langsames Rotieren wird in der Station künstliche Schwerkraft erzeugt. Das Projekt wurde während eines zehnwöchigen Seminars am Ames-Forschungszentrum der NASA und der Universität von Stanford in Kalifornien konzipiert und seitdem durch weitere Studien vertieft.

Noch wenige Monate vor dem Start der ersten Satelliten zweifelten zahlreiche Menschen daran, daß es jemals möglich sein würde, einen Flugkörper in eine Kreisbahn um die Erde einzulenken und auf eine so hohe Geschwindigkeit zu beschleunigen, daß er im Gleichgewicht von Eigenfliehkraft und Anziehungskraft der Erde den Erdball fürderhin antriebslos umfliegen würde. Inzwischen sind über 2000 künstliche Satelliten in Ost und West gestartet worden, aber der breiten Öffentlichkeit sind die himmelsmechanischen Prinzipien, nach denen sich diese Körper bewegen, noch immer so fremd wie zu Beginn des »Satellitenzeitalters« im Herbst 1957. Ebenso fehlt ihr das Verständnis für die Schwerelosigkeit, die an Bord dieser Satelliten genauso herrscht wie auf allen Raumflugkörpern, die sich antriebslos durch das Weltall bewegen.
Noch immer werden in der Öffentlichkeit häufig Vakuum (also luftleerer Raum) und Schwerelosigkeit miteinander verwechselt, obgleich spätestens die Landungen von Menschen auf dem Mond und die damit verbreitete Publicity der Raumfahrt und ihrer Grundlagen die Unterschiede klargemacht haben sollten. Auch lächeln viele Menschen noch immer mitleidig, wenn man heute von den in der Tat phantastisch anmutenden Raumfahrtideen der kommenden Jahrzehnte spricht, vom Bau großer Raumstationen oder gar ganzer Kolonien im Weltall, von Sonnenkraftwerken in der Erdumlaufbahn und von Fabriken im All. Und dennoch dürfte dies alles nur noch wenige Jahrzehnte von uns entfernt sein. Es ist aus der Sicht der heutigen Raumfahrt weit weniger phantastisch, als es etwa die heutigen Großraumflugzeuge oder das Überschall-Passagierflugzeug CONCORDE im Jahre 1903 waren, zu jener Zeit also, da die Gebrüder Wright ihre ersten Flüge mit einem motorgetriebenen Flugzeug unternahmen.
Noch nie ist der Mensch in der Lage gewesen, erreichte Meilensteine und Durchbrüche in der Technik, der Wissenschaft oder auch der Philosophie, der Politik, der Wirtschaft und der Weltanschauung im Augenblick dieser Ereignisse in Bedeutung und Auswirkung zu begreifen. Erst allmählich macht er sich mit ihnen vertraut und erkennt schrittweise die neuen Möglichkeiten, die sich daraus ergeben. Nur aus der Perspektive der Historie lassen sich große Ereignisse wirklich einordnen und in der Bedeutung abschätzen.
Geschichtsschreibung geschieht heute noch weitgehend mit falscher Betonung. Oftmals waren für die Fortentwicklung der Menschheit eine einzelne technische Erfindung, neue Methoden des Ackerbaus oder das Erkennen bestimmter geistiger Zusammenhänge wichtiger als Schlachten, Feldzüge, Feldherren, Kaiser und Könige.
So haben technisches Gerät und technische Möglichkeiten und Verwirklichungen oft weit stärker den Gang des Lebens bestimmt denn politische Vorgänge.
Überhaupt ist die Entwicklungsgeschichte des Menschen vom frühen Nomaden über den seßhaft gewordenen Bauern bis zum Bürger der modernen technisierten Industriestaaten mit ihrem unvergleichlich hohen Lebensstandard nicht von der Entwicklung der Technik zu trennen. Erst seine Erfindungen und Entdeckungen haben es dem Menschen ermöglicht, sich eine Welt aufzubauen, in der er großzügig Freizeit genießen und in jeder Beziehung gleichsam »aus dem vollen schöpfen« kann.
Die Geschichte zeigt, daß eine solche Entwicklung nur auf der Basis eines rationalistischen Weltbildes möglich ist, wie es uns in der hellenistischen Denkweise begegnet. All jene Völker, die ihr Leben auf Okkultismus und irrationalen, von Aberglauben verbrämten Vorstellungen aufbauten, waren in dem Streben nach materiellem Wohlstand und langem, gesundem Leben erfolglos.
Berücksichtigt man diese Überlegungen, dann muß man der Entwicklung von Naturwissenschaft und Technik einen anderen, höheren Stellenwert zuordnen, als diese Gebiete bisher einnehmen. Die Raumfahrt verspricht ein hervorragendes Beispiel dafür zu werden. Obgleich wir heute Lebenden noch nicht den notwendigen zeitlichen Abstand haben, um das Phänomen »Raumfahrt« in seiner ganzen Bedeutung für die Zukunft erkennen zu können, sind schon jetzt untrügliche Zeichen für diese Bedeutung vorhanden. Hervorgegangen aus einer bloßen Idee in Kombination mit den Möglichkeiten der Raketentechnik, die während des Zweiten Weltkriegs und danach im militärischen Bereich geschaffen worden waren, einem auf die Sache bezogenen günstigen politischen Klima, dem Wettlauf zwischen Ost und West sowie einer Reihe wissenschaftlicher Wünsche, übt diese Raumfahrt heute in so vielen Bereichen so nachhaltige Wirkungen aus, daß sie nicht mehr fortzudenken ist.
Wir wollen dabei unter dem Sammelbegriff »Raumfahrt« sowohl den bemannten Raumflug verstehen wie auch die wissenschaftlichen Forschungen mit unbemannten Satelliten und Raumsonden und nicht zuletzt die vielfältigen Anwendungen von Techniken im Weltraum für praktische Zwecke.
Es gibt kaum einen technischen Bereich, der nicht im Verlauf der letzten zwei Jahrzehnte von Raketentechnik und Raumfahrt wichtige Impulse bekommen hätte. Darüber hinaus hat die Raumfahrt so viele Erkenntnisse geliefert und Möglichkeiten geschaffen, daß heute zahlreiche Gebiete menschlicher Tätigkeit auf immer mit ihr verknüpft sind.

Raumfahrt und die Naturwissenschaften

So ist der Erkenntnisgewinn, den die Naturwissenschaften der Raumfahrt verdanken, in seinem Umfang kaum abschätzbar. Er hat sich in nahezu allen Disziplinen der Naturwissenschaften niedergeschlagen, angefangen bei der Astronomie, der Physik und Kernphysik über die Geophysik und Geologie bis hin zur Ozeanologie, Biologie und Medizin. Unser heutiges Wissen über Aufbau, Funktion und Veränderungen der hohen Erdatmosphäre geht zu schätzungsweise 90 Prozent auf die Weltraumforschung zurück, jene Disziplin der Raumfahrt, die sich mit der Erforschung des Weltraums, der Himmelskörper und der hohen Atmosphäre der Erde mit Forschungsballonen, Höhenraketen, Satelliten und Raumsonden beschäftigt. Erst dank dieser Geräte haben wir einen zuverlässigen Einblick in die Dichteverhältnisse und Dichteschwankungen, in Temperaturen, elektrische Leitfähigkeit und chemische Zusammensetzung sowie physikalische Vorgänge in dieser Hochatmosphäre bekommen. Dasselbe gilt für die Wechselwirkungen zwischen Erdatmosphäre und interplanetarem Raum sowie der Sonne.
Raumsonden haben uns Aufschluß gebracht über interplanetare Magnetfelder, Teilchen im Raum und Strahlungen der verschiedensten Arten. Sonden, die an den Planeten vorbeiflogen oder zum Teil auf ihnen landeten (wie etwa im Sommer 1976 die beiden VIKING-Sonden auf dem Mars), lieferten Informationen über die Atmosphären und Oberflächen dieser Planeten, ihre physikalischen und chemischen Zustände und zum Teil sogar über ihre Entwicklungsgeschichte. Sonden, die den Mond umflogen oder auf ihm landeten, haben uns zu zuverlässigen Karten des Erdbegleiters und zu Angaben über die Temperatur- und Strahlungsverhältnisse und über magnetische Zustände am und

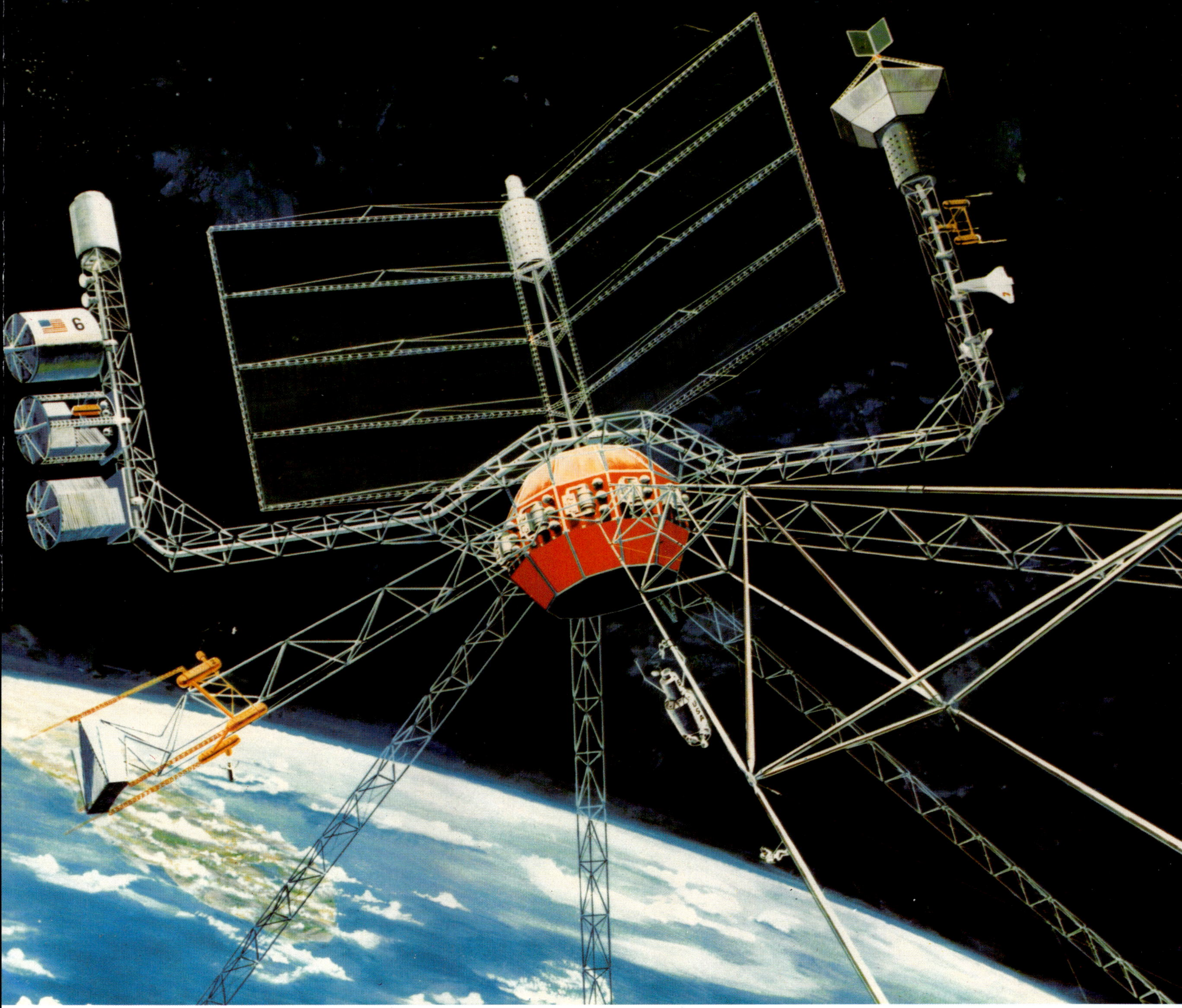

auf dem Mond sowie über den Aufbau der Mondoberfläche verholfen. Mit den Landungen von Menschen auf dem Mond in den Jahren 1969 bis 1972 konnten automatische wissenschaftliche Meßstationen auf diesem unserem Nachbarn im Weltall abgesetzt werden, die zum großen Teil noch heute funktionieren und unablässig Informationen über Temperaturen, Mondbeben und Strahlungen zur Erde übermitteln.
Den Mondlandungen verdanken wir gleichfalls, daß Menschen zum ersten Mal Materie von einem anderen Himmelskörper in größeren Mengen zur Erde bringen konnten. Diese Bodenproben vom Mond sind auch heute noch ein kostbarer, wohlbehüteter Schatz der Wissenschaftler; die Informationen, die sie enthalten, sind so umfangreich, daß diese Proben noch immer in den Laboratorien untersucht werden. Wir haben dadurch Aufschluß erhalten über die chemische und physikalische Zusammensetzung des Mondgesteins aus verschiedenen Gebieten der Mondoberfläche, über das Alter der Bodenproben wie auch des Mondes selbst und über die Entwicklungsgeschichte des Erdbegleiters.
Forschungssatelliten haben aus der Erdumlaufbahn – und damit der oftmals verfälschenden, strahlenabsorbierenden Erdatmosphäre entrückt – neue Zweige der Astronomie begründen können: Ultraviolett-, Infrarot-, Röntgen- und Hochenergie-Astronomie verdanken ihre Existenz der Möglichkeit, mit Raketen, Satelliten und Raumsonden über die Grenzen der Erdatmosphäre in den freien Weltraum vorzustoßen. Diese neuen Disziplinen der Astronomie haben den Sternforschern Erkenntnisse vermittelt, von denen sie vor einem halben Jahrhundert nicht einmal zu träumen gewagt hätten.
Auch die Erforschung der Sonne, wichtigstes Gestirn für die Existenz von Leben auf der Erde, hat dank der Raumfahrt gewaltige Fortschritte gemacht. Sonnenforschungssatelliten und -sonden sowie

Oben: Einen Beitrag zur Linderung der Energieverknappung auf der Erde könnten schon in den neunziger Jahren Sonnenkraftwerke in der Erdumlaufbahn liefern. Hier ein Entwurf der Firma Boeing für ein Kraftwerk in 36 000 Kilometer Höhe, das Sonnenenergie in Wärme umwandeln, daraus Strom gewinnen und diesen Strom als Mikrowellen zur Erde abstrahlen soll. Dort werden die Mikrowellen in Elektrizität zurückverwandelt.

Nächste Doppelseite: Landschaft auf dem Mars, aufgenommen in drei zu einem Mosaik komponierten Bildern durch den Landekörper VIKING 2 am 4., 5. und 8. September 1976, jeweils kurz nach Sonnenuntergang. Im Vordergrund links das Gehäuse des Sammelarmes zur Entnahme von Bodenproben, rechts eine Empfangsantenne für die Kommandos von der Erde. Bis zu dem ebenfalls sichtbaren Horizont sind es etwa drei Kilometer. Das Bild umfaßt 200 Winkelgrad vom linken bis zum rechten Bildrand.

AZ
20°/115.5° 30°/125.5° 40°/135.5° 50°/145.5° 60°/155.5° 70°/165.5° 80°/175.5° 90°/185.5° 100°/195.5°
CAMERA SCAN LINE NO.
IPL SAMPLE 100 NO.
IPL LINE 100 NO
CAMERA SCAN SAMPLE 300 NO
VIKING LANDER 2 CAMERA 2
DIODE /T STEP SIZE
VIKING LANDER 2 CAMERA 2
DIODE /T STEP SIZE
VIKING LANDER 2 CAMERA 2
DIODE /T STEP SIZE
COLOR MOSAIC OF RADCAM OUTPUT
LABCAT
SAR - LGEOM
MASKVL
SEGMENT 1
IPL PIC ID 76/09/1

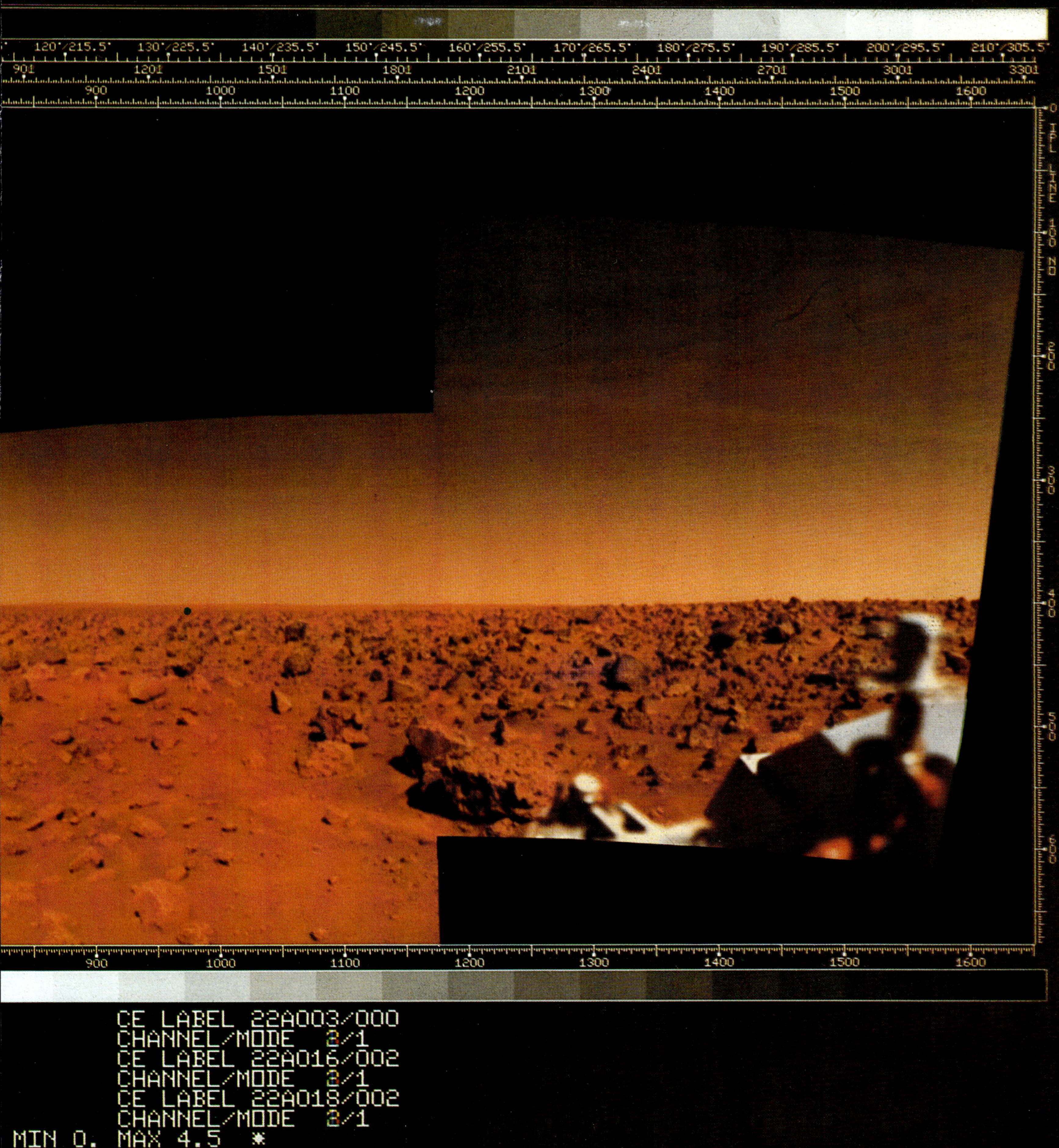
120°/215.5° 130°/225.5° 140°/235.5° 150°/245.5° 160°/255.5° 170°/265.5° 180°/275.5° 190°/285.5° 200°/295.5° 210°/305.5°
901 1201 1501 1801 2101 2401 2701 3001 3301
900 1000 1100 1200 1300 1400 1500 1600
IPL LINE NO
100 200 300 400 500 600
900 1000 1100 1200 1300 1400 1500 1600
CE LABEL 22A003/000
CHANNEL/MODE
CE LABEL 22A016/002
CHANNEL/MODE
CE LABEL 22A018/002
CHANNEL/MODE
MIN 0. MAX 4.5 *

die amerikanische Raumstation SKYLAB ermöglichten es, die Sonne in Spektralbereichen zu untersuchen, die von der Erde aus nicht erfaßbar sind, die aber für das physikalische Geschehen in und auf dem Tagesgestirn fundamentale Bedeutung haben.

Praktische Nutzanwendungen

Ein beachtlicher Anteil der Raumfahrtaktivitäten betrifft heute praktische Anwendungen. So waren beispielsweise von den 16 Raumflugkörpern, die die zivile amerikanische Raumfahrtbehörde NASA (= National Aeronautics and Space Administration) im Jahre 1976 startete, 14 Anwendungssatelliten, nämlich 11 für Nachrichtenübertragungen (Fernsehen, Telefonie, Fernschreiben usw.) über globale Entfernungen und je einer für meteorologische, geodätische und navigatorische Zwecke. Bei 12 der 16 Starts wurden NASA die Trägerrakete und die Startdurchführung von privaten Gesellschaften, anderen Regierungsbehörden oder fremden Staaten bezahlt – ein weiterer bemerkenswerter neuer Trend in der

Links: Ein Astronaut des Fluges APOLLO 12 vom November 1969 beim Aufstellen einer automatischen Meßstation zur Registrierung physikalischer Daten auf dem Mond. Mit dem vergoldeten Gerät im Vordergrund wurde der Magnetismus der Mondoberfläche gemessen. Derartige, bei allen Mondlandungen von Menschen aufgestellte Stationen haben jahrelang wertvolle Informationen zur Erde übertragen. Der Schatten vorne rechts stammt von dem zweiten Astronauten, der diese Aufnahme machte.

Rechte Seite oben: Einer der zahlreichen Steine, die APOLLO-Astronauten zur Erde mit zurückbrachten. Er stammt vom Flug APOLLO 16 vom April 1972 und wurde von den Astronauten aus einem 1,2 Meter hohen und 1,5 Meter langen Felsbrocken herausgebrochen.

Rechte Seite unten: Röntgenaufnahme der Sonne, gewonnen an Bord der Raumstation SKYLAB am 28. Mai 1973. Das Bild gibt die Korona wieder, die feinsten Ausläufer der dünnen Sonnenatmosphäre. Die merkwürdigen Strukturen entstehen durch die Wechselwirkungen zwischen dem Magnetfeld der Sonne und den ionisierten Partikeln des Koronagases, das rund eine Million Grad heiß ist.

6 8 8 1 5
0 1 2 3 4 5
N.
B1

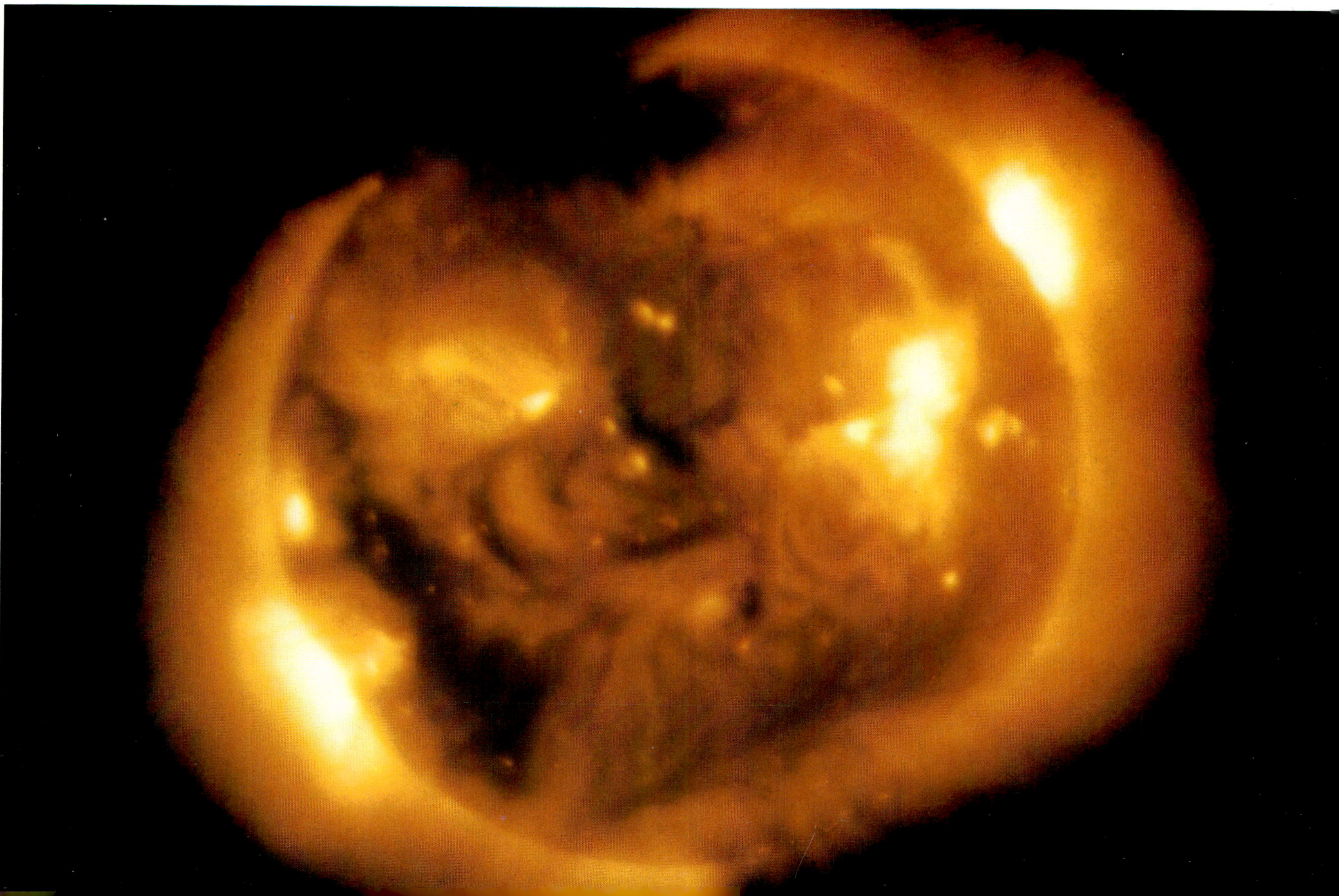

Links: Modell eines Fernmeldesatelliten der achtziger Jahre: An der Entwicklung dieses Satelliten ist auch die deutsche Firma Messerschmitt-Bölkow-Blohm beteiligt. Der Satellit, INTELSAT V, verfügt über 12 000 Fernsprechkreise und zwei Farbfernsehkanäle. Insgesamt sieben Exemplare dieses Satellitentyps will die Intelsat in geostationäre Erdumlaufbahnen bringen lassen.

Rechte Seite oben: Den zu erwartenden enormen Anstieg transozeanischer Telefongespräche pro Jahr veranschaulicht diese Kurve.

Rechte Seite unten: TELSTAR I, der erste kommerzielle Nachrichtensatellit, bei der Überprüfung auf der Startplattform. Der Satellit wurde am 10. Juli 1962 in eine Erdumlaufbahn in 957 bis 5700 Kilometer Höhe gebracht und ermöglichte unter anderem die ersten Live-Fernsehübertragungen zwischen dem amerikanischen und dem europäischen Kontinent. Die kleinen Stäbe in den Nischen sind die Sende- und Empfangsantennen, die blauen Streifen Sonnenzellenflächen.

Nächste Doppelseite: Landschaftliche Merkmale des Fernmeldesatelliten-Zeitalters: die Antennen der Erdefunkstelle der Deutschen Bundespost in Raisting, Oberbayern. Im Vordergrund die Antenne II, dahinter die Antennen III und I; links hinten die Antenne für den deutsch-französischen Fernmeldesatelliten SYMPHONIE.

Raumfahrt: Die Weltraumtechnik wird für kommerzielle Zwecke – wie etwa die Nachrichtenübertragung – genützt, und die Organisationen, die über Startanlagen und Trägerraketen verfügen, werden für ihre Dienstleistungen entlohnt.

Nachrichtenübermittlung durch Satelliten

Kommunikations- oder Nachrichtensatelliten (auch Fernmeldesatelliten genannt) spielen heute weltweit eine wichtige Rolle. Der Telefon- und Fernschreibverkehr von Kontinent zu Kontinent hat in den letzten zwei Jahrzehnten so gewaltig zugenommen, daß der gegenwärtige Bedarf durch Kabelstrecken und die so störanfälligen Kurzwellen-Funkverbindungen allein nicht mehr zu bewältigen wäre. Hinzu kommt, daß die Zahl der transozeanischen Telefongespräche pro Jahr um 10 bis 20 Prozent anschwillt. Überdies bieten Nachrichtensatelliten die einzige Möglichkeit, Fernsehsendungen live zwischen den Kontinenten zu übertragen, so daß wir beispielsweise hier in Europa Zeugen von Vorgängen in den Vereinigten Staaten sein können im selben Augenblick, in dem sich diese Vorgänge dort abspielen. Intelsat, dem Internationalen Fernmelde-Satelliten-Konsortium mit Sitz in der amerikanischen Bundeshauptstadt Washington, gehören gegenwärtig 102 Staaten der Erde als Mitglieder an. In ihnen gibt es insgesamt 221 Erdefunkstellen, also Bodenstationen, von denen aus Telefon-, Fernschreib- und Fernsehverkehr über die INTELSAT-Satelliten betrieben werden kann. ComSat, die amerikanische Nachrichtensatelliten AG, die unter anderem für Intelsat die Kommunikationssatelliten betreibt, hat jährliche Umsätze in der Größenordnung von 150 Millionen Dollar (also knapp 300 Millionen Mark) und ein jährliches Einkommen von über 40 Millionen Dollar. Die Gesellschaft betreibt das gegenwärtige Nachrichtensatellitennetz und investiert ebenso wie die Intelsat kräftig in künftige, noch leistungsfähigere Satelliten. So wird die nächste Generation von Nachrichtensatelliten, die INTELSAT-V-Serie, pro Satellit 12 000 Ferngespräche und zwei Farbfernsehsendungen gleichzeitig übertragen können. Die Satelliten befinden sich gegenwärtig in Entwicklung; der erste soll Ende 1979 gestartet werden. Die augenblicklich jüngsten Nachrichtensatelliten vom Typ INTELSAT IV-A können maximal 6000 Gespräche gleichzeitig übermitteln.

Seit der Einführung des weltweiten Telefonverkehrs über Nachrichtensatelliten konnten die Gesprächsgebühren schon mehrfach gesenkt werden dank der geringeren Kosten, die das Satellitenübertragungssystem im Vergleich zu konventionellen Systemen verursacht. Auf vielen Strecken (so etwa USA – Europa und umgekehrt) werden über 50 Prozent aller Gespräche über die Nachrichtensatelliten abgewickelt. Dieser Anteil wird in der Zukunft ohne Zweifel noch ansteigen. Nachrichtensatellitennetze gewinnen in jüngster Zeit auch wachsende Bedeutung für regionale Bereiche. So werden heute bereits zahlreiche Fernseh- und Telefonverbindungen innerhalb der Vereinigten Staaten über diese in 36 000 Kilometer Höhe in einer geostationären Bahn etablierten Satelliten statt über Kabelstrecken abgewickelt. (Geostationäre Satelliten sind Raumflugkörper, die in einer Bahn in der Äquatorebene der Erde parallel zur Drehrichtung der Erde umlaufen und zu einem Umlauf 24 Stunden benötigen. Sie bleiben damit relativ zur Erdoberfläche scheinbar stehen, sind also von der Erde aus stets am gleichen Punkt des Firmaments zu finden und können damit ununterbrochen für Übertragungen verwendet werden.)

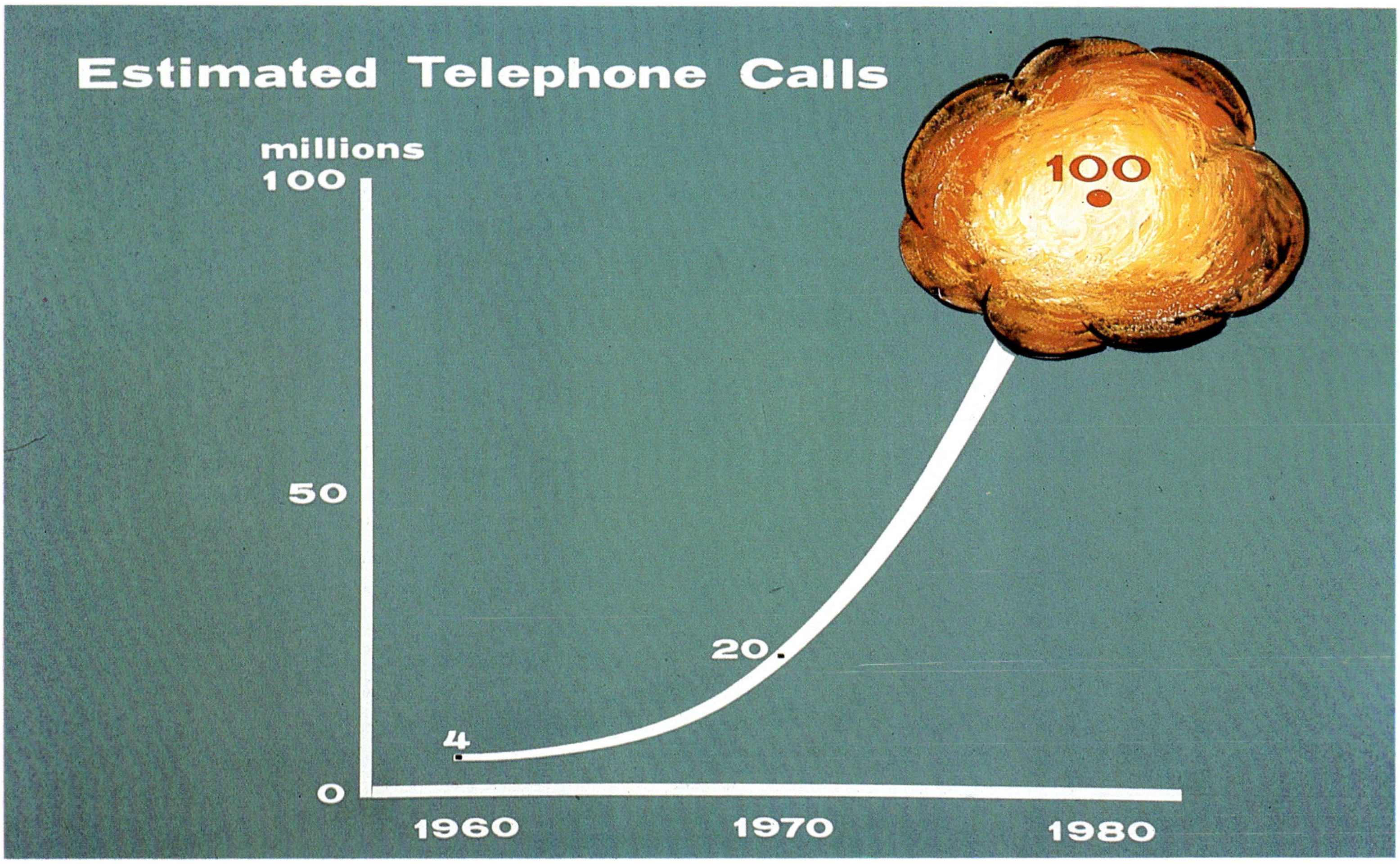
Estimated Telephone Calls
millions
100
50
0
4
20
100
1960
1970
1980

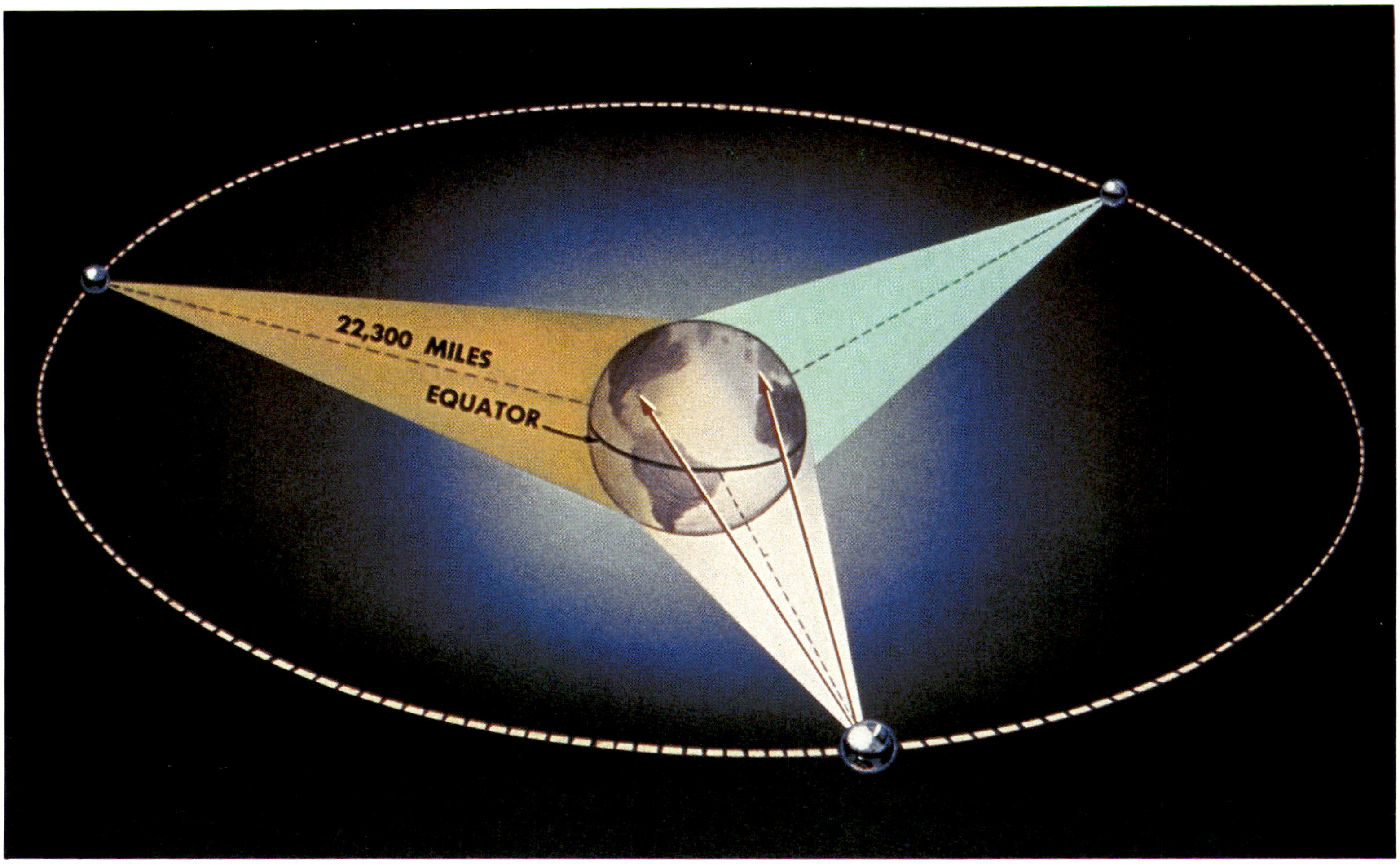
22,300 MILES
EQUATOR

In Indien ist ein Versuch gemacht worden, mittels dieser Satelliten Fernsehsendungen in einzelne Dörfer zu übertragen, die auf keinerlei andere Weise Fernsehen empfangen können. In den Sendungen wurde die meist analphabetische Bevölkerung in 5000 Orten über Ackerbaumethoden, Hygiene- und Gesundheitsfragen sowie Geburtenkontrolle informiert - die einzige Art und Weise, um derartige Dinge an die Menschen jener Regionen heranzubringen.
Die Bundesrepublik Deutschland und Frankreich haben zwei Fernmelde-Versuchssatelliten entwickelt, die den Namen SYMPHONIE tragen und mit Hilfe amerikanischer Raketen gestartet wurden. Auch sie sind Vorläufer von Satellitensystemen, die vor allem das Kommunikationsbedürfnis der Entwicklungsländer befriedigen können. Transportable Antennen, die entwickelt wurden, gestalten die Empfangsmöglichkeiten äußerst flexibel. Brasilien, Persien und die arabischen Staaten planen derartige Satellitensysteme für ihre Telefon- und Fernsehdienste.
Bedarfsanalysen haben ergeben, daß im Jahre 1985 an die 70 geostationäre Nachrichtensatelliten benötigt werden dürften, davon 62 für regionale Übertragungen, der Rest für weltweite Systeme.

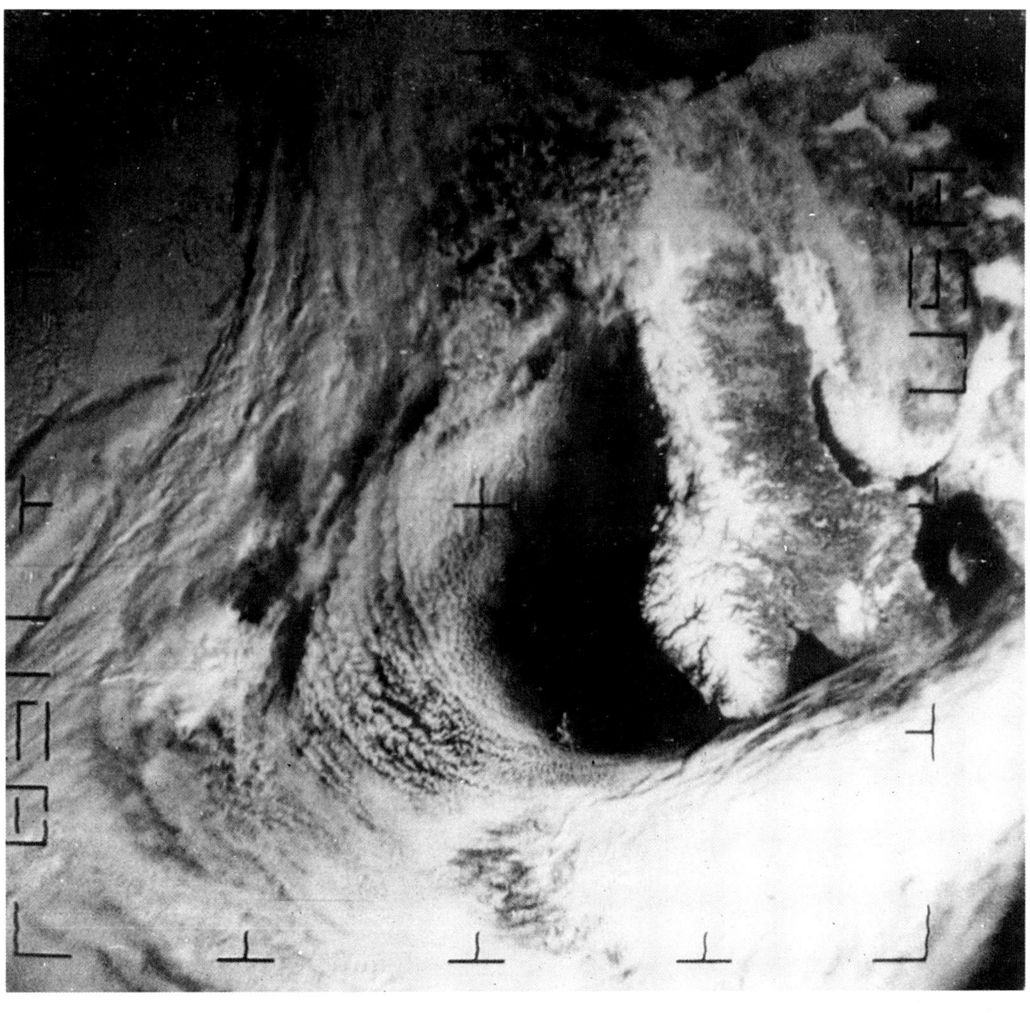

Linke Seite oben: Am Firmament stillzustehen scheint ein Satellit, der die Erde in der Äquatorebene in 36000 Kilometer Höhe mit der Erdumdrehung umfliegt: Er benötigt dort zu einem Umlauf genauso lange wie die Erde zu einer Umdrehung.

Linke Seite unten: Der deutsch-französische Fernmeldesatellit SYMPHONIE. Der erste Satellit dieses Typs umfliegt die Erde seit dem 19. Dezember 1974, der zweite seit 27. August 1975. Gestartet wurden die Satelliten mit amerikanischen THOR-DELTA-Raketen. Sie befinden sich in geostationären Bahnen und werden für zahlreiche Übertragungsexperimente und für den Katastropheneinsatz benützt.

Rechts oben: Diese Aufnahme machte der erste Wettersatellit der Europäischen Weltraumbehörde ESA am 9. Dezember 1977 aus seiner Position in 36 000 Kilometer Höhe über dem Äquator vor der Westküste Afrikas. Wolkenbedeckte und wolkenfreie Gebiete sind deutlich voneinander zu unterscheiden, die Wolkenarten erkennbar. Über Mitteleuropa sieht man ein Tiefdruckgebiet.

Rechts unten: Dieses Bild eines Tiefdruckgebiets über dem Atlantik westlich des nördlichen Norwegen rief der Deutsche Wetterdienst am 14. März 1969 von dem amerikanischen meteorologischen Satelliten ESSA 8 aus 1 450 Kilometer Höhe ab. Viele amerikanische Wettersatelliten haben solche Abrufgeräte an Bord. Sie erlauben es Bodenstationen in aller Welt, von den Satelliten beim Überfliegen ihres Territoriums meteorologische Daten zu erhalten.

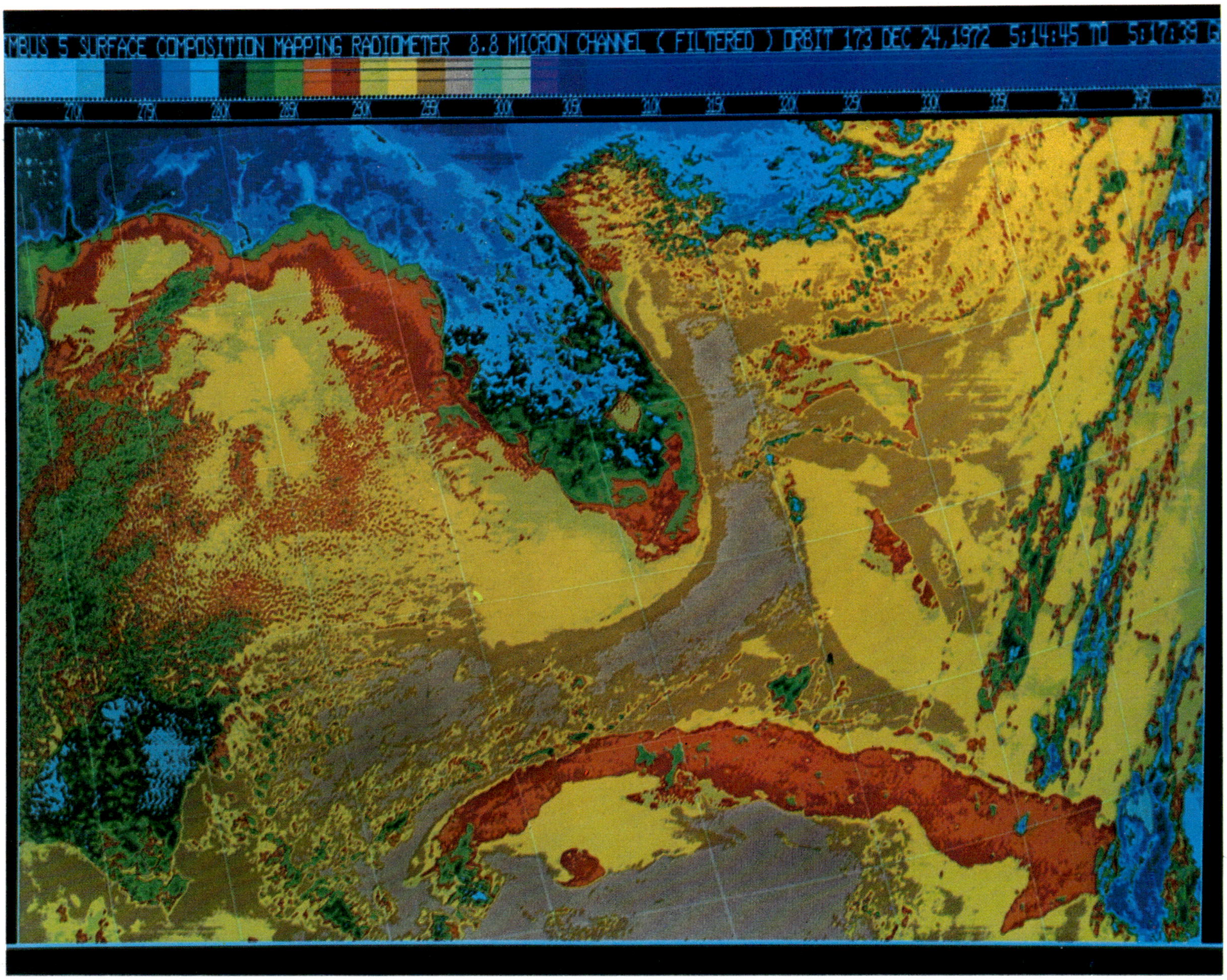

Satelliten für die Wetteranalyse und -vorhersage

Wettersatelliten werden in den USA seit dem Jahre 1960 benützt, um großräumige Gebiete fotografisch auf die Bewölkung hin zu untersuchen und zusätzliche physikalische Daten über Witterungsphänomene, die Entwicklung der Temperatur, günstigste Schiffahrtsrouten usw. zu gewinnen. Darauf aufbauend ist eine zuverlässigere, langfristigere Wettervorhersage möglich. Insbesondere können mit diesen Satelliten Wirbelstürme um Tage eher erkannt werden als mit den herkömmlichen Methoden, so daß die Bevölkerung im Einzugsgebiet eines solchen Sturmes frühzeitig gewarnt werden kann. Auf diese Weise können die Menschen sich selbst in Sicherheit bringen und ihr Hab und Gut besser gegen die Vernichtung schützen. Man schätzt, daß bisher durch die Früherkennung von Wirbelstürmen mittels der Wettersatelliten rund 100 000 Menschen vor dem Tod bewahrt wurden und durch frühzeitig angewendete Schutzmaßnahmen Millionenwerte erhalten worden sind.

Aber auch die allgemeine Wettervorhersage profitiert von den Daten und Bildern der Wettersatelliten enorm. So hat man errechnet, daß durch dieses Satellitensystem jährlich in den USA über 2,7 Milliarden Dollar (etwa 5 Milliarden Mark) eingespart werden, und zwar 2,5 Milliarden Dollar in der Landwirtschaft, der Rest in der Forstwirtschaft sowie im Verkehrswesen und anderen Wirtschaftszweigen.

70 Länder der Erde machen sich auf Grund bilateraler Abkommen die amerikanischen Wettersatelliten ebenfalls zunutze. Einige dieser Satelliten haben ein Bildabstrahlgerät an Bord. Mit einer relativ preiswerten Empfangsanlage können die Bilder, die dieses APT-System (= **A**utomatic **P**icture **T**ransmission, automatische Bildabstrahlung) ausstrahlt, empfangen werden. Dies nützen selbst Amateure aus, die entsprechende Empfangsgeräte gebastelt haben. Zahlreiche Wetterdienste der Welt, so auch der Deutsche Wetterdienst in Offenbach, empfangen die APT-Bilder und verwenden sie zur Wetteranalyse und Wettervorhersage. Ziel der Bemühungen ist es, ein weltweites Wettersatellitennetz zu schaffen und Analyseverfahren für elektronische Rechenmaschinen zu entwickeln, mit denen eine zuverlässige weltweite Wettervorhersage für 14 Tage möglich wäre. Dazu müßten allerdings neben den USA eine Reihe weiterer befreundeter Länder eigene Wettersatelliten schaffen. Zwischen der Sowjetunion, die über ein eigenes Wettersatellitensystem verfügt, und den Vereinigten Staaten bestehen auch auf diesem Gebiet Vereinbarungen über eine Zusam-

menarbeit. So werden fortlaufend Daten und Bilder, die von Wettersatelliten gewonnen werden, ausgetauscht.
Die modernen Wettersatelliten haben mit den frühen Vorläufern dieses Satellitentyps aus den sechziger Jahren fast nur noch den Namen gemeinsam. Beschränkte man sich bei den ersten Experimenten mit Wettersatelliten weitgehend auf Bildübertragungen von der Tagseite der Erde, so tragen die heutigen meteorologischen Satelliten Infrarotabtastgeräte, die das optische Wettergeschehen auch über der Nachtseite der Erde erfassen und eine Vielzahl von Messungen über Wasserdampfgehalt, Temperaturen, Windbewegungen, Wirbelstürme, Eismassen der polaren Ozeane, die Mengen des über den Meeren gefallenen Regens usw. vornehmen. Allein die zehn TIROS-Wettersatelliten (TIROS = **T**elevision and **I**nfrared **R**adiation **O**bservation **S**atellite, Satellit zur Fernseh- und Infrarotstrahlungsbeobachtung) der Jahre 1960 bis 1970 haben über eine halbe Million verwertbare Wetterbilder geliefert, die zur Identifizierung und Verfolgung von 93 Taifunen und 30 Wirbelstürmen geführt haben. Über 20 000 Wolkenformen wurden analysiert und 2500 weltweite Sturmwarnungen gegeben. Seit dem Jahre 1966 wird jeder tropische Sturm durch Satelliten erfaßt und verfolgt. Dies führte dazu, daß die klimatologischen Statistiken über tropische Stürme verbessert werden konnten.
Der Schaden an Leben und Gut, der durch einen einzigen Wirbelsturm angerichtet wird, ist enorm. So kamen bei dem Wirbelsturm Camille, der 1969 die Golfküste der USA heimsuchte, dort 256 Menschen ums Leben; weitere 68 sind noch immer vermißt und müssen deshalb ebenfalls als tot gelten. Man hat errechnet, daß ohne frühzeitige Vorwarnung vor dem Sturm durch die Wettersatelliten statt der 324 Menschen etwa 50 000 ums Leben gekommen wären! Der materielle Schaden, den Camille anrichtete, lag bei 1,42 Milliarden Dollar, also rund 2 Milliarden Mark!
Seit dem Jahre 1960, in dem der erste amerikanische Wettersatellit gestartet wurde, sind an die dreißig derartige Satelliten von der Raumfahrtbehörde NASA in Erdumlaufbahnen gebracht worden. Außerdem gibt es ein militärisches Wettersatellitennetz der USA und mehrere Typen sowjetischer meteorologischer Satelliten.
Erstmals im Jahre 1974 haben die USA Wettersatelliten in einer geostationären Bahn in 36 000 Kilometer Höhe etabliert, während die Wettersatelliten bis dahin in einigen hundert bis einigen tausend Kilometer Höhe umliefen. Heute liefern solche erdsynchronen meteorologischen Satelliten Bilder der Wettersituation über jeweils einem Viertel der Erde in Abständen von 30 Minuten Tag und Nacht. Dadurch kann man Wetterentwicklungen systematisch beobachten, was mit den in niedrigen Bahnen umlaufenden Wettersatelliten nicht möglich ist, da sie ihren Standort zur Erdoberfläche ja andauernd wechseln und in der Regel einige Stunden oder gar Tage vergehen, bis ein überflogenes Territorium erneut ins Blickfeld der Kameras und Sensoren gerät.
Viele der modernen Wettersatelliten sind ausgesprochene Vielzweckgeräte, die genaugenommen nicht nur meteorologische Informationen, sondern auch andere zusätzliche Daten über die Erde liefern und damit eigentlich gleichzeitig in die Gruppe der Erderkundungssatelliten einzureihen sind. Dazu gehören die bereits angedeuteten Messungen von Packeisgrenzen, die zum Beispiel für die Schiffahrt von großer Bedeutung sind, oder die Temperaturmessungen des Ozeanwassers, aus denen man den Verlauf von Strömungen wie dem Golfstrom, aber auch von Flüssen in größeren Wassertiefen bestimmen kann. Es gibt zahlreiche Ströme in den Weltmeeren, deren Lage sich von Zeit zu Zeit oder auch periodisch verändert. Derartige Lageänderungen aber haben Einfluß auf die Laichgründe der Fische; die Fische passen die Lage ihrer Laichgründe und ihre Zugstraßen den Wasserbewegungen an. Anders ausgedrückt, aus den Lagevariationen der Meeresströme kann man Informationen über die Verlagerungen der Fischgründe gewinnen!
Im Jahre 1978 wurde das erste Exemplar einer neuen, dritten Generation von Wettersatelliten gestartet. Dieser Satellit, der die Erde in einer Polarbahn umkreist, enthält neue, verbesserte Sensoren. Sie nehmen genauere Messungen der atmosphären Temperaturen und des Wasserdampfgehalts der Atmosphäre vor, bestimmen Tag und Nacht weltweit Wolkenbilder, registrieren den Wellenzustand der Meeresoberfläche und bestimmen auch die Wassertemperaturen.

Linke Seite: Temperaturkarte von Florida, Kuba und dem Golfstrom, gewonnen am 24. Dezember 1972 zwischen 0 Uhr 15 und 0 Uhr 18 Minuten ostamerikanischer Ortszeit mit dem Radiometer an Bord des Wettersatelliten NIMBUS 5. In der Skala am oberen Bildrand ist die einer jeweiligen Farbe zugehörige absolute Temperatur (= Grad Kelvin) zu entnehmen. Durch Subtraktion von 273 Grad erhält man den Wert in Celsius. – Man sieht, daß der Golfstrom (graubraun = 22°C) südlich von Kuba nach Westen um die Zuckerinsel herumwandert und an der Ostküste Floridas nordwärts strömt. Aus einer solchen Karte kann abgelesen werden, wo in den abgebildeten Meeresgebieten die meisten Fische auftreten, wie das Wetter über Nordatlantik, England und Europa sowie über den östlichen Vereinigten Staaten vom wandernden Golfstrom beeinflußt wird und welchen Kurs die Schiffe in dem abgebildeten Gebiet nehmen sollten.

Rechts: Diese Aufnahme des Wirbelsturms Ellen über dem Atlantischen Ozean machten die Astronauten von Bord der Raumstation SKYLAB am 20. September 1973 mit einer Hasselblad-Kamera und einem Zeiss-Objektiv von 70 mm Brennweite.

Außerdem ist dieser erste Satellit gleich seinen Nachfolgern in der Lage, Meßdaten von Ballonen und im Ozean verankerten Bojen aufzunehmen und an die zentrale Bodenauswertstelle weiterzuleiten.
Endziel der Wettersatelliten-Entwicklung ist ein weltweites, koordiniertes Netz von meteorologischen Satelliten, Meßbojen und Meßstationen in unzugänglichen Bereichen wie Arktis und Antarktis, die ihre Daten über die Satelliten an Zentralstationen übermitteln, wo die Auswertung dieser Daten mit elektronischen Rechenmaschinen erfolgt. Auf diese Weise hofft man auch das Problem einer zuverlässigen Langfristvorhersage zu lösen.
Die Sowjetunion hat bereits Versuche im Gange, in denen regionale Wettersatellitendaten zentral erfaßt und ausgewertet werden. Die entstehenden Prognosen, die auf Informationen von den sowjetischen METEOR-Satelliten basieren, werden für Langfristvorhersagen über Witterungsverlauf und Ernteanfall in Sibirien benützt.
Auch Europa hat sich jüngst der Wettersatellitentechnik zugewandt. Die Europäische Weltraum-Organisation ESA (= European Space Agency) besitzt seit Ende 1977 einen METEOSAT genannten Satelliten, der aus einer geostationären Umlaufbahn Daten für die Wetteranalyse und Wetterprognose Europas übermittelt.
Sicher wird man eines Tages darauf hinstreben, die amerikanischen und europäischen Wettersatellitennetze zusammenzufassen, um auf diese Weise zu weltweiten Langfristvorhersagen zu kommen.

Seegang und Satelliten

Wetter und Klima werden entscheidend beeinflußt von den Wechselwirkungen zwischen den Ozeanen und der Atmosphäre. In den letzten Jahren beschäftigten sich viele Forschungen mit diesem Thema. Besonderes Augenmerk wird dabei unter anderem jener schmalen Grenzschicht zwischen der Wasseroberfläche und der Luft geschenkt, in der sich die noch nicht völlig verstandenen Übergangsprozesse abspielen. Darüber hinaus spielt die Witterung auf den Ozeanen natürlich eine wichtige Rolle für die Schiffahrt. Das gilt sowohl in bezug auf die Atmosphäre als auch hinsichtlich der Meeresvorgänge, also der Wellenbildung durch Windeinfluß. Es gibt deshalb spezielle Satelliten, die diese Phänomene registrieren und erforschen. So hat die ESA einen Satelliten namens GEOS, der neuentwickelte Instrumente zur Untersuchung der Topografie und des Seegangs der Meere erprobt. Die NASA hat am 27. Juni 1978 einen SEASAT, also einen Meeressatelliten gestartet, der Seegang, Winde, Temperaturen und Strömungen der Ozeane registriert.

Erderkundung auf der Umlaufbahn

Ein anderes Gebiet, das noch weitergehende praktische und wirtschaftliche Auswirkungen haben dürfte als die Satellitenmeteorologie, ist die Erkundung der Erdoberfläche aus der Umlaufbahn. Bereits die ersten Farbaufnahmen der Erdoberfläche, gewonnen aus den Raumkapseln des MERKUR- und GEMINI-Programms mit von Hand gehaltenen Kameras in den Jahren 1961 bis 1963 und 1965 bis 1966, offenbarten, welche Fülle an Details solche Bilder enthalten und welch umfangreicher Nutzen sich aus derartigen Fotos für Landwirtschaft, Mineraliengewinnung, Umweltkontrolle, Kartografie, Ozeanologie und andere Bereiche ziehen läßt. Im APOLLO-Programm des Zeitraums 1968 bis 1972 wurden systematische Untersuchungen in dieser Richtung begonnen, zu denen übrigens auch bereits die Erdaufnahmen der Wettersatelliten angeregt hatten.
Im Juli 1972 wurde von der amerikanischen Raumfahrtbehörde NASA ein künstlicher Erdsatellit in eine Umlaufbahn in rund 900 Kilometer Höhe gebracht, der zunächst den Namen ERTS erhielt, eine Abkürzung von »Earth Resources Satellite«, Erderkundungssatellit. Dieser Typ von Satellit (es umkreisen gegenwärtig drei von ihnen die Erde) wurde später auf den

Bereits Mitte September 1966 entstand von Bord der Raumkapsel GEMINI 11 aus 630 Kilometer Höhe diese Aufnahme des Roten Meeres und des Golfs von Aden. Das Foto wurde mit einer gewöhnlichen, von Hand gehaltenen Kleinbildkamera gewonnen.

heute gebräuchlichen Namen LANDSAT umgetauft.
Der Begriff »Erderkundung«, der im Zusammenhang mit diesen Satelliten wie auch entsprechenden Techniken an Bord bemannter Raumfahrzeuge benützt wird, bedeutet Erkundung der Erde mit fotografischen und physikalischen Verfahren (z. B. Mikrowellenabtastung) mit dem Ziel, nach neuen Rohstoffquellen zu suchen, das lokale und weltweite Ernteaufkommen abzuschätzen, Landkarten, Bewässerungsverfahren und Fischfang zu verbessern sowie neue geologische und geophysikalische Zusammenhänge zu erkennen.
Alle diesbezüglichen bisherigen Bemühungen sind so erfolgreich gewesen, daß Erkundungssatelliten und -verfahren in der Zukunft weltweit systematisch angewendet werden dürften. In der Tat, diese neuen Techniken werden verfügbar in einem Augenblick, in dem die Menschheit immer deutlicher erkennt, daß die Vorräte dieses Planeten Erde nicht unendlich groß sind und daß es deswegen gilt, haushälterisch damit umzugehen. Das gewaltige, nicht mehr aufzuhaltende Anwachsen der Erdbevölkerung in den kommenden Jahrzehnten wird uns ohnedies dazu zwingen, alle Quellen, die uns für Nahrungsmittel, Rohstoffe und Energie zur Verfügung stehen, äußerst wirtschaftlich auszunützen und bis zum letzten zu erschließen, wenn wir auch nur hoffen wollen, eine Überlebenschance zu haben. Zur Lösung dieser Aufgabe werden Erderkundungssatelliten und Erderkundungstechniken, von Bord bemannter Raumstationen aus angewendet, erheblich beitragen.
Erderkundungssatelliten lassen frühzeitig erkennen, wenn Anbaugebiete von Schädlingen befallen worden sind und daraus Ernteschäden resultieren würden, so daß man Maßnahmen zur Eindämmung der Pflanzenkrankheiten ergreifen kann. Eine Untersuchung in den Vereinigten Staaten hat ergeben, daß dadurch allein in den USA jährlich rund 400 Millionen Dollar (also eine Dreiviertelmilliarde Mark) eingespart werden können. Zusätzliche 350 Millionen Dollar rechnet man durch Erschließung neuer Anbau- und Weidegebiete zu gewinnen und weitere 100 Millionen dadurch, daß man sich anbahnende Überschwemmungen frühzeitig orten und sich entsprechend sichern kann. Durch Abschätzungen des Ernteaufkommens allein könnten voraussichtlich jährlich 212 Millionen Dollar gespart werden, die sich in niedrigeren Endpreisen niederschlagen und somit dem Verbraucher unmittelbar zugute kommen würden. Genauere Voraussagen über das Ernteaufkommen würden es möglich machen, Verarbeitung und Verteilung der Ernte besser zu planen – und an diesem Punkt wäre die erwähnte Einsparung zu erzielen. Man schätzt, daß der amerikanischen Land- und Forstwirtschaft durch die Erderkundungsverfahren aus der Erdumlaufbahn jährlich insgesamt rund zwei Milliarden Dollar (knapp vier Milliarden Mark) gewonnen würden! Dem stehen Investitionskosten für das gesamte System in der Größenordnung von 200 Millionen Dollar gegenüber.
Obgleich die bisherigen LANDSATS nur ein Experiment zur Erderkundung darstellen und eigentlich noch nicht dafür bestimmt sind, systematisch eingesetzt zu werden, verdankt man ihnen bereits eine Fülle von Informationen und Erkenntnissen. Diese Informationen haben sich nicht nur zahlreiche Behörden, Firmen und Privatleute in den USA zunutze gemacht; auch andere Staaten der Erde profitieren gehörig davon. So hat eine eigens für die Verarbeitung der Erderkundungsinformationen zuständige Behörde, das dem amerikanischen Wirtschaftsministerium zugehörige Erderkundungs-Datenzentrum in Sioux Falls in Süd-Dakota, bereits in einem Jahr für über zwei Millionen Dollar Aufnahmen, die von Erderkundungssatelliten gewonnen wurden, und Magnetbänder mit Bilddaten an kommerzielle Nutzer verkauft. Die Käufer reichen von landwirtschaftlichen Betrieben über große Ölgesellschaften und wissenschaftliche Institute bis zu Holzfällern und Jägern. Allen diesen Gruppen und Menschen vermögen die Bilder und Daten Informationen zu vermitteln, die für ihre Arbeit von Bedeutung sind.
Über vierzig Staaten der Erde haben mit den USA Abkommen, die es ihnen gestatten, die Daten und Bilder der Erderkundungssatelliten zu beziehen und auszuwerten. In einigen Staaten – so Italien, Brasilien und in einigen afrikanischen Ländern – sind Bodenstationen errichtet worden. Mit ihnen können die Bilder und Daten unmittelbar vom Satelliten aufgenommen und in dem betreffenden Land an Ort und Stelle ausgewertet werden. Auf diese Weise kommen die Nutzer schneller in den Besitz der gewünschten Informationen, denn im EROS-Center in Sioux Falls (EROS = Abkürzung von **E**arth **R**esources **O**bservation **S**ystems, Erderkundungs- und Beobachtungssysteme) fallen so viele Bestellungen an, daß oft einige Wochen vergehen, bevor die gewünschten Fotos geliefert werden können.
Schon heute ziehen die Geologen aus LANDSAT-Bildern vielfältige Informationen, die oft von großer praktischer Bedeutung sind. So erarbeitete ein Wissenschaftler der NASA innerhalb einer Woche nach dem Start von LANDSAT 1 auf Grund der übertragenen Bilder eine neue geologische Karte der Küste Kaliforniens in der Gegend der Bucht von Monterrey. Auf ihr zeigen sich über dreißig bisher unbekannte lineare Gebilde, wahrscheinlich geologische Verwerfungen. Aus derartigen Linien aber können die Geologen herauslesen, wo sich möglicherweise Öl, Mineralien oder Wasserquellen befinden. Sogar Erdbebenzonen können erkannt werden. Eine amerikanische Firma, die sich mit der Gewinnung von Metallen und Chemikalien aus dem Erdboden befaßt, die NL Industries, hat nach LANDSAT-Aufnahmen binnen weniger Monate mehrere tausend Quadratkilometer bisher geologisch nicht erfaßten Gebiets kartografieren können. Mit konventionellen Verfahren – also etwa Luftbildaufnahmen – hätte das Vorhaben über zwei Jahre gedauert.
Auf den LANDSAT-Aufnahmen sind Formationen zu sehen, die bisher nicht erfaßt werden konnten und die uns neue Einblicke in die Entwicklungsgeschichte und den Aufbau der Erde geben. In vielen Fällen sind sie gleichzeitig Hinweise auf das Vorkommen von Erdöl oder Mineralien. Einzelne solche Vorkommen sind bereits gefunden worden; an vielen anderen Stellen wird gegenwärtig auf Grund der LANDSAT-Aufnahmen nach Metallen und Öl gesucht. So wurden in Pakistan mit Hilfe der LANDSAT-Satelliten und einer eigens entwickelten Computertechnik fünf Gebiete bei Saindak in der Chagai-Region gefunden, die sehr stark mineralienverdächtig sind. Gegenwärtig werden dort Bohrungen vorbereitet.
Bereits 1965 ist in Australien auf Grund der Erdaufnahmen, die die Piloten eines GEMINI-Raumfluges machten, eine neue Ölquelle entdeckt worden.
Mit einer anderen Computerauswertungstechnik der LANDSAT-Aufnahmen gelingt es, auf dem Wasser schwimmendes Öl zu ermitteln. Das ist nicht nur im Hinblick auf unterseeische Ölquellen wichtig, aus denen Öl heraussickert, sondern ebenso für den Umweltschutz. Es gibt Bilder, die Ölverschmutzungen im Golf von Suez vor den Ölfeldern von Abu Rudeis erkennen lassen. Die Satellitentechnik kann dazu benützt werden, im Ozean aus leck gewordenen Tankern auslaufendes Öl »im Auge« zu behalten und die Abwehrmaß-

nahmen in ihrem Wirkungsgrad zu überprüfen.
Erderkundungssatelliten nach Art von LANDSAT können verwendet werden, um Wasser- und Eisbewegungen, Verschmutzungen und Turbulenzen zu fotografieren und zu verfolgen. Auf diese Weise sind Überschwemmungen im Entstehungsstadium erkennbar und in ihren Bewegungsverhältnissen so voraussagbar, daß Schutzmaßnahmen ergriffen werden können. Im Lake Superior an der amerikanisch-kanadischen Grenze fand LANDSAT Verwirbelungen im Wasser, die große Mengen Schlamm enthielten, genau an einer Stelle, wo kurz zuvor eine Stadt für acht Millionen Dollar eine Leitung zur Gewinnung von Trinkwasser gebaut hatte. Hätte man die LANDSAT-Informationen vor dem Bau zur Verfügung gehabt, so hätte man diese acht Millionen Dollar sparen können!
Selbst einzelne Getreidearten lassen sich auf den Satellitenbildern unterscheiden. Bei einem diesbezüglichen Versuch haben amerikanische Wissenschaftler auf LANDSAT-Aufnahmen verschiedene Getreidearten mit einer Sicherheit von 97 Prozent

Den Genfer See (oben) mit Rhone und Rhonetal, den Lac d'Annecy (Bildmitte), die Städte Grenoble und Lyon sowie zahlreiche andere geografische Objekte zeigt diese Aufnahme aus 905 Kilometer Höhe. Sie wurde am 29. Oktober 1972 von dem Satelliten LANDSAT 1 (damals ERTS 1 genannt) übertragen. Das Foto besteht aus drei kombinierten Einzelaufnahmen der Spektralbereiche Grün, Rot und Infrarot. Pflanzen, Bäume und Äcker erscheinen in unterschiedlichen Rottönungen, Städte und Industriegebiete in dunklem Grau und Wasser in verschiedenen Blautönungen. Die weißen Bereiche sind verschneite Gebiete.

identifiziert. Solche Auswertungen nehmen lediglich wenige Stunden, ja oft nur Bruchteile einer einzigen Stunde in Anspruch. Oft genug schlägt sich das Ergebnis in Informationen nieder, die existierende Statistiken verbessern oder als völlig überholt erweisen.

Karthografie ist ein weiterer Bereich, in dem Erderkundungssatelliten reiche Ernte halten können. Das trifft nicht nur für wenig bekannte Gebiete der Erde zu, sondern auch für technisch hochentwickelte Länder wie die USA oder die Staaten Westeuropas. Selbst in diesen Ländern, wo die Kartografie konventioneller Art perfekt ist, erfüllen die existierenden Karten nicht alle Anforderungen, vor allem, wenn es um Details in kleineren Maßstäben geht. Die meisten dieser Karten gehen auf Informationen zurück, die acht bis zehn Jahre alt sind.

Karten großräumiger Gebiete zu erstellen, war bisher eine umständliche, zeitraubende Angelegenheit. Tausende von Luftbildaufnahmen mußten gewonnen und zu einem Mosaik zusammengesetzt werden. In dieser Weise eine Generalstabskarte (das ist eine amtliche Karte im Maßstab 1 : 100 000) der Vereinigten Staaten oder Mitteleuropas herzustel-

Links oben: Diese Infrarotfarbaufnahme wurde mit einer Spezialkamera an Bord von Apollo 9 im März 1969 aus rund 250 Kilometer Höhe gewonnen. Sie zeigt den Salton Sea im südlichen Kalifornien (die große blaue Fläche), darunter Anbaugebiete (rote rechteckige Flächen), den Colorado-Fluß (am rechten Bildrand), die Stadt Yuma in Arizona (am rechten unteren Bildrand) sowie El Centro in Kalifornien und Mexicali in Mexiko (am unteren Bildrand in der Mitte).

Links unten: Hier spiegelt sich die Sonne über dem Golf von Mexiko und dem Atlantischen Ozean. Ein Großteil Floridas erscheint als Silhouette. Das Bild wurde von Astronauten des Fluges Apollo 7 im Oktober 1968 aus 220 Kilometer Höhe gewonnen.

Rechte Seite: Diese Karten der Vereinigten Staaten – oben im sichtbaren Licht, unten in Infrarot – entstanden durch Auswahl von Landsat-Aufnahmen nach bestimmten geografischen Kriterien. Ein Vergleich zeigt, wie durch die Infrarotfotografie bewachsenes Gebiet von Siedlungen, Wüsten, schneebedeckter Landschaft und so weiter zu unterscheiden ist.

len, nahm mehrere Jahre in Anspruch. War man an dem einen Ende des Landes mit dem Unternehmen fertig, dann waren die ersten, Jahre zuvor aufgenommenen Bilder bereits wieder veraltet.
Bei Anwendung der Satellitentechnik dauert dieses Unternehmen nur noch Wochen oder Monate. Im übrigen liegen bereits heute so viele Aufnahmen vor, daß man ein Kartenprojekt auf der Grundlage vorhandener Aufnahmen realisieren kann. Die bekannte amerikanische Zeitschrift »National Geographic Magazine« lieferte 1976 ein gutes Beispiel dafür. Ein Jahr zuvor hatte sich diese Zeitschrift entschlossen, aus Anlaß der Feiern zum 200jährigen Bestehen der Vereinigten Staaten eine Fotomosaik-Landkarte unter dem Schlagwort »Portrait USA« herauszubringen. Sie arbeitete hierbei mit der amerikanischen Raumfahrtbehörde NASA sowie der General Electric Company zusammen, die für NASA ein Labor betreibt, in dem die LANDSAT-Aufnahmen erstellt und ausgewertet werden. (General Electric war der Hauptauftragnehmer für die LANDSAT-Satelliten.)
Hätte man die geplante Karte auf Erdaufnahmen von Flugzeugen aufgebaut, so wären über 28 000 Aufnahmen notwendig gewesen, sofern man diese Bilder aus Flughöhen um 18 000 Meter gewonnen hätte. Die gleiche Karte hingegen ließ sich aus 569 Satellitenbildern zusammensetzen. Vier Monate lang waren einige Techniker beschäftigt, um aus über 30 000 Aufnahmen, die die beiden LANDSAT-Satelliten zwischen 1972 und 1975 gewonnen hatten, die besten Bilder herauszusuchen, in den Farben aufeinander abzustimmen und zu einer Karte zusammenzusetzen. Dann war ein Fotomosaik der Vereinigten Staaten von 3 Meter Höhe und 4,80 Meter Breite fertig. »National Geographic« verkleinerte es für seine Zwecke (siehe Abb. Seite 29).
Auf Satellitenbildern fußende Karten haben nicht nur den Vorteil, absolut akkurat und aktuell zu sein. Sie können in Land- und Forstwirtschaft, Umwelt- und Gewässerkontrolle, Geologie und Glaziologie auch benützt werden, um kurzfristige Veränderungen oder jahreszeitliche Variationen zu erkennen und zu untersuchen. Die Bahnen der LANDSATS um die Erde sind so angeordnet, daß jeder Satellit alle neun Tage das gleiche Gebiet überfliegt. Deshalb gibt es von nahezu allen Gegenden der Erde heute bereits Anblicke der Situation in den verschiedenen Jahreszeiten. Ihre systematische Auswertung wäre für die Geografie von unschätzbarem Wert.

Mit Satelliten auf Fischfang

Im Juli 1976 hat LANDSAT 1 bewiesen, daß man mit Erderkundungssatelliten buchstäblich auf Fischfang gehen kann. Ein Experiment, das in Zusammenarbeit zwischen NASA und zwei Fischerei-Organisationen durchgeführt wurde, ergab einen Zusammenhang zwischen der Trübung des Wassers und dem Auftreten von Menhaden-Schwärmen. (Der Menhaden, auch Bunker genannt, ist ein heringsartiger Fisch, der in großer Zahl vor der nordamerikanischen Atlantikküste auftritt und dort nächst dem Kabeljau der wirtschaftlich wichtigste Fisch ist.)
Aus der Färbung des Wassers, die LANDSAT registriert, lassen sich deshalb Rückschlüsse auf Menhaden-Gebiete ziehen. Bei dem Experiment gelang es, auf Grund der Informationen, die LANDSAT über die Wasserfärbung der verschiedenen Gebiete des Atlantik lieferte, 21 Stunden nach dem Eingang der Daten die Schiffe in »menhadenträchtige« Gebiete zu dirigieren, und die Fischer operierten hier mit beachtlichem Erfolg.
Sicher werden noch Jahre vergehen, bis diese Methode unter Zuhilfenahme routinemäßiger Analyseverfahren und durch Computerauswertung zu einer ständigen, zuverlässigen Einrichtung für das Fischereiwesen gemacht werden kann. Aber die Möglichkeiten hierfür sind gegeben, das hat LANDSAT bereits bewiesen.

Eine Raumstation blickt zur Erde

Die Kette von Beispielen für die Anwendung oder die Anwendungsmöglichkeiten von Erderkundungssatelliten in den erwähnten und vielen anderen Disziplinen ließe sich fast beliebig verlängern. Dabei muß man die ersten fünf Jahre der Erderkundungssatelliten als Versuchsjahre betrachten, in denen viele Ideen geboren und im Experiment erprobt worden sind. Erst jetzt wird die Erderkundungstechnik mündig, erst jetzt beginnen die systematischen Anwendungen dieses Satellitentyps.
Wohin die Möglichkeiten der Erderkundung aus dem Weltraum führen können, dafür hat das Raumstationsunternehmen SKYLAB einige Kostproben geliefert. Von Bord dieser Raumstation aus haben die Astronauten einen beachtlichen Teil ihrer Zeit darauf verwendet, Multispektralaufnahmen der Erde zu machen und die Erdoberfläche in ausgewählten Spektralbereichen zu fotografieren und zu vermessen. Neben der unmittelbaren Fotografie wurden physikalische Strahlungsmeßverfahren angewendet. Sie haben gezeigt, daß es möglich ist, aus dem Aussehen des Reflexionsspektrums auf einzelne Pflanzenarten, Baumarten und Oberflächenbeschaffenheiten zu schließen. Rund 35 000 Aufnahmen der Erdoberfläche haben die SKYLAB-Astronauten gemacht, 70 Kilometer Magnetband haben sie für das Speichern von Erderkundungsdaten verbraucht, Daten, die mit physikalischen Meßgeräten gewonnen wurden.
Die Erderkundung im Rahmen des SKYLAB-Programms zielte in erster Linie darauf ab, neue Techniken und Geräte zu erproben. Die beachtlichen Ausmaße dieser Raumstation ließen es zu, großes und schweres Gerät an Bord zu nehmen, so daß man von der Instrumentierung her aus dem vollen schöpfen konnte. Damit bot sich zum erstenmal die Gelegenheit, Erderkundung so vorzunehmen, wie man sie sich für die Zukunft vorstellt: mit einer ganzen Serie komplizierter Apparaturen, die die Erdoberfläche in den verschiedensten Spektralbereichen abtasten und die unterschiedlichsten Techniken anwenden. Viele der Erkenntnisse, die im SKYLAB-Programm bei der Erderkundung gewonnen wurden, haben inzwischen Eingang in die Konstruktionsentwürfe für verbesserte, automatisch arbeitende unbemannte Erdsatelliten gefunden. Gleichzeitig hat das SKYLAB-Programm bewiesen, daß bei der Erderkundung aus der Umlaufbahn auch der Mensch eine wichtige Rolle spielen kann.
Doch das SKYLAB-Erderkundungsprogramm hat nicht allein technische und operative Erfahrungen gebracht; es hat uns gleichzeitig zu vielen Erkenntnissen über die Erdoberfläche und die Prozesse, die sich auf ihr abspielen, verholfen. Bei vielen Untersuchungen, die SKYLAB aus der Umlaufbahn vornahm, wurden gleichzeitig in einem koordinierten Programm Messungen von Flugzeugen aus und am Erdboden selbst vorgenommen, um Vergleichsmaterial zu haben. An dem Programm waren über 140 Forschungsgruppen aus den Vereinigten Staaten und 20 anderen Ländern der Erde beteiligt. Es wurden Ergebnisse in Ackerbau und Forstwirtschaft, bei der Identifizierung von Bodenschichten und Gesteinsarten, in der Umweltkontrolle auf belastende Stoffe, in Land- und Städteplanung, in Meteorologie und Glaziologie erzielt. Es gab mehrere Fälle, in denen die SKYLAB-Astronauten gebeten wurden, über ande-

ren Ländern spezifische Untersuchungen zu machen. Ein Beispiel hierfür sind die Aufnahmen der südlichen Sahara, der Sahelzone. Hier leitete man die Windbewegung aus der Form und Lage der Dünen ab, um einen Überblick über das Geschehen in einer Gegend zu erhalten, wo zahlreiche Menschen von der sich stetig nach Süden ausbreitenden Sahara bedroht sind. An anderen Orten sind potentielle Mineralvorkommen gefunden und weitere Erkenntnisse über die Bodenbeschaffenheit, über die Wechselwirkungen zwischen Flüssen und dem umgebenden Land gewonnen, Sandbänke in den Ozeanen untersucht und Daten über Schneeschmelzen in gebirgigen Gegenden der Erde registriert worden, die für Bewässerungsplanungen, die Errichtung von Wasserkraftwerken und die Regulierung von Überschwemmungen bedeutsames Ausgangsmaterial darstellen.
Schon heute läßt sich auf Grund der bisherigen Erfahrungen voraussagen, daß im kommenden Jahrzehnt nicht nur Dutzende von Erderkundungssatelliten die Erde für die verschiedensten Forschungen und praktischen Nutzanwendungen umfliegen werden; es wird dann auch ständige Raumstationen geben, die eine große Zahl von

Oben: Skylab-Infrarotaufnahme der Ostküste Siziliens im Sommer 1973 aus 435 Kilometer Höhe. Am oberen Bildrand (Mitte) ist der schwach rauchende Ätna zu sehen, mit 3274 Metern der höchste Vulkan Europas. Jüngere Lava erscheint im Bild schwarz, ältere Ablagerungen sind rot. Einige Dörfer auf den Vulkanhügeln sind ebenso zu sehen wie die Stadt Catania. Die dunkelroten Bereiche zeigen Vegetation an.

Unten: Der Golf von Venezuela mit der Halbinsel Paraguaná, aufgenommen von der Raumstation Skylab aus 435 Kilometer Höhe im Sommer 1973 mit einer Spezialkamera für Terrainaufnahmen. Sanddünen und Ablagerungen sind neben Erosionsfeldern zu sehen.

Erderkundungsinstrumenten tragen werden. In der Bewirtschaftung der Erde wird man sich diese Satelliten und Raumstationen im nächsten Jahrhundert ebenso wenig wegdenken können, wie es heute in den technisch entwickelten Ländern der Erde unvorstellbar wäre, den Autoverkehr ohne die Zuhilfenahme von Verkehrsampeln zu regeln und zu beherrschen. Rohstoffmangel und Nahrungsmittelnot werden gebieterisch nach derartigen Verfahren verlangen. Mit ihnen ist eine Art »Bilanzierung« der Erde möglich, nämlich der »Esser« auf der einen und der verfügbaren Nahrungsmittel auf der anderen Seite.

Navigation mit Satelliten

Auch im Verkehrswesen werden Erdsatelliten in der Zukunft eine Rolle spielen, nämlich für die Navigation von Schiffen und Flugzeugen. Schon heute werden sie im militärischen Bereich verwendet, um Schiffen der amerikanischen Marine zu einer schnelleren und genaueren Positionsbestimmung zu verhelfen, als dies mit irgendeinem anderen Verfahren möglich ist.
Diesbezügliche Experimente begann die amerikanische Marine im Jahre 1960 mit den TRANSIT-Satelliten. Sie umkreisen bzw. umkreisten die Erde in rund eintausend Kilometer Höhe in Polarbahnen und wurden benutzt, um mit Hilfe der von ihnen ausgestrahlten Signale versuchsweise die Positionen von Schiffen auf der Wasseroberfläche, von Unterseebooten und von Flugzeugen zu bestimmen. 1964 baute die US-Marine das Verfahren zu einem operativen Netz aus, das als NNSS (= Navy Navigational Satellite System, Marine-Navigationssatelliten-System) bezeichnet wird.
Bald danach wurde das System auch für die zivile Benutzung verfügbar gemacht, und die Privatindustrie entwickelte entsprechende Anlagen für kommerzielle Schiffe, denen es dadurch ermöglicht wurde, sich an das Netz anzuschließen.
Grundlage des Verfahrens ist der Doppler-Effekt, ein physikalischer Vorgang, der uns auch auf der Erde in der Akustik, der Optik und bei allen elektromagnetischen Wellen begegnet.
Am besten läßt sich die Erscheinung mit einem Gedankenexperiment erklären. Steht man beispielsweise an einer Bahnschranke und ein Zug fährt pfeifend vorbei, so hört man, daß sich die Tonlage des Pfeifens während der Vorbeifahrt des Zuges verändert: Solange der Zug auf einen zukommt, ist der Ton hoch und schrill. In dem Augenblick aber, in dem die pfeifende Lokomotive an einem vorbeigerast ist, schlägt das Signal in einen tiefen Ton um. Der Unterschied in der Tonhöhe ist dabei um so ausgeprägter, je schneller der Zug fährt.
Das Phänomen wurde 1842 durch den österreichischen Physiker Christian Doppler entdeckt und erklärt: Nähert sich der Zug, so treffen pro Zeiteinheit mehr Wellenzüge des Schalls beim Beobachter ein, die Schallwellen sind gewissermaßen dadurch »zusammengepreßt«, daß die Schallquelle auf einen zukommt. Je größer aber die Zahl der Wellen, die in der Zeiteinheit eintreffen, um so kürzer sind diese Wellen. Kürzere Wellen ergeben höhere Töne als lange Wellen. Entfernt sich der Zug, so ist der Vorgang umgekehrt: Die Schallwellen werden »auseinandergezogen«; die Zahl der Wellen, die pro Zeiteinheit beim Hörenden eintreffen, ist geringer und dementsprechend der Ton tiefer. Bewegt sich der Zug nicht auf einen zu oder von einem fort, so liegt die Tonhöhe des Signals zwischen den beiden gerade geschilderten Extremen.
Im Wellenlängenbereich des Lichtes macht sich die Astronomie den Doppler-Effekt zunutze, um zu messen, mit welcher Geschwindigkeit sich Sterne und Sternsysteme auf uns zu oder von uns fort bewegen. Eine Verschiebung der Spektrallinien des Lichtes zum roten Ende hin (also in den langwelligen Bereich) bedeutet hier eine Fluchtbewegung, eine Verschiebung zum kurzwelligen, violetten Bereich eine Annäherung der Lichtquelle. Ein Großteil unserer heutigen Vorstellungen über Aufbau und zeitliche Veränderungen des Weltalls beruht auf derartigen Messungen von Radialbewegungen (= Bewegungen auf uns zu oder von uns fort) weit entfernter Sternsysteme.
Natürlich tritt der Doppler-Effekt, wie bereits erwähnt, bei allen Formen elektromagnetischer Wellen auf, nicht nur im Bereich des Lichtes, sondern ebenso bei den Rundfunkwellen und natürlich auch bei jenen Radiowellen im Meterwellenbereich, die für den Satellitenfunk benützt werden.
Navigationssatelliten strahlen ein Signal einer bestimmten, bekannten Frequenz aus. Aus der Doppler-Verschiebung in diesem Signal, die an Bord eines Schiffes gemessen wird, läßt sich die Position des Satelliten am Firmament und daraus die Position des Schiffes auf See bestimmen, ähnlich wie man früher die Sterne zur Ortsbestimmung auf den Meeren benutzte. Nur, das Satellitenverfahren ist genauer, zuverlässiger und witterungsunabhängig.
Inzwischen ist der gesamte Vorgang natürlich auch automatisiert worden. So haben die Schiffe, die an das Netz angeschlossen sind, eine Empfangsanlage und einen elektronischen Rechner an Bord, die nicht viel größer sind als ein mittlerer Koffer. Ferner gehören zu der Ausrüstung noch eine Schüsselantenne von einem Meter Durchmesser, ein Antennenverstärker und ein Fernschreiber. Die Positionsbestimmung mittels der Navigationssatelliten spielt sich vollautomatisch ab. Die Anlage mißt das Doppler-Signal, nimmt Funkinformationen der Satelliten auf, in denen deren jeweilige Position gegeben wird, verarbeitet das Ganze und druckt das Endresultat – nämlich die Angabe des Standorts des Schiffes – mit dem Fernschreiber aus.
Mit diesem Verfahren läßt sich die Position eines Schiffes mit einer Genauigkeit von 200 Metern fixieren. Das aber bedeutet, daß die Satellitennavigation den bisherigen astronomischen und funktechnischen Verfahren um Größenordnungen überlegen ist. Sie kann auch angewendet werden, um mit einem Schiff an einen bestimmten Ort auf See zurückzukehren, ohne daß dieser Ort durch eine verankerte Boje markiert werden muß. Das ist wichtig bei der Verlegung von Unterwasserkabeln, bei der Öl- und Rohstoffsuche in den Weltmeeren und zum Aufsuchen von Fischgründen. Das Verfahren gestattet überdies Verkürzungen der Fahrzeiten der Schiffe und bessere Vorausberechnungen über die Ankunftszeiten. Die letztgenannte Information macht es möglich, Be- und Entladezeiten genauer zu disponieren, wodurch die Dauer und damit die Kosten des Aufenthalts in den Häfen gesenkt werden können.
In den letzten Jahren sind Experimente zur Ortung und Navigation von Schiffen mit geostationär umlaufenden Satelliten gemacht worden. Hierbei wurden die Satelliten gleichzeitig zur Nachrichtenübermittlung verwendet. Allgemein kann gesagt werden, daß sich die geostationären Satelliten in der 24-Stunden-Umlaufbahn für Kommunikations- und Navigationszwecke besonders bewährt haben und die meisten operativen Netze deshalb auf diesen Satellitentyp abgestellt werden. Jüngstes Beispiel dafür bei den maritimen Diensten ist das FLEETSATCOM-Netz, das gegenwärtig von der amerikanischen Luftwaffe für die Benützung durch Marine und Luftwaffe aufgebaut wird, ein System von fünf »Flotten-Kommunikationssatelliten« in geostationären Bahnen.

Vom Schiff über Satelliten telefonieren

Für die zivile wie die militärische Schiffahrt spielt die Kommunikation eine ähnlich große Rolle wie die Navigation. Beides sind Bereiche, deren Probleme durch die heutige Satellitentechnik weitgehend gelöst werden können. So wurde im Februar 1976 im Auftrag der ComSat General, eines Tochterunternehmens der Communications Satellite Corporation, unter dem Namen MARISAT ein neuer Satellit gestartet, der Telefon- und Fernschreibverbindungen zwischen dem Festland und Schiffen ermöglicht, die mit einer entsprechenden Empfangsanlage ausgestattet sind. Inzwischen wurden zwei weitere MARISATS in synchrone Erdumlaufbahnen gebracht, womit ein weltweites Netz geschaffen worden ist, über das von jedem beliebigen Ort auf dem Meer aus jeder beliebige Ort auf den Kontinenten erreicht werden kann – oftmals natürlich durch Zusammenschaltung mehrerer Satelliten und unter Hinzunahme von Festland-UKW- oder Kabelstrecken bzw. beidem.
MARISAT versorgt rund 400 Schiffe der amerikanischen Marine über spezielle Frequenzen mit Verbindungen zu den festen und mobilen Erdefunkstellen der Marine. Im zivilen Bereich sind bereits in den ersten neun Monaten der Nutzung vierzig kommerzielle Schiffe und Meeresplattformen mit den notwendigen Empfangs- und Sendeanlagen ausgerüstet worden. Mit 34 Staaten der Erde bestanden zu diesem Zeitpunkt Verbindungsmöglichkeiten über MARISAT zu Schiffen und Bohrplattformen. Seitdem wächst diese Zahl beständig an, und das neue System wurde mit viel Begeisterung aufgenommen. Es ermöglicht Schiffen und Plattformen auf hoher See erstmalig, zu jeder beliebigen Zeit Telefon- und Fernschreibverbindungen zum Festland mit ihren dortigen Reedereien, Firmen usw. herzustellen. Außerdem ist es zur Übertragung großer Mengen von Daten und Faksimile-Abbildungen geeignet, was beispielsweise für Erkundungsschiffe, die auf Erz- oder Ölsuche sind, ebenso wichtig ist wie für Forschungsschiffe, die gewonnene Daten in ihren heimischen Laboratorien analysieren lassen wollen, unmittelbar nachdem sie sie erhalten haben. Verbunden mit dem MARISAT-System ist außerdem eine Notrufeinrichtung, die es augenblicklich gestattet, die Küstenwache zu alarmieren und um Hilfe bei einer Havarie oder bei Schiffbruch zu bitten. Dies ist eine erhebliche Verbesserung

MARISAT. Drei Satelliten dieses Typs umkreisen die Erde in geostationären Bahnen über Atlantik, Pazifik und Indischem Ozean. Die über 7000 Sonnenzellen auf der Satellitentrommel liefern den Strom für Sender und Empfänger. Der Antennenbaum rotiert, so daß die Antennen stets auf die Erde ausgerichtet sind. Bereits 160 Schiffe sind mit MARISAT-Sende- und -Empfangsanlagen ausgerüstet. Sie können von praktisch jedem Punkt der Meere jederzeit über MARISAT mit dem Festland telefonieren sowie Fernschreiben und Faksimilebilder austauschen, Nachrichten empfangen und Notsignale aussenden.

einer Situation, wie sie praktisch seit 75 Jahren herrschte: In diesem dreiviertel Jahrhundert wurde der Funkverkehr mit Schiffen auf hoher See allein im störanfälligen Kurzwellenbereich abgewickelt. Die Schiffe waren nur zu bestimmten Zeiten erreichbar, und diese Zeiten wurden vom Zustand der Ionosphäre und dem Wetter diktiert, und dasselbe galt natürlich aus der Sicht der Schiffe für das Erreichen der Küstenstationen. Ein Großteil der Kommunikation wurde durch Morsen abgewickelt, das übrige im Sprechfunk. Und dies, obwohl in den letzten Jahren jährlich allein über 12 Millionen Telegramme zwischen den Küstenstationen und den Schiffen ausgetauscht wurden! Der Funkverkehr auf den verfügbaren, dicht belegten Frequenzen ist überdies häufig durch Überlagerungen gestört, so daß Meldungen verstümmelt ankommen; die Wartezeiten können viele Stunden, ja Tage betragen.
Eine Übermittlung von Daten und Zeichnungen – also etwa Wetterkarten, Berichten und Konstruktionsplänen – war auf diesem Wege überhaupt nicht möglich.
Alles dies ist durch die Anwendung der Satelliten geändert worden. Heute ist eine schnelle, störungsfreie, nicht abhörbare Verbindung möglich, sofern das angespro-

chene Schiff nur die notwendige Empfangs- und Sendeanlage besitzt. Durch das MARISAT-System ist die Kommunikation in der Schiffahrt in einem Schritt um 75 Jahre vorangebracht worden. Einer der wesentlichsten Aspekte ist hierbei vielleicht die mit dem neuen Kommunikationssystem einhergehende Erhöhung der Sicherheit und der Hilfsmöglichkeiten.
Auch die europäische Weltraumbehörde ESA entwickelt Satelliten für den Funksprech- und Fernschreibverkehr zwischen Schiffen und Festlandstationen. Den gegenwärtigen Planungen nach sollen vier Satelliten des sogenannten Typs MARECS konstruiert werden. Die beiden ersten dieser Satelliten sollen 1980/81 mit der europäischen Trägerrakete ARIANE, zwei weitere möglicherweise mit dem amerikanischen Raumtransporter ab 1982 gestartet werden.
Die drei ersten MARECS-Satelliten könnten ein weltweites maritimes Satellitennetz bilden; sie würden über Atlantischem, Indischem und Pazifischem Ozean stehen. Der vierte MARECS würde als Reserve gehalten werden.
Allerdings sind auch Verhandlungen mit den USA im Gange, um – etwa im Zusammenhang mit INTELSAT-V-Satelliten – zu einem weltweiten europäisch-amerikanischen Verbundnetz zu kommen.

Ein Navigationsnetz für Flugzeuge und Schiffe

Doch kommen wir zurück zu den eigentlichen Navigationssatelliten. Gegenwärtig ist das amerikanische Verteidigungsministerium damit beschäftigt, ein Navigationssatellitennetz für die amerikanischen Streitkräfte aufzubauen. Es wird unter dem Namen NAVSTAR (»Navigations-Stern«) in drei Phasen errichtet und soll im Jahre 1984, wenn es vollendet ist, insgesamt 24 Satelliten umfassen, die die Erde unter verschiedenen Bahnneigungen in rund 20000 Kilometer Höhe umkreisen werden. Dieses Netz, das als »globales Positionierungssystem« bezeichnet wird, stützt sich also ausnahmsweise nicht auf synchron umlaufende Satelliten. Es ist so aufgebaut, daß jedes Flugzeug oder Schiff jederzeit vier Satelliten erfaßbar über dem Horizont haben wird. Die Satelliten strahlen ununterbrochen ihre eigene Position und die von eingebauten Atomuhren gelieferte Uhrzeit ab. Computer an Bord der Flugzeuge, Schiffe usw. wandeln diese Daten in Positionsangaben für ihren eigenen Standort und Informationen über Flug- und Fahrtgeschwindigkeit um.
Mit dem NAVSTAR-System wird es möglich sein, die Position eines Flugzeugs oder Schiffes auf wenige Meter genau festzulegen. Das System wird nach seiner Fertigstellung weltweit anwendbar und rund um die Uhr in Betrieb sein. Gegenwärtig befindet sich das NAVSTAR-System im Aufbau; ein Teil der Satelliten ist schon in ihren Umlaufbahnen, und diese Satelliten werden von den Streitkräften zu Positionsermittlungen bereits benützt.
Es ist klar, daß die Militärs Bedarf an akkuraten, störungsfreien Navigationssystemen haben, die den bisherigen Verfahren in Genauigkeit und Zuverlässigkeit überlegen sind. Dasselbe aber gilt natürlich für zivile Schiffahrt und Luftfahrt. Die zahlreichen Unfälle mit großen Tankschiffen sind ein Indiz dafür, daß die bisherigen Verfahren der Navigation auf See nicht ausreichen. In der Luftfahrt zwingt die zunehmende Verkehrsdichte ebenfalls zu neuen Methoden. Bei den heute üblichen Verfahren müssen beispielsweise Flugzeuge im Transatlantikverkehr Sicherheitsabstände von 190 Kilometern einhalten. Das aber bedeutet für viele Maschinen beachtliche Umwege, weil der Verkehr bereits zu dicht ist, um alle Flugzeuge auf dem kürzesten, treibstoffsparendsten Weg an den Zielort führen und dennoch die Forderung nach dem erwähnten Sicherheitsabstand einhalten zu können. Allein im Nordatlantik-Flugverkehr werden jährlich an die 50 Millionen Mark für Flugbenzin ausgegeben, das auf den gerade erwähnten notwendigen Umwegen aus Gründen des Sicherheitsabstandes verflogen wird. Auf einzelnen Flügen beträgt der Mehraufwand an Benzin wegen dieser Umwege bis zu 75000 Mark pro Flug! Das ist nicht nur vom Finanziellen her gesehen eine Verschwendung, sondern vor allem angesichts der Verknappung des Rohstoffs Öl ein unzulässiger Zustand. Zusätzlich resultieren aus den notwendigen Umwegen natürlich auch zeitliche Verzögerungen, die für die Fluggesellschaften ebenfalls negativ zu Buche schlagen – und damit auch für den Passagier, denn ein kommerzielles Unternehmen muß notgedrungen alle entstehenden Unkosten über den Preis der Flugbillets wieder hereinbringen.
Seit Jahren werden deshalb in den Vereinigten Staaten Überlegungen zum Aufbau eines aktiven Systems zur Luftverkehrsüberwachung durch Satelliten, als ATC (= Air Traffic Control, Luftverkehrskontrolle) bezeichnet, angestellt. Voraussetzung für ein derartiges System sind mindestens zwei, möglichst aber drei geostationäre Satelliten und entsprechende Spezial-Sende- und -Empfangsgeräte an Bord der Flugzeuge. Das System würde sich dabei natürlich zunächst auf die Hauptverkehrsrouten (in erster Linie also den Nordatlantik) beschränken, könnte später aber natürlich bis hin zu einem weltweit funktionierenden System ausgebaut werden, sofern der zunehmende Flugverkehr dies erfordert. Die Geräte, die an Bord eines jeden Flugzeugs vorhanden sein müßten, das die betreffenden Routen fliegt, kosten für kleine Flugzeuge pro Stück voraussichtlich 5000 bis 7500 Mark, für große Maschinen der kommerziellen Fluggesellschaften 25000 bis 40000 Mark. Das sind angesichts der zuvor erwähnten Treibstoffkosten für die Umwege geringe Beträge, wenn man berücksichtigt, daß bei Verwendung dieses Systems die Flugdichte verzehnfacht werden könnte. Auf dem Nordatlantik könnte also beispielsweise die Staffelung der Maschinen von 190 Kilometern auf 20 Kilometer heruntergestuft werden, womit genug Raum angeboten würde, um alle Maschinen, die zu einem jeweiligen Zeitpunkt unterwegs sind, auf direkter Route an den Zielort zu führen. Auch bei dieser Staffelung wäre die Sicherheit durchaus genügend, ließe das ATC doch eine Positionsbestimmung des einzelnen Flugzeugs mit einer Genauigkeit von rund 50 Metern zu!
Im übrigen würde das System natürlich so gestaltet werden, daß Kollisionen automatisch verhindert würden.
Es ist klar, daß ein solches System von den Kosten für die Satelliten, Bodenstationen usw. her nicht ganz billig ist. Rohe Kostenabschätzungen ergeben für ein solches der Luftfahrt über dem Nordatlantik und den USA dienendes System einen Kapitalaufwand von 30 bis 46 Millionen Dollar (60 bis 90 Millionen Mark) bei einem jährlichen Betriebsaufwand von 10 bis 15 Millionen Mark. Für ein weltweites, See- und Luftfahrt gemeinsam dienendes Navigationssatellitensystem (das auch für Kommunikationszwecke benützt würde) wurden Investitionskosten von 190 bis 235 Millionen Dollar (ca. 365 bis 500 Millionen Mark) bei jährlichen Unkosten von 50 bis 100 Millionen Mark errechnet. Die Überlegungen zeigen, daß derartige Kosten durchaus wieder hereinkommen würden durch größere Sicherheit und damit verbundene zu erwartende Senkungen von Versicherungsprämien, durch geringeren Treibstoffverbrauch, kürzere Fahrzeiten von Schiffen und nicht zuletzt durch Erhaltung von Menschenleben.

Europa, Kanada und die Vereinigten Staaten entwickeln gegenwärtig unter dem Namen AEROSAT einen ersten Typus von ATC-Satelliten. Er soll Ende 1979 und Mitte 1980 in zwei Exemplaren in eine geostationäre Umlaufbahn über dem Atlantischen Ozean gebracht werden und über einen Zeitraum von sieben Jahren erste praktische Erfahrungen mit Satellitennavigation im kommerziellen Flugverkehr vermitteln. Die Entwicklung der Satelliten, die zu je 47 Prozent von den USA und Europa und zu 6 Prozent von Kanada finanziert und industriell in etwa gleicher Kostenverteilung wahrgenommen wird, ist auf etwa 60 Millionen Dollar (rund 115 Millionen Mark) veranschlagt.

Fabriken im Weltall

Kommunikations-, Navigations-, Wetter- und Erderkundungssatelliten zusammengenommen bringen der Menschheit, wenn sie einmal voll ausgenützt werden, so viele Vorteile, die auf Heller und Pfennig auszurechnen sind, daß nach Ansicht einiger Fachleute damit die Unkosten der gesamten bisherigen Raumfahrt wieder hereinzuwirtschaften sind. Rechnet man die nicht direkt in Geld ausdrückbaren Gewinne hinzu, also etwa die Erhaltung von Menschenleben, den Gewinn an neuen Erkenntnissen usw., dann wird diese Bilanz noch positiver. Aber selbst das ist noch nicht das Ende der Geschichte.
Zur experimentellen Ausrüstung der Raumstation SKYLAB gehörten eine Vakuumarbeitskammer mit einem Elektronenstrahlgerät und ein Vielzweck-Elektroofen. Mit diesen Apparaturen wurden Metalle erschmolzen, chemische Verbindungen hergestellt, die sich auf der Erdoberfläche wegen der dort herrschenden Schwerewirkung nicht herstellen lassen, Kristalle gezüchtet und Schweißversuche angestellt – um nur einige Beispiele zu zitieren. Die erwähnten Einrichtungen waren dafür ausersehen, eine Serie von rund drei Dutzend Experimenten und Untersuchungen aus den Bereichen Werkstoffkunde, Materialforschung und Materialverhalten sowie Kristallzüchtung vorzunehmen. Es waren Versuche, die Aufschluß geben sollten über das Verhalten der Stoffe und die Bearbeitungsmöglichkeiten von Werkstoffen unter den Bedingungen des Weltraums, allen voran Schwerelosigkeit und Vakuum. Endziel dieser Versuche war es, Aufgaben zu definieren, die sich im Weltraum für die Erde durchführen lassen – und eben *nur* im Weltraum durchführen

Dieser Indium-Antimonid-Kristall ist im Original 2 Zentimeter lang. Er entstand unter Schwerelosigkeit ohne Wandberührung an Bord der Raumstation SKYLAB. Auf der Erde konnte bisher kein Indium-Antimonid-Kristall dieses Ausmaßes und dieser Reinheit hergestellt werden. Indium-Antimonid ist ein halbleitendes Material, das in elektronischen Geräten verwendet wird. Mit größeren und reineren Kristallen, wie sie an Bord einer Raumstation fabriziert werden könnten, ließe sich Indium-Antimonid in der Elektronik noch viel weitgehender und wirkungsvoller verwenden.

lassen, weil die Umweltbedingungen der Erdoberfläche es unmöglich machen, sie dort zu realisieren.
Diese Experimente bewiesen die Vermutung vieler Wissenschaftler, daß der Weltraum für einige technische Prozesse ein idealer Ort ist. Sicher werden aus dieser Überlegung und aus den bisherigen Erfahrungen heraus in einigen Jahrzehnten, ja vielleicht sogar bereits in wenigen Jahren, Fabrikationsstätten in der Erdumlaufbahn entstehen, Fabriken im All.
Ein Beispiel für solche Möglichkeiten ist das Züchten von Großkristallen, etwa für die Herstellung von Halbleitern. Zu den Aufgaben der SKYLAB-Astronauten gehörte es, einzelne Kristalle der halbleitenden chemischen Verbindung Indium-Antimonid zu züchten. Es gelang den Astronauten, derartige Kristalle mit einer Perfektion herzustellen, wie sie auf der Erde nicht erzielbar ist. So betrug die Oberflächenunebenheit dieser Kristalle nur etwa ein Hunderttausendstelmillimeter, weit weniger, als auf der Erde erreichbar ist.
Kristallphysik und Kristalltechnik sind für die moderne Elektronik entscheidende Bereiche. So ist die Elektronik stark daran interessiert, für die Produktion von Germanium- und Siliziumhalbleitern Kristalle

mit möglichst großen Durchmessern zu haben. Je größer die Kristalle sind und je niedriger deshalb die Dichte des durchfließenden Stroms gehalten werden kann, um so weniger Halbleiterelemente müssen parallel geschaltet werden.
In SKYLAB haben die Astronauten Kristalle aus Germanium und Selen sowie aus Germanium und Tellur züchten können, die mehrfach größer waren als entsprechende Kristalle, die auf der Erde produziert worden sind. Paradestück ist ein Germanium-Selen-Kristall von 18 Millimeter Länge. Auf der Erde werden die größten entsprechenden Kristalle 2 bis 3 Millimeter lang; man hatte für die Züchtung unter Schwerelosigkeit 5 bis 8 Millimeter lange Kristalle erwartet; die Ergebnisse haben also die Hoffnungen der Forscher sogar noch übertroffen.
Auch die »Impfung« von Kristallen mit Fremdstoffen, die kristalline Reinheit und ähnliche Faktoren lassen sich unter Schwerelosigkeit beachtlich verbessern.
Da Ausmaße und Masse (»Gewicht«) solcher Bauelemente sehr niedrig sind, ist auch bei den heutigen hohen Transportkosten in die Erdumlaufbahn eine Produktion selbst des Weltbedarfs solcher Bauelemente im Weltraum ökonomisch durchaus vorstellbar.
Die Werkstofftechnik könnte bei der Fabrikation im Weltraum von der Tatsache profitieren, daß es eine Reihe »erstrebenswerter« Werkstoffe gibt, die auf der Erde nicht fabriziert werden können. Das gilt für alle erschmolzenen Produkte, deren Bestandteile unterschiedliche spezifische Gewichte haben: Bei der Abkühlung der zunächst homogenen Schmelzen trennen sich die Substanzen nach ihren spezifischen Gewichten voneinander. Diese Schwereseigerung ist auf der Erdoberfläche mit keinem Mittel der Welt zu vermeiden, und es gibt deshalb eine Reihe vorstellbarer, höchst nützlicher Halbleitermetalle und Verbundwerkstoffe nicht.
Hierzu gehören beispielsweise für die Halbleiterfabrikation Legierungen der Elemente Gallium und Wismut oder Blei,

Große Strukturen in der Erdumlaufbahn, die Fabriken, Kraftwerke, Laboratorien, Sanatorien und Wohnstätten umfassen, könnten im 21. Jahrhundert den erdumgebenden Weltraum zu einem »neuen Kontinent« für die Erdbewohner machen. Dieses utopische Gemälde des amerikanischen Künstlers John J. Olson zeigt ein orbitales Sonnenkraftwerk während der Bauphase. Der auf der Werkhalle gelandete Raumtransporter hat die Größe eines heutigen Mittelstrecken-Verkehrsflugzeugs und gibt einen Maßstab für die gewaltigen Ausmaße solcher Stationen.

Zinn und Indium sowie bei den Verbundwerkstoffen Einschlüsse der Oxide seltener Erden in Metallegierungen. Hier ergibt sich für die Technik eine Fülle neuer Möglichkeiten durch Erzeugung besserer, reinerer, haltbarerer und festerer Werkstoffe mit vielfältigen Eigenschaften, wie sie bei vielen extremen Anwendungen gewünscht werden, bisher aber nicht realisierbar sind.
Unter Schwerelosigkeit lassen sich Stoffe mit größerer Reinheit herstellen als am Erdboden. Größere Reinheitskontrolle bedeutet aber auch, daß bestimmte Produkte für die Elektronikindustrie, die mit Fremdzusätzen »geimpft« werden müssen, im Weltraum mit genaueren Toleranzen herzustellen sind. Ferner denkt man an die großzügige Ausnützung einiger physikalischer Verfahren, die sich am Erdboden nicht voll ausnützen lassen. Interessantestes Beispiel ist die Elektrophorese, ein Verfahren zur Trennung von Substanzen auf Grund ihrer Oberflächenspannungen und den elektrischen Ladungen ihrer Moleküle. Diese Elektrophorese wird insbesondere in Biologie und Medizin gerne angewendet. Im Apollo-Programm, im Skylab-Unternehmen und beim amerikanisch-sowjetischen Apollo-Sojus-Projekt sind Elektrophorese-Experimente vorgenommen worden (wobei der Experimentator übrigens ein deutscher Wissenschaftler war). Die Ergebnisse waren so vielversprechend, daß man in der Zukunft daran denken kann, an Bord einer Raumstation nach diesem Verfahren eine Reihe medizinisch-biologischer Untersuchungen vorzunehmen. Die Herstellung bestimmter Impfstoffe, die auf der Erde nicht synthetisch zu gewinnen sind, gehört dazu. Die Elektrophorese ermöglicht es, Stoffe mit größerer Reinheit zu trennen als mit allen anderen auf der Erdoberfläche angewendeten Verfahren. So kann man verschiedenartige Zellen ein und derselben Substanz separieren – ein Umstand, auf den sich die Hoffnung stützt, beispielsweise gesunde von malignen, also vom Krebs befallenen Zellen zu trennen.
Auch die optische Industrie verspricht sich von der Schwerelosigkeit Vorteile. So könnte man im Weltraum dank der fehlenden Konvektion Gläser herstellen, die erheblich homogener sind als die auf der Erde gefertigten. Denkbar ist auch die Fabrikation von Gläsern aus Metalloxiden, ein Verfahren, das man auf der Erde ebenfalls nicht anwenden kann. Die Techniker sehen eine ganze Reihe neuer Produkte voraus, so neue Filter, Linsen und Spiegel mit besseren Eigenschaften, neue Schmiermittel mit höheren Leistungen, supraleitende Kabel und viele elektronische Komponenten wie Relais, Schalter, Halbleiter. Verbesserte Legierungen würden es ermöglichen, Turbinenschaufeln zu bauen, die höhere Temperaturen aushalten, oder verbesserte Werkzeuge zu konstruieren, die Fabrikationskosten im Flugzeug- und Automobilbau senken. Neuartige Leichtmetalle würden dem allgemeinen Maschinenbau wie dem Bau von Unterwasser- und Luftfahrtgeräten zugute kommen, unter Schwerelosigkeit im Weltraum gegossene, spannungsfreie Kugeln die Konstruktion besserer, neuartiger Kugellager erlauben...

Kraftwerke in der Erdumlaufbahn

Die Ausnutzung der Sonnenenergie könnte durch Sonnenkraftwerke in der Erdumlaufbahn besser bewerkstelligt werden als hier am Erdboden. Es gibt Überlegungen, Dutzende von Sonnenkraftwerken als künstliche Satelliten in der geostationären Umlaufbahn zu errichten und die gewonnene Energie in Form von Mikrowellen zur Erdoberfläche abzustrahlen, wo diese Mikrowellen in Strom verwandelt würden. Nicht nur, daß die Energieausbeute im Weltall natürlich um ein Mehrfaches größer ist als hier auf der Erde, wo Tag und Nacht Atmosphäre und Wolken die Sonnenstrahlung stark einschränken, auch der Wärmebelastung der Umwelt wäre man im Weltall ledig.
Die Anlagen, die dafür gebaut werden müßten, hätten beträchtliche Ausmaße. So würde ein Sonnenkraftwerk in der Erdumlaufbahn, das die auftreffende Sonnenenergie in Wärme und diese auf dem Weg über Turbinen und Generatoren in Elektrizität verwandeln soll, zur Erzeugung von 10000 Megawatt elektrischer Energie Spiegelflächen von über 50 Quadratkilometer Ausdehnung benötigen.
Doch so gewaltige Flächen wären im luftleeren Weltraum unter der Schwerelosigkeit der Erdumlaufbahn einfacher zu errichten als auf der Erde. Ihre Strukturfestigkeit müßte nur sehr gering sein, so daß der Großteil der Flächen aus dünnstem, äußerst leichtem Kunststoffmaterial bestehen könnte – etwa aus Polyesterfolien mit Aluminiumbedampfung.
So gibt es auch bereits einen Vorschlag für ein erstes Sonnenkraftwerk in der Erdumlaufbahn, das über einen Zeitraum von rund 10 Jahren sukzessive aufgebaut werden soll. Es würde zum Schluß aus einer Satellitenanlage von 60000 Tonnen Masse bestehen, 48 Turbogeneratoren enthalten und 14400 Megawatt elektrische Leistung abgeben. Davon würden nach Umwandlung in Mikrowellen und Rückwandlung in Strom am Erdboden 10000 Megawatt zur Verfügung stehen. Im Laufe der Zeit könnten Dutzende derartiger Satelliten-Kraftstationen geschaffen und damit ein beachtlicher Anteil der auf der Erde benötigten Elektrizität gewonnen werden.
Auch Kostenanalysen sind angestellt worden. Geht man von den heutigen, in Zukunft ohne Zweifel noch steigenden Strompreisen aus, berücksichtigt alle Investitionen, Amortisation und eine vernünftige Verzinsung, dann kommt man auf einen Kilowattstunden-Preis, der zwischen demjenigen für heutigen Strom aus einem Kohlekraftwerk und einem Ölkraftwerk liegt, also durchaus konkurrenzfähig ist. Die amerikanische Raumfahrtbehörde NASA untersucht das Projekt gegenwärtig und hat dafür Vorstudien in Auftrag gegeben.

Raumfahrtnebenprodukte

Abgesehen von Nachrichten- und Wettersatelliten, Forschungsresultaten, Weltallfabriken und Sonnenkraftwerken der Zukunft gibt es noch weitere beachtliche Auswirkungen der Raumfahrt. Sie, die allgemein als spin-off oder Nebenprodukte der Raumfahrt bezeichnet werden, machen sich in vielen Bereichen des Lebens bemerkbar, ohne daß die Menschen sich dessen immer bewußt sind. Wenn beispielsweise heute Schüler und Hausfrauen billige elektronische Taschenrechner haben, wenn es transistorisierte Kleinstradios gibt oder wenn so manches technische Gerät trotz allgemein steigender Preise heute billiger ist als vor zehn Jahren, so verdanken wir dies alles der Raumfahrt.
Schon in den ersten Ansätzen verlangten Raketentechnik und Raumfahrt extreme Leistungen von der Technik. Sie forderten bessere Werkstoffe, hochenergetische Treibstoffe, schnelle elektronische Rechenmaschinen, neue Technologien und neue Managementverfahren. Als die bemannte Raumfahrt begann, wurden zusätzlich neue biologische und medizinische Untersuchungsmethoden gefordert, von denen heute Medizin und Biologie nachhaltig profitieren.
Im Zuge der Entwicklung von Raumfahrtgerät und von Raketen sind über 3000

Erfindungen und Entdeckungen identifiziert worden, die heute in anderen Bereichen angewendet werden oder potentielle Anwendungsmöglichkeiten besitzen. Das reicht von der vielzitierten Teflon-Bratpfanne bis zu neuartigen Schweißverfahren, neuen Metallegierungen und zur Mikroelektronik, die praktisch ihre Existenz Raumfahrt und Raketentechnik verdankt.
Managementtechniken, wie sie bei der Produktion komplizierter Raketen entwickelt und angewendet wurden, sind benützt worden, um neue Verkehrssysteme zu planen, Fabrikationsverfahren zu verbessern und kommunale Probleme zu lösen.
Berücksichtigt man diese und viele andere Auswirkungen der Raumfahrt, die hier nicht alle dargestellt werden können, denkt man ferner an die zuvor zitierten Weltraumsysteme wie Nachrichten- und Wettersatelliten, beachtet man die vielfältigen astronomischen, geophysikalischen und sonstigen wissenschaftlichen Erkenntnisse, die aus der Raumfahrt herrühren, und wertet schließlich die Dinge, die uns die Raumfahrt für die Zukunft verspricht, dann wird die einleitend gemachte Feststellung von der gegenwärtigen Unterbewertung der Raumfahrt verständlich.
Alles spricht dafür, daß Raumfahrt kein vorübergehendes Phänomen ist, sondern daß mit ihrem Beginn eine neue, höhere Stufe technologischer Entwicklung des Menschen erreicht wurde.
Einer der großen Pioniere der Raumfahrt, Dr. Wernher von Braun, hat einmal die Bedeutung des Aufbruchs des Menschen in das Weltall verglichen mit der Bedeutung, die jener Augenblick hatte, in dem das Leben das Meer verließ, um sich auf dem Festland eine neue, weitere Heimstatt zu suchen.
Dieser Vergleich mag für denjenigen, der sich bisher noch nicht näher mit der Raumfahrt auseinandergesetzt hat, zunächst übertrieben erscheinen. Vertieft man sich aber einmal in die vielfältigen Wechselwirkungen, die in den wenigen Jahren, die uns vom Beginn des Raumfahrtzeitalters trennen, zwischen dieser Raumfahrt und nahezu allen Bereichen menschlichen Lebens und menschlicher Tätigkeit zustande gekommen sind, dann erscheint dieser Vergleich durchaus gerechtfertigt.
Wir heute Lebenden haben das unwahrscheinliche Glück, in eine Epoche der Menschheitsgeschichte hineingeboren worden zu sein, die nur selten Vergleichbares in der Vergangenheit hatte und der gegenüber wohl auch die Zukunft nur selten wird mit Vergleichbarem aufwarten können.
Wie ist es zu dieser Raumfahrt gekommen? Wie hat der Mensch es geschafft, nach Jahrhunderttausenden, die er auf dieser Erde existiert, diesen seinen Heimatplaneten zu verlassen? Seit wann hat der Mensch überhaupt die Möglichkeit in Betracht gezogen, diese Erde verlassen zu können? Seit wann ist er von dem Wunsch beseelt gewesen, dies zu tun? Welche Faktoren waren es, die zusammenwirken mußten, um Homo sapiens schließlich zu befähigen, das kosmische Abenteuer zu wagen?
Fragen über Fragen, deren Antworten zu einem Teil nur aus Vermutungen bestehen können, die zu einem anderen Teil aber herauszulesen sind aus der Geschichte der Raumfahrt und der Geschichte ihrer Idee.

Raumfahrt – eine Geschichte der Geschichten

Wenn wir versuchen wollen, den historischen Ablauf der Raumfahrt zu erfassen, dann sehen wir uns sogleich der Schwierigkeit gegenüber, daß diese Raumfahrt Elemente so vieler Tätigkeiten und Leistungen des Menschen enthält. Die Geschichte der Raumfahrt – das ist gleichzeitig eine Geschichte unseres astronomischen Weltbildes, es ist eine Geschichte der Technik, eine Geschichte von Mathematik und Physik, von Chemie und Treibstoffkunde, Werkstoffen und Bauweisen, Rechenmaschinen und Meßverfahren; ja, sogar Biologie, Medizin, Politik und Rechtskunde spielen mit hinein.
Insofern ist es gar nicht *eine* Geschichte, die wir zu erzählen haben, sondern es sind die Geschichten vieler wissenschaftlicher und technischer Disziplinen, aus denen sich das Wissen des Menschen zusammensetzt. Es sind die Geschichten von Disziplinen, die im richtigen Augenblick zusammengeführt wurden, um einen alten Traum des Menschen Wirklichkeit werden zu lassen, den Traum, zu anderen Himmelskörpern fliegen zu können.

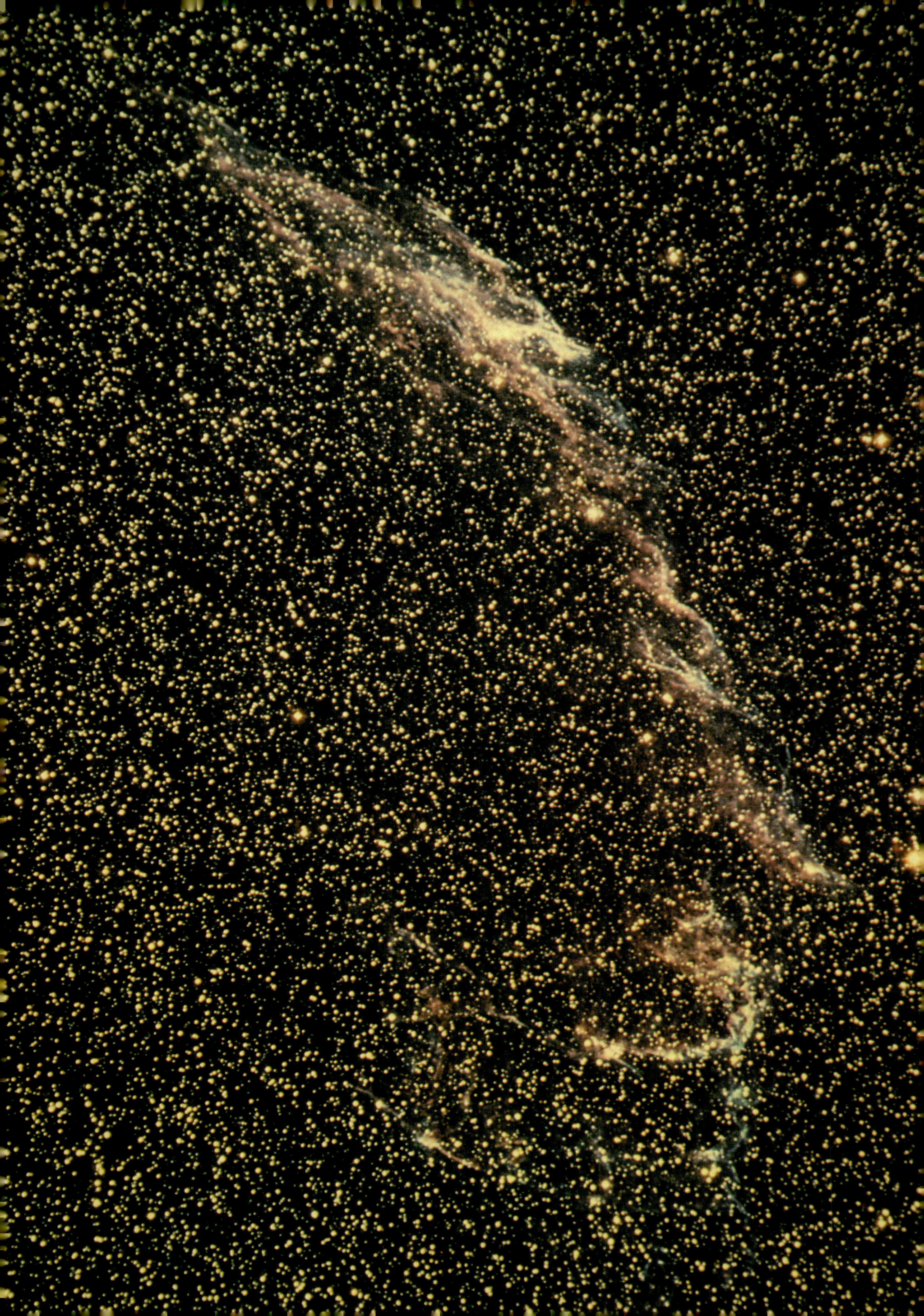

IDEEN
Die Periode der Phantasie

Vom Erwachen der Menschheit

Wann hat wohl zum erstenmal ein Mensch davon geträumt, ins Weltall hinaus zu fliegen, andere Himmelskörper zu erreichen?
»Seit es Menschen gibt«, »seit der Mensch zu denken versteht«, »seit er den Blick zum erstenmal zum Firmament erhob«, »seit man an das Fliegen denkt« - dies sind Variationen ein und derselben Antwort, wie sie merkwürdigerweise immer und immer wieder in der Literatur auftauchen. Es sind Antworten, die eines gemeinsam haben: Sie sind alle falsch.
Nach den jüngsten Auffassungen der Anthropologen traten erste menschenartige Lebewesen - gleichsam Vorläufer des Menschen - auf der Erde vor 25 bis 35 Millionen Jahren in Erscheinung. Zu dieser Zeit trennten sich bei den Primaten (den Herrentieren, zu denen auch der Mensch gehört) die Entwicklungslinien von Affen und Hominiden, also menschenartigen Wesen. Funde von Hominiden aus dieser Zeit gibt es nicht; die ältesten bekannten Hominiden lebten vor 6 bis 13 Millionen Jahren. Sie wurden zum Zeitpunkt ihrer Auffindung in Indien im Jahre 1934 noch den Affen zugerechnet und deshalb als Ramapithecus bezeichnet: Rama ist der Name eines hinduistischen Gottes, während Pithecus Affe bedeutet. Aus ihnen entstand der aufrecht gehende Australopithecus africanus, benannt nach dem ersten Fundort eines Schädels dieses Hominiden, Südafrika.
Die weitere Entwicklung führte zu einem Menschentyp, der zunächst unter verschiedenen Namen entsprechend den Fundorten der Schädel und Knochenteile klassifiziert wurde - Heidelberg-Mensch, Peking-Mensch, Java-Mensch -, heute aber unter dem Begriff Homo erectus (aufrecht gehender Mensch) zusammengefaßt wird. Er lebte vor etwa einer Million bis vor 400 000 Jahren, also in der Eiszeit.
Alle diese frühen menschlichen Lebewesen, die zum Teil auch heute zu Unrecht oft als »Affenmenschen« bezeichnet werden, konnten sicher noch nicht abstrakt denken. In mühevollen Schritten müssen sie sich die Erkenntnis von Ursache und Wirkung erarbeitet haben. Sicher blickten sie gelegentlich zum Firmament, aber sie verbanden damit noch keinerlei Vorstellung. Die Idee, zur Sonne oder den Sternen gelangen zu wollen, konnte ihnen nicht kommen, denn Sonne, Mond und Sterne waren für sie gegenstandslos. Sie lebten in voller Einheit mit der Natur, ohne Erkenntnisse über Leben und Tod.
Vor etwa 100 000 Jahren tauchten in Gestalt des Neandertalers und vor rund 30 000 Jahren des Cro-Magnon-Menschen jene Lebewesen auf, die wir als Homo sapiens - »weise Menschen« - bezeichnen. Sie könnten die ersten Menschen gewesen sein, die eine gewisse Beziehung zu unserer Fragestellung entwickelt haben, denn ihnen war der Unterschied zwischen Leben und Tod bewußt, sie errichteten Grabstätten, legten Steine in Ornamenten aus, die eine Beziehung zu dem Toten ausgedrückt haben müssen. In den Gräbern dieser Menschen fanden sich auch verkohlte Knochen, die Überreste beigegebener Nahrungsmittel sein könnten.
»Solche ritualen Grabstätten deuten darauf hin, daß die Neandertaler Vorstellungen von einer Seele, dazu ausersehen, eine lange Reise in eine andere Welt zu unternehmen, hatten«, schreibt der amerikanische Geologe Richard Foster Flint. Da könnte es auch durchaus möglich gewesen sein, daß diese Menschen sich fragten, was die Sterne dort oben am Firmament, was Sonne und Mond seien, und daß sie die andere Welt, von der Flint spricht, vielleicht sogar dort vermuteten.
Lebte der Neandertaler bis vor rund 35 000 Jahren, so trat der Cro-Magnon-Mensch vor etwa 35 000 bis 40 000 Jahren auf und existierte bis vor 15 000 Jahren. Er schuf bereits ausgesprochene Siedlungen, lebte in Höhlen und Zelten. Auch der Cro-Magnon war noch ein Jäger, der in großen Gruppen jagte. Aus den Höhlen der Cro-Magnon-Zeit in Südwestfrankreich sind Tierdarstellungen bekannt. Sie sind rituell zu verstehen. Dem erst jetzt allmählich seßhaft werdenden Jäger der Altsteinzeit sind Idee und Tat noch eins; durch die Darstellung des Tieres nimmt er von diesem Besitz. Der eigentliche Vollzug des Jagens und Einfangens oder Tötens ist dann für ihn nur noch eine nebensächliche Angelegenheit.
Die Deutung dieser frühen Tiermalereien als eine Mystifikation unterstellt, daß die Menschen jener Zeit es bereits verstanden, abstrakt zu denken. Damit aber besaßen sie auch die Voraussetzungen, über den Himmel nachzudenken und sich die Frage nach der Erreichbarkeit der Gestirne vorzulegen - die Idee der Raumfahrt zu konzipieren, würden wir heute sagen. Auch den Cro-Magnon-Menschen war die Vorstellung eines Lebens nach dem Tode geläufig, auch sie gaben ihren Toten Nahrungsmittel und Ornamente mit ins Grab.
Wir wissen nicht, wann der Mensch wirklich zum erstenmal zum Himmel blickte, den Lauf der Gestirne zu beobachten begann. Vieles spricht dafür, daß dies in der Tat sehr früh in der Entwicklungsgeschichte der Menschheit geschah, denn schließlich gehört wenig dazu, den Wechsel und den Unterschied von Tag und Nacht zu erfassen. Auch der Wechsel der Jahreszeiten muß dem Menschen schon sehr bald aufgefallen sein, das Erblühen im Frühjahr, die freundliche Wärme des Sommers, die zunehmende Kühle des Herbstes, ganz zu schweigen von dem Eis und Schnee des Winters.
Sicher sind diese Phänomene den frühen Menschen irgendwann vor 100 000 oder vor 30 000 Jahren zum Bewußtsein gekommen, zumal er von allen diesen Vorgängen in seinem Leben ja weit mehr beeinflußt wurde, als dies beim heutigen Menschen mit seinen Häusern und Heizungen, seinen Klimaanlagen und wärmenden Kleidern der Fall ist.
Vielleicht aber entwickelten sich schon aus den frühen Erkenntnissen über Tag und Nacht, Sommer und Winter Beziehungen der damaligen Menschen zum Firmament, von denen wir heute nichts mehr erahnen können. Vielleicht gab es bereits eine Himmelsbeobachtung, gab es Regeln über Sonnenstand, Sternaufgänge und jahreszeitlichen Ablauf, wie wir sie in der Überlieferung erst aus der frühbabylonischen Zeit in Gestalt jener beobachteten scheinbaren Zusammenhänge kennen, die sich in den mystifizierten Regeln babylonischer Astrologie niederschlugen.
Vielleicht aber sind dies müßige Spekulationen. Vielleicht blickte der Mensch erst bewußt zum Firmament auf, als er begann, seine Umwelt durch seine Gedanken und die Kraft seiner Hände umzuformen, seinen Wünschen anzupassen.
Diese Phase des Aufstiegs setzt ein mit dem allmählichen Seßhaftwerden des Menschen, mit seiner Wandlung vom Jäger zum Landmann. Das Anwachsen der Menschheit führte zu der ersten Nahrungsmittelkrise. Ihr konnte freilich leicht dadurch begegnet werden, daß der Mensch auf andere Ernährungsformen auswich: Er lernte Gemüse und Pflanzensamen zu essen und erfand schließlich den Anbau, das Säen und Ernten. Damit setzte - vor rund 9000 Jahren - eine völlig neuartige Entwicklung ein, die zur Seßhaftigkeit der Menschen führte; Dörfer entstanden, Wälder wurden gerodet, um Anbauflächen zu schaffen, wilde Tiere zu Haustieren gemacht.
Die Zeit des beginnenden Ackerbaus und der Domestizierung war ein entscheidender

Einschnitt in der Geschichte des Menschen. Zwar mußte der Mensch nun im Schweiße seines Angesichts arbeiten. Aber er konnte sich jetzt vielen Dingen widmen, in einer Art entwickeln, wie es nicht möglich gewesen wäre, wenn er nicht seßhaft geworden wäre. In den Dörfern und Städten, die entstanden – die älteste bekannte Stadt, Jericho, stand vor achteinhalb Jahrtausenden bereits in voller Blüte –, entwickelte sich eine verstärkte Kommunikation, kam der Handel auf.

Nun war auch die Zeit, da der Mensch seinen Blick nicht nur gelegentlich per Zufall zum Himmel wandte, denn nun blickte er zur Sonne, dem Mond und den Sternen aus praktischen Gründen: Die Zeit der Saat und die Erntezeit sind Perioden, die durch astronomische Vorgänge bestimmt werden und die der Mensch am Stand der Gestirne abzulesen begann. Die Geburtsstunde der Astronomie war da.

Ohne Zweifel aber hatte der Mensch bereits zuvor eine Menge über die Gestirne und ihre Bewegungen gelernt. So muß schon dem Urmenschen, der noch in den Wäldern lebte, der Mond ein wohlvertrauter, willkommener Himmelskörper gewesen sein, erhellte er doch die sonst finsteren Nächte und machte es somit möglich, echte und eingebildete Feinde – wilde Tiere und aus Bäumen und Sträuchern, aus Geräuschen und Bewegungen manifestierte Geister – um den nächtlichen Lagerplatz herum zu erkennen. Was liegt da näher, als daß dieser Mond gleich der Sonne als Gottheit verehrt wurde?

Gedanken über die wahre Natur der Sonne und des Mondes indessen machten sich diese frühen Menschen sicher nicht.

Schnell muß sich an diesem Firmament aber auch eine Welt der Dämonen angesiedelt haben. Der frühe Mensch war nicht in der Lage, zwischen Phänomenen der Nähe und der Ferne zu unterscheiden.

Für ihn kamen die wohlige Wärme und das tagerhellende Licht der Sonne, das nächtliche Licht des Mondes, aber auch Blitz und Donner, Sturm und peitschender Regen alle vom gleichen Ursprungsort, vom Firmament. War das eine willkommen, so wurde das andere dämonisch gefürchtet.

Für ihn unvorhersehbare Ereignisse – Sonnen- und Mondfinsternisse, Kometen, die Furcht und Schrecken verbreiteten – schienen ihm überdies zu beweisen, daß die ihm wohlgesonnenen Quellen des Lichtes und der Wärme ebensowenig von den Dämonen verschont blieben wie er selbst. Der Überlieferungen von Beschwörungen, von beschwichtigendem Tanz, von Lärmentfaltung und kultischen Handlungen bei Sonnen- und Mondfinsternissen, darauf abzielend, die bösen Dämonen, die sich an Sonne oder Mond herangemacht haben, zu vertreiben, sind gar viele bei zahlreichen Völkern und in allen Epochen.

Es gibt viele Hinweise auf die intensive Beschäftigung der Menschen mit den Gestirnen aus der Zeit der beginnenden Domestikation, ja, sogar darüber hinaus. Und sicher wäre es der Mühe wert, jene alten Höhlenzeichnungen der Cro-Magnon, die Tiere bei der Jagd, erlegte Tiere und gelegentlich einen Jäger zeigen, deren gegenseitige Anordnungen aber bisher keinerlei Methode erkennen ließen, einmal auf einen möglichen astronomischen Gehalt zu prüfen. Bisher lautet die

Erklärung, daß der Zweck dieser Bilder – die Beschwörung der Jagd – nur die Tierdarstellung als solche verlangte, die relative Anordnung der Gruppen zueinander aber ohne Bedeutung und daher willkürlich getroffen worden sei. Es wäre zu überprüfen, ob sich in dieser Anordnung vielleicht sogar Konstellationen des Firmaments in ihren relativen Stellungen zueinander widerspiegeln, Sternbilder. Viele undeutbare, in Stein geritzte Striche aus jener Zeit, die nunmehr über 10000 Jahre zurückliegt, schüren den Verdacht, daß die Menschen jener Epoche möglicherweise bereits ein auf Gestirnsbeobachtungen beruhendes Kalenderwesen gehabt haben. Immerhin wissen wir, daß es im Mesopotamien des

Kunstvolle Tiergemälde finden sich an den Höhlendecken von Altamira. Sie entstanden vor etwa 15000 Jahren. Hat eine Menschengeneration, die diese eiszeitlichen Kunstwerke hervorbrachte, vielleicht auch ein astronomisches Weltbild besessen? Jüngere Forschungen deuten an, daß man zu jener Zeit schon über Leben und Tod, Diesseits und Jenseits nachdachte, daß man die Vorgänge am Firmament aufmerksam verfolgte.

fünften vorchristlichen Jahrtausends, dem Zweistromland zwischen Euphrat und Tigris, dem heutigen Irak, ein gediegenes himmelsmechanisches Wissen gegeben hat. Da waren die Tierkreis-Sternbilder ebenso bekannt wie der Lauf von Sonne und Mond. Auf Tontafeln aus der Zeit um 2800 v. Chr. sind Fixsternbeobachtungen des vierten vorchristlichen Jahrtausends aufgezeichnet. Auch Mondfinsternisse konnte man zu dieser Zeit bereits voraussagen, wozu nicht unerhebliches Geschick und intensive Himmelsbeobachtungen Voraussetzung waren.

In Babylon und Indien, in Ägypten, China und in Mittelamerika entwickelte sich schon in den Jahrtausenden vor Beginn unserer Zeitrechnung eine so weitgehende Gestirnsbeobachtung, daß es gelang, Bewegungen und Stellungen von Sonne, Mond und Planeten vorauszusagen, Auf- und Untergänge zu berechnen und – wie wir sahen – Mondfinsternisse anzukündigen. (Mit den Sonnenfinsternissen, die stärker ortsabhängig sind, hatte es eine eigene Bewandtnis.) Allerdings, es war ein rein empirisches Wissen; die Ursachen der Bewegungen und Ereignisse konnte man noch nicht erklären. Aus den noch immer nicht voll verstandenen Kulturzeugnissen der Mayas Mittelamerikas geht ein Datum aus dem Jahre 8498 v. Chr. hervor. Es ist eine Angabe, die möglicherweise auf ein astronomisches Ereignis, eine Planetenkonstellation, hindeutet. Dies würde besagen, daß es bei den Mayas schon um 9000 vor Beginn der Zeitrechnung – das heißt vor nunmehr 11000 Jahren! – eine hochentwickelte astronomische Beobachtungskultur und ein ausgefeiltes Kalendersystem gegeben hat.

Waren Kalenderberechnungen und Vorausberechnung von Himmelserscheinungen wie Finsternissen das eine Motiv der astronomischen Beobachtungen der vorchristlichen Jahrtausende, so war das andere, nicht minder starke die Beschäftigung mit der Astrologie. Diese Astrologie, erwachsen aus der Mystifizierung der Himmelsvorgänge, war für lange Zeit die Triebfeder der Astronomie, und Keplers berühmter Ausspruch aus dem 17. Jahrhundert: »Das närrische Töchterlein Astrologie muß die ehrbare Mutter Astronomie ernähren«, hätte auch gut in das erste oder zweite Jahrtausend vor Beginn der Zeitrechnung gepaßt. Sternreligion und Astrologie entstanden in gegenseitiger Wechselwirkung, wobei man drei Entwicklungsstufen der Astrologie unterscheiden kann, mit denen entsprechende Religionsformen und Stadien der Astronomie einhergehen. Ursprünglich als Mittel zur Erforschung des Willens der Götter angesehen und von Priestern betrieben, entwickelte sich diese Omen-Astrologie der altbabylonischen

Zeit zu dem verschachtelten System der Tierkreis-Astrologie. Wo die Anfänge der Astrologie zeitlich liegen, ist nicht genau zu ermitteln. Die Ursprungsorte dürften Babylon und Ägypten gewesen sein, obgleich sich später auch eine offensichtlich eigenständige Sternbeobachtung und Astrologie in China entwickelte. Die Mayas verbanden ihre Himmelsbeobachtungen mit religiösen Vorstellungen, ohne daß sie indessen zu einem System nach Art der ägyptischen Astrologie kamen.
Ihren Höhepunkt erreichte die ägyptische Omen-Astrologie zwischen 1400 und 650 vor Christi Geburt. Sie kannte keine Einzel-Horoskopie, wie sie uns später begegnet, und ihre Vorhersagen erschöpften sich in allgemeinen Feststellungen.
Auch die Tierkreiszeichen kannte die Omen-Astrologie noch nicht in astrologischer Bedeutung.
Um etwa 600 v. Chr. entwickelte sich dann die primitive Tierkreis-Astrologie. Sie stand im Zusammenhang mit dem Orphismus, einer religiösen, sektenartigen Bewegung, die es seit dem sechsten vorchristlichen Jahrhundert in Griechenland, Unteritalien und Sizilien gab und die von der mythologischen Gestalt des Orpheus abgeleitet war.
Ihr folgte schließlich die Horoskop-Astrologie der Art, wie sie noch heute betrieben wird. Der Ursprung der Horoskop-Astrologie liegt im Babylon des fünften vorchristlichen Jahrhunderts. Sie basiert auf der Idee einer himmlischen Herkunft der Seele und ist somit ursprünglich ebenfalls religiös-mystischen Ursprungs. Seit etwa 300 vor Beginn der Zeitrechnung breitete sich diese Astrologie von Babylon nach Ägypten und Griechenland, nach Vorderasien und Rom, Persien, Indien und wohl auch in Teilen nach China aus.

Sonnenuntergang in Stonehenge. Was war diese fast 4000 Jahre alte, planvoll angeordnete Sammlung zig Tonnen schwerer Steine – Kultstätte, Opferhain, Tempel oder steinzeitliches Observatorium? Es gibt so viele astronomisch-kalendarische Zusammenhänge mit der Steinanordnung, daß die astronomische Deutung nicht mehr übersehen werden kann.

Sternenreligionen und Astrologie identifizierten die Himmelskörper mit Gottheiten und göttlichen Willensverkündern. Sie stellten nicht die Frage nach der wahren Natur von Sonne, Mond und Sternen. Es konnte aber natürlich nicht ausbleiben, daß auch der frühe Mensch sich Gedanken über seine eigene Umwelt und damit auch über das Firmament und die an ihm sichtbaren Objekte und Vorgänge, über Aufbau und Entstehung dieser Welt machte.

Die Entwicklung des astronomischen Weltbildes

Der Zeitpunkt, zu dem dies erstmals geschah, war, wenn man so will, die Geburtsstunde der Kosmologie. Freilich einer Kosmologie, die noch nicht von erarbeiteten, überprüften Tatbeständen ausging, wie es die Methode der modernen Wissenschaft ist, sondern einer spekulativen, auf scheinbarer Beobachtung aufbauenden, mit vielen mythischen und mystischen Vorstellungen umkleideten Kosmologie. Sie versuchte zunächst einmal die Erde, die Wohnstatt der Menschen zu erklären. Das Firmament mit der Sonne und den anderen Sternen waren Beiwerk, das zunächst nur in der Zweckausrichtung auf die Erde eine Rolle spielte, allerdings bald zur Grundlage der gerade erwähnten Sternenreligionen, der Sonnenverehrung und -anbetung und der Astrologie wurde. Dabei steht außer Zweifel, daß diese Astrologie eine große geistesgeschichtliche Bedeutung besitzt, was allein schon durch ihre Verknüpfung mit Sternenreligionen, Kulten-Religionen, deutlich wird. Doch kehren wir zurück zur Frage nach dem Weltbild der frühen Menschen.
Im Grunde genommen wissen wir sehr wenig über die »Weltbilder« der ersten Vertreter des Homo sapiens, denn alles, was an Gedanken und Überlegungen in dieser Hinsicht vor dem dritten Jahrtausend vor Beginn unserer Zeitrechnung existierte, ist nicht überliefert: Zwar nimmt man an, daß die Anfänge einer ersten Bilderschrift bereits vor rund 12 000 Jahren entstanden und daß die sumerische Bilderschrift um etwa 3300 vor Christi Geburt aufkam; die älteste schriftliche Überlieferung hingegen, in Bruchstücken von Tontafeln vorhanden, stammt aus der Zeit um 3000 v. Chr. Es ist das Gilgamesch-Epos. In ihm ist zwar die Rede vom Paradies, von Fülle und Reichtum an Wasser und Nahrung – offenbar eine Bezugnahme auf die Zeit vor Ackerbau und Viehzucht, als der Mensch jagend

seinen Lebensunterhalt fand und die Natur ihn mit einem wahren Reichtum an Pflanzen, Kräutern, Beeren und Bäumen überschüttete. Doch Hinweise auf die Gestirne, auf ihre Entstehung, auf die Entstehung der Erde fehlen.
Derartige Hinweise finden sich erstmals in einem Epos aus Babylon über die Weltschöpfung, das etwa aus dem Jahre 2150 v. Chr. stammt. Hier ist die Rede von drei menschenartigen Göttern des Himmels, der Luft und der Erde samt Unterwelt.
Es wird berichtet, wie diese drei Götter die »Urgötter des Chaos« vernichteten und als Tierkreis-Sternbilder an den Himmel versetzten: eine deutliche astronomische Bezugnahme also, aber ein mythisches Weltbild.
In der Tat haben das alte Babylon, Ägypten und China kein rationales Weltbild hervorgebracht. Dies blieb den Griechen vorbehalten und begann schrittweise im fünften vorchristlichen Jahrhundert.
Doch werfen wir kurz einen Blick auf jene von Mystizismus und Aberglauben umrankten »Weltbilder« der frühen Epoche.

Linke Seite: Das alte mittelamerikanische Volk der Mayas muß beachtliches astronomisches Wissen besessen haben. Zahlreiche in Stein geschlagene Inschriften bestehen aus Kalenderdaten mit sternkundlicher Bedeutung. Im Dresdner Codex, der ältesten von drei überlieferten Mayaschriften aus der Periode von 600 bis 900 n. Chr., ist die hier abgebildete Darstellung enthalten. Sie ist Teil eines Almanachs mit Weissagungen, die sich an astronomischen Daten orientieren. Der in der Bildmitte gezeigte Federschlangengott Kukulcan stellt den Planeten Venus dar. Kukulcan richtet seine tödlichen Wurfspieße auf das Symbol des Regens, den Frosch. Der Text enthält Angaben über den heliakischen Aufgang der Venus, das heißt den Tag, an dem die Venus nach der unteren Konjunktion mit der Sonne wieder aus den Strahlen des Tagesgestirns hervortritt und nach Wochen der Unsichtbarkeit zum Morgenstern wird. Nach den religiösen Vorstellungen der Mayas sind dies Unglückstage: eine Interpretation der Priester, die zu keinem rationalen astronomischen Weltbild führen konnte und auch dem Gedanken des Fluges in einen erdumgebenden Raum den Weg verbaute.

Rechts: Immer wieder begegnen uns stumme Zeugen aus der Vergangenheit der Menschheit, die auf astronomisches Gedankengut hinweisen. Auf diesem babylonischen Grenzstein aus dem 12. Jahrhundert v. Chr. führt der König Melischipak II. seine Tochter einem Wesen zu, das die außerirdischen Gottheiten Sonne, Mond und Venus vertritt.

Eine Scheibe, vom Ozean umflossen

Sie alle gehen davon aus, daß die Erde eine Scheibe ist, wobei die jeweiligen Urheber sich stets im Mittelpunkt der Scheibe wähnen – ein typisch egozentrischer Standpunkt, der im ptolemäischen Weltbild seinen Höhepunkt erlebte und der (im übertragenen Sinn) auch heute noch Kernpunkt der meisten Überlegungen und Handlungen des Menschen ist.
Eine runde Scheibe, vom Ozean umflossen und vom Himmelsgewölbe überdacht – so sehen die meisten frühen Theorien die Erde. Sehr bald wurde dabei die Frage aufgeworfen, worauf denn diese Erde und dieser Ozean ruhten, und dies führte zu vielen absurden Hypothesen. So entwickelte sich die Vorstellung, daß Ozean und Erde auf dem Rücken einer Schildkröte getragen würden. Die unvermeidliche Frage, was denn die Schildkröte stütze, wurde mit dem Hinweis beantwortet, daß sie auf einem See aus Milch schwimme, welcher wiederum von einem anderen Tier getragen würde – und so ging es weiter, eine ganze Menagerie hindurch, gleichsam eine Säule akrobatischer Zirkustiere. Als unterstes Tier mit der schwersten Bürde wurde der Elefant postuliert. Die Frage nach seinem Standort beantworteten die Inder des vierten oder fünften vorchristlichen Jahrhunderts im Sanskrit kurz und bündig mit der Feststellung, die Beine des Elefanten seien so lang, daß er keine Standfläche brauche!
Über die Himmelsglocke machte man sich zunächst auch nicht viel andere Gedanken. Bei vielen Völkern herrschte die Vorstellung, daß die Sterne des Firmaments ehemalige Menschen seien und daß jeder Verstorbene in den Himmel gelangt und zu einem Stern wird. Weit verbreitet war auch die Vorstellung, daß die Sterne Löcher in der Himmelskugel wären, goldene Nägel oder Blumen.
Wir brauchen hier nicht auf die vielen, ohne Zweifel interessanten anderen Versionen derartigen Sternenglaubens einzugehen, denn für unseren Zweck münden sie alle in ein und derselben Feststellung: Es waren samt und sonders Weltbilder, die für die Idee des Raumfluges keinen Platz boten, denn niemand kam es in den Sinn, die Fixsterne oder auch nur die Planeten oder den Mond für Weltkörper im Sinne der Erde zu halten, die zumindest in der Phantasie des Geistes erreichbar sein könnten.
Diese Situation änderte sich zunächst auch nicht, als die irrationalen Weltbilder der Ägypter, der Peruaner und Chinesen abgelöst wurden von rationelleren Vorstellungen der Griechen. Auch in den griechischen Weltbildern blieb die Sternensphäre als ein abschließendes Gebilde erhalten; die Debatte ging mehr um Form und Größe der Erde sowie um die Sphären, an denen Mond, Sonne und Planeten diese Erde umkreisten, wobei man diesen Objekten keineswegs so körperhafte Eigenschaften zuschrieb, daß wenigstens sie als Kristallisationskerne einer Raumfahrtidee hätten wirken können.
Die astronomischen Kenntnisse der Babylonier und Ägypter beschränkten sich auf ein sukzessive durch Beobachtung und

Linke Seite: Für die alten Ägypter wurde die Sternenwelt durch die über die Erdoberfläche gebeugte Göttin Nut verkörpert. Die Erde wird ebenfalls häufig als Gott in Menschengestalt abgebildet.

Oben: Kreisförmig stellten sich die Babylonier die Erde vor. Auf diesem Tontäfelchen von 10 Zentimeter Höhe aus der Zeit um 500 v. Chr. bildet der innere Kreis die Erde, umflossen vom Ozean, dem »Bitteren Fluß«. Der ovalspitze Teil im Norden ist ein Gebirge, aus dem der Euphrat entspringt und das kastenförmige Babylon durchströmt. Jenseits des Indischen Ozeans befindet sich der mit Sternen besetzte Himmlische Ozean. Sieben Inseln führen zu ihm hinüber; sie bilden mit der Erde einen Stern.

Berechnung erarbeitetes Wissen über die Bewegungen der Himmelskörper: über Auf- und Untergänge von Sonne und Mond, über die Jahreszeiten, über Finsternisse und über die oft seltsamen Bahnen, die die Planeten relativ zu den feststehend erscheinenden Sternen – den *Fixsternen* – beschreiben. Dieses Wissen entstand dabei aus einer dauernden Wechselwirkung zwischen der Mathematik und der Astronomie. Mathematisches Wissen half, astronomische Tatbestände, die am Firmament beobachtet wurden, in konkrete Aussagen zu fassen. Astronomische Erkenntnisse wiederum forderten die Mathematik zu Fortschritten heraus.

Auf der Suche nach einem Kalender

Derartige Beobachtungen haben sicher ihre ersten Ursprünge in dem Bemühen, die Umwelt, in der die Menschen lebten, näher zu erfassen. Schon die frühesten, primitivsten Beobachtungen von zunächst wohl Sonne und Mond und später auch den Sternen müssen das Firmament für die Menschen zu einem offenen Buch gemacht haben. Denn diese naturverbundenen Menschen konnten aus dem Lauf der Sonne und des Mondes Einteilungen für den Ablauf der Natur ableiten, Tage, Monate, Jahreszeiten und Jahre.
Die Geschichte jener beiden chinesischen Hofastronomen Hi und Ho, die im 23. Jahrhundert vor Beginn der Zeitrechnung es versäumten, eine Sonnenfinsternis rechtzeitig vorherzusagen und zur Strafe geköpft wurden, ist bereits so häufig zitiert worden, daß sie hier nicht in allen Einzelheiten wiederholt werden muß. Sie beweist jedoch einmal mehr, und deshalb erwähnen wir sie kurz, daß es bereits zu jener fernen Zeit Methoden gegeben hat, Finsternisse vorherzusagen. Das wiederum bedeutet, daß man schon damals den Lauf der Gestirne sehr aufmerksam verfolgt hat und es verstand, ihn durch mathematische Aussagen oder zumindest durch Zahlenperioden zu umschreiben. In den Ruinen Ninives in Assyrien sind Tontafeln gefunden worden, die aus der Zeit von nahezu 3000 v. Chr. stammen. Auf ihnen finden sich Beobachtungen von Mond- und Sonnenfinsternissen sowie Angaben über die Phasen des Mondes und über die Planetenbewegungen aufgezeichnet!
Von den Babyloniern sind aus der Zeit um 1800 v. Chr. mathematische Tafeln überliefert, aus denen man Quadratwurzeln und reziproke Werte (Kehrwerte) entnehmen und mit denen man multiplizieren kann. Den Babyloniern dieser Epoche waren zahlreiche algebraische Formeln bekannt. So verstanden sie es beispielsweise, quadratische Gleichungen zu lösen. Aus aufgefundenen Unterlagen geht hervor, daß die Babylonier mindestens seit 747 v. Chr. regelmäßige Positionsbestimmungen an Sonne und Mond vorgenommen haben.
Ihr diesbezügliches Bemühen zielte, gleich entsprechenden Beobachtungen der Ägypter, wohl vor allem darauf ab, einen brauchbaren Kalender zu schaffen. Hierfür wurden verschiedene Wege beschritten:
Es gab einen Kalender, der aus zwölf Monaten zu je 30 Tagen bestand und am Jahresende fünf »Extratage« enthielt. Doch dieses Jahr verschob sich im Laufe der Zeit, weil ja das wahre Sonnenjahr ungefähr 365¼ Tage lang ist und der Begriff des Schaltjahres den Ägyptern noch nicht bekannt war. Wahrscheinlich ging man deswegen auf ein Mondjahr von 354 Tagen über, das aus zwölf Monaten von abwechselnd 29 und 30 Tagen bestand. Andere Quellen deuten darauf hin, daß es ein *siderisches* Jahr war, das die Ägypter nach dem Mißgeschick mit dem 365tägigen Sonnenjahr einführten. Bei diesem »Sternenjahr« zählt der Jahreslauf nach den jährlich wiederkehrenden Kulminationsarten und -zeiten der Sterne.
Die Fixsterne als »Jahresmarken« zu benützen, hatten die Ägypter schon lange vor der Einführung des siderischen Jahres gelernt. Bereits um 3000 v. Chr. verwendeten sie den hellsten Fixstern des Himmels, Sirius (er ist der Hauptstern des Sternbildes »Großer Hund« und wird deshalb auch als »Hundsstern« bezeichnet), um den Zeitpunkt zu bestimmen, zu dem der Nil über die Ufer tritt. Dies war ein für das ackerbauende, entlang dem lebenspendenden Strom siedelnde Volk eine wichtige Jahresmarke, denn die Nilüberschwemmung sorgte für die dringend notwendige Bewässerung der Felder; sie war damit der Born des Lebens. Viele große Feste und kultische Veranstaltungen fielen in diese Zeit.
Das Herannahen der Nilüberschwemmung aber beobachteten die Ägypter am *heliakischen* Aufgang des Sirius, jenem Zeitpunkt, zu dem ein Stern, nachdem er mehrere Wochen hindurch praktisch zusammen mit der Sonne auf- und unterging, wieder aus den Strahlen des Tagesgestirns hervortritt und in der Morgendämmerung kurz vor Sonnenaufgang zu sehen ist. Dieser heliakische Aufgang fiel für Sirius damals mit der Sommersonnenwende zusammen, und etwa zwei Wochen danach trat der Nil über seine Ufer.
Die Tatsache, daß Sonnenmonat und Mondmonat nicht miteinander kommensurabel sind, also keinen ganzzahligen gemeinsamen Nenner haben und somit nicht miteinander zur Übereinstimmung gebracht werden können, hat den frühen Astronomen viel Kopfzerbrechen bereitet. Ein Versuch, das Problem zu lösen, führte zu einem *lunisolaren* Jahr, also einem Jahr, das sich aus Mond- und Sonnenlauf ableitete, aber natürlich aus dem gerade erwähnten Grund zu keinem Erfolg führen konnte.
Auf jeden Fall machte das notwendige Kalenderwesen es für die Völker jener frühen Kulturen lebenswichtig, den Lauf der Gestirne zu beobachten und zu registrieren. Die Frage freilich, *warum* die Gestirne so laufen, wie sie laufen, was der Hintergrund dieser Bewegungen ist und was die Gestirne selbst eigentlich sind, diese Frage stellten Babylonier und Ägypter, Inkas und Chinesen, unbeschadet ihrer großen Beobachtungskunst des Firmaments, wie gesagt, nicht. Soweit es überhaupt irgendwelche »Erklärungen« der Welt für sie gab, fußten diese auf bloßem Mystizismus und hatten keinerlei Beziehung zu beobachtbaren und beobachteten Tatsachen. Diese Korrelation herzustellen und damit die Frage nach der *Struktur* der Welt jenseits der Erde anzuschneiden, blieb den Griechen vorbehalten. Aber auch bei ihnen war es zunächst im wesentlichen ein Streit um die Frage, wie dominierend die Rolle der Erde in ihrem eigenen Universum ist und ob es mehrere derartige Universen geben könne – nicht aber die Idee anderer belebter Sterne.
Was bei den griechischen Philosophen der vorchristlichen Jahrhunderte über die »Vielzahl der Welten« diskutiert, philosophiert und gefabelt wurde, hatte also mit unserem Ausgangspunkt der Raumfahrtidee noch nichts zu tun. Denn für alle diese Philosophen des frühen Hellas stand fest, daß das Firmament mit seiner nach außen abschließenden Sphäre (innerhalb derer man übrigens Sonne, Mond und Sternen durchaus eine gewisse räumliche Erstreckung zubilligte) mehr oder weniger wichtiges Beiwerk der Erde war. Diskussionsgegenstand war die Frage, ob es mehrere derartige, in sich geschlossene Systeme geben könne. Die räumliche Erstreckung der »Welt« innerhalb der äußeren Sphäre aber war vergleichsweise nicht groß genug, um erdartige Weltkörper postulieren zu können.

Von der Phantasie zur Beobachtung

Die Periode vom sechsten vorchristlichen bis zum zweiten nachchristlichen Jahrhundert war ohne Zweifel die Blütezeit griechischer Philosophie und Naturerkenntnis. Welche Fülle an Ideen, Spekulationen, aber auch sachlich argumentierten Vorstellungen begegnet uns in dieser Zeit, da Morgen- und Abendland vor den geistigen, kulturellen und wohl auch wirtschaftlichen Leistungen des aufstrebenden Hellas verblaßten!

Leider ist uns die Fülle an Schriften aus der frühen Zeit des aufsteigenden Griechenlands nicht überliefert; vieles von dem, was wir wissen, ist aus zweiter oder dritter Hand auf uns überkommen und auch dies oft nur bruchstückweise. Häufig sind wir deshalb auf Vermutungen angewiesen und sehen die Dinge deshalb vielleicht nicht ganz so, wie sie in Wirklichkeit waren.

Das gilt auch von dem Mann, dem wir als erstem unser Augenmerk zuwenden müssen: Thales von Milet. Er lebte von etwa 640 bis 560 vor Beginn unserer Zeitrechnung und war einer jener Männer, die unter dem Begriff der »Sieben Weisen« Griechenlands in die Geschichte eingegangen sind. Thales war Naturphilosoph und Mathematiker und ist wohl aus zwei Gründen bedeutend: einmal, weil er in seinen Spekulationen und Hypothesen das Mystische ersetzte und an die Stelle des übermächtigen, alles entscheidenden Einflusses und Willens der Gottheiten rationalistische, auf Ursache und Wirkung basierende Vorstellungen einführte, und zum zweiten, weil Thales von seinen Reisen nach Ägypten, Chaldäa und Babylon jenes mathematisch-astronomische Wissen nach Griechenland mitbrachte, das für die Hellenen zur Ausgangsbasis ihrer Naturphilosophie wurde.

Thales selbst hat, den Überlieferungen in den Schriften des Aristoteles zufolge, das Wasser als den Urstoff der Welt betrachtet. Alles war seiner Meinung nach aus Wasser hervorgegangen, und alles würde wieder zu Wasser werden. In den drei möglichen Aggregatzuständen des Wassers – fest als Eis, flüssig und gasförmig als Wasserdampf – sah Thales eine Stütze seiner Hypothese. Thales hielt die Erde für flach und glaubte, daß alle Dinge belebt seien. So führte er Kräftewirkungen auf das Wirken einer Seele zurück. Dem Mond sprach er, im Gegensatz zu der vorherrschenden Meinung, daß der Erdbegleiter eine »Art Spiegel« sei, »erdige« Natur zu; eine Auffassung, die allerdings von ihm nicht bis zur logischen Konsequenz, den Mond als möglicherweise bewohnbar anzusehen, fortgeführt wurde und überdies wieder in Vergessenheit geriet.

Thales' Schüler und Nachfolger Anaximander (etwa 610–545 v. Chr.) ersetzte das Wasser als Urstoff durch eine physikalisch nicht näher definierte Substanz, die er als das »Unendliche« bezeichnete. Seiner Vorstellung nach war es dieser ewig existierende Ausgangsstoff, aus dem die Erde und alles um sie herum entstand und in das all dies auch wieder zurückgehen würde. Er stellte sich dieses Weltall unendlich in Raum und Zeit vor und behauptete, daß aus dem unendlichen Urstoff unendlich viele Universen entstanden seien und wieder vergingen und vergehen würden.

Die Erde betrachtete er als flach oder leicht erhaben, aber nicht als Scheibe, sondern als eine Art Zylinder, ein Drittel so hoch wie breit. Diese Erde dachte er sich im Zentrum seines unendlichen Weltalls, da sie dort gegenüber der Unendlichkeit im »Gleichgewicht« sei und nicht die Tendenz habe, in der einen oder anderen Richtung zu fallen.

Den Himmel sah Anaximander als ein Feuer von kugelförmiger Gestalt an. Dieser Himmel umschloß seinen Vorstellungen nach die Atmosphäre der Erde »wie die Rinde einen Baum«, allerdings in mehreren Schichten, zwischen denen sich Sonne, Mond und Sterne befanden. Wie wenig bei dieser Hypothese echte Naturbeobachtung im Spiel war, zeigt die weitere Vorstellung Anaximanders, daß er die genannten Himmelskörper in verschiedene Entfernungen von der Erde versetzte, wobei die Sonne das entfernteste Objekt, die Sterne uns am nächststehenden waren. Der Mond und die Planeten waren zwischen den Sternen und der Sonne angeordnet. Eine einfache, über einige Zeit fortgesetzte Beobachtung des Firmaments bringt selbst den blutigsten Laien darauf, daß die Sterne weiter entfernt sind als der Mond, geschieht es doch recht häufig, daß selbst hellere Sterne vom Mond während dessen Wanderung über das Firmament bedeckt werden und somit *jenseits* des Mondes stehen müssen.

Anaximander war offenbar der erste (zumindest uns bekannte) Philosoph, der Überlegungen über die Abstände der Gestirne angestellt hat. So stellte er sich die Sonne als ein Rad oder einen Ring von 27- oder 28fachem Erddurchmesser vor. Der hohle Ring dieses Rades, so glaubte er, sei von Feuer erfüllt, das wir nur durch ein Loch von der Größe der Erde sehen.

In gleicher Weise erklärte Anaximander den Mond und die Sterne, wobei er von dem Mondring annahm, daß dieser neunzehnmal größer als die Erde sei.

Anaximenes (etwa 565–500 v. Chr.), der dritte Vertreter der von Thales begründeten ionischen Schule (nach den Ionischen Inseln vor der Westküste Griechenlands benannt), hielt die Erde für flach und die Sterne für Objekte, die »wie Nägel« am himmlischen Gewölbe befestigt sind. Dieses Gewölbe stellte er sich als aus »kristallenem Material« bestehend vor. Es ist nicht ganz klar, ob er die Himmelsglocke als Vollkugel oder als Hemisphäre ansah. Indessen ist das letztere wahrscheinlich, denn an anderer Stelle unterstellt Anaximenes, daß die Sonne und die Sterne, wenn sie untergehen, nicht unterhalb der Erde verschwinden, sondern hinter deren nördlichsten, höchsten Abschnitt treten. Auch spricht er davon, daß die Gestirne sich um die Erde drehen würden »wie ein Hut auf dem Kopf«.

Im Gegensatz zu Anaximander nahm Anaximenes an, daß die Luft der Urstoff der Welt sei. Aus ihr, so glaubte er, könne durch Verdichtung feste Materie erzeugt werden. So erklärte er auch die Entstehung der Erde, wobei dann durch »Verdünnung« dieser Erde Feuer entstand, aus dem sich Sonne, Mond und Planeten formten.

Die Erde, so lehrte Anaximenes weiter, wird gleich den Planeten (die wie die Erde flach sind) von der Luft getragen. Die Hitze der Sonne entsteht durch deren schnelle Bewegung, wogegen die Sterne keine Wärme abstrahlen. Einer Überlieferung zufolge soll Anaximenes außerdem gelehrt haben, daß es im Bereich der Sterne erdartige Körper gibt, die sich mit diesen Sternen bewegen, während er den Planeten offensichtlich eine Erdartigkeit absprach. Sofern das Zitat zutrifft, könnte man dahinter einen ersten Gedanken an die mögliche Vielzahl belebter Welten vermuten, und damit würde bei Anaximenes in der zweiten Hälfte des sechsten Jahrhunderts vor Beginn der Zeitrechnung der Ursprung für jene Idee liegen, die den Gedanken an eine Raumfahrt sinnvoll machen würde. So weit aber dachte Anaximenes offenbar nicht; ja, es ist fraglich, ob der Hinweis auf »erdartige Körper« im Bereich der Fixsterne, selbst wenn er von Anaximenes gegeben wurde, von ihm überhaupt bis zu der Konsequenz, diese erdartigen Körper als belebt anzu-

sehen oder auch nur als lebensmögliche Orte in Betracht zu ziehen, durchdacht wurde.

Obgleich die ionische Schule bei ihren Vorstellungen über das Universum natürlich von einigen Beobachtungstatsachen ausging und sich auf diese stützte, war das ionische »Weltbild« insgesamt sehr irreal: Über die Natur der Sonne und des Mondes bestanden nur der Phantasie, nicht der Beobachtung entsprungene Hypothesen; die Sterne sind mythologischem Glauben verhaftete »Himmelsnägel«, und die Planeten finden überhaupt nur nebensächliche Beachtung.

Etwa zur Zeit des Anaximenes jedoch entstand eine weitere griechische Schule, deren Vorstellungen über das Weltall bereits wesentlich konkreter war. Sie ist verbunden mit dem Namen ihres Begründers Pythagoras (etwa 580–500 v. Chr.). Pythagoras wurde in Samos geboren, wanderte aber um 530 nach Süditalien aus und gründete hier eine Art geheimer religiöser und philosophischer Sekte, die sich schließlich zur »pythagoreischen Schule« entwickelte.

Auch die Pythagoreer gingen von der ionischen Auffassung aus, daß es ein grundlegendes, das ganze Universum beherrschendes Prinzip gibt. Sie sahen es aber nicht in einer materiellen Substanz, auch nicht in einem abstrakten »Unendlich« ohne physikalische Eigenschaften, wie Anaximander es postuliert hatte, sondern für die Pythagoreer waren mathematische Größen und Formeln dasjenige, hinter dem sich der »Ursprung aller Dinge« verbarg.

Weltbilder aus fünf Jahrtausenden. Für die vor 3000 bis 5000 Jahren lebenden Ägypter war die Erde ein flaches Rechteck, durchflossen vom Nil. Über der Erde befand sich die von vier massiven Pfeilern getragene Himmelsdecke. An ihr hingen zahlreiche Lampen – die Sterne (oben).
Im Babylon und Indien des 15. vorchristlichen Jahrhunderts dominierte auf der runden, vom Ozean umschlossenen Erdscheibe der Weltberg, um den die Gestirne kreisen. Während der Nacht verschwand die Sonne hinter ihm. Die Babylonier hielten den Weltberg innen für hohl und glaubten, daß er die Unterwelt – das Todesreich – beherberge. Die Gestirne wurden durch die Götter oberhalb der Himmelsfeste bewegt (Mitte).
Um 600 v. Chr. lehrte Anaximander im griechischen Milet, das die Erde ein frei im Raum schwebender, flacher Zylinder sei, im Durchmesser dreimal so groß wie in der Höhe. Die Gestirne wurden von ihm zu gewaltigen Rädern erklärt, durch deren Achsenlöcher Feuer schien. Die Mondphasen sowie Sonnen- und Mondfinsternisse erklärte Anaximander mit einer vorübergehenden Verstopfung der Achsen (unten).

Struktur und Körper des Weltalls, Bewegungen dieser Körper – alles das war den Pythagoreern Ausdruck vollkommener, harmonischer Zahlen und formelmäßiger mathematischer Beziehungen. Dies ging so weit, daß sie eine »Sphärenmusik« postulierten, die bei der harmonischen Bewegung der Planeten und Sterne entstehen soll und für die die irdischen Harmoniegesetze der Musik einen Abglanz darstellen. Dem Argument, daß es diese Sphärenmusik in Wahrheit gar nicht geben könne, weil niemand sie jemals gehört habe, begegneten sie mit dem Einwand, man könne sie deshalb nicht hören, weil sie uns von Anbeginn unseres Lebens an begleite und es nirgendwo wirkliche Stille gebe, die als Kontrast notwendig sei, um die Sphärenmusik erkennen zu können.

Abgeleitet von den harmonischen Gesetzmäßigkeiten der Musik unterstellten die Pythagoreer, daß die Himmelskörper die gleichen relativen Abstände zueinander und zur Erde aufweisen müßten, die in den musikalischen Intervallen einer vollen Oktave bestehen. Allerdings, diese musikalischen Beziehungen, die auf Pythagoras selbst zurückgeführt werden, sind nicht von ihm direkt überliefert, sondern von diversen Autoren, die die unterschiedlichsten Verhältnisse für die Planetenintervalle angeben. Endgültige Aussagen über die unterstellten Entfernungsverhältnisse sind daraus nicht zu entnehmen.

Die Pythagoreer nahmen im Gegensatz zu den früheren griechischen Philosophen an, daß die Erde Kugelgestalt besitze. Begründet wurde dies teils durch philo-

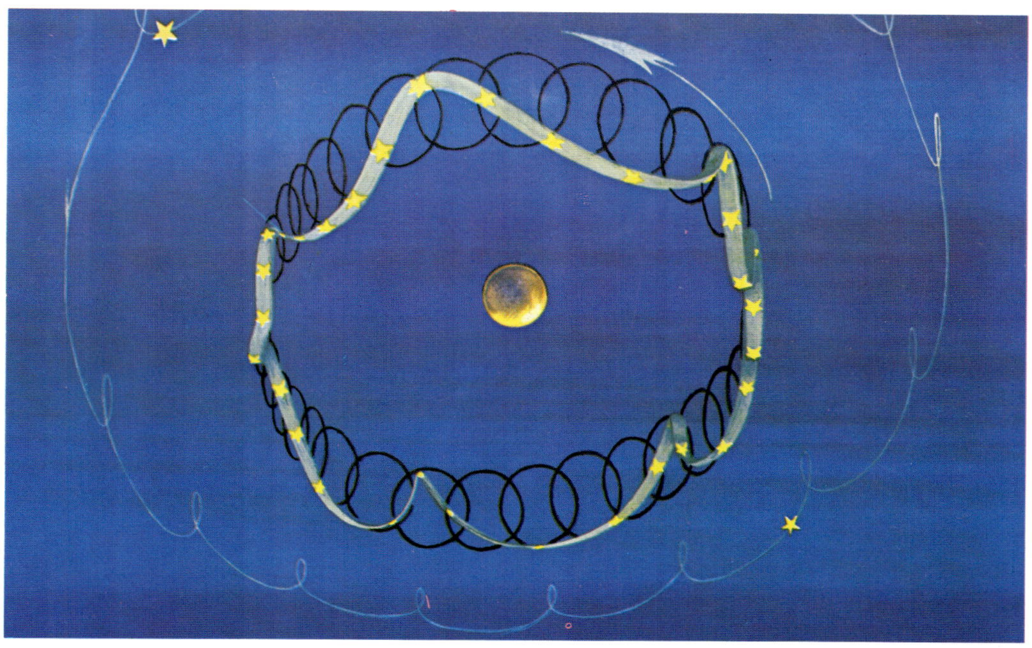

Das klassische griechische Weltbild um 350 n. Chr. machte die Erde zur mittelpunktbeherrschenden Kugel, umgeben von den konzentrischen Sphären des Mondes, der Planeten Merkur und Venus, gefolgt von den Sphären der Sonne, des Mars, des Jupiter und des Saturn und umschlossen von der Sphäre der Fixsterne. Bis zum äußersten Teil hatte sich hier das Prinzip der Kugelgestalt durchgesetzt, denn jenseits der Fixsternkugel war die begreifbare Welt zu Ende, dort waren Urfeuer und Chaos (oben).
Das Weltbild des Claudius Ptolemäus um 150 n. Chr. war eine Verfeinerung des klassischen griechischen Weltbildes. Ptolemäus erklärte die oft zu beobachtende rückläufige Bewegung der Planeten durch die Einführung der Aufkreise oder Epizykel (Mitte).
Erst das heliozentrische Weltbild, 1543 durch Kopernikus publiziert, 1609 durch die Keplerschen Gesetze präzisiert, brachte die zutreffende Beschreibung über die Struktur des Planetensystems und die Bewegung der Körper in ihm. Die Landungen von Menschen auf dem Mond und die Flüge der unbemannten Raumsonden haben die Richtigkeit erwiesen (unten).

sophische, teils durch empirische Argumente, also Argumente, die ihren Ursprung in der Beobachtung hatten.
Die Kugel galt den Pythagoreern als die vollkommenste Form, und deshalb mußte die Erde Kugelgestalt haben. Aber sie führten auch das kreisförmige Aussehen des Erdschattens bei Mondfinsternissen als Argument an sowie die Tatsache, daß am Horizont auftauchende Schiffe zunächst mit dem Mast erscheinen und erst erheblich später der Bug zu sehen ist, während es sich bei abfahrenden Schiffen genau umgekehrt verhält.
Auch die Pythagoreer nahmen zuerst an, daß die Erde sich im Mittelpunkt des Universums befinde, gelangten aber später zu der Meinung, daß der Mittelpunkt von einem »Zentralfeuer« eingenommen werde, um das sich die Erde bewege. Der Grund für diese Hypothese war rein philosophischer Natur: Feuer wurde als edler angesehen denn Erde, und so wurde es anstelle dieser Erde in das Zentrum des Universums gerückt.
Erst in späteren Schriften (etwa um 100 v. Chr. erschienen) wird in einer kurzen Periode der Renaissance der zwischenzeitlich vegessenen pythagoreischen Lehren behauptet, daß Pythagoras sich die Welt aus den vier Elementen Erde, Wasser, Luft und Feuer zusammengesetzt vorgestellt habe, daß diese Welt belebt und rund sei und daß sie ihr Zentrum in der Erde habe, die gleichfalls rund und überall bewohnt sei, so daß es sogar Antipoden geben müsse. Aus dieser Zeit stammt auch das Zitat, Pythagoras habe den Mond für einen »spiegelähnlichen« Körper gehalten.

Der Mond – eine erdartige Welt?

Wir müssen nun jedoch, ohne den interessanten Wandlungen, die das pythagoreische Weltbild durchmachte, im einzelnen weiter folgen zu können, noch einmal zur ionischen Schule zurückkehren. Wir hatten zuvor von den Überlegungen des Anaximenes über »erdartige Körper« im Bereich der Fixsterne gesprochen und dies als einen möglichen Keim betrachtet, aus dem die Idee der Raumfahrt hätte hervorgehen können. Nun müssen wir einen Mann der ionischen Schule erwähnen, der diesen Keim in der Tat legte, und zwar weniger verklausuliert, als dies (wenn überhaupt) bei Anaximenes der Fall war. Dieser Mann war Anaxagoras, der von etwa 500 bis 428 vor Beginn der Zeitrechnung lebte. Er wurde in Klazomenä in Ionien geboren und kam im Alter von 20 Jahren nach Athen.
Anaxagoras muß in unserem Zusammenhang als der erste Athener Philosoph von Bedeutung betrachtet werden. Er schuf eine Vorstellung von der Welt, die – wenngleich noch weit von den Tatsachen entfernt – wenigstens in sich selbst weitgehend widerspruchsfrei war. Anaxagoras erhob die Vernunft zum beherrschenden Prinzip der Welt und sah in ihr die Ursache für die Existenz des Universums. Es gab für ihn keinen Urstoff im Sinne des Wassers von Thales, des »Unendlich« von Anaximander oder der Luft von Anaximenes mehr. Vielmehr philosophierte Anaxagoras, daß es eine unendlich große Zahl von Elementen gäbe, die er als »Sparmata«, also Keime, bezeichnete. Die Dinge der Welt seien durch die Vernunft aus dem ursprünglichen Chaos produziert worden, und zwar indem gleichartige Keime (»Homoiomere«) zum Überwiegen gebracht worden sind.
Anaxagoras unterscheidet sich von seinen Vorläufern vor allem dadurch, daß er an die Stelle mythischer Phantasien ein mechanisches Modell des Weltalls setzt. Zwar ist dieses Modell als solches falsch, aber die heuristische Bedeutung dieses Schrittes (also die Bedeutung dieser neuen Methode zum Auffinden neuer Erkenntnisse) kann wohl kaum überschätzt werden.
Um sein Weltmodell zu erklären, erfand Anaxagoras einen Begriff, der in der klassischen Physik vom beginnenden siebzehnten bis zum beginnenden zwanzigsten Jahrhundert eine entscheidende Rolle spielen sollte: den *Äther,* eine wesenlose Substanz, die sich ständig im Kreis bewegt und die Sterne mit sich führt. Dieser Äther spielte, wie wir noch sehen werden, bei den Nachfolgern von Anaxagoras, so in dem Weltbild des Aristoteles, eine im wahrsten Sinne des Wortes tragende Rolle. Mit Beginn der klassischen Physik im siebzehnten Jahrhundert, insbesondere mit der Begründung der Gravitationstheorie durch Newton (1643–1727) im Jahre 1687 und der Entdeckung der Wellennatur des Lichtes durch Fresnel 1815 wurde eine wissenschaftliche Äthertheorie entwickelt. Der Äther galt fortan als tragendes Medium für Licht- und Gravitationswellen, und es wurde von den Ätherwellen gesprochen.
Diese Vorstellung wurde erst in der 1905 durch Albert Einstein veröffentlichten Speziellen Relativitätstheorie beseitigt.
Doch zurück zu Anaxagoras. Die Entstehung der Welt stellte er sich so vor, daß durch eine Rotation, die die Vernunft oder der Geist eingeleitet hatte, der Urstoff in zwei Substanzen geteilt wurde: den Äther und die Luft. Dem Äther schrieb Anaxagoras flüchtige Eigenschaften – dünn, leicht, hell –, der Luft schwere Eigenschaften – kalt, dunkel, massiv – zu. Durch die Rotation, so nahm Anaxagoras an, wurde die Luft zur Mitte gedrängt. Dort wurde das Wasser aus ihr ausgeschieden; der entstehende Schlamm verwandelte sich unter der Einwirkung der Kälte zu Gestein.

Motive für Raumflugträumereien

Einen Keim für die Idee der Raumfahrt (also des Fluges über die Erde hinaus zu den Himmelskörpern) legte Anaxagoras dadurch, daß er den Mond als »erdartigen Körper« betrachtete und Überlegungen zu seiner Größe und Oberflächenbeschaffenheit anstellte. Er erkannte, daß der Mond das Sonnenlicht reflektiert, deutete die Mondphasen korrekt und erklärte Mondfinsternisse richtig mit dem Eintritt des Mondes in den Erdschatten. Die Tatsache, daß der total verfinsterte Mond nicht völlig dunkel ist, sondern ein dunkelrotes schwaches Licht ausstrahlt, verführte Anaxagoras zu der Behauptung, daß der Mond teils feurig, teils von der gleichen Beschaffenheit wie die Erde sei. Andererseits soll er auch die Existenz von Bergen und Tälern auf dem Mond vermutet haben.
Sein wichtigster Ausspruch aber bezieht sich auf die Größe des Mondes. Er sagte, daß der Mond so groß sei »wie die Peloponnes« (mit über 21400 Quadratkilometer Ausdehnung die größte griechische Halbinsel, westlich von Athen gelegen und mit dem athenischen Mittelgriechenland nur durch den schmalen Isthmus von Korinth verbunden). Die weitere Aussage, daß er Berge und Täler habe, ist damit eigentlich nur noch eine logische Konsequenz der Feststellung über die Größe, denn ein »erdiges« Objekt derartiger Ausdehnung muß ja notgedrungen irgendwelche Strukturen aufweisen.
Die Diskussion über die Natur des Mondes war im alten Griechenland für geraume Zeit im Gange. Sie war ausgelöst worden durch die Suche nach einer Erklärung der merkwürdigen Flecken des »Mondgesichts«. Hatte man zunächst Sonne wie auch Mond als mächtige Feuer interpretiert, so lag es bald näher, im

Mond eine silberne Scheibe zu sehen – wobei dann aber eben die Flecken erklärt werden mußten.
Dies geschah auf die verschiedenste Art und Weise. Eine beliebte Erklärung war die »Blendung«, ein Vorgang, der konstruiert worden war aus der Annahme der meisten Optiker der damaligen Zeit, daß man zwischen dem Sehstrahl, der vom Auge zum Objekt geht, und dem Lichtstrahl, der vom Objekt zum Auge läuft, unterscheiden müsse. Die Flecken des Mondes, so glaubte man, würden dadurch entstehen, daß das schwache Auge durch das mächtige Licht des Mondes überanstrengt würde.
Eine andere These war, die Flecken auf der silbernen Mondscheibe als ein Spiegelbild der Erde zu betrachten. Es war eine Annahme, die zu jener Zeit, da man von der Geographie der Erde noch völlig unzureichende und falsche Vorstellungen hatte, durchaus vernünftig klang. Indessen war allerdings, wie wir hörten, bereits Thales von Milet um 600 v. Chr. der Auffassung entgegengetreten, daß der Mond ein Spiegel sei, und hatte ihm statt dessen eine »erdige Natur« bescheinigt. Hier, bei Thales, hat Anaxagoras vermutlich eine Anleihe aufgenommen.
Mit seinen freien Äußerungen über die Natur der Himmelskörper, über Größen und Aufbau, mit seinen rationalen Erklärungen, die dem Ruhm der Götter Abbruch taten, mit Angaben über die Entfernungen der Sterne, der Sonne und des Mondes (die mit denen Anaximanders übereinstimmen und offenbar von diesem übernommen worden sind), rief Anaxagoras zwangsläufig den Widerspruch seiner Mitmenschen hervor, zumal man ähnlich freimütige Meinungen zuvor nicht gehört hatte. So kam es, noch dazu beeinflußt durch politische Motive und Intrigen, daß Anaxagoras eines Verbrechens gegen die Religion angeklagt und der Gottlosigkeit bezichtigt wurde. Wegen seiner radikalen, für die damalige Zeit weitgehend unverständlichen Anschauungen wurde er zum Tode verurteilt. Einem einflußreichen Freund gelang es, diese Strafe in eine Ausweisung ins Exil umwandeln zu lassen. Um 432 vor Christi Geburt, also im Alter von 68 Jahren, verließ Anaxagoras kurz vor Beginn des 27 Jahre währenden Krieges zwischen Athen und dem von Sparta gegründeten Peloponnesischen Bund die heutige griechische Hauptstadt. Etwa zwei Jahre später – 428 v. Chr. – verstarb er in Lampsakos.
Seine Vorstellung von der »erdigen Natur« des Mondes fand nicht die Zustimmung seiner Nachfolger und geriet bald in Vergessenheit, zumal die pythagoreische Schule, der Anaxagoras angehörte, seine Auffassung vom Mond nur teilweise vertrat.
Hier nun muß allerdings eine Ausnahme erwähnt werden, ein Mann, der nicht nur die Anschauung des Anaxagoras über den Mond teilte, sondern noch weit über sie hinausging. Dies war der griechische Philosoph Philolaos aus Kroton in Unteritalien (etwa 530–470 v. Chr.), ein Anhänger der pythagoreischen Schule, der später großen Einfluß auf Platon ausübte.
Philolaos – und mit ihm einige andere Pythagoreer – waren der Meinung, daß der Mond erdähnlich sei, daß er gleich der Erde bewohnt sei und daß es auf ihm Tiere und Pflanzen gebe, die größer und schöner seien als ihre irdischen Gegenstücke. Nun ist dies zweifelsohne die Ausgeburt einer Phantasie, der die meisten Menschen der damaligen Zeit nicht folgen konnten, und zwar aus dem gleichen philosophischen Grund, der auch der Anaxagorasschen Auffassung über die Erdartigkeit des Mondes den generellen Durchbruch versagte: Nahezu alle philosophischen Schulen des alten Hellas gingen von der Theorie aus, daß die Erde einzigartig und ihr allein das Erdartige zuteil geworden sei, während man den Sternen ätherische Eigenschaften zuwies: Bei ihnen spielten Feuer und Luft, nicht aber feste Materie eine Rolle.
Ein Jahr nach dem Tode des Anaxagoras, also 427 v. Chr., wurde in Athen Platon (427–347 v. Chr.) geboren. Platon, von Sokrates (470–399 v. Chr.) an die Philosophie herangeführt und sehr bald von den Gedanken der pythagoreischen Schule angetan, war an den Naturwissenschaften nicht speziell interessiert. Aber er wie auch Aristoteles (384–322 v. Chr.) zollten Anaxagoras Lob für seine Idee, den Geist als den Ursprung aller Dinge postuliert zu haben. Platon tat auch viel für die weitere Verbreitung und Beibehaltung der Idee von der kugelförmigen Erde, denn er sah in Kugelgestalt und gleichförmiger Kreisbahnbewegung perfekte geometrische Figuren, deren Schönheit ihn bestach.
Diese Lehre von der Kugelgestalt der Erde war von den Pythagoreern auf die Platoniker überkommen. Sie hielten allerdings an der Auffassung fest, daß diese Erdkugel im Mittelpunkt des Universums ruhe und das Firmament um sie herumschwinge; zu einer rotierenden Erde oder gar der heliozentrischen Vorstellung – der Idee, daß die Sonne im Mittelpunkt steht – konnten sie sich noch nicht durchringen.
Die Platoniker, allen voran Eudoxos (409–356 v. Chr.), ein Schüler Platons, bemühten sich vor allem darum, die merkwürdigen Bewegungen der Planeten um die ruhende Erde zu erklären. Eudoxos erfand dabei ein System kristallener Sphären für jeden der Planeten. Hatte Eudoxos dieses Modell, das im weiteren Verlauf durch immer mehr Sphären ergänzt werden mußte, um Theorie und Beobachtung in Einklang zu bringen, noch als ein rein mathematisch-geometrisches Hilfsgerüst betrachtet, so billigte Aristoteles den Sphären eine echte Existenz zu. Das allerdings nötigte ihn, das ganze System durch weitere zusätzliche Sphären noch mehr zu komplizieren, so daß es äußerst unhandlich und komplex wurde.
Etwa um die Zeit des Aristoteles begann man auch, sich nähere Gedanken über die Ausmaße der Erde zu machen. Aristoteles selbst war der erste, der eine Berechnung oder Abschätzung der Größe der Erde zitiert, ohne allerdings zu sagen, auf wen sie zurückgeht. Er erwähnt lediglich, daß man selbst bei kürzeren Reisen nach Norden oder Süden andere Sterne über sich findet, und führt an, daß man beispielsweise in Ägypten oder in der Gegend von Zypern Sterne sieht, die weiter nördlich nicht zu sehen sind, während andererseits die Sterne, die im Norden zirkumpolar (=ständig über dem Horizont) stehen, weiter südlich auf- und untergehen. Daraus folgert er, daß die Erde nicht sehr groß ein könne, wenn bereits so geringfügige Ortsveränderungen auf ihr zu so merklichen Verschiebungen der Gestirnspositionen und des Anblicks des Himmels führen. Und er fährt dann wörtlich fort: »Und jene unter den Mathematikern, die versucht haben, den Umfang der Erde zu bestimmen, behaupten, daß dieser Umfang etwa 400 000 Stadien ist, woraus nicht nur folgt, daß der Großteil der Erde sphärisch ist, sondern auch, daß die Erde im Vergleich mit den Ausmaßen anderer Sterne nicht sehr groß ist.« Unterstellt man, daß das griechische Stadion 157,5 Metern entspricht, so spricht Aristoteles von einem Erdumfang von 63 000 Kilometern. Dies sind für den Durchmesser der Erde 20 053 Kilometer, während die Erdkugel, wie wir heute wissen, mit einem Durchmesser von 12 760 Kilometern nur etwa zwei Drittel so groß ist.
Merkwürdig bleibt in diesem Zusammenhang der Hinweis von Aristoteles, daß die Erde im Vergleich zu anderen Sternen nicht sehr groß sei. Wir wissen, daß er den Mond für kleiner als die Erde hielt

und auch von den meisten Sternen glaubte, daß sie kleiner als der Erdkörper seien, eine Auffassung, die überdies allgemein üblich war.
Ein zweiter ungeklärter Punkt ist, wie erwähnt, woher diese Größenangabe über die Erde stammt. Vermutlich ist sie unmittelbar zur Zeit des Aristoteles entstanden; sie könnte von Eudoxos errechnet worden sein.
Es ist an der Zeit, daß wir an dieser Stelle gleichsam eine kleine Zäsur machen und die Überlegungen, die uns vom Beginn des griechischen Weltbildes um 600 v. Chr. bis in die Zeit des Aristoteles um 325 v. Chr. führten, zusammenfassen.
Der Grund hierfür ist, daß Aristoteles wohl als der letzte große klassische Philosoph anzusehen ist, bevor (wenn auch danach erneut für lange Zeit unterdrückt) ein neues Weltbild formuliert wurde, das in unserem Zusammenhang von ganz besonderer Bedeutung ist, stellte es doch den entscheidenden Punkt für den ersten Durchbruch des Raumfahrtgedankens und der Idee von der Vielzahl bewohnter oder bewohnbarer Welten dar.
In den ersten rund drei Jahrhunderten hellenistischer Philosophie können wir eine allmähliche Fortentwicklung von rein mythologischen und religiösen Vorstellungen über den Aufbau der Welt zu Weltbildern beobachten, die sukzessive den Tatsachen einen breiteren Raum einräumen und dafür den mythologischen Gehalt zurücktreten lassen. Zunächst kommt dies in der Methodik zum Ausdruck, die angewendet wird, dann auch im Ergebnis.
Ein zweiter wichtiger Gesichtspunkt ist, daß in dieser Zeit griechischer Hochkultur die Erde langsam von ihrer alles überragenden Position verdrängt wird: Zunächst ist sie Zentrum des gesamten Universums, und Sonne, Mond und Sterne stellen mehr oder weniger Beiwerk dar. Dann beginnen Überlegungen über die Gestalt der Erde und ihre relative Größe: Mit Anaximander kommt die Idee eines unendlich großen Weltalls auf, und etwa zur gleichen Zeit führt Anaximenes den Begriff der »erdartigen Körper« im Sternenreich ein; es folgt mit den Pythagoreern die Vorstellung von der Kugelform der Erde, und etwa gleichzeitig entwickelt Anaxagoras seine Hypothese von einem Mond, der »Berge und Täler« hat. Nicht zu vergessen sind in diesem Zusammenhang auch die Ansätze einiger Pythagoreer – insbesondere des Philolaos – zu einem heliozentrischen Weltbild: die These, nicht die Erde stehe im Zentrum, sondern sie umkreise zusammen mit Antichthon, der Gegen-Erde, das Zentralfeuer. Allein der Begriff dieser Gegen-Erde – so könnte man argumentieren – impliziert bereits, daß es außer der Erde noch andere bewohnte Welten geben könnte, denn warum sonst würde man von einer Gegen-Erde sprechen?
Doch es gibt bei den Pythagoreern keinerlei Hinweise auf derartige Spekulationen. Zu dem Konzept des Zentralfeuers, auch bisweilen »Herd des Universums« und »Wachtturm des Zeus« genannt, war Philolaos offensichtlich gekommen, weil ihn eine Unregelmäßigkeit des Weltsystems störte: die Tatsache, daß die Planeten und der Mond am Firmament vor den Hintergrund-Fixsternen von West nach Ost wandern, sich hingegen das gesamte Firmament im täglichen Umschwung von Ost nach West dreht. Hierin sah Philolaos einen Widerspruch. Auf die Idee, die Erde rotieren zu lassen, kam er nicht, wohl aber darauf, sie auf einem Kreis um das Zentrum des ganzen Systems, eben das postulierte Zentralfeuer, laufen zu lassen – eine Bewegung von West nach Ost, die die scheinbare Himmelsdrehung von Ost nach West erklären würde, ohne den beschriebenen »Widerspruch« zu enthalten. Vielleicht kam auch die Überlegung hinzu, daß die Erde nicht edel genug sei, um den zentralen Platz des Universums in Besitz zu haben, mit der wir ja im mittelalterlichen Christentum hart konfrontiert werden.
Daß man das Zentralfeuer nicht sehen konnte, focht Philolaos nicht an. Er und seine Mitstreiter unterstellten einfach, daß die bekannten Teile der Erde, also das Gebiet von und um Griechenland, vom Zentralfeuer abgewandt sind und, da die Erde dem Zentralfeuer stets die gleiche Seite zuwendet, auch stets abgewendet bleiben. Aber selbst wenn man nach Indien und darüber hinaus reisen würde, könnte man das Zentralfeuer – so die weitere Argumentation – nicht sehen, da dort ein anderer Planet, nämlich die Gegen-Erde Antichthon, dieses Feuer verdecke.
Es ist nicht ganz klar, ob diese Gegen-Erde aus eben jenem Grund konzipiert worden war oder ob sie aus mathematischer Zahlenspielerei entstand, wie Aristoteles in seinen Schriften behauptet, wenn er sagt: »Wenn die Pythagoreer in ihrem System irgendwo eine Lücke finden, füllen sie sie einfach aus. Da zehn eine perfekte Zahl ist und (als die Summe der ersten vier Zahlen) das Wesen aller Zahlen umfassen soll, behaupten sie, daß es zehn Körper geben muß, die sich im Universum bewegen. Da jedoch nur neun sichtbar sind, haben sie Antichthon zum zehnten gemacht.«
Hat Philolaos mit seiner Spekulation über das Zentralfeuer auch die Erde aus dem Zentrum der Welt herausgerückt, so blieb es dennoch ein geozentrisches Weltbild, denn die anderen Gestirne, einschließlich der Sonne, bewegten sich nach wie vor um diese Erde.

Die Sonne im Zentrum

Derjenige, der nun den entscheidenden Schritt tut, die Erde aus dem Zentrum zu verbannen, die Sonne an ihre Stelle zu setzen und die Erde zu einem Planeten unter Planeten werden zu lassen, ist Aristarch von Samos, geboren 310 v. Chr., gestorben um 230 v. Chr. Freilich, auch Aristarch hat einen Vorläufer in Gestalt des Platon-Schülers Heraklit von Pontus (etwa 388–310 v. Chr.). Heraklit war einerseits der Schule Platons fest verhaftet, teilte die Ansichten jenes großen Philosophen über das Weltall, ja erweiterte sie sogar noch und sah in den Himmelskörpern Gottheiten. Andererseits aber neigte er auch den pythagoreischen Vorstellungen zu und betrachtete die Planeten als erdähnliche Körper, die Atmosphären besitzen – wiederum ein weiterer Schritt, der in der letzten Konsequenz hätte zu der Überlegung führen können, daß diese Planeten zumindest in Gedanken durch Weltraumfahrt erreichbar sein müßten. Indessen, auch Heraklit vollzog diesen Schluß noch nicht.
Wir hatten gesehen, daß das Bemühen der Platoniker darauf abzielte, das geozentrische Weltbild (= Erde in der Mitte) und die Idee der kristallenen Himmelsschalen zu festigen. Eudoxos und Aristoteles waren diejenigen, die besonderes Augenmerk auf die Erklärung der oftmals merkwürdigen Bewegungen der Planeten richteten, und der erstgenannte versuchte diese Bewegungen durch Einführung

Der älteste erhaltene Globus der Welt aus der Zeit um 300 v. Chr. wird von dem knienden Atlas getragen. Auf der Himmelskugel der nach ihrem früheren Aufstellungsort »Atlante Farnese« benannten Marmorplastik sind 42 Sternbilder wiedergegeben.

ATLANTE.

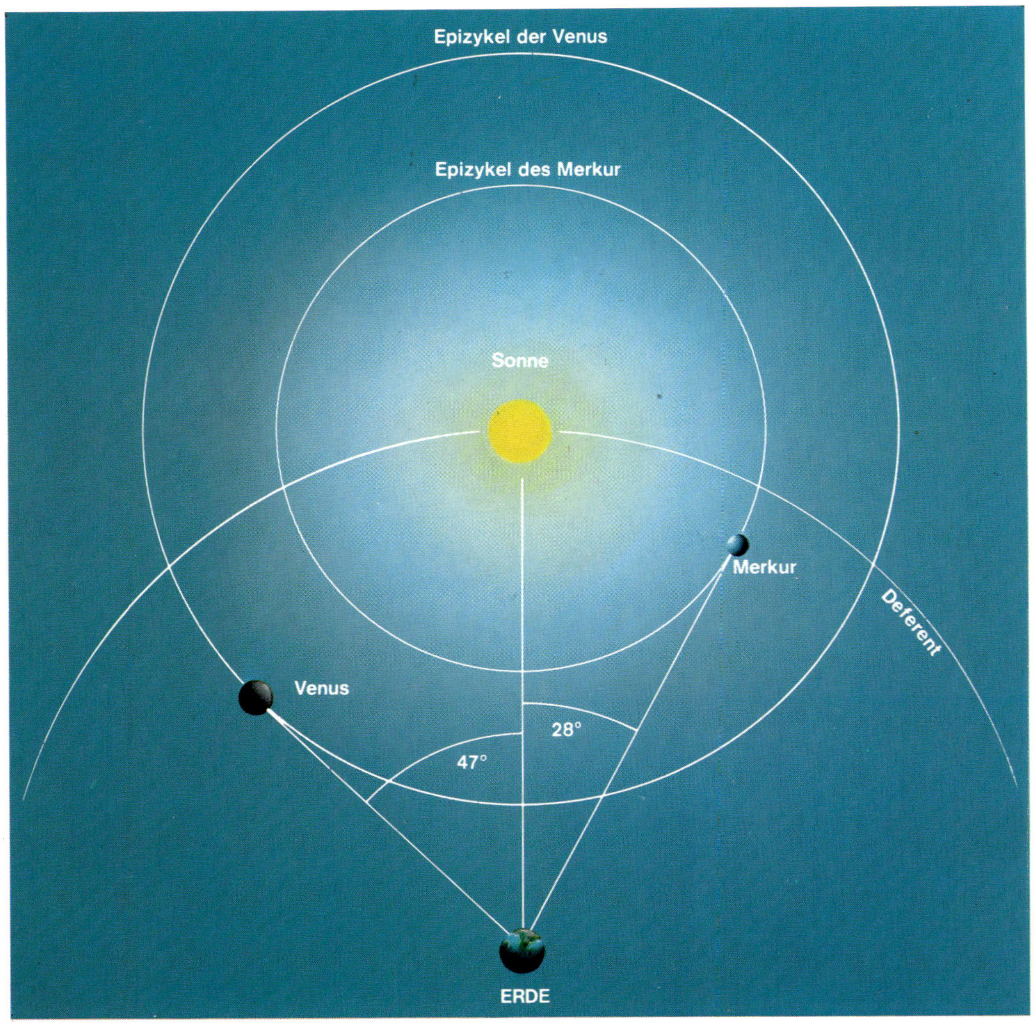

Links: Zu einem »halben Schritt« in Richtung eines heliozentrischen Weltbildes sah sich Herakleites (Heraklit von Pontus) um 320 v. Chr. gezwungen: Um zu erklären, warum Merkur und Venus am Firmament immer in der Umgebung der Sonne bleiben, ließ er diese beiden Planeten die Sonne umkreisen, die sich ihrerseits gleich den anderen Planeten im Jahreslauf um die Erde bewegt. Für den Tagesumschwung des Firmaments machte Heraklit eine Drehung der Erde um ihre Achse verantwortlich. Rund siebzig Jahre später lehrte Aristarch von Samos das heliozentrische Weltbild: Alle Planeten einschließlich der Erde umkreisen die im Mittelpunkt stehende Sonne, und die enge Nachbarschaft von Merkur und Venus zur Sonne erklärt sich einfach daraus, daß diese beiden Planeten das Tagesgestirn innerhalb der Erdbahn umkreisen.

Rechts: Aus dem Winkel, den Sonne und Mond zur Zeit des Halbmondes miteinander bilden, ermittelte Aristarch das Verhältnis der Entfernung zu Mond und Sonne. Wegen der Ungenauigkeit der Messung erhielt er einen zwanzigfach zu kleinen Wert. Ähnlich erging es ihm bei der Errechnung der Größenverhältnisse von Sonne und Erde. Seinen Berechnungen nach hat das Tagesgestirn 12⅓fachen Erddurchmesser und 1880faches Erdvolumen; in Wahrheit besitzt die Sonne 109fachen Erddurchmesser und damit das 1,3millionenfache Volumen der Erde. Aristarch erkannte durch seine Messung aber immerhin, daß die Sonne erheblich größer ist als die Erde – vielleicht einer der Beweggründe, die ihn veranlaßten, sie »gotteslästerlich« in den Mittelpunkt der Welt zu stellen.

konzentrischer Sphären zu beschreiben. Dies gelang zunächst auch einigermaßen zufriedenstellend, aber im weiteren Verlauf stellten sich immer wieder Abweichungen ein, die durch immer neue, kompliziertere Sphärenanordnungen zu beseitigen versucht wurden.

Überdies gab es einige mit den herrschenden Vorstellungen nicht erklärbare Phänomene. Dazu gehörten die Helligkeitsänderungen der Planeten im Laufe der Zeit und die besonders merkwürdigen Bewegungen der Planeten Merkur und Venus.

Ursprünglich hat man Venus, den Morgen- und Abendstern, für zwei verschiedene Planeten gehalten und ihnen auch zwei verschiedene Namen gegeben; der eine hieß Phosphorus, der andere Hesperus. Es scheint, als sei Pythagoras der erste gewesen, der merkte, daß es sich bei Phosphorus und Hesperus um ein und denselben Stern handelt, der mal am Morgenhimmel und dann wieder – nach einer Zeitspanne der Unsichtbarkeit – am Abendhimmel zu sehen ist. Das weitere merkwürdige Verhalten der beiden Planeten besteht darin, daß sie sich stets in der scheinbaren Umgebung der Sonne aufhalten: Merkur weicht niemals weiter als 28 Winkelgrad, Venus niemals mehr als 47 Grad nach Osten oder Westen von der Sonne ab. (Man bezeichnet diese Werte als die größte östliche bzw. westliche *Elongation.)* Heraklit erklärte dieses Phänomen durch die Annahme, daß Merkur und Venus sich in Kreisbahnen um die Sonne bewegen, während diese zusammen mit den beiden genannten Planeten die sich drehende Erde umrundet – er machte also gewissermaßen einen halben Schritt in Richtung auf die richtige Lösung, aber eben nur einen halben und keinen ganzen!

Diesen ganzen Schritt zu tun, blieb Aristarch von Samos vorbehalten. Er verbannte die Erde aus dem Mittelpunkt des Weltalls und setzte die Sonne an ihre Stelle. Die Erde hingegen wurde zu einer rotierenden Kugel, die sich gleich allen anderen Planeten in konzentrischen Kreisen um das Tagesgestirn bewegte.

Diese Hypothese des Aristarch konnte viele Erscheinungen erklären, die bisher unerklärbar waren: die seltsamen, oft rückläufigen Bewegungen der Planeten und ihre Helligkeitsänderungen, die nun ganz einfach als zwangsläufige Variationen des Abstands der Planeten von der Erde gedeutet werden konnten, die Existenz totaler und ringförmiger Sonnenfinsternisse (ein Effekt des wechselnden Abstandes des Mondes von der Erde) usw. Weltanschaulich bedeutete die Vorstellung des Aristarch eine Sensation: Sie degradierte die Erde, bisher als Heimstatt der Menchen der allesbeherrschende Weltkörper im Zentrum des Alls, zu einem unter mehreren Planeten, machte aus ihr einen Himmelskörper, der keine Ausnahmestellung besaß, wie dies im geozentrischen Weltbild der Fall war. Auch dies muß als ein Schritt gewertet werden, durch den das Bewußtsein für die Raumfahrtidee geweckt wurde.

Jedoch, die Theorie des Aristarch fand nicht viel Widerhall. Wahrscheinlich hängt das damit zusammen, daß Aristarch seine Hypothese sehr generell formuliert hatte und die Beweise für die angeführten Thesen größtenteils schuldig blieb oder nur sehr allgemeinverbindlich ausführte. Aus der Feder von Aristarch ist lediglich ein Buch überliefert, eine Abhandlung »Über die Dimensionen und Entfernungen von Sonne und Mond«. In ihm berichtet Aristarch über Messungen des Winkelabstandes von Sonne und Mond zur Halb-

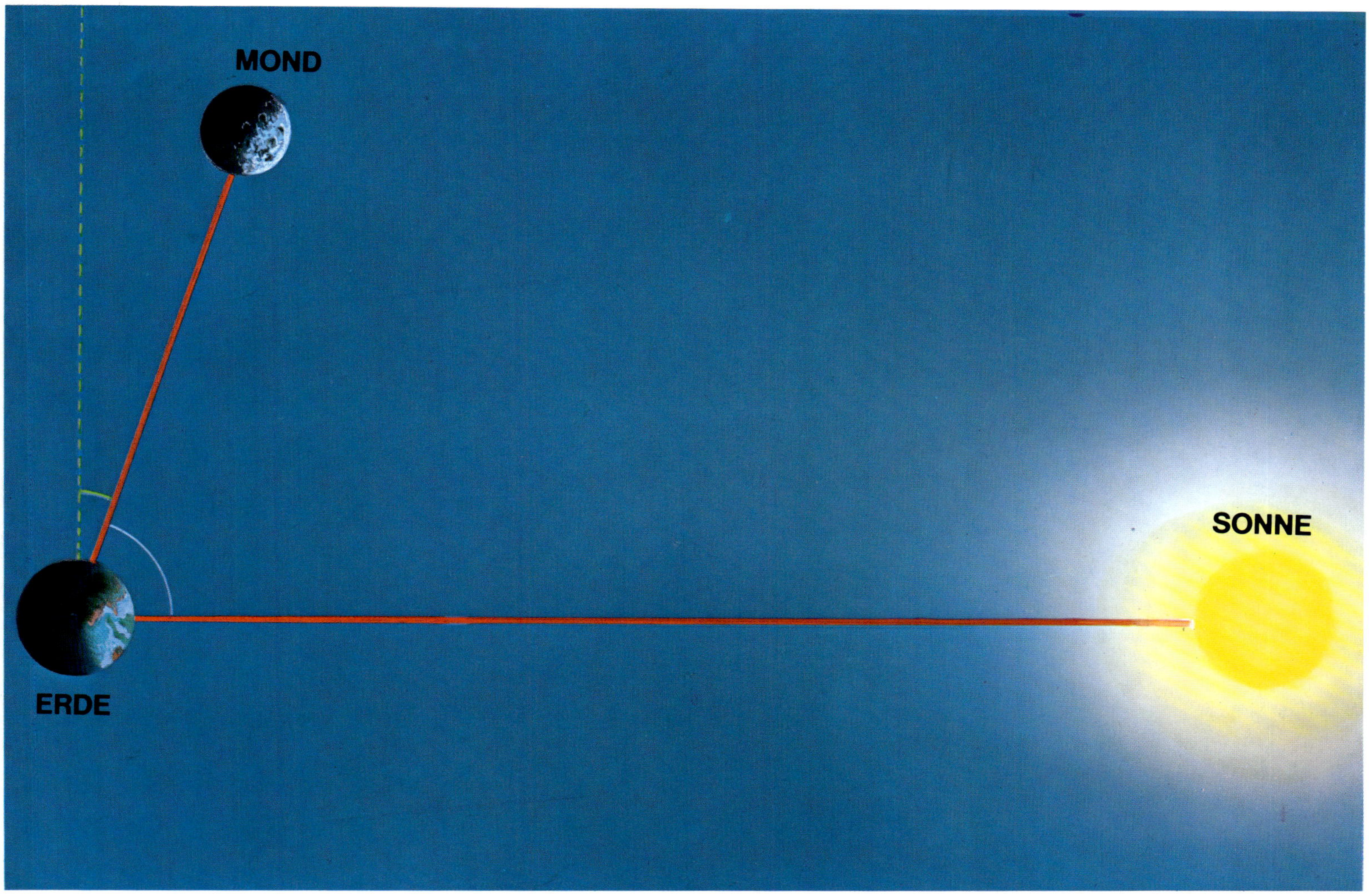

mondzeit, also wenn in dem System Erde - Mond - Sonne der Winkel am Mond 90° beträgt. Aristarch findet für den Winkel zwischen Sonne und Mond 87° und schließt daraus geometrisch korrekt, daß die Sonne etwa 18- bis 20mal so weit von uns entfernt ist wie der Mond. War dieses Verfahren richtig und weist es Aristarch als einen Astronomen und Mathematiker und nicht nur einen spekulativen Philosophen aus, so war das Ergebnis dennoch falsch. Das hängt damit zusammen, daß der Augenblick des ersten oder letzten Viertels (»Halbmond«), die sogenannte *Dichotomie,* durch Beobachtung nur äußerst schwer zu bestimmen ist. In Wahrheit beträgt der Winkel zwischen Sonne und Mond in diesem Augenblick 89° 50′ (89 Grad, 50 Bogenminuten), was bedeutet, daß die Sonne etwa 400mal so weit von der Erde entfernt ist wie der Mond.

Im Zusammenhang mit dem heliozentrischen Weltbild ist wichtig, daß diese einzige überlieferte Schrift des Aristarch keinerlei Hinweise auf sein heliozentrisches Weltbild enthält. Wir finden auf diese heliozentrische Theorie nur indirekte Hinweise bei anderen Autoren, so bei Archimedes (287–212 v. Chr.), einem Zeitgenossen des Aristarch.

Archimedes stellt in anderem Zusammenhang fest, daß die Vorstellung des Aristarch, die Erde würde sich in einem großen Kreis um die Sonne bewegen, die Annahme eines immens großen Universums notwendig mache, da andernfalls die Positionen der näheren Fixsterne gegenüber den weitentfernten in jährlichem Rhythmus schwanken oder, sofern man sie sich an einer Sphäre angebracht denkt, in halbjährlichem Abstand scheinbar näher zueinander und dann wieder auseinanderrücken müßten.

Übrigens hatte schon Aristoteles dieses Argument der *Sternparallaxen* als Zeugnis dafür angeführt, daß die Erde im Zentrum der Welt stehen müsse, da man andernfalls derartige parallaktische Verschiebungen beobachten können müßte.

Wir wissen heute, daß das Argument des Aristoteles durchaus richtig war. Er konnte nur nicht ahnen, daß die Fixsterne *zu* weit entfernt sind, als daß es mit den damaligen primitiven Meßgeräten und ohne Teleskop möglich gewesen wäre, Sternparallaxen zu bestimmen. In der Tat dauerte es bis zum Jahre 1838, bevor es zum erstenmal gelang, die Parallaxe eines Fixsterns nachzuweisen. Nun, um die Zeit von Aristarch und Archimedes setzt für die Astronomie eine Periode der nüchternen Überprüfung und des emsigen Sammelns von Daten ein. Sie wird, wie wir sehen werden, später abgelöst von einer Periode des Dogmatismus, mit der die große Zeit der griechischen Philosophie zu Ende geht.

Doch verweilen wir zunächst in jener so fruchtbaren Epoche, die gekennzeichnet ist durch die Ideen des Aristarch, durch die Werke und Taten von Archimedes, Eratosthenes und Hipparch.

Wie groß ist die Welt?

Es ist dies eine Zeit der Bestandsaufnahme von Fakten, eine Periode der Ruhe nach den vielen kriegerischen Auseinandersetzungen des fünften und des späten vierten vorchristlichen Jahrhunderts und nach dem großen kulturellen, politischen und wirtschaftlichen Aufblühen Hellas' an der Wende vom vierten zum dritten Jahrhundert vor Beginn unserer Zeitrechnung. Es ist aber auch die Zeit, da Griechenland seinem Niedergang entgegengeht

und Roms Macht ins scheinbar Unermeßliche wächst.
Die Bemerkung des Archimedes über die immense Größe, die das Weltall des Aristarch von Samos haben müsse, macht der Gelehrte in einem recht merkwürdigen Buch, in dem es ihm darum geht, eine obere Grenze für die Anzahl von Sandkörnern zu berechnen, die das gesamte Universum füllen würde.
Dies ist nicht die einzige Auseinandersetzung des Archimedes mit den Maßstäben des Kosmos. An anderer Stelle verweist er darauf, daß der Umfang der Erde 300 000 Stadien betrage, nennt also 100 000 Stadien weniger als Aristoteles und kommt damit dem wahren Umfang der Erde schon erheblich näher. Man weiß nicht genau, woher Archimedes diese Zahl hat, vermutet aber, daß sie auf Dikaiarchos von Messene (etwa 350–285 v. Chr.) zurückgeht, einen Schüler des Aristoteles, Philosoph, Geograph und Autor der ersten Kulturgeschichte Griechenlands. Es ist nicht genau bekannt, wie Dikaiarchos (sofern er es überhaupt ist, den Archimedes hier zitiert) zu seinem Ergebnis kam, aber es ist zu vermuten, daß er es aus Beobachtungen des Zenitabstandes von Sternen an verschiedenen Orten ableitete.
Die erste Erdvermessung, über die wir konkrete Hinweise haben, wurde von Eratosthenes von Kyrene (276–194 v. Chr.) vorgenommen. Er war 246 v. Chr. zum Vorsteher der Bibliothek von Alexandria berufen worden und betätigte sich gleichzeitig als Dichter, Mathematiker und Geograph. Eratosthenes schrieb unter anderem drei Bücher über Geographie, in denen er eine Gradnetzkarte der damals bekannten Welt wiedergab, und eines über seine Bestimmung der Erdgröße, das aber leider nicht mehr existiert. Über seine Erdvermessung sind wir durch die Schriften des griechischen Astronomen Kleomedes informiert, der um die Zeitenwende lebte und als einer der Nachfolger von Eratosthenes die Bibliothek von Alexandria leitete.
Eratosthenes hatte gehört, daß in dem Ort Syene ein senkrecht in den Boden gesteckter Stab am Tag der Sommersonnenwende um die Mittagszeit keinen Schatten warf. In Alexandria, so wußte er, stand die Sonne zur Sommersonnenwende mittags nicht im Zenit. Die Aufgabe, die sich daraus für die Errechnung des Erdumfanges ergab, war einfach: Eratosthenes mußte lediglich in Alexandria am Tag des Sommeranfangs zur Mittagszeit die Schattenlänge der Sonne bestimmen und die Entfernung von Alexandria nach Syene wissen. Alles andere war eine simple Rechenaufgabe.
Die Strecke von Alexandria nach Syene war bekannt; sie wird allgemein mit 5000 Stadien angegeben. Dies scheint allerdings ein abgerundeter Wert zu sein, denn an anderer Stelle findet sich der Hinweis, daß die Entfernung vom Wasserfall in Syene bis zum Meer in Alexandria 5300 Stadien beträgt. Aus dem Schattenwurf der Sonne ermittelte Eratosthenes, daß die Zenitdistanz der Sonne in Alexandria zur Mittagszeit am Sonnenwendtag $1/50$ des Himmelsumfangs betrug. Daraus folgt, daß der Erdumfang 50×5000, also 250 000 Stadien betragen muß. Eratosthenes oder Kleomedes gaben 252 000 Stadien an. Legt man das griechische Stadion von 157,5 Meter zugrunde, so ergibt dies für die Erde einen Umfang von 39 690 Kilometern oder einen Durchmesser von 12 634 Kilometern – ganze 80 Kilometer weniger als der heute verbindliche Wert für den Polardurchmesser der Erde von 12 714 Kilometern!

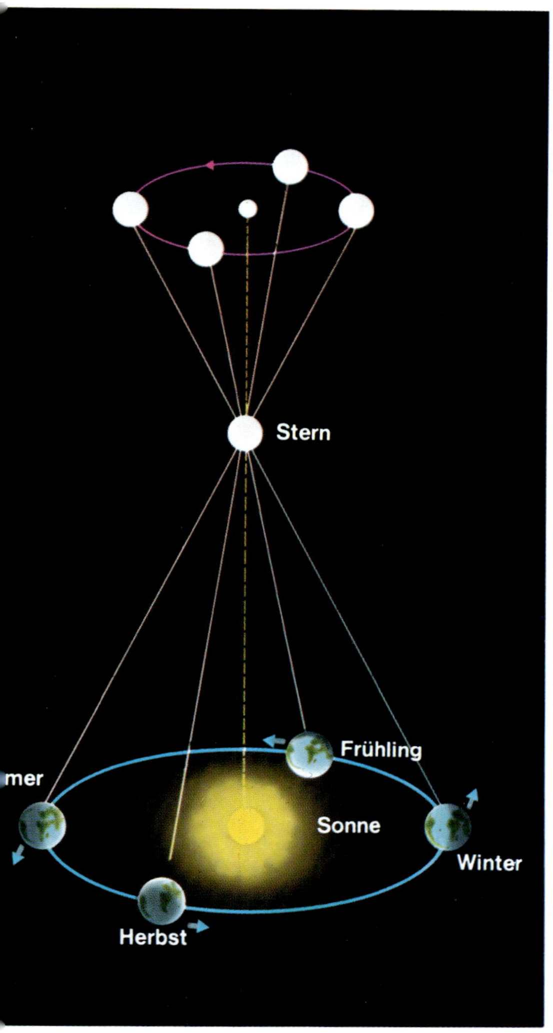

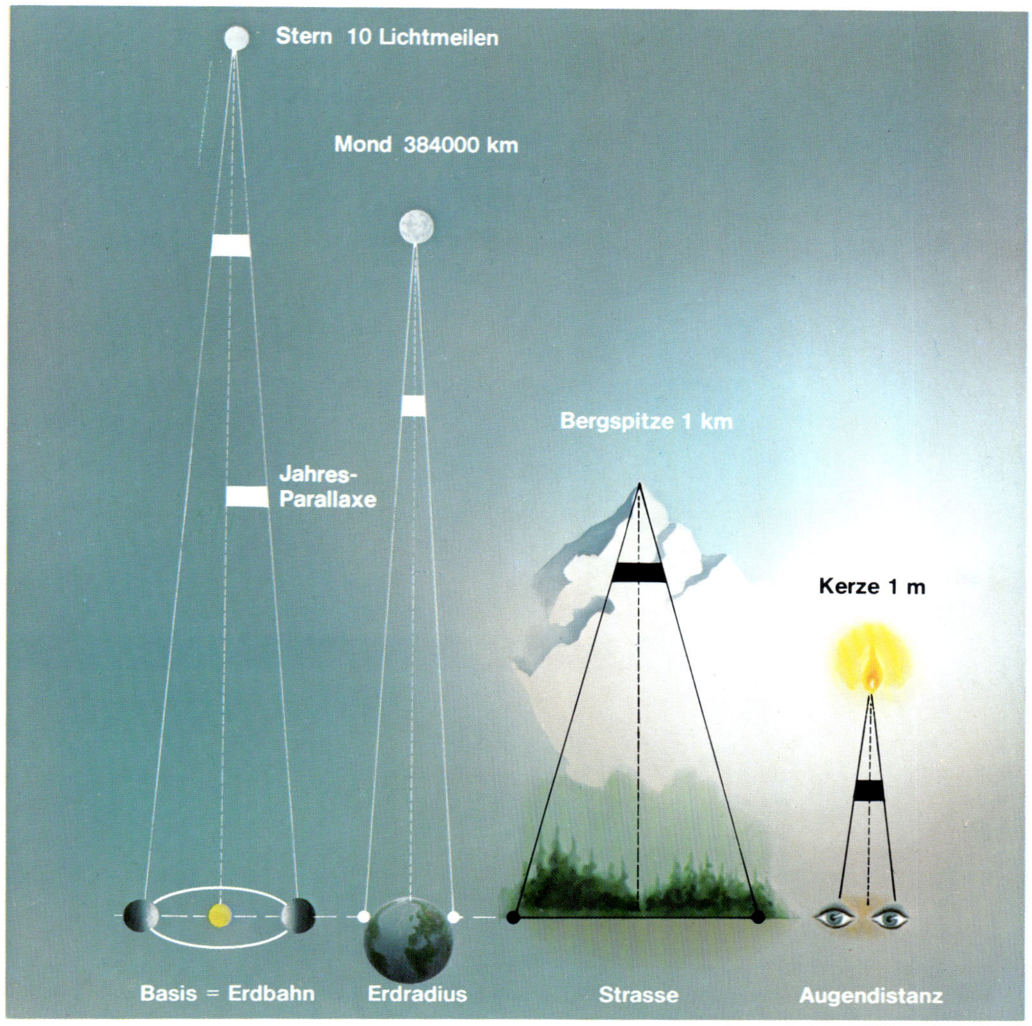

Sicher ist dieses genaue Resultat auf das Zusammenwirken einer Reihe von Zufällen zurückzuführen, denn weder liegt Alexandria *genau* südlich von Syene, noch stimmt es, daß die Sonne zur Mittagszeit der Sommersonnenwende dort genau im Zenit stand. Trotzdem nötigt dieses Resultat des Eratosthenes, gewonnen im dritten vorchristlichen Jahrhundert, Respekt ab.

Auf jeden Fall hatten die Griechen des dritten Jahrhunderts vor der Zeitrechnung eine recht genaue Vorstellung von der Größe der Erde, und selbst wenn wir noch ein Jahrhundert weiter in der Geschichte zurückgehen, also etwa bis zu Aristoteles, so gilt, daß zumindest eine größenordnungsmäßige Vorstellung von den Ausmaßen des Erdkörpers vorhanden war.

Wie aber steht es nun um Erkenntnisse über die Ausmaße des Weltalls? Wir entsinnen uns der Spekulationen des Anaximander im sechsten vorchristlichen Jahrhundert über die Größe der Sonne und des Mondes sowie der Aussagen des Anaxagoras um die Mitte des fünften vorchristlichen Jahrhunderts, der die Größe des Mondes mit derjenigen der peloponnesischen Halbinsel verglich. Weitere konkrete Entfernungsangaben der Gestirne gibt es indessen aus dieser Zeit nicht. Wohl beschäftigte man sich mit der Frage nach den Entfernungen der Planeten, des Mondes und der Sonne, aber dies geschah weitgehendst unter dem pythagoreischen Vorzeichen einer »Harmonie der Sphären« und endete in Diskussionen um die relativen Entfernungen der Himmelskörper zueinander. Von dieser Idee der Harmonie der Sphären, die bei Aristoteles so starken Ausdruck fand, war ja auch Platon befallen, und sie findet in der Tat bis in das Mittelalter hinein fortgesetztes Interesse, wie wir sogleich noch sehen werden. So beschränkten sich die Überlegungen zu den Ausmaßen und Größen der Planeten auf bloße Zahlenvergleiche mit den harmonischen Gesetzen der Musik, den Umlaufzeiten der Planeten usw.

Diese Relativwerte wurden aber auch gelegentlich zu bekannten Zahlen in Beziehung gebracht, um absolute Werte zu erhalten. So benützte Hipparch (190–125 v. Chr.), einer der großen Astronomen des in seiner Macht schwindenden Hellas, die von Aristarch stammende Überlegung, daß

Linke Seite: »Störet meine Kreise nicht!« soll der berühmte griechische Mathematiker, Mechaniker und Philosoph Archimedes 212 v. Chr. bei der Eroberung seiner Vaterstadt Syrakus, in seine Überlegungen versunken, einem bei ihm eindringenden römischen Soldaten zugerufen haben. Doch der Ruf half nichts; der Römer erschlug den großen Griechen. In Herculaneum am Golf von Neapel, einer gleich Pompeji aus der Vulkanasche des Vesuv ausgegrabenen Stadt, wurde das abgebildete Mosaik »Der Tod des Archimedes« gefunden. – Archimedes lehnte das heliozentrische Weltbild des Aristarch ab, weil es nicht gelang, Jahresparallaxen an Fixsternen zu bestimmen.

Oben: Sternparallaxen müssen sich bei einer im Kreis umlaufenden Erde infolge der verschiedenen Blickrichtungen zu den Sternen im Jahreswandel ergeben, da man zum Beispiel im Sommer aus einer anderen Richtung zu den Sternen blickt als im Winter, im Herbst aus einer anderen als im Frühjahr. Wegen der enormen Entfernungen der Sterne von uns gelang es indessen zur Zeit des Archimedes mit den zur Verfügung stehenden Instrumenten nicht, die Jahresparallaxen von Sternen zu messen: Dieses Unvermögen verführte Archimedes zu der Annahme, daß es keine Sternparallaxen gäbe und daher die Vorstellung einer bewegten Erde falsch sei.

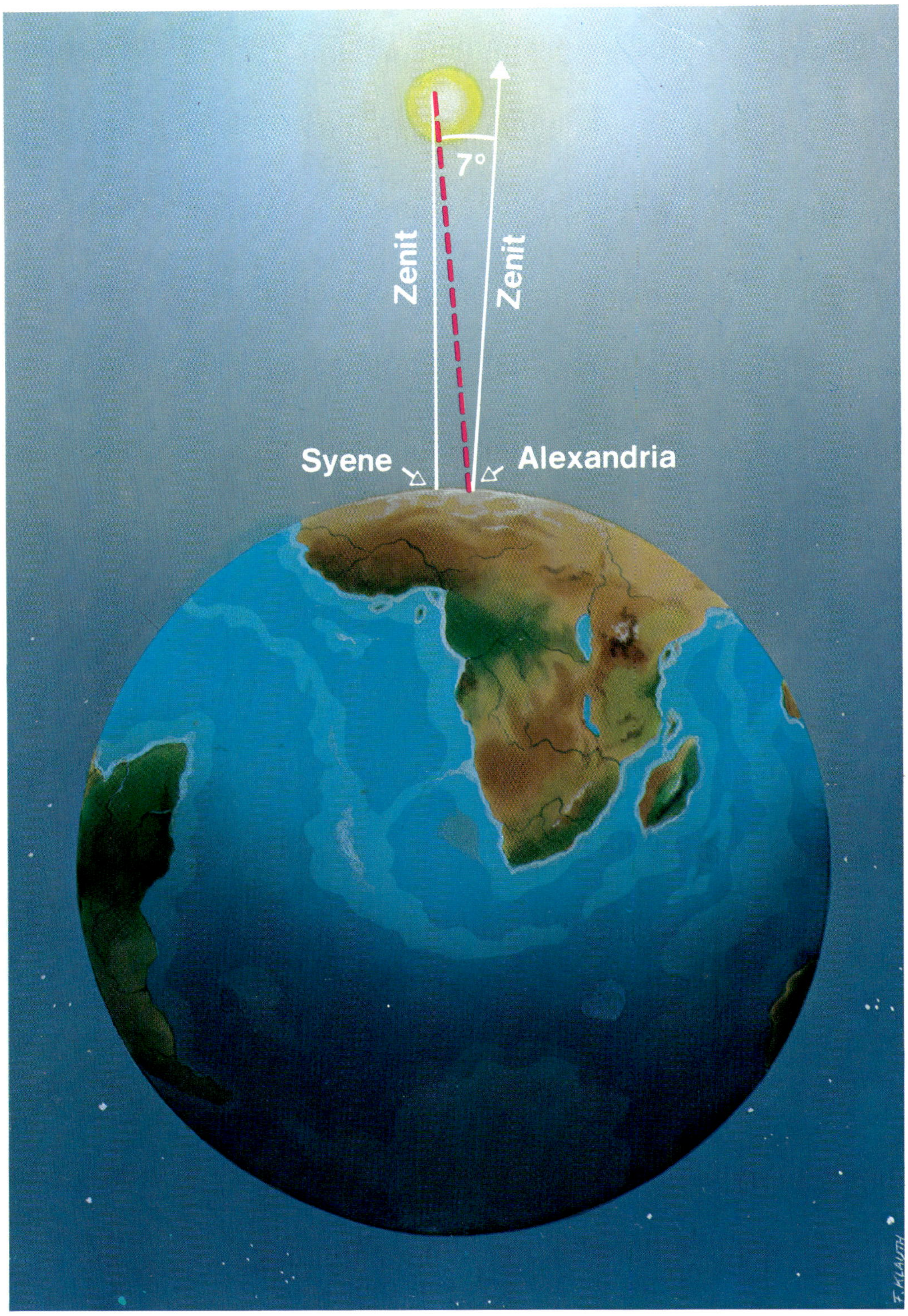

Links: Mit einem Gnomon (einem Schattenstab) maß Eratosthenes im dritten vorchristlichen Jahrhundert zur Mittagszeit die Zenitdistanz der Sonne (also ihren Winkelabstand zum Scheitelpunkt) in Alexandria, während sie in Syene im Zenit stand. Unter der Annahme, daß Syene und Alexandria auf dem gleichen Meridian lägen, wußte er damit, welchen Bogenabstand die beiden Orte auf der Erdkugel haben. Durch das Zählen der Umdrehungen eines Wagenrades auf der Fahrt von Syene nach Alexandria ermittelte er die Entfernung der beiden Städte voneinander. Durch eine einfache Multiplikation konnte er nun errechnen, welchen Umfang die Erde besitzt.

Rechte Seite links: Die Präzession (eine Kreisbewegung der Erdachse im Verlauf von 26 Jahrtausenden) führt zu einem Wechsel des Polarsterns und der Jahreszeiten: Der Frühlingspunkt wandert durch die Tierkreissternbilder hindurch.

Rechte Seite außen: Der Mond bemüht sich, den Äquatorwulst der Erde in die Mondbahnebene (die im Durchschnitt der Ekliptikebene entspricht) zu ziehen. Die Sonne tut das gleiche in bezug auf die Ekliptikebene. Dies und die Erdrotation erzeugen die Präzession.

die Sonne 10- bis 20mal so weit von uns weg sei wie der Mond, um, in Kombination mit inzwischen ermittelten Zahlen über die Mondentfernung, den Abstand der Sonne von der Erde zu acht Millionen Kilometern zu ermitteln, ein Wert, der über achtzehnmal zu klein ist. Immerhin aber stimmt die zugrunde liegende Entfernung des Mondes mit 400 000 Kilometern recht gut mit den wahren Verhältnissen überein (die mittlere Entfernung des Mondes von der Erde beträgt in Wirklichkeit 384 000 Kilometer), und auch erste Vorstellungen über die gewaltigen Abstände der Planeten nehmen langsam Form an. So glaubte Posidonius (135–50 v. Chr.), daß es von der Erde »bis zu den Wolken und Winden« 40 Stadien (6300 Meter), von dort bis zum Mond 2 000 000 Stadien (315 000 Kilometer) und vom Mond bis zur Sonne 500 Millionen Stadien (78 Millionen Kilometer) seien.
Der gerade genannte Hipparch, dem wir übrigens die Einteilung der Fixsterne in Größenklassen und einen Sternkatalog mit 1080 eingetragenen Fixsternen verdanken, versuchte auch, aus Sonnen- und Mondfinsternissen die Parallaxen (und damit Entfernungen und Größen) von Sonne und Mond abzuschätzen.
Was den Sternkatalog betrifft, so wurde er später von Claudius Ptolemäus in sein berühmtes Werk »Almagest« übernommen und selbst Kolumbus hat bei seinen Fahrten über den Atlantik auf seinen Schiffen noch den Hipparchschen Sternkatalog für Navigationszwecke benützt.
Die diversen Messungen und Berechnungen des Hipparch über Entfernungen und Größen von Sonne und Mond führten ihn zu recht annehmbaren Werten. Er begnügte sich also keineswegs damit, die

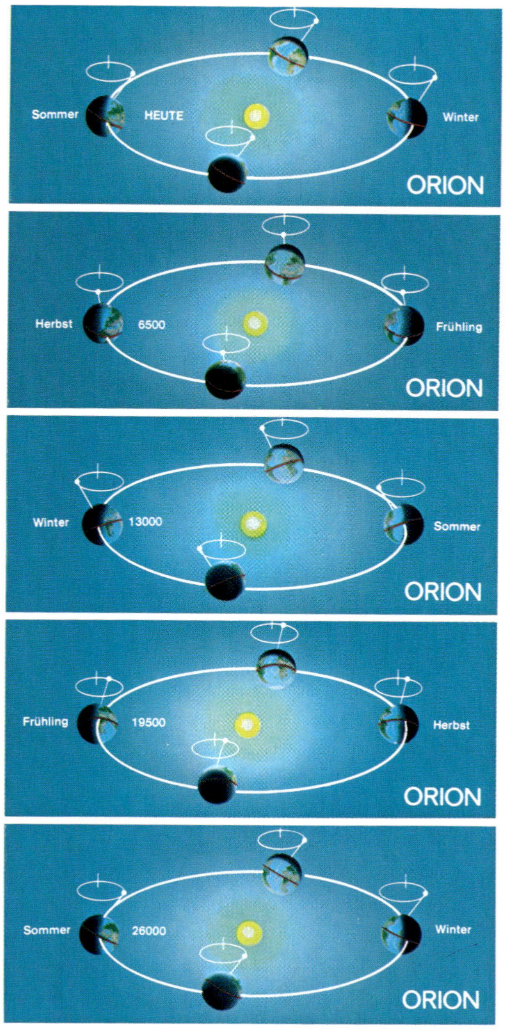

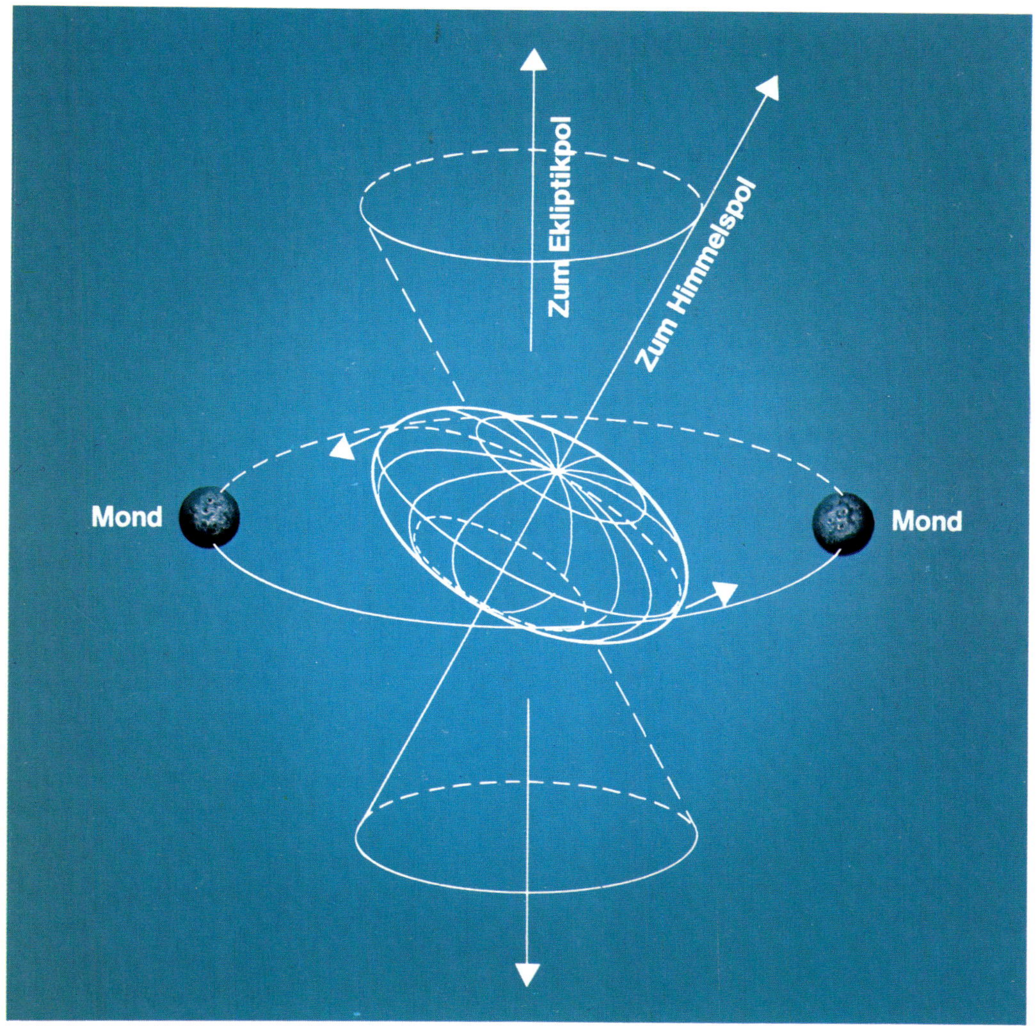

zuvor zitierten, von Aristarch stammenden Entfernungsangaben zu übernehmen, wie Hipparch überhaupt der erfolgreichste aller griechischen Astronomen gewesen ist. Anzahl und Bedeutung seiner astronomischen Entdeckungen sind größer als die irgendeines anderen Hellenen. Hinzu kommt, daß die Genauigkeit seiner Beobachtungskunst als geradezu phänomenal bezeichnet werden muß, zumal er ja über keinerlei optische Instrumente verfügte.

Dieser Genauigkeit der Beobachtung ist es zu verdanken, daß er Erscheinungen wie die *Präzession* entdeckte, ein Vorgang, unter dem man das langsame Wandern des *Frühlingspunktes* auf der *Ekliptik* relativ zu den Hintergrundsternen durch die Sternbilder des Tierkreises versteht, also eine Bewegung des Punktes, an dem die Sonne im Augenblick des Frühlingsanfangs steht. Es ist dies ein Vorgang, der in einer kreisförmigen Bewegung der Erdachse begründet ist. Diese Erdachse ist ja bekanntlich um einen Winkel von 23½ Grad gegen die Erdbahnebene geneigt. Zwar bleibt der Neigungswinkel stets gleich, aber die Richtung, in die die Erdachse zeigt, ändert sich: Im Verlauf von 25 800 Jahren (als *Platonisches Jahr* bezeichnet) wandert die Erdachse einmal im Kreis herum. Man kann das Phänomen sehr schön an einem Kreisel beobachten, den man so in Drehung versetzt, daß seine Rotationsachse von der Senkrechten abweicht. Auch hier tritt eine Präzession auf.

Seine Berechnungen führten Hipparch auch darauf, daß seine ursprüngliche Annahme, die Sonne sei etwa zwanzigmal so weit von uns entfernt wie der Mond, nicht stimmt, sondern daß dieser Wert größer ist. So überlieferte Kleomedes in seinen Schriften, daß Hipparch für die Sonne das 1050fache Volumen der Erde angenommen habe. Das bedeutet, daß der Durchmesser der Sonne denjenigen der Erde um mehr als das Zehnfache übertreffen würde (in Wirklichkeit hat die Sonne 109 Erddurchmesser), während er den Monddurchmesser zu 0,29 Erddurchmessern (tatsächlich 0,272) annahm. Die Entfernung des Mondes von der Erde errechnete er zu 60,83 Erdhalbmessern, diejenige der Sonne zu 2550 Erdradien. Das kommt für den Mond äußerst nah an den wirklichen Wert heran, während die Sonne rund elfmal weiter entfernt ist.

Von anderen Autoren werden noch andere Rechenergebnisse des Hipparch für die gerade genannten Entfernungen und Größen zitiert; sie liegen indessen alle innerhalb der gleichen Größenordnung.

Auch die Vorstellungen über Ausmaße und Entfernungen der anderen Himmelskörper nahmen in der damaligen Zeit Gestalt an. So spricht Cicero (106–43 v. Chr.) davon, daß die Entfernungen, die zwischen den drei äußeren Planeten liegen, »unendlich und immens« seien, und versetzt den Himmel an das »extreme Ende der Welt«.

Auch Seneca (4 v. Chr.–65 n. Chr.) spricht in seinem Werk über »Fragen der Natur« von den großen Distanzen, die zwischen den Planeten liegen, und von der »gewaltigen, obgleich endlichen Ausdehnung« der Sphäre, an der die Fixsterne befestigt sind.

Diese Vorstellung von der Fixsternsphäre ist praktisch bei allen griechischen Philosophen zu finden. Die Idee, daß die Fixsterne sich in einem dreidimensionalen Raum erstrecken könnten, fand wenig Anhänger. Wenn wir über den Ursprung des Raumfahrtgedankens spekulieren, so kann es sich deshalb nur um eine Raumfahrt zum Mond, zur Sonne und zu den Planeten handeln, wobei der Mond aus der Sachlage heraus der wichtigste Kandidat ist: Die Sonne scheidet wegen ihrer allgemein angenommenen »feurigen Natur« aus begreiflichen Gründen aus, und über die Natur der Planeten machte man sich kaum irgendwelche Gedanken.

Berge und Täler auf dem Mond

In der Tat ist es auch der Mond gewesen, an dem sich der Raumfahrtgedanke zuerst entzündete. Ausgelöst wurde dies durch ein Buch des griechischen Philosophen, Historikers und späteren Priesters Plutarch (etwa 50–124 n. Chr.), dessen lateinischer Titel lautet »De facie in orbe lunae« (Vom Gesicht in der Mondscheibe). Es ist das erste bekannte Buch, das über einen einzelnen Himmelskörper geschrieben worden ist. Als Anhänger der platonischen Philosophie schrieb Plutarch das Buch in der unter Platonikern weit verbreiteten Dialogform. Der Zweck des Werkes, dessen Einleitung nicht mehr erhalten ist, bestand darin, die Flecken der Mondscheibe - eben das »Mondgesicht« - auf naturwissenschaftliche Weise zu erklären. Getreu der platonischen Art geschieht dies in Anführung von Argumenten und Gegenargumenten, in Rede und Gegenrede.

Betrachten wir einige Stellen des Originaltextes. Da heißt es beispielsweise am Schluß des 21. Kapitels:

». . . Und was jenes ›Gesicht‹ betrifft, das auf ihm (dem Mond) zu sehen ist, so dürfen wir behaupten, daß, wie bei uns die Erde große Höhlungen hat, so auch der Mond von großen Vertiefungen und Klüften zerrissen ist, die Wasser oder finstere Luft enthalten, Schluchten, die das Sonnenlicht nicht durchdringt und nicht einmal berührt; es setzt an diesen Stellen aus und läßt die Reflexion nur lückenhaft zu uns gelangen.« (Nach der Übersetzung von Herwig Görgemanns in Plutarch, »Das Mondgesicht«, Artemis-Verlag.)

Im 29. Kapitel heißt es:

»... sondern es (das Mondgesicht) besteht aus Vertiefungen und Einsenkungen des Mondes, so wie bei uns die Erde tiefe, große Meeresbuchten hat: eine hier, die von den Säulen des Herakles nach innen zu uns hinflutet, und andere am Rande, das Kaspische Meer und die Buchten des Roten Meeres.«

Auch mit der Bewohnbarkeit und der Frage, ob der Mond bewohnt ist, setzt sich Plutarch auseinander. Hier läßt er zunächst einen seiner Helden, Theon, im 24. Kapitel sagen: »Vorher möchte ich gerne noch etwas über die Wesen hören, die auf dem Mond leben sollen, nicht ob wirklich welche dort leben, sondern ob ein Leben dort überhaupt möglich ist. Denn wenn es nicht möglich ist, so spricht das auch gegen die Lehre, der Mond sei aus Erde. Man müßte ja glauben, er sei ohne Zweck und Sinn geschaffen, wenn er nicht Früchte hervorbringt, Menschen einen Wohnsitz bietet, ihre Geburt und Ernährung ermöglicht, Dinge, um derentwillen nach unserer Überzeugung auch unsere Erde geschaffen ist ...«

Diesen Überlegungen freilich widerspricht Plutarch im 25. Kapitel mit der Feststellung:

»Nun ist gleich das erste Argument nicht zwingend, wenn keine Menschen auf dem Mond wohnten, sei er ohne Sinn und Zweck. Wir sehen, daß auch unsere Erde nicht überall lebenfördernd und bewohnt ist. Nur ein kleiner Teil von ihr, gleichsam Landzungen und Halbinseln, die aus der Tiefe ragen, bringt Tiere und Pflanzen hervor; der Rest ist zum Teil durch unwirtliches Wetter oder durch Dürre öde und unfruchtbar, zum größten Teil aber bedeckt vom Großen Meer.«

Ein Stückchen weiter allerdings kontert Plutarch auch diese Ansicht wieder:

»Ferner: keines deiner Argumente, lieber Theon, erweist die angebliche Bewohnbarkeit des Mondes als unmöglich. Die Kreisbewegung vollzieht sich in aller Ruhe und Stille: Die Luft wird glatt und ohne Turbulenz durchschnitten, und man braucht nicht zu fürchten, daß einer, der auf dem Mond steht, herunterfällt oder den Halt verliert ...«

Einige Sätze weiter sagt Plutarch: »Wahrscheinlich haben die Mondbewohner ein mittleres Klima, das am ehesten dem Frühling vergleichbar ist ...«

Und am Schluß des 25. Kapitels schließlich stellt er fest:

»Die Mondbewohner, wenn es sie gibt, haben wahrscheinlich einen zarten Körper und können mit jeder beliebigen Nahrung auskommen ...« und »... Ich meine aber, eher könnten die Mondbewohner zweifeln, wenn sie die Erde betrachten, die sozusagen den Bodensatz und den Grund-

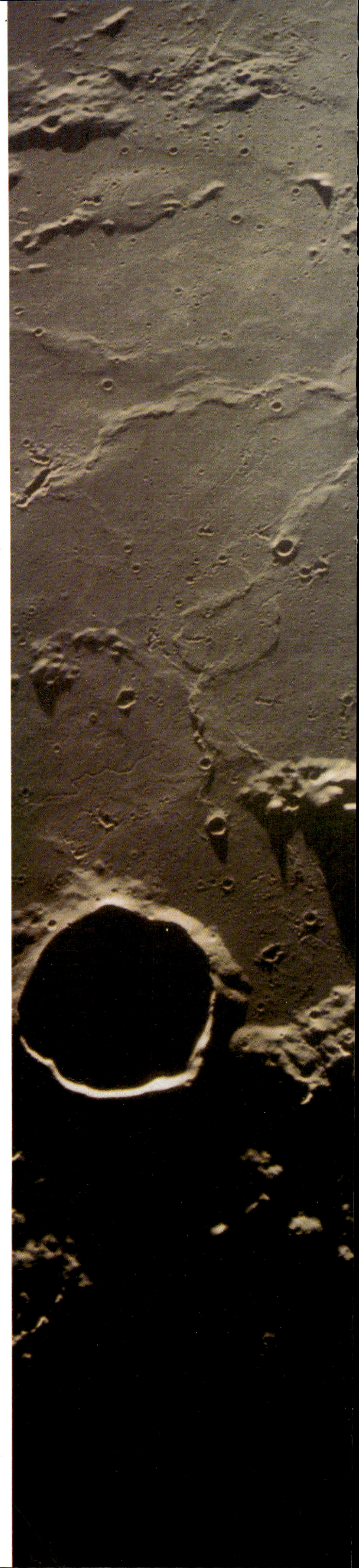

»So auch der Mond von großen Vertiefungen und Klüften zerrissen ist« – diese Beschreibung des Plutarch könnte auch unter einem modernen Foto wie diesem aus dem APOLLO-Programm stehen.

schlamm des Weltalls bildet und aus Feuchtigkeit, Nebeln und Wolken hervorschaut, ein glanzloser, niedriger und bewegungsloser Platz, ob sie Lebewesen hervorbringen und nähren könne . . .«
Im 27. bis 30. Kapitel findet die ganze Sache dann eine merkwürdige Auflösung: Einer der Redner behauptet erfahren zu haben, daß der Mond eine Station der Menschenseelen auf ihrem Weg durch die verschiedenen Stadien des Lebens sei.

Raumfahrt und Literatur I

Wenn wir uns mit diesem Büchlein des Plutarch hier etwas ausführlicher beschäftigt haben, so deshalb, weil es offenbar 40 Jahre nach dem Tode seines Autors, also um 160 n. Chr., den Anstoß zum Erscheinen des ersten Raumfahrtromans gegeben hat, eine Abhandlung, die der griechische Satiriker Lukian von Samosate (etwa 120–180 n. Chr.) verfaßt hat und deren lateinischer Titel lautet »Vera historia«, also »Wahre Geschichte«.
Natürlich ist diese »wahre Geschichte« voll und ganz der Phantasie entsprungen, und – offensichtlich um Mißdeutungen vorzubeugen – erwähnt Lukian dies in der Einleitung zu seinem Buch auch ausdrücklich: »Ich schreibe von Dingen, die ich weder gesehen noch erlebt habe, noch von anderen erfahren, von Dingen, die weder sind noch sein könnten, und deshalb sollten meine Leser sie nicht etwa für wahr halten.« (Nach Willy Ley, »Vorstoß ins Weltall«, Wien 1949.)
Um so mehr fabuliert Lukian aber in der Geschichte selbst. Da ist die Rede von einem Schiff, mit dem er und die Seinigen zahlreiche Abenteuer zu bestehen haben, nachdem sie die »Säulen des Herkules« (Gibraltar) passiert hatten und auf den als gefährlich und unheimlich verschrienen Atlantischen Ozean hinausgelangt waren. Nach einigen Kreuzfahrten kommt schließlich ein gewaltiger Sturm auf. Er erfaßt das Schiff des Lukian und trägt es in die Wolken hinauf, wo es sieben Tage und Nächte ziel- und planlos umherfährt.
Am achten Tag segeln unsere Helden an einer »in der Luft schwebenden« Insel vorbei. Von hier aus erkannte man unter sich die Erde mit ihren Bergen, Tälern und Flüssen.
Die Männer gingen auf der großen, leuchtenden Insel an Land und wurden dort sogleich von den Bewohnern dieses Landes, den Hippogypen (Fabelwesen) gepackt und vor ihren König geschleppt.
Die Hippogypen beschreibt Lukian als menschenartige Wesen, die »auf geflügelten, dreiköpfigen Geiern« ritten.
Der König dieses merkwürdigen Volkes entpuppt sich als ein Grieche, und zwar als Endymion, jener berühmte Hirte oder Jäger der griechischen Mythologie, der zum Geliebten der Mondgöttin Selene wurde.
Daß Lukian ihn auf den Mond versetzte, ist nicht weiter erstaunlich angesichts der von Plutarch in seinem »Mondgesicht« erzählten Geschichte, daß die Seelen der Menschen zum Mond gelangen und hier eine Art Zwischenstation machen würden, ein Glaube, der in vielfältigen Variationen immer wieder auftaucht in jener Zeit und Ausdruck der Idee von der Vielzahl bewohnter Welten ist.
Lukian fabuliert nun weiter: König Endymion eröffnet den Erdlingen, daß er in bitterem Kriege mit Phaeton, dem Beherrscher der Sonne, sei, und tatsächlich werden unsere Besucher des Mondes – denn um diesen handelt es sich bei der »großen, lichten Insel« natürlich – Zeugen einer gewaltigen Schlacht zwischen den Armeen der beiden Weltkörper.
Knut Lundmark stellt in seinem Buch »Das Leben auf anderen Sternen« die Vielfalt der Hilfskräfte, über die die beiden Armeen verfügten, sehr farbenreich zusammen und unterstreicht damit die hohe Fabulierkunst des Lukian. So berichtet er, daß allein das Fußvolk des Mondes sich auf 60 Millionen Mann belief! (Dies zu einem Zeitpunkt, da die Bevölkerung der Erde bei rund 200 Millionen Menschen lag!) Lundmark sagt sodann:
»Dann gab es 80 000 Pferdegeier (Hippogypen), 20 000 Kohlvogelreiter (die riesigen Reitvögel waren mit Kohl bewachsen und hatten Salatblätter statt der Flügel, jede ihrer Schwungfedern war größer und dicker als der Mast eines großen Kornschiffs), 30 000 Flohschützen (die springenden Reittiere von zwölffacher Elefantengröße), 50 000 Windläufer usw.«
Lundmark fährt dann fort, die »verschiedenen Geschöpfe« aufzuzählen, denen Lukian bei seiner Mondreise begegnet ist. Diese Aufzählung sei hier wiedergegeben:
»An der Grenze des Erdkreises: Weinrebenweiber.
Auf dem Mond: Pferdegeier, Kohlvogelreiter, Hirseschießer, Knoblauchwerfer, Flohschützen und Windläufer aus dem Großen Bären, Sperlingseicheln und Pferdekraniche aus den Sternen über Kappadozien, Riesenspinnen – die kleinste größer als eine der Zykladeninseln.
Im Heer der Sonne: Pferdeameisen – wahrhaft fliegende Tiere bis zur Größe von zwei Morgen Landes, Mückenritter, Rettichschleuderer, Stengelschwämme – schwere Infanterie mit pilzartigen Schilden und Spargelspießen, Hundseichler – hundsköpfige Hilfstruppen vom Sirius auf geflügelten Eicheln als Streitwagen –, Wolkenzentauren.
Zwischen Plejaden und Hyaden: lebende Lampen in Lampenstadt.
Im Walfischbauch: Tarichanen mit Aalaugen und Krebsgesicht, Tritonomendeten mit Wieselfüßen, Karkinocheiren mit Krebsscheren statt der Hände, Tynnoschen, Psettapoden – Schollenfüßige –, Riesen von der Größe eines halben Stadions, flammenhaarige Streiter usw.«
Die Phantasie Lukians endet indessen nicht bei diesen Namen. Er weiß auch viele andere Merkwürdigkeiten in seiner Geschichte zu erzählen. So sterben die Menschen nicht nach Erdenart, sondern »sauber«: Sie lösen sich ganz einfach in Luft auf. Hier wie an vielen anderen Stellen der »Vera historia« kommt die Absicht des Lukian zum Ausdruck, die er mit seinem Raumfahrtroman hatte:
Es ging ihm als Satiriker darum, gewisse Zustände und Gegebenheiten auf Erden anzukreiden; der Mondflug ist für ihn nur ein Vorwand, um einige Sachen lächerlich machen und andere anprangern zu können.
Wenn Lukians »Vera historia« im Zusammenhang mit dem Entstehen der Raumfahrtidee so große Bedeutung beigemessen wird, so vor allem deshalb, weil dieser erste utopische Roman über einen Flug ins Weltall, so mager seine fachlichen Grundlagen auch sind, vierzehn Jahrhunderte später erneut die Dinge in Richtung Raumfahrt in Gang setzte und Vorbild für eine ganze Reihe utopischer Geschichten über den Weltraum wurde.
Lukian hat noch eine zweite Geschichte geschrieben, genannt »Ikaromenippus«. Sie erschien 1967 in einer Übersetzung von Christoph Martin Wieland beim Verlag Artemis unter dem Titel: Lukian, »Zum Mond und darüber hinaus«.
In ihr nimmt Lukian sich wiederum den Mondflug vor, läßt dieses Mal seinen Helden, Menippus, aber geplant und nicht durch ein Zufallsspiel von Wind und Wellen zum Erdbegleiter gelangen. Nach Art von Ikaros, der der Geschichte ohne Zweifel als Vorwurf diente, geht sein Held an die Vorbereitung seines Fluges:
Menippus, so beginnt die Erzählung, berichtet einem Freund, wie er sich je

einen Flügel eines Adlers und eines »tüchtigen Lämmergeiers« anschnallte und damit in die Lüfte erhob, bis zum Mond und schließlich im Auftrag der Mondgöttin noch darüber hinaus bis in das Reich des obersten Gottes Jupiter gelangte.
Die ganze Erzählung hat keinen naturwissenschaftlichen Hintergrund; sie ist vielmehr eine ebenso scharf wie witzig geschriebene Satire gegen Philosophen, Physiker und Astronomen, gegen die diversen philosophischen Schulen mit ihren im Widerstreit stehenden Meinungen.
Ja, diese Situation (so erfährt der angesprochene Freund des Menippus und damit auch der Leser) hat Menippus überhaupt erst auf die Idee gebracht, den Flug in den Himmel zu wagen und zu versuchen, denn, so schreibt er, »da ich mir nun bei so bewandten Umständen nicht zu helfen wußte und alle Hoffnung verlor, auf Erden etwas Wahres von allen diesen Dingen zu erfahren: so schien mir nur ein einziges Mittel, aus meiner Verlegenheit zu kommen, übrig zu sein, und das wäre: wenn ich mir auf die eine oder andere Art Flügel verschaffen und mit ihrer Hilfe in eigener Person zum Himmel aufsteigen könnte«. Und als er auf dem Monde ist, beschwert sich die Mondgöttin Luna bei ihm über die vielen falschen Ansichten, Meinungen und Verleumdungen, die die Gelehrten auf der Erde über sie in Umlauf bringen würden, und bittet Menippus, zum Jupiter weiterzufliegen: »Vergiß also nicht, dies alles Jupitern zu hinterbringen und ihm zu sagen: es sei mir unmöglich, länger auf meinem Posten zu bleiben, wofern er diesen Physikern nicht die Köpfe zerschmettere, den Dialektikern nicht den Mund stopfe, die Stoa (die um 308 v. Chr. in Athen gegründete Philosophenschule der Stoiker) zerstöre, die Akademie in Brand stecke und den Verhandlungen im Peripatus (Anmerkung: Wandelgang, in dem bei den Schülern des Aristoteles, den Peripatetikern, die Vorträge gehalten wurden) ein Ende mache, mit einem Worte, mir vor den täglichen Beeinträchtigungen dieser geometrischen Herren nicht Ruhe verschaffe.«
So ähnlich beschließt denn später der Rat der Götter unter dem Vorsitz des Jupiter auch: Jupiter beendet die Sitzung schließlich mit den Worten: »Was den Menippus betrifft, so dünkt mich das Beste, wir lassen ihm, damit er nicht einmal wiederkommt, die Flügel stutzen, und Merkur trage ihn heute noch auf die Erde zurück.«
Knut Lundmark stellt in dem zuvor erwähnten Buch fest, daß sich in der utopischen Literatur, in der die Frage nach bewohnten Welten behandelt wird (und man muß hinzufügen: dies gilt auch für den Bereich der Raumfahrtutopien), drei verschiedene Richtungen unterscheiden lassen. Er sagt: »Die erste nimmt die Frage streng wissenschaftlich und mustert die (Lebens-)Bedingungen im Universum, von philosophischen, biologischen und astronomischen Tatsachen ausgehend. Der zweiten Gruppe gehören Arbeiten mehr literarischer Art an; die Verfasser kümmern sich wenig um die Voraussetzungen (für das Leben auf anderen Sternen), sondern lassen ihrer Phantasie freien Lauf. Eine dritte Gruppe vereinigt eine Anzahl rein utopischer und sozialsatirischer Schriften, in denen die Verhältnisse einer gedachten Welt im Gegensatz zur unseren geschildert werden.«
Lukians zwei Raumflugerzählungen gehören offensichtlich der letzten Gruppe an – die zweite, »Ikaromenippus«, stärker als die erste.
Wenn sie dennoch (und hier insbesondere die erste, die »Wahre Geschichte«) so nachhaltige Wirkungen selbst über historische Zeiträume hinweg zeitigten und die »Vera historia« als die Ausgangsbasis aller Raumfahrtutopien des siebzehnten Jahrhunderts gelten muß, so hat dies auch wieder zwei Gründe.
Der erste besteht darin, daß die Zeit Lukians, was das Weltbild betraf, eine Periode der sich entwickelnden Gegensätze war: Noch einmal erlebte die große Idee einer mit kühner Phantasie gezeichneten Welt der vielen Möglichkeiten einen Höhepunkt, ein Weltall, das man sich von zahlreichen belebten Körpern erfüllt vorstellen konnte – und im Gegensatz dazu waren die Architekten jenes geschlossenen Weltbildes emsig am Werke, ja hatten sie ihre Arbeit praktisch vollendet und bemühten sich nun darum, sie publik zu machen, jenes Weltbild also, das die Erde wiederum unverrückbar in den Mittelpunkt stellte, sie homozentrisch zum einzig existierenden Weltkörper erklärte, die anderen Himmelskörper mehr oder weniger zu Beiwerk machte und das ganze durch die Fixsternsphäre abschloß, jenes undurchdringliche »Primum mobile«, bei dem nach dem jenseits davon Liegenden zu fragen beinahe zu einem Sakrileg wurde.
Als nun, nach Jahrhunderten dieses »geschlossenen« Weltbildes, sich mit dem Beginn der exakten Naturwissenschaften, mit Kopernikus, Kepler und Newton die Welt wieder öffnete, als – wenn auch nicht ungestraft – Giordano Bruno zu Beginn des siebzehnten Jahrhunderts die Vielzahl bewohnter Welten postulierte, als Galilei das Fernrohr aufs Firmament richtete und Analogiebeweise für die heliozentrische Idee des Kopernikus fand, da kam die Idee der Befahrung des Weltraums erneut ins Kalkül. Was Wunder, daß man sich in einer solchen Zeit der alten griechischen Philosophen entsann, was Wunder, daß nun die Raumfahrtutopien eines Lukian von Samosate sich »zu einem Bestseller entwickelten«, wie wir heute sagen würden, und daß sie zum Vorwurf vieler anderer, nun stärker auf das neue naturwissenschaftliche Wissen ausgerichteter Raumfahrterzählungen wurden. Doch verfolgen wir diesen Weg von Lukian zu Kepler ein wenig im Detail.

Die Erde steht doch in der Mitte

»Aristarch«, schreibt Dreyer in seinem Buch »A History of Astronomy from Thales to Kepler« (Eine Geschichte der Astronomie von Thales bis Kepler), »war der letzte prominente Philosoph oder Astronom, der versuchte, das physikalisch wahre Weltsystem zu finden.«
In der Tat, die großen Astronomen, die Aristarch folgten, waren weniger an der physikalischen Erklärung des Universums interessiert als daran, eine mathematische Beschreibung der Bewegungen der Himmelskörper zu finden, die den Beobachtungstatsachen voll gerecht würde.
Es ist vielleicht als ein Kuriosum der Weltgeschichte zu bezeichnen, daß gerade in dem Augenblick, da der Versuch unternommen wird, Astronomie zu einer Disziplin zu machen, deren Anschauungen durch Beobachtung und mathematische Erklärung anstatt durch Mythos und Hypothese geprägt werden, Überlegungen Eingang finden, die von dem echten Weltbild, wie Aristarch es gelehrt hatte, wieder fortführten.
Apollonius, Hipparch und Ptolemäus, den drei Großen der theoretischen Astronomie der zwei Jahrhunderte vor und der zwei Jahrhunderte nach der Zeitenwende, ging es um die mathematische Berechnung der Gestirnspositionen und deren Vorhersagen ohne ständige Rücksichtnahme auf die physikalische Wahrheit des Beschriebenen.
Apollonius von Perge, jener große Mathematiker, der in der zweiten Hälfte des dritten vorchristlichen Jahrhunderts lebte (und dessen Lebenszeitraum nicht genauer definierbar ist), muß als der Vater jener Theorie des Weltsystems angesehen

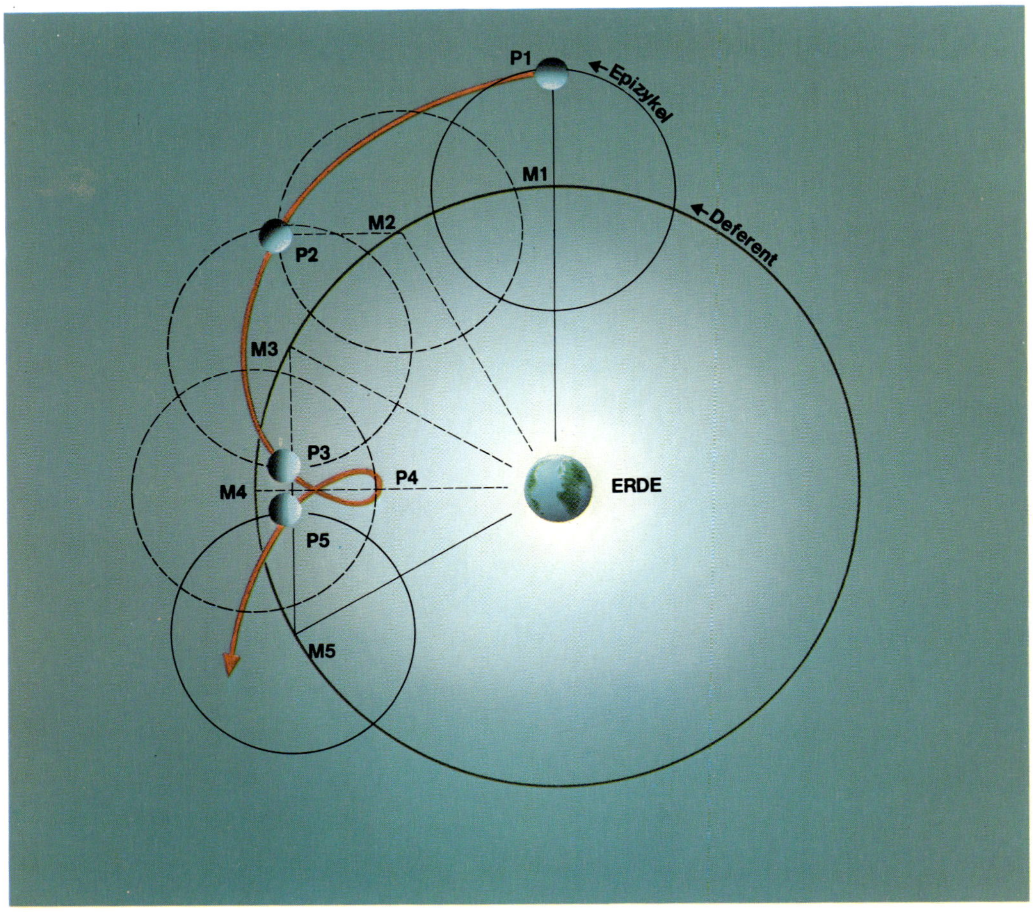

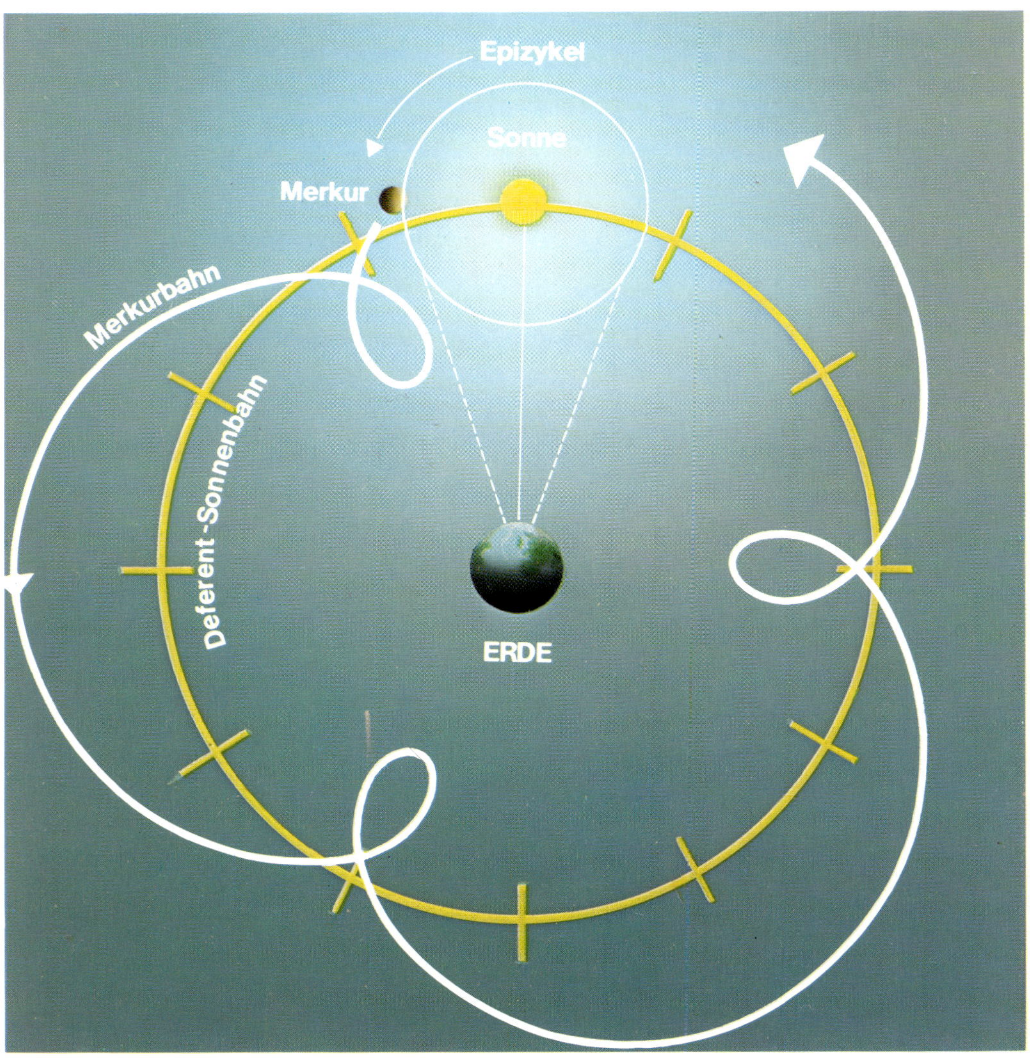

werden, mit dem heute der Name des Claudius Ptolemäus verbunden ist, das *ptolemäische* oder *geozentrische* Weltbild. Apollonius, dem vornehmlichen Mathematiker, zu seiner Zeit als der »große Geometer« bekannt, dem wir auch die Begriffe Parabel, Ellipse und Hyperbel verdanken, ist offensichtlich die Urheberschaft an jener *Epizykel*-Theorie zuzuschreiben, die Claudius Ptolemäus (etwa 100–160 n. Chr.) mit der Exzentertheorie der Planetenbewegung kombinierte, um daraus sein geozentrisches Weltbild abzuleiten: die Erde in der Mitte, umkreist von den Gestirnen, wobei aber der Mittelpunkt der Umkreisung etwas außerhalb der Erde liegt (siehe die Abbildungen links und ihre Legende).

Um mit den beobachteten Bewegungen konform zu gehen, stellte man sich jeweils eine Kreisbahn um einen Punkt nahe der Erde vor - den *Deferenten* - auf dem ein Punkt umläuft, um den seinerseits auf einer kleineren Kreisbahn - dem *Epizykel* - der Planet wandert. Als später auch dieses System nicht ausreichte, die Planetenbewegungen exakt zu umschreiben, wurden auf die Epizykel weitere Epizykel gesetzt, ein System, das sich beliebig ausbauen und damit in seiner Genauigkeit weitertreiben ließ.

Ptolemäus veröffentlichte diese geozentrische Theorie der Planetenbewegung, die auf die Kenntnis der Schriften des Hipparch und seiner zum Teil von Apollonius übernommenen Darstellungen zurückgeht, in seiner »Synthaxis mathematike« (»Mathematische Zusammenstellung«), einem Werk, das heute allgemein unter seinem ihm um 800 von den Arabern gegebenen Namen »Almagest« zitiert wird.

»Almagest« - das ist eine latinisierte Form des arabischen »al-majisti« und dieses wiederum eine entstellte Form des griechischen »Megiste syntaxis« (»Sehr große Zusammenstellung«), wie die »Synthaxis mathematike« des Claudius Ptolemäus sehr bald genannt wurde. (Der Umweg zu dem Begriff »Almagest« über das Arabische unterstreicht den Einfluß, den die arabische Astronomie mit ihrer hohen Meßkunst im Mittelalter auf die mitteleuropäische Astronomie nahm.)

Das Weltsystem des Ptolemäus ging, wie gesagt, auf die Vorstellungen von Apollonius, aber auch auf den schon erwähnten großen astronomischen Beobachter des zweiten vorchristlichen Jahrhunderts, Hipparch, zurück. (Die Theorien des Apollonius sind nur aus den Zitaten in Ptolemäus' Werk bekannt, und auch von

Linke Seite: Im oberen Bild ist das Entstehen von Rückläufigkeit und Schleifenbewegung eines Planeten nach der Epizykeltheorie erklärt. M 1 bis M 5 sind Bahnpunkte des Epizykels auf dem Deferenten zu bestimmten Zeiten; P 1 bis P 5 die Stellungen eines Planeten zu den entsprechenden Zeiten. Die rote Linie gibt die von der Erde aus gesehene resultierende Planetenbewegung wieder.
Das untere Bild zeigt die Bewegung des innersten Planeten Merkur nach der Epizykeltheorie: Die beiden inneren Planeten Merkur und Venus bewegen sich danach um die Sonne, die die Erde umkreist. Die Darstellung ist vereinfacht, sie setzt zentrische an die Stelle exzentrischer Bewegungen. Die Zeichnung gibt die Bewegungsverhältnisse des Merkur im Jahre 1936 wieder.

Oben: In einer byzantinischen Handschrift des Ptolemäus fand sich diese Darstellung des Sonnengottes Helios (in der Mitte) auf seinem von Rössern gezogenen Wagen. Am äußeren Rand die Tierkreiszeichen. Der rundumlaufende Text gibt die Monate an und die Tage, an denen die Sonne jeweils in das betreffende Tierkreiszeichen gelangt. Im Kreis um Helios sind Frauen, im darüberliegenden Männer zu sehen, die wohl in astrologischer Beziehung zu dem Rest der Zeichnung stehen.

Hipparch selbst ist nur wenig Originales überliefert.)
Bis zur Zeit des Kopernikus, also bis zur Mitte des sechzehnten Jahrhunderts, war der »Almagest« das allgemeine, verbindliche Lehrbuch der Astronomie. Er enthielt nicht nur das gerade erwähnte geozentrische Weltbild, sondern Ptolemäus beschrieb in diesem Werk auch das physikalische Weltbild, das bei ihm allerdings im wesentlichen von Aristoteles geprägt war, der ja, gleich Platon, weder das erst später aufgekommene heliozentrische Weltbild vertrat noch die Theorie von der Vielzahl bewohnter Welten akzeptierte. Darüber hinaus enthielt der »Almagest« zahlreiche mathematische und astronomische Hilfstafeln, Ausführungen über Sonnen- und Mondfinsternisse, Anleitungen zu deren Berechnungen, ja, sogar der Fixsternkatalog des Hipparch ist wiedergegeben.
Es liegt auf der Hand, daß ein so umfangreiches, fleißig zusammengetragenes, aus acht Büchern bestehendes Werk eine besondere Aufmerksamkeit finden mußte und daß seine Systematik für Jahrhunderte die Grundlage aller astronomischen Handbücher bildete.
Ptolemäus entwickelte darüber hinaus eine wiederum im wesentlichen auf Aristoteles fußende Kosmologie, die er in einer Schrift »Hypotheses planetarum« (Planetarische Hypothesen) veröffentlichte. Sie ist erst 1967 in einer arabischen Übersetzung wieder aufgefunden worden. In ihr stellt Ptolemäus Berechnungen über die Ausmaße der Welt an und kommt zu dem Ergebnis, daß es bis zur äußersten Fixsternsphäre 20 000 Erdhalbmesser (also rund 130 Millionen Kilometer) sind.
Dies wäre immerhin eine Ausdehnung des Weltalls gewesen, die die Idee zu Raumreisen hätte aufkommen lassen können. Wenn es dennoch nicht der Fall war, so hing dies mit den aristotelischen Vorstellungen zusammen, die eine Existenz bewohnbarer Himmelskörper ausschlossen.
Obgleich sich das geozentrische Weltbild der ersten Jahrhunderte der christlichen Ära zunächst auf der Basis des ptolemäischen Weltsystems und der aristotelischen Philosophie, später im Rückfall in primitive Versionen, immer stärker verfestigte, gab es natürlich auch einige Stimmen, die die herrschenden Meinungen nicht teilten. Auch und gerade der frühe christliche Glaube hat zunächst durchaus nichts gegen die Idee von einer Vielzahl der Welten gehabt. So sprach der griechische Kirchenschriftsteller Origenes (185–254) im dritten nachchristlichen Jahrhundert von Millionen gleichartiger Welten, die es neben der Erde geben müsse, ja, er hielt die Erde für die niedrigste dieser Welten und war weiterhin der Ansicht, daß Welten entstehen und vergehen, also ein ewiger kosmogonischer Wandel stattfindet. »Wenn das Weltall einen Anfang hatte – was tat dann wohl Gott, ehe es entstand?« fragt Origenes provozierend, um sogleich zu antworten: »Es ist ein ebenso gottloser wie törichter Gedanke, Gott sei träge oder untätig gewesen, oder es hätte eine Zeit gegeben, in der seine Güte keine Wesen gefunden hätte, an denen sie sich betätigen konnte, oder daß seine Allmacht sich nicht hätte offenbaren können.«
Derartige Meinungen wurden in den frühen Jahrhunderten des Christentums durchaus nicht kategorisch abgelehnt. So stimmte beispielsweise der griechische Kirchenvater und spätere Bischof von Alexandria Athanasius (295–373) den Ideen des Origenes mit der Feststellung zu: »Der (Gott), der Ursprung aller Dinge ist, sollte doch wohl auch andere Welten schaffen können als die, die wir bewohnen.« Ja, im Buche Zohar der jüdischen Kabbala, das aus dem zweiten Jahrhundert stammt, zu einem großen Teil aber erst um 1275 geschrieben und anschließend in Kastilien verbreitet wurde, werden das heliozentrische Weltbild und die Vielzahl bewohnter Welten unterstellt und zu beweisen versucht.

Auf dem Weg ins finstere Mittelalter

Beispiele wie dieses finden sich in großer Zahl, obgleich sie der allgemein herrschenden Meinung zuwider liefen und mit fortschreitender Zeit immer stärker bekämpft wurden. So verdammten die Versammelten des Kirchenkonzils von Chalkedon am Bosporus im Jahre 451 ebenso wie diejenigen des fünften Konzils von Konstantinopel im Jahre 553 die Philosophie des Origenes als nicht rechtgläubig. Und gar so mancher mittelalterliche Schriftsteller stand in seinen Schriften gegen das heliozentrische Weltbild und gegen die Idee von zahlreichen bewohnten Welten auf und versuchte, sie lächerlich zu machen.
Hatte das aufkommende Christentum der griechischen Wissenschaft zunächst offen gegenübergestanden, so wurde nun alles, was aus vorchristlicher Epoche kam, abgelehnt und als Ketzerei angesehen. Ein Beispiel hierfür ist Lucius Lactantius (geboren nach 317 in Nordafrika), der in Nikomedien, dem heutigen türkischen Izmit, wirkte. Er veröffentlichte sieben Bücher »Divinae institutiones« (»Göttliche Institutionen«) und war einer der härtesten Gegner der Kugelgestalt der Erde. In seinem dritten Buch erregt er sich über die »Absurdität«, daß es Antipoden geben solle, deren »Füße über ihren Köpfen sind, und Plätze, wo Regen und Hagel und Schnee nach oben fallen«. Auch die Idee, daß es einen Himmel geben solle, der »tiefer sei als die Erde«, bezeichnet er als unmöglich.
In der Folgezeit werden die heiligen Schriften immer wörtlicher und engherziger ausgelegt: Die Toleranz ist verbannt. Die Vorstellung von der Kugelgestalt der Erde wird vergessen, wie man auch die Angaben über Größen und Entfernungen von Mond und Sonne nicht mehr zur Kenntnis nimmt.
Zwischen 535 und 547 erscheinen die sieben Bücher des Kosmas, eines ägyptischen Mönchs, der unter dem Zunamen Indicopleustes, zu deutsch der »Indische Navigator« bekannt wurde. Diesen Beinamen verdankt er seinen zahlreichen Reisen, die auch zur Grundlage seines Buches »Topographica christiana« (»Christliche Topographie«) wurden. Schon der Titel des ersten Buches ist aufschlußreich; er lautet in deutscher Übersetzung: »Gegen Jene, die, während sie wünschen, Christentum vorzutäuschen, wie die Heiden annehmen und denken, daß der Himmel eine Kugel ist.« Kosmas versetzt die Erde aus dem Zentrum des Universums an dessen Boden.
Diese und andere Schriften führten zu einem »Weltbild«, von dem Knut Lundmark in dem schon zitierten Buch mit Recht sagt: »Die Ausdehnung der Welt schrumpfte wieder zusammen. Das feste Gewölbe des Himmels war nicht weit vom Boden der Erde. Es wurde stickig und eng in der ›Sternennacht des Mittelalters‹.«
Die Idee der Raumfahrt konnte unter diesen Umständen nicht existieren, und so waren auch die Ansätze des Plutarch und die raumfahrtliterarischen Bemühungen des Lukian von Samosate zusammen mit dem gesamten griechischen Wissen und der alten Kultur versunken unter den naiven, erzwungenen Vorstellungen einiger Kleriker, deren Bild Gottes und seiner Welt in seiner Beschränktheit nichts Gleichartiges kannte. Jahrhunderte mußten vergehen, bis es zum Durchbruch neuer Ideen kam, Jahrhunderte schlummerte die Idee der Raumfahrt vergessen dahin.

Die Periode der Vorbereitung

Das finstere Mittelalter

In der englischen Sprache findet sich für das frühe Mittelalter, die Periode von etwa 400 bis 1000 nach Christi Geburt, der Begriff der »Dark Ages«, also des »dunklen Zeitalters« oder, wie man im Deutschen sagt, des »finsteren Mittelalters«. Es ist die Zeitspanne, in der sich in Europa eine neue Ordnung aufbaut. Das Reich der Griechen war zerfallen, ihre Erkenntnisse weitgehend vergessen. Es war die Zeit der großen Macht Roms und die Zeit der anbrechenden Diktatur durch ein falsch verstandenes Christentum. Aber es war auch, mit Beginn des vierten Jahrhunderts, der Einfall der Völker des Ostens nach dem Westen und damit der Einbruch völlig neuer, uns fremder Vorstellungen.
Das Christentum war zunächst, wie wir bereits sahen, eingeschworen auf die aristotelische Philosophie. James Coleman schreibt in seinem Buch »Early Theories of the Universe« (»Frühe Theorien über das Universum«) sehr treffend:
»Das Christentum hieß die aristotelische Ansicht über das Universum als das wirkliche Bild der Welt willkommen und sah in der ptolemäischen Epizykeltheorie eine praktische Lösung zur Vorhersage der Positionen der Himmelskörper. Das aristotelische Weltbild erwies sich für die Übernahme durch eine monotheistische Theologie als bewundernswert geeignet. Für Aristoteles war der Himmel mit seiner weit entfernten, unberührbaren Schönheit der nobelste Ausdruck von Recht und Gesetz im Universum. Die Bewegungen des Firmaments stellten die höchste Perfektion des Handwerks eines allmächtigen

Unbekannt ist die genaue Herkunft dieses eindrucksvollen, viel gezeigten Bildes, das die Sehnsucht des mittelalterlichen Menschen auszudrücken scheint, dem Geheimnis des Weltensystems auf die Spur zu kommen und zu sehen, was hinter dem Primum mobile, der äußersten Sphäre der Fixsterne, verborgen ist.

Wesens dar, die jeder sehen und verehren konnte.«
Und weiter sagt Coleman: »Parallel mit dem Aufstieg des Christentums kam das Ende der frühen griechischen Gesellschaft. Denn zu Ende des siebenten nachchristlichen Jahrhunderts wurde das Land von den Arabern überrannt, und der Geist der freien Fragestellung, der der Leitstern griechischer Gelehrsamkeit gewesen ist, war vertrieben. Die große Hoffnung auf eine kontinuierliche Entwicklung von Wissenschaft und Philosophie war damit zu Ende.«
In der Tat erleben wir im frühen Mittelalter in der Astronomie nicht allein den Einfluß des Christentums, sondern es beginnt sich ab dem siebenten Jahrhundert durch den Einfall der Moslems nach Nordafrika und Spanien auch ein arabischer Einfluß bemerkbar zu machen. Und nun haben wir die Situation, daß die Araber die Astronomie von ihrer Warte – nämlich von ihrem Glauben daran, daß in den Sternen das Schicksal geschrieben steht – forcieren, Ptolemäus ins Arabische übersetzen, aber im übrigen die griechische

Links: Auf die astronomische Meßkunst des dritten vorchristlichen Jahrhunderts weist diese Plastik einer Nachtuhr aus der Zeit um 1060 n. Chr. hin, die früher im Kreuzgang des Klosters Sankt Emmeram stand und heute im Regensburger Stadtmuseum aufbewahrt wird. Sie trägt auf der Vorderseite die lateinische Inschrift »Sydereos motus radio percurrit Aratus«, das heißt: »Der Sterne Lauf hat Aratus mit dem Radius gemessen.« Die Figur stellt den griechischen Schriftsteller Aratos (ca. 315 bis 240 v. Chr.) dar, der unter anderem eine Schrift über Natur und Bewegung der Gestirne verfaßt hat. Er ist hier bei der Bestimmung der Position der Sonne gezeigt. Mit einem Jakobstab – einem einfachen Gerät zum Messen von Winkelgrößen – (der an der Plastik verlorengegangen ist) visiert er das Tagesgestirn an. Die Rückseite der Plastik (Bild unten) gibt astronomische Kreise wieder, so unter anderem Meridian, Horizont, Himmelsachse. Das Gerät hat dazu gedient, die Einteilung des Firmaments zu lehren und die nächtliche Uhrzeit zu ermitteln.

Rechte Seite: Eines der zahlreichen, oft schmuckvoll gestalteten Astrolabien. Sie dienten bis ins 17. Jahrhundert hinein astronomischen Messungen, der Darstellung der Himmelskreise und dem Unterricht über sphärische Astronomie. Man kann mit ihnen Sonnenstand, Auf- und Untergangspunkte der Gestirne, Tag- und Nachtdauer und andere Daten messen. Das abgebildete arabische Astrolabium aus Saragossa stammt aus der Zeit um 1080. Es ist aus Messing und hat einen Durchmesser von 11,5 Zentimetern.

Philosophie und das griechische Weltbild in ihrem Einflußbereich unterdrücken, während das Christentum im Namen seines Glaubens diese Philosophie und dieses Weltbild ebenso unterdrückt, wenn auch aus anderen Motiven.
Unbeschadet dieser Bemühungen des Christentums, alles zu vergessen und als unrichtig hinzustellen, was von den »heidnischen Philosophen« gekommen war, die Beschäftigung mit der Astronomie möglichst zu unterbinden und die Schaffung des Weltalls dem göttlichen Schöpfer zuzuschreiben, statt nach einer naturwissenschaftlichen oder philosophischen Erklärung zu suchen, gab es einige, die sich nicht beirren ließen in ihrer Suche nach wahrer Erkenntnis der Naturzusammenhänge. Sie taten dies nicht ohne Gefahr, denn den merkwürdigen Lehren des Kosmas in seiner »Christlichen Topographie« aus der Zeit um 540 eiferten nicht wenige Kirchenväter nach: Gleich Kosmas leiteten sie aus der Heiligen Schrift ein gar seltsames Weltbild ab. Es wurde zum christlichen Dogma erklärt und war damit »bewiesen«, seine Anzweiflung als Ketzerei gewertet und mit entsprechenden Strafen bedroht.

Die Erde – eine Kugel?

Gleichwohl meldeten sich in dieser dunkelsten Zeit des Mittelalters immer wieder Stimmen zu Wort, die an die hellenistischen Ideen einer kugelförmigen Erde erinnerten. Erzbischof Isidor von Sevilla (etwa 560–636), der durch seine unter dem Titel »Etymologiae« (Etymologie = Sprachforschung) herausgekommenen Werke das Bildungswesen des Mittelalters wesentlich beeinflußte, hat an mehreren Stellen seiner Schriften auf Achsendrehung und Kugelgestalt der Erde hingewiesen. Zwar geschah dies stets in der Form von Zitaten »der Philosophen«, aber ohne daß der Autor Einwände dagegen anfügte.
Ebenso vertrat der englische Mönch Bede (673 bis etwa 735) die Theorie von der Kugelgestalt der Erde. Unter den vielen Schriften, die er verfaßte und die Jahrhunderte hindurch geachtet waren, ist eine Arbeit »De natura rerum« (»Über die Natur der Dinge«), in der er sich unter anderem mit astronomischen Fragen auseinandersetzt. Es sind zumeist Zitate aus der Enzyklopädie »Naturalis historia« (»Naturgeschichte«) des lateinischen Schriftstellers Plinius d. Ä. (23/24–79 n. Chr.). In ihnen wird von der Kugelgestalt der Erde ganz offen gesprochen, wie auch der Gedanke zitiert wird, daß die Sonne weitaus größer sei als die Erde.
Wir gelangen nun in eine Zeit, da die Vorstellung von der Kugelgestalt der Erde nicht mehr aufzuhalten ist. Die zahlreichen Reisenden jener Tage, nicht zuletzt die Missionare, steuerten ihren Erfahrungsschatz zu dieser Vorstellung bei. Auf die Dauer konnten ihnen die Hinweise, die die Natur selbst auf diese Kugelgestalt gibt, nicht verborgen bleiben: Sie sahen, daß der Anblick des nächtlichen Fixsternhimmels bei Reisen nach dem Süden sich ändert und daß dort auch die Sonnenhöhe eine andere ist als in den nördlichen Ländern.
Im neunten Jahrhundert wurde denn die Kugelgestalt der Erde von vielen Gebildeten – wenngleich beileibe nicht allen – als Tatsache anerkannt.
Man kam nun langsam wieder in Kontakt mit den Ideen der Griechen – wenn auch zunächst nicht unmittelbar, sondern nur durch die Werke römischer Autoren. Seit dem fünften Jahrhundert war die griechische Sprache im Westen praktisch unbekannt.
Im Jahre 999 stieg in Rom Silvester II. auf den Stuhl des Papstes, ein Mann, der zwischen 940 und 950 als Gerbert in der Auvergne in Frankreich geboren worden war und zu einem berühmten Mathematiker wurde. Er führte die indisch-arabischen Ziffern auf Rechensteinen ein, verfaßte Lehrbücher über die Geometrie, lehrte den Gebrauch des Abakus. Ihm waren die Schriften Platons, Eratosthenes' und anderer berühmter griechischer Philosophen bekannt, und er hatte bei seinen astronomischen Vorlesungen Erd- und Himmelsgloben benützt, vertrat also die Auffassung von der Kugelgestalt der Erde – allerdings um den Preis, daß er ob seiner naturwissenschaftlichen Kenntnisse mancherorts für einen Hexenmeister gehalten wurde.
Durch den Kontakt mit den Arabern in Spanien flossen weitere Informationen nach Mitteleuropa, und die Reisen in den hohen Norden fügten Erfahrungen – so etwa das Phänomen der Mitternachtssonne – hinzu, die nur durch eine kugelförmige Erde gedeutet werden konnten.
Stärker als gegen diese Vorstellung von der Erde als einer Kugel wehrte man sich gegen den konsequenterweise daraus zu ziehenden Schluß, daß es Antipoden geben könne – Menschen, die sich genau auf der uns gegenüberliegenden Seite der Erde

Links: Astronomische und astrologische Motive fanden in früheren Zeiten häufigen Eingang in Kunstdarstellungen. Ein Beispiel hierfür ist dieser Teller, der den Tierkreis wiedergibt. Er stammt aus Persien und entstand 1563/64.

Rechts: Auch gestaltvolle Himmelsgloben wurden von der Kunst früherer Jahrhunderte in vielen Ländern hervorgebracht. Dieser Tischglobus des Himmels stammt aus dem Arabien des 16. und 17. Jahrhunderts.

befinden und damit mit ihren Köpfen gewissermaßen »nach unten hängen«. Diese Vorstellung wurde selbst sechs Jahrhunderte später noch keineswegs akzeptiert, lange nachdem Christoph Kolumbus (1451–1506) im Glauben an die Kugelgestalt der Erde gen Westen gefahren war (1492), um nach Indien zu gelangen, und dabei Amerika entdeckte, ja selbst noch, nachdem das Schiff des portugiesischen Seefahrers Magelhaes (etwa 1480–1521) in den Jahren von 1519 bis 1522 die Erde umrundet und deren Kugelgestalt damit handgreiflich nachgewiesen hatte.

Es ist einer jener merkwürdigen Zufälle der Geschichte, daß die Araber es waren, denen eine Art Renaissance der Weltbilder von Ptolemäus und Aristoteles unter dem Christentum zu verdanken ist. Von Spanien her drangen ab etwa 1200 Übersetzungen der Schriften des Aristoteles und des »Almagest« aus dem Arabischen ins Lateinische nach Frankreich und Deutschland vor. Die Werke anderer griechischer Philosophen folgten; ein Phänomen, dem die christliche Kirche zunächst ablehnend gegenüberstand, das sie dann aber schließlich akzeptierte. Endlich wurden Aristoteles und Ptolemäus von den Kirchenvätern voll anerkannt und in die kirchliche Lehre integriert: Ihre Vorstellungen wurden zur Doktrin erhoben. Astronomie spielte für die christliche Kirche im Mittelalter zunächst nur als Kalenderwissenschaft eine Rolle; ihre Aufgabe erschöpfte sich in der Beobachtung der Gestirne zur Festlegung der kirchlichen Feiertage, während die Frage nach der Ursache der Bewegungen oder gar diejenige nach der Natur der Himmelskörper ausgeklammert blieb, ja, die Beschäftigung damit der Ketzerei gleichgesetzt wurde.

Im Jahre 1250 aber wurden die physikalischen Abhandlungen des Aristoteles in den offiziellen Lehrplan der Universität von Paris aufgenommen; Albertus Magnus (1193–1280), der 1941 von Papst Pius XII. zum Patron der Naturforscher erklärt wurde, schrieb Kommentare zu Aristoteles und machte ihn und seine Lehren dadurch weithin bekannt. Albertus Magnus war ein guter Naturbeobachter, und seine vielseitigen naturwissenschaftlichen Kenntnisse führten dazu, daß ihm vom Volke angedichtet wurde, er sei auch der Verfasser von Zauberschriften.

Thomas von Aquin (etwa 1225–1274), ein Schüler Alberts des Großen, trachtete danach, die Lehre des Augustinus, jenes Heiligen und größten lateinischen Kirchenlehrers des vierten Jahrhunderts, mit den Aussagen des Aristoteles in einer philosophisch-theologischen Synthese zusammenzufassen. Thomas von Aquin war der Auffassung, daß die Philosophie der Theologie untergeordnet sei, aber er erkannte die Bedeutung des Wissens und setzte sich in seinen Bearbeitungen und Kommentaren der Werke des Aristoteles sehr für dessen Ansichten ein.

Hier nun muß ein Mann erwähnt werden, der um 1250 offen für das Experiment in der Naturwissenschaft eintrat, Roger Bacon (etwa 1214–1294). Er beschränkte sich nicht darauf, über das Wissen der Griechen und Araber lange Abhandlungen zu schreiben, sondern er weist in seinen Schriften darauf hin, daß die Wissenschaft selbst mit diesen wiederaufgefundenen Kenntnissen früherer Jahrhunderte noch immer am Anfang stehe und daß das einzige Kriterium bei Streitfragen nur das Experiment sein kann. Roger Bacon ging es darum, an die Stelle blinder Autorität die mathematische Untersuchung zu setzen. Freilich, Bacon war ein einsamer Rufer in der Wüste. Sein Manuskript wurde erst 500 Jahre, nachdem er es geschrieben hatte, veröffentlicht; seine Lebensumstände gestatteten es ihm nicht, Einfluß auf den Gang der Dinge zu nehmen, wie er es bei günstigeren Voraussetzungen wahrscheinlich getan hätte. Wenn wir ihn hier herausstellen, so in unserem Zusammenhang deswegen, weil Roger Bacon, obgleich Anhänger des ptolemäischen Weltbildes in seinen Schriften davon spricht, daß die Erde nur »ein unwichtiger Punkt im Zentrum der Welt« sei, und er zitiert dann Alfraganus (ursprünglich Achmed ben Muhammed Al Fargani), der unter dem Kalifen Al Mamun im neunten Jahrhundert am Observatorium von Bagdad wirkte und einer der großen Astronomen jener Epoche war. Nach Al Fargani ist selbst der kleinste Stern größer als die Erde, während ein Stern erster Größe das 170fache Volumen der Erde habe. Ja, Bacon weist sogar auf Diskrepanzen zwischen der sichtbaren Natur und dem Alten Testament hin und schließt hier mit der Feststellung, diese Widersprüche sollten durch ein intensives Studium der Wissenschaften beseitigt werden, was die alten Kirchenväter versäumt hätten.

Doch alles dies waren zunächst nur Vorzeichen; für die Masse der Menschen stellte sich die Welt in etwa so dar, wie Dante (1265–1321) das in seiner »Göttlichen Komödie« einzufangen suchte, wo es drei Reiche des Jenseits gibt, die Hölle, die Läuterung und das Paradies. Beim Aufstieg vom Läuterberg ins Paradies passiert man die zehn himmlischen Sphären des Mondes, des Merkur, der Venus, dann die der Sonne, des Mars, des Jupiter und des Saturn. Die Planeten werden dabei mit den Geistern, nicht mit irgendwelchen materiellen Weltkörpern identifiziert, die achte Sphäre ist diejenige der Fixsterne, die neunte das Primum mobile und die zehnte das Reich Gottes.

Unter den Gelehrten und den Klerikern brach sich indessen immer beharrlicher die Idee Bahn, daß zwischen den Vorstellungen, wie sie Dante in so sprachlicher Vollendung entwickelt hatte, und der Wirklichkeit eine Diskrepanz bestand. Nikolaus von Kues (1401–1464), der in Heidelberg, Bologna und Padua Astronomie und Mathematik studiert hatte und später Kardinal wurde, muß als ausgesprochener Wegbereiter (wenngleich nicht Vorläufer) von Kopernikus und Kepler betrachtet werden. Er behauptete, daß die Erde nicht im »Mittelpunkt« des Alls stehen könne, da das Weltall unendlich und ohne Grenzen sei, es in einem grenzenlosen Raum aber keinen Mittelpunkt gebe. Ebenso vertrat er die Auffassung, daß alle Körper in Bewegung seien, was indessen eine sehr generelle Aussage von ihm war; in seinen überlieferten Schriften ist er recht vage und scheint, wenn er von der Bewegung spricht, lediglich die Drehung der Erde um ihre Achse zu meinen. Hinsichtlich ihrer Stellung relativ zur Sonne steht er fest zum ptolemäischen Weltbild. Andererseits sieht er die Erde als einen von zahllosen bewohnten Himmelskörpern, »alle von Gott geschaffen und zu seiner Verherrlichung bestimmt«.

Obwohl nicht streng wissenschaftlich argumentierend, hat Nikolaus von Kues einige recht modern klingende Thesen ausgesprochen. So sagt er, daß Erde, Sonne und Sterne aus den gleichen Elementen bestehen würden; der Unterschied liege nur in ihrer Vermischung und den unterschiedlichen quantitativen Anteilen der einzelnen Grundstoffe. Er schreibt jedem von ihnen eine eigene Licht- und Wärmequelle zu. Von der Sonne behauptet er richtig, daß sie größer als die Erde sei, während diese den Mond an Ausmaßen übertreffe. Auch gewisse Vorstellungen der späteren Gravitationstheorie (also der Postulierung der allgemeinen Anziehungskraft) nimmt er mit seiner Feststellung vorweg, daß jeder Stern ein Mittelpunkt der Anziehung und fähig sei, seine Teile zusammenzuhalten. Freilich spricht er auf der anderen Seite auch davon, daß die Gravitation ein »örtlich begrenztes Phänomen« sei – Fernwirkungskräfte lagen zu jener Zeit noch außerhalb der Vorstellungskraft des Menschen.

Doch auch die Ansichten des Nikolaus von Kues über den unbegrenzten Weltraum und seine Spekulationen über die Bewohnbarkeit anderer Gestirne – er hielt sogar die Sonne für bewohnbar und stellte sich verschiedene Grade der Vollkommenheit und Intelligenz der Bewohner anderer Himmelskörper vor – konnten noch nicht einem Weltbild zum Durchbruch verhelfen, das den Raumfahrtgedanken, von Plutarch und Lukian sozusagen philosophisch-spielerisch vorweggenommen, neu beleben konnte.

Aber dennoch wurden im 13. und 14. Jahrhundert indirekt die Keime gelegt, die jenem naturwissenschaftlich-rationalen Weltbild sukzessive den Weg ebneten, das im 16. und 17. Jahrhundert von einigen großen Geistern formuliert wurde und das in steter Weiterentwicklung und gerader Linie zu unserem heutigen Weltbild und zur Idee und schließlich Verwirklichung der Raumfahrt geführt hat.

Die Sonne wird zum Mittelpunkt der Welt

Am Anfang dieser Entwicklung steht Nikolaus Kopernikus (1473–1543). Er wurde in Thorn in Polen (vom Deutschen Orden gegründet und damals diesem zugehörig) geboren, studierte in Krakau, Bologna und Padua Astronomie, Mathematik, Rechtswissenschaften und Medizin, wurde 1503 Domherr zu Frauenburg, beschäftigte sich aber hauptsächlich mit der Astronomie.

Kopernikus war kein systematischer Beobachter; die Zahl seiner astronomischen Aufzeichnungen über beobachtete Himmelserscheinungen ist gering, und er besaß nur primitive Instrumente. Seine Studien basieren vor allem auf Beobachtungen und astronomischen Tafeln seiner Vorgänger; die große Leistung des Kopernikus besteht in der theoretischen Deduktion. Der Anstoß zur Formulierung des heliozentrischen Weltbildes – also der verwegenen Theorie, daß die Sonne nahe dem Zentrum des Planetensystems stehe und die Erde sich als Planet unter Planeten in kreisförmiger Bahn um diese Sonne bewege – wurde ihm nicht vermittelt durch Mißstände, die zwischen der theoretischen Vorhersage und der praktischen Beobachtung von Gestirnspositionen klafften, sondern durch Widersprüche, die er im bisherigen ptolemäischen System sah. Ihn störte die Kompliziertheit des ptolemäischen Systems mit seinen Deferenten, zahlreichen Epizykeln, Exzentern und Äquanten, und ihn störten die verschiedenen uneinigen Betrachtungsweisen der Mathematiker, die mit so vielen unterschiedlichen Begriffen arbeiteten, um die Bahnen der Planeten zu erklären. In seinem großen Werk »De revolutionibus orbium coelestium«, das 1543 erschien und auf das

Eine »aristotelische Kosmologie« in Hartmann Schedels »Nürnberger Chronik« von 1493: Die Erde ist umgeben von den Sphären des Wassers, der Luft und des Feuers, gefolgt von denen der Himmelskörper Mond, Merkur, Venus, Sonne, Mars, Jupiter, Saturn, dem Sternenfirmament, der kristallenen Sphäre und dem Primum mobile. Darüber thront Gott und um ihn die himmlischen Heerscharen.

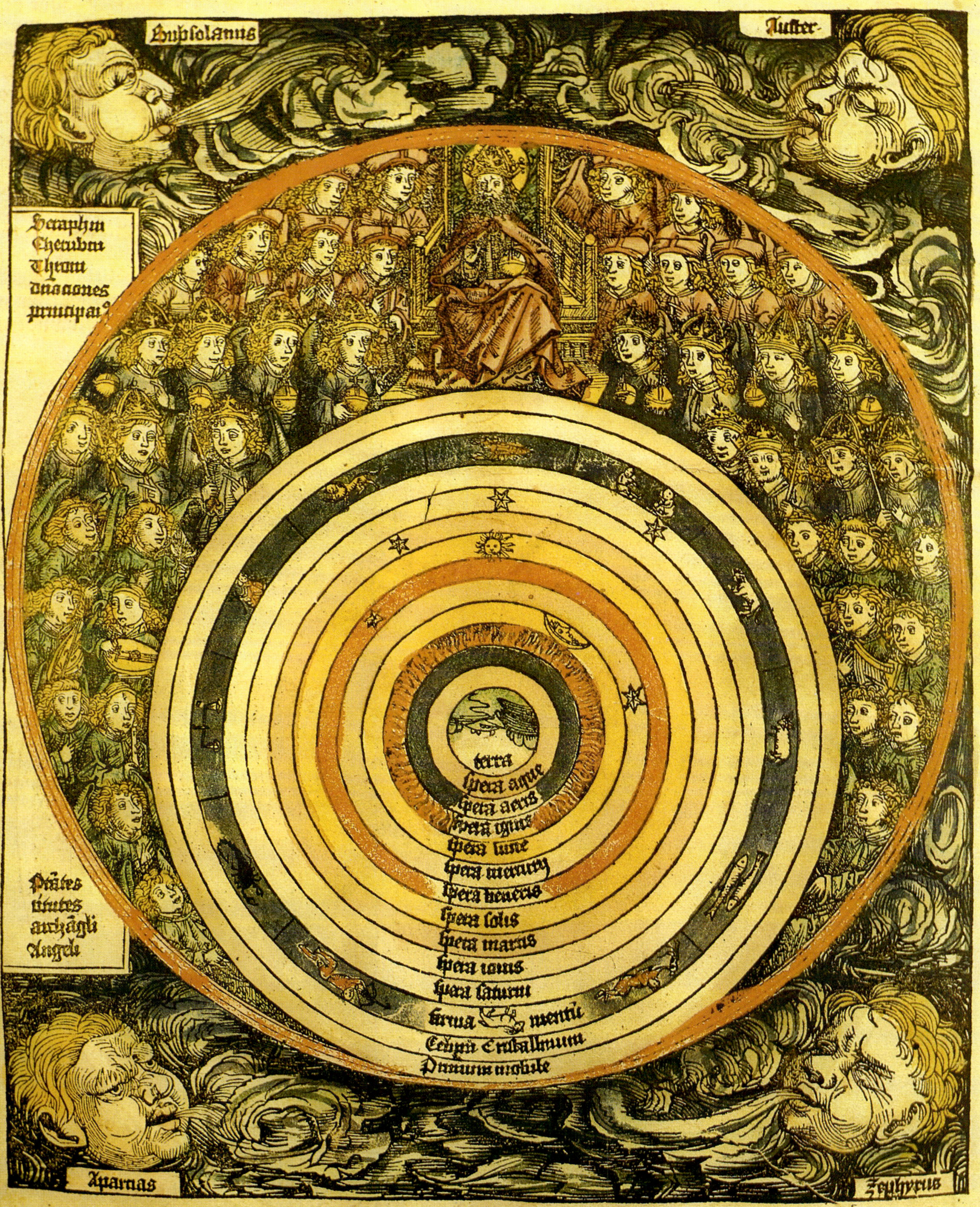
Subsolanus
Auster
Seraphin
Cherubin
Throni
dnacones
principat
Ptãtes
virtutes
archãgli
Angeli
terra
Spera aque
Spera aeris
Spera ignis
Spera lune
Spera mercurij
Spera veneris
Spera solis
Spera martis
Spera iovis
Spera saturni
Firma mentu
Celũ Cristallinum
Primum mobile
Aparnas
Zephyrus

noch zurückzukommen sein wird, stellt er im Vorwort fest:
»Als ich dann diese Unsicherheit der traditionellen Mathematik gegenüber der Ordnung der Gestirnsbewegungen am Himmelsgewölbe überdachte, war ich sehr enttäuscht, daß die Philosophen, die doch andere Dinge des Himmelsgewölbes so hervorragend erforscht haben, keine zuverlässigeren Erklärungen über den Mechanismus des Universums fanden, der, wie wir wissen, von dem größten Künstler und Herrn der Ordnung begründet ist.« (Zitiert nach Crombie, »Von Augustinus bis Galilei«.)
Kopernikus, der in seinen Gedankengängen der Spätantike verhaftet war und zu den Neuplatonikern gerechnet werden muß, suchte die Dinge mathematisch zu erklären, für ihn galten die platonischen Theoreme von der Göttlichkeit der Kreisform und der gleichförmigen Bewegung.
Seiner Enttäuschung über die schlechten Erklärungen des »Mechanismus des Universums«, die er in dem gerade zitierten Vorwort anspricht, begegnete er, wie ebenfalls in diesem Vorwort steht, zunächst durch das Studium all jener Schriften der griechischen Philosophen, derer er habhaft werden konnte. Für die Hypothesen und Thesen der Gelehrten des Mittelalters hingegen interessierte er sich kaum.
Bei seinen Studien stieß Kopernikus natürlich auf die Arbeiten von Ptolemäus und Aristoteles, aber er fand auch Heraklits seltsames Weltbild dargestellt mit der im Mittelpunkt ruhenden Erde, um die Sonne und Planeten kreisen mit Ausnahme der beiden inneren Planeten Merkur und Venus, die um die Sonne laufen. Aber er stieß auch auf das Weltbild des Aristarch von Samos mit der im Mittelpunkt stehenden Sonne.
Kopernikus dürfte sich um 1507 herum zu

Unten: Nikolaus von Kues war mit seiner Ansicht, das Weltall sei unendlich groß und in einem grenzenlosen Raum könne es keinen Mittelpunkt geben, ein Wegbereiter von Kopernikus und Kepler. Aus dem Besitz dieses wissenschaftlich gebildeten Kirchenmannes stammt der älteste erhaltene astronomische Himmelsglobus des Abendlandes, wahrscheinlich um 1400 in Nürnberg hergestellt und heute im Nikolaus-Hospital in Bernkastel-Kues aufbewahrt. Die Hohlkugel hat einen Durchmesser von 27,2 Zentimetern und besteht aus Birkenholz mit einem Gips- und Leinwandüberzug. Auf dessen weiße Ölfarbe sind die Sterne und Sternbilder aufgemalt.

Rechts: Nikolaus Kopernikus und zwei Seiten aus seinem 1543 erschienenen Hauptwerk »Über die Kreisbewegungen der Himmelskörper« in der letzten eigenhändigen Niederschrift.

der Meinung durchgerungen haben, daß eine neue Grundlage für das Weltbild notwendig sei, wenn man die Bewegungen der Gestirne und die Ursache dieser Bewegungen wirklich verstehen wolle: Ihm ging es ja nicht darum, eine mathematische Beschreibung der Planetenbewegungen ohne Nachprüfung ihres Wahrheitsgehalts zu formulieren, also ein Modell zu entwickeln, sondern er wollte die tatsächliche physikalische Erklärung des Aufbaus unseres Planetensystems haben.
Die diversen Hinweise bei Cicero und anderen auf die Ideen mehrerer griechischer Philosophen wie Heraklit, Plutarch und Philolaos von einer Rotation der kugelförmigen Erde um ihre Achse, auf eine Bewegung der Erde um die Sonne und auf eine zentrale Stellung dieser Sonne veranlaßten Kopernikus, über derartige Möglichkeiten nachzudenken. Und obgleich sie ihm, wie er in der Einleitung zu seinem großen Werk später schrieb, zunächst »absurd« erschienen, versuchte er doch, die Bewegungen der Gestirne mit der Hypothese einer rotierenden, die Sonne umkreisenden Erde zu erklären. Und je mehr sich Kopernikus mit dieser Idee auseinandersetzte, um so deutlicher wurde, daß er auf dem richtigen Wege war. Bei seinen Nachforschungen und Überprüfungen bediente er sich der ihm vorliegenden Beobachtungsdaten aus der Literatur und seiner eigenen Beobachtungen.
Besonders stützte er sich auf die Veröffentlichungen von Peurbach (1423 bis 1461) in Wien und Johannes Müller (1436–1476) aus Königsberg in Franken, der unter dem Namen Regiomontanus bekannt wurde. Peurbach und Regiomontanus waren zwei Astronomen, die sich der Positionsastronomie (also den Untersuchungen über die Stellungen der Gestirne am Firmament) verschrieben hatten und astronomische Kalender, Jahrbücher und Tafeln herausgaben.
Kopernikus selbst beobachtete, wie schon erwähnt, nur gelegentlich, so Sonnen- und Mondfinsternisse, Oppositionen der Planeten und ähnliche Vorgänge. Daraus errechnete er die Bahnelemente der Himmelskörper. Die Daten bestätigten ihn in seinem Verdacht, daß die Sonne im Zentrum stehe und nicht die Erde.
Um 1510 legte er seine Gedanken in einer Handschrift nieder, die allerdings nur an einige seiner Freunde ging.
Die folgenden zwei Jahrzehnte benützte er, um seine Ausarbeitungen zu untermauern. Hier nun allerdings stellten sich Schwierigkeiten ein, die ihn oftmals zögern ließen. Er erkannte, daß er mit der Vorstellung einfacher Kreisbahnen, in denen sich die Planeten gleichförmig um die Sonne bewegen, nicht auskam, sondern auch in seinem heliozentrischen Weltbild zu Epizykeln Zuflucht nehmen mußte, um die wahren Bahnen der Planeten zu beschreiben. Immerhin, das Weltbild, das schließlich daraus resultierte, kam mit insgesamt 34 Kreisbahnen aus, während Aristoteles auf 56 kristallene Sphären hatte zurückgreifen müssen.
Die Kunde von dem Frauenburger Domherrn, der ein neues Weltbild konzipiert hatte, verbreitete sich. Natürlich fehlte es auch nicht an negativen Urteilen. So wurde Kopernikus 1531 in einem Theaterstück ob seiner Bemühungen, die Erde aus dem Zentrum des Weltalls herauszurücken, verspottet. Martin Luther sagte von ihm: »Der Narr will die ganze Kunst Astronomiae umkehren!«
Veranlaßte dies alles den zurückgezogenen Forscher auch, zu zögern, so ließ er sich dennoch nicht beirren. Um 1529 war er mit seinem Hauptwerk fertig geworden, aber veröffentlichen wollte er es zunächst nicht. Freunde drängten ihn zur Publikation, und schließlich gab er zunächst einmal um 1532 eine kurze Beschreibung seiner Arbeit, den »Commentariolus«, heraus. Offensichtlich erfuhr der Papst von dieser Publikation, denn 1536 wurde Kopernikus von dem Kardinal von Schönberg aufgefordert, seine Theorie zu publizieren. Der Wittenberger Professor Georg Joachim (1514–1576), bekannt unter dem Namen Rheticus, war von dem, was er über die Lehre des Kopernikus gehört hatte, so begeistert, daß er 1539 nach Frauenburg ging, zwei Jahre bei dem Domherrn zubrachte und sich in dessen wissenschaftliche Arbeiten vertiefte. Schon 1540 publizierte Rheticus eine Arbeit über Kopernikus.
Schließlich entschloß sich Kopernikus, sein Hauptwerk zu publizieren. Es erschien unter dem schon erwähnten Titel »De revolutionibus orbium coelestium« (»Über

die Kreisbewegungen der Himmelskörper«) 1543 in Nürnberg. Am Tage seines Todes, dem 24. Mai 1543, erhielt Kopernikus das erste gedruckte Exemplar des Werkes, das er im Vorwort Papst Paul III. gewidmet hatte.

Das Buch enthielt noch ein zweites, anonymes Vorwort, dem aber anzusehen ist, daß es nicht aus der Feder des Kopernikus stammt. Es ist ein Vorwort, das einen großen Teil des Inhalts des Buches negiert, indem es die dort vorgetragenen Thesen zu Theorien im Sinne eines mathematischen Modells herabwürdigt, das nicht unbedingt mit der Wirklichkeit übereinstimmen müsse. Gerade das aber entsprach nicht den Vorstellungen des Kopernikus. Er war vom objektiven Wahrheitsgehalt seiner Ausführungen überzeugt. Dieses Vorwort wurde, wie sich rekonstruieren ließ, von Andreas Osiander (1498–1551) verfaßt, einem maßgeblichen lutheranischen Theologen, der in Vertretung von Joachim Rheticus die letzte Phase der Drucklegung überwacht hatte. Er wollte offensichtlich Kopernikus – oder sich selbst? – vor unangenehmen Folgen bewahren und hatte deshalb zu diesem nicht sehr honorigen Verfahren gegriffen, um die Wirkung des Buches abzuschwächen.

Zwar fand das Werk des Kopernikus einige Zustimmung, aber im wesentlichen wurde es nur verhalten oder ablehnend aufgenommen. Die Gründe waren sowohl philosophisch-religiöser als auch sachlicher Art.

Die sachlichen Bedenken kamen daher, daß sich herausstellte, was Kopernikus bereits in den vorausgegangenen Jahren zu seinem Leidwesen hatte erfahren müssen: Sein heliozentrisches System der kreisförmigen Bahnen mit Epizykeln und Exzentern gestattete es nicht viel besser als das umständliche ptolemäische System, die Bahnen der Planeten vorauszusagen; es war offensichtlich, daß irgend etwas an dem kopernikanischen Weltbild noch nicht stimmte.

Die weltanschaulich-religiösen Einwände schließlich bezogen sich auf die Diskrepanz zwischen den Aussagen der

Die Erde mit ihren Ländern und Meeren als der Mittelpunkt des Universums, auf konzentrischen Bahnen umkreist von dem Mond, den Planeten Merkur und Venus, der Sonne sowie Mars, Jupiter und Saturn, umschlossen vom Tierkreis als Symbol der ganzen Fixsternsphäre – das ptolemäische Weltbild. Unsere Darstellung stammt aus dem 1660 in Amsterdam erschienenen Werk »Harmonia macrocosmica« (Harmonie des Makrokosmos) von Andreas Cellarius.

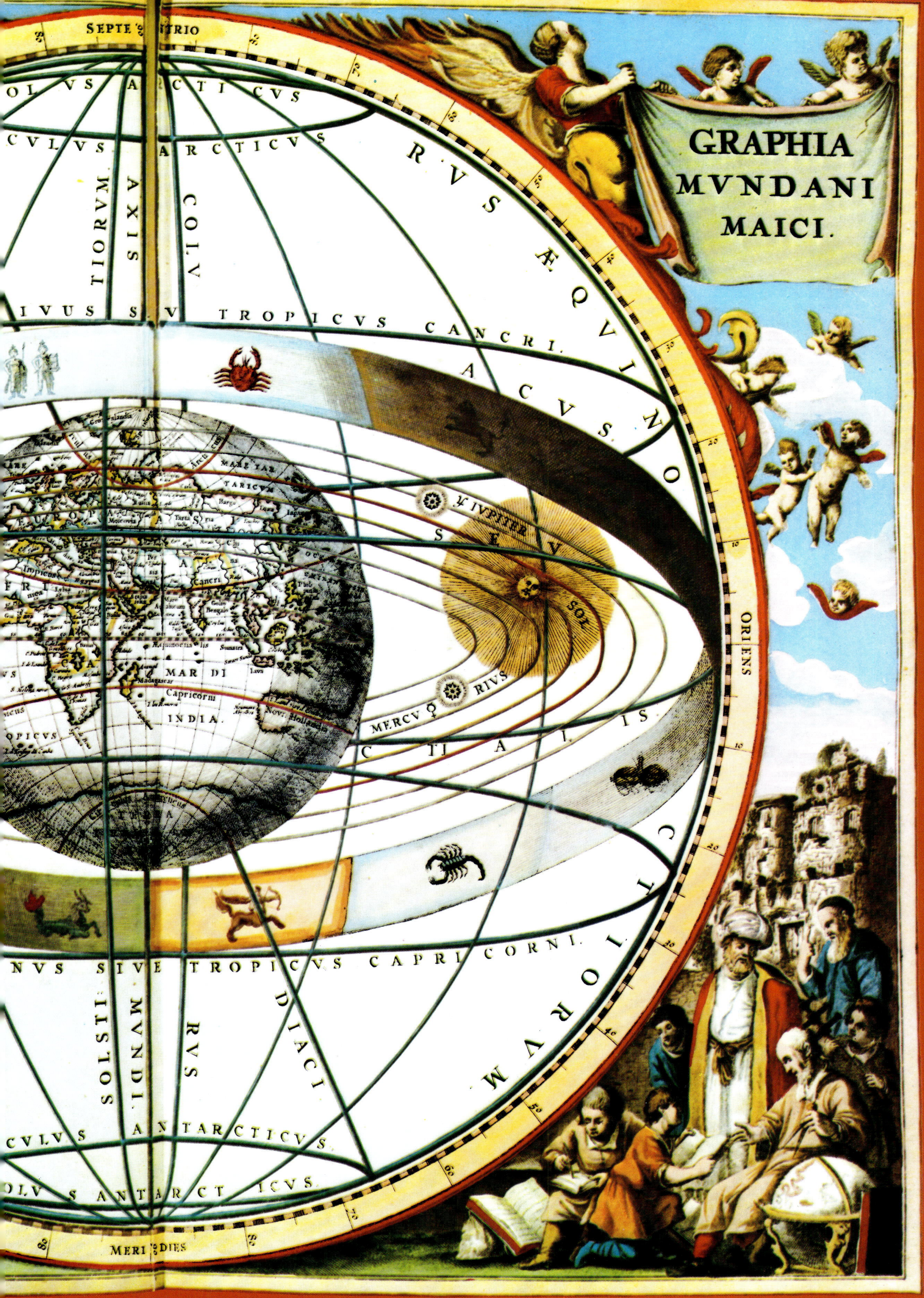
GRAPHIA
MVNDANI
MAICI.
SEPTE TRIO
MERI DIES
ORIENS
TROPICVS CANCRI.
TROPICVS CAPRICORNI.
SOL
MERCVRIVS
INDIA.
Capricorni
Cancri
MAR DI

SCENO
SYSTE
COPER
ZODIACVS ET SPHÆRA STELLARVM FIXARVM IM
CAN CER
GEMI NI
SEMITA SATVRNI QVI TRIGINTA ANNIS REVOLVITVR
VIA IOVIS SPATIO DVODECIM ANNOR
IVPITER
CIRCVLVS MARTIS DVORVM ANNORVM
ORBITA GLOBI TER
SOLSTI BRV
ÆQVINOCTIVM VERNVM
SOLSTI ÆSTI
TIVM VVM
SCOR PIVS
SAGIT TARIVS
LI BRA

Heiligen Schrift und den Behauptungen des Kopernikus. Dies führte schließlich dazu, daß das Werk des Kopernikus 1616 auf den Index der katholischen Kirche – die Liste der verbotenen Bücher – gesetzt wurde. Es blieb dort noch lange, nachdem die kopernikanische Auffassung sich voll durchgesetzt hatte; erst 1757 verschwand »De revolutionibus orbium coelestium« bedingungslos vom Index.

Ein neues Zeitalter bricht an

Doch bevor wir verfolgen, wie es zum Durchbruch des neuen Weltbildes – freilich mit erheblichen Modifikationen gegenüber der ursprünglichen Kopernikanischen Version – kam, noch ein Wort darüber, inwiefern Kopernikus indirekt auch als ein Wegbereiter für den Gedanken der Raumfahrt angesehen werden muß. Indirekt, denn direkt war ihm die Raumfahrtidee sicher unbekannt und unvorstellbar. Wenn er dazu beitrug, daß diese Idee ein Jahrhundert nach ihm erneut Fuß fassen konnte – dieses Mal, um von nun an die Menschen kontinuierlich zu beschäftigen –, so einmal, weil er im Weltbild die wahre Beschreibung der Verhältnisse in der Natur sah und nicht nur ein beschreibendes Arbeitsmodell und weil das Weltbild, das er unter dieser Prämisse schuf, die Erde als einen den anderen Planeten gleichartigen Weltkörper einordnete. Zum zweiten aber vertrat Kopernikus auch die Auffassung, daß das Weltall weit größer sein müsse, als man sich dies bis dahin vorgestellt hatte. Zwar blieb Kopernikus der Idee von der Fixsternsphäre treu; zumindest findet sich von ihm nirgendwo der Versuch, Art, Beschaffenheit und Ausdehnung der Fixsterne zu erläutern, er verweist hier auf »die Philosophen«, denen es anstünde, auf diese Frage eine Antwort zu geben. Aber er mußte sich mit dem schon Aristarch gemachten Vorwurf auseinandersetzen, daß die Fixsterne, wenn das heliozentrische Weltbild zutrifft, eine jährliche Parallaxe zeigen müßten; anders ausgedrückt, daß

Der grandiosen Darstellung des ptolemäischen Weltbildes (vorausgegangene Seiten) gegenüber stellte Cellarius eine ebenso beeindruckende Zeichnung des kopernikanischen Weltsystems. Es war sicher eine Konzession an die Kirche des 17. Jahrhunderts, daß die Erde auf ihrer Bahn um die Sonne überdimensional dargestellt ist – selbst größer als das Tagesgestirn, obwohl man zu jener Zeit natürlich schon recht genau über die wahren Größenverhältnisse Bescheid wußte.

sie ihre Positionen relativ zueinander scheinbar in halbjährlichem Rhythmus verändern müßten und daß es gelingen müßte, aus diesen parallaktischen Verschiebungen ihre Entfernung (bzw. die Entfernung der Fixsternsphäre) abzuleiten. Kopernikus antwortet hierauf: »Aber die Ausdehnung der Welt ist so groß, daß die Entfernung der Erde von der Sonne zwar im Vergleich zu den anderen Planetenbahnen in etwa geschätzt werden kann, jedoch gleich nichts ist, wenn man sie mit der Sphäre der Fixsterne vergleicht.« (Nach Crombie.)

Er behauptet damit, daß die Fixsterne bzw. die Fixsternsphäre zu weit entfernt sind, um meßbare jährliche Parallaxen zeigen zu können – was ja in der Tat für die damalige Zeit vor der Erfindung des Fernrohrs bei den beschränkten Meßmöglichkeiten durchaus zutrifft. Diese Hypothese aber erweiterte die Welt, machte sie größer und hätte den Raumfahrtgedanken ermöglicht. Bruno H. Bürgel, der berühmte Schriftsteller-Astronom, wie er sich nannte, schreibt in seinem weitverbreiteten Buch »Aus fernen Welten« sprachgewaltig: »Nikolaus Kopernikus schleuderte ... die Erde mit mächtiger Hand aus dem Mittelpunkt der Welt, machte sie zu einem Stern unter Sternen, zu einem verschwindenden Tropfen im Ozean der Welten, dessen leuchtende Wellen die uferlose Unendlichkeit durchwogen.«

Man sagt, daß Ideen, Erfindungen, Entdeckungen aus ihrer Zeit heraus entstünden. Das trifft sicher zu; erst in der richtigen, der zeitgerechten Umwelt können neue Dinge gedeihen. Gerade in der Geschichte der Raumfahrt (aber beileibe nicht nur dort) gibt es viele Beispiele für glücklose, weil zu früh geborene Propheten und Erfinder, Menschen, deren Ideen ihrer Zeit zu weit voraus waren, als daß ihre Mitbürger sie hätten begreifen können.

Kopernikus hat die Idee des heliozentrischen Weltbildes genau im richtigen Zeitpunkt wieder ausgegraben: Es ist die Zeit eines neuen Aufbruchs, die Zeit der Erkundungen und Reisen, der Entdeckungen, die Zeit der Technik:

Etwa 1445, also 28 Jahre vor der Geburt des Nikolaus Kopernikus, erfindet Gutenberg den Buchdruck und leitet damit für die Masse der Menschen die wohl größte Revolution ein. Das Wissen der Menschheit, bisher in einzelnen Handschriften festgehalten und nur wenigen Auserwählten und Begüterten zugänglich, wird zum Allgemeingut. Ein gutes halbes Jahrhundert nach der Erfindung des Buchdrucks mit einzelnen, austauschbaren Lettern, im Jahre 1500, als Kopernikus 27 Jahre alt ist, gibt es bereits an die 40 000 Bücher und Druckschriften mit einer Gesamtauflage von 10 Millionen! Die Bibel, die Klassiker des Altertums, Platon, Sokrates, Ptolemäus, Rechenbücher und Fibeln, Dichtungen und Gesänge, technische Werke, alles das ist nun in großer Zahl schriftlich verfügbar. Die Tätigkeit der Menschen kann dadurch auf eine völlig neue Grundlage gestellt werden, Wissen wird leicht reproduzierbar.

Es ist aber auch die Zeit eines Martin Luther, eines Christoph Kolumbus und eines Leonardo da Vinci, eines Martin Behaim, eines Georg Agricola und eines Paracelsus. Zu Lebzeiten des Kopernikus werden Nord- und Südamerika entdeckt, entstehen zahlreiche neue Universitäten, schafft Martin Behaim den ersten erhalten gebliebenen Erdglobus, entwirft Leonardo da Vinci auf dem Papier erste Flugmaschinen, konstruiert Peter Henlein seine ersten tragbaren Taschenuhren, veröffentlicht Luther in Wittenberg seine berühmten fünfundneunzig Thesen, lehrt Paracelsus die empirische, aus der praktischen Erfahrung hervorgehende Medizin, schreibt Agricola »De re metallica« (»Über das Reich der Metalle«), das erste Buch über das Berg- und Hüttenwesen, und fährt das erste Schiff mit Schaufelrädern! Unzählige neue Dinge ereignen sich – und dank der Druckkunst kann nun das Volk Anteil daran nehmen. Neue Berufe entstehen, die Stände bilden sich stärker heraus. Erste Zeitungen erscheinen.

Es ist dieses Umfeld, das die Idee des Kopernikus auf fruchtbaren Boden fallen ließ – auch wenn sie zunächst nur von wenigen beachtet, von den meisten aber abgelehnt wurde, auch wenn sie zunächst umstritten war und schließlich dem Angriff des Klerus standhalten mußte.

Merkwürdigerweise brach sich die kopernikanische Lehre überall schneller Bahn als gerade in dem Land, dem Kopernikus landsmannschaftlicher Herkunft nach angehörte – Deutschland –, und in dem Land, in dem er wirkte, Polen. Eine rühmliche Ausnahme allerdings gab es: In Wittenberg lebte ein Professor Erasmus Reinhold (1511–1553), der Kopernikus' »De revolutionibus« als dem »Beginn einer neuen Epoche« huldigte und 1551, aufbauend auf diesem Buche, die als »Tabulae Prutenicae« (»Preußische Tafeln«) bekannt gewordenen Planetenberechnungen veröffentlichte. Sie wurden bei der Gregorianischen Kalenderreform im Jahre 1582 als eine der Grundlagen für den neuen Kalender herangezogen, aber bald danach war allgemein bekannt, daß diese auf dem heliozentrischen Weltbild fußenden Daten auch nicht besser mit der Wirklichkeit übereinstimmten als die in den älteren, auf dem ptolemäischen Weltbild basierenden Alfonsinischen Tafeln aus dem Jahre 1240.

In England hingegen erhoben sich mehrere Stimmen für Kopernikus, von denen eine besonders gewichtige hier zitiert werden soll. Es war die Stimme William Gilberts, jenes berühmten englischen Arztes und Naturforschers, der im Jahre 1600 sein grundlegendes Werk über den Magnetismus veröffentlichte. Gilbert war Anhänger des kopernikanischen Weltsystems, und er fügte seinen Überlegungen über dieses System eine Bemerkung an, die einen weiteren der vielen kleinen Durchbrüche für die Idee der Raumfahrt darstellt, die wir in jener Epoche finden. Er sagt: »Es gibt überhaupt keinen Grund, die Existenz der Fixsternsphäre anzunehmen; in der Tat befinden sich die Sterne ohne Zweifel gleich den Planeten in verschiedenen Abständen von uns, und viele von ihnen sind so weit weg, daß das Auge sie nicht mehr erfassen kann.«

Vom Kreis zur Ellipse

Die Unzulänglichkeiten der auf den Arbeiten von Kopernikus aufbauenden »Preußischen Tafeln« indessen ließ unter den Astronomen, Kalendermachern und Astrologen die einhellige Meinung aufkommen, daß es nur durch genaue Beobachtung des Laufs der Gestirne möglich sein würde, eine Theorie der Planetenbewegungen zu finden, die bessere Vorhersagen der Gestirnspositionen ermöglicht.

Dieser Aufgabe, exakte Sternenbeobach-

Der Erdglobus des Nürnbergers Martin Behaim von 1491/92 ist die älteste erhaltene Darstellung der Erde in Kugelform. Von noch älteren Globen, die bis auf König Alfons X. von Kastilien (1221–1284) zurückgehen, wissen wir nur aus Literaturzeugnissen. Behaims Globus zeigt die Erde noch ohne Amerika, so wie Kolumbus 1492 den westlichen Seeweg nach Indien ungehindert vor sich sah. – Die Erdkugel ist aus Pappe mit einer Gipsschicht geformt und mit bemaltem Pergament überspannt, Durchmesser 51 Zentimeter.

tungen in großer Zahl zu gewinnen, widmete sich der Däne Tycho Brahe (1546 bis 1601), zunächst von seiner eigenen Sternwarte »Uranienborg« aus, die er dank der Hilfe des Dänenkönigs Friedrich II. hatte im schwedischen Sund errichten können, später als Kaiserlicher Astronom Rudolfs II. in Prag.

Tycho war, nicht zuletzt auf Grund eigener Himmelsbeobachtungen, ein Gegner der kopernikanischen Theorie. Die vielen Argumente, die gegen das heliozentrische Weltbild vorgebracht wurden, fanden bei ihm ein offenes Ohr, weil er – als der exakteste Beobachter seiner Epoche – den Widerspruch zwischen Theorie und Wirklichkeit stärker als jeder andere empfand. Aber auch das ptolemäische System befriedigte ihn nicht, denn hier waren die Diskrepanzen zwischen vorhergesagter und tatsächlich erfolgender Planetenbewegung nicht geringer. So entwickelte Tycho, wohl ab 1583, ein eigenes Weltsystem, das er 1588 veröffentlichte. In ihm bildet die Erde den Mittelpunkt, umkreist von Sonne und Mond, während die Planeten die Sonne umkreisen. Es ist ein Weltsystem, das physikalisch einen Rückschritt gegenüber Kopernikus darstellt, sich mathematisch vom kopernikanischen Weltbild aber formal kaum unterscheidet.

In seinen letzten Lebensjahren war es die Absicht Tycho Brahes, die Beobachtung endgültig entscheiden zu lassen, welches der drei Weltbilder das richtige sei, dasjenige von Ptolemäus, von Kopernikus oder von ihm selbst. Auf dem Wege dahin gewann er manche wichtige Erkenntnis. So schrieb er in einem Brief im April 1598 an Johannes Kepler, daß offenbar die Epizykel des Mars (in ptolemäischer Lesart) oder die Bahn der Erde (in kopernikanischer Lesart) jährlichen Schwankungen unterliegen – eine Feststellung, hinter der sich die Aussage von der elliptischen Gestalt, der Exzentrizität der Planetenbahnen verbirgt.

Johannes Kepler (1571–1630) studierte in Tübingen Theologie, Mathematik und Astronomie und kam durch seinen Lehrer Michael Mästlin (1550–1631) mit dem kopernikanischen Weltbild in Berührung. Mästlin hatte die Bahn des Kometen von 1577 berechnet und dabei herausgefunden, daß nur die kopernikanische Lehre eine vernünftige Lösung ergab. Kepler, geprägt von der pythagoreischen Schule, aber auch Neuplatonismus und Mystizismus verbunden, fand Gefallen an den Überlegungen des Kopernikus. Gleichzeitig suchte er nach einer abstrakten Harmonie, nach Zahlengeheimnissen und geometrischen Figuren, die seiner Auffassung nach die Grundlage des Weltsystems bilden mußten. Sein erstes Buch, 1596 veröffentlicht und »Mysterium cosmographicum« (»Geheimnis des Kosmos«) betitelt, spürte derartigen ordnenden Prinzipien nach; in ihm versuchte Kepler (vergeblich, wie er später selbst erkennen mußte) nachzuweisen, daß bestimmte geometrische Figuren die Anordnung der Planeten diktieren.

Durch dieses sein astronomisches Erstlingswerk kam Johannes Kepler mit Tycho Brahe in Verbindung. Im Jahre 1600 ging er nach Prag, wurde dort 1601 Brahes Mitarbeiter und im Oktober des gleichen Jahres nach dessen Tod sein Nachfolger.

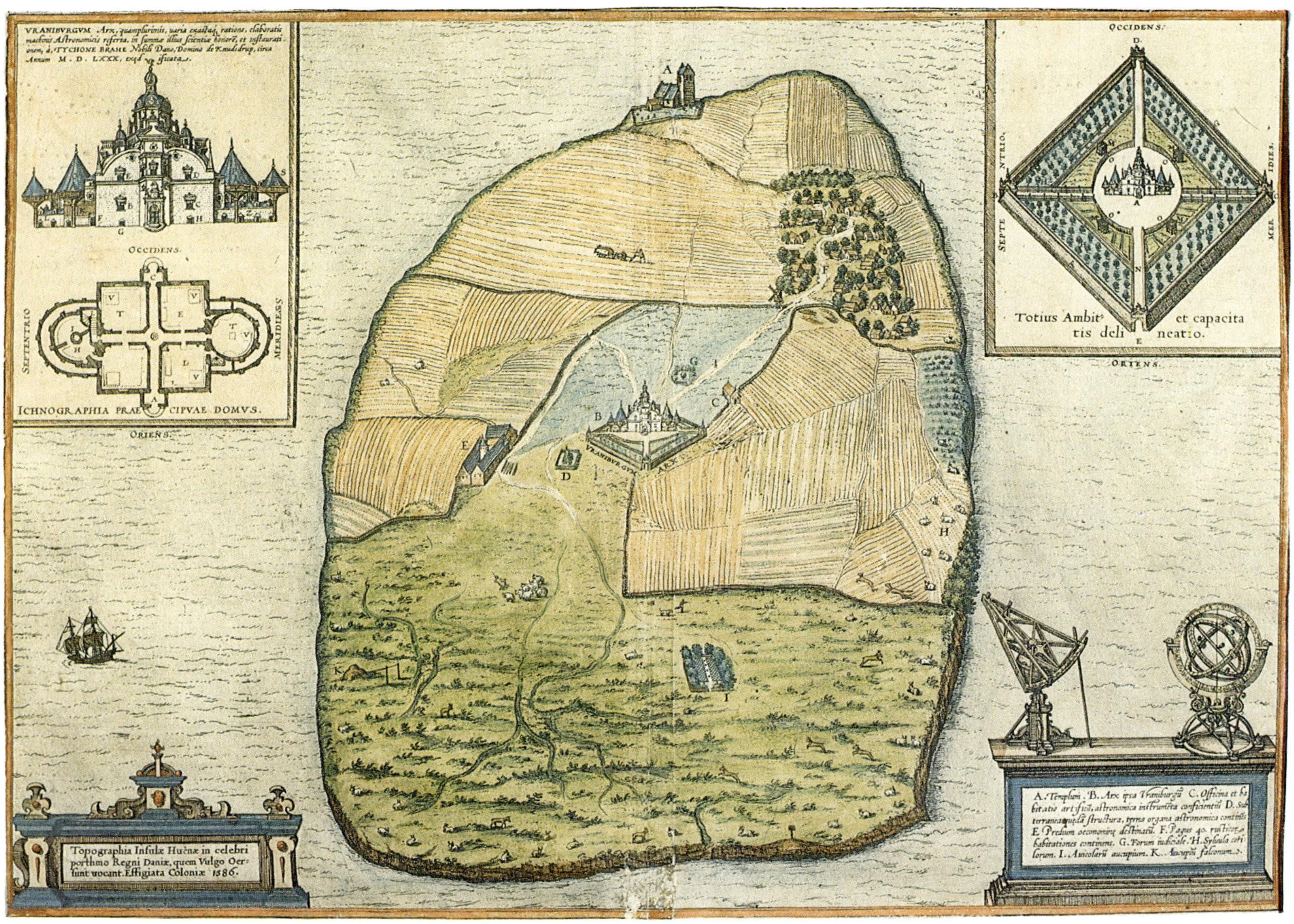

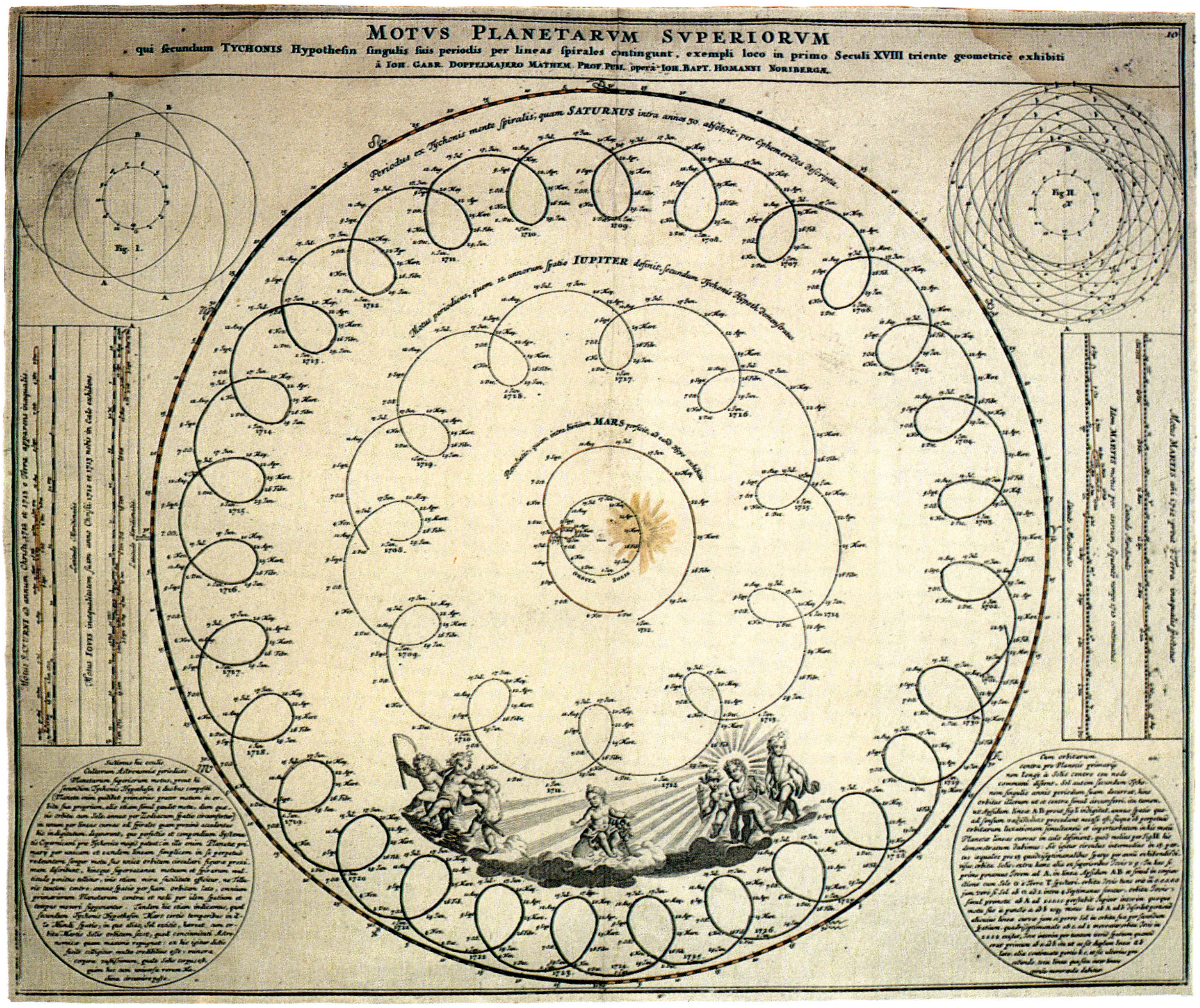

Die Bahnbewegungen des Planeten Mars zwangen Kepler schließlich dazu, die Hypothese der gleichförmig in Kreisen umlaufenden Planeten aufzugeben. In seiner berühmten »Astronomia nova« (»Neue Astronomie«) des Jahres 1609 veröffentlichte er zwei Gesetze über die Planetenbewegung. Sie besagen, daß die Planeten sich in Ellipsen bewegen, in deren einem Brennpunkt die Sonne steht (erstes Gesetz) und daß die Leitstrahlen der Planeten (= Verbindungslinien zwischen Planet und Sonne) in gleichen Zeiten gleiche Flächen überstreichen (zweites Gesetz). Das zweite Keplersche Gesetz besagt, daß ein Planet sich in der Sonnennähe schneller durch seine Bahn bewegt als in der Sonnenferne, so wie unsere Zeichnung dies veranschaulicht.
Zehn Jahre später veröffentlichte Kepler in einem weiteren seiner insgesamt achtzig Bücher, der »Harmonice mundi« (»Weltharmonik«) noch ein drittes Gesetz; es stellt eine mathematische Beziehung zwischen der Umlaufzeit eines Planeten und seinem Abstand von der Sonne her. Mit diesen drei Gesetzen ist Kepler der Wirklichkeit auf die Spur gekommen, hat er die Bewegungen der Planeten exakt

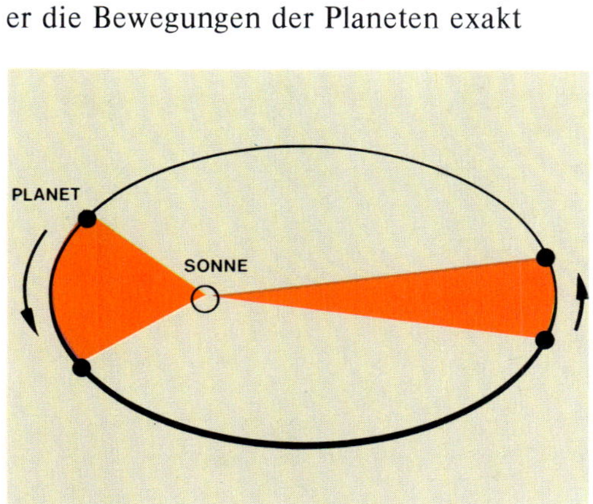

Linke Seite: Skizze der »Uranienborg«, der Sternwarte Tycho Brahes auf der Insel Hven, die damals zu Dänemark gehörte und auf der Tycho jene Beobachtungen anstellte, die Kepler befähigten, seine Gesetze der Planetenbewegung zu formulieren.
A = Kirche, B = Uranienborg, C = Instrumentenwerkstatt, D = unterirdische Anlage mit Instrumenten.

Oben: So stellte sich Tycho Brahe in seinem Weltbild die Bewegung der »oberen« Planeten Mars, Jupiter und Saturn vor. Die seltsamen Bahnen entstehen dadurch, daß die Planeten die Sonne umkreisen, während diese sich um die im Mittelpunkt ruhende Erde bewegt – auf diese Weise versuchte Brahe die Unregelmäßigkeit in den Planetenbewegungen, insbesondere die Rückläufigkeit, zu erklären. (Aus: Johann Gabriel Doppelmayr, »Atlas novus coelestis«, Nürnberg 1742).

Links: Nach dem zweiten Keplerschen Gesetz überstreicht der Leitstrahl eines Planeten in gleichen Zeiten gleiche Räume.

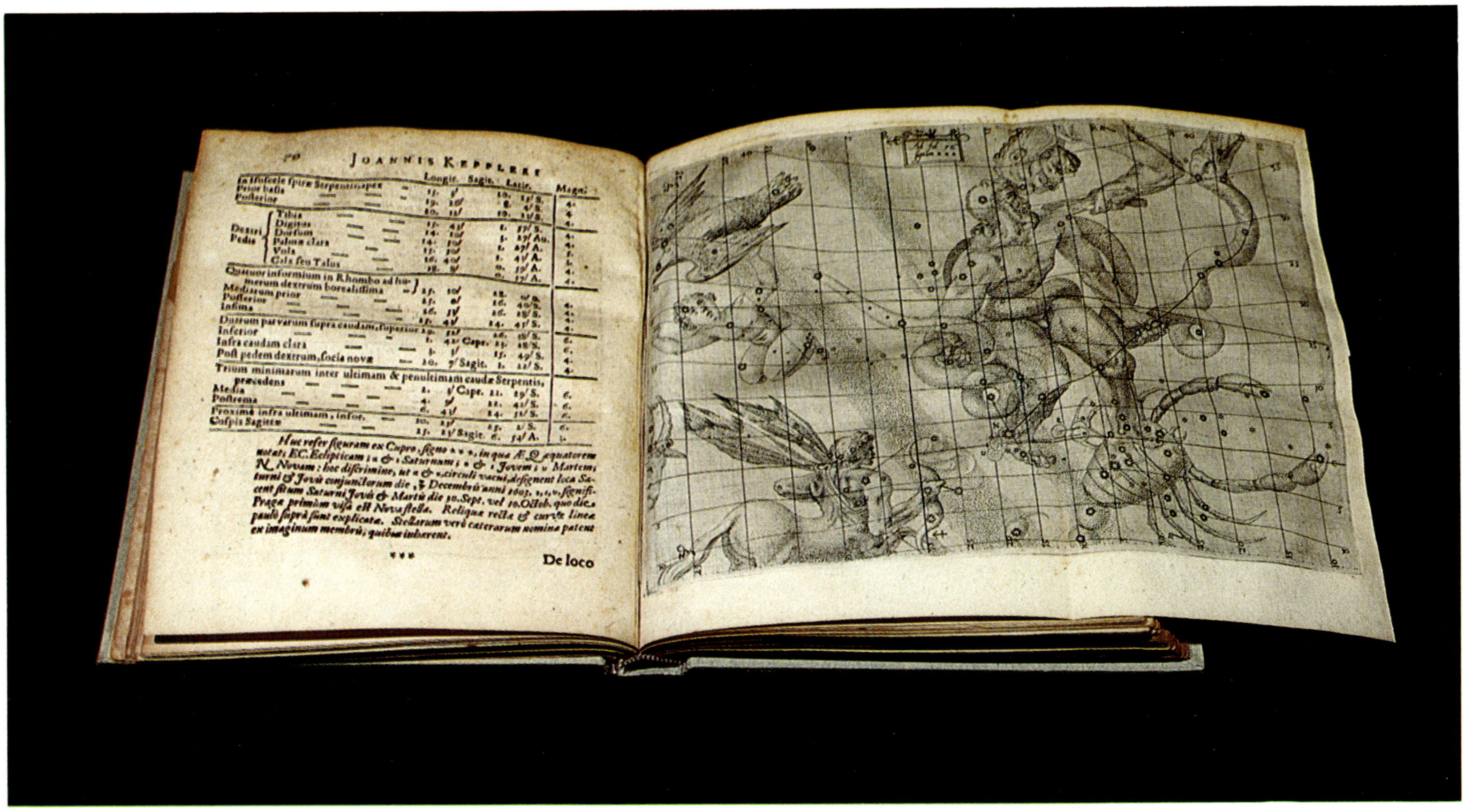

JOANNIS KEPPLERI
De loco

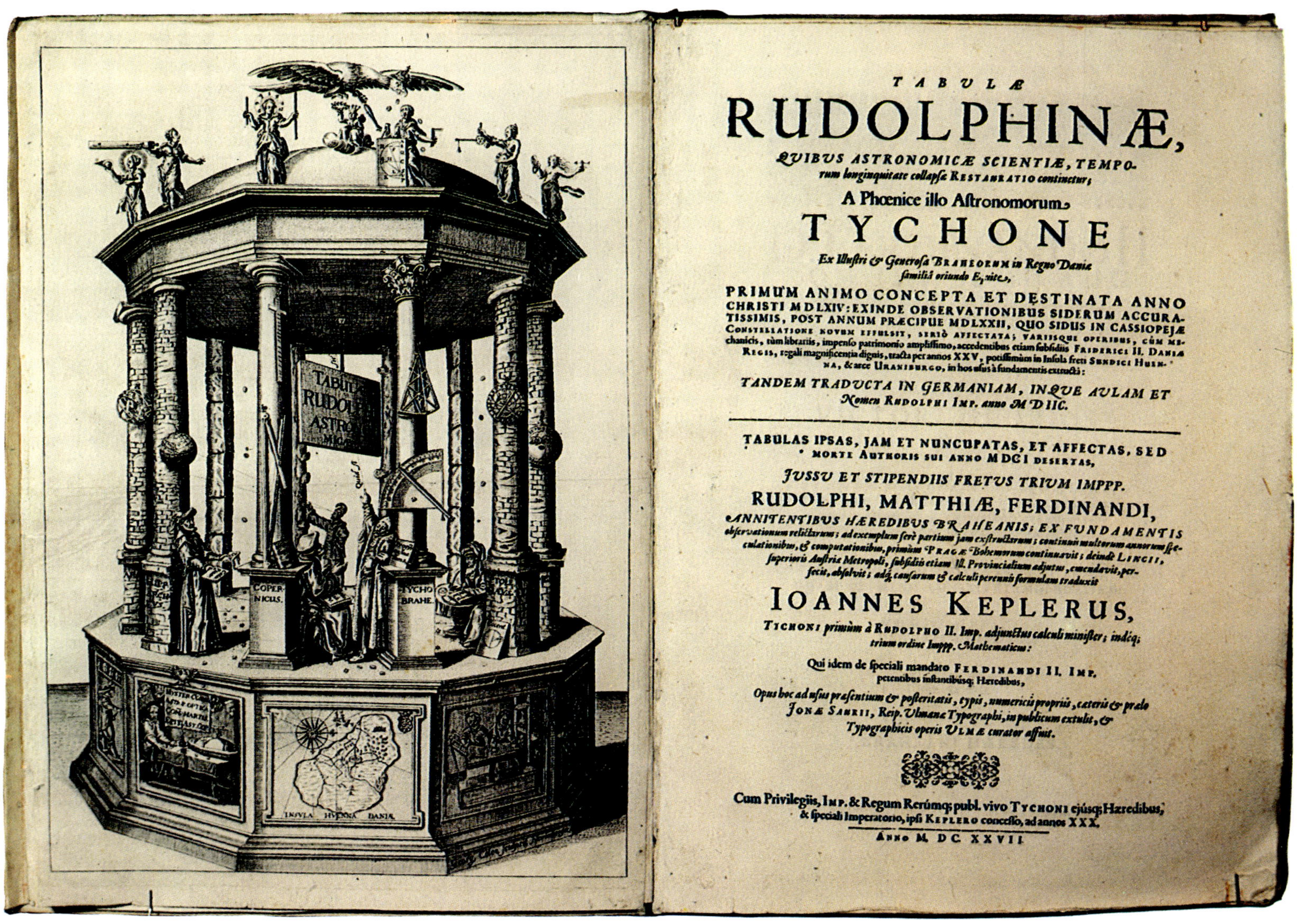

TABULÆ
RUDOLPHINÆ,
A Phœnice illo Astronomorum
TYCHONE
PRIMUM ANIMO CONCEPTA ET DESTINATA ANNO CHRISTI MDLXIV:
TANDEM TRADUCTA IN GERMANIAM, INQUE AULAM ET
TABULAS IPSAS, JAM ET NUNCUPATAS, ET AFFECTAS, SED
JUSSU ET STIPENDIIS FRETUS TRIUM IMPPP.
RUDOLPHI, MATTHIÆ, FERDINANDI,
IOANNES KEPLERUS,
Cum Privilegiis, Imp. & Regum Rerúmq; publ. vivo Tychoni ejúsq; Hæredibus,
ANNO M. DC. XXVII
COPERNICUS.
TYCHO BRAHE.
INSULA HUENNA DANIÆ

berechenbar gemacht. Die *Ursache* dafür freilich, warum sich die Planeten nach diesen und nicht irgendwelchen anderen Gesetzen bewegen, hat er damit noch nicht gefunden, obgleich er in seinen Überlegungen nach der Antwort auf diese Frage (die exakt erst 1683 von Isaac Newton gefunden werden sollte) der Sache fast auf die Spur kam: Er entdeckte einen Zusammenhang zwischen dem Stand des Mondes und den Gezeiten der Meere, und er erkannte auch, daß die Bewegung der Planeten etwas mit einer Kraft zu tun haben muß, die ihren Sitz in der Sonne hat. Auf der falschen Spur war er allerdings mit seiner Behauptung, daß die Bewegung der Planeten um die Sonne mit deren Achsendrehung zusammenhänge, so wie seiner Meinung nach der Mond sich nur um die Erde bewegt, weil diese sich dreht.

Den Mond sah Kepler als erdartigen Körper, und auch von den Planeten glaubte er, zumindest nach einer Äußerung im Jahre 1607, daß sie erdartig und bewohnt seien. In anderen Dingen hingegen war er

Linke Seite oben: Im »Mysterium cosmographicum« von 1596 sucht Kepler noch in langen Zahlenableitungen nach geheimnisvollen kosmischen Zusammenhängen.

Links unten: Verbesserte Tabellen zur Berechnung der Planetenpositionen waren das letzte große Werk Keplers. Auf dem Titel bringt er postum den Dank an seinen Gönner Kaiser Rudolph II. und an Tycho Brahe zum Ausdruck, dessen Beobachtungen er benutzte.

Oben: In diesem Haus eines Regensburger Kaufmanns verstarb Kepler 1630. Der Wohnraum ist mit Mobiliar aus Keplers Zeit ausgestattet.

äußerst konservativ. So hielt er die Fixsterne nicht für Sonnen in unterschiedlichen Abständen von uns, sondern glaubte sie alle einer Sphäre von etwa 15 Kilometer Stärke zugeordnet. Die Frage, was jenseits dieser Sphäre sein würde, stellte er sich ebensowenig, wie es ihm in den Sinn kam, nach der Natur der Sterne zu fragen. Dies war um so erstaunlicher, als sich gerade wegen dieser Frage in Italien eine heftige Auseinandersetzung abgespielt hatte, deren Leidtragende Kepler aus der Korrespondenz kannte.

Von der »Vielzahl bewohnter Welten«

Wir apostrophieren hier natürlich Giordano Bruno (1548–1600), der seinen weithin propagierten Glauben an die Unendlichkeit des Universums, an die Vielzahl der Welten und deren Bewohnbarkeit sowie seine von der herkömmlichen Lehre abweichenden religiösen Gedanken, die er ebenfalls überall lauthals verkündet hatte, im Jahre 1600 auf dem Scheiterhaufen mit seinem Leben bezahlen mußte.
Bruno war kein Astronom oder Mathematiker, sondern Philosoph und Religionsphilosoph. Er hatte das Weltbild des Nikolaus von Kues kennengelernt und auch die kopernikanische Lehre mit Begierde in sich aufgenommen, um zu einem ihrer vehementesten Anwälte zu werden.
Bruno allerdings ging über das, was Kopernikus sagte, weit hinaus. Ihm ging es auch nicht so sehr um die mathematisch-physikalische Beweisbarkeit der Aussagen über das Weltall, sondern er sah die Dinge stärker aus philosophisch-spekulativer Schau. Bruno war beileibe kein Gegner der Religion oder des christlichen Glaubens; er verstieß nur gegen die herrschende kirchliche Meinung in einer Zeit, in der Rom, aufgescheucht durch den erwachenden Protestantismus und die Abkehr vom Papst, ohnehin große Sorgen hatte und der bis dahin gewährten Geistesfreiheit wieder stärker Einhalt gebieten mußte. Dreyer hat in seinem fundierten Buch über die Geschichte der Astronomie von Thales bis Kepler (»A History of Astronomy from Thales to Kepler«) die interessante Frage gestellt, mit welchen hohen Ehren Bruno und mit welcher Begeisterung seine Ideen in Rom aufgenommen worden wären, hätte dieser Freigeist ein Jahrhundert früher gelebt. Zu jener Zeit herrschte eine weite Gedankenfreiheit, und Dreyer schließt die Frage an, ob nicht auch die Geschichte des heliozentrischen Weltbildes ganz anders – nämlich wesentlich weniger mühsam – verlaufen wäre, hätte Kopernikus sie 50 Jahre früher veröffentlichen können.
Giordano Bruno jedenfalls trat nicht nur für die heliozentrische Idee ein, sondern er behauptete, daß das Weltall unendlich sein müsse, widerlegte in gescheiten philosophischen Thesen die Behauptungen des Aristoteles gegen eine Unendlichkeit der Welt und folgerte sogar aus Kopernikus' Buch »De revolutionibus«, daß auch Kopernikus an die Unendlichkeit des Weltalls geglaubt habe. Denn, so argumentierte Bruno, wenn Kopernikus in seinem Buch davon spreche, daß jeder beliebige Punkt als Mittelpunkt des Universums angesehen werden könne, so habe er damit absolute Richtungen abgeschafft und die Unendlichkeit propagiert.
Nun wissen wir, daß Kopernikus dies durchaus nicht so sah, sondern sich aus der Frage nach der Beschaffenheit der Fixsternsphäre und der Endlichkeit oder Unendlichkeit der Welt vorsichtig heraushielt und nicht einwandfrei Stellung bezog.
Für Giordano Bruno aber war diese Unendlichkeit des Weltalls eine unumstößliche Tatsache, die er sogar religionsphilosophisch begründete: »Ein endliches Universum bedeutet ein begrenztes Universum, und das würde nicht der wahren Allmächtigkeit des göttlichen Schöpfers entsprechen. Es würde darauf hindeuten, daß der göttliche Schöpfer in seiner Fähigkeit, das Universum zu schaffen, beschränkt wäre.«
Bruno reiste durch viele Länder Europas, verkündete an den Universitäten seine Lehre vom Kosmos und vertrieb seine Schriften. Er behauptete, daß das Universum kein Zentrum und keine Grenzen habe, daß die Sterne wie der Mond und die Planeten beschaffen seien und daß es demzufolge eine Vielzahl bewohnter Weltkörper geben müsse. Das »Primum mobile«, das rotierende Himmelsgewölbe, lehnte er natürlich ab und sagte, daß die Drehung des Firmaments durch die Umdrehung der Erde um ihre Achse vorgespiegelt werde. Weiter sagte Giordano Bruno völlig richtig voraus, daß die Erde infolge ihrer Achsendrehung an den Polen abgeplattet sein müsse, behauptete, daß die Sonne um ihre Achse rotiere (was sie tut) und daß die Fixsterne leuchtende Sonnen gleich unserer eigenen Sonne seien (was sie sind).
Es konnte nicht ausbleiben, daß die Frage nach Leben auf anderen Gestirnen, die Giordano Bruno so vernehmlich angerissen hatte, überall auf wachsendes Interesse stieß, zumal er nicht müde wurde, dies alles mit der Großartigkeit des Schöpfers in Verbindung zu bringen und zu versichern, daß der Glaube an andere bewohnte Gestirne kein Abbau der Religion, sondern eine Lobpreisung Gottes und seiner Allmächtigkeit sei: Die irdischen Fesseln des Menschen wurden, wenigstens im geistigen Sinne, durch die Gedanken Giordano Brunos gesprengt. Zwar dämpfte im Jahre 1600 das Machtwort der Kirche Begeisterung und Identifizierung mit den Ideen Giordano Brunos, aber es gab stets einige, die sich Fragen stellten.

Das Fernrohr entdeckt einen neuen Himmel

Hinzu kam, daß in dem Jahr, in dem Johannes Kepler seine beiden ersten Gesetze über die Bewegung der Planeten veröffentlicht hatte, 1609, in Italien der Mathematiker und Physiker Galileo Galilei (1564–1642) als einer der ersten ein Fernrohr auf den Himmel gerichtet und dabei gar merkwürdige Dinge beobachtet hatte.
Galilei hatte aus Holland Kunde von einer Erfindung erlangt, die es ermöglichen sollte, mittels zweier Brillengläser ferne Dinge nah zu sehen. Er hatte ein wenig experimentiert und als ein mechanisches Genie sehr bald das von Jan Lippershey konstruierte Fernrohr »nacherfunden« und verbessert. (Es gibt Hinweise darauf, daß bereits Leonardo da Vinci ein Fernrohr konstruiert hatte. Zumindest ist aus dem Jahre 1509 – also genau hundert Jahre, bevor Galilei sein Teleskop baute – eine Zeichnung Leonardos überliefert, die eine

Zu ausgesprochenen Kunstwerken wurden die Globen im 16. und 17. Jahrhundert. Dieser Himmelsglobus aus der zweiten Hälfte des 16. Jahrhunderts ist ein gutes Beispiel dafür. Er wurde im Auftrag eines Grafen Philipp von Hanau (1541–1599) hergestellt. Der Globus besteht aus versilbertem Messing, hat einen Durchmesser von 2,38 Metern und ist mit seinem vergoldeten Fußgestell 4,83 Meter hoch. Ein Uhrwerk im Innern bewegt unter anderem ein Kalendarium.

Cepheus
Cassiopeia
Andromeda
Pegasus
Equus
Hercules
Aquila
Serpentarius
AQVARIVS

fernrohrartige Röhre »mit Sehglas aus Kristall« wiedergibt; möglicherweise hat Leonardo dieses Fernrohr auch gebaut. Außerdem könnte es sein, daß das Fernrohr von zwei spielenden Kindern erfunden wurde. Wenigstens gibt es einen Bericht, demzufolge die Kinder eines holländischen Brillenmachers namens Janszen in Middelburg an der holländischen Küste beim Spielen mit Brillengläsern die Vergrößerungswirkung solcher Linsen entdeckten, ihrem Vater davon berichteten und diesen zu weiterem Überlegen, Experimentieren und schließlich zur Konstruktion eines Fernrohrs veranlaßten. Ebenso soll nach Berichten im Britischen Museum 1571 in England ein Leonard Digges ein Fernrohr gebaut haben. Aus Italien ist überliefert, daß es dort 1590 ein Fernrohr gab. Als Lippershey sein Fernrohr erfand und mit der holländischen Regierung über den Verkauf seiner zunächst geheim gehaltenen Erfindung verhandelte, tauchte ein anderer Holländer, Jakob Metius, mit einem von ihm erfundenen Fernrohr auf. Damit schien das Geheimnis durchbrochen, und in der Tat findet man Fernrohre bald darauf in Paris, London und anderen Orten. Die Kunde von der Erfindung verbreitete sich in Windeseile in ganz Europa, und so hörte auch Galilei davon.)

Galilei, der zu diesem Zeitpunkt bereits ein glühender Verfechter der kopernikanischen Lehre war, hatte dieses Fernrohr auf den Mond, den Jupiter, die Venus und andere Himmelsobjekte gerichtet und dabei Entdeckung auf Entdeckung gemacht, eine wundersamer als die andere, Entdeckungen, die im einzelnen wie in ihrer Summe die kopernikanische Vorstellung vom Aufbau des Weltalls durch Analogien bewiesen.

Im Frühjahr 1610 veröffentlichte Galilei diese seine Beobachtungen in einem kleinen Buch, betitelt »Siderius nuntius« (»Sternenbote«). Darin berichtete er, daß sein Fernrohr ihm vier kleine Sterne um den Jupiter zeige – Monde, die sich um diesen Planeten bewegen wie der irdische Mond um die Erde. Und natürlich sah Galilei dies als einen triumphalen Analogiebeweis für die heliozentrische Lehre an: »Diese Monde umkreisen den großen Jupiter wie die Planeten die Sonne«, argumentierte er. Gleichzeitig war durch diese Entdeckung die störende Einmaligkeit des Erdmondes beseitigt: Er war nun nicht mehr der einzige Körper, der im kopernikanischen System *nicht* die Sonne umkreiste, sondern es gab weitere vergleichbare Fälle.

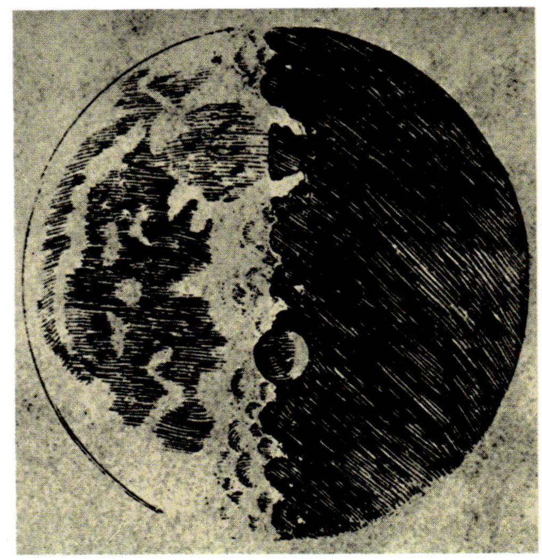

Auf dem Mond konnte Galilei jene Berge und Täler, von denen Plutarch fünfzehn Jahrhunderte früher in seinem »Mondgesicht« fabuliert hatte, sehen und damit gleichzeitig die aristotelische Vorstellung widerlegen, daß alle Himmelskörper wegen ihrer göttlichen Vollkommenheit nur die »ideale Form«, die Kugelgestalt haben können. Gleichzeitig bestätigte die Beobachtung des Galilei die Erdähnlichkeit des Erdtrabanten – man konnte jetzt mit eigenen Augen sehen, was bis dahin nur theoretisch unterstellt werden konnte.

Am Planeten Venus beobachtete Galilei mit dem Fernrohr Phasengestalten, wie wir sie vom Mond her kennen. Das »Fehlen« dieser Phasen (man kann sie mit bloßem Auge an Merkur und Venus nicht sehen) hatte vielen Gegnern der kopernikanischen Theorie als Argument gegen Kopernikus gedient, denn das heliozentrische Weltsystem verlangt diese Phasen bei den beiden inneren Planeten zwingend. Gleichzeitig bestätigten die Phasen der Venus auch die Erdartigkeit dieses Planeten – oder sie bestätigten zumindest, daß Venus ein dunkler Körper ist, der sein Licht gleich der Erde von der Sonne empfängt und dieses Sonnenlicht wieder in den Weltraum abstrahlt.

Weiterhin konnte Galilei mit seinem Fernrohr die Milchstraße, die bis dahin von den meisten Menschen als für eine Art Staub auf der Sternensphäre gehalten worden war, in Einzelsterne auflösen und viele Sterne sehen, die mit bloßem Auge nicht erkennbar waren.

Schließlich hatte er parallel zu dem Ingolstädter Jesuitenpater Christoph Scheiner, zu Johann Fabricius in Wittenberg, Thomas Harriott in Oxford und anderen die Sonnenflecken entdeckt und aus ihrer Bewegung über die Sonnenscheibe auf eine Achsendrehung der Sonne geschlossen. (Etwa zur gleichen Zeit, da Galilei sein Fernrohr auf den Himmel richtete, beobachtete der gerade erwähnte Thomas Harriott den Mond, ja zeichnete Karten von ihm. Doch er veröffentlichte seine Beobachtungen damals nicht.)

Das alles waren Entdeckungen, die das heliozentrische Weltbild zu stützen schienen, und so darf es nicht verwundern, daß die Reaktionen auf Galileis Veröffentlichung sehr heftig waren. Gleichwohl stand ihm die Kirche zunächst positiv und freundlich gegenüber, ja, er wurde 1611 in Rom vom Papst empfangen.

Diese Einstellung der Kirche änderte sich allerdings, als Galilei von 1614 an offen für das kopernikanische System eintrat und mit einigen bedeutenden Kirchenvätern in Fehde geriet. Zudem war seine Argumentation äußerst zynisch und voreingenommen, so daß er sich viele Feinde machte. Nun ging es nicht mehr um theoretische Dispute, sondern um Behauptungen, die die Lehre der katholischen Kirche zu widerlegen trachteten, und dies in einer Zeit, in der diese Kirche sich ohnedies in heftigen Auseinandersetzungen mit dem Protestantismus befand. Hinzu kam, daß Galilei in Reden und Schriften die Kirche unmittelbar angriff, die Autorität der Heiligen Schrift auf Gebieten, die nicht zur Theologie gehörten, anzweifelte.

1616 wurde Galilei von der Kirche nach Rom zitiert, und es wurde ihm verboten, die Behauptung, daß die Sonne im Mittelpunkt der Welt stünde, die Erde sie umkreise und sich um ihre eigene Achse drehe, weiterhin zu lehren und zu verteidigen, denn »dies sei falsch und widerspreche der Heiligen Schrift«. Das Buch des Kopernikus aus dem Jahre 1543 wurde auf den Index gesetzt. Die Diskussion über das neue Weltbild, das nun die

Linke Seite außen: Galileo Galilei, Begründer der Fernrohrastronomie

Links: Eine der Zeichnungen des Mondes, die Galilei im »Siderius Nuntius« veröffentlichte. Sie entstand auf Grund seiner Fernrohrbeobachtungen. Der große Krater unterhalb der Mitte, unmittelbar am Terminator (der Beleuchtungsgrenze), wurde später auf den Namen Ptolemäus getauft. Links von ihm die dunkle Fläche stellen Mare Nubium (»Wolkenmeer«) und Oceanus Procellarum (»Ozean der Stürme«) dar. Die hellen, zangenförmigen Bogen am oberen Teil des Terminators sind die Bergzüge der Apenninen (unterer Zangenbogen) und des Kaukasus. Links davon (dunkel) das Mare Imbrium (»Regenmeer«).

Rechts: Das Fernrohr Galileo Galileis im Historisch-Naturwissenschaftlichen Museum von Florenz.

kirchliche Autorität unmittelbar zu bedrohen schien, geriet immer mehr in Rage. Ein italienischer Bischof forderte, daß man Kopernikus unverzüglich ins Gefängnis werfen solle – mußte sich aber belehren lassen, daß dieser Kopernikus bereits seit 70 Jahren tot sei!
In der Folgezeit nahm Galilei nicht mehr öffentlich zu der heliozentrischen Lehre Stellung, aber er schrieb einen »Dialogo« über die Weltsysteme, den er 1632 veröffentlichte. Bei der Abfassung dieser Schrift hatte er es verstanden, seinen früheren Freund und Gönner Papst Urban hinters Licht zu führen. Kirche und Glauben kamen in dieser Streitschrift sehr schlecht weg, ja, wurden lächerlich gemacht. Das führte dazu, daß man Galilei 1632 vor die Inquisition der Kirche befahl. Er wurde zu Gefängnis verurteilt, mußte seine Strafe aber nicht wirklich abbüßen, sondern sich nur unter Hausarrest begeben. Fortan beschäftigte er sich bis zum Ende seines Lebens im Jahre 1642 nicht mehr mit der Astronomie, sondern wandte sich der Mechanik und der Physik allgemein zu.
Natürlich breitete sich die Kunde von Galilei und seinen astronomischen Entdeckungen in allen Landen aus. Überall richteten sich Fernrohre auf den Himmel. Die Wahrheit war nicht mehr aufzuhalten. Nicht mehr aufzuhalten war auch die Frage nach der Bewohnbarkeit der Gestirne und danach, ob sie belebt seien, eine Frage, die ab 1614 mit den Galileischen Behauptungen von der Gleichheit der Erde mit den anderen Planeten wieder in die Diskussion geraten war. Man fand Gefallen an derartigen Debatten, man entsann sich des Anaxagoras und seiner Gebirge, die es auf dem Mond geben sollte, des Plutarch und seines Buches, und auch Lukians »Wahre Geschichte« wurde wieder hervorgeholt und gelesen.

Raumfahrt und Literatur II

Kein Geringerer als Johannes Kepler trug mit dazu bei, daß die »Vera historia« weite Verbreitung fand. Er übersetzte sie gleich anderen Autoren aus dem Griechischen ins Lateinische. So erschien 1615 eine lateinische Ausgabe, nachdem das Werk schon seit 1496 mehrfach in griechisch neu aufgelegt worden war. 1634 kam Keplers Übersetzung heraus; gleichzeitig wurde eine englische Ausgabe publiziert. In deutsch erschien die »Wahre Geschichte« zum erstenmal im Jahre 1898. Doch die Keplersche Übersetzung, vier Jahre nach Keplers Tod veröffentlicht, war nicht das einzige utopische Werk, mit dem Kepler sich beschäftigt hatte. Er selbst hat einen Raumfahrtroman geschrieben, ja, man muß sagen, die erste Raumfahrtgeschichte, die sachliche Tatbestände berücksichtigt.
Dieses Buch, von Kepler unter dem Titel »Somnium seu astronomia Lunaris« (»Der Mondtraum oder Die Astronomie des Mondes«) veröffentlicht, entstand in seinen ersten Entwürfen wahrscheinlich schon vor dem Jahre 1609. Ebenso sicher aber ist, daß Kepler bis kurz vor seinem Tod im Jahre 1630 daran arbeitete. Herausgebracht wurde es von seinem Sohn Ludwig Kepler im Jahre 1634. (Zum zweiten Mal erschien es 1870 in der lateinischen Gesamtausgabe der Werke Keplers; 1898 kam es erstmals in deutscher Sprache heraus.)
Es könnte durchaus sein, daß das Buch von Kepler als versteckte Werbung für die heliozentrische Lehre des Kopernikus gedacht war. Auf jeden Fall unterscheidet es sich von den zuvor erwähnten, bis dahin erschienenen »Raumfahrtromanen« dadurch, daß im »Somnium« eine Mischung aus Phantasie einerseits und der Wiedergabe von Tatbeständen und sachlichen Hypothesen andererseits zu finden ist: Kepler wollte kein zeitkritisches Werk mit diesem Buch schaffen, auch keine politische Satire, obgleich in dem Buch einige Seitenhiebe – so etwa auf die Verfolgung der Protestanten und auf die Eigenheiten Tycho Brahes – enthalten sind; er wollte vielmehr mit diesem Buch bewußt die Idee der Raumfahrt ausspinnen – wobei er freilich zugeben mußte, daß er keine Lösung des Problems kannte. Aber im Gegensatz zu Lukian, der Schiffe zum Mond segeln ließ, verwirklicht er den Mondflug nicht mit einer untragbaren Hypothese. Er macht vielmehr deutlich, daß man zum Mond nicht »fliegen« könne, da die Atmosphäre des Mondes eine andere als diejenige der Erde sei und zwischen den beiden Himmelskörpern ein luftleerer Raum liegen müsse. Er gibt Hinweise auf die »Anziehungskräfte« zwischen den Himmelskörpern, wobei er sich jedoch nicht bis zum Begriff der »Massenanziehung« durchringen konnte, sondern von »Magnetkräften« spricht. Er erzählt von *dem* Punkt zwischen Erde und Mond, wo sich die »magnetischen Einflüsse« dieser beiden Weltkörper gegenseitig aufheben (die Stellen im Weltraum, an denen die Punkte der Anziehungskräfte von Erde und Mond gleich groß sind, die *Librationspunkte* oder *Lagrangeschen Punkte,* wie wir heute sagen), und sagt, daß der Körper sich dort zusammenziehen würde »wie eine Spinne sich zusammenschnurrt«. Zu diesem Punkt erläutert er weiter (nach Ley): »Wenn sich die magnetischen Einflüsse von Mond und Erde gegenseitig aufheben, so ist es gleichsam, als wenn kein Einfluß vorhanden wäre. Und dann zieht der Körper, der das Ganze ist, die kleineren Teile, die Glieder, an sich heran.« Ersetzt man im ersten Teil der Aussage den Begriff »magnetische Einflüsse« durch »Anziehungskräfte«, so ist diese Aussage auch aus heutiger Sicht durchaus gültig.
An anderer Stelle des »Somnium« kommt Kepler der Vorstellung einer durch den Raum wirkenden Anziehungskraft noch näher: Er definiert hier die Gezeiten als Auswirkungen der »Körper Sonne und Mond, die die Wasser der Meere mit einer Kraft anziehen, die der Magnetkraft ähnlich ist«. Damit anerkennt er, daß die Anziehungskraft der Sonne bis zur Erde reicht. Hätte Kepler auch noch erkannt, daß diese Anziehungskraft und die Kraft, die die Planeten bewegt, ein und dasselbe sind, so wäre er wahrscheinlich zum Entdecker des Gravitationsgesetzes geworden – über 50 Jahre bevor Newton dieses Gesetz der allgemeinen Anziehung formulierte!
Im »Somnium« räumt Kepler den Mondkratern einen breiten Raum ein: Sie sind Schutzwälle der Mondbewohner gegen die Sümpfe der Umgebung. Die Tatsache, daß Kepler von den Kratern spricht, zeigt, daß sein Roman die Fernrohrastronomie des Galilei berücksichtigt, denn ohne Fernrohr sind die Krater auf dem Erdbegleiter nicht erkennbar.
Da Kepler das Rückstoßprinzip noch nicht in seiner physikalischen Tragweite erfassen konnte (obgleich die Rakete zumindest als pulvergetriebenes Gerät längst existierte), ist er in arger Verlegenheit darüber, wie er seine Raumreisenden von der Erde zum Mond und vom Mond zur Erde gelangen lassen soll. So nimmt er hier von vornherein Zuflucht zur Phantasie, indem er die ganze Erzählung zunächst einmal als Traum deklariert. Dann erfindet er Dämonen, die von der »Insel Levania« kommen: »Fünfzigtausend deutsche Meilen liegt im tiefen Äther die Insel Levania.« Fünfzigtausend deutsche Meilen, das sind 375 000 Kilometer, und damit besteht, noch bevor Kepler es sagt, kein Zweifel mehr darüber, daß wir es bei der »Insel Levania« mit dem Mond zu tun haben. Und was die Dämonen betrifft, so hat er von ihnen (im Traum) durch seine Mutter Kenntnis erhalten, die eine Hexe ist und deshalb Umgang mit einem Dämonen hat. (Der Mutter Keplers ist in der Tat in Württemberg 1620 ein Hexenprozeß gemacht worden, zu dem Kepler als Retter aus Linz herbeieilte.)
Kepler berichtet weiter, daß die Dämonen das Sonnenlicht nicht ertragen können, aber während der Mondfinsternisse, wenn eine Schattenbrücke Erde und Mond verbindet, über diese zum Erdbegleiter huschen können. Ja, sie vermögen sogar Menschen mitzunehmen, sofern diese (offenbar wieder eine Anspielung auf Tycho) nicht zu dick und zu schwer sind. Die Mondbewohner schildert Kepler als schlangenförmige, schuppenbesetzte Wesen, deren eine große Sorge darin besteht, während des vierzehntägigen Mondtages, wenn die Sonne erbarmungslos auf den Mond herniederbrennt, nicht von den Sonnenstrahlen ausgedörrt zu werden. Sie verstecken sich dann in den Höhlen des Mondes. Auch hier also wieder eine Vermittlung astronomischer Tatbestände unter dem Deckmantel der Erzählung. Die Mondbewohner übrigens bezeichnet Kepler als Endymioniden, ein Name, der bei Lukian seinen Ursprung hat, welcher ja – wir erinnern uns – in seiner »Vera historia« den griechischen Hirten Endymion zum Herrscher der Völker des Mondes hatte werden lassen.
Vier Jahre nach der Erstausgabe von Keplers »Somnium«, im Jahre 1638, erschienen in England gleich zwei einschlägige Bücher. Das erste stammt aus der Feder von Bischof Francis Godwin und trägt den Titel »The Man in the Moon: or a Discourse of a Voyage thither« (»Der Mann im Mond oder ein Diskurs über eine Reise dorthin«). Darunter stand »By Domingo Gonzales, the Speedy Messenger«, also »von Domingo Gonzales, dem flinken Boten«. Der Name Godwins war bei der ersten Auflage im Titel nicht erwähnt. 1648 erschien eine französische

Übersetzung des Buches, 1652 kam es unter dem Titel »Der fliegende Wandersmann« auf deutsch heraus.
Dieser Titel läßt bereits erahnen, daß es sich bei dem Godwinschen Werk, was die wissenschaftlichen Maßstäbe angeht, um einen hinter Keplers »Somnium« zurückstehenden Beitrag handelt: Godwin kümmert sich nicht um jene Art von naturwissenschaftlichen Überlegungen, die Kepler zu den »Monddämonen« hatte finden lassen, sondern er schildert eine Flugreise zum Erdbegleiter, wobei er unterstellt, daß die Luft, die uns umgibt, bis zum Monde reicht. So schreibt er unter anderem:
»Dieses, was ich erzehle, hat sich begeben im Jahre 1599 . . . Ich setzte mich auf mein fliegendes Gerüst und ließ darauff meine Vögel los, welche zu meinem Glück sich alle zugleich in die Höhe gaben, wiewol sie den Weg nicht namen, den ich wollte . . . Dann fingen meine fliegenden Boten wieder an zu fliegen und wendeten sich immer nach dem Mond . . . Wie es die Rechnung gab, so war es der 11. Septembris, da meine Vögel zugleich still hielten und brachten mich dann nach einer Stund auff die Höhe eines Bergs in der anderen Welt . . . Erstlich hatte ich das zu merken, gleich wie die Erd-Kugel da viel größer und dicker scheynte zu sein als uns der Mond, wenn er voll ist: Also kamen auch andere Sachen unvergleichlich größer mir vor.«
Gonzales findet den Mond übrigens wesentlich heimischer, als Kepler dies im »Somnium« schilderte, obgleich Godwin vermutlich zumindest für einige Episoden seines Romans Kepler zum Vorwurf gewählt hatte.

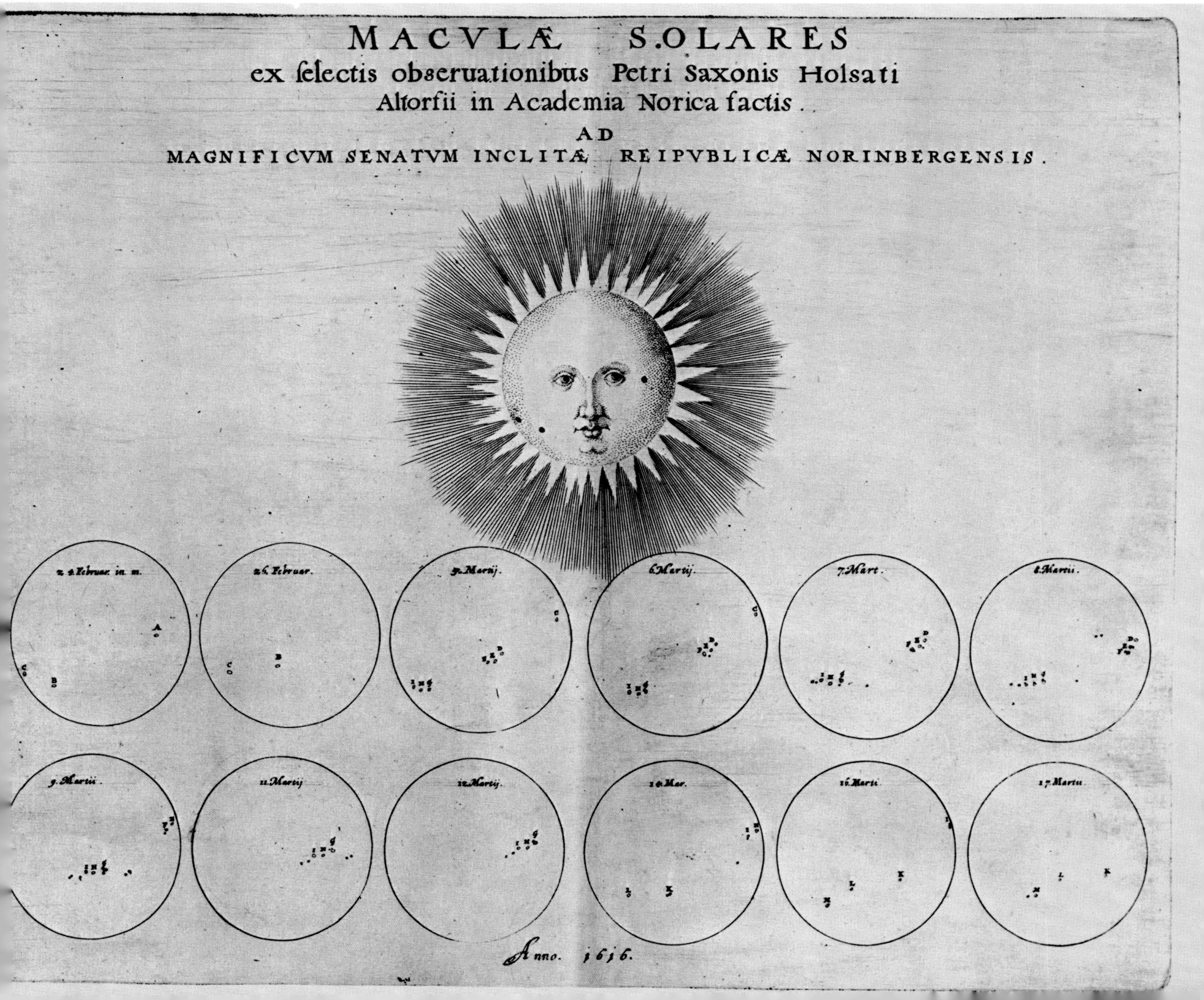

Daß die Sonne nicht jenes Symbol »göttlicher Reinheit« ist, für die man sie früher hielt, sondern daß ihre Oberfläche häufig von dunklen Flecken verunziert wird, ist ebenfalls eine Entdeckung, die Galilei mit seinem Fernrohr machte – sofern nicht einem von zwei anderen Beobachtern, Christoph Scheiner oder Johann Fabricius aus Deutschland, die Priorität dieser Entdeckung zuerkannt werden muß. Damals beschäftigte sich eine ganze Reihe von Astronomen mit diesem neuen Phänomen, das Galilei in eine weitere Auseinandersetzung mit der Kirche hineinzog. Unser Faksimile zeigt eine fortlaufende Aufzeichnung der Sonnenflecken vom 4. Februar bis zum 17. März 1616 durch Petrus Saxonis. In der Darstellung spiegelt sich die Drehung der Sonne um ihre Achse wider – sie kommt in der täglichen Verlagerung der Flecken von links nach rechts zum Ausdruck. Entdeckt hatte diese Sonnenrotation Christoph Scheiner jedoch schon zuvor.

Auf jeden Fall hatte Godwins »Man in the Moon« einen nachhaltigen Einfluß auf die Literatur; 1706 wurde aus dem Buch sogar eine Operette gemacht!
Bischof John Wilkins, der Autor des zweiten 1638 erschienenen Buches, ging sein Thema von der wissenschaftlich-philosophischen Seite her an. Der Titel des Werkes lautete »The Discovery of a World in the Moon« (»Die Entdeckung einer Welt auf dem Mond«). Das Buch berichtet über den Mond im allgemeinen, widmet aber auch der Bewohnbarkeit des Mondes und dem Mondflug breiten Raum. Wilkins untersucht in seinem Buch, welche Methoden es überhaupt gibt, um zum Mond gelangen zu können, und findet vier Kategorien:

1. mit Geistern oder Engeln;
2. mit Vögeln;
3. mit Flügeln;
4. mit einem »fliegenden Wagen«.

Wir wissen spätestens seit Newton, daß nur die vierte Methode erfolgversprechend sein konnte. Dennoch konnte sich die utopische Raumfahrtliteratur noch für eine ganze Weile vor allem von der zweiten Idee nicht trennen. Eine rühmliche Ausnahme machte hier der Pariser Schriftsteller und Satiriker Cyrano de Bergerac (1619–1655), der zwei Raumfahrtromane publizierte. Der erste kam 1649 heraus und trägt den Titel »Histoire comique du Voyage dans la Lune« (»Komische Geschichte der Reise zum Mond«), der zweite erschien 1652 unter dem Titel »Histoire des Etats et Empires du Soleil« (»Geschichte der Staaten und Reiche der Sonne«).
Die »Komische Geschichte« erlebte sieben Auflagen; beide Bücher kamen 1913 in einer Sammelausgabe unter dem Titel »Mondstaaten und Sonnenreiche« auf deutsch heraus.
In diesen Büchern versuchte Cyrano zunächst eine Methode zu benützen, um zum Mond zu gelangen, die den Kennern der Lügengeschichten des Barons von Münchhausen nicht unbekannt ist: Cyrano bindet sich mit Tau gefüllte Flaschen an seinen Gürtel und wird, getreu dem (Aber-)Glauben, daß Tau »von der Sonne angezogen« wird, in die Höhe gehoben. Doch das Experiment mißlingt, weil Cyrano aus Angst vor dem zu schnellen Aufstieg einzelne Flaschen zerschlägt, dabei des Guten zuviel tut und deshalb wieder zur Erde zurückfällt.
Cyrano versucht es daraufhin mit einer anderen Idee: Er läßt seine Raumreisenden in einem eisernen Wagen aufsteigen. Angetrieben wird der Wagen dadurch, daß die Insassen fortwährend Magnetsteine in die Höhe werfen, durch die er nach oben gezogen wird. Eine weitere Methode, auf die Cyrano – sicher nicht folgerichtig, sondern durch Zufall – kam, beruht auf Raketen, die an einem Kasten befestigt sind. Cyrano schildert, wie Soldaten sich einen Spaß machten, indem sie an die von ihm entworfene, nicht im Detail geschilderte Flugmaschine, mit der er einen erfolglosen Flugversuch gemacht hatte, Raketen anbanden. Er nahm die Gelegenheit wahr, sprang in den Kasten hinein und wurde prompt von den brennenden Raketen in die Höhe transportiert. Als die Raketen ausgebrannt waren, fiel die Flugmaschine zurück. Er hingegen stieg weiter in Richtung Mond auf, denn er hatte die Abschürfungen seiner Haut, die er beim vorangegangenen Flugversuch erlitten hatte, mit Knochenmark eingeschmiert, welches der Mond »an sich zieht, wie man weiß«.

Oben: Dieser Kupferstich aus dem Jahre 1710 bezieht sich offensichtlich auf Cyrano de Bergeracs Schilderung von der »Auffahrt zum Mond« mit einer raketengetriebenen Flugmaschine.

Rechte Seite: Aberglauben und Erkenntnisdrang rangen in den früheren Jahrhunderten heftig miteinander. So waren Kometen jahrhundertelang als »Zuchtruten Gottes« äußerst gefürchtet. Dieses Nürnberger Kometenflugblatt warnt vor dem Kometen von 1577 und zählt auf, welche Übel frühere, von Gott als Warnungen geschickte Kometen ausgelöst haben.

Cyrano war in erster Linie wohl Satiriker. Doch er schrieb seine phantastischen Raumreisegeschichten nicht nur, um in ihnen philosophische Autoritäten und religiöse Dogmen anzugreifen, sondern er war offenbar gleichzeitig der Idee des Raumfluges verfallen. Wenigstens deuten ein Traktat über Physik, das er unvollendet nach seinem Tode zurückließ, sowie einige Gedanken, die in seinen Büchern zum Ausdruck gebracht worden sind, darauf hin. So muß er sich sehr konkrete Vorstellungen über das Wesen der Massenanziehung gemacht haben, ohne (ebensowenig wie Kepler) den letzten entscheidenden Gedanken vollziehen zu können. Wie nahe er aber immerhin der Wirklichkeit kam, zeigen folgende Zeilen aus seinem »Sonnenreich«:
»Als ich nach der Rechnung, die ich später darüber anstellte, mehr als Dreiviertel des Weges von der Erde zum Mond zurückgelegt hatte, sah ich plötzlich meine Beine nach oben fallen, obwohl ich auf keinerlei Art gestürzt war. Auch hatte ich durchaus nicht bemerkt, daß mein Kopf von dem Gewicht meines Körpers belastet worden wäre. Ich erkannte ganz richtig, daß ich keineswegs gegen unsere Erde zurückfiel; denn wiewohl ich mich noch zwischen zwei Monden befand und sehr gut merkte, daß ich mich von dem einen entfernte in dem Grade, wie ich mich dem anderen näherte, war ich völlig sicher, daß der größere unsere Erdkugel sei . . .
Dies also erweckte in mir die Vorstellung, daß ich mich gegen den Mond senke, und ich wurde in dieser Ansicht noch bestärkt, als ich mich erinnerte, daß ich erst nach Dreiviertel des Wegs angefangen hatte zu fallen. ›Denn‹, sagte ich mir selbst, ›da die Masse hier geringer ist als unsere, muß der Umkreis ihrer Wirkungskraft auch kleiner sein und ich infolgedessen die Anziehung ihres Mittelpunkts erst später gefühlt haben.‹ «
In diesem letzten Satz Cyrano de Bergeracs verbirgt sich die Aussage, daß die Gravitation mit wachsender Entfernung von einem Himmelskörper abnimmt und daß sie proportional der Masse eines Weltkörpers ist – eine Erkenntnis, die in klarer Formulierung erst Isaac Newton 1687 (also rund 30 Jahre später) gelang!
Cyrano de Bergerac hat übrigens durch

Verzaichnuß des Cometen/so in den Nouemb: im disem 77. jar zum ersten mal gesehen worden.

Mittag.

Auffgang.

Nidergang.

Mitternacht.

Es bezeugens die Historien/ gibets auch die erfarung/das die vngewönlichen Zeichen/so am hohen Himel vnd in dem Lufft sich sehen lassen/nicht vergebens/ Sondern grosser straffen/ so Gott vmb verachtung seines Wortes/vnd vnbußfertigkeit der Menschen willen mit Pestilentz/ verenderung der Regiment/Krieg/Thewrung/verwüstung Land vnd Leut/drohet/gleichsam verkündiget vnd vorbotten sein. Dann Gott jederzeit disen brauch gehabt / das er die Welt vmb irer Sünde willen nit allein durch sein Wort vnd Predigambt/ sonder auch mit Zeichen vnd Wunder gestrafft / vnd zu Buß vnd besserung deß Lebens gereitzet hat/ wie an seinem Volck vnd der Statt Hierusalem zusehen. Dann da die Juden alle trewe warnung Christi / vnd seiner Apostel verachten/ vnd in windt schlugen/predigt er jnen auch mit Wunderzeichen/ließ grosse Erdbeben/Wind/eine vngewönliche Finsternuß der Sonnen geschehen: Schicket hernach/weil sie in irē mutwillen fort fuhren/vber 40. Jar/ neben andern schröcklichen Zeichen/einen Cometen wie ein schwert gestalt/der ein gantzes jar vber der Statt Hierusalem gestanden/darauff hernach die Statt belegert/von den Feinden erobert/vnd sambt dem Tempel verbrant vnd geschlaifft/ auch deß Volcks neben vnzelichem andern jammer / viel tausent durchs Schwerdt/Hunger vnd Pestilentz vmbkommen/die vbrigen in alle Land zerstrewet worden / vnd also die gantze Jüdische Policey in einem hauffen gefallen ist. Anno Christi 1337. Da Keyser Ludwig der Bayer / noch in der Regirung gewesen / hat ein Comet vier Monat am Himel gebrant/Da derselb noch nit gar vergangen/hat sich ein anderer sehen lassen/so zwey Monat gestanden: Als der auch vergangen/ ist Anno Christi 1339. jar/der dritte kommen/darauff das nechste Jar ein greuliche Pestilentz/so fast durch die gantze Welt gangen / vnd schröcklich entbörung im Römischen Reich erfolgt/darumb das der Pabst/vmb etlicher vrsachen willen Keyser Ludwigen in Pann gethan/vnd die Churfürsten einen andern Keyser zu wöhlen getrieben hat/welchs zu grosser vneinigkeit/Krieg vnd blutvergiessen vrsach geben. Deßgleich da man gezelet hat 1400. 1401. 1402. 1403. Jar / sind vier Cometen nacheinander erschienen/darauff Tamerlanes der greuliche Thyrañ auß der Tartarey mit zehenmalhundert tausent/zu Roß vñ Fuß fast den gantzen Orient durchzogen vnd mit Mord/ Raub vnd brandt / verwüstung der Stett/ Land vnd Leut vnmeßlichen schaden gethan/Auch Baiazethem den Türckische Keyser/so jme mit gewerter hand entgegen komen/gefangen/ in ein Vogelhauß eingespert/vnd zu hon vnd spot durch gantz Asiam herumb geführet hat. Nicht lang hernach/nemblich im 1409 jar/ hat Keyser Sigmund in Vngern ein grosse Niderlag vom Türcken erlitten / vnnd mit grossen schaden der Christenheit müssen fried machen. Es fellt auch vmb dise zeit / das Costnitzer Concilium ein/ auff welchem der fromme Mann Johann Huß von wegen der lehr deß Euangelij im Jar 1415. ist verbrant worden/ wie auch sein gehorsamer Discipel Hieronymus von Prag / das folgend Jar mit dergleichen Marter sein leben geendet hat/vnd darauff der Hussitische Krieg kommen ist. Deßgleichen hat man Anno Christi 1500. einen schröcklichen Cometen gesehen / darauff die Tattern in Poln gefallen / ein grosse Pestilentz durchs Teutsche Land gangen/der Türck die Statt Methone erobert/ der Bayrische Krieg/vñ ander vnzelig vnglück erfolget ist. Auff den Cometen so Anno Christi 1526. erschienen/ist neben andrem vnglück so darauff erfolgt/ der Türck für Wien gezogen/hat grossen schadē mit rauben / brennen vnd mörden gethan/ vnd im abzug vil hundert Menschen mit sich in erbärmliche dienstbarkeit geführet. So weiß man/das auff die Cometen so Anno 1531. vnd 1533. erschienen neben der schröcklichen Auffrhur der Widerteuffer zu Münster in Westphalē/vil grosses vnglücks/vñ verenderung in Vngern/Dennenmarck/Engeland/Franckreich/vnd Italien sich zugetragen/ Vnd hat auch Teutschland/Niderland/Franckreich vnd Poln / mit grossem schaden erfaren/was die zwen Cometen/so Anno 56. vnd 58. vnd der Newe Stern / so im 1574. Jar erschienen/ bedeut haben/vnnd weiß niemandt/ wenn deß angefangenen vnglücks noch mag ein ende werden. Das also kein zweiffel/ Gott schicket solche Zeichen/dadurch er nebē seinem Wort der Welt seinen gerechten zorn wider die Sünd anzeigt/vnd greuliche straffen mit verenderung der Regiment/ Krieg/Pestilentz/Thewrung/Auffruhr vnd anderm vnglück drohet. Vnd weil Gott der Allmechtig auch vns dise Jar her nit allein Zeichen an der Sonn vnd Mon mit schröcklichen Finsternussen gegeben / sondern auch jetzt im Nouember dises lauffenden 77. Jars/einen schröcklichen Cometen an den hohen Himel gestellet/der ohne zweiffel / weil er grösser vnd greulicher ist / dann andere vil vor jme gewesen/auch harte straffen vnd groß vnglück drohet/ solten wir billig solchs alles warnemen/vnsere Sünde erkeñen/vor Gottes zorn erschrecken/vmb Christi verdinst willen verzeyhung bitten/vnd mit besserung deß lebens/vnd ernstlichē flehen bey Gott vmb linderung der Straff / vnd künfftigen vnglücks anhalten. Aber man erferet leyder/das der meiste theil nicht allein durch solche Zeichen vnd straffen nit gebessert/ sonder dieselben auf gut Epicurisch verachte/vnd nur ruchloser vnd erger wird. Gott hat vns neben scharffen Bußpredigten seines Worts auch etliche Jar mit vnerhörter Thewrung/Pestilentz/vñ anderm vnglück dermassen gestrafft vnnd heimgesucht / das es mancher in seinem Hause / an seiner Narung/ Weib vnd Kinden schmertzlich gefühlet. Solchs aber hat bey wenigen wie leyder vor augen/helffen wöllen/ sonder so bald nur ein wenig eine linderung kommen/ ist aller straff vergessen worden. Derhalben wann wir disen schröcklichen Cometen anschawen/sollen wir vns erinnern das Gott auch vmb vnserer Sünden willen zörne / vnd durch solch Zeichen seine straffen drohe/ vnd derhalben nicht auff ander sehen/sondern in vnser eigen Hertz gehen vnd gedencken/das auch wir mit vnserm bösen lebē Gottes zorn/vñ gantze Landstraffen verursacht/ vnd wol auch das hellische Fewer verdient hetten / wann Gott nach vnserm verdienst ablonen wolt. Sollen derhalben diß alles von hertzen berewen/vnd in warem Glauben vnd starckem vorsatz/vnser leben zu bessern/zur genad vnd Barmhertzigkeit/in Christo verheissen/zuflucht haben/vñ bitten/das er mit vns armen Sündern nit ins Gericht gehen / sondern im zorn seiner Barmhertzigkeit ingedenck sein/vns vmb Christi willen vnser Sünde verzeyhen/auch die wolverdinte straff von vns abwenden/oder genedigklich lindern wölle. Vns auch mit seinem genaden Geist also regiren / das wir solchem künfftigen vnglück entflichen/ vnd am Jüngsten tag mit Ehrn vor dem Richterstul Jesu Christi erscheinen/ vnnd selig werden mögen/ AMEN.

Zu Nürmberg/bey Georg Macken/Illuministen beym Sonnenbad.

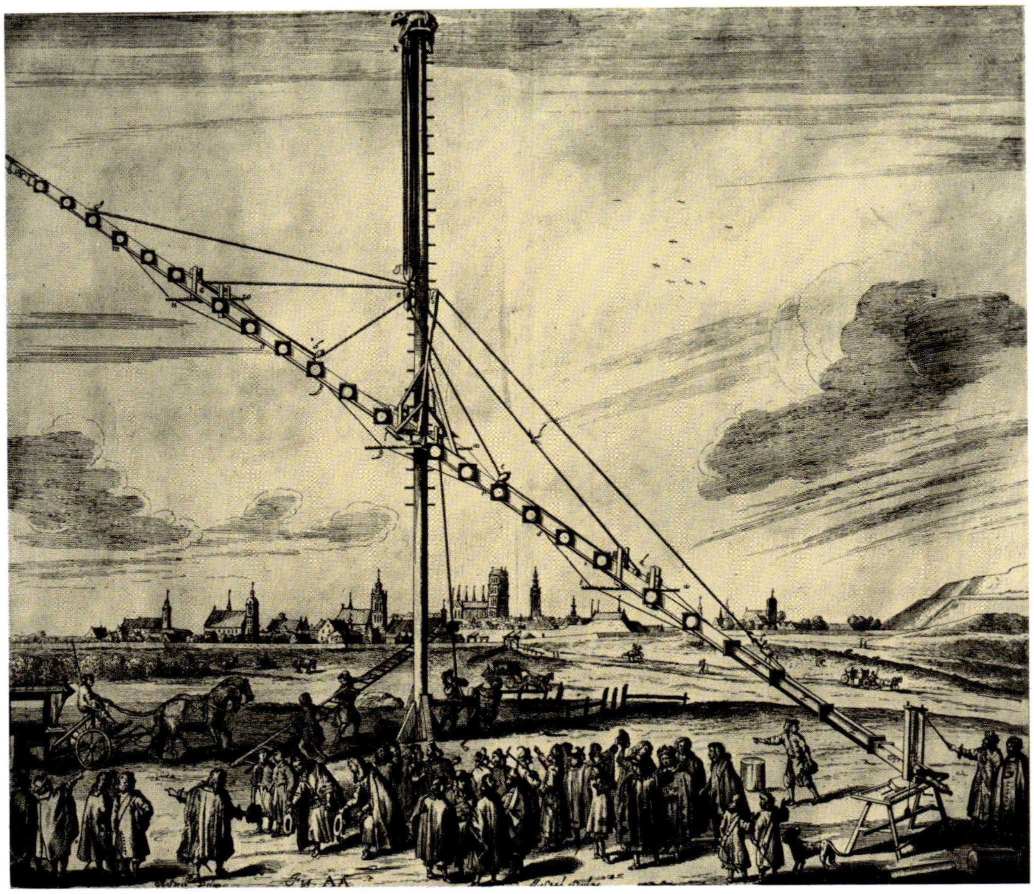

Links: Zu gewaltigen Ungetümen entwickelten sich in der Frühzeit des Fernrohrbaus einige Teleskope, so zum Beispiel dieses »Luftfernrohr« des Johannes Hevelius in Danzig um 1641. Das Bild ist ein zeitgenössischer Kupferstich.

Rechte Seite: Einer Fülle von Winkelmeß- und Zeitablesegeräten bediente sich die Astronomie auch noch in der Periode nach der Erfindung des Fernrohrs, wie diese Beispiele von der Sternwarte des Georg Christoph Eimmart in Nürnberg aus dem Jahre 1691 beweisen.

seine Schriften, wie wir noch sehen werden, sowohl Jonathan Swift, dem Autor von »Gullivers Reisen«, als auch Voltaire für seinen »Micromegas« zahlreiche Anregungen vermittelt.

Kepler, Wilkins, Godwin und Cyrano de Bergerac - das waren die wesentlichen Autoren utopischer Raumfahrterzählungen, die im 17. Jahrhundert als Folge des kopernikanischen Weltbildes, der Entdeckungen Galileis, Brahes und Keplers und der Ideen des Giordano Bruno über die Vielzahl der Welten erschienen, abgesehen von einigen Werken, die kaum originäre Gedanken enthalten, sowie von jenen Büchern, die das Sujet Raumflug zum Vorwand nahmen, um eine Beschreibung des Sonnensystems zu geben.

Hinzu kam, daß neue astronomische Entdeckungen den Gedanken der Raumfahrt immer problematischer werden ließen: Mit der ziemlich sicheren Erkenntnis, daß der Mond keine oder allenfalls eine nur sehr dünne Atmosphäre habe, mit den besseren Vorstellungen über die immensen Ausmaße des Sonnensystems und mit der Feststellung, daß der Raum zwischen den Himmelskörpern leer sein müsse, Atmosphären also nur dünne Schalen um die Weltkörper darstellen, rückte die Realisierung einer Raumreise in eine weite Ferne, ja, wurde selbst einer Raumreise in der Phantasie der Weg weitgehendst verbaut, sofern man sich nicht entschloß (wie das einige Autoren selbst noch im folgenden Jahrhundert handhabten), bekannte und bestehende Tatsachen einfach zu ignorieren.

Schon die ersten Mondbeobachter hatten Hinweise auf die Atmosphärelosigkeit des Erdbegleiters gegeben. So hatte Galilei darauf hingewiesen, daß es auf dem Mond keine Halbtöne gebe, sondern nur sonnenbeschienene Flächen und absolut schwarze, dunkle Gebilde. Diese seine Feststellung wurde von Sir William Lower, der aus England den Mond zur gleichen Zeit wie Galilei beobachtete, ausdrücklich bestätigt. Das Fehlen von Halbtönen und Dämmerung aber ist ein deutliches Indiz für die Atmosphärelosigkeit des Erdbegleiters - wenn dies auch erst Jahrzehnte später erkannt wurde.

1647 schuf der Danziger Ratsherr Johannes Hevelius die erste zuverlässige Mondkarte, die viele Einzelheiten zeigt, stellte Messungen über die Höhe der Mondberge mit größenordnungsmäßig richtigem Resultat an und erkannte, daß es auf dem Mond wohl kaum Wasser geben könne. Die Vorstellung von einer äußerst dünnen oder gar völlig fehlenden Atmosphäre des Mondes wurde nun allgemein akzeptiert. Der italienische Priester Riccioli, der eine neue Nomenklatur der Mondoberfläche schuf (die erste stammte von Hevelius) und über 200 Objekten auf dem Mond Namen gab, faßte die herrschende astronomische Meinung zusammen, als er in seinem 1651 erschienenen »Almagestum novum« (»Neuer Almagest«) feststellte, daß der Mond eine Wüste sein müsse, denn es gebe dort bestimmt keine großen Wasserflächen, und die Mondatmosphäre müsse sehr dünn sein.

Während der Annäherung des Mars an die Erde im Jahre 1672 beobachteten Cassini in Paris und Richter in Cayenne in Französisch-Guayana die Parallaxe des Mars (also den unterschiedlichen Blickwinkel, unter dem er von zwei weit entfernten Orten aus erscheint) und beberechneten mit Hilfe des dritten Keplerschen Gesetzes daraus die Entfernung der Erde von der Sonne. Diese Strecke Erde - Sonne ist der Einheitsmaßstab für das Sonnensystem. Er stellte sich bei dieser Messung um mehr als doppelt so hoch heraus, wie man bisher angenommen hatte, nämlich zu 125 Millionen Kilometern (der wirkliche Wert ist noch etwas höher, nämlich 149,6 Millionen Kilometer), und damit nahm das Planetensystem wahrhaft gigantische Ausmaße an. Klar verbunden hiermit war die schon erwähnte Erkenntnis riesiger *atmosphäreloser* Räume zwischen den Planeten; eine technische Realisierung des Raumfluges schien kaum mehr möglich.

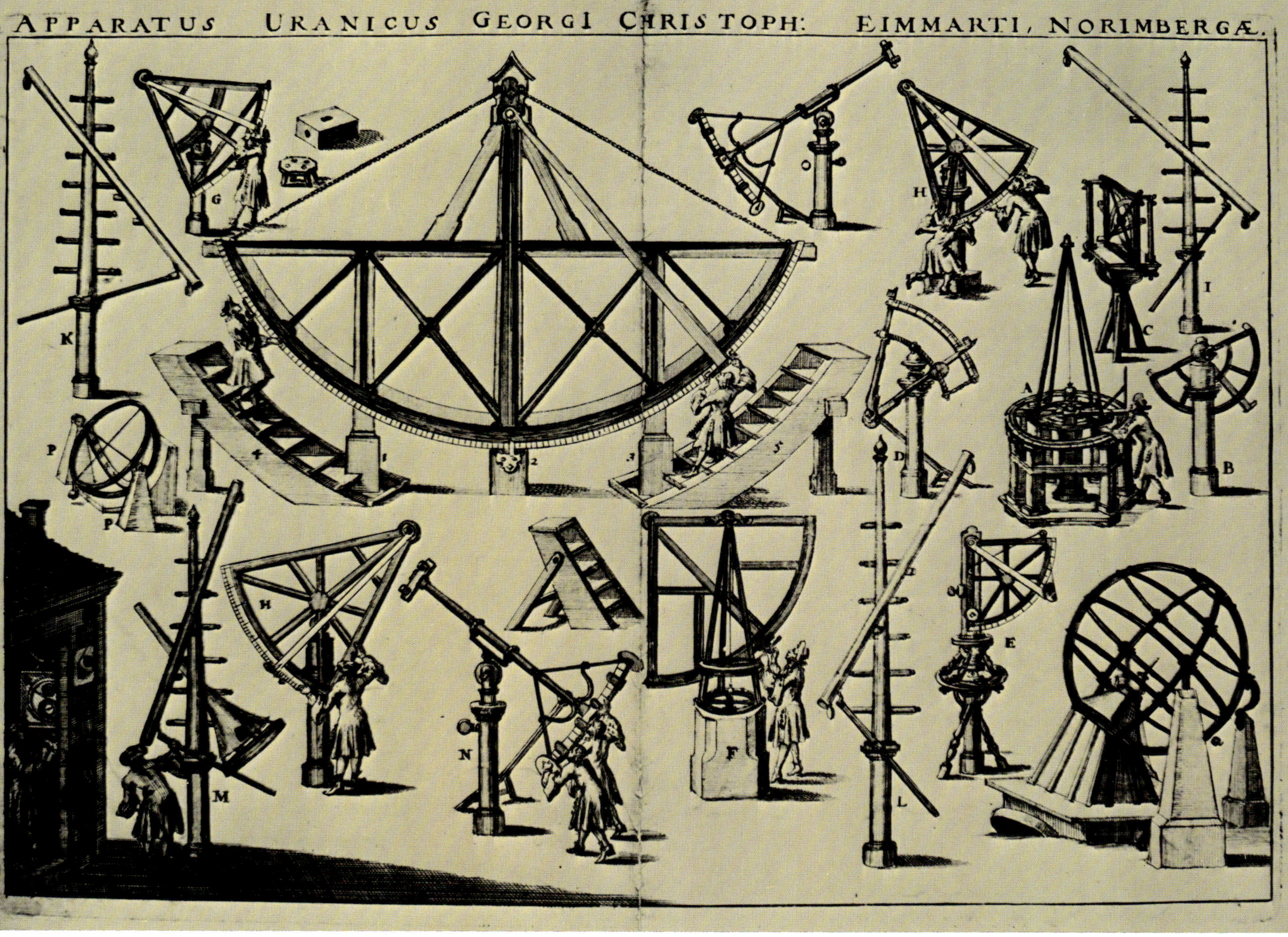

Taten diese Erkenntnisse der Raumfahrtidee zunächst also Abbruch, so ereignete sich bald nach ihrer Entdeckung eine der ganz großen Geistesleistungen in der Naturwissenschaft. Sie sollte der Physik der kommenden drei Jahrhunderte das Gepräge geben und gleichzeitig den Schlüssel für die Verwirklichung des Raumfahrtgedankens enthalten. Es ist eine Geistesleistung, die mit dem Namen Isaac Newton (1643–1727) verbunden ist.

Gravitationsgesetz und Rückstoßprinzip

Mit der Idee der Raumfahrt hatte Isaac Newton nicht das geringste zu tun. Sie war vermutlich sogar ein Gegenstand, auf den er niemals auch nur einen Gedanken verschwendet hat. Und doch legte Newton durch die drei Gesetze der Bewegung, die er formulierte, eine der fundamentalen wissenschaftlichen Grundlagen auch für die Raumfahrt. Denn ohne Newtons Erkenntnisse hätte Raumfahrt nie Wirklichkeit werden können – eine Feststellung, die natürlich auch noch für zahlreiche andere Geistesleistungen gilt, aber Newtons Gesetze der Mechanik stehen am Anfang jeglicher wissenschaftlicher Theorie der Raumfahrt.
Wer hätte nicht schon einmal jene Geschichte gehört, die behauptet, Newton sei durch einen vom Baum fallenden Apfel auf das Gesetz von der allgemeinen Massenanziehung gekommen?
Es gibt in der Wissenschaft viele vergleichbare Geschichten, die in anschaulicher Weise zu erklären versuchen, wie diese oder jene Entdeckung oder Erfindung zustande kam. Newtons Geschichte mit dem vom Baum fallenden Apfel scheint sogar den Vorzug zu besitzen, wirklich wahr zu sein.
Wenigstens gab es vor dem Gutshaus in Woolsthorpe in England, das Newton in der in Frage kommenden Zeitspanne bewohnte, tatsächlich einen großen Apfelbaum. Er ist inzwischen gefällt worden, aber die Königliche Astronomische Gesellschaft Großbritanniens besitzt noch heute einen Holzklotz, der von eben jenem Baume stammen soll.
Die Geschichte jedenfalls behauptet, daß Newton eines schönen Tages im Jahre 1666 im Garten vor seinem Gutshaus saß, als plötzlich von einem der Bäume ein Apfel herabfiel. Newton sah dies und fragte sich: »Wieso fällt dieser Apfel herunter? Was für eine Kraft ist es, die ihn – gleich allen anderen losgelassenen Gegenständen – zum Fallen bringt?«
Es muß, so soll er weiter philosophiert haben, irgendeine bestimmte Kraft sein, die den Apfel zum Boden zieht. Und weiter: bis auf welche Höhe reicht diese Kraft? Natürlich könnte der Apfel auch aus 100 Metern, ja, aus einigen Kilometer Höhe herabfallen. Aber wie ist es mit 1000 Kilometern, 10 000, 100 000, 400 000 Kilometer Höhe? 400 000 Kilometer (genauer: 384 000 km) – das ist die »Höhe« des Mondes über der Erde! Newton fragte sich: »Wenn auch dieser Mond von der Erde angezogen wird – warum fällt er dann nicht auf die Erde herunter?«
Hier, an dieser Stelle, muß die wesentliche Erkenntnis erfolgt sein, daß es die *Bewegung* des Mondes ist, welche ihn daran hindert, auf die Erde herabzufallen.
Wir wissen nicht, ob Newtons Überlegungen wirklich in dieser Weise vonstatten gingen oder ob er einen anderen Gedankenweg einschlug. Auf jeden Fall aber kam er zu der Erkenntnis, daß die Anziehungskraft eine *allgemeine* Eigenschaft der Materie – und damit aller Weltkörper – ist. Die irdische Schwerkraft wird damit zu einem Spezialfall der *allgemeinen Massenanziehung.*
Zwei Kräfte definierte Newton, um die Bewegung der Himmelskörper und damit auch die Keplerschen Gesetze zu erklären: die *Schwerkraft* oder *Anziehungskraft* der Materie und die *Fliehkraft,* auch *Zentrifugalkraft* genannt, die einem Körper das Bestreben verleiht, eine einmal eingeschlagene Bewegungsrichtung und

Geschwindigkeit beizubehalten.
Newton stellte, noch bevor er die Bewegungen des Mondes und der Planeten erklärte und bewies, weitere Axiome der Mechanik auf. Doch er veröffentlichte sie zunächst ebensowenig wie seine Erkenntnisse über die Schwerkraft und über die Bewegung der Gestirne infolge dieser Gravitation.
Newton war ein in sich gekehrter, stiller Mensch, dem es nicht lag, von sich reden zu machen. Seine Erkenntnisse auf optischem Gebiet, seine Theorie über das Licht und die Entstehung der Farben und seine Erfindung des Spiegelteleskops trug er erst auf Drängen seiner Freunde 1672 vor der »Königlichen Gesellschaft« (»Royal Society«) in London vor und veröffentlichte sie. Dabei hatte er sein erstes Spiegelteleskop bereits vier Jahre zuvor, also 1668, eigenhändig gebaut.
Ähnlich ging es mit seinen Erkenntnissen über die Mechanik und die Gravitation als Ursache der Bahnbewegungen der Himmelskörper, wobei in letztgenanntem Fall nicht ganz sicher ist, ob nicht abweichende Resultate, die er zunächst auf Grund falscher Überlegungen für die Bewegung des Mondes erhielt, dazu beitrugen, eine Veröffentlichung zu verzögern.
Auf jeden Fall publizierte, während Newtons Erkenntnisse im Schreibtisch ruhten, der englische Naturforscher Robert Hooke (1635–1703) ein Buch über die Anziehungskraft, in dem er richtig behauptete, daß die Anziehungskraft eines Körpers mit dem umgekehrten Quadrat der Entfernung abnehme.
Was dies bedeutet, möge ein Gedankenbeispiel klarmachen: Stellen wir uns vor, zwei Planeten würden sich in Abständen von 2 und 4 Millionen Kilometern um

Unten: Drei ins Detail gehende Mondkarten schuf Hevelius Mitte des 17. Jahrhunderts. Die hier abgebildete Karte zeigt vornehmlich die Krater und Mare, die er beobachtete.

Rechte Seite: Das linke Bild zeigt Sir Isaac Newton (1643–1727), der unser physikalisches Weltbild veränderte. Das rechte Bild gibt einen Ausschnitt aus dem Wandteppich von Bayeux wieder, der die Eroberung Englands durch die Normannen darstellt. In der Mitte oben sehen wir den nach dem Astronomen Halley (1656 bis 1742) benannten Kometen von 1066, der von den Engländern ahnungsvoll als Unglücksbringer angesehen wurde.

Nächste Doppelseite: Aus dem 18. Jahrhundert dürfte dieser Dampfrückstoßwagen stammen. Mit einer Heizquelle in dem Napf wird das Wasser in dem kugelförmigen Behälter verdampft und tritt durch die Düse nach rechts aus, wodurch das Gefährt nach links getrieben wird. Ein Sammelstück aus dem ehemaligen Pysikalischen Kabinett des Dreikönigsgymnasiums in Köln.

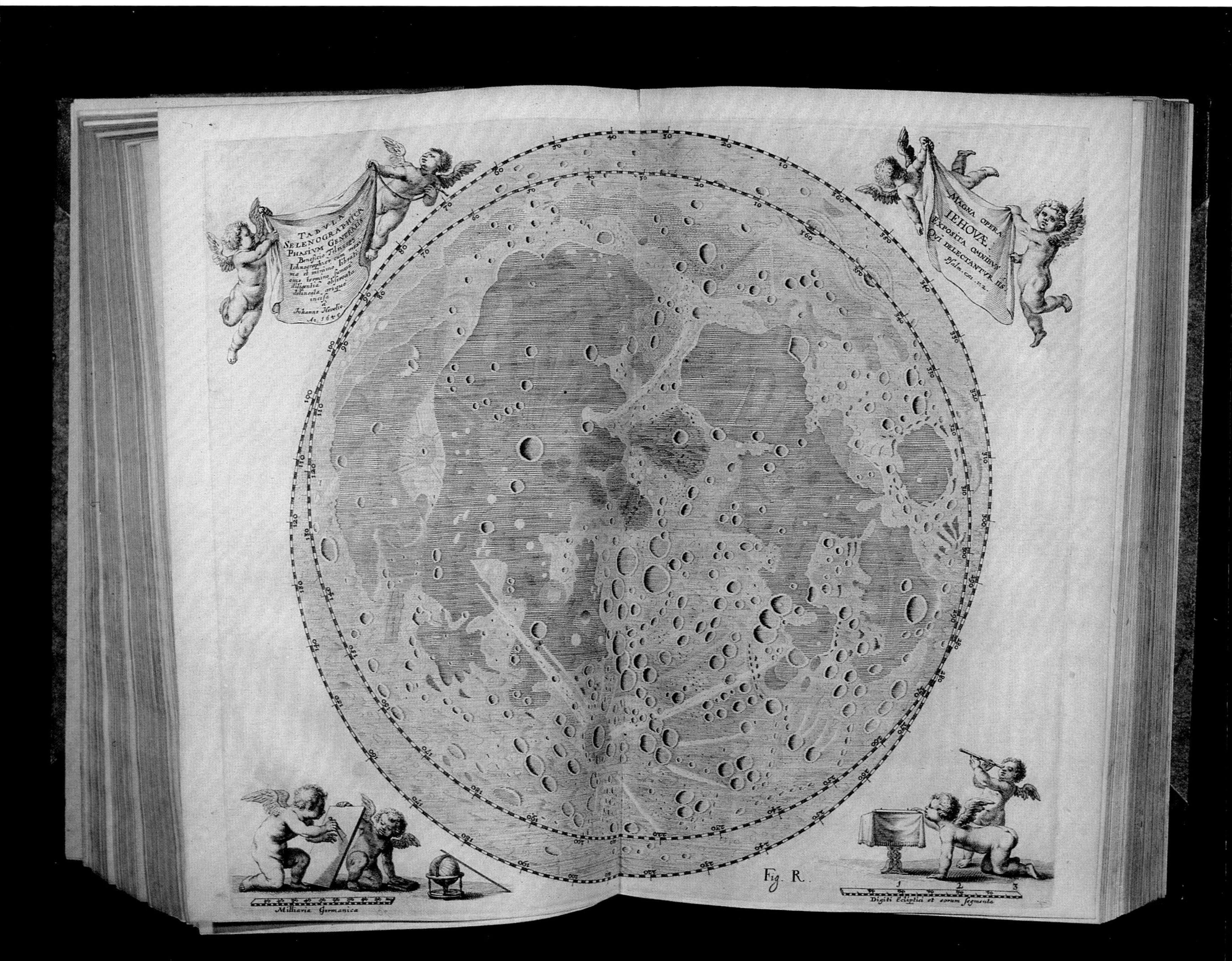

eine zentrale Sonne bewegen, die selbst einen Halbmesser von einer Million Kilometern habe. Dann gilt, daß die Anziehungskraft, die auf den ersten, vom Sonnenmittelpunkt 2 Millionen Kilometer entfernten Planeten wirkt, nur noch ein Viertel so stark ist wie diejenige an der Sonnenoberfläche, während der zweite Planet in 4 Millionen Kilometer Abstand vom Sonnenmittelpunkt nur noch ein Sechzehntel so stark angezogen wird wie ein Gegenstand auf der Sonnenoberfläche: Das Quadrat von 2 ist ja $2 \times 2 = 4$, der Kehrwert hiervon $1/4$, das Quadrat von 4 ist $4 \times 4 = 16$, der Kehrwert von 16 ist $1/16$, usw.

Wir haben bei dieser unserer ersten Betrachtung des Gesetzes (das uns im übrigen in der Physik in mehrerlei Form begegnet, so etwa auch, was die Abnahme der Strahlungsintensität einer Lichtquelle mit wachsender Entfernung betrifft) zunächst einmal hypothetische, nicht mit der Wirklichkeit übereinstimmende Zahlen zugrunde gelegt, einfach um die Methode zu zeigen und die Berechnung nicht zu komplizieren. Betrachten wir aber nun die Situation einmal am echten Objekt, zunächst an der Erde.

Man kann die Kraft des Erdballs, Gegenstände zu halten oder an sich zu reißen, quantitativ beschreiben, indem man beispielsweise angibt, wie groß die *Beschleunigung* (das heißt der Geschwindigkeitszuwachs in einer bestimmten Zeit) ist, die ein frei fallender Körper durch die Erdanziehung erleidet. An der Erdoberfläche sind das 9,81 m pro Sekunde.

In 23 Kilometer Höhe beträgt die Erdanziehungskraft noch immer mehr als 99% derjenigen am Erdboden. Aber schon in 3650 Kilometer Höhe ist sie auf Grund der quadratischen Abnahme auf die Hälfte gesunken. In einer Entfernung von der Erdoberfläche, die einem Erdhalbmesser (6375 km) entspricht, herrscht nur noch ein Viertel der an der Erdoberfläche wirkenden Anziehungskraft; alle Gegenstände wiegen dort nur noch den vierten Teil dessen, was sie am Erdboden wiegen würden. Im doppelten Abstand (also drei Erdhalbmesser vom Erdmittelpunkt entfernt) ist die irdische Anziehungskraft auf ein Neuntel, in vier Erdhalbmessern Abstand vom Erdkern (19000 km von der Erdoberfläche) auf ein Sechzehntel gesunken. »Ein Pfund« Butter, von der Erdoberfläche mitgebracht, nimmt in dieser Entfernung den gleichen Raum ein wie am Erdboden, es ist die gleiche Menge. Mit einer Federwaage nachgewogen, würde sich das Gewicht jedoch zu nur etwa 32 Gramm ergeben. Nicht besser ergeht es dem Menschen. Auch sein Körpergewicht hat sich in 19000 Kilometer Höhe auf ein Sechzehntel verringert.

Dieses Gesetz ist eine der wesentlichsten Grundlagen der gesamten Mechanik. Aus ihm folgt unter anderem, daß die Bahnen, die die Planeten um die Sonne beschreiben, keine Kreise sind, sondern Ellipsen.

Hooke und Newton lebten zu jener Zeit, da Hooke sein Buch veröffentlicht hatte, in häufigem Streit, unterbrochen von Perioden gegenseitigen Verständnisses. Die Streitigkeiten gingen auf Prioritätsansprüche zurück, die Hooke gegenüber Newton erhob, sowie auf wissenschaftliche Meinungsverschiedenheiten. So hatte Hooke zum Beispiel behauptet, schon vor Newton ein Spiegelteleskop gebaut zu haben, hatte darüber jedoch nichts veröffentlicht. Als der Astronom Halley (1656–1742), noch heute durch den nach ihm benannten Kometen bekannt, Hooke fragte, ob er seine Hypothese, daß die Anziehungskraft mit dem Quadrat der Entfernung abnehme, auch beweisen könne, machte dieser allerhand Ausflüchte.

Daraufhin stellte Halley an Isaac Newton die Frage, in was für einer Bahn sich ein Planet bewegen würde, wenn Hooke recht hätte. Die Antwort Newtons kam wie aus der Pistole geschossen: »Natürlich in einer Ellipse.« Auf die weitere Frage, woher er das wisse, erzählte Newton gleichsam nebenbei, daß er die ganze Theorie bereits vor Jahren berechnet habe. Indessen, Newton konnte die Aufzeichnungen nicht mehr finden, versprach Halley aber, den Beweis erneut zu führen. Drei Monate später lag das gewünschte Dokument vor. Halley wirkte nun auf Newton ein, seine so wichtigen Erkenntnisse doch unbedingt den anderen Forschern der Welt zugänglich zumachen. Widerstrebend willigte Newton ein. Fünfzehn Monate brauchte er, um jene grandiose Geistesleistung zu vollbringen, die ihren Niederschlag in dem Buch fand, das 1687 erschien unter dem Titel »Philosophiae naturalis principia mathematica«, also »Mathematische Grundlagen der Naturphilosophie«. Es ist

ein Werk, das zur Grundlage der gesamten klassischen Physik werden sollte.
Im ersten Band dieser Arbeit beschäftigt sich Newton mit den Grundlagen der Mechanik. Er formuliert dort drei Axiome:
1. Jeder Körper verharrt in seinem Zustand der Ruhe oder der geradlinig gleichförmigen Bewegung, solange keine andere Kraft auf ihn einwirkt.
2. Die Änderung der Bewegung ist der einwirkenden Kraft proportional und erfolgt in der Richtung der einwirkenden Kraft.
3. Jeder Wirkung entspricht eine gleich große Wirkung in entgegengesetzter Richtung.
Das erste Axiom hat Newton aus den Galileischen Fallversuchen und den Experimenten mit schiefen Ebenen abgeleitet; es ist das bekannte Gesetz vom *Beharrungsvermögen* oder der *Trägheit* der Körper, welches andeutungsweise bereits von Galilei ausgesprochen, aber erst von Newton in seiner endgültigen Aussage formuliert und in seiner ganzen Tragweite erkannt worden ist.
Das zweite Axiom macht Aussagen über die Kräfte, die notwendig sind, um einen in Ruhe befindlichen Körper zu bewegen oder eine existierende Bewegung zu verändern.
Das dritte Axiom schließlich behandelt die Wirkungen von Kräften und umschließt das bekannte *Rückstoßprinzip.* Dieses Axiom ist auch unter der Kurzform »actio = reactio« oder »Wirkung gleich Gegenwirkung« weithin bekannt. Es ist die Grundlage des Raketenantriebs (gleichsam dessen wissenschaftliche Erklärung), beinhaltet die auch heute von vielen Menschen noch nicht begriffene Tatsache, daß die Rakete zur angetriebenen Fortbewegung keine Luft benötigt und deshalb auch im luftleeren Raum funktioniert, und wird uns in diesem Zusammenhang noch ausführlich beschäftigen.
Im zweiten Buch seiner »Principia« setzt Newton sich mit den Bewegungen von Flüssigkeiten auseinander und stellt die Grundlagen einer mathematischen Physik dar. Der dritte Band schließlich ist, zumindest aus unserer Sicht, der wichtigste: Hier beweist Newton das *Allgemeine Gravitationsgesetz,* leitet er die Bewegungen der Planeten aus der allgemeinen Massenanziehung ab. Er beschäftigt sich in diesem Band auch mit den Monden der Planeten Jupiter und Saturn und deren Bewegungen um ihre Zentralkörper, erklärt die Abplattung der Erde an den Polen, die Gezeiten, die Bewegungen der Kometen und andere Phänomene.
Das Gravitationsgesetz faßt er in die Formel

$$K = k\,\frac{m_1 \cdot m_2}{r^2},$$

worin K die Anziehungskraft zweier Körper m_1 und m_2 aufeinander und r den Abstand zwischen ihnen bedeuten. k ist ein Faktor, der als *Gravitationskonstante* bezeichnet wird und den zahlenmäßigen Wert $6{,}684 \cdot 10^{-8}$ hat.
In die allgemeine Sprache übersetzt, besagt dieses Gesetz, daß die Anziehungskraft zwischen zwei Körpern ihren Massen entspricht und umgekehrt mit dem Quadrat der Entfernung, die sie voneinander trennt, abnimmt. Dieses Gesetz enthält also jene von Hooke aufgestellte These, die dieser nicht beweisen konnte, während Newton sie mathematisch ableitete.

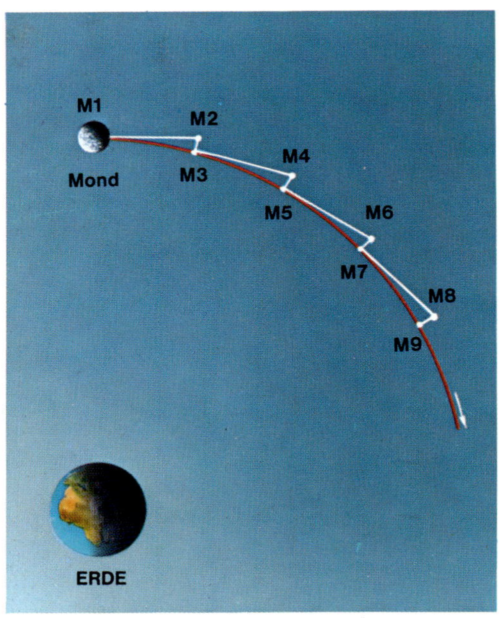

Oben: Die Bewegung des Mondes um die Erde kann man sich aus zwei Vektoren (Bewegungsrichtungen) zusammengesetzt denken: einer Fallbewegung in Richtung Erde und einer geradlinigen Bewegung. Bei entsprechenden Verhältnissen der Geschwindigkeiten, mit der die beiden Bewegungen vor sich gehen, resultiert eine kreisförmige Bewegung um die Erde – so erklärt sich die Mondbahn aus dem Newtonschen Gravitationsgesetz.

Rechte Seite: Bei seiner Beschäftigung mit der Optik erfand Isaac Newton einen zweiten Typ von Fernrohr, das Spiegelteleskop, auch Reflektor genannt. Es vermeidet eine Reihe von optischen Fehlern des Refraktors oder Linsenfernrohrs. Am unteren Ende befindet sich ein reflektierender Spiegel (in unserem Bild neben dem ersten Newtonschen Reflektor liegend), der das von vorne einfallende Licht zurückwirft. Im vorderen zentralen Teil des Tubus leitet ein kleiner, schräg gestellter Fangspiegel die vom Hauptspiegel kommenden Strahlen nach außen, wo sie durch das seitwärts angebrachte Okular betrachtet werden können.

Die quadratische Abnahme der Anziehungskraft mit der Entfernung bedeutet übrigens, daß die Anziehungskraft eines Weltkörpers mit wachsendem Abstand von diesem zwar immer geringer wird, zumindest theoretisch aber den Wert Null erst in unendlicher Entfernung erreicht. In der Praxis sieht dies allerdings insofern anders aus, als es ja im Weltall nicht nur einen einzigen Körper gibt, sondern zahlreiche, wobei die gerade gemachte Feststellung für jeden einzelnen gilt.
Betrachten wir, um die Situation zu vereinfachen, zwei Körper im Raum, also etwa Erde und Mond. Dann ist klar, daß es zwischen diesen Körpern eine Stelle gibt, an der die Anziehungskräfte von Erde und Mond gleich groß sind. Hätten Erde und Mond ein und dieselbe Masse, so läge dieser Punkt genau auf der Mitte zwischen ihnen. Da aber der Mond nur rund $^1/_{81}$ der Masse der Erde hat, liegt er bei rund $^9/_{10}$ der Strecke Erde - Mond in Richtung des Mondes. Von diesem Punkt an wäre dann für einen Menschen im Raum nicht mehr die Erde »unten«, sondern der Mond – er würde, dem freien Fall überlassen, bis auf eine Entfernung von $^9/_{10}$ der Strecke Erde – Mond zur Erde zurückfallen, danach aber zum Mond!
Wie wir sahen, hatte Cyrano de Bergerac diesen Tatbestand in seinem Roman schon recht deutlich zum Ausdruck gebracht, rund 30 Jahre bevor Newtons »Principia« erschien!
(Übrigens gibt es zwischen zwei Himmelskörpern nicht nur *einen*, sondern mehrere derartige Punkte der Gleichheit der Anziehungskräfte beider Weltkörper; wir lernten sie bereits unter der Bezeichnung *Librations-* oder *Lagrange*-Punkte kennen.)
Was nun die Frage betrifft, warum der Mond nicht zur Erde herunterfällt, so verbirgt sich die Antwort hinter der schon erwähnten Tatsache der *Bewegung* des Mondes.
Man kann sich dies zunächst an einem Gedankenbeispiel klarmachen: Wenn wir einen Stein an eine Schnur binden und ihn schnell genug um uns herumwirbeln, so fällt der Stein nicht zu Boden. Der Grund dafür besteht darin, daß seine Fliehkraft ihn daran hindert, herabzufallen. Was den Mond betrifft, so bildet die Anziehungskraft zwischen Erde und Mond die »Schnur«, die in unserem Gedankenexperiment unsere Hand (die Erde) mit dem Stein (dem Mond) verbindet. Die Fliehkraft des Mondes aber

kommt zum Ausdruck in Newtons Satz vom Beharrungsvermögen. Anders ausgedrückt: Würde der Mond plötzlich in seiner Bahn stehenbleiben, so würde er unweigerlich zur Erde herunterfallen. Wäre es möglich, der Erde ihre Anziehungskraft zu nehmen, so würde der Mond vom gleichen Augenblick an einer geradlinigen Bahn folgen und sich dabei naturgemäß immer weiter von der Erde entfernen.

Man kann sich die Bahn, die der Mond um die Erde beschreibt, aus zwei Bewegungen zusammengesetzt denken: der Fallbewegung auf die Erde zu und einer geradlinigen gleichförmigen Bewegung parallel zu einer beliebigen Horizontlinie. Dann bewegt sich der Mond in einem bestimmten Zeitraum - also etwa einer Minute - beispielsweise von M_1 nach M_2 der Zeichnung Seite 104. In der gleichen Zeitspanne aber fällt er infolge der Anziehungswirkung um das Stück M_2 - M_3 in Richtung auf die Erde. Beide Bewegungen setzen sich zu der Kreisbahn zusammen, die unsere Zeichnung wiedergibt. Daraus folgt, daß die Bewegung des Mondes um die Erde nur aufrecht erhalten werden kann, wenn zwischen Geschwindigkeit und Anziehungskraft ein ganz bestimmtes zahlenmäßiges Verhältnis besteht. Würde der Mond langsamer laufen, als er dies tut, so würde er sich unweigerlich der Erde nähern: Die Anziehungskraft würde die Fliehkraft des Mondes zu überwiegen beginnen. Würde der Mond schneller laufen, so würde die Fliehkraft gegenüber der Anziehungskraft obsiegen, und der Mond würde sich von der Erde entfernen.

Newton ermittelte bei seinen Berechnungen, daß der Mond pro Minute um rund 4,5 Meter in seiner Bahn zur Erde »fallen« müsse. Tatsächlich sind es jedoch nur etwa 3,9 Meter in der Minute. Es war diese durch einen kleinen Fehler im mathematischen Ansatz hervorgerufene Diskrepanz, die Newton seine Arbeit beiseite legen und zunächst vergessen ließ.

Es darf in diesem Zusammenhang nicht unerwähnt bleiben, daß die hier ohne Zuhilfenahme der Mathematik wiedergegebenen Verhältnisse natürlich stark vereinfacht sind. So darf man zunächst einmal eigentlich nicht davon sprechen, daß der Mond sich um die Erde bewegen würde - streng genommen bewegen sich nämlich die beiden Körper um einen gemeinsamen Schwerpunkt. Er liegt zwar, weil die Masse der Erde so viel größer ist als diejenige des Mondes, noch innerhalb des Erdkörpers, ist aber doch beachtlich vom Erdmittelpunkt entfernt. Außerdem bewegt sich der Mond in einer Ellipse (eine der notwendigen Folgerungen aus der Gravitationsabnahme umgekehrt dem Quadrat der Entfernung, wie Newton klar erkannte) und auch dies nur in erster Annäherung.

Gerade die Mondbahn ist so kompliziert, daß sie jahrhundertelang die führendsten Mathematiker herausgefordert hat. Die Newtonschen Berechnungsverfahren reichen zu ihrer Beschreibung nicht aus; es gehen in die Berechnung dieser Bahn über 700 »Störungen« ein: Einflüsse von anderen Himmelskörpern. An erster Stelle ist hier natürlich die Sonne zu nennen. Das gemeinsame System Erde - Mond fällt etwa doppelt so schnell »um die Sonne herum« wie der Mond »um die Erde«. Deshalb ist die Mondbahn auch stets zur Sonne konvex - also nach »außen« gewölbt - gleichgültig, an welcher Stelle seiner Bahn um die Erde sich der Mond befindet.

Weiterhin sind die Masse-Ungleichheiten von Erde und Mond, die Anziehungswirkungen anderer Planeten - insbesondere des Jupiter - und andere Faktoren zu berücksichtigen. Wir sehen also, daß die Himmelsmechanik weit davon entfernt ist, eine einfache Wissenschaft zu sein, die man ohne Zuhilfenahme der Mathematik beschreiben könnte. Unsere vereinfachten Darstellungen haben auch lediglich den Zweck, einige der Gedankengänge zu umschreiben, durch die unsere Vorfahren in ihrem Erkenntnisdrang weiterkamen.

Entsprechend unserem Beispiel mit dem Mond verhält es sich auch mit der Bewegung der Planeten um die Sonne, der Monde der anderen Planeten um diese Planeten, der Kometen usw. - alles wird beherrscht von den Gesetzen der allgemeinen Massenanziehung und den Axiomen der Mechanik.

Doch zurück zu Isaac Newton. Es ist hier nicht der Ort, die mathematische und geistesgeschichtliche Leistung Newtons eingehend zu würdigen, noch können wir den philosophischen, weltanschaulichen und wissenschaftlichen Auswirkungen nachgehen, die seine Arbeiten hatten.

Es sei nur angedeutet, daß Newtons Erkenntnisse zum erstenmal einen Unterschied zu machen gestatteten zwischen den Begriffen »Gewicht« und »Masse«. Seine Fluxionsrechnung, später durch die Infinitesimalrechnung abgelöst (über die Priorität entbrannte ein heftiger Streit zwischen Newton und seinem Zeitgenossen und Briefpartner Leibniz), bildete das mathematische Rüstzeug für die Berechnung der Bewegungen im Weltall, das später durch andere erweitert und verfeinert wurde.

Newtons Arbeiten schufen ein Bild vom Planetensystem und dem Wirken der Kräfte in diesem, das erstmals Voraussetzungen dafür bot, den Gedanken eines Fluges zu anderen Himmelskörpern konsequent technisch-mathematisch zu durchdenken. Bis dies geschah, sollte allerdings noch geraume Zeit vergehen. Der Grund dafür dürfte in zwei Ursachen zu suchen sein: Zunächst einmal mußte die Newtonsche Mechanik sich selbst den Weg bahnen, mußte sie um die Anerkennung in der Welt der Naturforscher ringen. Darüber hinaus aber schienen Entfernungen, Zustände und Möglichkeiten in dem neuen Bild vom Universum, das sich hier entwickelt hatte, zu fremdartig, um den Gedanken eines Fluges zu jenen Himmelskörpern, die nun in einem ganz anderen Licht erschienen, spontan aufkommen zu lassen.

So sind auch die Jahrzehnte nach Newton, was die Idee der Raumfahrt betrifft, ausschließlich geprägt von der Phantasie, und wir müssen deshalb noch einmal zurückkehren zu Publikationen, deren wissenschaftlicher Wert zwar äußerst bescheiden ist, deren Verdienst aber darin besteht, den Gedanken an eine Raumfahrt am Leben erhalten zu haben, bis die Zeit reif dafür war, diesen Gedanken unter dem Aspekt technischer Lösungsversuche zu ventilieren.

Raumfahrt und Literatur III

Ein Jahr bevor Newtons entscheidendes Werk erschien, die »Mathematischen Grundlagen der Naturphilosophie«, erregte in Paris ein neu herausgekommenes Buch »Entretiens sur la Pluralité des Mondes« - also: »Gespräch über die Vielzahl der Welten« - Aufsehen. Es ist mehr eine populäre Darstellung astronomischer Fakten und Hypothesen, aber es ist voller »raumflugträchtiger« Schilderungen. So phantasiert sein Autor Fontenelle auf Grund von hypothetischen Annahmen über die Temperaturen auf den Planeten und davon ausgehend über die Bewohnbarkeit. Die Quintessenz: Es gibt eine Vielzahl bewohnter Welten, die in allen Einzelheiten zu schildern Fontenelle im weiteren Verlauf des Buches zu seinem Anliegen gemacht hat. So berichtet er von Bewohnern auf Merkur, Venus und Saturn, wogegen er dem Mond wegen »des dort herrschenden Luftmangels« keine Bewohner zubilligt.

1708 wurde in Paris ohne Angabe eines Autorennamens ein Buch »Furetiriana« veröffentlicht, das einen Raumflug schildert, bei dem für den Start Raketen, für die Landung bei der Rückkehr zur Erde Fallschirme verwendet werden. Ein anderer Autor läßt seine Raumreisenden in seiner 1728 in London erschienenen Raumfahrterzählung »A Trip to the Moon« 7000 Fässer Kanonenpulver als Treibstoff benützen, um ein äußerst merkwürdiges, aus zehn Rümpfen bestehendes Raumfahrzeug auf die Reise zu bringen.
Damit aber wird es dann für nahezu ein Jahrhundert zunächst völlig still um die Raumfahrtromane, sieht man von den ein oder zwei Büchern ab, die in die Gruppe der sozialkritischen Literatur gehören und sich des Raumfluggedankens nur als Mittel zum Zweck bedienen.
Hierzu gehört Voltaires (1694–1778) »Micromegas«, ein Buch, das 1752 erschien und die Weltraumreise eines mächtigen Bewohners des Sirius schildert (unbeschadet dem Umstand, daß Sirius als leuchtende Sonne kein Leben zu beherbergen vermag). Der Siriusmensch trifft im Verlauf seiner Reise auf einen Saturnbewohner. Das Buch ist indessen eine rein philosophische Satire.
Auch Münchhausens Reisen und Abenteuer von 1786 kann man nicht zur eigentlichen utopischen Raumfahrtliteratur rechnen; die Schilderung ist rein phantastischer Natur ohne Berücksichtigung sachlicher Tatbestände. Was an konkreten Tatsachen verwendet wird, ist von früheren Autoren kopiert.
Die nun – zu Ende des 18. und zu Beginn des 19. Jahrhunderts – vergleichsweise rapiden Fortschritte in der Astronomie, die in nüchternen Erkenntnissen über ein für den Menschen unvorstellbar großes Universum gipfeln, vermehren zwar das astronomische Wissen und tragen viele dieser Erkenntnisse in breitere Volksschichten, aber der Raumfahrtidee sind sie zunächst nicht sehr förderlich. Das atmosphärelose, gewaltige Weltall mit seinen lebensfeindlichen Zuständen versperrt selbst der Phantasie die Durchreise. Neue Ansätze auf Grund neuer Erkenntnisse – so etwa die Idee, die Reibungselektrizität, die durch Otto von Guericke (1602–1686) so viel von sich reden gemacht hatte und in Form der Elektrisiermaschine eine praktische Anwendung fand, zum Antrieb eines Raumfahrzeugs zu benützen – ersticken im Keime. Auch Edgar Allan Poes Erzählung aus dem Jahre 1835, in der ein Trunksüchtiger mit einem Ballon zum Mond entflieht, um sich vor der Beglei-

Oben: Reibungselektrizität spielte im 17. und 18. Jahrhundert in den Gemütern eine große Rolle: Die geheimnisvolle »Kraft« dieser Elektrizität wurde als Grundlage vieler Fortbewegungsmaschinen angepriesen, so auch in diesem Entwurf für eine Flugmaschine, der noch vor dem ersten Ballonflug entstand: Das Bild ist das Titelblatt eines 1775 aus der Feder von de la Folie erschienenen Buches »Philosophe sans prétention« (»Philosoph ohne Ansprüche«).

Nächste Doppelseite: *Das große astronomische Interesse in der nachgalileischen Zeit wird unter anderem durch dieses Kartenspiel belegt. Es wurde um 1650 von Georg Philipp Harsdörffer in Nürnberg geschaffen und besteht aus 52 Spielkarten, auf denen Sternbilder und deren Beschreibungen enthalten sind. 1719 kam es noch einmal in einer Neuauflage heraus.*

Das Aß.

Der kleine Beer

Wird auch der kleine Heerwagen genennt/und bestehet in 8. Sternen/ deren 2. der zweyten Grösse und unter diesen beeden ist der äusserste mit P bezeichnet Polaris der Angelstern/nach welchem sich die Schiffer richten. 1. ist der dritten/ 3. der vierten/ 11. der fünfften und 1. d' sechstē Grösse. Dieser Beer wendet dem grossen Beern den Ruckē

Der König.

Der ♈ Widder

Ist bezeichnet mit 19. Sternen/ darunter 3. bey den Hörnern der dritten/ 1. an den Schwantz der vierten/ 2 daselbst der fünfften und 13. hin und wieder der sechsten Grösse sind. Ist das erste Sonnenzeichen in welchem der Frůling / als das natürliche Jahr/den Anfang nimmet.

Der Ober.

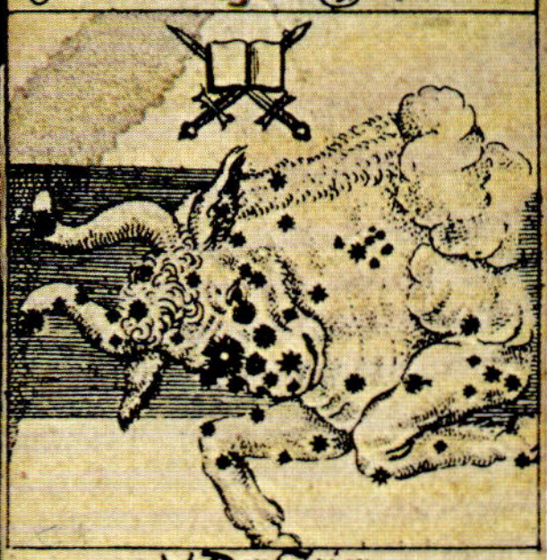

♉ Der Stier.

Dieses Gestirn bestehet in 48. Sternen/ deren 1 der ersten Grösse / das Aug gestaltet/ 1 der zweyten Grösse dz lincke Horn/ 5. der dritten das Haubt/ 8. der vierten/ 20. der fünfften und 13. der sechsten Grösse den halben Leib bezeichnen. Ist das zweyte Zeichē/in welches die Soñe gehet/wann der Bauer mit den Ochsen zu pflügen anfangt.

Der Unter.

Die ♊ Zwillinge.

Dieses Gestirn hat 32. Sterne/ 2. an dem Haubt/und einem an dem Fuß/ der zweyten Grösse/ 4. der dritten/ 7. der vierten/ 9. der fünfften und 8. der sechsten Grösse/hin und wider an dem Leib vertheilt. Ihnen wird eine Leyre zugemahlt. Wann die Sonne in dieses Zeichen tritt/so paren sich die meisten Vögel und Thiere.

Cassiopea.

Dieses Gestirn bestehet in 25. Sternen/deren 5. der zweyten/5. der dritten/ 2. der vierten/ 3. der fünfften/ 10. der sechsten Grösse / an dem Haubt Palmenzweig/und Leibe vertheilet zu sehē. Der Stiel oder Sitz und das Gestirn / trifft in den Milchweg / und kombt uns nicht aufgericht wie hier/ sondern überzwerg zu Gesicht.

Der Schwahn.

Dieses Gestirn bestehet in 36. Sternē/deren 1. an dē Schwantz der zweyten/ 5. der dritten/ 16. der vierten / 5. der fünfften und 9. der sechsten Grösse sind. Werden ♀ und ☿ zugeeignet. Etliche vergleichen dieses Gestirn mit einem Creutz / welches sich abwarts neiget.

Die Leyre und der Geiger

Machen in 13. Sternen nur ein Gestirn / und ist deß Geyers Schnabel / oder lincke Horn der Leyren/ 1. Stern der ersten Grösse/ 2. der dritten. 1. der vierten / 6. der fünfften / 3. sechsten Grösse/der ♀ und ☿ zugeeignet. Diese Leyre Apollonis hat 10. Seiten/ weil deß Menschen Stimme auf 10. weise sich ändern kan.

Hercules.

Dieses Gestirn wird in 48. Sternen gebildet/ deren 9. in der dritten/ 14. in der vierten / 8. in der fünfften und 17. in der sechsten Grösse sind/ darunter etliche nicht wol zu ersehē. Werden alle dem ♂ zugeeignet. Hercules hat in der Hand einen Zweig von den Hesperischen Aepfelbaumen.

Die Kron

Bestehet/ sambt dem Bande / in [...] Sternen/ deren nur 1. der zwey[...] Grösse ist : der andern sind 5. [...] vierten 8. der fünfften/ 6. der sech[...] Grösse. Werden alle dem ☿ zuge[...]net. Dergleichen Kron von Ep[...] soll Bacchus der Ariadnä geschen[...] haben/wie die Poeten dichten.

Bootes oder der Jäger

Weiset zu Ende seines Rockes 1. Stern der ersten Grösse/hin und wieder 6. der dritten/16. der vierten/5. der fünfften und 6. der sechsten Grösse ; daß also dieses Gestirn in 34. Sternen bestehet / welche allen ausser 23. von den kleinsten ♄ und ☿ folgen. Nebenstehet die Garbe mit 9. Sternen.

Cepheus.

Wird auch Dominus Solis oder der Sonnen Herr genennt/ begreifft 17. Sterne/ deren 3. auf der Schulter/ Gürtel und Bein der dritten Grösse/ 7. der vierten/ und noch 7. der fünfften Grösse sind. Werden theils dem ♃ theils ♄ zugeeignet / und reicht deß Cepheus Haubt in den Milch-Weg.

Der Drach

weiset sich in 32. Sternen / deren 1. an dem Schwantz der zweyten/10. der dritten / 14. der vierten / und 8. der fünfften Grösse zu bemercken/werden theils dem ♃ theils dem ♄ zugeeignet/ und gleichet der Drach dem Buchstab S, wie wol mit ungleicher Rundirung verwendet.

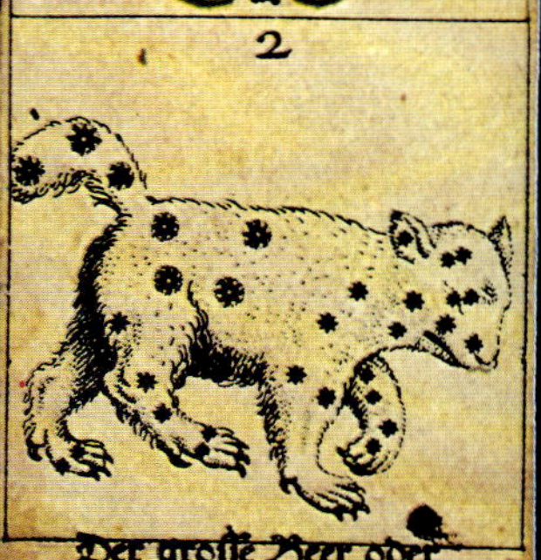

Der grosse Beer oder Heerwagen

begreifft 3. Sterne/deren 7. der zweyten Grösse mitternächtig genennet werden/ 3. der dritten/ 14. der vierten uñ 7 der fünfften Grösse zu bemerckē: Diese Sterne alle werden dem ♂ zugeeignet/ und sind hin und wieder an der Figur zubeobachten/ und leichtlich zu unterscheiden.

Das Aß.
Der Raab.
Dieses Gestirn hat 7. Sterne/ deren 4. der dritten/ 1. der vierten und 2. der fünfften Grösse sind / und theils an dem Schnabel und Haubt / theils an dem Leib und Flügeln zu sehen. Dieser Vogel wird dem ♄ und auch der ♀ zugeeignet / stehet unferne dem Becher und der ♍.

Der König.
♑ Der Steinbock
Hat 27. Stern / 4. auf dem Haubt/ und dem Schwantz/ der dritten Grösse/ 7. der vierten/ 7. der fünfften/ und 17. der sechsten Grösse/ hin und wieder an dem Leib ausgetheilet: ist das Winter-Gestirne / an welchem sich die ☉ am weitsten von uns gewendet.

Der Ober.
♒ Der Wassermann
Bestehet in 41. Sternen/ deren 4. der dritten/ 7. der vierten/ 23. der fünfften/ und 7. der sechsten Grösse an seinem Leibe / Wasserkrug und daraus flüssendem Strome zuersehen. In diesem Monat schneyet es gemeiniglich am meinsten.

Der Unter.
♓ Die Fische
In 38. Sternen bestehende/ deren einer der dritten Grösse an dem Knoden deß Bandes / 7. der vierten/ 23. der fünfften/ und 7. der sechsten Grösse an beeden Fischen und ihrem Bande gezehlet werden. Gehören zu dem wasserreichen Hornung / in welchem die Fische wider aus ihrem Lager steigen.

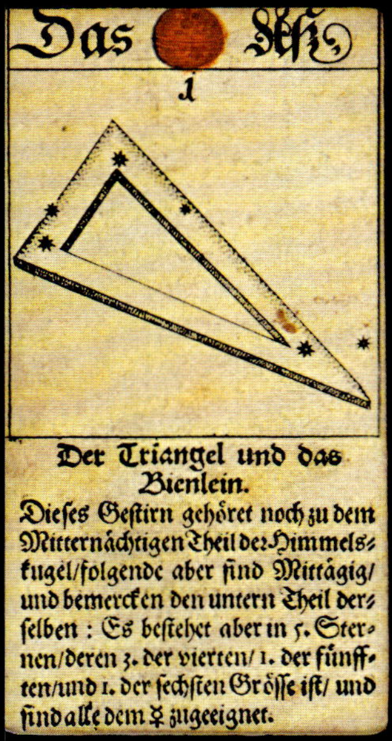
Das Aß.
1
Der Triangel und das Bienlein.
Dieses Gestirn gehöret noch zu dem Mitternächtigen Theil des Himmelskugel/ folgende aber sind Mittägig/ und bemercken den untern Theil derselben: Es bestehet aber in 5. Sternen/ deren 3. der vierten/ 1. der fünfften/ und 1. der sechsten Grösse ist/ und sind alle dem ☿ zugeeignet.

Der König.
♎ Die Wage.
Bestehend in 15. Sternen/ deren 1. in den Waagschalen / wie auch auf dem Waagbalcken der zweyten Grösse/ 1. der dritten Grösse/ 8. der vierten/ 2. der fünfften/ und 2. der sechsten Grösse/ hin und wieder zerstreuet sind. In diesem Zeichen werden die Tage und Nächte wieder gleich/ und gleichsam abgewogen.

Der Ober.
♏ Der Scorpion.
Dieses Gestirn bestehet in 29. Sternen / deren 1. der ersten Grösse / das Hertz/ 1. der zweyten Grösse die Stirn/ 9. der dritten Grösse/ 10. der vierten Grösse/ 8. der fünfften Grösse / an den Scheren und Schwantz/ wie auch etliche kleine an den Füssen/ zu sehen. Dieses Zeichen wird für böß gehalten / bringet gifftige Einflüsse.

Der Unter.
♐ Der Schütz.
Begreifft 32. Sterne/ deren 2. der ersten Grösse / an dem rechten Schenckel/ 8. der dritten/ 9. der vierten/ 8. der fünfften/ 5. der sechsten Grösse/ an dem Haubte/ Halse/ Pfeil/ Bogen und Füssen zu bemercken. Ist ein böses/ und meistentheils schädliches Zeichẽ/ endiget den kranckfüchtigen Herbst.

2
Der Wallfisch.
Ist das erste Gestirne der untern Himmelskugel/ und bemercket 27. Sterne/ deren 2. in dem Haubt und Schwantz/ der zweyten/ 7. der dritten/ 12. der vierten/ 1. der fünfften/ und 2. der sechsten Grösse sind/ zugeeignet ♄ und ♀/ wird gleich einem Meerdrachen gemahlt.

Das Aß.
1
Perseus
Belanget 38. Sterne/ deren 2. in der Seiten und der Medusæ Haubt der zweyten/ an der lincken Schultern Knie und Fuß 4. der dritten/ hin und wieder am Leib. 12. der vierten/ 12. der fünfften und 8. der sechsten Grösse sind. Diese Sterne worden ♀ und ♄ zugeeignet.

Der König.
Der ♋ Krebs
Bestehet in 35. Sternen/ deren 2. an dem Kopfe/ und der dritten Grösse/ 4. der vierten/ 6. der fünfften/ und 23. der sechsten Grösse an dem Leib und Schwantz zu sehen sind. In diesem Zeichen wird die ☉ gleichsam wieder Krebsgängig und beschihet darinnen die Sonnenwende.

Der Ober.
Der ♌ Löw
Bestehet in 43. Sternen/ deren das Hertz und der Schwantzstern die erste Grösse/ 2. an der Keele und den Lenden die zweyte/ 5. die dritte/ 13. die vierte/ 7. die fünffte/ und 14. die sechste Grösse / an dem Leib und Füssen verstreut / weisen. Die ☉ im ♌ ist in ihrem Hause / und verursacht die grösste Hitze.

Der Unter.
Die ♍ Jungfrau/
abgebildet in 42. Sternen/ deren 1. der ersten Grösse/ in oder an der Achre in ihrer Hande / 5. der zweyten Grösse an der Schulter/ Gürtel/ Achsel/ ꝛc. 6. der vierten / 11. der fünfften und 19. der sechsten Grösse / an dem Haubt/ Armen/ Rock und Füssen zu sehen sind. Dieses Bild ist am Himmel nach der länge zu beobachten.

Links: Zwölf Meter lang war dieser Reflektor William Herschels in Slough in England, 48 Zoll betrug die Öffnung des Spiegels. König George III. steuerte 4000 Pfund Sterling für den Bau bei. Diese Generosität verdankte Herschel der Berühmtheit, die er 1781 durch die Entdeckung des Planeten Uranus geerntet hatte.

Rechts: Der schwäbische Pfarrer, Erfinder und Mechaniker Philipp Matthäus Hahn (1739 bis 1790) wollte »zur Ehre Gottes« den Himmel nachbauen. Die große astronomische Uhr, die er 1768/69 innerhalb von 18 Monaten für Herzog Carl Eugen von Württemberg gebaut hat, besteht aus drei Teilen: Der Mittelteil zeigt auf drei Zifferblättern den Ablauf der Stunden, der Wochen- und Monatstage und der Jahrhunderte von der Erschaffung der Welt bis zu ihrem Ende an. Der linke Teil der Uhr gibt in einem kopernikanischen System den Umlauf der damals bekannten Planeten und ihrer Monde um die Sonne wieder. Der rechte Teil, den wir im Bild sehen, stellt auf einem Him-Himmelsglobus den scheinbaren Lauf von Sonne, Mond und Planeten um die Erde dar. Dabei muß sich der Betrachter in den Mittelpunkt der Himmelskugel denken. Die Kompliziertheit der Mechanik erfordert allein im Innern des Globus ein Übersetzungswerk mit 130 Rädern.

chung seiner irdischen Schulden zu drücken, bringt nichts Neues.

Dieses Neue kommt erst im 19. Jahrhundert durch die Astronomie. Man beginnt nun in den Planeten erdähnliche Körper zu sehen, kennt ihre Entfernungen und Ausmaße wie auch diejenigen unserer Sonne. 1781 hatte William Herschel den Planeten Uranus entdeckt und damit die Grenzen unseres Sonnensystems um 1,4 Milliarden Kilometer – und damit nahezu auf das Doppelte – hinausgeschoben. Neue, größere Fernrohre entstanden; die Positionsastronomie entwickelte sich, über den Bau und die Entwicklungsgeschichte des Weltalls wurden Spekulationen angestellt. 1755 hatte Immanuel Kant mit seiner »Naturgeschichte und Theorie des Himmels« nicht nur die Idee propagiert, daß die vielen Sterne des Firmaments samt denen, die die Milchstraße bilden, Teil eines großen Sternensystems – einer »Welteninsel« – sind, sondern er hatte auch spekuliert, daß die Nebelflecken, die man mit dem Fernrohr erspähen kann und von denen man bald darauf ganze Kataloge zusammenstellte, fremde »Welteninseln« in unvorstellbaren Entfernungen sind. Erste Hypothesen über die Entwicklungsgeschichte des Planetensystems entstanden.

Und nun, im beginnenden 19. Jahrhundert, kommen zahlreiche die Phantasie der Zeitgenossen anregende neue Entdeckungen hinzu. Man erkennt, daß die Berichte, wonach gelegentlich »Steine vom Himmel fallen«, ihre Richtigkeit haben, daß Meteoriten wirklich Sendboten aus dem Kosmos sind, die einzige kosmische Materie, die dem Menschen zur Untersuchung auf der Erde zur Verfügung steht. 1801 entdeckte Piazzi in Palermo den ersten »kleinen Planeten«, Ceres, 1802 fand Olbers den Planetoiden Pallas, 1804 wurde Juno, 1807 Vesta entdeckt. Und nun geht es in schneller Folge weiter: Die »Leerstelle« zwischen den Bahnen von Mars und Jupiter füllt sich durch die kleinen Planeten, löst Spekulationen über eine kosmische Katastrophe aus, die hier einmal stattgefunden und einen ursprünglich großen Planeten in jene vielen kleinen Trümmer zerschlagen haben mag.

1809 veröffentlichte Karl Friedrich Gauß (1777–1855) eine neue Methode zur Berechnung von Planetenbahnen. Immer weiter verbreitet sich der Glaube, daß es andere Planetensysteme in Hülle und Fülle im Universum gibt, daß nämlich die Fixsterne – als eigenständige Sonnen in großen Entfernungen erkannt – auch Planeten wie unsere eigene Sonne haben könnten.

1822 behauptet der Mondbeobachter Gruithuisen, eine Festung auf dem Erdbegleiter gefunden zu haben. Wird seine Beobachtung auch von anderen Mondforschern widerlegt, die an der fraglichen Stelle der Mondoberfläche völlig andere Strukturen sehen, so wird dadurch dennoch die Phantasie angeregt.

Im Jahre 1833 bricht der englische Astronom Sir John Herschel, Sohn des berühmten Uranus-Entdeckers William Herschel und gleich seinem Vater von der Leidenschaft für die Astronomie gepackt, zu einer Reise nach Kapstadt auf. Von Südafrika aus will er den südlichen Sternenhimmel durchmustern, Sternkarten und -kataloge nach Art derjenigen schaffen, die es vom nördlichen Sternenhimmel bereits in großer Zahl gibt.

Zwei Jahre später meldet die New Yorker Zeitung »The Sun« in aufsehenerregenden Lettern, daß Sir John in Südafrika phantastische astronomische Entdeckungen gemacht habe. In Fortsetzungen berichtet das Blatt aus der Feder eines Richard Adam Locke über das mächtige Fernrohr, das Sir John in der Nähe Kapstadts erbaut habe, und über die Entdeckungen, die er damit machte: einhornartige Tiere und fledermausartige Bewohner auf dem Mond und später auch auf anderen Planeten. Phantasievolle Beschreibungen wechselten ab mit technischen Erörterungen und gaben dem Ganzen einen höchst seriösen Anstrich. Doch offenbar war er noch nicht seriös genug, denn ein findiger Reporter einer Konkurrenzzeitung entlarvte die ganze Geschichte als erfunden und erlogen. Immerhin war die Darstellung aber so interessant, daß die Artikelserie in späteren Jahren noch mehrfach nachgedruckt wurde.

Schlossen die Entfernungen in unserem Sonnensystem zunächst auch jeden

Süd Südost
Südost
Ost Südost
Ost Morgen

Gedanken an eine körperliche Reise zu anderen Planeten aus, so stellte man dennoch Spekulationen darüber an, ob es nicht irgendeine Methode gebe, mit den möglichen Bewohnern anderer Sterne Verbindung aufzunehmen. Kein Geringerer als der schon erwähnte Karl Friedrich Gauß schlug 1840 vor, in den sibirischen Wäldern Baumschneisen in Form eines rechtwinkligen Dreiecks zu schlagen. Wenn sie mit mächtigen Fernrohren von intelligenten Bewohnern beispielsweise des Mars oder der Venus gesehen würden, so argumentierte Gauß, dann müßte dies für jene Wesen ein deutlicher Hinweis auf vernunftbegabte Bewohner der Erde sein, denn das rechtwinklige oder pythagoreische Dreieck würde sie natürlich an die Winkelgesetze im rechtwinkligen Dreieck erinnern, die auf der Erde als der »Lehrsatz des Pythagoras« bekannt sind.

1838 gelang es Friedrich Wilhelm Bessel (1784–1846), die Parallaxe eines Fixsterns zu bestimmen, also die sich im Jahresrhythmus ändernde Blickrichtung gegenüber den weiter entfernten Sternen; aus solchen Parallaxen lassen sich die Entfernungen der Sterne berechnen. Noch im gleichen Jahr gelang es, die Parallaxen von zwei weiteren Fixsternen zu ermitteln.

Die Hypothese, daß unser Planetensystem winzig klein sei im Vergleich zu den Ausmaßen der Fixsternwelt, wurde damit endgültig bestätigt.

Alle diese neuen Erkenntnisse müssen auf Literaten jener Zeit, die sich versucht fühlten, einen Raumfahrtroman zu schreiben, anregend und frustrierend zugleich gewirkt haben. Anregend, weil die vielen neuen Tatsachen und Theorien, mit denen die Astronomie aufwartete, viel Stoff für phantasievolle Geschichten lieferte. Frustrierend, weil es gerade angesichts dieser wissenschaftlichen Erkenntnisse primitiv wirken würde, auf eine der alten Methoden für den »Transport« zum Mond oder zu einem anderen Planeten zu verfallen: Segelschiffe, Ballone oder Godwins Gänse konnte man dem lesefreudigen Publikum ebensowenig zumuten wie die Keplerschen Dämonen oder das »vom Monde angezogene Knochenmark« des Gonzales.

Doch schließlich überwog der Reiz des Themas die didaktischen Widerwärtigkeiten. Und so erschienen im Jahr 1865 gleich fünf Raumfahrtgeschichten, womit dieses Jahr als eine Art »Rennaissance utopischer Raumfahrtliteratur« bezeichnet werden kann.

Es begann in Frankreich mit einem Buch von Achille Eyraud, der in seinem Roman »Voyage à Venus« eine Reise zu unserem wolkenumhüllten Nachbarplaneten schilderte. Bemerkenswert an diesem Buch ist, daß sein Autor den Begriff »Rückstoßprinzip« verwendet, was ihn offensichtlich als Kenner des Newtonschen Axioms »actio = reactio« ausweist.

Von den anderen vier Büchern seien lediglich noch zwei erwähnt. Das eine nennt sich »Voyage à la lune« (»Reise zum Mond«) und ist von einem ungenannt gebliebenen Verfasser. Das Buch ist deswegen interessant, weil hier von der Entdeckung einer Substanz berichtet wird, die nicht der Schwerkraft unterliegt, sondern von ihr abgestoßen wird: eine Idee, die ja Kurd Laßwitz 65 Jahre später in seinem berühmt gewordenen Roman »Auf zwei Planeten« aufgreift und ausspielt.

Das andere noch zu erwähnende Buch ist ein echter Klassiker nicht nur unter den Raumfahrtromanen, sondern in der utopischen Literatur schlechthin geworden: Jules Vernes »De la terre à la lune« (»Von der Erde zum Mond«) und der vier Jahre später erschienene Fortsetzungsband »Autour de la lune« (»Reise um den Mond«). Dieses Buch, dessen Lektüre auch heute noch wärmstens empfohlen werden kann (eine sprachlich überarbeitete Ausgabe erschien beim Verlag Bärmeier & Nikel), mischt in geschickter Weise technisch-wissenschaftliche Betrachtungen mit der Romanhandlung. Es ist die berühmte Geschichte vom »Schuß zum Mond«, den die Helden Jules Vernes von Tampa in Florida aus vornehmen, wenige Autostunden vom heutigen Cape Canaveral entfernt. Es waren unter anderem himmelsmechanische Überlegungen, die Verne veranlaßten, den Ort des Geschehens seiner Geschichte gerade dorthin zu legen.

Verne bemüht in seinen Ausführungen die parabolische Geschwindigkeit (Fluchtgeschwindigkeit), liefert durchaus korrekte Informationen über die Bahnmechanik und schildert (allerdings nicht ganz richtig) die Schwerelosigkeit. Den *Schuß* zum Mond wählte er dabei vor allem, um zu illustrieren, welche enormen Geschwindigkeiten erreicht werden müssen, um einen Flug über das Schwerefeld der Erde hinaus zu verwirklichen. Gleichzeitig wird hiermit auch der Rahmen seiner Geschichte abgesteckt: Sie besteht darin, daß die Mitglieder des »berühmten Kanonenklubs von Baltimore« – nachdem sie sich lange und ausgiebig über den herrschenden, nicht zu überwindenden Frieden beklagt haben, der es tapferen Männern wie ihnen verwehrt, die Kunst des Kanonenbaus und Kanonenschießens voranzubringen – eine nationale Tat beschließen.

Mit den Worten des Präsidenten des Clubs, Impey Barbicane, hört sich das so an, als er den Mitgliedern und Freunden des Clubs seine Absicht verkündet:

»Es wird kaum einen unter Ihnen geben, der den Mond noch nicht gesehen hätte. Zumindest haben Sie von ihm gehört. Ist Ihnen bewußt, daß dieses Nachtgestirn eine für uns unbekannte Welt darstellt, deren Columbus erst noch gefunden werden muß? Ich bitte Sie deshalb darum, mich mit Ihrer ganzen Macht und Fähigkeit zu unterstützen, dieses Gestirn zu erobern und seinen Namen an die stolze Reihe der 36 Staaten zu fügen, die bis jetzt unser großes Amerika darstellen... Aus meinen Berechnungen geht hervor, daß jeder Gegenstand, der mit einer Anfangsgeschwindigkeit von 11000 Metern in der Sekunde in Richtung Mond geschossen wird, auch dort ankommt. Ich habe nunmehr die Ehre, Sie zur Probe auf dieses kleine Exempel einzuladen.«

Jules Verne schildert nun weiter, wie ob dieser kühnen Idee ein Sturm der Begeisterung durch die Bevölkerung rast. Jedermanns Aufmerksamkeit wandte sich dem Mond zu: »... Um Mitternacht war der Optiker in der Jones-Fall-Street ein reicher Mann geworden, da er seine sämtlichen Fernrohre zu Überpreisen verkaufen konnte. Aus allen Fenstern lorgnettierte man das Nachtgestirn so kaltblütig und ungeniert, als sei es bereits Territorium der Vereinigten Staaten.« Verne kann nicht umhin, an dieser Stelle recht ironisch fortzufahren: »Dabei war zunächst nur die Rede davon gewesen, ein *Geschoß* hinaufzuschicken, eine übrigens recht grobe Art, Bekanntschaft zu schließen, aber unter zivilisierten Nationen ja leider stark im Brauch.«

Ausführlich werden in dem Roman sodann Auskünfte vom Observatorium in Cambridge über günstige Startzeitpunkte, geeignete Startgegenstände und Schußrichtungen für ein solches Mondprojektil eingeholt, nachdem Verne schon in der Einleitung keinen Zweifel daran läßt, daß er sich über die wissenschaftlichen und technischen Voraussetzungen bestens informiert hat, so unter anderem bei Newton, wie die folgende Bemerkung aus dem Einleitungskapitel des Buches »Von der Erde zum Mond« beweist:

»Die einzige – aber unumgängliche – Bedingung für die Aufnahme in diesen Club war, daß man eine Kanone erfunden oder doch zumindest technisch verbessert

hatte. Ersatzweise tat es auch eine Flinte, aber, um ehrlich zu sein: die Erfinder von fünfzehnschüssigen Revolvern, Drehterzerolen oder Taschenpistolen waren nicht besonders angesehen. Die Artilleristen hatten bei weitem mehr Prestige. ›Die Achtung, die ihnen zuteil wird‹, so drückt es ein Mitglied des Clubs aus, ›ist der Masse ihrer Geschütze und dem Quadrat der Schußweiten, die sie erreichen, direkt proportional.‹ Mit einem Wort: die soziale Kontrolle funktioniert nach dem Newtonschen Gravitationsgesetz.«
Es folgen längere Erörterungen über Art und Preis der Kanone, für die man eine Länge von 270 Metern zugrunde legte. Präsident Barbicane ist gelassen, als die Berechnungen allein für das notwendige Gußeisen einen Finanzbedarf von 2,7 Millionen Dollar ergeben. »Fassen Sie sich bitte in Geduld«, sagte er zu Clubmitglied und Mitstreiter Maston, »ich kann Ihnen nur wiederholen, was ich gestern sagte: An den Millionen wird es unserem Projekt nicht fehlen.«
In der Tat, das Geld kommt durch Auflegen einer Spendenliste zusammen, und viele fremde Staaten tragen zum Erfolg bei. »Der ›Deutsche Bund‹ verpflichtet sich für 34 285 Florins. Mehr konnte man von ihm nicht verlangen. Er hätte wahrscheinlich auch nicht mehr gegeben«, heißt es lakonisch an einer Stelle. Und kurz danach: »Der Vatikan mußte sich davor hüten, durch Protzerei aufzufallen, deshalb ließ er es bei 740 römischen Talern bewenden. Auch kam den Bischöfen der Gedanke zu schnell, zu überraschend, nachdem sie sich gerade vor 40 Jahren erst mit dem Dekret von 1822 zu den Lehren des Kopernikus bekannt hatten... Mexiko schaffte nur einen Witwenpfennig von 86 Piastern. Aber Kaiserreiche sind eben in den Gründerjahren immer ein bißchen klamm. Die Schweiz spendete ebenfalls nur in bescheidenem Umfang: 257 Franken. Die Schweizer konnten dem Vorhaben keine praktische Seite abgewinnen. Es drehte sich dem Vernehmen nach einzig und allein darum, eine Kugel auf den Mond zu schießen. Es hatte nicht den Anschein, als würden sich daran irgendwelche geschäftlichen Beziehungen knüpfen lassen...«
Immerhin berichtet Jules Verne von einem Ertrag im Ausland von 4 Millionen Dollar, denen 1 446 675 Dollar Erlöse in den Vereinigten Staaten gegenüberstehen, insgesamt also eine Summe von knapp 5½ Millionen Dollar. (Das amerikanische Mondlandeprogramm APOLLO kostete 24 Millionen Dollar!)

Bei Stone Hill in Florida wird ein 270 Meter tiefer Schacht für das Einbringen der Kanone gegraben, ein Ring aus Hochöfen entsteht um ihn herum.
Zwei Monate vor dem Augenblick, zu dem der »Schuß« nach Berechnungen der Sternwarte von Cambridge stattfinden sollte, erhielt Barbicane ein Telegramm aus Paris: »Nehmt statt Kugel zylindrisch-konisches Geschoß. Ich reise darin mit. Eintreffe Dampfer Atlanta Mitte Oktober. Michel Ardan.«
So wurde das Unternehmen vom »Schuß zum Mond« plötzlich zu einer bemannten

Rund 270 Meter lang sollte die Kanone in Jules Vernes Roman »Von der Erde zum Mond« sein, mit der das Geschoß zum Mond abgefeuert werden würde.

Expedition. Barbicane, der Präsident des Clubs, sein ehemaliger Gegner des Projekts Nicholl und der Franzose Michel Ardan waren die drei Auserkorenen.
Start und Reise, die Verne anschließend ausführlich beschreibt, gehen gut vonstatten, aber das Gefährt setzt trotzdem nicht auf dem Mondboden auf, sondern zieht am Mond vorbei, weil die Flugrichtung nicht ganz stimmt, und wird schließlich, vom Schwerefeld des Mondes eingefangen, zu einem kleinen Trabanten des Erdbegleiters, wie man von der Erde aus mit einem eigens für diesen Zweck auf dem Longs Peak, einem Berg von 3000 Meter Höhe »über der Grenze des ewigen Schnees« errichteten 84 Meter langen Spiegelteleskop beobachtete. Es ließe sich, so verlautbarten die Astronomen der Sternwarte, noch nicht genau sagen, wie das Abenteuer enden würde, ob das Fahrzeug schließlich doch noch zum Mond herunter gelangen oder auf ewig in einer Mondumlaufbahn bleiben würde. Hiermit endet dieses Buch.
Vier Jahre später indessen, also 1869, erschien die Fortsetzung der Episode unter dem schon erwähnten Titel »Autour de la lune« (»Reise um den Mond«). Sie beginnt noch einmal mit der Beschreibung des Starts des Projektils, dieses Mal aber aus der Sicht der Insassen, der Herren Barbicane, Nicholl und Ardan. Sie überleben den unsanften Start und machen es sich daraufhin in der Kabine bequem. Durch die Luken schauen sie ins Weltall hinaus, sehen Erde und Mond. Auch hier flicht Verne zahllose astronomische Tatsachen und Erkenntnisse in die Erzählung ein:
»›Die Erde ist nicht mehr da!‹
›Wie bitte‹, sagt Barbicane. ›Dort, die silberne Sichel, das ist sie doch. Wenn wir in vier Tagen auf dem Mond ankommen, ist Neulicht, so daß wir die Erde nur noch als dünne Sichel sehen. Anschließend ist sie ein paar Tage lang überhaupt verschwunden.‹ ›Dieser Mond da soll die Erde sein?‹ sagte Ardan immer wieder und konnte es sich nicht vorstellen.«
Von Temperatur- und Druckmessungen in dem Raumfahrzeug berichtet Verne, von den Nahrungsmittelvorräten, dem erlesenen Wein, den sich die drei munden lassen, und von Differential- und Integralrechnung, Sauerstoffversorgung und Kohlendioxidabsorption – alles Dinge, mit denen hundert Jahre später die echte Raumfahrt intensiv zu tun hat.
Allerdings, trotz aller Gelehrsamkeit, die Verne aufbietet, ist es ihm nicht gelungen, Fehler völlig zu vermeiden. So erklärt er, Schwerelosigkeit werde bei der Reise im »neutralen Punkt« zwischen Erde und Mond auftreten (dem uns bekannten Lagrange-Punkt) – in Wahrheit aber herrscht sie während des gesamten antriebslosen Fluges eines Raumfahrzeugs außerhalb der Erdamtosphäre.
»›Hör' gut zu, Michel. Den Mond können wir nur durch Fallen erreichen. Wir fallen aber nicht. Wir kreisen wie ein Schleuderball drum herum, von der Schwerkraft angezogen und von der Fliehkraft wieder abgetrieben‹«, belehrt Barbicane Michel Ardan, der es nicht wahrhaben will, daß ihr Gefährt den Mond verfehlt hat – wie sich herausstellt durch die Schwereablenkung eines Boliden, eines kleinen, den Erdenmenschen unbekannten zweiten

Erdmondes, dem sie zu Beginn des Fluges begegnet sind.
Nach der ersten Aufregung ob der Erkenntnis, daß sie Gefangene im Schwerefeld des Mondes sind, beruhigen sich die Gemüter. Barbicane sagt: »Freunde, wohin es geht, weiß ich nicht, und ob wir die Erde jemals wiedersehen, weiß ich noch viel weniger. Aber wir wollen so handeln, als nütze unsere Arbeit der ganzen Menschheit. Als Astronomen können wir uns keinerlei Befangenheit leisten. Unsere Kabine ist nichts anderes als ein ins All verlegtes Außeninstitut der Cambridger Sternwarte. Also: an die Okulare.«
Nach einer Weile des Beobachtens und Vermessens, ja, der Aufstellung einer Liste der Positionen von Gebirgen und Kratern des Mondes (Verne gibt sie getreulich in seinem Roman wieder), läßt Verne Michel Ardan, am mitgebrachten nautischen Fernrohr stehend, plötzlich ausrufen: »Der Mond ist bebaut! Schaut euch mal die Agrarstruktur der Seleniten an!«
Doch das Rätsel löst sich gänzlich anders: Es sind Rillen im Mondboden, wie wir sie von der Erde aus mit Fernrohren beobachten können – für Verne Gelegenheit, wiederum sachliche Informationen zu verbreiten!
Die Geschichte endet schließlich damit, daß die drei Männer sich mit ihrem Gefährt wieder vom Mond entfernen. Da kommt ihnen der Einfall, *Raketen* zu zünden, die sie ursprünglich mitgenommen hatten, um den Sturz auf die Mondoberfläche abzubremsen. Diese Raketen, nun gegen die Erde gerichtet, sollen das Fahrzeug daran hindern, den »neutralen Punkt« zwischen Erde und Mond wieder in Richtung der Erde zu überschreiten und es statt dessen zur Mondoberfläche absinken zu lassen. Doch das Manöver mißlingt insofern, als die Männer nicht zum Mond, sondern zur Erde gelangen – mit den Worten Jules Vernes: »Der unaufhaltsame Sturz hatte seinen Anfang genommen. Das Projektil war zu schnell geflogen, um auf dem neutralen Punkt zum Stillstand zu kommen. Die gleiche überhöhte Geschwindigkeit, welche die Mondfahrer beim Anflug über den schwerelosen Punkt hinausgetrieben hatte, ließ sie jetzt wieder zur Erde hinabstürzen.«
Nach Tagen werden die drei Männer, auf dem Pazifik treibend, gefunden. Die Geschichte endet damit, daß die Mondreisenden ein Interplanetarisches Verkehrsbüro gründen . . .
Die kurzen Zitate aus dem Verneschen Roman und die diversen Hinweise haben sicher deutlich gemacht, daß es sich bei dieser Erzählung aus den Jahren 1865 und 1869 um *den* klassischen Raumfahrtroman handelt, geschrieben von einem Autor, der sich mit den Grundlagen seines Gegenstandes so vertraut gemacht hatte, wie dies nur irgend möglich war.
Dabei hatte Jules Verne durchaus nicht die Absicht verfolgt, mit diesem Buch nur technisches Wissen, eingekleidet in eine phantastische Erzählung, zu vermitteln (obgleich dies natürlich eines seiner Hauptanliegen war), sondern er benützte das Thema gleichzeitig, um sich über viele Ungereimtheiten der Welt lustig zu machen, um hinter vorgehaltener Hand zu kritisieren und zu parodieren. Auf jeden Fall steht sein Roman haushoch über allem, was bis dahin zu diesem Thema erschien, und das sollte auch geraume Zeit so bleiben.
Vernes Geschichten über den Flug zum Mond und die Reise um den Mond, die wir hier in aller Kürze skizzierten, stellten

Oben links: Start einer TITAN-CENTAUR-Rakete in Cape Canaveral, Florida 1974.

Oben: Der Druck von 6 Milliarden Liter Gas, erzeugt aus 400 000 Pfund explodierender Schießbaumwolle, schleudert das Projektil in Richtung Mond, Florida 1865 – allerdings nur im Roman von Jules Verne.

Rechte Seite: Neugierig verfolgt in Jules Vernes Roman der Direktor der Sternwarte den Flug der unerschrockenen Männer zum Mond.

eine neue Art von Literatur dar. Sie wurden in zahlreiche Sprachen übersetzt. »De la terre à la lune« (»Von der Erde zum Mond«) war Jules Vernes drittes Buch; 1863 waren »Cinq semaines en ballon“ (deutsch »Fünf Wochen im Ballon« 1887) und »Voyages au centre de la terre« (deutsch »Reise zum Mittelpunkt der Erde« 1882) erschienen. Vernes »Von der Erde zum Mond« kam 1877 in deutsch heraus. Die Fortsetzung »Autour de la lune« (»Reise um den Mond«) erschien in der französischen Originalausgabe 1869; die deutsche Übersetzung wurde 1875 publiziert.

Jules Verne, dessen Leben die interessante Zeitspanne von 1828 bis 1905 umfaßte, hat nahezu 100 Bücher geschrieben, die fast alle technisch-wissenschaftliche Utopien sind. Sein Einfluß auf jenen neuen Literaturzweig, den wir heute als »Science Fiction« - »wissenschaftliche Utopien« - bezeichnen, kann nicht überschätzt werden. Er schuf die Modelle für alle jene Autoren dieses neuen Literaturbereiches, die ihm folgten. Dies gilt bis auf den heutigen Tag, auch wenn moderne Autoren das Gebiet der Science Fiction unvorstellbar erweitert haben.

Wir müssen, wenn wir die Geschichte der utopischen Raumfahrtliteratur chronologisch weiterverfolgen wollen, nun eine Erzählung erwähnen, die uns später in anderem Zusammenhang noch ausführlicher beschäftigen wird. Sie erschien 1869 bis 1870 unter dem Titel »The Brick Moon« (»Der Backsteinmond«) in der amerikanischen Zeitschrift »Atlantic Monthly« und schildert das Entstehen einer die Erde umfliegenden Raumstation. Von dieser Erzählung abgesehen, die von Edward Everett Hale (1822-1909), einem amerikanischen Geistlichen, stammte und später auch in einer Anthologie herauskam, bestritt Jules Verne zunächst allein das Feld der utopischen Raumfahrtgeschichten. Das nächste diesbezügliche Buch erschien erst 1880. Sein Hintergrund waren einige Dinge, die sich, von der Öffentlichkeit mit übermäßigem Interesse verfolgt, in den Jahren davor abgespielt hatten.

Die Jahre 1877 bis 1878 waren besonders günstig für die Beobachtung des Planeten Mars: 1877 fand eine besonders enge Begegnung zwischen Erde und Mars statt, eine sogenannte »Perihel-Opposition«, die sich nur alle 15 Jahre ereignet. Nur 56 Millionen Kilometer trennten den roten Nachbarn der Erde von uns, weniger als zu allen anderen Zeiten. Zudem hatte die aufstrebende Astronomie neue, bessere optische Instrumente für die Himmelsbeobachtung zur Verfügung als bei den vorausgegangenen Perihel-Oppositionen des Mars.

Einer von denen, die sich diese Gelegenheit zunutze machten, um den Mars zu beobachten, war der Direktor der Sternwarte von Mailand, Giovanni Virginio Schiaparelli (1835-1910). Er interessierte sich brennend für diesen Planeten und gilt als der Begründer der Marstopografie. Als er damit beschäftigt war, eine Landkarte des Mars zusammenzustellen, und eilfertig jene dunklen Gebilde in diese Karte eintrug, die als »Mare«

bezeichnet werden, obwohl sie ebensowenig Wasserflächen sind wie die Mondmare, entdeckte er plötzlich, daß einige dieser Mare durch haarfeine Linien miteinander verbunden waren. *Canali* war die italienische Bezeichnung, die Schiaparelli diesen Strichen gab. Gewiß hatte er zunächst nicht die Absicht, damit sagen zu wollen, daß es regelmäßige, von intelligenten Bewohnern erbaute Wasserstraßen auf dem Mars gibt, aber der italienische Begriff »canali« (der natürliche Wasserwege oder Meerengen ebenso bedeutet wie Nuten, Rinnen oder Rillen) wurde als »Kanäle« im Sinne künstlicher Wasserwege in andere Sprachen übernommen - und damit begann sich die Legende von den Bewohnern des Mars zu bilden, die klug und technisiert genug waren, dem lebensbedrohenden Wassermangel auf dem ausgetrockneten Planeten durch den Bau künstlicher Wasserwege zu begegnen.

Und was für gewaltige technische Maschinen, welche leistungsfähige Wirtschaft mußten diese Marsbewohner haben! Der Bau des Suezkanals hatte zehn Jahre in Anspruch genommen - der Kanal war 1869 fertig geworden, also ein knappes Jahrzehnt vor der Entdeckung der »Marskanäle«. Seine Baukosten beliefen sich nach dem damaligen Geldwert auf 83 Millionen Dollar, nach heutigem Wert sicher eine halbe Milliarde Mark; in dem Kanal steckten Schweiß und Arbeit eines ganzen Heeres von Arbeitern, auch Opfer an Menschenleben mußten erbracht werden, um ihn zu vollenden.

Dieser Suezkanal ist 171 Kilometer lang, zwischen 45 und 135 Meter breit und etwa 10 Meter tief. Die Mars-»Kanäle« hingegen erstreckten sich nach den Beobachtungen Schiaparellis über Tausende von Kilometern; sie mußten, wie sich leicht errechnen ließ, mindestens 70 Kilometer breit sein, um mit dem Fernrohr Schiaparellis erkennbar sein zu können! Schiaparelli selbst hielt die Marskanäle zunächst für natürliche Objekte auf der Oberfläche des roten Planeten. 1897 indessen stellte er fest, daß ihr regelmäßiges Muster aus Einfachheit und Symmetrie wohl keine andere Deutung zulasse als diejenige, die einige vor ihm wegen der einschränkenden Übersetzung des Begriffs »canali« in andere Sprachen bereits vorgenommen hatten: Sie müßten künstlich angelegte Wasserstraßen intelligenter Marsmenschen sein!

Bei der Marsopposition von 1877 war Schiaparelli der einzige Beobachter, der die Marskanäle sah. Er widersprach in jenem Jahr auch noch der übereilig gezogenen Schlußfolgerung, daß es sich um künstliche Wasserwege handele, mit Argumenten aus der Beobachtung. Doch die Öffentlichkeit hörte nicht mehr auf Schiaparelli, obgleich er bei der nächsten Annäherung des Mars an die Erde im Jahre 1879 mit einer weiteren Entdeckung aufwartete: Zu bestimmten Zeiten konnte er die Marskanäle doppelt sehen! 1882 verkündete er, daß die »Kanäle« stets dunkle Flecken miteinander verbinden und ein ganzes Netzwerk feiner Linien bilden würden; sie hätten, so sagte er, nichts mit dem gewundenen Lauf eines Flusses zu tun.

Man durchforstete die Archive der Sternwarten und stellte fest, daß solche »Kanäle« - also feine, linienartige Verbindungen auf dem Mars - auch schon von anderen Beobachtern in früheren Zeiten gezeichnet worden waren.

Schiaparelli benutzte für seine Beobachtungen ein relativ kleines Fernrohr, einen

Achteinhalbzöller, wie die Fachleute sagen, ein Linsenfernrohr, dessen Objektiv einen Durchmesser von 21 Zentimetern hatte. Trotzdem blieb er neun Jahre lang der einzige, der die »Marskanäle« sah. Doch in der Öffentlichkeit hatten die »Kanäle« großes Interesse erregt. »Alle Zeitungen der zivilisierten Welt waren erfüllt von allerhand Mitteilungen über dieses wunderbare Gestirn. Am Tage nach der Opposition (= Annäherung an die Erde), am 5. August 1892, erschien je ein Korrespondent des ›New Herald‹ bei jedem nur einigermaßen namhaften Astronomen, um ihn zu befragen, was er Neues gefunden habe« - diese Schilderung entstammt einem 1894 aus der Feder des bekannten »Volksastronomen« Dr. Wilhelm Meyer erschienenen Buch über den Mars.
War diese Aufregung über die Marskanäle auch unfruchtbar, so war sie dennoch verständlich: 1892 fand die erste engere Begegnung zwischen Mars und Erde seit dem Jahre 1877 statt - jenem Jahr, in dem Schiaparelli die »Marskanäle« entdeckt hatte.
Der amerikanische Diplomat Percival Lowell interessierte sich für die neuentdeckten Marskanäle so sehr, daß er im Jahre 1894 in Flagstaff in Arizona ein Observatorium zu ihrer Erforschung eröffnete. Zusammen mit einigen Mitarbeitern machte er hier Tausende von Marszeichnungen. Eine wahre »Kanal-Inflation« ging vom Lowell-Observatorium aus. In immer größerer Fülle erschienen die Kanäle auf den Zeichnungen. Sie wurden registriert und mit Namen belegt. Vierhundert zählte man bereits im Jahre 1900. Nachdem das Eis von Lowell gebrochen worden war, sahen auch andere Beobachter die Marskanäle. Lowell hatte seine Marsforschungen mit einem 24zölligen Refraktor begonnen. Er setzte sie mit einem 42zölligen Spiegelteleskop fort und bestätigte die erwähnte merkwürdige von Schiaparelli schon 1881/82 gemachte Beobachtung: Einzelne Kanäle teilten sich nämlich in zwei zueinander parallellaufende Linien. Schließlich sahen Lowell und seine Kollegen die Marskanäle nicht nur in den rotfarbenen Ländern, sondern sogar im Innern der »Meere«. An den Überschneidungspunkten von Kanälen machten sie dunkle Flecken von einigen Kilometern Durchmesser aus, die sie als »Oasen« bezeichneten.
Dutzende von Beobachtern hatten sich inzwischen dem neuen Phänomen zugewendet. Marskanäle tauchten nicht nur auf Zeichnungen auf, die an großen Fernrohren gewonnen waren, auch Beobachter mit bescheidenen instrumentellen Hilfsmitteln konnten sie plötzlich sehen. Während sich eine Reihe von Astronomen unter der Führung Lowells für die Realität der Marskanäle einsetzte, wurde ihre Existenz von einer anderen Gruppe von Wissenschaftlern vollständig geleugnet . . .
Das Interesse, das der Mars in den rund dreißig Jahren nach 1877 fand, schlug sich natürlich auch in der utopischen Literatur nieder. Bereits 1880 erschien aus der Feder des Engländers Percy Greg ein Raumfahrtroman, der sich mit dem Mars beschäftigte. Das mehrbändige Werk

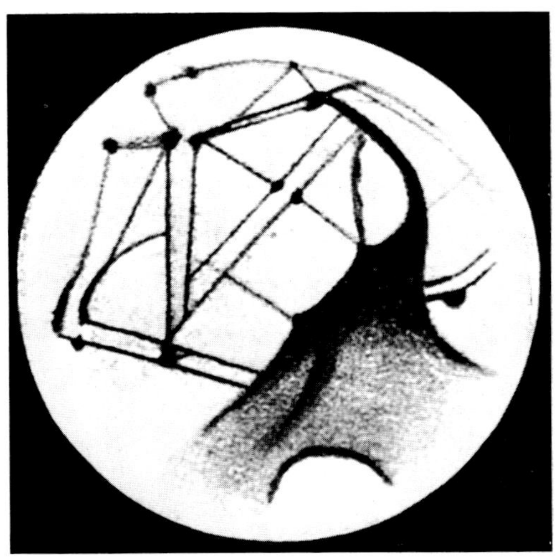

nannte sich »Across the Zodiac«; es erschien 1882 in deutscher Sprache unter dem Titel »Jenseits des Zodiakus«. In ihm wird über einen Ingenieur berichtet, der einen Stoff erfand, welcher die Schwerkraft aufhebt. Greg nennt ihn »Apergie« und benützt ihn, um mit einem Raumschiff, dessen Wände einen Meter stark sind, zum Mars zu fliegen.
Bezüglich des Mars ist sein Wissen auf dem laufenden: Er spricht von den beiden kleinen Marsmonden, die Asaph Hall (1829–1881) drei Jahre zuvor - 1877 - mit dem Fernrohr entdeckt hatte, und er macht sich auch jene neuen Überlegungen zu eigen, die im Mars einen Planeten sehen, welcher älter als die Erde ist und demzufolge auch über intelligentere und technisch gegenüber den Erdlingen fortgeschrittenere Bewohner verfügen sollte.
In der Tat schildert das Buch, wie Gregs Held auf dem Mars landet und dort Lebewesen antrifft. Von den Ozeanen auf dem Mars sagt Greg, daß sie mehr grau als blau seien. Ist auf der Erde das Grün der Pflanzen und Bäume die hervorstechendste Färbung, so sind es auf Mars Gelb und Orange. Die Lebewesen sind kleiner als die irdischen Menschen, sonst aber diesen sehr ähnlich.
In den folgenden Jahren erschienen eine ganze Reihe von Romanen, die sich mit Flügen zum Mars beschäftigten. Sie bieten aber nicht viel Neues, so daß wir sie hier übergehen können.
Erst 1897 erschien der nächste bedeutende Raumfahrtroman, der den Mars zum Vorwurf hat. Der Autor des zweibändigen Werkes, betitelt »Auf zwei Planeten«, ist der zu dieser Zeit noch kaum bekannte deutsche Kulturphilosoph und Schriftsteller Kurd Laßwitz (1848–1910). Binnen weniger Monate hatte der Verlag von diesem Buch 20000 Stück verkauft; bald darauf waren mehrere hunderttausend Stück abgesetzt, ein für die damalige Zeit unwahrscheinlicher Erfolg, ein Bestseller im echten Sinne dieses modernen Wortes.
Auch Laßwitz unterstellt, dem Trend der damaligen Zeit entsprechend, daß Mars älter als die Erde, daß er bewohnt sei und daß diese Bewohner von »höherer Art« als die Erdenmenschen sein würden: Sie seien den irdischen Bewohnern moralisch wie auch in ihrer Technik überlegen. Konsequenterweise sind es dann auch nicht die Erdenmenschen, die als erste zum Mars reisen, sondern die Marsbewohner werden auf der Erde entdeckt, dort, wo sie sich mit ihrem Anti-Schwerkraft-Stoff namens »Stellit«, der Gegenstände schwerefrei macht, in einem »abarischen Feld« einen Reisetunnel von ihrer die Erde umkreisenden Außenstation zum Nordpol geschaffen haben. Die Entdeckung machen drei Männer bei einer Ballonfahrt zum Nordpol. Versehentlich werden sie von den »Numen«, wie sich die Marsmenschen nennen, im abarischen Feld eingefangen und gelangen zu der irdischen Raumstation der Marsmenschen. Daraus entwickeln sich diverse Beziehungen zwischen Erde und Mars, die mit einer Unterwerfung der Erde unter das sonnenenergiehungrige Marsvolk einen ihrer dramatischen Höhepunkte erreichen.
1897, im Erscheinungsjahr des Buches, stieg der schwedische Ingenieur und Polarforscher Salomon Andrée (1854–1897) zusammen mit zwei Begleitern in Spitzbergen mit einem Ballon auf, um den Nordpol zu erreichen. Die drei Männer blieben verschollen und wurden erst 1930 im Nordosten Spitzbergens gefunden. Laßwitz kombinierte dadurch, daß er einen Ballon mit in seine Geschichte einbezog, geschickt mehrere Interessenbereiche: Der Ballon, schon seit seiner Erfindung 1783 dank seiner vielen Erfolge im Gespräch und noch immer das einzige brauchbare Luftfahrzeug (Otto Lilienthal war gerade

1896 bei einem seiner Gleitflüge mit einem Eindecker ums Leben gekommen, das Motorflugzeug gab es noch nicht), fand durch Andrées Polarflug zusätzliche Aufmerksamkeit, und der Mars erfreute sich wegen der Entdeckung der Marskanäle ohnedies ungeschmälerten Interesses. 1969, im Jahre der ersten Landung von Menschen auf dem Mond, erschien im Scheffler-Verlag in Frankfurt/Main eine überarbeitete Neuausgabe von »Auf zwei Planeten«. Im Geleitwort hierzu schreibt Wernher von Braun über Kurd Laßwitz: »Die technische Phantasie des Verfassers, dem Funkverkehr, Auto und Flugzeug noch völlig fremd sind, ist überraschend und geradezu visionär. Er erahnt und beschreibt Dinge, die seine Zeitgenossen zwar noch als wilde Spekulationen ansehen müssen, die spätere Generationen aber tatsächlich verwirklichen werden. In seinem Roman sind technische Wunschträume verwoben mit philosophischen Betrachtungen über die Begegnung von Zivilisationen verschiedener Herkunft und Entwicklung.«
Laßwitz' Roman und das aus ihm resultierende Interesse an Raumfahrtutopien lösten eine deutschsprachige Ausgabe von Keplers »Somnium« aus.
Ein Jahr nach Laßwitz' »Auf zwei Planeten« erschien in England ein Buch eines britischen Schriftstellers und Historikers, der schon drei Jahre zuvor mit seinem Roman »The Time Machine« (auf deutsch als »Die Zeitmaschine« 1904 erschienen) von sich reden gemacht hatte: Herbert George Wells. Sein neues Buch, »The War of the Worlds« in London 1898, auf deutsch als »Der Krieg der Welten« 1901 herausgekommen, schildert einen Überfall der Marsbewohner auf die Erde. Das Buch erlebte zahlreiche Auflagen und sorgte am 31. Oktober 1938 für eine Panik: Die amerikanische Radiostation CBS New York hatte es durch Orson Welles so gekonnt zu einem Hörspiel umarbeiten lassen, daß Tausende von Hörern den Bericht für bare Münze nahmen und sich zu Fuß, mit Autos und Fahrrädern auf die Flucht machten. Autofahrer mißachteten die Verkehrsregeln, zahlreiche Menschen riefen die Polizei, Zeitungen und Rundfunkstationen an, rauften sich um die Telefone. Es waren Menschen im amerikanischen Bundesstaat New Jersey, die unweit von Grovers Mill lebten, jenem kleinen Ort, an dem die Invasion der schreckenerregenden Lebewesen vom Mars gemäß diesem offenbar zu realistischen Hörspiel begonnen hatte . . .
1901 publizierte Wells ein weiteres Buch,

Linke Seite: Zeichnung des Mars von Schiaparelli mit verdoppelten Kanälen. Heute wissen wir, daß diese »Kanäle« optische Illusionen waren. Merkwürdigerweise konnte man sie auch nie fotografieren. Überdies waren sie nur mit kleinen und mittleren Fernrohren sichtbar.

In großen Teleskopen (oben) wie dem 5-Meter-Spiegelgiganten vom Mount Palomar in Kalifornien sind die »Kanäle« nicht zu sehen. Dieses Teleskop ist im übrigen so groß, daß der Beobachter im Inneren des Tubus sitzen kann und seine Objekte im Hauptbrennpunkt beobachtet bzw. fotografiert.

das sich in Romanform mit der Raumfahrt befaßte, »The First Men in the Moon«. Es erschien unter dem Titel »Die ersten Menschen im Mond« im Jahre 1925 in Deutschland und beschreibt eine Mondreise unter Verwendung eines die Schwere aufhebenden Stoffes, den Wells nach seinem Erfinder Cavor »Cavorit« nennt. Cavor und sein Mitreisender werden auf dem Erdbegleiter von ameisenartigen Mondbewohnern gefangengenommen . . . Dies ist kein Buch über die Romanliteratur zur Raumfahrt. Wenn wir dem Thema hier so breiten Raum gegeben haben, so deshalb, weil die Idee der Raumahrt in wissenschaftlich-technischem Sinne dieser Literatur enorm viele Anregungen verdankt, wie ja überhaupt in der Technik in vielen Fällen die utopischen Gedanken einer Epoche sich als die Wirklichkeit der nächsten erwiesen haben. In der Geschichte der Raumfahrt gilt dies in ganz besonderem Maße. Dr. Irene Sänger-Bredt, die Witwe des so früh verstorbenen großen Raketenpioniers Dr. Eugen Sänger, schreibt dazu in ihrem Buch »Entwicklungsgesetze der Raumfahrt« (erschienen 1964 im Krausskopf-Verlag, Mainz): »Wie mächtig Werke der reinen Phantasie – die wir heute als ›Science Fiction‹ bezeichnen würden – eine strenge und nüchterne technische Entwicklung beeinflussen können, wird man ermessen, wenn man aus Biographien erfährt, daß sich Oberths Forschergeist an Jules Vernes Roman ›De la terre à la lune‹ entzündete, daß Esnault-Pelterie durch die Lektüre von F. Ferbers Raumfahrtspekulationen ›De Crete à Crete, de Ville à Ville, de Continent à Continent‹ und Sänger über Kurd Laßwitz' Zukunftsroman ›Auf zwei Planeten‹ ihren Weg zur Raumfahrttechnik fanden. Der geniale Ziolkowski schrieb zu Beginn seiner Laufbahn selbst Raumfahrtromane, so 1893 die Erzählung ›Auf dem Mond‹ und 1895 ›Träumereien über Himmel und Erde‹. Im Vorwort zu seiner Arbeit ›Forschungen im Weltraum mit Raketenkörpern‹ schreibt er klarsichtig: ›Am Anfang stehen unweigerlich Gedanken, Phantasie und Märchen. Darauf folgt die wissenschaftliche Berechnung. Jedoch zuletzt wird die Verwirklichung den Gedanken krönen. Meine Arbeiten über kosmische Reisen gehören zur mittleren Phase dieser Entwicklung.‹« Wir hätten, wollten wir die Betrachtung der Raumfahrtromanliteratur bis in die Gegenwart verfolgen, noch viele illustre Namen zu nennen, von dem gerade erwähnten Ziolkowski über Hans Dominik und Otto Willi Gail bis zu Arthur

Die indischen Sternwarten der Mogulzeit waren Kalenderbauten: Sie wurden benützt, um die Positionen der Gestirne zu bestimmen. Fernrohre gab es in ihnen nicht, sie bestanden vornehmlich aus Meßkreisen.
Das obere Bild zeigt eine große Sternwarte nahe dem Zentrum des heutigen Neu-Delhi, die der indische Maharadscha Jai Singh II. (1686–1743) im Jahre 1724 erbauen ließ.
Im Bild rechts ist das Innere des im oberen Bild gezeigten Rundbaus zu erkennen. Auf den horizontalen und vertikalen steinernen Brückenbändern wurden durch Anvisieren der Himmelskörper deren Koordinaten abgelesen.
Im mittleren Bild links sieht man ein Gerät, das ebenfalls zu dem Komplex bei Neu-Delhi gehört und eine Art Weltzeituhr darstellt: An den gemauerten Halbkreisen kann man für verschiedene Orte in Fernost und in Europa den Mittagszeitpunkt ablesen, weil die Sonnenstrahlen zu den jeweiligen Zeitpunkten einen dieser Bogen streifend berühren.
Das Bild links unten gibt einen Teil der großen Sternwarte von Jaipur wieder, die 1728 entstand. Links der Bildmitte ist ein von Jai Singh erfundenes Universalinstrument zu sehen, mit dem sich die Koordinaten mehrerer Himmelsobjekte gleichzeitig bestimmen lassen.

C. Clarke und Wernher von Braun.
Doch diese Betrachtungen sollen hier abgebrochen werden, obgleich wir an späterer Stelle gelegentlich noch einmal auf die utopische Literatur zurückkommen werden.
Im vorliegenden Kapitel sind wir nun mit der Analyse der Raumfahrtromane nämlich an einem Zeitpunkt angelangt, zu dem ein neuer Prozeß einsetzt: die Überprüfung des Raumfahrtgedankens auf seinen technisch-wissenschaftlichen Gehalt, der Versuch, Wege aufzuzeigen zur Realisierung der Raumfahrtidee. Der Anfang wurde in dieser Beziehung im Jahre 1881 in Berlin gemacht.

Hermann Ganswindt, Erfinder und Träumer

Der Mann, der ihn vollzog, wurde 1856 in Ostpreußen geboren, verbrachte den Großteil seines Lebens in Schöneberg, heute Teil, damals noch Vorort von (West-) Berlin, und bezeichnete sich als »Erfinder«. (Willy Ley, Chronist der frühen Raumfahrtentwicklung, berichtet in seinem Buch »Vorstoß ins Weltall«, daß Ganswindt sich in einer Phase seines Lebens Briefbögen drucken ließ, auf denen vermerkt war: »Luftschiff-, Flugzeug-, Auto-, Explosionsmotor-, Freilauf- usw. Ur-Erfinder«. In jeder dieser Behauptungen Ganswindts steckt sogar ein oder mehrere Körnchen Wahrheit.)
Von seiner Umwelt wurde Ganswindt ob seiner Erfindungen der »Edison von Schöneberg« genannt - in Anspielung auf Thomas Alva Edison (1847-1931), jenes amerikanische Erfindergenie, dem wir die Glühbirne (die Kohlenfadenlampe), das Grammophon (Phonograph), das Kohlenkörnermikrophon, einen Filmaufnahmeapparat (Kinematograph), einen Laufbildprojektor (Vitaskop) und andere Errungenschaften verdanken.
Die von vielen spöttisch, von anderen anerkennend gemeinte Bezeichnung »Edison von Schöneberg« ließ Ganswindt sich gerne gefallen. In der Tat machte er seine erste Erfindung, die des Fahrradfreilaufs, als Schüler. Dr. Ilse Essers, die sich der verdienstvollen Aufgabe unterzogen hat, in der »Technikgeschichte in Einzeldarstellungen« des Vereins Deutscher Ingenieure 1977 ein Buch »Hermann Ganswindt, Vorkämpfer der Raumfahrt mit seinem Weltenfahrzeug seit 1881« zu publizieren, schreibt hierzu:
»Weitab von Städten mit höheren Schulen wuchs der Junge auf und ging auf die Volksschule in Seeburg. In den großen Ferien kamen zwei ältere Brüder und Hermann auf den Gedanken, aus alten Wagenrädern und hölzernen Zahnrädern, die im Schuppen der Mühle lagen, ein Veloziped zu bauen, ein vierräderiges Fahrzeug, das vom Fahrer durch eine Tretkurbel in Bewegung gesetzt wurde. Hermanns Beine waren zu kurz, er erreichte die Pedale nicht. Als dann die großen Brüder ihm das Fahrzeug überließen, baute er es sich um, so daß er die Pedale erreichen konnte, und schnitzte ein hölzernes Zahnrad so zurecht, daß ein Freilauf entstand. Das Wort Freilauf ist

Hermann Ganswindt (1856–1934), Erfinder des »Weltenfahrzeugs«, Träumer der Raumfahrt, auf dem Bild 1928, im Alter von 72 Jahren

allerdings erst viel später geprägt worden; Hermann nannte damals seine Erfindung ›Gesperre‹. Unter diesem Namen hat er sie 1895 zum Patent angemeldet als wichtigen Teil seiner Tretmotor-Konstruktion. Damals als Junge erprobte er sein Gesperre und fuhr auf seinem Veloziped von Seeburg nach der 16 Kilometer entfernten Stadt Wartenburg...«
Nach dieser Erfindung und im Alter von 13 Jahren erreichte Hermann Ganswindt es durch hartnäckiges Bitten, daß sein Vater ihn auf das Gymnasium schickte. Hier wurde er im Physikunterricht mit dem dritten Newtonschen Axiom »actio = reactio« bekannt, und es zeichnen sich nun bereits seine ersten Gedanken über ein »Weltenfahrzeug« ab. Hören wir hierzu noch einmal Ilse Essers aus dem gerade zitierten Buch:
»Im Physikunterricht hat Ganswindt das Naturgesetz kennengelernt, das Newton klar in Worte gefaßt hat: Aktion gleich Reaktion. Er findet es bestätigt, wenn er aus einem stillstehenden Kahn oder Wagen abspringt: Der Rückstoß stellt sich ein. Da entstanden noch in der Gymnasiastenzeit die ersten Skizzen seines Weltenfahrzeugs, das vom Rückstoß getrieben durch den luftleeren Raum fliegt, und mit dem man zu anderen Sternen reisen könnte. Aber keinem zeigte er die Skizzen und sprach auch mit keinem über solche Gedanken.«
Zum erstenmal an die Öffentlichkeit trat Ganswindt mit der Idee des »Weltenfahrzeuges« im Jahre 1881, als er seinen ersten öffentlichen Vortrag hielt. Hierbei führte er auch eine Zeichnung des Fahrzeugs vor. Der Autor Max Valier sagte 45 Jahre später - 1926 - dazu in seinem Buch »Der Vorstoß in den Weltenraum«:
»Er (Ganswindt) dürfte somit wohl der erste gewesen sein, der mit Überzeugung für die technische Ausführbarkeit eines Weltraumfahrzeuges eingetreten ist und eine nach allen Seiten hin durchdachte Konstruktion dazu vorgelegt hat!«
Der Text des Vortrags, den Ganswindt 1881 in der Philharmonie in Berlin gehalten hat, ist uns nicht überliefert. Wohl aber liegt noch der Text jenes Vortrages vor, den Ganswindt 1892 hielt: er hatte ihn bereits 1889 in einigen Zeitungen abdrucken lassen. Der Titel: »Über die wichtigsten Probleme der Menschheit«. In diesem Vortrag beschäftigte sich Ganswindt keineswegs nur mit seinem »Weltenfahrzeug«, sondern er stellte andere Erfindungen vor, die er inzwischen gemacht hatte (dazu gehören ein lenkbares Luftschiff, ein Flugapparat und ein Explosionsmotor), und er philosophierte über allerlei andere Dinge. Die wesentlichsten Passagen, die im Zusammenhang mit seinen Raumfahrtüberlegungen stehen, seien hier wiedergegeben:
»Am liebsten möchte ich mir, wenn es meine Mittel erlauben würden, auf den Zinnen meines Daches einen Raum herstellen, dessen Decke und Wände aus klarstem, durchsichtigem Glas beständen, um hier, von des Tages seligem Forschen auf dem Lager ausruhend, noch den unendlichen Sternenhimmel, also gewiß ein ansehnliches Stück Wirklichkeit, vor Augen zu haben, mein Herz im Schlummer zur andächtigen Bewunderung dieser Wirklichkeit zu stimmen und meinen Geist beim Erwachen durch

solchen Anblick zu noch begeisterterer Forschung zu erweitern, um nur ja nicht dem wohlgefälligen Selbstbewußtsein zu verfallen, mit des Lebens alltäglicher Trivialität und Magenfrage alle irdische Weisheit erfaßt, den Lebenszweck erschöpft zu haben und nun mit gesteigerter langer Weile und allmählichem körperlichen und geistigen Verfall des Alters trotz Gottes unendlicher herrlicher Welt zum Tode reif zu sein. Und so gern schon mein Auge auf dem unendlichen Sternenhimmel ruht, so leidenschaftlich gern möchte ich wohl in Wirklichkeit eine Expedition nach anderen Weltkörpern unternehmen, um von so verändertem Standpunkt die Wirklichkeit zu studieren und meine Schlüsse zu ziehen. Ich habe mir daher die wissenschaftliche Frage vorgelegt: Ist die Möglichkeit vorhanden, außerhalb des Bereiches der Erde und ihrer Atmosphäre zu gelangen und z. B. die nächsten Planeten Venus und Mars zu besuchen? Das Vorurtheil ist bei Beantwortung dieser Frage, wie immer bei Verneinung großer Probleme, schnell mit einem entschiedenen Nein leichtfertig bei der Hand. Ich jedoch habe meinen Geistesspiegel mit großer Gewissenhaftigkeit immer sauberer zu glätten gesucht, bis ich auch dieses Problem in den Hauptzügen gelöst hatte. Jawohl, es ist möglich, nicht nur in der Luft mittelst Flügel einen Stützpunkt zu gewinnen, sondern während das Vorurtheil noch über die Lösbarkeit dieses Problems lacht, obgleich ihm unausgesetzt lebende Wesen um die Nase herumfliegen, habe ich bereits einen Stützpunkt selbst im luftleeren Raum gefunden und auf Grund dieser Errungenschaft die Lösung des Problems einer Expedition nach anderen Weltkörpern angebahnt. Nämlich es ist das Trägheitsgesetz oder das Beharrungsvermögen der Massen, welches man als Stützpunkt sowohl in der Luft als auch im luftleeren Raum verwerthen kann. Man kann nämlich nach diesem Gesetz einen Gegenstand dadurch schwebend erhalten, daß man von ihm aus Gegenstände nach unten schleudert, dieselben also aus der Ruhe plötzlich in senkrechter Richtung in außerordentlicher Geschwindigkeit fortstößt. Darauf allein beruht, wie ich zuerst nachgewiesen habe, auch der Vogelflug. Der Vogel erhält sich nur dadurch fliegend, daß er unausgesetzt Luftmassen mit den Flügeln erfaßt und sie aus der Ruhe senkrecht abstößt, um dann neue, noch ruhende Luftmassen zu erfassen. Wie er das mit den Flügeln, selbst wenn er sie unbeweglich ausbreitet, macht, werde ich nachher bei Erläuterung meines Flugapparates besprechen. Es ist dieses dasselbe Prinzip, welches zur Anwendung kommt, wenn man von einem freischwimmenden Kahn abspringt, wobei der abspringende Körper den Kahn zurückstößt. Je schneller man vom Kahn abspringt, desto schneller wird auch der Kahn die Rückwärtsbewegung annehmen. Umgekehrt übt auch ein in Bewegung befindlicher Gegenstand einen Druck aus, wenn man ihn in seiner Bewegung plötzlich anhält, welchen der Kahn also ausübt, wenn er auf ein Hinderniß aufstößt. Man nennt die Kraft des bewegten Gegenstandes die lebendige Kraft desselben. Diese Kraft berechnet sich aus der Masse und dem Quadrat der Geschwindigkeit des Körpers, d. h. sie nimmt unverhältnismäßig mit der Geschwindigkeit zu. In Berlin habe ich z. B. automatische Wagschalen gesehen, die Wucht eines Faustschlages zu wägen, und ich vermochte meiner Faust welche doch mit dem Ende des Unterarms zusammen vielleicht nur ein Pfund wiegt, durch einen Schlag 80 Kilo, also mehr wie mein Körpergewicht, zu schlagen, d. h. die lebendige Kraft der schlagenden Faust, durch das Polster der Wagschale plötzlich aufgehoben, drückte 80 Kilo. Denselben Druck würde die Faust natürlich ausüben, wenn sie vom Polster mit derselben Geschwindigkeit aus der Ruhe plötzlich zurückgeschleudert werden würde. Wenn ich also von meinem Körper aus einen Gegenstand von dem Gewicht der Faust in senkrechter Richtung ebenso plötzlich abstoße, so wird mein Körper selbst für einen Augenblick dadurch einen Druck von 80 Kilo nach oben erhalten, er würde also für einen Augenblick nach oben geschleudert. Schleudere ich also alle Augenblick einen neuen Körper von dem Gewicht der Faust nach unten, so werde ich dadurch in beschleunigtem Tempo dauernd nach oben gehoben.*) Ähnlich macht es der Vogel im Fluge: Er faßt immer neue Luftmassen und schleudert sie nach unten, auch wenn er scheinbar ruhig auf den Flügeln schwebt. Wie sehr sich die Reaktion eines aus der Ruhe in Bewegung oder aus der Bewegung in Ruhe versetzten Körpers weit über sein Gewicht hinaus steigern läßt, kann man daraus ersehen, daß z. B. eine Flintenkugel vermöge ihres Gewichtes nicht den geringsten Eindruck hier auf der Tischplatte hervorzubringen vermöchte. Wenn sie aber durch einen Schuß in große Geschwindigkeit versetzt ist, kann sie durch diese Tischplatte nicht aufgehalten werden, sondern sie durchdrückt dieselbe, und welch ein Druck gehört dazu! Sicher ein sehr Vielfaches des Gewichts des menschlichen Körpers. Würde man die Flintenkugel an einen Zwirnsfaden befestigen, welcher auf einer leicht beweglichen Spule mit Getriebe aufgerollt ist, so würde sie abgeschossen, für kurze Zeit eine Pferdestärke leisten, d. h. eine Last von 75 Kilo pro Sekunde 1 Meter hoch heben. Im luftleeren Weltraum kann man natürlich nicht Luftmassen mit Flügeln erfassen und nach unten schleudern. Wie muß man es also hier machen, um dennoch die Schwerkraft zu überwinden und aufwärts steigen zu können? Antwort: ... man nimmt sich die Luftmassen in Gestalt von Explosivstoffen, die zugleich die höchste Kraft in sich bergen, einfach mit! d. h. man konstruirt einen Flugapparat auf Grund der Reaktionsgesetze explodirender Stoffe. Diese Art Flugapparat habe ich eher erfunden, als den Flugapparat mit Flügeln. Genaue Berechnungen ergaben jedoch, daß ein solcher Flugapparat mit Explosivstoffen nur dann sparsam hinsichtlich des Kraftverbrauchs getrieben werden kann, wenn er eine ganz außerordentlich große Fahrgeschwindigkeit annimmt, so daß er sich für den Verkehr hier auf der Erde wenig eignen würde, weil der Widerstand der Luft einer so enormen Fahrgeschwindigkeit zu hindernd entgegensteht. Anders verhält es sich aber in dem luftleeren Weltraum, wo selbst der Geschwindigkeit eines Meteors oder gar der eines Kometen nichts einmal entgegensteht. Und eine solche Geschwindigkeit ist's ja eben, was wir für eine Expedition durch das Weltall brauchen: denn bei der großen Entfernung der Weltkörper von einander würde ein Schneckengang nicht zum Ziele führen. Wenn man z. B. den Planeten Mars für das nächste Ziel der Expedition ins Auge faßt, da der Mond unbewohnbar sein soll, so beträgt die Entfernung dieses unserer Erde sehr ähnlichen Weltkörpers, wenn er uns am nächsten ist, die Kleinigkeit von 8 Millionen Meilen. Wie kann es wohl möglich sein, eine solche Entfernung im luftleeren Weltraum lebend zurückzulegen? ruft das Vorurtheil entrüstet aus. Ich antworte jedoch darauf: ganz ebenso, wie wir unausgesetzt jährlich 125 Millionen Meilen durch den luftleeren Weltraum um die Sonne zurücklegen, ohne es auch nur mit Ausnahme der Jahreszeiten zu merken, indem wir nämlich die nöthige Luft und

*) Bei Anwendung von Dynamit zum Fortschleudern des Körpers genügt natürlich schon ein geringer Bruchteil des Gewichts der Faust, um den Rückschlag ebenso kräftig oder noch viel kräftiger hebend wirken zu lassen.

Alles, was wir brauchen, mit unserer Mutter Erde mitnehmen; denn dieselbe bewegt sich mit uns unausgesetzt mit einer Geschwindigkeit von 4 Meilen pro Sekunde durch den Weltraum. Für eine Expedition in einem kleinen Fahrzeug statt der Erde, muß natürlich ebenfalls Luft, Wärme, Nahrungsmittel und alles Nothwendige mitgenommen werden, wie wir es hier auf der Erde haben, so daß wir während der Fahrt ebenfalls garnichts von derselben merken, wenn wir nicht zum Fenster hinaussehen. Da die Fahrgeschwindigkeit dadurch erzielt wird, daß vom schon bewegten Fahrzeug immer neue Explosionsmassen weggesprengt werden, und vorn ein Hindernis im luftleeren Raum nicht existirt, die Maschine vielmehr um so sparsamer arbeitet, je schneller man fährt, läßt sich sogar die Fahrgeschwindigkeit nach Verlassen der atmosphärischen Luft so sehr steigern, daß man den Mars oder die Venus in ca. 22 Stunden erreichen könnte, wenn man mit einer doppelt so großen Beschleunigung wie diejenige der fallenden Körper ist, losfahren und von der Mitte des Weges an in demselben Maße bremsen würde.
Das Fahrzeug besteht in seinem Haupttheil aus einem Stahlcylinder von möglichst kleinem Durchmesser, aber so, daß er etwa zwei Reisende und die nöthigen Vorräthe noch aufnehmen kann. Dieser Hauptcylinder ist umgeben von schlankeren Stahlröhren von der Länge des Hauptcylinders, welche unter sehr hohem Druck den nöthigen Luftvorrath für die Expedition, etwa wie bei einem Unterwasserboot, enthalten. Aus diesen Nebencylindern wird nun die Luft im luftdichtverschlossenen Hauptcylinder, unserer irdischen Atmosphäre entsprechend, regulirt.
Zur Regulirung der Wärme im kalten Weltraum dient die durch die Explosionen erzeugte Wärme. Im Uebrigen kann ich auf die nähere Konstruktion eines solchen Flugapparates durch das Weltall in einem gedrängten Vortrag natürlich nicht eingehen. Ich will nur noch den Satz erwähnen, daß nirgends in der Welt eine Arbeit verloren gehen kann, also auch im luftleeren Raum nicht, wenn sie zweckmäßig angewendet wird.*)
Ich betone nochmals, daß diese Ausführungen nicht etwa Phantasiegebilde à la Jules Verne sein sollen, sondern ein wirkliches Projekt bedeuten, welches ich in

meinem Leben noch zu verwirklichen hoffe; und es wäre doch ungerecht, wenn Jemand *seine* Ungeübtheit in diesen Begriffen und der daraus folgenden verzerrten Widerspiegelung derselben in *seinem* Geistesspiegel *mich* entgelten lassen wollte, der ich mich, wie meine Zeugnisse beweisen, stets in der Mathematik und Physik, auch schon auf dem Gymnasium, ohne Mühe vor allen meinen Mitschülern ausgezeichnet und keine Aufgabe in diesen Wissenschaften falsch gelöst habe. Nur unlängst erinnerte mich ein Schulfreund, Pfarrer K. ..., welcher auch hier unter Ihnen weilt, daran, daß ich schon als Tertianer einen mathematischen Beweis geliefert habe, den nicht einmal unser sonst sehr tüchtiger Lehrer, welcher auch in der Prima Mathematik und Physik lehrte, Herr Prof. B. ..., damals finden konnte.
Ferner betone ich nochmals, daß die schwierigsten Aufgaben und Erfindungen, wenn sie erst einmal gelöst sind, nachher sehr einfach und selbstverständlich erscheinen. Hat doch die Sonne unsere Erde und die anderen Planeten durch Explosionen von sich geschleudert und die Erde den Mond, um wieviel eher kann eine winzige Expedition, deren Kräfte und Funktionen genau regulirt werden, eine Strecke in das All zurücklegen. Wie weit man darin kommen kann, wird die Praxis ja schon zeigen.«
Weitere Ausführungen über sein »Weltenfahrzeug« machte Ganswindt dann in seinem Buch »Das Jüngste Gericht«, das er 1899 in Berlin-Schöneberg im Selbstverlag herausgab. Es beginnt zunächst mit der Wiedergabe des Vortrages »Über die wichtigsten Probleme der Menschheit«, aus dem wir gerade zitierten, bringt dann den Inhalt einer »Immediateingabe«, die Ganswindt im Jahre 1892 unter dem Titel »Die Lösung des sozialen Problems« an den Kaiser gemacht hatte, und beschäftigt sich eben auch noch eingehender mit der Funktionsweise des »Weltenfahrzeugs«. Ganswindt sagt hier unter anderem:
»Von einer Patentierung dieser Erfindung ist vorläufig deshalb Abstand genommen worden, weil sie voraussichtlich in der kurzen Zeit von 15 Jahren kaum zur gewerblichen Ausnutzung kommen dürfte; in dieser Zeit würde aber das Patent abgelaufen sein. Einige wichtige technische Details bleiben dem Erfinder immer noch für eine spätere Patentanmeldung vorbehalten ...
Im luftleeren Raum geht nämlich ebenso wenig wie sonst wo, eine zweckmäßig angewandte Arbeit spurlos verloren. Die Arbeit wird in der Weise geleistet, daß durch eine besonders konstruierte Dynamitpatrone ein kleines Geschoß von einem größeren Stahlblock aus weggeschleudert wird. Erlangt das kleine Geschoß durch die Explosion eine Anfangsgeschwindigkeit von etwa 1000 m in einer Sekunde, so erlangt der darüber befindliche Stahlblock entsprechend seiner größeren Masse nur eine solche von etwa 50 m pro Sekunde. An diesem Block nun ist die zylindrische Stahlgondel mit sehr elastischen Verbindungsgliedern befestigt, durch welche sie nur in allmählicher Beschleunigung ohne Stöße mit einer Endgeschwindigkeit von vielleicht 20 m in Bewegung gesetzt wird, bis die lebendige Kraft des Blockes, welcher gleichsam hier die Rolle eines Schwungrades übernimmt,

*) Um ohne Kraftvergeudung zu fahren, wird man das Fahrzeug zweckmäßig in der Bahn der Himmelskörper, z. B. in der eines Kometen, bewegen müssen.

Linke Seite: Ganswindts »Weltenfahrzeug«, erstmals bei einem Vortrag in der Berliner Philharmonie im Jahre 1881 vorgestellt und damit der älteste Entwurf eines Raumfahrzeuges als Konstruktionsvorlage, für die Ganswindt diese Zeichnung ansah. Der untere Zylinder soll zwei Passagiere aufnehmen; die beiden oberen Zylinder enthalten die Patronen zum Antrieb des Fahrzeugs. Sie werden in schneller Folge in den geschoßartig aussehenden Explosionsraum transportiert. Die Energieabgabe findet durch die rückwärtige Düse statt; der Passagierzylinder enthält einen Durchstrahltunnel.

Rechts: Diese Seite aus einer »Immediateingabe« Ganswindts an den »Deutschen Kaiser und König von Preußen« kündet von der Schrullenhaftigkeit ihres Urhebers.

erschöpft ist, worauf eine neue Explosion automatisch erfolgt, welche die durch die erste Explosion erlangte Fahrgeschwindigkeit verdoppelt. So viel Explosionen also erfolgt sind, so viel mal größer ist die Fahrgeschwindigkeit des Fahrzeuges, so daß dasselbe sich etwa mit der doppelten Beschleunigung eines fallenden Körpers bewegt. Die Lenkung wird durch Neigung des oberen Stahlblocks bewirkt. Lenkt man das Fahrzeug nun außerhalb der Atmosphäre in die Bahn eines die Erde umkreisenden Meteors, so bewegt es sich ohne weitere Explosionen und ohne alle Arbeitsverluste mit der einmal erlangten Fahrgeschwindigkeit in einer kreisförmigen oder elliptischen Bahn weiter und erreicht in wenigen Stunden einen anderen Erdteil, wo es zwecks Landung umgewendet wird, um nun durch entgegengesetzt wirkende Explosionen das Fahrzeug anzuhalten. Die Gondel enthält selbstverständlich die zum Atmen erforderliche Luft wie ein Unterseeboot vorrätig und wird durch die von den Explosionen erzeugte Wärme und durch innere Ausfütterung in einer angemessenen Temperatur erhalten.«

Ganswindt hatte, wie wir hörten, schon in seiner Jugend ein besonderes Interesse an der Mechanik gefunden. Es kam dies unter anderem in seiner Erfindung des Freilaufs für das Fahrrad zum Ausdruck. Seine Neigung zu technischen und wissenschaftlichen Dingen reflektierte sich auch darin, daß er sich auf dem Gymnasium, welches besuchen zu dürfen er seinem Vater abgerungen hatte, durch besondere Leistungen in Physik und Mathematik auszeichnete, ja oft Dinge ansprach, von denen seine Lehrer keine Ahnung hatten. Sein Vater hingegen hielt von dem technischen Interesse seines Sprößlings offenbar nicht allzu viel: Er verlangte, daß Hermann Ganswindt Jura studieren sollte.

Dr. Ilse Essers berichtet in ihrem Buch: »Auf Wunsch der Eltern begann er sein Jurastudium, das erste Semester an der Universität Zürich, das zweite in Leipzig. Dann kam der Wehrdienst; er diente als Einjähriger beim 2. Garderegiment zu Fuß. Der Rückstoß des Gewehres, den er bei Schießübungen verspürte, weckte in ihm lebhaft das Verlangen, seinen alten Plan auszuarbeiten: das Weltenfahrzeug mit Rückstoßantrieb.

Dann sollte er weiterstudieren. An der Universität Berlin ließ er sich immatrikulieren. Aber die Jurisprudenz konnte sein Verlangen nach moralischer Gerechtigkeit nicht befriedigen. Er wandte sich von der Rechtsprechung ab, die er Unrechtsprechung nannte. Dagegen fesselten ihn physikalische und technische Probleme.«

Dr. Essers berichtet in sehr anschaulicher Weise weiter, wie Ganswindt »wegen Nichtannahme der Juristischen Vorlesungen« exmatrikuliert wurde, sich um so intensiver mit der Idee des Weltenfahrzeugs beschäftigte und dadurch mit dem Gedanken des Luftschiffes und eines Flugapparates in Berührung kam. Sie sagt dazu:

»Durch den Rückstoß von Dynamitpatronen sollte das Weltenfahrzeug seinen Antrieb erhalten. Dynamit, von Alfred Nobel 1867 entwickelt, stellte damals den Inbegriff konzentrierten Kraftstoffes dar. Ganswindt hatte durch sein Studium schon

Die Lösung des sozialen Problems.

Immediateingabe an den Kaiser von Hermann Ganswindt.

Eingereicht im Jahre 1892, zuerst veröffentlicht im „Volkserzieher", in der „Kritik" und anderen Zeitungen im Jahre 1899.

(Nachdruck nur mit Genehmigung des Verfassers gestattet.)

Einschreiben!

Motto:

Was Du nicht willst, das man Dir thu',
Das füg' auch keinem Andern zu;
Sonst — morgen bist der And're Du;
Denn gleiches Recht kommt Allen zu!

Seiner Majestät, dem Deutschen Kaiser und König von Preußen.

Politisches von Wichtigkeit,
daher Allerhöchst Persönlich abzugeben.

Berlin.

Allerdurchlauchtigster, Großmächtigster
Kaiser und König,
Allergnädigster Kaiser, König und Herr!

Obgleich ich bereits mehrmals Eurer Kaiserlichen und Königlichen Majestät in tiefster Ehrfurcht mit weltumwälzenden Erfindungen genaht bin, haben die von Eurer Majestät Allerhöchst mit Prüfung derselben beauftragten Fachleute denselben zwar schriftliche Anerkennung zu Theil werden lassen, sie aber nicht der Ausführung für würdig erachtet!

Nun, nach meiner Ueberzeugung ist, Dank des herrschenden Elends in der Welt, welches ich aus eigener, unverschuldeter Erfahrung nur allzugut mit meiner Familie kennen gelernt habe, die Pflichterfüllung heute noch eine so belastete, daß man in dem Kampfe, dieses Elend beseitigen zu helfen, weder den Tod, noch die Verachtung der ganzen Welt scheuen darf; denn es ist zu einem solchen verachteten Untergang ein kräftigerer und geistig begabterer Mensch noch eher fähig, als daß geistig und wirthschaftlich Schwächere oder ein Weib oder gar ein Kind, dem vielleicht der Himmel aus den Augen leuchtet, den unverschuldeten, elenden, verachteten Untergang hinzunehmen vermögen, es aber trotzdem jährlich zu Hunderttausenden müssen. Da ich vor diesen nichts voraus haben möchte, habe ich mir daher in dem Kampfe, das Elend aus der Welt zu schaffen, die Devise der spartanischen Mutter gewählt, welche ihrem gegen die Barbaren zu Felde ziehenden Sohne den Schild mit den lakonischen Worten übergab: „Mit ihm oder auf ihm!"

Glücklicherweise habe ich aber Aussicht, siegreich mit dem Schilde heimzukehren, da ich mir nach vieljährigem Nachdenken über die Mittel und Wege klar geworden bin, wie das Elend ohne jede Ungerechtigkeit gegen irgend einen Menschen oder Stand aus der Welt geschafft werden kann.

Habe ich bereits betont, daß ich die Mißachtung auch dieses meines Planes bei Verwirklichung desselben nicht scheuen, noch weniger auf meinen persönlichen Ruhm oder eingebildete Ehre Bedacht nehmen darf, da die allein wahre Ehre in dem opferwilligen, verachteten Untergang für das Elend der Welt zu suchen ist, so legt mir speziell der Eid, welchen ich als Soldat geschworen habe, Eurer Majestät zu Wasser und zu Lande, wo und wie es auch sei, nach Kräften meine Hilfe allerunterthänigst zur Verfügung zu stellen, noch besonders die Verpflichtung auf, Eurer Kaiserlichen und Königlichen Majestät diesen Plan zu Füßen zu legen. —

Ausgehend von der historisch festgestellten Thatsache, daß auch Leute aus dem Volke vereinzelt sogar die Haupterrungenschaften der Kultur durch glückliche Ideen

Professor Charles beim Aufstieg im Wasserstoffballon zusammen mit seinem Bruder am 1. Dezember 1783. Nach der Landung stieg Charles noch einmal allein auf. Daß der Ballon dabei auf 2750 Meter Höhe schoß, entsetzte den kühnen Pionier so, daß er danach niemals mehr einen Ballon bestieg.

so viele Kenntnisse erworben, daß ihm klar war: Rückstoßantrieb von Dynamitpatronen kann nur bei sehr großer Fahrgeschwindigkeit wirtschaftlich arbeiten. Nun hatte sein Weltenfahrzeug keine windschnittige Form. Im freien Weltraum ist das einerlei, da gibt es keinen Luftwiderstand. Aber in der Erdatmosphäre würde es bei großer Fluggeschwindigkeit einen sehr großen Luftwiderstand verursachen, also sehr viel Betriebsstoff verbrauchen. Darum plante Ganswindt: Ein Luftschiff oder ein Flugapparat muß das Weltenfahrzeug bis an die Grenze der Atmosphäre tragen; erst von da an soll der Rückstoßantrieb einsetzen.«

Man könnte hier also, wie Dr. Essers dies auch tut, von einem *Stufenprinzip* sprechen, das Ganswindt anzuwenden trachtet. Allerdings hat er diesen Begriff (wie übrigens auch das Wort »Rückstoßantrieb«) niemals verwendet, und das eigentliche, mathematisch begründete Mehrstufenprinzip von Raketen muß nach wie vor zweifelsfrei dem großen ersten Theoretiker der Rakete, Hermann Oberth, zugeschrieben werden. Zu ihm wird an späterer Stelle noch viel zu sagen sein.

Doch zurück zu Ganswindts Idee, sein Weltenfahrzeug zunächst mit Hilfe eines Luftschiffes über die dichteren Atmosphäreschichten hinauszubringen. Der Ballon war 1783 erfunden worden und hatte in der Zwischenzeit beachtliche Erfolge nicht nur als technisches Gerät, sondern auch als Mittel zur Erforschung der Atmosphäre erzielt: Schon 1783 hatte Professor Charles, der Erfinder des (mit Wasserstoff gefüllten) Gasballons, bei einem Aufstieg auf 2700 Meter Höhe ein Barometer als erstes meteorologisches Instrument an Bord gehabt. Nur anderthalb Monate davor hatten zum erstenmal Menschen mit einer gefesselten Montgolfiere – also einem Heißluftballon – den Aufstieg auf 40 Meter Höhe gewagt.

1784 wurde die erste Ballonfahrt mit dem ausdrücklichen Ziel unternommen, Forschungen in der Atmosphäre anzustellen. 1804 stiegen Gay-Lussac und Biot mit einem Ballon auf 7000 Meter Höhe und fanden, daß der Wasserdampf mit steigender Höhe abnimmt, die Zusammensetzung der Luft aber ansonsten gleich bleibt. 1861 wurde von einem Ballon in den USA aus die erste Luftaufnahme gemacht. 1850 wurde bei einem Ballonaufstieg in 7500 Meter Höhe mit −39 Grad Celsius die bis dahin tiefste registrierte Temperatur gemessen; die beiden Ballonfahrer, Barral und Bixio, erkannten, daß die Zirruswolken aus Eiskristallen bestehen. In der Zeitspanne von 1862 bis 1895 wurden wiederholt Höhen von über 9000 Metern erreicht. Nach unliebsamen Erfahrungen (es ging auch nicht ohne Opfer ab) verwendete man in den teilweise wie wissenschaftliche Laboratorien aussehenden Ballongondeln Sauerstoffmasken.

Das lenkbare Luftschiff hingegen gab es trotz vielerlei Versuchen praktisch noch nicht; bis zu Otto Lilienthals ersten Gleitflügen sollten noch über zehn Jahre vergehen, als Ganswindt sein Weltenfahrzeug konzipierte und darauf verfiel, es in der ersten Flugphase mittels eines Luftschiffes oder Flugapparates anzutreiben. Es ist überliefert, daß er die Idee, einen lenkbaren Ballon oder einen Flugapparat zu konstruieren, als Gymnasiast in den Sommerferien des Jahres 1878 hatte. Sein Vater ermöglichte ihm damals eine Reise nach Paris zum Besuch der Weltausstellung, und hier sah Ganswindt einen mächtigen Fesselballon. Dieses Ausstellungsstück ließ in ihm den Gedanken reifen, ein entsprechendes lenkbares Luftfahrzeug zu entwerfen.

Er stellte zunächst, fußend auf Newtons einfacher Formel über den Luftdruck, Überlegungen zu Luftdruck, Luftwiderstand und Windgeschwindigkeiten an, machte eigene Fallexperimente und kam schließlich zu der Erkenntnis, daß man *große* Luftschiffe bauen und ihren Motoren *hohe* Leistungen geben müsse, um Erfolg zu haben. Schließlich entwarf er ein ihm geeignetes Luftschiff und reichte dem Patentamt im Oktober 1883 eine Patentschrift zur Patentierung in allen Ländern ein. In Frankreich entstand daraufhin ein erstes lenkbares Luftschiff. Die Bemühungen Ganswindts im eigenen Lande hingegen scheiterten, trotz Herausgabe einer Schrift, trotz Eingaben an Kaiser und Regierung, trotz der Gründung eines »Patriotischen Vereins für Luftfahrt«. Einige der Ganswindtschen Vorschläge wurden später verwirklicht, so die Idee von Ankermast und Schienenkreis zur Verankerung der Zeppeline.

Ganswindt beschäftigte sich inzwischen schon wieder mit seiner nächsten Idee, einem Flugapparat, oder, wie wir heute sagen würden, einem Hubschrauber. Mit ihm wollte er sein Weltenfahrzeug bis zur Grenze der Atmosphäre schleppen. Den Flügeln seines Apparates gab er in der Entwurfszeichnung ein parabolisch gekrümmtes Profil, eine für den Anfang der Fliegerei entscheidende Idee, auf die etwa gleichzeitig auch Otto Lilienthal gekommen war. Doch auch diese Idee konnte Ganswindt mangels Geld und wegen der verweigerten staatlichen Unterstützung nicht realisieren. Ebenso fielen seine Vorträge auf keinen fruchtbaren Boden. Zwar erkannten einzelne die genialen Ideen jenes Mannes in ihrer waren Bedeutung, aber von der großen Menge wurde er nur verspottet und verlacht.
Ganswindts finanzielle Sorgen besserten sich erst, als er (nach einer kurzen Periode des Aufenthalts im ostpreußischen Elternhaus) in Berlin begann, Erfindungen für das tägliche Leben zu verwirklichen und die Produktion von Fahrrädern mit dem von ihm erfundenen und patentierten Freilauf aufnahm. Er erhielt zahlreiche andere Patente, konstruierte einen Tretmotor für den Antrieb von Drehbänken, baute ihn in eine Droschke ein, fertigte ein Tretmotor-Schraubenboot an und einen Feuerwehrwagen. In seiner Werkstatt in Berlin-Schöneberg eröffnete er eine Ausstellung, die von Hunderten von Menschen besucht wurde. Schließlich konstruierte er einen Flugapparat mit behelfsmäßigem Motor und demonstrierte diesen. Seine Fahrräder verkauften sich hervorragend. Doch 1902 wurde Ganswindt auf Grund von Verleumdungen verhaftet. Man behauptete, seine Flugmaschine sei ein Betrug, sie werde mit der Hilfsleine hochgezogen und nicht durch die Hubkraft der rotierenden Schraubenflügel. Zwar konnte Ganswindt sich bei der Beweisaufnahme durch Vorführung des Geräts glänzend rehabilitieren, aber erst acht Wochen später wurde er aus der Untersuchungshaft entlassen. Man zahlte ihm zurück, was er Jahre zuvor über Moral und Recht, über das Unrecht in der Justiz und über die Juristen gesagt und geschrieben hatte. Seine Fahrräder konnten plötzlich nicht mehr abgesetzt werden, sein Betrieb ging pleite, sein Lebenswerk war vernichtet.
In Prozessen suchte er sich zu rechtfertigen, doch umsonst, die Zeitungen schwiegen ihn einfach tot. Es gibt keine konkreten Hinweise, wer die Drahtzieher der Kampagnen gegen ihn waren, aber daß es solche Drahtzieher gab, die sich hinter Richter und Presse steckten, ist offensichtlich. Auch die wenigen, die tapfer zu ihm standen, konnten seinen Untergang nicht verhindern.
Ganswindt selbst war es nicht vergönnt, die Früchte seiner Arbeit zu genießen. Wohl erhielt er nach dem Ersten Weltkrieg einige Zuwendungen vom Staat, aber er zahlte sie eilends an seine früheren Teilhaber weiter. Auch die große Anerkennung blieb ihm versagt, obgleich viele ihm schrieben und seinen Thesen und Überlegungen zustimmten. Aber er erlebte noch die Arbeiten Oberths und das Buch Valiers aus dem Jahre 1924 »Der Vorstoß in den Weltenraum, eine technische Möglichkeit«, das dazu beitrug, die Öffentlichkeit aus ihrer bisherigen Lethargie in Sachen Raumfahrt aufzurütteln, trat in Korrespondenz mit Valier und bekam durch Oberths Buch Kenntnis von jenem Manne in Amerika, der glücklicher als Ganswindt zu sein schien, der tatsächlich Feststoff- und später Flüssigkeitsraketen entwickeln und starten konnte, Robert H. Goddard ...
Valier berücksichtigte die Arbeiten und Ideen Ganswindts, die er zunächst nicht gekannt hatte, ausführlich in den weiteren Auflagen seines Buches. Im Oktober 1934 verstarb Hermann Ganswindt in Berlin. Auf dem Totenbett sagte er zu seiner Frau über die Raumfahrt als seine letzten Worte: »Ich habe es nicht mehr erleben dürfen, aber du wirst es noch erleben!«
Wir erwähnten gerade Max Valier (1895 bis 1930), jenen jungen Astronomen und Schriftsteller, der, von dem 1923 erschienenen Buch Hermann Oberths »Die Rakete zu den Planetenräumen« begeistert, durch sein eigenes Buch in den zwanziger Jahren zur Verbreitung des Raumfahrtgedankens beitrug.
Aus der Sicht dieses Raumfahrtkenners wollen wir noch einmal rückblickend die Leistungen Ganswindts zusammenfassen und beleuchten. In der 4. Auflage von »Der Vorstoß in den Weltenraum« schrieb Valier 1926:
»Als Antriebssystem dachte sich Ganswindt einen dickwandigen, glockenförmig ausgehöhlten Stahlblock, der gleichzeitig eine Schwungmasse vorstellen sollte, um die Stöße der einzelnen Explosionen aufzunehmen und auszugleichen. Die Antriebskraft sollte durch den Auspuff der Gase der im Innern der Höhlung des Schwungblocks rasch hintereinander zur Explosion gebrachten Patronen eines (zunächst fest gedachten, aber auch in flüssiger Form möglichen) Sprengstoffs von möglichst hohem Energiegehalt erzeugt werden. Die chemische Zusammensetzung der Treibstoffladung bezeichnet Ganswindt als sein Geheimnis. Dasselbe gilt von der Vorrichtung, durch welche bewirkt werden soll, daß die in großen Revolvertrommeln rechts und links des Schwungblocks zu Tausenden mitgeführten Patronen selbsttätig schnell hintereinander in die Mitte der Schwungglocke geschleudert und dort durch eine sicher wirkende Zündung zur Explosion gebracht werden. Weitere Vorräte an Patronen sollen nicht in geschlossenem Raum, da dessen Wandungen zu schwer würden, sondern nur in losen Trauben an Seilen nachgeschleppt werden. Nach dieser Beschreibung handelt es sich bei Ganswindts Apparat um den Typ der intermittierenden Pulverrakete.
Mit diesem Treibsystem sollte die wegen des inneren Überdrucks möglichst enge Passagierkammer in Gestalt einer mit Fenstern und Außenböden versehenen zylindrischen, luftdicht geschlossenen Röhre durch eine federnde Aufhängung verbunden sein, um die noch immer ruckartig-ungleichmäßige Bewegung der Schwungglocke noch mehr auszugleichen. Die Heizung sollte durch die Explosionsabgase, die durch eine Art Ofenrohr durch die Kammer geführt werden, erfolgen, Auch war sich Ganswindt darüber klar, daß für die Erhaltung des normalen Luftdrucks und Erneuerung der verbrauchten Atemluft Vorsorge getroffen sein muß. Das Gleichgewicht des ganzen Fahrzeugs ist jederzeit ein stabiles, da der Angriffspunkt der Kraft stets vor dem Schwerpunkt liegt, was Ganswindt als wesentlich erkannt und seiner Konstruktion zugrunde gelegt hat. Ebenso erhebt er Anspruch auf die Priorität des Gedankens, den nach Abstellung der Explosionen eintretenden Mangel an Schwereempfindung für die Insassen durch eine Rotation des ganzen Schiffes um dessen Längsachse zu ersetzen, derart, daß die auftretende Zentrifugalkraft diese mit einer Kraft, gleich ihrem irdischen Gewichte, gegen die, alsdann zu Fußböden werdenden Grundflächen der zylindrischen Kammer drückt. Es könnte also, wenn das Schiff mehrere Insassen hat, der Fall eintreten, daß diese als Antipoden mit den Köpfen zueinander, das heißt zur Längsachse des Schiffes einander gegenüberstehen.
Die erforderliche Längsachsenumdrehung des Schiffes soll nach Ganswindt durch einige seitlich auspuffende Explosionen erzeugt und wohl auch wieder durch entgegengesetzte zum Stillstand gebracht

werden, denn sonst würde sich das Schiff immerfort weiterdrehen.
Auch an die Möglichkeit, zwei Raumschiffe durch ein entsprechend langes Seil zu verbinden und zur Erzeugung eines Zentrifugalandrucks in kreisende Bewegung um den gemeinsamen Schwerpunkt zu versetzen, hat Ganswindt bereits gedacht.
Den Start zum Raumflug dachte sich Ganswindt folgendermaßen:
Zunächst sollte die Maschine durch Hubschrauberflugzeuge möglichst bis an die Grenze des Luftkreises emporgetragen werden. Er bezeichnet dies als Notwendigkeit, da sein Weltenfahrzeug wegen der ungünstigen Luftwiderstandsform aus eigener Kraft nicht mit großer Geschwindigkeit durch den Luftkreis aufzufahren vermöchte. Dann sollte der Explosionsapparat in Betrieb gesetzt werden. Ganswindt wußte schon im Jahre 1881, daß der volle Wirkungsgrad einer raketenartigen Antriebsmaschine nur bei sehr hohen Fahrtgeschwindigkeiten günstig ist, daß aber diese mit Rücksicht auf den Andruck, welchen die Insassen auszuhalten haben, erst allmählich erreicht werden können. Er wollte deshalb über das Doppelte der Erdschwere mit der Anfahrtsbeschleunigung nicht hinausgehen.
Das weitere Vordringen in den Weltraum soll nach Ganswindt durch die Anlegung von Vorratsstationen unterwegs ermöglicht werden. Unseren wirklichen Mond hält er für wenig geeignet als Tankstation, gegenüber den Vorteilen künstlicher Kleinmonde, deren eigenes Schwerefeld verschwindend gering ist. Bei ausreichenden Vorkehrungen hält Ganswindt selbst die Erreichung anderer Fixsternsysteme, wie Alpha Centauri, für möglich, doch müßte die Beschleunigung dann gleich dem Zehnfachen der Erdschwere genommen und sehr lange beibehalten werden. Er bezweifelt darum, ob die Insassen eine solche Fahrt aushalten würden.«
Durch widrige Umstände behindert, hat Ganswindt sein Weltenfahrzeug nicht einmal im Modell zur Ausführung bringen können. Er hat aber noch 1927 bekräftigt, daß er seinem ursprünglichen Projekt nichts Wesentliches hinzuzufügen habe, daß aber seine damals 1881 erstmalig veröffentlichte Zeichnung nur als ein Schema, nicht als Werkstättenblatt anzusehen sei, und er hat sich die Patentierung einer Reihe Sonderbestandteile vorbehalten.
Zusammenfassend läßt sich feststellen, daß Hermann Ganswindt der erste gewesen ist, der den Weg zur Raumfahrt über das Rückstoßprinzip aufgezeigt hat. Er zog in seinen Überlegungen eine Fülle völlig richtiger Schlußfolgerungen, wie etwa die, daß man beim Flug im Weltraum hohe Geschwindigkeiten benötigt und daß die Atmosphärelosigkeit des Raumes dieser Forderung entgegenkommt. Er war sich klar über die Bedeutung der Schwerelosigkeit und suchte den möglichen negativen Auswirkungen dieses Phänomens dadurch zu begegnen, daß er die Kabine, in denen sich seine Passagiere befinden sollten, rotieren ließ, um auf diese Weise in Form einer Zentrifugalkraft künstliche Schwerewirkung zu erzeugen.
Ganswindt setzte sich bei seinen Überlegungen auch mit dem Begriff des Massenverhältnisses – dem Gewichtsverhältnis zwischen vollbetankter und unbetankter Rakete – auseinander, obgleich er das Massenverhältnis, das benötigt wird, um über das Schwerefeld der Erde hinauszugelangen oder gar andere Planeten zu erreichen, bei weitem unterschätzte.
Er kannte die Begriffe Trägheit, Beharrungsvermögen und Impuls. Offensichtlich aber gelang es ihm nie, sich bis zum vollen Verständnis des Rückstoßantriebs durchzuringen. Denn obgleich er von dem Rückstoß als solchem spricht und das »Luftschaufeln« der Vögel als Beispiel für das Rückstoßprinzip anführt, geht er bei seinem »Weltenfahrzeug« stets von materiellen Gegenständen aus, die er zwecks Erzeugung eines Rückstoßes abschleudert: Der Gedanke, daß schon allein das »Abstoßen« der Explosionsgase seines Treibstoffes Dynamit einen Rückstoß erzeugt und es des Auswerfens von Patronenhülsen, wie er es im »Weltenfahrzeug« vorsah, also gar nicht bedarf, war ihm fremd. In der Tat stellte Hermann Oberth bei einem Gespräch mit Ganswindt fest, daß dieser »ein Ausströmen von Gasen im Vakuum des Weltraums nicht als impulserzeugend ansah«, wie Alfred Fritz es bei einem Symposion der Deutschen Gesellschaft für Luft- und Raumfahrt zum Thema »Pioniere der Raumfahrt« im April 1971 formulierte.
Fritz fügte dem hinzu, die Ausströmgase der Feuerwerksraketen stützen sich nach Ganswindts Meinung an der Luft ab. Es ist merkwürdig, daß er trotz dieser irrtümlichen Vorstellung – ›Gase‹ waren ihm als Mechaniker wohl nicht ›massiv‹ genug – das Rückstoßprinzip in dessen elementarstem Charakter durchaus erfaßte.
Hermann Ganswindt stand an der Wende vom Utopiegedanken einer Raumfahrt zur Durchdenkung ihrer technischen Bewältigung. Er steht an der Spitze der geistigen Pioniere dieser Raumfahrt.
Dr. Irene Sänger-Bredt hat in ihrer Eröffnungsansprache zu dem gerade erwähnten Symposion die Frage gestellt, was denn »Pionier« überhaupt heiße, und darauf folgendes festgestellt:
»Um diese Frage beantworten zu können, muß man ein wenig in die Psychologie technischer Entwicklungen einsteigen. Die Verwirklichung einer jeden technischen Idee scheint nacheinander mehrere bestimmte charakteristische Entwicklungsstadien zu durchlaufen, deren Träger man etwas schematisiert als ›Träumer‹, ›Erfinder‹, ›Konstrukteure‹ (in Anlehnung an diesen Buchtitel Heinz Gartmanns) und ›Realisatoren‹ bezeichnen kann. Dabei gelten die Träger der beiden mittleren Stadien als die ›Pioniere‹ der neuen Technik.
Lange noch, bevor die Menschheit ein neuartiges technisches Verfahren zu erwägen oder auch nur als Möglichkeit zu bemerken beginnt, spukt seine Vision bereits – gleichsam spielerisch – in den Hirnen ihrer Dichter und Schriftsteller als ein luftiges Phantasiegebilde. Dabei ist zu bedenken, daß in früheren Epochen der Menschheit die Grenzen zwischen den Berufsbildern des Ingenieurs, des Naturwissenschaftlers, des Dichters und des Philosophen viel verschwommener waren als heute, so daß alle vier Berufe im klassischen Altertum und selbst noch im Mittelalter ohne weiteres in einer Person vereinigt sein konnten.«
Irene Sänger-Bredt sagte in diesem Vortrag weiter: »Angeregt von der schöpferischen Phantasie derartiger Dichtungen über irgendeine neuartige Technik beginnen nämlich danach Einzelgänger, sogenannte ›Erfinder‹, an die Möglichkeit der Verwirklichung solcher Phantasieprojekte zu glauben, ihre technischen Forderungen mit vorhandenen Kenntnissen der Grundlagenphysik zu verknüpfen, den neuen Ideen mit Worten oder Zeichenstift konkrete Gestalt zu verleihen und sich leidenschaftlich für sie einzusetzen – ohne sich vorerst über quantitative Größen, Zusammenhänge der Details und praktische Durchführbarkeit allzuviel Rechenschaft zu geben.«
Genau diese Beschreibung aber charakterisiert Ganswindt wie eine Reihe anderer Raumfahrtenthusiasten der ersten Stunde. Irene Sänger-Bredt bezeichnet sie treffend als die »Pioniere der ersten Generation«.

Ziolkowski und die Raumstation

Entdeckungen und Erfindungen geschehen aus ihrer Zeit heraus, sie »liegen in der Luft«, manifestieren sich, wenn die Zeit »reif« dafür ist, wenn die richtigen Umweltbedingungen gegeben sind. Es gibt zahllose Entdeckungen und Erfindungen, die »zu früh« gemacht wurden, zu einer Zeit, da sie nicht in Einklang zu bringen waren mit den übrigen Bestandteilen des existierenden Weltbildes, und die deshalb sang- und klanglos untergingen oder deren Urheber verspottet wurden. Wir haben in diesem Buch bereits Beispiele für derartige »verfrühte« Entdeckungen und Erfindungen kennengelernt.
Umgekehrt führt die »Zeitabhängigkeit« einer Entdeckung und Erfindung auch häufig dazu, daß sie von verschiedenen Leuten an verschiedenen Orten in etwa der gleichen Epoche unabhängig voneinander gemacht wird.
Hermann Ganswindt in Deutschland und Konstantin Eduardowitsch Ziolkowski (1857-1935) sind ein Beispiel für die Parallelentdeckung, daß sich der Raumflug mit Hilfe des Rückstoßprinzips verwirklichen läßt, und für noch manche andere einschlägige Idee. Ihre Parallelität in vielen Dingen ist ebenso frappierend wie ihr Unterschied in anderen. Es beginnt damit, daß sie im Abstand von einem Jahr geboren und im Abstand von einem Jahr gestorben sind: Ganswindt erblickte das Licht der Welt am 12. Juni 1856 in Seeburg in Ostpreußen; Ziolkowski wurde am 5. September 1857 in Ijewskoje in der Provinz Rjasan des damaligen russischen Zarenreiches geboren; Ganswindt verstarb am 25. Oktober 1934 in Berlin-Schöneberg, Ziolkowski am 19. September 1935 in Kaluga bei Moskau.
Beide Männer begannen sich schon in frühen Jugendjahren für die Idee der Raumfahrt zu interessieren, und beide waren Autodidakten. Beide konnten sie ihre Projekte nicht verwirklichen, noch erlebten sie die Realisierung der Raumfahrt durch andere, aber beide sahen zumindest die ersten Fortschritte noch, die man im Hinblick auf die Bewältigung der Raumfahrttheorie wie auch der Raketenpraxis erzielte. Und schließlich verschieden beide im Gedanken an die Raumfahrt, noch in der letzten Phase ihres Lebens geehrt durch ihre jeweiligen Machthaber - der eine durch das nazistische Regime in Deutschland, der andere durch die sowjetischen Machthaber im Moskauer Kreml.

Schon von Jugend auf hatte Ziolkowski ein besonderes Interesse an der Mathematik und den Naturwissenschaften. Es hing möglicherweise mit einem Handicap zusammen, das es ihm seit seinem elften Lebensjahr schwermachte, mit anderen Menschen zu kommunizieren, und ihn zu einem unermüdlichen Studenten von Schriften und Büchern werden ließ: Mit zehn Jahren war der kleine Konstantin an Scharlach erkrankt und hatte durch diese Krankheit sein Gehör nahezu vollständig eingebüßt. Die Gehörlosigkeit bereitete ihm große Schwierigkeiten in der Schule, die er nur durch eifriges Selbststudium

Konstantin Eduardowitsch Ziolkowski (1857–1935), der erste ernsthafte Theoretiker der Raumfahrt

unter Anleitung seiner Mutter überwinden konnte. Gleichzeitig führte seine Taubheit zu einer Entfremdung zwischen ihm und seinen Schulkameraden: Während diese draußen am Flußufer herumtollten und spielten, saß Ziolkowski zu Hause über seine mathematischen und physikalischen Bücher gebeugt. Als Konstantin Eduardowitsch 13 Jahre alt war, starb seine Mutter, und er lebte von nun an noch einsamer. Zwar hatte er noch seinen Vater, aber der Forstexperte Eduard Ignatewitsch war nahezu ununterbrochen beruflich unterwegs und hatte deswegen für seinen Sohn nicht allzuviel Zeit. So suchte der junge Ziolkowski die Welt aus seinen Büchern zu ergründen und zu verstehen, unterrichtete sich selbst, ohne irgendeine Anleitung zu haben. Doch er war nicht allein mit dem zufrieden, was die Bücher ihm über Physik und Technik sagten; er baute sich selbst Modelle von Dampfmaschinen, Windmühlen, Pumpen und Fahrzeugen, an denen er die Praxis erprobte.

Als er eines Tages einen Kinderluftballon geschenkt bekam, war dies für ihn kein Spielzeug, sondern wurde zu einem Kapitel Physik. Er versuchte, einen solchen Ballon nachzubauen, mit Wasserstoff zu füllen, und kam schließlich auf die Idee eines »metallenen Luftballons«.
Dem Vater waren natürlich die Interessen und die Begabung seines Sohnes nicht verborgen geblieben, und so schickte er ihn 1873 als Sechzehnjährigen nach Moskau, damit er dort an der technischen Schule seine Ausbildung vorantreiben und studieren könne. Doch in dem großen Moskau, ohne Kontakte und Freunde, behindert durch seine Taubheit, gelang es Ziolkowski nicht, an der Schule unterzukommen. Er sicherte sich ein billiges Quartier und machte die Tscherkowsky-Bibliothek (heute Lenin-Staatsbibliothek) zu seiner Universität. Hier fand er in Hülle und Fülle jene Bücher, nach denen er zu Hause vergebens gesucht hatte.
Seine zufällig zustande gekommene Bekanntschaft mit einem Fachmann für wissenschaftliche Literatur, N. F. Fedorow (1828-1903), führte dazu, daß er an der Bibliothek mit allen notwendigen Büchern versorgt wurde, um einen Universitätslehrgang im Selbststudium nachzuvollziehen. Im ersten Jahr erlernte er die Grundlagen von Mathematik, Physik und Chemie; im zweiten Jahr wagte er sich bereits an die höhere Mathematik einschließlich Integral- und Differentialrechnung heran. Auch hier in Moskau ergänzte er diese theoretische Ausbildung wieder durch praktische Versuche.
Er finanzierte sie mit dem ohnedies spärlichen Geld, das er von seinem Vater zum Leben bekam. Im wesentlichen ernährte er sich von Brot und Wasser.
Hier in Moskau entstand Ziolkowskis Interesse an der Weltraumfahrt. Er berichtete später, daß dieses Interesse 1873 aufgekommen war, als seine Blicke zum sternenübersäten Himmel des schneebedeckten Moskau wanderten und er sich zu vergegenwärtigen suchte, was er in der Schule über die Sterne gelernt hatte.
Drei Jahre - bis 1876 - blieb Ziolkowski in Moskau, dann kehrte er wieder in sein Vaterhaus zurück und setzte dort seine Studien fort. Noch immer war er damit beschäftigt, das Lehrpensum der Universität autodidaktisch zu Hause zu absolvieren. Das Interesse an der Astronomie, lebendig gehalten durch die astronomischen Kenntnisse, die er im Rahmen seines Selbststudiums zu erwerben hatte, muß in ihm die Überzeugung ausgelöst haben, daß es möglich ist, den Mond und

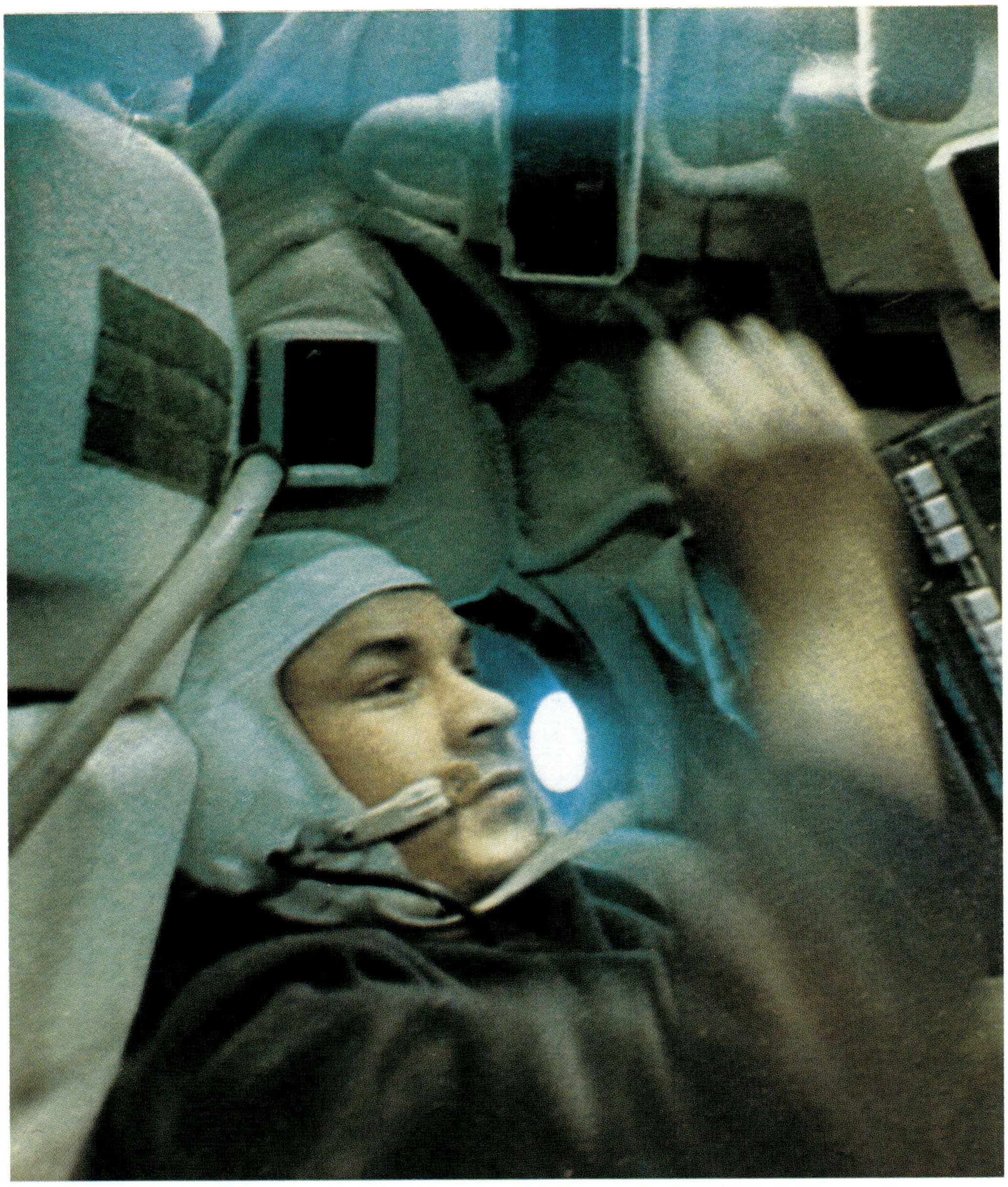

Links: Und so sieht hundert Jahre nach den ersten Arbeiten Ziolkowskis die Raumfahrt wirklich aus: der sowjetische Kosmonaut Wladimir Kubasow beim Flug im SOJUS-Raumfahrzeug.

Rechte Seite: Ziolkowskis Wohnhaus in Kaluga, heute Museum und Gedenkstätte für den großen Raumfahrtpionier

die Planeten zu erreichen. Es war aber zunächst ein Gedanke ohne irgendwelche konkreten Vorstellungen, eine fast utopisch zu nennende Idee, die in ihm schlummerte.
Um 1876 bis 1878 herum muß dieses Raumfahrtinteresse sodann in ein konkretes Stadium getreten sein. Im letztgenannten Jahr zog Ziolkowskis Familie nach Rjasan um, und Ziolkowski erwähnt in seiner erst 1949 nach seinem Tode erschienenen Autobiographie »Aspekte meines Lebens« (»Scherti moei Zhizne«), daß er zur Zeit des Umzugs nach Rjasan eine Zentrifuge gebaut hatte, in der er Hühnerküken durch Rotation einem erhöhten Andruck unterwarf, um die Auswirkung des Andrucks auf den lebenden Organismus zu untersuchen. Diese Experimente standen natürlich im Zusammenhang mit der Raumflugidee, denn Ziolkowski wußte sehr wohl, daß Lebewesen beim Raumflug einem sehr hohen Andruck unterworfen würden, und für ihn war zunächst die Kardinalfrage, wie diese Lebewesen darauf reagieren würden und was man tun könnte, um die Stärke des Andrucks zu mildern. Er fand heraus, daß ein Andruck von 5 g (dem Fünffachen des normalen Andrucks auf der Erdoberfläche) den Tieren noch nichts zuleide tat. Dennoch beschäftigte ihn diese Frage noch über Jahre hinaus, wie die Tatsache beweist, daß eine seiner beiden ersten Arbeiten, die er 1891 in Moskau auf Grund der Fürsprache zweier prominenter Wissenschaftler in einer Sammlung der physikalischen Sektion der Amateurwissenschaftlichen Gesellschaft veröffentlichen konnte, den Titel trug »Wie man zerbrechliche und empfindliche Objekte vor Stoß und Schlag schützen kann«.
In diesem Artikel sprach er die Raumfahrt unmittelbar an. Es war das erste Mal, daß dies in der wissenschaftlichen Literatur geschah. Ziolkowskis Lösungsvorschlag basierte auf einem physikalischen Experiment, das jedermann leicht vornehmen kann. Es besteht darin, daß man ein rohes Hühnerei in eine mit Wasser gefüllte Blechbüchse einlötet. Läßt man die Büchse fallen und öffnet sie danach wieder, so findet sich das Ei unbeschadet des Aufpralls, den die Büchse erlitten hat, noch völlig intakt in dieser Büchse. Ziolkowski schlug vor, mit den Piloten künftiger Raumschiffe ebenso zu verfahren, sie also in eine Flüssigkeit einzubetten, um sie gegen Beschädigungen durch die hohe Beschleunigung zu schützen, die beim Raumflug auftritt.
Seine Zentrifugenexperimente sind Ausdruck seines ersten Interesses an Raumfahrt und Astronomie. Es manifestierte sich 1878 auch darin, daß Ziolkowski zu diesem Zeitpunkt erste Zeichnungen des Sonnensystems anfertigte. Eine von ihnen zeigt einen Menschen, der auf einem Asteroiden (also einem

kleinen Planeten) schwerelos durch den Raum treibt, eine andere gibt Teile seiner Zentrifuge wieder, und weitere Skizzen enthalten Lösungsvorschläge zur Überwindung des Andruckproblems. Die ersterwähnte Zeichnung trägt den handschriftlichen Vermerk »8. Juli 1878, Sonntag, Rjasan. Hier begann ich astronomische Entwürfe zu zeichnen. K. Ziolkowski.«
1879 bewarb sich Ziolkowski um eine Anstellung als Lehrer, bestand das dafür notwendige Examen und begab sich Ende 1879 nach Borowsk im Bezirk von Kaluga, wo er in der Kreisschule Mathematik zu unterrichten begann. Nebenbei brachte er seine wissenschaftlichen und technischen Ideen zu Papier, ohne allerdings hierbei zunächst speziell auf die Raumfahrt einzugehen.
Einige dieser Arbeiten schickte Ziolkowski 1880 an die Gesellschaft für Physik und Chemie mit Sitz in St. Petersburg, dem heutigen Leningrad. Die Wissenschaftler, die sie erhielten, wunderten sich nicht schlecht: Sie fanden zwar in den Unterlagen deutliche Beweise dafür, daß die Entdeckungen, die Ziolkowski beschrieb, originär waren, also von ihm selbst gemacht worden sind, aber es waren zum Teil »Erfindungen«, die es schon gab! Ziolkowski hatte also, ohne davon zu wissen, bereits existierende Entdeckungen nachvollzogen. Es ist dies keineswegs so selten in den Naturwissenschaften.
Einer der in St. Petersburg tätigen Wissenschaftler, der berühmte Entdecker des Periodischen Systems der Elemente (1869), Dimitrij Iwanowitsch Mendelejew (1834 bis 1907), erkannte den Sachverhalt und korrespondierte mit Ziolkowski, erläuterte ihm die Situation, ohne ihm damit seine Illusionen zu nehmen, und spornte ihn gleichzeitig zur Weiterarbeit an.
Auch an seiner neuen Wirkungsstätte gab Ziolkowski das Experimentieren natürlich nicht auf. Er baute allerlei Maschinen – so einen künstlichen Habicht, den er zum Erstaunen und Ergötzen der Bevölkerung gelegentlich des Abends in der Dunkelheit beleuchtet umherfliegen ließ, schrieb über die Idee des Fliegens und den Luftballon und schickte diese Manuskripte an Freunde in Moskau. So kam es, daß er eingeladen wurde, am Polytechnischen Museum der Hauptstadt einige Vorträge zu halten.
In Borowsk entstand auch Ziolkowskis erste Monographie über Raumfahrt, betitelt »Swobodnoij prostranstow«, was soviel heißt wie »Freier Raum« und sich auf den gravitationsfreien Weltraum bezieht. Es war ein Manuskript von 149 Seiten Umfang, das Ziolkowski in den Frühjahrsferien des Jahres 1883 schrieb; er begann es am 29. Februar 1883 und schloß es in weniger als zwei Monaten ab. Dies gelang natürlich nur, weil Ziolkowski die wesentlichen Grundlagen und Zeichnungen bereits 1878/79 in Rjasan erarbeitet

hatte. In diesem Manuskript, das erstmals 1954 in den »Gesammelten Werken des K. E. Ziolkowski« erschien, ist bereits davon die Rede, daß Raumfahrzeuge nach dem Rückstoßprinzip angetrieben werden müßten. In dem Manuskript findet sich auch eine Skizze von einem Raumfahrzeug, das schwere Kugeln ausschleudert, um dadurch seinen Vortrieb zu erhalten. Welche Ähnlichkeit mit dem zwei Jahre zuvor von Ganswindt in Berlin vorgetragenen »Weltenfahrzeug«, das den Rückstoß durch Dynamitpatronen erzielen sollte!

In Paaren angeordnete Schwungscheiben sollten das Ziolkowskische Fahrzeug stabilisieren, eine Idee, die ja in der Raumfahrt seitdem immer wieder propagiert worden ist.

1892, also im Alter von 35 Jahren, wurde Ziolkowski an die Eparchialschule (also eine Provinzialschule weltlichen und kirchlichen Rechts) nach Kaluga als Lehrer berufen. Kaluga war die Kreisstadt, erheblich größer als Borowsk, etwa 160 Kilometer südöstlich von Moskau gelegen. Dies war eine eindeutige Beförderung – allerdings die einzige, die Ziolkowski in seinem ganzen Leben erfuhr; er blieb bis zu seinem Tode in Kaluga.

Hier beschäftigte er sich weiter mit der Raumfahrt und widmete nun zunächst sein Interesse auch verstärkt der Luftfahrt. Er hatte schon 1885 als erster Ganzmetallflugzeuge und geschlossene Flugkabinen vorgeschlagen, zu einer Zeit also, da noch kein einziges Flugzeug sich vom Boden erhoben hatte! Natürlich wurden diese Ideen von seinen Zeitgenossen als undurchführbar angesehen und abgelehnt, fanden aber viele Jahre später dennoch ihre Verwirklichung.

1893 veröffentlichte Ziolkowski eine Schrift über »Das lenkbare Luftschiff«. Im gleichen Jahr erschien eine Erzählung »Auf dem Monde, eine phantastische Reise«, die er schon zuvor in der Zeitschrift »Rund um die Welt« publiziert hatte, in Moskau als Broschüre. Ihr folgte 1895 die Schrift »Träume über Himmel und Erde« mit dem Untertitel »Und die Wirkungen der universellen Schwerkraft« (»Grasy o semle i nebe i effektij wsemirnogo tyagotenija«). In diesem Buch stellt Ziolkowski zunächst Wirkung und Bedeutung der allgemeinen Gravitation dar, um dann zum ersten Mal den Begriff des »künstlichen Erdsatelliten« – das Wort »Sputnik« – einzuführen. Er sagt dazu:

»Unser angenommener Satellit wird dem Mond nicht unähnlich sein, aber unserem Planeten so nahe stehen, wie wir dies nur wünschen; nur muß er außerhalb der Atmosphäre der Erde sein, die rund 300 Werst über der Erdoberfläche endet...« (1 Werst = 1,067 Kilometer). Ziolkowski fügt dann weiter hinzu, daß ein solcher Satellit sich mit einer Geschwindigkeit von »rund 8 Werst pro Sekunde« bewegen würde – eine fachlich durchaus zutreffende Feststellung!

Ziolkowskis Begeisterung für die Raumfahrt hat vier klar voneinander trennbare Phasen durchlaufen. Die erste begann 1873 in Moskau mit dem aufkeimenden Interesse für Astronomie und den Gedanken des Weltraumfluges. Es war dies zunächst die Periode des bloßen Phantasierens,

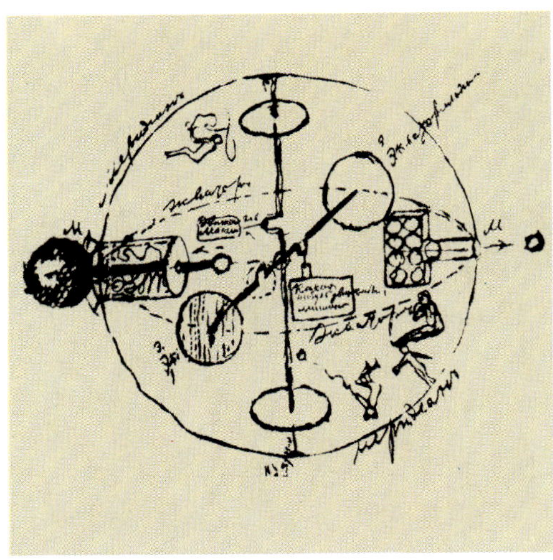

Skizze Ziolkowskis aus dem Jahre 1883. Ein Raumfahrzeug, das durch ausgeschleuderte Kugeln nach dem Rückstoßprinzip angetrieben werden soll. Paarweise angeordnete Schwungscheiben ermöglichen die Lagekontrolle.

gefolgt von der Erkenntnis, daß Raumfahrt, wie immer letztlich auch zu verwirklichen, den Menschen einer hohen physischen Beanspruchung unterwerfen würde.

Daraus folgte als zweite Phase und konkrete selbstgestellte Aufgabe die Überlegung, wie man den Menschen am besten gegen diese physische Beanspruchung – den Andruck beim Flug in den Weltraum – schützen könne. Sie gipfelte in den Zentrifugenexperimenten mit Küken und der erwähnten Arbeit über den Schutz »zerbrechlicher und empfindlicher Objekte«.

Die dritte Phase bestand in der Erkenntnis Ziolkowskis, daß zum Raumflug enorme Energien notwendig sind. Er sah sie in der Sonnenenergie und wies in seinen Schriften wiederholt darauf hin, daß, wenn man erst einmal mit einem Raumfahrzeug im Weltall sei, die notwendige Antriebsenergie unschwer aus der Strahlungsenergie des Tagesgestirns gezogen werden könne.

In der vierten Phase schließlich, die Ziolkowski durchmachte, wurden alle diese spekulativen Überlegungen, die er bis dahin angestellt hatte, durch die klare Erkenntnis verdrängt, daß die Lösung der Raumfahrtaufgabe im Raketenprinzip zu finden ist, sowie durch daraus folgende nüchterne mathematische Berechnungen.

Den Anstoß hierzu erhielt Ziolkowski 1896 durch eine sechzehnseitige Broschüre des ansonsten völlig unbekannten Autors Aleksandr Petrowitsch Fjodorow, die den Titel trug »Ein neues Verfahren der Luftfahrt, das die Luft als stützendes Medium ausschließt«. In ihr war das Rückstoßprinzip in seiner umfassendsten Bedeutung dargestellt: Fjodorow hatte erkannt, daß als Ausstoßmasse durchaus kein materieller Körper benutzt werden muß (wie die Ganswindtschen Patronenhülsen oder die Ziolkowskischen Kugeln), um einen Vortrieb zu erzielen, sondern daß es genügt, ein Gas abzustrahlen. Fjodorow erklärte, daß die Rakete auch im luftleeren Raum anwendbar sei, und gab damit seinem Leser Ziolkowski den entscheidenden Geistesblitz. In seiner Biographie sagt Ziolkowski selbst, daß dieser Gedanke Fjodorows über das Raketenprinzip für ihn gewesen sei, was der fallende Apfel für Isaac Newton war!

Fjodorows Ausführungen waren recht allgemeiner Natur; sie enthielten keine umfangreichen wissenschaftlichen Begründungen noch die notwendigen mathematischen Ableitungen. Ziolkowski war nun derjenige, der 1896 mit der mathematischen Untersuchung des Raketenfluges in den Weltenraum begann, eben angeregt durch die unzureichenden Darstellungen Fjodorows.

Bereits ein Jahr später hatte er wesentliche wissenschaftliche Grundlagen entwickelt, so die Theorie geradlinig bewegter Raketen. Er wurde sich sehr schnell klar darüber, daß die damals existierende Pulverrakete für den Raumflug keine ausreichende Schubkraft besaß, sondern daß man Treibstoffe mit höherem Energiegehalt, also flüssige Antriebsstoffe, verwenden müsse. Er erkannte weiter, daß größere Leistungen (also Energieinhalte) der Treibstoffe höhere Ausströmungsgeschwindigkeiten der Verbrennungsprodukte aus der Düse der Rakete bedeuten, und stellte den mathematischen Zusammenhang zwischen Ausströmgeschwindigkeit, Raketengeschwindigkeit und Massenverhältnis her. Es ist eine Beziehung, die heute als »Grundgleichung der Raketentechnik« oder »Ziolkowski-Formel« bezeichnet wird. Sie ist das A und O aller Raketentechnik. Für die mathematisch interessierten Leser sei sie hier wiedergegeben.:

$$V = c \ln \frac{m_1}{m}$$

Darin bedeuten V die Geschwindigkeit einer Rakete zu dem Zeitpunkt, zu dem ihre Masse m ist; c ist die Ausströmgeschwindigkeit der Verbrennungsprodukte und m_1 die Startmasse der Rakete, also ihr »Gewicht« im Augenblick des Starts bei voller Betankung. ln schließlich ist der natürliche Logarithmus, also der Logarithmus zur Basis e (e = 2,71828...). Setzt man $m = m_o$, wobei m_o die Leermasse der Rakete ist, also das Gewicht der noch nicht betankten Rakete vor dem Start bzw. der Rakete im Augenblick des Brennschlusses, wenn der gesamte Treibstoff aufgebraucht ist, dann erhält man die mit dieser Rakete erzielbare Höchstgeschwindigkeit. In den beiden Werten m_o und m_1 drückt sich übrigens das zuvor definierte Massenverhältnis R aus. Es ist das Gewichtsverhältnis zwischen vollbetankter und treibstoffleerer Rakete, also

$$R = \frac{m_1}{m_o}$$

Die zuvor erwähnte Raketen-Grundgleichung oder Ziolkowski-Formel lautet (dies als letzte mathematische Anmerkung), wenn wir sie auf die Basis der geläufigeren dekadischen Logarithmen beziehen:

$$V = 2{,}3026\ c \log \frac{m_1}{m}$$

1898 hatte Ziolkowski ein erstes, fünfzigseitiges, handgeschriebenes Manuskript fertiggestellt, das die Raketen-Grundgleichung und viele andere Überlegungen enthielt, so unter anderem auch den Hinweis auf die Notwendigkeit, für die Raumfahrt Flüssigkeitsraketen zu entwickeln. Ziolkowski gab der Arbeit den Titel »Die Erforschung der Weltenräume durch Rückstoßapparate«.

Doch es sollte noch weitere fünf Jahre dauern, bis er dazu kam, es zu veröffentlichen. Das hatte damit zu tun, daß er in der Zeitspanne von 1895 bis 1900 mit vielen anderen Dingen beschäftigt war. Neben der Raumfahrt galt sein Interesse in dieser Periode der Luftfahrt. So konstruierte er 1893 einen selbststeuernden Mechanismus für Luftfahrzeuge, also eine Art »Autopiloten« - zu einer Zeit, da Otto Lilienthal in Berlin seine bescheidenen Gleitflüge machte!

1894 und 1895 publizierte Ziolkowski weitere luftfahrttechnische Arbeiten über Strömungsvorgänge und über Flugzeuge mit freitragenden Flügeln. In seinem Heim in Kaluga beschäftigte er sich mit dem Luftwiderstand, den fliegende Körper erfahren, und bereitete erste Experimente in dieser Richtung vor. Die Resultate seiner ersten Versuche waren so vielversprechend, daß er in aller Eile begann, eine »aerodynamische Röhre« - einen Windkanal - zu konstruieren, um damit experimentelle Untersuchungen über die Aerodynamik des Fluges anzustellen. Heinz Gartmann beschreibt die Vorrichtung in seinem Buch »Träumer, Forscher, Konstrukteure« als einen »eckigen, länglichen Kasten aus Holz, innen mit Blechstücken verkleidet, aber doch noch voller Ritzen, durch welche die Luft herauspfiff, die ein Gebläse durch den Kanal drückte«.

Die Experimente mit diesem ersten Windkanal, der in Rußland für Fluguntersuchungen gebaut wurde, waren erfolgreich. Ziolkowski maß darin Widerstandsbeiwerte, also das Ausmaß des Widerstandes, den ein umströmter Körper der Strömung leistet, auch als Widerstandskoeffizient bezeichnet. Er bestätigte existierende Gleichungen durch das Experiment, beseitigte vorhandene Irrtümer und kam zu neuen Erkenntnissen über die aerodynamischen Verhaltensweisen von Tragflächen. Ziolkowski veröffentlichte eine Beschreibung seines Windkanals zusammen mit ersten Ergebnissen und schickte die Publikation an das Präsidium der Akademie der Wissenschaften in Moskau in der Hoffnung auf finanzielle Unterstützung. Tatsächlich machte die Akademie etwas Geld verfügbar, so daß Ziolkowski weiterarbeiten konnte.

Das war natürlich ein zusätzlicher Ansporn für ihn, die begonnenen aerodynamischen Arbeiten intensiv fortzuführen. Außerdem hatte er ja auch seiner Lehrtätigkeit an der Schule nachzugehen. So kam es, daß er erst nach Abschluß der aerodynamischen Arbeiten von 1898 wieder zu seinem Manuskript »Die Erforschung der Planetenräume durch Rückstoßapparate« zurückkehren und es druckfertig machen konnte.

Anfang 1903 schickte Ziolkowski die Arbeit an die Zeitschrift »Nauschnoije Obosrenie« (»Wissenschaftliche Referate«) ein, die es in der Mai-Ausgabe 1903 veröffentlichte.

In dieser klassischen Arbeit, die in zwei weiteren Teilen ihre Fortsetzung fand, welche Ziolkowski 1911 und 1914 publizierte, sind Grundlagen der Raketentechnik enthalten, die im westlichen Ausland erst wesentlich später bekannt wurden. Erst nachdem Goddard seine Raketenversuche in den Vereinigten Staaten begonnen, Oberth in Deutschland sein berühmtes Buch »Die Rakete zu den Planetenräumen« veröffentlicht und Hohman über »Die Erreichbarkeit der Himmelskörper« geschrieben hatte, das heißt um 1925, erfuhr man hier überhaupt etwas von den Arbeiten Ziolkowskis.

Aber auch innerhalb Rußlands fand Ziolkowskis grundsätzliche Arbeit aus dem Jahre 1903 keinen Widerhall. Es lag

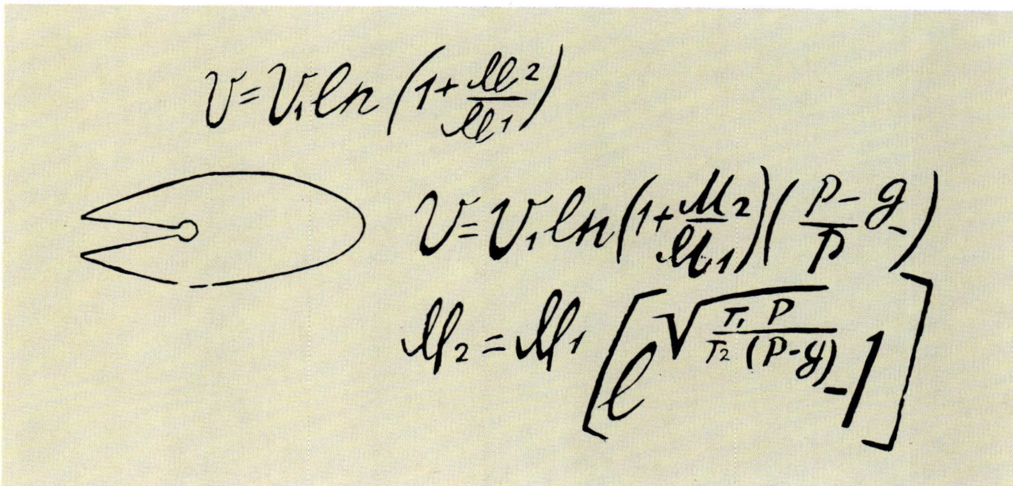

Die Ableitung der Raketen-Grundgleichung oder Ziolkowski-Formel in der Handschrift dieses weit vorausdenkenden Raketenpioniers. Links hat Ziolkowski zur Veranschaulichung des Raketenprinzips die Raktendüse aufgemalt. In späteren, ähnlichen Darstellungen hat er in diese Düse Strahlruder eingefügt und damit auf eine später tatsächlich verwendete Lenkmethode für Raketen hingewiesen.

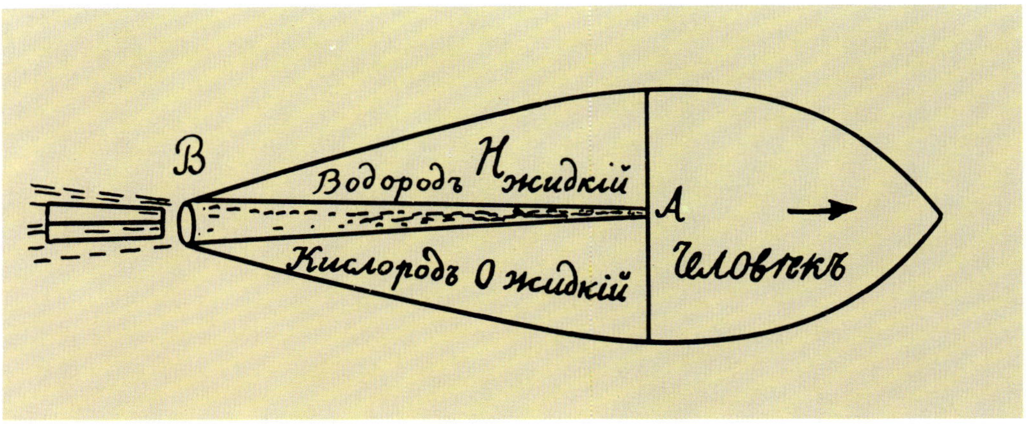

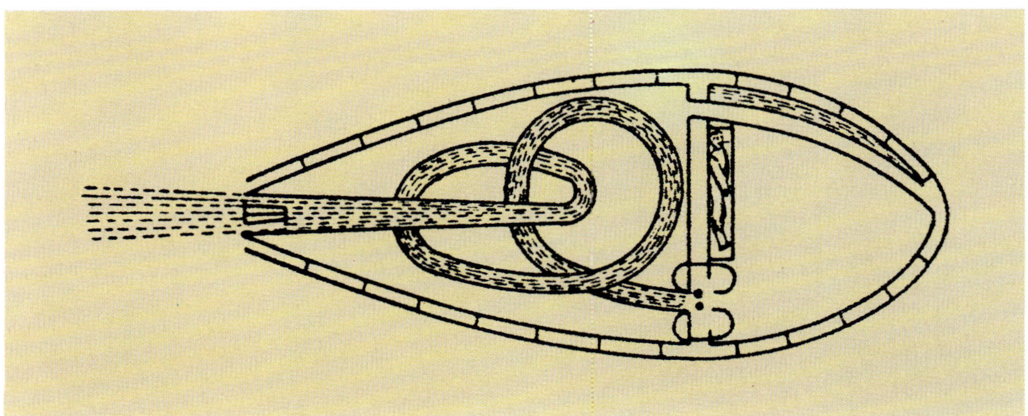

Links oben: Darstellung einer Rakete Ziolkowskis aus dem Jahre 1903. Im vorderen Teil ist der Pilotenraum, dahinter der geteilte Behälter für den flüssigen Wasserstoff (oben) und den flüssigen Sauerstoff (unten). In der Mitte die Austrittsdüse mit Strahlruder.

Links unten: Entwurf Ziolkowskis aus dem Jahr 1914. Drehstabilisierende Brennkammer. Der Mensch ist als Schutz gegen hohen Andruck in einer wassergefüllten Wanne untergebracht.

Rechte Seite oben: Früher Entwurf einer vierfach gebündelten Rakete. Die rechteckigen Flächen am vorderen Teil sind Quarzfenster für die Passagiere.

Rechte Seite unten: Stufen- und Bündelungsprinzip, wie bereits Ziolkowski sie beschrieb, fanden sich in der Tat in den sowjetischen Großraketen für die Raumfahrt wieder, so bei dieser Wostok-Rakete der ersten bemannten sowjetischen Flüge der frühen sechziger Jahre. Dem Westen wurden diese Raketen erst über ein Jahrzehnt später bekannt. Hier eine Wostok-Rakete auf dem Pariser Aerosalon 1967.

dies wohl zum Teil auch daran, daß die Zeitschrift »Wissenschaftliche Referate« den Beitrag recht liederlich mit vielen Fehlern in den Formeln gedruckt hatte, ohne Ziolkowski Korrekturfahnen zu schicken, und kurz danach einging, so daß das betreffende Heft keine große Verbreitung gefunden hat. Erst 1911 konnte Ziolkowski in der Zeitschrift »Flugnachrichten« (»Westnik Wosduchoplavanija«) eine Fortsetzung samt einer Zusammenfassung des ersten Teils veröffentlichen. Hierin schlug er unter anderem den radioaktiven Zerfall als Energiequelle für künftige Raumfahrtantriebe vor, also eine Form einer (wenn so auch nicht zu verwirklichenden) Kernenergierakete.

1914 erschien ein dritter Teil der Arbeit. Nun war das Klima für Ziolkowskis Überlegungen günstiger; es gab ja jetzt bereits Flugzeuge, eine bescheidene Luftfahrtindustrie und Universitätsvorlesungen über Aerodynamik mit den dazugehörigen Laboratorien sowie viele Luftfahrtveröffentlichungen. Da schien der Gedanke an einen Raumflug nicht mehr gar so absurd; langsam wurde Ziolkowski bekannt.

Schon in jungen Jahren hatte Ziolkowski Gefallen daran gefunden, wissenschaftliche Tatbestände und Hypothesen in utopische Erzählungen zu kleiden, um sie auf diese Weise breiteren Kreisen gefällig zu machen und seine Gedanken unter der Jugend zu verbreiten. So hatte er bereits im Jahre 1896 einige Kapitel einer utopischen Erzählung begonnen, die er 1916 auf Wunsch der Zeitschrift »Natur und Menschen« (»Priroda i Ljudij«) zu Ende führte. Einige Kapitel waren erschienen, als auch »Natur und Menschen« auf Grund der vorrevolutionären politischen Ereignisse in Rußland das Erscheinen einstellen mußte. 1920 erschien »Außerhalb der Erde« (»Wne Semlij«) endlich in Kaluga als Buch. Außerhalb Rußlands kam die Erzählung erstmals 1960 in einer englischen Ausgabe heraus, während die erste deutsche Übersetzung erst 1977 in einer Taschenbuchausgabe erschien. Sie stammt von Professor Winfried Petri und enthält wertvolle Anmerkungen. Das Buch ist überaus lesenswert, zeigt es doch, wieviel fachliches Wissen und wieviel Phantasie Ziolkowski besaß. Zahlreiche Ideen, die jüngst als neue realisierbare Weltraumprojekte der Zukunft angepriesen werden, wurden in diesem klassischen Buch von Ziolkowski bereits vorweggenommen.

Einige Kostproben:

Die Erzählung schildert die Expedition einer internationalen Gruppe von Gelehrten mit einem ausgeklügelten Raumfahrzeug zunächst auf wenige Kilometer Höhe in einem Probeflug, sodann in eine Erdumlaufbahn und schließlich auch zu Mond und Mars. Das Ganze weitet sich schließlich zur Errichtung ganzer Weltraumkolonien aus, nach der Art, wie sie jüngst von dem amerikanischen Physiker Gerard O'Neill propagiert werden. Dabei schildert Ziolkowski das Geschehen keineswegs in Form einer jeglichen Fakten abholden Utopie, sondern bezieht sich stets auf Naturgesetze, führt gültige Zahlenwerte an und arbeitet auf der Basis unbestrittener physikalischer Tatsachen. So bedient er sich eines Knallgasgemisches als Treibstoff – also des Antriebs durch Wasserstoff und Sauerstoff, wie er in modernen Raketen als Flüssig-Wasserstoff/Flüssig-Sauerstoff-Antrieb allgemein üblich ist. Ziolkowski spricht Probleme bei der Konstruktion der Einspritzköpfe von Raketentriebwerken an, wie sie in den vierziger Jahren bei der A-4(V-2)-Rakete aufgetreten sind und auch heute die Raketentechniker bei Neuentwicklungen gelegentlich plagen. Er erwähnt einen »Raketenzug« aus mehreren Einzelraketen und demonstriert damit das Stufenprinzip. An anderer Stelle spricht er von der Regenerativkühlung der Raketentriebwerke und sieht damit ein weiteres Problem der Triebwerksentwicklung voraus. Seinem Raumfahrzeug gibt er eine Innenatmosphäre für die Besatzung, die aus reinem Sauerstoff unter einem Zehntel des irdischen Drucks besteht. Das bedeutet, daß Ziolkowski sich also durchaus über die giftige Wirkung eines zu hohen Sauerstoff-Partialdrucks bei reiner Sauerstoffatmung im klaren war – ein Zehntel Atmosphärendruck bedeutet halben Sauerstoff-Partialdruck. In den amerikanischen Raumkapseln der Merkur-, Gemini- und Apollo-Flüge betrug der Druck des reinen Sauerstoffs zur Atmung ein Drittel des Sauerstoff-Partialdrucks am Erdboden.

Bei der Beschleunigung seines Raketenfahrzeugs ging Ziolkowski von einem maximalen Andruck von 10 g aus (in den amerikanischen und sowjetischen Raumflugprogrammen beträgt der höchste Beschleunigungsandruck beim Start etwa 6 g), bettet seine Passagiere aber in Flüssigkeiten ein, um ihnen diesen Andruck leichter erträglich zu machen.

Die Besonderheiten solcher Phänomene wie Schwerelosigkeit, Temperatur und Vakuum des Weltraums sind physikalisch selbst unter heutigen Maßstäben völlig korrekt dargestellt und die Raumfahrzeuge adäquat ausgelegt. So wird auf Betten verzichtet, da sie unter Schwerelosigkeit ja doch nichts nützen. Hingegen können sich die Menschen, wenn sie nicht riskieren wollen, im Schlaf umhergetrieben zu werden, verankern. Um für bestimmte Arbeiten einen festen Standpunkt zu haben, kann man die Füße mit Gurten am Boden des Raumfahrzeugs befestigen – oder besser, in jenem Wandungsteil, den man als Boden definiert. Unwillkürlich wird man hier an die Hafthacken der Astronautenschuhe und die Bodenschlingen in der amerikanischen Raumstation Skylab erinnert. Durch Rotation wird bei Ziolkowski eine künstliche Schwere erzeugt. Abfallstoffe werden in einem biologischen Kreislauf en miniature der Wiederverwendung zugeführt, ein »Recycling«, wie es für künftige Raumstationen heute durchaus ernsthaft in Erwägung gezogen wird.

Ziolkowskis Romanhelden bauen ein Raumfahrzeug in der Erdumlaufbahn zu einer Raumstation aus. Dank mitgebrachter dünner Materialien wird eine »Orangerie« errichtet, ein Gewächshaus, in dem Pflanzen und Obst blühen und gedeihen. Die Raumfahrer verfügen über »Skaphander«, Raumanzüge, in denen sie das Fahrzeug verlassen können. Im Weltraum selbst bewegen sie sich mit Rückstoßpistolen. Die Konstruktionen, die errichtet werden, verschweißt man. Wenn Ziolkowski in seinem Buch »Außerhalb der Erde« von »Wohnungen für Milliarden Menschen« spricht, so stellt er selbst die kühnen tech-

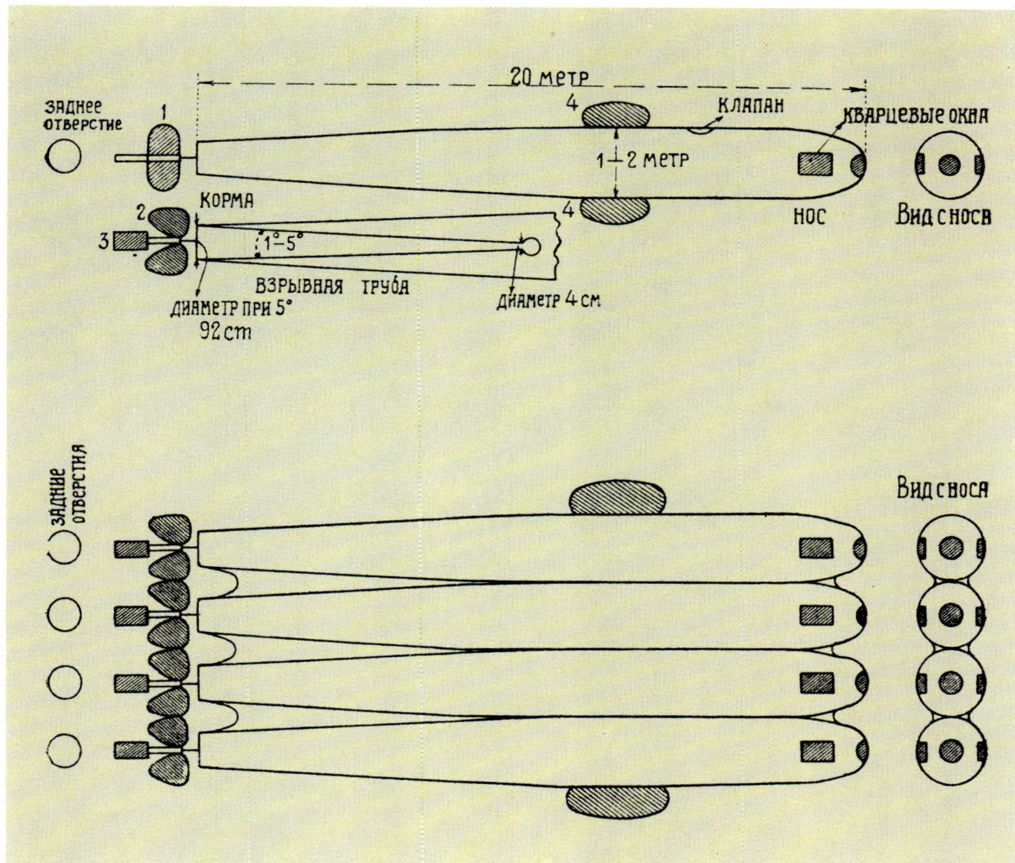

Oben: »Raketenzüge« – die aneinanderhängende Kombination mehrerer Raketen nach einer Art Stufenprinzip – beschrieb bereits Jules Verne, wie dieser Holzschnitt aus der Zeit um 1865 vor Augen führt.

Unten: 1929 beschrieb Rynin in seinem Buch über Ziolkowski solche »Raketenzüge« und deren Bündelung schon sehr viel konkreter. Hier ein fünfstufiges Aggregat; jede Stufe soll 3 Meter Durchmesser haben und 30 Meter lang sein. Die Wandstärken wurden zu 2 Millimeter angegeben. Als Gewicht der fünfstufigen Rakete (im oberen Bildteil) gibt Rynin 36 Tonnen pro Stufe an; davon sollen 4½ Tonnen auf den »Mantel« (= Raketenhülle), 4½ Tonnen auf »Instrumente u. a.« und 27 Tonnen auf den »Kraftstoff« entfallen. Die Austrittsgase dachte man sich, wie im Bild dargestellt, seitwärts abgeleitet, um die folgenden Stufen nicht zu beschädigen. – Im unteren Bildteil ein »dreifach gebündelter Raketenzug«.

nischen Pläne eines heutigen Gerard O'Neill in den Schatten, der »nur« von Raumstationen mit Tausenden, Zehntausenden und schließlich einer Million Bewohnern ausgeht. Auch die Vorstellung Ziolkowskis, daß einmal die »Hälfte der Menschheit, nämlich über zwei Milliarden Menschen« ins Weltall auswandern, geht über heutige Hypothesen weit hinaus. In den letzten Jahren beschäftigt sich der frühere Astronaut und Astronom Brian O'Leary mit der Idee, Asteroiden – also kosmische Kleinkörper – einzufangen, um ihre Mineralien für den Bau von großen Raumstationen und Sonnenkraftwerken in der Erdumlaufbahn auszubeuten. Auch diese Vorstellungen hat Ziolkowski bereits teilweise vorweggenommen, spricht er in »Außerhalb der Erde« doch vom Einfangen eines Boliden (besonders großer Meteorit) und dessen Gehalt an Mineralien...

Das hört sich im Buch so an:

»Da hörte man plötzlich einen seltsamen, ungewöhnlichen Klopfton, als ob jemand draußen (am Raumschiff) anpochte. Viele wurden blaß, andere flogen an die Luken. ›Herrschaften‹, rief einer, der aus dem Fenster blickte, ›irgendein Gegenstand entfernt sich von der Rakete. Ist der etwa aufgeprallt und zurückgeschleudert worden?‹ Jetzt hielten auch die anderen Ausschau. ›Ja, das ist ein Aerolith!‹ sagte Iwanow. ›Richtiger, ein Himmelsstein, ein winziges Planetchen oder ein Stück eines Kometen.‹ Der Stein entfernte sich langsam und war immer schlechter zu erkennen.

›Bis wir die Skaphander angelegt haben und nach draußen flattern, wird der Bolide weit fort sein, und man wird ihn wohl nicht mehr finden können‹, sagte Newton (einer der Passagiere des Ziolkowskischen Raumschiffes).

›Mir scheint‹, schlug Laplace vor, ›es wäre gut, wenn einer von uns ständig im Skaphander in der Nähe der Rakete Wache hielte. Diese Himmelskörper müßte man einfangen. Das Material kann uns wohl nützlich sein. Eisen, Nickel, Kohlenstoff und Oxide – mit einem Wort, alle Stoffe, aus denen diese Vagabunden bestehen, kommen uns gerade recht.‹«

Ziolkowskis Raumfahrzeuge haben Bremsraketen für die Rückkehr zur Erde und den Niedergang auf dieser. Die Landung auf der Erde erfolgt im Wasser, wie dies ja tatsächlich bei den bisherigen amerikanischen Raumfahrzeugen der Fall war.

Für die Landung auf dem Mond hat Ziolkowski ein eigenes Landegerät konzipiert, das im Raumfahrzeug mitgeführt wird. Unwillkürlich denkt man hier an die Mondfähre des Apollo-Programms. Ziolkowskis Landegerät läßt sich nach der Landung um 90 Grad drehen und fährt dann auf Rädern über die Mondoberfläche. Auch dies ruft Gedankenassoziationen hervor, in diesem Fall mit dem Apollo-Mondauto. Mit Raumschiffen werden Hunderte von Tonnen Baumaterial in die Erdumlaufbahn gebracht, Hunderte von Kolonien im Weltall errichtet...

Und das alles in einem Buch, dessen Kapitel zwischen 1896 und 1920 verfaßt worden sind!

1920, im Jahr der Herausgabe von »Außerhalb der Erde« als Buch, erschien von Ziolkowski noch eine weitere astronautische Schrift, betitelt »Reichtümer im Weltall«. Es folgten Publikationen über Luft- und Raumfahrt in schneller Folge, so allein 1926 sechs größere Veröffentlichungen. Die neue Regierung in Moskau hatte Ziolkowski die »Priorität« der Erfindung der Flüssigkeitsrakete zuerkannt. 1926 wurde er zum Leiter einer Sektion für interplanetaren Verkehr der Luftkriegsakademie vorgeschlagen. 1929 veröffentlichte Ziolkowski sein Buch »Raketenzüge« (»Kosmitscheskij Raketniej Poesda«), das die theoretischen Grundlagen über Mehrstufenraketen darstellte. Er setzte sich, ohne jemals eine Rakete oder einen Raketenprüfstand gesehen zu haben, mit Konstruktionsprinzipien von Flüssigkeitsraketen auseinander, zeichnete richtig-

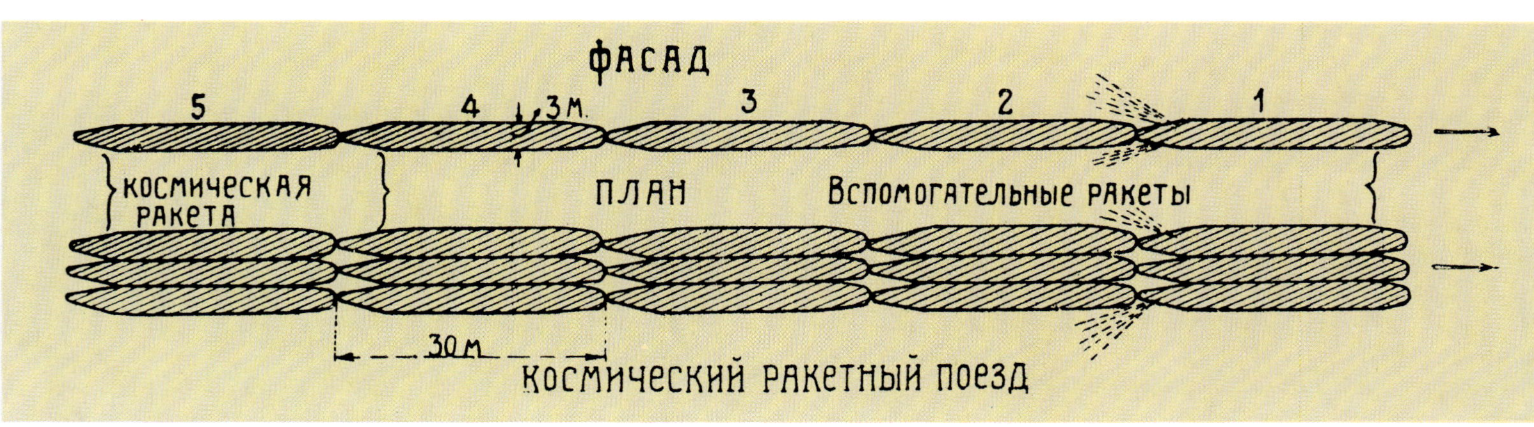

gehende Entwürfe, die späteren sowjetischen Technikern als Vorentwurf dienten. 1932, anläßlich seines 75. Geburtstages, wurde er von der Regierung in Moskau stürmisch gefeiert. Die Akademie der Wissenschaften hielt zu seinen Ehren eine Veranstaltung ab.
1935 schlug Ziolkowski das Bündelungsprinzip für Raketen vor, ein Verfahren, mit dem die Sowjetunion ihre großen Erfolge im Weltall erlangte.
Mitte 1935 erkrankte Konstantin Eduardowitsch Ziolkowski, ohne noch einmal zu genesen: Am 19. September 1935 verschied er in Kaluga. Sein Haus wurde zu einer Gedenkstätte ausgebaut; man kann dort einige seiner Apparaturen und Gerätschaften, seinen Schreibtisch und seine großen Hörgeräte, seinen Windkanal und sein kleines astronomisches Fernrohr bewundern. Er selbst ist im Stadtpark von Kaluga beigesetzt. Auf dem Grabstein stehen seine prophetischen Worte: »Die Menschheit wird nicht ewig auf der Erde bleiben, sondern, im Jagen nach Licht und Raum, zunächst zaghaft über die Grenzen der Atmosphäre vordringen und sich danach den ganzen Raum rings um die Sonne zu eigen machen.«
1967 wurde in Kaluga ein Museum der Raumfahrtgeschichte eingeweiht. Es ist nach Konstantin Eduardowitsch Ziolkowski benannt und stellt seine Arbeiten mit Recht besonders heraus, Arbeiten, die zu den Fundamenten der heutigen Raumfahrt gezählt werden müssen.
Man weiß nicht, wofür man Konstantin Ziolkowski mehr bewundern soll: für seine durch keinerlei Widerwärtigkeiten zu schwächende Begeisterung, die er der Idee der Raumfahrt entgegenbrachte, für sein solides, im Selbststudium erworbenes Wissen und dessen kluge Anwendung oder für seine überschäumende und dennoch stets realitätsbezogene Phantasie. Eine Wertung seiner Arbeiten und Ideen nach Prioritäten fällt schwer. Vieles von dem, was er gesagt und geschrieben hat, war auch zuvor schon von anderen gedacht und geäußert worden. Doch in diesen Fällen vertiefte er es.
Vieles wurde von ihm ersonnen und vorgeschlagen, was außerhalb Rußlands erst bekannt wurde, lange nachdem es dort unabhängig auch erfunden worden war. Die Idee einer Raumstation, die heute, nach den erfolgreichen Landungen auf dem Mond und den Vorbereitungen auf die zweite Etappe der bemannten Raumfahrt zur Nutzanwendung für die Erde, wieder so im Vordergrund steht, ist ein besonderes Beispiel für Ideen, zu denen

Blick in das Arbeitszimmer Ziolkowskis im heutigen Ziolkowski-Museum in Kaluga in der Sowjetunion. Auf dem Tisch links sieht man unter anderem ein Stereoskop; auf dem Tisch im Hintergrund sind einige Apparaturen für elektrophysikalische Experimente aufgestellt, davor das Fernrohr Ziolkowskis auf einem Dreifuß.

Ziolkowski Neues beigesteuert hat. Verfolgen wir deshalb, bevor wir zurückgehen zu den Theoretikern und den Praktikern der Raumfahrt des frühen 20. Jahrhunderts, den Entwicklungsweg der Idee bemannter Raumstationen.

Kleine Geschichte großer Raumstationen

Zum erstenmal tauchte die Idee der bemannten Raumstation, soweit sich dies feststellen läßt, ein Jahrhundert vor der ersten erfolgreichen Landung des Menschen auf dem Mond auf, im Jahre 1869. Zwar ist die Idee des künstlichen Erdsatelliten noch älter, aber diese frühen Überlegungen beziehen sich nicht auf bemannte Kunstmonde, ja, sie benützen die Idee des Kunstmondes vielfach nur, um himmelsmechanische Gegebenheiten zu illustrieren. In diesem Zusammenhang benützte bereits der Mann den Kunstmond, der das Gravitationsgesetz formulierte und damit die Bewegungen der Himmelsköper als erster erklärte: In seinem berühmten, 1687 erschienenen, bereits erwähnten Buch über die mathematischen Grundlagen der Naturwissenschaft erläuterte Sir Isaac Newton die Bewegung des Mondes um die Erde am Beispiel einer Bleikugel, die den Erdball als künstlicher Satellit umfliegt.
Im genannten Jahr 1869 erschien aus der Feder des Bostoner Pfarrers und Herausgebers der Zeitschrift »Atlantic Monthly«, Edward Everett Hale, in eben jener Publikation eine utopische Fortsetzungsgeschichte, betitelt »Der Backstein-Mond«. Die Story geht aus von einem Projekt, das heute nüchterne Ingenieure und Wissenschaftler beschäftigt, vor über hundert Jahren aber natürlich reine Gedankenspielerei war: die Schaffung eines künstlichen Satelliten als Navigationshilfe für Schiffe.
Pfarrer Hale läßt in der Story seine Helden sehr sachlich vorgehen: Auf Grund himmelsmechanischer Überlegungen und Berechnungen über Helligkeit und Sichtweiten des Satelliten kommen sie zu der Feststellung, daß der Navigationskunstmond die Erde in einer Höhe von rund 6500 Kilometern (4000 Meilen) in einer Polarbahn umfliegen, einen Durchmesser

Oben: Noch vor der Jahrhundertwende, 1897, erschien der später berühmt gewordene Roman von Kurd Laßwitz »Auf zwei Planeten«. In ihm nahm der Verfasser Zuflucht zu einem die Gravitation aufhebenden Stoff, »Stellit«, um den Raumflug zu verwirklichen.

Rechts: Die Seiten aus dem Jahrgang 1928 der Zeitschrift »Die Rakete«, auf denen Guido von Pirquet (1880–1966; im Bild ganz rechts) nachwies, daß der Flug zum Mond am günstigsten über eine Außenstation zu verwirklichen ist.

Der **Mond** aber bietet gegen alle diese Vorzüge durch die bloße Tatsache seines Vorhandenseins **kein** annehmbares Äquivalent. Und zwar aus folgenden Gründen:

1. die Landung auf demselben ist durch sein Schwerefeld schwierig und mit einem großen Gewichtsaufwand verbunden;

2. seine Umlaufsgeschwindigkeit von 1 · 02 km/Sek. ist zu gering, um uns wesentliche Vorteile bieten zu können;

3. seine Umlaufszeit ist zu groß (zirka 1 Monat, genau 27,4 Tage) um eine Einteilung der tangentialen Abfahrt oder Ankunft bezüglich die Mondbahn stets durchführen zu können. Dies wäre, wie bereits in Fußnote 1 Seite 4 erörtert, für eine bestimmte Richtung nur für zirka 1 Woche pro 1 Monat anwendbar und ist daher kosmonautisch **vollständig unverwendbar.**

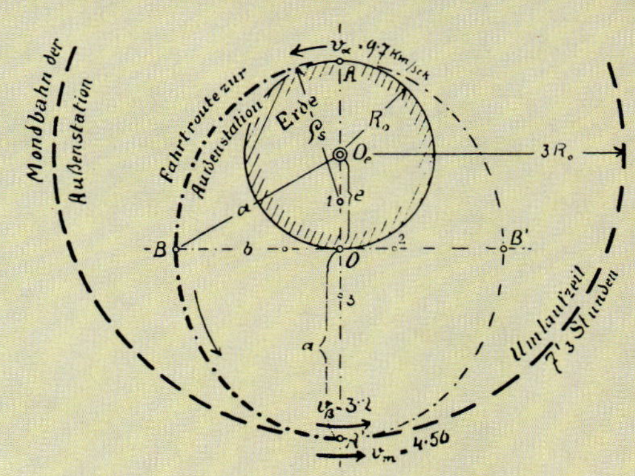

Fig. 9

Alle diese Umstände scheinen derartig zwingend für den Bau der Außenstation sogar schon **vor** Inangriffnahme der Mondreise zu sprechen, daß hier die Außenstation, und zwar speziell betreffend den fahrtechnischen Aufwand für den Bau derselben kurz erörtert werden soll.

Die Berechnung der fahrtechnischen Einzelheiten für die Fahrtroute zur Außenstation ist an der Hand der Figur 9 hinlänglich einfach.

Wir erhalten hier folgende Werte:

$a = 2 R_0$

$e = a/2 = R_0$

$b^2 = a^2 - e^2 = 3/4\, a^2$

$b = \sqrt{3/4}\; a = 0 \cdot 866\, a$

$\varrho_{min} = \frac{b^2}{a} = 3/4\, a = \overline{A1}$

wegen $\varrho_{min} = 3/4\, a$ wird

$En_\alpha = 3/4\, En_0 = 3/4\; 125 = v_\alpha{}^2 = 93 \cdot 25$

$v_\alpha = 9 \cdot 66$ km/Sek.

Dies ist **die** notwendige ideelle Geschw., um die Bahn **zur** Außenstation im Punkt **A** tangentiell **in der Weise zu verlassen, um in der gezeichneten Raketenbahn die Außenstation im Punkt A' zu erreichen.**

Wir geben aber zu diesen 9 · 66 noch einen Zuschlag für die Synergiekurve von · 15 und für den Luftwiderstand von · 5 ein (weil dieser ja bei kleineren Aggregaten schon eine Rolle spielt) — und erhalten also ein $v_\alpha = 10 \cdot 3$.

Für A' brauchen wir noch die Geschwindigkeit v_β, mit der die Rakete diesen Punkt erreicht.

Allgemein gilt:

$v = \frac{P_0}{R} - \frac{P_0}{2a}$

wobei $P_0 = En_0 \cdot R_0$

hier also

$v_\beta{}^2 = \frac{R_0\, En_0}{3\, R_0} - \frac{R_0\, En_0}{4\, R_0}$

$= \frac{1}{12}\, En_0 = \frac{1}{12}\; 125, = 10{,}4$ und

$v_\beta = \sqrt{10 \cdot 4} = 3 \cdot 23$ km/Sek.

Die notwendige Geschwindigkeitsänderung in der Strecke bei A', um sich aus der Raketen- der Mondbahn anzuschließen, beträgt also:

$\triangle v = 4 \cdot 56 - 3 \cdot 23 = 1 \cdot 33$ km/Sek.

von 60 Metern haben und weiß angestrichen sein müsse. Wegen der Temperaturen, die er beim Durchfliegen der Erdatmosphäre auf dem Weg zur Umlaufbahn infolge Reibungswirkung zu überstehen hat, entschließt sich Hale, ihn aus Backsteinen in Schalenkonstruktion bauen zu lassen. Sogar Preiskalkulationen nehmen die Erbauer vor, und sie sind modernen Kalkulationsgepflogenheiten nicht unähnlich: Eine erste Berechnung ergibt einen Preis für den Kunstmond von 60 000 Dollar, während eine zweite Berechnung auf 214 729 Dollar führt. Doch, wie es die Geschichte will, wird dieser ursprünglich als unbemanntes Objekt konzipierte Satellit versehentlich frühzeitig und mit den Arbeitern und ihren sie besuchenden Familien an Bord ins Weltall geschleudert, insgesamt 37 Personen. In 8000 Kilometer (5000 Meilen) Höhe umfliegen sie die Erde und werden nach Jahresfrist von einem Astronomen entdeckt, dem es dann auch gelingt, Botschaften von ihnen aufzunehmen, die sie im Morse-Code dadurch übermitteln, daß sie hohe und weniger hohe Sprünge ausführen.

Wir wollen den weiteren phantasievollen Darlegungen Hales über das unabhängige Leben, das diese Wesen sich nun aufbauen, über die Anlage von Pflanzungen und Gärten, nicht weiter verfolgen. In unserem Zusammenhang ist lediglich bedeutsam, daß Hale mit seiner Geschichte unbewußt der Idee der bemannten Raumstation zum Leben verholfen hatte.

Weitere gedankliche Ansätze zur Raumstation finden sich als nächstes bei Ziolkowski. Er dachte, wie bereits angedeutet, schon 1874 an die Erdumlaufbahn als eine entscheidende Ausgangsbasis für Flüge zu anderen Himmelskörpern, ohne indessen den Begriff

Wir erhalten also folgende Erfordernisse für die Gewichtsverhältnisse:

	Hinfahrt	Rückfahrt	Hin- und Rückfahrt
Start	10 · 3	1 · 33	11 · 63 km/Sek.
Landung	1 · 33	1 · 80(1)	3 · 13 „
Netto-Summe	11 · 63	3 · 13	14 · 76 „
vi (10% mehr als Netto-Summe)	**12 · 8**	**3 · 45**	**16 · 24** „
Exponent vi/7	1 · 83	· 49	2 · 32 „
Gewichtsquotienten Q	**68**	**3**	**215** „

Wir sehen also, daß der erforderliche Gewichtsquotient für die Fahrt zur Außenstation kaum größer ist als derjenige für eine Reise nach Amerika (68 gegen 47).

Diese nüchternen Zahlen sprechen genügend für die Wichtigkeit und die Vorteile, welche die Außenstation bieten würde, und es erübrigen sich daher alle weiteren Ausführungen darüber.

Nur so viel sei noch hierzu bemerkt, daß ein Sparen mit den für den Bau der Außenstation verwendeten Materialien in bezug auf Qualität (Kilopreis) keinen Sinn hätte, weil ja der Transport für je 1 kg zirka 100 Mk. kosten dürfte.

»Raumstation« oder »Außenstation«, wie es später zunächst hieß, bereits zu konzipieren.
Später wurden Ziolkowskis Überlegungen zur Raumstation noch sehr viel konkreter. So beschrieb der sowjetische Raumfahrtpionier in seiner Arbeit von 1903, wie eine bemannte Rakete zu einem Satelliten der Erde wird. 1911 ging er noch wesentlich weiter; er sprach nun davon, Kunstmonde von Menschen bewohnen zu lassen, und wollte auf diesen Raumstationen den erwähnten biologischen Kreislauf en miniature für die Versorgung ihrer Bewohner mit Nährstoffen und Atemgas eingerichtet wissen. In seinen Ausführungen findet sich der Hinweis auf Pflanzenkulturen in Nährlösungen, die man dort würde züchten müssen, sogenannte hydroponische Gärten.
Merkwürdigerweise hat Jules Verne die Idee der Raumstation in keinem seiner Bücher verwendet. Lediglich in einem Roman aus dem Jahre 1879, »Die 500 Millionen der Begum«, erwähnt er künstliche Erdsatelliten en passant.
Hingegen hat Hermann Ganswindt seine Vorstellungen über Raumstationen in epischer Breite entwickelt. Sein Vorschlag, eine Raumstation zu schaffen, beschränkte sich dabei nicht auf diesbezügliche sachliche Überlegungen, sondern ließ ihn erklären, daß es derartige Raumstationen bei einem anderen Planeten bereits gebe: Er interpretierte die Ringe des Planeten Saturn als Vorratsstationen und Abfälle der Raumfahrzeuge dieses sonnenfernen Wandelsterns und sagte voraus, daß die Erde aus gleichen Gründen dereinst von ebensolchen Ringen umgeben sein würde.
Wirkliche Aufmerksamkeit beim breiten Publikum fand die Raumstation indessen erst 1897 mit Kurd Laßwitz' berühmtem Roman »Auf zwei Planeten«.
Laßwitz' Raumstationskonzept ist unbeschwert von allen himmelsmechanischen Regeln: Er greift nicht auf die seit Newton bekannte, von Hale in seinem Roman ebenso in Rechnung gestellte wie von Ziolkowski und Ganswindt berücksichtigte Tatsache zurück, daß eine Raumstation sich im Gleichgewicht zwischen irdischer Schwerkraft und Eigenfliehkraft und damit mit einer bestimmten Geschwindigkeit in Bewegung um die Erde befinden muß; ihm dient vielmehr der angeführte hypothetische, die Gravitation aufhebende Stoff dazu, seine Station über dem Nordpol der Erde in 6536 Kilometer Höhe ruhen zu lassen. Doch diese dichterische Freiheit ist in unserem Zusammenhang von geringer Bedeutung; es geht hier darum, daß durch den brillanten Roman von Laßwitz eine breite Öffentlichkeit mit der Idee einer Außenstation vertraut gemacht wurde, die als »Umsteigebahnhof im Weltall«, als Ankerplatz für Flüge zu einem anderen Planeten diente. Freilich, weder Laßwitz noch irgendeiner seiner Leser konnte damals ahnen, daß eine Raumstation als Start- und Landeplatz für Expeditionen ins All eine entscheidende antriebstechnische Bedeutung haben kann. Das wurde erst 1928 durch streng wissenschaftliche Ausführungen bewiesen.
Zuvor jedoch erlebte die Raumstation ihren ersten wissenschaftlich-literarischen Triumph in einem kleinen, sehr fachlich geschriebenen Büchlein, das 1923 in München erschien, den Titel »Die Rakete zu den Planetenräumen« trug und Hermann Oberth zum Verfasser hatte.
Autor und Buch sind heute weltweit berühmt, denn Oberth kann für sich in Anspruch nehmen, mit diesem Buch den ersten wissenschaftlich-theoretisch schlüssigen Beweis dafür geliefert zu haben, daß Raumfahrt möglich ist. Dieses Buch, dessen Lektüre heute noch jedermann, der sich etwas tiefer für die Raumfahrt interessiert und die zahlreichen mathematischen Formeln nicht scheut, nicht warm genug empfohlen werden kann, ist in Diktion, Klarheit und Überzeugungskraft seiner Aussagen geradezu bestechend.
Im dritten Teil seines Buches, unter § 17, »Ausblicke«, schreibt Oberth nach einer zusammenfassenden Beurteilung der Raumfahrtmöglichkeiten: »Lassen wir nun aber derartige Raketen größten Maßstabes im Kreis um die Erde laufen, so stellen sie sozusagen einen kleinen Mond dar. Sie müssen auch nicht mehr zum Niedergehen eingerichtet sein. Der Verkehr zwischen ihnen und der Erde kann durch kleinere Apparate aufrecht erhalten werden, so daß diese großen Raketen (wir wollen sie Beobachtungsstationen nennen) oben immer mehr für ihren eigentlichen Zweck umgebaut werden können...«
Was dieser »eigentliche Zweck« ist, führt Oberth ebenfalls im Detail aus. Er spricht davon, daß eine derartige Beobachtungsstation für Kommunikationszwecke

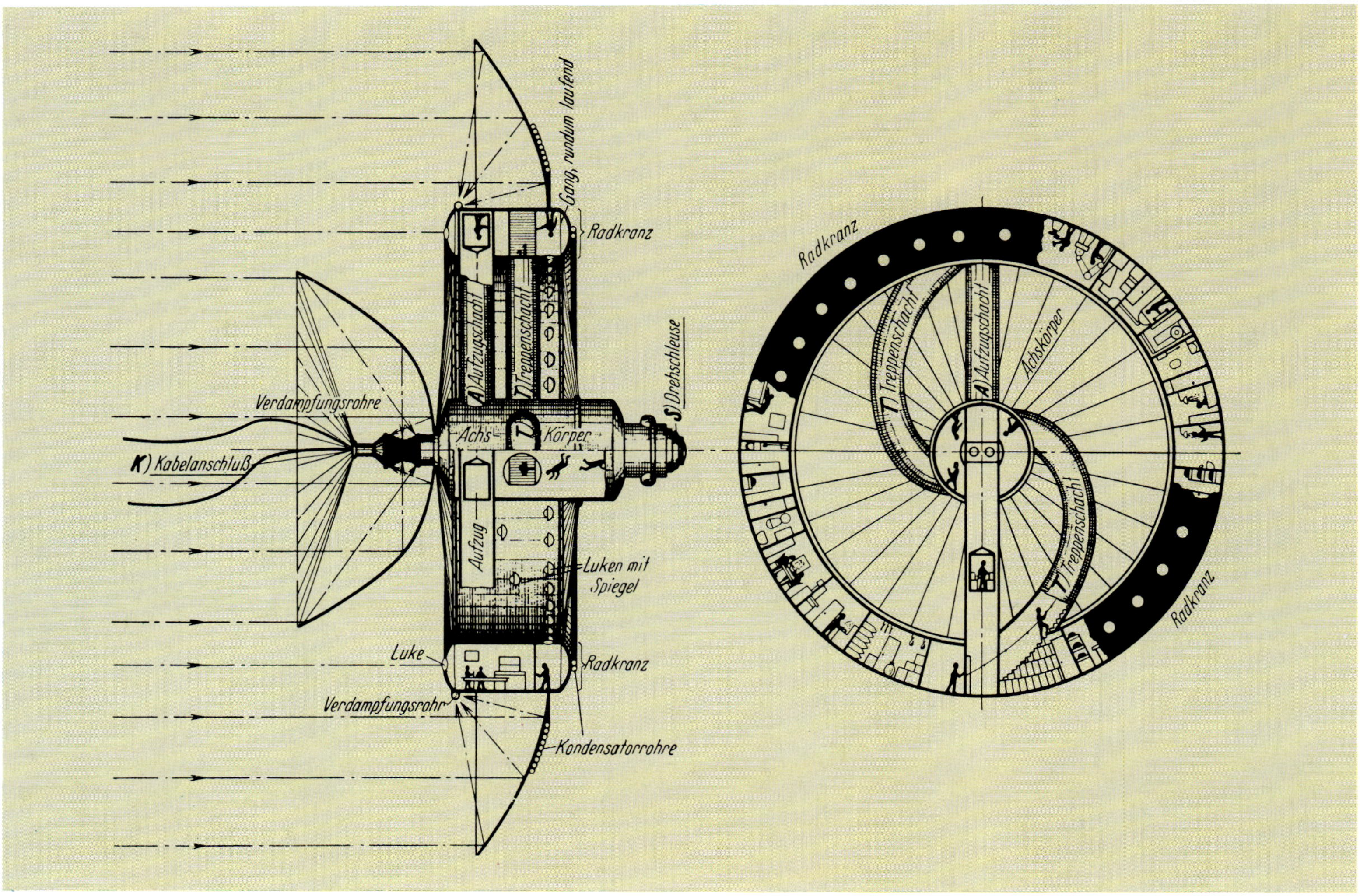

benützt werden kann (indem man nämlich von ihr aus Lichtsignale zu Orten gibt, zu denen »weder Kabel noch elektrische Wellen« gelangen), er denkt an das »Beobachten und Photographieren unerforschter Länder und unbekannter Völker (Tibet)« und spricht von dem hohen erd- und völkerkundlichen Wert. Die strategischen Möglichkeiten läßt er ebenso wenig außer acht wie die Aufspürung von Eisbergen. Zu der letzteren bemerkt er, daß beispielsweise die Katastrophe der TITANIC im Jahre 1912 hätte vermieden werden können, hätte es zu jener Zeit bereits eine solche Raumstation gegeben. (Heute dienen unbemannte Wettersatelliten in der Tat unter anderem der Lokalisierung von Eisbergen.) Weiterhin spricht Oberth von der Möglichkeit, in der Umlaufbahn einen enormen Sonnenspiegel zu errichten, mit dessen Hilfe man die Temperatur-, Wachstums- und Beleuchtungsverhältnisse auf der Erdoberfläche beeinflussen kann, und schließlich weist er auch auf die Bedeutung der Außenstation als Ausgangsbasis – nämlich als »Lagerplatz von Treibstoffen« – für Flüge zu anderen Himmelskörpern hin.

Dem österreichischen Ingenieur Guido von Pirquet blieb es vorbehalten, eine entscheidende Anwendung der Außenstation für den Raumflug, die in der letzten Dekade unseres Jahrhunderts sicher von großer praktischer Bedeutung sein wird, in ihrer ganzen Tragweite zu erfassen. In einem Artikel, den er 1928 in der Zeitschrift »Die Rakete« veröffentlichte, stellte von Pirquet fest, daß es, vom Treibstoffaufwand her gesehen, leichter sei, von einer einmal existierenden Raumstation aus den Mond oder einen anderen Planeten anzusteuern, als von der Erdoberfläche her zu dieser Station zu gelangen. Dieses *kosmonautische Paradoxon*, wie es fortan genannt wurde, spielte bei allen Raumfahrtüberlegungen bis Ende der fünfziger Jahre eine vorrangige Rolle; es wurde lediglich durch die besondere technische Lösung, die für die APOLLO-Mondlandungen gefunden wurde, vorübergehend zurückgestellt, wird aber ohne Zweifel in der Raumfahrt der Zukunft wieder an seinen angestammten Platz zurückkehren.

Von Pirquet ging bei seinen Vorstellungen von einer Raumstation als »Zwischenbahnhof« im Weltall zunächst von einer Umlaufhöhe von 12 760 Kilometern aus. Später konzipierte er ein System einer »inneren« und einer »äußeren Station«, die durch eine Transitstation miteinander verbunden werden sollten. Die »innere Station« sollte die Erde in einer kreisförmigen Bahn in 760 Kilometer Höhe, die »äußere Station« in einer solchen in 5000 Kilometer Höhe umfliegen, während die »Transitstation« in einer Ellipsenbahn mit einem Perigäum von 760 Kilometern und einem Apogäum von 5000 Kilometern die Erde umfliegen und damit periodisch die Verbindung zwischen »innerer« und »äußerer Station« herstellen sollte.

Offenbar angeregt durch die Arbeiten Oberths und von Pirquets veröffentlichte 1929 ein Hermann Noordung ein Buch »Das Problem der Befahrung des Weltraums«, in dem er eine Raumstation in allen Details konzipierte. Der Name Noordung war ein Pseudonym, es verbarg sich dahinter ein Hauptmann der österreichischen k. u. k. Armee namens Potočnik. Noordungs Vorstellungen basierten auf einer Raumstation, die aus drei voneinander unabhängigen, nur durch Kabel und Versorgungsleitungen miteinander verbundenen Baueinheiten bestehen sollte.

Links: Hermann Noordungs Wohnrad aus dem Jahre 1929. K weist auf das Verbindungskabel zur »Raumwarte« (der astronomischen Beobachtungsstation) hin; S ist die Luftschleuse, durch die man die Station verlassen und in sie hineingelangen kann. Wohnrad, Kraftstation und Observatorium stellen drei voneinander getrennte Einheiten dar, die lediglich durch elektrische Kabel und Druckluftschläuche miteinander verbunden sind.

Rechts: Kein halbes Jahrhundert nach Noordung umkreiste diese Drei-Mann-Raumstation SKYLAB die Erde in 435 Kilometer Höhe. Sonnenzellen auf dem »Paddel« und den flügelartigen Auslegern trugen zur Energieversorgung der Station bei; das tuchartig aussehende Gebilde war von den Astronauten angebracht worden, um mechanische Beschädigungen der Station abzudecken und damit ausreichende Hitze- und Mikrometeoritenabsorption sicherzustellen.

Normaler Aufenthaltsraum für die Besatzung sollte der »Reifen« eines Wohnrades von 30 Meter Durchmesser sein. Um eine künstliche Schwere in Form einer Zentrifugalkraft zu erzeugen, sollte das gesamte Rad rotieren. Lediglich in der Radnabe gab es einen Hohlraum, der sich nicht mitdrehen sollte und in dem somit Schwerelosigkeit herrschen würde. Aufzüge und Treppenschächte ermöglichten es, von der Peripherie des Wohnrades zum Labor in der Nabe und durch die dort vorhandene Luftschleuse ins Freie bzw. in ein angedocktes Raumfahrzeug zu gelangen.
Die zweite Baueinheit der von Noordung in seinem Buch in allen technischen Details beschriebenen Station stellte ein parabolförmiger Sonnenspiegel dar, der dazu diente, in seinem Brennpunkt Wasser in einem Kessel zum Verdampfen zu bringen. Mit dem Wasserdampf sollte, wie in einem herkömmlichen Wärmekraftwerk, in entsprechenden Generatoren Strom zur Energieversorgung der Station erzeugt werden. Der Wasserdampf sollte danach in Röhren zur Rückseite des Spiegels (also in den Schatten) geleitet werden, um dort zu kondensieren und dann dem Kreislauf erneut zugeführt zu werden. Noordung bezeichnete diese Baugruppe als die »Kraftstation«.
Die dritte Baueinheit, das »Observatorium«, sollte Beobachtungen der Erde und vor allem des Weltalls ermöglichen.
Noordung alias Potoĉnik bezeichnete seine Raumstation in Anlehnung an den Begriff Sternwarte als »Raumwarte« und hob damit ihre astronomische Bedeutung hervor.
Die Betonung astronomischer Beobachtungen von einer Außenstation kam nicht von ungefähr: Schon Oberth hatte auf diese Möglichkeit hingewiesen, und praktisch alle späteren Entwürfe für Raumstationen bis zu SKYLAB schenken diesem Punkt besondere Beachtung. Dies hängt damit zusammen, daß man vom Weltall aus, jenseits der Erdatmosphäre, die astronomischen Objekte beobachten kann, unbeeinflußt von den störenden Wirkungen eben jener Atmosphäre, und daß man sie in Spektralbereichen (etwa dem kurzwelligen ultravioletten Teil des Spektrums) untersuchen kann, die uns von der Erdoberfläche aus nicht zugänglich sind, weil sie in den höheren Schichten der Lufthülle absorbiert werden.
Es würde zu weit führen, hier sämtliche Vorschläge und Entwürfe von Raumstationen vorzustellen, die gemacht wurden, bis schließlich im Falle von SALJUT und SKYLAB derartigen Entwürfen erstmals das Glück zuteil wurde, über das Stadium der technischen Zeichnung hinaus Gestalt anzunehmen. Doch einige dieser Projektierungen wollen wir betrachten, bevor wir sehen, was die Praxis aus der Theorie machte.
Noordungs ausgefeilte Ideen, Überlegungen und Konstruktionszeichnungen blieben fast zwei Jahrzehnte lang beherrschendes Konzept für Raumstationen. Dies dürfte zwei Gründe haben. Der eine besteht darin, daß der Noordungsche Vorschlag und zusätzliche Überlegungen zu dem Thema, die Oberth in seinem 1929 erschienenen Buch »Wege zur Raumschiffahrt« anstellte, den technischen Möglichkeiten der damaligen Zeit weit voraus waren und deshalb neue Ideen erst entstehen konnten, als eine weiterentwickelte Technik neue Angriffspunkte hierfür bot. Der zweite Grund hängt damit zusammen, daß 1939 der Zweite Weltkrieg begann und naturgemäß in dieser Zeit die Menschen andere Probleme denn Raumstationen hatten.

Ganz oben: Die von Ross und Smith in England 1948 entworfene Raumstation sollte eine funktionale Einheit bilden und im fertigen Zustand so aussehen, wie es das Bild zeigt.

Darunter: Die einzelnen Baugruppen der Station sollten in der Umlaufbahn zusammengesetzt werden, ähnlich wie man dies heute für zukünftige Großstrukturen im Weltall vorsieht.

Rechte Seite innen: Ein Coelostat, hier auf dem Sonnenobservatorium von Sunspot in Colorado, folgt der täglichen Wanderung der Sonne und fängt ihr Bild zur astronomischen Beobachtung ein.

Rechte Seite außen: Aufnahme der totalen Sonnenfinsternis vom 7. März 1970 in Miahuatlan in Mexiko. In seltener Klarheit tritt die äußerste, leuchtende Gashülle der Sonne, die Korona, hervor.

Um so rapider aber entwickelten sich Ideen und Konzepte für Raumstationen nach dem Zweiten Weltkrieg, nicht zuletzt ausgelöst durch den Fortschritt, den die Raketentechnik während des Krieges gemacht hatte, ein Fortschritt, der seinen Höhepunkt in der Konstruktion der ersten flüssigkeitsgetriebenen Großrakete der Welt, der deutschen A 4, und deren Vordringen in die Hochatmosphäre gefunden hatte. Besonders in England beschäftigte man sich unmittelbar nach dem Kriege sehr stark mit Raumfahrt. Zwei Mitglieder der Britischen Interplanetaren Gesellschaft (British Interplanetary Society, abgekürzt B.I.S.), Harry Ross und Ralph Smith, konzipierten in den Jahren 1947 und 1948 ein Raumstationsprojekt, das sie im Januar 1949 im Journal der genannten Gesellschaft beschrieben. Es handelte sich um eine Station für 24 Personen. Im Gegensatz zu Noordungs Raumwarte bestand sie aus einer einzigen Baugruppe, einem Parabolspiegel von 61 Meter Durchmesser, hinter welchem, symmetrisch zu Spiegel- und Stationsachse angeordnet, Unterkunfts- und Laborräume vorgesehen waren. Der Spiegel diente wie bei Noordung dem Einfangen der Sonnenstrahlung zur Energiegewinnung. In seinem Brennpunkt sollten Wasser oder eine andere Flüssigkeit in einem Röhrensystem zum Verdampfen gebracht werden. Der Dampf sollte dem Antrieb von sechs Generatoren dienen; nach der Entspannung sollte er hinter dem Spiegel, also im Schatten, kondensiert und dann erneut dem Wärmekreislauf zugeführt werden. Wenn sich diese Art der Energiegewinnung zu einer Art Lieblingskonzept für die meisten Raumstationsentwürfe ausbildete, so hängt das damit zusammen, daß unter den Bedingungen des Weltraums geradezu ideale Voraussetzungen für Wärmekraftmaschinen herrschen: Die Kondensierung unter dem hier herrschenden Vakuum findet bei einer Temperatur statt, die nahe dem absoluten Nullpunkt liegt, nämlich bei rund 270 Grad Kälte! Ross und Smith haben errechnet, daß ihr Spiegel bei senkrechtem Auffall der Sonnenstrahlen ca. 4000 Kilowatt an Wärmeenergie aufnehmen würde. Unter Berücksichtigung der bei der Energiewandlung auftretenden Verluste konnten sie unterstellen, daß der Station 1000 Kilowatt an elektrischer Leistung zur Verfügung stehen würden, was für diese Station als durchaus genügend betrachtet werden muß.
Die beiden Planer sahen vor, daß die Station Einrichtungen für die teilweise Regenerierung und Wiedergewinnung von Verbrauchsstoffen (also etwa der Atemluft) an Bord haben würde, und berechneten den Jahresbedarf an Lebensmitteln, Wasser und Atemluft auf rund 70 Tonnen, eine Menge, die im Rahmen der logistischen Möglichkeiten zu liegen schien. Auch Ross und Smith gingen natürlich noch von der Überlegung aus, daß eine Raumstation höchstwahrscheinlich künstliche Schwere aufweisen muß, damit Menschen für längere Zeit auf ihr leben können. Sie planten deswegen ähnlich wie Noordung ein Rotieren ihrer Station um die Längsachse des Spiegels. Die Berechnungen zeigten, daß der Spiegel samt Aufenthaltsräumen alle sieben Sekunden eine Umdrehung vollbringen muß, damit in der »äußeren Galerie« der Aufenthalts- und Arbeitsräume ein Andruck entsprechend demjenigen am Erdboden herrscht.
Um die Station nicht jedesmal, wenn ein Raumschiff Personal oder Versorgungsstoffe von der Erde heranbringt, unter hohem Energieaufwand anhalten und danach wieder in Rotation versetzen zu müssen, hatten Ross und Smith den Zugang entlang der Achse, also gleichsam der Nabe des in seiner Tellerebene rotierenden Gebildes, vorgesehen. Es war nicht daran gedacht, von der Erde kommende Raumfahrzeuge unmittelbar an der Station anlegen zu lassen. Sie sollten vielmehr in etwa einem Kilometer Entfernung »parken« – das heißt also, sich in gleicher Bahnebene und Bahn um die Erde bewegen wie die Station, und Insassen und Material sollten sodann mit kleinen Rückstoßfahrzeugen, »Raumtaxis«, zur Stationsnabe hinübergebracht werden.
Eine Alternative boten Ross und Smith in einem gitterförmigen Arm an, der relativ zur Station drehbar sein sollte und in der Regel sich in Beziehung zur Erde in Ruhe befinden würde. An einem Ende sollte er eine hermetisch abgeschlossene Schwerelosigkeitskammer tragen, durch deren Luftschleuse Menschen und Güter an Bord gelangen könnten. Danach könnte der Arm in Rotation versetzt werden. Sobald er synchron mit der Station liefe, würde man durch eine »innere Luftschleuse« Menschen und Material in die Aufenthaltsräume der Station hinüberbringen können.
Ross und Smith hatten keine besonderen Vorkehrungen für astronomische Beobachtungen getroffen; sie gingen von der Überlegung aus, daß das »Rotationsproblem« ja auch von den Astronomen auf der Erde durch Nachführung der

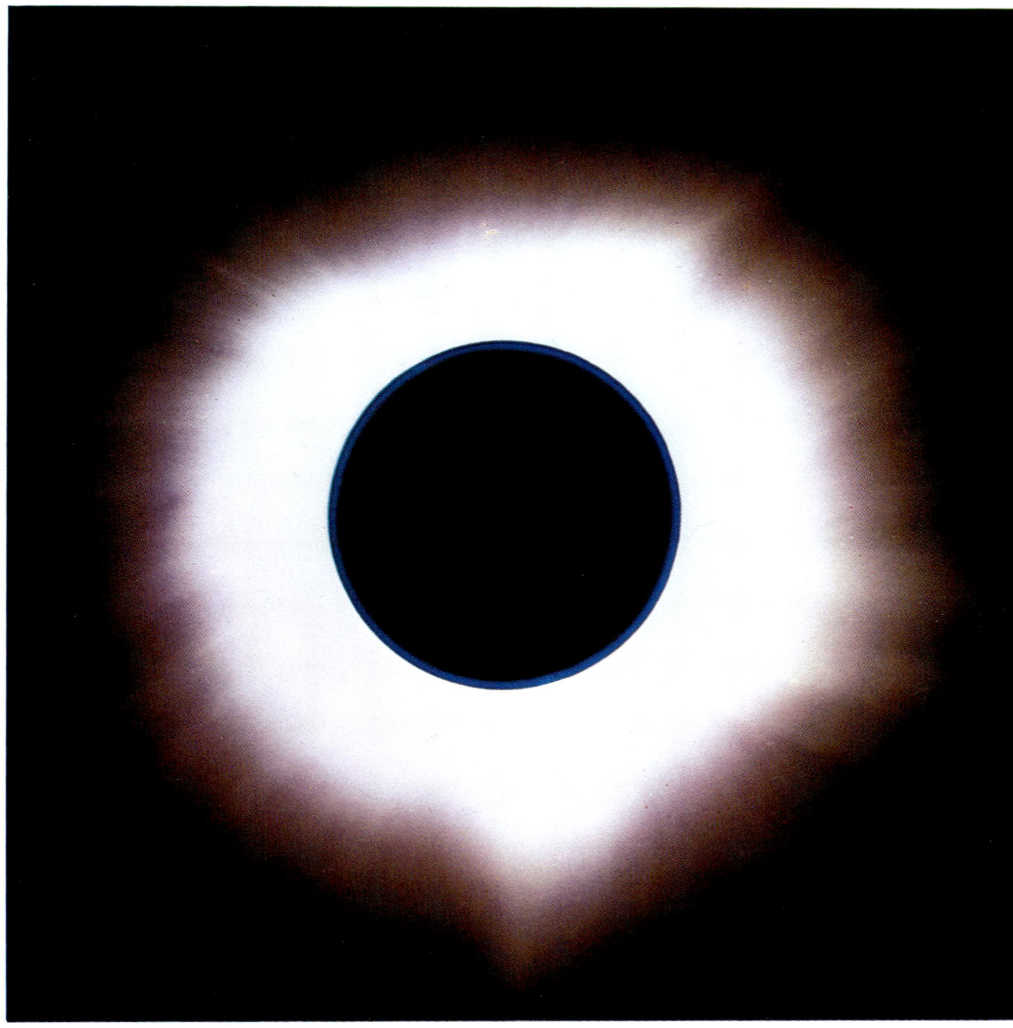

Teleskope und durch die Konstruktion von Coelostaten gelöst worden sei. Solche Coelostate, so die Argumentation, ließen sich aber auch für die gegenüber der Erdrotation vielfach größere Drehgeschwindigkeit der Station konstruieren. (Coelostate sind Fernrohre für die Sonnenbeobachtung, die durch ein Spiegelsystem das Bild der wandernden Sonne auf einer ruhenden Projektionsfläche abbilden.)
Zur gleichen Zeit, da Ross und Smith ihren Raumstationsentwurf der Öffentlichkeit vorstellten, beschäftigte sich der deutsche Ingenieur Rolf Engel zusammen mit seinen Mitarbeitern Bödewadt und Hanisch in Frankreich mit Berechnungen über Aufstiegbahnen, Umlaufbahnen, Logistik und Projekt- sowie Betriebskosten einer Raumstation. Ihre äußerst instruktiven Überlegungen veröffentlichten die drei Experten 1952 in dem von Heinz Gartmann herausgegebenen Buch »Raumfahrtforschung«. In ihrer Arbeit, die zahlreiche grundlegende einschlägige Gedanken enthält, veranschlagten sie die Kosten für Entwicklung und Errichtung einer solchen Station auf rund 500 Millionen Dollar. Im Gegensatz zu Noordung und auch Ross und Smith gingen sie dabei nicht von einer geostationären Umlaufbahn in knapp 36 000 Kilometer Höhe aus, sondern von einer Bahn in etwa 560 Kilometer Höhe – ein Wert, der, wie Projekt Skylab zeigt, äußerst realistisch war.
Engel und Mitarbeitern ging es nicht darum, ein eigenes Konzept für eine Raumstation vorzustellen. Sie wollten vielmehr grundlegende, auf technischen Realitäten basierende Aussagen beisteuern. Sie haben damit den Grundstein gelegt für weitergehende Überlegungen, wie sie uns in dem nächsten Raumstationsprojekt begegnen, das wir hier zu erwähnen haben. Raumstationspläne wie diejenigen von Noordung oder Ross und Smith enthielten bereits beachtliches technisches Detail. Sie und alle anderen diesbezüglichen Projektierungen wurden aber in der Tiefschürfigkeit überboten durch ein Raumstationsprojekt, das 1950 unter der Leitung Dr. Wernher von Brauns – damals für die amerikanische Armee mit Raketenforschung beschäftigt – entstand und 1952 durch seine Veröffentlichung in »Collier's Magazine« sowie als Buch bekannt wurde. Die deutschsprachige Ausgabe dieses Buches erschien 1953 unter dem Titel »Station im Weltraum«.
Die Raumstation von Brauns wurde auf der Basis der Möglichkeiten konzipiert, welche die Raketentechnik damals offerierte. Dementsprechend schrieb Wernher von Braun unter anderem: »Wenn man sofort damit (dem Projekt der Station) beginnen und wenn man mit größtem Tempo daran arbeiten könnte, würde das ganze Vorhaben etwa zehn Jahre beanspruchen. Die geschätzten Kosten würden 4 Milliarden Dollar betragen – ungefähr zweimal soviel wie der Aufwand für die Entwicklung der Atombombe, aber weniger als ein Viertel des Betrags, der während der zweiten Hälfte des Jahres 1951 vom Verteidigungsministerium der USA für Kriegsmaterial ausgegeben wurde.«
Angeboten wurde für diesen Betrag eine radförmige Station von 75 Meter Durchmesser, deren Bauzeit auf zehn Jahre geschätzt wurde. Von Braun und Mitarbeitern ging es dabei nicht darum, einen ganz bestimmten Typ von Raumstation zu propagieren; sie rechneten vielmehr eine ganze Reihe von Beispielen durch, um auf diese Weise zu kritischen Vergleichen und weiteren Anregungen zu kommen. Besondere Aufmerksamkeit wurde dabei auch der technischen Realisierbarkeit geschenkt,

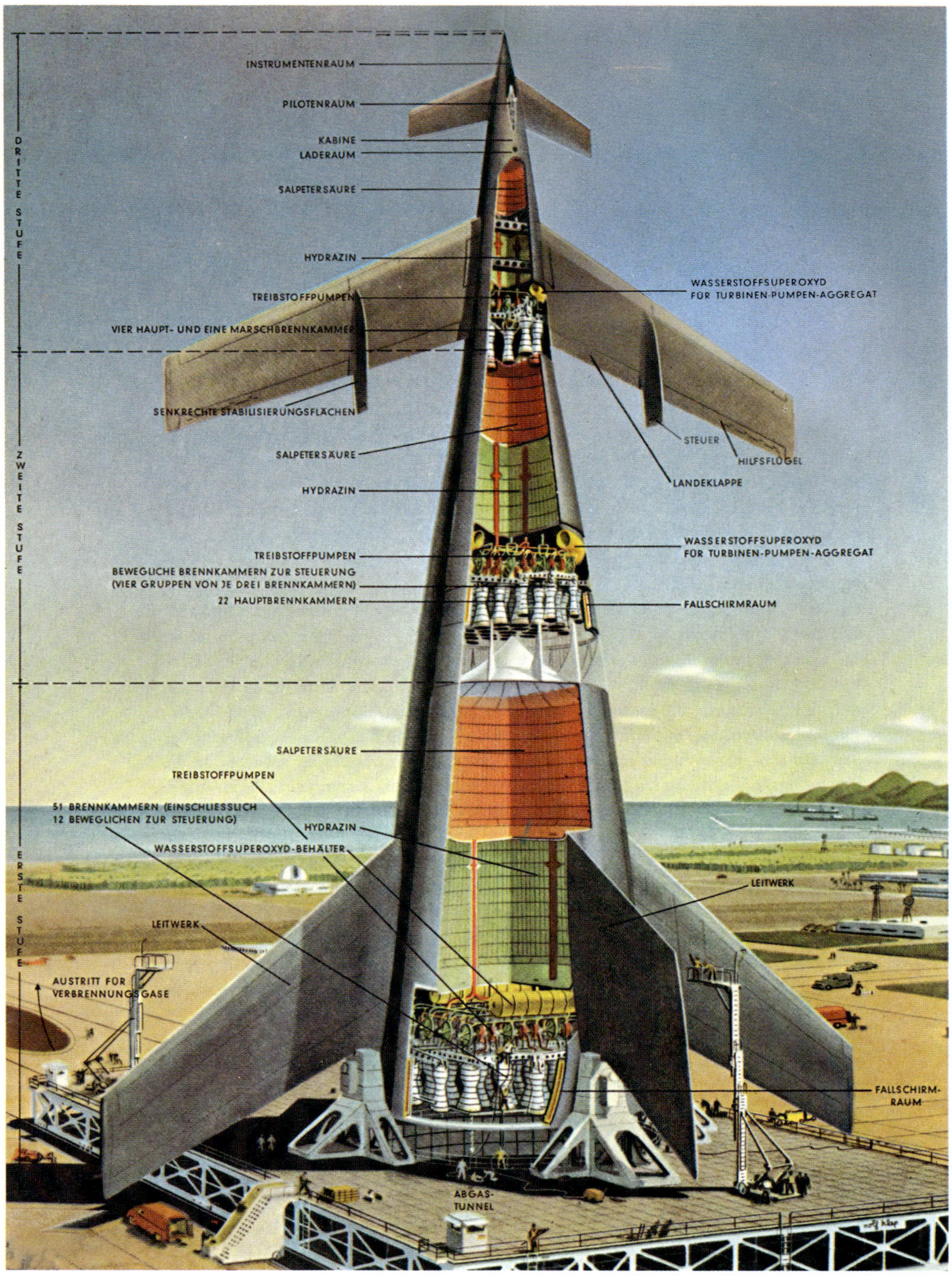

vor allem dem Verbringen der Station in die Umlaufbahn und der Wahl dieser Umlaufbahn. Aus verschiedenen Gründen wurde für das in dem genannten Buch ausführlicher geschilderte Projekt eine Umlaufbahnhöhe in 1730 Kilometer und eine Neigung der Bahn gegen den Erdäquator von 50 Grad vorgesehen. Einer der Gründe für die gewählte Umlaufbahnhöhe war, daß die Station dort zu einem Umlauf um die Erde gerade zwei Stunden benötigen würde. Als Trägerrakete für die Bauteile der Station konzipierte von Braun ein dreistufiges Aggregat von 80 Meter Höhe und 20 Meter Basisdurchmesser. Als Startgewicht dieses nach damaligen Begriffen gigantischen Geräts wurden 6400 Tonnen genannt. Angesichts der inzwischen verwirklichten und für die Flüge zum Mond benützten Saturn-V-Rakete mit ihrem Startgewicht von 2850 Tonnen und ihrer Höhe von 110 Metern klingen die Zahlen für die Raumstationsträgerrakete heute eher konservativ – hinsichtlich der Ausmaße, weil die Saturn V wesentlich größer ist, hinsichtlich des Startgewichts, weil sich darin der große technische Fortschritt zu leichteren Baukomponenten widerspiegelt. Ebenfalls entsprechend der Technik der fünfziger Jahre – die Verwendung von Flüssig-Wasserstoff und Flüssig-Sauerstoff in großen Raketentriebwerken beherrschte man zu jenem Zeitpunkt noch nicht – ging von Braun von Hydrazin und Salpetersäure als Treibstoffen aus. 51 Brennkammern sollten das Antriebsaggregat der ersten Stufe darstellen, 34 dasjenige der zweiten und 5 dasjenige der dritten Stufe. Der Startschub der ersten Stufe sollte 12 800 Tonnen betragen. (Derjenige der Saturn V belief sich in der letzten Version dieser Rakete auf 3400 Tonnen.) Alle drei Stufen waren mit Gleitflächen konzipiert, da ihre Bergung und Wiederverwendung in Aussicht genommen war.

Das Nutzlastvermögen der geschilderten Rakete wurde für die genannte Umlaufbahn in 1730 Kilometer Höhe auf 32,5 Tonnen berechnet. (Das Nutzlastvermögen der Saturn V für diese Umlaufbahn lag bei etwa 200 Tonnen, ebenfalls ein deutlicher Hinweis auf die rapiden Fortschritte, die die Raketentechnik innerhalb weniger Jahre machte.) Dementsprechend und unter Berücksichtigung der Ausmaße der Station war vorgesehen, die Bauteile in rund einem Dutzend Flügen in den Raum hinauszubringen und in der Umlaufbahn zusammenzusetzen. Dem erörterten Raumstationsentwurf lag eine aus faltbarem, nylonartigem Kunststoff bestehende Station aus 20 Baueinheiten zugrunde. Jede dieser Einheiten stellte in der fertigen, radförmigen, dreistöckigen Station eine für sich geschlossene, begrenzt lebensfähige Baugruppe dar. Dieses Verfahren war aus Sicherheitsgründen gewählt worden, berücksichtigte also beispielsweise, daß ein Meteoritentreffer ein Loch in der Wandung hervorrufen könnte, was zum Entweichen der Atemluft führen würde. In einem solchen Fall würde nur diejenige Einheit betriebs- und benützungsunfähig werden, deren Wandung punktiert wird, weil sie gegenüber den übrigen Einheiten hermetisch abschließbar ist. Von Braun dachte daran, die Teile zusammengefaltet in die Umlaufbahn zu bringen, um sie dort mit Hilfe von Luft »aufzublasen« – ein Verfahren, das 1961 in ähnlicher Weise bei den unbemannten kugelförmigen Echo-Ballonsatelliten von 30 und 60 Meter Durchmesser angewendet worden ist.

Von Braun und seine Mitarbeiter hatten die Idee der Raumstation ursprünglich unter dem Aspekt einer Zwischenstation für Flüge zu Mond und Mars angegangen. Während der Planungen jedoch zeigten sich deutlich die weitergehenden Möglichkeiten eines solchen Außenpostens im Weltall, was dazu führte, daß das Stationsprojekt mehr und mehr zum Selbstzweck wurde, auch wenn natürlich weiterhin daran gedacht war, von einer solchen Station aus, wenn sie erst einmal realisiert wäre, weiterreichende Vorstöße in den Weltraum vorzunehmen. In der Planung finden sich deshalb auch Hinweise auf

Laboratorien und astronomische Beobachtungseinrichtungen. Die Forschergruppe um Dr. von Braun hat Berechnungen über Sauerstoffverbrauch und -nachlieferung von der Erde angestellt und in ihr Kalkül einbezogen, denn die in ihrem »Reifen« von neun Meter Querschnitt in drei Stockwerke unterteilte Station sollte mehr oder weniger ständig 80 Personen beherbergen, so daß die Nachlieferung von Versorgungsstoffen ein durchaus wichtiger Gesichtspunkt war.

Was die Braunsche Außenstation gegenüber allen bis dahin publizierten Projekten von Raumstationen so hervorhebt, ist die Tatsache, daß jede einzelne Komponente, von der aufblasbaren Einheit bis zu den Gegenständen der Inneneinrichtung, auf Nutzlastvermögen und Nutzlastvolumen der zuvor definierten Trägerrakete ausgelegt war. Das Projekt besaß damit als erstes technische Mündigkeit, auch wenn es zum Zeitpunkt seiner Vorstellung noch nicht hätte verwirklicht werden können, da hierzu noch eine Reihe – inzwischen realisierter – technischer Entwicklungen fehlte. Unter den vorausgegangenen Entwürfen hatte lediglich derjenige von Ross und Smith die Transportfrage der Station in die Umlaufbahn angeschnitten, wohingegen alle anderen früheren Projekte diesem Punkt keinerlei Detailaufmerksamkeit geschenkt hatten.

Der Veröffentlichung der Braunschen Außenstationsstudie folgten zahlreiche weitere Überlegungen und Entwürfe zu

Linke Seite: Geradezu modern mutet der Entwurf Wernher von Brauns für ein dreistufiges, geflügeltes Trägeraggregat zum Aufbau einer Raumstation aus dem Jahre 1952 an: Sogar an Bergung und Wiederverwendung nach dem Raumtransporterprinzip ist gedacht. Auf der anderen Seite waren die technischen Voraussetzungen aus heutiger Sicht recht konservativ gewählt.

Oben: Die »aufblasbare« Raumstation von 75 Meter Durchmesser, die mit Hilfe zahlreicher Flüge der dreistufigen Trägerrakete errichtet werden sollte, existiert bis heute nicht.

diesem Thema, zumal die Entwicklung darauf hinzudeuten schien, daß erst nach der Verwirklichung einer solchen Raumstation der Flug von Menschen zum Mond möglich sein würde. Kein Wunder, daß sich die in den fünfziger und sechziger Jahren aufblühenden Raumfahrt- und Raketengesellschaften (in Deutschland damals die Gesellschaft für Weltraumforschung, heute Deutsche Gesellschaft für Luft- und Raumfahrt) wie auch Industriefirmen derartiger Studien annahmen. Es entstanden Kosten- und Durchführbarkeitsanalysen, und zahlreiche neue Entwürfe von Raumstationen gingen nun von sehr realen Grundlagen aus: Sie hatten bestimmte, in Entwicklung befindliche Raketentypen zur Basis. So machte der aus Deutschland stammende Raketenfachmann Krafft Ehricke, der bei der Firma Convair in San Diego an der Entwicklung der ATLAS-Rakete beteiligt war, Mitte bis Ende der fünfziger Jahre mehrere Vorschläge für verschiedene Raumstationen, die alle auf der Verwendung eben jener ATLAS-Rakete für den Transport in die Umlaufbahn und die Nachschubversorgung basierten. Wegen ihrer auch heute noch gigantisch anmutenden Ausmaße soll aus der Fülle von Vorschlägen eine Untersuchung vorgestellt werden, die Darrell Romick von der Goodyear Aircraft Corporation in Akron, Ohio, unter anderem 1956 auf dem siebenten Jahreskongreß der Internationalen Astronautischen Förderation in Rom vortrug. Romick und Mitarbeiter hatten ihre Station nach dem Baukastenprinzip konzipiert und ihrem Entwurf entsprechende Vorschläge für wiederverwendbare Trägersysteme angefügt, die allerdings nicht in allen Punkten bis zu Ende durchdacht waren, wie überhaupt Romick seinen Vorschlag nicht als technisches Rezept, sondern als beispielhafte Anregung betrachtet wissen wollte. »Die technischen Möglichkeiten erweitern sich ständig, sie bringen neue Faktoren hervor und weisen damit auf neue Lösungen, was fortlaufende Änderungen und Verbesserungen der Konzepte rechtfertigt«, schreibt er in seinem Bericht für die Internationale Astronautische Föderation. Und weiter: »Es wird deshalb nicht erwartet, daß der hier vorgestellte Plan in dieser Form bis zu seiner Realisierbarkeit unverändert bestehen bleibt. Aber er kann als Herausforderung dienen und zur Weiterverfolgung besserer Ideen und Konzepte anregen . . .« Als Trägerrakete für die Bauelemente seiner Raumstation definierte Romick ein mit Tragflächen versehenes System, das dem beschriebenen Vorschlag von Brauns

Linke Seite oben: So stellte Wernher von Braun sich das Mondschiff vor – hier unmittelbar vor dem Aufsetzen auf der Mondoberfläche gezeigt. Die Ähnlichkeit des Aufbaus mit der wirklichen Mondfähre, wie sie sechzehn Jahre später im APOLLO-Programm benutzt wurde, ist frappierend (linke Seite unten). Auf dem unteren Bild ist neben ihr Astronaut Aldrin zu sehen, der Meßinstrumente auf der Mondoberfläche aufstellt.

Rechts: So stellte sich Darrell Romick 1956 seine riesige Raumstation vor. Sie sollte in der Umlaufbahn aus einzelnen Baugruppen errichtet werden, wobei der Kern von der ersten Rakete des Projekts, die in die Umlaufbahn gelangt, gebildet und dann mit weiteren Zubringerflügen ausgebaut werden sollte.

ähnelt: eine dreistufige Rakete von knapp 87 Meter Höhe, die bei einem Startgewicht von 9000 Tonnen mit rund 19 000 Tonnen Schub abheben soll. Die einzelnen Stufen werden durch mehrere Dutzend Raketenmotoren angetrieben.
Den Aufbau seiner Raumstation mit dieser wiederverwendbaren Rakete hatte Romick in drei Phasen vorgesehen, die insgesamt 2500 bis 3000 Zubringerflüge (!) notwendig gemacht hätten. Diese enorme Zahl wird erklärlich, wenn man hinzufügt, daß die Station in der Endphase eine Art Zylinder von rund 300 Meter Durchmesser und 1000 Meter Länge bilden sollte. Romick dachte an eine etwa tausendköpfige Besatzung und hatte den ca. 85 Millionen Kubikmeter umfassenden Innenraum in zahllose Arbeits-, Labor-, Aufenthalts- und Vorratsräume, in Gänge, Treppen, eine Turnhalle und eine Kirche aufgeteilt, wollte also eine Art »Metropolis« in der Erdumlaufbahn schaffen . . .
Kurz nachdem Romick seine phantastische Mammut-Raumstation der Öffentlichkeit vorgestellt hatte, begannen bei mehreren Firmen der amerikanischen Luft- und Raumfahrtindustrie Planungen für wesentlich kleinere Raumstationen, die aber den Vorzug hatten, fester auf dem Boden nüchterner Tatsachen zu stehen. Man dachte nunmehr an Größenordnungen, die 6 bis 25 Mann Besatzung auf der Station zulassen würden.
Mit der Gründung der amerikanischen zivilen Raumfahrtbehörde NASA, der National Aeronautics and Space Administration (= Nationale Luft- und Raumfahrtbehörde) im Jahre 1958 begannen schließlich die ersten »offiziellen« Planungen von Raumstationen. In mehreren NASA-Zentren entstanden Raumstationsabteilungen. Die dort und bei Industriefirmen im NASA-Auftrag durchgeführten Raumstationsplanungen fußten auf den in Entwicklung befindlichen Raketentypen, in erster Linie also auf der SATURN I und der SATURN V. Alle diese Planungen waren darauf ausgelegt, in wenigen Jahren realisierbar zu sein. Dementsprechend heruntergeschraubt waren die Ansprüche hinsichtlich Anzahl der Besatzungsmitglieder, Aufenthaltsdauer auf der Station, Größe dieser Station usw.
Als mit der Verkündigung des APOLLO-Mondlandeprogramms durch Präsident Kennedy im Mai 1961 jedoch offenbar wurde, daß der erste große Schritt der bemannten Raumfahrt nicht in der Verwirklichung einer Raumstation bestehen würde, sondern in der Anwendung eines Verfahrens, das den Flug zum Mond auch ohne eine Zwischenstation im Weltall möglich machen würde, drängte dies Idee und Projektierungen von Raumstationen natürlich zunächst in den Hintergrund. Außerdem begannen 1961 und 1962 das MERKUR- und ab 1965 das GEMINI-Programm so viele praktische Erfahrungen abzuwerfen, daß davon auch die Konzepte für Raumstationen beeinflußt wurden . . .
Auf den letzten Seiten haben wir in Windeseile die Entwicklung des Raumstationsgedankens von seinem Beginn bis nahezu in die Gegenwart verfolgt. Doch nun gilt es wieder zurückzukehren in jene Epoche, die die Basis für unsere Betrachtungen über Raumstationen abgab, die Zeit der frühen wissenschaftlichen Theorie der Raumfahrt, in der die Grundlagen für das geschaffen wurden, was heute Wirklichkeit ist.
Wir waren dem Lebensweg von Konstantin Eduardowitsch Ziolkowski gefolgt und hatten gesehen, welche umfassenden Erkenntnisse er gewonnen hatte, freilich Erkenntnisse, die der Welt außerhalb Rußlands geraume Zeit verborgen geblieben und dort inzwischen unabhängig selbst gewonnen worden waren. Daß sie unabhängig von Ziolkowski auch im Westen erarbeitet worden sind, und zwar in einem Umfang, der noch über die Leistungen Ziolkowskis hinausgeht, und daß sie schließlich jenes Echo fanden, mit dem der Weg bis zur heutigen Raumfahrt vorgezeichnet wurde, ist zu einem Großteil jenem Manne zu verdanken, dessen Lebensweg 1894 in Siebenbürgen begann und der, 85jährig, auch heute noch unter den Lebenden weilt.

Hermann Oberth, Vater der Raumfahrt

Berühmt und schließlich als »Vater der Raumfahrt« bezeichnet wurde Hermann Oberth, geboren am 25. Juni 1894 in Hermannstadt in Siebenbürgen, durch ein 89 Seiten starkes Buch, auf dessen blauem Einbanddeckel, eingerahmt von einem rechteckigen mehrfachen Linienornament, in antiquierter Schrift steht: »Die Rakete zu den Planetenräumen«. Es wurde 1923 von dem Verlag Oldenbourg in München publiziert, nachdem an die zwanzig andere

Verleger es zuvor abgelehnt hatten. Das erste Kapitel beginnt unter der Überschrift »§ 1. Einleitung« im Brustton der Überzeugung mit den Sätzen:
»1. Beim heutigen Stande der Wissenschaft und der Technik ist der Bau von Maschinen möglich, die höher steigen können als die Erdatmosphäre reicht.
2. Bei weiterer Vervollkommnung vermögen diese Maschinen derartige Geschwindigkeiten zu erreichen, daß sie – im Ätherraum sich selbst überlassen – nicht auf die Erdoberfläche zurückfallen müssen und sogar imstande sind, den Anziehungsbereich der Erde zu verlassen.
3. Derartige Maschinen können so gebaut werden, daß Menschen (wahrscheinlich ohne gesundheitlichen Nachteil) mit emporfahren können.
4. Unter gewissen wirtschaftlichen Bedingungen kann sich der Bau solcher Maschinen lohnen. Solche Bedingungen können in einigen Jahrzehnten eintreten.
In der vorliegenden Schrift möchte ich diese vier Behauptungen beweisen...«
Hermann Oberth trat diesen Beweis an, und zwar in der strengen, sachlich-nüchternen Weise des Wissenschaftlers und Technikers: Er stellte zunächst fest, daß er kein bestimmtes technisches Gerät zur Realisierung des Raumfluges beschreiben wolle, keine »Erfindung«, sondern daß es ihm darum ginge, das *Prinzip* zu erläutern, mit dem Raumfahrt zu verwirklichen sei. Dann betrachtete er, ausgehend von bekannten Naturgesetzen – insbesondere dem Rückstoßprinzip –, die Eigenschaften einer Rakete, leitete die Formeln ab, die ihrer Wirkungsweise zugrunde liegen. Das führte dazu, daß im ersten Teil des Buches, der überschrieben ist »Arbeitsweise und Leistungsfähigkeit«, sich unter den 38 Druckseiten, die dieser Teil umfaßt, ganze drei Seiten finden, auf denen *keine* mathematischen Formeln oder Ableitungen vorkommen. In der Tat schreibt Willy Ley in seinem schon zitierten Buch »Vorstoß ins Weltall« (das übrigens eine der Auswirkungen des Oberthschen Buches ist) über diese Arbeit: »Was das Publikum anging, sogar das interessierte Publikum, so hatte das Buch ebensogut mit sumerischen Schriftzeichen geschrieben sein können.«
Präzise werden in diesem Teil die Eigenschaften des Rückstoßprinzips definiert. Es folgen theoretische Abhandlungen über die günstigste Geschwindigkeit der Rakete beim Aufstieg und deren Zusammenhang mit solchen Faktoren wie Luftdruck, Masse, Weg und Zeit. Hier findet sich,

unscheinbar in Kleindruck zwischen viele Formeln eingeschoben, der Hinweis auf das Stufenprinzip, also das »Aufeinanderschachteln« von zwei oder mehreren Einzelraketen zu einem gemeinsamen Aggregat. Oberth sagt (Seite 17):
»Stelle ich aber mehrere Raketen übereinander, so daß stets die unterste arbeitet und abgestoßen wird, sobald ihre Brennstoffe erschöpft sind, so addieren sich die Geschwindigkeitsgrenzen ... Bei meinem Apparat stehen zwei Raketen übereinander.«
Im folgenden Paragraphen macht Oberth erste Angaben über den »Treibapparat« – das Raketentriebwerk, würden wir heute sagen. Hier heißt es unter anderem:
»Als Brennstoff verwende ich flüssigen Sauerstoff und eine brennbare Flüssigkeit; für die obere Rakete flüssigen Wasserstoff, für die untere eine Wasser- und Alkoholmischung. Die Flüssigkeiten werden in

Oben: Professor Hermann Oberth (im Bild rechts) mit Dr. Kurt Debus, dem langjährigen Peenemünder und späteren Direktor des Kennedy-Raumflugzentrums der NASA in Cape Canaveral, Florida

Rechts oben: Das berühmte Buch von Hermann Oberth aus dem Jahre 1923

Unten: Demonstrative Darstellung einer zweistufigen Höhenrakete, deren erste Stufe durch Alkohol und Flüssig-Sauerstoff angetrieben werden soll, während die zweite Stufe (rot dargestellt) Flüssig-Wasserstoff und Flüssig-Sauerstoff als Antriebsmittel verwenden soll. Die Abbildung stammt aus dem oben wiedergegebenen Buch!

gesonderten Behältern mitgeführt, der Sauerstoff wird kurz vor der Verbrennung vergast und auf 700° C erhitzt, der Brennstoff wird in fein verteiltem Zustande in den heißen Sauerstoffstrom gespritzt.«
Oberth spricht dann weiter von den Zuführungsröhren für den Sauerstoff und von dem erhöhten Druck, unter dem er den Brennstoff heranführt. Er schildert den Einspritzkopf, beschreibt die Gestalt des Brennofens, begründet dessen Verengung vor dem Düsenaustritt (man erzielt dadurch eine gründlichere Verbrennung) und beschäftigt sich mit der Ausströmungstheorie. Unter der Überschrift »Die freie Fahrt« behandelt er als nächstes die antriebslose Flugphase und schließlich Andruck und Schwerelosigkeit.
Zu dem merkwürdigen Phänomen der Schwerelosigkeit liest man beispielsweise (Seite 35):
»Fehlender Andruck ist also dadurch gekennzeichnet, daß keinerlei von außen stammende Kräfte die Teile des Systems gegeneinander zu verschieben trachten. Bewegliche Teile ordnen sich daher im Sinne der Kräfte an, die dem System innewohnen. Springe ich beispielsweise von genügender Höhe ins Wasser und halte in der Hand eine Flasche mit Quecksilber, so bildet das Quecksilber in der Mitte der Flasche eine Kugel, die nur an einer Stelle am Glase haftet. (Zur Kompensierung des Luftwiderstandes halte ich die Flasche erst etwas über meinem Kopf und bewege sie sodann mit zunehmender Beschleunigung nach abwärts, auch muß man sie oft etwas seitlich verschieben.) Benetzende Flüssigkeiten dagegen (z. B. Wasser) suchen an den Wänden hinaufzusteigen und die Luft in die Mitte der Flasche zu drängen. (Dieser Versuch gelingt übrigens nur, wenn die Wände der Flasche feucht sind. Andernfalls hat das Wasser zum Emporsteigen nicht genug Zeit.) Liegen am Boden der Wasserflasche Kieselsteine, so werden diese vom Boden weg ins Wasser hineingezogen usf.«
Diese Beschreibung mit den in Klammern gesetzten Zusatzbemerkungen klingt, als würde Oberth hier aus unmittelbarer praktischer Erfahrung sprechen. Und das ist in der Tat der Fall! Sein Biograph Hans Hartl schildert in dem Buch »Hermann Oberth, Vorkämpfer der Weltraumfahrt«, wie Oberth ein ebensolches Experiment im Alter von 14 Jahren in der Heimatstadt Schäßburg anstellte, indem er mit Flaschen, die Quecksilber bzw. Wasser enthielten, vom Sechsmeterturm des Schäßburger Schwimmbads ins Wasser sprang und während der wenigen Augenblicke des (fast) freien Falls das Verhalten der Flüssigkeiten in seiner Flasche beobachtete!
Der zweite Teil des Buches »Die Rakete zu den Planetenräumen« trägt den Titel »Beschreibung von Modell B; Diskussion der technischen Durchführung«. In ihm schildert Oberth unter Zugrundelegung der Ausführungen im ersten Teil ein Realisierungsbeispiel seiner theoretischen Erörterungen. Es handelte sich dabei jedoch, wie Oberth betont, um keinen Konstruktionsentwurf, sondern um eine Schilderung, die »mehr demonstrativen Zweck« hat; es geht ihm darum, das Grundsätzliche aufzuzeigen. So skizziert er eine zweistufige Rakete, mit der es möglich sein würde, Höhe, Zusammensetzung und Temperatur der Erdatmosphäre zu untersuchen und etwas über einige für künftige Raketenaufstiege und Raumflüge wichtige Parameter (so zum Beispiel Druckverhältnisse, Ausströmungsgeschwindigkeiten usw.) zu erfahren. Seine Rakete »Modell B« besteht aus zwei Stufen, einer alkoholgetriebenen und einer wasserstoffgetriebenen Rakete. Oberth berücksichtigt dabei viele Detailfaktoren. So spricht er von Schwanzflossen der Rakete zur Stabilisierung, macht sich Gedanken über die Treibstoffpumpen und konzidiert, daß zahlreiche konstruktive Fragen erst nach entsprechenden Vorversuchen angegangen werden können. Als Beispiel sei erwähnt, daß er Versuche über das Herausspritzen von Flüssigkeiten aus feinen Öffnungen vorschlägt. Daraus ist ersichtlich, daß Oberth sich, ohne auf irgendwelchen praktischen Erfahrungen fußen zu können, durchaus über die Bereiche, in denen Probleme zu erwarten standen, im klaren war: Arbeitsweise und Aufbau von Einspritzköpfen sind entscheidende Faktoren für das einwandfreie Funktionieren einer Rakete; sie beschäftigen die Triebwerksbauer auch heute noch intensiv.
Der dritte Teil des Buches ist »Zweck und Aussichten« betitelt. Er ist, um noch einmal Willy Ley zu zitieren, »der einzige, den man einfach durchlesen konnte, ohne alle zwei Sekunden über ein aus mathematischen Formeln bestehendes Drahtverhau zu stolpern«.
Dieser dritte Abschnitt handelt von den physischen und psychischen Auswirkungen des Andrucks auf den Menschen, über Gefahren des Raumfluges durch technische Zwischenfälle und über die künftigen Möglichkeiten, die Oberth in der Raumfahrt voraussieht.
Er spricht hierin von der Möglichkeit, das

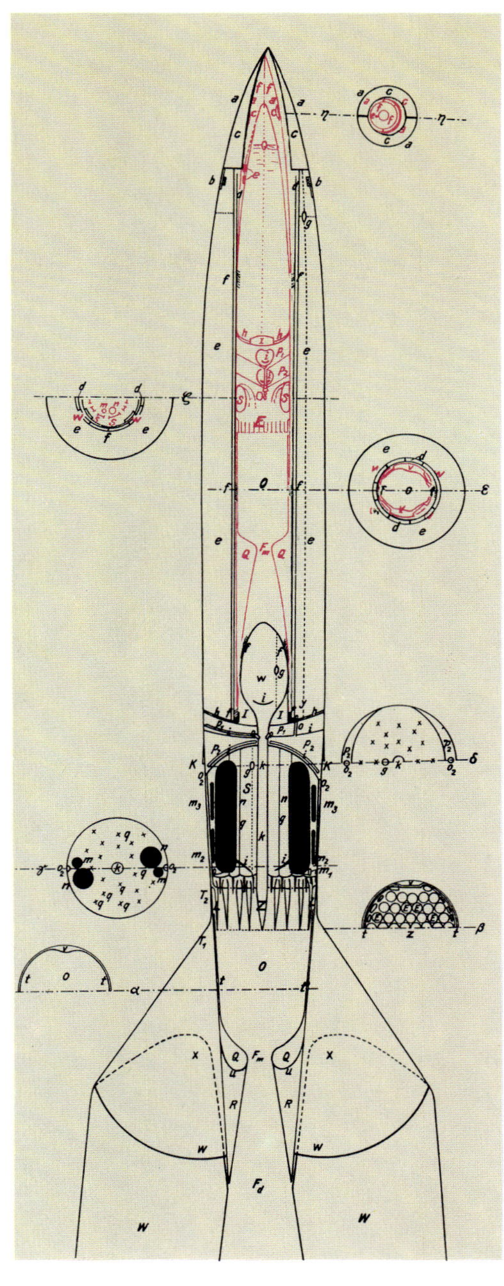

Raumfahrzeug in »Taucheranzügen« zu verlassen, während des antriebslosen Fluges die Schwerelosigkeit für physikalische und physiologische Experimente auszunutzen sowie astronomische Beobachtungen mit enorm großen Fernrohren vom Raum aus anstellen zu können. Dann erwähnt er, daß es möglich sei, mit einer bemannten Rakete den Mond zu umfliegen, schätzt die Kosten für ein solches Unternehmen auf »über eine Million Mark Friedenswährung« und bezweifelt, daß sich um der von ihm bis dahin beschriebenen Versuche willen die notwendigen Mittel aufbringen ließen. Danach fährt er fort (Seite 86):
»Lassen wir nun aber derartige Raketen größten Maßstabes im Kreis um die Erde laufen, so stellen sie sozusagen einen kleinen Mond dar. Sie müssen auch nicht mehr zum Niedergehen eingerichtet sein. Der Verkehr zwischen ihnen und der Erde kann durch kleinere Apparate aufrechterhalten werden, so daß diese großen Raketen (wir wollen sie Beobachtungsstationen nennen) oben immer mehr für ihren eigentlichen Zweck umgebaut werden können. Sollte der fehlende Andruck bei dauerndem Aufenthalt üble Folgen zeitigen, was ich aber bezweifle, so könnten zwei solcher Raketen durch ein Drahtseil von einigen Kilometern Länge miteinander verbunden werden und umeinander rotieren.«
Oberth stellt nun die Frage nach dem Zweck derartiger Stationen und macht hierzu umfangreiche Vorschläge. So weist er auf die Beobachtungsmöglichkeiten der Erdoberfläche hin, schlägt die Übermittlung von Lichtsignalen mittels Spiegeln auf der Station und auf der Erde vor und meint, daß sich auf diese Weise telegrafische Verbindungen zwischen Orten aufbauen ließen, zu denen auf der Erde bisher weder Kabel führen noch elektrische Wellen gelangen: eine erste Vorahnung der heutigen Kommunikationssatelliten. Auf seine weiteren Beispiele, wie etwa die Eisbergwarnung, hatten wir ja bereits hingewiesen. Auch sein Vorschlag, Sonnenenergie mittels Spiegeln durch Herablenken von Sonnenstrahlung auf die Erde auszunützen, findet sich an dieser Stelle des Buches...
Wie, so muß man fragen, kommt ein 28jähriger junger Mann dazu (so alt war Oberth erst, als er das Buch schrieb), ein derartig kühnes Thema mit solcher Präzision und Voraussicht zu behandeln?
Schon als Kind fühlte sich Hermann Oberth zu den technischen Dingen hingezogen, beobachtete er in dem stillen, verträumten Städtchen Schäßburg - das oft das siebenbürgische Rothenburg genannt wurde - die Eisenbahnzüge, die aus traumhaften Fernen kamen, aus Wien, München und Paris, und in ebenso traumhafte Fernen fuhren, nach Budapest, Bukarest und Konstantinopel. Sie regten seine Gedanken an, ließen ihn an Luftschiffe denken und sich selbst die Frage stellen, wie hoch man eigentlich fliegen könne... ob möglicherweise bis zum Mond oder gar noch darüber hinaus.
Im Alter von 12 Jahren, im Jahre 1906, gab ihm seine Mutter Jules Vernes Buch »Von der Erde zum Mond«. Hermann Oberth verschlang es förmlich: Hier war die Antwort auf die Frage, die er sich so häufig gestellt und dennoch nie hatte beantworten können, die Frage, wie man zum Mond gelangen kann. Oberth notierte sich Zahlen und Daten aus dem Buch, rechnete herum und - fand, daß der Lösungsweg, den Jules Verne in seinem Buch für den Flug zum Mond zugrunde gelegt hatte, nicht gangbar war. Mit seinen bescheidenen physikalischen und mathematischen Kenntnissen überprüfte der junge Gymnasiast Absatz für Absatz des Romans.
Und dabei kam er, je mehr sich seine Kenntnisse dank des Physik- und Mathematikunterrichts in der Schule erweiterten, Jules Verne auf zahlreiche »Fehler«. Er merkte, daß das Verfahren, mit einem Geschoß zum Mond zu fliegen, nicht realisierbar ist, weil - vom Luftwiderstand in dem 275 Meter langen Kanonenrohr abgesehen - der gewaltige Andruck Insassen und Gerät in der hohlen Geschoßkabine, die Jules Verne sich ausgedacht hatte, ebenso unweigerlich zusammenpressen würden wie das Geschoß selbst. So berechnete Oberth, daß, abgesehen von der Unmöglichkeit, das Geschoß widerstandsfähig genug herzustellen, die Insassen durch ein Wasserpolster von 1000 Kilometer (!) Stärke geschützt werden müßten, um eine Chance des Überlebens zu haben.
Jules Verne hatte in seinem Roman behauptet, daß es zwischen Erde und Mond einen Punkt gibt, an welchem die Anzie-

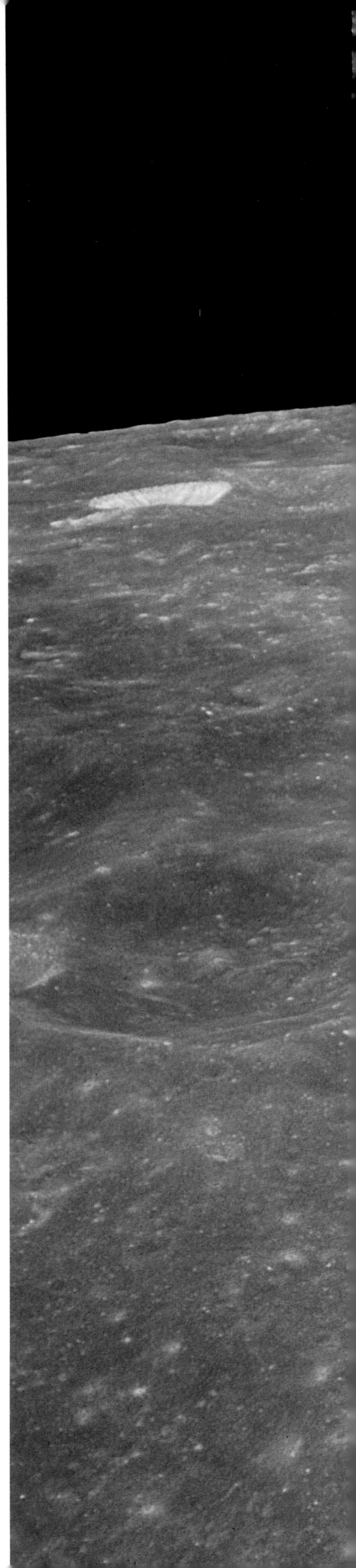

Von der Erde zum Mond – in der Wirklichkeit: Apollo 10 im Mai 1969 in 112 Kilometer Höhe über der Mondoberfläche, fotografiert von der Mondfähre Snoopy aus. Die Fähre kam mit ihren beiden Piloten dem Mondboden bei diesem Flug sogar bis auf sieben Kilometer nah.

hungskräfte von Erde und Mond gleich stark sind und deshalb »einander aufheben«. Hier, so stellte Verne fest, würden die Menschen und Objekte in dem Raumfahrzeug schwerelos sein, ja, schon bei der Annäherung an diesen Punkt würden sich »die Gewichte von Stunde zu Stunde verringern«!

Durch Überlegungen und die eigenen Experimente im Schwimmbad über Andruck und Schwerelosigkeit kam Oberth darauf, daß Jules Verne hier völlig unrecht hatte: Im freien Fall tritt die Schwerelosigkeit stets ein, egal ob sich ein Raumfahrzeug 300 oder 300 000 Kilometer weit von der Erde weg befindet, gleichgültig, ob am »neutralen Punkt« zwischen Erde und Mond oder in einer Erdumlaufbahn. »Freier Fall« aber herrscht von dem Augenblick an, von dem der Raketenmotor abgeschaltet ist und die Rakete nicht durch eine dichte Atmosphäre gebremst wird. In der Praxis bedeutet dies, freier Fall und damit Schwerelosigkeit treten für praktisch 99 Prozent der Dauer eines jeden Raumfluges auf!

Als Oberth diese und andere Fehler in den Überlegungen Jules Vernes erkannte, war er ganze 13 Jahre alt; man schrieb das Jahr 1907. Lange dachte er darüber nach, was man wohl an die Stelle der offensichtlich unbrauchbaren Kanonenkugel setzen könnte, um den Raumflug zu verwirklichen. Ihm war klar, daß die Beschleunigung des Gefährts langsamer vor sich gehen mußte, als dies beim Abschuß einer Kanonenkugel geschah. Oberth dachte zunächst an eine stetige Beschleunigung in Magnetfeldern. Doch bei näherem Hinsehen erwies sich die Idee als undurchführbar.

Schließlich fand er die Lösung. Er kam auf sie durch – Jules Verne! Die Helden Jules Vernes hatten Raketen an ihre Kanonenkugel montiert, um damit den Aufprall auf dem Mond abzubremsen, sie dann aber in der Not dazu benützt, um sich aus dem Schwerefeld des Mondes zu befreien, als sie festgestellt hatten, daß sie von diesem Schwerefeld eingefangen und zu einem künstlichen Satelliten des Mondes gemacht worden waren.

Oberth überlegte: Würde eine Rakete im luftleeren Raum überhaupt fliegen, oder war Jules Verne auch hier einem Irrtum aufgesessen?

Sehr schnell kam der Gymnasiast auf das Rückstoßprinzip, erprobte es selbst im Experiment, indem er von einem Kahn absprang und den dadurch ausgelösten Rückstoß beobachtete, der sich im Davontreiben des Bootes äußerte. Als er durch Theorie und Praxis zufriedengestellt und überzeugt war, daß das Rückstoßprinzip im luftleeren Raum funktioniert und damit die Rakete das richtige Gefährt ist, um in den Weltraum zu gelangen, drang er tiefer in die technischen Geheimnisse der Rakete ein, erkannte die Zusammenhänge zwischen Ausströmgeschwindigkeit der Verbrennungsgase und erzielbarer Endgeschwindigkeit der leergebrannten Rakete. Er mußte feststellen, daß Pulverraketen nicht genügend Energie aufbringen, um die Fluchtgeschwindigkeit

Schwerelosigkeit auf dem Weg zum Mond – im Raumschiff Jules Vernes. Aus seinem Buch »Reise um den Mond«. Entgegen der Annahme Jules Vernes herrscht Schwerelosigkeit nicht nur an einem Punkt, sondern – wie der erst dreizehnjährige Hermann Oberth erkannte – praktisch auf der ganzen Fahrt zwischen Erde und Mond.

von 11,2 Kilometern in der Sekunde erreichen zu können, die notwendig ist, um das Schwerefeld der Erde zu verlassen.

Schließlich fand er 1911 – also im Alter von 17 Jahren – die Lösung: eine Rakete, die durch sehr energiehaltige Flüssigkeiten angetrieben wird, etwa Alkohol und flüssigen Sauerstoff oder flüssigen Wasserstoff und flüssigen Sauerstoff. Die Idee der Flüssigkeitsrakete war damit von Hermann Oberth gefunden worden – unabhängig von Ziolkowski, dessen Überlegungen man zu jener Zeit in Westeuropa noch nicht kannte.

1912 machte Oberth sein Abitur in Schäßburg und ging dann nach München, um, dem Wunsche seines Vaters gemäß, an der Münchner Universität Medizin zu studieren. Nebenbei hörte er an der Technischen Hochschule Vorlesungen über Mathematik, Physik und Aerodynamik.

In den Stunden der Freizeit beschäftigte er sich weiter damit, über die Verwirklichung der Raumfahrt nachzudenken; seine an der Hochschule erworbenen Kenntnisse leisteten ihm dabei vorzügliche Hilfsdienste.

1914 erarbeitete Oberth erste mathematische Formeln. Er definierte das Massenverhältnis und stellte die Raketen-Grundgleichung auf, also die Beziehung, die zwischen der erreichbaren Geschwindigkeit einer Rakete einerseits und der Ausströmgeschwindigkeit ihres Antriebsstoffes sowie dem Massenverhältnis andererseits besteht.

Nun folgen in den Jahren des Kriegsdienstes als Sanitätsfeldwebel weitere Berechnungen und Untersuchungen; immer mehr vertieft sich Oberth in die Idee der Raumfahrt. Er erkennt, daß die Medizin ihn nicht befriedigen kann und daß er – so seine eigene spätere Äußerung – sicher kein guter Arzt geworden wäre. 1919 nimmt er sein Studium wieder auf, zunächst in Klausenburg in Siebenbürgen, das nun zu Rumänien gehört, an der physikalischen Fakultät, die damals noch unter »Philosophie II« lief, dann, als es wieder möglich ist, das Land zu verlassen, studiert er in München Physik. Als »rumänischer Staatsangehöriger«, der er nun plötzlich ist, wird er jedoch aus Bayern ausgewiesen und setzt deshalb sein Studium 1920 in Göttingen fort. Hier konzipiert er eine 100 Tonnen schwere Raumrakete und erkennt dabei das Stufenprinzip und seine Bedeutung für die technische Verwirklichung eines Raumfluges. Verständnis findet er für seine Idee der Raumfahrt und seine Berechnungen und Entwürfe dabei selbst unter den Professoren nur gelegentlich. Einer derjenigen, die ihn verstehen, seine Arbeiten anerkennen und jederzeit Unterstützung zusagen, ist der berühmte Aerodynamiker Ludwig Prandtl (1875–1953) in Göttingen.

Oberth entwirft nun eine zweistufige Höhenforschungsrakete, deren Brennstoffe in der ersten Stufe Alkohol und in der zweiten Stufe Flüssig-Wasserstoff sind; als Verbrennungsträger soll in beiden Stufen Flüssig-Sauerstoff verwendet werden.

1921 geht er von Göttingen nach Heidelberg, um sein Physikstudium dort zu komplettieren. In Göttingen schließt er die theoretische Entwicklung der Höhenrakete ab, beginnt die Niederschrift an einem Buch und stellt darin die Rakete als das

schon erwähnte »Modell B« vor. Im Frühjahr 1922 ist das Buch fertig; Oberth betitelt es »Die Rakete zu den Planetenräumen«. Aber obgleich er eine Empfehlung hat, die ihm die »wissenschaftliche Einwandfreiheit« der Arbeit bescheinigt, findet sich zunächst kein Verleger. An der Heidelberger Universität wird seine Dissertation über die Raumfahrt abgelehnt - das Gebiet Raumfahrt »gibt es ja nicht«! Oberth kehrt nach Siebenbürgen zurück, wo er in Klausenburg mit der in Heidelberg abgelehnten Arbeit sein Staatsexamen macht. Dann wird er an der Schule in Schäßburg Lehrer für Mathematik und Physik.
In München hat sich ein Freund von ihm dafür verwendet, Oberths Buchmanuskript »Die Rakete zu den Planetenräumen« bei dem renommierten Verlag Oldenbourg unterzubringen. Der Versuch gelingt - allerdings muß Oberth die Druckkosten für das Buch selbst tragen. Die notwendigen Mittel erhält er in Form der Ersparnisse seiner ihm 1918 angetrauten Frau Mathilde. Im Juni 1923 erscheint das Buch.
Die Reaktion darauf ist eigentlich erstaunlich und enttäuschend zugleich: Zunächst einmal, das Buch verkauft sich recht gut. Auch erhält Oberth viele Zuschriften.
Da sind viele, die ihn mit genau jenen Argumenten kritisieren, die Oberth in dem Buch entkräftet hat. Hätten sie das Buch nur richtig gelesen und verstanden, dann hätten sie sich das Schreiben ersparen können! Dann erhält er Angebote von Menschen, die sich für den ersten Raumflug zur Verfügung stellen wollen. Doch die echte Auseinandersetzung mit der Fachwelt bleibt aus - vor allem wohl deshalb, weil es damals diese »Fachwelt« für den Bereich der Raumfahrt noch nicht gab. Oberth hatte gehofft, daß man nun seine Ideen aufgreifen und der Verwirklichung zuführen würde. Doch außer den Kritikern rührte sich niemand. Er mußte, wie schon einmal in den Jahren 1917 bis 1922, als er sich bemühte, seine Ideen Fachleuten und Regierungen nahezubringen, um sie der Verwirklichung entgegenzuführen, erneut erfahren, daß die Menschen nicht an die Raumfahrt glauben wollten und kleinliche Bedenken geltend machten oder sich einfach ausschwiegen.
Doch Oberths Buch hatte trotzdem noch eine besondere Auswirkung auf die Idee der Raumfahrt. Sie bestand darin, daß das Buch gleichsam zu einem Zündfunken geworden war, zu einem Katalysator für so manche »stillen Gelehrten«, die sich ihre eigenen ernsthaften Gedanken über Raumfahrt gemacht hatten, und für jene, die an die Möglichkeit der Weltraumfahrt glaubten und ihr zum Durchbruch verhelfen wollten.
Einer von denen, die sich damals für die Raumfahrt begeistert hatten, war der in Bozen geborene Schriftsteller Max Valier. Von ihm wird etwas später im Zusammenhang mit Raketenautos, Raketenschlitten und Raketenflugzeugen noch ausführlich zu reden sein. Für den Augenblick mag es genügen, festzuhalten, daß dieser Valier an Oberth herantrat mit der Bitte, ihn bei einer populären Darstellung des Raumfahrtgedankens zu unterstützen. Oberth erfüllte diesen Wunsch um so lieber, als er selbst schon mit dem Gedanken gespielt hatte, eine populäre Darstellung über Raumfahrt zu verfassen.
Valiers Buch (genauer eine Broschüre von 95 Seiten Umfang) »Der Vorstoß in den Weltenraum« erschien 1924, verkaufte sich recht gut und erschloß der Idee der Raumfahrt zahlreiche neue Freunde. Es war allgemeinverständlich geschrieben.
Ein 19jähriger Berliner Journalist allerdings, von der Idee der Raumfahrt so begeistert, daß er schließlich zu *dem* Chronisten dieser Raumfahrt wurde, Willy Ley, hielt es nicht für allgemeinverständlich genug, setzte sich hin und schrieb ein weiteres populäres Raumfahrtbuch. Es nannte sich »Die Fahrt in den Weltraum«, wurde 1926 publiziert und fand ebenfalls guten Absatz.
Inzwischen war - 1925 - eine zweite Auflage von Oberths Buch »Die Rakete zu den Planetenräumen« erschienen, die ebenfalls bestens abgesetzt wurde. Ein weiteres Buch von einem Dr. Walter Hohmann, »Die Erreichbarkeit der Himmelskörper«, kam gleichfalls 1925 heraus. Es war noch fachlicher als Oberths Buch geschrieben, war wissenschaftlich ohne Zweifel hervorragend, aber doch so abstrakt gehalten, daß es sich nur schwer verkaufte.
Kurz vor Erscheinen der ersten Auflage seiner »Rakete zu den Planetenräumen« hatte Oberth übrigens von einem amerikanischen Professor gehört, der schon 1919 ein Buch über Raketenflug unter dem wenig phantasievollen Titel »A Method of Reaching Extreme Altitudes« (»Eine Methode, extreme Höhen zu erreichen«) herausgebracht hatte und mit Pulverraketen experimentierte. Oberth hatte seinem Buch daraufhin noch schnell einen Anhang beigefügt. Er stellte darin unter anderem fest:
»Professor Goddard konnte mit bedeutenden Mitteln experimentieren, während ich in der Hauptsache eine theoretische Behandlung des Problems versuchen mußte. Aus diesem Grunde ergänzen sich beide Arbeiten... An Hand sinnreicher Versuche konnte Goddard auf die Auspuffgeschwindigkeit im luftleeren Raum schließen. Er konnte bestätigen (was ja der Theorie nach zu erwarten war), daß die Auspuffgeschwindigkeit bei abnehmendem Luftdruck steigt und im luftleeren Raum einem Höchstwert zustrebt... Ich möchte noch erwähnen, daß Goddard an die Entsendung einer mit Leuchtpulver gefüllten Rakete nach dem Monde gedacht hat. Beim Aufprall soll sich das Leuchtpulver anzünden und damit das Auftreffen des Apparates sichtbar machen...«
Die weiteren Ausführungen des Anhangs beziehen sich dann auf den Prioritätsanspruch, den Oberth auf mehrere, einzeln angeführte Ideen und Berechnungen - mit Recht - erhebt und nachweist.
1924 hörte Oberth erstmals von Ziolkowski und seinen Arbeiten. Er schickte dem russischen Gelehrten sogleich ein Exemplar seines Buches »Die Rakete zu den Planetenräumen«, und es entspann sich zwischen diesen beiden Pionieren der Raumfahrt eine freundschaftliche Korrespondenz.
Im gleichen Jahr, als Oberths Buch in zweiter Auflage erschien (also 1925) und Hohmanns »Erreichbarkeit der Himmelskörper« herauskam, in dem viele wertvolle Betrachtungen über Bahnmechanik enthalten und Flugbahnen zu Mond, Venus und Mars genau berechnet sowie der Antriebsbedarf exakt ermittelt worden waren, kamen auch zwei Raumfahrtromane heraus. Sie stammten beide aus der Feder von Otto Willi Gail, einem später berühmt gewordenen Autor und Rundfunkberichterstatter zu wissenschaftlichen Themen, und waren betitelt »Der Schuß ins All« und »Der Stein vom Mond«. Beide regten das Interesse an der Raumfahrt, das Oberths und Valiers Bücher sowie diverse Zeitungsberichte bereits geweckt hatten, zusätzlich erheblich an. Es sah ganz so aus, als würde die Saat der Raumfahrtidee endlich aufgehen. Und dies galt nicht nur für den deutschen Sprachraum; auch in Rußland, in Frankreich und den USA begann sich das Interesse an der Raumfahrt bemerkbar zu machen. So entstand in der Sowjetunion im April 1924 in der militärischwissenschaftlichen Gesellschaft der Luftflotten-Akademie eine »Sektion für interplanetare Flüge«. Zwar existierte sie nur für ein Jahr, aber in dieser Zeitspanne regte sie dennoch das Interesse an der

Robert Esnault-Pelterie, Pionier der Luftfahrt und Raumfahrt, auf einem internationalen Kongreß für Raketen und Fernlenkgeschosse in Paris 1956. Neben ihm sitzend Eugen Sänger.

Raumfahrt, das Ziolkowski ausgelöst hatte, zusätzlich an. In Frankreich hatte der wenige Jahre später berühmt gewordene Flugpionier Robert Esnault-Pelterie (1881–1957) sein Interesse für die Raumfahrt entdeckt und seine diesbezüglichen Ideen in dem 1908 aus der Feder eines Kapitän Ferber stammenden Buch »De Crete à Crete, de Ville à Ville, de Continent à Continent« (»Von Gipfel zu Gipfel, von Stadt zu Stadt, von Kontinent zu Kontinent«) niedergelegt. 1912 hatte er in Paris vor der Französischen Physikalischen Gesellschaft einen vielbeachteten Vortrag über Raumfahrt gehalten. In den USA beschäftigte sich Robert Goddard mit Versuchen mit Feststoffraketen und theoretisierte seit 1920 über die flüssigkeitsgetriebene Rakete. 1926 hatte er die erste Flüssigkeitsrakete der Welt zum Fliegen gebracht. In Deutschland schließlich wurde 1927 der Verein für Raumschiffahrt gegründet. Hermann Oberth hatte sich auch nach seiner Rückkehr in die siebenbürgische Heimat im Jahre 1923 intensiv darum bemüht, Mittel für eine Finanzierung von Raketenversuchen und praktischen Entwicklungen zu erhalten. Einmal - 1924 - sah dies so vielversprechend aus, daß er sich auf Geheiß eines Würzburger Bankiers für mehrere Monate in die Bischofsstadt am Main begab, aber nach langem, ungeduldigem Warten stellte sich auch diese Hoffnung als eine Seifenblase heraus.

Nachdem auch die zweite Auflage seines Buches gut abgesetzt wurde, entschloß sich Oberth, eine neu geordnete, erweiterte Ausgabe herauszubringen. Sie erschien 1929 in München beim Oldenbourg-Verlag unter dem Titel »Wege zur Raumschiffahrt«. Das Buch gilt noch heute als ein Standardwerk der Raketentechnik und ist völlig vergriffen. 1974 indessen erschien in Bukarest ein Nachdruck, der vor allem deshalb besonders interessant ist, weil er marginale Anmerkungen des Autors aus der heutigen Sicht enthält.

Dieses Buch ist nicht mehr nur als wissenschaftlicher Beweis einer Hypothese gedacht, wie das bei »Die Rakete zu den Planetenräumen« der Fall war, sondern es ist gleichzeitig Lehrbuch, klärt für den beflissenen Laien wie für den Fachmann die Zusammenhänge auf und ist, ohne auf die Mathematik dort zu verzichten, wo sie notwendig ist, weniger mathematisch durchsetzt. Außerdem ist es um neue Erkenntnisse und Aussichten erweitert. So findet sich, angeregt durch die noch zu besprechenden Überlegungen und Experimente Valiers, ein Kapitel »Das Raketenflugzeug«. Ein anderes Kapitel, betitelt »Das Modell E«, beschreibt den Aufbau eines Raumfahrzeugs, wogegen Oberth in dem Buch »Die Rakete zu den Planetenräumen« ja lediglich den prinzipiellen Aufbau einer Höhenrakete geschildert hatte. Auch der Raumanzug, astronomische Beobachtungen aus dem Weltall und Raumstationen finden sich ausführlich beschrieben. Das letzte Kapitel des Buches schließt mit den Worten:

»Ob das alles gehen wird, das weiß ich nicht. Es ist aber auf der Welt nichts unmöglich, man muß nur die Mittel entdecken, mit denen es sich durchführen läßt.«

Im gleichen Jahre 1929, da dieses Buch »Wege zur Raumschiffahrt« in München erschien, wurde Hermann Oberth mit dem REP-Hirsch-Preis ausgezeichnet. In der Literatur findet sich allgemein der Hinweis, daß dieser Preis an Oberth für ebendieses Buch vergeben worden sei. Es entbehrt nicht der historischen Kuriosität, daß Oberth offensichtlich selbst dieser Auffassung ist, denn in einem Nachwort zur Bukarester Ausgabe von 1974 findet sich der mit einem Dank versehene Hinweis, daß das Buch mit dem REP-Hirsch-Preis ausgezeichnet worden sei. In dem 1933 erschienenen Buch »Männer der Rakete« von Werner Brügel hingegen schreibt der zuvor erwähnte französische Luftfahrtpionier Robert Esnault-Pelterie: »Als ich erkannte, daß meine Gedankengänge wenig Echo fanden und man mich als Utopisten behandelte, wie zu Beginn der Luftfahrt, hatte ich die Idee, einen Preis für die Prämierung der ernsthaften theoretischen Arbeiten, die geeignet sind, das Problem vorwärts zu treiben, zu stiften. Ein Bankier unter meinen Freunden, Herr André Hirsch, schloß sich mir, von meinen Ideen begeistert, zur Stiftung eines jährlich zur Ausschüttung gelangenden Preises von 5000 Francs an, der danach REP-Hirsch-Preis genannt wurde. 1928 wurde dieser Preis Herrn Professor Oberth, Mediasch (Rumänien), für sein bemerkenswertes Werk ›Die Rakete zu den Planetenräumen‹ (München und Berlin, 1923) zuerkannt . . .«

1928 aber hatte Oberth das Manuskript von »Wege zur Raumschiffahrt« erst abgeschlossen; erschienen ist es 1929.

In jenem Jahr 1928 übrigens sah Hermann Oberth nach seinen vielen Enttäuschungen wieder einmal eine Chance, zu praktischen Raketenversuchen zu gelangen. Diese Hoffnung trat auf im Zusammenhang mit einem Angebot des Filmregisseurs Fritz Lang an Oberth, bei dem von ihm geplanten Film »Frau im Mond« als wissenschaftlicher Berater mitzuwirken. Oberth stimmte nach einigem Zögern zu. In Berlin eingetroffen und mit seinen Aufgaben vertraut gemacht, regte Oberth an, eine Flüssigkeitsrakete zu bauen und am Tage der Filmpremiere aufsteigen zu lassen. Fritz Lang war von der Idee angetan. Nach einigem Hin und Her mit der UFA, die den Film produzierte, wurde der Vorschlag angenommen. So konnte Oberth sich daranmachen, eine echte Flüssigkeitsrakete zu bauen, die auf 40 Kilometer Höhe steigen sollte.

Raketen waren damals in aller Munde. Es war ein echter Raketenrummel im Gange. 1928 war das Jahr, da zum erstenmal raketengetriebene Autos fuhren.

Obgleich die »UFA-Rakete« niemals wirklich flog, konnte Oberth im Zuge der Versuche, die er für diesen geplanten Raketenflug machte, wertvolle Erfahrungen sammeln. Der Film »Frau im Mond« hatte am 15. Oktober 1929 seine glanzvolle Premiere; Oberth wurde begeistert gefeiert. Doch danach zog er sich enttäuscht wieder nach Mediasch in Rumänien zurück, während der Verein für Raumschiffahrt die Reste der nicht gestarteten »UFA-Rakete« für seine eigenen Versuche zu verwerten suchte.

Mit all jenen auf den vorausgegangenen Seiten geschilderten Entwicklungen wurden die zwanziger Jahre unseres Jahrhunderts zur echten Geburtsstunde der Raumfahrt. Die Idee dieser Raumfahrt wurde durch die großen Theoretiker der Rakete und des Weltraumfluges auf eine breite Basis gestellt. Die »Schlacht der vielen Formeln«, wie Willy Ley die Periode ab 1924 einmal so treffend bezeichnete, erregte das Interesse der Öffentlichkeit. Autoren wie Valier, Ley und Gail verhalfen dem Raumfahrtgedanken auch in Kreisen zum Durchbruch, denen die Werke Oberths und Hohmanns Bücher mit sieben Siegeln waren und die auch nichts wissen konnten von Ganswindt, Ziolkowski und Goddard.

Die zwanziger Jahre sahen auch den Beginn eines breitgefächerten Interesses an der praktischen Verwirklichung der Raumfahrtidee. Es manifestierte sich in zahlreichen fruchtbaren und unfruchtbaren Versuchen, die Rakete, die dank der Theoretiker als das einzig mögliche Transportmittel für den Flug in den Weltraum erkannt worden war, nun auch zu einem praktikablen Gerät zu machen; der Kampf gegen die Widerwärtigkeiten der Werkstoffe, der Kampf um Triebwerke, Treibstoffe und Brennkammern, um Schub und Geschwindigkeit, um Steuerung und Lenkung, der Kampf gegen Schwerkraft, Luftwiderstand und zahllose andere Hindernisse setzte ein. Wir befinden uns nun in der Übergangsphase von der Periode der Vorbereitung in die Periode der beginnenden Realisierung. Hermann Oberth war der große Theoretiker, der diesen Übergang ermöglichte und einleitete. Als sein berühmtes Buch aus dem Jahre 1923, »Die Rakete zu den Planetenräumen«, 1960 in einer Faksimile-Ausgabe neu herausgebracht wurde, steuerte Dr. Wernher

Zwei Seiten aus Hermann Oberths 1929 erschienenem Buch »Wege zur Raumschiffahrt«: Mathematik dort, wo notwendig. Dieses Standardwerk behandelt unter anderem den möglichen Bau eines Raketenflugzeugs, die Konzeption eines Raumfahrzeugs – des »Modells E« –, von Raumstationen und einem Raumanzug. Auch die Möglichkeit, von einer Raumstation aus astronomische Beobachtungen zu machen, faßte Oberth in seinem Werk ins Auge.

das ist mit Rücksicht auf (138):

$$t = \frac{1}{2}\left(C\frac{x'^{1-f} - x_0'^{1-f}}{a-g} + C^{-1}\frac{x'^{1+f} - x_0'^{1+f}}{a+g}\right), \quad (150)$$

$$y - y_0 = \int_{x_0'}^{x_1'} y' \cdot dt = \frac{1}{4a}\int_{x_0}^{x_1'} x'(C^2 x'^{-2f} - C^{-2}x'^{2f}) \cdot dx'$$

$$= \frac{1}{8}\left[\frac{C^2}{a-g}(x'^{1-2f} - x_0'^{1-2f}) - \frac{C^{-2}}{a+2g}(x'^{1+2f} - x_0'^{1+2f})\right]. \quad (151)$$

Sobald die Fahrt waagerecht ist, wird tg $\alpha = 0$. und sec $\alpha = 1$. Es folgt dann nach (147)

$$x_1'^f = C. \quad (152)$$

Wenn wir dies in (151) einsetzen, so erhalten wir die Gleichung, die uns angibt, in welcher Höhe die Bahn waagerecht wird. — Wenn wir darin C und x_1' nach (152) und (142) durch x_0' und α_0 ersetzen und schließlich für $x_0 = v_0 \cos \alpha_0$ einsetzen und der Kürze halber für tg α_0 + sec $\alpha_0 = B$ schreiben, so erhalten wir die Gleichung:

$$v_0 = 2\sqrt{\frac{2(a^2 - g^2)(y_1 - y_0)}{2gB^{\frac{2}{f}} + (a-g)B^{-2} - (a+g)B^2}} \cdot \sec \alpha_0, \quad (153)$$

die uns angibt, wie groß bei einem bestimmten Fahrtwinkel (α_0) die Geschwindigkeit v_0 sein muß, wenn $(y_1 - y_0)$ m höher die Bahn lediglich unter dem Einfluß der Schwere waagerecht werden soll.

Ich bringe hier eine Tabelle für $y_1 - y_0 = 100$ km und $a = 35$ m/sek²

$\alpha_0 = 60°$	50°	40°	30°	20°	10°
$v_0 = 170$	300	600	1140	2340	5700 m/sek

Nun wird bei einem Andruck von 35 m/sek² und einem Aufstiegswinkel $\alpha_0 = 60°$ die Geschwindigkeit $v_0 = 170$ m/sek schon in $y_0 = 485$ m Höhe erreicht, da $y_0 = \frac{v_0^2}{2b} \sin \alpha$, wobei b gemäß S. 141 ff. abzuschätzen ist; bei $v_0 = 600$ m/sek und $\alpha_0 = 40°$ wird $y_0 = 5{,}7$ km. Man erkennt bereits hieraus, wie flach das Raumschiff aufsteigen muß, um auf diese Weise an der Luftgrenze in die Waagerechte zu kommen.

Nun ist allerdings noch eines zu bedenken: Wir hatten $(y_1 - y_0)$ einfach gleich 100 km gesetzt; in Wirklichkeit liegt uns aber nichts daran, daß $(y_1 - y_0)$ einen bestimmten Wert haben soll; wir fragen in Wirklichkeit nur nach y_1. Wir können dementsprechend in (153) y_0 durch v_0, sin α_0 und b ausdrücken, dann bekommen wir nach einigen Umformungen:

$$v_0 = \frac{2\sqrt{y_1}}{\sqrt{\frac{\cos^2 \alpha_0 \left[2gB^{\frac{2}{f}} + (a-g)B^{-2} - (a+g)B^2\right]}{2(a^2 - g^2)} - \frac{2}{b}}} \quad (154)$$

Gegenüber (153) zeigt uns diese Formel aber nichts grundsätzlich Neues. Es folgt (die Atmosphäre $y_1 = 120$ bis 140 km hoch angenommen) sowohl aus (153) als auch aus (154), daß diese Aufstiegart nur für Raumschiffe in Frage kommt, die die Zone zwischen 7 und 12 km Höhe unter einem Winkel von weniger als 35° zu durchfliegen vermögen. Nun soll eine Rakete niemals schneller als mit der aus (31) folgenden günstigsten Geschwindigkeit fliegen, diese müßte hier sehr hoch liegen; d.h. der Apparat müßte (nach S. 80) sehr groß und schwer sein. Eine rechnerische Verfolgung der Frage ergibt, daß beim Start die Querschnittsbelastung. $\frac{mg}{F} > 8$ kg/cm² sein müßte. Nun wird man aber bei sehr großen Apparaten als Brennstoff nur Wasserstoff benützen, und Wasserstoffraketen haben ein spezifisches Gewicht von ca. 0,293. Um eine Querschnittsbelastung von 8 kg/cm zu erreichen, müßte ein solcher Apparat über 280 m lang sein. Solche Maschinen wird man in absehbarer Zeit nicht bauen. Es ist überhaupt fraglich, ob man sie jemals wird bauen können.

Es bleibt uns bei Modell E mit seiner Querschnittsbelastung von 1 bis 1,5 kg/cm² also nur übrig, erst steil aufzusteigen und dann den Luftwiderstand zum Niederbiegen der Bahnkurve zu benützen, wie Abb. 74 angibt. Wir steigen 14 km hoch unter 60°, dann neigen wir die Achse 55° zur Waagerechten und halten sie in der Folge stets um einige Grad flacher als die Fahrtrichtung, bis diese gegen 20° geneigt ist. Von da geht der Aufstieg dann in einer Raketenlinie bis zur Waagerechten weiter, wobei das Raumschiff völlig aus der Atmosphäre heraustritt.

Durch diese Neigung der Achse nach unten entsteht ein aerodynamischer Abtrieb A. Dieser muß aufkommen für eine Richtungsdifferenz $\Delta\alpha$, die kleiner ist als der Unterschied zwischen dem Winkel von 20° und dem Winkel, unter welchem das Raumschiff nach derselben Zeit gefahren wäre, wenn es seinen Weg vom Ende des ersten Abschnittes (wo es unter 60° fuhr) angefangen auf einer Raketenlinie fortgesetzt hätte und größer als die Differenz zwischen 60° und dem Winkel, unter dem das Raumschiff zur selben Zeit hätte fahren müssen, um zu einem bestimmten Zeitpunkt den Fahrtwinkel von 20° auf einer Raketenlinie zu erreichen. Im allgemeinen liegt für 300—5000

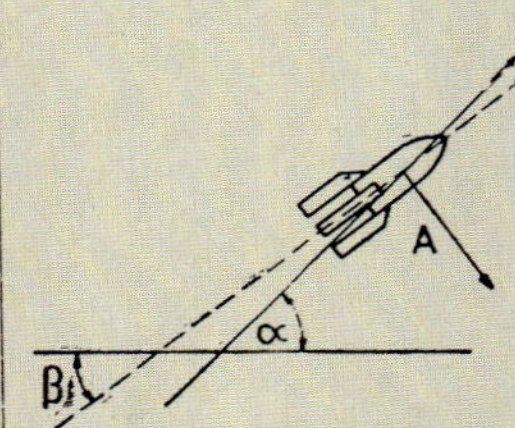

ABB. 74

von Braun ein Vorwort bei. Darin sagt er unter anderem:
»Bis zur Herausgabe dieses Buches vor mehr als 35 Jahren war der Gedanke einer künftigen Weltraumfahrt nicht viel mehr als ein Gebilde schwärmerischer Phantasie. Gewiß hatte auch Hermann Oberth seine Vorgänger: Wie alle Wissenschaftler, so baute auch er seinen Beitrag zum Fortschritt auf ererbtem Gedankengut auf. Der Franzose Jules Verne hatte den Mond mit einer Riesenkanone zu erreichen gesucht und bereits richtig die hierzu erforderliche Geschoßgeschwindigkeit errechnet. Der Deutsche Hermann Ganswindt und der Russe Konstantin Ziolkowski hatten bereits auf die Vorzüge des Raketenprinzips für den Bau eines Raumschiffes hingewiesen. Der Amerikaner Robert Hutchings Goddard hatte erklärt, daß es möglich sei, mit mehrstufigen Pulverraketen den luftleeren Raum zu erreichen und vielleicht sogar eine Blitzlichtladung auf der Mondoberfläche zur Entzündung zu bringen. Dennoch wäre jedem Physiker und Mathematiker der Gedanke, sich mit einer wissenschaftlichen Analyse des Problems der Raumfahrt zu beschäftigen, völlig abwegig und absurd erschienen.
Hermann Oberth war der erste, der in Verbindung mit dem Gedanken einer wirklichen Weltraumfahrt zum Rechenschieber griff und zahlenmäßig durchgearbeitete Konzepte und Konstruktionsentwürfe vorlegte.
Seine langjährigen Studien fanden ihren ersten Niederschlag in dem vorliegenden Buche, das uns eine Fülle von bahnbrechenden Ideen schenkte. Die hier niedergelegten Gedankengänge und Berechnungen liefern den Beweis für die technische Durchführbarkeit der Raumfahrt. In prophetischer Klarheit beschreibt Hermann Oberth alle wesentlichen Elemente unserer heutigen Großraketen, die von zeitgenössischen Schreibern oft für Erfindungen der letzten Jahre gehalten werden. Darüber hinaus entwickelt er die theoretischen Grundlagen für Prinzip und Arbeitsweise von Flüssigkeitsraketen und ihrer Steuerungsmethoden.
Der Titel dieses Buches allein, ein Fanal des Fortschritts, muß zur damaligen Zeit als vermessene Kühnheit erschienen sein. Rückblickend spiegelt er eine dramatische, sich über ein volles Menschenleben erstreckende Entwicklungsperiode wider, die von optimistischen Anfängen und idealistischen Plänen über unzählige technische Enttäuschungen und Rückschläge schließlich bis zur endgültigen Verwirklichung seines Zieles führte, Raketen zu den Planetenräumen zu entsenden ...«
»Die Rakete zu den Planetenräumen« und »Wege zur Raumschiffahrt« sind Hermann Oberths größte Leistungen. Doch sie sind keineswegs seine einzigen. Er blieb der Rakete und dem Gedanken der Raumfahrt treu bis auf den heutigen Tag.
Wir werden an späterer Stelle deshalb noch einmal auf seine Arbeiten und Ideen zurückkommen. Zunächst aber müssen wir einen Blick auf die Geschichte jenes Geräts werfen, das die Verwirklichung der Raumfahrt ermöglichte und das in seiner ursprünglichen, primitivsten Form, der Pulverrakete, bereits auf ein ehrwürdiges Alter zurückblicken konnte, als Ziolkowski, Oberth, Goddard und viele andere in ihm das zukünftige kosmische Transportmittel erkannten.

Was Oberth voraussah und in vielen Einzelheiten beschrieb, wurde eher wahr, als die meisten Menschen dies erwarteten: Großraketen und der Menschenflug zum Mond. Hier der Start der 115 Meter hohen Rakete beim Flug Apollo 17 zum Mond. Es war der erste Nachtstart einer Sarturn-V-Rakete in Cape Canaveral.

Raketenhistorie

Mechanische Spielereien

Das einzige in Frage kommende Gerät für die Verwirklichung der Raumfahrt – die rückstoßgetriebene Rakete – existierte bereits mindestens sechseinhalb Jahrhunderte, bevor es als potentieller Antrieb für Raumfahrzeuge erkannt wurde. Das Prinzip, das dieser Rakete zugrunde liegt und sie für den Raumflug befähigt, wurde hingegen schon in technischen Geräten angewendet, als die erste schriftliche Fixierung des Raumfahrtgedankens in Gestalt eines literarischen Produkts – Lukians »Wahre Geschichte« – noch rund hundert Jahre in der Zukunft lag. Allerdings, über anderthalb Jahrtausende mußten vergehen, bevor der Zusammenhang zwischen Prinzip und Gerät zweifelsfrei ausgesprochen und nachgewiesen wurde: Wir meinen die Erkenntnis des dritten Axioms der Bewegung durch Isaac Newton. Zwar hatte schon 38 Jahre vor Newtons Veröffentlichung der drei Bewegungsgesetze der französische Romancier Cyrano de Bergerac Raketen als Antriebsmittel für einen Raumflug empfohlen, wie wir hörten, doch dies geschah offensichtlich durch puren Zufall ohne kausalen Zusammenhang: Bergerac kannte das Rückstoßprinzip noch nicht bewußt.
Unbewußt machte man sich dieses Rückstoßprinzip, wenn auch zunächst nur für eine Art Spielerei, bereits im ersten nachchristlichen Jahrhundert zunutze. Zu diesem Zeitpunkt nämlich konstruierte Heron von Alexandria, ein typischer Vertreter jener »spielerischen Technik«, die im Hellas des dritten vorchristlichen Jahrhunderts ihr Debüt hatte und sich in diversen Geräten und Automaten niederschlug, ein Reaktionsdampfrad, *Äolipile* genannt. Es läßt sich als ein Urahne der Rakete bezeichnen, geht es doch bei der Äolipile darum, Dampf, der durch Erhitzen von Wasser erzeugt wird, aus zwei Düsen austreten zu lassen, um auf diese Weise nach dem Rückstoßprinzip eine Kugel in Drehung zu versetzen.
Die Äolipile hatte keine praktischen Aufgaben; sie gehörte zu jenen spielerisch-zweckfreien Geräten, die in der erwähnten Epoche die Freude am feinmechanischen Können ausdrückten. Friedrich Klemm sagt in seinem Buch »Technik, eine Geschichte ihrer Probleme« dazu:
»In seinen Schriften läßt Heron eine Fülle von Vorrichtungen an uns vorbeiziehen, die – wie die sogenannten Druckwerke – den Druck zusammengepreßter oder erwärmter Luft oder des Wasserdampfs anwenden und mit gut gefertigten Hebern, Ventilen, Hähnen, Zahnrädern, Schrauben und Zylindern mit eingepaßten Kolben arbeiten, oder die, wie die Automatentheater, von Gewichten mittels über Rollen gelegter Schnüre angetrieben werden. Viele von Herons Apparaten dienten kultischen Zwecken, wie der Weihwasserautomat oder der Tempeltürenöffner ...«
Klemm zitiert sodann einige Stellen aus Herons Schriften. Zur Äolipile hat der alexandrinische Mechaniker lapidar als Aufgabenstellung vermerkt: »Über einem geheizten Kessel soll eine Kugel sich um einen Zapfen bewegen.« Klemm kommentiert diese und andere, äußerst komplizierte Vorrichtungen wie folgt:
»Die Schaustellung der Automaten (Automatentheater) erfreute sich bei den Alten großer Beliebtheit, einmal, weil eine mannigfaltige Kunstfertigkeit dabei entwickelt wird, sodann weil das dargebotene Schauspiel geradezu staunenerregend ist.«
Die Äolipile war übrigens keineswegs das einzige und beileibe nicht das früheste Gerät (wenn auch vielleicht das eindrucksvollste), das aus heutiger Sicht geradezu als Demonstrationsobjekt für das Rückstoßprinzip entstanden sein könnte. Bereits der Pythagoreer Archytas von Tarent, der im vierten vorchristlichen Jahrhundert lebte, hatte eine an einem Seil hängende hölzerne Taube konstruiert, die er in Bewegung versetzte, indem er durch kleine Öffnungen – »Düsen« würden wir heute sagen – Dampf austreten ließ.
Indessen waren all dies mechanische Spielereien, wie gerade erläutert, und nicht etwa eine frühe klare Erkenntnis und Demonstration des Prinzips von Wirkung und Gegenwirkung.

Kam die Rakete aus China?

Auch die Rakete wurde erfunden, lange bevor man ihr Arbeitsprinzip durchblickte. Ihr Ursprung ist weder dem Ort noch dem Zeitpunkt nach einwandfrei belegbar. Die meisten Historiker gehen heute von der Annahme aus, daß die Rakete im alten China erfunden wurde und sich die Kunde über sie relativ schnell vom Reich der Mitte durch die westwärts ziehenden Mongolen über Arabien nach Europa verbreitete, so wie man auch bald danach in Indien von ihr hörte.

Auf jeden Fall stammt der erste authentische Bericht über die Anwendung von Raketen aus einem chinesischen Buch, in dem erwähnt wird, daß im Jahre 1232 die Stadt Kai-fung-fu (später Pien-king) sich gegen ihre mongolischen Belagerer unter anderem mit »Pfeilen des fliegenden Feuers« verteidigten. Die Beschreibung dieser »Pfeile« aber legt nahe, daß es sich dabei um Raketen gehandelt haben muß.

Allerdings, völlig einhellig sind die Meinungen zu dieser Frage und damit über das erste Auftauchen und den Ursprungsort der Rakete bis auf den heutigen Tag nicht. Willy Ley zitiert, was die »Pfeile des fliegenden Feuers« von Kai-fung-fu angeht, nach dem Sinologen Stanislas Julien: »Die Verteidiger (also die Chinesen) hatten auch ›Pfeile des fliegenden Feuers‹. Sie befestigten eine leicht entzündbare Substanz an einem Pfeil; der Pfeil flog plötzlich in gerader Linie davon und verbreitete sein Feuer über eine Fläche, die zehn Schritte maß. Die Mongolen waren von diesen Pfeilen des fliegenden Feuers entsetzt.«

Aus diesem Zitat leitet Ley das Argument ab, daß diese Pfeile auf jeden Fall Raketen gewesen sein müssen, weil jeder Hinweis auf irgendwelche Wurfmaschinen, Bogen, Armbrüste usw., mit denen sie als »brennender Pfeil« hätten abgeschleudert werden können, fehlt und weil von einer »geraden Linie« des Fluges die Rede ist.

Wernher von Braun und Frederick Ordway zitieren in ihrem Buch »The Rockets' Red Glare« (»Das rote Leuchten der Raketen«) den gleichen Text, merken aber an, daß nach Ansicht der Forscher Davis und Ware der Hinweis auf eine Flugstrecke von »zehn Schritten« gegen die Raketenhypothese spreche: Dies sei eine Entfernung, die sinnvoll erscheine, wenn man an einen feuerausstoßenden Pfeil denke, aber eine wenig sinnvolle Flugstrecke für eine Rakete, zu kurz, als daß sich dadurch große militärische Vorteile hätten erzielen lassen.

Die Frage ist indessen nicht nur, ob die »Pfeile des fliegenden Feuers« von Kai-fung-fu echte Pulverraketen oder Brandgeschosse waren. Es geht hier vielmehr um das viel grundsätzlichere Problem, ob die Rakete wirklich in China erfunden worden ist und von dort nach Arabien und schließlich nach Westeuropa kam oder ob umgekehrt – wie einige Autoren, vor allem der britische Oberst Hime, dies annehmen – die Kunde vom Schießpulver, der Rakete und der Kanone von Europa ausging und mit Marco Polo (1254-1324) um 1272 den Weg ins Reich der Mitte nahm – was freilich ausschließen würde, daß die »Pfeile des fliegenden Feuers« von 1232 echte Raketen gewesen sein könnten. Jüngere Erkenntnisse (Himes Bücher, in denen er diese Frage anschneidet, erschienen 1904 und 1915) in dieser Hinsicht allerdings stärken die Auffassung, daß Kai-fung-fu 1232 wirklich unter anderem mit Raketen verteidigt wurde. Hinzu kommt, daß es aus dem Jahre 1044 ein »Wu Ching Taung Jao« genanntes chinesisches Dokument gibt, eine Darstellung des klassischen Militärwesens in China, in dem in einem Bericht aus dem Jahre 1040 von Pfeilen die Rede ist, an die »mit Schwarzpulver gefüllte Zylinder gebunden wurden, die mit Armbrüsten abgeschossen wurden«. Daraus könnten, wie der Raumfahrthistoriker Eugene Emme folgert, raketengetriebene Pfeile geworden sein, die dünne Stäbe trugen, um während des Fluges die Richtung zu stabilisieren, ein Verfahren, das ja noch heute bei unseren Silvesterraketen angewendet wird!

»Man kann sich leicht einen alten Krieger vorstellen, der einstmals einen Schwärmer (›Fire Cracker‹) an das Ende eines Pfeiles band, um den Feind zu beeindrucken, was durch anschließende Verbesserungen der Vorrichtungen zu den ›feurigen Pfeilen‹ führte«, schreibt Emme.

Die Frage, ob die Rakete in China oder in Europa entdeckt wurde, drängte sich überhaupt nur deshalb auf, weil die ältesten überlieferten Berichte von Raketen alle aus der gleichen, relativ engbegrenzten Zeitspanne herrühren und aus China wie aus Europa stammen. Allein aus der Periode von 1232 bis 1250 gibt es über ein Dutzend Berichte von Raketen, Raketen-

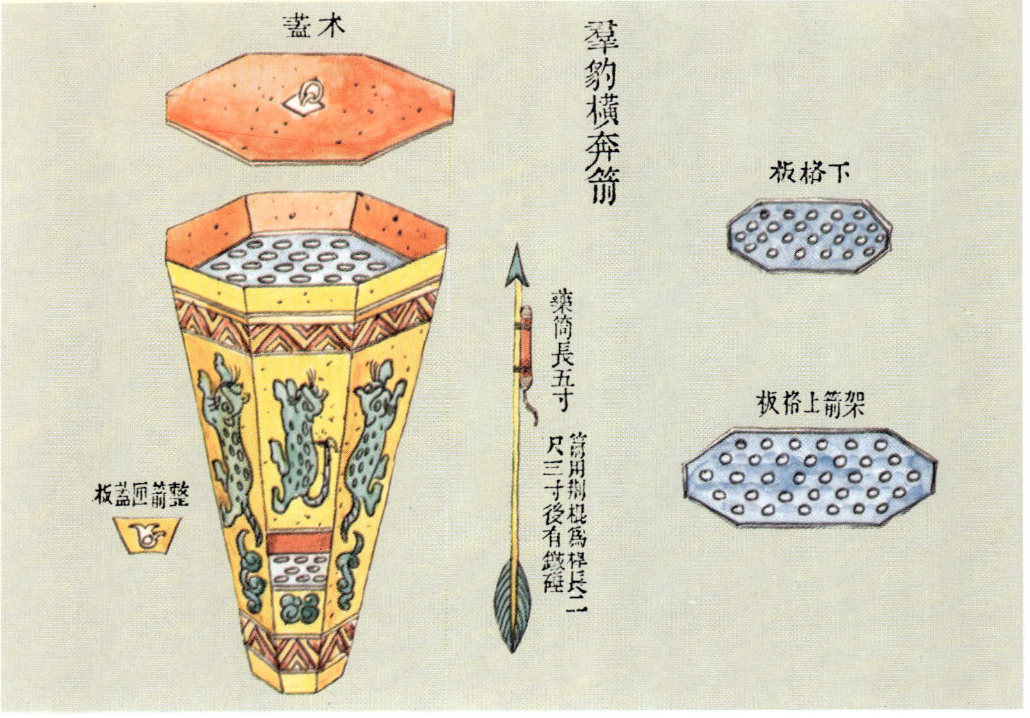

Linke Seite: Im Physikalischen Kabinett des Dreikönigsgymnasiums zu Köln fand sich diese Äolipile: »Über einem geheizten Kessel soll eine Kugel sich um einen Zapfen bewegen«, schrieb Heron von Alexandria, der erste Konstrukteur eines derartigen spielerischen Geräts, mit dem das Rückstoßprinzip demonstriert wird.

Rechts: Wie eine »Herde von Leoparden« konnten von dieser chinesischen Startvorrichtung aus Raketenfeuerpfeile gleichzeitig über eine Entfernung von 400 Schritt abgeschossen werden. Die Zeichnung ist eine Wiedergabe nach dem Buch »Wu Pei Chih« von Mao Yuan-I aus dem Jahre 1621.

treibstoff-Rezepten und Raketenanwendungen aus China, Arabien und Europa. Danach kannten die Araber die Rakete um 1240 bereits ebenso wie Salpeter, einen wesentlichen Bestandteil der Raketentreibstoffe. Salpeter wurde von dem Araber Ibn Albaithar unter dem Namen »chinesischer Schnee« um diese Zeit erwähnt. Salpeter wird auch – ebenso wie Raketen – in einem Buch erwähnt, dessen Original nicht überliefert und dessen Erscheinungszeitpunkt deshalb nicht genau zu fixieren ist. Rückschlüsse lassen sich nur aus der Tatsache ziehen, daß dieses Buch »Liber ignium ad comburendos hostes« (allgemein unter der Bezeichnung »Feuerbuch« bekannt) 35 griechische pyrotechnische Rezepte aus dem Zeitraum zwischen der Mitte des achten und dem Ende des dreizehnten Jahrhunderts enthält.
Als Autor des Buches wird ein Marchus Graecus genannt, aber es ist zweifelhaft, ob es Graecus überhaupt gegeben hat. Das Buch war ursprünglich offenbar in arabisch verfaßt. Zumindest deuten darauf die zwei heute noch existierenden Exemplare in spanischer Sprache hin, enthalten sie doch zahlreiche Ausdrücke, die nicht ins Spanische übersetzt wurden, sondern in der ursprünglichen arabischen Ausdrucksweise beibehalten worden sind.
Um 1249 erschien aus der Feder des englischen Mönches und Naturphilosophen Roger Bacon (ca. 1214 bis ca. 1292) eine »Epistola« (ein Brief), in der Rezepte für die Herstellung von Pulver und von Raketen wiedergegeben werden. Roger Bacon trat sehr stark für das Experiment, für Beobachtung und Versuch ein, allerdings wohl mehr aus praktischen denn forscherisch-suchenden Gründen. Klemm sagt in dem zuvor angeführten Buch über die Technikgeschichte hierzu:
»Das Experiment spielte bei Bacon eine andere Rolle als in der neueren Naturwissenschaft. Es sollte zeigen, daß überkommenes und spekulativ gewonnenes Wissen auch praktischen Nutzen bringen kann. Wir haben es hier also nicht mit einer systematischen Befragung der Natur durch den Versuch zu tun, sondern mehr mit dem Streben nach Verwendung des ganz im herkömmlichen Sinne erworbenen Wissens, um Gewalt über die Natur zu bekommen, um sie zu beherrschen und zu übertreffen.«
So besehen, ist es nicht verwunderlich, daß Roger Bacon sich ausführlich mit Raketen und Schießpulver befaßte. Was die Zusammensetzung des Schießpulvers angeht, so gab er eine Mischung aus 41,2 Prozent Salpeter, 29,4 Prozent Schwefel und 29,4 Prozent Holzkohle an, eine Kombination, die sich – wenn auch mit variierenden Prozentzahlen – auch bei Graecus, bei Hassan Alrammah in seinem um 1280 erschienenen, arabisch verfaßten »Buch vom Reiterkampf und den Kriegsmaschinen« und in aufgefundenen chinesischen Rezepten des 13. Jahrhunderts findet.
In Deutschland erschien um 1250 von Albertus Magnus (= Albert von Bollstädt, ca. 1193–1280), Lehrer des Thomas von Aquin, das Buch »De mirabilibus mundi« (»Über die Wunder der Welt«). In ihm sind unter anderem Rezepte aus dem Werk von Bacon wiedergegeben. Jüngere Forschungen haben darauf geführt, daß sowohl Bacon wie auch Albert einen Großteil ihrer Darstellungen über Raketen und Schießpulver aus dem Buch von Marchus Graecus übernommen haben.
Dieses »Schieß«pulver, diese Beimischung von Salpeter zu anderen brennenden Ingredienzien, ist einer der Angelpunkte bei der Frage nach Entstehungszeitpunkt und Entstehungsort der Rakete. Bloße brennende Substanzen würden ja als Treibstoff für eine Pulverrakete nicht ausreichen, und so kann die Rakete also erst entstanden sein, nachdem ein Explosivstoff nach Art des Schießpulvers erfunden worden war.
Allerdings zeigen insbesondere jüngere Untersuchungen, daß diese Überlegung uns auch nicht viel weiterhilft. Im Gegensatz nämlich zu Hime, der die Auffassung vertrat, daß das Schießpulver überhaupt erst im fünfzehnten Jahrhundert in Europa erfunden worden sei, förderten Nachforschungen in den letzten Jahrzehnten Unterlagen und Informationen zutage, denen zufolge Schießpulver wesentlich früher bekannt war – wenn auch nicht unter diesem Namen, denn Geschütze wurden ja vermutlich erst 1327 erfunden, so daß man erst von da an sinnvollerweise von »Schieß«pulver sprechen sollte.
In England wird häufig Roger Bacon die Erfindung des Schießpulvers zugeschrieben; in Deutschland macht man eine legendäre Persönlichkeit, Berthold Schwarz, dafür verantwortlich – daher auch die Bezeichnung Schwarzpulver. Nun ist nicht genau festzustellen, wer dieser Berthold Schwarz eigentlich war und wann er, so er existierte, gelebt hat. Eine Quelle will in ihm einen alchemistischen Experimentator aus der Zeit um 1354 (nach anderen Angaben um 1380) erkennen, der in Freiburg, Köln, Goslar oder Mainz gewirkt habe. Das aber sind Zeitpunkte, zu denen das Schießpulver auf jeden Fall schon längst bekannt war.
Carl Graf von Klinkowstroem berichtet in »Knaurs Geschichte der Technik« von einer nicht näher zitierten »alten Quelle«, derzufolge »Berthold der Schwarze die chunst pessert« habe, aus Büchsen zu schießen. Klinkowstroem erwähnt einige Seiten weiter den Historiker Rieckenberg, der in Berthold Schwarz den Konstanzer Domherrn Bertold von Lützelstetten erkannt haben will. Danach erfand Lützelstetten das Schieß- oder Schwarzpulver zwischen 1329 und 1336 während seiner Zeit als Magister an der Universität von Paris bei Versuchen mit einem Pulvergemisch aus Schwefel, Salpeter und Holzkohle. Dieses Schwarzpulver setzt sich zusammen aus 75% Kalisalpeter, 10% Schwefel und 15% Holzkohle. Klinkowstroem zitiert dann Rieckenberg mit den Worten: »Es sei kein Zufall, daß 1334 die erste eindeutig bezeugte Anwendung von Pulvergeschützen zu verzeichnen sei: bei der Verteidigung der Stadt Meersburg am Bodensee gegen Kaiser Ludwig den Bayern.« Allerdings, auch dies trifft nicht ganz zu, denn es gibt Hinweise auf frühere Geschütze. So sollen 1327 im englisch-schottischen Krieg Pulvergeschütze zum Einsatz gekommen sein. Doch die Frage ist heute insofern müßig, als das Schießpulver offensichtlich ohnedies bereits Jahrhunderte vor Berthold Schwarz alias Lützelstetten (wenn wir dieser Lesart folgen) erfunden wurde.
So kannte man nach Ansicht des Historikers Wang Ling die Ausgangssubstanzen des Schwarzpulvers – also Salpeter, Schwefel und Holzkohle – in China bereits spätestens im ersten vorchristlichen Jahrhundert. Spätestens im elften Jahrhundert nach Beginn der Zeitrechnung war die Mischung in China allerseits bestens bekannt und wurde auch praktisch angewendet. Die eigentliche Entdeckung des Schießpulvers datiert Wang Ling ins zehnte Jahrhundert und unterstellt, daß es bereits im elften, wenn nicht sogar ab Mitte des zehnten Jahrhunderts in China Raketen und Feuerwerke gab. Die jüngsten historischen Untersuchungen bestätigen diese Behauptungen. Wir erwähnten ja bereits das Buch »Wu Tsching Taung Jao« aus dem Jahre 1044, in dem von Pfeilen die Rede ist, an die Zylinder mit Schwarzpulverfüllung gebunden wurden – eine Bestätigung der Überlegungen Wang Lings also. Hier tritt auch die eigentliche Schwierigkeit auf: die Definition der Rakete. Es gibt nicht nur in chinesischen, sondern auch in europäischen Unterlagen zahlreiche Hinweise auf Bomben, Feuerpfeile,

Anwendung des Griechischen Feuers vor Konstantinopel gegen eine feindliche Flotte durch Proklos Onirokrites. Malerei aus dem 11. Jahrhundert, entnommen dem Codex 1605 der Vatikanischen Bibliothek in Rom. 672 soll diese von dem Byzantiner Kallinikos erfundene Brandwaffe erstmals kriegsmäßig eingesetzt worden sein, als die Mohammedaner Konstantinopel angriffen.

Wurfgeschosse, Brandkörper und andere Objekte, die raketenartige Gegenstände gewesen sein könnten oder bei denen der Raketenantrieb eine Rolle spielte. Klar zu belegen ist dies allerdings nicht.

Brandkörper freilich, die auf ihre Ziele geworfen werden und bei ihrer Beschreibung den Gedanken an Raketen wachrufen, hat es schon sehr früh gegeben.

In diese Kategorie gehört etwa das vielzitierte »Griechische Feuer«, das allerdings zu Unrecht mit den Raketen in Verbindung gebracht wird: Bei ihm handelt es sich um eine angeblich von dem byzantinischen Kriegsbaumeister Kallinikos aus Heliopolis 671 erfundene brennende Mischung aus Schwefel, Kienspan, Werg und später zusätzlich gebranntem Kalk und Erdöl, die auch auf dem Wasser brannte und in brennendem Strahl aus Spritzen verstreut wurde.

Brandbomben und -wurfgeschosse sind in der Tat bereits seit über zweitausend, wenn nicht gar seit dreitausend Jahren bekannt und in Benützung gewesen. Es gibt zahlreiche Berichte über sie und ihre Zusammensetzung. So erwähnt der römische Geschichtsschreiber Tacitus (ca. 55 bis ca. 120 n. Chr.) Feuerlanzen und beschreibt der lateinische Dichter Claudius Claudianus aus Alexandria (ca. 375 bis ca. 404 n. Chr.) im Jahre 399 ein Spektakel, das eigentlich nur ein Feuerwerk gewesen sein kann.

672 wurde das gerade erwähnte Griechische Feuer von den Verteidigern Konstantinopels gegen die angreifenden Araber eingesetzt und kam damit erstmals zur kriegerischen Verwendung. 678 benützten die Byzantiner Griechisches Feuer, um die mohammedanische Flotte vor Kyzikos zu zerstören.

Klinkowstroem schreibt in seinem Buch: »Der wichtigste Bestandteil (des Griechischen Feuers) war Erdöl, die weiteren waren Schwefel, Harz, Salz und gebrannter Kalk. Diese Mischung wurde aus Druckspritzen gegen den Feind geschleudert – es handelte sich also um eine Art Handflammenwerfer. Da sich gebrannter Kalk in feuchter Luft oder (etwa bei einer Seeschlacht) durch Berührung mit Wasser bis auf 150 Grad erhitzt, so mußten sich in dem beigemischten Erdöl leichtentzündliche Dämpfe entwickeln, und es konnte zu stark explosiblen Luftgemischen kommen. Die brennende Flüssigkeit schwamm übrigens auf der Wasseroberfläche und übte eine verheerende Wirkung aus.«

Diesem Umstand ist es zuzuschreiben, daß 941 unter dem oströmischen Kaiser Konstantin VII. Porphyrogenetos mit nur 15 Schiffen unter Anwendung des Griechischen Feuers eine russische Flotte vor Byzanz vertrieben werden konnte, die aus nicht weniger als tausend Schiffen bestand!

Es gibt noch zahlreiche weitere Berichte über die Anwendung des Griechischen Feuers, doch sie sollen uns in unserem Zusammenhang nicht weiter beschäftigen. Wir wollen vielmehr zur Geschichte der eigentlichen Rakete zurückkehren.

Wie immer die Rakete auch in die Welt trat (und wir haben gesehen, daß der Bericht aus dem Jahre 1232 offensichtlich auch entgegen einigen anderen Ansichten als erste authentische Angabe über Raketen zu werten ist) – es waren zwei Bereiche, die sie sich zunächst erschloß: die Kriegskunst und das Vergnügen. In der Kriegskunst machte sie ihr Debüt als Brandrakete, beim Vergnügen als Feuerwerkskörper.

In Europa gab die Rakete ihr kriegerisches Debüt vermutlich im Jahre 1241; die Tataren wandten sie damals in der Schlacht von Liegnitz gegen das deutsch-polnische Heer an. 1249 wurde sie von Mauren bei ihren Raubzügen in Spanien benützt. 1258 werden Raketen in der Stadtchronik von Köln erwähnt, und im gleichen Jahr benützen die Mongolen sie bei ihrem Angriff auf Bagdad. 1274, 1275 und 1281 finden wir Raketen bei der Invasion Japans durch die Mongolen, und auch in China sollen die Mongolen 1281 die Rakete angewandt haben.

1379 sollen Raketen dadurch, daß sie einen Streitturm aufbrachen, zu einem Sieg über die Insel Chiossa verholfen haben, wie der italienische Geschichtsschreiber Muratori vermerkt. Wichtiger als dieser Umstand ist die Tatsache, daß in diesem Bericht zum erstenmal das Wort »rocchetta« auftaucht – der Ursprung des späteren deutschen Begriffs »Rakete« wie auch des englischen »rocket«. In Deutschland waren die Raketen zunächst unter der Bezeichnung *ignis volans,* also »Flugfeuer«, manchmal auch mit dem deut-

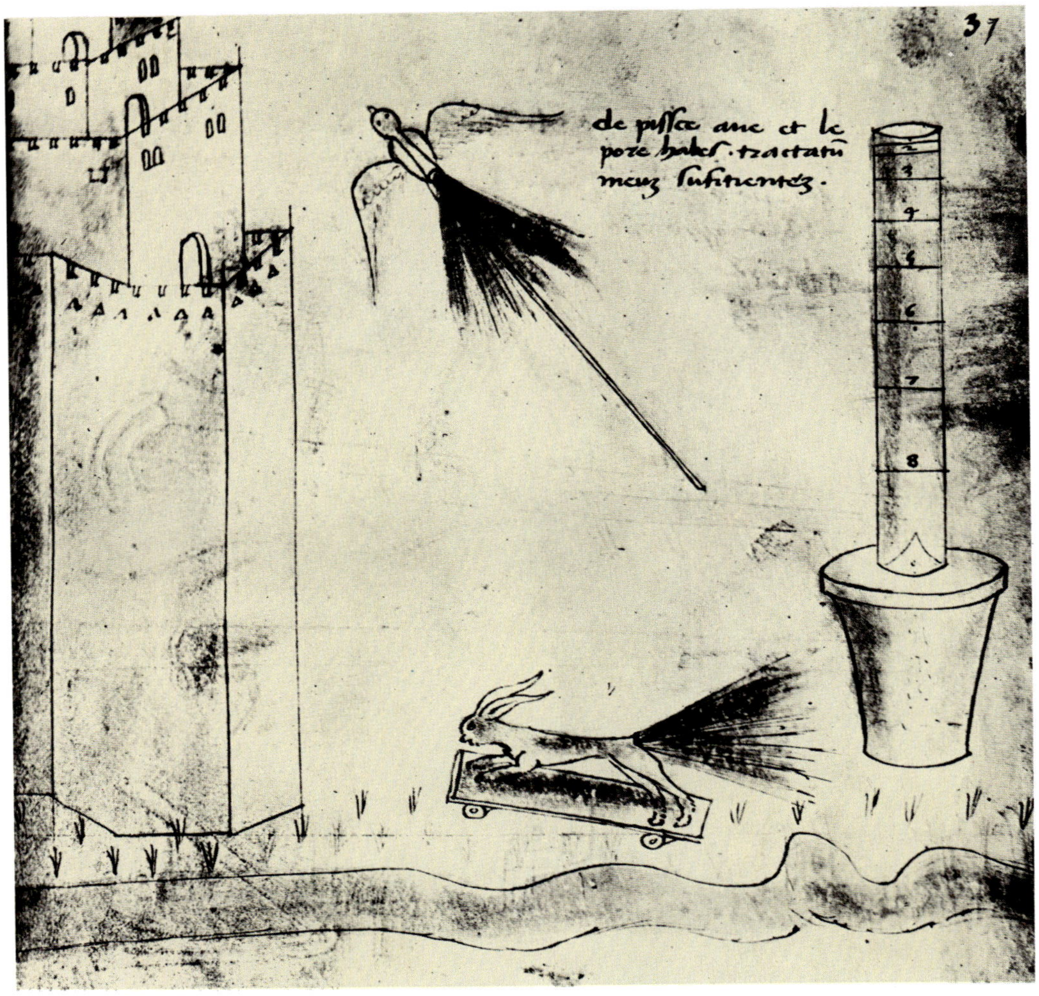

Links: Raketengetriebener Hase und raketengetriebene Taube aus dem »Skizzenbuch der Kriegsgeräte« von Giovanni da Fontana 1420. Die beiden Geräte sollten dazu dienen, hinter den feindlichen Linien Verwirrung zu stiften.

Rechts: Eine Seite aus der Bilderhandschrift »Bellifortis« von Konrad Kyeser von Eichstätt. Der Text beschreibt den Bau einer Rakete; die – offenbar nicht von Kyeser selbst gefertigte – Zeichnung interpretiert die Beschreibung über den Stabilisierungsstab falsch, wie man an der lose mit einer Schnur angebundenen Rute sieht; auch die Auspuffrichtung der Verbrennungsprodukte stimmt natürlich nicht.

schen Begriff »wilde fyr« bekannt geworden.
1405 beendet Konrad Kyeser von Eichstätt (1366–1405?) seine große kriegstechnische Bilderhandschrift »Bellifortis« (»Kriegsbefestigungskunst«), die für Generationen nach ihm die kriegstechnischen Grundlagen abgeben sollte.
In »Bellifortis« erwähnt Kyeser drei Sorten von Raketen: solche mit Richtstab, an Schnüren laufende sowie schwimmende Raketen. Ausführlicher beschreibt er ihre militärischen Anwendungen.
Man unterscheidet also nun bereits zwischen verschiedenen Raketentypen. Kyeser schildert genau den Aufbau einer Rakete, erwähnt, daß eine axiale Seele in dem Pulver freigelegt werden muß, um eine ausreichende Verbrennungsfläche zu schaffen. Ferner weist er darauf hin, daß von dieser Verbrennungsfläche ja die Beschleunigung der Rakete abhängig sei. In den Illustrationen sind Raketen auf dem Startgestell, im Fluge usw. dargestellt. Der Text erläutert ausführlich die kriegerischen Anwendungsmöglichkeiten dieser Raketen. So findet sich der Hinweis darauf, daß in der Rakete ein gesonderter Zündstoff zur Feuerverbreitung nach dem Aufschlagen der Rakete mitgeführt werden müsse, da der dann noch vorhandene restliche Treibstoff nicht ausreiche, um das Ziel wirkungsvoll zu entzünden. Kyeser weist ferner darauf hin, daß man als Nutzlast eine »kleine Bombe« mitführen soll, wenn »ein Knall erwünscht« ist.
Kyeser hat sich aber nicht nur mit der kriegerischen Anwendung der Rakete beschäftigt, sondern auch eigene Gedanken über die Funktionsweise von Raketen entwickelt. So spricht er davon, daß es die heißen Gase seien, welche die Rakete antreiben würden, und daß die Wandungen der Raketen undurchlässig für Gase sein müßten, wenn diese Raketen gut funktionieren sollen.
In den nun folgenden Jahrzehnten und Jahrhunderten wächst die Literatur über Raketen sehr schnell an. Hatte man in der Anfangszeit bis in das fünfzehnte Jahrhundert hinein die »Raketenkunst« als eine Art Geheimwissenschaft betrachtet, so ändert sich diese Situation nun allmählich.
Um 1420 erscheint aus der Feder des venezianischen Ingenieurs Giovanni da Fontana (ca. 1395 bis ca. 1455) ein »Skizzenbuch der Kriegsgeräte« (»Bellicorum instrumentarum liber cum figuris et fixtuvis literis conscriptus«), in dem viele phantasievolle kriegerische Anwendungsmöglichkeiten für Raketen dargestellt sind. So finden sich Zeichnungen und Beschreibungen einer als Taube getarnten Brandrakete, eine Rakete, die als ein auf Rollen laufender Hase ausgebildet ist, sowie ein raketengetriebener Wagen, der auf einer Walze läuft, damit er auch unebenes Gelände überwinden und als Ramme gegen Festungswände benützt werden kann. Weiterhin stellt Fontana Raketen für die Fahrt unter Wasser dar, eine Art Torpedo also, der zur Bekämpfung feindlicher Schiffe dienen kann.
In dieser Epoche werden Brandraketen in der Tat bereits auf See benützt, und zwar von der Marine bei Gefechten ebenso wie von Piraten bei Überfällen auf andere Seefahrer. Sie wurden auf Schiffe abgeschossen, um deren Segel und die geteerte Takelage in Brand zu setzen.
1429 bedienten sich die Truppen, denen die Jungfrau von Orleans angehörte, bei Angriffen gegen die belagernden Engländer ebenfalls der Rakete. Leonardo da Vinci, nicht nur berühmter Maler und Naturforscher, sondern auch als Kriegsbaumeister geschätzt, hat in seinen Arbeiten Zeichnungen von Raketen hinterlassen.

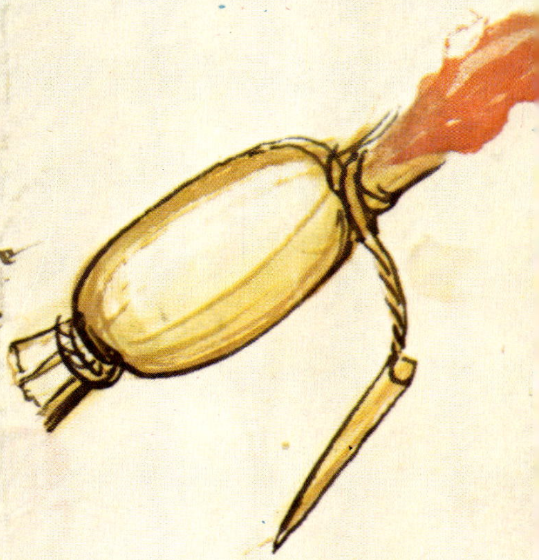

et unam ptem sulphur vini misce simul et pone in vitru et appone carbone qri
et habebis. Contra pluuia accendere domu ℥ ii R̸ sulphur et vini calce vive in
et ptem ptem et aliquantulu de petroleo et de istis omnib fac confectom et pone sup
tectum et pluuia adueniente ardebit. Et de eadem confectione fac ymagine qui
videbis effectum si sub aqua posuis ardebit donec aceto vel urina extinguatur.
Alia confectio R̸ de oleo petroleo de sulphure et calce viva recent et debet cum pice
an ii commisce simul et fac ut sit. Ad faciendum ignem salpetr R̸ libr 1 sulphuris
libr 1 qui sit bene clarus carbonu til libr ß et argent viui lib ß et fac ic.
Accipe de sulphure ℥ iii de carbonib tilie vel salic ℥ quinque de salepet xxx
ista pulueriza subtilissime et commisce simul. Deinde acc pergamenum qd sit bn
bombatum et acc ligni rotundum et oblongum ad instar manubrii alicuius et illud
quatuor vel quinque vel sex plicis involuens fac unam fistulam qua in una extremitate
fortiter cum corda cu aliquo ligno rotundo intra fistulam pulverem fortit compme
ut fistula sit rigida qua bene repleta in extremitate alia simil liga cu corda
quod aer non possit exire et claude fortiter fistulam. Post hoc in extremitate
perforabis cu subula vel cu stilo et p illud foramen impones una candelam ad
modum pressile tortam et factam de pergameno qua candelam bene imbibitam et
inmixtam predco puluere impones in foramen fistule qd fecisti cu subula vel stilo
et candela incensa ignis intra fistulam ingrediens statim cu strepitu faciet
ipsam volare. Et aut extremitati illi fistule que integra est aliquantulu appe fine
pulvis sit no minus compressus tanto maior sonitus et strepitus. Debes autem
ipsi fistule unam virgulam rectam alligare que quasi duplam longitudinem
vel paroplus habeat quia ista virgula faciet fistulam in directum volare sine sur
sum sive in latere semp directe volabit qr virgula erit ei qsi remus. Postea suppone
aliquem instrumento sup qd iacebit qsi sagitta sup balistam posita et emitti isti fis
tula emittetur ab illo instrumento quod taliter erit dispositum. Erit enim illa pars
supra quam iacere debet fistula aliquantulu cava in qua cavitate fistula iaceat
ita qd non possit vacillare alia ps instrumenti sic que in manu tenetur in longitudine
sua erit perforata admodum canne ita qd in illo foramine mitti tota virgula alli
gata uni extremitati fistule et ex illo foramine directe emittetur fistula. Si autem
pilla aliquid rem ledere cedere vel comburere volueris vel incende in medio fistule
impone aliquam materiam solidam ut de sulphure no minus octo de cimento comis
vel de resina picis albe adiuncto puluere predicto et iace sup locum qui bis ardebit.
Si aut volueris qd sonus fiet longe in aere primam fistulam pdco puluere conclude
maiori fistule circa finem qui precedit qui tardius incensa tardius ardebit

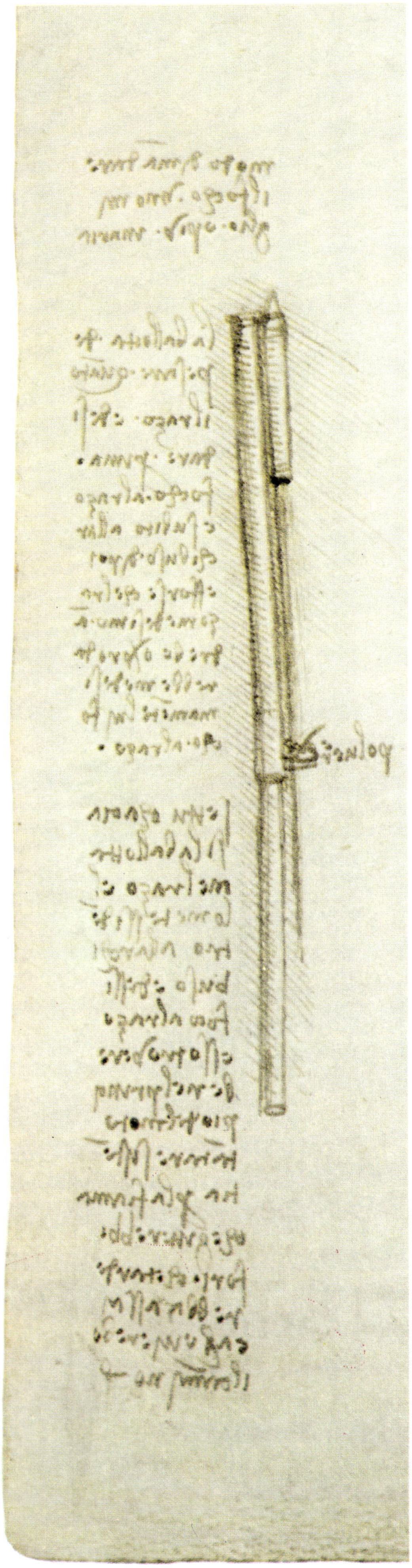

Von Feuerwerksraketen, Raketenstühlen und der ersten Stufenrakete

Eine weitere Anwendung, deren sich die Rakete wahrscheinlich vom Augenblick ihrer Erfindung an erfreute, war die Feuerwerkskunst. Obgleich es aus der Zeit vor der Mitte des 15. Jahrhunderts keine sicheren Beweise für die Verwendung der Rakete als Feuerwerkskörper gibt, könnte es sein, daß Feuerwerksraketen in China und Indien schon Jahrhunderte vor diesem Zeitpunkt in Gebrauch waren. Fest steht indessen, daß die Feuerwerksrakete in China nur langsam fortentwickelt wurde. Sie gelangte von dort nach Japan, wo sie sich großen Interesses erfreute, und nach Indien, von wo der erste authentische, datierbare Bericht über ein Feuerwerk stammt; es fand 1443 in Vijayanagar statt. Es könnte sein, daß die Feuerwerkskunst um 1400 aus China nach nach Indien gekommen ist; sie könnte aber den Weg auch über Japan genommen haben.

Aus der Periode nach 1500 stammen auch die ersten Berichte über Feuerwerke in Europa. Hier waren es die Italiener, insbesondere die Florentiner und die Sienesen, welche die Feuerwerkerei zu einer hohen Kunst entwickelten. Von Italien aus drang sie vor allem nach Frankreich, aber auch nach Deutschland vor. Um 1500 sind Feuerwerke übrigens auch aus Kaschmir, Sumatra und Malakka, dem heutigen Malaysia bekannt.

Ebenfalls um 1500 soll sich auch ein Ereignis zugetragen haben, von dem nicht verbürgt ist, ob es tatsächlich stattfand oder nur eine hübsche Legende darstellt: der erste Versuch, die Rakete für einen Menschenflug zu verwenden. Um jenes Jahr 1500, so berichtet die Geschichte, wollte der chinesische Mandarin Wan Hu mit einem raketengetriebenen Stuhl in den Himmel fahren. Er ließ zu diesem Zweck seinen Stuhl mit zwei Drachen verbinden und 43 Pulverraketen an die Stuhlbeine binden. 43 Diener, die um das Gefährt herumstanden, beauftragte er damit, die Raketen auf ein Kommando hin alle im gleichen Augenblick zu zünden. Nach diesen Instruktionen nahm Wan Hu in dem Stuhl Platz. Auf sein Signal hin hielten die Diener ihre Lunten an die Raketen, es gab eine gewaltige Explosion, und Wan Hu sowie einige seiner Diener waren verschwunden.

Nun, auch wenn sich diese Explosion nicht ereignet hätte, könnte Wan Hu sein angestrebtes Ziel, »den Himmel«, zumindest im astronomischen Sinne niemals erreicht haben. Egal, wie viele Raketen er gebündelt hätte (die Schilderung ist ja im Prinzip die Vorwegnahme des erst viel später in der Praxis eingeführten und auch heute noch benützten Bündelungsprinzips von Raketentriebwerken), ihre Antriebskraft hätte nicht ausgereicht, um die berühmte Fluchtgeschwindigkeit zu erreichen, die man benötigt, um das Schwerefeld der Erde zu verlassen, jene rund 11,2 Kilometer in der Sekunde, die für Jules Verne zum Angelpunkt seines Romans über den Schuß zum Mond gewählt worden waren.

Wir erwähnten bereits, daß Ziolkowski das Problem in Form seiner »Raketenzüge« anging, während Oberth es mit dem Konzept der Stufenrakete und den dazugehörigen mathematischen Überlegungen klar herausarbeitete und löste.

Zu der Zeit, da Oberth an seinem Buch schrieb, in dem diese Stufenrakete angesprochen wurde, konnte niemand ahnen, daß dieses Stufenprinzip schon fast vier Jahrhunderte zuvor in einer Handschrift dargestellt worden war. Diese Schrift wurde 1963 von dem an der Technikgeschichte interessierten rumänischen Diplom-Ingenieur Doru Todericiu ausgegraben, und zwar – es mutet dies wie ein Hintertreppenwitz der Weltgeschichte an – in Sibiu, dem früheren Hermannstadt, dem Geburtsort Hermann Oberths!

Die Schrift, die aus über 450 Blättern besteht und im staatlichen Archiv von Sibiu ruht, war zuvor durchaus bekannt gewesen, aber nur als ein Werk, das »verschiedene Probleme der Artillerie und Ballistik enthält«. Todericiu hingegen

Links: Aus dem Merkbuch Codex Madrid des Leonardo da Vinci. Der Text beginnt: »Verfahren, Feuer eine Meile oder mehr in die Luft zu schicken. Die Kugel muß soviel wie die Rakete wiegen. Und man muß zuerst der Rakete Feuer geben und gleich darauf der Büchse ...«

Rechte Seite: Aus einer Papierhandschrift des »Bellifortis« aus dem Jahr 1395. Die Handschrift dürfte vom Ende des 14. oder Anfang des 15. Jahrhunderts stammen. Der erläuternde Text sagt von den Zeichnungen, sie »erscheinen vielfach phantastisch und unverständlich«.

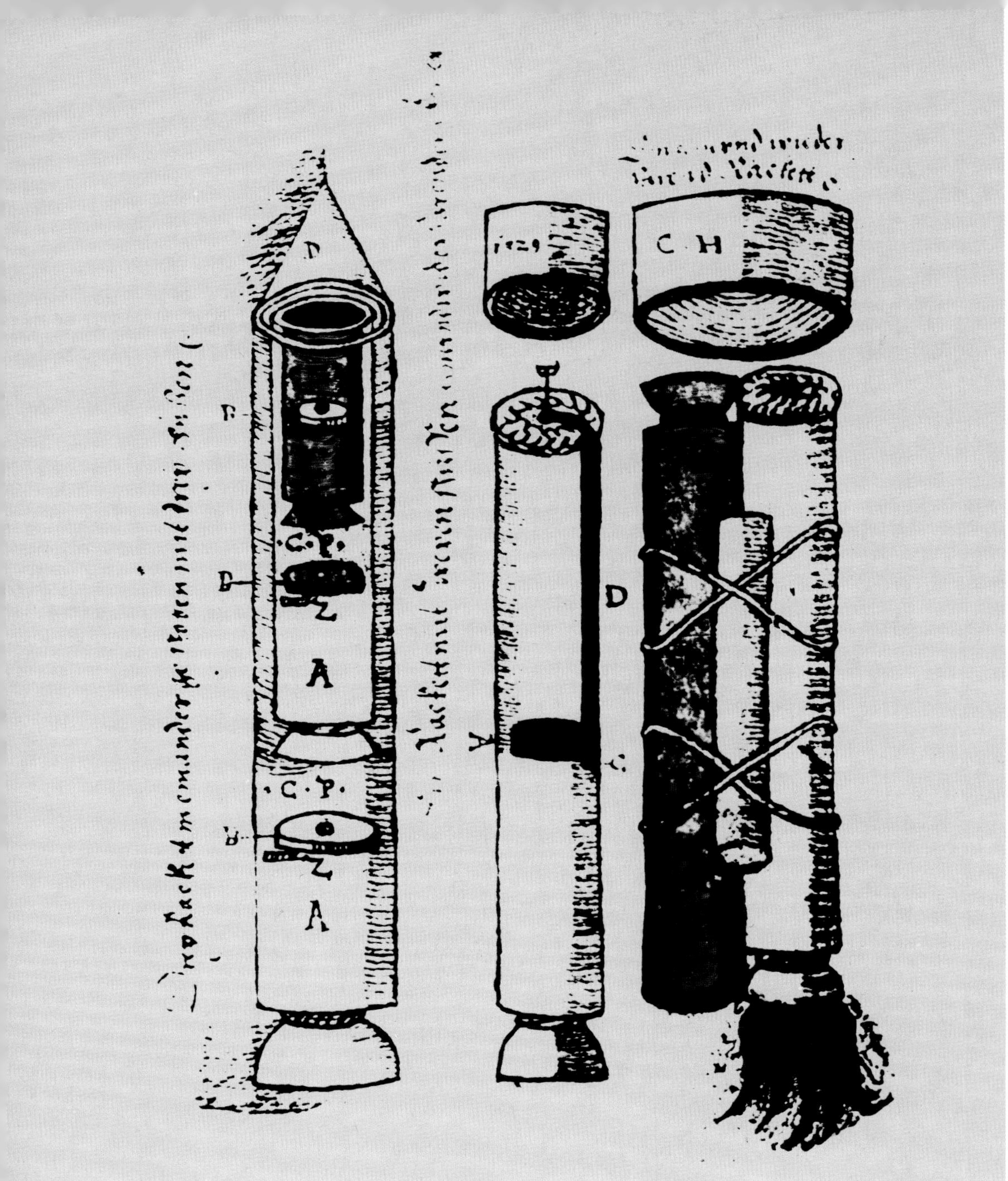

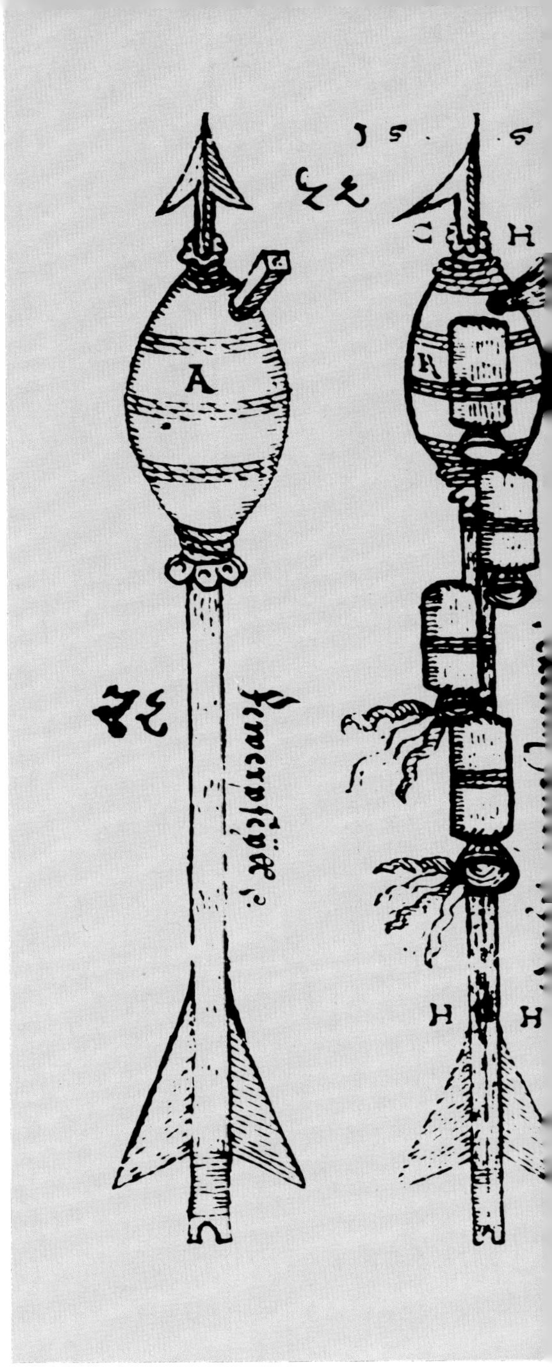

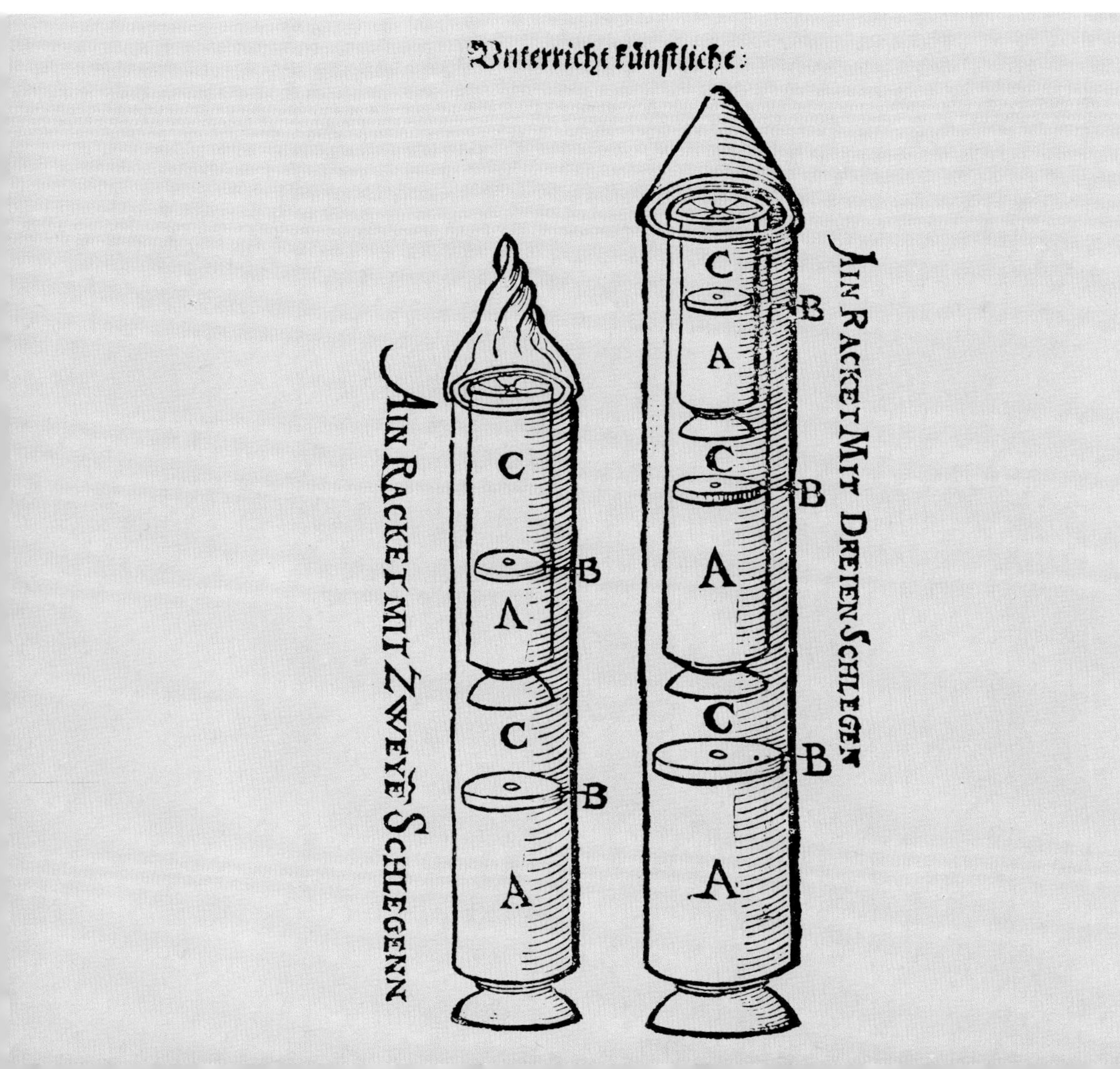

Oben links und Mitte: Raketendarstellungen aus der Handschrift des Conrad Haas, links von 1529, Mitte von 1555. Im linken Bild sind Mehrstufenanordnung sowie Bündelung zu erkennen. Das mittlere Bild gibt Raketenpfeile und -werfer wieder.

Unten links: In dieser Darstellung Johann Schmidlaps aus dem Jahre 1590 erkennt man besonders an der rechts stehenden Rakete eine Kopie aus der Haasschen Arbeit (siehe oberes Bild, linke Rakete).

Rechte Seite: Einige von vielen Raketendarstellungen in Casimir Siemienowicz' »Großer Artilleriekunst« aus dem Jahre 1650

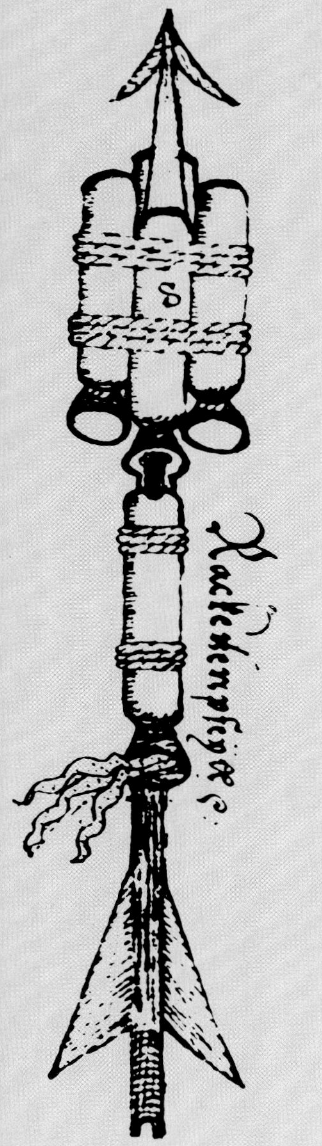

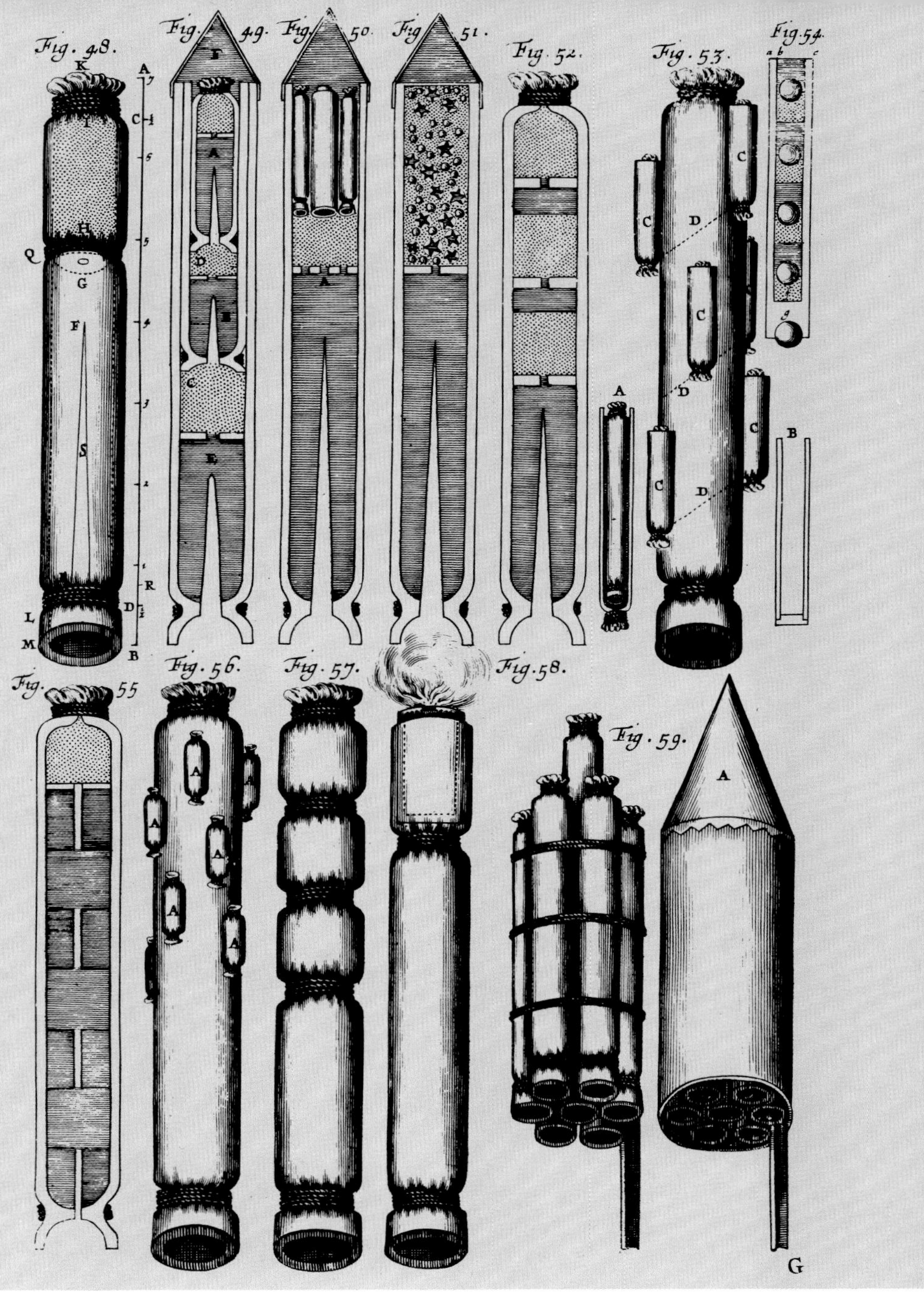

untersuchte sie auf ihren wissenschaftlichen und technischen Gehalt hin und entdeckte dabei, daß der Verfasser, ein Conrad Haas, in ihr zweistufige und dreistufige Raketen beschreibt und abbildet und auch von der Bündelung von Raketen spricht, ja sogar flugtheoretische Erörterungen anstellt und in einer Zeichnung das wohl erste Bild einer Raumkapsel, des »fliegenden Häuschens«, wiedergibt!

Haas hat (wie Todericiu in der Zeitschrift »Technikgeschichte« des Vereins Deutscher Ingenieure im Jahre 1967 berichtete) mit den beschriebenen mehrstufigen Pulverraketen sogar experimentiert und seine Raumkapsel als kleines Modell aus Holz, Metall und Karton ausgeführt. Von diesem Modell sagt er im Text, daß es mit einem »reaktiven Motor« ausgestattet und »gantz fertig zum anprennen« war.

Conrad Haas, geboren in Dornbach bei Wien, hat über 40 Jahre seines Schaffens in Hermannstadt in Siebenbürgen absolviert, damals ein Zentrum »des Aufschwungs, den die wissenschaftliche und technische Kultur in Siebenbürgen in der ersten Hälfte des 16. Jahrhunderts genommen hat ...«, wie Todericiu es formuliert. Hier entstand in den Jahren 1529 bis 1569 im Zuge der technischen Arbeiten von Haas – er war kaiserlicher Offizier und in der gerade genannten Zeitspanne Chef des Arsenals von Sibiu – auch der Beitrag zu der zitierten Handschrift. Die gesamte Handschrift, in einen Buchrücken der damals üblichen Art eingebunden, ist ein aus drei Teilen bestehendes Sammelwerk, das von drei Autoren geschrieben worden ist.

Der Verfasser des ersten Teils, der im wesentlichen die Chemie des Salpeters und die Herstellung des Schießpulvers behandelt, ist unbekannt, ebenso derjenige des zweiten Teils, wo sich Beschreibungen und zahlreiche farbige Darstellungen ballistischen Geräts, mechanischer Belagerungswerkzeuge usw. finden. Teil I wurde 1400 beendet, Teil II zwischen 1417 und 1460 geschrieben, also ein Jahrhundert vor dem dritten Teil des Conrad Haas. Zu diesem dritten Teil bemerkt Todericiu in der zitierten Zeitschrift »Technikgeschichte«: »Dargestellt werden unter anderem Raketen mit einem Mehrfachtriebwerk (Mehrstufenanordnung), die durch aufeinanderfolgendes Einfügen mehrerer Raketen von verschiedenen Durchmessern verwirklicht werden. Der Text und die Abbildungen stellen eine Rakete mit zwei Zündfolgen dar, ausgeführt aus zwei ineinandergefügten Raketen, und eine mit drei Zündfolgen, verwirklicht durch das Ineinanderfügen von drei Raketen. Auf dem gleichen Blatt sind Raketen mit Hin- und Herschubkraft (Bumerang-Raketen) zu sehen, außerdem auch gebündelte Raketen. Die Raketenkörper weisen Düsenformen auf, die mit solchen moderner Flüssigkeitsraketen übereinstimmen. Diese Düsen sind durch Abbinden und Einschnüren des Raketenkörpers entstanden. Auch ist auf die sternförmige Konfiguration des eingefüllten Pulvertreibstoffs hinzuweisen, da diese Form erst in den letzten Jahren wieder für gleichmäßigen Abbrand entdeckt wurde.

Dieser Teil der Handschrift enthält auch Experimente mit einer Dreistufenrakete. Gemeint sind die ›Raketenpfeile‹ mit Stabilisierungsflossen in Deltaform ...«

In einem einleitenden Kapitel zitiert Haas die Dinge, die er in den folgenden Abschnitten seiner Schrift behandelt. Da heißt es (nach Toderiçiu): »Wie die Raketen zuzurichten seien, auf daß sie in die Höhe kommen und frei fliegen; wie Du schöne Raketen machen sollst, die von selbst in die Höhe fahren und auf ebener Erde hin und her.«

Professor Elie Carafoli, Mitglied der rumänischen Akademie der Wissenschaften und Vertreter der rumänischen Raumfahrtgesellschaft bei der Internationalen Astronautischen Föderation, sieht denn auch in dem »fliegenden Häuschen«, das Haas als Modell gebaut und in der Handschrift abgebildet hat, »eine naive Vorformulierung der Idee des bemannten Raumfluges«.
Mit dem Auffinden der Schrift von Conrad Haas wurden einige Prioritätsansprüche späterer Techniker, was Stufenraketen, Stabilisierungsflossen, Raketenabschußvorrichtungen usw. angeht, zunichte gemacht. Wir werden darauf sogleich zurückkommen. Abschließend zu der Schrift von Conrad Haas seien aber zunächst noch dessen Prioritätsansprüche zitiert, so wie Doru Todericiu sie auf Grund seiner Forschungen sieht. Er schreibt:

Rakete mit zwei Zündstufen	1529
Rakete mit drei Zündstufen	1529
das »fliegende Häuschen«, »Stockwerke«	1536
Experimente über das Prinzip aufeinanderfolgender Zündstufen	1555
die Verwendung von deltaförmigen Flossen	1555

Zu bemerken bleibt noch, daß Todericiu dem Conrad Haas zwar prinzipiell die Originalität seiner dargestellten Ideen bestätigt, aber einschränkend sagt, daß »eine Existenz einzelner, gemeinsamer und früherer Informationsquellen, die noch nicht entdeckt wurden, möglich ist«.
Als nächstes müssen wir nun das erste Buch über die nichtmilitärische Feuerwerkerei erwähnen. Es erschien 1590 in Nürnberg unter dem Titel »Künstliche und rechtschaffende Feuerwerk« und stammt von Johann Schmidlap. In ihm finden sich genaue Beschreibungen über die friedliche Anwendung von Raketen und über deren Herstellung. Das Buch gab mit den Anstoß zur Entwicklung einer breiten Feuerwerkerei in Deutschland, veröffentlichte sein Autor doch viele »Geheimnisse«, die bis dahin nur wenigen Feuerwerkern zur Verfügung standen.
Willy Ley führt aus dem Vorwort des Schmidlapschen Buches (das im übrigen bei kleinem Format nur einen Umfang von 77 Seiten hat und damit ein schmales Bändchen darstellt) die von seinem Verfasser getroffene Feststellung an, daß »viele Feuerwerker ihm wahrscheinlich wegen dieses Buches ›übel nachreden‹ werden, da er so viele Zunftgeheimnisse drucken lasse«. Ley schließt, daß die Herstellungsweise von Pulverraketen offensichtlich zu diesen Zunftgeheimnissen gehöre, da es ihm nicht gelungen sei, eine ältere Beschreibung hiervon zu finden.
Auch dies muß allerdings im Lichte der neueren Erkenntnisse über Conrad Haas etwas revidiert werden, denn seit den Untersuchungen Todericius wissen wir, daß Schmidlap ganze Passagen einfach aus der Arbeit von Conrad Haas abgeschrieben und zahlreiche Abbildungen unverändert von dort übernommen hat. Dazu noch einmal Todericiu aus der »Technikgeschichte«:
»Die im Buche Schmidlaps auftretenden Teile beziehen sich auf die experimentierende Tätigkeit Conrads von 1529 bis 1554. Seine späteren wissenschaftlichen Ergebnisse (so die Flugprinzipversuche mit der Dreistufenrakete) spiegeln sich nicht mehr im Texte Schmidlaps. Schmidlap erklärt in der Einleitung seiner Arbeit, sie sei das Ergebnis seines jahrelangen Schaffens. Er zitiert weder Haas noch andere Autoren. In seiner Vorrede an den Leser präzisiert Schmidlap freilich, daß er für seine Dokumentation nicht nur Bücher, sondern auch manche nicht ohne Geld zu erhaltende Informationen gebraucht habe.«
In den folgenden Jahrzehnten und Jahrhunderten erscheinen in den verschiedensten Ländern mehrere Bücher über Raketen. Sie basieren zum Teil auf der militärischen Anwendung der Rakete oder sind Bücher über Kriegstechnik, in denen das eine oder andere Kapitel der militärischen Raketenanwendung gewidmet ist. Von diesen Büchern seien erwähnt die um 1600 erschienenen Skizzen und Beschreibungen von Raketen und Raketenvorrichtungen des Polen Walentij Sebisch sowie mehrere Bücher, die der unter dem Pseudonym Hanzelat schreibende Jean

Besonders im alten China, in Frankreich, Italien, aber auch in Deutschland erfreute sich die Rakete lange Zeit hindurch bei Feuerwerken großer Beliebtheit. Zahlreiche Darstellungen künden davon, so dieses Gemälde von Joseph Furtenbach aus dem Jahre 1645, das ein von Johann Khonn in Ulm veranstaltetes Prachtfeuerwerk zeigt.

pictor
1645

Appier von Lothringen zwischen 1598 und 1630 veröffentlichte, so sein Werk »La Pyrotechnic Militaire« (»Die militärische Pyrotechnik«), das 1598 herauskam.
1650 publizierte der polnische Generalleutnant und Militäringenieur Casimir Siemienowicz in Amsterdam sein lateinisch geschriebenes Werk »Artis magnae artilleriae pars prima« (»Die große Artilleriekunst, Teil 1«). Es kam 1651 in französisch, 1676 in deutsch und 1729 in englisch heraus. Dieses Werk, in dem Siemienowicz von »Neuigkeiten« und eigenen Experimenten berichtet, brachte seinem Verfasser viel Ruhm ein. Es schien die erste Publikation zu sein, in welcher von mehrstufigen Raketen, deltaförmigen Stabilisierungsflossen und Bündelraketen die Rede war. Siemienowicz' diesbezüglicher Prioritätsanspruch ist indessen nicht mehr aufrechtzuerhalten, seit die Schrift von Conrad Haas bekannt ist. Einiges ist offensichtlich bei Siemienowicz auch aus dem Buch von Schmidlap aus dem Jahre 1590 übernommen worden, wie überhaupt in der Epoche, die wir gerade schildern, mehrere Ideen von Conrad Haas mittelbar über das Schmidlapsche Buch Eingang in einschlägige zeitgenössische Darstellungen fanden. Todericiu meint dazu: »Manche bekannten Wissenschaftshistoriker haben Siemienowicz die Stellung des Vorgängers der modernen Raketentechnik zu Unrecht zuerkannt, und zwar für Schöpfungen, die uns 120 Jahre früher bei Conrad Haas begegnen.« Unbeschadet dessen hat Siemienowicz natürlich auch einige eigene Ideen beigesteuert, so bestimmte Regeln über Abmessungsverhältnisse von Raketen, die er festlegte. Siemienowicz' Werk enthält über 200 Illustrationen und stellt das damalige Wissen über Raketen ziemlich lückenlos dar, obgleich der Autor sich nicht mit der Flugmechanik, sondern ausschließlich mit der Ballistik befaßte.
Erstaunlicherweise steht die relativ intensive literarische Beschäftigung mit der Rakete als Waffe in den erwähnten und anderen Publikationen jener Zeit im Widerspruch zur Praxis. Man müßte ja annehmen, daß die zahlreichen literarischen Produkte das Ergebnis häufiger militärischer Anwendung von Raketen sind, doch ist dies nicht der Fall. Vom 15. bis zum 18., ja, man kann sagen fast bis zum 19. Jahrhundert hat die Rakete im Kriegswesen keine bedeutende Rolle gespielt. In dieser Zeitspanne erlebte sie ihre Höhepunkte vielmehr in Gestalt der Feuerwerksrakete als Ornament zahlloser festlicher Veranstaltungen.

Kriegsraketen des 18. und 19. Jahrhunderts

Nach den ersten spektakulären Anwendungen der Rakete in Kämpfen des 13. und 14. Jahrhunderts wurde es um die kriegerische Benützung der Rakete recht still; es gibt nur sporadische Berichte über den Einsatz von Raketen, so etwa über die schon zitierte Verwendung von Raketen in der Schlacht um Orleans im Jahre 1429 oder 1449 bei den Kämpfen von Pont Audemer, wo die Franzosen abermals Raketen gegen die Engländer einsetzten.
Was ansonsten mit der Rakete als Waffe getrieben wurde, waren mehr demonstrative denn echt kriegerische Handlungen. Einer der Gründe hierfür war sicher die Treffungenauigkeit der Rakete und ihre im allgemeinen mehr psychologische als zerstörerische Wirkung.
So stand das ganze 17. Jahrhundert nicht im Zeichen der kriegerischen Rakete, sondern in demjenigen von »Lust-Feuer-Wercken«, wie es in einem zeitgenössischen Buch heißt. Im militärischen Bereich beschränkte man sich auf gelegentliche Versuche, bei denen Raketen Bomben oder Brandsätze trugen oder einfach der Erprobung und angestrebten Verbesserung der Rakete selbst dienten.
Erst im 18. Jahrhundert erlebte die Rakete ihre Renaissance als Waffe. Zunächst kamen sich verdichtende Gerüchte aus Indien nach Europa, die besagten, daß die Inder große Kriegsraketen entwickelt hätten. Bekanntschaft mit solchen Raketen hatten die Europäer seit 1750 mehrfach gemacht, so 1781 und 1783. In den englisch-indischen Schlachten um Seringapatan im indischen Staat Maisur wurden 1760, 1792 und 1799 von den Indern Raketen in großer Zahl verwendet. Besonders 1799 entfalteten die Raketen eine vernichtende Wirkung gegen die belagernden Engländer. Die Inder sollen über 100000 Stück auf die englischen Truppen abgeschossen haben, was insbesondere unter der britischen Kavallerie zu großen Verlusten führte. Das indische Raketenkorps, das von Hydar Ali, dem Herrscher von Maisur, in den siebziger Jahren des 18. Jahrhunderts gegründet und von seinem Sohn Tippu Saheb auf 5000 Mann erweitert worden war, gab in Europa Anlaß, die Anwendungsmöglichkeiten von Raketen im Kriege neu zu überdenken.
Besonders ein Mann in London, damals Redakteur einer politischen Tageszeitung, William Congreve (1772–1828) interessierte sich für die Kriegsraketen. Er begann selbst mit Raketen, die er sich zunächst einfach kaufte, zu experimentieren und setzte es sich, von den geringen Leistungen der gekauften Raketen enttäuscht, in den Kopf, die Kriegsrakete, was ihre Reichweite betraf, zu verbessern. Wohl nicht zuletzt dank der Hilfe seines Vaters, des Generalleutnants Sir William Congreve, finanzierten die Militärbehörden seine Experimente. Es gelang Congreve, der seine Experimente 1804 begann, bereits bis 1805 eine Rakete zu entwickeln, die knapp 2000 Meter Reichweite hatte – etwa so weit, wie die indischen Raketen gelangten, aber viermal so weit wie die englischen Raketen flogen, mit denen er seine ersten Versuche gemacht hatte.
Bei mehreren Angriffen gegen Napoleons Truppen probierte Congreve die Raketen in der Beschießung von Boulogne aus. Die ersten dieser Angriffe, die vom englischen Kanal her mit Schiffen durchgeführt wurden, verursachten nicht allzu viel Schaden, aber beim Raketenangriff von 1806 brannten große Teile der Stadt nieder. 1807 schossen die Engländer 25000 Brandraketen auf Kopenhagen und äscherten die Stadt nahezu völlig ein. Im britisch-amerikanischen Krieg um Kanada 1812 spielten Raketen auf englischer Seite ebenfalls eine gewichtige Rolle; 1813 sind Raketen entscheidend in dem deutschen Befreiungskrieg bei der Völkerschlacht von Leipzig beteiligt gewesen, an der das englische »Raketenkorps« mitwirkte. In Amerika setzten die Engländer Raketen in der Schlacht von Bladensburg ein und brannten 1814 Washington, D. C., mit ihnen nieder. 1813 wurden Raketen in drei Angriffen der Engländer gegen Danzig verwendet; der dritte Angriff, in dessen Verlauf die Nahrungsmitteldepots ausbrannten, führte dann zur Kapitulation der Stadt.
Diverse Formen der Raketenköpfe wurden nun entwickelt: Bomben, Schrapnells, Brandladungen. Überall entstanden Raketentruppen. Willy Ley erwähnt in seinem Buch »Vorstoß ins Weltall« eigene Raketenregimenter in England, Griechenland, Österreich, Rußland und (»allerdings nur auf dem Papier«, wie er hinzufügt) der Schweiz. Raketenbatterien als Teile der Artillerieregimenter gab es in Ägypten, Dänemark, Frankreich, Holland, Italien, Polen, Preußen, Sardinien, Schweden und Spanien.
Raketen begannen in mehr oder minder intensiver Form bei nahezu allen Schlachten eine Rolle zu spielen. Sie waren bei Waterloo 1815 ebenso dabei wie im Krimkrieg von 1853 bis 1856 und bei diversen Aus-

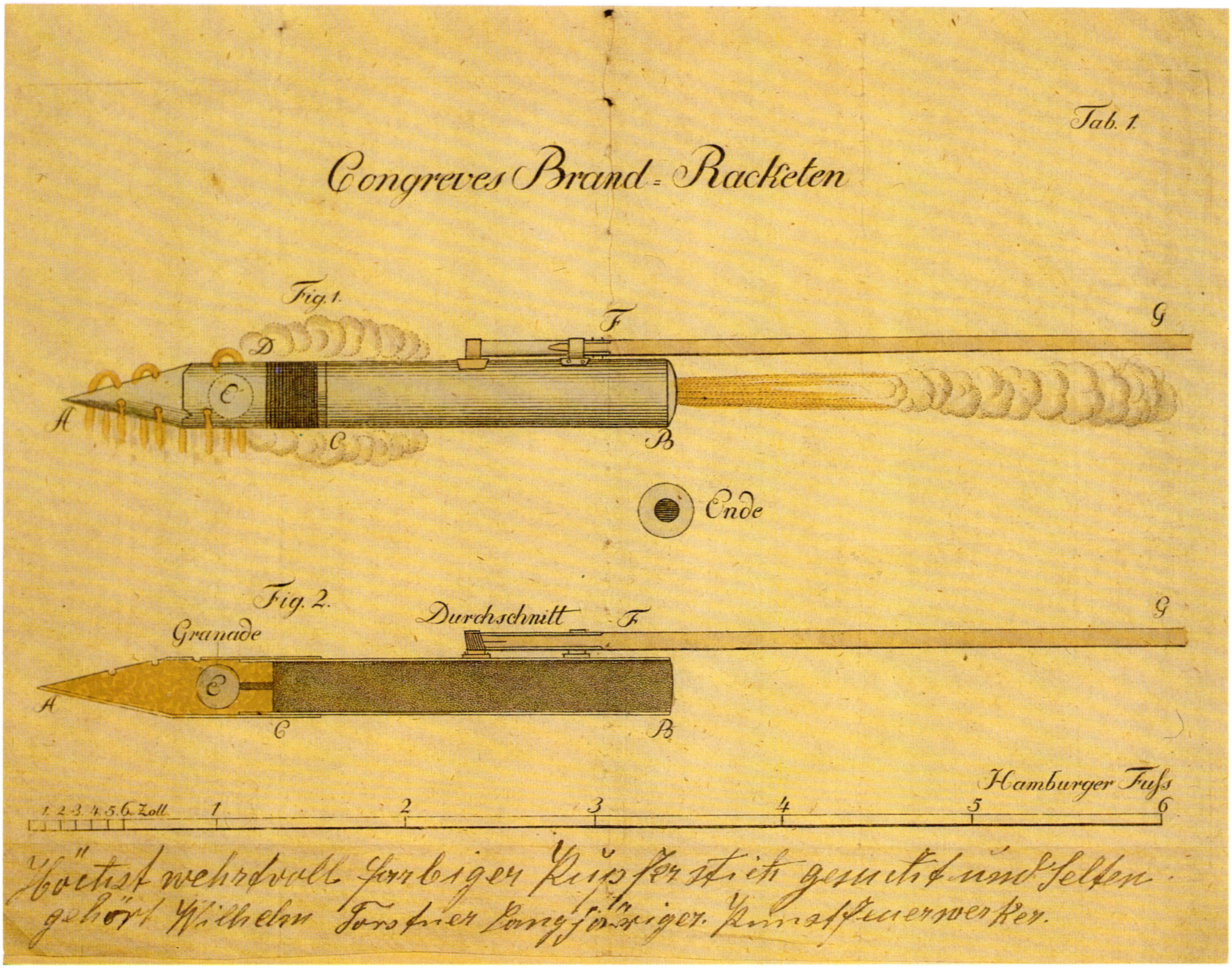

einandersetzungen in Burma, Peru, China. Ob es um die Aufstände der Inder 1857 ging, um den Opiumkrieg, um die spanischen Kämpfe bei Havanna auf Kuba oder um den Vorstoß von Engländern und Franzosen auf dem Rio de la Plata bei der Strafexpedition gegen Argentinien im Jahre 1846 – Raketen waren dabei!

Der letzte bekannte Konflikt, bei dem Raketen eingesetzt wurden, war die Rückeroberung des Sudan durch die Engländer im Jahre 1896. Die meisten Raketenregimenter waren indessen schon früher aufgelöst worden, zuerst das englische, als letztes das österreichische im Jahre 1868.

Ein Teil der Aktivität war allerdings »in Privathand« übergegangen: 1823 hatte Congreve einige britische Patente für seine Kriegsraketen erhalten und besaß auch die Erlaubnis, unabhängig von seiner Tätigkeit für die britische Truppe eine private Raketenfabrik zu betreiben, von wo aus er Raketen in aller Herren Länder verkaufte.

In dieser Phase der industriellen Revolution, die ja ebenfalls von England ausging, war man geeicht darauf, technische Neuheiten auf ihre Verwendbarkeit allüberall zu überprüfen; eine technische Denkweise setzte ein, die natürlich auch auf die Entwicklung der Raketen nicht ohne Einfluß blieb.

Ein anderer Engländer, William Hale, hatte sich seine Erfindung der spinstabilisierten Rakete (wir werden darauf sogleich noch einmal zurückkommen) patentieren lassen und verkaufte dieses Patent, nachdem England selbst zunächst nicht interessiert war, an die amerikanische Armee. Sein Sohn aber ging nach Südamerika und setzte die Rakete auch dort ab; in den örtlichen Befreiungskriegen spielte sie in Peru, Kolumbien, Mexiko und anderen südamerikanischen Ländern eine Rolle.

Kolorierter Kupferstich Congrevescher Brandraketen aus dem Jahre 1820

Im Verlaufe des 19. Jahrhunderts wurden Hunderttausende von Raketen hergestellt, verkauft und verschossen. Doch mit dem Ende jenes 19. Jahrhunderts war auch das Ende der Pulverrakete als Kriegsgerät gekommen.

Raketen für die Rettung und zum Walfang

Zwar hatte die Rakete sich in der Zwischenzeit noch andere Anwendungsbereiche erschlossen, aber die Zahl an Raketen, die dort benötigt wurden, lag natürlich weit unter den Fabrikationszahlen, die durch die Kriegsraketen ausgelöst worden waren.
Die wichtigste und vornehmste Anwendung fand die Rakete in Gestalt der Schiffsrettungsrakete – eine irreführende Bezeichnung, wie Willy Ley richtig bemerkt, denn es handelte sich hierbei um eine Rakete, die nicht Schiffe, sondern deren Passagiere zu retten hatte.
Das Prinzip dieser Rettungsrakete besteht darin, daß sie eine dünne Leine hinter sich herzieht und von einem aufgelaufenen Schiff an Land oder von Land über ein gestrandetes Schiff geschossen werden kann. An der dünnen Leine wird sodann ein schweres Seil nachgezogen, das man benützt, um die Schiffbrüchigen in der sogenannten Hosenboje an Land zu holen.
Erste Experimente in dieser Richtung hat 1799 der Franzose Cucarne-Blangy gemacht. 1807 demonstrierte man das Prinzip in England sowie auf dem Kontinent, und 1826 wurden die ersten drei Rettungsstationen an der englischen Küste mit Lebensrettungsraketen ausgerüstet, gefolgt von weiteren in England und auf dem Kontinent. Allein an der englischen Küste wurden den Schätzungen nach mit diesem Verfahren im 19. Jahrhundert 1500 Menschen vor dem Ertrinken gerettet. Nach dem Amerikaner Mitchell Sharpe aus Huntsville, Alabama, waren es zwischen 1871 und 1962 mindestens 15 000 Menschen, die ihre Rettung vor der Küste Englands diesem Verfahren verdanken, und Willy Ley nimmt an, daß im 19. Jahrhundert insgesamt 20 000 Menschen damit vor dem Tode gerettet wurden.
Weniger noblen Zwecken diente die Rakete beim Walfang, wo es ihre Aufgabe war, eine Harpune in die gejagten Wale hineinzutreiben. 1607 erprobte der Holländer Cornelis Yz dieses Verfahren zum erstenmal, wenn auch ohne Erfolg. 1821 führte dann der englische Seefahrtskapitän Scoresby, gefolgt von vielen anderen, die Waljagd mit Raketenharpunen ein. 1857 ließ sich der Amerikaner Thomas Royce das Verfahren patentieren, und es entwickelte sich in Kalifornien eine kommerzielle Raketenharpunen-Waljagd. Sie verschwand indessen Ende des 19. Jahrhunderts, einmal, weil es infolge der gewaltigen räuberischen Reduzierung der Wale diese Tiere kaum mehr gab, und außerdem, weil »effektivere« Methoden in Gestalt der von einer Kanone abgefeuerten Harpune und andere Verfahren gefunden worden waren.
Eine weitere, zwar seltene, aber um so makaberere Anwendung der Rakete schließlich wurde von Mitchell Sharpe in einem Vortrag erwähnt, den er im Oktober 1970 auf dem Kongreß der Internationalen Astronautischen Föderation in Konstanz hielt. Danach wurden Raketen im 18. Jahrhundert in Thailand benützt, um Verbrecher hinzurichten. Die Verurteilten wurden, so wußte Sharpe zu berichten, an große Raketen gebunden, die aus ausgehöhlten Baumstämmen hergestellt worden waren. Und dann wurden die Raketen gezündet ...
Bleibt noch die Signalrakete zu erwähnen, die erstmals 1819 von einem dänischen Hauptmann konstruiert worden war und später häufig mit Fallschirmen ausgerüstet wurde, um, ihr Leuchtsignal abgebend, möglichst langsam zu Boden zu sinken.
Auf den Tonga-Inseln im südwestlichen Polynesien wurde bis zum Jahre 1902 Post mit Raketen befördert, wie derartige Versuche auch in vielen anderen Ländern vorgenommen wurden und – worauf wir noch zurückkommen werden – im Österreich und Deutschland der späten zwanziger Jahre unseres Jahrhunderts propagiert und zwischen 1931 und 1933 für Briefsendungen zwischen österreichischen Alpendörfern angewendet wurden.
Andere, begrenztere Anwendungen der Rakete – so etwa zur Aufhellung von Schlachtfeldern, wie dies die Franzosen im Ersten Weltkrieg anstrebten – können in unserem Zusammenhang übergangen werden.

Die Technik der Pulverrakete

Bis in das 20. Jahrhundert hinein blieb die Rakete im Grunde genommen ein primitives Gerät, auch wenn sie natürlich im 18. und 19. Jahrhundert mehrfach verbessert wurde; in den ersten 500 Jahren ihrer Geschichte hingegen erlebte die Rakete derartige Verbesserungen kaum, wenn man von den pyrotechnischen Feuerwerkereien absieht.
In diesen ersten 500 Jahren ihrer Geschichte bestand die Rakete aus einer Papier- oder Papphülse, an die mit Leder oder Faden ein Stabilisierungsstab gebunden war. Papier, Mehlkleister, Faden, Schwarzpulver – das waren die wesentlichen Bestandteile einer Rakete. Auch das Werkzeug, das benötigt wurde, um sie zu verfertigen, mutet aus heutiger Sicht recht primitiv an, entsprach aber der damaligen rein handwerklichen Herstellung der Raketen.
Es gibt, wie wir bereits andeuteten, lange Beschreibungen über die Herstellung solcher Raketen. Sie besagen zusammengefaßt, daß man mehrere Lagen Papier zunächst um einen hölzernen Stab herum, »Roller« genannt, mit Mehlkleister zusammenleimte und auf diese Weise eine Papphröhre erhielt. Sie bestand bei kleineren Raketen aus drei, bei etwas größeren aus fünf Papierschichten. Bevor sie trocknete, wurde eine Einschnürung »gewürgt«, um die später die Schnur kam, welche den Leit-

Linke Seite: Congrevesche Kriegsraketen im Einsatz

Oben: Am 18. Juni 1815, in der berühmten Schlacht von Waterloo, setzen die Engländer Congreve-Raketen gegen Napoleons Truppen ein.

Unten: Am 8. Juli 1824 bereiten englische Truppen einen Angriff mit Raketen gegen befestigte Stellungen burmesischer Einheiten bei Rangoon vor.

stab festhielt. Dann wurde diese Hülse zunächst getrocknet. Später steckte man sie auf einen Dorn und hämmerte dann das Pulver von oben ein. Der kegelförmige Dorn sorgte dafür, daß in der Mitte der Raketenhülle ein von unten nach oben sich verjüngender Kanal freiblieb, der als »Seele« bezeichnet wird. Durch ihn wurde – wie wir aus der zitierten Anmerkung aus Konrad Kyesers »Bellifortis« bereits wissen – eine größere Verbrennungsfläche geschaffen. Diese Vergrößerung der brennenden Oberfläche war in der Regel notwendig, um der Rakete einen ausreichenden Schub für das Abheben zu verleihen. Am unteren Ende wurden Zündschnur und Zündung eingefügt. Die Zündmasse war eine Schwarzpulver-Paste, die Zündschnur bestand aus einem in Essig oder Branntwein getränkten Wollfaden, der gewöhnlich 75 Zentimeter lang war. Das Pulver wurde mit einem »Setzer« eingefüllt. Der Setzer war innen hohl, stellte also gewissermaßen das Gegenstück zu dem Dorn dar, und man konnte deshalb mit ihm das Pulver fest um den Dorn herum anpressen. War das Pulver über den Dorn hinaus eingefüllt, dann wurde der Setzer durch einen kompakten »Stempel« ersetzt, mit dem die weitere Füllung bis obenhin vorgenommen wurde. Das Einfüllen und Hämmern des Pulvers war keine ganz ungefährliche Angelegenheit. Die meisten Unfälle geschahen sicher nicht beim Abbrennen der Raketen, sondern bei deren Herstellung. So schätzt Armède Denisse, ein französischer Feuerwerker (der übrigens 1895 als erster eine Kamera mit einer Rakete in die Höhe schickte), daß sich neun von zehn Unfällen während des Pulverfüllens der Raketen ereigneten und nicht beim Starten der Flugkörper. In der Tat gab es allein in den vier Jahren von 1891 bis 1894 in England dreizehn und in den USA acht große Unfälle in Raketenwerkstätten. Oftmals löste eine solche Explosion einer Rakete eine wahre Kettenreaktion aus; andere in Vorbereitung befindliche Raketen, Pulver, fertige Raketen … alles wurde in Sekunden-

Unten: Rettungsmannschaften schießen eine Schiffsrakete über den Bug eines in Seenot geratenen Schiffes, eine Darstellung aus Großbritannien vom 9. Februar 1884.

Rechte Seite: Nachdem die Rakete eine Leine über das Schiff geworfen hat, wird ein Seil nachgezogen. In einer Hosenboje werden die Schiffbrüchigen einzeln zum Land hinübergezogen. Auch dieses Bild entstand nach einem besonders schweren Sturm in England, der am 23. Oktober 1886 tobte.

J.R. Wells

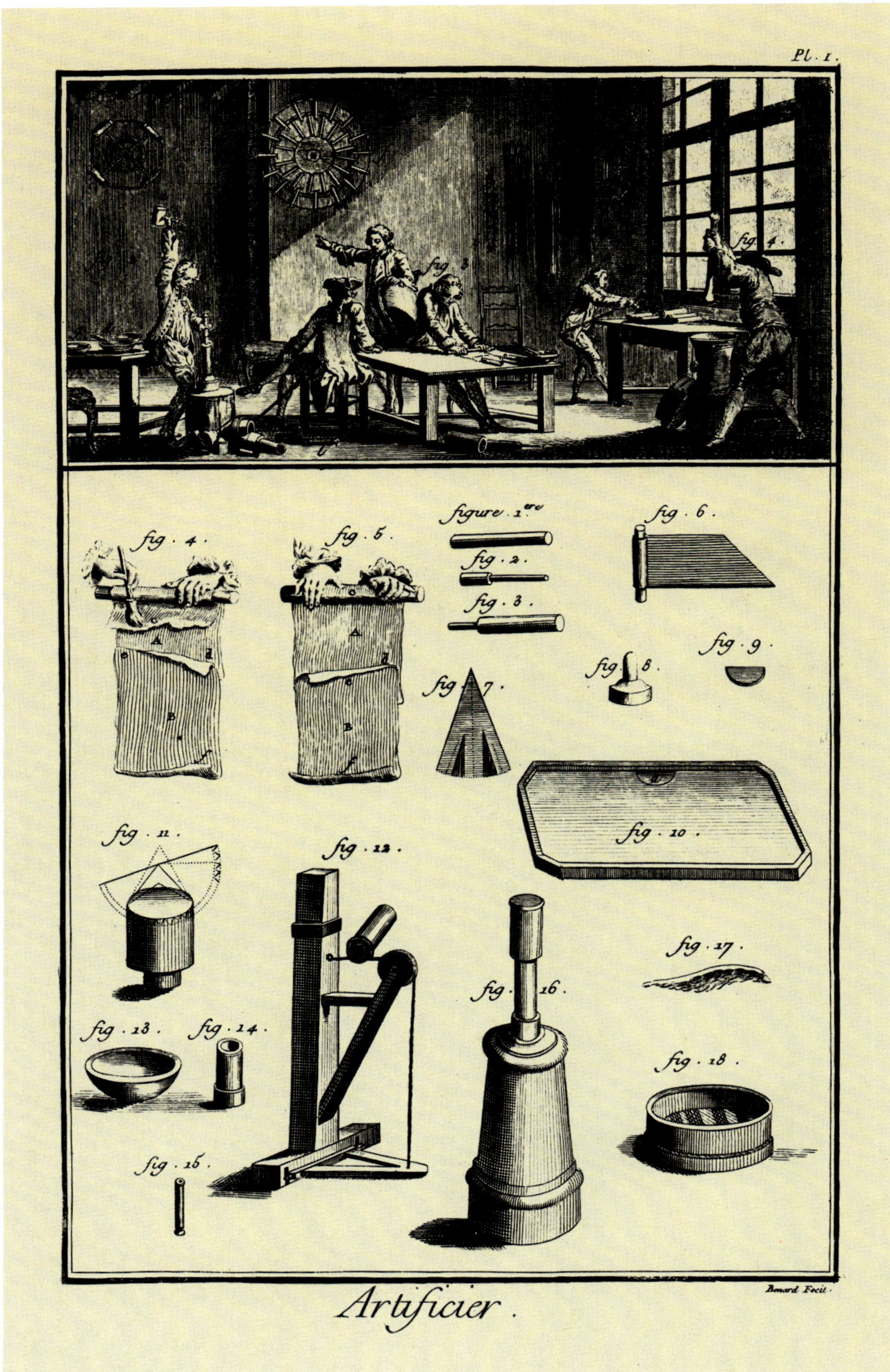

schnelle in das Inferno mit hineingezogen. In der Literatur finden sich aus jener Zeit viele Vorschriften, die auf die Explosionsgefahr hinweisen und beispielsweise verlangen, daß fertiggestellte Raketen sofort in einen anderen Raum gebracht und nicht dort gelagert werden sollen, wo das Pulver gepreßt wird.

Die frühen Raketen hatten ein Kaliber – das heißt einen Durchmesser – von vier bis acht Zentimetern und waren bis 40 Zentimeter lang. Sie trugen Leitstäbe von etwa 2 Meter Länge. Nur ganz gelegentlich finden sich Hinweise auf Einzelversuche mit größeren Raketen. So spricht ein Oberst Christoph Friedrich von Geißler in seinem 1718 in Dresden erschienenen Buch über das Geschützwesen davon, daß er im Jahre 1668 in Berlin Raketen von 50 und 100 Pfund gemacht habe. Sie hatten aus Holz gedrehte Hülsen und konnten eine 16pfündige Bombe tragen. In einem anderen, 1841 erschienenen Buch, der »Geschichte der brandenburgisch-preußischen Artillerie« der Verfasser von Malinowsky und von Bonin, werden laut Willy Ley hundertpfündige Raketen erwähnt, die in der Nähe Berlins in den Jahren 1730 bis 1731 hergestellt worden sind, um für Raketen eines solchen Kalibers die besten Pulvermischungen zu erproben.

Es muß an dieser Stelle angemerkt werden, daß es sich im Laufe der Jahrhunderte eingebürgert hatte, die Größen der Raketen in zwei Maßstäben anzugeben. Der eine war ganz einfach der äußere Durchmesser der Rakete, der andere das Gewicht einer Bleikugel, die gerade so groß war, daß sie in die Hülle, in die der Treibstoff eingefüllt wurde, hineinpaßte. Gewichtsangaben über Raketen aus jener Zeit sind daher mit Vorsicht zu genießen: Sie sagen oft nicht das geringste über das wahre Gewicht der Rakete aus, sondern beziehen sich lediglich auf die Masse einer Bleikugel vom Innendurchmesser der Rakete, also das Kaliber.

Auf jeden Fall waren die Raketen in den

Oben: Ein gefährliches Handwerk war die Herstellung von Feuerwerkskörpern und Raketen in der früheren Zeit. Pulverlager und Preßraum lagen oft so dicht beieinander, daß nicht selten eine Explosion beim Pressen zu einer Kettenreaktion ausartete, die die gesamte »Fabrik« vernichtete. Im unteren Bildteil sind einige der Vorrichtungen zu sehen, derer man sich beim Herrichten von Raketen bediente, sowie die Handhabung dieser Vorrichtungen (aus: »Recueil de Planche«, Paris 1772).

Rechte Seite: Angebliche Offenbarungen aus dem ersten vorchristlichen Jahrtausend über mythische Vimana (= Götterwagen) hat ein indischer Pandit im Ersten Weltkrieg auf Sanskrit beschrieben. Ein indischer Ingenieur machte daraus 1923 Skizzen seltsamer schwebender Luft-(Raum-)fahrzeuge mit Strahlantrieb. Ideen aus einer fernen Vergangenheit, in der sich vielleicht Mythos und Technologie in bizarrer Weise mischten.

ersten fünf Jahrhunderten ihrer Geschichte nach Größe, Materialbeschaffenheit, Aufbau, Treibpulver und Reichweite alle ziemlich gleich – unbeschadet der wenigen Ausnahmen, von denen gerade zwei Beispiele zitiert wurden.

Erst als Englands Pferde unter dem Zischen und Krachen der indischen Raketen in den britisch-indischen Schlachten um Maisur in der zweiten Hälfte des achtzehnten Jahrhunderts scheuten und die britische Kavallerie sich fluchtartig zurückziehen mußte, kamen die Europäer mit einer neuen Art von Rakete in Berührung. Sie war aus Eisen und nicht aus Pappe gefertigt, wog etwa zehn Pfund, war an drei Meter langen Bambusstäben befestigt und flog zirka anderthalb Meilen weit. Was ihr in den Schlachten um Maisur an Treffgenauigkeit fehlte, wurde durch die große Anzahl wettgemacht, die die Inder verschossen.

Einige dieser Raketen waren nur 25 Zentimeter lang und hatten 6¼ Zentimeter Außendurchmesser; an der Außenseite der eisernen Hülle waren Schwertklingen mit Fellstreifen angebunden. Andere Raketen hatten fast 2½ Meter Länge. Alle Raketenhülsen waren mit scharfen Spitzen gespickt. Diese Raketen töteten oder verwundeten pro Stück bis zu sechs Menschen, sie setzten die Munitionslager in Brand und versetzten Menschen und Tiere in Angst und Schrecken.

Wir hörten bereits, daß die Berichte jener Raketenschlachten im fernen Indien William Congreve anregten, selbst Raketenversuche zu machen. Und ihm ist in der Tat zu verdanken, daß nun, in der Mitte des 18. Jahrhunderts, die Rakete technische Fortschritte macht.

Congreve baute, nachdem er mit den käuflichen Raketen experimentiert hatte, im königlichen Laboratorium eine Brandrakete mit 9 Zentimeter Kaliber aus Eisen. Er fügte ihr einen drei Meter langen Leitstab an und führte sie 1805 im Marschland bei Woolwich dem Prinzregenten, dem Premierminister und hohen Militärs mit großem Erfolg vor. Von den dann folgenden Einsätzen der Congreveschen Raketen bei Angriffen und Seeschlachten war bereits die Rede.

Congreve ging es jedoch nicht allein darum, mit der Rakete Schlachten zu gewinnen. Er wollte die Rakete in ihrer Leistung verbessern, ihre Reichweite und Schlagkraft erhöhen. Congreve arbeitete ein ganzes System aus mit Vorschriften für die Handhabung, Taktik und den Abschuß der Raketen. Ausgehend von einem »30-Pfünder« (= Kaliber der 30pfündigen

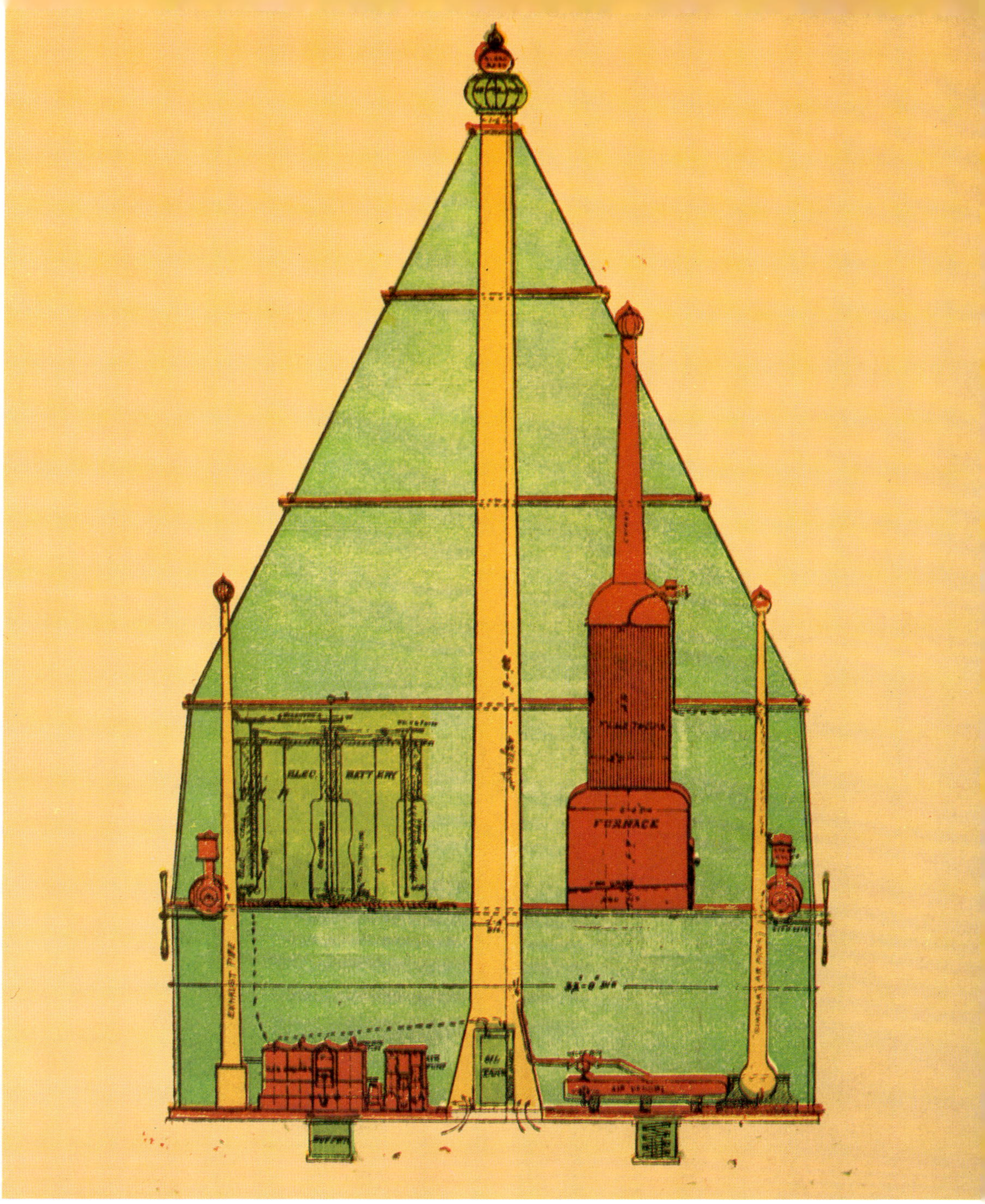

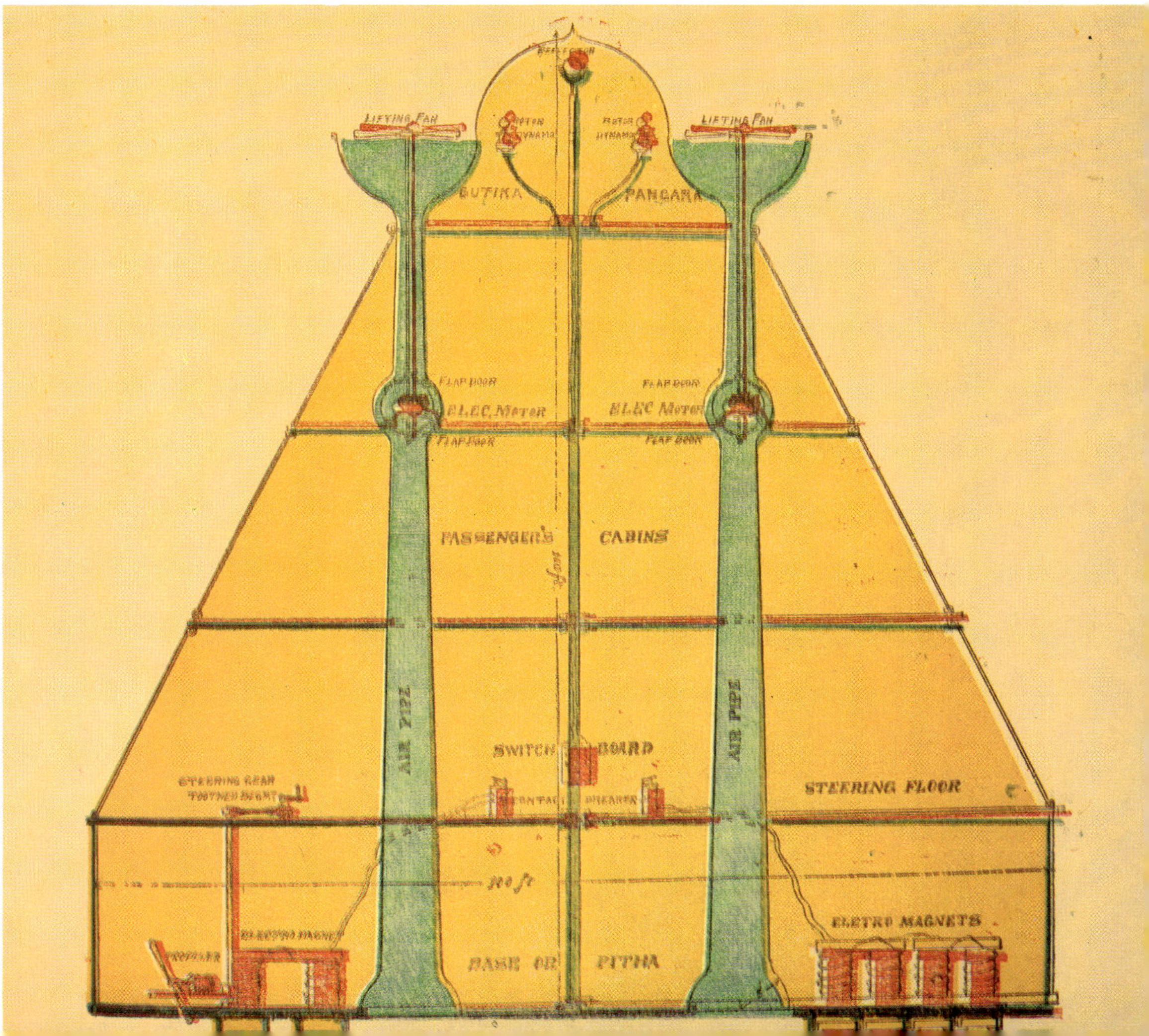

Eine Versuchsrakete mit Deltaflügeln, entworfen bereits im Jahre 1821 von M. Vaillant in Boulogne in Frankreich, fabriziert und erprobt vom schwedischen Raketenkorps. Der Raketenkörper ist 385 Millimeter lang, hat einen Durchmesser von 56 Millimetern, eine Höhe von 250 Millimetern und wiegt 1,5 Kilogramm.

Bleikugel; die Rakete als solche war wesentlich schwerer), entwickelte er schließlich »42-Pfünder«, Raketen, die bis zu 200 Flintenkugeln, mit Brandsätzen gefüllte Gerippe (sogenannte Karkassen) bis zu 18 Pfund und Bomben bis zu 12 Pfund Gewicht über zwei bis drei Kilometer beförderten.
In seinen Entwicklungen sah Congreve die Voraussetzungen für eine Revolution der Kriegskunst geschaffen. Er war der Meinung, daß durch seine Raketen - die alle damaligen leichten Geschütze an Reichweite überboten, nicht weniger genau, aber billiger waren - die Artillerie samt und sonders abgelöst würde. Er hatte Pläne für Raketen von 500 und 1000 Pfund Gewicht mit einem Kaliber von 20 Zentimetern!
Congreve konnte nicht die rapide Entwicklung vorausahnen, die das Geschützwesen binnen weniger Jahrzehnte erleben würde, angefangen beim gezogenen Rohr über Verbesserungen, die zu größeren Reichweiten, größerer Treffsicherheit und größeren Kalibern bei den Geschützen führten, bis hin zu den Schnellfeuerwaffen und dem Rücklauf des Rohres, der das Problem des unangenehmen Rückstoßes löste.
Die Rakete hingegen war mit Congreve einstweilen nahezu an der Grenze ihrer technischen Entwicklungsmöglichkeit angelangt. Nach wie vor benützte sie Schwarzpulvermischungen, und ein neuer, besserer Treibstoff war zu jener Zeit noch nicht verfügbar.
Doch bevor die Rakete aus militärischer Sicht in der Versenkung verschwand und nur noch als Rettungs-, Signal- und gelegentliche Feuerwerksrakete ein kümmerliches Dasein zu fristen begann, erlebte sie noch einen entscheidenden Höhepunkt:
1839 hatte sich der englische Schiffskonstrukteur und Sprengstoffexperte William Hale mit Raketen zu befassen begonnen. Aus seinen Überlegungen und Experimenten resultierte 1844 ein Patent für eine drallstabilisierte, leitstablose Rakete. Hale versetzte seine Raketen dadurch in Drehung, daß er einen Teil der Rückstoßgase durch schräggestellte Öffnungen seitwärts austreten ließ. Auf diese Weise konnte er auf den bisher üblichen Stabilisierungsstab verzichten.
Erstaunlicherweise wollte in England zunächst niemand das Halesche Patent erwerben. So ließ Hale seine stablose Rakete 1846 auch in Amerika patentieren und verkaufte die Erfindung dort. Allmählich ließen sich indessen auch die Skeptiker überzeugen, daß die Haleschen Raketen den Congreveschen überlegen waren: 1860 wurde die neue Rakete auch in England eingeführt. Diese Zurückhaltung war um so bemerkenswerter, als es Bemühungen, den Stabilisierungsstab der Rakete durch andere Techniken zu ersetzen, bereits vor William Hale gegeben hatte. So findet sich im Königlichen Armeemuseum von Stockholm noch heute ein Originalstück einer zweizölligen Rakete, die anstelle des Stabilisierungsstabes drei deltaförmige Flossen trägt. Die Inventurliste des Museums gibt an, daß diese Rakete »entsprechend der Konstruktion des Franzosen Vaillant, 1821« gebaut sei. In der Tat gibt es auch einen französischen Bericht, der aussagt, daß ein Vaillant aus Boulogne in den frühen zwanziger Jahren des neunzehnten Jahrhunderts Raketen mit drei Deltaflügeln entwickelt habe.
Eine nähere Untersuchung der schwedischen Deltaflügelrakete zeigte, daß der Raketenkörper demjenigen einer anderen im Museum vorhandenen zweizölligen Standardrakete mit Stabilisierungsstab entspricht und auch in gleicher Weise wie diese Standardrakete fabriziert worden ist. Die drei deltaförmigen Flächen sind an eine Hülle montiert, die der Standardrakete übergestülpt wurde. Die Fabrikationstechnik deutet darauf hin, daß die Deltaflügelrakete während der dreißiger Jahre des vorigen Jahrhunderts entstanden sein muß.
Um jedoch wieder auf die Haleschen Raketen zurückzukommen: Als sie 1860 in Europa Fuß faßten, nahm die militärische Bedeutung der Rakete bereits wieder ab; die Raketenregimenter wurden allenthalben wieder aufgelöst.
Zu dieser Auflösung kam es sicher nicht allein wegen der Fortschritte, die in der Entwicklung der Kanonen und anderer Waffen erzielt wurden, sondern auch, weil die Rakete - unbeschadet der beachtlichen Verbesserungen, die sie durch Congreve

erfahren hatte – in ihrem Wirkungsgrad noch immer sehr unterschiedlich beurteilt wurde. Eindeutige Auskunft hierüber gibt ein Manuskript »Beiträge zu weiterem Wissen über die Kriegsraketen und ihre Geschichte«, das vom 11. August 1825 datiert und von dem dänischen Oberleutnant F. P. F. von Mourier stammt. Es wurde von dem amerikanischen Forscher Frank H. Winter bei seinen Untersuchungen über dänische Raketenentwicklungen aufgefunden und von Ingemar Skoog ins Englische übertragen

Dieser Bericht Mouriers analysiert die diversen bis 1825 stattgefundenen Kämpfe und Schlachten, bei denen Raketen eingesetzt wurden, und kommt zu dem Schluß, daß diesen Raketen eine verheerende Wirkung häufig ungerechtfertigt zugeschrieben werde, weil die Verheerung in Wahrheit oft durch andere, zusammen mit den Raketen eingesetzte Waffen hervorgerufen wurde. So sagt Mourier über den Raketenbeschuß Kopenhagens im Jahre 1807, daß die englischen Raketen »einige Häuser in Brand setzten, hierbei aber kräftig von 6412 Bomben und 4966 (Kanonen-) Kugeln und den dazugehörigen Geschossen und Geschützen unterstützt wurden«. Zu dem Raketenangriff auf Leipzig im Jahre 1813 bemerkt er: »Bei dieser Gelegenheit wurde die Genauigkeit beobachtet, mit der die Raketen flogen; die Streuung war so groß, daß von 1000 Raketen, die am 10. Oktober gegen die Stadt abgefeuert wurden, 990 außerhalb der Stadt niedergingen.«

Sicher liegt die Wahrheit irgendwo zwischen diesen negativen Meinungen und den Aussagen, die wir zuvor über die angeblichen üblen Auswirkungen der Kriegsraketen zitierten. Mourier hat – und dies räumt er durchaus ein – vor allem Augenzeugenberichte von einigen europäischen Schauplätzen untersucht und konzidiert durchaus, daß ein Großeinsatz der damaligen Raketen, wie ihn beispielsweise die Inder praktizierten, ein anderes Bild abgeben könne.

Fest steht, daß zur Zeit, da das Manuskript Mouriers entstand und die Rakete sich ihrem militärischen Höhepunkt bereits näherte, das Verständnis ihrer Technik noch nicht weit gediehen war.

Isaac Newton hatte 1687, wie wir hörten, das Rückstoßprinzip so klar und eindeutig formuliert, daß damit ein allgemeines Verstehen der Wirkungsweise der Rakete hätte einhergehen sollen. Indessen gibt es viele Hinweise darauf, daß dies durchaus nicht der Fall war. So sprach Claude Fortuné Ruggieri – einer der beiden italienischen Brüder, die in Frankreich unter Louis XV. zu den großen Feuerwerkern jener Epoche gehörten – im Jahre 1812 in einem Buch über militärische Pyrotechnik (»Pyrotechnic Militaire«) davon, daß die Raketen »infolge des Ausstoßens von Gas und Hitze« angetrieben würden, fügte dann aber ebenso überflüssiger- wie fälschlicherweise hinzu: »Diese Gase stützen sich auf die Luft ab.« Viele Militärs, die mit Raketen hantierten, hatten diverse ähnliche Vorstellungen, nur nicht die richtige.

Mourier beklagt sich in seiner zuvor zitierten Arbeit aus dem Jahre 1825 bitter über derartige Ignoranz und über die allgemein herrschende Unkenntnis der Raketentheorie. Durch die folgenden Ausführungen stellt er heraus, wie notwendig es sei, diese Theorie zu erarbeiten: »Von größerer Wichtigkeit ... ist es, herauszufinden, auf welche Weise einer Rakete, die in weitem Bogen abgeschossen wird, jene Genauigkeit gegeben werden kann, wie sie für die kriegerische Anwendung nützlich ist. Einfache Versuche hierüber anzustellen, würde sehr einseitige und unvollständige Resultate erbringen, solange wir nicht mehr Sorgfalt darauf verwenden, die Theorie der Bewegung für das Abschießen der Rakete in weitem Bogen zu ergründen; denn wie könnte man das Übel beseitigen, wenn der Grund dafür nicht bekannt ist ... ?«

Mourier fährt dann fort: »Der früheren Meinung, die zuerst durch Nollet vertreten wurde und gegenwärtig in Frankreich sehr stark vorherrscht, daß die Bewegungen der Raketen durch den Widerstand der Luft gegen das Gas hervorgerufen würden, das mit dem Entzünden der Rakete aus der Röhre strömt, wurde in späterer Zeit häufig widersprochen. Wenn man berücksichtigt, wieviel schwerer das Gas ist, das aus dem Treibstoff entsteht ..., als die atmosphärische Luft und wie wenig Widerstand die Luft deshalb bieten kann, ist leicht zu verstehen, daß diese Luft nicht der Hauptgrund für die Bewegung der Rakete sein kann ... Wahrscheinlich muß man die Sache von einem anderen Standpunkt betrachten und annehmen, daß die Bewegung der Rakete aus dem gleichen Grund auftritt, aus dem es beim Schießen einen Rückstoß gibt, nämlich dadurch, daß das expandierende Gas sich nach allen Richtungen auszudehnen trachtet. Der Druck, der hierbei auf die Raketenhülse ausgeübt wird, ist in allen Richtungen gleich groß, mit Ausnahme der Richtung entgegen des Feuerloches, und als Folge davon wird die Rakete in eben diese Richtung getrieben ...«

Hier also findet sich, etwas dilettantisch ausgedrückt, wieder, was Newton 1687 bereits in eine klare mathematische Formel und in einen Lehrsatz gekleidet hat. Generationen nach Newton mußten vergehen, bevor die Bedeutung seiner Aussage für die Theorie der Rakete allmählich erkannt wurde.

Für die weitere Entwicklung der Pulverrakete entscheidend ist jedoch, daß man sich nun mit derlei Fragen intensiver zu beschäftigen beginnt.

So arbeitete in den vierziger und fünfziger Jahren des vorigen Jahrhunderts General Konstantin Konstantinow (1817–1871) in Rußland über die Theorie der Rakete, und zwar sowohl was ihren inneren Aufbau und ihre Gestalt betraf als auch was die äußere Ballistik angeht. Er erfand 1844 ein elektroballistisches Gerät, mit dem man die Fluggeschwindigkeiten von Geschossen bestimmen kann, und untersuchte, welchen Einfluß die Raketenform auf die Flugeigenschaften der Rakete hat. Seine Raketen überbrückten die beachtliche Strecke von 4 bis 5 Kilometern. Den Impulserhaltungssatz der Rakete drückte er mit den Worten aus (nach Petri): »Während das Raketenaggregat brennt, ist in jedem Augenblick die der Rakete mitgeteilte Bewegungsgröße gleich der Bewegungsgröße der ausströmenden Gase.«

In England bemühte sich William Moore, die erkannten Gesetzmäßigkeiten der Rakete und des Raketenantriebs in mathematische Formeln zu fassen. In Ungarn, wo man sich auch mit Kriegsraketen beschäftigte, entwarf 1856 Lajos Martin unabhängig von William Hale eine drallstabilisierte Rakete und untersuchte Probleme der Raketentheorie.

Martin war zunächst Angehöriger des österreichischen Ingenieurkorps, wurde dann aber Mathematiker. Im Jahre 1860, nachdem er die Armee verlassen hatte, veröffentlichte er in den Annalen der Ungarischen Akademie der Wissenschaften seine Arbeiten zur Raketentheorie. Er entwickelte als erster eine mathematische Methode, mit der man die optimalen Dimensionen und die Bruchfestigkeit von Raketen berechnen konnte. Später wurde Martin Professor an der neugegründeten Universität von Kolozvár und Mitglied der Ungarischen Akademie der Wissenschaften.

Ab etwa 1840 wurden nicht nur die theoretischen Grundlagen für ein besseres Verständnis der Rakete geschaffen; es

wurden auch Fortschritte bei der Konstruktion der Raketen gemacht. Neue Fabrikationsverfahren ermöglichten verbesserte Herstellungsmethoden, und schließlich rückte man auch einer Aufgabe zu Leibe, die bis dahin nicht – zumindest nicht erfolgreich – verfolgt worden war: die Suche nach besseren Treibstoffen.
An vielen Orten, wo man Raketen baute, wurden diese allmählich verbessert. So stattete in Ungarn Ende 1848 Sándor Mózer die von ihm entwickelten Raketen mit vereinfachten Zündern aus. Seine Raketen von drei und sechs Pfund Kaliber flogen 1650 Meter weit. Die Fabrikation und insbesondere das Einfüllen des Pulvers erfolgte noch von Hand. Andernorts allerdings benützte man bereits Pressen bei der Füllung, und es wurden Raketenhüllen aus Stahl verwendet. So bediente sich das Königlich-schwedische Raketenkorps, das von 1833 bis 1845 bestand, beim Einfüllen des Pulvers in seine Raketen bereits der Schraubenpresse.
In einer Untersuchung der Ingenieure Hansson und Ingemar Skoog, die auf dem 26. Internationalen Astronautischen Kongreß in Lissabon im September 1975 vorgetragen wurde, wird berichtet, daß beim schwedischen Raketenkorps die drei Bestandteile des Schwarzpulvers – Salpeter, Schwefel und Kohlenstoff – in getrennten Zylindern aus Eichenholz gemahlen, durch ein Sieb getrieben und dann in einem vierten Zylinder zwei Stunden lang miteinander vermischt wurden. Um die so erhaltene Mischung für das Pressen elastischer zu machen, wurde sie mit Alkohol angefeuchtet. Dann wurde das Material portionsweise in etwa 50 gleichen Teilen mit einer Schraubenpresse in die Raketenhülle gedrückt. Der mit homogenem Treibstoff gefüllte Raketenkörper wurde schließlich in einer Bohrmaschine befestigt, mit der die Seele in die Treibstoffmasse gebohrt wurde.
Die Untersuchung der Raketen aus dem Kungliga Armémuseum in Stockholm, über die Hansson und Skoog berichteten, bestätigt im übrigen, was wir zuvor bereits über die Treibstoffe feststellten, nämlich daß sich diese Treibstoffe in ihrer Zusammensetzung über Jahrhunderte hinweg kaum verändert haben. Ein Vergleich, der zwischen den Treibsätzen dieser schwedischen Raketen und modernen Schwarzpulversorten vorgenommen wurde, hat ergeben, daß die alten schwedischen Raketen einen wesentlich geringeren Gehalt an Kaliumnitrat (Kalisalpeter) hatten (nämlich zwischen 63,9 und 67,1% gegenüber 74,5 bzw. 76,7% bei den modernen Vergleichsmischungen), dafür aber einen sehr viel höheren Schwefelgehalt (12,0 bis 20,8% gegenüber 9,3 bzw. 10% bei den heutigen Substanzen).
Ein geringerer Anteil an Salpeter bewirkt einen langsameren Abbrand, wie er bei Versuchen mit dem Pulver der aufgefundenen Raketen tatsächlich beobachtet wurde; ein hoher Schwefelgehalt verbessert die Haltbarkeit der Raketen über längere Zeiträume. Zu dem langsameren Abbrand hat übrigens auch die Tatsache beigetragen, daß der Treibstoff gut gepreßt war.
Aus der gemessenen Verbrennungswärme des Treibstoffs haben die beiden Forscher theoretische Ausströmgeschwindigkeiten der Gase aus den Raketenenden errechnet und mit den laut anderer Berechnung beim Abbrand tatsächlich erzielten Werten verglichen. Es ergab sich beispielsweise für eine der untersuchten Raketentypen eine theoretische Ausströmgeschwindigkeit der Gase von 2282 Metern pro Sekunde, dem ein praktisch erzielter Wert von 470 Metern in der Sekunde gegenüberstand. Das entspricht einem Wirkungsgrad der betreffenden Rakete von nur etwa 20%. Ein Grund für eine derartig niedrige Effizienz liegt mit darin, daß man bei diesen Raketen am Gasaustrittsende keine Düsenform (die man zu dieser Zeit noch nicht kannte) verwendet hatte, sondern sich mit einer einfachen lochförmigen Öffnung begnügte.
Untersuchungen nach Art der gerade geschilderten sind auch heute noch von großem Wert, geben sie uns doch neue technik-historische Informationen, die den damaligen technologischen Entwicklungsstand besser verstehen lassen.
Den nächsten entscheidenden Schritt bei der Entwicklung der Pulverrakete tut nun Wilhelm Theodor Unge (1845–1915) in Schweden. Unge hatte 1866 die militärische Laufbahn eingeschlagen und sehr schnell sein besonderes Interesse an der Militärtechnik entdeckt. Er beschäftigte sich zunächst mit Waffen, machte hier einige Verbesserungen am automatischen Gewehr und stieß gegen Ende der achtziger Jahre auf die Rakete, als er nach Möglichkeiten suchte, die Artillerie zu verbessern, um den brisanten Sprengstoff Nitroglyzerin verschießen zu können.
Unge nahm Verbindung mit Alfred Nobel auf, der durch seine Sprengstoffabrikation Erfahrungen mit Nitroglyzerin besaß und das Dynamit – Grundlage seines Reichtums – entwickelt hatte. Der Industrielle interessierte sich für Unges Ideen, und schließlich gründete Unge 1892 eine

Firma, die sich »Die Mars Gesellschaft« nannte. Zu ihren Aktionären gehörten Nobel und der König von Schweden.
Der Zweck des Unternehmens bestand darin, Unges Erfindungen weiterzuentwickeln, zu fabrizieren und zu vermarkten. Das Unternehmen wurde von Nobel bis zu seinem Tode im Jahre 1896 finanziert, danach noch weitere fünf Jahre von der Nobel-Stiftung.
Erste Raketenversuche begann Unge 1892 mit einem recht merkwürdigen Typ von Rakete. Die Idee dieser Rakete war allerdings bereits zuvor in England patentiert worden, wie sich später herausstellte. Es war ein Projektil, das mit seiner Abstrahlöffnung nach vorne zeigte; eine kuppelartige Blende lenkte den Gasstrahl in die Gegenrichtung um und sorgte so dafür, daß die Rakete in die gewünschte Richtung flog. Diese Anordnung hatte Unge gewählt, um eine günstigere Schwerpunktlage zu erreichen und die Rakete leichter stabilisieren zu können.
Nach diesen Versuchen, die nicht übermäßig zufriedenstellend ausgingen, konstruierte Unge eine Abart der Haleschen Rakete. Hale hatte an seinen Raketen drei Austrittsöffnungen für den Gasstrahl angebracht; Unge versuchte es mit zwei. Eine löffelartige Blende verwand den Gasstrahl so, daß die Rakete dadurch in stabilisierende Drehung versetzt wurde.
Bei allen seinen Arbeiten ging es Unge darum, die Leistungsfähigkeit der Rakete zu verbessern. So griff er, um zu einem höheren Gasdruck und damit einem besseren Wirkungsgrad zu gelangen, die

Linke Seite: Wilhelm Theodor Unge (1845–1915), schwedischer Militärtechniker und industrieller Raketenbauer

Rechts: Unges 3-Zentimeter-Rakete aus dem Jahre 1907 samt Startgerüst

Unten: Ein komplettes Rettungsraketensystem, wie es die »Mars Gesellschaft«, die Firma Unges, 1908 herstellte und serienmäßig verkaufte

Idee des schwedischen Ingenieurs Carl Gustaf de Laval (1845–1913) auf, die Austrittsdüse so zu formen, wie Laval das 1892 in einem Patent vorgeschlagen hatte: Nach einer Verengung erweitert sich der Düsenkörper wieder.

Die Form der Düse einer Rakete ist für deren Wirkunsgrad – das Verhältnis von Nutzleistung zu aufgewandter Leistung – von entscheidender Bedeutung. Laval kam nun auf die Idee, eine Entspannungsdüse zu entwickeln, deren am Brennkammerende ansetzender Düsenhals sich zunächst verengt, um sich danach bis zur Düsenmündung hin konisch zu erweitern. Bei einer solchen Düse tritt der Gasstrahl an der Düsenmündung mit Überschallgeschwindigkeit aus. Verzichtet man hingegen auf den divergenten, das heißt sich erweiternden Teil, so erhält man an der Austrittsstelle nur eine Strahlgeschwindigkeit, die der Schallgeschwindigkeit entspricht. (Diese wiederum hängt vom Druck ab, der in der Verengung herrscht.)

Eine Rakete ist aber um so leistungsstärker (was in unserem Falle heißt: sie erreicht eine um so größere Geschwindigkeit und damit um so größere Höhe bzw. Entfernung), je größer der Treibstoffdurchsatz und je höher die Ausströmgeschwindigkeit der Verbrennungsprodukte ist. Unge setzte die Idee Lavals in die Tat um und stattete seine Raketen mit Lavaldüsen aus. Und zwar verwirklichte er sie, indem er in seine Rakete eine Gasturbine einbaute, die als Lavaldüse gestaltet war und durch ihr Rotieren die Rakete stabilisieren sollte. Unge kam 1896 mit dieser Erfindung heraus und patentierte sie. Es war dies die erste praktische Verwirklichung der Lavaldüse, kombiniert mit einer Stabilisierungsmethode, die es Unge erlaubte, auf ein von ihm bis dahin benütztes Verfahren zu verzichten: Um das Stabilisierungsproblem zu lösen, hatte er mit Hilfe einer pneumatischen Vorrichtung die Startlafette rotieren lassen und der Rakete auf diese Weise den notwendigen Drall erteilt. Auch dafür hatte er drei Patente erhalten; das Verfahren wurde noch 1905 angewendet; die damit gestarteten Raketen erzielten Reichweiten von 5 Kilometern und Treffgenauigkeiten, die der damaligen Artillerie in nichts nachstanden.

Natürlich ging Unge auch an den Problemen nicht vorbei, die der Treibstoff aufwarf. Das bis dahin verwendete Schwarzpulver befriedigte ihn nicht. Sehr bald stieß er auf das 1887 von Nobel entwickelte rauchschwache Ballistit, einen homogenen, sogenannten doppelbasigen Festtreibstoff.

Diese Doppelbasis-Treibstoffe bestehen zu über 90% aus Nitrozellulose und Nitroglyzerin. Als homogene oder doppelbasige Stoffe werden sie bezeichnet, weil es sich um Substanzen handelt, die genügend Sauerstoff in sich chemisch gebunden haben, um intramolekular zu verbrennen, die also den Verbrennungsvorgang durch Umgruppierung innerhalb ihrer Moleküle abwickeln. Im Gegensatz hierzu stehen die heterogenen Festtreibstoffe – klassisches und bis Unge einziges Beispiel ist das

Schwarzpulver –, die auch als »Composite« oder zusammengesetzte Treibstoffe bezeichnet werden. Sie sind Mischungen aus einem Brennstoff und einem Verbrennungsträger, auch Oxydator genannt. Den ersten Versuchsstart mit einer durch Ballistit angetriebenen Rakete führte Unge am 12. September 1896 in Stockholm durch. Jedoch hatte er mit dem neuen Treibstoff Schwierigkeiten. Insbesondere entwickelte das Ballistit nicht soviel Gas wie das Schwarzpulver. Er versuchte es deswegen beim nächsten Mal mit einer Mischung aus 78,3% Salpeter, 8,4% Schwefel und 13,3% Holzkohle. Diese neue Mischung entsprach den Anforderungen seiner Turbine optimal, jedoch erwies sich der Treibstoff als nicht lagerungsfähig: Er trocknete nach kurzer Zeit aus, schrumpfte dabei und entwickelte Sprünge. Dies war nicht tolerierbar, denn Raketen mit gesprungenem Treibstoff explodieren, weil durch die Sprünge die Verbrennungsfläche ruckartig erhöht wird.
Mehrere Jahre vergingen, bis Unge das Problem durch geringfügige Beimischungen eines verdampfungsfreien Öls lösen konnte. Nun hatte der Treibstoff allerdings das Bestreben, sich auszudehnen. Unge verhinderte dies, indem er in die Raketen, nachdem der Treibstoff hineingepreßt war, eine Abschlußplatte einfügte, die ein axiales Expandieren verhinderte. Für dieses Verfahren erwirkte er im Jahre 1903 ein Patent.
Schließlich ging er wegen fabrikationstechnischer Vereinfachung dazu über, den Treibstoff in Form zylindrischer Kapseln herzustellen. Dieser »Pillen«-Treibstoff entsprach allen Erwartungen. konnte jahrelang gelagert und bei hohen und niedrigen Temperaturen verwendet werden.
Unge stellte nun Raketen aus Stahl mit Kalibern von 10 und 30 Zentimetern sowie die dazugehörigen Lafetten her und vertrieb diese Produkte in diverse Länder, allerdings nicht gerade mit übermäßigem Erfolg. Insbesondere das schwedische Militär zeigte sich seinen Entwicklungen gegenüber uninteressiert.
So verkaufte Unge im Jahre 1908 seine sieben Raketenpatente und seinen Vorrat an Raketen an die Firma Krupp in Essen. Krupp machte Versuche auf dem Schießplatz Meppen, zeigte sich aber von den Ergebnissen nicht sehr angetan und stellte die Sache schließlich ein. Unge selbst widmete sich den Lebensrettungsraketen und entwickelte 1912 schließlich noch eine Methode für eine verbilligte Produktion der Raketenkörper in einem hydraulischen Preßverfahren.

Durch seine Arbeiten hatte Wilhelm Theodor Unge die Pulverrakete einen weiteren erheblichen Schritt vorangebracht. Aber auch an anderen Orten beschäftigte man sich mit Verbesserungen dieser Rakete. So arbeitete parallel mit Unge in Rußland Nikolai Tichomirow (1860–1939) seit 1894 an der Entwicklung neuer Pulvertreibsätze. Neue Werkstoffe wurden auf ihre Verwendbarkeit untersucht. Während des kubanischen Krieges 1895 brachte eine Rebellengruppe 500 französische Aluminiumraketen von Florida nach Kuba. Unge wiederum ersetzte dieses Aluminium aus fabrikationstechnischen Gründen wenige Jahre später durch Stahl.
Die meisten Raketenentwicklungen, die sich in der zweiten Hälfte des neunzehnten Jahrhunderts abspielten, standen im Zusammenhang mit der militärischen Verwendung der Rakete, waren durch militärische Überlegungen angeregt worden oder hatten Männer aus dem militärischen Bereich zum Urheber. Auch Unge dachte zunächst allein in militärischen Kategorien und niemals an eine Raumfahrt oder eine wissenschaftliche Anwendung der Rakete. Und doch spielte sich Unges Wirken zu der Zeit ab, als Hermann Ganswindt in Berlin seine Raumfahrtvorträge hielt und Ziolkowski in Rußland ebenfalls über den Flug zu anderen Sternen nachdachte.

Die Rakete, die Wissenschaft und die Raumfahrt

Wir sind hier einem merkwürdigen Phänomen auf der Spur: daß nämlich bis zum Ende des 19. Jahrhunderts, ja, selbst noch in den Anfängen des 20. Jahrhunderts die Idee der Raumfahrt und die Entwicklung der Rakete völlig beziehungslos nebeneinander herliefen. Die Männer, die technologische Beiträge zur Verbesserung der Rakete leisteten, waren weder an Raumfahrt interessiert, noch wußten sie zum Teil überhaupt davon, noch dachten sie darüber nach, ob man mit der Rakete – sozusagen schrittweise in den Weltraum vordringend – Informationen in größerer Höhe der Atmosphäre sammeln könnte. Sie alle waren darauf fixiert, der Rakete handfeste irdische Anwendungen zu verschaffen oder, soweit diese bereits bestanden, die Rakete hierfür zu optimieren – wobei an der Spitze dieser »handfesten« Anwendungen die Kriegsraketen standen, gefolgt von den Feuerwerks-, den Rettungs- und einigen anderen Typen von Raketen, die in unserem Zusammenhang von keiner allzu großen Bedeutung sind.
Diejenigen hingegen, die sich der Idee des Raumfluges verschrieben hatten, waren vornehmlich Literaten. Soweit sie sich überhaupt um technische Realitäten kümmerten, geschah dies nur bis zu einem gewissen Punkt und rein theoretisch. Selbst Achille Eyraud, der, wie wir hörten, in seinem Roman »Voyage a Venus« sein Raumfahrzeug durch Raketen nach dem Rückstoßprinzip antreiben ließ und dieses Prinzip voll verstand (und offensichtlich auch über mehrere andere physikalische Prinzipien eines Raumfluges korrekt informiert war), dachte nicht daran, sich mit der Raketentechnik seiner Zeit auseinanderzusetzen und echte wissenschaftliche Untersuchungen über den Raumflug einzuleiten. Auch Ganswindt und Ziolkowski waren reine Theoretiker, die zwar theoretisch-wissenschaftliche Ansätze machten, sich jedoch nicht um die Praxis des Raketenfluges kümmerten.
Im Grunde genommen hätte wenigstens die Idee, eine Rakete wissenschaftliche Meßinstrumente in die Höhe tragen und dort Untersuchungen vornehmen zu lassen, spätestens 1804 aufkommen müssen, als Gay-Lussac und Biot bei dem ersten wissenschaftlich bedeutsamen Ballonaufstieg die chemische Zusammensetzung der Luft bis auf 7000 Meter Höhe bestimmten. Wenn die Anwendbarkeit der Rakete für wissenschaftliche Untersuchungen oder die Erdbeobachtung damals noch nicht angesprochen wurde, so hing das wohl einmal damit zusammen, daß die Rakete zu jener Zeit ausschließlich unter dem Aspekt der Waffe, der Feuerwerksrakete usw. gesehen wurde, also als ein Gefährt, in erster Linie dazu bestimmt, *Entfernungen* zu überbrücken, und nur in zweiter Linie dafür vorgesehen, geringe *Höhen* zu erklimmen, und daß zum anderen die Steigfähigkeit der damaligen Raketen äußerst begrenzt war; der Ballon erreichte, wie der gerade zitierte Aufstieg zeigt, ein Vielfaches der Gipfelhöhe einer Rakete.
Gleichwohl muß man vermerken, daß bereits 1806 der schon erwähnte Claude Fortuné Ruggieri (der auch Ballonaufstiege veranstaltete) Mäuse und Ratten mit Raketen aufsteigen und am Fallschirm landen ließ. Er wollte eines Tages im Jahre 1830 sogar einen »jungen Mann« (der sich nach Willy Ley als ein elfjähriger Junge entpuppte) mit einer Rakete in die Höhe befördern, aber die Polizei verhinderte dieses Himmelfahrtskommando rechtzeitig.

Rechts: Die Maulsche Raketenkamera aus dem Jahre 1906 im Deutschen Museum in München

Rechts unten: Eine Aufnahme, die Albert Maul im Jahre 1906 in der Gegend von Dresden aus etwa 400 Meter Höhe mit seiner Raketenkamera gewann

Insofern können Ruggieris »Tierexperimente« auch nicht in die Kategorie wissenschaftlicher Versuche eingereiht werden, denn sie entsprangen allein sensationslüsternen Demonstrationsabsichten.
Die erste ernsthafte Absicht, Raketen als Höhenfluggeräte sachlichen Aufgaben zuzuführen, begegnet uns in einem Patent, das im Jahre 1891 dem Erfinder Ludwig Rohrmann aus Krauschwitz bei Muskau in der Oberlausitz erteilt wurde. In der Patentschrift beschreibt Rohrmann »ein Verfahren zur photographischen Aufnahme von Geländen aus der Vogelschau vermittels eines Geschütz- oder Raketengeschosses«.
Das beschriebene Gerät ist recht elaborat; es besteht aus einem Fallschirm mit darangehängtem Fotoapparat, einer Ausschleudervorrichtung, die im Gipfelpunkt der Rakete automatisch aktiv werden soll, einem Uhrwerk zur mehrfachen Kameraauslösung usw. Es konnte jedoch nicht ermittelt werden, ob dieser Apparat tatsächlich gebaut und angewendet wurde. Verbürgt und mit gewonnenen Erdaufnahmen belegt hingegen ist eine Raketenkamera, die sich im Deutschen Museum in München befindet und die am 5. Juni 1903 einem Albert Maul aus Dresden patentiert wurde. 1906 machte diese Kamera ihre ersten Aufnahmen in Höhen bis zu 800 Metern. Das deutsche Heer zeigte an dieser Kamera Interesse für Aufklärungszwecke.

Die Idee indessen, Raketen für echte Forschungszwecke zu verwenden, sie also physikalische Messungen in der Höhe vornehmen zu lassen, mußte lange auf die Verwirklichung warten. Wir verdanken sie einem Mann, der als erster das Potential der Rakete für Zwecke der hochatmosphärischen Forschung erkannte und mit wissenschaftlicher Akribie verfolgte. Im Verlauf dieser Arbeiten machte er nicht nur mehrere Entdeckungen, die ihm Patente einbrachten, und fand er nicht nur zahlreiche theoretische Grundlagen der Rakete, sondern entwickelte und baute einen neuen Typ von Rakete: die durch Flüssigkeiten statt durch feste Stoffe angetriebene Höhenrakete. Er vereinte in sich den Theoretiker und den Praktiker. Außerdem ersehnte er die Verwirklichung des Weltraumfluges und verband damit die bisher beziehungslos nebeneinander stehenden Ideen der Raumfahrt und die Raketentechnik zu einer umfassenden Entwicklung, die später die Bezeichnung Astronautik erhielt. Sein Name: Robert H. Goddard.

Goddard, der Vater der Rakete

Hermann Oberth wird häufig als der »Vater der Raumfahrt« bezeichnet. Goddard apostrophiert man oft mit nicht weniger Recht als »Vater der Raketentechnik«. Robert Hutchings Goddard (1882–1945) stammte aus dem Ort Worcester im amerikanischen Bundesstaat Massachusetts. Schon in seiner Jugend neigte er zum Experimentieren; Dingen, die er nicht verstand, versuchte er auf den Grund zu gehen. So baute er sich bereits mit sechzehn Jahren einen Ballon aus Aluminiumfolie und füllte ihn mit Wasserstoff. Allerdings, das Experiment ging negativ aus, denn die Folie war zu schwer, um von dem Wasserstoff getragen werden zu können. Ein anderes Mal versuchte er, künstliche Diamanten herzustellen, was in einer Explosion endete.
An der Raumfahrt wurde Goddard 1898 durch mehrere Fortsetzungsserien utopischer Erzählungen über den Mars (darunter Wells' »Krieg der Welten«) in der »Boston Post«, einer Tageszeitung, interessiert. Der zündende Gedanke, daß es möglich sein könnte, einen Flug zum Mars zu verwirklichen, kam ihm am 19. Oktober 1899. Es war für ihn ein so entscheidendes Ereignis, daß Goddard es nicht nur in sein Tagebuch eintrug, welches er seit 1898 führte, sondern in späteren Jahren immer wieder auf dieses Jubiläum seines Schlüsselgedankens verwies.
In der Folgezeit durchdachte Goddard verschiedene nichtpraktikable Ideen für die Verwirklichung des Raumfluges, stieß auf Newtons drittes Bewegungsgesetz und füllte sein speziell für diesen Zweck angelegtes Notizbuch mit weiteren diversen Überlegungen zum Raumflug, wobei er ebenso an die Ausnützung des Magnetfeldes der Erde wie an »elektrische Kanonen«, »künstlich stimulierte Radioaktivität« und Flugzeuge dachte, die den Rückstoß durch elektrisches Abstoßen geladener Teilchen bewerkstelligen sollten. Andere Überlegungen betrafen parabolische Spiegel, mit denen sein »Raumschiff« die Sonnenenergie einfangen und zum Antrieb ausnutzen sollte, flüssige Treibstoffe usw. Am 28. Dezember 1909 schrieb Goddard sechsundzwanzig von ihm erdachte Methoden auf, die dazu beitragen sollten, Raumfahrt zu verwirklichen. Darunter befanden sich Ideen für Raketen mit flüssigem Wasserstoff und flüssigem Sauerstoff, Stickstofftetroxid und Äthan (C_2H_6) unter Druck, Vorschläge für die Kühlung der Düse durch Flüssig-Wasserstoff und Flüssig-Sauerstoff und Entwürfe für Mehrfachraketen.

Robert H. Goddard (1882–1945), Pionier der Flüssigkeitsrakete

Andere eingetragene Themen sind »Die Verwendung von Sonnenenergie in Verbindung mit elektrostatischer Abstoßung« (1907), »Eine Kamera, die um einen fernen Planeten geschickt wird und zur Erde zurückkehrt« (1909), »Automatische Steuerung durch lichtempfindliche Zellen« (1908), »Explosivstoff, der auf die dunkle Seite des Neumondes geschickt wird, um als einfarbiges Licht beobachtet zu werden« (1908), »Umkreisung eines Planeten, um die Geschwindigkeit vor der Landung zu reduzieren« (1908), »Eine Kamera, die um einen fernen Planeten geschickt und an zuvor festgelegten Punkten der Bahn durch die Intensität der Gravitation geführt wird« (1908), »Eine generelle Theorie der Wasserstoff- und Sauerstoff-Rakete« (1910) ...
Waren dies alles auch zunächst nur Gedankenskizzen, so verraten sie doch die ungeheuere Vielseitigkeit Goddards, seine reiche Phantasie und sein abwägendes Wissen, das ihn befähigte, zwischen physikalisch sinnvollen und sinnlosen Ideen zu unterscheiden. Alle aufgeführten Überlegungen entstanden zwischen 1908 und 1910. In dieser Zeit unterrichtete Goddard nach Ablegung der Lehrprüfung am Polytechnischen Institut von Worcester und erwarb an der Clark-Universität einen weiteren akademischen Grad, den englischen Magister. 1911 legte er seine Doktorprüfung ab, um danach zunächst an der Clark-Universität, dann an der Universität von Princeton Physik zu lehren.
In den nun folgenden zwei Jahren brachte Goddard einen großen Teil seiner Zeit damit zu, mathematische Grundlagen über Raketen und Raumflug zu erarbeiten. Er ging dabei zunächst davon aus, daß rauchloses Nitrozellulose-Pulver, als Treibstoff in einer Rakete verwendet, unter bestimmten Voraussetzungen einen Wirkungsgrad von etwa 50 Prozent erbringen sollte, weit mehr als die bis dahin verfügbaren Raketen.
In den Jahren 1915 bis 1916 begann Goddard an der Clark-Universität eigene Raketenexperimente, wobei er Brennversuche im Vakuum anstellte. Die Ergebnisse benützte er, um seine ursprünglichen theoretischen Berechnungen zu überprüfen und, soweit notwendig, zu korrigieren. Gleichzeitig bewies er mit den Versuchen, daß Raketen tatsächlich im luftleeren Raum funktionieren, wie das Newtonsche Gesetz »Wirkung = Gegenwirkung« unterstellt. Das Ganze stellte er zu einem Manuskript unter dem Titel zusammen »Eine Methode, große Höhen zu erreichen« (»A method of reaching extreme altitudes«) und schickte es mit der Bitte um finanzielle Förderung seiner Arbeiten an die Smithsonian-Stiftung in Washington. Er erhielt daraufhin zur Förderung seiner Arbeiten 5000 Dollar. 1919 publizierte die Smithsonian-Stiftung die Arbeit. Sie beginnt mit den Worten:
»Eine Suche nach Methoden, Registrier-

geräte über die Gipfelhöhe von Meßballonen (etwa 35 Kilometer) hinauszubringen, hat den Autor veranlaßt, eine allgemeine Theorie der Raketenwirkung zu entwickeln, die Luftwiderstand und Gravitation berücksichtigt. Das Problem bestand darin, die Masse einer idealen Rakete zu berechnen, die mindestens notwendig ist, um bei kontinuierlichem Massenverlust eine Endmasse von einem Pfund in jeder gewünschten Höhe übrigzubehalten ...«

In dem zweiten Abschnitt, der die Überschrift trägt »Wichtigkeit des Gegenstandes«, spricht Goddard davon, daß die wissenschaftlich interessantesten und wichtigsten Bereiche der Erdatmosphäre sich in Höhen befinden, die bis dahin nicht zugänglich sind, es aber durch Verwendung von Raketen werden könnten. Als Aufgabe für solche Raketen sieht er die Messung von Dichte, chemischer Zusammensetzung und Temperatur der Atmosphäre sowie ihrer Höhe. Auch mögliche astronomische Untersuchungen spricht er an, so etwa die Untersuchung der Ultraviolettstrahlung der Sonne (sie wird zu großen Teilen in der Erdatmosphäre verschluckt und ist deshalb vom Boden aus nicht erforschbar) und der radioaktiven Strahlen.

Nach diesen einleitenden Bemerkungen folgt im ersten Teil die Theorie, der im zweiten Teil die praktischen Untersuchungen Goddards an Raketen gegenübergestellt werden. Goddard hebt in diesem zweiten Teil hervor, daß die damals handelsüblichen Raketen, wie er bei entsprechenden Versuchen feststellte, Wirkungsgrade zwischen 1,5 und 2,6 Prozent hatten. Demgegenüber hat er mit den von ihm konstruierten Raketen und Brennkammern Wirkungsgrade von 64 Prozent (!) erzielt – »der höchste Wirkungsgrad für eine Wärmekraftmaschine, der bisher erreicht wurde«, wie er stolz hinzufügt.

Goddard stellt auch die Zusammenhänge zwischen erzielbarer Höhe einer Rakete und Ausströmgeschwindigkeit der Gase aus der Düse der Rakete dar und vermerkt – nicht minder stolz –, daß die handelsüblichen Raketen Ausströmgeschwindigkeiten von etwa 300 Metern pro Sekunde aufwiesen, während er es mit seinen Raketen auf knapp 2400 Meter pro Sekunde brächte. Genau führt er auf, welche (beachtlichen) technischen Entwicklungen notwendig sind, um die Rakete für die Höhenforschung reif zu machen.

Dies alles hätte die Öffentlichkeit damals sicher nicht aufhorchen lassen, zumal die Schrift von der Smithsonian-Stiftung in einer Auflage von ganzen 1750 Exemplaren hergestellt worden war und damit praktisch unter Ausschluß der Öffentlichkeit erschien.

Ein Absatz in der 69 Seiten umfassenden Veröffentlichung jedoch brachte Goddard in die Tageszeitungen: In dem Kapitel »Berechnung der minimalen Masse, die benötigt wird, um ein Pfund auf ›unendliche‹ Höhe zu bringen« (womit das Beschleunigen auf Fluchtgeschwindigkeit und damit das Herausschleudern aus dem Anziehungsbereich der Erde gemeint war) setzt sich Goddard mit der Frage auseinander, wie ein solches Verlassen des irdischen Schwerefeldes nachzuweisen wäre, und schreibt:

»Die einzig zuverlässige Prozedur würde darin bestehen, die kleinstmögliche Menge eines Blitzlichtpulvers zur Zeit des Neumondes so auf die dunkle Seite des Mondes zu schicken, daß sich das Blitzlichtpulver beim Auftreffen entzünden würde. Der Blitz könnte dann mit großen Fernrohren beobachtet werden ...«

Das Ergebnis war, daß die Zeitungen mit Überschriften wie dieser aus dem »Boston Herald« vom 12. Januar 1920 erschienen: »Neue Rakete von Professor Goddard erfunden – Könnte den Mond treffen«. Andere Zeitungen nannten Goddard den »Mond-Mann«. Die Kommentare der Zeitungen waren mehr als kritisch. Die Kommentatoren warfen Goddard die Verdrehung wissenschaftlicher Tatsachen vor, bezichtigten ihn, wissenschaftliche Fakten verfälscht zu haben, um seine Hypothese zu stützen: Goddard mußte erfahren, daß die Zeit für die Raumfahrtidee noch nicht reif war; selbst ein einfacher Schuß zum Mond mit einer Ladung Blitzlichtpulver (den er gar nicht vorhatte) war jenseits des Begriffsvermögens der meisten Menschen. Seine Vorsicht, die er

Goddard beim Beladen einer BAZOOKA *(Panzer-Nahbekämpfungswaffe) im Jahre 1918. Er entwickelte den Prototyp einer im Zweiten Weltkrieg von den USA verwendeten* BAZOOKA *während seiner Zeit am Mount-Wilson-Observatorium in Kalifornien.*

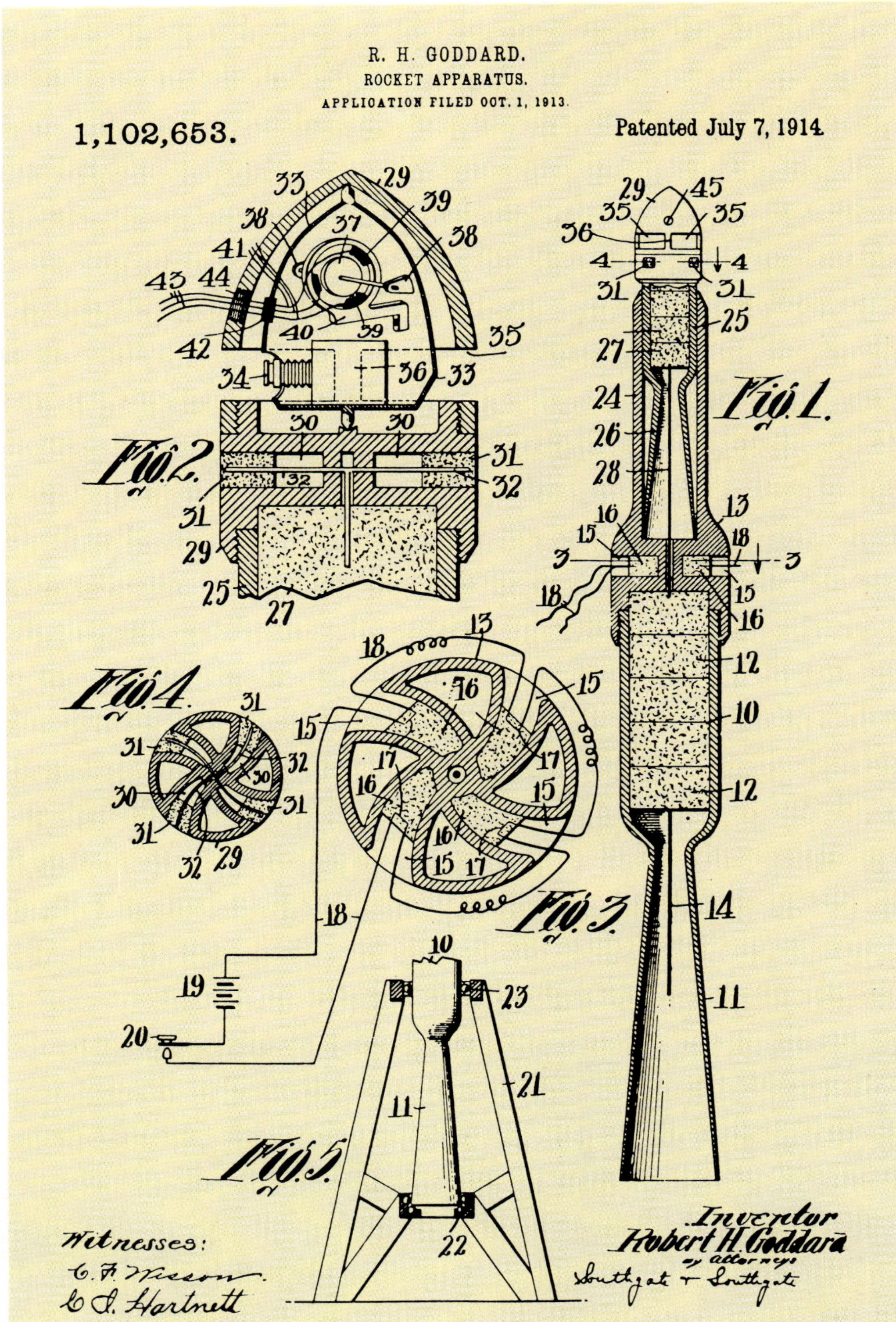

Zeichnungen aus Goddards erstem Patent, das er am 1. Oktober 1913 einreichte und am 7. Juli 1914 erteilt bekam. Es handelt sich um die »Verwendung mehrfacher Raketen«, also um das Stufenprinzip bei Feststoffraketen. In der Darstellung »Fig. 1« sind die zwei Stufen zu sehen. Die zweite Stufe sollte beim Ausbrennen der ersten durch diese automatisch gezündet werden. Die anderen Figuren sind Detaildarstellungen zu dem Patent.

Rechte Seite: Goddard neben jener Rakete, die am 16. März 1926 zur ersten erfolgreich fliegenden Flüssigkeitsrakete der Welt wurde. Brennkammer und Düse befanden sich bei dieser Rakete noch am vorderen Ende, die Treibstofftanks hinten. Die Treibstoffe wurden mittels Druckgas durch die Röhren der rahmenartigen Verbindung zwischen Tanks und Brennkammer in die Kammer gefördert.

stets bei allen Äußerungen zum Thema Raumfahrt hatte walten lassen, war gerechtfertigt. Nur, die Presse hatte seine Bemerkung über die Blitzlicht-Mondrakete – ein bloßes Gedankenspiel – aus dem Zusammenhang gerissen und allzu wörtlich genommen. Am 18. Januar 1920 gab Goddard eine Erklärung an die Presse heraus, in der er darauf hinwies, daß nicht der Blitzlicht-Schuß zum Mond sein Ziel sei, sondern daß er diesen nur als Beispiel angeführt habe, um den Flug auf Fluchtgeschwindigkeit zu illustrieren.

Goddard stellte nicht in Abrede, daß ein solcher Blitzlicht-Schuß einmal möglich sein könnte, aber er erinnerte daran, daß es zunächst einmal notwendig sei, die näheren Gegenden – sprich: die Atmosphäre der Erde – zu erforschen, bevor man an eine Mondrakete denken könne. Er kritisierte die Presse, daß sie zuviel Gewicht auf das Mondbeispiel gelegt, sein entscheidendes Argument für die Atmosphärenforschung aber übersehen habe. In bezug auf weitergehende Überlegungen sagte er: »Solche Spekulationen fortzusetzen, wäre natürlich töricht, wenn man berücksichtigt, wie wenig experimentelle Daten es über diese Dinge gibt.« Doch das änderte die Meinung der Presse nicht.

Zu der Zeit, da Goddards Arbeit erschien (im Januar 1920), war Goddard selbst in seinen Überlegungen bereits wieder einen Schritt weitergekommen. Die Arbeit »Eine Methode, große Höhen zu erreichen« war ja bereits 1916 in einer ersten Form fertiggestellt worden und hatte Goddard zu den dringend benötigten 5000 Dollar verholfen, mit denen er eine Feststoff-Höhenrakete entwickeln wollte. Doch kurz nachdem er das Geld empfangen hatte, waren die Vereinigten Staaten in den Ersten Weltkrieg eingetreten, und Goddard war – auf Vorschlag der Smithsonian-Stiftung – von der amerikanischen Armee gebeten worden, für sie Raketen für militärische Zwecke zu entwickeln. Goddard ging nach Kalifornien an das berühmte Mt.-Wilson-Observatorium, wo er einige militärische Raketen entwickelte, darunter den Prototyp der Bazooka, jener Rakete, die aus einem leichten Rohr von Hand oder Schulter aus abgeschossen werden kann und die im Zweiten Weltkrieg eine große Rolle spielte.

Bevor irgendeine der in Kalifornien erdachten Raketen, die bei Demonstrationen vor den amerikanischen Heeresteilen große Beachtung und Anerkennung gefunden hatten, in die Massenproduktion gehen konnte, war der Krieg zu Ende. Goddard kehrte nach Worcester zurück

und begann dort, sich wieder mit seinen Höhenraketen zu beschäftigen. Er erkannte, daß die Feststoffrakete nicht genug Antriebsenergie besaß, um seinen Vorstellungen Genüge tun zu können. So kam er auf seine schon 1909 geborene Idee zurück (die Ziolkowski bereits 1897 hatte, ohne daß Goddard von dieser Idee wußte, da Ziolkowski sie zwar 1903 in Rußland publizierte, die Arbeit aber erst um 1925 außerhalb Rußlands bekannt wurde), Flüssigkeiten statt fester Substanzen als Treibstoffe zu verwenden.
Bereits im Juli 1914 hatte Goddard zwei Patente für »Raketen-Apparate« erteilt bekommen. Das erste Patent (Nr. 1102653) bezieht sich auf die stufenförmige Zusammenfassung mehrerer Raketen zu einem gemeinsamen Aggregat. Der Sinn und Zweck der Stufenrakete ist uns aus den Schilderungen der Oberthschen Ideen bereits bekannt. Beide Männer haben sie, ebenso wie die mathematischen Ableitungen, unabhängig voneinander entwickelt, ohne daß zunächst der eine von dem anderen wußte. Erst 1922 nahm Oberth, der kurz zuvor erstmals von Goddard gehört hatte, Verbindung mit diesem auf und bat um Übersendung seiner Schriften. In einem Nachwort seines zu diesem Zeitpunkt fertigen Buchmanuskripts »Die Rakete zu den Planetenräumen«, das 1923 erschien, erwähnt Oberth Goddards Theorien und Experimente.
Das zweite Patent (Nr. 1103503) betrifft die Idee, Brennkammer und Düse der Rakete vom Treibstoff zu trennen und den Treibstoff – ob fest oder flüssig – sukzessive in die Brennkammer einzuführen. Die Patentschrift enthält auch eine Zeichnung und eine Beschreibung für eine Flüssigkeitsrakete, wobei Goddard sogar daran gedacht hat, als Oxydator kryogene Substanzen zu verwenden. Den Tank für diesen Verbrennungsträger – Goddard erwähnt als Oxydator unter anderem Stickoxydul, also das bekannte Lachgas, in verflüssigter Form – macht er doppelwandig, um die niedrige Temperatur erhalten zu können.
In den Jahren ab 1920 beschäftigte sich Goddard mit Überlegungen zu einer durch Benzin und Flüssig-Sauerstoff angetriebenen Rakete. Sie erscheint ihm zu diesem Zeitpunkt einfach im Vergleich zu einem Feststoffsystem, das er zwischenzeitlich entwickelt und 1918 auch gestartet hatte. Es handelte sich dabei um eine Rakete, bei der der feste Treibstoff in Form einzelner Patronen durch einen Kolben in die Brennkammer transportiert wurde. In

»Materialien für eine Autobiographie«, die Goddard 1927 zusammenstellte, schreibt er rückblickend: »Der ideale Typ von Rakete ist … die flüssigkeitsgetriebene Rakete … Bei flüssigen Treibstoffen besteht das ›Magazin‹ (das bei der Wiederlade-Feststoffrakete verwendet wird) aus nichts weiter als zwei oder drei Tanks, und der Mechanismus ist scheinbar einfach. Eine solche Entwicklung wurde (damals) nicht versucht, weil die Handhabung solcher Flüssigkeiten wie Sauerstoff, Wasserstoff und Stickoxydul nicht so einfach erschien wie diejenige der Pulverpatronen …«
Nun jedoch geht Goddard an diese flüssigen Treibstoffe heran. Er erbittet und erhält bescheidene Mittel von der Clark-Universität, die es ihm ermöglichen, in zweijähriger Arbeit experimentell nachzuweisen, daß durch die Zündung von zwei Flüssigkeiten – Äther und flüssigem Sauerstoff – in einer Brennkammer eine Schubkraft erzeugt wird und daß ein Druckgas benützt werden kann, um diese Flüssigkeiten aus ihren Behältern in die

Oben: Aus dem einfachen, trapezförmigen Startgestell wurde sehr bald ein Startturm, der über Zugschnüre von ferne bedient werden konnte: Startvorbereitung einer mit Fallschirmbergung ausgerüsteten Goddard-Rakete am 20. April 1927.

Rechte Seite oben: Goddards Raketenwerkstatt auf der Mescalero-Range in Neu-Mexiko in den Jahren 1930–1932

Rechte Seite unten: Keine großen Gedanken machte man sich in der Anfangszeit der Raketenflüge über die Sicherheit der Beteiligten. Hier beobachtet Dr. Robert H. Goddard am 16. März 1936 den Start einer Rakete außerhalb der »schützenden« Blechhütte, die als »Startbunker« diente. Über Leitungen und die Druckknöpfe in seiner Hand zündete er die Rakete, löste sie oder brach den Start ab. Die Sandsäcke auf dem Hüttendach sollten vor verirrten Raketen oder Teilen explodierender Raketen schützen.

Brennkammer zu pressen – alles Überlegungen, die ja neu und noch von niemandem erprobt worden waren.
Als die Mittel der Clark-Universität verbraucht sind, wendet Goddard sich an die Smithsonian-Stiftung und erhält von dort weiteres Geld. So kann er darangehen, eine Pumpe für die Förderung des flüssigen Sauerstoffs zu konstruieren und eine wassergekühlte Brennkammer zu entwickeln. Oftmals türmen sich die Schwierigkeiten, will das Material nicht so, wie Goddard sich das vorstellt. Aber immer findet er schließlich eine Lösung.
Experimente mit der neuen, wassergekühlten Brennkammer beginnen, wobei Goddard nun Benzin und flüssigen Sauerstoff als Treibgase verwendet. Schließlich, im Januar 1924, ist eine weitere Etappe abgeschlossen, ausreichender Schub nachgewiesen.
Zusätzliche technische Verbesserungen und Ergänzungen an Pumpe, Pumpenantrieb und Fördersystem folgen. Am 6. Dezember 1925 wird ein erster Meilenstein erreicht: In einem Rahmengestell wird ein Brennversuch mit einem Raketenmodell von 12 Pfund Leergewicht gemacht, bei dem jede der beiden Flüssigkeiten durch zwei Pumpen in die Brennkammer gefördert wird. Das Modell erhebt sich für etwa 27 Sekunden: Es ist die erste Flüssigkeitsrakete, die ihr eigenes Gewicht in die Höhe hebt!
Der nächste Schritt besteht darin, einen echten Flug einer Flüssigkeitsrakete vorzubereiten. Um das Gewicht der Rakete zu reduzieren, geht Goddard wieder von der Pumpenförderung auf die Druckgasförderung der Treibstoffe über. Vorversuche werden gemacht. Am 16. März 1926 ist es schließlich soweit: Von der Farm einer Cousine in Auburn, Massachusetts, aus, wo Goddard schon zuvor experimentiert hatte, läßt er die erste Flüssigkeitsrakete der Welt zu einem echten Flug aufsteigen. Diese Rakete hatte ein Leergewicht von 6 englischen Pfund (2,72 kg) und wog voll betankt 10,45 Pfund (4,74 kg). Von dem Treibstoffgewicht entfielen 0,75 Pfund (0,34 kg) auf Benzin und 3,7 Pfund (1,68 kg) auf den flüssigen Sauerstoff. Vor dem Flug wurde der Förderungsdruck in den Treibstoffbehältern der Rakete mittels eines getrennten Drucktanks erzeugt, im Flug durch einen Alkoholverdampfer an der Rakete.
Die ganze Rakete war etwa drei Meter lang und trug, wie die früheren Feststoffraketen Goddards, die Brennkammer – nun auch Raketenmotor genannt – vorne. Zusammen mit der Austrittsdüse

war dieser Motor 60 Zentimeter lang; die Tanks lagen anderthalb Meter hinter dem Düsenaustrittsende. Es gab noch keine komplizierte Zündanlage; Goddard drehte einfach die Ventilhähne auf, und sein Gehilfe Sachs, ein Mechaniker der Clark-Universität, zündete das Treibstoffgemisch mit einer Fackel an, die an einem langen Stab angebracht war.

Der Versuch gelang; zischend verließ die Rakete das Startgestell und kam augenblicklich auf eine Geschwindigkeit von rund 100 Kilometern in der Stunde. Sie überbrückte eine Strecke von 56 Metern und erreicht eine Höhe von 12,5 Metern. Die Flugzeit betrug 2,5 Sekunden. In seinen autobiographischen Notizen vermerkt Goddard, daß dies sicher keine Leistung gewesen sei, die die Öffentlichkeit hätte von der Raumflugidee überzeugen können. Es war aber immerhin ein Flug, der sich durchaus sehen lassen kann, wenn man ihn mit dem ersten Motorflug von Orville Wright im Jahre 1903 vergleicht, bei dem Wright 36,6 Meter weit kam, es auf drei Meter Höhe brachte und 12 Sekunden lang flog.

Die Versuche gingen weiter, und größere Raketen wurden gebaut, nachdem sich herausgestellt hatte, daß Verbesserungen an der kleinen Rakete wegen deren geringen Ausmaßen nicht möglich waren.

Ein neues, größeres Startgestell wurde gebaut. Einige Versuche gingen daneben, dann gab es einen ersten Erfolg. Goddard war inzwischen von der frühen Bauweise seiner Raketen mit der vorne sitzenden, die Rakete »ziehenden« Brennkammer abgekommen und montierte die Brennkammern nun hinter den Treibstofftanks, so wie das heute allgemein üblich ist. Er hatte erkannt, daß die vorne sitzende Brennkammer gegenüber der Rakete mit hinten angebrachter Brennkammer keine Stabilisierungsvorteile brachte, auf die er zunächst gerechnet hatte, ihm dafür aber unnötige Isolationsprobleme der Tanks und der übrigen Einrichtungen der Rakete bereitete.

Am 17. Juli 1929 erfolgte der vierte erfolgreiche Flug einer Flüssigkeitsrakete. Sie war 3,3 Meter lang und führte eine echte Nutzlast mit – ein Barometer, ein Thermometer und eine Kamera. Diese Kamera fotografierte Barometer und Thermometer während des Fluges. Die Geräte kamen am Fallschirm zurück.

Die Rakete machte zunächst auf dem Startgestell ein ziemliches Getöse, hob nach 13 Sekunden ab und erreichte nach 17 Sekunden eine Gipfelhöhe von 27 Metern, um nach 18½ Sekunden in

52 Meter Entfernung zu landen. Die »New York Times« schrieb: »Der Lärm, den die Rakete machte, war so groß, daß Dutzende von Leuten das Polizeipräsidium anriefen und behaupteten, ein Flugzeug sei brennend über den Himmel geschossen. Zwei Krankenwagen der Polizei suchten die Gegend nach den Opfern ab, und ein Flugzeug stieg vom Flughafen Grafton auf, um bei der Suche zu helfen.«
Dieser Raketenflug verhalf Goddard zu einer Menge unwillkommener Publizität und zu Ärger mit den Behörden. Nach einem kurzen Verhör durch den Feuerwehrhauptmann von Massachusetts mußte Goddard einwilligen, im Staate Massachusetts keine Raketenaufstiege mehr zu veranstalten. Durch Vermittlung des Smithsonian-Instituts wurde es Goddard indessen unter gewissen Auflagen gestattet, Experimente auf einem vierzig Kilometer von seinem Labor entfernten Artillerieschießplatz vorzunehmen. Es kam jedoch hier nur zu statischen Brennversuchen und keinen eigentlichen Flügen.
Die Zeitungsberichte über Goddard flammten wieder auf. Bis nach Europa gelangte die Geschichte, wurde kolportiert, verfälscht, entstellt. Auch von Goddards angeblichen Absichten, eine Rakete zum Mond zu schicken, war die Rede. Schon Jahre zuvor, als über den ersten Flug einer Goddardschen Flüssigkeitsrakete berichtet worden war, hatten sich Dutzende von Briefschreibern aus aller Herren Ländern angeboten, in der Mondrakete mitzufliegen ...
Im Herbst 1929 bahnte sich für Goddard eine entscheidende Wende an, als Charles Lindbergh, der Ozeanflieger, sich für seine Arbeiten, die er aus Zeitungsberichten kannte, zu interessieren begann, Goddard besuchte und anschließend den Unternehmer und Philantrop Daniel Guggenheim dafür gewann, Goddard zu unterstützen. So erhielt Goddard 1930 von Guggenheim 50000 Dollar, um sich zwei Jahre voll der Raketenentwicklung widmen zu können, mit der Aussicht, daß Goddards Arbeiten nach Ablauf dieser Zeitspanne für weitere zwei Jahre finanziert würden, sofern Guggenheims Beirat zustimmen würde.
Im Juli 1930 siedelte Goddard nach Roswell in Neu-Mexiko um, wo bessere Voraussetzungen für größere Raketenaufstiege gegeben waren und keine Gefahr bestand, daß Menschen durch die Raketen in Angst versetzt oder gar geschädigt werden könnten. Im Oktober 1930 begannen die Arbeiten in Roswell, und am 30. Dezember 1930 konnte Goddard bei seinem fünften Flug einer Flüssigkeitsrakete einen vollen Erfolg verbuchen: Die 3,3 Meter lange Rakete von 15,2 Kilogramm Leergewicht (= Gewicht in unbetanktem Zustand) schoß auf eine Höhe von rund 610 Metern; sie erreichte eine Geschwindigkeit von 800 Kilometern in der Stunde. In ihr wurden Benzin und Flüssig-Sauerstoff unmittelbar durch Gas aus einem Druckgasbehälter in die Brennkammer gebracht; bei späteren Versuchen wurde flüssiger Stickstoff durch einen Verdampfer gepumpt und als Druckgas verwendet.
Doch Goddard war noch nicht zufrieden mit diesem Versuch und suchte den Raketenmotor zu verbessern. Am 29. September 1931 startete er seine erste über ein Kabel ferngezündete Rakete. Das Personal konnte nunmehr in einem sicheren Startbunker Unterschlupf finden, der vom Startturm über 900 Meter weit enfernt war.
Die Rakete erreichte zwar nur knapp 55 Meter Höhe, beschrieb eine Bahn »wie ein Fisch im Wasser« und schlug nach 9,6 Sekunden auf dem Boden auf, aber im Oktober 1931 wurden zwei weitere Flüge durchgeführt, bei denen die Raketen auf 518 bzw. 405 Meter Höhe gelangten.
Das nächste Problem, dem Goddard sich nun zuwandte, war die Flugstabilisierung der Rakete beim vertikalen Aufstieg. Diese Stabilisierung mußte, um einen sicheren Flug zu garantieren, automatisch erfolgen. Goddard entwickelte dafür vier Strahlruder, also schwenkbare Leitflächen, die durch Druckgas in den Gasstrahl des Raketenmotors gedrückt wurden. Die Steuerung dieser Strahlruder übernahm ein rotierender Kreisel in der Rakete. Dieses Verfahren, auf das Goddard im September 1932 ein amerikanisches Patent erhielt, wird uns später bei der Betrachtung der deutschen A-4 (V-2)-Rakete erneut begegnen.
Der erste Flug einer Rakete, bei dem Goddard die Kreiselstabilisierung über Strahlruder anwandte, fand am 19. April 1932 statt. Es zeigte sich hierbei jedoch, wie spätere Analysen ergaben, daß die Strahlruder, die die Rakete in der Senkrechten hätten halten sollen, zu klein waren, als daß sie die Bewegung der Rakete schnell genug hätten korrigieren können. Dadurch kam die Rakete lediglich auf eine Höhe von 41 Metern und hielt sich ganze fünf Sekunden in der Luft.
Im Juni 1932 ging Goddard nach Worcester in Massachusetts zurück, nachdem die Gelder, die Daniel Guggenheim für zwei Jahre zur Verfügung gestellt hatte, aufgebraucht waren. Finanzielle Mittel vom Smithsonian-Institut ermöglichten es Goddard, der nun seine Professorentätigkeit an der Clark-Universität wieder aufnahm, in den Jahren 1932 und 1933 weitere Untersuchungen und Versuche über Raketentechnik anzustellen, ohne daß es indessen in dieser Periode zu irgendwelchen Flugexperimenten kam.
Dies war erst wieder der Fall, nachdem Goddard weitere Gelder von der Florence-and-Daniel-Guggenheim-Stiftung erhielt und nach Roswell in Neu-Mexiko zurückkehren konnte. Hier nahm er im September 1934 die Flugversuche wieder auf.
Nach einigen Testflügen verbesserte er seine Kreiselstabilisierung. Schon der erste Flug mit dem verbesserten Kreisel am 28. März 1935 brachte einen Durchbruch: Bei einem Flug von 20 Sekunden Dauer erreichte eine fast 4½ Meter lange Rakete von 35,6 Kilogramm Leergewicht eine Höhe von 1460 Metern und flog knapp 4000 Meter weit. Der nächste Flug am 31. Mai desselben Jahres brachte eine andere Rakete auf knapp 2300 Meter Höhe. Bereits am 8. März 1935 hatte eine Goddardsche Rakete einen anderen Rekord aufgestellt: Bei einer Brennzeit des Motors von 12 Sekunden war die Rakete sehr schnell in eine horizontale Flugbahn eingeschwenkt, 2¾ Kilometer weit geflogen und hatte dabei eine Geschwindigkeit von über 1125 Kilometern in der Stunde erreicht; es war die erste Rakete, die Überschallgeschwindigkeit erzielte ...
Wir sind nun in unserer Schilderung bei jener Epoche angelangt, in der auch in Europa die Idee, Raketen für den Raumflug zu verwenden, einem Höhepunkt entgegenstrebte und durch praktische Versuche zielstrebig unterstützt wurde. Es gab Raketen-Vereine, Prüfstände und Experimente. So stieg im Dezember 1934 eine A-2-Rakete Wernher von Brauns von der Insel Borkum aus auf eine Höhe von 2,2 Kilometern, machte Eugen Sänger statische Brennversuche, bei denen er Ausspuffgeschwindigkeiten von fast 3000 Metern in der Sekunde und Brennkammerdrücke von über 50 Atmosphären erzielte. In Kummersdorf war seit zwei Jahren die Entwicklung von Flüssigkeitsraketen für militärische Zwecke in vollem Gange, und schon Jahre zuvor – am 11. Juni 1928 – hatte Friedrich Stamer in der Rhön mit einem Segelflugzeug den ersten bemannten Raketenflug absolviert. Auch in England arbeitete man intensiv an Raketen ...
Doch wir wollen, bevor wir uns mit allen

diesen Vorgängen auf dem Alten Kontinent auseinandersetzen (sie sind an dieser Stelle aus chronologischen Vergleichsgründen stichwortartig angeführt), zunächst einmal den Lebensweg von Robert H. Goddard weiterverfolgen.

Ende 1935 schrieb Goddard einen zusammenfassenden Bericht über die Untersuchungen und Experimente an Flüssigkeitsraketen, die er dank der finanziellen Förderung durch Daniel Guggenheim und die Guggenheim-Stiftung hatte machen können. Diese zehn Seiten umfassende, bebilderte Abhandlung wurde unter dem Titel »Flüssigkeitsraketen-Entwicklung« (»Liquid propellant Rocket Development«) am 16. März 1936 - dem 10. Jahrestag des Erstflugs einer Flüssigkeitsrakete - vom Smithsonian-Institut veröffentlicht. Es war die letzte Arbeit, die Goddard publizierte.

Aber seine Versuche und Entwicklungen in Neu-Mexiko gingen weiter. Am 26. März 1937 erreichte eine seiner Raketen eine Höhe von 2400 bis 2700 Metern. Freilich, nun überrundet ihn die Entwicklung in Deutschland: In Peenemünde bringt es 1938 die erste A-3-Rakete auf 12 Kilometer, 1942 die erste A 4 auf 85 Kilometer Höhe und auf die fünffache Schallgeschwindigkeit!

Im August 1938 ist eine weitere Serie Goddardscher Flugversuche mit Flüssigkeitsraketen beendet. Vom Oktober 1938 bis zum Februar 1939 entwickelt Goddard die Pumpen für die Treibstoffförderung in Raketen weiter und macht zahlreiche

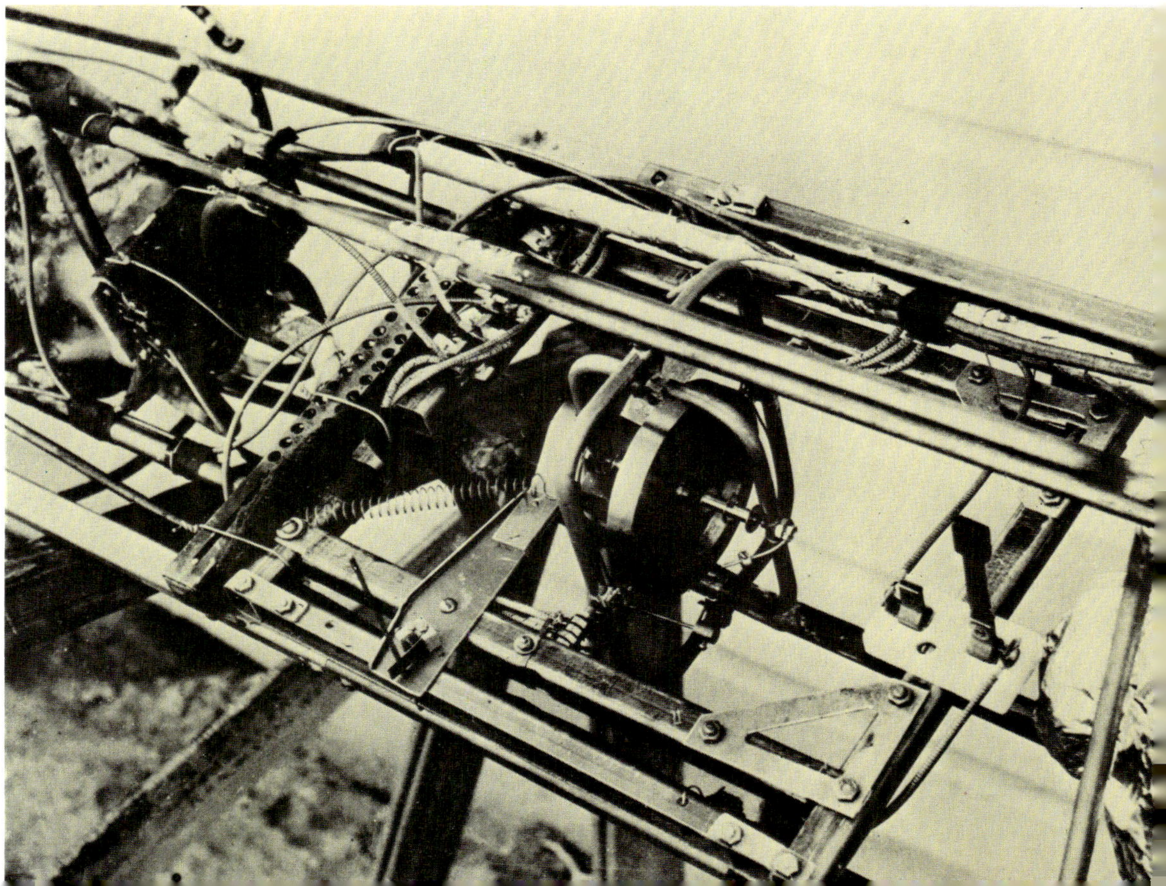

Oben: Robert H. Goddard (rechts im Bild) und Mitarbeiter in Neu-Mexiko im Jahre 1932 mit Versuchsrakete. Um Drehungen des Projektils im Fluge beobachten zu können, war die Rakete auf einer Seite rot angestrichen.

Unten: Schon frühzeitig bediente sich Goddard der Kreiselstabilisierung seiner Raketen. Dieses Bild zeigt den Kreisel und dazugehörende Baugruppen in der im oberen Bild wiedergegebenen Rakete.

Versuche mit ihnen auf dem Prüfstand. Es folgen statische Experimente mit Gasgeneratoren, die die Turbinen der Treibstoffpumpen antreiben sollen – Arbeiten, wie sie zur gleichen Zeit unter gewaltigem Aufwand an Personal, Organisation und finanziellen Mitteln in Deutschland mit dem Endziel betrieben werden, eine militärische Großrakete herzustellen.
Im November 1939 setzt Goddard seine Flugversuche fort. Dieses Mal geht es um die Erprobung der Turbinen im echten Flug. Bis zum Oktober 1940 werden neun Raketen gestartet, von denen allerdings nur zwei den Startturm verlassen – der Rest sind Fehlschläge. Doch Goddard weiß sie hinzunehmen. Auch mit seinen ersten Feststoffraketen hatte es Probleme gegeben, ebenso bei den ersten Flüssigkeitsraketen. Nun beginnt für ihn die Entwicklung eines weiteren, fortentwickelten Typs von Flüssigkeitsrakete, bei dem

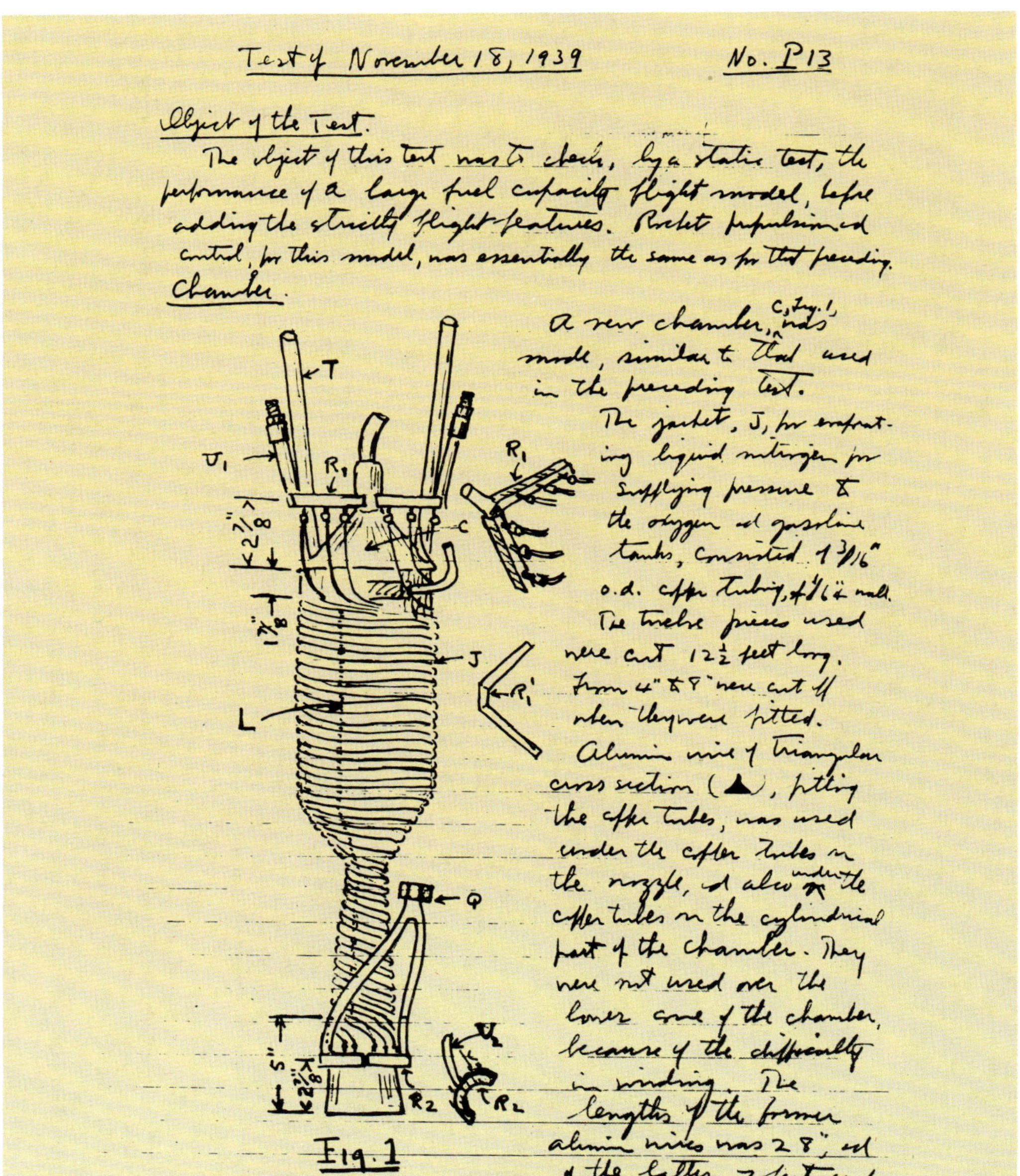

Test of November 18, 1939 No. P13

Object of the Test.
The object of this test was to check, by a static test, the performance of a large fuel capacity flight model, before adding the strictly flight features. Rocket propulsion and control, for this model, was essentially the same as for the preceding.

Chamber.
A new chamber, C, Fig. 1, was made, similar to that used in the preceding test.
The jacket, J, for evaporating liquid nitrogen for supplying pressure to the oxygen and gasoline tanks, consisted of 3/16" o.d. copper tubing, 1/16 in. wall. The twelve pieces used were cut 12½ feet long. From 6" to 8" were cut off when they were fitted.
Alumin. wire of triangular cross section (▲), fitting the copper tubes, was used under the copper tubes on the nozzle, and also under the copper tubes on the cylindrical part of the chamber. They were not used over the lower cone of the chamber, because of the difficulty in winding. The lengths of the former alumin. wires was 28", and of the latter, 7 feet, each.

Oben: Schwanzstück der Rakete vom 19. Mai 1937 mit festen und beweglichen Luftrudern sowie (hinten unten) zusätzlich stabilisierenden Strahlrudern im Feuerstrahl der Rakete

Links: Eine Seite aus Goddards Tagebuch, in dem er alle Raketenversuche ebenso festhielt wie er aufzeichnete, was er Tag für Tag tat, wo er war, welche Bücher er las... Die abgebildete Seite beschreibt den Versuch Nr. P 13 vom 18. November 1939 und beginnt mit dem Abschnitt »Zweck des Versuchs«.

Rechte Seite: Raketenstart in Roswell, Neu-Mexiko, am 26. August 1937. Es handelte sich um einen Katapultstart; die Rakete wurde durch Kreisel im Fluge stabilisiert. Man beachte den starken Wind (nach links ziehende Rauchschwaden) und den Flugbahnausgleich durch die Rakete.

Pumpen statt Druckgas die Treibstoffe fördern sollten.
Doch mit diesen Arbeiten kommt Goddard nicht mehr weit, denn im September 1941 erreicht ihn der Ruf der Marine. Bereits im Mai 1940, als in Europa der Zweite Weltkrieg in vollem Gange war, hatte Goddard in einer Besprechung bei der amerikanischen Armee in Washington auf die militärischen Anwendungsmöglichkeiten weitreichender flüssigkeitsgetriebener Raketen hingewiesen. Doch die Armee sah diese Möglichkeiten nicht, obgleich in Deutschland emsig an der Entwicklung solcher Raketen gearbeitet wurde (wovon man allerdings in Amerika kaum etwas wußte). Auch die Marine und das Fliegerkorps erkannten die potentielle militärische Bedeutung der Flüssigkeitsrakete nicht. Sie glaubten hingegen, daß durch Flüssigkeiten getriebene Raketenmotoren als Starthilfen für schwerbeladene Flugzeuge beim Abheben vom Wasser oder von kurzen Startbahnen geeignet sein könnten, und so baten sie Goddard, sich dieser Aufgabe anzunehmen.
Goddard begann, in Roswell für die Marine und das Fliegerkorps der Armee (damals gab es noch keine eigenständige amerikanische Luftwaffe) zu arbeiten. Er entwickelte Starthilfsraketen für Flugzeuge und Flüssigkeitsraketen mit veränderbarem Schub. Im Jahre 1942 verlangte die Marine, daß er nach Annapolis in Maryland umsiedeln sollte, wo sich zahlreiche Marineanlagen befanden. So verließen die Goddards und acht Mitarbeiter Roswell, um »für mindestens sechs Monate« in Annapolis zu arbeiten. Aus den Monaten wurden Jahre, Goddard selbst wurde bei der Marine zum Direktor für Forschung im »Büro für Aeronautik« gemacht. Außerdem schloß er 1943 mit der Flugzeugfirma Curtiss-Wright einen Beratervertrag als Ingenieur.
Goddards Absicht, bei Kriegsende nach Roswell zurückzukehren, um dort (oder an einem anderen geeigneten Ort) wieder Forschung zu betreiben, bestand nach wie vor. Er wollte dann seine Versuche mit Treibstoffpumpen für Flüssigkeitsraketen fortsetzen und die Probleme bewältigen, die noch immer zwischen ihm und seiner Idee standen, eine zuverlässige Flüssigkeitsrakete für die Erforschung der hohen Atmosphäre zu bauen.
Doch aus diesen Plänen wurde nichts mehr. Am 10. August 1945 starb Robert Hutchings Goddard im Alter von 63 Jahren an den Folgen einer Halsoperation. Er hatte noch die Flüge der V 2 auf London miterlebt und wußte somit, daß der Durch-

bruch zur Großrakete – jener Rakete, die auch das Tor zum Weltraum öffnen würde – gelungen war. Doch es war ihm nicht mehr vergönnt, die Anfänge dieses Vorstoßes in den Weltraum zu erleben, die Höhenraketenversuche, die bald nach Kriegsende mit erbeuteten deutschen V-2-Raketen in der Wüste Neu-Mexikos begannen und in gerader Linie zum Vorstoß des Menschen in das Weltall führten.
Goddard hat der Raketenentwicklung enorme Impulse gegeben. Er hat die Rakete »hoffähig« gemacht, Dutzende von Erfindungen und Überlegungen beigesteuert, ohne die diese Rakete nicht hätte werden können. Im Verlaufe seiner Arbeiten hat Robert H. Goddard 83 Patente erhalten oder beantragt. Seine Testamentsvollstrecker fanden in seinen Aufzeichnungen weitere Konzepte und Ideen, die zu 131 zusätzlichen Patenterteilungen nach Goddards Tod führten, insgesamt also 214 Patente.
Schon während seines Lebens wurde Goddard mit vielen Auszeichnungen und Ehren bedacht. Nach seinem Tode folgten weitere große Ehrungen. Der amerikanische Staat zahlte 1960 an seine Hinterbliebenen eine Million Dollar als generelle Abfindung für alle Patentansprüche aus Vergangenheit und Zukunft. Nach dem Willen Goddards ging die Hälfte dieser Summe an die Guggenheim-Stiftung, ohne deren Unterstützung es für Robert Goddard nicht möglich gewesen wäre, seine Forschung zu betreiben.
Die Bezeichnung »Vater der Raketentechnik« wurde für Robert Hutchings Goddard zu Recht gewählt.
Doch kehren wir nun, nachdem wir Goddards Leben und Leistungen betrachtet haben, zurück zum Ausgangspunkt dieses Kapitels, zu den frühen zwanziger Jahren, in denen sich auch in Europa das Interesse an der Idee der Raumfahrt stärker zu rühren begann.

Oben: Goddard-Rakete mit Turbinenpumpe für die Treibstofförderung im Jahre 1940 in Roswell, Neu-Mexiko

Rechte Seite: Montage einer Goddardschen Flüssigkeitsrakete mit Pumpenförderung der Treibstoffe auf Goddards Versuchsgelände in Neu-Mexiko im Jahre 1940

FIG

Raumfahrtenthusiasten

Eine Idee formiert sich

Man sagt, wissenschaftliche und technische Entdeckungen, Ideen und Erfindungen entstünden aus ihrer Zeit heraus. Sobald die Zeit reif ist für einen neuen Gedanken, eine Hypothese oder eine Konstruktion, kommt über kurz oder lang jemand damit einher.

An dieser Behauptung ist sicher sehr viel Wahres, denn wissenschaftliche und technische Erkenntnisse wie auch die Möglichkeiten, bestimmte Apparaturen oder Geräte konstruieren zu können, bauen ja aufeinander auf. Jede Generation übernimmt das Wissen und die Erfahrungen der vorausgegangenen Generationen, und so ist es ein stetiger Fortschritt zu immer neuen Grenzen, Grenzen, die sich um so weiter hinausschieben, je näher man an sie heranrückt.

Natürlich trifft das auch und gerade für die Idee der Raumfahrt zu. Für sie insbesondere, weil sie eine Aufgabe und eine Herausforderung war und ist, die nur im Zusammenwirken einer großen Zahl von Disziplinen realisiert werden kann. Daran liegt es auch, daß mehrere Menschen in den verschiedensten Gegenden der Erde mehr oder weniger gleichzeitig auf den Gedanken kamen, Raumfahrt müsse zu verwirklichen sein, daß sie nach Lösungsvorschlägen suchten und zu ähnlichen oder gar gleichartigen Resultaten kamen. Die Idee der Raumfahrt »lag in der Luft« zur Jahrhundertwende. Zwei Jahrzehnte genügten, um eine große Zahl von Menschen für sie empfänglich zu machen. Einen nicht unwesentlichen Anteil an der »Vorbereitung des Bodens« hatten die großen technischen Fortschritte, die am Ende des vergangenen und zu Beginn dieses Jahrhunderts gemacht wurden: das elektrische Licht, Grammophon und Telefon, Eisenbahn und Automobil und nicht zuletzt Ballon (dieser bereits seit 1789) und Flugzeug. Einen nicht unerheblichen Anteil hatten aber auch die Autoren von Zukunftsromanen, utopischer Literatur und Sachpublikationen. Gerade Zukunftserzählungen haben schon so mancher technischen Idee zum Durchbruch verholfen, sie sind bisweilen Samenkörner von Erfindungen und Entdeckungen.

Wir hatten gesehen, wie in Deutschland Hermann Oberths Buch »Die Rakete zu den Planetenräumen« das Interesse an der Raumfahrt angefacht, wie es andere Publikationen nach sich gezogen, zu heftigen Debatten und Auseinandersetzungen über den Gedanken der Raumfahrt geführt hatte und wie alle diese Dinge den Regisseur Fritz Lang zu einem vielbeachteten UFA-Film »Frau im Mond« – übrigens einer der letzten Stummfilme – inspirierten.

In zahlreichen Zeitungsbeiträgen und Illustriertenartikeln war von Oberth und dem Film die Rede, wurde von den anderen Büchern über Raumfahrt berichtet und in populärer Weise das Thema Raumfahrt unter den verschiedenartigsten Aspekten abgehandelt. Aus Amerika las man dann und wann merkwürdige Meldungen über Professor Goddard, erst über seine Idee mit dem Blitzlicht-Experiment auf dem Mond, dann Gerüchte über seine geheimnisvollen Arbeiten für das Militär, schließlich von dem in der Öffentlichkeit als brennendes Flugzeug mißdeuteten Raketenexperiment des Jahres 1929 in Auburn, das auf dem Neuen Kontinent so viel Erregung ausgelöst hatte.

Der »Verein für Raumschiffahrt«

Der amerikanische Autor David O. Woodbury hat in seinem ausgezeichneten Buch über die Geschichte des 5-Meter-Teleskops auf dem Mount Palomar in Kalifornien, betitelt »The Glass Giant of Palomar« (»Der Glasriese von Palomar«) einleitend sehr richtig festgestellt, daß eine Geschichte immer so viele Versionen habe, wie es Personen gibt, die daran beteiligt waren.

Die Geschichte der Raumfahrt liefert, besonders aus der Zeit ihrer Anfänge, Beispiele in Hülle und Fülle für diese These. Viele Unterlagen aus der frühen Zeit der Raumfahrtidee in den zwanziger und dreißiger Jahren unseres Jahrhunderts sind verschwunden; Aufzeichnungen wurden oft nur lückenhaft oder gar nicht vorgenommen, und jeder der noch lebenden damals Beteiligten sieht das seinerzeitige Geschehen durch seine eigene Brille. Auch diejenigen, die versuchten, in Büchern, Artikeln und Vorträgen die Vorgänge zu dokumentieren, sahen die Dinge jeweils aus ihrer Perspektive. So entstand ein vielfältiges Mosaik, dessen einzelne Steinchen verschieden gefärbt sind, je nachdem, wer sie eingesetzt hat; ein Mosaik, von dem man Mutanten schaffen kann, wenn man diverse Steinchen durch die entsprechenden eines anderen Autors auswechselt.

Das Mosaik, das wir in diesem Buch zeichnen, ist der Versuch, aus vielen Tatsachen, Vermutungen, Meinungen, Feststellungen und Behauptungen der Beteiligten ein möglichst wahrheitsgemäßes, objektives Bild zu formen. Es ist zustande gekommen auf Grund umfangreichen Literaturstudiums, durch Gespräche und Analysen.

In der Periode zwischen 1923 und 1927, in der durch die Bücher Oberths, Valiers, Hohmanns, Leys und die vielen Zeitungsberichte, zum Teil aus der Feder der gleichen Autoren stammend, die Öffentlichkeit in Deutschland auf die Raumfahrtidee auf breiter Basis aufmerksam gemacht wurde, konnte es nicht ausbleiben, daß sich eine ganze Zahl bis dahin stiller, individueller Träumer für diese Idee mit ihren Gedanken hervorwagten und miteinander in Kontakt zu kommen suchten.

Einer von ihnen, Max Valier, war im Januar 1924 auf Oberths Buch »Die Rakete zu den Planetenräumen« gestoßen (wir sprachen bereits davon) und hatte sich sogleich für die Idee der Raumfahrt begeistert – mit Raketen und dem Gedanken an ein Raketenflugzeug hatte er sich schon zuvor befaßt. In einem Brief bietet er Oberth die Zusammenarbeit an, die »Popularisierung« der Oberthschen Vorstellungen durch Vorträge, Zeitungsartikel, in einem Buch ...

Valier, bisher schon bekannt durch astronomische Veröffentlichungen (er ist ständiger Mitarbeiter mehrerer Illustrierten), durch sein Eintreten für die damals beim Laienpublikum hoch im Kurs stehende, wissenschaftlich nicht fundierte, aber den Laien ansprechende »Welteislehre« Hörbigers, durch metaphysische Schriften, dieser Valier nimmt sich nun des Gedankens der Raumfahrt mit Vehemenz an. Was uns an dieser Stelle im Zusammenhang mit Valier interessiert, ist seine Korrespondenz mit dem anderen damaligen schriftstellernden Promotor der Raumfahrtidee, Willy Ley.

Im Jahre 1927 schreibt Valier einen Brief an Ley, in dem er anregt, einen Klub zu gründen, um auf diese Weise die Gelder für die Finanzierung von Oberths Raketenversuchen zu beschaffen. In dem Brief verweist Valier auch auf einen Johannes Winkler in Breslau, der in der Lage sei,

Gasnebel im Weltraum, aufgenommen mit dem 5-Meter-Hale-Teleskop vom Mount Palomar

die juristischen Dinge einer solchen Vereinsgründung abzuwickeln.
Ley fand die Idee gut, nahm Kontakt mit Winkler auf und als Folge dieser Ereignisse wurde am Abend des 5. Juli 1927 in einem Nebenzimmer des »Wirtshaus zum goldenen Zepter« in Breslau durch rund zehn Personen, darunter eine Dame, der »Verein für Raumschiffahrt« gegründet. Zu den Anwesenden gehörten Max Valier, Johannes Winkler (der von Hause aus Ingenieur war, zu jener Zeit aber als Kirchenverwalter arbeitete), Walter Neubert aus München und einige andere. Willy Ley, der zu den Mitgründern gehörte, hatte nicht persönlich anwesend sein können und ist deshalb in der Gründungsurkunde nicht erwähnt; gleichwohl gehört er zu den aktiven Begründern des VfR – eine Bezeichnung, unter der der Verein, vor allem durch Engländer und Amerikaner, weltweit bekannt wurde, nachdem der volle Name für die Angelsachsen so zungenbrecherisch ist, daß sie große Mühe haben, ihn auszusprechen.
Johannes Winkler wurde zum Vorsitzenden des neuen Vereins gewählt, nachdem Max Valier dieses ihm angetragene Amt wegen seiner häufigen Vortragsreisetätigkeit abgelehnt hatte. Auch wurde die Herausgabe einer Monatsschrift unter dem Titel »Die Rakete« beschlossen, die Winkler übernahm.
Willy Ley berichtet in seinem Buch »Vorstoß ins Weltall« eine interessante und typische Episode, die im Zusammenhang mit der Benennung des Vereins steht. Lassen wir ihn hierüber selbst zu Wort kommen:
»Winkler übernahm es auch, den Verein gerichtlich in Breslau eintragen zu lassen, wobei es eine überraschende und unvorhergesehene Schwierigkeit gab. Das Gericht antwortete, daß es das Wort ›Raumschiffahrt‹ nicht gebe, daß das Publikum deswegen den Zweck des Vereins nicht erkennen könne und daß unter diesem Namen deswegen keine Eintragung vorgenommen werden könne. Schließlich einigte man sich, der Name wurde beibehalten, aber in den Satzungen definiert.
Der Hauptzweck des Vereins bestand – laut Aussage dieser Satzungen – im Beschaffen von Geld. Es sollte, wie in einer Charta bei der Gründung des Vereins festgelegt war, benützt werden, um kleinere Projekte durchzuführen, welche die Grundlage bilden konnten für die spätere Entwicklung großer Raumfahrzeuge. In der Praxis aber kam es zunächst zu keinen Experimenten; die großspurigen Ideen von

Weltraumschiffen mußten aufgegeben werden zugunsten sehr viel nüchternerer, aber für den Augenblick wichtigerer Gedanken über die Frage, wie man Raketen überhaupt zu einwandfreiem Funktionieren bringen konnte.«
Aber auch in diesem Zusammenhang mußte sich der Verein für Raumschiffahrt zunächst allein auf die Theorie beschränken. Er lenkte sein Hauptaugenmerk darauf, die Idee der Raumfahrt durch Wort und Schrift zu verbreiten und neue Jünger für diese Idee zu gewinnen.
Das klappte auch so hervorragend, daß der VfR nach einem halben Jahr seines Bestehens bereits über 500 Mitglieder hatte. Im September 1929 – also gut zwei Jahre nach der Gründung – waren es 870 und bald danach über 1000. Am 15. Oktober 1927, als die Mitgliederzahl des VfR bei schätzungsweise 400 lag, waren 20% dieser Mitglieder Techniker und Ingenieure.
Praktisch alle Männer, die sich mit Rakete und Raumfahrt einen Namen gemacht hatten, gehörten dem Verein an; so hatte man beispielsweise im August 1927 Hermann Oberth (zu diesem Zeitpunkt noch in Mediasch in Rumänien) als Mitglied gewonnen. Er und Walter Hohmann wurden am 7. November 1927 zu Mitgliedern des Vorstandes gemacht.
Von Anfang an hatte der VfR auch intensive Kontakte zu Raumfahrtenthusiasten in anderen Ländern gesucht und gefunden. So gehörten zu seinen Mitgliedern

Robert Esnault-Pelterie, der zu diesem Zeitpunkt bereits einen großen Namen in der Luftfahrt hatte, nun die Raumfahrt propagierte und zusammen mit dem französischen Industriellen André Hirsch den REP-Hirsch-Preis ins Leben rief, den Oberth 1928 für sein Buch »Die Rakete zu den Planetenräumen« erhielt. Der russische Professor Nikolai Rynin (1877 bis 1942), der in Rußland das Werk Ziolkowskis propagierte und in den Jahren 1928 bis 1932 eine neunteilige »Enzyklopädie des Raumfahrtgedankens« verfaßte, gehörte ebenso zu den VfR-Mitgliedern wie der Österreicher von Pirquet, der das bereits erwähnte »kosmonautische Paradoxon« formulierte. Es ließen sich noch weitere Beispiele für ausländische VfR-Mitglieder anführen, doch für den Augenblick mag es sein Bewenden damit haben.

Auch die Geld- und Sachspenden, die der Verein für seine Tätigkeit erhielt, kamen aus aller Herren Ländern, von Europa bis Südamerika, Japan und Südwestafrika. Prominente Gelehrte, Schriftsteller und Industrielle identifizierten sich mit der Raumfahrtidee, indem sie den VfR teils einmalig, teils gelegentlich, teils auch sogar ständig finanziell unterstützten, so Thomas Mann, H. G. Wells und George Bernard Shaw. Hier muß auch besonders der Hutfabrikant und Aluminiumfabrik-Besitzer Hugo A. Hückel erwähnt werden, der für lange Zeit einer der großen Gönner des VfR war. Publizisten wie Otto Willi Gail, der damals im Rundfunk bei der »Deutschen Stunde in Bayern« (später Bayerischer Rundfunk) tätig war und auch Sachbücher und Zukunftsromane schrieb, erwähnte den Verein für Raumschiffahrt in seinen Sendungen, und sogar einen Film gab es über den VfR.

Woher kam dieser große Zuspruch, dieses breite Interesse der Öffentlichkeit an einer Idee, die damals (und in der Tat bis Ende der fünfziger Jahre) bei vielen Fachleuten noch immer äußerst suspekt war?

Frank Winter vom Luft- und Raumfahrt-Museum der Smithsonian-Stiftung (National Air and Space Museum, Smithsonian Institution, Washington, D.C.) hat sich intensiv mit der Geschichte des VfR beschäftigt. In einem Bericht in der englischen Zeitschrift »Spaceflight«, die von der British Interplanetary Society (Britische Interplanetare Gesellschaft) herausgegeben wird, sagt er zu den metaphysischen Hintergründen des Raumfahrtinteresses der dreißiger Jahre:

»Der Hintergrund aller dieser Motivationen zur Raumfahrt aber war ein anderer, meistens übersehener Umstand: die Arbeitslosigkeit. Um 1927 begann Deutschland sich von der zerstörerischen Inflation des Jahres 1923 zu erholen, vor allem nachdem man 1924 die Goldwährung eingeführt hatte. Doch die Dinge waren noch immer schwierig. Einige der frühen Mitglieder des VfR (nicht notwendigerweise dessen Gründer) fanden sich ohne regelmäßige Arbeit, und der Verein gab diesen Männern etwas zu tun, einen Ausweg und ein fast utopisches, aber doch in der Ferne erreichbar scheinendes Ziel.

Arbeitslosigkeit und die ›Suche nach einem Ausweg‹ verstärkten sich noch im Depressionsjahr 1930. Das machte sich auch bemerkbar unter den Mitgliedern eines unmittelbaren Abkömmlings des VfR, der Amerikanischen Interplanetaren Gesellschaft (American Interplanetary Society). Viele der frühen Mitglieder der AIS waren arbeitslos. Die Entwicklung in der Muttergesellschaft der AIS in Deutschland scheint von 1930 an parallel hierzu verlaufen zu sein. Schließlich hatte auch Lindberghs Transatlantikflug und der generelle Fortschritt in der Luftfahrt einen offensichtlichen Einfluß auf die astronautischen Bewegungen.«

Linke Seite: André Hirsch (links) zu Besuch auf dem Raketenflugplatz Berlin, hier zusammen mit Rudolf Nebel, im Februar 1931. Im Hintergrund das Startgestell der Oberthschen UFA-Rakete.

Oben: Der russische Raketenfachmann Rynin im Jahre 1930

Wann der Verein für Raumschiffahrt seine ersten eigenen Raketenexperimente machte, ist etwas schwer zu definieren, da es nicht allein die Mitglieder dieses Vereins waren, die sich mit Raketen beschäftigten, und da weiterhin einige VfR-Mitglieder einschlägige Aktivitäten außerhalb des Vereins entwickelten. So verfolgte selbst Johannes Winkler, der Vorsitzende des VfR, eine Reihe seiner Raketenexperimente an anderem Ort, ebenso wie Valier sich mit Opel verband, Oberth seine eigenen, privaten Pläne realisierte und Tiling völlig unabhängig vom VfR Pulverraktenversuche machte. Wir werden auf diese diversen, für den Nichtkenner etwas schwer zu durchschauenden Gruppierungen noch einmal zurückkommen. Zunächst jedoch weiter zu der Frage, wann das Experimentieren beim VfR begann.

Einem Bericht des VfR-Mitglieds Scherschewsky zufolge soll dies am 23. November 1927 bei Obernigk nördlich von Breslau der Fall gewesen sein – oder zumindest war der VfR daran beteiligt. An diesem Tag soll die Breslauer Modell- und Segelflugzeugbau-Gesellschaft Modelle von Doppeldeckern (sie waren ganze 200 Gramm schwer und sind vielleicht eher als »Modellchen« zu bezeichnen) geflogen haben, die mit kleinen Raketen des VfR ausgerüstet waren.

Was indessen größere Raketen betrifft, so ist die Antwort nicht einwandfrei zu geben, weil es weitgehendst Ansichtssache ist, ob man das eine oder andere der vielen Raketenexperimente, die bald nach der Gründung des VfR von Mitgliedern des Vereins angestellt wurden, dem VfR zurechnet oder nicht.

Auf jeden Fall begannen echte, ernstzunehmende Versuche mit Raketen, die dem VfR angerechnet werden können, erst 1930 in Berlin, und zwar bei einer Art »Ableger« des VfR, dem »Raketenflugplatz Berlin«.

Der Verein für Raumschiffahrt hatte inzwischen harte Zeiten durchgemacht. Winkler, der Vorsitzende des Vereins, hatte 1929 eine zunächst periodische,

dann permanente Tätigkeit bei der Firma Junkers in Dessau begonnen und legte seinen Vorsitz beim Verein für Raumschiffahrt nieder. Oberth – inzwischen von Mediasch nach Berlin gekommen, um Fritz Lang bei der Produktion seines Films »Frau im Mond« zu beraten – trat an Winklers Stelle. Winkler hatte auch die Redaktion der Zeitschrift »Die Rakete« niedergelegt. Vielleicht als Folge davon, vielleicht aber auch als Auswirkung der wirtschaftlichen Depression mußte der VfR die »Rakete« Ende 1929 einstellen. Den Verein kostete dieser Schritt mehr als 600 Mitglieder! Im Sommer 1929 war die Geschäftsstelle des Vereins praktisch von Breslau nach Berlin verlegt worden – theoretisch war Berlin zunächst nur eine Außenstelle. Schließlich erfolgte aber die vollständige Verlegung dorthin.

Neue Gesichter tauchten auf. 1928 war ein Ingenieur aus Bayern, Rudolf Nebel – ein Mitarbeiter Oberths bei der UFA für »Frau im Mond« – auf Anstoß von Willy Ley hinzugekommen und Sekretär des VfR geworden. 1930 stießen der damals 18jährige Rolf Engel und der gleichaltrige Wernher von Braun sowie der 23jährige Klaus Riedel zum VfR.

Doch bevor wir den Einfluß dieser Männer auf VfR, Raketenflugplatz Berlin und die Raketenentwicklung im Deutschland der frühen dreißiger Jahre näher kennenlernen, ist es notwendig, noch einmal den Fußstapfen Hermann Oberths zu folgen.

Eine Rakete für »Die Frau im Mond« führt zur Kegeldüse

Ein Telegramm des Filmregisseurs Fritz Lang, in dem die Bitte ausgesprochen war, ihm als wissenschaftlicher Berater bei der Produktion des Filmes »Frau im Mond« zur Verfügung zu stehen, hatte Oberth im Winter 1928 von Mediasch nach Berlin gebracht. Natürlich traf er dort mit den in Berlin ansässigen Freunden vom Verein für Raumschiffahrt zusammen. Sie waren begeistert von dem Filmprojekt, denn es würde eine riesige Publicitywelle für die Raumfahrtidee bedeuten, wie sie völlig richtig abschätzten. Willy Ley regte an, einen Teil des Geldes, das bei der wissenschaftlichen Beratung der UFA anfallen würde, für praktische Raketenexperimente zu verwenden – der von Anfang an gehegte Wunsch der VfR-Mitglieder.

Schließlich brachte Oberth das Thema bei Fritz Lang ins Gespräch. Nach einigem

Hin und Her einigte man sich darauf, daß Oberth am Premieretag des Films eine 2 Meter lange Flüssigkeitsrakete auf 40 Kilometer Höhe steigen lassen solle. Das war wenige Monate vor der Filmpremiere. Oberth hatte zeitliche Bedenken, willigte dann aber doch ein. Die Filmgesellschaft machte bei der Ankündigung aus den 40 sogleich 70 Kilometer. Das Vorhaben löste enormes Interesse in der Öffentlichkeit aus. Willy Ley schrieb 1949 in »Vorstoß ins Weltall« dazu:
»Das Publikum sah dem Experiment mit einer Spannung und einer Hoffnungsfreude entgegen, die sogar jetzt, nach fast zwanzig Jahren, noch unglaublich erscheint. Wochenlang mußte ich täglich einen bis zwei Artikel schreiben, weil jede Zeitschrift und jede größere Zeitung sich verpflichtet fühlte, ihren Lesern die Sache möglichst ausführlich zu berichten. Vor lauter Wiederholungen wurde mir manchmal beim Diktieren der Mund trocken. Irgendwer brachte eine Ansichtskarte heraus, die die Stelle an der Ostseeküste (nahe dem Seebad Horst) zeigte, wo die Rakete abgefeuert werden sollte. Die Karte verkaufte sich, als sei sie eine Augenblicksaufnahme des eigentlichen Aufstieges ...«
Oberth, der zu diesem Zeitpunkt der führende Theoretiker der Welt im Raketenbau und Raumflug war, besaß keinerlei praktische Erfahrung im Raketenbau, noch im Organisieren technischer Entwicklungsarbeit. Gleichwohl ging er mit ungebrochenem Mut an die Sache heran. Als Assistenten holte er sich einen Mann, der von praktischer Arbeit ebensowenig verstand, einen russischen ehemaligen Aeronautikstudenten namens Alexander Borissowitsch Scherschewsky. Oberth kannte ihn aus der Korrespondenz seit 1926; Scherschewsky schrieb gelegentlich Zeitungsartikel über Raumfahrt, und er hatte 1928 auch ein Buch »Die Rakete für Fahrt und Flug« herausgebracht.
Einen weiteren Mitarbeiter fand Oberth durch eine Annonce in einer Berliner Zeitung. Es war ein Ingenieur Rudolf Nebel (geboren 1894), der sich bei Oberth meldete und ihm erzählte, daß er schon im Ersten Weltkrieg als Flugzeugführer mit Fliegerraketen herumprobiert, 1918 sein durch den Krieg unterbrochenes Studium an der Technischen Hochschule München fortgesetzt, schließlich 1919 seinen Diplom-Ingenieur gemacht und nach dreijähriger Tätigkeit in der Industrie sich bei einer Feuerwerksfabrik finanziell beteiligt und dort mit Pulverraketen experimentiert habe. Nebel hatte (laut Willy Ley und Frank Winter) kaum irgendwelche Erfahrungen als Ingenieur, aber er entpuppte sich als großer Organisator und Manipulator.
Die Männer begannen unter Oberths Anleitung mit ihren Experimenten. Die erste These, die es zu widerlegen galt, war, daß Flüssigkeitsraketen deshalb nicht zum Fliegen gebracht werden könnten, weil der Versuch, einen Brennstoff mit flüssigem Sauerstoff zu verbrennen, augenblicklich zu einer Explosion führen würde. Oberth widerlegte diese Ansicht, indem er einen Benzinstrahl in einen Kübel flüssiger Luft einleitete und dort entzünden ließ. Zwar gab es in der Tat eine kleinere Explosion (und später eine große), aber das hatte mit dem Mischungsverhältnis der Substanzen zu tun und nichts mit der grundsätzlichen Möglichkeit. Im Gegenteil, Oberth stellte fest, daß durch »Selbstzerreißung« der Brennstofftröpfchen eine schnellere Verbrennung erzielt wurde, was für die Brennkammer einer jeweiligen Größe zu einem höheren Treibstoffverbrauch und einer höheren Leistung führt, ein Umstand, der sich bei der späteren Konstruktion von Raketenöfen günstig bemerkbar machte. Dieses Phänomen der Selbstzerreißung bildete die Grundlage von Oberths weiteren konstruktiven Überlegungen zu Raketenöfen, wie die Raketenbrennkammern damals vielfach genannt wurden. Oberth hat auf die Konstruktionsprinzipien von Brennkammern, die sich aus der Selbstzerreißung der Treibstofftröpfchen ergeben, ein Patent erhalten (DRP 549 222).
In dem Buch von Werner Brügel »Männer der Rakete«, erschienen im Herbst 1933, in dem Brügel die Raketenpioniere sich selbst darstellen läßt, schreibt Oberth zu den damaligen Versuchen:
»Als den wichtigsten Teil meiner bisherigen Arbeiten überhaupt betrachte ich 1. die Ausarbeitung der Raketentheorie und 2. den Nachweis der Möglichkeit der Weltraumfahrt ... Auf verbrennungstechnischem Gebiet: 1. den experimentellen Nachweis der auf Grund theoretischer Überlegungen gemachten Annahme, daß bei Kohlenstoffträgern ein Zusatz von Wasser oder überschüssiger flüssiger Luft oder bei Verwendung von Wasserstoff als Brennstoff ein Wasserstoffüberschuß die Ausströmungsgeschwindigkeit erhöht;
2. die Entdeckung der Selbstzerreißung, auf die ich allerdings nur durch Zufall aufmerksam geworden bin. Ich kann da allein eigentlich nur das Verdienst in Anspruch nehmen, der Sache überhaupt nachgegangen zu sein.
Wenn z. B. ein Tropfen flüssiger Luft in

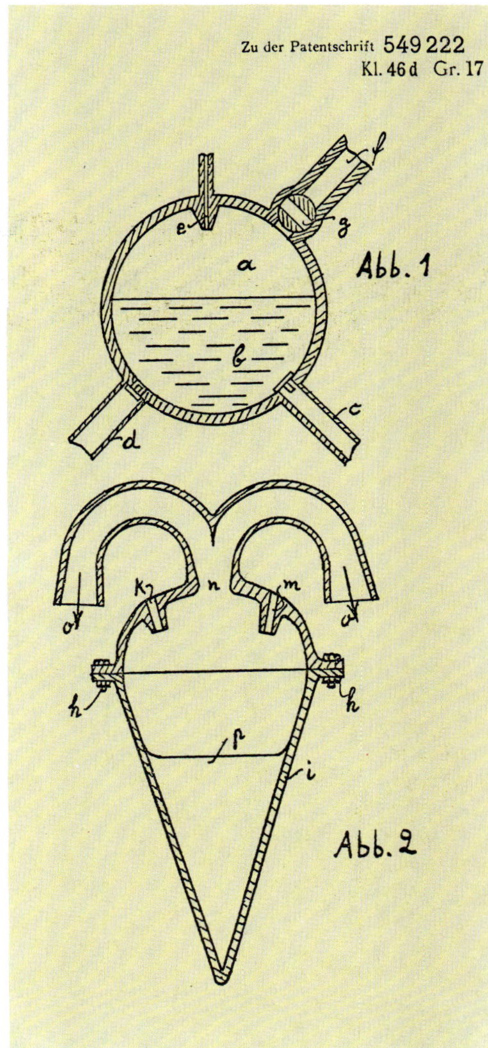

Linke Seite oben: Wenige Tage vor der Premiere des Films »Frau im Mond« entstand diese Postkarte.

Links unten: Hermann Oberth bei der UFA Ende 1928. Rechts vorne Dewar-Gefäße für flüssigen Sauerstoff, dahinter Verflüssigungsbehälter für Methan

Oben: Oberths Darstellung der Kegeldüse aus seiner Patentschrift. Durch das Einspritzen im Gegenstrom glaubte man, die Verbrennung zu verbessern.

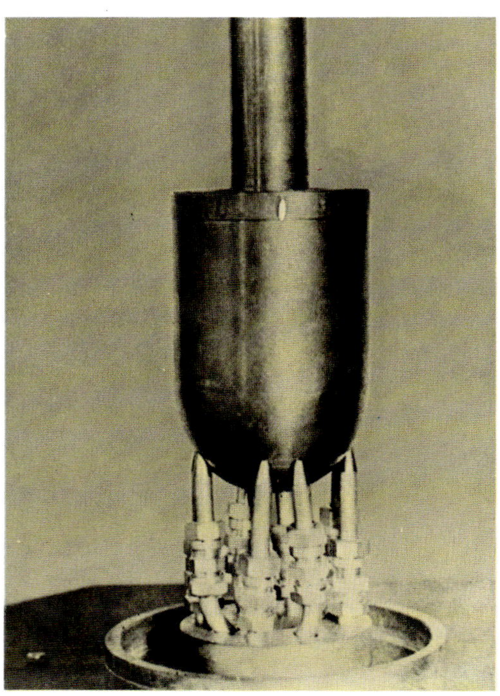

eine brennende Benzinmasse oder sonst eine brennende Flüssigkeit eindringt, so umgibt er sich zunächst mit einer Flammenschicht. Diese wird aber an der Vorderseite ausgelöscht, da die beiden kalten Flüssigkeiten sehr nahe an die Flamme herankommen und infolge des engen Raumes die Gasgeschwindigkeit und die Abkühlung sehr groß ist. Aber in dem hinter dem eingespritzten Tropfen liegenden Raum, den dieser in die Benzinmasse gebohrt hat, sind die Bedingungen für die Verbrennungen günstig. Es findet hier also eine lebhafte Verbrennung statt, die Verbrennungsgase erzeugen Druck und schieben den Tropfen vor sich her. Dabei wird er erst breitgedrückt, schließlich zerfällt er zu einem Kranz kleiner Tropfen, an denen sich das Spiel wiederholt. Auf diese Weise wird der Tropfen in Bruchteilen einer Sekunde in allerkleinste Teile zerstäubt, wodurch die Voraussetzung für eine sofortige Verbrennung gegeben ist. Genau dasselbe erfolgt, wenn man eine brennbare Flüssigkeit anzündet und in flüssigen Sauerstoff spritzen läßt, oder wenn man beide Flüssigkeiten gegen eine feste Wand wirft. Man braucht nicht während des ganzen Vorganges zu zünden, es genügt, wenn man zu Beginn zündet. (Aber ja nicht zu spät. Wenn sich bereits Flüssigkeit im Ofen gesammelt hat, so explodiert er bei der Zündung. Valier z. B. ist wahrscheinlich auf diese Weise ums Leben gekommen.) Beim Durchtritt durch die entstehenden heißen Gase zünden sich dann die folgenden Flüssigkeitsmengen von selbst an. Es können so auf kleinem Raum in kürzester Frist die größten Brennstoffmengen bewältigt werden. Ich habe schon Öfen gebaut, die bei einfacher Bauart (es müssen nur beide Flüssigkeiten in eine konische, nach unten geneigte Spitze spritzen) in 1 Sekunde mehr Flüssigkeit verbrannten und daher mehrere tausendmal mehr Gas erzeugten, als ihr eigener Rauminhalt betrug.
Wer nun weiß, wie wichtig gerade einfache, kleine, leichte und starke Treibapparate für Flüssigkeitsraketen sind, und daneben die schwerfälligen Vergaser und Zerstäuber betrachtet, die ich z. B. noch den Berechnungen in meinem Buche ›Wege zur Raumschiffahrt‹ zugrunde gelegt habe, der wird begreifen, wie umständlich die Technik der Flüssigkeitsraketen geworden wäre, wenn uns nicht ein glücklicher Zufall zu dieser Entdeckung verholfen hätte.«
Im Anschluß an die zuvor geschilderten Einspritzversuche entwickelte Oberth auch seine ersten Brennkammern, die in der für die UFA geplanten Höhenrakete verwendet werden sollten. Es begann mit einer »Spaltdüse«, so genannt, weil dieser »Raketenofen« im Grunde genommen aus nichts weiter bestand als aus einem Eisenblock, der einen Spalt enthielt, der sich zwischen zwei Dochten befand.
Der zweite Apparat wurde »Kegeldüse« genannt, ein Name, der von dem kegel- oder tütenförmigen Aussehen des Verbrennungsraumes abgeleitet worden war. Das erste Exemplar dieser Kegeldüse bestand aus Eisen und hatte innen (also im Brennraum) einen Kupferbelag. Bei den späteren Exemplaren wurden andere Materialien verwendet, so zum Beispiel in einem Fall eine keramische Magnesiumverbindung für die innere Wandung.
Der Patentanspruch Oberths war in dieser Beziehung sehr vage; es wurde eine ganze Reihe von in Frage kommenden Baustoffen genannt – so Lehm, Asbest, Platinschwamm »oder ähnliche Materialien« – und zum Schluß findet sich die Bemerkung, daß man diese innere Auskleidung auch völlig weglassen könne, wenn die Kammer durch außen angebrachtes Kupferblech ausreichend gekühlt wird. (Ausreichend gekühlt aber wurde sie selten, wie die zahlreichen Versuche bewiesen, bei denen die Kammer einfach durchbrannte.)
Die Treibstoffe – zunächst Benzin, dann Methan, auf das Oberth inzwischen übergegangen war, und Flüssig-Sauerstoff – wurden unter spitzem Winkel zur Ausströmrichtung (also nicht von oben, wie heute üblich) in die Oberthsche Kegeldüse eingespritzt.
Es handelte sich bei ihr um einen Raketenmotor mit sogenannter kapazitiver Kühlung. Darunter versteht man eine Kühlung durch Wärmeaufnahme in die Brennkammerwandung (der Begriff leitet sich vom lateinischen Capacitas = Aufnahmefähigkeit ab), das heißt die Brennkammerwandung nimmt die Wärme auf (was natürlich nur in sehr beschränktem Umfang möglich ist) und strahlt sie in die äußere Umgebung ab. Allerdings erfolgt diese Wärmeabgabe im Vergleich zur Menge der produzierten Wärme äußerst langsam, so daß die Aufnahmefähigkeit der Kammerwandung sehr bald erschöpft ist. Man kann sie dadurch etwas erhöhen, daß man die Brennkammer mit einem zusätzlichen Kühlmantel umgibt, aber auch das bringt nicht allzuviel; die Brennzeiten solcher Triebwerke sind, da es zu keinem Wärmegleichgewicht in der Brennkammerwandung kommt,

äußerst begrenzt. Für den von Oberth angestrebten Zweck aber hätte es ausgereicht.
Nicht ausreichend allerdings war die Zeit, die den Männern für ihre Versuche und Entwicklungen auf dem UFA-Gelände zur Verfügung stand. Hinzu kamen Schwierigkeiten mit der Feuerpolizei, als sich die große Explosion ereignete, die Oberth quer durch den Raum schleuderte und ihn so zurichtete, daß er beinahe ein Auge verloren hätte und sein gerissenes Trommelfell erst im Laufe der Zeit heilte, von dem psychischen Schock, den das Ereignis ihm versetzt hatte, gar nicht zu reden.
Schließlich mußten Oberth und Nebel (Scherschewsky war von Oberth als »der zweitfaulste Mensch, der ihm je begegnet sei«, inzwischen entlassen worden) einsehen, daß es mit der Rakete bis zur vorgesehenen Premiere des Films »Frau im Mond« am 15. Oktober 1929 nicht mehr klappen würde, obgleich Nebel sich mit wahrem Bienenfleiß, unendlicher Begeisterung und vielen Ideen in die Arbeit gestürzt hatte.
Oberth suchte den Ausweg in einer Modellrakete mit Kopfantrieb. Kohlenstoffstäbe sollten, in flüssigem Sauerstoff stehend, von oben nach unten abbrennen, die unter Druck stehenden Gase oben gegen den Kopfreflektor prallen und, von ihm umgelenkt, seitwärts durch die Düse nach hinten ausströmen. Oberth experimentierte mit den verschiedensten Materialien und Stabquerschnitten, um eine Abbrandgeschwindigkeit der Stäbe zu erreichen, die dem Sinken des Sauerstoffspiegels entsprechen würde. Schließlich

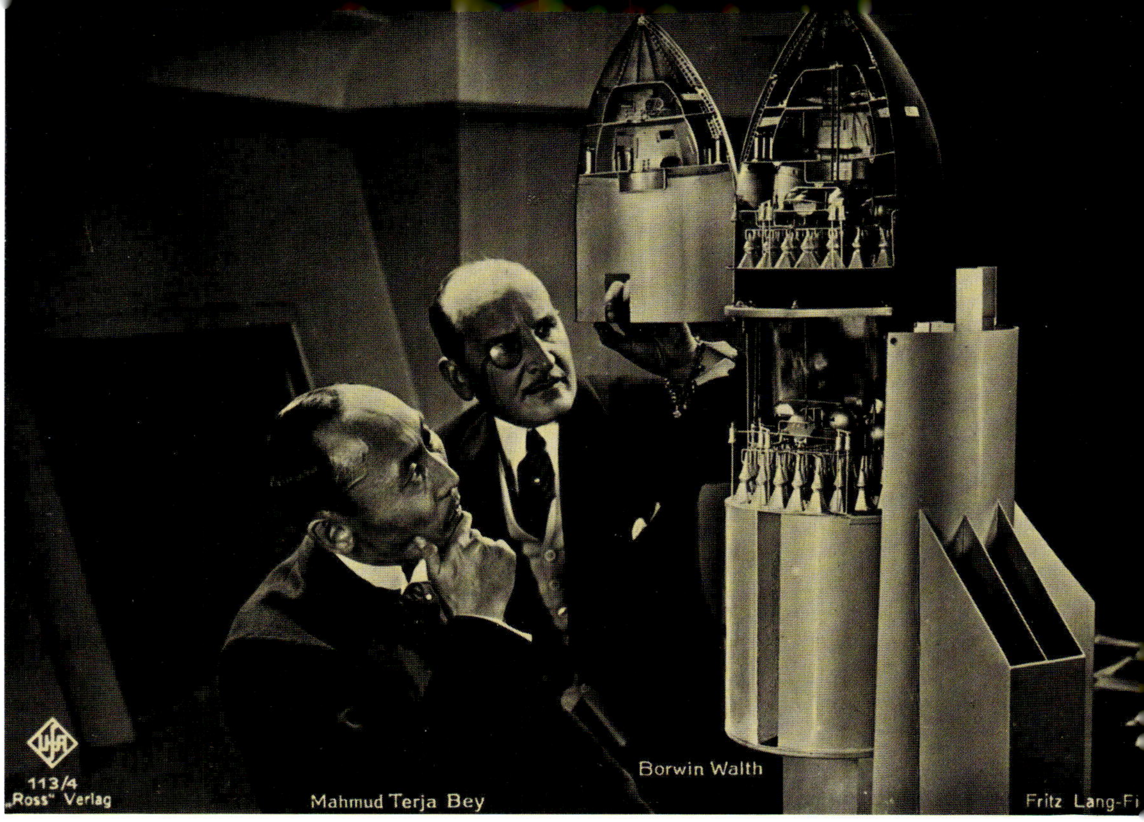

Linke Seite oben: Diese Rakete flog nicht mit eigener Kraft – sie wurde vom Fabrikschornstein abgeworfen, um den Fallschirm zu erproben.

Linke Seite unten: Zylinderdüse mit acht Einspritzköpfen

Rechts: Aufnahmen aus dem Film »Frau im Mond«. Oben ein Modell des Mondschiffes. Mitte: Abheben! Unten: Auf dem Mond.

brach das Ganze zusammen: Die Filmpremiere fand ohne den Raketenstart statt. Oberth fuhr zurück nach Mediasch, kam aber zur Premiere des Films am 15. Oktober 1929, die ein rauschender Erfolg wurde, wieder nach Berlin.

Vom »amtlichen« Brennversuch zur MIRAK

War das Unternehmen »Reklamerakete« aus der Sicht der UFA auch negativ ausgegangen, so hatte es für Oberth, Nebel und den Verein für Raumschiffahrt dennoch einiges Gute an sich gehabt. Zunächst einmal hatte man im Zuge des Experimentierens viele Erfahrungen gesammelt. Hier trifft genau zu, was Robert Goddard im Februar 1924 auf den Brief eines jungen Experimentators geantwortet hatte, der sich darüber beschwerte, daß ihm so viele Versuche daneben gingen. Goddards Reaktion war: »Es ist nicht einfach, erfolglose von erfolgreichen Experimenten zu unterscheiden, denn die meisten Arbeiten, die zum Schluß erfolgreich sind, stellen das Resultat einer Reihe erfolgloser Experimente dar, in denen die Schwierigkeiten schrittweise ausgemerzt wurden...« Genau das aber passierte auch Oberth und den anderen Raketenenthusiasten in der frühen Zeit ihres Experimentierens.
Im übrigen erwarb der VfR gegen eine Pauschalzahlung von 1000 Reichsmark von der UFA die Überreste der Oberthschen Aktivitäten auf dem UFA-Gelände in Berlin-Babelsberg. Das waren ein aus Winkeleisen gefertigtes Startgestell für die geplante Rakete, Brennkammern, zahlreiches Werkzeug und anderes Gerät sowie schließlich die »angefangene« Rakete selbst.
Man war sich klar darüber, daß der VfR seine Daseinsberechtigung nur durch Experimente unter Beweis stellen könnte. Im übrigen wollte man ja auch zeigen, daß eine Flüssigkeitsrakete zum Flug gebracht werden kann – von dem schon Jahre zuvor erzielten Goddardschen Flug einer Flüssigkeitsrakete wußten die Mitglieder des Vereins für Raumschiffahrt ja nichts, »sonst hätte das ganze Programm anders ausgesehen«, wie Willy Ley später kommentierte. So aber wurde ein Vorschlag Rudolf Nebels angenommen, eine kleine Rakete zu bauen, um überhaupt erst einmal zu zeigen, daß Flüssigkeitsraketen fliegen. Daß Oberths von ihm nachträglich noch fertiggestellte UFA-Rakete niemals fliegen würde, darüber waren sich alle Beteiligten einschließlich Oberth völlig klar. Für die kleine Rakete, die nun entstehen sollte, hatte Rudolf Nebel auch bereits einen Namen. Sie sollte MIRAK heißen, eine Abkürzung von »Minimumrakete«. Für eine derartige MIRAK trat Nebel ein, weil das Geld aufgebraucht war und man versuchen mußte, das Ziel mit bescheidensten Mitteln zu erreichen. Oberth war dagegen. Er argumentierte, daß kleine Flüssigkeitsraketen in der Leistung schlechter sein könnten als Pulverraketen. Doch Nebels Vorschlag wurde akzeptiert.
Vor allem Nebel und Oberth bemühten sich im übrigen darum, von Instituten, Firmen und Privatpersonen Geld für die geplante Tätigkeit des VfR zu bekommen – meistens allerdings vergeblich. Wer hatte im Jahre 1930 schon Geld übrig für Leute, die Raketen fliegen lassen wollten!
Aber ein Gutes hatten die weitgehendst vergeblichen Bemühungen zur Beschaffung von Bargeld doch: Sie brachten den VfR in Kontakt zu der Chemisch-Technischen Reichsanstalt in Berlin-Tegel, wo der damalige Leiter dieser amtlichen Institution, ein Dr. Ritter, Arbeitsräume und Werkstätten zur Verfügung stellte, wo die VfR-Mitarbeiter ihre Raketen zur Vorführung vorbereiten und vorführen konnten, um ein amtliches Gutachten der Chemisch-Technischen Reichsanstalt erwerben zu können.
Oberth, Nebel, Klaus Riedel, ein Freund Riedels namens Kurt Heinisch und der neu zum VfR gestoßene Wernher von Braun machten sich nun in den Werkstätten der Reichsanstalt emsig an die Arbeit, um ihre Flüssigkeitsraketenmotoren möglichst bald vorführen zu können.
Am 23. Juli 1930 – einem Tag wie im November, an dem es, wie Ley berichtete, »niemals richtig hell wurde und mit kurzen Unterbrechungen entsetzliche Regengüsse niedergingen« – führten die Männer die Spalt- und die Kegeldüse im statischen Brennversuch vor. Obgleich es wegen der Kälte und des hohen Feuchtigkeitsgehalts der Luft mit Leitungen, Ventilen und Hähnen große Schwierigkeiten gab, gelang es Riedel, die Brennkammern in Gang zu setzen.
Das Ergebnis war für die Anwesenden durchaus beeindruckend; auch Pressevertreter waren eingeladen worden, und dementsprechend fanden sich in den folgenden Tagen zahlreiche Berichte über das Experiment in den Zeitungen.
So informierte und belehrte eine Zeitung aus der Heimat Oberths, der »Bote aus Siebenbürgen«, seine Leser unter der Überschrift »Vorarbeiten für die Weltraumrakete« darüber, daß Professor Hermann Oberth zusammen mit dem VfR Flüssigkeitsraketen konstruiert habe, die sich bei den Brennversuchen an der Reichsanstalt »bereits recht gut bewährt« hätten. Es heißt dann weiter: »Allerdings sind bisher lediglich Düsenbrennversuche durchgeführt woden, bei denen der durch den Rückstoß der mit einer Geschwindigkeit von 1700 bis 2000 Metern in der Sekunde ausströmenden Gase entstandene Druck gemessen wurde... Der Vorteil der Flüssigkeitsraketen besteht darin, daß sie längere Zeit betrieben werden können, während die bisher benutzten Pulverraketen schon nach wenigen Sekunden abgebrannt waren. Gleichzeitig kann man die Brennstoffzufuhr bei den Flüssigkeitsraketen in gewissen Grenzen regulieren.«
Diese Publicity war natürlich für den Verein für Raumschiffahrt gut. Wichtiger aber war noch das Gutachten, das Dr. Ritter, der Direktor der Chemisch-Technischen Reichsanstalt, im Anschluß an den Versuch erstellte.
In diesem Gutachten wird bestätigt, daß der Raketenmotor für 50,8 Sekunden mit einem nahezu konstanten Rückstoß von sieben Kilogramm gebrannt habe, dann infolge veränderter Sauerstoffzufuhr auf sechs Kilogramm absank und mit diesem Schub für weitere 45,5 Sekunden brannte. Im Verlauf dieser Vorführung wurden ein Kilogramm Benzin und sechs Kilogramm flüssiger Sauerstoff verbraucht. Der Bericht stellt dann weiter fest, der Versuch habe gezeigt, daß man die erzielten Ausströmgeschwindigkeiten für längere Zeiten erhalten könne und es möglich sein müßte, mit entsprechenden Triebwerken die Stratosphäre zu erreichen. Schließlich heißt es: »Da ein möglichst weites Vordringen in die Stratosphäre mit dem Ziel ihrer weiteren Erforschung von wissenschaftlichem Interesse ist und nach vorliegendem Versuch Aussicht besteht, dieses Ziel mit einer Rakete, die flüssigen Brennstoff und flüssigen Sauerstoff als Treibmittel enthält, zu erreichen, so kann die Aufgabe, derartige Raketen durchzubilden, als der Unterstützung des Innenministeriums würdig empfohlen werden.«
Nach diesem Erfolg fuhr Oberth wieder nach Mediasch zurück, von Braun studierte weiter an der Technischen Hochschule in Berlin, und Nebel, Riedel und Heinisch gingen an den Bau der ersten »Minimum-Rakete«.
Diese MIRAK I war in ihrer Form sehr an die Pulverraketen angelehnt. Im

Raketenkopf saß der Sauerstofftank, darunter befand sich das Raketentriebwerk, eine verkleinerte Version einer Kegeldüse. Diese Düse war aus Kupfer gefertigt. Sauerstoffkopf und Brennkammer waren zusammen rund 30 Zentimeter lang; der Durchmesser des Gebildes betrug etwa vier Zentimeter. Die Brennkammer hatte Nebel absichtlich unmittelbar an den Sauerstofftank gesetzt, um einerseits mit dem kalten Sauerstoff die Brennkammer zu kühlen, andererseits aber mit der Hitze, die die Brennkammer entwickelte, den Sauerstofftank zu erhitzen, dadurch den flüssigen Sauerstoff zu vergasen und einen ausreichenden Förderdruck zu erreichen. Der Brennstoff - Benzin - war in einem rund 1,2 Meter langen Aluminiumrohr von etwa 12 Millimeter Durchmesser untergebracht, das an dem Raketenkopf seitwärts unten montiert war, wie der Stabilisierungsstab bei einer Pulverrakete. Der Treibstoff wurde mittels einer Kohlensäurepatrone gefördert.
Mit dieser Rakete machten Nebel, Riedel und Heinisch im Sommer 1930 auf einem Acker der Großeltern Riedels in Bernstadt in Sachsen statische Brennversuche. Das ursprünglich als Startgestell für die UFA-Rakete vorgesehene Gerüst hatten die Männer zu einem Arretierungsgestell umgebaut, in dem die Rakete so hing, daß bei den Brennversuchen der Schub, den die Rakete entwickelte, gemessen werden konnte. In mehreren Versuchen brachten sie diesen Schub von zunächst 400 Gramm bis auf 3,5 Kilogramm hoch. Am 7. September 1930 sollte die MIRAK I zum erstenmal fliegen. Statt dessen explodierte sie gleich nach dem Zünden.

Die MIRAK bei den Versuchen in Bernstadt bei Leipzig, Sommer 1930. Das über das Rad ablaufende Seil sollte die Rakete in der ersten Flugphase bremsen und damit stabilisieren. Ein Prinzip, das später in ähnlicher Weise mit zwei Seilführungen zur Stabilisierung der französischen VERONIQUE-Rakete verwendet wurde.

Die Experimentatoren kehrten nach Berlin zurück. Nebel verfolgte wieder seine alte Idee, wonach man einen Versuchsplatz direkt bei Berlin haben sollte, um die Entwicklungen und Experimente weiterführen zu können. Er entsann sich eines ihm geeignet erscheinenden Platzes gegenüber der Chemisch-Technischen Reichsanstalt, der zu Reinickendorf gehörte.
Am 27. September 1930 gründete Rudolf Nebel auf diesem Gelände den »Raketenflugplatz Berlin«. Gelände und Räumlichkeiten mietete er von der Stadt Berlin für den symbolischen Preis von 10 Reichsmark pro Jahr. Allerdings waren mit der Benutzung des Geländes eine Reihe von Auflagen verbunden, da das Grundstück und die Gebäude dem deutschen Kriegsministerium gehörten. Es waren jedoch Auflagen und Vorschriften darüber, welche Ein- und Ausgänge nicht benützt, welche Gebäude nicht betreten werden durften und ähnliches, mit denen es sich im großen und ganzen, insbesondere wenn man sie großzügig auslegte, leben ließ. Rudolf Nebel und Klaus Riedel übernahmen gemeinsam die Verantwortung für die Testanlagen; weiter waren mit von der Gruppe Wernher von Braun, Rolf Engel und Willy Ley. Oberth war, wie wir hörten, inzwischen ja wieder nach Mediasch zurückgekehrt.
Emsig begann man, auf dem Raketenflugplatz in Berlin-Reinickendorf einen Prüfstand zu errichten. Er wurde im März 1931 fertig. Daß man so etwas trotz des chronischen Geldmangels überhaupt zustande brachte, ist ein eindeutiges Verdienst von Rudolf Nebel, der ein außerordentliches Organisationstalent mit einer überzeugenden Redegewandtheit in sich vereinigte. So gelang es ihm, von Firmen und Einzelpersonen notwendiges Material zu bekommen, das er zum Teil wieder eintauschte, um auf diese Weise in einer Art Ringtausch Arbeitskräfte zu entlohnen. Es ist aber auch ein Verdienst der Männer, die das Team des Raketenflugplatzes und des VfR bildeten. Sie leisteten alle Arbeit umsonst, nahmen kein Geld, sondern steckten, soweit sie Geld hatten, dieses mit hinein.
Gegen kostenlose Unterkunft kamen zahlreiche freiwillige Arbeitskräfte, die über diese Unterkunft hinaus keinen sonstigen Lohn verlangten oder erwarteten. Diejenigen, die arbeitslos waren, lebten auf dem Raketenflugplatz und suchten ihre Talente den Bemühungen um den Bau des Prüfstandes nutzbar zu machen. Unter ihnen waren arbeitslose Elektriker, Mechaniker, ja Ingenieure. Andere, die Arbeit hatten, verbrachten praktisch ihre gesamte Freizeit auf dem Raketenflugplatz. Zu den letzteren gehörte auch Wernher von Braun, der – mit achtzehn Jahren zum VfR gestoßen – als Lehrling bei der Firma Borsig beschäftigt war und gleichzeitig an der Technischen Hochschule in Berlin-Charlottenburg studierte.
Was Rudolf Nebel angeht, so organisierte er unbeirrt Werkzeuge und Werkstoffe, vom Schweißdraht über Aluminiumplatten bis hin zu Schrauben, Farben, Fräsmaschinen und einer Steuerbefreiung für den Bezug von Benzin als Raketentreibstoff (das natürlich auch für den Antrieb des Autos benützt wurde). Er schrieb an Firmen, Institute, Regierungsstellen und bekannte Persönlichkeiten und ging sie unter dem Hinweis auf das kühne Vorhaben in Reinickendorf um Sach- und Geldspenden an.
Willy Ley veröffentlichte am 2. November 1930 im »Berliner Tagblatt« einen markigen Artikel über den neugegründeten Raketenflugplatz. Lastwagenweise rollten auf diese Aktionen hin Material und Werkzeuge an, bis hin zu Drehbänken und Bohrmaschinen.
Schnell wurde die Gruppe zu einer verschworenen Gemeinschaft mit dem an-

Linke Seite oben: Der Lagerschuppen auf dem Raketenflugplatz Berlin, den Johannes Winkler für seine Versuche anmietete. Das Bild entstand im Herbst 1931.

Links unten: Durch Publikumsführungen wie auf diesem Bild aus dem Jahre 1932 suchte man die Finanzen des Raketenflugplatzes aufzubessern.

Rechts: Zeichnung eines Entwurfs für einen Raketenmotor von Klaus Riedel aus dem Spätherbst 1931

Unten: Ein Bild vom 5. August 1930. Links Rudolf Nebel, neben ihm Dr. Ritter von der Chemisch-Technischen Reichsanstalt. Rechts neben der Rakete Oberth; im weißen Mantel Klaus Riedel, rechts hinter ihm Wernher von Braun

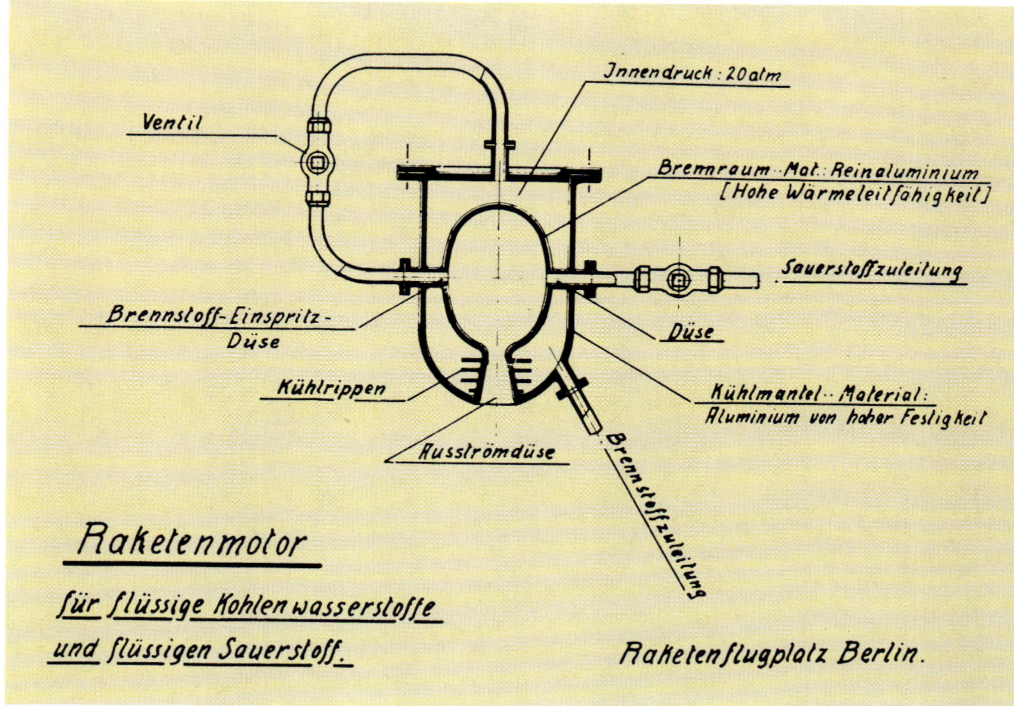

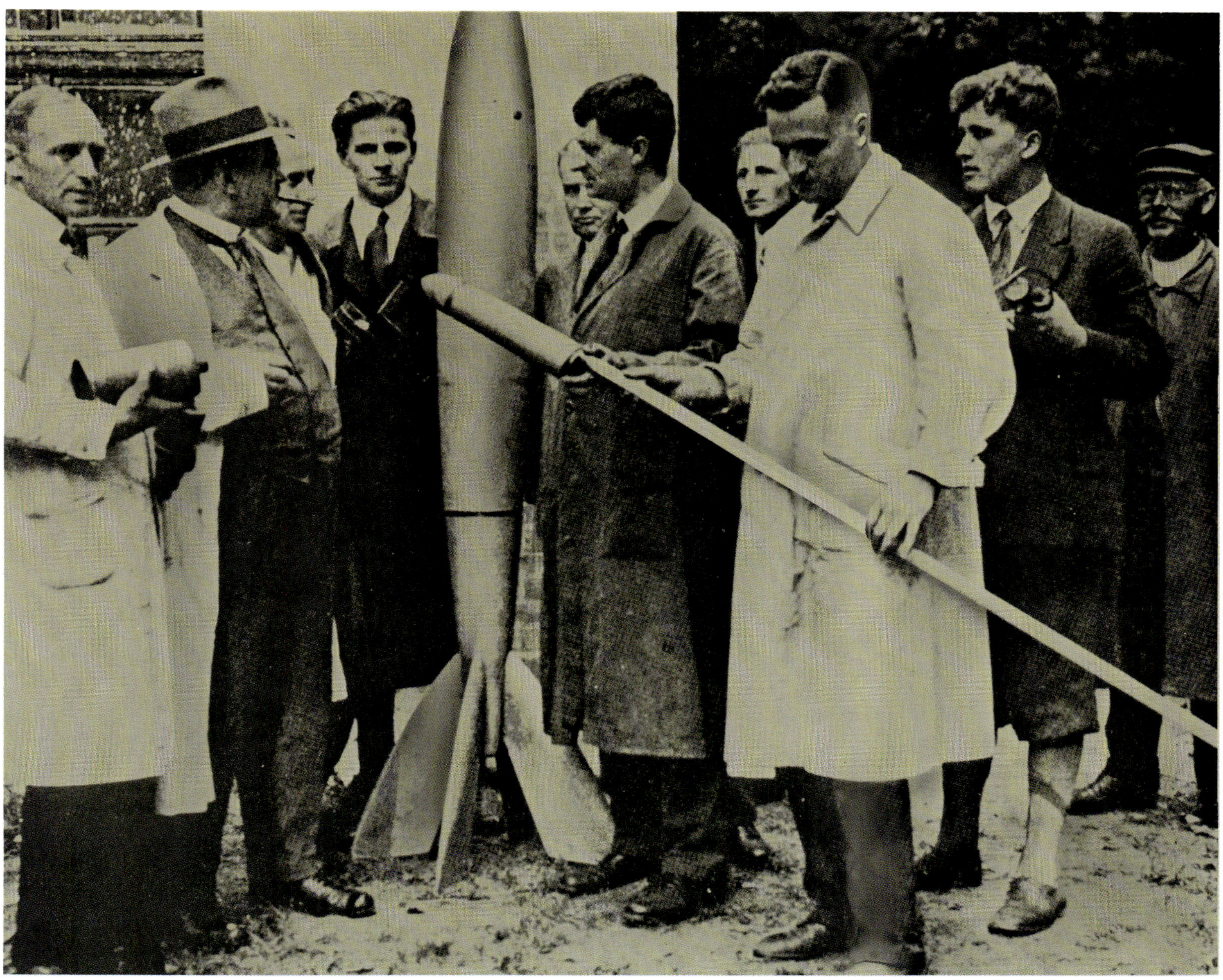

spornenden Ziel, durch Raketenexperimente der Idee der Raumfahrt wenigstens einen Schritt näherzukommen.
Das erste Ziel der Männer bestand darin, die von Nebel, Riedel und Heinisch in Bernstadt 1930 mit der MIRAK begonnenen Versuche fortzusetzen. Im April 1931 entstand eine zweite MIRAK. Sie war etwas größer und schwerer als die erste und enthielt am Kopf ein Sicherheitsventil, über das der Sauerstoff bei Überdruck abströmen konnte. Ihre Schubkraft hätte ausgereicht, sie aufsteigen zu lassen, wäre sie nicht am Startgestell verankert worden. Dort explodierte sie auch bei einem der Brennversuche, noch bevor es zum ersten Freiflug dieser MIRAK II kam. Ein neuer Raketenmotor wurde konstruiert. Er unterschied sich grundlegend von demjenigen der MIRAK, deren Explosion Nebel in seinem Buch »Die Narren von Tegel« mit dem Satz kommentierte: »Riedel und ich hatten bereits vorher in theoretischen Berechnungen die Schwäche der Ein-Liter-Rakete erkannt und beschlossen jetzt, die überholte Konstruktion nicht noch einmal zu bauen.« (Nebel bezeichnete die MIRAK I als Ein-Liter-Rakete, weil ihre Kapazität für den Oxydator – den flüssigen Sauerstoff – auf einen Liter Tankinhalt ausgelegt war.)
An anderer Stelle des Buches knüpft er an diese Überlegungen an und beschreibt recht plastisch den technischen Aufwand und den Vorstoß in technisches Neuland, der notwendig war, um zu einem Erfolg zu gelangen. Er sagt zu der MIRAK I: »Diese Minimumrakete bewährte sich aber in der Praxis nicht. Eine am Prüfstand angebrachte Waage zeigte zu wenig Druck an – meist um 400 Gramm. War aber der Druck größer, dann explodierte sie.
Auch die bei der UFA entwickelte Kegeldüse funktionierte nicht. Sie war aus Stahl, der wegen der hohen Temperaturen, die bei der Verbrennung von flüssigem Sauerstoff und Benzin auftraten – schätzungsweise 1500 Grad –, mit Graphit ausgekleidet war und ebenfalls zu Explosionen neigte.«
Dann schildert er den Weg, der ihn und Riedel zur richtigen Lösung führte: »Ich nahm an, daß diese Explosionen durch Wärmestauungen verursacht wurden, was auf die schlechte Wärmeleitfähigkeit des Stahls zurückgeführt werden konnte. Die Wärme mußte also reduziert werden. Ich nahm ein Aluminiumrohr von 12 mm Durchmesser, ließ Wasser durchfließen, um die Wärme abzuführen, die durch die Hitze des Schweißbrenners, den ich auf das Aluminiumrohr richtete, entstand, und auf Anhieb hatte ich die Lösung gefunden... Aluminium hat eine etwa zehnmal größere Wärmeleitfähigkeit als Stahl und gibt bei Wasserkühlung die entstehende Wärme von etwa 3000 Grad ohne weiteres ab. Nun aber mußte die Form einer neuen Raketendüse gefunden werden. Sie sollte oben rund sein, und die Treibstoffe sollten entgegengesetzt der Flugrichtung eingespritzt werden. Versuche hatten gezeigt, daß dabei die Zerstäubung der Treibstoffe am vollkommensten gelingt und damit die größte Leistung des Raketenmotors erzielt wird.«
Nebel berichtet im weiteren Verlauf dieser Schilderung über die praktisch-handwerklichen Schwierigkeiten, die überwunden werden mußten, und wie sie gemeistert worden sind. Das begann beim »Drücken« der Raketenhülle aus Aluminium über Holzmodellen bis zur Entwicklung der Techniken für das Schweißen kleiner Raketenmotoren.
Die Schwierigkeiten mit den Motoren hatten die Männer des Raketenflugplatzes übrigens auch dazu veranlaßt, einen statischen Prüfstand zu bauen. Er entstand aus dem alten, ursprünglich für die UFA-Rakete gebauten Startgestell, das ja schon bei den MIRAK-Versuchen in Bernstadt nach oben durch einen Waagebalken abgesichert worden war; dieser Balken wurde von dem Raketenmotor beim Brennen angehoben. Auf einem Zylinder, der während des Brennversuchs mit Hilfe eines Uhrwerks rotierte, wurde der Schub aufgezeichnet. Kühlwasser für die Brennkammer wurde aus einer Wassertonne zugeführt. Das Wasser wurde einfach in eine Konservendose hineingeleitet, in der der Motor hing. Rechts und links des Prüfgestells waren Tanks für den flüssigen Sauerstoff und das Benzin im Boden eingegraben. Neben jedem Tank befanden sich Druckflaschen, die Stickstoff enthielten. Mit ihnen wurde das Fördergas in die Tanks gepreßt, und dadurch wurden die Treibstoffe über entsprechende Leitungen dem Raketenmotor zugeführt. Die Druckflaschen wurden über lange Hebel und Seilzüge aus dem oberen Stockwerk des Gebäudes reguliert. Während des Versuchs nahmen die Beobachter hinter einem Erdwall Deckung, mit Ausnahme des Mannes, der im Gebäude die Hebel für die Druckflaschen zu bedienen hatte – in der Regel Kurt Heinisch, wie Nebel berichtet.
Am 12. März 1931 war dieser erste Prüfstand auf dem Raketenflugplatz Reinickendorf fertiggestellt.
Inzwischen gab es auch den neuen Raketenmotor, der auf Initiative Riedels seit Januar 1931 entwickelt worden war und der nun auf dem Prüfstand erprobt wurde.
Die neue Raketenbrennkammer zeichnete sich dadurch aus, daß sie einen Zylinder mit kugelförmiger Kuppe bildete und Treibstoff und Verbrennungsträger durch je eine (oder nach dem späteren Patentanspruch auch mehrere) Einspritzdüsen in die Brennkammer gelangten. Dabei waren die Einspritzdüsen so angeordnet, daß die Treibstoffe im Gegenstrom eingespritzt wurden, das heißt entgegen der Ausströmrichtung der Verbrennungsprodukte. Die Einspritzdüsen enthielten Regulierhähne zur Steuerung des Mischungsverhältnisses der eingespritzten Treibstoffmengen. Die Brennkammerwandung bestand aus Aluminium und – bei weiteren Versuchen – anderen Metallen und Legierungen hoher Leitfähigkeit, so Kupfer, Aluminiumlegierungen und Stahl. Diese Brennkammerwandung war von einem Außenmantel umgeben; in dem Raum zwischen Brennkammerwandung und Außenmantel befand sich eine unter hohem Druck stehende Kühlflüssigkeit; zunächst handelte es sich um einen Wasserumlauf; ab Mitte 1932 ging man dann dazu über, den Brennstoff als Kühlmittel zu verwenden.
Dieser erste Raketenmotor, der im April mehrfach auf dem neuen Prüfstand erprobt wurde, trug auch die Bezeichnung 160/32, womit ausgedrückt werden sollte, daß es sich um ein Gerät mit einem Treibstoffverbrauch von 160 Gramm pro Sekunde und einer Schubentwicklung von 32 Kilogramm handelte. Von den Raketenbauern in Reinickendorf wurde der Motor wegen seines Aussehens meist als »das Ei« bezeichnet.
Einem der eindrucksvollen Prüfstandversuche im April 1931 wohnte übrigens auch George Edward Pendray bei, der damalige Vorsitzende der American Interplanetary Society.
Nebel und Riedel erhielten für diese Konstruktion übrigens am 16. Juli 1936 rückwirkend auf den 13. Juni 1931 ein Patent erteilt.

Fliegende Prüfstände

Riedel arbeitete zusammen mit Rolf Engel und Kurt Heinisch an einer neuen Idee für ein flugfähiges Gerät, eine Art »fliegenden Prüfstand«. Er sollte aus zwei nahtlosen Rohren bestehen, die als Treibstofftanks dienten und am oberen Ende den Motor enthielten. In dem einen Rohr sollte flüssiger Sauerstoff, in dem anderen der Brennstoff sowie Stickstoff als Druckfördergas untergebracht werden. Am 10. Mai 1931 machte Riedel (Nebel befand sich in Kiel, um bei der dortigen Luftfahrtwoche Vorträge über Raumfahrt zu halten und eine Ausstellung des VfR zu betreuen) einen Brennversuch mit dem freistehenden Gerät: Auf Grund des Gewichts des Doppelstabers, wie die Konstruktion wegen ihres Aussehens genannt wurde, hatte er nicht damit gerechnet, daß sich dieser erheben würde. Doch zu Riedels Verwunderung hob das Gebilde ganz gemächlich ab, stieg auf etwa zwanzig Meter und fiel dann zu Boden. Eine Brennstoffleitung brach beim Aufprall, aber das war schnell repariert, und so konnte bereits am 14. Mai ein weiterer Versuch stattfinden. Hierbei kam das Gebilde auf 60 Meter Höhe. Willy Ley beschrieb das Geschehen wie folgt: »Trotz allen Improvisierens stieg der ›fliegende Prüfstand‹ mit dem üblichen Donnergetöse auf, allerdings nicht einwandfrei. Ich konnte es selbst nicht genau sehen, aber die anderen behaupteten, daß er beim Aufstieg an das etwas überhängende Dach anstieß. Dadurch fand der Aufstieg im Winkel von 70 Grad statt. Nach wenigen Sekunden fing er an, sich in der Luft zu überschlagen. Dadurch floß das Wasser aus dem offenen Kühltopf – der Deckel war wohl beim Anschlag

Oben: Edward Pendray aus den Vereinigten Staaten besichtigt den Oberthschen Prüfstand auf dem Raketenflugplatz Berlin. Vor ihm Rudolf Nebel, links hinter diesem Klaus Riedel

Unten: Heinisch und Riedel beim Einfüllen des flüssigen Sauerstoffs in den Tank. Aufnahme aus dem Herbst 1931

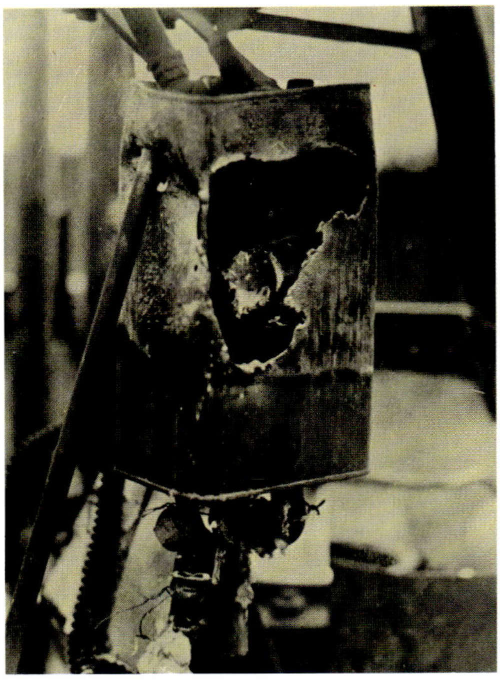

Oben links: Januar 1932. Durchgebrannte wassergekühlte Brennkammer von 18 Kilogramm Schub. Mit Kammern wie dieser wurden auf dem Raketenflugplatz Berlin an die 200 Versuche gemacht.

Oben rechts: Rudolf Nebel am Telefon, 1930

Unteres Bild: Erprobung des großen Vierstabers am Schwielow-See bei Berlin am 18. September 1933

Rechte Seite: Links im Bild eine Nachkonstruktion der 1928/29 von Albert Püllenberg gebauten VR 1 – »Gardinenstangenrakete« genannt –, ausgeführt in der Lehrlingswerkstatt AEG-Telefunken, Ulm. Rechts die Nachbildung der HW I B von Johannes Winkler.

gegen das Dach abgefallen –, und der Motor brannte schnell auf einer Seite durch. Nunmehr mit zwei im rechten Winkel zueinander stehenden Auspufföffnungen arbeitend, wurde das Ding ganz verrückt, es ging im Sturzflug nieder, besann sich plötzlich anders und stieg schräg auf. Das wiederholte sich etwa dreimal. Zufällig war der Treibstoffvorrat gerade in dem Augenblick erschöpft, als abermals ein Abfangen aus dem Sturzflug nahe dem Boden stattzufinden schien. Es war deswegen beinahe eine Landung, und außer dem durchgebrannten Motor war alles in schönster Ordnung...«

Sofort wurde ein dritter Doppelstaber gebaut. Er flog am 23. Mai 1931 über 600 Meter weit.

Nebel, dem telefonisch von den Flügen berichtet wurde, war erfreut. In seinem Buch »Die Narren von Tegel« apostrophiert er den Doppelstaber denn auch als MIRAK II (die zuvor erwähnte vergrößerte Version der MIRAK I nicht mitzählend), obgleich es anderen Aussagen nach eine MIRAK II nie gegeben hat: Die Entwicklung des Doppelstabers war entgegen dem Willen Nebels erfolgt; er selbst hatte auf alleinige Weiterentwicklung der ursprünglichen MIRAK I und einer MIRAK III mit dem neuen Motor gedrängt, aber dazu war es aus Zeitmangel nicht gekommen. Willy Ley gab dem Gebilde übrigens noch einen anderen Namen: Um das zur Rakete gewordene Gerät von den Pulverraketen zu unterscheiden (an die ja damals ausschließlich gedacht wurde, wenn von »Raketen« die Rede war), nannte er den Doppelstaber REPULSOR I. Diesen Begriff »Repulsor« hatte er aus dem Laßwitzschen Roman »Auf zwei Planeten« übernommen. (Die angeführten Terminologien und Zählweisen im Zusammenhang mit der MIRAK sind bis auf den heutigen Tag verwirrend geblieben: Sowohl Bezeichnung als auch Fortzählung werden von den verschiedensten Autoren unterschiedlich gehandhabt.)

So sehr sich die Männer vom Raketenflugplatz auch über diese Erfolge freuten, einen Wermutstropfen mußten sie dennoch mit dem Wein der Begeisterung schlucken: Sie hatten gehofft, die ersten zu sein, die eine Flüssigkeitsrakete vom Boden bringen würden (von dem Flug der Goddardschen Flüssigkeitsrakete am 16. März 1926 und den folgenden Versuchen wußten sie ja nichts), aber diese Ehre hatte ihnen am 21. Februar und am 14. März 1931 unversehens Johannes Winkler weggenommen. Er hatte am 21. Februar auf einem Exerzierplatz bei Dessau eine von ihm konstruierte Flüssigkeitsrakete bei einem nicht ein-

wandfreien Flug auf etwa 3 Meter Höhe und am 14. März bei einwandfreiem Flug auf immerhin einige hundert Meter Höhe gebracht. Es waren dies die Erststarts einer Flüssigkeitsrakete außerhalb der Vereinigten Staaten gewesen.
Diese Rakete bestand aus drei Aluminiumrohren von etwa 60 Zentimeter Länge, von denen eines flüssigen Sauerstoff, ein anderes Methan in Flüssigform und das dritte Stickstoff als Fördergas enthielt. Auch der Raketenmotor war ein einfaches Stück Rohr. Über Johannes Winkler, den Konstrukteur, wird an späterer Stelle noch einiges zu sagen sein.
Auf dem Raketenflugplatz folgten weitere Versuche mit dem Doppelstaber; Anfang Juni 1931 erreichte ein solches Gerät (REPULSOR III) bei senkrechtem Aufstieg etwa 500 Meter Höhe.
Im August 1931 folgte ein neues Modell, ein Achsenstaber (= REPULSOR IV), von Nebel auch als »Einstaber« oder MIRAK III bezeichnet. Es handelte sich dabei um ein Gerät, bei dem die Treibstofftanks übereinander statt nebeneinander angeordnet waren; der Raketenmotor saß oberhalb dieser beiden Treibstofftanks, während sich am unteren Ende eine Art Topf mit Stabilisierungsflächen befand, in dem ein Fallschirm für die Bergung des Geräts enthalten war. Fallschirm und Stabilisierungsflächen waren von Rolf Engel angeregt und konstruiert worden.
Mit diesem Achsenstaber oder, wie Ley ihn auch nennt, »Einstabrepulsor« wurden über ein Jahr lang zahlreiche Versuche gemacht.
Presse, Industrie und Öffentlichkeit wurden mehrfach zu Prüfstandversuchen und Demonstrationsflügen des Achsenstabers eingeladen.

Besuch vom Heereswaffenamt

Zu den Besuchern des Raketenflugplatzes gehörten damals auch drei Männer, die sich erstmals 1931 und ein zweites Mal Anfang 1932 sehen ließen. Sie kamen vom Heereswaffenamt und sahen sich überall um, wo es neue Ideen und geeignete Leute für die Entwicklung von Raketen gab. Chef der Ballistischen und Munitions-Abteilung des Heereswaffenamtes war ein Oberst Professor Dr. Karl Becker (1879 bis 1940); seine Begleiter waren Hauptmann von Horstig, der Chef des Ballistischen Referats, und Hauptmann Dipl.-Ing. Walter Dornberger (geb. 1895), einer der Referenten von Horstigs.

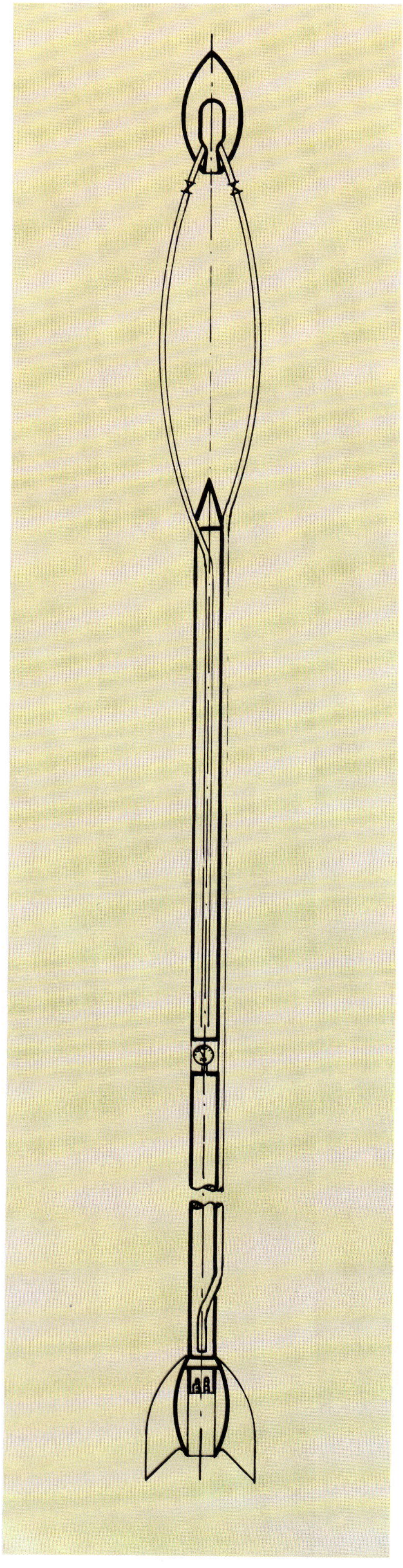

Becker unterstützte bereits seit 1929 Leute und Gruppen, die sich mit der Raketenentwicklung beschäftigten, auch wenn hierüber strengstes Stillschweigen herrschte: Die Armee dachte an die Entwicklung von Kriegsraketen, denn nur die Rakete würde es ermöglichen, die Bestimmungen des Versailler Vertrages von 1919 bezüglich einer Wiederaufrüstung Deutschlands zu umgehen. Freilich bestimmte dieser Vertrag auch, daß sämtliche Fabriken oder Werkstätten, in denen Waffen hergestellt würden, von den Alliierten gebilligt werden müßten – deshalb das Bemühen des Heereswaffenamtes, die Raketenentwicklung (Raketen als solche waren in dem Friedensvertrag von Versailles nicht angesprochen) nur äußerst verschwiegen zu fördern. Allerdings, zumindest einer der drei Männer, Walter Dornberger, dachte schon damals nicht nur an die Rakete als Waffe. Er sah sie, gleich den Enthusiasten vom Raketenflugplatz in Tempelhof und gleich vielen anderen Menschen, als ein Mittel zum Vorstoß in den Weltenraum. Auch Oberst Becker dachte wohl gelegentlich an einen Raumflug, aber im Vordergrund stand für diese Männer die Rakete als technisches Gerät für eine spätere militärische Verwendung.

Rudolf Nebel und Wernher von Braun zeigen den Besuchern vom Heereswaffenamt stolz ihre ersten Raketen, berichten von den Versuchen. Doch die drei Männer interessiert dies nur wenig. Sie wollen Meßergebnisse sehen, wollen wissen, welchen Schub und Schubverlauf diese Raketen haben, welche Flugprofile sie durchfliegen, wie sich Druck und Temperatur in der Brennkammer verhalten . . .

Aber sie behalten den Raketenflugplatz dennoch im Auge, kommen Anfang 1932 wieder, und nun können Nebel und seine Freunde stolz auf die Ergebnisse mit ihrem Doppelstaber hinweisen, der inzwischen zweimal Höhen von 350 bis 400 Meter erreicht hat. Man vereinbart, daß Nebel, Riedel und von Braun ihre Rakete auf dem Artillerieschießplatz in Kummersdorf bei Berlin vorführen sollen.

Vorführung in Kummersdorf

Als sie am 22. Juni 1932 mit ihrer Rakete und allem Zubehör – Startgestell, Werkzeuge, Benzin, flüssiger Sauerstoff und Zündleitung – dort ankommen, verschlägt es ihnen den Atem. Sie kommen in das Sperrgebiet »Versuchsstelle West«, und hier finden sie Anlagen, von denen sie in Reinickendorf nur träumen können: einen Startbunker aus Beton mit Prüfstand für Flüssigkeitsraketen, gegen Witterungseinflüsse durch ein Schiebedach geschützt, Meßleitungen, Kino-Theodoliten, mit denen sich die Bahn einer Rakete auf Film verfolgen und vermessen läßt, bestens angelegte Startpulte, Anzeigegeräte und andere technische Einrichtungen.

Alles dies war aus primitiven Anfängen im Jahre 1929 entstanden, als dem Heereswaffenamt die Aufgabe übertragen worden war, Raketen zu entwickeln. Zunächst hatte man sich beim Heereswaffenamt ausschließlich mit Pulverraketen, also festen Treibstoffen, befaßt. Aber dann hatte Becker auf die flüssigkeitsgetriebene Rakete gesetzt.

Becker war bereits seit mindestens 1926 an der Rakete als Waffe wie auch an der Raumfahrt interessiert. Zu jener Zeit war er Hauptmann beim Waffenprüfamt gewesen und hatte innerhalb der Armee als erster die mögliche Bedeutung der Flüssigkeitsrakete für militärische Zwecke erkannt. Er war Waffentechniker, hatte damals an dem »Lehrbuch der Ballistik« des berühmten Mathematikers Professor Carl Julius Cranz (1858–1945) mitgearbeitet. Und er war es, der 1929, nachdem er Chef des Heereswaffenamtes geworden war, seinen Mitarbeiter von Horstig beauftragt hatte, die militärischen Möglichkeiten der Rakete näher zu untersuchen. Systematisch waren in Kummersdorf dann die Experimentieranlagen für Feststoffraketen und schließlich – unter Dornberger – der Prüfstand für Flüssigkeits-Raketenmotoren entstanden.

Nebel, Riedel, von Braun sowie zwei weitere Mitarbeiter des Raketenflugplatzes, die nach Kummersdorf mitfuhren, hatten mit ihrer Raketendemonstration nur einen Teilerfolg: Der Achsenstaber oder REPULSOR IV stieg auf etwa 60 Meter, legte sich dann aber quer und stürzte schließlich ab, noch bevor sich sein Fallschirm öffnen konnte. Die Männer vom Heereswaffenamt waren enttäuscht.

Die Einzelheiten des Kontaktes des Raketenflugplatzes Berlin mit dem Heereswaffenamt werden sich wohl niemals mehr genau klären lassen. Nebel berichtet, daß sich die Männer vom Heereswaffenamt mehrmals auf dem Raketenflugplatz hätten

Zeichnung des Einstabers. Ganz oben die Brennkammer, im unteren Teil die Treibstoffbehälter, oben der Brennstoff Benzin, unten flüssiger Sauerstoff

sehen lassen, daß er sie schließlich über die Experimente informiert hätte und daß es Anfang 1932 zu der Vereinbarung über eine Vorführung der (wie er schreibt) MIRAK III in Kummersdorf gekommen sei. Im übrigen habe man festgelegt, daß das Heereswaffenamt dem Raketenflugplatz einen Selbstkostenbetrag von 1360 Mark erstatten werde, sofern die Rakete 3000 Meter Höhe erreiche. Willy Ley behauptet, daß Nebel »lange Zeit die Reichswehr umschwänzelt« und den Vorstand des VfR nicht über die Demonstration in Kummersdorf informiert habe. Rolf Engel sagt, daß die Rakete bei der Vorführung etwa 300 Meter Höhe erreicht habe, während mehrere andere Quellen die zitierten 60 Meter erwähnen. Von Braun spricht von 70 Metern. Nebel jedoch schreibt: »Nach meiner Schätzung hatte die MIRAK III eine Höhe von 1200 Metern erreicht ... Ein Meßtrupp der Reichswehr meldete den Offizieren eine Höhe von 1100 Metern ... Aber trotzdem war Oberst Becker nicht zufrieden. Er erklärte mir, der Start sei nicht gelungen, es sei eben noch ein weiter Weg bis zur Raumschiffahrt. Es kam zu einem Wortwechsel, und der Oberst erklärte kategorisch, sein Amt könne den vereinbarten Selbstkostenbetrag von 1360 Mark für die Vorführung nicht zahlen, da der Start mißlungen sei ...« In einem Brief Beckers an Nebel vom 23. April 1932 heißt es hierzu: »... Der Abschuß ... gilt nur dann als geglückt, wenn die Rakete einen Fallschirm in der Nähe des Kulminationspunktes entfaltet *und* sichtbare rote Leuchtzeichen beim Ausstoßen des Fallschirms gibt ... Als Vergütung erhalten Sie auf Grund Ihrer Kostenaufstellung RM 1367,- ... sofern die ... Bedingungen ... restlos erfüllt sind.« Die Höhe ist hier also überhaupt nicht als Kriterium angeführt. Einigkeit besteht aber darüber, daß der Fallschirm sich nicht geöffnet hatte.
Nun, wie dem auch sei, Wernher von Braun wurde durch den Besuch in Kummersdorf nachdenklich. Zwar pflichtete er seinen Freunden bei, als diese sagten, daß man trotz allem nicht aufgeben dürfe, aber er erkannte auch, wie schwierig es sein würde, zu einer brauchbaren Rakete für die Raumfahrt zu kommen. Bernhard Ruland zitiert ihn in seinem Buch »Wernher von Braun« mit den Worten: »Ich war mir völlig darüber im klaren, daß der Weg von der spielzeugähnlichen MIRAK II zu einer brauchbaren Flüssigkeitsrakete ebenso lang und schwierig sein würde wie der vom Papierdrachen zu einem brauchbaren Flugzeug.«
Von Braun kommt zu der Erkenntnis, daß der Raketenflugplatz in Reinickendorf für die Aufgaben, die in der Zukunft anstehen, völlig unzureichend ist, zumal er erkennen muß, daß die Industrie der Raketenentwicklung desinteressiert gegenübersteht. Doch seine Mitstreiter wollen das nicht wahrhaben. Nebel verhandelt noch weiter mit dem Heereswaffenamt, gibt aber dann schließlich resignierend auf.
Da geht von Braun zu Oberst Becker. Dieser legt ihm dar, daß der Raketenflugplatz nur unterstützt werden könne, wenn man sich entschließe, von den öffentlichen Veranstaltungen auf dem Raketenflugplatz - der »Zirkusatmosphäre«, wie Becker es nennt - abzugehen und die Experimente im stillen in Kummersdorf vorzunehmen. Nebel lehnt ab, und auch Klaus Riedel will die Hoffnung nicht aufgeben, doch noch Industriemäzene zu finden, die bereit sind, den Weg zu einer friedlichen Weltraumfahrt zu finanzieren. Wernher von von Braun sucht Nebel und andere zu überzeugen, daß eine Zusammenarbeit mit dem Heereswaffenamt für sie der einzig gangbare Weg bleibt, wenn sie ihre Idee einer Weltraumrakete verwirklichen wollen.
Zitieren wir noch einmal Ruland, demzufolge von Braun um 1968 sagte: »Zu dieser Zeit dachte keiner von uns an die möglichen Konsequenzen. Hitler war damals noch nicht zur Macht gekommen, und der Gedanke, daß das vom Fieber der Arbeitslosigkeit geschwächte Weimarer Reich mit seiner Hunderttausend-Mann-Reichswehr in einen Krieg verwickelt werden könnte, wäre uns absurd erschienen.«
Schließlich sehen Nebel und seine Freunde ein, daß es für von Braun das beste ist, wenn er selbst zum Heereswaffenamt geht. Vielleicht, so glauben sie alle, kann er von dort aus sogar den Raketenflugplatz besser unterstützen.
Dann führt von Braun ein Gespräch mit Becker. Es endet damit, daß Wernher von Braun zum 1. Oktober 1932 als Referent zum Heereswaffenamt geht ... Nebel führt den Raketenflugplatz weiter und wirkt überdies als Sekretär des Vereins für Raumschiffahrt.

Das Ende von VfR und Raketenflugplatz Berlin

Frank H. Winter schreibt in dem bereits erwähnten Artikel in der Zeitschrift »Spaceflight« im Jahre 1977 über die Aktivitäten dieses Vereins für Raumschiffahrt auf dem Raketenflugplatz Berlin: »... Der VfR schuf eine Reihe von Raketen von einem Liter Treibstoffkapazität über 4 Liter, 50 Liter und bis zu 500 Litern ... Ungefähr nach einem Jahr des Betriebes, das heißt im Mai 1932, gab es laut Leys persönlichen Aufzeichnungen 87 Raketenaufstiege (zumeist mit Fallschirmen), über 270 statische Brennversuche, 23 Demonstrationen für Vereine und Gesellschaften und neun für die Öffentlichkeit.«
Doch mit dem Jahr 1932 begann auch der Abstieg des VfR und des Raketenflugplatzes Berlin, obgleich dieser noch bis zum Sommer 1934 existierte und von einigen seiner Träger weiterhin auf dem Raketenflugplatz Berlin und auch andernorts experimentiert wurde. Schon im Februar 1932 hatte Rolf Engel die Gruppe wegen Meinungsverschiedenheiten über den weiteren technischen Weg, den es zu gehen galt, verlassen. Im Herbst 1932 ging - wie wir gerade hörten - Wernher von Braun zum Heereswaffenamt nach Kummersdorf, um dort die weitere Raketenentwicklung zu betreiben, und kurz danach folgten ihm Grünow, Walter Riedel, Klaus Riedel und andere. Zwischen dem Vorstand des VfR und Rudolf Nebel, dem Sekretär des Vereins, kam es zu Streitigkeiten, die im Winter 1933 praktisch zum Zusammenbruch des Vereins führten. Zwar entstanden noch eine Reihe von Raketenentwürfen und Brennkammern - so wurden etwa im März 1933 Prüfstandversuche mit einem neuen Raketenmotor von 200 Kilogramm Schub gemacht und (mit finanzieller Unterstützung der Stadt Magdeburg) Pläne für eine bemannte Rakete geschmiedet -, aber alte Mäzene zogen sich zurück, und die Mitgliederzahl sank; diverse Explosionen der Raketenmotoren ereigneten sich.
Willy Ley sieht die Ursache des Endes des VfR in den inneren Streitigkeiten, aber indirekt auch in dem nationalsozialistischen System, das an die Macht kam. Vom Ende des Raketenflugplatzes Reinickendorf sagt er: »Nebel hatte gehofft, durch Zusammenarbeit mit einer uniformierten Gruppe etwas zu erreichen. Alles was er erreichte, war, daß sie den Raketenflug übernahmen ...«
Ähnlich, wenn auch nicht ganz so kraß, sieht Rolf Engel die Situation. Der schon zitierte Frank Winter hingegen berichtet: »Ironischerweise war die echte Ursache des Endes von Nebels vielgerühmtem Raketenflugplatz weder durch ihn selbst ausgelöst worden noch durch Hitlers totalitäres System, das zu jenem Zeitpunkt

Links: Heinisch mit der Magdeburg-Rakete bei der Erprobung auf dem Prüfstand des Raketenflugplatzes Berlin

Rechte Seite: Erster Versuch, eine Raketenturbine zum Laufen zu bringen. Das Ergebnis waren stets Explosionen.

fest etabliert war. Der Grund lag vielmehr in ein paar tropfenden Wasserhähnen. Eines Tages wurde Nebel von einem Beauftragten der Stadt für Wasserverbrauch vom September 1930 bis zum Januar 1934 auf dem nahezu mietfreien Raketenflugplatz eine Rechnung über 1600 Mark überreicht. Weder Nebel konnte zahlen, noch der Schatzmeister des VfR. So wurde der berühmte Mietvertrag gekündigt.«

Nebel selbst jedoch berichtet von einer politischen Aktion, in deren Verlauf ihm seine Patente und Unterlagen genommen und das Mietverhältnis gekündigt worden sei. Von der Wasserrechnung sagt er, daß er zum erstenmal von ihr erfahren habe durch die Pfändung seines Gehalts, als er im Juni 1935 eine Anstellung als Konstrukteur bei Siemens fand...

Nebel berichtet dann weiter von seiner Verhaftung durch die Gestapo unter dem Vorwurf des Landesverrates. Mit seinen eigenen Worten: »Als ich (nach der Wiederfreilassung) zum Raketenflugplatz zurückkam, war dort gründlich aufgeräumt worden. Meine Patentunterlagen, viele Maschinen und Werkzeuge waren ebenso verschwunden wie die Fahrzeuge, darunter auch mein alter Buick. Das Heereswaffenamt hatte die Beschlagnahme angeordnet, mir den Platz kündigen lassen und die weitere Benutzung verboten, was ja nach dem Vertrag möglich war. Die Episode ›Raketenflugplatz‹ war damit vorbei.«

Rolf Engel erhebt gegen das Heereswaffenamt den Vorwurf, daß die »privaten Gruppen« wie der Raketenflugplatz (über die anderen Gruppen wird sogleich noch zu berichten sein) ausgehorcht und ausgeforscht worden seien, bereitwilligst ihre Experimente und Ergebnisse vorgeführt, selbst vom Heereswaffenamt und dessen Tätigkeit aber nichts erfahren hätten: »Erschwerend in all diesen Diskussionen war der Umstand, daß die Angehörigen der Arbeitsgruppe Dornberger [so nennt Engel in diesem Bericht die Gruppe des Heereswaffenamtes] niemals die tatsächlichen Ergebnisse ihrer eigenen Arbeit aufzeigten, sondern sich auf sehr allgemein gehaltene Ansichten, Überzeugungen und Erfahrungen beriefen. Da diese Arbeitsgruppe Dornberger jedoch zu diesem Zeitpunkt bereits umfangreiche eigene Arbeiten auf dem Gebiet der [Schwarz-] Pulverraketen durchgeführt hatte, wäre ein echter, das heißt nicht einseitiger Erfahrungsaustausch von großem Nutzen für die Weiterentwicklung gewesen.«

Demgegenüber stellt Dornberger in seinem Buch »V 2 – Der Schuß ins Weltall« fest: »Weder die Industrie noch irgendeine Hochschule befaßte sich mit der Entwicklung von Hochleistungsraketenantrieben. Es gab nur einzelne Erfinder, die gemeinsam mit mehr oder minder tüchtigen Mit-

arbeitern ohne finanziellen Rückhalt werkelten. Sie waren gezwungen, durch großsprecherische Reklamevorführungen und übertriebene Zeitungsartikel Geld zu verdienen. Natürlich riefen sie durch solches Gebaren den Widerspruch von Hochschulprofessoren und der einschlägigen Wissenschaft hervor. Dazu kam noch, daß jeder Erfinder jeden anderen, der sich mit Raketen beschäftigte, befehdete. Bis zum Jahre 1932 gab es keine gründliche wissenschaftliche Forschungs- und Entwicklungsarbeit auf diesem Gebiet in Deutschland. So war es zum Beispiel nicht möglich, vom Raketenflugplatz Berlin bis Mitte 1932 auch nur ein bei Versuchen aufgenommenes Diagramm über Leistung und Verbrauch zu erhalten.
Das Heereswaffenamt sah sich zunächst gezwungen, mit den einzelnen Erfindergruppen Verbindung aufzunehmen, sie finanziell zu unterstützen und abzuwarten, ob sich daraus etwas ergäbe. Zwei Jahre lang versuchte das Heereswaffenamt vergeblich, Grundlagen in die Hand zu bekommen. Die Arbeiten kamen nicht vorwärts. Dazu trat die Gefahr, daß durch unbedachte Schwatzhaftigkeit das Heereswaffenamt als Geldgeber für Raketenentwicklung bekannt werden konnte.«
Diese Behauptungen werden von Nebel bestritten. Er schreibt: »Mir ist es völlig rätselhaft, wie Dornberger diese Behauptung aufstellen konnte. Natürlich wurden bei allen unseren Versuchen genaue Messungen angestellt. Bereits 1930 lagen Diagramme sowohl über Leistungen als auch über Verbrauch unserer [müßte wohl eher heißen: »Oberths«] Kegeldüse vor...«
Einwandfrei technisch zu arbeiten, wie Dornberger es verlangte, die Weltraumrakete im zähen Ringen mit den Gesetzen der Physik und den Widerwärtigkeiten der Werkstoffe zu verwirklichen, war ein Anliegen, für das sich auch Rolf Engel einsetzte – genauso wie diese Notwendigkeit ja schließlich auch Wernher von Braun veranlaßte, beim Heereswaffenamt einzutreten, denn nur dort gab es potentiell ausreichende Technik und die notwendigen Mittel, um die gestellte Aufgabe zu bewältigen. So schrieb Engel in seiner historischen Untersuchung, die er 1947 in Paris zusammenstellte: »Es ist einwandfrei das Verdienst von R. Nebel, daß seinerzeit alle weitreichenden Pläne aufgegeben und die gesamten Arbeiten darauf ausgerichtet wurden, kleinere Motore für Flüssigkeitsraketen zu einwandfreiem Arbeiten zu bringen. Nebel hatte alle seine Mitarbeiter davon überzeugt, daß nur mit technisch sauberen, ohne Fehler arbeitenden Triebwerken der Raketentechnik zum Siege verholfen werden kann...«
Einige Seiten später stellt Engel allerdings fest: »Der Vorwurf, den man dieser Arbeitsgruppe – vom heutigen Standpunkt aus – machen kann, besteht darin, daß sowohl R. Nebel wie auch K. Riedel die ursprünglich als ›Fliegende Prüfstände‹ gedachten ›Startraketen‹ zu wirklichen Gesamtgeräten ausbauen wollten. Nebel und Riedel hatten bei diesen Entwürfen Wege beschritten, die wissenschaftlich anfechtbar und technisch nicht einwandfrei erschienen. Der ... Verfasser dieses Berichts hatte versucht, diese Entwicklung zu verhindern, jedoch konnte er sich mit den beiden anderen Herren nicht einigen und schied mit Wirkung vom Februar 1932 aus der Arbeitsgemeinschaft Raketenflugplatz Berlin aus ...«
Heute, nahezu ein halbes Jahrhundert nach allen diesen Ereignissen, ist es naturgemäß schwer, zu rekonstruieren, wie die Dinge im einzelnen abliefen, wo Ursachen und Wirkungen lagen. Dies ist der Grund, warum wir auf jene frühe Epoche der Raketenentwicklung, jene Periode des Enthusiasmus, unter Anführung so vieler Zeugen eingehen. Es ist der Versuch, aus vielen einzelnen Steinchen ein Mosaik zusammenzubauen, das den höchstmöglichen Gehalt an Wahrheit besitzt...

Johannes Winkler, Theoretiker für die Praxis

Die Zeit Ende der zwanziger Jahre war in Deutschland die Zeit des großen Raumfahrtfiebers. Und so konnte es nicht ausbleiben, daß sich damals neben den Männern des VfR und des Raketenflugplatzes Berlin, die wir auf den letzten Seiten kennenlernten, auch noch andere Gruppen mit der Rakete und dem Raumfahrtgedanken befaßten.
Die meisten von ihnen haben wir beim Streifzug durch die Entwicklung des Vereins für Raumschiffahrt bereits kurz angesprochen, aber es gilt nun, einige von ihnen etwas näher kennenzulernen und ihre Arbeiten zu beleuchten, denn auch sie haben zu jenen Anfängen beigetragen, aus denen schließlich und endlich nach dem Zurücklegen vieler verschlungener Pfade die Weltraumrakete der Gegenwart hervorgegangen ist.
An erster Stelle sei hier Johannes Winkler (1897–1947) angeführt, den Rolf Engel sehr treffend als einen »Mann der ersten Stunde« bezeichnet. Er war in der Tat dabei, als in Deutschland jenes Interesse und jene Bestrebungen begannen, die zu VfR, Raketenflugplatz Berlin und schließlich – über die Person Wernher von Brauns – bis nach Peenemünde und damit zur ersten Flüssigkeits-Großrakete der Welt führten.
Johannes Winkler hatte sich schon von Jugend an für Technik und Astronomie begeistert. Den Anstoß zur Beschäftigung mit diesen Gebieten gaben in seiner Jugendzeit die Vorbeifahrt eines Freiballons über Winklers Wohnort Carlsruhe in Schlesien, das Auftauchen des Kometen Halley mit seinem leuchtenden Schweif im Jahre 1910 und ein Ingenieur, der sich auf dem Exerzierplatz von Oppeln (in Oppeln besuchte Winkler ab 1912 die Schule) eine Flugmaschine baute.
Winkler studierte nach dem Ersten Weltkrieg zunächst Maschinenbau, schwenkte dann aber auf Wunsch seiner Eltern auf Jura um, wobei er im Nebenfach Mathematik und Naturwissenschaften im gleichen Umfang belegte. Über sein Interesse an Technik, Astronomie und schließlich an der Raumfahrtidee schreibt er selbst in Werner Brügels Buch »Männer der Rakete« im Jahre 1933, nachdem er von seiner Lektüre der Verneschen Romane und astronomischer Bücher in den frühen zwanziger Jahren berichtet hatte:
»Es konnte daher seinen Eindruck auf mich nicht verfehlen, als ich im Herbst 1926 in dem Roman der Schlesischen Zeitung [Otto W. Gail: »Der Stein vom Mond«] ähnliche Gedankengänge [zur Raumfahrt] wiederfand, die in den Grundzügen sofort als wissenschaftlich gut fundiert zu erkennen waren. Eine kurze Überschlagsrechnung am Schreibtisch über die Massenabschleuderung, und schon begann

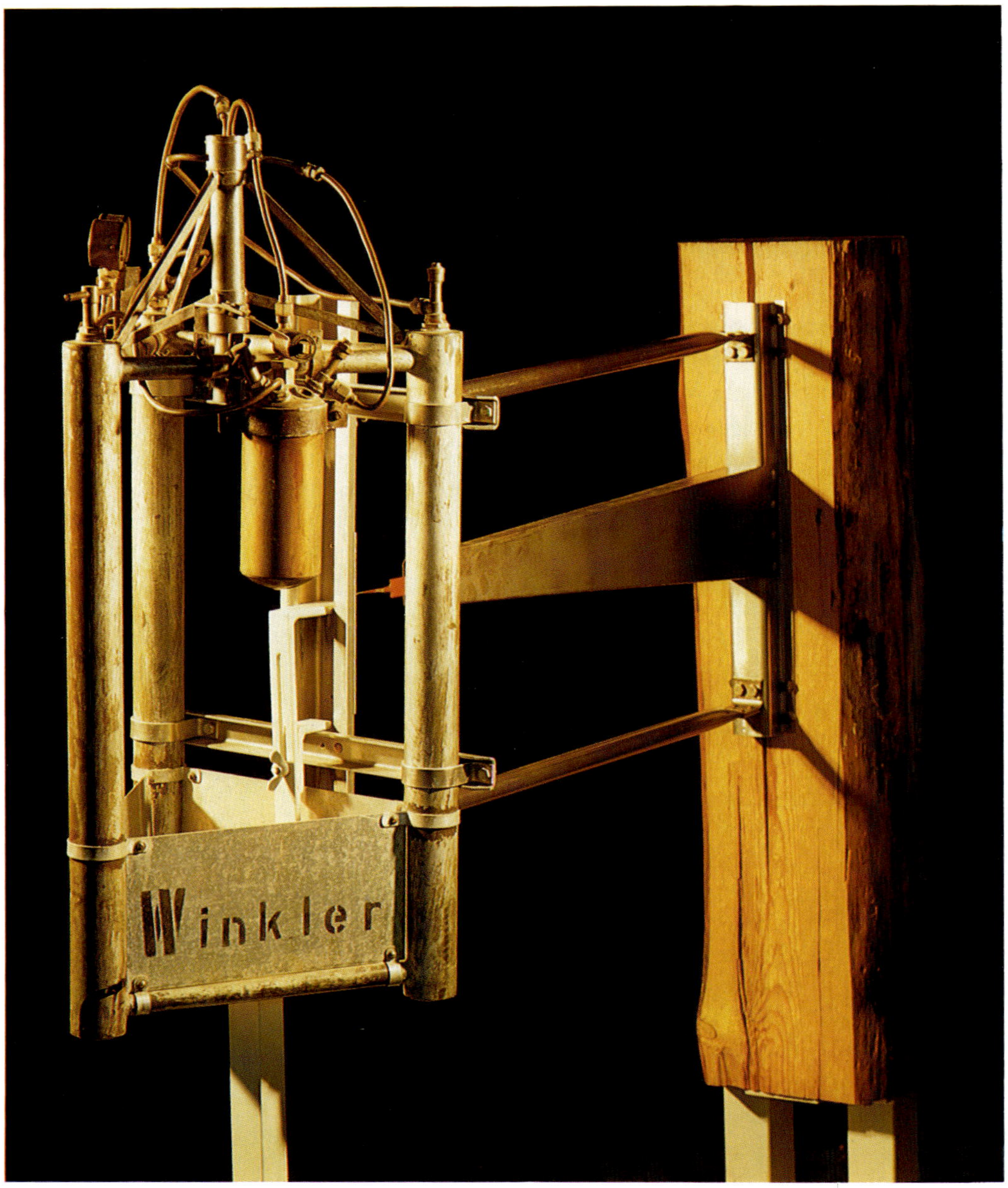

Nachbau der Winklerschen Rakete, die als erste Flüssigkeitsrakete Europas geflogen ist. Nachgebaut für das Deutsche Museum von der Lehrlingswerkstätte der Firma MBB. Rechts der Schubschreiber.

der Gedanke mich in seinen Bann zu ziehen: er war die Synthese zwischen meinen Lieblingsgebieten, der Technik und Astronomie...«
Dies führte schließlich dazu, daß Winkler die Zeitschrift »Die Rakete« schuf und (wir haben es bereits gehört) die Gründung des Vereins für Raumschiffahrt e. V. mitbetrieb.
Sehr schnell konzentrierte sich sein Interesse auf die empirischen Grundlagen der Raketentechnik, basierend auf soliden Kenntnissen der Theorie. So begann er 1928 auf eigene Initiative hin den Schubverlauf (er nennt es Kraftverlauf) von Pulverraketen zu messen. In der gerade zitierten autobiographischen Darstellung sagte er dazu: »Ein Diagramm habe ich in der Zeitschrift 1928 veröffentlicht; es zeigte einen nahezu konstanten Kraftverlauf, obwohl es sich um eine Seelenrakete handelte, bei der die Brennfläche zunimmt. Erst vier Jahre später ist es mir gelungen, eine Theorie aufzustellen, welche die mannigfachen Beobachtungen und auch diesen Kraftverlauf erklärt.«
Im gleichen Jahr 1928 konstruierte und baute Winkler auch einen Antriebsapparat für flüssige Brennstoffe. Sein Kommentar: »Es wurde sehr bald deutlich, daß die Antriebsfrage, m. a. W. das Motorproblem die Zentralfrage der Raumschiffahrt werden würde und daß sehr große Geldmittel nötig sein würden, dieses Problem sachgemäß zu bearbeiten. Es war nichts weniger als eine Wärmekraftmaschine zu entwickeln, die ich im Gegensatz zum Kolbenmotor als Strahlmotor bezeichne.«
Hier, so scheint es, liegt der Ursprung für das Wort Strahltriebwerk!
Ab September 1929 bot sich Winkler die Gelegenheit, zu der Firma Junkers nach Dessau zu gehen, wo er Untersuchungen über Raketen als Starthilfen für Flugzeuge anstellen sollte. Diese Arbeit, die sich über 18 Monate erstreckte, lieferte ihm zahlreiche zusätzliche theoretische und praktische Einblicke. Seinen Vorsitz im VfR legte er damals nieder, arbeitete aber privat an seinen Raketenideen weiter.
Finanziell unterstützt wurde er dabei vor allem durch den Hutfabrikanten Hückel, der ja auch einer der großzügigen Mäzene des Raketenflugplatzes Berlin war.
Winkler entwickelte eine eigene Flüssigkeitsrakete, die HW I, gefolgt von der HW Ia, wobei das Akronym HW für »Hückel-Winkler« steht. Die HW I hatte ein Startgewicht von 4 bis 5 kg, von denen 1,7 kg auf den Brennstoff flüssiges Methan und den Oxydator Flüssig-Sauerstoff entfielen. Auf die merkwürdige Form dieser »Rakete« haben wir bereits hingewiesen.
Am 21. Februar 1931 flog die HW I auf dem Exerzierplatz bei Dessau, erreichte allerdings nur eine Höhe von 3 Metern.
Am 14. März konnte der Versuch mit dem gleichen Gerät wiederholt werden, wobei die Rakete auf rund 60 Meter Höhe kam, dann aus der Vertikalen auslenkte und einen weiten Bogen von 190 Metern zurücklegte, bevor sie auf dem Boden aufschlug. Winkler schreibt: »... der Versuch verlief aber sonst ohne Störung, und man tut gut, diesen Moment als die Geburtsstunde der Flüssigkeitsrakete anzusehen.«
Wir haben von diesem ersten Aufstieg einer Flüssigkeitsrakete außerhalb der USA und davon, daß Winkler und die anderen Raketenenthusiasten in Europa nichts von den Goddardschen Flügen wußten, bereits gesprochen.
Zu dem Flug selbst merkte Winkler noch an, daß die Rakete »nach dem Diagramm« eine Höhe von 500 Metern hätte erreichen können, wenn sie nicht während des Aufstiegs aus der Vertikalen ausgelenkt hätte.
Nun baute Winkler die HW I in verschiedenen Konfigurationen um und erprobte in Flügen die jeweiligen Flugstabilitäten bei verschiedenen Schwerpunktlagen.
Kurz danach verlegte Winkler auf Anregung Hückels seine Raketenarbeiten auf den Raketenflugplatz Berlin. Hückel wollte auf diese Weise zu einer rationelleren Nutzung der technischen Einrich-

tungen und der finanziellen Mittel kommen, und Nebel hatte ihm gerne das am weitesten von seinen eigenen Räumen entfernt liegende Gebäude vermietet unter der Versicherung, daß Winkler in seinen Arbeiten nicht gestört und nicht über sie befragt würde. Hier, in Berlin, schloß sich Rolf Engel Winkler als Assistent an. Winkler ließ sich von seiner Firma in Dessau für etwa zwei Jahre beurlauben und widmete sich nun voll der Entwicklung einer größeren Rakete, der HW II. Die Vorarbeiten für diese Rakete begannen im Mai 1931. Mit der HW II wurden auch einige Prüfstandversuche gemacht, aber dem Gefühl Rolf Engels nach zu wenige. Engel dazu in einem Vortrag 1978: »Bei Klaus Riedel hatte ich miterlebt, wie oft man Prüfstandversuche mit ein und derselben Brennkammer machen muß, ehe man mit einiger Wahrscheinlichkeit erwarten kann, daß die Kammer nach den vielen kleinen Verbesserungen betriebssicher ist. Winkler bestand hartnäckig darauf, daß zwei Brennversuche mit halber Tankfüllung, das heißt mit 25 Sekunden Brennzeit, ausreichend sein würden.«

Die HW II war von Winkler als Höhenrakete gedacht. Sie war 190 Zentimeter lang, hatte einen Durchmesser von 40 Zentimetern und besaß ein Leergewicht von 10 Kilogramm. Ein halbes Kilogramm davon beanspruchte die Nutzlast, ein Barograph. Der Treibstoff machte 36 Kilogramm aus, von denen 32 Kilogramm auf den flüssigen Sauerstoff und 4 Kilogramm auf verflüssigtes Methan (Grubengas CH_4) entfiel. Winkler bevorzugte diese Treibstoffe bei seinen Raketen gegenüber Benzin und Alkohol. Das Triebwerk der Rakete sollte für 49 Sekunden mit dem vollen Schub von 96 Kilogramm bei einem Kammerdruck von 10 Atmosphären brennen.

Mit dieser Rakete hatte Winkler ein Massenverhältnis (= Verhältnis des Gewichts der vollgetankten zu demjenigen der leeren Rakete) von 4,6 erreicht – ein sehr guter Wert, der bei späteren Raketenkonstruktionen erst wieder 1943 erzielt wurde.

Winkler achtete bei seinen Überlegungen überhaupt sehr auf maximale Ausgangsbedingungen. Eines seiner Auslegungsziele bei der HW II, an der ab Februar 1932 Rolf Engel entscheidend mitarbeitete, war, die Rakete so klein wie technisch möglich zu gestalten. Die Brennkammer wurde kapazitiv gekühlt; ihre Konstrukteure nahmen dafür einen hohen Anteil des Sauerstoffs am Treibstoff in Kauf. Die HW II faßte zwanzigmal soviel Treibstoff wie die HW I, hatte aber nur das dreifache Leergewicht der HW I – eine beachtliche Leistung!

Ende Mai 1932 war die HW II fertig. Sie sollte den Höhenrekord der Pulverrakete brechen und deshalb mindestens 400 Meter Höhe erreichen. Es dauerte aber noch bis zum September, bevor die Genehmigung vorlag, das Gerät in Ostpreußen an der Frischen Nehrung zu starten. Der erste Startversuch am 29. September 1932 war erfolglos: Eine Vereisung der Rakete verhinderte den Zufluß der Treibstoffe zur Brennkammer.

Am Morgen des 6. Oktober 1932 betankten Winkler und seine Mitarbeiter die Rakete erneut. Dabei stellten sie mit Entsetzen fest, daß die Ventile für Treibstoff- und Verbrennungsträgerzufuhr unter dem Einfluß der feuchten Meeresluft zu rosten begonnen hatten und dadurch undicht geworden waren. Für einen Augenblick dachte man daran, den Versuch zu verschieben. »Aber«, wie Engel schreibt, »die Organisation, die wir aufgebaut hatten, lief auf vollen Touren. Mitglieder der Regierung von Königsberg waren im Anmarsch, Schiffe der Kriegsmarine hatten das Seegebiet und das Frische Haff bereits gesperrt. Wir beschlossen, das Risiko einzugehen und den Raketenkörper unmittelbar vor dem Start mit Druckstickstoff auszublasen. Das wurde getan, aber vielleicht nicht gründlich genug. Beim Einschalten der Zündung befand sich noch zwischen Außenhaut, den Tanks und der Brennkammer genügend Knallgas, um unsere ›schöne‹ HW II in Stücke zu zerreißen. Die Enttäuschung war enorm.«

Es war dies das Ende der privaten Winklerschen Raketenexperimente. Winkler ging wieder zur Firma Junkers nach Dessau zurück und arbeitete dort weiter an Starthilfen, bis er 1941 an die Aerodynamische Versuchsanstalt (AVA) in Göttingen übersiedelte. Auch hier arbeitete er an der Entwicklung von Raketentriebwerken. Einzelheiten über diese Arbeiten bei Junkers und an der AVA sind nicht bekannt geworden; sie unterlagen der Geheimhaltung. Erst jüngst konnte Rolf Engel bei historischen Nachforschungen noch einige Notizen in Winklers Nachlaß ausgraben, die wenigstens ein paar Aufschlüsse geben.

Gleich allen Raketenenthusiasten der damaligen Zeit war natürlich auch Johannes Winkler der Raumfahrtidee verschrieben – anders ausgedrückt, auch er sah in der Rakete hauptsächlich, schließlich und letztlich das Fahrzeug, das es dem Menschen ermöglichen sollte, in den Weltenraum vorzudringen. Alle damaligen Experimente (mit Ausnahme der militärischen Entwicklungen) mit Raketen dienten diesem Endzweck. Es war ein Ziel, dem man sich so verschrieben hatte, daß selbst diejenigen, die sich der militärischen Raketenentwicklung zuwandten (weil sie in ihr einen Umweg zur Weltraumrakete sahen), sich von dem Gedanken an den Raumflug niemals trennten, selbst in der grausamen Endphase des Zweiten Weltkrieges nicht!

Und gleich diesen Raumfahrtenthusiasten machte sich natürlich auch Johannes Winkler Gedanken darüber, wie eine solche Weltraumrakete aussehen müßte. Er hatte ja die theoretischen Unterlagen dazu in Gestalt von Oberths Buch, das – wir erinnern uns – 1929 in seiner neuen, erweiterten Form unter dem Titel »Wege zur Raumschiffahrt« herausgekommen war. Es gab ein 1928 erschienenes Buch von Esnault-Pelterie, das unter den Raumfahrtanhängern schnell bekannt wurde und mit dessen Titel »Astronautique« die Raumfahrtidee ihren internationalen, gleichsam wissenschaftlichen Namen erhielt. Willy Ley hatte ebenfalls 1928 das Sammelwerk »Die Möglichkeit der Weltraumfahrt« publiziert. In ihm war ein Beitrag von Guido von Pirquet (1888–1966) enthalten, der das Konzept eines schrittweisen Vordringens zum Raumflug durch die drei Phasen Registrier-(Forschungs-)Rakete, Fernrakete und Weltraumrakete entwickelt, zahlreiche Raumflugbahnen errechnet und auf das schon zitierte »astronautische Paradoxon« hingewiesen hatte. Man war sich damals also durchaus im klaren über die notwendige Größe und Schubkraft einer Weltraumrakete, die zum Mars, zum Mond oder auch nur in eine Erdumlaufbahn fliegen sollte. Diskussionen über die Frage, ob es überhaupt möglich wäre, entsprechend große und schubkräftige Raketenmotoren zu bauen, waren an der Tagesordnung. Die ersten praktischen Erfahrungen mit kleinen Flüssigkeitsraketen zeigten ja bereits sehr deutlich, daß es nicht möglich war, Triebwerksdaten einfach auf größere Modelle zu extrapolieren. Neben den vielfältigen Problemen, die das Konzept der Stufenrakete stellte, debattierte man deshalb auch sehr viel über die Bündelung von Raketentriebwerken, das heißt das Zusammenfassen und Betreiben mehrerer Brennkammern. Schon in den Jahren 1931/32 wurden diese Ideen von den Männern des Raketenflugplatzes Berlin eifrig diskutiert. Auch Winkler hatte sich privatim sehr weitgehende Gedanken über den Aufbau

einer Großrakete gemacht, ohne allerdings von den Einzelheiten zu sprechen. Er erging sich gegenüber Rolf Engel und anderen sowie in seinem Beitrag zu Brügels Buch »Männer der Rakete« lediglich in Andeutungen darüber, daß er selbst ein Konzept für eine solche Großrakete entwickelt habe. Er gibt dieses Konzept sodann in einer von ihm abgeleiteten Formel wieder, wobei aber der zugrunde liegende Gedanke nicht offenbar wird, da Winkler nicht sagte, wie er die Formel entwickelt hatte.

Erst im Jahre 1935 kamen Engel und Mitarbeiter durch umfangreiche mathematische Untersuchungen zu der Feststellung, daß Johannes Winkler hier einen Typ von Weltraumrakete konzipiert hatte, der von Engel nachträglich auf den Namen »Aggregat-Prinzip« getauft wurde: die konsequente Zusammenfassung von einem einzigen Typ von »Standardrakete« zu Bündeln und Stufen.

Diese durch mathematische Deduktion erkannte Tatsache bestätigte sich, als Rolf Engel bei der Durchsicht des Nachlasses von Winkler auf einen Bericht Winklers mit dem Titel »Zusammengesetzte Raketen« stieß, der die Aggregat-Theorie erstmals insgesamt darstellte.

Es ist ein zunächst sehr plausibles System, das indessen, wie die Praxis zeigte, seine Grenzen hat. In der Sowjetunion hat Koroljow eine Interkontinentalrakete, mit der 1957 unter anderem der erste künstliche Satellit der Erde, SPUTNIK 1, gestartet wurde, als eine Art Aggregatrakete konzipiert; sie setzt sich aus vier R-14-Raketen sowie als Zentralkörper einer Mittelstreckenrakete vom Typ SS-6 zusammen. Auch weitere sowjetische Trägerraketen wurden nach dem gleichen Prinzip, wenn auch nicht als reine Aggregate mit nur einer Triebwerksart, konstruiert. Daß dieses Prinzip der Bündelung sich nicht beliebig ausweiten läßt, zeigte der mißlungene Versuch der Sowjets mit ihrer weitgehend auf dem Aggregatprinzip basierenden Großrakete G-1. Sie entspricht mit ihrer Schubkraft größenordnungsmäßig der SATURN-V-Mondrakete der USA, explodierte bisher aber bei allen drei Startversuchen und ist seit dem letzten Flug im Jahre 1971 nicht mehr auf den fertigen Startrampen gesehen worden.

Engel merkte in seinem Vortrag von 1978 noch an, daß Wernher von Braun ihm gegenüber bereits im Sommer 1941 das Aggregatprinzip abgelehnt habe. Begründet hat er diese Ablehnung mit dem Hinweis auf die negative Beeinflussung des Gesamtgewichts der Konstruktion, mit der größeren Zahl an Stufen, die gegenüber dem herkömmlichen Stufenprinzip benötigt wird, und mit der Aussage, daß große Brennkammern bei entsprechender Konstruktion die gleichen Wirkungsgrade hätten wie eine hochgezüchtete Standardrakete.

Engel stellt in seinem Vortrag fest, daß das Zusammensetzen großer Aggregate aus kleinen Standardraketen seine Grenzen habe, was die bitteren Erfahrungen, die die Sowjetunion machen mußte, deutlich zeigen. Er fährt dann fort: »Vielleicht wird einmal die Zeit kommen, in der die Regeltechnik für den Schubaufbau vieler gebündelter Triebwerkseinheiten besser gelöst werden wird, als dies heute möglich ist. Dann wird man auch Winklers Traum von einer Aggregatrakete noch einmal überdenken können.«

Hier ist man allerdings versucht, hinzuzufügen, daß diese Zeit wohl vorbei ist, nachdem sicher in Zukunft eine Form des Raumfluges immer stärker vorherrschen wird, die gegenwärtig in Gestalt des amerikanischen Raumtransporters Form annimmt und die, wenn auch nicht sogleich, so aber sicher im nächsten Jahrzehnt, auch in der Sowjetunion die herkömmlichen Verlust-Trägerraketen immer stärker verdrängen wird. Es ist ein Prinzip, dem auch in den zwanziger und dreißiger Jahren schon eine Reihe von Pionieren der Frühzeit der Raumfahrt huldigten. Sie sahen die Entwicklung zum Raumfahrzeug auf dem Weg über das raketengetriebene Flugzeug. Blenden wir also noch einmal zurück in die zwanziger und dreißiger Jahre. Wir haben diese Epoche noch nicht allseits erfaßt, und so wollen wir zunächst einige weitere Pioniere der herkömmlichen Verlustrakete (Verlust, weil diese Raketen nur einmal verwendbar sind) betrachten, die die Entwicklung zu jenem neuen Typ von Raumfahrzeug begleiteten, das lange Zeit im Schatten der Großraketen stand, bevor es in den siebziger Jahren das Hauptinteresse der amerikanischen Raumfahrtbehörde NASA auf sich zog.

Reinhold Tiling und die Pulverraketen

Obgleich sich die Anhänger des Raumfahrtgedankens der zwanziger und frühen dreißiger Jahre darüber im klaren waren, daß nur die Flüssigkeitsrakete den Weg zur Raumfahrt öffnen konnte, gab es dennoch einige Gruppen, die bewußt an der Schwarzpulverrakete weiterarbeiteten,

Linke Seite außen: Winkler im November 1932 auf dem Raketenflugplatz Berlin beim Betrachten eines Durchblasversuchs von flüssigem Sauerstoff

Linke Seite innen: Die HW II auf der Greifswalder Oie. Die Rakete explodierte am 6. Oktober 1932 in Pillau – auf der Oie hatte man die Experimentatoren vor dem Startversuch verjagt.

Rechts: Modell der Winklerschen Rakete mit den Originaltanks, oben der Sauerstofftank, unten der Methantank. Nachbau Lehrlingswerkstatt MBB 1968

um sie für die verschiedensten Zwecke – einschließlich der meteorologischen Höhenforschung – besser nutzbar zu machen.
Zu ihnen gehörten Reinhold Tiling und seine Mitarbeiter. Sie entwickelten ab 1930 in der Nähe von Osnabrück Schwarzpulverraketen von 1,8 Meter Länge und 6,5 Zentimeter Durchmesser, die ein Startgewicht von etwa 7,2 Kilogramm hatten; 6 Kilogramm entfielen auf die Treibladung. Tiling erreichte mit diesen Raketen Höhen von rund 3 Kilometern und Reichweiten von 6 bis 7 Kilometern.
Im April 1931 baute er sechs Schwarzpulverraketen, deren erste in 150 Meter Höhe explodierte, während zwei weitere auf 500 bis 750 Meter und eine auf etwa 1800 Meter Höhe gelangten. Sie erreichten Brennzeiten bis zu elf Sekunden und Geschwindigkeiten von über 1100 Kilometer pro Stunde. Eine verbesserte Version, von der Tiling zwei Exemplare von der ostfriesischen Insel Wangeroog aus verschoß, brachte es auf eine Höhe von fast 10 Kilometern!
Nicht so gut klappten die Kontakte, welche die Männer des Raketenflugplatzes Berlin mit Tiling aufzunehmen trachteten, als dieser im Sommer 1932 einmal in der damaligen Reichshauptstadt zu Besuch weilte. Auf den Vorschlag Nebels, doch zusammenzuarbeiten, verwies Tiling darauf, daß seine Raketen ja bereits über größere Strecken fliegen würden und er daran denke, sie über den Kanal von Dover zu schicken, während man auf dem Raketenflugplatz noch mit kleinen Raketen experimentiere.
Die Absicht Nebels und Riedels bestand im Falle einer sich realisierenden Zusam-

menarbeit darin, Flüssigkeitstriebwerke beizusteuern, während Tiling die recht ordentlich konstruierten Raketenkörper samt den Stabilisierungsflächen zur Verfügung stellen sollte.
Mit diesen überlangen Stabilisierungsflächen hatte es eine besondere Bewandtnis: Sie waren so konstruiert, daß zwei von ihnen sich nahe dem Gipfelpunkt der Flugbahn ausspreizten und damit die Rakete dazu brachten, in einer Spiralbahn gebremst zu Boden zu sinken. Die Spreizflächen sollten also den Fallschirm ersetzen. Bei ruhigem Wetter funktionierte das auch recht gut, obgleich diese Abbremsung weniger wirkungsvoll war als mit einem Fallschirm.
Wenig Glück hatte Tiling übrigens mit einer Raketendemonstration, die er bei dem zuvor erwähnten Besuch in Berlin auf dem Tempelhofer Feld veranstaltete. In stürmischem, regnerischem Wetter kam eine seiner Raketen auf der Zuschauertribüne herunter, woraufhin die Polizei die Veranstaltung für beendet erklärte.
Im gleichen Sommer 1932 demonstrierte Tiling auch den Start einer Rakete vom Flugzeug aus und wies damit auf einen neuen Bereich waffentechnischer Anwendung hin, wenngleich Rudolf Nebel laut seiner Biographie die Idee, Raketen als Waffen zu benützen, schon im Ersten Weltkrieg 1916/17 mittels Signalraketen bei Flugeinsätzen demonstriert hatte.
Bei der Tilingschen Demonstration waren unter anderem der Flieger Ernst Udet sowie Rolf Engel zugegen. Zwischen den Männern entspann sich eine heftige Dis-

Links oben: Tiling mit einer seiner Pulverraketen beim Versuch auf der Nordsee-Insel Wangerooge im Jahre 1931

Mitte: Vorführung der Rakete mit Spreizflossen auf dem Tempelhofer Feld Mitte 1933

Unten: Abschuß der Tilingschen Spreizflügelrakete auf Wangerooge im Jahre 1933

Rechte Seite: Start einer Atlas-Agena-Rakete, überlagert von Brechungsreflexen des Kameraobjektivs

kussion über den Nutzen der Rakete als Flugzeugwaffe. Udet nannte es eine »nutzlose Spielerei«, was ihm von Tiling und Engel energischen Widerspruch einbrachte.
Tiling arbeitete weiter an seiner Idee, eine große, den Englischen Kanal überquerende Rakete zu bauen. Doch dazu kam es nicht mehr. Als er am 10. Oktober 1933 zusammen mit seiner Mitarbeiterin Angelika Buddenböhmer und dem Monteur Friedrich Kuhr wieder einmal Pulver für seine Raketen preßte, ereignete sich eine heftige Explosion, die auch die im gleichen Raum lagernden Treibstoffe erfaßte. Ein gewaltiges Feuer war die Folge. Die drei Personen konnten sich zwar brennend ins Freie retten und die Flammen in einem Teich ersticken, aber sie erlagen wenige Stunden danach ihren schweren Verletzungen.

Raketen für die Briefbeförderung

Auch eine andere Idee hatte in jenen Jahren Fuß gefaßt und sich in Experimenten verwirklichen lassen. Wir sprachen bereits einmal von dem Plan, Raketen zur Postbeförderung zu benützen.
Willy Ley hat versucht, die Anfänge dieser Idee aufzuspüren. Er kam zu dem Ergebnis, daß die Postrakete in Europa erstmals in der März-Ausgabe 1928 der Zeitschrift »Die Rakete« erwähnt wurde, und zwar in der Zusammenfassung eines Vortrages, den der Österreicher Dr. Franz von Hoefft im Februar 1928 in Wien gehalten hatte – obgleich wir hörten, daß Raketen zur

Oben: Die Werkstatt Reinhold Tilings bei Osnabrück. Tiling konstruierte seine Rakete mit zwei »Spreizflächen« – Stabilisierungsflossen, die am Gipfelpunkt der Flugbahn ausklappten und die Raketen im Gleitflug zurückkehren ließen.

Links: Auch an Flugzeug-Bordraketen dachte Tiling und experimentierte damit, wie diese flächenstabilisierte Feststoffrakete unter der Tragfläche eines Klemm-Sportflugzeuges zeigt.

Rechte Seite: Max Valier (1895–1930), begeisterter Astronom und Verfechter der Idee vom schrittweisen Vorstoß ins Weltall über Raketenflugzeug und Raumgleiter

Beförderung von Post schon um die Jahrhundertwende auf den polynesischen Tonga-Inseln benützt worden sind. Im Juni 1928 setzte sich dann auch Hermann Oberth in einem Vortrag, den er in Zoppot hielt, mit der Postrakete auseinander. Er sprach darin sogar von der Möglichkeit, eine zweistufige transozeanische Rakete zu bauen, die dringende Post im Verlauf von 45 Minuten von Europa nach Amerika befördern könnte.
Anfang 1931 schließlich wurde bekannt, daß in der Steiermark der österreichische Ingenieur Friedrich Schmiedl Probeflüge von Raketen im Postdienst veranstaltete. Schmiedl machte in der Tat zwischen dem 2. Februar 1931 und dem 16. März 1933 neun Versuchs- und einen »regulären« Flug, bei denen Post zwischen steyerischen Bergtälern transportiert wurde. Bei den einzelnen Flügen waren zwischen 28 und 333 Briefe unterwegs, wobei diejenigen des »regulären« Fluges offiziell über die Postämter zugestellt wurden. Schmiedl wollte nach den erfolgreichen Flügen des Jahres 1933 einen regulären Flugplan für seine Raketen aufstellen, doch wurde dies von der Schuschnigg-Regierung, die inzwischen an die Macht gekommen war, untersagt. Der Vorteil des Schmiedlschen Systems war aus lokalen geografischen Gründen besonders ins Auge fallend: Die einzelnen Bergtäler, in denen die »angeflogenen« Ortschaften lagen, hatten keine direkte Verbindung miteinander, so daß es stundenlanger Umwege bedurfte, um sie zu erreichen. Die Rakete hingegen transportierte die Nachrichten binnen Minuten hin und her. Die Bedeutung Schmiedls für die Raketentechnik lag jedoch neben seinen spektakulären Postraketenstarts vor allem in den von ihm durchgeführten umfangreichen Meßreihen. So hat er rund 50 Raketenmodelle unterschiedlicher Geometrie durchgemessen und an die zehntausend Einzelexperimente durchgeführt. Hierin lag zweifellos einer der Anfänge systematischer Erforschung aerodynamischer Verhältnisse an Raketenkörpern.
Etwa ein Jahr später veranstaltete in Deutschland Gerhard Zucker Postraketenflüge. Entsprechende Versuche, die er danach in England anstellte, waren nicht erfolgreich. Weiterhin wurden Versuche mit Postraketen in Holland, den USA, Australien, Indien, Kuba und Mexiko unternommen. Die sich schnell entwickelnde Luftfahrt indessen machte alle Pläne für Raketenpost zunichte.
Ein anderer Experimentator der Feststoffraketen muß an dieser Stelle ebenfalls noch erwähnt werden: Karl Poggensee. Er startete einen Tag vor dem Flug der HW-I-Rakete von Johannes Winkler in der Nähe Berlins eine Schwarzpulverrakete, die auf rund 450 Meter Höhe kam. Der Versuch wäre sicher nicht besonders bemerkenswert (wir können in unserem Überblick ohnedies nicht sämtliche Raketenstarts der damaligen Zeit noch alle an dieser Phase der Entwicklungsgeschichte der Rakete beteiligten Personen auflisten), hätte Poggensee seiner Rakete nicht ein Höhenmeßgerät, eine Kamera und einen Geschwindigkeitsmesser mitgegeben. Dadurch reiht sich das Experiment würdig in jene Versuche ein, die mit raketengetragenen Kameras bereits um die Jahrhundertwende angestellt wurden und den Weg zur wissenschaftlich instrumentierten Rakete wiesen.
Ein anderer Feststoffraketenbauer der damaligen Zeit, Friedrich Wilhelm Sander (1885–1938), wirkte in Bremerhaven und beschäftigte sich ursprünglich mit Waffen. In diesem Zusammenhang baute Sander auch Leinenwurfmörser für die Rettung Schiffbrüchiger und kam so zur Fabrikation von Rettungsraketen für die Schiffahrt. Sander stellte außerdem Signal- und Navigationsraketen her. Er hatte ein Verfahren entwickelt, das es ihm erlaubte, das Schwarzpulver stärker zu pressen, als dies sonst im allgemeinen gelang. Und da ihm das Glück hold war und keine seiner Pressen explodierte, war er bald allgemein bekannt und von den Seeleuten wegen der Qualität seiner Rettungs- und Signalraketen in nautischen Kreisen viel gerühmt.
So stieß auch Max Valier auf Sander, als er jene kühnen Pläne verwirklichen wollte, die zur Raumfahrt auf dem Umweg über raketengetriebene irdische Fortbewegungsmittel führen sollten.

Raketenautos, Raketenschlitten und Raketenflugzeuge

Max Valier (1895–1930) war uns bereits im Zusammenhang mit der Gründung des Vereins für Raumschiffahrt begegnet. Er hatte 1927 in einem Brief an Willy Ley die Gründung eines Vereins raumfahrtinteressierter Menschen angeregt. Er war wie so viele über die Astronomie zur Raumfahrtidee gekommen.
Die Astronomie hatte Max Valier schon als Schüler begeistert. Als Dreizehnjähriger hatte er mit seinem ersten Fernrohr die Sterne zu beobachten begonnen, mit fünfzehn ein astronomisches Tagebuch geführt und im gleichen Alter seinen ersten Zeitungsartikel veröffentlichen können – einen Bericht über eine Mondfinsternis. Stolz vermerkt er in seinem Tagebuch, daß er ein Belegexemplar und Honorar für den Artikel erhalten habe. Das Schreiben für Zeitungen über astronomische Themen gehörte von da an zu seinen Lieblingsbeschäftigungen.
Nach Abschluß der Schule studierte Valier in Innsbruck Astronomie, Mathematik und Physik mit Meteorologie als Nebenfach. 1914 kam er (ohne schon an Raumflug zu denken) auf die Idee, ein Modellflugzeug durch kleine Schwarzpulverraketen statt durch einen Propeller antreiben zu lassen. Alles, was dieser Versuch ihm einbrachte (das Flugzeugmodell flog tatsächlich), war Ärger mit der Polizei. Im gleichen Jahre

1914 erscheint sein erstes, rund 100 Seiten starkes Buch. Es wendet sich an den praktizierenden Liebhaber der Astronomie und nennt sich »Das astronomische Zeichnen«. Bald darauf wird Valier zum Militär eingezogen, wo er Flieger wird. Er macht nun unter anderem meteorologische Messungen vom Flugzeug aus und darf dank seines technischen Wissens und Verständnisses schließlich Flugzeug-Abnahmeflüge durchführen. Das bringt ihn in unmittelbaren Kontakt zur Fliegerei und läßt seine Idee raketengetriebener Flugzeuge immer wieder wach werden.
Im Januar 1924 entdeckt Valier – inzwischen (nach seinem Studium in Innsbruck) von seiner Heimatstadt Bozen nach München übergesiedelt – in einer Buchhandlung in München Oberths Buch »Die Rakete zu den Planetenräumen«. Er ist begeistert, setzt sich mit Oberth in Ver-

bindung und beginnt für die verschiedensten Zeitungen Artikel über die Raumfahrt zu schreiben. Mit Oberth korrespondiert er darüber, wie man Experimente machen und wie man Geld für diese Entwicklungen auftreiben kann. Es entspinnt sich eine rege Korrespondenz, in der Valier eindringlich anbietet, sich im Rahmen seiner schriftstellerischen Möglichkeiten für Oberth und seine Pläne einzusetzen.
In dieser Zeit formuliert sich auch seine Vorstellung von dem Weg, den man einschlagen muß, um zur Verwirklichung der Raumfahrt zu kommen, sehr plastisch. Beleg hierfür ist ein Brief an Oberth, den Valier am 16. Juli 1924 geschrieben hat und dessen Wiedergabe wir den Nachforschungen von Frau Dr. I. Essers über Valier und ihrer Biografie »Max Valier, ein Vorkämpfer der Weltraumfahrt« verdanken.
In dem Brief heißt es unter anderem:
»Sie dachten erst eine kleine Versuchsrakete zu bauen und abzuschießen. Kosten etwa 50 000 M, die Rakete ist futsch, auch wenn der Versuch als solcher gelingt. Und dann wollen Sie auf den Mond Raketen schießen, erst unbemannt, später bemannt.
Ich aber sage, ›andersrum‹ müssen wir das aufzäumen. Wir müssen vor allem das Motortechnische der Rakete vollkommen beherrschen. Wir werden also gar nicht gleich schießen, auch keine kleine Versuchsrakete. Sondern wir werden gemütlich einen solchen Raketenmotor auf dem Boden am Stand bauen und festklemmen und mal angehen lassen und sehen, wie das Feuergas aus der Düse faucht. Ist es so weit, daß wir, ohne zwanzigmal in die Luft geflogen zu sein, bei diesen Versuchen das rein Technische beherrschen, die Zuführung des Alkohols und Wassers und des flüssigen Sauerstoffs funktioniert, so werden wir die Maschine, die ursprünglich gar nicht Raketengestalt hatte, sondern eine ganz beliebige, so daß die Betriebsstoffbehälter standen, wo es grade anging, erst mal in ungefähre Raketenform zusammenbauen, und das ganze auf einen Wagen (Eisenbahnwaggon) geben, der auf einer graden Schienenstrecke steht und werden uns nebenher auf den Waggon stellen und die festgeschraubte Rakete, die horizontal steht, anlassen. Dann muß sich durch den Rückstoß der ganze Waggon in Bewegung setzen, wir können seine Geschwindigkeit messen. Da sein Gesamtgewicht bekannt ist, die Reibung auch erforscht für Eisenbahnwagen usw., so können wir so ein empirisches Urteil über die Leistung des Raketenmotors gewinnen und genau berechnen, wieviel Prozent wir von der in den Betriebsstoffen enthaltenen chemischen Energie wirklich ausnützen können...«
Nach einigen Erörterungen über Energieinhalt der Treibstoffe, die Bedeutung des Massenverhältnisses und den Wirkungsgrad fährt Valier fort:
»Haben wir solcherart den Raketenmotor einmal technisch fest in der Hand und sind über den Leistungsgrad der Maschine orientiert, dann schlage ich vor, stecken wir so eine Raketenmaschine einmal in ein ganz gewöhnliches Ganzmetallflugzeug.
Wir starten zunächst mit dem normalen Motor weg. Nach erreichter Höhe stellen wir diesen ab und lassen die Rakete arbeiten. Ich wette, das Flugzeug erreicht dann 1000 km Stundengeschwindigkeit und mehr. Der nächste Schritt ist es, eine Flugmaschine zu richten, die dann keinen alten Motor mehr hat, sondern nur einen Raketenmotor, und wir starten gleich mit diesem weg. Ist das erreicht und haben wir das Fliegen ohne Propeller bloß nach dem Raketenprinzip gut los, dann fangen wir an (bei hermetisch geschlossenem Raketenflugzeug), immer höher und höher zu fliegen, einmal 10 km, dann 50 km, dann 500 km und endlich 5000 km, das heißt, wir werden schrittweise vom Flugzeug zum Raumschiff übergehen. Also nicht einen Sprung ins Ungewisse, sondern planmäßiges Vorgehen aufgrund gesammelter Erfahrungen, nach Maßgabe der jeweils erzielten technischen Fortschritte.«
Diese Überzeugungen Valiers ziehen sich nun durch die weitere Korrespondenz zwischen Oberth und Valier wie ein roter Faden. Oberth macht kritische Anmerkungen zur Theorie, stellt aber seinerseits Fragen zur Praxis, von der er sagt, daß Valier ihm hierin weit überlegen sei.
Aber auch das Problem, Oberths Arbeit und Pläne zu finanzieren, wird immer wieder erörtert. Valier bemüht sich, Gelder aufzutreiben. Er schreibt sein populäres Buch »Der Vorstoß in den Weltenraum, eine technische Möglichkeit«. Auch hier interessiert ihn am meisten die Frage, ob ihn das Buch mit potentiellen Mäzenen der Raumflugidee in Berührung bringt.
Es folgen auch tatsächlich einige Verhandlungen, aber sie verlaufen im Sande.
Anfang 1927 reißt die postalische Verbindung zwischen Oberth und Valier ab. Oberth antwortet nicht mehr...
Valier verfolgt weiter seine Idee vom

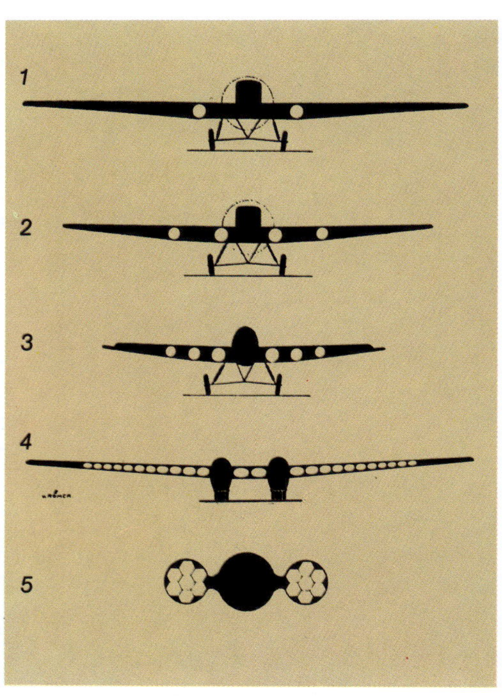

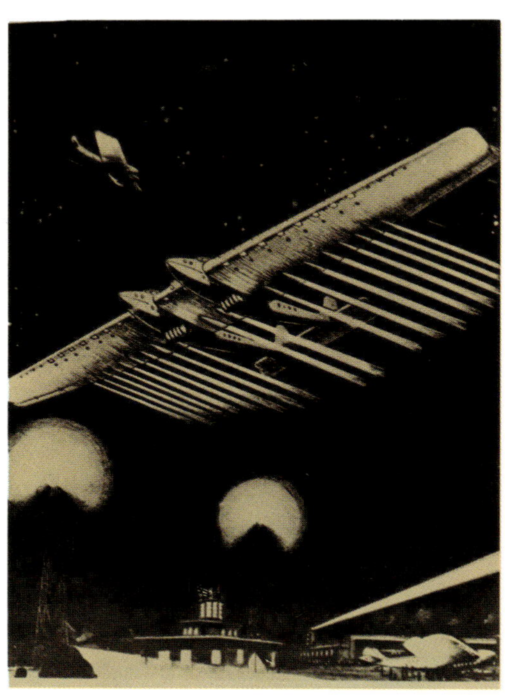

Links außen: Sukzessive wollte Valier zum Raketenflugzeug kommen: Zunächst sollten zwei der drei Motoren einer Junkers G 23 durch Raketentriebwerke ersetzt werden (1), dann sollten es vier Raketentriebwerke sein und die Tragflächen der Maschine verkleinert werden (2). Schließlich sollten – bei nochmals verkleinerter Tragfläche – sechs Raketenmotoren das Flugzeug antreiben (3), um im vierten Stadium ein reines »Raketenschiff« zu entwickeln (5).
Um das Projekt finanzieren zu können, dachte Valier daran, diverse raketengetriebene Sport- und Reiseflugzeuge zu entwickeln, so (Bild links und 4) ein durch 24 Raketenmotoren getriebenes »Transatlantik-Flugzeug«.

Rechte Seite: Volkhart bei der Montage von Rohren für 9-cm-Sander-Raketen am »Volkhart-Sander-R. 1« in Kopenhagen 1929

raketengetriebenen Flugzeug. Doch in der Fachwelt findet er keine Reaktion darauf. Endlich gelingt es ihm doch noch, einen Interessenten für seine Ideen aufzutun. Im August 1927 kann er mit Fritz von Opel, dem Juniorchef der Opel-Automobilfabrik, einen Vertrag schließen, mit dem er der Firma Opel sein Projekt eines Raketenantriebes zur gemeinsamen Auswertung zur Verfügung stellt. Darin ist der Etappenplan Valiers enthalten, als dritte Phase der bemannte Raumflug vorgesehen.
Über eine Ausschreibung kommt Valier in Kontakt mit Sander, der bereit ist, Pulverraketen für den angestrebten Zweck – den Antrieb eines Automobils – zu liefern.
Zunächst machte Valier einige Experimente auf dem Prüfstand mit Brandern und mit Seelenraketen, von denen beim Autoantrieb eine Kombination gewählt werden sollte, »gemischte Batterien«, wie man es nannte. Zwar war all das nichts Neues, und ohnedies vertrat Willy Ley die Meinung, daß die Absicht, Automobile mit Raketen anzutreiben, nur Verwirrung stiften würde. In seinem Buch »Vorstoß ins Weltall« äußerte er sich dazu mit den Worten: »Natürlich war es ein Unsinn, derartigen Versuchen einen wissenschaftlichen Wert beizumessen, sie bewiesen ja schließlich nur, daß eine Rakete einen Rückstoß ausübt, was man schon lange wußte.«
Und an anderer Stelle schreibt er weiter: »Nachdem der VfR sich heiser geredet hatte, um den Unterschied zwischen Pulverraketen und Flüssigkeitsraketen zu erklären – nachdem Prof. Oberth sein Möglichstes getan hatte, um den Leuten klarzumachen, daß eine Rakete einfach keinen guten Wirkungsgrad haben könne, wenn sie nicht mit hoher Geschwindigkeit fahre (und ›hoch‹ hieß hier von 1200 Kilometern pro Stunde aufwärts) – nach alledem ging einer der Gründer des VfR zu Opel, um ein solches Reklamemachwerk anzustiften!«
Aber Valier sah dies offensichtlich etwas anders: »Es galt, Hochleistungsraketen zu entwickeln. Aber für diese grundlegenden Vergleichsversuche eigneten sich massiv gefüllte Brander, bei denen die Brandfläche immer gleich dem Kaliberquerschnitt ist, besser...« – sagte Frau I. Essers 1971 bei einem historischen Symposion der Deutschen Gesellschaft für Luft- und Raumfahrt und gab damit wohl der Meinung Valiers über die sukzessive Entwicklung Ausdruck.
Auf jeden Fall machten Valier, Sander und Opel im März 1928 einen ersten Versuch, bei dem sie einen Brander und eine

Seelenrakete an einem aus Fahrgestell und Brettern zusammengebastelten Opel-Wagen befestigten. Doch bei der Fahrt kam nur ein »flottes Schrittempo« heraus. Valier berichtet in seinem Buch »Raketenfahrt« darüber:
»[Der Opel-Rennfahrer] Volkhart saß am Steuer, darauf gefaßt, wie aus einer Kanone geschossen zu werden ... Nur Sander und der Verfasser hatten ganz andere Sorgen; wir fragten uns nämlich, ob die beiden Raketen von zusammen nur etwa 100 kg Schub den für sie viel zu schweren, einschließlich des Fahrers etwa 600 kg wiegenden Wagen überhaupt in Bewegung setzen würden...«, und weiter an späterer Stelle: »Endlich schlug das Feuer in die Raketen, aus denen im gleichen Augenblick unter gewaltigem Zischen eine mächtige Rauchwolke hervorschoß, in der die beiden Feuerstrahlen kaum zu erkennen waren. Und wirklich, mit sanftem Ruck setzte sich der Wagen in Bewegung. Er hatte aber kaum ein flottes Schrittempo erreicht, als die Schubrakete ausgebrannt war und nur mehr der Brander fauchte, dessen weiteres Brennen gerade hinreichend war, um den Wagen noch eine halbe Minute lang im Tempo einer Dampfstraßenwalze vorwärtszuschieben. Etwa 35 Sekunden hatte die ganze Fahrt gedauert, kaum mehr als 150 m Wegstrecke waren zurückgelegt worden. Das war die erste Raketenfahrt der Welt.
Fritz von Opel, der von dieser Leistung wenig entzückt war, mußte an sich halten, um nicht zu lachen...«
Valier berichtet sodann von einer zweiten Fahrt, bei der von der Seelenrakete 80 Kilogramm und von der Brandrakete 220 Kilogramm Schub aufgebracht wurden. Zitieren wir ihn hierzu noch einmal aus dem gleichen Buch:
»Um den Raketen das Anfahren aus dem Stand, wo sie mit schlechtem Wirkungsgrad arbeiten, zu ersparen, brachte Volkhart mit Motorkraft den Wagen auf 30 km/h. Dann kuppelte er den Motor aus. 2 Sekunden später oder 20 Sekunden nach dem Anzünden der Zündschnur schlug das Feuer in die Raketen. Diesmal schoß der Wagen wie ein Pfeil vom Bogen in gewaltiger Beschleunigung voran. Binnen 1½ Sekunden steigerte er seine Geschwindigkeit von 30 auf etwa 75 Stundenkilometer, so daß die Beschleunigung die Hälfte der Erdschwere betrug. Die große Rakete allein brannte dann noch 1½ Sekunden nach, worauf Volkhart den Wagen ausrollen ließ und zum Stehen brachte. Er hat bei dieser Fahrt den Andruck der Beschleunigung bereits sehr merklich gespürt und dem Anzugsmoment der stärksten Rennwagen mindestens gleich befunden.«
Schließlich begannen am 11. April 1928 Versuchsfahrten auf der Opel-Rennbahn bei Rüsselsheim mit einem speziell von Opel für diesen Zweck gebauten Wagen, der später die Bezeichnung Opel Rak I erhielt. Zwei Fahrten wurden gemacht. Die erste fand mit sechs Raketen statt, die das Gefährt aus dem Stand auf 70 Kilometer pro Stunde beschleunigten. Bei der zweiten Fahrt benützte man acht Raketen und kam auf 80 Kilometer in der Stunde. Während der Zündung des dritten Raketenbündels gab es eine Explosion, die aber weder Fahrer noch Fahrzeug in Mitleidenschaft zog, so daß die Fahrt zu Ende geführt werden konnte. Eine der Raketen hatte nicht gezündet.
Am folgenden Morgen, dem 12. April 1928, fand daraufhin die erste offizielle öffentliche Fahrt statt, zu der die Presse geladen war. Trotz des Ausfalls von fünf der zwölf Seelenraketen (Brander wurden nicht verwendet) erzielte der Wagen binnen acht Sekunden eine Geschwindigkeit von über 100 Kilometer in der Stunde und durchfuhr den Kurs der Opelschen Rennstrecke. Die Presse veröffentlichte begeisterte Berichte.
Opel ließ die Werbetrommel rühren und einen stromlinienförmigen Wagen mit um die Längsachse schwenkbaren Tragflächen konstruieren, die hinter den Vorderrädern angebracht waren und bei hoher Fahrt und Abhebegefahr mit dem Druck des Fahrtwindes, bei negativem Anstellwinkel, den Wagen auf die Straße drücken, also die Bodenhaftung erhöhen würden. Der Wagen bestand aus einem normalen Fahrgestell; er hatte, von den erwähnten kurzen »Flügeln« abgesehen, das Aussehen eines normalen Rennwagens, war mit Vierradbremsen, robusten Achsen und einer allgemein üblichen Lenkung ausgestattet. Die 24 Seelenraketen waren in Stahlrohre eingesetzt und konnten vom Fahrer mittels eines Fußpedals einzeln gezündet werden. Das Gefährt wurde Opel Rak II genannt.
Willy Ley sah in Opel nur den Interessenten an billiger Reklame für sich selbst. Ilse Essers hingegen merkt in ihrem Buch über Valier an: »Aber es wäre falsch zu glauben, daß *nur* die Aussicht auf Reklame und Gewinn den Juniorchef dazu bestimmt habe, sich der Raketensache anzunehmen. Fritz von Opels sportfreudige Art war an dem Entschluß nicht unbeteiligt.«
Opel Rak II wurde am 23. Mai 1928 auf der Avus in Berlin gestartet, da die Opel-Rennbahn in Rüsselsheim keine höheren Geschwindigkeiten als 120 Kilometer pro Stunde zuließ.
Für diesen 23. Mai wurde (nach einer Versuchsfahrt von Opel am 21. Mai) eine öffentliche Fahrt mit dem neuen Wagen mit 24 Seelenraketen von je 250 Kilogramm Schub angekündigt. Am Steuer sollte Opel persönlich sitzen.
Valier war, als er die Nachricht hörte, ziemlich schockiert. In seinem Buch bemerkt er: »... Denn nach der Absprache unmittelbar nach den Fahrten der Aprilmitte in Rüsselsheim hatte der Verfasser das Recht auf die erste Avusfahrt für sich beansprucht, und darauf wollte Volkhart als Rennfahrer einen Angriff auf den Geschwindigkeitsrekord unternehmen...«
Die Fahrt wurde zu einem Triumph; alle 24 Raketen brannten einwandfrei, und Fritz von Opel erreichte eine Spitzengeschwindigkeit von 230 Kilometern in der Stunde.
Die deutschen Rundfunksender hatten die Rekordfahrt Opels übertragen; sie waren dafür zu einer Gemeinschaftssendung zusammengeschlossen worden. Fritz von Opel erinnerte sich bei einer Ansprache im Deutschen Museum in München am 3. April 1968, als er den rekonstruierten Raketenwagen Rak II an das Museum übergab, eines Interviews, das er damals im Rundfunk gegeben hatte, mit den folgenden Worten:
»Ich sagte, daß sehr bald der Propellerantrieb dem Antrieb durch Strahltriebwerke weichen müsse, daß innerhalb von 25 Jahren der Atlantik mit Strahltriebwerken in weniger als sechs Stunden überflogen würde und daß dann auch die Zeit für den Weltraumflug gekommen sei...«
Schon nach der Fahrt auf der Opel-Rennbahn am 12. April 1928 hatten die Opel-Werke eine Pressenotiz herausgebracht, in der unter anderem etwas marktschreierisch folgendes zu lesen war: »Wir sind uns darüber klar, daß das Opel-Sander-Aggregat zwar für die Bewegungsverhältnisse auf der Erdoberfläche gewaltige und bisher für unmöglich gehaltene Leistungen vollbringt, daß es aber in seiner jetzigen Gestalt doch nur eine Vorstufe auf dem Wege zum Raketenflugzeug und zum späteren Weltraumschiff im Sinne des Valierschen Projektes bildet. Nichtsdestoweniger sind wir schon heute in der Lage, mit unbemannten Maschinen dieses Typus in höhere Schichten der Erdatmosphäre vorzudringen und sind überzeugt, daß es noch in diesem Jahr gelingen wird, auch in den leeren Weltraum vorzustoßen...«
Doch wieder zurück zur Rekordfahrt vom

23. Mai 1928, deren Erfolg Opel dazu bestimmte, nunmehr einen RAK III zu entwickeln, ein Gefährt, das den Raketenantrieb auf der Schiene erproben sollte.

Der »Wettlauf« zwischen Opel und Valier

Doch bevor es zu dieser Erprobung kam, gab es noch einige andere Ereignisse. Zunächst einmal trübte sich das Verhältnis zwischen Opel und Valier. Bald nach der Fahrt vom 23. Mai häuften sich die Meinungsverschiedenheiten zwischen den beiden Männern, zumal Valier entgegen den Zusagen Opels keine Fahrt mit dem Raketenauto zugestanden worden war und er sich in den Hintergrund gedrängt fühlte. So trennten sich die Männer voneinander; Opel arbeitete weiter zusammen mit dem Raketenlieferanten Sander, während Valier sich mit der Raketenfirma Eisfeld zusammentat. Eine Art Wettlauf zwischen Opel und Valier um die nächsten Schritte beginnt. Valier und Sander hatten bereits einen Tag nach der geglückten Probefahrt des OPEL RAK I vom 12. März 1928 mit dem Flugzeugkonstrukteur Lippisch und dem Fliegeroffizier Fritz Stamer ein Gespräch über Flugexperimente mit »einem Motor sehr geringen Gewichts, aber beliebig hohem Schub« (so Stamer) geführt – mehr wollte Valier nicht sagen. Aber als Lippisch und Stamer wenige Tage später in der Zeitung ein Bild von Opel, Valier und Sander mit dem Raketenauto sahen, wußten sie natürlich, was los war. Opel verfolgt diese Pläne eines Raketenflugzeugs nun zusammen mit Sander, aber ohne Valier weiter. Nach einigen Ver-

Oben: Startvorbereitungen für OPEL RAK 2 am 23. Mai 1928 auf der Berliner Avus. 24 Sander-Raketen treiben das Gefährt an, kurz vor dem Start werden die Kabel der elektrischen Zündanlage angeschlossen.

Mitte: OPEL RAK 2 in voller Fahrt. Die elektrisch gezündeten Pulverraketen lassen einen langen Schweif weißen Rauchs hinter sich. Deutlich ist der negative Anstellwinkel der kurzen Tragflächen zu sehen, die den Wagen fest auf den Boden pressen sollen.

Unten: Die Motorradrennfahrerin Hanni Köhler und Filmstar Lilian Harvey (heller Mantel) bebeglückwünschen Fritz von Opel nach seiner erfolgreichen Fahrt am 23. Mai 1928. Daneben erkennt man Max Valier.

Links: RAK 3 wird am 23. Juni 1928 zum Start gezogen: Das raketengetriebene Opel-Schienenfahrzeug sollte auf einer etwa 5 Kilometer langen, schnurgeraden Schienenstrecke zwischen Burgwedel und Celle erprobt werden.

Unten: Bei der Fahrt am gleichen Tag erreichte der unbemannte Schienenwagen eine Geschwindigkeit von 281 Kilometern pro Stunde.

suchen mit unbemannten raketengetriebenen Flugzeugmodellen fliegt am 11. Juni 1928 Fritz Stamer mit dem Versuchssegelflugzeug vom Typ ENTE auf der Wasserkuppe in der Rhön. Die ENTE war ein Segelflugzeug mit vorn liegendem Leitwerk; für den Nichtkenner erweckte es stets den Eindruck, als würde es rückwärts fliegen. Die Maschine wurde mit dem üblichen Gummiseil vom Boden katapultiert, dann wurde die erste der beiden Raketen, die sie trug, elektrisch gezündet. Sie waren von Sander geliefert worden; es handelte sich um Brander von 30 Sekunden Brennzeit und 20 Kilogramm Schub. Stamer machte an jenem 11. Juni 1928 mehrere Flugversuche. Einer davon - der dritte Start - brachte dann den ersten erfolgreichen Flug. In großem Bogen durchflog Stamer rund anderthalb Kilometer, wobei die erste Rakete für die ersten 200 Meter, die zweite über den letzten Flugabschnitt für etwa 300 Meter brannte. Die Flugzeit betrug insgesamt rund 80 Sekunden.
Bei dem nächsten Flug, den Stamer ebenfalls noch am gleichen Tage vornahm und der ihn über einen kleinen Berg hinwegführen sollte, explodierte die erste Rakete zwei Sekunden nach ihrer Zündung. Das Flugzeug fing Feuer, und Stamer mußte landen. Unmittelbar nach der Landung begann die zweite Rakete zu brennen, sie explodierte zwar nicht, aber brannte aus. Die Rhön-Rossiten-Gesellschaft - ein Fliegerclub, der die ENTE zur Verfügung gestellt hatte, weil er in Raketen ein mögliches neues Verfahren für das Starten von Segelflugzeugen sah - revidierte auf Grund

der Ergebnisse diese Ansicht und führte keine weiteren Raketenflüge mehr durch. Fritz von Opel aber hatte an der Idee des raketengetriebenen Flugzeugs Gefallen gefunden und ließ sich ein eigenes raketengetriebenes Segelflugzeug bauen. Doch bis es fertig war, verwirklichte er zunächst einmal seine schon angekündigten Experimente mit RAK III, dem raketengetriebenen Schienenwagen. Am 23. Juni 1928 startet der Wagen auf der Bahnstrecke von Celle nach Hannover in einem langen, geraden Streckenabschnitt bei Kleinburgwedel zum erstenmal, angetrieben durch zehn Raketen mit einer Gesamtschubkraft von 2750 Kilogramm. An der Vorderseite waren zwei Bremsraketen angebracht. Die Antriebsraketen waren mit ihrem Vorderteil leicht nach unten geneigt, um dem Wagen einen zusätzlichen Andruck auf die Schienen zu verschaffen. Das unbemannte Gefährt erreichte eine Geschwindigkeit von 281 Kilometern in der Stunde. Für den zweiten Start läßt Opel 30 Raketen mit einem Gesamtschub von 9750 Kilogramm an dem Wagen anbringen. Doch nach kurzer Fahrt entgleist das ebenfalls unbemannte Fahrzeug; die Raketen explodieren und zerstören RAK III vollständig.
Am 4. August macht Opel den nächsten Versuch mit dem Schienenwagen OPEL-RAK IV. Er ist schwerer als OPEL-RAK III und gleich diesem mit einer kleinen Tragfläche versehen, die bei negativer Anstellung das Fahrzeug in der hohen Geschwindigkeitsphase auf die Schienen drücken soll. Aber durch die Explosion einer Rakete fliegt die gesamte Raketenbatterie auseinander, und dabei wird auch RAK IV völlig zerstört. Doch Opel will nicht aufgeben; er baut einen OPEL-RAK V. Aber dieses Schienenfahrzeug kann nicht mehr getestet werden: Die Bahn hat ihre Genehmigung für die Raketen-Schienenfahrzeuge zurückgezogen.
In der Zwischenzeit hat auch Valier im Zusammenwirken mit seinem neuen Partner, der pyrotechnischen Fabrik Eisfeld, einen provisorischen Schienenwagen mit Raketenantrieb konstruiert. Er läßt diesen einfachen Bretterwagen, der in zwei Tagen gebaut worden ist, auf einem Fabrikgleis fahren. Diese Experimente begannen am 11. Juli 1928; es wurden auf dem 200 Meter langen Gleis Geschwindigkeiten bis zu 80 Kilometer in der Stunde erzielt. Nach weiteren erfolgreichen Versuchen wurden die Experimente auf eine Strecke der Harzburger Bergbahn verlegt, da das Fabrikgleis für die weiteren Versuche zu kurz war.
Inzwischen war ein zweiter, verbesserter Raketen-Schienenwagen entstanden, der EISFELD-VALIER RAK 1 genannt wurde. Beim ersten Versuch am 23. Juli 1928 trug der Wagen sechs Raketen mit je etwa 24 Kilogramm Schub. Die Raketen wurden paarweise gezündet und lieferten zufriedenstellende Ergebnisse. Am 25. Juli wurde dieser Wagen mit 12 Raketen bestückt und erreichte - bei Zündung der Raketen in Viererpaaren - eine Geschwindigkeit von 180 Kilometern in der Stunde - der Wagen legte die 100 Meter lange Meßstrecke in zwei Sekunden zurück.
Einen Tag später gab es eine offizielle Vorführung vor geladenen Gästen und Pressevertretern. Der Wagen wurde dreimal unbemannt den Schienenstrang entlang gejagt. Bei der letzten Fahrt jedoch wurde das Fahrzeug nach der vierten Zündung von je sechs Raketen bei einer Geschwindigkeit von über 180 Kilometer in der Stunde aus den Schienen geschleudert und zertrümmert.
Valier baute nun, unterstützt durch Spenden, einen Leichtmetall-Schienenwagen mit Führersitz. Doch bei der ersten, noch unbemannten Fahrt explodierte eine Rakete, weil sie sich aus der Halterung gelöst hatte und nach vorne gerutscht war. Der Wagen wurde so stark beschädigt, daß er für die vorgesehene bemannte Fahrt Valiers nicht mehr zu verwenden war. So konnte Valier seinen Traum, einen Raketen-Schienenwagen zu fahren, niemals voll verwirklichen; lediglich beim Warten auf die Fertigstellung des Leichtmetall-Schienenwagens mit Führersitz hatte er auf einem improvisierten Rollwagen im September 1928 fünf Fahrversuche erfolgreich gemacht. Zwar baute die Firma Eisfeld auf Betreiben der Halberstadt-Blankenburger Eisenbahn (auf deren Strecke die gerade geschilderten Versuche stattgefunden hatten) mit dieser zusammen noch einen zweiten, stärkeren Schienenwagen, aber dieses Unternehmen stand nicht mehr unter Valiers Leitung. Drei unbemannte Versuchsfahrten wurden mit dem Wagen unternommen, der die Aufschrift trug »Eisfeld-Valier Rak 2 - Halberstadt-Blankenburger Eisenbahn«. Bei dem dritten Versuch am 3. Oktober 1928 trug er die volle Ladung von 36 Raketen. Doch nach der letzten Zündung sprangen die vier Speichenräder des Wagens, und dies war das Ende der Versuche.
Aber diese Experimente - insbesondere wohl die letzte gerade erwähnte Schienenfahrt - brachten Valier auf die Idee eines raketengetriebenen Schlittens.
Ihn baute Valier mit bescheidensten Mitteln, die er zum Teil selbst beisteuerte, zum Teil von Freunden und Gönnern erhalten hatte. Die Mittel waren so knapp, daß RAK BOB 1, wie Valier das fertige Produkt nannte, von ihm nur in Dreiviertel der ursprünglich vorgesehenen Größe gebaut wurde und man sich in den Sitz geradezu hineinzwängen mußte. Valier stattete den Schlitten mit Eisfeld-Pulverraketen aus. Nach drei Werkstättenversuchen Ende Januar 1929 auf dem schneebedeckten Flugplatz Schleißheim wurde die erste Versuchsfahrt am 3. Februar 1929 beim Wintersportfest des Bayerischen Automobil-Clubs auf dem Eibsee veranstaltet. Bei dieser ersten offiziellen Raketenschlittenfahrt saß Frau Valier in dem Schlitten - zusätzliche Attraktion für die geladene Presse! Valier hatte sechs Raketen anbringen lassen, die paarweise gezündet wurden. Der Schlitten fuhr etwa 100 Meter weit und erreichte eine Höchstgeschwindigkeit von 40 bis 45 Kilometern in der Stunde. Nach dieser vielbeachteten Demonstration setzte sich Valier selbst in den nun von zwölf Raketen angetriebenen Schlitten. Er brachte es bei seiner Fahrt binnen drei Sekunden auf 95 bis 100 Kilometer in der Stunde, bei der dritten Zündung allerdings, die den Schlitten noch weiter hätte beschleunigen sollen, platzten die Raketen auf, und das Gefährt kam frühzeitig zum Stillstand.
Die letzte Schlittenfahrt veranstaltete Valier mit seinem neuen RAK BOB 2 am 9. Februar 1929 bei einem Eisfest auf dem Starnberger See. Vor 3000 Zuschauern erreichte der unbemannte Schlitten eine maximale Geschwindigkeit von etwa 400 Kilometern in der Stunde. Für weitere Versuche mit dem Raketenschlitten hatte Valier jedoch kein Geld mehr.
Er wandte sich nun erneut der Idee des Raketenflugzeuges zu, nahm Verbindung mit dem bekannten Segelflieger und Leichtflugzeugbauer Gottlob Espenlaub auf und schmiedete mit den Brüdern Espenlaub zusammen Pläne für ein »Raketen-Schnell-Flugzeug«, das den Namen VALIER RAK 3 ESPENLAUB erhalten sollte. Doch die Appelle an die Industrie um finanzielle Förderung des Projektes verhallten ungehört.
Valier geht zu dieser Zeit auch noch eine andere Idee an, den Bau eines Dampfstrahl-Rückstoßwagens für vorbereitende Untersuchungen über den Flüssigkeitsraketenantrieb. Bei einer Firma in Essen läßt er einen solchen Wagen bauen und nennt ihn VALIER RAK 4. Der Wagen wird mehrfach erfolgreich fahrend demonstriert. Valier

Oben: Valier mit seiner Raketen-»Draisine«. Dieser Schienenversuchswagen erreichte unbemannt am 25. Juli 1928 auf einer stillgelegten Strecke der Harzburger Bergbahn eine Geschwindigkeit von 180 Kilometern in der Stunde.

Unten: Valiers Rak Bob 2, der heute im Deutschen Museum in München besichtigt werden kann, raste unbemannt am 9. Februar 1929 bei einem Eisfest auf dem Starnberger See vor über 3000 Zuschauern mit einer Geschwindigkeit von rund 400 Kilometern in der Stunde über die Eisfläche. Es war der letzte Versuch Valiers mit Raketenschlitten.

Rechte Seite innen: Schema des Raketenflugzeuges Opel-Sander-Rak 1. 16 Sander-Feststoffraketen, die stufenweise gezündet wurden, trieben die Rak 1 an.

Rechts außen: Fritz von Opel nach der Bruchlandung mit dem Raketenflugzeug Rak 1 am 30. September 1930 in Frankfurt/Main aber hofft noch immer auf das Flugzeug Rak 3. Im August 1929 kündigt er in einer Zeitung an: »Mein Ziel für 1929: Der Raketenflug über den Ärmelkanal.« Doch bevor das Espenlaubsche Flugzeug fertig ist, trennt sich Valier von den Brüdern Espenlaub ...

Zu dieser Zeit – Ende September 1929 – macht auch Fritz von Opel wieder von sich reden: Er will nun mit dem für ihn gebauten Segelflugzeug mit Raketenantrieb fliegen. Das Unternehmen findet am 30. September 1929 auf dem Flughafen von Frankfurt am Main statt.

Das Flugzeug ist ein Eindecker mit zwölf Meter breiten Flügeln, die von Metallstreben getragen werden. Ein Stahlblechkasten hinter dem Pilotensitz enthält die Sanderschen Pulverraketen. Sie sind einzeln durch Drähte mit Zündschaltern am Pilotensitz verbunden. Am hinteren Ende dieses Hochdeckers befindet sich ein freitragendes Leitwerk, das von der offenen Pilotenkanzel aus gesteuert wird. Im Pilotenraum, der Teil des spitz zulaufenden Rumpfes ist, sind ein Staudruckmesser sowie ein Höhenmesser installiert. Für die Landung hat das Flugzeug eine Leitkufe. Die ganze Maschine sitzt auf einem Startwagen, der seinerseits raketengetrieben auf einer rund 10 Meter langen Schiene läuft. Angetrieben wird dieser Startwagen durch die Raketen des Flugzeuges.

Drei Startversuche macht Opel an jenem 30. September 1929. Bei den beiden ersten zünden die Raketen des Flugzeuges nicht rechtzeitig, so daß das Flugzeug nur kurze Sprünge macht. Aber der dritte Versuch ist erfolgreich. Das Flugzeug hebt flink ab, gewinnt an Höhe, rast in etwa 50 Meter Höhe über den Platz, wendet und entschwindet den Blicken der Zuschauer, die sich am Flughafen eingefunden hatten. Etwa 10 Minuten fliegt Opel und erreicht dabei eine Höchstgeschwindigkeit von rund 150 Kilometern in der Stunde. Als die letzten Raketen verstummen, fliegt Opel im Gleitflug eine Wiese an und setzt schließlich mit gewaltigem Rumpeln und Rutschen auf, schliddert mit der Maschine über das Gras, bis er endlich zum Stillstand kommt. Die Maschine ist stark beschädigt, sie hat wahrscheinlich – die vorliegenden Berichte widersprechen hier einander – auch Feuer gefangen. Opel aber ist unversehrt. Es war indessen, aus welchen Gründen auch immer, Opels letzter Raketenflug, und es waren seine letzten Bemühungen um den Raketenantrieb überhaupt.

Kurz darauf – am 22. Oktober 1929 – macht Gottlob Espenlaub erste Flüge mit seinem Raketen-Segelflugzeug. Er läßt sich dabei von einem Propellerflugzeug mit einem Seil auf rund 20 Meter Höhe schleppen, klinkt aus und zündet die erste Rakete. Etwa 300 Meter weit gelangt er mit Raketenantrieb, muß dann aber landen, weil die zweite Rakete nicht gezündet hat. Weitere Flüge mit einer Nurflügelmaschine folgen, aber dann stellt auch Espenlaub seine Versuche mit Raketen ein. Erst 1931 nimmt der italienische Ingenieur Ettore Cattaneo in Mailand wieder für kurze Zeit Experimente mit einem raketengetriebenen Gleitflugzeug auf.

Valiers Hoffnungen, selbst einmal ein raketengetriebenes Flugzeug führen zu können, sind mit seiner Trennung von Espenlaub im Sommer 1929 begraben worden. Zielstrebig wendet er sich jetzt den flüssigkeitsgetriebenen Raketenmotoren zu und kann für diese Arbeiten trotz seiner schlechten finanziellen Situation doch Fortschritte verbuchen: Am 22. Dezember 1929 und am 3. Januar 1930 führt er seinen Rak 6 auf der Avus in Berlin vor, jenen mit Kohlensäure angetriebenen »Hochdruck-Dampfstrahl-Rückstoßer«, in dem Valier den Vorläufer von Raketenautos mit flüssigen Treibstoffen sieht.

Im Spätherbst 1929 findet Valier Kontakt zu Dr. Paul Heylandt, dem Chef der Gesellschaft für Industriegasverwertung, die in Berlin-Britz Erzeugungsanlagen für flüssigen Sauerstoff baut. Heylandt interessiert sich für die Ideen Valiers und stellt ihm schließlich Arbeitsgelegenheiten, Material und einen Entwicklungsbeitrag von 6000 Mark zur Verfügung, damit Valier einen kleinen Raketenmotor mit flüssigen Treibstoffen entwickeln kann. Ein junger Versuchsingenieur der Firma, Walter Riedel – er stieß später in Peenemünde zur Von-Braun-Gruppe und war dort an der Entwicklung von Flüssigkeitsraketen bis einschließlich der A 4 beteiligt –, wird ihm als Assistent beigestellt.

Im Janaur 1930 beginnt Valier bei Heylandt mit seinen Arbeiten. Sukzessive kann er die Schubkraft der kleinen Brennkammer, die er gebaut hat, von 130 Gramm inner-

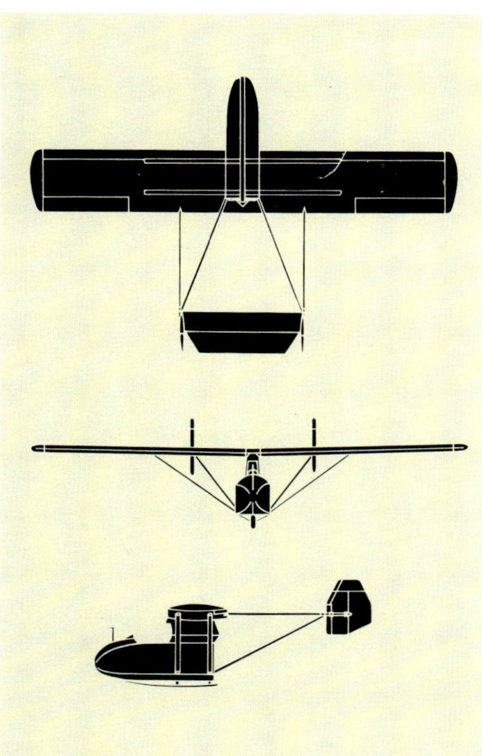

Links oben: Am 22. Oktober 1929 flog Gottlob Espenlaub in diesem Raketenflugzeug mit Raketenantrieb. Doch nur die erste der beiden Raketen konnte gezündet werden; durch sie wurde das Seitensteuer in Brand gesetzt, so daß Espenlaub landen mußte.

Links unten: Espenlaubs raketengetriebenes Nurflügel-Flugzeug beim Raketenstart vom Boden weg – erste, einfache aber beeindruckende Versuche, Raketen der Luftfahrt nutzbar zu machen.

Rechte Seite oben: Der Valier-Heylandt RAK 7, ein durch flüssige Brennstoffe getriebenes Raketenauto, steht heute im Deutschen Museum in München.

Rechte Seite unten: Valiers Raketenwagen, hier noch unverkleidet, bei einer Erprobung des Raketentriebwerks

halb weniger Tage auf über 2150 Gramm steigern; schließlich erreicht er durch Verbesserungen und Änderung verschiedener technischer Verfahren einen Schub von 8 Kilogramm. Nun wird der Motor versuchsweise anstelle des Kohlen-Druckantriebs am RAK 6 angebracht. Am 22. März 1930 fährt Valier mit diesem Wagen erstmals mit einem Flüssigkeitsraketenmotor. Zweiundzwanzig Minuten dauert die Fahrt auf dem Fabrikgelände in Britz; dann ist der Brennstoff aufgebraucht.
Eine Woche später folgt eine Fahrt, bei der flüssiger Sauerstoff als Oxydator verwendet wird. Als auch sie gelingt, bauen die Männer den RAK 6 zu einem ständigen Raketenfahrzeug um, dem RAK 7. In ihm werden die Tanks für Brennstoff und Flüssig-Sauerstoff fest eingebaut, ebenso der Raketenmotor und ein Stickstoff-Druckgasbehälter. RAK 7 wird am 17. April 1930 in Britz, am 19. April in Tempelhof der Presse vorgestellt und vorgefahren. 23 Jahre später, 1953, vermerkt Walter Riedel hierzu in der Zeitschrift »Weltraumfahrt«: »Diese Daten sind festzuhalten, da sie eine gewisse geschichtliche Bedeutung haben. Zum erstenmal wurde nämlich in Deutschland ein Raketenantrieb mit flüssigen Treibstoffen gezeigt, und man kann diese Tage als Anfang der nachfolgenden Raketenentwicklung auf dieser Treibstoffbasis werten.«
In seinem Labor bei Heylandt stellt Valier Experimente mit einem anderen Brennstoff – Paraffin – an. Paraffin als Raketenbrennstoff hatte der Generaldirektor des Shell-Ölkonzerns gegenüber Valier zu einer Bedingung gemacht, als Valier die Firma um Finanzierungshilfe bei seinen Plänen bis hin zum Raketenflugzeug bat. Doch der Brennstoff Paraffin war wesentlich schwieriger zu handhaben als Spiritus, den Valier bis dahin benützt hatte. Spiritus kann man, wenn man die Brenntemperatur herabsetzen will (etwa um die Brennkammerwandungen nicht zu heiß werden zu lassen), mit Wasser mischen; bei Paraffin ist dies nicht ohne weiteres möglich. Vorsorgemaßnahmen, wie sie heute bei Raketen-Prüfstandversuchen üblich sind – dicke Betonwände, kunststoffverglaste Beobachtungsschlitze, Fernzündung usw. –, gab es damals noch nicht. Der Experimentator stand direkt neben der Brennkammer, zündete das Gemisch mit einer Lötlampe oder ähnlichem.
Bei einem der Paraffinversuche, die Valier am 17. Mai 1930 anstellt, explodiert die Brennkammer. Ein winziger Splitter durchschlägt Valiers Lungenschlagader. Wenige Minuten später ist er tot.

Die Idee vom Raumtransporter

Valier hatte als einer der ersten Überlegungen angestellt und verbreitet über einen zweiten Weg zum Weltraumflug, den Weg über das Raketenflugzeug. In jenen Jahren, da er diese Idee propagierte und sich bemühte, Mittel zu ihrer Verwirklichung aufzutreiben, beschäftigte sich in Wien ein Doktorand in stillem Gelehrtendasein mit derselben Materie. Auch er war davon überzeugt, daß der Weg in den Weltraum sukzessive erobert werden müßte: »Stratosphärenflugzeug – Raumboot – Außenstation – Raumschiff« – das waren die Voka-

beln, die ihm dazu dienten, den Kurs künftigen Vordringens des Menschen in das Weltall zu umschreiben.
Dieser Mann, Eugen Sänger mit Namen (1905–1964), träumte auch bereits in seiner Schulzeit vom Raumflug. Gebracht worden war er auf diese Thematik durch Laßwitz' Roman »Auf zwei Planeten«. Sänger hatte zunächst im Herbst 1923 an der Technischen Hochschule von Graz begonnen, Bauwesen zu studieren, spezialisierte sich dann nach der Lektüre von Oberths Buch »Die Rakete zu den Planetenräumen« sehr bald auf Luftfahrt, legte im März 1927 an der Technischen Hochschule in Wien mit sehr gutem Erfolg seine Erste Staatsprüfung ab und promovierte im Juli 1930 zum Doktor der Technischen Wissenschaften.
Oberths Überlegungen und Berechnungen hatten ihn begeistert, aber er akzeptierte sie nicht blindlings: Es regte sich in ihm schon bald der Gedanke, Raumfahrt auf dem Umweg über die Luftfahrt zu realisieren.
Seiner Witwe, Frau Dr. Irene Sänger-Bredt, verdanken wir die Hinweise auf die zuvor erwähnte, von Sänger erdachte Typologie

der Raumfahrt vom Stratosphärenflugzeug zum Raumboot oder, wie wir heute sagen, zum Raumtransporter. In ihrem Vortrag »Beiträge Eugen Sängers zur Entwicklung der Raumfahrttechnik«, den sie im September 1971 auf dem schon erwähnten historischen Symposion der Deutschen Gesellschaft für Luft- und Raumfahrt hielt, sagte sie unter anderem:
»Sänger, der unter Raumfahrt in erster Linie immer bemannte Unternehmungen verstand, sah also in der Realisierung seiner ersten Projekte, des Stratosphärenflugzeugs und des ›Raumboots‹ (Raumtransporters), nur die allerersten Schritte zur Verwirklichung von Raumfahrt, die er jedoch nicht zu überspringen wünschte – wie dies die spätere Entwicklung mit ihren ballistischen Sonden und Trägerraketen dann in Wirklichkeit tat.«
Irene Sänger-Bredt berichtete sodann weiter, daß sich in den nachgelassenen Schriften Eugen Sängers auch Teile einer Studie gefunden hätten mit dem Titel »Raketenflugtechnik« und dem Zusatz »Dissertation zur Erlangung der Würde eines Doktors der Technischen Wissenschaften, vorgelegt der Technischen Hochschule in Wien im Sommer 1929 von Eugen Sänger«. Doch sein Lehrer der Luftfahrtwissenschaften hatte ihm geraten, mit einem weniger avantgardistischen Thema zu promovieren, und so wählte Sänger eine konservative Untersuchung mit dem Titel »Zur Statik vielholmiger Flügel«. Eugen Sänger stellte von Ende 1932 bis Ende 1934 während seiner Assistentenzeit am Institut für Baustoffkunde in Wien eigene Raketentriebwerksversuche an, um Aussagen über Triebwerksleistungen zu erhalten, die ihm als Grundlage für das Konzept eines Raketenflugzeuges würden dienen können. In Theorie und Praxis setzt Sänger sich nun mit den Details von Raketenmotoren auseinander, stellt eine Liste aller potentiellen Treibstoffe und Verbrennungsträger zusammen, angefangen bei dem flüssigen Sauerstoff, den die Berliner Raketenexperimentatoren auf dem Raketenflugplatz benützen, bis zu Salpetersäure und verflüssigtem Ozon, wie von Spiritus als Brennstoff bis zu verbrennbaren Leichtmetallen. Es ist gleichzeitig eine Liste von Aufgaben, denn die theoretischen Aussagen über alle diese Treibstoffe müssen durch praktische Versuche erhärtet werden.
Sänger denkt über Flugzeuge nach, die von Raketen angetrieben werden, um sodann aus großer Höhe gleich einem Gleitflugzeug antriebslos ihrem Zielort entgegenzuschweben. Das ist ein Verfahren, wie es zwar bis heute nicht in den Passagier- oder auch nur Militärluftverkehr Eingang gefunden hat, das aber bei Forschungsflugzeugen der letzten zwei Jahrzehnte – wie beispielsweise beim Raketenflugzeug X-15 – benützt wurde. Es ist auch das Landeverfahren, dessen sich der amerikanische Raumtransporter bei seiner Rückkehr aus der Erdumlaufbahn ab Ende 1979 bedienen wird.
Im Jahre 1932 tritt Eugen Sänger mit Vorträgen »Über Bau und Leistungen von Raketenflugzeugen« an der TH Wien erstmals an die Öffentlichkeit. Im Jahr darauf legt er diese Ideen in mehreren Zeitungs- und Zeitschriftenaufsätzen nieder und veröffentlicht das erste Lehrbuch über »Raketenflugtechnik«.
Zu seinen Überlegungen gehört ein Vorschlag für ein raketengetriebenes Flugzeug, das Flughöhen von 60 bis 70 Kilometern und Fluggeschwindigkeiten vom Zehnfachen der Schallgeschwindigkeit (in den erwähnten Höhen sind das etwa 10000 Kilometer in der Stunde) erreichen soll. Als Treibstoffe sind Benzin und Flüssig-Sauerstoff vorgesehen. Nach dem Erscheinen dieses Buches berechnet Sänger Flugbahnen, Leistungsdaten und andere wichtige Parameter für ein derartiges Stratosphärenflugzeug und veröffentlicht sie.
Damit hat der zweite eigenständige Weg zur Raumfahrt begonnen. Neben dem Plan, die Raumfahrt mit der ballistischen Rakete zu verwirklichen, steht nun die Absicht, Raumfahrt auf dem Weg über das Luftfahrzeug zu erreichen. Auch Valier und einige andere österreichische Forscher wie von Hoefft bevorzugten diesen Weg.
Es sind zwei verschiedene technologische Philosophien, die hier angesprochen werden: der unmittelbare Weg über die Rakete und derjenige des sukzessiven Vordringens via Flugzeug. Gangbar erschienen damals beide Wege. Die Zeit hat gezeigt, daß sie tatsächlich auch beide gangbar sind. Aber erst heute, in der Gegenwart, finden diese zwei Wege wieder zusammen, münden sie ein in jenes neue Gerät, das Flugzeug und Raumfahrzeug zugleich ist, den Raumtransporter.
Eugen Sänger steht an der Zeitenwende, die von den Raumfahrtenthusiasten zur technisch-wissenschaftlichen Erforschung und Entwicklung von Raketentriebwerken und von Geräten führte, deren Aufgabe es sein sollte, in die Hochatmosphäre sowie in den Weltraum vorzudringen. Über Eugen Sänger selbst bleibt noch viel zu berichten; doch dieser Bericht gehört in das nächste Kapitel, denn er ist Teil jener ersten Schritte, die später nach einem grausamen Krieg direkt zur Raumfahrt führten.
Bevor wir uns jener Epoche der ersten Schritte zuwenden – deren Beginn mit einschneidenden politischen Ereignissen in Europa zusammenfällt –, ist es angezeigt, noch einmal einen Blick auf die Situation des Raumfahrtgedankens und der Raumfahrtenthusiasten in den Jahren 1932 bis 1934 zu werfen und diese Situation wertend zu erfassen.

1927–1934: Aus Enthusiasten werden Ingenieure

Wir hatten gehört, wie in den Jahren 1932 bis 1934 der Verein für Raumschiffahrt und der Raketenflugplatz Berlin langsam aber stetig in Schwierigkeiten geraten waren, wie verschiedene Gruppen und Firmen mit Raketen experimentierten, nach finanziellen Mitteln hierfür suchten; wir hatten gesehen, wie man sich uneinig war über den richtigen Weg zur Raumfahrt und wie schließlich politische Faktoren in das Geschehen mit hineinzuspielen begannen.
Rolf Engel, dessen Raumfahrtinteressen am Raketenflugplatz Berlin begonnen hatten, der dann zur Gruppe Winkler gegangen war, sich aber alsbald aus fachlichen Gründen auch von Johannes Winkler getrennt hatte, zog Ende 1932 zusammen mit seinem Mitarbeiter Heinz Springer in Dessau ein »Forschungsinstitut für Raketentechnik« auf. Finanziell unterstützt wurde er hierbei von Hugo Junkers und Hugo Hückel. Die Ziele dieses Instituts waren, Ventile zu untersuchen, Treibstofftanks zu konstruieren, Brennversuche mit Flüssigkeitsraketen anzustellen – Arbeiten, wie sie im Zuge einer zielstrebigen technisch-wissenschaftlichen Weiterentwicklung des Raketengebiets lagen.
Doch im Frühjahr 1933 wurden Engel und Springer verhaftet, das Arbeitsmaterial, die Protokolle, Versuchsberichte usw. beschlagnahmt. Den beiden Männern wurde »leichtfertiger Landesverrat« vorgeworfen. Der Hintergrund dieses Vorwurfs waren Engels zahlreiche Kontakte zu ausländischen privaten Gruppen, die sich mit dem Raumfahrtgedanken und mit Raketenexperimenten beschäftigten – kein Wunder, denn solche Kontakte bestanden natürlich überall zwischen den Menschen, die sich im Streben nach dem gemeinsamen Ziel, der Verwirklichung des Raumfahrtgedankens, einig wußten. Wir sprachen ja bereits von den Kontakten des Raketenflugplatzes Berlin mit verschiedenen ausländischen Raumfahrtenthusiasten, erwähnten Esnault-Pelterie und Ziol-

Das Raketenflugzeug X–15 wurde von einer B–52 auf 10 bis 12 Kilometer Höhe geschleppt und dort ausgeklinkt, um mit dem eigenen Raketenantrieb weiterzufliegen. Die drei Exemplare, in denen die X–15 gebaut wurde, haben insgesamt zwischen dem 8. Juni 1959 und dem 24. Oktober 1968 199 Flüge absolviert. Die größte Höhe, die das Raketenflugzeug dabei erreichte, betrug 108 Kilometer, die größte Geschwindigkeit Mach 6,7 = 7273 Kilometer pro Stunde. Für jeweils 60 bis 90 Sekunden trieb der Raketenmotor die Maschine mit 27 Tonnen Schub an, danach schoß sie antriebslos weiter in die Höhe oder ging im Gleitflug langsam herunter. Im Gipfelpunkt der Bahn befand sich das Flugzeug praktisch im Weltraum; die dünne Luft übte auf die Maschine nur noch eine geringfügige Reibungswirkung aus; die Lagekontrolle des Flugzeugs erfolgte dort oben über Kontrolldüsen und nicht mehr aerodynamisch.

kowski. Diese Männer und viele andere waren entweder einmal zu Besuch in Berlin gewesen oder korrespondierten zumindest mit VfR oder dem Raketenflugplatz. In England saß Phil Cleator, der Begründer der Britischen Interplanetaren Gesellschaft; in den USA gab es die Amerikanische Interplanetare Gesellschaft; und auch in Rußland hatte sich eine Raketengruppe etabliert. Engel selbst bemühte sich überdies um ausländische Kontakte, weil ihm vorschwebte, ein internationales Archiv für Raumschiffahrt zu gründen, in dem Arbeiten, Berichte, Bücher usw. archivmäßig gesammelt werden sollten. In diesem Zusammenhang hielt er unter anderem Kontakt mit Pendray in den USA und Rynin in der Sowjetunion.

Der Hilfe Wernher von Brauns, der ja nun im Heereswaffenamt bei Oberst Becker und Walter Dornberger saß, hatten Engel und Springer es zu verdanken, daß sie wieder aus der Haft entlassen und das Verfahren schließlich niedergeschlagen wurde – wobei es allerdings nicht ohne eine »staatspolitische Verwarnung« abging!

In seinem Pariser Bericht aus dem Jahr 1947 stellt Engel dazu fest: »Bei diesem Verfahren wurde übrigens zum ersten Male ›amtlich‹ bestätigt, daß jede Mitteilung über den Stand deutscher Arbeiten an ausländische Kreise verboten sei und mit strengen Strafen geahndet würde.«

Bis zum August 1933 konnte Engel sein Forschungsinstitut für Raketentechnik noch betreiben, dann mußte er es wegen Erschöpfung der finanziellen Mittel schließen. Auch Winkler hatte seine Arbeiten einstellen müssen.

Nun formte der nie erlahmende Rolf Engel im Herbst 1933 noch einmal eine Interessengemeinschaft eines Teils der privaten Raketenforscher. Zusammen mit Nebel verhandelte er mit Oberst Becker und Wernher von Braun. Aber man wird sich nicht einig; Engel ist nicht bereit, den Weg nach Kummersdorf zu gehen und sich dem

Heereswaffenamt zu unterstellen. Unmißverständlich wird ihm mit einem Verbot jeglicher privaten Tätigkeit auf dem Raketensektor gedroht. Es beginnen innenpolitische Auseinandersetzungen. Mit Hilfe des SA-Führers Röhm will Engel noch einmal eine »Versuchsabteilung« aufziehen, bestehend aus den Leuten vom Raketenflugplatz und seinen alten Mitarbeitern. Für einige Monate gelingt dies. Doch dann kommt es zum Röhm-Putsch: Röhm wird unter dem Vorwand eines Putsches, den er geplant haben soll, verhaftet und erschossen. Nun ist Engel und seinen Freunden die politische Basis endgültig entzogen.
Auf Drängen des Heereswaffenamtes erläßt Hitler den Befehl, daß ab sofort ausschließlich dieses Amt für Raketenentwicklungen in Deutschland zuständig sei. Auch Nebel muß seine Arbeiten einstellen. 1937 erhält er zusammen mit Klaus Riedel eine Abfindung von 75000 Mark für das Patent »Rückstoßmotor für flüssige Treibstoffe«, das er und Riedel im Juli 1936, rückwirkend gültig vom 13. Juli 1931 ab, erteilt bekommen hatten.
Auch einem anderen Raumfahrtenthusiasten, Albert Püllenberg, wird von der Gestapo das Experimentieren und Publizieren verboten. Püllenberg hatte 1928/29 bereits seine »Gardinenstangenrakete« VR 1 gebaut, dann als Student 1931 die »Gesellschaft für Raketenforschung« gegründet und weiter mit Flüssigkeitsraketen experimentiert. Seine 1932/33 gebaute »Diesel-F.T.-Rak 3«, die der späteren V 2 im inneren Aufbau und äußerer Gestalt bereits sehr nahe kam, explodierte auf dem 1934 von ihm gegründeten »Raketenflugplatz Hannover«, der 1935 nach Dornbergers Besuch geschlossen werden mußte. Trotzdem experimentierte Püllenberg auf seinem ins Moor bei Bremen verlegten Prüfstand weiter und entwickelte die Flüssigkeitsraketen VR 4 bis VR 12, die als erste flüssigkeitsgetriebene Flugabwehrrakete mit Fernsteuerung gilt und im Historischen Museum in Hannover steht.
Diese VR 12 hat er nach zweijähriger Bauzeit ohne Wissen staatlicher Stellen ab 1938 auf seinem Prüfstand erprobt.
Damit ist die Ära der Raketenenthusiasten zu Ende. Was in ihr geschah und wie sich diese Periode der frühen Begeisterung für die Raumfahrt entwickelte, ist ein interessantes Kapitel der Zeitgeschichte.
Es ist schwer, die vielen Vorgänge, die sich in dieser Zeitspanne im Widerspiel der Interessen, der persönlichen Überzeugungen, der wissenschaftlich-technischen Argumentationen und der Suche nach öffentlicher Anteilnahme ereigneten, zusammenfassend zu werten. Wir wollen hierzu noch einmal Rolf Engel zu Worte kommen lassen, der in dem erwähnten Pariser Bericht folgendes über die Jahre von 1920 bis 1933 feststellt:
»Die bereits mehrfach auf anderen Gebieten der Technik oder sonstiger angewandter Wissenschaften beobachtete Tatsache, daß nämlich die wesentlichen und entscheidenden Grundgedanken eines neu durch den menschlichen Geist zu erschließenden Gebietes bereits stets in den ersten Jahren gedacht und getan werden, bestätigt sich im Verlauf der historischen Entwicklung der deutschen Raketentechnik. Auch hier erfolgte in den ersten drei Jahren praktischer Arbeit die wesentliche ›Eroberung des ganzen Gebietes‹. Zahlreiche Gedanken und Ideen, die viel später als ›völlig neu‹ bezeichnet wurden, gehen in Wahrheit auf die Arbeit dieser ersten Pioniere zurück, bzw. sind oft auch ›nacherfunden‹... Es wird notwendig sein, wenigstens die wichtigsten Ergebnisse dieses Zeitraumes knapp zusammenzufassen. Auf dem Gebiet der Flüssigkeitsraketen sind dies die folgenden Tatbestände:
a) Durch Oberth wurden die theoretischen Grundlagen einer ungeflügelten Flüssigkeitsrakete eingehend und für den damaligen Stand ausreichend exakt klargelegt;
b) Durch die Arbeitsgruppe ›Oberth‹ wurde am 23. Juli 1930 mit der Kegeldüse der erste amtlich bestätigte Beweis erbracht, daß es möglich ist, flüssigen Sauerstoff und einen Kohlenwasserstoff technisch beherrschbar zu verbrennen. Der dabei erzielte spezifische Verbrauch ist als Anfangswert durchaus befriedigend;
c) Durch die Arbeitsgruppe ›Raketenflugplatz‹ wurde im Frühjahr 1931 erstmalig und von da ab laufend gezeigt, daß es möglich ist, Leichtmetalle als Baustoffe auch für die Brennkammer zu nehmen, wenn für Wärmeabführung durch eine Kühlflüssigkeit gesorgt wird;
d) Durch die Arbeitsgruppe ›Raketenflugplatz‹ wurde ab 1932 gezeigt, daß die Kühlung auch durch Brennstoffumlauf technisch einwandfrei erfolgen kann;
e) Durch die Arbeitsgruppe ›Winkler‹ wurde ab 1932 gezeigt, daß es möglich ist, mit Hilfe einer ›dynamischen Innenkühlung‹ das Triebwerk auch für längere Brennzeiten (bis zu 50 sec) kapazitiv zu kühlen;
f) Durch die Arbeitsgruppe ›Winkler‹ und die Arbeitsgruppe ›Raketenflugplatz‹ wurde 1932–1933 gezeigt, daß man mit flüssigem Sauerstoff auch verflüssigtes Methan bzw. Akohol-Wassergemische einwandfrei verbrennen kann.
g) Durch die Arbeitsgruppen ›Raketenflugplatz‹, ›Winkler‹ und ›VA‹ wurde 1932–1933 gezeigt, daß der spezifische Verbrauch eines Flüssigkeitstriebwerkes durch planmäßige und sinnvolle Verbesserung aller Zerstäubungs- und Verbrennungsvorgänge auf 6,5 kg/to sec herabgesetzt werden kann;
h) Durch die Arbeitsgruppen ›Raketenflugplatz‹, ›Winkler‹ und ›VA‹ wurde von 1931–1933 mit insgesamt mehr als 300 Prüfstandversuchen der Beweis erbracht, daß ein Raketenmotor (am Prüfstand) zu einwandfreiem und betriebssicherem Arbeiten gebracht werden kann;
i) Durch die Arbeitsgruppen ›Raketenflugplatz‹ und ›Winkler‹ wurde durch die Starts vom 14. März 1931 (Winkler) und 14. Mai 1931 (Raketenflugplatz) der Beweis erbracht, daß es grundsätzlich möglich ist, Flüssigkeitsraketen mit Preßgasförderung der Treibstoffe zum Flug zu bringen;
j) Durch die Arbeitsgruppe ›Winkler‹ wurde mit dem Bau der HW II der Nachweis geführt, daß man bei Flüssigkeitsraketen mit Preßgasförderung grundsätzlich Massenverhältnisse (das heißt Anfangsgewicht dividiert durch Leergewicht) von 4,8 oder einen Bauaufwand pro Kilo Treibstoff von 0,25 kg/kg erreichen kann;
k) Ungeklärt blieben bei all diesen Gruppen die Fragen der Startexplosionen, bzw. alle Fragen der flugtechnischen Erprobung von Flüssigkeiten.
Auf dem Gebiet der Pulverraketen waren dies folgende Ergebnisse:
a) Durch die Arbeitsgruppe ›Valier‹ wurden 1928 Pulverraketen erstmalig zum erdgebundenen Fahrzeug-Antrieb verwandt;
b) Durch die Arbeitsgruppe ›Tiling‹ wurde ab 1931 der Nachweis geführt, daß Schwarzpulverraketen mit ausreichendem spezifischen Verbrauch von 12 kg/to sec und guter ballistischer Belastung (3000–4000 kg/m^2) hergestellt und als Geschosse mit Reichweite bis zu 7 Kilometer verwandt werden können;
c) Durch die Arbeitsgruppe ›Tiling‹ wurde ab 1931 der Nachweis erbracht, daß es grundsätzlich möglich ist, eine vorläufig ausreichende Bahnstabilität mit Hilfe der Flächenstabilisation zu erreichen;
d) Durch die Arbeitsgruppe ›Tiling‹ wurde 1932 der Nachweis geführt, daß man flächenstabilisierte Pulverraketen erfolgreich von einem Flugzeug aus verschießen kann;
e) Durch die Arbeitsgruppe ›Tiling‹ wurde ab 1932 der Nachweis erbracht, daß man außer der Fallschirmlandung bei Raketenkörpern auch die Spreizflächenlandung betriebssicher anwenden kann;

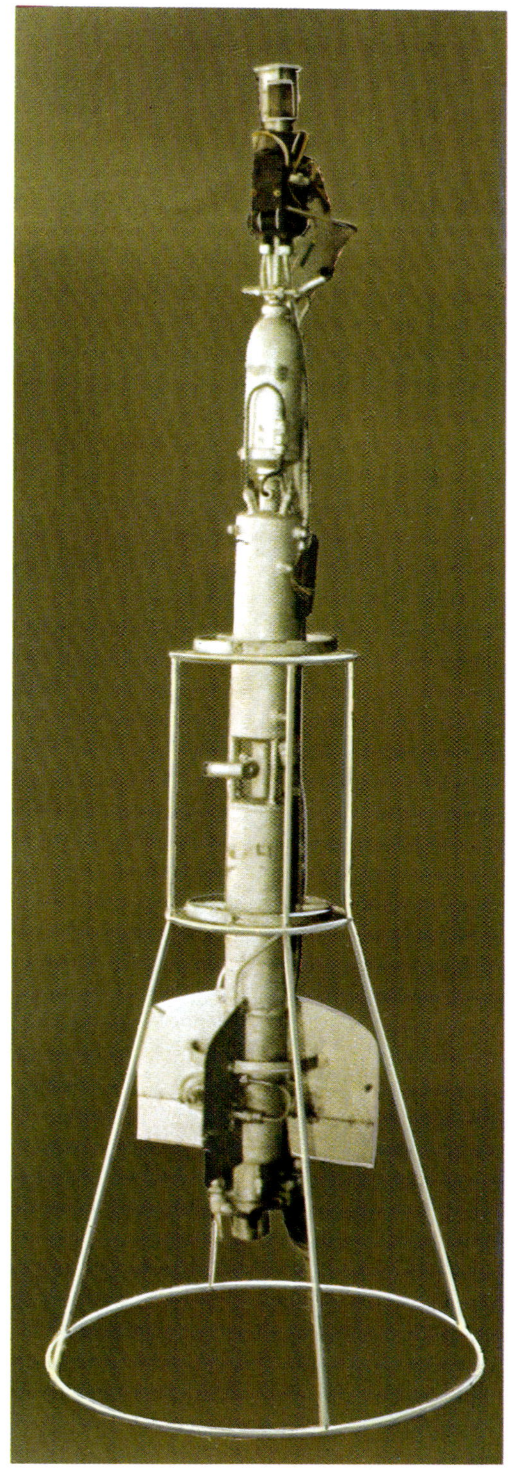

Oben: Der Raketenenthusiast Albert Püllenberg (mit Rad) im Sommer 1934 zusammen mit zwei Helfern auf dem Weg zu seinem Versuchsplatz. Die mitgeführten Geräte zeigen, unter welch primitiven Umständen die »Raketenbastler« damals arbeiteten.
Rechts: Die von Püllenberg 1936/37 konstruierte flüssigkeitsgetriebene Flugabwehrrakete

f) Durch die Arbeitsgruppe ›Tiling‹ wurde Anfang 1933 der Nachweis erbracht, daß man grundsätzlich mit Schwarzpulverraketen Brenndauern von 10 sec erreichen kann.
Auf dem Gebiet der Raketentriebwerke für Flugzeugantriebe wurde erreicht:
a) Durch die Arbeitsgruppe ›Valier‹ wurde am 10. Juni 1928 erstmalig die Pulverrakete als Antrieb eines Flugzeuges eingesetzt;
b) Durch die Arbeitsgruppe ›Sänger‹ wurden ab 1931–1933 die Grundlagen für den Entwurf und für die Beurteilung von Flugzeugen mit Raketenantrieb in wissenschaftlich und technisch einwandfreier Form (dem damaligen Stand der Technik entsprechend) gegeben.
Diese Ergebnisse wurden innerhalb des genannten Zeitraumes – also etwa von 1930–1933 einschließlich – mit einem Gesamtkostenaufwand (für alle besprochenen Arbeitsgruppen außer der Arbeitsgruppe ›Dornberger‹) von etwa 300 000 RM erreicht, was etwa 1,1 Millionen DM heutiger Kaufkraft entspricht. Dies war nur dadurch möglich, daß alle Beteiligten grundsätzlich auf eine Bezahlung verzichteten – im Gegenteil, vielfach ihr Privatvermögen in die Arbeit hineinsteckten. Der oben genannte Betrag ist daher zumeist von Spenden von privater Seite aufgebracht worden. Vier Mitarbeiter von insgesamt 30 Personen haben ihr Leben geopfert. Überblickt man heute die dabei erzielten Leistungen und Ergebnisse, so kann man ohne jede Übertreibung feststellen, daß die deutsche Raketentechnik selbst einen stürmischen und zukunftsträchtigen ›Start‹ genommen hatte.«
Soweit Rolf Engel.

Der Weg zur Großrakete

Von Kummersdorf nach Peenemünde

»Daß wir Raketen für militärische Zwecke entwickeln mußten, haben wir immer nur als Umweg betrachtet. Wir wußten, daß die Frühpioniere der Fliegerei in der ganzen Welt den gleichen Umweg beschreiten mußten«, sagte Wernher von Braun einmal. »Wir haben unsere Generation vor die Schwelle des Weltraumes geleitet – der Weg zu den Sternen ist offen«, schreibt Walter Dornberger im Vorwort seines Buches »V 2 – Der Schuß ins Weltall«.
Ernst Klee und Otto Merk stellen in ihrem Buch »Damals in Peenemünde« fest: »Dornberger war Soldat, Artillerist und Techniker. Wernher von Braun war Zivilist. Beide wußten um die Bedeutung, die die Rakete eines Tages für die Erforschung des Weltraums, für eine bemannte Raumfahrt, ja für den Verkehr erlangen würde. Beide wußten aber auch – besser als andere –, daß es nur eine Behörde in Deutschland gab, die ihre Entwicklungsarbeit auf dem Gebiet des Strahlantriebs aus den Kinderschuhen herauswachsen lassen konnte: das Reichskriegsministerium. Das Ministerium aber würde die voraussichtlich hohen finanziellen Mittel nur bereitstellen, wenn es dafür eine militärisch verwendbare Gegengabe erhielt: die sprengstofftragende, weite Strecken überbrückende Fernrakete. Auf einen einfachen Nenner gebracht: wenn die Entwicklung von Großraketen überhaupt durchgeführt werden konnte, die Entwicklung von Raketen, deren Nachfolger eines Tages unbemannte Erdsatelliten und bemannte Raumschiffe auf elliptische und parabolische Bahnen tragen sollten – dann, ja dann gab es vorerst nur den Umweg über die Waffe. Ein Umweg, der eines Tages zum friedlichen Ziele führen würde.«
Und Willy Ley sagt in seinem Buch »Rockets, Missiles, and Men in Space« (Raketen, Fernlenkkörper und Menschen im Weltall), erschienen 1968: »Die Weltgeschichte wird oft durch seltsame Faktoren beeinflußt. Die ersten großen Raketen wurden gebaut, weil ein bestimmter Vertrag [hier ist natürlich der Versailler Vertrag gemeint] Raketen nicht erwähnte. Und sie wurden an dem Platz gebaut, wo sie gebaut wurden, weil der Chefkonstrukteur des Projektes einen abgelegenen Ort kannte, an dem sein Großvater auf Entenjagd gegangen war ...«
Ley spricht mit den letzten Worten natürlich Peenemünde an, wo die flüssigkeitsgetriebene Großrakete A 4 entstand, die von den politischen Machthabern des damaligen Deutschland nach den ersten militärischen Flügen und ihrem Erscheinen in der Öffentlichkeit sehr schnell die Progagandabezeichnung V 2 erhielt – das »V« steht dabei für den Anfangsbuchstaben des Wortes »Vergeltungswaffe«.
Begonnen hat die Entwicklung, die in Peenemünde endete, in den Jahren 1929/32 beim Heereswaffenamt in Berlin und auf dem Artillerieschießplatz in Kummersdorf, einem 28 Kilometer südlich der Stadtgrenze von Berlin gelegenen kleinen Ort. Das Heereswaffenamt hatte sich bereits im Jahre 1929 für Raketen zu interessieren begonnen. Auslösende Faktoren für dieses Interesse waren einerseits die diversen Berichte über die Fortschritte in der Raketentechnik, über Flüssigkeitsraketen, die vielversprechenden Ankündigungen, die im Zuge des damaligen Raketenfiebers von den privaten Experimentatoren gemacht wurden, sowie die Reklame, die der Film »Frau im Mond«, die Raketenautos und ähnliche Vorkommnisse auslösten, und andererseits die Bestimmungen des Versailler Vertrags. Dornberger stellte dazu in seinem zuvor zitierten Buch »V 2 – Der Schuß ins Weltall« fest:
»Der Versailler Vertrag hatte Deutschlands Freizügigkeit in allen Rüstungsfragen eingeschränkt. Nur eine bestimmte Anzahl von Truppen mit Waffen, deren Kaliber festgesetzt worden war, durfte unterhalten werden. Die Waffenfabriken blieben strengen Beschränkungen unterworfen. So war also das Heereswaffenamt begreiflicherweise auf der Suche nach neuen, die Bestimmungen des Vertrages nicht verletzenden Waffenentwicklungen, welche geeignet waren, die Kampfkraft der wenigen Verbände zu erhöhen.«
Ende 1929 wurde mit Zustimmung des Reichswehrministers beschlossen, daß sich das Heereswaffenamt mit entsprechenden Versuchen für die Anwendung der Rakete als Waffe beschäftigen sollte.
Im Heereswaffenamt war für die gestellte Aufgabe die Ballistische und Munitionsabteilung zuständig. Sie wurde von dem Ballistiker Oberst (später General) Professor Dr. Becker geleitet, auf dessen Anregung die gerade erwähnten Beschlüsse auch weitgehendst zurückgingen. Hauptmann von Horstig war der Leiter des Ballistischen Referats innerhalb dieser Abteilung. Diplom-Ingenieur Hauptmann Walter Dornberger wurde Anfang 1930 sein Referent; Dornberger studierte gleichzeitig noch an der Technischen Hochschule Berlin. Wir hatten diese drei Männer bereits kennengelernt, als von ihren Besuchen auf dem Raketenflugplatz Berlin Ende 1931 und Anfang 1932 die Rede war, und wir hörten, wie durch sie am 1. Oktober 1932 Wernher von Braun zum Heereswaffenamt gekommen war.
Das Ballistische Referat des Heereswaffenamtes hatte sich sowohl mit Pulverraketen beschäftigt als auch Interesse an Flüssigkeitsraketen gezeigt. Pulverraketen waren interessant, wenn man ihre Zuverlässigkeit würde verbessern können; Flüssigkeitsraketen würden, ließen sie sich zur vollen Reife entwickeln, die Reichweite der Geschosse übertreffen können und damit einen zusätzlichen Vorteil bieten.
Um praktische Erfahrungen mit diesen Raketen sammeln und Prüfstandversuche mit neuen Raketenmotoren machen zu können, hatte man auf dem Artillerieschießplatz in Kummersdorf einen dichtbewaldeten Teil zur »Versuchsstelle Kummersdorf West« gemacht und dort ein halbes Dutzend Prüfstände, Lagerschuppen usw. errichtet. Hier gingen praktische Versuche mit Raketen vonstatten, zunächst in einem Labor für Pulverraketen, dann aber auch mit flüssigkeitsgetriebenen Motoren – so etwa mit einem kleinen Flüssigkeitsraketenmotor von 20 Kilogramm Schub, den Walter Riedel bei der Firma Heylandt nach dem Tod Valiers auf Wunsch des Heereswaffenamtes entwickelt hatte. Hier war es auch, wo Nebel, von Braun und Klaus Riedel ihre Rakete vorgeführt hatten und wo Wernher von Braun angesichts der Meßeinrichtungen dieses Platzes erkannte, daß für die Entwicklung der Weltraumrakete ein enormes Potential finanzieller, logistischer und organisatorischer Art notwendig ist, wofür die Möglichkeiten der Enthusiasten des Raketenflugplatzes Berlin niemals ausreichen würden.
So war Wernher von Braun zum ersten Zivilangestellten des Heereswaffenamtes geworden. Seine Tätigkeit: Sachbearbeiter für Flüssigkeitsraketen. »Nebenbei« studierte er noch an der Technischen Hochschule in Berlin. Der zweite Zivilangestellte in dem neuen Referat wurde der

Das Zeitalter der Großraketen wurde endgültig Anfang der vierziger Jahre in Peenemünde eingeleitet, als es deutschen Technikern gelang, mit der A-4-Rakete die erste leistungsfähige Flüssigkeits-Rakete zu konstruieren und erfolgreich zu starten. Die A 4 kann mit Recht als Urahn aller späteren Großraketen bezeichnet werden. Unser koloriertes Foto zeigt den Start einer A 4 vom Versuchsgelände in Peenemünde aus.

fähige Mechaniker Heinrich Grünow, der dritte - im November 1932 - Walter Riedel. 1934 kam - die Gruppe war inzwischen auf mehrere Mitarbeiter angewachsen - noch ein weiterer Mann hinzu, der später ebenfalls zu den führenden Köpfen in Peenemünde zählen und nach dem Kriege auch weiterhin mit Wernher von Braun in Amerika zusammenarbeiten sollte: Arthur Rudolph. Er hatte einen kleinen Raketenmotor konstruiert, der durch Alkohol und flüssigen Sauerstoff angetrieben wurde und dessen Brennkammer so im kugelförmigen Alkoholtank untergebracht war, daß der umspülende Alkohol sie kühlte.
In Kummersdorf beginnen die Experimente zunächst mit dem kleinen »Ofen«, den Riedel bei Heylandt entwickelt hat. Dann geht man auf eine Flüssigkeitsbrennkammer über, die 300 Kilogramm Schub entwickeln soll; sie ist von Dornberger, von Braun und Riedel entwickelt worden und besteht aus Duraluminium. Dieser Raketenmotor ist der ganze Stolz der Männer. Er wird durch 75prozentigen Alkohol und flüssigen Sauerstoff gespeist. Der Brennstoff wird zur Kühlung der doppelwandigen, kugelförmigen Brennkammer benützt. Er tritt am Wulst der Düse ein, strömt unter Druck nach oben zum Brennkammerkopf und tritt hier durch siebartige Düsen in die Kammer. Bei dem Kühldurchfluß in der Kammerwandung wird er auf rund 70 Grad erwärmt. Der Sauerstoff wird - ebenfalls unter einem Druck von mehreren Atmosphären - über eine entsprechende siebförmige Düse so eingespritzt, daß er sich in der Kammer mit dem Alkohol vermischt und die beiden Flüssigkeiten zerstäuben.
In der Nacht des 21. Dezember 1932 soll dieser Motor zum erstenmal auf dem neuen Prüfstand brennen. Es ist ein doppelter Geburtstag: Nicht nur der Motor soll erstmals erprobt werden, auch der Prüfstand - wenige Tage zuvor fertig geworden - sieht seiner ersten Benützung entgegen. Dieser Prüfstand ist eine den damaligen Verhältnissen nach hochmoderne Anlage mit Betonmauern, einem aufklappbaren Blechtor, Sehschlitzen und Beobachtungsspiegeln, mit kugelförmigen Behältern für Treibstoffe und Verbrennungsträger, Zuführungsleitungen, die Druckmesser enthalten, mit Ventilen für die Druckregulierung, mit Verteilerleitungen, Meßgeräten zur Versuchsaufzeichnung, Kontrolluhren, Sensoren für Temperatur- und Druckmessungen an den verschiedensten Punkten der Leitungen wie in den Brennkammern selbst, mit Meßfühlern für die Temperaturbestimmung des Kühlmittels, einer Schurre, also einem Flammendeflektor unter der Austrittsöffnung der vertikal montierten Raketenmotoren, usw., usw.
Nur die Zündung des Treibstoffgemisches sollte bei diesem Versuch nach alter Manier erfolgen: Außerhalb des Bunkers standen Dornberger und von Braun, letzterer mit einer vier Meter langen Stange bewaffnet, an deren vorderem Ende ein Becher voll Benzin hing. Im Bunkerinneren beobachteten Riedel und Grünow den Druckaufbau, regulierten über Handräder die Ventile. Als es soweit war, entzündete von Braun das Benzin in dem Behälter und mit ihm das Treibstoffgemisch im Motor. Im nächsten Moment gab es einen ohrenbetäubenden Knall, die Lichter erloschen, und alle möglichen Gegenstände flogen durch die Luft ... Wie durch ein Wunder waren von Braun und Dornberger nicht in Mitleidenschaft gezogen worden. Aber der schöne neue Prüfstand sah übel aus ...
Doch solche Zwischenfälle konnte die Männer nicht von ihrem Vorhaben abbringen, Raketenmotoren verstehen und bauen zu lernen, die mächtige Energie, die in ihnen freigesetzt wird, allein für den angestrebten Zweck, die Beschleunigung einer Rakete, zu bändigen. Neue Brennkammern wurden entworfen und gebaut, neue Materialien erprobt. Es gab Fortschritt und Rückschritt, gute Ergebnisse und Explosionen. Langsam machten sich die Männer mit den Launen der ungestümen Brennkammern vertraut.
Aber es war nicht nur der Kampf gegen das Ungestüme der Brennkammern, es war auch der Kampf gegen die Materialien und gegen fehlende Erfahrungen.
Eine Rakete, das hatte bereits Oberth in seinem Buch aus dem Jahre 1923 mathematisch eindeutig aufgezeigt, die gute Leistungen im Sinne weiter Flugstrecken und hoher Nutzlast (was immer man darunter verstehen wollte) erbringen soll, muß aus möglichst leichten Werkstoffen konstruiert sein - das Massenverhältnis ist neben der Leistung der Brennkammer (ausgedrückt in der Ausströmgeschwindigkeit und dem Schub) ein entscheidender Faktor. So bemühte man sich um Leichtmetalle, suchte von Braun Raketenöfen aus Aluminium und dem neuen Elektron - einer Legierung aus Magnesium und Aluminium - zu bauen.
Endlich kommt man mit der Brennkammer für 300 Kilogramm Schub so weit zu Rande, daß die Männer daran denken können, eine erste Flüssigkeitsrakete zu konzipieren und zu bauen. Man nennt sie AGGREGAT 1 oder abgekürzt einfach A 1. Sie wird 1933

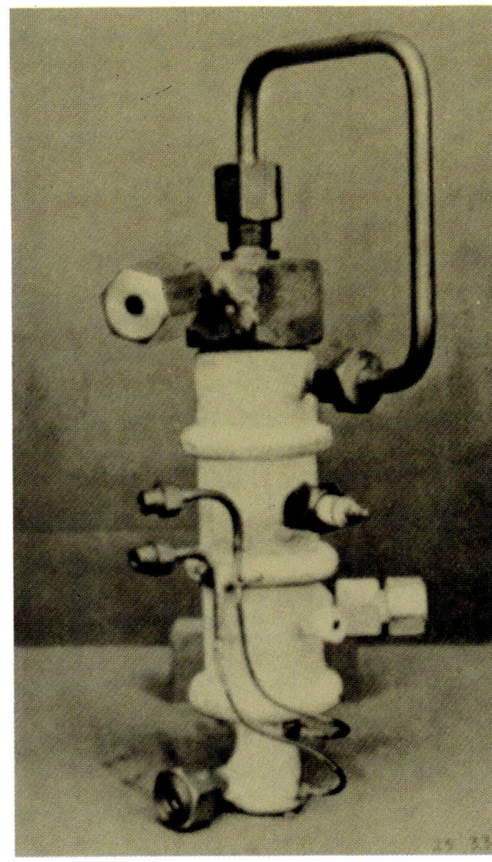

fertig. Es ist ein Gerät von 150 Kilogramm Gewicht und 1,40 Meter Länge, das für 16 Sekunden durch Flüssig-Sauerstoff und 75prozentigen Alkohol angetrieben werden soll, ein Gemisch, dem von Braun für viele Jahre die Treue hielt. Auf diese Treibstoffkombination hatte zunächst Guido von Pirquet hingewiesen; Wernher von Braun hatte sie dann lange mit ihm und Rolf Engel diskutiert, und sie war schließlich 1932 erstmals auf dem Raketenflugplatz Berlin erprobt worden. Rolf Engel meinte zu der Verwendung von wasserversetztem Alkohol: »Es kam noch ein weiterer Faktor hinzu, der mitentscheidend für die Beibehaltung des Alkohol-Wasser-Gemisches als Brennstoff war. Der Vater von Wernher von Braun war 1932 Landwirtschaftsminister und gehörte zu den größten Grundbesitzern Schlesiens. Er hatte erkannt, daß hier ein großes und wirtschaftlich sehr lohnendes Gebiet für die Landwirtschaft erschließbar war. Er sorgte dafür, daß die nötigen Maßnahmen zu einer großindustriellen Fertigung dieses Brennstoffes getroffen wurden ...«
Aber es galt bei der A 1 noch andere Fragen zu klären als nur diejenigen, die die Brennkammer und den Treibstoff betrafen. Zum Beispiel, wie man die Rakete stabilisieren sollte.
Dornberger als Artillerist dachte natürlich zunächst an die Drallstabilisierung, die sich ja seit William Hale um 1860 auch bei

Linke Seite: Ein von Valier 1930 bei der Firma Heylandt in Berlin entwickeltes flüssigkeitsgetriebenes Raketentriebwerk, damals allgemein als »Raketenofen« apostrophiert. Die Schubkraft betrug rund 20 Kilogramm. Bei einem Versuch mit Paraffin als Treibstoff am 17. Mai 1930 explodierte die Brennkammer; ein Splitter tötete Valier.

Rechts: Prüfstand für Flüssigkeitsraketen auf dem Versuchsplatz des Heereswaffenamtes in Kummersdorf bei Berlin im Jahre 1933. Hier entstanden die ersten Vorbilder für die heutigen modernen Raketenprüfstände.

den Pulverraketen eingebürgert hatte und recht erfolgreich war. Aber wie konnte man eine Flüssigkeitsrakete drallstabilisieren? Wie würden sich die Treibstoffe in den Tanks bei schneller Rotation verhalten? Wie würden sie in die Brennkammer gelangen? Was würde mit ihnen unter dem Einfluß der schnellen Drehung in dieser Brennkammer passieren? Wie würde der Verbrennungsvorgang ablaufen, wie die Ventile funktionieren?

Von Braun favorisierte eine andere Idee. Er war davon überzeugt, daß Drallstabilisierung für Flüssigkeitsraketen nicht in Frage kam. Er dachte an die Kreiselstabilisierung.

Ein sich drehender Kreisel setzt – wie alle rotierenden Massen – infolge seiner Trägheit jeder Art von Richtungsänderung Widerstand entgegen. Darauf beruht die Stabilisierung durch Drall (also schnelles Rotieren) eines Körpers, und darauf beruht auch die Kreiselstabilisierung. Ihr liegt die Idee zugrunde, daß ein fest montierter Kreisel, sofern er nur einen ausreichenden Drehimpuls hat, auch den Körper, mit dem er verbunden ist – also etwa eine Rakete –, in einer vorgegebenen Lage zu halten vermag.

Doch Dornberger traut diesem Kreiselprinzip noch nicht völlig, und obendrein fehlt von Braun ein geeignetes Kreiselsystem. So entschließt man sich zu einem Kompromiß: Mittels eines Drehstrommotors und einer Batterie soll ein Schwungrad in der Spitze der A-1-Rakete, gegenüber dem übrigen Raketenkörper auf Kugeln laufend, in schnelle Drehung versetzt und die gesamte Rakete auf diese Weise stabilisiert werden.

Doch die A 1 kam zu keinem Flug: Sie explodierte infolge einer Zündverzögerung von einer halben Sekunde auf der Startrampe. Im übrigen hatte sich herausgestellt, daß die Rakete ohnedies zu kopflastig war und deshalb niemals hätte einwandfrei fliegen können.

Eine neue Variante der Rakete wird entwickelt, die A 2. Das Raketentriebwerk der A 2 war das gleiche, das auch bei der A 1 verwendet worden war. Doch konstruktiv unterschied sich die Rakete deutlich von ihrem Vorläufer. Anstelle der rotierenden Spitze war nun ein Schwungrad getreten, und es saß nicht im vorderen Teil der Rakete, sondern in der Mitte. Dieser 40 Kilogramm schwere Schwungkreisel bildete die »Nutzlast« der Rakete. Auch der Sauerstoffbehälter war umplaziert worden.

Mitten in diesen Arbeiten kam es zu einem Unglück. Im März 1934 machte Dr. Wahmke, einer der neueren Mitarbeiter, einen Versuch mit Wasserstoffsuperoxid und Spiritus. Ein kleiner Prüfstand aus Brettern war für diesen Zweck in Kummersdorf gebaut worden. Wahmke wollte sehen, ob es möglich ist, die beiden Substanzen vor der Zündung zu vermischen. Doch es gab bei dem Versuch einen Rückschlag durch die Leitung, die zu dem Behälter führte, in dem sich das Treibstoffgemisch befand, und eine so gewaltige Explosion war die Folge, daß von dem Prüfstand kaum etwas übrig blieb. Wahmke und zwei seiner Mitarbeiter konnten nur noch tot geborgen werden. Sie blieben jedoch die einzigen Todesopfer, die während der gesamten Raketenentwicklungsarbeit des Heereswaffenamtes zu beklagen waren.

Die Arbeiten am AGGREGAT 2 gingen weiter. Zwei Exemplare der Rakete wurden gebaut; sie erhielten die Spitznamen »Max« und »Moritz«. An einen Start dieser Raketen in Kummersdorf war jedoch nicht zu denken – hierfür war das Gelände viel zu klein. So geht von Braun mit einigen seiner Mitarbeiter auf die Nordsee-Insel Borkum. In den ersten Dezembertagen tritt eine geeignete Wetterlage auf. Die erste Rakete, »Max«, wird gestartet. Sie kommt auf 2200 Meter Höhe. »Moritz« folgt und fliegt genauso einwandfrei. Erstmals sind damit Flüssigkeitsraketen auf über 2000 Meter Höhe gestiegen. Wernher von Braun äußerte sich selbst zu diesem Versuch mit den Worten: »Was für mich viel wichtiger war, ist dies: Die beiden waren ganz mein eigenes Werk. Ich habe sie selbst konstruiert, jede ihrer Schrauben am Zeichenbrett entworfen, den Druckregler konzipiert – kurz und gut, ich habe sie von

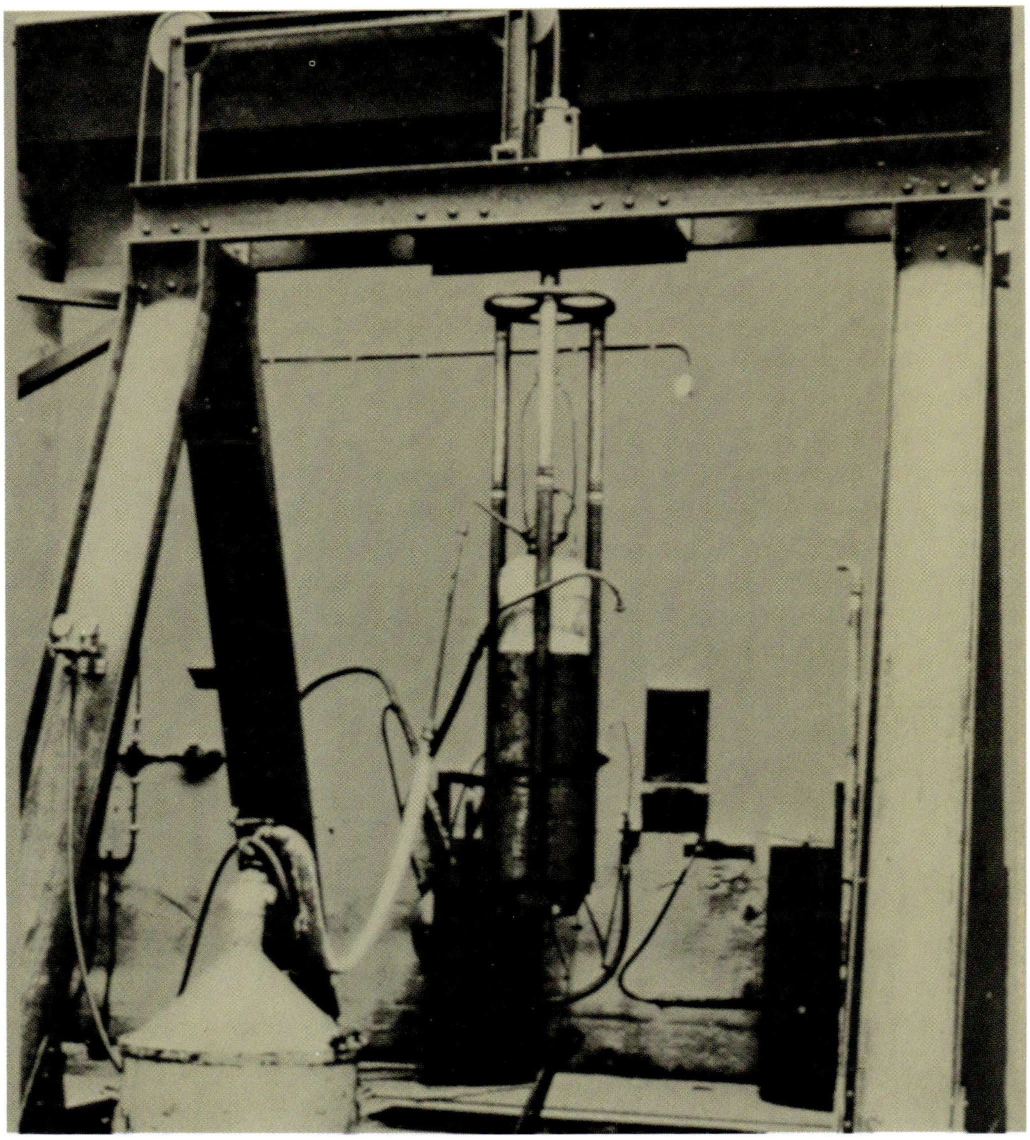

A bis Z zusammengebastelt. ›Max‹ und ›Moritz‹ hatten mir, wenn ich so formulieren darf, zum Durchbruch verholfen.«
Nun beginnt die Arbeit erst richtig. Raketenofen auf Raketenofen wird entwickelt. Mit echter Freude verzeichnet man die Leistungsverbesserungen: Sie sind die Schritte, die man nach vorne macht. Die Schubkräfte wachsen an auf 500, 1000, 1500, 2000 Kilogramm. Auch die Ausströmgeschwindigkeiten der Verbrennungsprodukte aus der Düse, ein so wichtiger Leistungsparameter, werden dank technischer Verbesserungen sukzessive gesteigert. Hatte man sich anfänglich mit Ausströmgeschwindigkeiten von 1000 und 1200 Metern pro Sekunde begnügt, so erreichte man nun 1800, ja sogar 2000 Meter in der Sekunde.
In Kummersdorf führt man statische Brennversuche mit den verschiedensten neu entwickelten Raketenöfen jedermann aus der militärischen und politischen Hierarchie vor, der nur irgend etwas Entscheidendes zu sagen hat und bereit ist, zu kommen. Langsam wird Kummersdorf-West in eingeweihten Kreisen zu einem Begriff.
Das nächste Aggregat entsteht, die Rakete A 3. Sie ist das Gerät, das die Brücke schlagen wird zwischen bloßen Raketenversuchen und einer praktisch verwendbaren Großrakete.
Allein die Zahl der Fragen, die beantwortet, die Zahl der Probleme, die gelöst werden müssen, ist enorm. Jetzt gilt es, eine lenkbare Rakete zu entwickeln, eine Rakete, die beim Abheben mit einer Geschwindigkeit von nur einigen Kilometern in der Stunde ebenso stabil fliegt wie bei Überschallgeschwindigkeit. Experimente mit Modellen im Windkanal werden angestellt, um Aussagen über die notwendige Gestalt der Rakete zu bekommen, theoretische Modelle errechnet.
Wernher von Braun hat sich schon lange Gedanken darüber gemacht, wie man eine solche Rakete »lenken« kann. Grundlage müssen offensichtlich drei Kreiselplattformen sein, die »Bezugsebenen« für alle drei Richtungen abgeben. Die Plattformen haben die Aufgabe, Abweichungen der Rakete gegenüber der erwünschten Flugbahn zu erkennen und über Stellgeräte durch Eingriff in den Antrieb zu korrigieren.
Am 16. April 1934 promoviert Wernher von Braun an der Friedrich-Wilhelm-Universität in Berlin zum Dr. phil. Die Urkunde gibt als Titel seiner Dissertation an »Über Brennversuche« – Arbeit und voller Titel waren für geheim erklärt worden. Der echte Titel der Arbeit (die erst 1958 von der Deutschen Gesellschaft für Raketentechnik und Raumfahrt publiziert wurde) lautet »Konstruktive, theoretische und experimentelle Beiträge zu dem Problem der Flüssigkeitsrakete«. In ihr schreibt Wernher von Braun an einer Stelle: »Die für die Zukunft vorgesehene aktive Steuerung von Flüssigkeitsraketen müßte durch mehrere in Ringen beweglich aufgehängte

Links außen: Beim Aggregat *2 hatte Wernher von Braun bereits einen erheblichen Entwicklungsanteil. Im Dezember 1934 stieg die im Bild auf dem Prüfstand gezeigte Rakete* Max *auf 2200 Meter Höhe.* Moritz *folgte in einem gleichfalls einwandfreien Flug.*

Rechts oben: Mit einer Seilwinde wurde die A 3 aufgerichtet, ein Vorfahre des später bei der A 4 angewendeten Meiler-Kippwagens.

Unten: Die A 3 auf dem Prüfstand in Kummersdorf-West im Jahre 1938

Kreisel erfolgen, die über ein Relais (zum Beispiel ein Drucksteuersystem wie bei der Torpedosteuerung) auf Gasflossen wirken. In dem Maße, in dem diese in den Gasstrahl der Rakete hineingedrückt würden, entstünden Steuerkräfte, die die Rakete wieder in die ursprüngliche Achsenrichtung drücken würden.«
Das ist eine ziemlich genaue Beschreibung des Lenksystems, um das sich Wernher von Braun just zu jenem Zeitpunkt, da er diese Dissertation verfaßte, emsig für die Anwendung in der A-3-Rakete bemühte. Von Braun nahm zu diesem Zweck Verbindung mit der Firma Boykow in Berlin auf, deren Besitzer sich auf Kreiselsteuerungen und Kreiselprobleme in der Schiffahrt spezialisiert hatte. Er kann Wernher von Braun geeignete Kreisel anbieten. Man denkt in Kummersdorf zunächst an schwenkbare Triebwerke für die Steuerung, kommt aber wegen der damals noch konstruktiven Kompliziertheit eines solchen Verfahrens wieder von der Idee ab.

Da kommt von Braun auf den Gedanken, Molybdänruder (später in der A 4 werden es dann die billigeren Graphitruder sein) in den Gasstrahl des Triebwerks zu bringen, was bereits von Ziolkowski vorgeschlagen worden war. Die bange Frage: Würde selbst Molybdän die hohe Temperatur des orkanartig über die Ruder pfeifenden Gasstrahls nicht aushalten? Versuche müssen die Antwort finden helfen.

Peenemünde

1936 wird die A 3 endlich fertig, steht sie auf dem Prüfstand in Kummersdorf. Zu einem Flug würde man sie von hier aus natürlich niemals starten können – ein Gedanke, der die Männer schon länger beschäftigt hatte, denn überhaupt war es dort zu eng und zu klein für die Raketenbauer geworden. Der Mitarbeiterstab hatte erheblich an Zahl zugenommen, und auch die Anlagen waren gewachsen. »Die Deutschen waren die ersten, die jene Erfahrung machten, welche seitdem alle Raketeningenieure erfuhren: die Notwendigkeit, viel freien Raum zur Verfügung haben zu müssen«, schreibt Willy Ley rückblickend in »Rockets, Missiles, and Men in Space«.
Oftmals hatten von Braun und Dornberger darüber diskutiert, wo dieser »viele freie Raum« zu finden sei. Er mußte abseits des geschäftigen Treibens der Menschen liegen, weit weg von jeder Großstadt, jedem Gebiet mit großem Erholungsrummel, und er mußte so groß sein, daß man dort Raketen verschießen konnte, ohne Gefahr zu laufen, ein Dorf oder auch nur ein einzelnes Haus mit ihnen zu treffen. Nun, Wernher von Braun fand ein solches Gelände. Zu verdanken hatte er diesen Fund seiner Mutter. Sie wies ihn beim Weihnachtsbesuch 1935, als Wernher von Braun erwähnte, daß er nach einem Platz für ein »neues, größeres Kummersdorf« suche, auf den Peenemünder Haken hin, einen Teil der Insel Usedom in der Ostsee, ein Gebiet, in dem, wie sie sagte, ihr Vater oft auf Entenjagd gegangen sei.
Wenige Tage später besuchte Wernher von Braun dieses Gelände und fand es hervorragend geeignet.
Was zu jener Jahreswende 1935/36 noch fehlte, um einen neuen Raketenversuchsplatz einzurichten, war das Geld. Selbst in Kummersdorf hatte man genug finanzielle Sorgen, geschweige denn konnte man daran denken, ein weiteres, größeres Zentrum aufzuziehen.
Doch die Zeiten begannen sich zu ändern.

Die spektakulären Brennversuche, die Dornberger und von Braun allen möglichen politischen und militärischen Größen vorgeführt hatten, blieben nicht ohne Wirkung. Man begann an die von den Kummersdorfern propagierte Raketenwaffe zu glauben. Im März 1935 kam es zu der entscheidenden Frage, der Frage: »Wieviel Geld brauchen Sie?«
Dazu Dornberger in seinem Buch »V 2 – Der Schuß ins Weltall«: »Diese Frage, die schon von anderer Seite an uns gestellt worden war, machte uns immer Unbehagen. Wir benötigten eine uns damals unglaublich hoch erscheinende Summe mit sechs Nullen.
Damals, bei unseren Überlegungen über die Form und das Einsatzverfahren einer militärischen Großrakete, hatte uns erstmalig in der Geschichte der Waffenentwicklung eine Idee gepackt, die uns nicht mehr losließ. Wir wollten an einer Stelle alles das erforschen und entwickeln, was zum wirkungsvollen Einsatz einer solchen Großwaffe notwendig erschien, das heißt neben der eigentlichen Rakete auch alle in die verschiedensten Zweige der Technik und Wissenschaft greifenden Boden- und Prüfanlagen. Wir wollten mit Zweckforschung auf allen in Frage kommenden Gebieten beginnen und mit der Erstellung der Fertigungsunterlagen enden. Mit einem Wort, wir wollten ein ganzes Waffenprogramm bei uns durchführen. Wir brauchten eine Forschungs- und Entwicklungsstelle, umfassend eingerichtet nach dem neuesten Stande von Wissenschaft und Technik.«
Die Millionen, die Dornberger fordert, werden ihm zugesagt. Auch die Luftwaffe beginnt sich zu interessieren, will sich an den Kosten beteiligen. Im April 1936 kommt es zu dem entscheidenden Beschluß: General Kesselring sagt zu, die »Heeresversuchsanstalt Peenemünde« bauen zu lassen. Sie soll aus einem Heeres- und einem Luftwaffenteil bestehen, späterhin als Peenemünde-Ost (Heer) und Peenemünde-West (Luftwaffe) bekannt. Noch am gleichen Abend des Tages, an dem General Kesselring seine Zusage gegeben hatte, meldete sich bei Dornberger telefonisch ein Ministerialbeamter und teilte mit, daß er soeben das gewünschte Gelände für 75 000 Mark erworben habe.
Der Aufbau geht schnell vonstatten. Häuser, Büros, Labors werden errichtet, Straßen gebaut, Prüfstände konstruiert. Tausende von Leitungen müssen verlegt, Startrampen konzipiert, Treibstoffbehälter aufgestellt werden. Bereits im Mai 1937 kann die Mehrzahl der Mitarbeiter von

Raketenentwicklungs- u. Erprobungsstelle
des Heeres u. der Luftwaffe
Peenemünde a. Usedom
1937 - 1945
HEER:
Innerhalb d. Werke: Werkst.- u. Laborgebäude
Außerhalb: Wohnhäuser u. kl. Ortsteile
P... Prüfstände für Triebwerke u. Zubehör
Prüf- u. Abschußstand VII (V2)
Abnahme-prüfstand (V2)
Unterkunftsbaracken
Funkmeßgerät
LUFTWAFFE:
Flugzeughalle - Laborgebäude
Raketentriebwerkprüfstand
Funkhaus
Meßhaus
Bunker
Abschuß-schleuder (V1)
Deich vor künstlich angeschwemmter Küste
Chaussée
Weg
Reichsbahn
Werkbahn
Kleinbahn
Kirche
Mischwald
Wiese
Forsthaus
Sumpf. Wiese
Ost - See
Pommersche - Bucht
0 500 1000 m
Peenemünder Haken
Schußrichtungen V1
Leitstrahl- u. Schußrichtung V2
Leitstrahl „Würzburg Riese“ vom Festland aus
M. Nord
Kl. Strand
Wiese
Gr. Strand - Wiese
Muna
Rollfeld
Startbahn
Erprobungsstelle der Luftwaffe
WEST
M. Schneise
M. Vorwerk
WERK
Hafen
Vorwerk
WERK - NORD
Heer
(Entwicklungswerk)
M. Ost
Kölpten-See
Meßturm
Bhf.
Grenze des Sperrgebietes
WERK SÜD
Heer
(Versuchsserienwerk)
M. Schanze
Canholm
Kraftwerk
Sauerstoffwerk
Hafen
PEENE-MÜNDE
Cämmerer See
Brand Heide
Abnahmeprüfstand XI
Vw. Gaatz
Heuer Wiese
Die Piese
Wehrmachtunterkunft
Crosliner See
CRÖSLIN
Peene
Große Waag
Sack-Ort
Große Wiese
Träger Wiese
SIEDLUNG
Seebad
HAGEN
M. Karlshagen
KKN-Lager
F. Scheide
KARLS-
Gef.-Lager
Hafen Karlshagen
Kl. Waag
Alte Peene
Über Lubmin n. Greifswald
HOLLEN-DORF
Gr. Rohrplan
Kl. Rohrplan
Hinter Staben
TRASSENHEIDE-LAGER
Hst.
CARRIN
RAUHENBERG
TRASSEN-
Gr. Mölschower-See
CARRIN-MITTELHOF
SANDHOF
Hst.
n. Wolgast
WEIDEHOF
n. Wolgaster-Fähre
HEIDE
Bhf.
n. Zinnowitz

Linke Seite: Zeitgenössische Karte vom Versuchsgelände in Peenemünde

Oben: Auch das gehörte zur Raketenentwicklung der frühen Jahre – ein geradezu primitiv anmutender Beobachtungsbunker auf der Greifswalder Oie.

Rechts oben: Im »Seemanns-Heim« auf der Greifswalder Oie trafen sich die Raketentechniker nach den fehlgeschlagenen Versuchen, um deren Ursache zu diskutieren und Verbesserungen zu finden.

Rechts innen und außen: Fehlschläge verfolgten das AGGREGAT 3. Das Triebwerk einer in die Ostsee gestürzten A 3 wird geborgen (innen), das Heck findet sich im nahen Wald wieder.

Brauns – nun bereits etwa 90 Personen – von Kummersdorf nach Peenemünde umziehen. Weitere Fachkräfte werden gebraucht. Wernher von Braun kann nun vielen seiner alten Freunde schreiben und sie einladen, nach Peenemünde zu kommen, dort mit ihm zusammen jene Großrakete zu entwickeln, um deretwillen die kostspieligen Anlagen errichtet werden. Klaus Riedel wird gerufen, Hans Hueter, Kurt Heinisch und andere aus dem früheren Team des Raketenflugplatzes Berlin. Nur an Nebel kann von Braun nicht herantreten. Er muß sich mit einem Teil der 75000 Mark abfinden, die man ihm und Riedel auf Drängen von Brauns und Dornbergers hin als Abfindung für ihr Patent »Rückstoßmotor für flüssige Treibstoffe« aus dem Jahre 1931 zugesteht, obgleich Nebel nachweisen kann, daß er seinerzeit weit mehr in den Raketenflugplatz Berlin hineingesteckt hat. In einem Brief an Willy Ley sagte Wernher von Braun: »Das Verfahren [das von dem Patent abgedeckt wurde] war in Kummersdorf bereits 1934 aufgegeben worden, und es gab demzufolge weder einen technischen noch einen rechtlichen Grund für das Heereswaffenamt, das Patent zu erwerben. Der Ankauf war nichts weiter als eine brauchbare bürokratische Möglichkeit, Nebel [für seine Verdienste um den Raketenflugplatz] zu entlohnen.« (Rückübersetzung aus dem Englischen.)

Inzwischen nähert sich die A 3 der Fertigstellung. Von Peenemünde aus kann sie nicht gestartet werden – hier sind die notwendigen Anlagen noch nicht fertig. So entschließt man sich, sie von der Greifswalder Oie aus zu erproben, einer Insel von rund einem Kilometer Länge und 300 Meter Breite, die acht Kilometer nördlich von Usedom und 12 Kilometer östlich von Rügen liegt. Auch hier beginnt nun eine emsige Bautätigkeit: Straßen werden angelegt, der Hafen wird ausgebaggert, Unterstände gebaut, Kabel und Rohrleitungen herangebracht.

Endlich, im Dezember 1937 ist es soweit: Die erste A 3 steht auf ihrem Startgestell, 7,6 Meter hoch, 76 Zentimeter dick, 750 Kilogramm schwer, mit Stabilisierungsflächen und Strahlrudern ausgerüstet. Ihr Motor soll für 45 Sekunden einen Schub von 1,5 Tonnen erbringen. Er sitzt zur Kühlung im Alkoholtank. Ein neues Einspritzsystem wird verwendet, das Treibstoff und Verbrennungsträger vom Ofenkopf her zuführt. 450 Kilogramm Treibstoff sollen in dem Brennofen bei 14 Atmosphären Druck unter einer Temperatur von 2000°C verbrennen. Im Inneren trägt die Rakete einen Fallschirm, Meßgeräte, einen Temperaturschreiber, einen Barographen und eine Kamera.

Doch über dem Projekt schwebt ein Unstern. Vier Starts werden durchgeführt. Alle vier sind Versager. Beim ersten Versuch am 4. Dezember 1937 hebt die Rakete sauber ab, doch nach drei Sekunden kommt der Fallschirm heraus, zerrt die Rakete zur Seite und läßt sie 300 Meter weiter auf dem Boden aufschlagen und explodieren. Das Triebwerk hatte sich nach 6½ Sekunden abgeschaltet.

Links: Eine A5 beim Start von der Greifswalder Oie im Jahre 1938. Schon zuvor waren mit dieser Rakete beim Abwurf von Flugzeugen aus aerodynamische Untersuchungen vorgenommen worden. Auf dem Bild erkennt man den improvisierten »Schießleitstand« und dahinter den Montageturm.

Nicht besser ergeht es der zweiten A 3 am 6. Dezember. Der dritte Versuch am 8. Dezember wird zwar ohne Fallschirm vorgenommen, jedoch bringt diesmal der Wind die Rakete auf die gleiche »schiefe Bahn« und damit zur Explosion. Beim letzten Start einer A 3 am 11. Dezember 1937 wiederholt sich das Ganze noch einmal.

Von der A3 über die A5 zur A4

Noch während die A 3 entstand, nämlich vom März 1936 an, machte man sich in Kummersdorf und später in Peenemünde schon eifrig Gedanken über jenes Gerät, das als einsatzfähige Kriegsrakete verwendbar und vom Geldgeber her gesehen die Rechtfertigung für die enormen Ausgaben war, die man in den Aufbau von Peenemünde investierte. Dornberger berichtet in seinem Buch über die V2 sehr präzise über die ersten Gedanken zum AGGREGAT 4 und seiner technischen Auslegung. Er schreibt unter anderem: »Die Rakete A 3, die wir damals entwickelten, war nicht dazu eingerichtet, Nutzlast mitzunehmen. sie war ein reines Versuchsgerät. Da wir immer und immer wieder den Chef der Heeresleitung um Geld für die Weiterentwicklung angingen, erhielten wir die Antwort, nur für eine Entwicklung von Raketen, die große Nutzlasten mit guter Treffsicherheit auf weite Entfernungen zu schleudern in der Lage sind, könnten die erforderlichen Geldmittel zur Verfügung gestellt werden. In jugendlichem Eifer versprachen wir alles und ahnten nicht, welche Schwierigkeiten sich dadurch vor uns auftürmen würden ...
Von Braun und Riedel hatten sich schon Gedanken über eine Großrakete gemacht ... Ich hatte mir als erstes Ziel für eine Großrakete ein Geschoß vorgestellt, das eine Tonne Sprengstoff auf 250 Kilometer Entfernung schleudern konnte ... Neben einer Reihe von militärischen Forderungen verlangte ich, daß die 50prozentige Längen- und Breitenstreuung nur 2 bis 3 Promille der Entfernung betragen solle. Dies war eine wesentliche Verbesserung gegenüber der bei normalen Geschützen üblichen 50prozentigen Streuung von 4 bis 5 Prozent der Reichweite. Die äußeren Maße beschränkte ich dahin, daß das Gerät unzerlegt zum Transport auf Straßen geeignet sei und die für Straßenfahrzeuge vorgeschriebene maximale lichte Weite nicht überschreiten dürfe. Beim Transport auf der Bahn sollte die Rakete durch alle Tunnels gefahren werden können. Durch diese Forderung waren die Hauptabmessungen der Rakete festgelegt...«

Dornberger schildert dann weiter, wie sich nach diesen elementaren Überlegungen das Konstruktionsbüro in Kummersdorf-West unter der Leitung von Walter Riedel daran machte, die Einzelheiten des Projekts auszuarbeiten. Das Ergebnis war ein Projektvorschlag für eine Rakete, die eine Tonne Sprengstoff über eine Distanz von 175 Kilometern würde tragen können und die 14 Meter lang sein und 1,60 Meter Durchmesser haben würde. Sie sollte beim Start etwa 12 Tonnen wiegen, von denen mindestens 8 Tonnen auf die Treibstoffe entfallen würden. Der Schub des für 65 Sekunden brennenden Triebwerks müßte bei 25 Tonnen liegen und die Verbrennungsprodukte die Düse mit einer Geschwindigkeit von etwa 2100 Metern pro Sekunde verlassen, damit die angestrebte Geschwindigkeit in der Hochatmosphäre von 1500 Metern pro Sekunde oder 5400 Kilometern in der Stunde erreicht würde. Das waren Spezifikationen, wie sie nur unter höchster technischer Anstrengung und intensiver Entwicklung erreichbar sein würden. Zunächst einmal würde das Triebwerk entwickelt werden müssen, Prüfstände für seine Erprobung würden notwendig sein. Die bisherige Druckgasförderung der Treibstoffe würde durch eine Treibstoffförderung mittels schnellaufender Pumpen ersetzt werden müssen, um den angestrebten hohen Treibstoffdurchsatz

Nicht nur um Entwurf, Konstruktion und Bau geht es bei Raketen, sondern ebenso um Auslegung und Berechnung des Flugbahnverlaufs, Aufgaben, die bei ihrer heutigen Kompliziertheit nur mit Hilfe raffinierter Computeranlagen zu bewältigen sind. Aber sie stellten sich vereinfacht auch bereits bei der Entwicklung der A-4-Rakete.
Bei ballistischen Flugkörpern wie der A 4 tritt innerhalb der Atmosphäre starke Reibung auf, während der Flugkörper selbst kaum einen aerodynamischen Auftrieb hat. Das führt zu einer Asymmetrie und Verkürzung der tatsächlichen gegenüber der theoretischen Flugbahn, wenn man den Luftwiderstand unberücksichtigt läßt. Das obere Bild stellt diese Verhältnisse an einem Beispiel dar: Eine Rakete, unter einem Neigungswinkel von 45 Grad gestartet, würde ohne Luftwiderstand die gestrichelte, obere gelbe Kurve durchfliegen, folgt infolge der Reibung aber der unteren, durchgezogenen Kurve bei stark verkürzter Reichweite.
Das zweite Bild von oben ist eine vereinfachte Darstellung einer annähernd symmetrischen Wurfellipse, wie sie sich zum Beispiel in den Lehrunterlagen der ehemaligen A-4-Heereseinsatzverbände findet. Die vorgeschriebene Kurve wird nur dann durchflogen, wenn nach wenigen Minuten angetriebenen Fluges (rotes Bahnstück) die von der Theorie geforderte Brennschlußgeschwindigkeit genau erreicht und der Schußwinkel eingehalten worden sind. Im oberen Flugbereich befindet sich die Rakete praktisch außerhalb der Atmosphäre der Erde. Ihre Bahn ist hier nur noch das Ergebnis von Anziehungskraft der Erde und kinetischer Energie der Rakete. Bei der A 4 machte diese Freiflugbahn zwischen 91 und 93 Prozent der Gesamtreichweite aus. Beim Wiedereintritt in die Atmosphäre wird die Rakete durch Stau und Reibung aufgeheizt. Durch eine entsprechende aerodynamische Formgebung läßt sich die Bewegungsenergie der Rakete in Auftrieb umsetzen. Durch den resultierenden Gleitflug kann die Reichweite erheblich verlängert werden (rechter Abschnitt der gelben Kurve). Bei der A 4b entsprach die Freiflugphase 96 Prozent der Gesamtreichweite.
Die mittlere Abbildung zeigt, wie man durch entsprechend große Geschwindigkeit und Flughöhe zu mehrfachem »Abprallen« an der Atmosphäre und durch die resultierende wellenförmige Bewegung abnehmender Amplitude zum Antipoden- und Global-Ferngleiter kommen kann – Konzepte, die auf Eugen Sänger (siehe Seite 277) zurückgehen. Das unterste Bild zeigt eine Anwendung dieser Methode für Wiedereintrittskörper, also beispielsweise bemannte Raumkapseln. Durch diese Wahl der Wiedereintrittsbahn, die bei den bisherigen bemannten Raumflugprogrammen verwendet wurde, wird ein zu steiler Wiedereintritt vermieden, der zu hohe Andruckkräfte herbeiführen und außerdem das Fluggerät zum Verglühen bringen könnte.

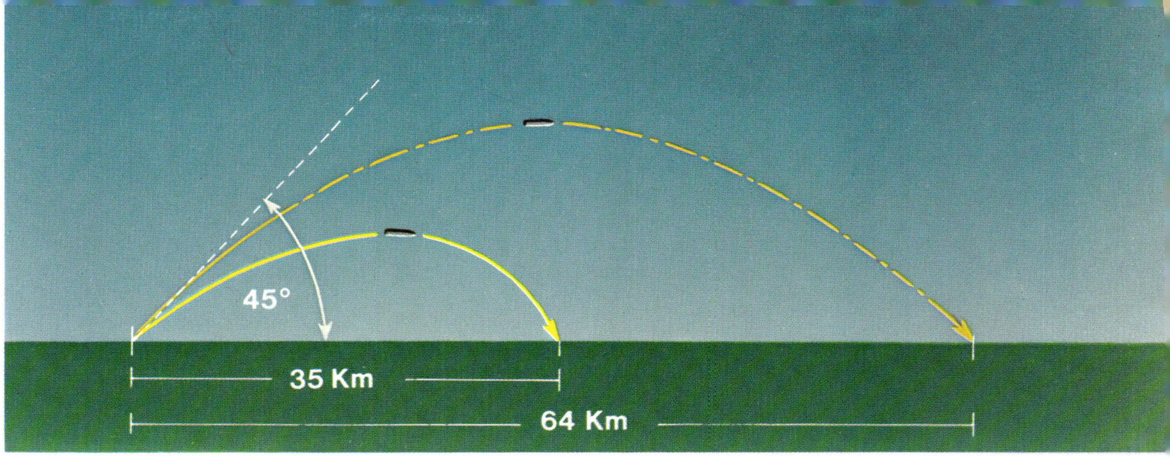

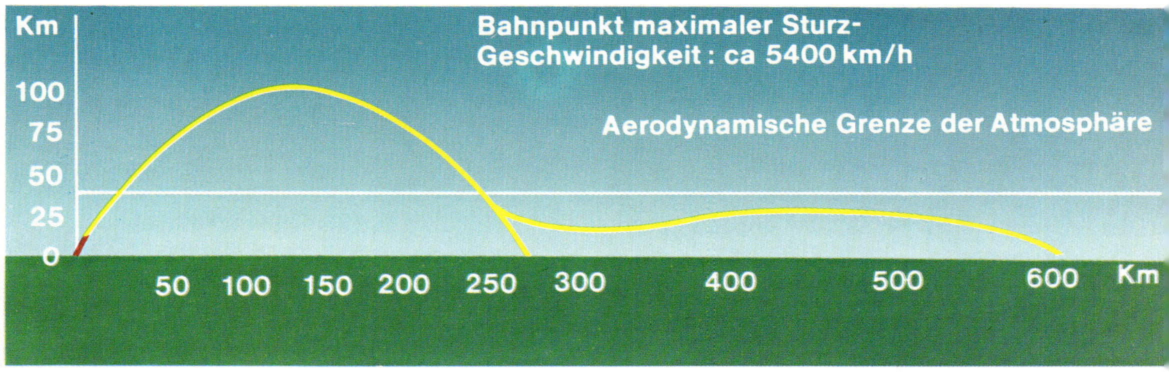

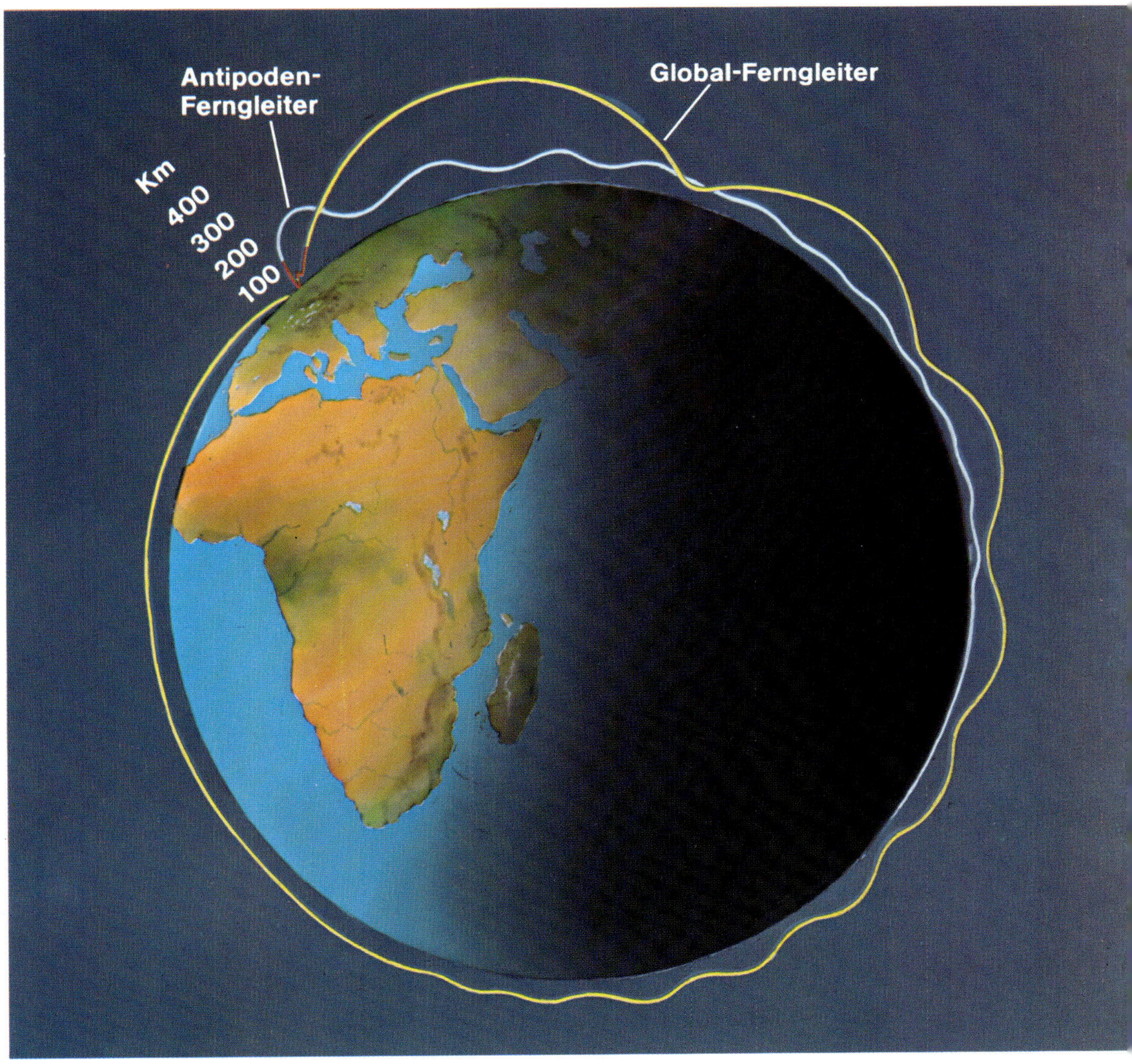

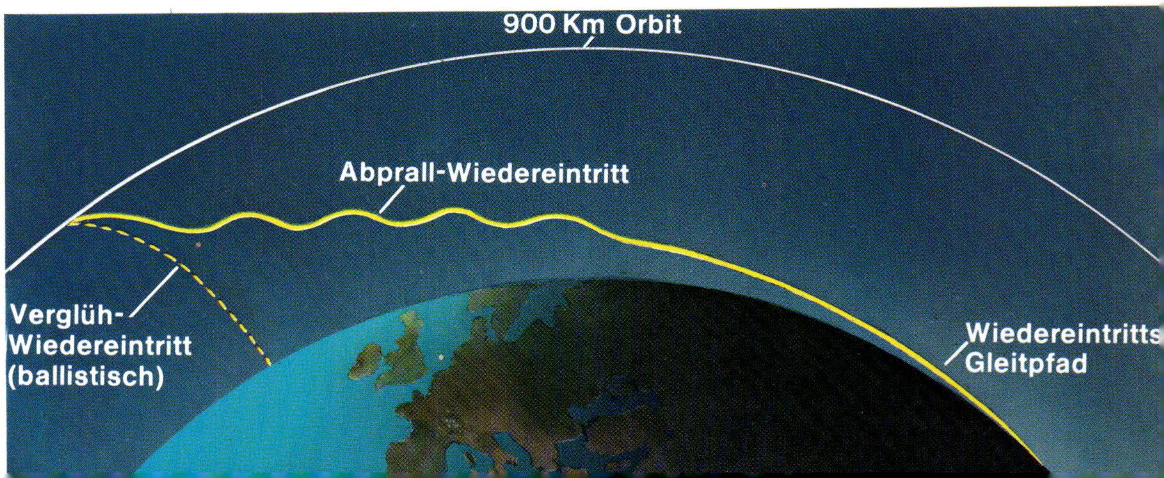

erzielen zu können. Die Pumpen müßten durch Dampfturbinen angetrieben, Zusatztreibstoffe für die Dampferzeugung mitgeführt werden.
Pumpen dieser Art gab es zu jener Zeit noch nicht, sie mußten neu entwickelt werden. Zusätzlich zu den genannten hohen technischen Anforderungen an sie käme die Tatsache, daß die Pumpen – oder besser, jeweils pro Rakete eine von ihnen – es mit flüssigem Sauerstoff einer Temperatur von 183 Grad unter Null zu tun haben würde …
In die Planung hinein kamen erste Erkenntnisse von Windkanalversuchen, die die Flugstabilität der in Entwicklung befindlichen A-3-Rakete in Frage stellten. Also mußten zunächst weitere Ergebnisse abgewartet werden, bevor man etwas über die genaue Form der A 4 sagen konnte.
Neue Erkenntnisse kamen dazwischen, die sich ändernd auf die konstruktive Auslegung der Rakete auswirkten. Es gab zu überlegen, wie die Einspritzung von Brennstoff und Verbrennungsträger erfolgen sollte, wie die Zündung, wie Stabilisierung und Lenkung der Rakete. Hunderte von Aufgaben, für deren Lösung Tausende von Menschen benötigt wurden, Fachexperten, Ingenieure und Techniker, aber auch eine große Zahl von Werkmeistern und Arbeitern, von Mathematikern, Thermodynamikern und eine noch größere Zahl von Hilfspersonal.
Die Zahl der führenden Köpfe hatte weiter zugenommen. Im Herbst 1936 war Dr. Walter Thiel hinzugekommen, der sich der Triebwerksentwicklung annahm. Einer der Mitarbeiter Thiels, Ing. Dr. Moritz Pöhlmann, beschäftigte sich mit der Schleier- oder Filmkühlung der Brennkammer, also jenem Verfahren, bei dem ein Teil des Treibstoffs durch seitwärts in die Brennkammer gebohrte feine Löcher eingespritzt wird und dort, weil ihm kein Sauerstoff für die Verbrennung zur Verfügung steht, einen kühlenden Film bildet, bis er schließlich, bis zum Düsenhals vorgedrungen, ausreichend Sauerstoff zu seiner Verbrennung findet.
Dr. Ernst Steinhoff war der führende Experte für Bordausrüstung, Steuerungsfragen und Meßtechnik.
Am 1. April 1937 kam der Aerodynamiker Dr. Hermann, der bisher an der Technischen Hochschule in Aachen gewirkt und die Windkanalversuche für die A 3 gemacht hatte, nach Peenemünde. Er baute hier den damals größten und modernsten Windkanal der Welt, ein Millionenprojekt; in ihm konnte über Mach 4 – mehr als die vierfache Schallgeschwindigkeit – erzeugt werden. Ende 1939 wurde dieser Kanal in Betrieb genommen. Auch ein eigenes Kraftwerk und eine Anlage zur Herstellung flüssigen Sauerstoffs waren in Peenemünde errichtet worden.
Es würde zu weit führen (und es ist hier auch nicht der richtige Ort), die Mühsal und Anstrengung, die diese Entwicklung mit sich brachte, in allen ihren technischen Details zu schildern.
1937 folgten die bereits beschriebenen erfolglosen Flugversuche mit der A 3. Parallel hierzu liefen die Entwicklungen an der Großrakete, dem AGGREGAT 4. Doch diese A 4 konnte nicht gebaut werden, bevor man sich nicht mit einem kleineren Vorläufer die praktischen Erfahrungen aneignen konnte, die eigentlich die A 3 hätte erbringen sollen. Und so mußte, bevor man an die Vollendung der A 4 denken konnte, zunächst eine weitere kleinere Rakete konstruiert werden, A 5, das AGGREGAT 5.
Das AGGREGAT 5 wurde mit dem gleichen Triebwerk ausgestattet, das man in der A 3 verwendet hatte. Hingegen wurden größere Strahlruder (dieses Mal aus Graphit bestehend) eingebaut, nachdem die zu geringen Ausmaße der Strahlruder der A 3 als eine der Ursachen für das Versagen der Rakete erkannt worden waren. Die aerodynamische Form der Rakete wurde verbessert, und man benützte drei verschiedene Kontrollverfahren für die Steuerung der Rakete.
Die Experimente begannen mit dem Abwurf verkleinerter Modelle der A 5 vom Flugzeug aus. Hierbei wurde unter anderem die Pfeilstabilität der Rakete im Überschallbereich untersucht, denn die Modelle wurden bei diesen Abwürfen in der Tat schneller als der Schall, während zu jener Zeit Überschalluntersuchungen im Windkanal noch nicht möglich waren.
Dann ging es weiter mit Modellen, die unterschiedliche Formen der Leitwerke aufwiesen und ein Triebwerk der Firma Walter aus Kiel enthielten. Es wurde durch Wasserstoffsuperoxid und Kaliumpermanganat angetrieben.
Der Raketenkörper der A 5 besaß die gleiche Länge wie derjenige der A 3; lediglich das Leitwerk war geändert worden.
Der Durchmesser der A 5 war etwa 10 Zentimeter größer als derjenige der A 3. Das Gerät wog beim Start etwa 900 Kilogramm.
Im Sommer 1938 erfolgte von der Greifswalder Oie aus der – allerdings noch ungesteuerte – Erstflug einer A 5. Drei weitere Probeschüsse schlossen sich an. Sie waren alle erfolgreich. Bereits beim dritten Start wurde die Rakete nicht mehr rein vertikal geflogen, sondern die Bahn in der Höhe um 45 Grad umgelenkt, eine Notwendigkeit für Raketen, die auf irdische Ziele gesteuert werden sollten. Es folgten weitere Experimente mit den Modellen mit Walter-Triebwerk.
Im Oktober 1939 wurden zwei weitere, echte A-5-Raketen gestartet; sie erreichten Höhen von über 8 Kilometern; die Raketen kamen am Fallschirm zurück und wurden unversehrt aus dem Wasser gefischt. Nach diesem Erfolg wurden von der A 5 rund 25 Exemplare, bis weit in das Jahr 1942 hinein, verschossen, nahezu alle erfolgreich. Einige konnten nach der Bergung und Wiederinstandsetzung erneut verwendet werden. Die A 5 erbrachte den Nachweis, daß der richtige Weg beschritten worden war, sie wurde zum Hoffnungsschimmer für ein erfolgreiches A-4-Projekt.

Der große Kampf um Personal und Material

Die Aufgabe, eine flüssigkeitsgetriebene Großrakete nach Art der A 4 zu konstruieren, war damals schon von Hause aus eine echte Herausforderung. Sie zu bewältigen, wurde zusätzlich durch politische Faktoren, persönliche Eifersüchteleien, durch Unglauben und Verständnislosigkeit – wie alle Arbeiten in Peenemünde – erheblich belastet. Ein Großprojekt, wie es die Heeresversuchsanstalt Peenemünde darstellte, verlangte nach einem schier unerschöpflichen Reservoir an Menschen und Material. Man benötigte Werkstoffe und Rohstoffe, Zulieferkomponenten, Treibstoffe, Transportgeräte, Baukolonnen, Geld, Geld und nochmals Geld. Immer wieder war es die Aufgabe Dornbergers und seiner Mitarbeiter, die übergeordneten Heeresstellen und die politische Führung davon zu überzeugen, daß die Großrakete kein Hirngespinst ist, sondern daß sie Wirklichkeit werden kann – allerdings nur, wenn die notwendigen Mittel und Materialien zur Verfügung gestellt werden.
Das Projekt Peenemünde kam, wie wir hörten, 1936 dank der Entscheidungsfreudigkeit von General Kesselring ins Rollen. Im September 1938 setzte Generalfeldmarschall von Brauchitsch Peenemünde auf die höchste Dringlichkeitsstufe des Heeres – damals bereits unbedingt notwendig, um das erforderliche Personal und die Material- und Halbzeugzulieferungen zu bekommen, wie sie in einer solchen Mammut-Entwicklungsorganisation benötigt wurden. Im März 1939 war Hitler nach Kummersdorf-West gekommen, hatte

Besprechung am Prüfstand VII in Peenemünde. Im Hintergrund das Heck des Versuchsmusters Nr. 3 der A 4. Diese Rakete wurde am 16. August 1942 zu einem Versager, weil die Drallstabilisierung nicht funktionierte. Von links nach rechts: Hueter, Heinisch, Schwarz, Münz, Dr. Hackh, Zoike, Dr. Thiel, Dr. Schilling.

sich dort ziemlich teilnahmslos alles zeigen und auf den Raketenprüfständen statische Brennversuche vorführen sowie das Vorhaben A 4 erklären lassen. Er war einer der wenigen – wenn nicht der einzige – Besucher gewesen, den das Gezeigte nicht beeindruckt hat. Im November 1939 ließ er die Hälfte der Materialzuweisungen für Peenemünde streichen; er glaubte nicht an die Kriegsrakete, zumindest nicht zu diesem Zeitpunkt, da er – trunken von dem schnellen Sieg seiner Truppen in Polen – wähnte, daß der Krieg längst aus sein würde, bevor er die Rakete haben könnte. Am 19. März 1940 strich Hitler Peenemünde völlig aus der Dringlichkeitsliste. Dornberger und von Braun sahen voraus, daß man die Heeresversuchsanstalt würde schließen müssen.

Freilich, wenige Tage später gab es einen Lichtblick auf technischem Gebiet: Das erste Triebwerk mit 25 Tonnen Schub, das Dr. Thiel entwickelt hatte, lief 60 Sekunden lang einwandfrei auf dem Prüfstand. Jetzt, wo es technisch vorangehen konnte, fehlte es an den notwendigen Dingen, weil Hitler die Dringlichkeitsstufe versagte. Hinzu kam, daß als Folge dieser Streichung sehr bald viele der wichtigen Männer von Peenemünde zur Wehrmacht eingezogen wurden. Eine aussichtslose Situation, aus der Dornberger schließlich dadurch herauskam, daß Generalfeldmarschall von Brauchitsch ihm die Bitte erfüllte, 4000 Soldaten mit technischen Kenntnissen aus der Fronttruppe abzuziehen und als vorübergehende Einsatzkräfte nach Peenemünde zu beordern. Doch auf die Dauer genügte das keineswegs. Während die Entwicklung der Rakete voranging, wurden erste Überlegungen zu ihrer späteren Serienfertigung angestellt.

Dornberger bombardiert nun alle möglichen übergeordneten Dienststellen mit Denkschriften, Anträgen und Forderungen, hält Vorträge und Besprechungen. Es scheint alles umsonst. Jetzt, da bereits 550 Millionen Reichsmark (nach heutiger Kaufkraft rund 2 Milliarden DM!) für Peenemünde ausgegeben worden sind, scheint das Ende nahe.

Dabei beschäftigt man sich in Peenemünde in Gedanken bereits mit Projekten, die über die A-4-Rakete hinausgehen: Schon im Juli 1939 hatte Wernher von Braun eine Denkschrift vorgelegt, die die Entwicklung eines strahlgetriebenen Jagdflugzeuges propagierte. Es sollte ein senkrecht startendes Flugzeug werden, das mittels einer Raketenbrennkammer von 10 Tonnen Schub abheben und binnen 53 Sekunden auf 8000 Meter Höhe gelangen sollte. Nach langem Hin und Her mit dem Reichsluftfahrtministerium und einigen Gutachtern wurde das Projekt dieses »Raketen-Interceptor« abgelehnt – nur, um in der Schlußphase des Krieges Ende 1944 gleichsam aus Verzweiflung unter dem Namen BACHEM NATTER wieder aufgegriffen zu werden.

Aber es gab auch für die eigene Raketenentwicklung von Peenemünde-Ost Vorschläge, so über größere, schubkräftigere Triebwerke für die in der Entwicklung befindlichen A 4. Weiterhin kursierte die Idee zu einer geflügelten A 4 (als A 4b bezeichnet) mit entsprechend vergrößerter Reichweite, und schließlich gab es Überlegungen zu zweistufigen Raketen mit interkontinentaler Reichweite. Im Juli 1940 wurde von einem der Peenemünder Ingenieure, Graupner mit Namen, eine Berechnung über ein solches Gerät vorgelegt, das in der Lage sein sollte, New York von Europa aus zu erreichen. Wir werden auf eine solche zweistufige Rakete, die später als A 9/A 10 bezeichnet wurde, noch einmal zurückkommen.

Dornberger trommelte weiter. Im August 1941 genehmigte Hitler die Erprobung der A 4 bis zur Einsatzreife. Aber die benötigte Dringlichkeitsstufe wurde nicht erteilt. Dabei machte der fortschreitende Krieg es immer schwieriger, notwendiges Personal und Material zu bekommen, die Lieferfristen der zahlreichen Zulieferfirmen dehnten sich immer mehr aus. Auch diese Firmen klagten über Personal- und Materialknappheit.

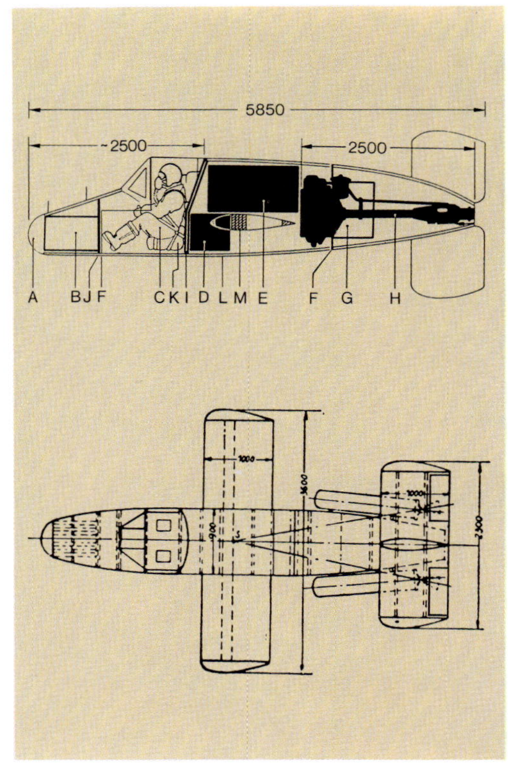

Links: Schon 1939 hatte Wernher von Braun unter dem Stichwort »Interceptor« ein senkrecht startendes Jagdflugzeug vorgeschlagen. Diese Idee wurde aber erst 1944 angesichts der verzweifelten militärischen Lage wiederaufgenommen, und es entstand nach Plänen des Ingenieurs Ernst Bachem die NATTER. Dieser Abfangjäger startete mit Hilfe von Feststoffraketen, die mit 10 Sekunden Brenndauer dem Flugzeug eine für damalige Verhältnisse phantastische Steiggeschwindigkeit von 11280 m/min verliehen. Danach flog die NATTER mit Hilfe eines Walter-Marschtriebwerks, vom Boden aus automatisch gelenkt, bis auf zwei, drei Kilometer an den gegnerischen Bomberverband heran, worauf der Pilot die Steuerung übernahm. Nach dem Angriff konnte der Pilot Heck und Rumpf voneinander trennen und mit dem Fallschirm landen. Heck und Raketentriebwerk waren dadurch wiederverwendbar. Die NATTER kam über die Flugerprobung allerdings nicht mehr hinaus.

Oben: Bauschema der Bachem Ba 348 NATTER
A = Abwerfbare Plexiglashaube von B
B = Raketenbatterie für 24 »Föhn«-7,5 cm- oder 33 »R4M«-5,5-cm-Kampfraketen
C = Pilot
D = »C-Stoff«-(30% Hydrazinhydrat-, 27% Methylalkohol-und-Wasser-Gemisch)-Tank
E = »T-Stoff«-(Wasserstoffsuperoxid)-Tank
F = Absprengs-Sollbruchstellen des Rumpfes
G = Fallschirmkasten für Triebwerk
H = Walter-Raketentriebwerk HWK 109–509A
I/J = 15-mm-Panzerplatten für Schutz des Piloten
K = Piloten-Sitzfallschirm
L = Holz- bzw. Hartpappeschale des Rumpfes
M = Holm aus 4 Schnittholzbrettern

Rechte Seite: Explosionen startender Raketen ereigneten sich in der Anfangszeit in Peenemünde häufig. Die beiden Bilder zeigen die Explosion des Hecks der A 4 Versuchsmuster Nr. 10 auf dem Prüfstand VII am 7. Januar 1943.

Doch so gut es ging, führte man in Peenemünde die Arbeit weiter. Am 18. März 1942 stand in Peenemünde eine vollständige A 4 auf dem Prüfstand, das erste für den freien Flug vorgesehene Gerät. Zum letztenmal vor dem Start sollte das 14 Meter hohe, 13,5 Tonnen schwere Gebilde im Standversuch erprobt werden. Doch kurz nach der Zündung explodierte die Rakete.
Am 13. Juni 1942 wurde das zweite Exemplar der A 4 startfertig gemacht. Der Erfolg war bescheiden: Die Rakete erreichte 5000 Meter Höhe und fiel dann ins Meer. Beim dritten Versuch am 16. August 1942 wurde erstmals die Schallgeschwindigkeit und kurz danach die doppelte Schallgeschwindigkeit erreicht, aber dann explodierte die A 4. Nach jedem Flug wurden emsige Fehleranalysen angestellt, Änderungen und Verbesserungen an der Rakete vorgenommen.
Hitler interessierte sich nun etwas mehr für die A 4. Schon im März 1942 verlangte er, daß Dornberger die Investitionen für eine monatliche Produktion von 3000 A-4-Raketen abschätzen sollte! Außerdem stellte er plötzlich fest, daß eine Offensive mit der neuen Waffe mit einem »raschen Abschuß« von 5000 Raketen eingeleitet werden müßte – beides völlig unrealistische Forderungen, sowohl was die Produktion der Raketen angeht, als auch in bezug auf die Herstellung der notwendigen Treibstoffmengen, die Bereitstellung von Logistik und Mannschaften ... Und diese Frage wird zu einem Zeitpunkt diskutiert, da die A 4 noch nicht einmal serienreif ist!

In einer Denkschrift legt Dornberger im April 1942 die Situation dar: Allein für den Start der 5000 Raketen zum »Beginn der Offensive«, so rechnet er vor, wären 70 000 Tonnen Flüssig-Sauerstoff notwendig, eine Substanz, die sich nicht lange lagern läßt, weil sie selbst aus den bestisolierten Tanks im Laufe der Zeit verdampft. Pro Jahr können allenfalls 26 000 Tonnen dieses flüchtigen Stoffes fabriziert werden. Selbst um innerhalb von acht Stunden nur einhundert A 4 abzufeuern, wären drei Fernraketenabteilungen notwendig!
Der Bericht ist so ehrlich, daß das Oberkommando des Heeres fast alle Ausfertigungen wieder zurückruft, so verlegen ist man ob der Aussagen, die Dornberger darin machen mußte. Die Untersuchungen und Versuche mit der A 4 gehen indessen weiter.

3. Oktober 1942: Erstflug der A4

Endlich, der 3. Oktober 1942 bringt den ersehnten Erfolg. Das vierte A-4-Gerät steigt auf 90 Kilometer Höhe, erreicht mehr als fünffache Schallgeschwindigkeit (5400 Kilometer in der Stunde oder 1500 Meter pro Sekunde) und fliegt etwa 200 Kilometer weit. Der Durchbruch war erzielt! Jubel breitete sich unter den Peenemündern aus.
Wir entsinnen uns, daß viele der führenden Leute in Peenemünde das Raketenhandwerk zu ihrer Lebensaufgabe gemacht

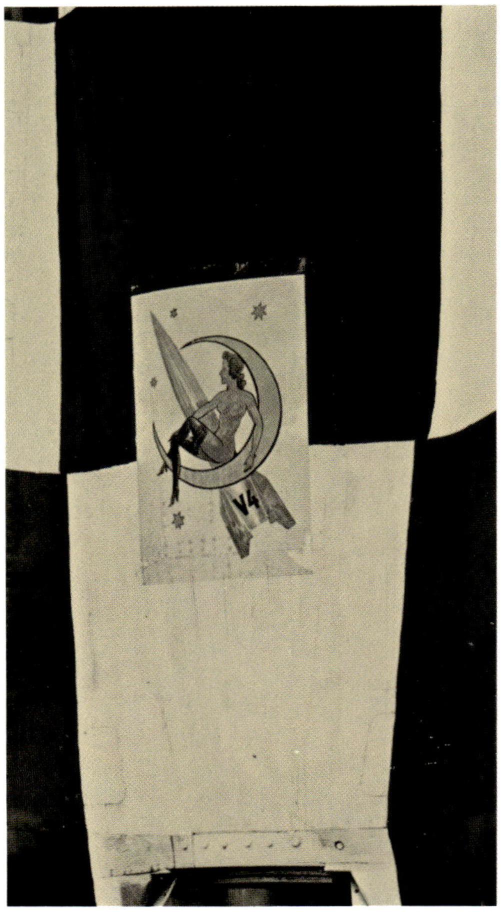

Oben: Konzessionen an die Idee der Raumfahrt. Auf das Heck der A4, die am 3. Oktober 1942 gestartet und zur ersten erfolgreichen A-4-Rakete wurde, malten die Techniker die »Frau im Mond«.

Rechts: Karte der deutschen Ostseeküste aus dem 1927 erschienenen Handatlas von Eduard Gabler mit eingezeichneter Flugbahn der A4. Der gestrichelt wiedergegebene Abschnitt ist die Feuerleitstrahlstrecke.

hatten, nicht, weil sie an eine neue Waffe dachten, sondern weil sie die Rakete als Mittel zur Verwirklichung des Weltraumfluges sahen. So darf es weder verwundern, daß die A4 vom 3. Oktober 1942 auf dem Heck eine Mondsichel zeigte, auf der rittlings ein junges Mädchen saß (Symbol für den erwarteten Vorstoß des Menschen zu anderen Himmelskörpern mittels Raketen), noch, daß Wernher von Braun, von Freude erfüllt, äußerte, der einzige Fehler dieses erfolgreichen Fluges habe darin bestanden, daß die Rakete auf dem falschen Planeten gelandet sei! Und Dornberger sagte am Abend des 3. Oktober 1942 bei einer kleinen Feier zu seinen Mitarbeitern unter anderem: »... Wir haben mit unserer Rakete in den Weltraum gegriffen und zum ersten Male, auch das werden die Annalen der Technik verzeichnen, den Weltraum als Brücke zwischen zwei Punkten auf der Erde benützt. Wir haben bewiesen, daß der Raketenantrieb für die Raumfahrt brauchbar ist. Neben Erde, Wasser und Luft wird nun auch der unendliche leere Raum Schauplatz kommenden, kontinenteverbindenden Verkehrs werden und als solcher politische Bedeutung erlangen können. Dieser 3. Oktober 1942 ist der erste Tag eines Zeitalters neuer Verkehrstechnik, dem der Raumschiffahrt! ...«
Im Verlauf der nächsten Wochen und Monate folgten weitere A-4-Starts. Versager wechselten mit Erfolgen; ein halbes Jahr später wurden Reichweiten bis 287 Kilometer erzielt, aber auch »Luftzerleger« und »Bodenexplodierer« blieben nicht aus.

Pläne für die Serienfertigung

Im Dezember 1942 geht Dornberger zu Reichsminister Speer. Dieser trägt Hitler vor. Hitler ist nun für die Rakete, aber er folgt dem Gedanken Speers für eine Parallelentwicklung in Peenemünde-Ost und Peenemünde-West: In West beschäftigt sich die Luftwaffe unter anderem mit einer strahlgetriebenen, luftatmenden Flügelbombe, der Fi-103, später »V1« genannt. Für die Raketenbauer bedeutet dieser Entscheid, daß sie noch immer nicht haben, was sie benötigen.
In Peenemünde-Ost bereitet man ein Werk für die versuchsweise Serienproduktion der A4 vor. Es soll monatlich bis zu 250 Exemplare einer Rakete ausstoßen, die sich im Grunde genommen noch immer in der technischen Entwicklung befindet und noch keine Serienreife erlangt hat.
Im Februar 1943 beschließt der Peenemünder Arbeitsausschuß für die Fertigung der A4 ein Programm für die Serienherstellung in drei Werken. Es stammt von Direktor Detmar Stahlknecht aus dem Munitionsministerium und sieht ab April 1943 eine steigende monatliche Produktion der A4 vor. Das Programm soll mit fünf Exemplaren beginnen und sukzessive auf

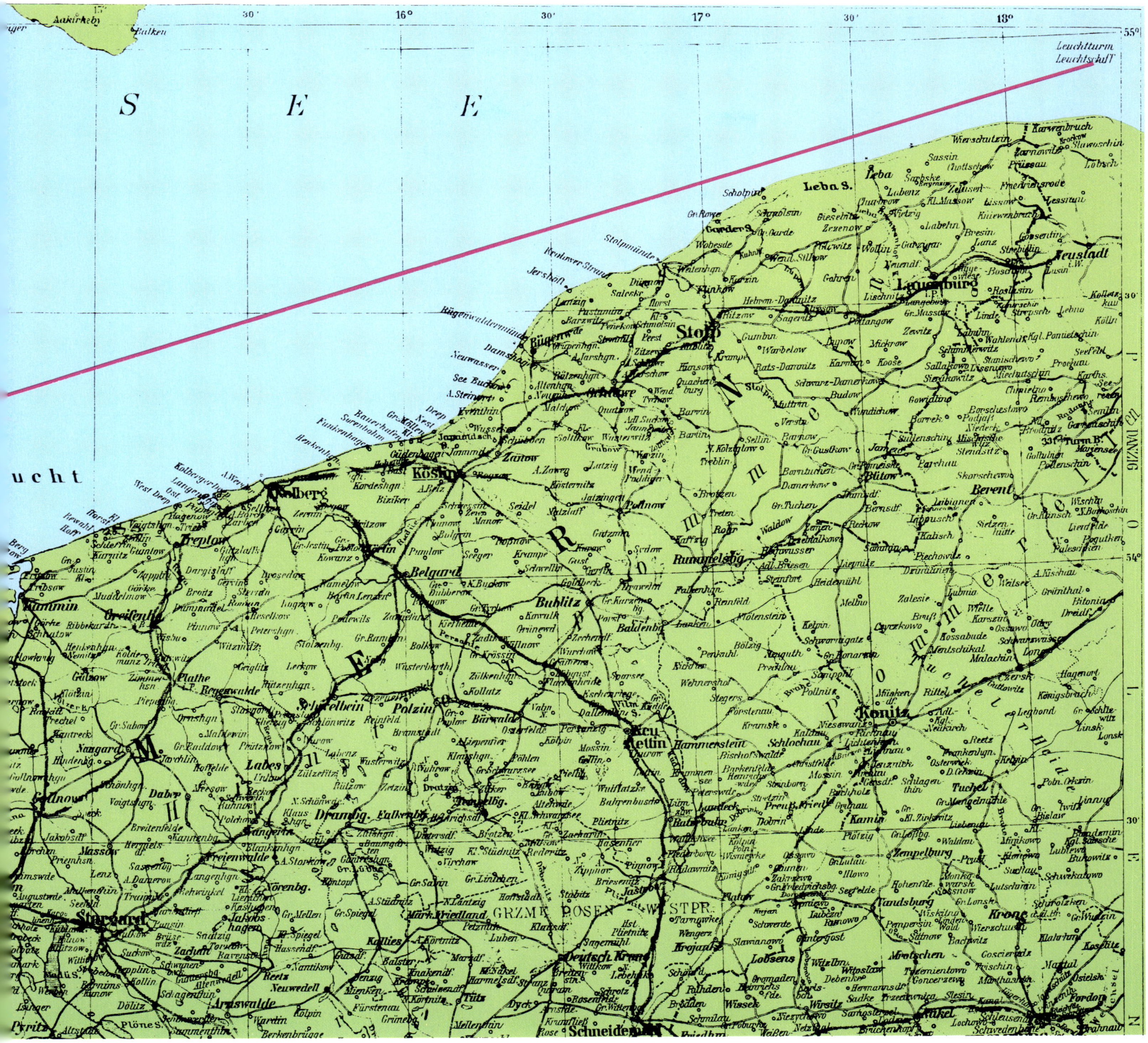

10, 20, 35, 50, 100 und im September 1944 auf 600 Stück Monatsausstoß gehen. Insgesamt sollen danach zwischen März 1943 und Dezember 1944 5150 A-4-Raketen gebaut werden. Doch die höchste Dringlichkeit wird von Hitler noch immer versagt. Statt dessen macht man merkwürdige Experimente mit Peenemünde selbst, die bis zu dem Vorschlag reichen, die Heeresversuchsanstalt Peenemünde-Ost in eine Aktiengesellschaft umzuwandeln und von der Industrie managen zu lassen!

Anfang 1943 wird Direktor Gerhard Degenkolb Leiter eines Sonderausschusses A4, den Reichsminister Speer ins Leben gerufen hatte. Degenkolb wird den Peenemündern als industrieller Produktionshelfer beigestellt. In der Raketenentwicklung hat er keinerlei Erfahrung, aber er hat beim Lokomotivbau rücksichtslos durchgreifende Initiative bewiesen und damit sein Produktionsziel erreicht. Bei der A4 erwartet man Ähnliches von ihm. Degenkolb entwickelt einen neuen Produktionsplan. Danach sollen bereits bis Ende 1943 3180 A-4-Raketen in Serie gefertigt werden, im Dezember 1943 allein 950 Stück! Von Braun macht seine Mitarbeiter mit dem Programm als neuem, allein verbindlichem Plan bekannt. Dornberger sträuben sich die Haare.

Im Juli 1943 werden Dornberger und von Braun nach monatelangem Drängen endlich zu Hitler ins Führerhauptquartier beordert. Sie führen einen ausführlichen Film vom Flug der A4 am 3. Oktober 1942, von den Entwicklungen, den Brennversuchen, den Prüfständen vor. Hitler ist beeindruckt, ja begeistert. Er spricht davon, daß derartige Raketenwaffen Kriege in der Zukunft undenkbar machen würden. Endlich bekommt Peenemünde die höchste Dringlichkeitsstufe. In dieser Phase hat Dornberger etwa 18000 Leute unter sich, von denen mehr als 5000 Wissenschaftler und Ingenieure sind.

Inzwischen hat England von den merkwürdigen Dingen erfahren, die auf der Insel Usedom vor sich gehen. Ein über die englische Gesandtschaft in Oslo den Briten zugespielter Bericht, zahlreiche Einzelmeldungen und die Luftaufklärung haben dies bewerkstelligt. In der Nacht vom 17. August 1943 führen 598 britische Bomber einen vernichtenden Schlag gegen Peenemünde. Die traurige Bilanz sind 733 Tote und viele zerbombte Gebäude, Fabrikhallen, Werkstätten.

Doch der materielle Schaden für die Entwicklung der A4 erweist sich als nicht so vernichtend, wie es zunächst ausgesehen hatte. Aufräumungsarbeiten und die Fortführung des Projektes laufen Hand in Hand. Aber man ist sich im klaren darüber, daß die Produktionsstätten verlegt, die weitgehend zerbombte Wohnsiedlung aufgegeben und das Personal zerstreuter in Privatquartieren außerhalb der Versuchsanstalt (die nun aus Tarnungsgründen

HAP = Heimat-Artillerie-Park heißt) angesiedelt werden müssen.
Trotz all dem gehen die Versuche mit der A4 weiter. Anfang 1943 werden die letzten zehn Starts mit der Rakete gemacht, bevor ihre Entwicklungsphase für abgeschlossen erklärt wird. Die größte Strecke, die das Gerät bei einem dieser zehn Flüge zurücklegt, beträgt 287,5 Kilometer.
Dennoch ist die Erklärung über den »Entwicklungsabschluß« reichlich kühn. Auch danach müssen noch Hunderte von kleineren Änderungen und Korrekturen vorgenommen werden, die in Tausenden von Zeichnungen ihren Niederschlag finden. Es ist schwer, den Machthabern zu erklären, daß diese erste Flüssigkeits-Großrakete der Welt ein äußerst feinfühliges, kompliziertes Gerät ist, das man nicht zum Erfolg zwingen kann, sondern bei dem der Erfolg im ehrlichen geistigen Ringen erarbeitet werden muß – und das erfordert Zeit, mehr Zeit, als dem Dritten Reich überhaupt noch zur Verfügung steht.
Anfang September 1943 erhält Dornberger vom Oberkommando des Heeres die Anweisung, mit der neu aufgestellten Versuchsbatterie 444 Landschüsse mit der A4 vorzunehmen. Sie sollen auf dem SS-Truppenübungsplatz »Heidelager« stattfinden. Er liegt bei Blizna südlich von Lublin in Polen, dem damaligen »Generalgouvernement«.
Im November beginnen die Starts in Blizna. Sie sind wenig erfolgreich; die Raketen explodieren oder erreichen nur geringe Entfernungen. Im April 1944 gelingt es den polnischen Partisanen in einem erstaunlichen Coup, eine A4, die nur wenig beschädigt heruntergekommen ist, zu zerlegen und nach England auszufliegen, ohne daß die Deutschen etwas davon erfahren...
Noch ein anderer Einfluß machte sich in Peenemünde immer stärker bemerkbar: derjenige der Waffen-SS Heinrich Himmlers. Himmler hatte Peenemünde zum erstenmal Anfang April 1943 besucht (laut Irving in »Die Geheimwaffen des Dritten Reiches« fand dieser erste Besuch Himmlers in Peenemünde bereits am 10. Dezember 1942, laut Ruland im Januar 1943 statt) und zum Abschluß gegenüber Dornberger erklärt: »Wenn der Führer sich entschließt, dem Vorhaben seine Unterstützung zu geben, dann ist Ihre Arbeit nicht mehr eine Angelegenheit des Heereswaffenamtes oder des Heeres überhaupt. Sie gehört dann dem deutschen Volk. Ich übernehme ihren Schutz gegen Sabotage und Verrat.«
Am 29. Juni 1943 suchte er Peenemünde ein zweites Mal auf und hatte Gelegenheit, zwei A-4-Starts zu beobachten; einen Ver-

Links: Drei Phasen eines A-4-Starts, aufgenommen innerhalb von drei Sekunden. Fast im Zeitlupentempo hebt die Rakete vom Starttisch ab. Bei ständig zunehmender Geschwindigkeit erreicht die A 4 den Planungen entsprechend nach 63 Sekunden – beim Brennschluß – in rund 29 Kilometer Höhe und 24 Kilometer vom Startplatz entfernt mehr als fünffache Schallgeschwindigkeit.

Rechte Seite: Montagehalle des Versuchsserienwerkes auf dem Gelände der Heeresversuchsanstalt in Peenemünde (oben). Darunter dieselbe Halle nach dem Angriff der Engländer in der Nacht vom 17. auf den 18. August 1943.

sager, bei dem die Rakete auf dem Flugplatz der Luftwaffe im benachbarten Peenemünde-West aufschlug und einen riesigen Trichter hinterließ, und einen erfolgreichen Flug.
Zwischen diesen beiden Besuchen hatte die SS vorsichtig, aber deutlich die Finger nach Peenemünde auszustrecken begonnen. Himmler war von dem erfolgreichen Flug der A 4 begeistert und versprach, sich bei Hitler für Peenemünde einzusetzen.

Mittelwerk

Anfang September 1943, also kurz nach dem Luftangriff auf die Peenemünder Anlagen, beauftragte Himmler den SS-Brigadeführer Dr. Hans Kammler, die Bauarbeiten für die Fertigung der A 4 zu leiten. Schon drei Tage nach dem britischen Bombenangriff auf Peenemünde hatte Himmler davon gesprochen, daß nunmehr ein »bombensicherer Produktionssitz« für die A 4 gesucht werden müsse. Am 28. September tauchte er in Blizna auf, um die Vorbereitungen für die vorgesehenen Landstarts der A 4 zu inspizieren. Am 30. September gibt Hitler im Führerhauptquartier Reichsminister Speer die Genehmigung, technisch erfahrene Leute aus Gefängnissen herauszuziehen und in einem – wie Speer es nannte – »A-4-Konzentrationslager« zur Arbeit einzusetzen. Die Wahl fällt auf einen alten Stollen im Kohnsteinberg bei Nordhausen im Harz. Dort wurde seit 1880 Gips und Anhydrit abgebaut. 1934 wird der Kohnstein untertunnelt und soll als Großlager für Treibstoffe und Chemikalien der IG Farben die-

Links oben: Transport einer A 4 vom Lagerschuppen zum Startplatz in Blizna

Mitte: Feind sieht mit! Polnische Partisanenaufnahme einer startenden A 4 in Blizna

Unten: A 4-Endmontage im Kohnsteinberg-Stollen des Mittelwerkes. Noch fehlen die Heckverkleidung und die vier Stabilisierungsflossen.

Rechte Seite oben: Erfolgreicher Start einer A 4 im Oktober 1943 in Peenemünde

Darunter: Vorbereitung zum Betanken einer A 4 auf dem Gelände der Heeresversuchsanstalt in Peenemünde Ende 1942 nen. 1943 existieren 42 unterirdische Hallen und Kammern, geradezu ideal für die getarnte Produktion der V-Waffen. Am 28. August 1943 treffen die ersten V-2-Kommandos unter der Leitung von Kammler und Degenkolb ein, im Februar 1944 verlassen die ersten V-2-Raketen die unterirdische Produktionsstätte. Jetzt taucht auch der Name Mittelwerk im Sprachgebrauch auf, und am 1. März 1944 wird offiziell die »Mittelwerk GmbH« gegründet.

Durch den Berg hindurch waren in einem Abstand von etwa einem Kilometer zwei parallellaufende, je 1800 Meter lange Tunnels gegraben worden, 46 Quergänge verbanden sie miteinander. Die verfügbare Fläche hatte bei der Übernahme im September 1943 rund 98000 Quadratmeter umfaßt. Sie wurde durch Kammlers KZ-Arbeiter bis zum Frühjahr 1944 auf 111000 Quadratmeter erweitert. Die vorhandenen Stollen wurden »betriebsbereit« gemacht; gepflastert oder mit Betondecken versehen, ausgekleidet, zum Teil mit Gleisen belegt, die Maschinen aufgestellt usw. Hier sollten die A4 und anderes wichtiges Kriegsgerät, vor Bombenangriffen gesichert, in Serie fabriziert werden. Auf 5000 Quadratmetern entstanden Schlafstätten für die Zwangsarbeiter: Kammler hatte sich verpflichtet, 16000 KZ-Häftlinge als Arbeitskräfte verfügbar zu machen. Beaufsichtigt wurde die Produktion von 2000 deutschen Technikern. Gewaltige Pläne zur Ausweitung der unterirdischen Anlagen für andere Betriebe und Aufgaben wurden in Gang gesetzt. In der Umgebung entstanden an die zwanzig Konzentrationslager. Bei Kriegsende wurden in sie nicht weniger als 42000 Menschen hineingepfercht.

Das Kapitel »Mittelwerk« ist eines der düstersten in der ganzen Geschichte der A4. Unter unsagbar schlechten Bedingungen mußten die Häftlinge hier ohne ausreichende Ernährung arbeiten und vegetieren (von leben kann man hier nicht sprechen). Viele starben an Unterernährung. Wernher von Braun und General Dornberger sind dieserhalb oftmals Vorhaltungen gemacht worden, jedoch ist zu sagen, daß beide Männer weder mit dem Mittelwerk noch dessen Betreibern unmittelbar zu tun hatten; im Mittelwerk ging es nicht um die Entwicklung, sondern die unabhängige Serienfertigung. Zwar kannten Dornberger und von Braun die Zustände dort, aber es fehlte ihnen jede Möglichkeit, sich ohne Gefahr für das eigene Leben dagegen aufzulehnen. Sie mußten ohnedies dankbar sein, daß ihre Ablehnung der SS, die sie mehrfach gegenüber Himmler und anderen

deutlich zum Ausdruck gebracht hatten, ihnen nicht übler zu Buche schlug. Es gab mehrere Beispiele dafür, daß die SS Dornberger, von Braun und einige andere liebend gern ausgeschaltet hätte.

Wegen Raumfluggedanken verhaftet

Da war etwa der Vorfall Anfang 1944. Am 24. Februar 1944 war von Braun zu Himmler beordert worden. Dieser hatte ihm unmißverständlich angeboten, sich von Dornberger zu trennen und unter seinen Schutz zu stellen. Von Braun hatte dies mit sehr deutlichen Worten abgelehnt. Rund zwei Wochen später wurde Dornberger plötzlich zu Feldmarschall Keitel nach Berchtesgaden ins Führerhauptquartier befohlen. Hier wurde ihm eröffnet, daß von Braun, Riedel und Gröttrup (der erste Mitarbeiter Steinhoffs) wegen Sabotage verhaftet und in das Gefängnis der Gestapo (Geheime Staatspolizei) nach Stettin gebracht worden seien. Dornberger verbürgte sich für die Männer und erklärte im übrigen kategorisch, daß damit der Abschluß der Entwicklung der A4 nicht mehr abzusehen sei und der Einsatz auf unabsehbare Zeit verschoben werden müsse. Auf Befragen wurde ihm erklärt, worin die »Sabotage« der drei Männer bestand: Sie hätten sich in einer Gesellschaft in Zinnowitz an einem feuchtfröhlichen Abend über ihre frühere Zeit auf dem Raketenflugplatz Berlin unterhalten und dabei auch gesagt, daß ihr eigentliches Ziel die Raumfahrt sei und daß sie die Arbeit in Peenemünde nur machen würden, um ihre Raumfahrtideen verwirklichen und durch die Versuche bestätigen zu können. Der Vorwurf der Sabotage, so wird Dornberger von Keitel erläutert, bestehe darin, daß die Männer »ihren geheimen Gedanken der Weltraumfahrt nachgehangen und infolgedessen nicht ihre ganze Energie und Kraft für die Fertigstellung der A4 als Waffe eingesetzt« hätten.
Es stellt sich heraus, daß auch dies eine Aktion Himmlers war. Erst nach erheblichen Anstrengungen gelingt es Dornberger, die Männer wieder freizubekommen. Dabei wird ihm bedeutungsvoll mitgeteilt, welch dicke Akte man auch über ihn selbst vorliegen habe ...

Diorama der Heeresversuchsanstalt in Peenemünde im Deutschen Museum in München

Erste und letzte Versuche einer Serienfabrikation

Zu einer ordnungsgemäßen Serienproduktion der A-4-Rakete war es nach dem Angriff auf Peenemünde dort natürlich nicht mehr gekommen. Auch die Zeppelin-Luftschiffwerke in Friedrichshafen und die Rax-Werke Henschels in Wiener Neustadt, in denen die Serienfertigung stattfinden sollte, waren durch Bombenangriffe zerstört worden. Im Versuchsserienwerk von Peenemünde waren von 1942 an bis zu dem Bombenangriff im August 1943 mindestens 314 A-4-Raketen montiert worden.

Das Mittelwerk hingegen fertigte im Zeitraum vom 1. Januar 1944 bis zum 18. März 1945 insgesamt 5789 Exemplare dieser Rakete. Der höchste monatliche Ausstoß fand im Januar 1945 statt; in jenem Monat verließen 690 neue A-4-Raketen die Stollen des Kohnsteinberges.

In der Zwischenzeit hatten auch eine Reihe organisatorischer Veränderungen stattgefunden. So hatte man die HAP Peenemünde tatsächlich in ein industrielles Unternehmen, eine Privatfirma, umgewandelt.

Die ehemalige Heeresversuchsanstalt firmierte nun als Elektromechanische Werke Karlshagen. An der Tatsache, daß die A 4 trotzdem noch nicht einsatzbereit war, ändert dies aber nichts. Wegen des Vorrückens der Roten Armee mußte Dornberger seinen Versuchsschießplatz Blizna in die Tucheler Heide im damaligen Westpreußen verlegen. Inzwischen ist auch der Machtkampf zwischen der SS und dem Heer entschieden: Am 8. August 1944 macht Himmler den SS-Obergruppenführer Kammler zum Generalbevollmächtigten für das A-4-Programm.

Dornberger macht von »Heidekraut« (der Deckname für den Schießplatz in der Tucheler Heide) aus weiter seine Probeschüsse, untersucht Luftzerleger, zurückfallende und falsch fliegende Raketen. Damit ist er selbst noch im September 1944 beschäftigt, als die A 4 zum Einsatz kommt: Kammler hatte Dornbergers Warnungen, daß die Rakete noch weiterer Erprobungen bedürfte, in den Wind geschlagen und Hitler dazu bewogen, den Einsatz zu befehlen.

Noch im Januar 1945 schießt Dornberger zur Probe, doch dann muß er im »Heidekraut« aufhören und sich noch weiter zurückziehen. Ende Januar 1945 trennen die Rote Armee noch 150 Kilometer von Peenemünde ...

Die »Wunderwaffen« V1 und V2

Mehrfach waren die neuen »Wunderwaffen« von Goebbels und anderen in der Öffentlichkeit angesprochen worden, zu einer Zeit, als A 4 und die Flugbombe Fi-103 (später V 1 genannt) sich noch in der Entwicklung und Erprobung befanden. Mehrfach hatte Hitler den Termin für den Einsatz der neuen Waffen festgelegt. Aber die technischen Schwierigkeiten, die mit den noch nicht serienreifen Geräten auftraten, die Probleme mit Material, Personal und Transport verzögerten den Zeitpunkt, zu dem man an einen Einsatz denken konnte, immer wieder.

Die Flügelbombe, von Goebbels schon wenige Tage nach ihrem Einsatz auf den Namen V 1 getauft, gab ihr militärisches Debüt am 13. Juni 1944; an diesem Tag wurden die ersten acht dieser Bomben in Richtung London in Marsch gesetzt. Nach einer Periode der Ruhe ging dann am 15. Juni ein pausenloses Bombardement mit den Flügelbomben los: Bis zum Mittag des folgenden Tages starteten 244 Stück in Richtung der britischen Hauptstadt. Am 18. Juni wurde die fünfhundertste, am 26. Juni die zweitausendste V 1 gestartet. Bis zum Nachmittag des 1. September 1944 hielt dieses nervenaufreibende Bombardement an, dann trat in London Ruhe ein: Die Deutschen mußten sich infolge des Vorrückens der alliierten Invasionsfront immer weiter aus Frankreich zurückziehen, und die Reichweite der Flügelbombe war nicht mehr groß genug, um London zu erreichen.

Von dieser V 1 wurden innerhalb von 80 Tagen über 9300 Stück verschossen. 2000 von ihnen stürzten kurz nach dem Start ab. Von dem Rest sind knapp 50 Prozent durch Jagdflugzeuge abgeschossen oder zum Absturz gezwungen, von der Flakabwehr oder durch Ballonsperren heruntergeholt worden. Etwa 800 schlugen auf dem Weg nach London auf der Britischen Insel ein; 2400 erreichten die britische Metropole. Nach englischen Angaben haben diese Flügelbomben rund 6000 Menschen getötet, 16000 weitere verletzt, 23000 Häuser total zerstört und 750000 beschädigt.

Gegen Kriegsende, als England mit dieser Bombe nicht mehr erreichbar war, wurden 8700 weitere V 1 gegen Antwerpen und 3140 gegen Lüttich eingesetzt.

Die V 1 war von den Fieseler Flugzeugwerken in Kassel entwickelt worden. Sie hatte ursprünglich eine Reichweite von 250 Kilometern, die später auf 370 Kilometer erweitert worden war. Sie war bei einer Spannweite von 4,9 Metern 7,73 Meter lang und wog beim Start 2200 Kilogramm. Davon entfielen 800 bis 1000 Kilogramm auf den Sprengstoff und 550 Kilogramm auf den Brennstoff Treiböl; den zur Verbrennung notwendigen Sauerstoff entnahm die V 1 der Luft. Obgleich häufig als Rakete bezeichnet, war die V 1 keine solche, sondern ein luftatmendes Staustrahltriebwerk. Ihre Flughöhe lag bei 200 bis 2000 Metern, ihre Geschwindigkeit zunächst bei 500 bis 600 Kilometern in der Stunde, später bei 665 km/h.

Als, wie erwähnt, der Beschuß Londons mit der V 1 am 1. September 1944 eingestellt werden mußte, atmeten die Engländer erleichtert auf. Sie hatten jedoch nur eine kurze Verschnaufpause, denn nach sieben Tagen – am 8. September 1944 – erlebten sie eine neue Überraschung: Die erste von mehr als 1000 A-4-Raketen, die in den folgenden Monaten auf englischen Boden fielen, schlug in der Nähe Londons ein. 16 Sekunden später folgte eine zweite A 4. Sehr bald wurde die Rakete in der deutschen Öffentlichkeit unter dem Namen V 2 bekannt. Als für die V 2 wegen des Vorrückens der Front der Alliierten (am 6. Juni 1944 hatte ja die Invasion in Frankreich begonnen, und die Landetruppen rückten trotz oft erbitterten Widerstandes unaufhaltsam in Richtung der deutschen Grenzen vor), wurden weitere über 2100 V-2-Raketen auf Lüttich, Antwerpen und Brüssel geschossen. Der Beschuß Londons durch die V 2 hielt bis zum 27. März 1945 an. Dabei sind über 2700 Menschen getötet und 6500 verletzt worden ...

Peenemünde – Denkfabrik für den Raketenantrieb

Die Arbeiten, die in den Jahren 1937 bis Anfang 1945 in der Heeresversuchsanstalt Peenemünde betrieben wurden, waren – wie bereits angedeutet – ungeheuer vielseitig. Sie betrafen nicht nur die A-Raketenserie, mit der wir uns, weil sie der Urahn der modernen Weltraumrakete ist, so ausführlich auf den letzten Seiten beschäftigt haben, sondern sie umfaßten darüber hinaus eine Reihe von diversen Projekten, Vorschlägen und Ideen im militärischen Bereich wie auch für zivile Anwendung einer zukünftigen Raumfahrt – die ja in Peenemünde-Ost bei vielen das stets präsente Motiv der Arbeit war, auch wenn dieses Motiv hinter den Notwendigkeiten des Krieges zurücktreten mußte. Aber auch in Peenemünde-West bei der Luftwaffe wurden viele Konzepte und Pro-

jekte verfolgt, von unkonventionellen Flugzeugen bis hin zu neuen Waffentechniken, bemannten Fernflugzeugen mit Raketenantrieb und neuen, hochenergetischen Treibstoffen.
Erstmals war es in Peenemünde gelungen, ein organisatorisches Netz aufzubauen, das ein einigermaßen funktionierendes Zusammenspiel zwischen den rund 40 000 Mitarbeitern und 5000 bis 6000 Instituten, Behörden, Firmen, zwischen Wissenschaftlern, Verwaltungsleuten und Politikern erlaubte.
Walter Dornberger hat in einem Vortrag, den er Ende Dezember 1962 auf einem technik-historischen Symposion der American Association for the Advancement of Science (= Amerikanische Gesellschaft für den Fortschritt der Wissenschaft) in Philadelphia, Pennsylvania, hielt, eine interessante Begründung für diese Vielseitigkeit der Aktivitäten gegeben. Danach war diese Vielfalt der Projekte notwendig, um eine Existenzberechtigung für seine gesamte Raketengruppe und für die Existenz von Peenemünde abzugeben. In seinem Vortrag sagte er 1962 unter anderem zu den Anfängen der Kummersdorfer Untersuchungen im Herbst 1932:
»Es wäre Narretei, zu glauben, daß die Deutschen zu jener Zeit irgendwelche konkreten Vorstellungen darüber hatten, was aus ihren Arbeiten später einmal werden würde. Ja, die ursprüngliche kleine Gruppe träumte von weitfliegenden Raketen und Raumschiffen. Aber sie wußte nicht und es interessierte sie nicht, wie es später weitergehen würde. Diese

Nummer 32 10. August 1944
Copr. 1944 Deutscher Verlag

Berliner
Illustrierte Zeitung

53. Jahrgang Preis 20 Pfennig

V1-Kurs London

Eine deutsche Geheimwaffe lüftet ihr Geheimnis.

Von einer starken Preßluftanlage gestartet, von einem hochentwickelten Raketenantrieb in rasender Geschwindigkeit vorwärtsbewegt, fliegt die „Flügelbombe" dröhnend und flammend gegen die Insel, unerreichbar für feindliche Jäger. Im Krachen ihrer Detonationen und mit der ungeheuren Sprengkraft ihrer Dynamitladung beweist diese revolutionierende Schöpfung unserer Luftrüstung, daß die Vergeltung keine Propagandaparole war, sondern eine unabwendbare Realität ist.

Aufnahme: Willi Ruge

Oben: Ein Bild der Fi-103 – in der Propagandasprache des Dritten Reiches als V1 (= Vergeltungswaffe 1) bezeichnet – wurde der Öffentlichkeit erstmals mit diesem Foto in der »Berliner Illustrierten Zeitung« vom 10. August 1944 bekannt. Die Bezeichnung V1 (und in Analogie dazu V2 für die A 4) trug zu dem weitverbreiteten Irrtum bei, daß es sich bei der V1 um eine raketengetriebene Flügelbombe handele. Der Flugkörper wurde jedoch durch ein Staustrahltriebwerk angetrieben, das als Verbrennungsträger Luft benützte und damit von der umgebenden Atmosphäre abhängig war.

Rechts: Auf der Basis des Aggregats 4 entstand die Flugabwehr-Rakete Wasserfall, hier bei einem Startversuch auf der Greifswalder Oie. Die 3,5 Tonnen schwere und in der Endversion 7,84 Meter hohe Rakete erhielt zur besseren Stabilisierung neben Strahl- und Luftrudern an der oberen Rumpfhälfte vier Kreuzflügel. Der erste geglückte Start einer Wasserfall-Rakete fand am 29. Februar 1944 statt, zu spät für eine Serienfertigung.

Männer begannen damals einfach damit, einen Raketenmotor zu konstruieren. Von 1932 bis 1945 hatten sie kein einziges Mal irgendwelche schriftlichen spezifischen Forderungen nach einem Waffensystem von ihrem militärischen Vorgesetzten oder irgend jemandem sonst erhalten . . .«
Nachdem Dornberger in dem Vortrag weiter festgestellt hatte, daß Hitler zunächst keinerlei Interesse an Raketen gezeigt und bis 1943 mit dem Raketenprogramm nichts zu tun gehabt habe, sondern sich erst im Juli 1943 schlagartig für die A 4 begeisterte, kam er noch einmal auf die Planung von Peenemünde Anfang 1936 zurück und sagte dazu:
»Im Rahmen der Planung hatten wir unsere technischen Forderungen für große Prüfstände zu spezifizieren. Jetzt mußten wir darüber nachdenken, was wir wirklich in Betrieb nehmen wollten. Wir schlugen Starthilfsraketen für Flugzeuge vor, Raketentriebwerke für Flugzeuge und Antriebe für schwere Geschosse kurzer Reichweite, aber die große Rakete war nur ein irgendwie nebelhafter Traum.«
Erst jetzt, so berichtete Dornberger weiter, begann man, die technischen Details für eine neue, große Rakete – eben die A 4 – festzulegen. Doch das ist eine Geschichte, die wir bereits kennen. Kehren wir deshalb zurück zu den Arbeiten, die sich in Peenemünde-Ost neben der Entwicklung der A 4 abspielten.
Peenemünde-Ost, die Heeresversuchsanstalt, wurde auch häufig von Peenemünde-West, der Luftwaffe, in Anspruch genommen, oder die Techniker und Wissenschaftler des Heereskomplexes gaben von sich aus Anregungen an die Luftwaffengruppe. Zu diesen Anregungen gehörte etwa jenes schon erwähnte Projekt Wernher von Brauns aus dem Jahre 1939 »Vorschlag für ein leistungsfähiges Jagdflugzeug mit Strahlantrieb«, das auf die Erfahrungen mit der A 3 zurückging, wie auch eine Reihe von Vorschlägen und Ratschlägen bei der Entwicklung von Flugzeug-Raketentriebwerken und Flugabwehrraketen. In allen diesen Bereichen entwickelten die Männer von Peenemünde-Ost echte Pioniergedanken, ersannen sie Geräte, die teilweise erst nach dem Krieg in den USA, Großbritannien und der Sowjetunion verwirklicht worden sind.
Es ist hier nicht der Platz, die Geschichten solcher Flugabwehrraketen-Projekte wie Wasserfall, und Taifun abzuhandeln, auch wenn die Heeresversuchsanstalt Peenemünde mit der Gruppe um Wernher von Braun wesentliche Anteile an der Konzeption dieser Geräte hatte, noch können wir

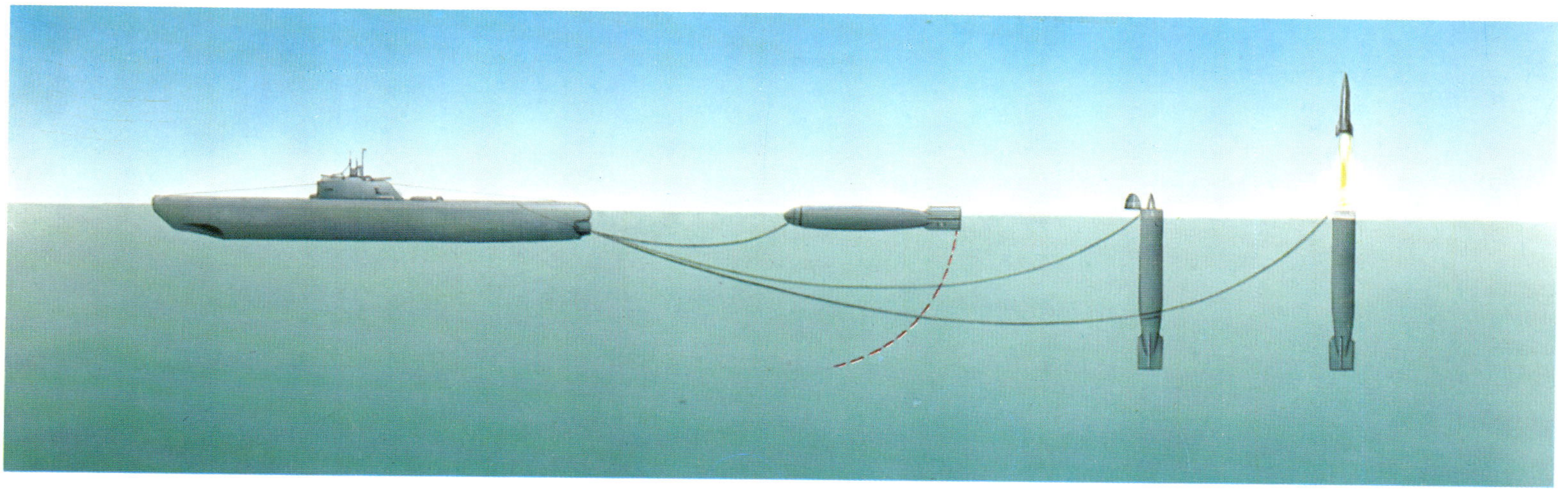

uns mit den industriellen Entwicklungen RHEINTOCHTER und ENZIAN näher auseinandersetzen. Aber wir sollten wenigstens in Stichworten festhalten, daß in Peenemünde in Gestalt des Heinkel-Flugzeuges He 112 das erste Flugzeug mit einem Raketentriebwerk entstand. Dieses Triebwerk hatte immerhin eine Tonne Schub. Aus ihm ging die He 176 hervor, das erste Raketenflugzeug der Welt. Es erlebte am 20. Juni 1939 seinen Premierenflug.
Schließlich beschäftigte man sich in Peenemünde auch mit Versuchen, Raketen unter Wasser abzuschießen. Diese Experimente begannen im Sommer 1942 mit Pulverraketen und führten zu dem Gedanken, später Flüssigkeitsraketen ebenso zu starten.

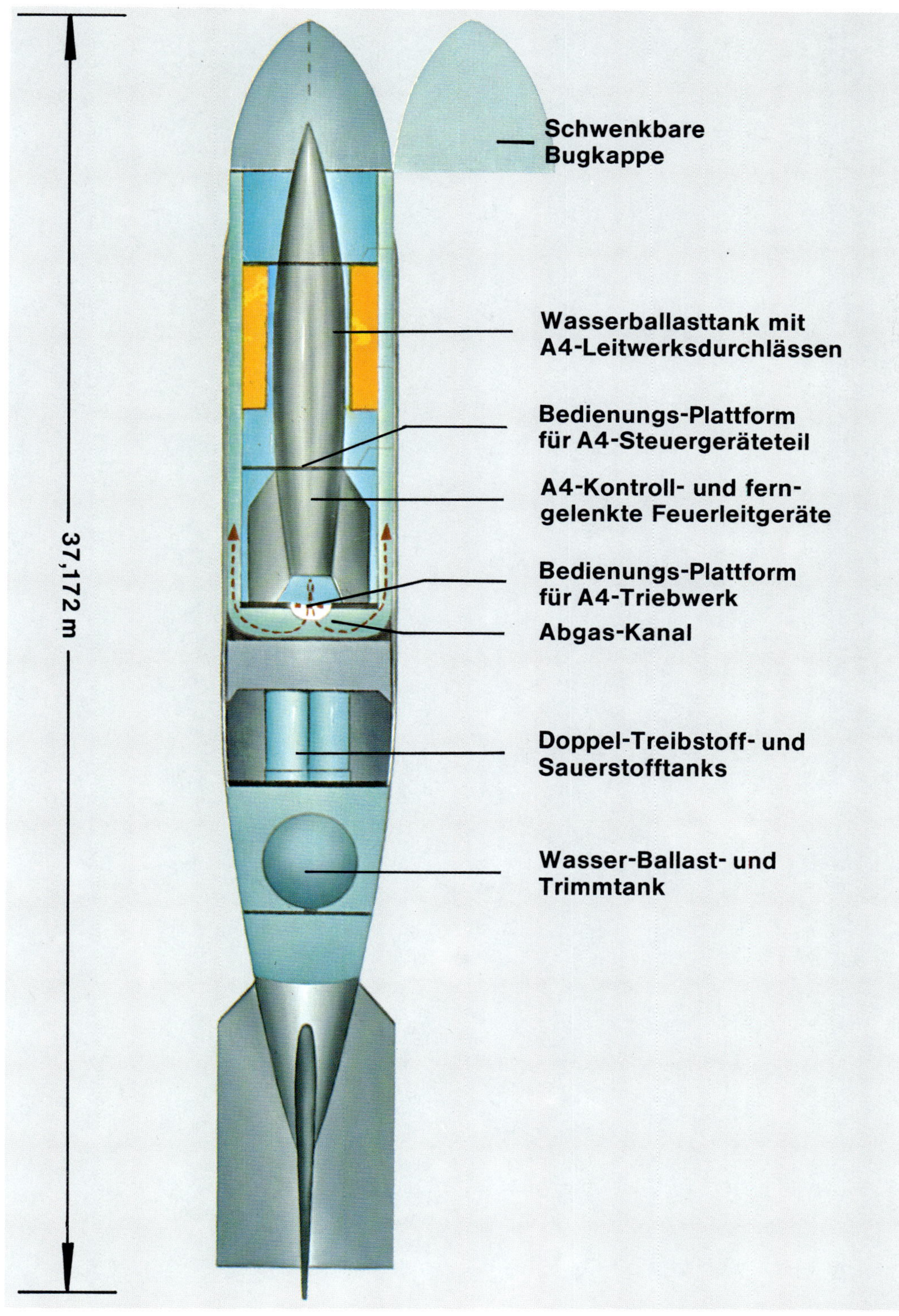

Auch an der Idee des Unterwasserstarts wurde in Peenemünde gearbeitet. Zunächst wurden Versuchsstarts mit Pulverraketen von U-Booten aus unternommen (links, Sommer 1942). Daneben aber gab es auch ein Konzept für den Abschuß von A-4-Raketen aus einem schwimmenden Behälter heraus, der von einem U-Boot in Zielnähe geschleppt werden sollte. Der Schwimmkörper sollte dann geflutet und aufgerichtet werden, eine schwenkbare Bugkappe gab die A 4 zum Abschuß frei. Diese Konzeption und der Ablauf der einzelnen Operationen sind in den beiden Zeichnungen auf dieser Seite dargestellt. Entwickelt wurde diese Art des Raketenstarts zwischen 1944 und Anfang 1945 auf Grund von Vorschlägen von Direktor Lafferenz in Peenemünde.

Abbildungen Mitte: Im August 1943 wurden in Peenemünde Versuche mit Raketenwerfern, sogenannten Do-Werfern (wahrscheinlich abgeleitet von Doppel-Raketenwerfer) von Panzern aus durchgeführt.

Rechts: Von den verschiedenen Verfahren, die Reichweite der A 4 zu erhöhen, führte eines zur geflügelten A 4, die dann die Bezeichnung A 4b erhielt. Drei Versuchsstarts wurden noch durchgeführt, zur Serienfertigung kam es nicht mehr.

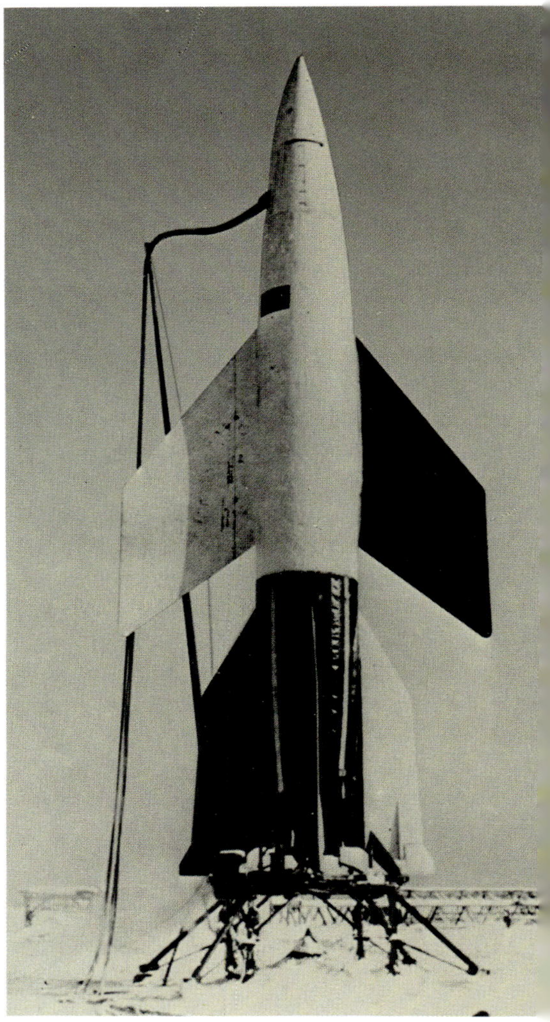

Raketen, die niemals flogen

Von dem Unterseeboot U 511, dessen Kommandant ein Bruder des Peenemünder Ingenieurs Ernst Steinhoff war, wurden diese Raketen versuchsweise aus 10 bis 15 Meter Wassertiefe verschossen. Im Herbst 1943 machte man sich schließlich daran, eine geradezu tollkühne Idee zu verwirklichen: Die A 4 sollte aus schwimmenden Behältern heraus auf See verschossen werden. Diese Schwimmkörper sollten je eine A-4-Rakete aufnehmen, von U-Booten unter Wasser bis auf 200 oder 300 Kilometer an den Zielort herantransportiert und dort so aufgerichtet werden, daß sie mit der oberen Luke gerade aus dem Wasser herausschauen würden. Die Behälter sollten mit allen notwendigen Startvorrichtungen ausgestattet werden. Doch zur Verwirklichung dieses Projektes kam es nicht mehr. Jahre, die man zuvor auf der politischen Entscheidungsebene durch Unentschlossenheit, Gleichgültigkeit und Zweifel vergeudet hatte, fehlten dem Dritten Reich nun.

Schon 1940 – zu einem Zeitpunkt also, da sich die A 4 noch mitten in der Entwicklung befand – hatte man, wie gesagt, in Peenemünde daran gedacht, die Reichweite der A 4 durch das Anfügen von Flügeln zu vergrößern. Dies, so wurde argumentiert, sollte die Abstiegsbahn der Rakete gleitförmig strecken, ein theoretisch bekanntes, bereits 1933 von Eugen Sänger diskutiertes Flugprofil für ein Raketenflugzeug. Durch derartige Tragflächen würde aus der leergebrannten, leichten Rakete, die vom Gipfelpunkt der Bahn geschoßartig nach unten sauste, ein vom aerodynamischen Auftrieb unterstütztes, antriebsloses Hochgeschwindigkeits-Gleitflugzeug werden. Die Berechnungen ergaben, daß eine solche mit Tragflächen versehene A 4 es auf eine Reichweite von 600 Kilometern bringen könnte. Die Peenemünder stellten umfangreiche Untersuchungen und Messungen im Windkanal mit Modellen einer geflügelten A 4 an. Das Projekt erhielt zunächst die Bezeichnung A 9; später – nach einer Zwangspause in der Entwicklung – wurde es A 4b genannt. Die Entwicklungsarbeiten an dieser A 4b wurden allerdings im Oktober 1942 gestoppt, im Juni 1944 jedoch wieder aufgenommen. Gleichsam als Nebenbemerkung sei an dieser Stelle eingefügt, daß natürlich auch die Typenzahlen zwischen der A 4 und der ursprünglich A 9, dann A 4b genannten Rakete durch diverse Projekte ausgefüllt waren, die allerdings größtenteils nicht verwirklicht wurden. Die A 5 hatten wir ja bereits als unmittelbaren Nachfolger der A 3 und verkleinerten Vorläufer der A 4 kennengelernt.

Die A 6 bestand lediglich als Entwurf; sie wurde niemals konstruiert. Es sollte sich dabei um eine A-4-artige Rakete handeln, die aber durch ein Gasöl angetrieben werden sollte, das aus einer je fünfzigprozentigen Mischung von Benzin und Benzol bestand und Visol genannt wurde. Als Verbrennungsträger war das sogenannte Salbei vorgesehen, schwefelige Salpetersäure.

Die A 7 war ein Vorläufer der A 9, ein 6,5 Meter langer, mit kleinen Flügeln ausgestatteter Körper, der 1941 in Peenemünde entwickelt worden war und für Gleitversuche vom Flugzeug in 11 bis 13 Kilometer Höhe abgeworfen wurde.

Die A 8 kam gleich der A 6 nicht über Konzept und Entwurf hinaus. Es sollte eine einer neuen A 9 ähnliche Rakete von 16½ Meter Länge, 22 Tonnen Startgewicht, einer Tonne Nutzlastkapazität und knapp 500 Kilometer Reichweite werden.

Für diese A 9, die in etwa die Ausmaße der

A 4 haben sollte, war die schon erwähnte Treibstoffkombination der A 6 vorgesehen: Salbei und Visol. Das hing mit der schon angedeuteten Idee zusammen, die A 9 als zweite Stufe einer A 10 zu benützen. Diese A 10 sollte 20 Meter lang sein, die gleichen Treibstoffe wie die A 9 verwenden und den ersten Überlegungen nach vollbetankt 87 Tonnen wiegen; bei späteren Berechnungen wurde dieser Wert auf knapp 70 Tonnen reduziert. Die Nutzlast der A 10 sollte die 16 Tonnen schwere A 9 bilden. (Es muß in diesem Zusammenhang allerdings darauf hingewiesen werden, daß es für A 9/A 10 diverse Vorschläge mit diversen Ausmaßen, Leistungen und Treibstoffkombinationen gab. Wir greifen hier eine Version beispielhaft heraus.)

Das Gesamtstartgewicht der zweistufigen Rakete sollte den ersten Planungen nach bei knapp 100 Tonnen liegen, den späteren Planungen zufolge sollte es 85 Tonnen betragen. Die Nutzlast der A 9 in dieser Kombination lag bei einer Tonne.

Der Startschub der A 10 war auf 180 Tonnen konzipiert. Auf diesen Schub (fast achtmal so groß wie der Startschub der A 4) hatten die Peenemünder, wie wir bereits hörten, schon 1936 ihre statischen Prüfstände auslegen lassen – auf 200 Tonnen nämlich!

Im Jahre 1941 hatten die Triebwerksfachleute in Peenemünde damit begonnen, den Schub des A-4-Triebwerkes auf 30 Tonnen zu bringen. Dafür hatte man eine neue Treibstoffkombination ausgesucht, das schon erwähnte Salbei und Visol, also Gasöl und schwefelige Salpetersäure. Bei statischen Brennversuchen gelang es, mit diesen Substanzen Brennkammerdrücke von 40 Atmosphären und Ausströmgeschwindigkeiten der Verbrennungsprodukte von 2100 Metern pro Sekunde zu erreichen! (Bei der »normalen« A 4 betrug der Brennkammerdruck 14,5 Atmosphären, die Ausströmgeschwindigkeiten 1700 Meter in der Sekunde.) Man erwog zu jenem Zeitpunkt auch bereits, Raketenmotoren für Flüssig-Wasserstoff und Flüssig-Sauerstoff als Treibstoffe zu entwickeln, und errechnete für die Verbrennungsprodukte Ausströmgeschwindigkeiten von 3000 Metern in der Sekunde. Die Arbeiten an einem Salpetersäure-Triebwerk waren übrigens schon Jahre zuvor von Helmut von Zborowski begonnen und erst von der Heeresversuchsanstalt in Peenemünde-Ost aufgegriffen worden, nachdem Zborowski mit solchen Triebwerken schon große Erfolge gehabt hatte.

Bezüglich der projektierten A 10 schlug Dr. Thiel, der Leiter der Triebwerksentwicklung, zwei Wege vor, um zu einem Startschub dieser Rakete von 180 Tonnen zu gelangen. Der eine sollte darin bestehen, sechs Stück der mit Salbei und Visol betriebenen Brennkammern von je 30 Tonnen Schub zu einem Großtriebwerk zu bündeln. Thiels Idee war dabei, für alle Triebwerke nur eine große Austrittsdüse zu schaffen. Der zweite Weg sollte in der Entwicklung eines 180-Tonnen-Triebwerkes bestehen, für dessen Entwicklungszeit man allerdings viele Jahre veranschlagte.

All das blieben nur Iden, aber Ideen, hinter denen sich das Triebwerkbündelungsprinzip verbarg, wie es später in den USA bei der Entwicklung der Saturn-Raketenserie realisiert wurde. Im Konzept der A 10 sehen übrigens viele Fachleute auch die Ausgangsbasis der späteren sowjetischen ballistischen Raketen und des Trägeraggregats der ersten Sputnik-Satelliten.

Doch zurück mit unserer Schilderung zu der A 9.

Auch von der ursprünglich konzipierten A 9 wurden lediglich einige Prototypen gebaut, während es bei der mit Flügeln versehenen A 4, der A 4b (auch als Bastard bezeichnet), zu ein paar Probeflügen kam. In seinem Buch über Wernher von Braun stellt Erik Bergaust dazu fest:

»Die Arbeit der Peenemünder Planungsgruppe konzentrierte sich gegen Ende des Krieges auf eine mit Flügeln versehene V 2; es war ein militärisches Vorhaben von höchster Dringlichkeit, nachdem die Abschüsse von der Kanalküste aus durch die Invasion der Alliierten in der Normandie so gut wie unmöglich geworden waren ...«

Ein erster Versuch mit der A 4b fand in Peenemünde am 27. Dezember 1944 statt, jedoch erreichte die Rakete hier nur 50 Meter Höhe, dann versagte die Steuerung. Auch ein zweiter Flug war ein Versager, und erst beim drittenmal, am 24. Januar 1945, gelang es, die Rakete durch die Schallgrenze hindurch auf eine Geschwindigkeit von 1200 Metern pro Sekunde (= vierfache Schallgeschwindigkeit) und eine Höhe von nahezu 80 Kilometern zu bringen. Damit aber waren die Versuche mit der A 4b auch schon beendet. (Anderen Quellen nach gab es nur zwei Startversuche: einen Versager und den erfolgreichen Flug am 24. Januar 1945.)

Die A 4b war ein Vorläufer der nicht mehr geflogenen A 9. Erik Bergaust zitiert in seinem gerade erwähnten Buch »Wernher von Braun« diesen zu dem Thema A 9 wie folgt:

»Einige unserer Entwurfszeichnungen für A 9 zeigten ein Cockpit mit Druckausgleich anstelle des Sprengkopfes und ferner ein dreirädriges Fahrgestell. Doch nach unserer fast tödlichen Auseinandersetzung mit der Gestapo hielten wir Besuchern von draußen gegenüber mit diesen Blaupausen sehr zurück; aber wir errechneten, daß die A-9-Rakete in der Lage war, einen Piloten in 17 Minuten über 600 Kilometer weit zu tragen!«

Eines der Projekte A 9/A 10 wurde auch »Amerika-Rakete« genannt. Hinter ihm verbarg sich für die Machthaber des Dritten Reiches und für die militärischen Dienststellen sowie offiziell auch für Peenemünde selbst eine transatlantische Fernrakete zur Beschießung von Städten an der Ostküste der USA von Europa aus. Für Wernher von Braun und seine engeren Mitarbeiter aber war es auch der Gedanke an das Konzept eines Überschall-Raketenflugzeuges zur Überquerung des Atlantik.

Ja, man dachte sogar bereits an eine A 11 mit 1700 Tonnen Startschub. Sie kam allerdings niemals über den bloßen Gedanken hinaus. Eine dreistufige Kombination aus A 11/A 10/A 9 hätte nach einigen Verbesserungen in den Gewichten und Treibstoffleistungen durchaus einen Piloten in eine Satellitenbahn um die Erde und wieder zurück zur Erdoberfläche bringen können, und auch über derartige Dinge dachten einige der Peenemünder Mitarbeiter insgeheim recht intensiv nach ...

So stellt denn Bergaust in seinem Buch auch völlig richtig fest, daß die A 10 ein Vorläufer der amerikanischen Interkontinentalraketen Atlas (164 Tonnen Schub) und Titan (195 Tonnen Schub) gewesen wäre, während man die A 11 bereits in die Klasse der Saturn-Raketen hätte einreihen können: Die Saturn I B hatte einen Startschub von 785 Tonnen, die Saturn-V-Mondrakete einen solchen von 3500 Tonnen; die geplante A 11 hätte also, was den Startschub angeht, zwischen diesen beiden Saturn-Raketentypen gelegen. Freilich, ihre Leistungsparameter wären damals noch wesentlich schlechter gewesen als diejenigen der hochgezüchteten Saturn-Grundstufen, ganz zu schweigen von den hochenergetischen Oberstufen. Aber auch die Entwicklung zu derartigen leistungsfähigen Aggregaten wäre letztlich eine Frage zähen technischen Ringens und damit der Zeit gewesen.

Wie sehr solche Überlegungen zu jener Zeit vor dem geistigen Auge Wernher von Brauns stehen, erweist sich bereits Mitte Mai 1945 während seiner Internierung, als er auf Verlangen der Amerikaner einen ausführlichen Bericht über die Flüssig-

keitsraketen-Entwicklung in Deutschland während des Krieges und über die zukünftigen Aussichten schreibt. Er verficht darin die Auffassung, daß die Rakete nicht auf ewig nur militärisches Gerät bleiben, sondern sehr bald für den Vorstoß in den Weltraum benützt werden wird, stellt klar, daß die A 4 weit mehr ist als eine Waffe. Er spricht von kommerziellen Fernflugzeugen, mehrstufigen bemannten Raketen, Beobachtungsplattformen und dem Flug des Menschen zum Mond.

Dornberger vertritt ähnliche Ansichten. In seinem Bericht stellt er fest: »Es ergeben sich weitere Möglichkeiten für die Zukunft: Raketen zur wissenschaftlichen Höhenforschung, eine Station im Raum, Reisen zum Mond und zu den Sternen ...«

Laut Erik Bergaust hat Wernher von Braun zu den ihn vernehmenden amerikanischen Offizieren damals einmal gesagt: »Wandeln Sie die A 10 in eine obere Stufe mit Tragflächen um, machen Sie aus der A-11-Rakete die zweite Stufe eines dreistufigen Raumschiffes und montieren Sie das Ganze auf eine wirklich gigantische Trägerrakete, vielleicht A 12 genannt. Sie sollte einen Schub von nicht weniger als 12800 Tonnen haben. Dann könnte sie die beflügelte A-10-Rakete auf Satellitengeschwindigkeit bringen, aber jetzt nicht mehr mit nur dem Piloten, sondern mit einer Ladung von über dreißig Tonnen! Das würde dann auch die Entsendung von Besatzungen und beträchtlichen Materialmengen in den Weltraum gestatten. Eine Anzahl solcher Raumschiffe, die einen regelmäßigen Pendeldienst zur Umlaufbahn versehen, würden dort oben die Errichtung einer ständigen, bewohnten Satellitenstation möglich machen ...«

Bergaust zitiert dann in seinem Buch auch ein 10 Punkte umfassendes »Arbeitsprogramm« der Peenemünder bei Kriegsende. Es lautete:

1. Automatische einstufige Langstreckenraketen (A 4 = V 2)
2. Automatische Fernlenkgeschosse (A 9)
3. Bemannte Fernlenkgeschosse (A 9B)
4. Automatische zweistufige Langstreckenraketen (A 9/A 10)
5. Bemannte zweistufige Überschallraketenflugzeuge (A 9/A 10)
6. Unbemannte Satelliten
7. Bemannte Raumfähren zu Satelliten
8. Bemannte Satelliten
9. Automatische Raumfahrzeuge
10. Bemannte Raumfahrzeuge

Obgleich dies kein »offizielles« Programm war (ein solches Programm hätte die Gestapo ohne Zweifel augenblicklich auf den Plan gerufen), war es doch jener »Wunschzettel«, der dem engeren Kreis der Peenemünder schon stets vor Augen geschwebt hatte.

Linke Seite: Das zweistufige A 9/A 10-Projekt war wohl die spektakulärste gerade noch im damaligen Realisierungsbereich liegende Studie in Peenemünde-Ost. Es wurden verschiedene Varianten diskutiert, am nachhaltigsten aber wohl die nach dem Kriegseintritt der USA entstandene einer interkontinentalen Waffe, auch unter dem Begriff »Amerika-Rakete« bekannt geworden.

Rechts innen: Konzept für die Anordnung einer wissenschaftlichen Nutzlast (»Regener-Tonne«) in der A 4: Zur Verwirklichung kam es nicht mehr.

Rechts außen: Drei Meßinstrumente, die für die Regener-Tonne entwickelt wurden

Rechts unten: Verwirklicht wurde die Idee des instrumentierten Forschungsfluges von A-4-Raketen erst nach Kriegsende in White Sands in Neu-Mexiko. Hier eine A 4 bei der Instrumentierung in Neu-Mexiko im Februar 1947.

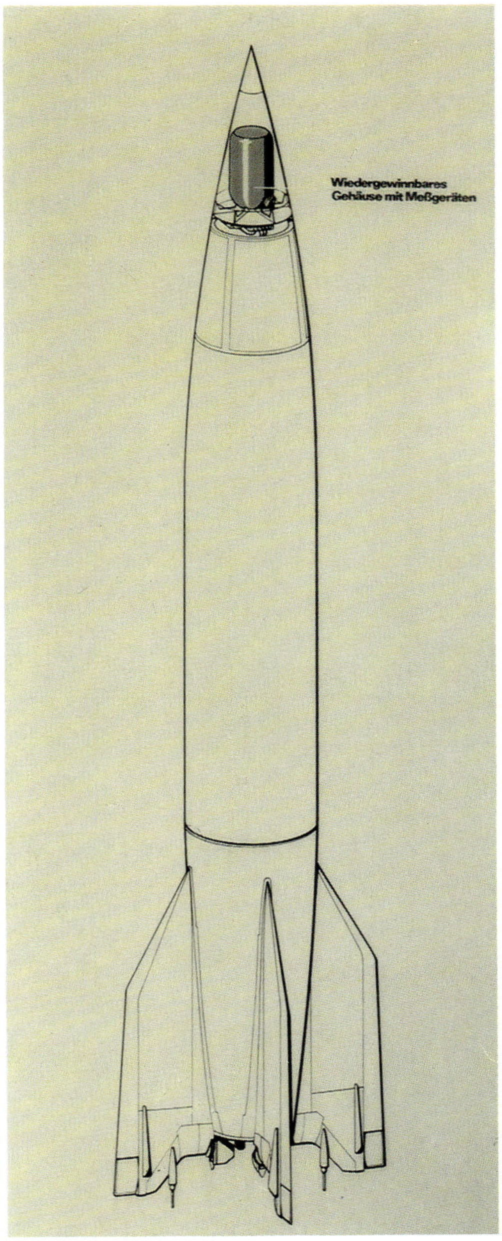

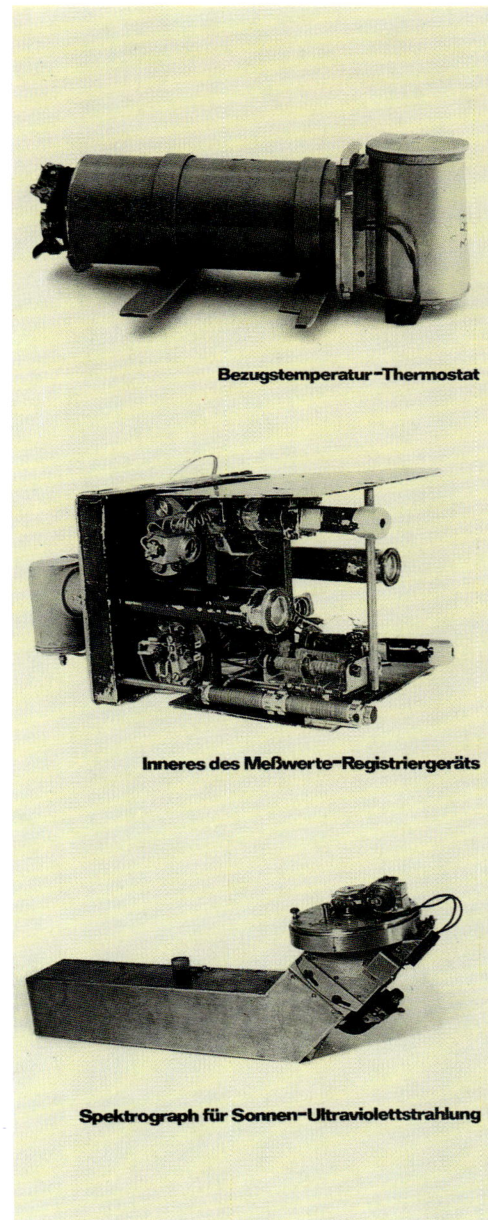

Die A4 und die Regener-Tonne

Die Tatsache, daß die A 4 in die höheren Bereiche der Erdatmosphäre aufstieg – dorthin, wo noch nie ein Meßinstrument, geschweige denn der Mensch selbst gekommen war –, wurde im Laufe der Entwicklung dieser Großrakete unbeschadet der strikten Geheimhaltung des Projektes zahlreichen Menschen bekannt, insbesondere einer Reihe deutscher Wissenschaftler. Denn obgleich sich die Entwicklung der Rakete natürlich streng bewacht beim Heer in Peenemünde abspielte, mußten die Männer der Heeresversuchsanstalt oft Institutionen ansprechen, die außerhalb ihres eigenen militärischen Wirkungskreises lagen, wenn es um bestimmte wissenschaftliche – etwa physikalische oder aerodynamische – Fragen ging, wenn bestimmte technische Entwicklungen

durchzuführen oder elektronische Spezialfragen zu klären waren. Die Wissenschaftler, die auf diese Weise von dem Projekt erfuhren, stellten sich natürlich (soweit sie einschlägig tätig waren) die Frage, ob diese Rakete nicht auch ein Mittel zur Erforschung der Hochatmosphäre sein könnte. Aber nicht nur die Wissenschaftler erkannten ihrerseits die potentielle Bedeutung der A 4 für hochatmosphärische Untersuchungen, sondern auch die Techniker in Peenemünde merkten, daß sie für ihre weitere Raketenentwicklung Informationen über die Hochatmosphäre brauchten – ganz abgesehen von ihrer ohnedies bestehenden Neigung, in der Rakete letztlich ein Mittel zum Vorstoß in den Weltraum zu sehen. Besonderes Interesse an solchen Höhenforschungsexperimenten zeigten Professor Erich Regener und Dr. Alfred Ehmert von der Forschungsstelle für Physik der Stratosphäre in Friedrichshafen am Bodensee. Und so kam es, daß mit den beiden genannten Wissenschaftlern am 8. Juli 1942 in Peenemünde unter Leitung Wernher von Brauns ein Gespräch geführt wurde, über das es in dem noch existierenden Protokoll heißt:

»Das A 4 bietet die Möglichkeit, atmosphärische Höhenvermessungen nach neuartigen Methoden auszuführen. Die baldmögliche Durchführung derartiger Untersuchungen liegt nicht nur im Interesse der Forschungsstelle für Physik der Stratosphäre Friedrichshafen, sondern im Hinblick auf die Gewinnung einwandfreier Berechnungsunterlagen für Flugbahnenberechnungen, Erwärmungsfragen, Schußtafeln usw. auch im Interesse der Heeresanstalt Peenemünde.

Es wird daher beschlossen:

Die Forschungsstelle für Physik der Stratosphäre erhält von HAP [Heeresanstalt Peenemünde] einen Entwicklungsauftrag ›Entwicklung einer Apparatur zur Höhenvermessung für A 4‹ ...«

Im weiteren Verlauf des Protokolls wurden die Geräte aufgeführt, die unter der Leitung Regeners entwickelt werden sollten. Es waren dies Aufzeichnungsapparaturen für Luftdichte, Luftdruck und Temperaturen (nämlich ein Barograph und ein Thermograph), ein Ultraviolett-Spektrograph und ein Gerät zur Entnahme von Luftproben in großer Höhe. Außerdem war es Professor Regener freigestellt, noch weitere seinerseits gewünschte Geräte einzubauen. Der Meßkopf sollte abtrennbar, mit einem Fallschirm versehen und schwimmfähig sein. Er sollte außerdem einen Sender mitführen, damit die auf dem Meer schwimmende Nutzlast geortet werden könnte.

Die Entwicklung dieses Sondenkopfes wurde der Forschungsstelle mit 25 000 Reichsmark und zusätzlichen Sachleistungen dotiert.

Die erwähnten Geräte, die dazugehörige Elektronik und der Fallschirm wurden von der Forschungsstelle in einen tonnenförmigen Behälter eingebaut; wegen ihres tonnenartigen Aussehens erhielt die Nutzlast den Namen »Regener-Tonne«.

An den vorgesehenen Forschungsflügen wollte außerdem das Flugfunk-Forschungsinstitut München teilhaben. Mit zusätzlichen Meßgeräten wollte es die statische Aufladung der Rakete beim Durchfliegen von Zirruswolken messen. Diese Daten wurden für die Entwicklungsarbeiten an elektrischen Zündern von Flugabwehrraketen nach Art der Wasserfall benötigt.

Doch zur Verwirklichung dieser Forschungsflüge kam es nicht. Zunächst verhinderten die Schwierigkeiten bei den Probestarts der A 4 den Mitflug einer Forschungs-Nutzlast, dann machte die fortschreitende, immer grimmiger werdende Kriegssituation die vorgesehenen Forschungsflüge unmöglich. Das einzige, was in dieser Hinsicht gelang, waren einige Messungen der Temperatur an der Spitze der A 4 bei Versuchsflügen ab März 1944. Die Ergebnisse dieser Messungen allerdings ließen wegen der mangelhaften Geräte viel zu wünschen übrig. Was insbesondere die Regener-Tonne betrifft, so war durch ihre Entwicklung das Grundkonzept für wissenschaftliche Nutzlasten von Höhenforschungsraketen zumindest in der Theorie erarbeitet worden. In die Praxis umgesetzt wurden wissenschaftliche Meßflüge mit der A 4 letztlich doch noch – allerdings erst nach Beendigung des Zweiten Weltkrieges und nicht von Peenemünde oder einem anderen europäischen Startplatz aus, sondern von White Sands in Neu-Mexiko. Doch das ist eine Geschichte, die an eine spätere Stelle dieses Buches gehört.

Das Ende von Peenemünde

Bereits nach dem ersten Bombenangriff auf Peenemünde am 17. August 1943 waren, wie wir hörten, einige Gruppen von Mitarbeitern an andere Orte verlegt worden. Die Arbeiten in Peenemünde aber gingen allen Behinderungen zum Trotz noch immer mit einem großen Arbeitsstab weiter. Man verstreute die Mitarbeiter jedoch auf viele Häuser der umliegenden Orte, suchte das Ganze zu »dezentralisieren«. Lediglich die Serienfertigung der A 4 sollte nun nicht mehr in Peenemünde anlaufen, sondern in dem schon erwähnten Mittelwerk. Aber die Entwicklung und Vervollkommnung der A 4 und anderer Raketenwaffen betrieb man weiter, so gut es unter den gegebenen Umständen eben ging.

Doch je weiter der Krieg fortschritt, um so bedrohlicher wurde die Situation. Am 31. Januar 1945, als auf Usedom bereits das Feuer der sowjetischen Armee zu hören war, befahl SS-Obergruppenführer Kammler, Peenemünde schnellstmöglich zu räumen und mit der gesamten Mannschaft sowie allen abmontierbaren Anlagen, allen Unterlagen und sonstigem Material nach Nordhausen im Harz zu verlagern. Dort, im Mittelwerk – wo die Fertigung von V-1-Flügelbomben und V-2-(A-4-)Raketen auf vollen Touren lief – sollten die Forschungs-, Entwicklungs- und Verbesserungsarbeiten der Peenemünder fortgesetzt werden.

Das große Packen begann, aber so lange es ging, liefen parallel dazu die Arbeiten weiter. Peenemünde-Ost zählte zu diesem Zeitpunkt noch immer 4325 Betriebsangehörige, davon rund 350 Frauen. Von diesen über 4000 Personen arbeiteten 1940 an der A 4, 270 an der A 4b, 325 in der Verwaltung und der Rest in der Zulieferung sowie an der Entwicklung der Flugabwehrraketen Wasserfall und Taifun.

Die letzte A 4 wurde am 14. Februar um 17 Uhr 40 vom Prüfstand VII verschossen. Insgesamt hatte man damit seit dem Januar 1942 265 A-4-Raketen zu Entwicklungs-, Versuchs- und Erprobungszwecken von Peenemünde aus gestartet (von denen natürlich viele explodierten).

Drei Tage nach diesem letzten Peenemünder A-4-Start, am 17. Februar 1945, verließ der erste von zwei Eisenbahnzügen mit 700 Personen die Raketenstadt. Lastwagenkolonnen mit Menschen und Material folgten. Dr. Kurt Debus, Leiter der Prüfstände und Startanlagen, machte sich mit seinen Leuten in die Gegend von Cuxhaven auf, um dort eine neue Erprobungsstelle für die A 4 zu errichten. Auch die Entwicklungsfirmen, die noch in Peenemünde waren, wurden nach Nordhausen, Bleicherode und andere Orte der Umgebung umgesiedelt. Mitte März erreichte die Rote Armee Swinemünde. Von dort aus waren es noch 35 Kilometer bis zu dem Geburtsort der ersten Flüssigkeits-Großrakete der Welt. Doch als die sowjetischen Streitkräfte am 5. Mai 1945 in Peenemünde einrückten, fanden sie »75 Prozent Schutt« vor: Der Volkssturm hatte alle noch erhalten gebliebenen Anlagen, Gebäude und Einrichtun-

gen gesprengt. Auch Menschen waren nur noch wenige da; jene, die freiwillig zurückgeblieben waren.
Ende März wurde es auch in Nordhausen brenzlig; die amerikanische Armee rückte immer weiter ostwärts vor. Von Wernher von Braun und seinen engeren Mitarbeitern wurde die Ankunft der Amerikaner ungeduldig erwartet. Sie hatten sich zur überwiegenden Mehrheit bereits in Peenemünde entschlossen, statt bei Russen, Briten oder Franzosen bei den Amerikanern zu kapitulieren. Nur dort sahen sie Chancen, ihre Arbeit mit dem Ziel, den Raumflug zu verwirklichen, fortsetzen zu können.
Die Absicht der Machthaber des Dritten Reiches, die Entwicklung von Raketen und anderen Waffen in einem Bergstollen bei Gmunden im Salzburger Land unweit des Traunsees fortführen zu lassen und dorthin auch die Produktion aus dem von den Alliierten bedrohten Mittelwerk zu verlegen, hatte sich nicht mehr verwirklichen lassen. Zwar war dieses Stollensystem, in dem 3000 Leute arbeiten sollten, seit Anfang 1944 im Bau, aber selbst bei optimistischster Betrachtungsweise war eine Fertigstellung nicht vor Oktober 1945 zu erwarten. Auch für den Entwicklungskomplex dieser Anlagen hatte von Braun übrigens wieder Prüfstände für Raketen bis zu 200 Tonnen Schub projektiert - sein Glaube an die »große Rakete« für den Raumflug war unerschütterlich ...
Am 3. April 1945 erreichte General Dornberger (der seit Mitte Januar 1945 den »Arbeitsstab Dornberger« zur »Brechung der feindlichen Luftüberlegenheit« leitete und in Bad Sachsa im Südharz saß) der Befehl des SS-Obergruppenführers Kammler, von Braun und 500 der führenden Spezialisten der ehemaligen Heeresversuchsanstalt Peenemünde sofort nach Oberammergau in die Alpen zu beordern, da sie »dem Feind keinesfalls in die Hände fallen dürften«. Begleitet von einhundert schwer-

Oben: Typisches Transportgerät der A 4 war der Meiler-Wagen, ein Kipper, mit dem die Rakete waagerecht transportiert und am Bestimmungsort in die Vertikale aufgerichtet werden konnte.

Mitte und Unten: Das Abschußverfahren der A 4 als Kriegsrakete war auf Schnelligkeit, Mobilität und Tarnung abgestellt. Dadurch waren die Feuerstellungen für den Gegner nur schwer lokalisierbar und ohnedies immer wieder sehr schnell an andere Orte verschwunden.

Links oben: Von einer Behelfsrampe mußte die A 4 gegen Ende des Krieges häufig gestartet werden, denn die alliierten Bombenangriffe hatten die regulären Startanlagen weitgehend zerstört.

Links unten: Verheerend hatte sich der Luftangriff auf Peenemünde vom 17./18. August 1943 ausgewirkt. Dieses Bild zeigt die zerstörten Werkstätten des Entwicklungsbereichs der Heeresversuchsanstalt. Als die russische Armee am 5. Mai 1945 in Peenemünde einrückte, fand sie nur noch wenig Brauchbares vor: Was nicht zerstört war, hatten die Techniker beim Rückzug aus Peenemünde abtransportiert.

Rechte Seite: Am 12. Mai 1945 meldeten sich Wernher von Braun und die mit ihm gereisten deutschen Raketenexperten in Reutte in Tirol bei den Amerikanern. Von links nach rechts: General Dornberger (links hinter ihm ein amerikanischer Soldat), Oberstleutnant Herbert Axter, Wernher von Braun (mit Gipsverband), Hans Lindenberg.

bewaffneten SS-Männern als »Beschützern«, trafen die Peenemünder am 5. April dort ein. Durch einige Tricks gelang es von Braun und Dornberger, ihre Männer, die zunächst alle in einer von Stacheldraht umzäunten Kaserne untergebracht worden waren, auf einzelne Gehöfte und Häuser der Umgebung zu verteilen. Schließlich konnte von Braun sich zu Dornberger und einigen seiner früheren Mitarbeiter aus Peenemünde in ein Hotel in Oberjoch absetzen. Dornberger hatte noch rund einhundert Soldaten mit sich. Aber auch dreißig SS-Leute waren da. Sie hatten den Befehl, die Peenemünder vor dem Eintreffen der Amerikaner zu erschießen. Wiederum hilft ein Trick Dornbergers, bei dem SS-Kommando einen Sinneswandel herbeizuführen: Die SS-Leute verschwinden.

Im Tal sind bereits die amerikanischen Truppen. Aber niemand kümmert sich um die Raketenfachleute auf dem Oberjoch. Dabei werden die führenden Leute aus Peenemünde zu diesem Zeitpunkt von den

Amerikanern (und nicht nur von diesen, sondern auch von den Briten, den Franzosen und Russen) fieberhaft gesucht.
Am 10. April 1945 waren die Amerikaner bei Nordhausen auf das Mittelwerk gestoßen. Fasziniert haben sie die gewaltige unterirdische Fabrik, die ihnen völlig unzerstört in die Hände gefallen war, samt den darin lagernden fertigen und halbfertigen A-4-Motoren und A-4-Raketen betrachtet, entsetzt die Konzentrationslager in der Umgebung aufgelöst, die vollgepfercht waren mit vor Hunger und Entkräftung dahinsiechenden Menschen. Ein Spezialkommando der amerikanischen Armee wird nach Nordhausen gerufen. Es ist von Oberst Holger Toftoy entsandt worden, dem Chef der waffentechnischen Abwehr. Das Kommando hat die Aufgabe, einhundert Exemplare der A 4 schnellstmöglich in die Vereinigten Staaten zu schaffen. Binnen zehn Tagen vollbringt Toftoys Mitarbeiter James P. Hamill diese schier unvorstellbare Tat: Am 21. Mai rollt der erste Sonderzug mit den Beutestücken nach Antwerpen, wo die Teile nach den USA verschifft werden, am 31. Mai der letzte.
Inzwischen gelangten auch Wernher von Braun und die anderen Peenemünder in amerikanische Obhut. Am 12. Mai 1945 waren sie von ihrem Bergquartier herabgestiegen und hatten bei Reutte in Tirol den erstaunten Amerikanern verkündet, wer sie sind.
Von Braun und viele seiner Mitarbeiter haben den Traum von der großen Weltraumrakete, die Idee der Raumfahrt, noch immer nicht aufgegeben. Im Gegenteil, sie denken jetzt mehr denn je zuvor daran. In werbendem Ton entfaltet von Braun vor den ihn vernehmenden amerikanischen Offizieren seine Gedanken, beschwört sie geradezu, sich der Idee dieses Weltraumfluges anzunehmen, die Gunst der Stunde zu nutzen.
Wernher von Braun und seine Männer haben sich in den Kopf gesetzt, in dem reichen Amerika für ihre Raketen und die Raumfahrt weiterzuarbeiten, in jenem Land, das es sich wohl als einziges leisten kann und dazu fähig ist, die Idee der Raumfahrt in die Tat umzusetzen.
Die Männer machen ihre Rechnung nicht ohne den Wirt. Lange Verhandlungen beginnen, Gerüchte darüber, daß sie in die Vereinigten Staaten gebracht werden sollen, mehren sich. Schließlich macht man ihnen und einer Reihe von denen, die noch in Oberammergau geblieben waren, konkrete Vorschläge. Am 29. September 1945 treffen die ersten sieben Peenemünder – unter ihnen natürlich Wernher von Braun – als Vorhut von einer Gruppe von 104 weiteren ehemaligen Peenemündern in den USA ein.
Damit beginnt die Geschichte der deutschen Raketenfachleute in den Vereinigten Staaten. Im Verlaufe von nur knapp 25 Jahren führt sie bis zur Landung von Menschen auf dem Mond. Aber bevor wir die faszinierenden Ereignisse verfolgen, die zu dieser Mondlandung führten, müssen wir noch einmal einen Blick zurückwerfen auf einige Entwicklungen, die im Deutschland der dreißiger und vierziger Jahre außerhalb Peenemündes vor sich gingen, sowie auf jene Arbeiten, die in dieser Epoche in anderen Ländern bewußt und unbewußt für die Verwirklichung des Raumfahrtgedankens geleistet wurden.

Zum Beispiel: zerlegbare Raketentriebwerke

Die entscheidendste Entwicklung, die sich in Hitler-Deutschland im Hinblick auf eine künftige Weltraumforschung und Raumfahrt abspielte, war ohne Zweifel die Konstruktion der A-4-Rakete. Daneben aber liefen, wie wir bereits andeutungsweise hörten, eine große Zahl weiterer Arbeiten sowohl an Feststoff- als auch an Flüssigkeitsraketen und -raketentriebwerken. Sie fanden in den dreißiger Jahren zum überwiegenden Teil in den Entwicklungsstätten von Heer, Luftwaffe und Marine statt und nur zum kleineren Teil in der Industrie, getreu der bis etwa 1940 herrschenden Philosophie des damaligen Staates, daß waffentechnische Forschungen und Entwicklungen wegen der notwendigen Geheimhaltung grundsätzlich ohne Einschaltung der Privatindustrie vorgenommen werden müßten. Erst allmählich erkannte man, daß es ohne die Industrie nicht geht. In dem schon mehrfach angeführten Bericht Rolf Engels über die Raketenentwicklung von 1920 bis 1945 heißt es dazu:
»Zu Beginn des Krieges zeigte sich jedoch recht schnell, daß schon wegen der notwendigen Fertigung und Produktion eine Hinzuziehung der Industrie erforderlich war. Vielfach mußten die von den Waffenämtern entwickelten Waffen mehrfach umkonstruiert werden, weil bei ihrer Entwicklung die Gesichtspunkte einer wirtschaftlichen Großfertigung nicht berücksichtigt worden waren. Schon dabei kam die Industrie mit den neuen Waffen in Berührung, und es blieb nicht aus, daß von ihr sehr bald Verbesserungsvorschläge kamen. Vielfach blieben diese Vorschläge zunächst unbeachtet, aber auf die Dauer machten sich die Firmen auch geistig mehr oder weniger unabhängig von ihren eigentlichen militärischen Auftraggebern, gingen technisch konstruktiv neuen Ideen nach und erkämpften sich schließlich auch die Freiheit im Versuchs- und Erprobungswesen ...«
In den Jahren von 1930 bis 1945 wurden

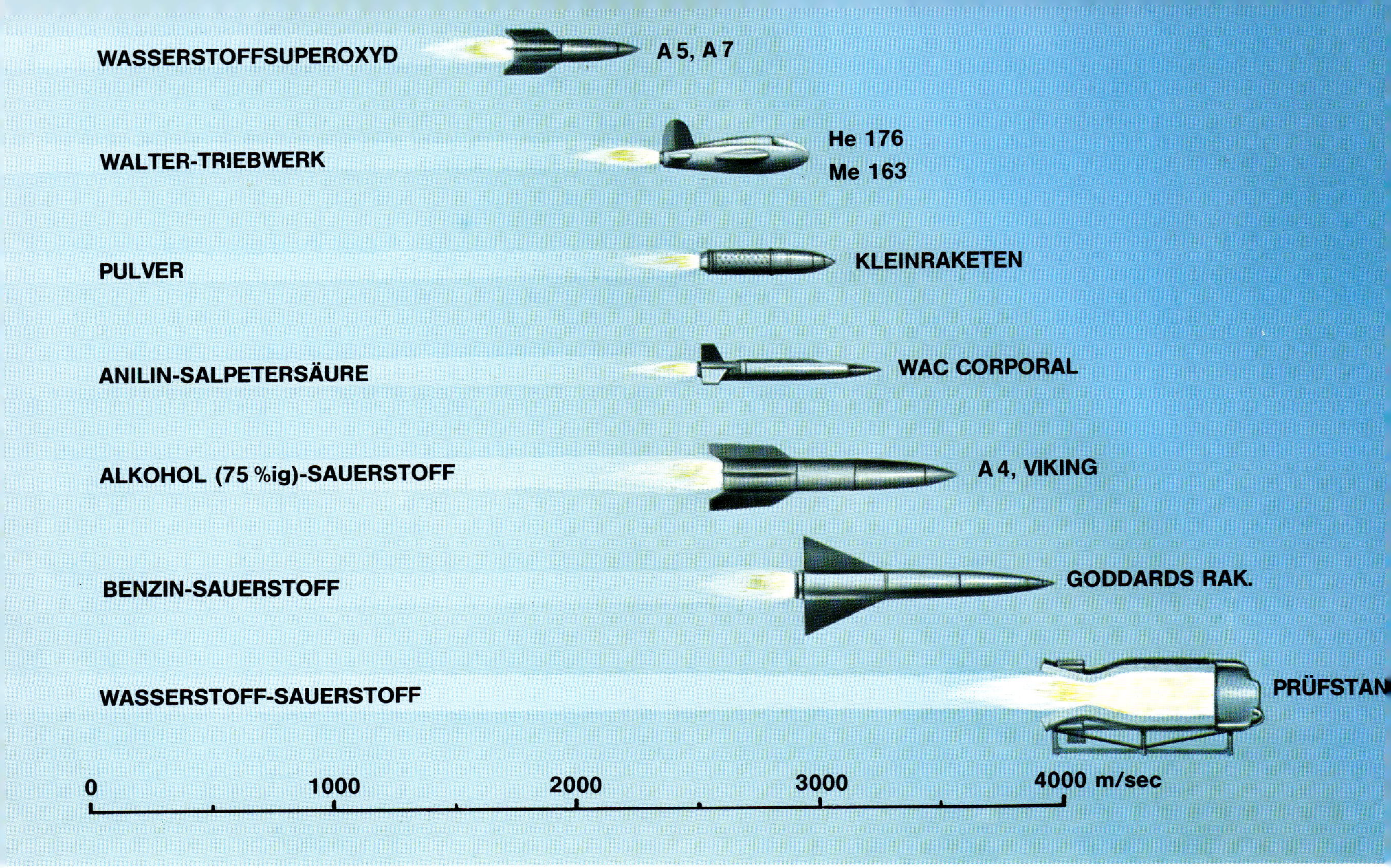

Links: Die ständige Steigerung der im Vertikalschuß erreichten Höhen ist ein Kennzeichen der Entwicklungsphasen von den ersten Experimenten in Kummersdorf-West und Borkum über die 1936 beginnende Entwicklung der Großrakete in Peenemünde-Ost bis hin zu den Experimenten mit Zweistufenraketen in Amerika.

Links: Unterschiedliche Treibstoff- und Sauerstoffträger-Kombinationen ergeben unterschiedliche Ausströmgeschwindigkeiten und damit Triebwerksleistungswerte. Die Suche nach optimalen chemischen und physikalischen Lösungen und die technische Realisierung beherrschten die Raketen- und Raumfahrttechnik seit ihren praktischen Anfängen. Gegenüberstellung einiger wichtiger untersuchter Treibstoffkombinationen und ihre erstmalige Verwendung in Hochleistungssystemen in Abhängigkeit von den erzielten Ausströmgeschwindigkeiten.

zahlreiche Einzelentwicklungen in der Raketentechnik betrieben. Sie resultierten in diversen Raketenwaffen von PANZERFAUST und PANZERSCHRECK über vom Flugzeug auf Bodenziele abzuschießende Raketen bis hin zu Raketenbomben und – auf dem Antriebssektor – Flugzeug-Starthilfsraketen sowie Raketenmotoren für Flugzeuge, Unterwasserfahrzeuge und andere Dinge. Alle diese Arbeiten steuerten vielfältige technische Erkenntnisse bei, die die »State of the Art«, wie die Amerikaner sagen – also den generellen technischen Entwicklungsstand – der jungfräulichen Disziplin Raketentechnik erheblich voranbrachten.
So hatte Helmuth Walter aus Kiel schon im April 1933 einen bis dahin ungebräuchlichen Verbrennungsträger für den Raketenantrieb entdeckt, das Wasserstoffsuperoxid. Er experimentierte mit diesem zunächst unberechenbaren, geradezu launisch erscheinenden Stoff weiter, kam darauf, daß für bestimmte Anwendungszwecke allein der Zerfall dieser Substanz bei Temperaturen von wenigen hundert Grad als Raketenantrieb dienen kann, und gab diesen Motoren die Bezeichnung »kalte« Triebwerke. Durch Einspritzen von Alkohol oder Hydrazin konnten daraus »heiße« Triebwerke gemacht werden.
Im Juli 1935 gründete er die Walter-Werke in Kiel und produzierte verschiedene Typen »kalter« und »heißer« Raketenmotoren, die unter der Bezeichnung »Walter-Triebwerke« in die Geschichte der Technik eingegangen sind. Allen Walter-Triebwerken gemeinsam war, daß ihnen Wasserstoffsuperoxid als Treibstoff bzw. Oxydator diente. Diese Motoren spielten beim Raketenantrieb von Flugzeugen, so etwa der Me 163, der BACHEM NATTER, der Flakrakete ENZIAN, bei Torpedoantrieben und diversen anderen Geräten eine wichtige Rolle. Es war ein solches Walter-Triebwerk, das die Me 163 B als erstes Flugzeug der Welt auf eine Geschwindigkeit von über 1000 Kilometern in der Stunde brachte!
Diverse Forschungsinstitutionen und Firmen wie zum Beispiel Rheinmetall-Borsig, die Luftfahrtforschungsanstalt Braunschweig, das Volkswagenwerk und nicht zuletzt die Bayerischen Motoren-Werke beschäftigten sich mit der Raketentechnik oder erhielten Fertigungs- und Entwicklungsaufträge.
Bei BMW beispielsweise war viele Jahre hindurch Helmut von Zborowski tätig, ein Triebwerksfachmann, der beim Bau von Raketentriebwerken völlig neue konstruktive Ideen einführte und der mit Vehemenz für Salpetersäure als Oxydator in Hochleistungsraketen eintrat. Er baute Raketentriebwerke wie andere Automobilmotoren, konstruierte auf diese Weise die erste zerlegbare Raketenbrennkammer, deren Teile austauschbar waren. Es war dies ein Gedanke, der technisch wie wirtschaftlich ungeheuer zu Buche schlug. Die Idee hört sich einfach an; aber in der Praxis mußten natürlich zunächst enorme Schwierigkeiten überwunden und im zähen Kampf mit den Werkstoffen zahlreiche Probleme gelöst werden, bevor diese Motoren funktionierten. Zborowski baute in der Außenstelle Trauen des Gasdynamischen Institutes für Eugen Sänger (den er schon von seiner Studienzeit in Graz her kannte und mit dem ihn das fachliche Interesse verband) ein Prüfstandlabor, beriet dann BMW beim Bau von zehn großen Raketenprüfständen in den zu BMW gehörenden Niederbarnimer Flugmotorenwerken nördlich von Berlin und entwickelte schließlich für BMW im Auftrage des Reichsluftfahrtministeriums Raketentriebwerke für Fernlenkgeschosse und Schnellflugzeuge.

Entwicklungswege

Vor dem geistigen Auge Wernher von Brauns war der Weg, der zum Vordringen des Menschen in das Weltall führen würde, bereits in den vierziger Jahren klar vorgezeichnet. Er sah die Entwicklung größerer, schubkräftigerer Trägerraketen mit hohem Nutzlastvermögen voraus, sah Verbesserungen der Zuverlässigkeit bis zu einem Grad, der es erlauben würde, Menschen in große Höhen der Erdatmosphäre und schließlich darüber hinaus in den Weltraum zu schicken. Als weiteren Schritt sah er den Einschuß unbemannter Raketen in eine Satellitenbahn um die Erde. Diesen unbemannten künstlichen Erdsatelliten sollten bemannte Flüge folgen: Menschen in der Erdumlaufbahn in einem Raumfahrzeug. Dann würden mehrere Umlaufbahn-Raketen Bauteile für die Errichtung einer Raumstation in eine Kreisbahn um die Erde bringen; Menschen würden sich Tage, Wochen, Monate auf dieser Station aufhalten können, würden dort leben und arbeiten, so zum Beispiel astronomische und physikalische Forschungen betreiben. Die Raumstation schließlich könnte zur Ausgangsbasis für Flüge des Menschen zum Mond und noch später zu den anderen Planeten werden ... Dieses Bild, das zu jener Zeit (wenn auch sicher noch mit vielen Lücken und mit Fragezeichen an dieser und jener Stelle versehen) zumindest für Wernher von Braun den zukünftigen Weg klar vorzeichnete, wurde von ihm in den folgenden Jahren in Amerika in Gestalt der schon erwähnten Arbeiten schriftlich fixiert. Seine 1952 in »Collier's Magazine« und als Buch unter dem Titel »Across the Space Frontier« (auf deutsch 1953 als »Station im Weltraum«) publizierten Arbeiten, die 1953 herausgebrachten Bücher »Conquest of the Moon« und »Die Eroberung des Mondes« sowie das im gleichen Jahr in Amerika publizierte »Mars Project« und das 1957 in Deutschland erschienene »Die Erforschung des Mars« und viele andere Publikationen aus Wernher von Brauns Feder stellten Raumstation, Mondlandung und Marsreise schon frühzeitig eindringlich der Öffentlichkeit, den Parlamenten, Regierungen, Politikern und Meinungsbildnern vor. Sie waren Gedankenskizzen und Werber für den Gedanken der Raumfahrt zugleich.
Ja, sogar an den Kernenergieantrieb (Atomantrieb sagte man damals) für Raketen hatten von Braun und seine Mitarbeiter auf der stetigen Suche nach neuen, besseren Treibstoffkombinationen in Peenemünde bereits gedacht. So wurde von der Heeresversuchsanstalt Peenemünde am 15. Oktober 1942 ein Auftrag an die Forschungsanstalt der Deutschen Reichspost in Berlin erteilt, in dem es unter anderem heißt: »Untersuchung der Möglichkeit der Ausnutzung des Atomzerfalls und Kettenreaktion zum R-Antrieb«. Hinter der Forschungsanstalt der Deutschen Reichspost verbargen sich tatsächlich Bemühungen der Post, eigene Atomforschung zu betreiben; gleichzeitig bestand von hier Verbindung zu den Wissenschaft-

»Ein Raumschiff, das nur für den Flug durch den Weltraum geeignet ist«, sollte von der Raumstation aus die Besatzung zum Mond bringen – so sah es von Braun 1952 in seinen Darlegungen in Collier's Magazine. Hier ein Bild, daß das Fahrzeug 80 Kilometer über der Mondoberfläche zeigt. Tatsächlich hatte die spätere Mondfähre des APOLLO-Programms eine aerodynamisch nicht angepaßte Gestalt, da sie so konzipiert war, daß sie niemals in der Erdatmosphäre fliegen würde – gerade so, wie von Braun sich das 1952 in einem etwas unterschiedlichen Konzept, das durch die Abbildung verdeutlicht wird, vorgestellt hatte.

lern, die am Kaiser-Wilhelm-Institut für Physik in Berlin den »Uran-Verein« bildeten und sich später in Kummersdorf und in Haigerloch in Württemberg darum bemühten, einen energieliefernden Uranreaktor zu entwickeln.
Von Braun sah den Weg zum Weltraumflug in der ballistischen Verlust-Trägerrakete, von der er glaubte, daß sie das Tor zum Weltall aufstoßen würde. Er hat damit ja auch durchaus recht behalten.
Es gibt jedoch noch einen anderen, schon angesprochenen Weg zur Raumfahrt, der – wie wir heute wissen – ebenso gangbar gewesen wäre. Andere Männer sahen ihn vorgezeichnet. Schon Max Valier war ja überzeugt davon, daß der Raumflug sich schrittweise über irdische raketengetriebene Fortbewegungsmittel realisieren würde. Er hatte mit dem Raketenauto begonnen, hatte sich dann dem Raketenflugzeug zugewandt und damit gerechnet, daß Raumfahrt auf dem Weg über dieses Raketenflugzeug, das Stratosphärenflugzeug und schließlich das in die Umlaufbahn steigende, flugzeugartige raketengetriebene Gerät verwirklicht würde – eigentlich ein äußerst natürlicher, ansprechender, sinnvoller Weg – gerade so, wie wir ihn heute in Gestalt des Raumtransporters am Beginn der zweiten Phase der bemannten Raumfahrt erleben.
Wir hatten gehört, daß der Wissenschaftler und Ingenieur Eugen Sänger die gleiche Ansicht vertrat und sich darum bemühte, die wissenschaftlichen Grundlagen und die technische Praxis für dieses Raketenflugzeug zu erarbeiten. Sein Ziel war zunächst das Stratosphärenflugzeug, das die Brücke über den Atlantik nach Amerika würde schlagen können und aus dem später das wiederverwendbare Raumfluggerät für die Erdumlaufbahn würde.
Es war dies der zweite Weg, der zur Raumfahrt führte. Er hätte aber ebensogut zum ersten werden können. Daß die Geschichte sich so abspielte, wie wir sie heute kennen, daß Raumfahrt mit der Verlust-Trägerrakete begann, ist Produkt des Zufalls und der Entwicklung, die die Dinge nahmen.
Es hängt damit zusammen, daß Oberth die wissenschaftlich-theoretischen Grundlagen für die ballistische Flüssigkeitsrakete und eben nicht für das raketengetriebene Flugzeug legte, daß der Verein für Raumschiffahrt, ausgehend von Oberths Überlegungen, den Weg über die Flüssigkeitsrakete beschritt, daß Wernher von Braun zu diesem Verein stieß und dadurch sozusagen auf die Verlust-Rakete und nicht auf den Raumtransporter »vorprogrammiert« wurde, was hinwiederum die Marschrichtung der Heeresversuchsanstalt Peenemünde ganz eindeutig festlegte. Es hängt ferner damit zusammen, daß auch in anderen Ländern allgemein der Weg zur Raumfahrt über die Verlust-Trägerrakete als der richtige betrachtet wurde. Goddard experimentierte mit flüssigkeitsgetriebenen Höhenraketen und dachte an den Raketen»schuß« zum Mond und nicht an ein flugzeugähnliches raketengetriebenes Raumschiff, das für den kurzen Flug in der Erdatmosphäre mit Tragflächen ausgestattet sein würde ...
Vielleicht wäre die Entwicklung anders verlaufen, wäre Wernher von Braun in seinen Jugendjahren nicht zuerst auf Oberths Buch und den Verein für Raumschiffahrt gestoßen, sondern hätte einige Jahre später als erstes – sozusagen als »Einführung in den Raumfahrtgedanken« – die Bekanntschaft Eugen Sängers gemacht ...

Eugen Sänger, Forscher zwischen Theorie und Praxis

Eugen Sänger, geboren 1905 in Preßnitz in Böhmen, war Forscher im echten Sinne dieses Wortes. Er war auch ein Mann der Praxis, machte Experimente mit Raketen. Aber dies tat er nicht, um selbst beispielsweise Raketentriebwerke für das von ihm propagierte Stratosphärenflugzeug oder für das Raumschiff maßgeschneidert zu bauen, sondern um die technischen Grundlagen zu erarbeiten, die notwendig waren, damit andere ein solches Raumflugzeug würden konstruieren können.
Auch Eugen Sänger war, wie wir hörten, zunächst durch Oberths Buch »Die Rakete zu den Planetenräumen« mit dem theoretischen Rüstzeug der Raketentechnik bekannt gemacht worden. Aber er entwickelte sehr schnell eigenwillige Gedanken. Er setzte nicht Rakete gleich Raumfahrzeug; für ihn war die Rakete nichts weiter als ein Antriebssystem - der Motor, der das zu konzipierende Raumfahrzeug in Bewegung setzen soll.
Wir hörten, daß Eugen Sänger seine Karriere an der Technischen Universität von Wien begann. Hier errichtete er, mit kläglichen Mitteln ausgerüstet, einen kleinen Prüfstand für Raketen und stellte seine ersten Versuche mit Flüssigkeitsraketen an. Sie führten ihn zu jenen Untersuchungen und Ergebnissen, über die wir bereits berichteten: In systematischer Forschung widmete er sich mit wissenschaftlicher Akribie verschiedenen Treibstoffgemischen, untersuchte ihre Eigenschaften, berechnete Flugbahnen und stellte experimentell die in der Praxis mit den existierenden Raketentriebwerken erzielbaren Leistungen fest. Er erprobte verschiedenartige Kühlverfahren, kleidete Brennkammern und Düsen mit Graphit aus, umspülte die Brennkammerwandungen der kleinen, von ihm entwickelten Modellbrennkammern, die 30 Kilogramm Schub aufbrachten, mit Wasser und später mit dem Brennstoff. Das damalige Tagebuch, das er über diese »Modellversuche mit Gleichdruck-Raketenflugmotoren« vom Dezember 1932 bis zum Oktober 1934 führte, ist noch erhalten und offenbart, daß Sänger in dem genannten Zeitraum nicht weniger als 235 Einzelversuche anstellte, »bei denen«, so Dr. Irene Sänger-Bredt, »Brennkammerabmessungen, Baustoffe, Treibstoffe, Treibstoffmischungsverhältnisse, Kühlmittel und Kühlmittelführung systematisch variiert wurden, jeweils Schub, Brennkammerdruck, Treibstoffdurchsatz, Treibstoffmischungsverhältnis, Wärmeaufnahme des Kühlmittels, Versuchsdauer und Dauer des stationären Betriebs unmittelbar gemessen wurden«.
Mit den winzigen Brennkammern von wenigen Zentimeter Länge, 20 bis 30 Kubikzentimeter Brennraumvolumen und 5 bis 10 Kubikzentimeter Düsenraum erreichte Eugen Sänger Brennkammerdrücke von 50 und 60 Atmosphären, Temperaturen der brennenden Substanzen in der Brennkammer von über 3000 Grad Celsius und Ausströmgeschwindigkeiten der Verbrennungsprodukte von knapp 3000 Metern in der Sekunde.
Diese Triebwerke erreichten Brenndauern bis zu 26 Minuten! Eugen Sänger machte die ersten Prüfstandexperimente in der Welt mit Hochdruck-Raketenbrennkammern, die mit Gasöl und flüssigem Sauerstoff betrieben wurden. »Mit diesen Versuchen hat Eugen Sänger alles übertroffen, was bis dahin in der Raketenforschung an exakten Meßergebnissen erreicht worden ist«, kommentiert Heinz Gartmann.
Bei seinen Versuchen gewann Sänger zahlreiche theoretische und technologische Erkenntnisse über Arbeitsleistungen der Raketen und deren Abhängigkeit von Treibstoffen, Konfigurationen der Brennkammer, Kühlverfahren usw. Sie resultierten unter anderem in einigen Patenten.
So konzipierte er die »Hochdruckfeuerung«, bei der die Brennstoffe unter Druck so um die Brennkammerwandung geführt werden, daß sie vorgewärmt werden und gleichzeitig die Kammerwandung kühlen. Er schlug die Verwendung von Metallen als Brennstoffe in reiner Form und als Beimischungen zu anderen Brennstoffen vor. Seine Berechnungen aus dem Juni 1934 ergaben, daß Lithium und Beryllium geeignete Kandidaten für metallische Brennstoffe darstellen. Er beschäftigte sich mit Herstellungsverfahren für Treibstoffpumpen, Brennkammern und Raketendüsen, und er definierte den Begriff »charakteristische Ofenlänge«, der ein Maß für die Zeit ist, für die die brennenden Gase in der Brennkammer verweilen; diese Zeitspanne wird nach dieser Definition von Brennkammervolumen und kleinster Düsenöffnung bestimmt.
Durch alle diese Arbeiten und durch die Konzeption des Raketenfernflugzeuges war Sänger international bekannt geworden. Die Idee dieses Raketenfernflugzeuges bestand darin, das konzipierte Gerät durch Raketenantrieb in steilem Anstieg möglichst schnell auf große Geschwindigkeiten zu bringen, indem man den Treibstoff so schnell wie nur irgend möglich verbrauchen, das Flugzeug dann in eine flache Bahn übergehen und auf langem Gleitflug seinem Ziel entgegenfliegen lassen würde. Schon in seinem Buch »Raketenflugtechnik« aus dem Jahre 1933 hatte Sänger, wie wir hörten, alle Parameter eines solchen Fluges untersucht und die Beziehungen aufgezeigt, die zwischen den einzelnen Kenngrößen bestehen. Den Flugweg unterteilte er in Unterschall- und Überschall-Aufstiegsbahn und Überschall- sowie Unterschall-Abstiegsbahn. Er berechnete in dem Buch Richtdaten für den Aufstiegswinkel der Flugbahn sowie für Leistungen, Treibstoff- und Nutzlastanteil und aerodynamische Eigenschaften eines Raketenflugzeuges. Auch untersuchte er die Reichweiten und Flugzeiten. Als Beispiel rechnete er einen Flug mit einem Raketenflugzeug über eine Strecke von 5000 Kilometern durch und kam zu dem Ergebnis, daß dieses Flugzeug im Verlauf seines 9 Minuten dauernden angetriebenen Fluges auf 35 bis 50 Kilometer Höhe steigen und am Ende dieser Antriebsperiode eine Geschwindigkeit von 13 300 Kilometern pro Stunde haben würde. Danach würde der Flug antriebslos vonstatten gehen, und zwar für knapp 27 Minuten mit abnehmender Überschallgeschwindigkeit und für weitere 45 Minuten mit Unterschallgeschwindigkeit. Aus allen diesen Daten errechnete sich eine Durchschnittsgeschwindigkeit für den angegebenen Flug von 3600 Kilometern pro Stunde. Damals, 1933, konnte Sänger noch hinzufügen: »Die Reisegeschwindigkeit des Raketenflugzeuges beträgt bei dieser Reiseweite somit das 10- bis 20fache der gegenwärtig üblichen Flugreisegeschwindigkeiten.«
Das gerade angeführte Beispiel stellte Sänger damals unter dem Blickpunkt einer baldigen technischen Realisierbarkeit zusammen, betrachtete es aber als konservativ, wie Ausführungen über die theoretischen Möglichkeiten an anderer Stelle des Buches beweisen. Dort spricht er von einem Raketenflugzeug, das auf eine Geschwindigkeit von 7500 Metern pro Sekunde (das sind 27 000 Kilometer in der Stunde) beschleunigt würde und »imstande ist, die Erde bei schweigendem Motor im Gleitflug einmal vollständig zu umfliegen«. Bei einer Geschwindigkeit von 6400 Metern pro Sekunde (oder etwa 23 000 Kilometern in der Stunde), so rechnete Sänger weiter, könnte ein solches Flugzeug den Gegenpol seines jeweiligen Standortes »ohne Motorkraft« im Gleitflug anlaufen. Es würde, während der beschleunigenden,

Die Abbildungen zeigen Seiten aus den Tagebüchern des deutschösterreichischen Raketenforschers Eugen Sänger aus dem Jahre 1934 mit Konstruktionszeichnungen von Raketenbrennkammern und Pumpen (rechts). Daß seine Konstruktionen keine Theorie blieben, zeigt das Bild auf der gegenüberliegenden Seite. Der Zeichnung wurde die entsprechende, heute noch existierende durchgeschmolzene Brennkammer beigefügt.

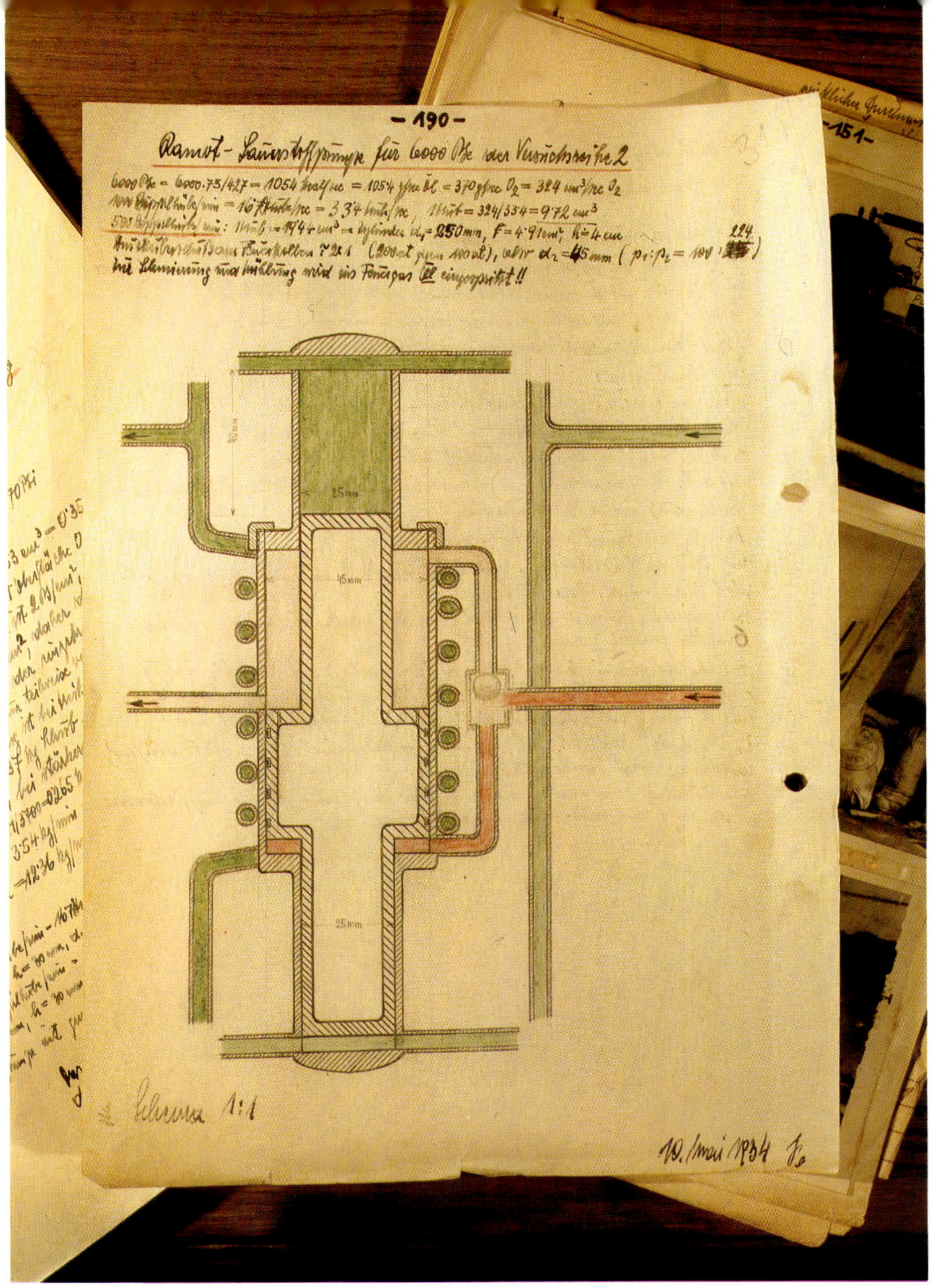

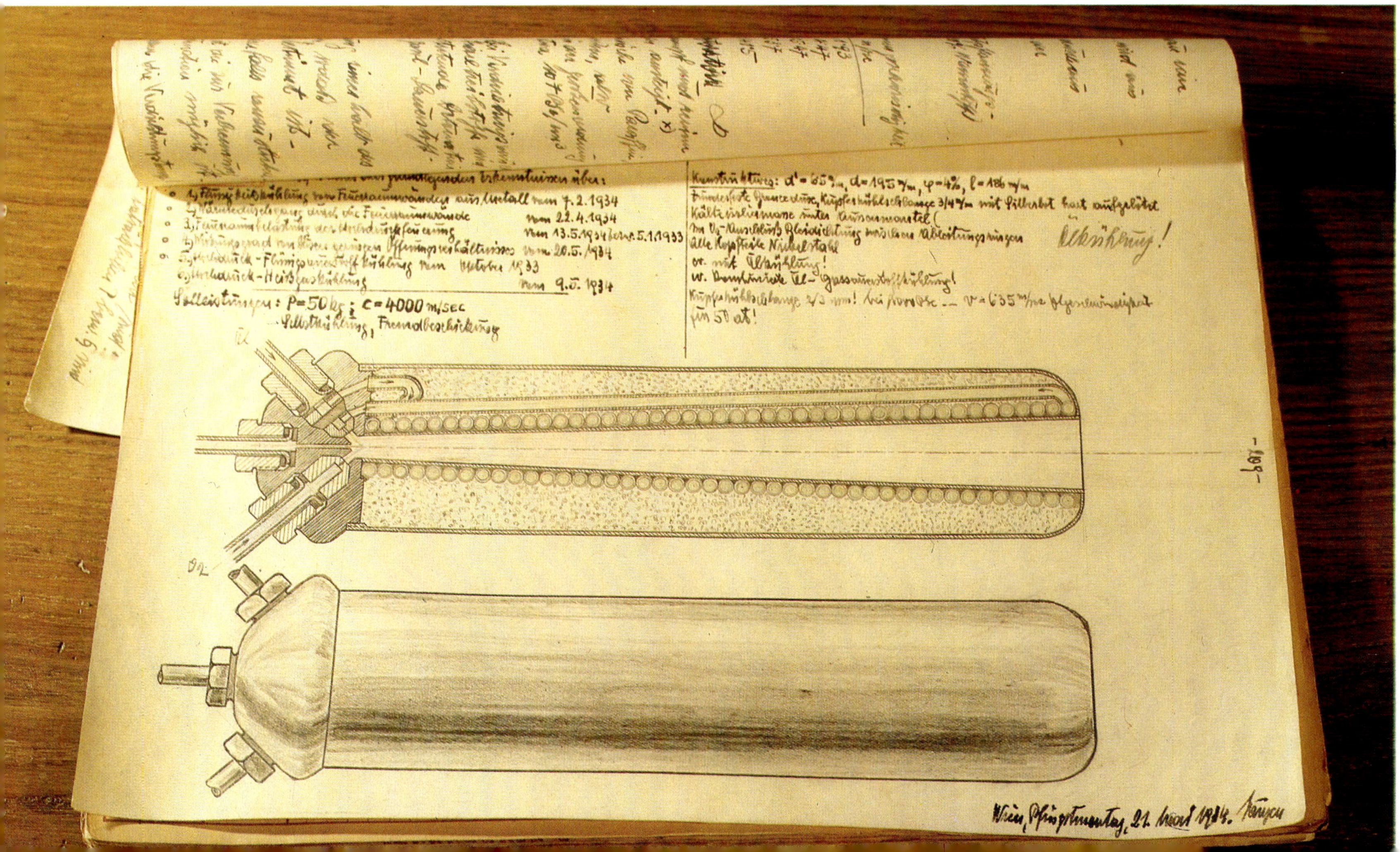

angetriebenen Flugphase auf 56 Kilometer Höhe gebracht werden und dort – infolge seiner hohen Geschwindigkeit – bereits eine so hohe Fliehkraft erfahren, daß »die Reise großenteils mit über 60 Prozent Fliehkraftentlastung, also gegen sehr kleine Luftwiderstände, fortgesetzt werden kann.«

Alle seine hier nur kurz und auszugsweise skizzierten Arbeiten führten dazu, daß Eugen Sänger ein Angebot aus Deutschland vom Reichsluftfahrtministerium erhielt, ab Februar 1936 für die Deutsche Versuchsanstalt für Luftfahrt (DVL) in der Raketenforschung tätig zu sein. Er sollte ein Forschungsprogramm entwerfen sowie ein Forschungsinstitut nebst Prüfstandsanlagen konzipieren. Sänger akzeptierte das Angebot gerne. Er suchte und fand schließlich ein Gelände, das abgelegen genug war, um dort große Raketenprüfstände errichten und betreiben zu können: die Gegend um Trauen in der Lüneburger Heide. Das Reichsluftfahrtministerium ließ daraufhin dort eine Forschungsstätte gründen, die den unverfänglichen Namen »Flugzeugprüfstelle Trauen« erhielt. Nicht nur aus Gründen der äußeren, sondern auch der »inneren« Geheimhaltung mußte das Ministerium in dieser Sache äußerst vorsichtig operieren: Es gab einen Befehl Hitlers, demzufolge Raketenforschung und -entwicklung das ausschließliche Aufgabengebiet des Heereswaffenamtes war. Acht Millionen Reichsmark wurden in das Projekt investiert. Sänger ließ einen Prüfstand für Triebwerke bis zu 100 Tonnen Schub bauen, Labors und Werkstätten errichten.

Hier, in Trauen, stießen zwei Mitarbeiter zu Eugen Sänger, die für ihn von Bedeutung wurden. Der eine war Helmut von Zborowski, der uns schon auf den vorausgegangenen Seiten beschäftigte. Sänger und er kannten sich bereits aus gemeinsamer Zeit an der Technischen Universität Wien. Der andere war die Physikerin Dr. Irene Bredt, die fortan eng mit Eugen Sänger zusammenarbeitete und nach dem Krieg zu seiner Lebensgefährtin wurde.

Am 27. Juni 1939 begannen die Brandversuche mit den ersten Raketen auf dem Prüfstand in Trauen. Es waren vergrößerte Versionen der früheren Wiener Raketen. Ihr Schub war rund 35mal so hoch wie derjenige der Wiener Modellraketen: Er lag bei einer Tonne. Und während Sänger mit diesen Raketen experimentierte, plante er bereits die Rakete für 100 Tonnen Schubkraft. Eine gewaltige Erzeugungs- und Speicherungsanlage für flüssigen Sauerstoff war in der Lüneburger Heide entstanden: Sänger testete nicht nur die Brennkammern, sondern auch viele andere Komponenten von Raketenmotoren, so Hochdruck-Förderpumpen und Dampfturbinen, die diese Förderpumpen antrieben. Aber auch die Theorie kam nicht zu kurz, und auch hier half ihm Irene Bredt tüchtig; sie als Physikerin sah die Dinge stärker vom physikalisch-theoretischen Gesichtspunkt als vom technologischen Aspekt her wie der Ingenieur Sänger. So ergänzten sich die beiden in hervorragender Weise. Aus dieser Zusammenarbeit entstanden erstmals Berechnungsgrundlagen über Triebwerksströmungen, dank derer es möglich wurde, Triebwerksleistungen für den Einzelfall konkret theoretisch zu ermitteln. Auch entwickelten Irene Bredt und Eugen Sänger gemeinsam die Anwendung der Gaskinetik auf den Raketenflug, die zur Berechnungsmöglichkeit von aerodynamischen Kräften in sehr großen Flughöhen führte,

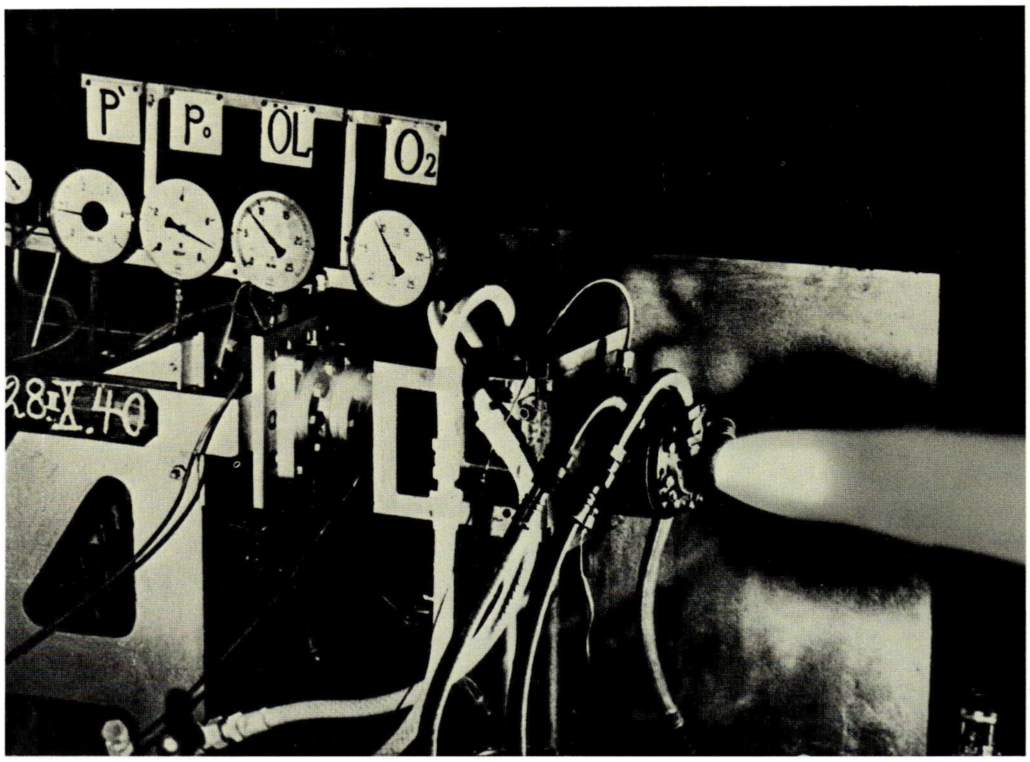

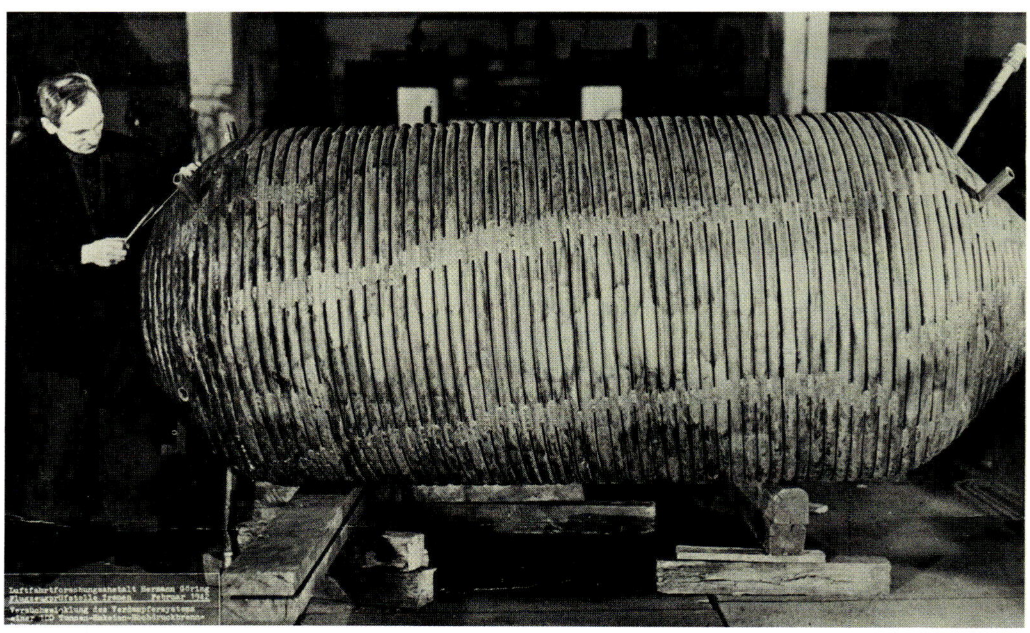

Oben: Versuch Eugen Sängers mit einer Hochdruckbrennkammer am 28. Oktober 1940. Es handelte sich um einen Vier-Minuten-Versuch. Die Anzeigegeräte weisen aus, daß mehrere Parameter des Versuchs fortlaufend gemessen wurden.

Darunter: Versuchswicklung für das Verdampfungssystem einer Hochdruck-Raketenbrennkammer mit 100 Tonnen Schub

Rechte Seite: Sängers Modell eines Raumgleiters aus dem Jahre 1944, dargestellt über der Erde

Darunter: Errechnete Flugbahnen eines Raumgleiters von 1000 Tonnen Startgewicht. Zugrunde gelegt waren eine Ausströmgeschwindigkeit der Verbrennungsprodukte von 4000 Metern in der Sekunde und eine Nutzlast von 3,8 Tonnen, die nach halber Umrundung der Erde aus 40 Kilometer Höhe abgeworfen werden sollte. Aus dem Bericht »Über einen Raketenantrieb für Fernbomber« von Eugen Sänger und Irene Bredt aus dem Jahre 1944.

wo die Moleküle und Atome nur noch selten miteinander kollidieren.
Ab 1942 untersuchte Eugen Sänger in Trauen den Staustrahlantrieb für Flugzeuge zunächst mit Staustrahlrohren auf LKWs, dann auf fliegenden Prüfständen (Do 17 Z und Do 217 E-2). Sänger sah im Staustrahlantrieb auch eine mögliche Antriebsform für die erste Stufe eines mehrstufigen Raumtransporters. Daneben arbeitete Sänger an Entwürfen für die Profile von Hyperschallflugzeugen und untersuchte diese im Windkanal. Auch seine Flugbahn-Überlegungen zum Raketenfernflugzeug setzte er fort und konzipierte eine neuartige Startmethode, nämlich einen Startschlitten auf einer Einschienenbahn, der ein Flugzeug bis zum Abheben auf eine Geschwindigkeit von 1800 Kilometern pro Stunde vorbeschleunigen und dadurch leichter machen sollte. Ein weiteres Konzept, das Sänger entwickelte, um die von einem Raketenfernflugzeug antriebslos zu durchfliegende Strecke zu dehnen, bestand in dem Abprall- oder Rikoschettierflug: Die Maschine sollte hierbei aus größerer Höhe die dichteren Atmosphäreschichten mehrfach unter einem solchen Winkel anfliegen, daß sie abprallen und dadurch wieder auf größere Höhe geschleudert würde – etwa wie ein flach über das Wasser geschleuderter und dadurch »hüpfender« Stein.
Die Idee spielte unter anderem eine Rolle bei dem von Sänger vorgeschlagenen Antipodenbomber. Diese Untersuchungen wurden von Eugen Sänger und Irene Bredt in einem Projektbericht »Über ein Raketen-Raumflugzeug« zusammengestellt, der aber erst im August 1944 überarbeitet und ergänzt in einem Auszug unter dem Titel »Über einen Raketenantrieb für Fernbomber« in einer Anzahl von nur 70 Exemplaren verteilt werden konnte. In diesem Bericht ist ein durch einen Flüssigkeitsraketenmotor angetriebenes Flugzeug skizziert, das im ballistischen Abschnitt der Flugbahn Höhen von 300 Kilometern erreichen würde. Es würde Nutzlasten bis zu acht Tonnen zum Antipodenpunkt und solche von maximal vier Tonnen einmal voll um die Erde bringen oder eine Last von einer Tonne in eine niedrige kreisförmige Satellitenbahn einsteuern können.
Das Startgewicht dieses Flugzeugs war zu 100 Tonnen konzipiert, die mitgeführte Treibstoffmenge samt Nutzlast lag bei 90 Tonnen und der Schub des Raketentriebwerkes bei 100 Tonnen. Der Start sollte auf einer drei Kilometer langen Einschienenbahn erfolgen, auf der die Maschine durch den schon erwähnten Raketenschlitten bin-

nen elf Sekunden auf die Geschwindigkeit von 1800 Kilometern pro Stunde gebracht werden sollte. Bei dieser Geschwindigkeit würde das Flugzeug ausreichenden Auftrieb haben, um von dem Schlitten abzuheben.
Nach dem Kriege stand dieser Bericht bei den Geheimdiensten der Alliierten aus Ost und West in hohem Kurs. Stalin ließ sich aus ihm persönlich vortragen und beorderte daraufhin einige Leute auf die Suche nach Eugen Sänger, um ihn für die Arbeit in der Sowjetunion zu gewinnen. Doch Sänger befand sich zu dieser Zeit bereits in Frankreich. Er hatte seine 1941 begonnenen Versuche mit dem »fliegenden Ofenrohr«, wie sein Staustrahltriebwerk genannt worden war, im Jahre 1944 (er war zwischenzeitlich nach Airing zur Deutschen Forschungsanstalt für Segelflug übergewechselt) aus Benzinmangel einstellen müssen.
Nach dem Kriegsende wird Sänger vom französischen Luftfahrtministerium angeboten, als Berater für das Arsénal de l'Aéronautique in Paris-Châtillon zu arbeiten. 1946 geht Sänger daraufhin mit Irene Bredt, die nun seine Frau wird, nach Paris. Während seiner Zeit in Frankreich veröffentlichte Sänger eine ganze Reihe theoretischer Untersuchungen und entwickelte seine bereits 1929 konzipierte Idee einer Photonenrakete weiter, ein mit Lichtquanten als Ausstoßmasse arbeitendes Raketentriebwerk, das sich auch heute noch nicht verwirklichen läßt. Sollte das theoretische Konzept dieses Photonenantriebs praktisch verwirklicht werden, so könnte dies interstellare Raumfahrt möglich machen.
1954 ging Eugen Sänger nach Stuttgart, wo er das Forschungsinstitut für Physik der Strahlantriebe aufbaute. Nun konnte Sänger sich zumindest in bescheidenem Umfang neben der Theorie auch wieder der Praxis widmen. Experimente mit Heißwasserraketen als Starthilfen und andere Versuche wurden gemacht.
1963 folgte Eugen Sänger einem Ruf der Technischen Hochschule Berlin und übernahm dort als ordentlicher Professor den neu etablierten Lehrstuhl für Raumfahrttechnik, der erste Lehrstuhl, der in Deutschland für diese Disziplin geschaffen wurde. Im Februar 1964 wird Eugen Sänger, 59jährig, allzu frühzeitig aus einem schaffensvollen Leben abberufen.
In seiner Zeit in Deutschland nach dem Kriege, in den Jahren in Stuttgart und Berlin, hat Eugen Sänger noch viele Arbeiten veröffentlicht, Patente erworben und sich intensiv für eine künftige bemannte Raumfahrt und für die internationale Zusammen-

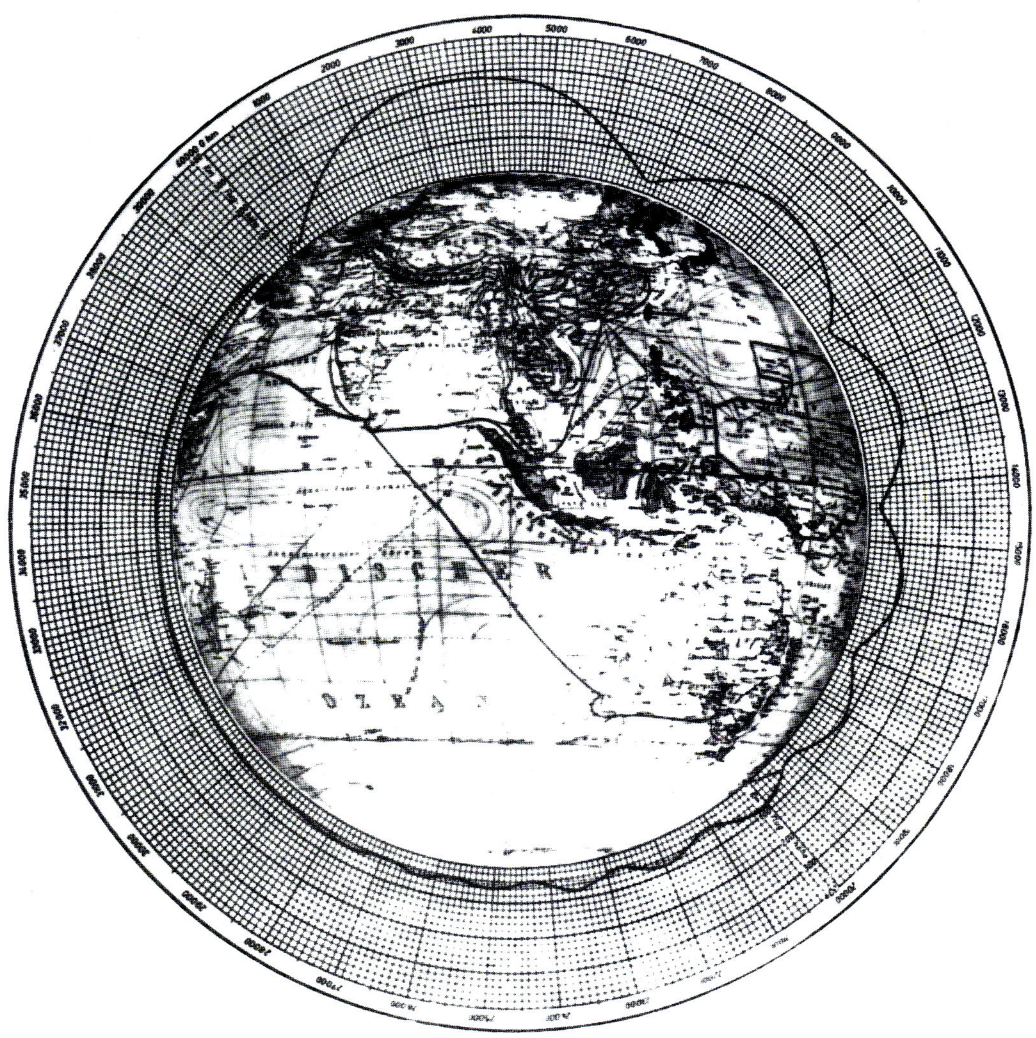

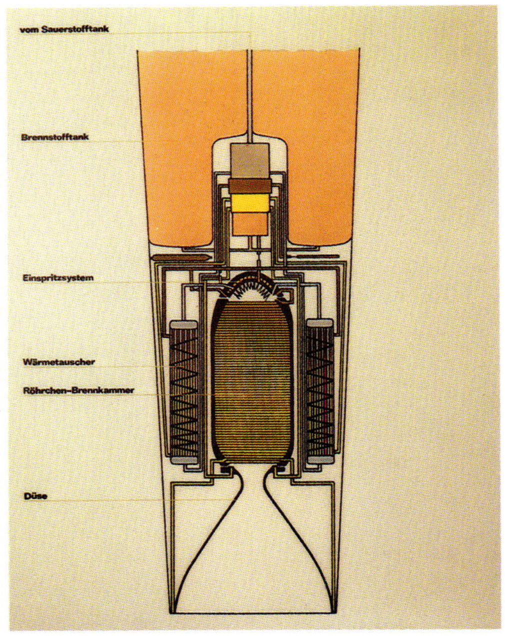

Links außen: Eugen Sänger (1905–1964)

Daneben: Schemazeichnung eines Hochdruck-Raketentriebwerks von Eugen Sänger

Rechts: Theodore von Kármán (1881–1963), internationaler Förderer der Raumfahrt

arbeit in dieser Raumfahrt eingesetzt. Er war unter anderem entscheidend mittätig bei der Entwicklung eines Konzepts für einen europäischen Raumtransporter, von dem an späterer Stelle noch einmal die Rede sein wird.

Amerikas Raketenentwicklung 1930–1945

Wir haben in den vorausgegangenen Kapiteln dieses Buches die geschichtliche Entwicklung der Raketentechnik und des Raumfahrtgedankens vom Anfang der zwanziger Jahre bis zum Ende des Zweiten Weltkrieges vornehmlich aus der Perspektive Deutschlands kennengelernt. In der Tat hatte das, was sich dort auf diesem Gebiet abspielte, auch richtungweisenden Charakter. Aber schon in den Schilderungen der Experimente und Arbeiten Goddards lernten wir ein Beispiel dafür kennen, daß es nicht allein die Deutschen waren, die die Raketentechnik vorantrieben, sondern daß man sich auch außerhalb der deutschen Grenzen für die Idee der Raumfahrt und die Verbesserung der Rakete interessierte.
Wir hatten sporadisch von den Bemühungen um den Raumfahrtgedanken in Amerika, Frankreich, England und nicht zuletzt Rußland gehört. Werfen wir nun noch einmal einen kurzen, zusammenfassenden, systematischen Blick auf das, was sich in diesen Ländern in der »Periode der ersten Schritte« auf dem Weg zur Raumfahrt tat.
Was die Vereinigten Staaten angeht, so hatte hier die Inspiration mit Goddard und seinen Experimenten begonnen: Die sensationellen Zeitungsberichte auf der einen und die »Zugeknöpftheit« Goddards auf der anderen Seite waren offensichtlich die richtige Mischung, um der Raumfahrtidee zu einer Breitenwirkung beim Publikum zu verhelfen. So konnte in Amerika zu Beginn der dreißiger Jahre nicht ausbleiben, was in Deutschland einige Jahre zuvor dank der Aktivitäten Oberths, Valiers, Winklers, Leys, der UFA und anderer geschehen war: Auch in den USA fanden sich Interessenten zusammen und gründeten zur Verfolgung des Raumfahrtgedankens einen Verein. Er trat 1930, gegründet von Edward Pendray, David Lasser und zehn anderen, ins Leben und nannte sich zunächst »American Interplanetary Society« (Amerikanische Interplanetare Gesellschaft), ein Name, der aber 1934 – wohl um der Gesellschaft nach außen hin den Anstrich des allzu Utopischen zu nehmen – in »American Rocket Society« (Amerikanische Raketengesellschaft) umgewandelt wurde. Es ist nur natürlich, daß die Mitglieder der neuen Gesellschaft Raketenexperimente anstellen wollten und sich deshalb an Robert H. Goddard um Rat wandten. Doch der Pionier der flüssigkeitsgetriebenen Rakete blieb einsilbig; Daten, mit denen die Informationsuchenden Raketen bauen und auf Erfahrungen Goddards aufbauen konnten, erhielten sie nicht. Deshalb entschloß Pendray sich, zusammen mit seiner Frau den Verein für Raumschiffahrt in Berlin und den Raketenflugplatz Tempelhof zu besuchen, von deren Aktivitäten und Plänen sie gehört hatten. Wir haben von diesem Besuch im Frühjahr 1931 ja bereits gesprochen.
Nach Pendrays Rückkehr in die USA begann man nun auch bei der Amerikanischen Interplanetaren Gesellschaft mit ersten Raketenexperimenten. Sie zogen sich von 1931 bis 1934 hin und führten zunächst einmal, nachdem einige Raketen gebaut und in statischen Brennversuchen erprobt worden waren, zu einem Flugtest am 14. Mai 1933, bei dem die Rakete ganze 75 Meter Höhe erreichte. Weitere Starts schlossen sich an mit einem Erfolg am 9. September 1933 (116 Meter Höhe, 483 Meter Reichweite), führten aber zu der Erkenntnis, daß man zunächst einmal zuverlässige Komponenten entwickeln müsse, bevor man Raketen wirklich erfolgreich fliegen könne. Als Konsequenz hiervon folgten nun zahlreiche statische Brennversuche mit vielen selbstentwickelten Flüssigkeits-Raketentriebwerken unterschiedlichster Arten, Größen und Ausführungen. Im Dezember 1938 wurde ein erstes Triebwerk mit regenerativer Kühlung erprobt. Der Erfolg dieses und weiterer Versuche, die sich bis in das Jahr 1941 hinein fortsetzten, veranlaßten im Jahre 1942 vier Mitglieder des Vereins, eine eigene Firma zur Herstellung von Raketentriebwerken zu gründen, die Reaction Motors Inc. Die American Rocket Society aber existierte weiter und erschloß sich neue Mitglieder. Sie wurde in den fünfziger Jahren in Amerika während der Entwicklung ferngelenkter Raketengeschosse recht einflußreich und hatte Ende der fünfziger Jahre über 20000 Mitglieder.
Im gleichen Jahr 1942, da die Reaction Motors Inc. gegründet wurde, entstand in Kalifornien eine weitere Firma, die sich kommerziell der Raketenentwicklung und -produktion widmete. Sie trug zunächst den Namen Aerojet Engineering Corporation und wurde in der Folgezeit nicht nur

ihrer Leistungen wegen berühmt, sondern auch wegen der Persönlichkeiten, die sie ins Leben gerufen hatten.
Die Aerojet Engineering Corporation (später Aerojet General Corporation) geht zurück auf die Arbeiten, die in den dreißiger Jahren auf dem Raketengebiet am Guggenheim Aeronautical Laboratory of the California Institute of Technology (Guggenheim Aeronautisches Laboratorium an der Technischen Hochschule von Kalifornien), den Anfangsbuchstaben nach abgekürzt als GALCIT bezeichnet, begannen. Einer der führenden Luftfahrtforscher, der an diesem Labor und der Hochschule seit 1930 wirkte, war Dr. Theodore von Kármán (1881–1963).

Theodore von Kármán und die Raumfahrt

Von Kármán war 1881 in Ungarn geboren worden und hatte, mit einer fabelhaften mathematischen Begabung ausgestattet, in Budapest, Göttingen, Paris und Berlin Physik und Mathematik studiert. Danach folgte in Göttingen eine Zeit als Labor-Assistent des berühmten Aerodynamikers Ludwig Prandtl (1875–1953) und als Privatdozent, während derer er sich vor allem mit der Errichtung eines Windkanals sowie mit theoretischen Untersuchungen über Strömungsvorgänge beschäftigte. 1913 erhielt er an der Technischen Hochschule Aachen den Lehrstuhl für Aerodynamik und eine ordentliche Professur.
1930 war von Kármán Direktor des gerade erwähnten Guggenheim-Laboratoriums an der Technischen Hochschule von Kalifornien geworden. Sein Name galt zu dieser

Nächste Doppelseite:
Geschichte und Zukunft der Raumfahrt auf Briefmarken

Linke Seite: **1** *Gedenkmarke für Konstantin E. Ziolkowski, erschienen am 15. August 1951 innerhalb eines sowjetischen Satzes »Wissenschaftler«.* – **2** *SPUTNIK 1 auf seiner Erdumlaufbahn. Die Marke erschien am 5. November 1957.* – **3** *Zwei Sondermarken mit der ersten sowjetischen Mondrakete, erschienen am 13. April 1959.* – **4** *Drei Sondermarken anläßlich des ersten bemannten Weltraumfluges; erschienen am 12. April 1961.* – **5** *Gedenkmarke zum Flug der Planetensonden VENUS 9 und VENUS 10.* – **6** *Gedenkmarke zum Flug der Mondsonde LUNA 24 vom 9. bis 22. August 1976.* – **7** *Sechs Sondermarken anläßlich des 20jährigen Weltraumjubiläums der UdSSR, auf allen Marken oben SPUTNIK 1. Die 10-Kopeken-Marken zeigen (von links nach rechts): der erste Mensch im Weltraum, Juri A. Gagarin; erster Ausstieg eines Menschen, des Kosmonauten A. Leonow, in den Weltraum; die Orbitalstation SALJUT, oben zwei Kosmonauten am Schaltpult des Raumschiffs. Die 20-Kopeken-Marken: PROTON und SPUTNIK 3 vor der Erdkugel; oben LUNA 16, links VENUS 9 mit Landekapsel, rechts MARS 2 beim Verlassen der Erdumlaufbahn; links eine INTERKOSMOS-Trägerrakete, Mitte INTERKOSMOS-Satellit, unten APOLLO und SOJUS beim Rendezvous.* – **8** *Ungarischer Block mit einer 20-Ft-Luftpostmarke anläßlich der Landung der amerikanischen VIKING 1 auf dem Mars.* – **9** *Tschechoslowakische Serie »Weltraumforschung 1967«: 30 h Raumsonde zur Erforschung der Sonnenstrahlung; 40 h GEMINI mit AGENA-Zielsatellit und projektierte Station; 60 h der Mensch auf dem Mond, Orientierungssysteme, links unten TELSTAR; 1 Kcs Erforschung der Planeten, links APOLLO-Kapsel, rechts startende Großrakete; 1,20 Kcs Sonden vom Typ LUNA und ORBITER, Aufnahmen der Mondoberfläche; 1,60 Kcs bemannte Mondlandung, Mondsonde und projektierte ständige bemannte Mondstation.* – **10** *Kubanische Serie zum Thema »Raumfahrtzukunft«.* – **11** *Sondermarke der DDR zum Internationalen Geophysikalischen Jahr, erschienen am 7. November 1957.* – **12** *Höchster Wert einer Gedenkserie von Monaco anläßlich des 50. Todestages von Jules Verne, erschienen am 7. Juni 1955.*

Rechte Seite: **1** *Gedenkmarke für Robert H. Goddard, ausgegeben am 5. Oktober 1964.* – **2** *Der Ballonsatellit ECHO 1 auf einer US-Marke vom 15. Dezember 1964.* – **3** *Gedenkmarke zum Flug der Jupitersonde PIONIER.* – **4** *Markenpaar mit GEMINI 4 und dem frei im All schwebenden Astronauten White.* – **5** *Sondermarke, ausgegeben noch während des Fluges von Glenn in der MERKUR-6-Kapsel am 20. Februar 1962.* – **6** *Sondermarke APOLLO 8 mit Mondoberfläche und Ansicht der Erde.* – **7** *Der Urdruckstock für die Marke zur ersten Mondlandung befand sich gleichfalls auf dem Mond. Von ihm wurde über eine Molette der Druckzylinder für die Auflage von 120 Millionen Stück angefertigt.* – **8** *Markenpaar mit APOLLO 15 und seinem Mondauto.* – **9** *Sondermarke mit MARINER 10 vor den Planeten Venus und Merkur, erschienen am 4. April 1975.* – **10** *Die SKYLAB-Marke wurde am ersten Jahrestag des erfolgreichen Starts dieser Raumstation am 14. Mai 1973 ausgegeben.* – **11** *Australische Sondermarke anläßlich des 100jährigen Jubiläums der Internationalen Fernmelde-Union 1965.* – **12** *Nach dem Koppelungsmanöver mit SOJUS landete die APOLLO-Kapsel nördlich der britischen Insel Penrhyn im Pazifik. Aus diesem Anlaß wurde eine normale Freimarke mit dem APOLLO-SOJUS-Emblem und der polynesischen Inschrift »Kia orana astronauts – Willkommen Astronauten« überdruckt.* – **13** *Die britische Südatlantikinsel Ascension, auf der sich eine Leitstation der NASA befand, brachte zur 200-Jahr-Feier der amerikanischen Unabhängigkeit eine Sonderserie, deren 25-p-Wert den VIKING-LANDER kurz vor dem Aufsetzen auf der Marsoberfläche zeigt.* – **14** *Gedenkmarke zum Start der französischen Rakete vom Typ DIAMANT B am 10. März 1970 in Kourou, Französisch Guayana.* – **15** *Französische Sondermarke mit dem deutsch-französischen Kommunikationssatelliten SYMPHONIE.* – **16** *Zwei Werte aus der Sonderserie der Deutschen Bundespost anläßlich der Internationalen Verkehrsausstellung 1965 in München. Der 10-Pfennig-Wert zeigt den Fernmeldesatelliten SYNCOM II mit Empfangsantenne, der 60-Pfennig-Wert die amerikanische MERKUR-Kapsel neben einer BOEING 727.* – **17** *Auf der 40-Pfennig-Marke der Dauerserie »Industrie und Technik« der Deutschen Bundespost ist SPACELAB in der geöffneten Ladebucht eines Raumtransporters zu sehen.* – **18** *Italienischer Erdsatellit SAN MARCO III und Abschußbasis San Rita vor der Küste von Kenia.* – **19** *Gedenkblock zum 80. Geburtstag von Hermann Oberth. Auf der Marke neben dem Bildnis Oberths eine amerikanische Mondlandefähre, auf dem Blockrand unter dem Umschlag von Oberths grundlegendem Werk »Die Rakete zu den Planetenräumen« der Planet Saturn, eine amerikanische PIONIER-Raumsonde und rechts das Signet der deutschen Hermann-Oberth-Gesellschaft.* – **20** *Sonderserie von Rwanda anläßlich des amerikanisch-sowjetischen Weltraumexperiments APOLLO-SOJUS. 20 c links von dem gemeinsamen Emblem die amerikanische SATURN-V-Mondrakete in Cape Canaveral, rechts die sowjetische Trägerrakete in Baikonur; 30 c sowjetische Trägerrakete; 50 c erste Stufe der SATURN wird abgetrennt; 1 F dritte Stufe der SATURN-Rakete und APOLLO-Raumkapsel in der Erdumlaufbahn; 2 F SOJUS und APOLLO kurz vor der Koppelung; 12 F die beiden Raumfahrzeuge gekoppelt in der Erdumlaufbahn; 30 F die amerikanischen Astronauten gelangen zu ihren sowjetischen Kollegen; 54 F Bergung der APOLLO-Kapsel.* – **21** *Sonderserie der seit 1975 selbständigen Inselgruppe Comoren anläßlich des 200. Unabhängigkeitstages der USA. 5 F Start der Trägerrakete TITAN III E/CENTAUR mit der Marssonde VIKING, Emblem der VIKING-Mission, alte amerikanische Flagge und Bildnis des Astronomen Nikolaus Kopernikus; 10 F Porträt Albert Einsteins, zu dessen allgemeiner Relativitätstheorie Experimente im Rahmen der VIKING-Mission durchgeführt wurden, Porträts der amerikanischen Raumfahrt-Wissenschaftler Carl Sagan und Tom Young, die Planetensonden VIKING A und B sowie das Emblem der amerikanischen Unabhängigkeitsfeiern; 25 F Trennung von VIKING-ORBITER und VIKING-LANDER in der Mars-Umlaufbahn am 19. Juni 1976; 35 F VIKING-LANDER tritt in die Marsatmosphäre ein; 100 F VIKING-LANDER kurz vor dem Aufsetzen auf dem Mars, im Hintergrund Landekapsel am Fallschirm und amerikanische Flagge von 1977; 500 F Emblem der Aktion VIKING, Landebein der Fähre und Marsoberfläche.*

1

2

3

4

5

6

7

8

10

9

11

12

1
ROBERT H. GODDARD
U.S. AIR MAIL 8c
2
COMMUNICATIONS FOR PEACE
ECHO I
U.S. POSTAGE 4c
3
PIONEER ★ JUPITER
US 10c
4
US 5c
US 5c
5
4c U.S. MAN IN SPACE
PROJECT MERCURY
6
In the beginning God...
APOLLO 8
SIX CENTS • UNITED STATES
7
10c AIR MAIL
UNITED STATES
FIRST MAN ON THE MOON
8
US 8c
US 8c
UNITED STATES IN SPACE...
A DECADE OF ACHIEVEMENT
9
MARINER 10 ★ VENUS/MERCURY
US 10c
10
US 10c
Skylab
11
INTERNATIONAL TELECOMMUNICATION UNION 1865 1965
5p
AUSTRALIA
12
PENRHYN
NORTHERN COOK ISLANDS
KIA ORANA ASTRONAUTS
$5
13
U.S. BI-CENTENNIAL
25p
ASCENSION
14
GUYANE TERRE DE L'ESPACE
0,45
POSTES
REPUBLIQUE FRANCAISE
15
1,40
SYMPHONIE
FRANCE
16
10
INTERNATIONALE VERKEHRSAUSSTELLUNG 1965
DEUTSCHE BUNDESPOST
60
INTERNATIONALE VERKEHRSAUSSTELLUNG 1965
DEUTSCHE BUNDESPOST
17
40
DEUTSCHE BUNDESPOST
18
SAN MARCO
PROGETTO
ITALIA L.70
19
REPUBLICA DEL PARAGUAY
HERMANN OBERTH
50 JAHRE
Die Rakete zu den Planetenräumen
1923 · 1973
PARAGUAY
Gs.15.
aereo
1192
21
1976
ETAT COMORIEN
5F
POSTES
ETAT COMORIEN
POSTES 10F
ETAT COMORIEN
25F
POSTES
ETAT COMORIEN
POSTES 35F
1976
ETAT COMORIEN
100F
POSTES
Viking
ETAT COMORIEN 500F
RWANDA
20c
APOLLO/COSOJ
APOLLO SOYOUZ
RWANDA
30c
APOLLO SOYOUZ
RWANDA
50c
APOLLO SOYOUZ
RWANDA
1F
APOLLO SOYOUZ
RWANDA
2F
APOLLO SOYOUZ
RWANDA
12F
APOLLO SOYOUZ
RWANDA
30F
APOLLO SOYOUZ
RWANDA
54F
APOLLO SOYOUZ

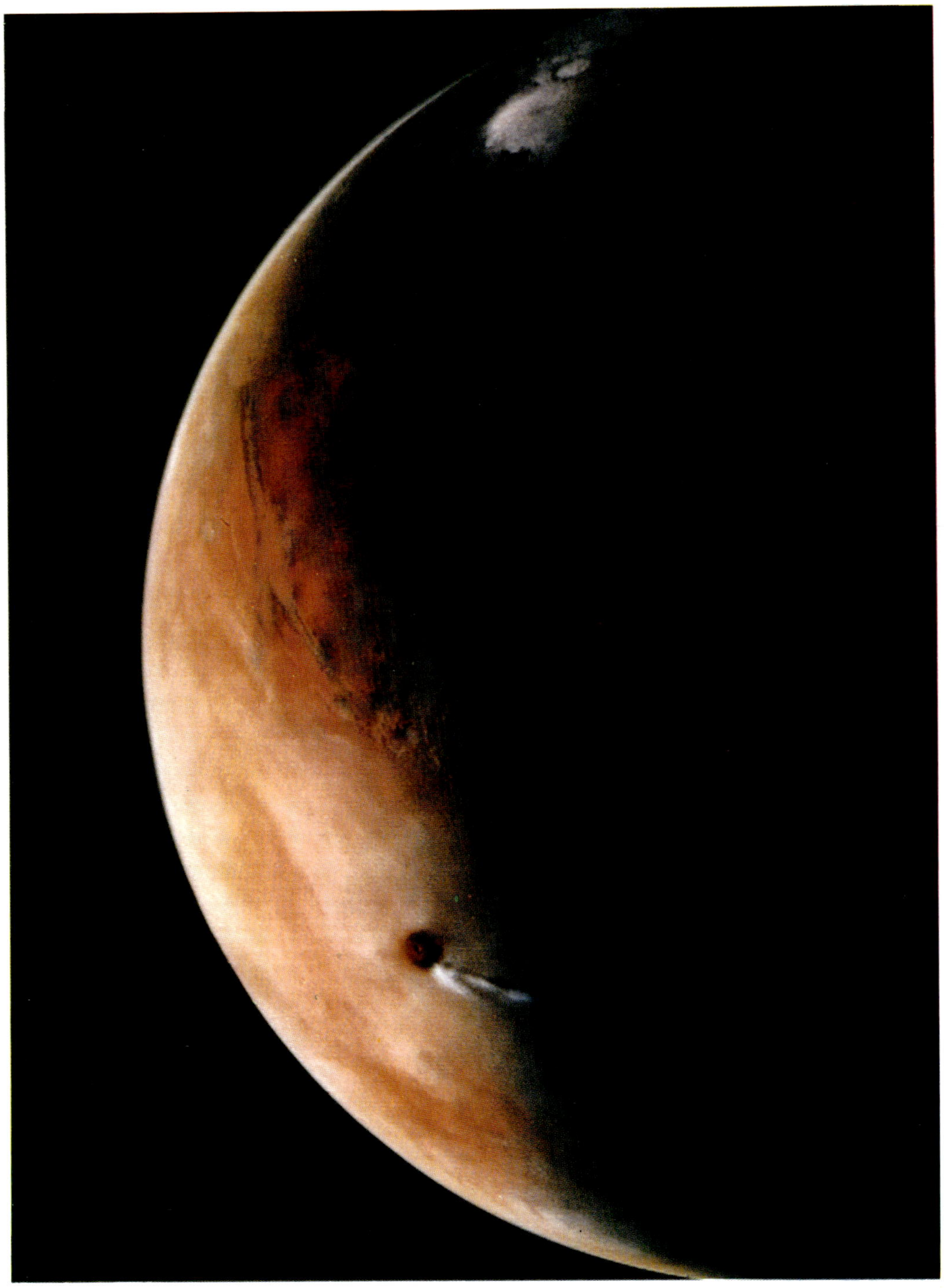

Zeit in der Physik und speziell der Aerodynamik schon sehr viel. Bereits vor dieser Berufung nach Pasadena in Kalifornien hatte er am Guggenheim-Labor in mehrmonatiger beratender Tätigkeit den Aufbau eines Windkanals geleitet.
Um 1934 begannen am GALCIT (also dem Guggenheim-Laboratorium) die ersten ernsthaften Studien über den Flug bei hohen Geschwindigkeiten. 1936 wurde man dort auf die Arbeiten Eugen Sängers in Österreich aufmerksam und diskutierte sie.
Im Februar 1936 hatte einer der Studenten und GALCIT-Mitarbeiter von Kármáns, Frank Malina, ein Arbeitsprogramm vorgeschlagen, das den Entwurf einer Höhenforschungsrakete zum Ziel hatte. Von Kármán stimmte diesem Vorschlag zu. Eine Reihe von Versuchen und theoretischen Analysen folgte. Im Mai 1937 war eine ganze Gruppe von Leuten beisammen, die sich den Raketenversuchen und den theoretischen Arbeiten widmete, unter ihnen ein weiterer Assistent von Kármáns, der Chinese Tsue Shen Tsien. Er sollte sich später in der Raketentechnik noch einen bedeutenden Namen machen.
Von Kármán hatte sich erstmals im Mai 1938 für Raketen – insbesondere als Flugzeug-Starthilfen zur Verkürzung des Abhebweges – interessiert und verfolgte von diesem Zeitpunkt an die Arbeiten seiner Mitarbeiter auf dem Raketensektor aufmerksam. Er selbst war als Aerodynamiker in der Zwischenzeit auch außerhalb wissenschaftlicher Kreise eine berühmte Persönlichkeit geworden und hatte insbesondere als Ausfluß seiner fundierten Arbeiten enge Kontakte zur amerikanischen Luftwaffe gefunden. Das führte dazu, daß GALCIT im Januar 1939 zum erstenmal einen Bundesauftrag aus Washington erhielt. Es ging um die Entwicklung von Starthilfsraketen für Flugzeuge. Viele Untersuchungen und Versuche auf diesem Gebiet wurden angestellt. Als sich bei den Experimenten laufend Schwierigkeiten einstellten, brachte von Kármán sein brillantes mathematisches Genie ins Spiel. In eleganten mathematischen Ableitungen wies er nach, daß es grundsätzlich möglich sein müsse, den Abbrand von Feststoffraketen über jene 10 Sekunden hinaus stabil zu erhalten, die damals als maximale Brennzeit erreicht wurden, bevor die Raketen auseinanderflogen. Damit war die Entscheidung gefallen: Die Versuche wurden fortgesetzt, und bald danach stellten sich auch die ersten Erfolge ein. Im August 1941 fand der erste Versuch eines Flugzeugstarts mit Hilfe von Feststoffraketen statt, im April 1942 mit Hilfe von flüssigkeitsgetriebenen Raketen. Die Entwicklung war nun so weit gediehen, daß man an eine Serienfabrikation solcher Starthilfsraketen für die Flugzeuge der Streitkräfte denken konnte. Als die Männer von GALCIT keine Firma fanden, die sich daran besonders interessiert zeigte, gründeten im März 1942 Theodore von Kármán, Frank Malina, Andrew Haley (sie sollten alle drei in der zukünftigen Raumfahrt noch eine wichtige Rolle spielen) und andere eine eigene Firma, die schon angeführte Aerojet Engineering Corporation.
Im Sommer 1943 erhielt von Kármán drei Ausarbeitungen des britischen Geheimdienstes, die über eine großangelegte Entwicklung von Fernraketen in Peenemünde in Deutschland berichteten. Von Kármán, Tsien und Malina analysierten die Unterlagen und fertigten dann eine eigene Expertise über Entwurf und Leistung von Langstreckenraketen an, die sie im November 1943 an das Militär einreichten. Es war das erste Dokument, das mit dem neuen Namen des bisherigen GALCIT herausging, ein Name, der in den letzten Jahren auch in Laienkreisen Weltberühmtheit erlangte: »Jet Propulsion Laboratory«, Laboratorium für Strahlantriebe an der Technischen Hochschule von Kalifornien. An diesem Labor sind in den letzten zwei Jahrzehnten zahlreiche Raumflugkörper konzipiert und viele Raumflugprogramme

Links unten: So sah VIKING *den Mars im August 1976 aus der Marsumlaufbahn. Oben im Bild weiße Eiswolken. Unten links Ascreaus Mons, einer der großen Vulkane auf Mars, ebenfalls mit Eiswolken*

Oben: Frank Malina 1945 in Kalifornien mit der WAC CORPORAL*, Amerikas erster erfolgreicher Höhenforschungsrakete, deren »Vater« Malina war*

geleitet worden. So wurde am JPL, wie es abgekürzt heißt, die Nutzlast für den ersten erfolgreichen amerikanischen Satelliten – EXPLORER I – entwickelt, wie vom JPL unter anderem auch das Unternehmen VIKING, die weiche Landung zweier Sonden auf dem Planeten Mars im Juli und September 1976, deren Meßwert- und Bildübertragung und die Kontrolle der beiden gleichnamigen Umlaufkörper geleitet wurde.

Doch zurück zu den Arbeiten, die in den vierziger Jahren am JPL stattfanden. Der Hinweis auf die Entwicklung der A 4 in Deutschland und die Überlegungen, die von Kármán und seine Mitarbeiter daraufhin angestellt hatten, führten dazu, daß die amerikanische Armee das Laboratorium für Strahlantriebe im Januar 1944 mit einem Studien- und Entwicklungsprogramm für ein strahlgetriebenes Ferngeschoß und die dazugehörigen Startanlagen beauftragte. Diese Rakete sollte eine Sprengstoffmasse von mindestens 450 Kilogramm über eine Strecke von 120 bis 160 Kilometern transportieren können und entweder fernsteuerbar sein oder bei Selbstlenkung am weitentferntesten Zielort um nicht mehr als 2 Prozent streuen. Weiter wurde verlangt, daß der Flugkörper eine Geschwindigkeit haben müsse, durch die er gegen den Angriff von Jagdflugzeugen geschützt ist. Um dieses Programm und andere Aufgaben erfüllen zu können, mußte der Mitarbeiterstab des JPL erweitert werden. Zu Ende des Zweiten Weltkrieges waren am JPL 264 Leute beschäftigt. (Zum Vergleich: In Peenemünde waren bis zu 18 000 Menschen in der Raketenentwicklung tätig.)

Im Sommer 1944 begannen am JPL die Arbeiten an den ersten Versuchs-Fernlenkraketen. Es wurden Feststoffraketen vom Typ PRIVATE A und PRIVATE F entwickelt. Das waren Raketen von 2,44 Meter Länge, 85 Zentimeter Spannweite, rund 225 Kilogramm Startgewicht bei 27 Kilogramm Nutzlast, 450 Kilogramm Schub und 18 Kilometer Reichweite. Gestartet wurden sie mit einer Feststoff-Starthilfsrakete (einem »booster«, wie man im Amerikanischen sagt), der für eine Sekunde einen Schub von knapp 8000 Kilogramm aufbrachte.

Bei den Versuchen mit den PRIVATE-Raketen ging es darum, zwei verschiedenartige Flossenkonfigurationen und die Auswirkungen anhaltenden Schubes auf die Stabilisierung zu erforschen. Ein zweiter Programmpunkt war, zu untersuchen, wie sich Starthilfsraketen bewähren würden. 24 Raketen vom Typ PRIVATE A wurden zwischen dem 1. und dem 16. Dezember 1944 von Barstow in Kalifornien aus verschossen, wobei, wie vorgesehen, Reichweiten bis zu 18 Kilometern erreicht wurden. PRIVATE A war die erste amerikanische Rakete, die ein Langzeit-Feststofftriebwerk hatte.

Auch die Entwicklung von zwei Ausführungen einer flüssiggetriebenen Rakete, CORPORAL E und CORPORAL F, war im Sommer 1944 am JPL eingeleitet worden. Diese Versuchsraketen sollten die Grundlage für später zu entwickelnde militärische Boden-Boden-Raketen bilden. Die CORPORAL sollte bei einer Länge von 13,9 Metern und einem Schub von rund 9000 Kilogramm eine Reichweite zwischen 65 und 210 Kilometern haben sowie eine

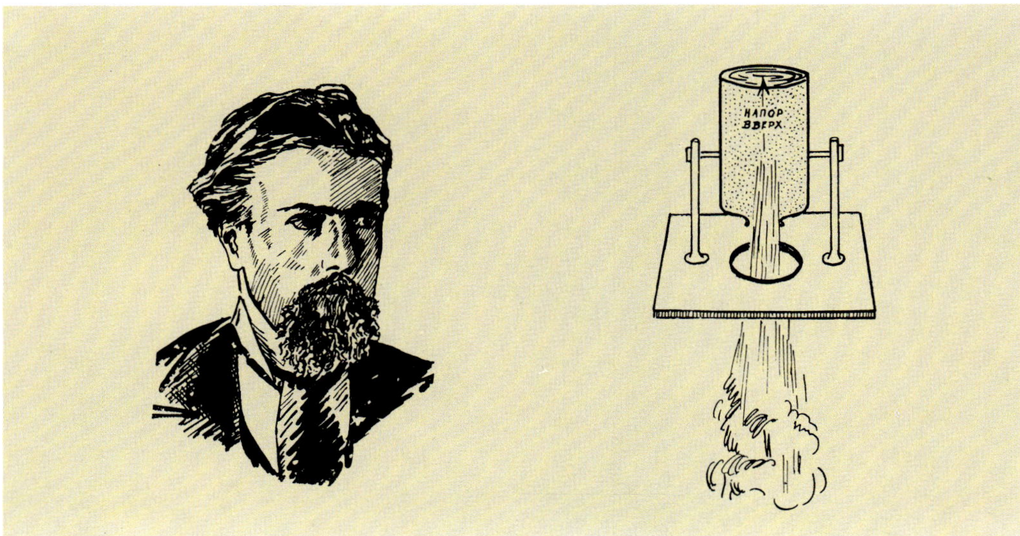

Links: Nikolaij Iwanowitsch Kibaltschitsch (1854–1881) mit einem schwenkbaren Raketentriebwerk

Rechte Seite: Von der Idee zur Wirklichkeit – eine der frühen Sojus-Trägerraketen auf der Startplattform

Gipfelhöhe von 135 Kilometern erreichen. Treibstoffe waren Anilin und rotrauchende Salpetersäure. Wir werden auf die Corporal an späterer Stelle in anderem Zusammenhang noch einmal zurückkommen – diese Rakete wurde ohnedies erst im Mai 1947 gestartet und geht daher über den durch dieses Kapitel abgedeckten Zeitrahmen hinaus.

Ende 1944 hatte Frank Malina im Auftrag des Waffenamtes der amerikanischen Armee den europäischen Kriegsschauplatz besucht, um dort in Frankreich von den Alliierten eroberte deutsche V-1- und V-2-Startanlagen zu besichtigen. Während dieser Zeit wurde ihm klar, daß der alte Traum der Galcit-Leute, eine Höhenrakete für Forschungszwecke zu konstruieren, nunmehr technisch realisierbar war. Auf seiner Rückreise nach Kalifornien machte er in Washington halt, um ein solches schon früher mit der Armee diskutiertes Projekt einer Höhenforschungsrakete voranzutreiben. In Washington erhielt Frank Malina für das JPL den Auftrag, eine solche Höhenforschungsrakete zu entwickeln. Sie sollte mit einer Nutzlast von 11 Kilogramm meteorologischer Instrumente eine Höhe von mindestens 30 Kilometern erreichen. Da die geplante Rakete als »kleine Schwester« der Corporal E angesehen wurde, erhielt sie den Namen WAC Corporal (WAC ist die Abkürzung von »Women's Auxiliary Corps«, Frauenhilfskorps). Aber auch die WAC Corporal gehört bereits in das nächste Kapitel der Geschichte der Raumfahrt.

Bleibt zu den amerikanischen Entwicklungen noch nachzutragen, daß im April 1945 mit der erwähnten Private F bei Fort Bliss in Texas 17 Flugversuche vorgenommen wurden, bei denen es um die Erprobung auftriebgebender Flächen an Raketen ging …

Wir haben in diesem kurzen Überblick natürlich nicht sämtliche Experimente aufzählen können, die in den Vereinigten Staaten im Zeitraum von 1930 bis zum Ende des Zweiten Weltkrieges im Frühjahr 1945 vorgenommen wurden. Da wäre etwa Robert Truax zu erwähnen, der seine ersten amateurhaften Versuche mit kleinen Flüssigkeitsraketen bereits als Marinekadett im Dezember 1937 in Annapolis anstellte und später aktiv an der Entwicklung von Starthilfsraketen und Fernlenkgeschossen für die Marine beteiligt war.

Wir haben auch nicht sämtliche Typen von Raketengeschossen verfolgt, die in Amerika bei Heer, Marine und Luftwaffe entwickelt und erprobt wurden. Sie sind zum Teil technisch interessante Geräte gewesen und haben sicher auch den Wissensstand über Raketen und über ihre praktische Nutzung vermehrt, aber unter dem Gesichtspunkt unseres Buches, unter dem Aspekt der Raumfahrt haben sie keine grundsätzlichen Beiträge geliefert. Aus diesem Grund wollen wir sie nicht weiter betrachten. Gesagt sei jedoch noch, daß wir in diesem Abschnitt der Lebensarbeit und Bedeutung Theodore von Kármáns für die Raumfahrt und die Luftfahrt sicher nicht gerecht geworden sind. Seine wesentlichen Arbeiten lagen im Bereich der Forschung, deren Bedeutung für die Raumfahrt erst allmählich in das Bewußtsein breiterer Kreise eingedrungen ist. Strömungslehre, Turbulenzen, Grenzschichttheorie, das Verhalten von Flugkörpern unter verschiedenen Belastungen – alles dies sind Dinge, die für Luft- und Raumfahrt gleichermaßen bedeutsam sind. Aber wir werden Theodore von Kármán in diesem Buch noch mehrfach begegnen und dann insbesondere seine Verdienste um die internationale Zusammenarbeit in der Raumfahrt kennenlernen.

In dem von Eugene Emme herausgegebenen Buch »The History of Rocket Technology« (Die Geschichte der Raketentechnik) stellt Edward Pendray in seinem Beitrag über die Pionierentwicklungen von Raketen die rhetorische Frage: »Da die Geschichte so verlief, daß die Deutschen die ersten waren, die eine wirklich große, praktisch verwendbare Flüssigkeitsrakete entwickelten, könnte gefragt werden, was die amerikanischen Arbeiten der Vorkriegszeit wirklich erreichten, wenn überhaupt etwas.«

Pendray gibt sogleich die Antwort darauf in der Feststellung: »Meine eigene Meinung ist, daß sie unschätzbar waren und den notwendigen Hintergrund abgaben für alles, was seitdem passierte.

Die Arbeiten von Dr. Goddard bildeten natürlich die Basis aller modernen Entwicklungen in Raketentechnik und Raumfahrt. Und die Anstrengungen des Experimentierausschusses der Amerikanischen Raketengesellschaft und anderer unabhängiger Experimentatoren dienten dazu, ein lebendiges Wissen darüber aufzubauen, was auf diesem neuen Gebiet der Technologie machbar ist und was nicht. Diese Anstrengungen brachten auch eine Gruppe von Männern mit Erfahrungen und Knowhow hervor, die bereit und willens waren, im modernen Zeitalter der Raketen und der Fernlenkflugkörper die führenden Positionen zu übernehmen. Und – vielleicht ebenso wichtig – die frühen Raketenversuche trugen dazu bei, ein wachsendes Interesse und wachsenden Enthusiasmus hervorzurufen, die in großen Teilen der Bevölkerung das Verlangen nach dem Vorstoß ins Weltall wachriefen, ein Verlangen, das jene breite Basis öffentlicher Unterstützung schuf, die in einer demokratischen Gesellschaft für jedes große, kostspielige neue Vorhaben notwendig ist.«

Sowjetische Raumfahrtträume und Raketenrealitäten

In der Sowjetunion verlief die Periode der frühen Versuche ähnlich wie in Deutschland. Wir hatten ja bereits von den frühen russischen Träumern der Raumfahrt gehört. Einige von ihnen, wie Kibaltschitsch und Ziolkowski, erwähnten wir, andere waren Konstantinow, Sokowin, Fjodorow. Sie alle entwickelten Ideen, Theorien und Projekte über die Raumfahrt. Nachhaltigsten Einfluß übte dabei, wie wir sahen, Konstantin Ziolkowski aus. Gerade dadurch, daß seine Arbeiten nicht nur im Ausland, sondern auch in der Sowjetunion erst spät Anerkennung erlangten, fand er selbst noch den Anschluß zu jenen ihm folgenden Generationen, denen es vorbehalten blieb, einige der Träume Ziolkowskis zu verwirklichen.

Die Vorstellung eines kosmischen Fluges muß der russischen Seele, die geprägt worden ist von der Weite des Landes, ebenso nahegelegen haben wie den himmelstürmenden Amerikanern, für die der Begriff der »frontier« etwas ganz anderes bedeutete als dem Europäer das sprachlich synonyme »Grenze«: Die »frontier« ist eine veränderliche, herausfordernde, sich in die unendlichen Weiten des Landes stets und ständig verschiebende Begrenzung, nicht aber jene europäische Markierung des Trennenden, von einander Scheidenden. Der Amerikaner sieht in der »frontier« das Spiegelbild der Pionierzeit seines Volkes, als sich die Bewohner dieses mächtigen Kontinents immer weiter nach Westen bis hin ins lockende Kalifornien und nach Alaska ausdehnten, als sie auf der Suche nach Gold und Geld ihre Eisenbahnen quer durch den Kontinent trieben und bis dahin brachliegendes Land besiedelten. Hier, in dieser geschichtlichen Entwicklung ist wohl auch der metaphysische Hintergrund für die Bereitschaft des amerikanischen Volkes zu suchen, dem Ruf Kennedys im Jahre 1961, »noch in diesem Jahrzehnt« Menschen auf dem Mond landen zu lassen, begeistert zu folgen – Kennedy hatte damit eine neue »frontier« angesprochen und erneut jenen Pioniergeist geweckt, der seit dem Erreichen der pazifischen Küste bei seinem Vorstoß gen Westen seinen Betätigungsdrang nicht mehr befriedigen konnte: Kennedy hatte die »frontier« in die dritte Dimension hinein, nach »oben«, erweitert.

Ähnliche metaphysische Gründe gab es sicher auch bei den Russen, wenngleich dort der Vorstoß weiter nach Osten ungleich weniger dynamisch stattfand als das Verschieben der »frontier« gen Westen in Nordamerika.

So darf es nicht wundern, daß in Rußland trotz der anders gearteten wirtschaftlichen und finanziellen Verhältnisse der Raumfahrtgedanke schon frühzeitig Zuspruch fand. Formal manifestierte sich dies darin, daß bereits 1924 russische Enthusiasten sich zur Gründung von Raketenvereinen zusammenfanden und eine All-Unions-Gesellschaft zum Studium des interplanetaren Fluges gegründet wurde.

Drei Jahre später, 1927, wurde in Moskau die Erste Internationale Ausstellung über Weltraumnavigation veranstaltet. Zahlreiche russische mathematische und mathematisch-physikalische Untersuchungen hatten sich bis zu dieser Zeit bereits mit bahnmechanischen, aerodynamischen und raketentechnischen Problemen auseinandergesetzt. Das Gasdynamische Laboratorium in Leningrad begann 1927 die Entwicklung von Starthilfsraketen für Flugzeuge.

Im gleichen Jahre machte der russische Raketenpionier Friedrich Arturowitsch Zander (1887–1933) detaillierte Vorschläge für ein Raumfahrzeug, das er 1929 in Moskau in einem Modell ausstellte.

Zu einem besonderen Höhepunkt der frühen sowjetischen Entwicklung zur Raumfahrt wurde der 15. Mai 1929. An diesem Tage begannen im Gasdynamischen Laboratorium von Leningrad die ersten Experimente mit flüssigkeitsgetriebenen und elektrischen (!) Raketenmotoren. Zahlreiche experimentelle Untersuchungen und Arbeiten mit den verschiedensten Treibstoffkombinationen wurden vorangetrieben, vergleichbar den Untersuchungen in Deutschland und – wenn auch zu diesem Zeitpunkt in weitaus geringerem Umfang – den Vereinigten Staaten. Die Mehrzahl aller dieser sowjetischen Arbeiten wurde von militärischen Dienststellen finanziert, ähnlich wie in Deutschland ab Anfang und in den USA ab Mitte der dreißiger Jahre.

1928 war in Leningrad der erste Band der neunbändigen Enzyklopädie über Raumfahrt von Nikolai A. Rynin unter dem Titel »Interplanetare Kommunikation« erschienen. In den Jahren von 1928 bis 1930 fanden mehrere geschlossene und auch offene Tagungen von Raketenenthusiasten überall in der Sowjetunion statt. 1928 veröffentlichte Juri Va. Kondratjuk seine Idee, ein Raumfahrzeug beim Wiedereintritt in die Erdatmosphäre durch aerodynamische Reibung abzubremsen, ein Prinzip, das man sich in allen bisherigen bemannten Raumfahrtprogrammen zunutze machte.

1930 und 1932 liefen die beiden ersten, auf Entwürfen von Zander basierenden Flüssigkeitstriebwerke auf dem Prüfstand, ORM-1 und ORM-2 (ORM = Opitnij Raketnij Motor, experimenteller Raketenmotor). ORM-1 wurde durch Benzin und Druckluft, ORM-2 durch Benzin und Flüssig-Sauerstoff angetrieben. Es wurden maximale Schübe von 50 Kilogramm erreicht. Diese ORM-Serie war 1933 bei Typ Nr. 52 angelangt!

1931 wurde in Leningrad und Moskau eine spezielle Gruppe für den Raketenantrieb gegründet, die die Bezeichnung GIRD erhielt (= Gruppa Isutschenija Reaktiwnogo Dwishenija, Gruppe zum Studium der Rückstoßbewegung) und unter der Leitung der Ossoaviachim (= Gesellschaft zur Förderung von Verteidigung und aerochemischer Entwicklungen) stand. Die Leningrader Gruppe, auch Lengird genannt, wurde geführt von Nikolai Rynin und Dr. Jakov I. Perelman, einem Wissenschaftsredakteur, der unter anderem mehrere Bücher über Raumfahrt geschrieben hatte. Zu den führenden Männern der Moskauer Gruppe (Mosgird) gehörten Ziolkowski und Zander.

Ende 1933 wurden das Gasdynamische Laboratorium und GIRD miteinander fusioniert zum Forschungsinstitut für Strahlantriebe (RN II). Hier wurden in den Jahren 1934 bis 1938 die experimentellen Triebwerke ORM-53 bis ORM-102 entwickelt. Tikonrawow entwickelte, baute und startete unter anderem am 17. August 1933 eine 2,5 Meter lange Flüssigkeitsrakete von 20 Kilogramm Startgewicht. Sie erreichte mit einer Instrumentennutzlast von 5 Kilo-

Rechte Seite links oben: Sowjetische Raketeningenieure mit der GIRD-X-Rakete im Jahre 1933

Mitte und rechts oben: Die Raketen GIRD-9 und GIRD-X aus dem Jahre 1933

Unten links: Der 1930 mit Benzin und Druckluft betriebene erste »experimentelle Raketenmotor« ORM-1

Unten rechts: Lenkbare sowjetische Flüssigkeitsrakete ORM-65 auf Schlittenstartbahn 1939, konstruiert von Koroljow

ГИРД-Х

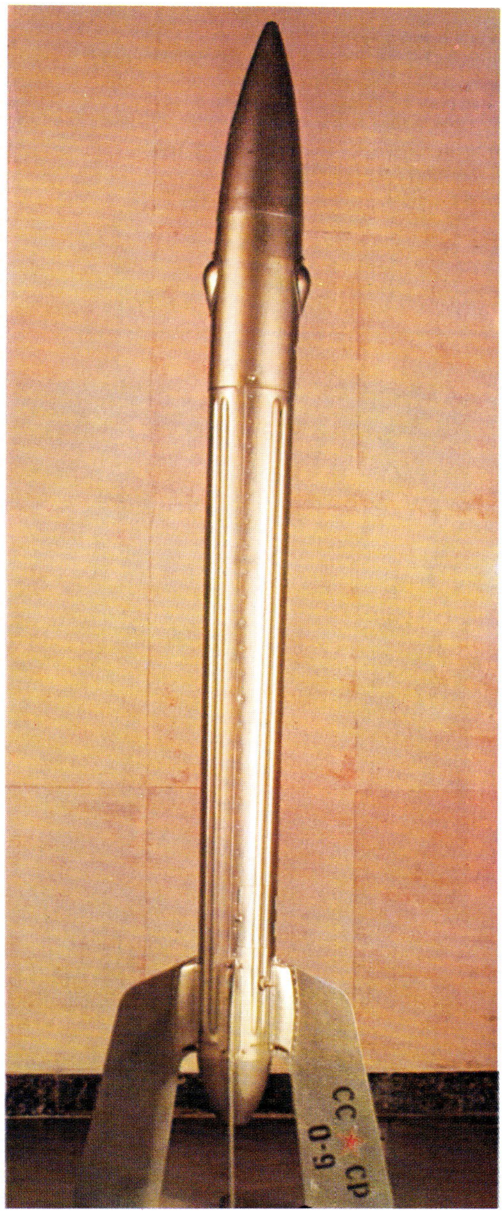

ГИРД-Х

gramm eine Höhe von 4500 Metern. Zwei Jahre später wurden 12 Kilometer Höhe erreicht. 1934 brachte GIRD-Mitbegründer Koroljow (1906–1966) – beim späteren Großraketenbau der Sowjetunion einer der führenden Köpfe – ein Buch »Raketenflug in die Stratosphäre« heraus. Er war ab 1945 nach Kriegsende verantwortlich für den Nachbau der deutschen V-2-(A-4-)Rakete in der Sowjetunion. Der Gasdynamiker Pobedonostsew beschäftigte sich in den dreißiger und vierziger Jahren hauptamtlich mit den aerodynamischen Problemen von Raketen. 1935 hatte Merkulow, damals noch Student der Luftfahrttechnik, eine kleine zweistufige Rakete entworfen, gebaut und (1936) getestet. 1941 gab es bereits ein Projekt für eine größere zweistufige Rakete. Im gleichen Jahre wurde das erste sowjetische Experimentalflugzeug mit Raketenantrieb von Bolkhawitinow gebaut, das er in den Jahren 1939 bis 1940 entworfen hatte. Es entsprach der deutschen ME 163 A; der Raketenmotor für dieses Flugzeug war bereits 1937/38 von Duschkin entworfen worden. Schon 1936 hatte man in der Sowjetunion militärische Raketen vom Typ KATJUSCHA zu entwikkeln begonnen; ab 1940 wurden sie in Massenproduktion hergestellt und im weiteren Verlauf des Krieges als Raketenwerfer eingesetzt.

Eine Großrakete nach Art der deutschen A 4 allerdings wurde in der UdSSR in der Zeit des Zweiten Weltkrieges ebensowenig entwickelt wie in den USA. Gleichwohl meint G. A. Takatij, der frühere Chef des aerodynamischen Laboratoriums der Schukowskij-Akademie der sowjetischen Luftstreitkräfte in Moskau und 1946/47 leitender Wissenschaftler der Sowjetregierung in Deutschland, später Chef der Abteilung für Aeronautik und Raumfahrttechnik am Northampton College für fortgeschrittene Technologie in London:

1. Im Bereich ursprünglicher Ideen und Raketentheorien war die UdSSR nicht hinter Deutschland zurück; in bezug auf einige Aspekte war sie sogar Peenemünde voraus;
2. im Bereich der praktischen Technologie von Raketen des Kalibers der V 2 war die Sowjetunion gegenüber Deutschland definitiv im Rückstand;
3. nach Besichtigung und Studium von Peenemünde kamen die Sowjets zu der Ansicht, daß es in der UdSSR ebenso fähige und begabte Raketeningenieure gab wie auch überall woanders.

Es dürfte außer Zweifel stehen, daß in den zwanziger und dreißiger Jahren die Idee der Raumfahrt bei zahlreichen Menschen in aller Welt Interesse weckte. Doch nicht überall konnte diese Idee so nachhaltig Fuß fassen wie in den bisher erwähnten Ländern. Wohl gab es in mehreren europäischen und auch außereuropäischen Staaten den einen oder anderen – oder auch die eine oder andere Gruppe –, die sich mit der Raumfahrtidee und der Rakete theoretisch oder gelegentlich auch in praktischen Experimenten beschäftigten, aber es kam dabei nirgendwo zu so ausgeprägten Aktivitäten wie in Deutschland, den Vereinigten Staaten, der Sowjetunion und bis zu einem gewissen Grad auch in Österreich. Das hing wohl einmal damit zusammen, daß die anderen Länder nicht mit so hervorstechenden Pionieren aufwarteten wie die gerade erwähnten Staaten, aber zum zweiten hatte es auch mit einer Reihe äußerer Umstände zu tun.

Ein frühes »Mondprojekt« aus England

Großbritannien ist vielleicht das beste Beispiel dafür. Obgleich die Engländer, wie wir bereits hörten, mit der traditionellen Pulver-Kriegsrakete des 18. und 19. Jahrhunderts intensive Beziehungen zur Rakete als Waffe hatten (man denke nur an die Congreveschen Raketen), konnte das Interesse an Raketenexperimenten im Zusammenhang mit Höhenforschung oder gar Raumfahrt niemals richtig Fuß fassen. Ein wesentlicher Grund hierfür war, daß in England seit 1875 auf Grund des Sprengstoffgesetzes Raketenversuche verboten waren, und die Regierung achtete auch sehr darauf, daß diese Bestimmung eingehalten wurde. So mußte sich die im Oktober 1933 von dem Ingenieur Philip E. Cleator gegründete British Interplanetary Society, die Britische Interplanetare Gesellschaft, auch ganz auf die Theorie beschränken.

Dennoch brachte es die abgekürzt als B.I.S. apostrophierte Gesellschaft zu einem großen Bekanntheitsgrad und hohem internationalem Ansehen, obgleich sie bis zum Jahre 1945 niemals mehr als einhundert Mitglieder hatte. Unter ihnen fanden sich jedoch so berühmte Raketen- und Raumfahrtpioniere wie der Österreicher Guido von Pirquet, der Franzose Robert Esnault-Pelterie, der Deutsche Willy Ley, Pendray aus den USA und Rynin aus der Sowjetunion, eine Aufstellung, die auch die internationalen Kontakte unterstreicht, die die Britische Interplanetare Gesellschaft von Anfang an suchte und auch fand. Ja, sogar Graf Zeppelin und seine Gemahlin gehörten der Gesellschaft an. Ab 1934 gab die Gesellschaft die Zeitschrift »B.I.S. Journal« heraus, die auch heute noch (jetzt als »Journal of the British Interplanetary Society«) erscheint.

Im Jahre 1936 veröffentlichte der Gründer der Gesellschaft ein Buch »Rockets through Space« (Raketen durch den Raum), das in England das erste Raumfahrtbuch war und in der Öffentlichkeit großes Interesse erregte. 1937 wurde die Zentrale der Gesellschaft aus dem Gründungsort Liverpool in die britische Metropole London verlegt, und nun wurden auch spezielle Komitees zur Bearbeitung einschlägiger Sachfragen gegründet. So machte das Technische Komitee eine Durchführbarkeitsstudie über ein bemanntes Raumfahrzeug, das den Mond umfliegen sollte. Einer der Mitarbeiter der Britischen Interplanetaren Gesellschaft, J. Happian Edwards, entwickelte die Idee des »zellenförmigen« Raumschiffes. Dieses Konzept wurde zur Grundlage eines ganzen, von der B.I.S. im Laufe der Jahre theoretisch in allen Einzelheiten untersuchten bemannten Mondlandeprojektes mit Rückkehr der Besatzung zur Erde. Die Grundüberlegung des zellularen Raumschiffes ist das Stufenprinzip, das hier gewissermaßen bis zur letzten Konsequenz durchgeführt ist: Jede Stufe des konzipierten Raumfahrzeuges besteht aus einer größeren Zahl von Feststoffraketen, die nach bestimmtem Plan gezündet und nach dem Ausbrennen abgeworfen werden.

Die Mitarbeiter der B.I.S. hatten in langwieriger, aufwendiger Arbeit (die sie freiwillig auf sich nahmen und für die sie natürlich nicht bezahlt wurden) das Projekt berechnet. Diese Untersuchungen führten zu einem Fahrzeug mit sechs Hauptstufen. Es sollte 32 Meter lang sein, 6 Meter Durchmesser haben und beim Start 1000 Tonnen wiegen, von denen 900 Tonnen auf den Treibstoff – eben die erwähnten Feststoffraketen – entfallen sollten. Von diesen Feststoffraketen verschiedener Ausmaße (die größten 4,6 Meter lang bei 48 Zentimeter Durchmesser) sollten 2490 Stück mitgeführt werden. Für die Ausströmgeschwindigkeit der Verbrennungsgase wurde allerdings der sehr optimistische Wert von 3,4 bis 3,7 Kilometern pro Sekunde zugrunde gelegt. An flüssigkeitsgetriebene Düsen zur Lagekontrolle des Raumfahrzeuges war in diesem Entwurf ebenso gedacht worden wie an die Inneneinrichtung, an Zündkabelkanäle für die Verdrahtung der Raketen, an mitzuführende Raumanzüge, an Nahrungsmittel, Navigationsgeräte und Konturenstühle.

Vor diesen Detailarbeiten hatten Edwards und einige Mitarbeiter zwischen 80 und 120 Treibstoffkombinationen untersucht, wohl wissend, daß von der Energie der Treibstoffe die gesamte Auslegung eines solchen Raumfahrzeuges entscheidend abhängt. Ja, sogar einen kleinen Raketenprüfstand hatten sie gebaut, an dem Ralph Andrew Smith einige Triebwerks- und Treibstoffversuche machte. Sie mußten allerdings nicht zuletzt aus Geldmangel bald wieder aufgegeben werden.
Die Untersuchungen über das Mondfahrzeug wurden im »B.I.S. Journal« veröffentlicht. Sie enthielten auch Gedanken zu der Frage, welche Art von Forschungen man auf dem Mond vornehmen, wie lange sich die Piloten dort aufhalten und welche Formen der Kommunikation mit der Erde gewählt werden sollten. Lediglich über die vorgeschlagene Startanlage auf der Erde konnte durch den Ausbruch des Zweiten Weltkrieges kein voller Bericht mehr geschrieben werden; die Autoren verfaßten Mitte 1939 jedoch eine Zusammenfassung, in der sie unter anderem darstellten, welche bahnmechanischen und logistischen Gründe sie veranlaßt hatten, den Titicacasee in den Anden von Bolivien und Peru in 3800 Meter Höhe als Startort auszuwählen. Es war dies im wesentlichen die Überlegung, einen äquatornahen, hochgelegenen Ort zu benützen, um die Drehung der Erde um ihre Achse ausnutzen zu können und möglichst wenig Luftwiderstand beim Aufstieg zu haben. Der Start der Rakete selbst sollte in dem See aus einer rotierenden Unterwasser-Taucherglocke erfolgen, die unmittelbar vor dem Zünden einer ersten Gruppe von 126 Raketen durch Hochdruckdampf aus dem Wasser herausgepreßt werden sollte ...
Waren der Britischen Interplanetaren Gesellschaft also in bezug auf das Experimentieren mit Raketen auch weitgehend die Hände gebunden, so entfaltete sie im Informationsbereich eine intensive Politik und trug hierdurch wesentlich dazu bei, daß der Gedanke der Raumfahrt auch in Großbritannien am Leben erhalten blieb und die Öffentlichkeit auf kommende Dinge vorbereitete.
In England wurden Raketen bis nach dem Zweiten Weltkrieg ausschließlich im militärischen Bereich entwickelt, aber natürlich nicht im Hinblick auf die Hochatmosphärenforschung oder gar die Raumfahrt. So wurde ab 1935 die Entwicklung einiger rauchloser Pulverraketen begonnen. Sie führte in den Jahren 1936 und 1937 zu Startversuchen in England und auf Jamaika. Auf dieser Insel wurden 2500 Exemplare einer Rakete von 7,5 Zentimeter Kaliber erprobt, aber auch diese Versuche dienten zunächst nur ballistischen Untersuchungen und waren nicht auf irgendeine spezielle Anwendung der Raketen ausgerichtet. Einige Typen von militärischen Raketen und Flugbomben, die in Großbritannien während des Zweiten Weltkrieges entwickelt wurden, brauchen hier nur am Rande erwähnt zu werden. Es handelte sich dabei um einige Typen von Boden-Boden-, Boden-Luft-, Luft-Boden- und Luft-Luft-Raketenflugkörpern, die größtenteils nicht ferngelenkt werden konnten. Dazu gehörte eine vielverwendete 5-cm-Rakete, die unter der Bezeichnung BARRAGE ROCKET (Sperrfeuer-Rakete) lief, während des Zweiten Weltkrieges in 4½ Millionen Exemplaren hergestellt und als Flugabwehrrakete benützt wurde. Für die Entwicklung der Astronautik hatten diese und alle anderen britischen Raketentypen keine Bedeutung.

Raumfahrtideen rund um die Welt

Ähnliches ist über die Raketenentwicklung in einigen anderen Ländern zu sagen, so in Japan, Italien, der Tschechoslowakei und in Frankreich, obgleich es zumindest in den drei letztgenannten Ländern doch einige Leute gab, die sich mit dem Raumfahrtgedanken verbunden fühlten und die bescheidenen Raketenentwicklungen ihrer eigenen Länder unter diesem Raumfahrtaspekt sahen.
In Frankreich ist hier natürlich an erster Stelle Robert Esnault-Pelterie zu erwähnen, der sich primär theoretisch betätigte, auf dessen Initiative hin jedoch Major J. I. Barré 1931 Experimente mit Raketenmotoren verschiedener Treibstoffkombinationen auf dem Prüfstand machte. Henri Melot arbeitete bereits seit 1916 am Raketenantrieb für Flugzeuge, andernorts wurden Flugzeug-Starthilfsraketen entwickelt. Ab 1941 entwarf und konstruierte Barré die erste flüssigkeitsgetriebene Rakete Frankreichs. Sie war 3,15 Meter lang, hatte ein Vollgewicht von 100 Kilogramm bei einem Schub von knapp 1000 Kilogramm für 13 Sekunden und erreichte eine Gipfelhöhe von etwa 15 Kilometern bei einer Reichweite von 60 Kilometern. Angetrieben wurde sie durch Benzin, Äther und Flüssig-Sauerstoff. Barré machte während des Krieges statische Brennversuche mit dem Triebwerk; zum Flug kam die Rakete jedoch erst unmittelbar nach dem Krieg bei Toulon.
In Italien hatte 1927 General Arturo Grocco erste Untersuchungen an festen Raketenbrennstoffen vorgenommen und einige Flugexperimente mit Feststoffraketen angestellt. Bei seinen Experimenten, die 1929 auf flüssigkeitsgetriebene Raketenmotoren ausgedehnt wurden, bemühte Grocco sich um konkrete Meßdaten und baute bei seinen statischen Versuchen entsprechende Geräte ein. Er testete diverse Treibstoffkombinationen bis spät in die dreißiger Jahre hinein.
Nicht unerwähnt bleiben sollte auch der tschechoslowakische Erfinder Ludwig Otschenaschek (1872–1949), der bereits 1930 in der Nähe von Prag einige Feststoffraketen auf Höhen bis zu knapp 1500 Meter brachte, darunter auch eine zweistufige Rakete.
Auch an dieser Stelle müssen wir noch einmal festhalten, daß in den vorausgegangenen Abschnitten nur Beispiele für die Aktivitäten auf dem Raketensektor in den einzelnen Ländern angeführt wurden. Sicher ist hierbei das eine oder andere erwähnenswerte Vorkommnis ausgelassen worden. Das trifft insbesondere zu für die Entwicklung im militärischen Bereich. Entscheidende Impulse für die Raumfahrt sind von ihnen aber ohnehin nicht gekommen.
Zusammenfassend können wir deswegen mit Eugene Emme, dem bekannten Raumfahrthistoriker, feststellen:
»Im Jahre 1945 war Deutschland in der Raketentechnik zehn Jahre voraus, hatte als eine große Entwicklung die zuverlässige ballistische Rakete V 2 mit ihren 25 000 Kilogramm Schub, ihrer Reichweite von 320 Kilometern und ihrer Überschallgeschwindigkeit hervorgebracht, eine Rakete, die am Gipfelpunkt ihrer Bahn die Atmosphäre durchstieß ... Als das erste Gefährt des Menschen, das die Erdatmosphäre durchflog und in den Weltraum darüber gelangte, stellte die V 2 den ersten handgreiflichen Schritt in das Zeitalter der Raumflugfähigkeit dar. Während der weitere technische Weg in den Weltraum klar vorgezeichnet war, beeinflußten andere historische Faktoren Zeitpunkt und Art, in denen das Raumfahrtzeitalter tatsächlich seinen Einzug halten sollte.«
Verfolgen wir im nächsten Kapitel, wie dies im einzelnen geschah.

REALISIERUNG
Raumfahrt und Wirklichkeit

White Sands, Neu-Mexiko

Der westliche Teil jenes großen Landes, das sich »Vereinigte Staaten von Nordamerika« nennt, ist selbst für die Amerikaner (ausgenommen vielleicht jene, die dort wohnen) der Inbegriff schier endloser Weite. Außerdem ist es, zumindest wenn man in südlicheren Bereichen bleibt, ein Gebiet erträglichen Klimas; die kalten winterlichen Schneestürme der amerikanischen Ostküste fehlen hier.
Dies waren die Gründe, die 1930 Robert Goddard bewogen, seine Raketenexperimente von Massachusetts in das klimatisch freundlichere, weite Neu-Mexiko zu verlegen.
Ähnliche Gründe veranlaßten das Artillerie- und Ingenieurkorps der amerikanischen Armee (Ordnance and Engineer Corps) im Jahre 1944, ein Gelände für die Erprobung von Fernraketen auszuwählen, das nur etwa 150 Kilometer westlich von dem Ort liegt, an dem Goddard seine frühen Versuche machte, das White-Sands-Erprobungsgelände (White Sands Proving Grounds) in Neu-Mexiko. Es ist ein Gebiet, das nördlich der westtexanischen Stadt El Paso beginnt und sich von dort über rund 200 Kilometer nach Norden hinzieht, während es in ost-westlicher Richtung 55 bis 65 Kilometer breit ist. Im Osten wird es von dem bis zu 1800 Meter hohen Sacramento-Gebirge, im Westen durch die San-Andros- und Orgel-Berge begrenzt; es besteht aus sandiger, unfruchtbarer Wüste, die nur gelegentlich von einigen Beifußgebüschen bedeckt ist, zwischen denen Steppenläufer dahinwirbeln. Mit seiner Weite und seiner Unbewohntheit war dieses Land – noch dazu als ein dem Staat gehörendes Gelände – für die Armee die logische Wahl, zumal es auch einige weitere Forderungen aufs beste erfüllte: die Nähe zu einer Armeestation – Fort Bliss – und zu einem Luftwaffenstützpunkt – Alamogordo Air Base –, eine Eisenbahn, die am Gelände vorbei-, nicht aber durch dieses hindurchführte, gutes, trockenes Klima, flach, dünn besiedelt ... Ende Februar 1945 begann man hier mit den Aufbauten für die Raketenversuche.
Die erste Rakete, die in White Sands gestartet wurde, war die Höhenforschungsrakete WAC Corporal, die Theodore von Kármán, Frank Malina und Tsue Shen Tsien am JPL Ende 1944 für die Armee zu entwickeln begonnen hatten.
Für Vorversuche wurde die Rakete zunächst in einer auf ein Fünftel verkleinerten Version entwickelt und als Baby WAC bezeichnet. Nach erfolgreichen Testflügen dieser Erprobungsversion in Kalifornien im Juli 1945 entwickelte man die eigentliche WAC Corporal zu Ende.
Die WAC Corporal war eine knapp fünf Meter hohe, durch Anilin und Salpetersäure angetriebene Rakete für eine Nutzlast von 11 Kilogramm. Ihr Startschub betrug etwa 680 Kilogramm, das Startgewicht 300 Kilogramm. Die Rakete wurde aus einem dreißig Meter hohen Turm gestartet, der drei Führungsschienen enthielt. Als Starthilfe wurde eine modifizierte Tiny-Tim-Feststoffrakete der amerikanischen Marine benützt. Sie brachte über einen Zeitraum von 0,6 Sekunden einen Schub von über 22000 Kilogramm auf. Der erste Start einer WAC Corporal fand am 26. September 1945 statt. Es war, wie erwähnt, zugleich der erste Start, die »Taufe« für den neuen Raketenversuchsplatz von White Sands. Die Rakete kam bei diesem Erstflug auf eine Höhe von 70 Kilometern – doppelt so hoch, wie man erwartet hatte. Weitere Flüge folgten bis zum 25. Oktober 1945 – dann gab man die WAC Corporal auf, denn ihre Anwendung als Höhenforschungsrakete schien angesichts der in Deutschland erbeuteten, weitaus größeren und leistungsfähigeren A-4-Rakete überholt. Das Interesse der Amerikaner konzentrierte sich nun darauf, die militärischen Raketen des ehemaligen Kriegsgegners in ihrer Handhabung zu erproben und gleichzeitig in eine Höhenforschungsrakete zu verwandeln. Diese A-4-Raketen waren ja bereits im Juni 1945 in den USA eingetroffen und warteten nun auf die deutschen Raketeningenieure, unter deren Mitarbeit sie verschossen werden sollten.
Allerdings, die ersten Nachkriegs-A-4-Raketen wurden nicht von White Sands aus verschossen, sondern von einem Schießplatz in Altenwalde, acht Kilometer südlich von Cuxhaven. Wie es dazu kam, ist eine der interessanten, zwischen Spionage, Geheimdiensten und militärischen Suchtrupps angesiedelten Geschichten, die wir hier kurz einblenden wollen.

Die Suche nach den Spezialisten

Natürlich waren Amerikaner, Engländer und Russen gleichermaßen darauf vorbereitet, nach deutschen Wissenschaftlern zu suchen, als der Krieg sich seinem Ende genähert hatte und die Front bis tief nach Deutschland hineingetrieben war. Besonders interessiert waren die Engländer, die ja unter heftigem V-1- und V-2-Beschuß zu leiden gehabt hatten und für die das Thema schon seit vielen Jahren anstand – zunächst auf Grund mysteriöser Gerüchte über eine deutsche »Raketengranate«, die im Oktober 1939 in London zu kursieren begannen, aber dann auf Grund sich verdichtender Informationen.
Die erste dieser Informationen war besonders merkwürdig: Sie fand sich am Morgen des 4. November 1939 im Briefkasten der britischen Botschaft in Oslo in Norwegen in Gestalt eines Umschlags, der einen umfangreichen Bericht über die deutsche Rüstungsentwicklung enthielt und der auch auf eine »Versuchsanstalt Peenemünde« hinwies. Der Bericht, so folgerte man, müsse von einem bestens informierten »wohlwollenden deutschen Wissenschaftler« stammen. Erst nach dem Kriege stellte sich heraus, daß die Vermutung richtig war: Aus pazifistischer Überzeugung und Nazigegnerschaft hatte ihn der damals 36 Jahre alte Hans Heinrich Kummerow verfaßt, der gleich seiner Frau im Sommer 1943 als Mitglied einer Widerstandsorganisation hingerichtet wurde – von dem »Oslo-Bericht« freilich hatten seine Richter keine Ahnung.
Der Oslo-Bericht indessen blieb in England wenig beachtet. Erst als sich ab Ende 1942 und im Jahre 1943 Agentenberichte über Raketen und »Werfer« zu häufen begannen und erneute Hinweise auf eine Versuchsanstalt für Raketen kamen, wurden ältere Luftbildaufnahmen der Peenemünder Gegend untersucht und schließlich fotografische Aufklärungsflüge unternommen. Am 13. Juni 1943 schlug eine A4 in Schweden auf; die Reste wurden von dort per Flugzeug nach England gebracht und erlaubten den Briten erste technische Analysen. Auf Grund aller dieser Informationen wurde am 18. August 1943 der bereits erwähnte Angriff auf Peenemünde geflogen.
Ende November 1943 wurde von Engländern und Amerikanern die »Operation Crossbow« (Unternehmen Armbrust) ins Leben gerufen, ein Vorhaben, dessen Ziel in der Auffindung, Analyse und Vernichtung aller Raketenkomplexe der Deutschen bestand. So wurden die für Raketenabschüsse vorgesehenen Bunker in Frank-

Linke Seite: Startvorbereitung einer Redstone-Rakete in Cape Canaveral im August 1959

Oben: Eine V 2 hat sich verflogen und landete am 13. Juni 1943 in Schweden, neugierig beäugt von schwedischen Soldaten. Sie gab den Engländern interessante Aufschlüsse über die deutsche A-4-Entwicklung.

Rechte Seite: Start einer A-4-Rakete in Blizna

reich zerstört, die durch Aufklärung entdeckten Abschußstellen der V 1 angeflogen und bombardiert. Im März 1944 befahl der englische Premier Winston Churchill sogar, den Kopf der deutschen Raketenentwicklung (also Wernher von Braun) zu entführen und nach England zu bringen - koste es, was es wolle. Freilich, der Plan erwies sich als nicht durchführbar. Daraufhin verlangte Churchill, daß eine deutsche Rakete gekapert werden sollte.

Nun, auch das gelang nicht, aber trotzdem kamen die Briten, wie bereits kurz geschildert, zu einer A 4: Am 29. April 1944 gab es bei den Versuchsschüssen mit V-2-Raketen in Blizna in Polen wieder einmal einen »Luftzerleger«, eine Rakete, die rund 250 Kilometer nördlich von Blizna an den Ufern des Bug bei der Ortschaft Sarnaki herunterkam, ohne beim Aufschlag wesentlich zerstört zu werden. Unter abenteuerlichen Bedingungen schafften es polnische Widerstandskämpfer, diese Rakete an Ort und Stelle zu zerlegen, von den Teilen Zeichnungen anzufertigen und die wichtigsten Komponenten des Nachts mit einem durch geheime Funksprüche herbeibeorderten britischen Flugzeug ausfliegen zu lassen!

Eine Woche später waren diese Raketenteile in London und wurden dort fachmännisch analysiert. Allmählich kamen die Engländer zu konkreten Vorstellungen über die V 2. Sie erkannten, daß es sich um eine flüssigkeitsgetriebene Rakete handelt, die als Oxydator flüssigen Sauerstoff benützt, und konnten nun auch die Sprengkraft in etwa abschätzen. Am 3. September 1944 - unmittelbar nachdem die Deutschen das Gebiet um Blizna verlassen hatten - untersuchten britische Experten, die auf dem Weg über Moskau angereist waren, zurückgebliebene A-4-Teile und Aufschlagkrater. Sie verfrachteten die Teile in Kisten, um sie - gleichfalls via Moskau - nach London bringen zu lassen.

Zwar kamen die Kisten erhebliche Zeit später in London an, doch die Sowjets hatten ihren Inhalt gegen wohlbekannte Flugzeugbauteile ausgetauscht. Den Engländern indessen entstand hierdurch kein Informationsverlust mehr: Seit dem 8. September 1944 fielen die V-2-Raketen ohnedies auf die Britische Insel. Der lange befürchtete, schließlich aber nicht mehr erwartete Angriff mit der neuen Raketenwaffe hatte begonnen …

Wir erwähnen diese Vorgeschichte hier so ausführlich, weil sie erklärt, weshalb die Engländer so begierig waren, V-2-Raketen zu erbeuten und deutsche V-2-Fachleute in die Hand zu bekommen. Dies gelang ihnen in den letzten Monaten des Krieges sehr leicht: Beim Vormarsch nach und in Deutschland stießen sie im nordöstlichen Holland ebenso wie in der Gegend um Koblenz auf Abschußstellungen von V-2-Raketen. Die Deutschen hatten diese Stellungen schnell räumen müssen, und so fanden sich dort komplette V-2-Raketen ebenso wie zurückgelassene Ausrüstungsgegenstände und Vorrichtungen für den Start.

A-4-Starts unter britischer Aufsicht

Es war eine weibliche Armeeangehörige, Kommandant Joan Bernard, die vorschlug, mit diesen erbeuteten V-2-Raketen Demonstrationsflüge zu veranstalten, bei denen alle Einzelheiten von der Startvorbereitung über die Startdurchführung und den Bahnverlauf der Rakete bis zum Aufschlag

dokumentarisch in Schrift und Bild festgehalten werden sollten. Auf diese Weise, so argumentierten sie und ihre Vorgesetzten, würde man wertvolle Erfahrungen über den Start und Flug von Kriegsraketen sammeln können, die sonst nur in vielen Jahren zu machen wären. Die Idee fand Anklang und wurde vom Hauptquartier der alliierten Expeditionsstreitkräfte gebilligt. General Eisenhower stimmte ebenso zu wie das britische Kriegsministerium in London. Das Projekt erhielt den Namen »Operation Backfire«, Unternehmen Gegenschlag. Ein geeignetes Startgelände wurde gesucht und in Gestalt eines Schießplatzes bei Altenwalde, acht Kilometer südlich von Cuxhaven, gefunden. Unter den Kriegsgefangenen, die in der Gegend der V-2-Stellungen gemacht wurden, waren viele Männer, die als Start- und Hilfsmannschaften mit der V 2 zu tun gehabt hatten. Sie wurden ausgesondert und befragt, Listen des fehlenden Materials für V-2-Starts wurden aufgestellt, und es wurde nach dem Material gefahndet, das notwendig sein würde, um die Raketen wieder zu komplettieren, zu überprüfen, zu betanken und zu starten.

Es stellte sich heraus, daß das ganze Unternehmen schwieriger zu verwirklichen war, als man zunächst angenommen hatte. Besonders fehlte es an Lenk- und Kontrolleinrichtungen der V 2, die nur schwer aufzutreiben waren. Aber auch zahlreiche andere Dinge fehlten, von Werkzeugen bis zu Zündbatterien. Generalmajor Cameron, der das Unternehmen leitete, faßte seine Leute zu besonderen Einheiten zusammen, deren Aufgabe darin bestand, das notwendige Material durch Herumfragen, Herumsuchen und Herumreisen zusammenzuholen. Bei dieser Aktion legten die Männer insgesamt 716 800 Kilometer zurück!

Von den Amerikanern wurden 85 Experten aus dem Lager bei Garmisch-Partenkirchen angefordert, in dem an die 500 der früheren Peenemünder waren. Sie wurden verhört und für die Startvorbereitung der Raketen eingesetzt. Unter denen, die nach Cuxhaven geholt wurden, war auch Dr. Kurt Debus. Außerdem hatte man 591 Kriegsgefangene und 400 zivile Arbeitskräfte für das Unternehmen zusammengezogen.

Schließlich, am 2. Oktober 1945 (Wernher von Braun und seine sechs Mitarbeiter, die »Peenemünder Vorhut«, waren bereits seit drei Tagen in den USA), gelang der erste Start. Die Rakete schlug nur 80 Meter seitlich und 1,6 Kilometer vor dem Zielpunkt auf. Dieser Zielpunkt war eine Stelle in der Nordsee, die rund 75 Kilometer südwestlich der Ortschaft Ringkoebing in Dänemark lag. Vom Startort bis dorthin waren es in Luftlinie 240 Kilometer.

Bei einem zweiten Start brachte es die Rakete jedoch nur auf 24 Kilometer Reichweite: Der Motor fiel schon kurz nach dem Start aus.

Der dritte Versuch wurde zum letzten Flug einer A 4 von Deutschland aus. Man hatte die ursprünglich auf neun, dann auf acht festgelegte Zahl der V-2-Raketen, die bei Cuxhaven gestartet werden sollten, auf drei gekürzt. Zu diesem letzten Flug am 14. Oktober 1945 wurden internationale Prominenz und ausgewählte alliierte Pressevertreter eingeladen. Aus den USA waren unter anderem Theodore von Kármán und Dr. William Pickering, der spätere Direktor des Jet Propulsion Laboratory, aus der Sowjetunion Oberst Juri Pobedonostsew, der schon erwähnte Gasdynamiker, und Oberst Valentin Gluschko, ein Experte für Flüssigkeitsraketen-Triebwerke, anwesend. Zwei weitere Russen, die unangemeldet aufgetaucht waren, wurden nicht eingelassen und konnten den Start der V 2 nur von außerhalb des Geländes sehen. Einer von ihnen war der damalige Oberstleutnant Sergej Koroljow. Er hatte zu jener Zeit die Aufgabe, die unterirdischen Anlagen der V-2-Entwicklung bei Nordhausen wieder in Betrieb zu setzen und zwei Jahre später V-2-Starts von Kapustin Jar aus durchzu-

führen, einem heute berühmten Raketenstartplatz knapp 200 Kilometer östlich von Stalingrad, wo in den letzten Jahren unter anderem zahlreiche KOSMOS-Satelliten gestartet worden sind.
Der letzte Flug einer A 4 in Deutschland verlief einwandfrei; die Rakete schlug 18 Kilometer vor und 5,6 Kilometer östlich des gleichen Zielpunktes in der Nordsee auf, den man für den ersten und zweiten Start von »Operation Backfire« gewählt hatte.
Nach dieser Demonstration gingen die ehemaligen Peenemünder größtenteils nach Garmisch zurück, wo bereits Verträge für die Arbeit in Amerika auf sie warteten.
Den Engländern gelang es nur, 20 Mann für die Raketenarbeit in Großbritannien zu interessieren und schließlich vertraglich zu verpflichten, unter ihnen Dr. Walter Riedel, den Raketenpionier vom früheren Raketenflugplatz Berlin.
Doch in England fehlte es an Geld und Zielsetzungen für eine weitere Raketenentwicklung, und so blieb »Operation Backfire« im Resultat auf eine vollständige Dokumentation von Montage, Startvorbereitung und Startdurchführung der V 2 beschränkt, wie es sie bis dahin nicht gegeben hatte. Die bedeutenden weiteren Ereignisse mit der A 4 auf dem Wege zur Raumfahrt spielten sich in den USA und in der Sowjetunion ab ...

»Unternehmen Büroklammer«

Die Amerikaner hatten sich in den ersten Kriegsjahren weniger für die deutsche Raketenentwicklung interessiert; ihre frühen Informationen darüber erhielten sie hauptsächlich vom britischen Geheimdienst. Aber je näher das Ende des Krieges kam, um so stärker setzte man sich auch in den USA mit den Dingen auseinander, die man in Deutschland vorfinden würde.
Man wußte im Pentagon in Washington von Untertage-Fabrikationsanlagen für die V 2 bei Nordhausen und beauftragte den damaligen Oberst Toftoy, Raketen und Bauteile aus dem Mittelwerk nach den USA zu befördern, sobald die Gegend von den amerikanischen Truppen eingenommen war. Major Robert Staver wurde nach London geschickt, wo er in Zusammenarbeit mit einer Gruppe der General Electric Company unter Leitung von Dr. Richard Porter eine Liste von rund einhundert Raketenexperten zusammenstellen sollte, die man suchen und befragen wollte. Es war dies der Anfang eines Unternehmens, das zunächst bei seinem Entstehen im Juli 1945 »Project Overcast« (Unternehmen Bewölkung) genannt, bald danach aber in das berühmt gewordene »Project Paperclip« (Unternehmen Büroklammer) umbenannt worden war – »Unternehmen Büroklammer« deshalb, weil die Karteikarten aller jener Männer, denen angeboten werden sollte, in den USA für die Amerikaner zu arbeiten, mit einer kennzeichnenden Büroklammer versehen worden waren. Nach dem Auffinden der Raketen in Nordhausen und der wichtigen Dokumente in einem Bergstollen bei Dörten im Harz hatte Toftoy angeregt, die deutschen Raketenfachleute nicht nur zu suchen und zu befragen, sondern in die Vereinigten Staaten zu holen und dort weiterarbeiten zu lassen.
Am 23. Juli 1945 hatte er grünes Licht für dieses Unternehmen erhalten, das damit zum »Projekt Büroklammer« wurde.
Anfang August 1945 wurden Wernher von Braun und einigen seiner Mitarbeiter Einjahresverträge für die Arbeit in den USA angeboten. Wir haben bereits gehört, daß die ersten sieben Männer am 29. September 1945 in den USA eintrafen; auf Grund weiterer Verträge folgten ab Dezember 1945 noch mehrere Gruppen. Die letzten von mehr als einhundert Männern erreichten Fort Bliss in Texas, den Ort ihres vorläufigen Wirkens, im Februar 1946.

Von Bleicherode nach Moskau

In den letzten Wochen des Krieges arbeiteten Amerikaner, Russen, Engländer und Franzosen mit allerlei »Tricks«, um einen möglichst großen Teil der »Beute« an Raketen und Material, an Informationen und Experten für sich sicherzustellen. So holten die Amerikaner aus dem Mittelwerk in Nordhausen an technischem Gerät heraus, was nur herauszuholen war, obgleich das Mittelwerk nach den Beschlüssen von Jalta ja den Russen zufallen sollte. Als die Demarkationslinien zwischen den vier Besatzungszonen Deutschlands festgelegt wurden, trieb dies alle zu größter Eile an. In der Tat ging der letzte amerikanische Raketentransport aus Nordhausen einen Tag vor dem angekündigten Eintreffen der Russen ab!
Aber auch nach der Festlegung der Besatzungszonen ging es noch hin und her, holten Amerikaner deutsche Ingenieure, die nun plötzlich in der russischen Zone waren, jedoch lieber für die Amerikaner denn für die Russen arbeiten wollten, unter dem Schutz militärischer Immunität nach dem Westen.
Auch die Sowjets bekamen ihren Anteil. Sie hatten Peenemünde eingenommen, womit jedoch nicht mehr viel anzufangen war, denn es fiel ihnen praktisch völlig zerstört in die Hände. Sie hatten in Nordhausen das Mittelwerk und in ihm alles, was die Amerikaner nicht hatten wegtransportieren können oder wollen, und sie hatten – das Wichtigste von allem – an die 3500 Leute aus Peenemünde und dem Mittelwerk. Zwar waren nur wenige ehemalige führende Peenemünder darunter, aber dafür waren es die vielen Arbeitskräfte, die als Mechaniker an der Werkbank gestanden hatten und die die Praxis des Raketenbaus und Raketenbetriebs beherrschten. Es waren hauptsächlich die Männer, die Raketen bauten, aber nicht entwickelten.
Einer der führenden Köpfe Peenemündes, Helmut Gröttrup, Fachmann für Steuerung und Lenkung, war freiwillig in Nordhausen geblieben; ein amerikanisches Angebot, nach dem Westen zu kommen, hatte er abgelehnt. Die Russen machten ihn zum Leiter des verbliebenen deutschen technischen Personals und nahmen unter der Bezeichnung »Institut für Raketenbetrieb Bleicherode« im Mittelwerk A-4-Bau und -Entwicklung wieder auf, ebenso in einigen improvisierten Laboratorien. Mehrere russische Fachleute, darunter der erwähnte Triebwerksfachmann Koroljow, standen den Deutschen vor und zur Seite.
Im Oktober 1946 allerdings wurden Gröttrup und rund zweihundert seiner Mitarbeiter urplötzlich in die Sowjetunion verfrachtet. Die Arbeiten vom Mittelwerk wurden nun in der Nähe Moskaus fortgesetzt. In Bleicherode war der Bau von A-4-Raketen wieder in Gang gekommen; in Moskau baute man nun nicht nur derartige Raketen, sondern suchte auch, sie zu verbessern.
Am 30. Oktober 1947 startete die erste A-4-Rakete von Kasachstan aus zu einem Flug, der sie über rund 350 Kilometer brachte ...
Damit war die Szenerie für den Wettlauf zwischen Russen und Amerikanern um die besseren, leistungsfähigeren militärischen Raketen und um den Vorstoß in den Weltraum aufgebaut, die Akteure waren aktionsbereit ...

Nachkriegsmotive

Auf beiden Seiten, in Amerika wie in der Sowjetunion, gab es zwei Motive, die zu dieser Nachkriegs-Ausgangssituation auf dem Sektor der Großrakete geführt hatten.

Das erste war das Verlangen der Regierungen und der Militärs, die deutschen V-2-Raketen in der Praxis kennen und beherrschen zu lernen, um sie zu leistungsfähigeren militärischen Aggregaten weiterentwickeln zu können. Das zweite Motiv bestand in der sich immer stärker breitmachenden Erkenntnis, daß diese Raketen ein vorzügliches Mittel zur Erforschung der wenig bekannten Bereiche der hohen Atmosphäre darstellten.
Die zunächst langsam einsetzende Raketenentwicklung beschleunigte sich, als zwischen der Sowjetunion und den USA eine Rivalität ausbrach. Sie wurde noch geschürt durch den Kalten Krieg der Jahre 1948 bis etwa 1970, als die Konfrontation zwischen Ost und West ihre bisherigen Höhepunkte erreichte.
Amerikanischerseits waren die Meinungen über den Vorschlag, die militärische Raketenentwicklung voranzutreiben, zunächst zwiespältig, und auch mehrere Vorschläge für »Prestigeobjekte« wie künstliche Erdsatelliten wurden von den Führungsgremien der Streitkräfte nicht mit überschwenglichem Enthusiasmus aufgenommen, sondern auf die lange Bank geschoben.
Von Kármán hatte zusammen mit anderen Experten in einer Untersuchung »Towards New Horizons« (Neuen Horizonten entgegen) aufgezeigt, welche Forschungs- und Entwicklungstrends sich über die nächsten zwanzig Jahre für die amerikanische Luftwaffe abzeichneten, und darin natürlich der Rakete stark das Wort geredet, aber die Luftwaffe war zunächst mit anderen Dingen beschäftigt. Es galt zu jener Zeit, die neuen Düsenflugzeuge einzuführen und einzugliedern sowie Flugkapazitäten für den Transport der neuentwickelten Atombombe zu schaffen. Man vertraute lieber auf eine stärkere konventionelle Luftmacht und die Atombombe als auf neue, ungeheuer komplizierte Raketengeschosse. Außerdem schien sich eine Zeit des Abrüstens und des Friedens anzubahnen. Amerika mottete viele seiner Kriegsschiffe und Flugzeuge ein.
Doch bereits 1946 hatte Stalin die Entwicklung von Interkontinentalraketen, über die er durch die deutschen Vorarbeiten und Ideen informiert worden war, in die höchste Prioritätsstufe eingereiht. Beunruhigt durch die Entwicklung der Atombombe in Amerika, wollte er sicherstellen, daß seine Raketen den amerikanischen Kontinent erreichen und ein Gleichgewicht gegenüber der mächtigen amerikanischen Luftwaffe herstellen könnten.
Aus der Sicht der Sowjetunion war es somit höchst dringlich, zwei Aufgaben zu bewältigen: erstens, eine Langstreckenrakete mit 10 000 Kilometer Reichweite und so hoher Nutzlastkapazität zu entwickeln, daß sie eine Atombombe tragen kann, und zweitens, diese Atombombe zu produzieren.
Diese zwei Forderungen gaben der sowjetischen Raketenentwicklung fortan das Gepräge. Beider Aufgaben entledigten sich die Sowjets innerhalb eines Jahrzehnts.
Aus der besonderen sowjetischen Situation im Kernwaffenbereich heraus führte dies (wie sogleich noch erläutert wird) zu einer Überlegenheit der UdSSR in der Schubkraft der Trägerraketen und damit automatisch auch in der bald darauf beginnenden Weltraumfahrt. Erst in den Jahren 1961 bis 1967 konnten die USA diese Überlegenheit allmählich durch die Entwicklung der SATURN-Raketenserie wieder wettmachen.

Eine V 2 in der Sowjetunion – dort nachgebaut mit Hilfe deutscher Techniker

Sowjetische Raketenentwicklung 1945–1957

Die deutschen Ingenieure und Techniker, die ab 1946 in der UdSSR an der V 2 arbeiteten, ermöglichten es den Sowjets bereits 1947, einen Entwicklungsstand mit dieser Rakete zu erreichen, der demjenigen von Peenemünde vor der Zerstörung der dortigen Anlagen entsprach. Zielstrebig arbeiteten die Sowjets weiter, suchten die A 4 in Technik und Leistung zu verbessern. Der deutschen Hilfe bedienten sie sich dabei allerdings nur noch zögernd und in ausgewählten Bereichen. Sie wollten ihren ehemaligen Gegnern keinen tieferen Einblick in die technische Entwicklung der UdSSR geben; mit Beginn der fünfziger Jahre schickten sie die Deutschen deshalb auch sukzessive wieder nach Hause.
Ende Oktober 1947 startete als Ergebnis der Bemühungen in Kasachstan die erste V-2-Rakete, wie wir hörten. Bereits im November und Dezember des gleichen Jahres machten die Sowjets mit dieser Rakete erste Höhenflüge zur Erkundung der oberen Atmosphäre. Zur gleichen Zeit arbeiteten die Russen an einer verbesserten, weiterreichenden V-2-Version, die den Namen POBEDA (= Sieg) erhielt. Aus ihr ging 1950 eine nochmals verbesserte Rakete hervor, die T-1 (auch M 101) genannt wird. Diese T-1 war eine durch Flüssig-Sauerstoff und Kerosin angetriebene Rakete von 18,9 Meter Höhe, die mehr Treibstoffe als ihre Vorgängerin A 4 aufnahm und deren Schub durch beschleunigte Treibstofförderung auf 35 Tonnen (V 2 = 25 Tonnen) gesteigert worden war. Auch ihre Form hatte sich verändert: Die Rakete war nicht mehr zigarrenförmig, sondern zylindrisch; sie besaß größere Treibstofftanks, die Leitflächen waren kleiner. Die Reichweite der T-1 betrug 800 bis 900 Kilometer, ihre Nutzlastkapazität 1200 Kilogramm. Ab September 1949 befand sie sich in voller Serienproduktion; 1950 und 1951 wurden in der Sowjetunion in den Streitkräften die ersten Raketeneinheiten aufgestellt. Sie wurden zunächst mit V-2-Raketen und POBEDA-Raketen ausgerüstet.
1949 war auch das Jahr, in dem die Sowjetunion ihre erste Atombombe zur Zündung brachte, ein – wie wir heute wissen – in der Ausführung der amerikanischen Atombombe unterlegenes Gerät. Dies zeigte sich besonders in überhöhtem Ausmaß und Gewicht der sowjetischen Atombombe im Vergleich zu ihrem amerikanischen Gegenstück: Die sowjetische Atombombe war wesentlich größer und schwerer als die US-Atombombe.
Dies aber war einer der Marksteine, mit dem ein Zeichen für die künftige Raketenentwicklung gesetzt wurde: Der Unterschied zwischen sowjetischer und amerikanischer Atombombe bedeutete, daß die Russen eine wesentlich größere, schubkräftigere Rakete benötigen würden als die Amerikaner, um ihre Atombombe über den Atlantik schleudern zu können. Die Sowjetunion konzentrierte sich somit auf die Entwicklung einer viel größeren Interkontinentalrakete, als dies bei den Amerikanern der Fall war.
Die Nebenwirkung: In dem Augenblick, da der Wettlauf ins Weltall begann, man über künstliche Erdsatelliten und schließlich bemannten Raumflug zu sprechen anfing, hatten die Sowjets eine wesentlich bessere Ausgangsposition; sie konnten auf ihre vorhandenen bzw. in Entwicklung befindlichen großen Raketen zurückgreifen, während die Amerikaner nur kleinere, schubschwächere Raketen zur Verfügung hatten, deren Nutzlastvermögen entsprechend niedrig lag. Die Amerikaner mußten, als es plötzlich um den echten Raum-

Links Raketenparade auf dem Roten Platz in Moskau. Doch der Schein trügt: Dies ist keine sowjetische Rakete, sondern lediglich der Transportbehälter einer solchen, und zwar der SS-10 im Jahre 1962.

Rechte Seite: Eine Saturn V auf der Startrampe in Cape Canaveral, Florida

flug, den Flug zum Mond, zu gehen begann, zunächst eine völlig neue Serie von Trägerraketen entwickeln. So kehrte sich ein anfänglicher Nachteil der Sowjets - eine schwere Bombe, die eine größere Rakete verlangte - bei der Raumfahrt für sie in einen Vorteil um ...
Schon Ende 1947 gab es in der UdSSR zwei Entwürfe für eine interkontinentale Rakete, ein dreistufiges, flüssigkeitsgetriebenes Gerät für Flüge in große Höhen sowie in Erdumlaufbahnen (ihre Planung wurde noch im gleichen Jahr abgebrochen) und eine zweite Interkontinentalrakete, von der sogleich noch die Rede sein wird. Außerdem entwickelten die Sowjets eine zweistufige Mittelstreckenrakete, die ab April 1956 statisch getestet wurde und 1957 zum erstenmal flog. Dies war die T-2, die bereits über eine Reichweite von 2800 Kilometern verfügte. Sie war ein Markstein auf dem Weg zum echten interkontinentalen sowjetischen Raketenflugkörper.
Der Weg, den die Sowjets bei der Entwicklung ihrer größeren Raketen gingen, ist ebenso eigenwillig wie bemerkenswert. Sie verzichteten darauf, für die neuen Raketen höherer Schubkraft neue, große Triebwerke zu entwickeln, wie dies die Amerikaner taten. Statt dessen gingen sie von einem erprobten Triebwerk mit 25 Tonnen Schub aus, das auf dem Triebwerk der V 2 basierte, und bündelten eine größere Zahl derartiger Triebwerke.
Diese Entwicklung setzte 1954 ein, als das Moskauer OKB (Oitnoij Konstruktorskij Buro, experimentelles Konstruktionsbüro) einen Raketentriebwerksblock zu entwickeln begann, der später unter der Bezeichnung RD 107 bekannt wurde. Er bestand aus einer einwelligen Turbinenpumpe, die Kerosin und Flüssig-Sauerstoff aus den Treibstoffbehältern gleichzeitig durch Hunderte von Einspritzdüsen in vier große und zwei kleine, schwenkbare Brennkammern preßte. Zusatztreibstoffe für die Turbine sowie Druckgasbehälter vervollständigten das Gerät.
Jede der vier großen Brennkammern brachte 25 Tonnen Schub auf; das gesamte »Triebwerk« rund 102 Tonnen bei einem Druck von 60 Atmosphären in den Brennkammern!
Einen weiteren ähnlichen Triebwerksblock konstruierten die Sowjets unter dem Namen RD 108. Er unterscheidet sich vom RD 107 lediglich dadurch, daß er neben den vier Hauptbrennkammern vier statt zwei kleine Schwenkkammern für Lenk- und Stabilisierungszwecke enthält.
Um eine Interkontinentalrakete zu erhalten, verwendeten die Russen einen Triebwerksblock vom Typ RD 108 samt zylindrischem Raketenkörper als Zentraleinheit und fügten um ihn herum vier RD-107-Einheiten an, deren Treibstofftanks sich nach oben kegelförmig verjüngten. Der zentrale Raketenkörper erweitert sich oberhalb der Ansatzstellen der »Kegel«, um noch etwas weiter oben wieder dünner zu werden. Das ganze Gebilde sieht mit seinen 27,5 Meter Höhe recht bizarr und eindrucksvoll aus. Die vier seitwärtigen Zusatzraketen reichen bis auf eine Höhe von 19,4 Metern hinauf. Die Russen apostrophieren sie als »erste Stufe«, während der zentrale Teil die »zweite Stufe« darstellt; wir ziehen es nach unserer Terminologie vor, von einem Marschflugkörper (= zentraler Teil) mit vier Starthilfsraketen zu sprechen.
Beim Start dieser Rakete werden sämtliche Triebwerke gezündet, das heißt es arbeiten dann die vier Haupttriebwerke des zentralen RD-108-Blocks und die $4 \times 4 = 16$ Haupttriebwerke der vier RD-107-Einheiten (insgesamt also 20 Haupttriebwerke) sowie die 12 Lenktriebwerke der Einheiten,

USA

Links: Die sowjetischen Raketentriebwerke RD 107 (ganz links) und RD 108

Rechte Seite: Nachtstart einer REDSTONE in Cape Canaveral

alles in allem also 32 Triebwerke; sie bringen zusammen einen Startschub von 510 Tonnen auf!
Dies ist nach Aussage der Russen die erste sowjetische Interkontinentalrakete gewesen. Ihr Erstflug fand am 3. August 1957 statt und war am Tag zuvor von Radio Moskau in den Nachrichten angekündigt worden. Die Sowjets demonstrierten mit diesem Flug ihre militärische Fähigkeit, die Vereinigten Staaten mit Fernraketen zu erreichen!
Freilich, wie groß die Rakete war, aus wie vielen Stufen oder Bündeln sie bestand, welche Nutzlastkapazität sie besaß und wie sie sich zusammensetzte – das waren Fragen, die damals im Westen kein Mensch zu beantworten wußte. Die Daten, die in den vorausgegangenen Abschnitten über sowjetische Raketen genannt wurden, sind das Ergebnis jahrelanger mühevoller Analysen, bruchstückhafter sowjetischer Informationen und umfangreicher militärischer Aufklärung.
Alle Informationen über sowjetische Raketen sind als Resultat einer Art Puzzlespiel zu betrachten und deshalb auch nicht immer authentisch; Abweichungen in den Daten sind häufig, aber das Gesamtbild dürfte trotzdem einigermaßen zuverlässig sein.
Die gerade beschriebene erste sowjetische Interkontinentalrakete, die im NATO-Code*) die Bezeichnung SS-6 und den Namen SAPWOOD (Splintholz) trägt, ist wahrscheinlich die bisher meistgeflogene Interkontinentalrakete der Welt.
Außer dieser Rakete entwickelten die Sowjets im Zeitraum von 1945 bis 1957 noch eine Reihe weiterer Raketen, doch sie sollen uns im Augenblick nicht näher interessieren.

Amerikanische Raketenentwicklung 1945–1957

Kam also die sowjetische Entwicklung zur militärischen interkontinentalen Großrakete nach Ende des Zweiten Weltkrieges verhältnismäßig schnell in Gang, so wurde ein entsprechendes Projekt in den Vereinigten Staaten zunächst nicht eingeleitet. Man beschränkte sich in Amerika vielmehr darauf, Erfahrungen mit der A 4 zu gewinnen, entwickelte einige kleinere Boden-Luft- und Boden-Boden-Raketen sowie – ein anderes Kapitel – ein paar Höhenforschungsraketen.
Mit den A-4-Experimenten in White Sands, die auch in diese Betrachtung gehören, werden wir uns noch näher auseinandersetzen, wenn von der Hochatmosphärenforschung die Rede ist. Zwar führte die amerikanische Armee die ersten V-2-Versuche primär durch, um militärische Erfahrungen mit dieser Rakete zu gewinnen, aber vom praktischen Gesichtspunkt her muß man die Experimente doch eher zum Bereich der Höhenforschung mit Raketen zählen.
Die Entwicklung größerer Flüssigkeitsraketen setzte in Amerika erst im Jahre 1951 unter Präsident Truman ein – und auch da nur in bescheidenem Umfang. Planungen hatte es auch in den Monaten und Jahren zuvor schon genügend gegeben, und Armee, Luftwaffe sowie Marine standen mit ihren Ideen in ständigem Wettbewerb, bis schließlich der damalige amerikanische Verteidigungsminister Louis A. Johnson anordnete, daß die Pläne der einzelnen Waffengattungen zu untersuchen, miteinander abzustimmen und die daraus resultierenden Programme straff zu führen seien. Als Folge hiervon bekam das Redstone-Arsenal der amerikanischen Armee in Huntsville in Alabama den Auftrag, das von ihr vorgeschlagene Programm einer taktischen ballistischen Kampfrakete zügig zu verwirklichen.
Die geistigen Väter und schließlichen Realisatoren dieser Rakete waren Wernher von Braun und seine Mitarbeiter. Sie waren 1950 aus Fort Bliss nach Huntsville versetzt worden, um in dem dortigen Armeedepot Raketen zu entwickeln, nachdem Fort Bliss für die vorgesehenen Arbeiten nicht groß genug war.
Die Rakete, die zunächst unter verschiedenen inoffiziellen Namen wie URSA (Bär) lief, ist ein unmittelbarer Abkomme der V2. Erst im April 1952 erhielt sie offiziell den Namen REDSTONE nach dem gleichnamigen Heeresarsenal, das seinerseits diese Bezeichnung dem roten Gestein verdankt, das in jener Gegend von Huntsville so häufig vorkommt.
Die REDSTONE wurde zu einer Rakete, die der sowjetischen POBEDA, was Leistung

*) Eine von der Nordatlantischen Verteidigungsgemeinschaft eingeführte Klassifizierung. Sie hat mit den sowjetischen Bezeichnungen der Raketen nichts gemein und ist nur als Kennmarke zu betrachten.

und Auslegung angeht, in etwa vergleichbar ist. Die REDSTONE ist eine 21,1 Meter lange, durch Alkohol und Flüssig-Sauerstoff angetriebene einstufige Rakete von 320 Kilometer Reichweite mit einer Nutzlast von 3,6 Tonnen, ein taktischer Atombombenträger. Das Triebwerk der REDSTONE hat einen Startschub von 35400 Kilogramm und brennt 110 Sekunden. Gegenüber der V-2-Rakete ist die Nutzlast bei der REDSTONE also auf über das Dreifache, der Schub hingegen nur um die Hälfte erhöht worden. Das war nur möglich, da die Rakete selbst weniger gewichtsaufwendig konstruiert werden konnte: Sie besitzt eine vereinfachte Zelle, kleinere und leichtere Heckflossen und verwendet die Treibstofftanks als tragende Teile des Gesamtsystems. Hierin kommen deutlich die erzielten technologischen und werkstoffkundlichen Fortschritte zum Ausdruck. Gleich der A-4-Rakete besitzt die REDSTONE Graphitruder im Gasstrahl, ihre vollautomatische Trägheitslenkung – ebenfalls nach dem Prinzip der A4 entwickelt – macht es unmöglich, das aufgegebene Flugprogramm der Rakete von außen zu stören. Nach Brennschluß – also Verbrauch des Treibstoffs – wird der hintere Antriebs- und Tankteil, der knapp 16 der 21 Meter Länge des Projektils ausmacht, abgetrennt und stürzt frühzeitig zu Boden, während Gefechtskopf und Lenkteil samt den steuernden Luftrudern bis zum vorgegebenen Zielort weiterfliegen.

Der erste Probeflug einer REDSTONE-Rakete fand am 20. August 1953 statt – übrigens von dem in der Zwischenzeit entstandenen Raketenversuchsgelände Cape Canaveral in Florida aus. Am 8. August 1956 fand der fünfzehnte Versuchsstart einer REDSTONE statt; damit war die erste Entwicklungsphase dieser Rakete abgeschlossen. Mit weiteren 22 Starts, bei denen es sich um modifizierte REDSTONE-Raketen handelte, die JUPITER A hießen, wurde die Entwicklung einer Rakete für mittlere Reichweiten vorbereitet – das sogenannte JUPITER-IRBM (IRBM = **I**ntermediate **R**ange **B**allistic **M**issile, Flugkörper für mittlere Reichweiten). Diese JUPITER-IRBM's sollten 2400 bis 2600 Kilometer weit fliegen und eine Nutzlast von 1500 Kilogramm tragen; die Flughöhe sollte bei 320 bis 650 Kilometern liegen. Die Entwicklung dieser Rakete war Ende 1955 beschlossen worden als Antwort auf die politische Klimaverschlechterung mit der Sowjetunion und die Erkenntnis, daß die UdSSR sich mit aller Macht der Entwicklung von Fernraketen verschrieben hatte.

Doch noch einmal zurück zum weiteren Schicksal der REDSTONE-Rakete. Am 16. Mai 1958 wurde eine REDSTONE erstmals von einer amerikanischen Feldtruppe unter Gefechtsbedingungen verschossen. Im Juni des gleichen Jahres wurde eine größere Zahl von Exemplaren dieser leicht beweglichen und leicht bedienbaren Rakete als taktische Waffe an die amerikanische Armee in Deutschland verschifft.

In unserem Zusammenhang bedeutsamer indessen ist, daß die REDSTONE für zahlreiche Tests und für die Raumfahrt verwendet wurde. So entwickelten die Techniker sie zu einer dreistufigen JUPITER-C-Rakete weiter. In dieser Version brachte sie im Herbst 1956 ihre dritte Stufe 5000 Kilo-

meter weit auf den Atlantik hinaus und erreichte hierbei die damalige Rekordhöhe von knapp 1000 Kilometern. In einer weiteren Abwandlung wurde die JUPITER C Ende Januar 1958 als JUNO I zur ersten erfolgreichen Satellitenträgerrakete der Vereinigten Staaten, und am 1. August 1958 brachte eine REDSTONE über Johnston Island, einer Insel im Pazifik, eine Atombombe für eine Versuchszündung auf große Höhe. Schließlich wurde am 5. Mai 1961 eine REDSTONE zur Trägerrakete für den ersten ballistischen Raumflug eines Menschen, des amerikanischen Astronauten Alan Shepard.

Wir werden auf die REDSTONE-Rakete sowie ihre »verbesserten Abarten«, die JUPITER C, JUNO I, JUNO II usw., noch mehrmals zurückkommen müssen, handelt es sich bei den gerade genannten Typen doch um »Raumfahrtversionen« der ursprünglichen REDSTONE- und JUPITER-Raketentypen: Wie überall in den ersten rund zehn Jahren der Raumfahrt wurde hier ein militärisches Gerät für diese Raumfahrt »zweckentfremdet«. Dieser Vorgang beweist, wie sehr die Raumfahrt aus der Situation der Zeit heraus entstanden ist: Erst das militärische Interesse an der Rakete und das daraus erwachsende militärische Raketenpotential machten es möglich, künstliche Erdsatelliten und Raumsonden zu starten. Bis auf den heutigen Tag sind die Trägerraketen der Raumfahrt Geräte, die ursprünglich für militärische Zwecke entwickelt wurden. Bisher wurde nur eine einzige Großrakete in der Welt ausschließlich für friedliche Raumfahrtunternehmungen entwickelt und verwendet, die gewaltige SATURN V, mit deren Hilfe Amerikas Astronauten zum Mond gelangten. Darüber hinaus gibt es Ausnahmen von der gerade erwähnten Regel nur in Gestalt einiger kleinerer Raketen, wie etwa der amerikanischen SCOUT, mit der kleinere Satelliten gestartet und Höhenraketenexperimente vorgenommen werden. Die Sowjetunion hat bisher samt und sonders »zweckentfremdete« militärische Trägerraketen benützt, um ihre zivilen Raumflugunternehmungen zu verwirklichen. Doch zurück zur Raketenentwicklung in

Linke Seite: Betankung der MERKUR-REDSTONE-Rakete MR-3 bei einem Vorversuch im April 1961

Am 5. Mai (Bild Mitte) startete Alan Shepard mit dieser Rakete zum ersten ballistischen Flug eines amerikanischen Astronauten.

Rechts: Montage einer SCOUT-Feststoffrakete auf der italienischen Startplattform SAN MARCO für den gleichnamigen italienischen Satelliten im April 1971: Beispiel für die internationale Zusammenarbeit in der Raumfahrt

den Vereinigten Staaten. Die erwähnte, durch den seinerzeitigen amerikanischen Verteidigungsminister Johnson angeordnete Abstimmung zwischen den Waffengattungen über die Raketenentwicklung hatte im wesentlichen bewirkt, daß die Armee sich auf taktische Raketen für die Unterstützung des Heeres zu beschränken hatte und in diesem Rahmen zunächst die REDSTONE entwickelte; die Luftwaffe beschäftigte sich mit Überlegungen zu weitreichenden Fernraketen und die Marine mit Raketen für den Abschuß von See aus.

Doch allen diesen Überlegungen und Projekten fehlte zunächst der notwendige Schwung. Mangelnde Erkenntnis und mangelnde Überzeugung von der Notwendigkeit einer Interkontinentalrakete ließen die Pläne nur langsam reifen, das Geld zu spärlich fließen. Hinzu kam die weitverbreitete Überzeugung, daß Raketen zu ungenau in ihrer Treffsicherheit sein würden und deshalb militärisch kein wirkungsvolles, wirtschaftliches Gerät darstellen könnten.

Erst im Jahre 1950 ging die amerikanische Luftwaffe angesichts der Ende 1949 erfolgten ersten Explosion einer russischen Kernwaffe allmählich daran, ihr Fernraketenprogramm wieder aufzunehmen. Aber auch zu diesem Zeitpunkt sah man in der Interkontinentalrakete lediglich eine Waffe, die vielleicht einmal in 15 oder 20 Jahren eine Rolle spielen würde. Unbeschadet des sich ausweitenden Kalten Krieges wie auch des »heißen« Krieges in Korea geschah bis zum Jahre 1953 wenig, was in der amerikanischen Luftwaffe die Raketenentwicklung wirklich hätte voranbringen können. Erst 1953 kam der Umschwung.

Ausschlaggebend für diese Tendenzwende waren Informationen über die sowjetische Raketenentwicklung, die eindeutig belegten, daß die Sowjetunion intensiv an der Entwicklung und dem Bau militärischer Langstreckenraketen arbeitete. Ebenfalls ausschlaggebend waren aber auch die zu jenem Zeitpunkt in den Vereinigten Staaten erzielten Durchbrüche bei thermonuklearen Waffen (also bei der Entwicklung der Wasserstoffbombe). Sie zeigten, daß sich derartige thermonukleare Waffen wesentlich kleiner und leichter bauen lassen, als man dies bis zu jenem Zeitpunkt für möglich gehalten hatte. Damit entstand die Aussicht, in Raketen vernünftiger Ausmaße Waffen mitzuführen, bei denen die Treffgenauigkeit nicht mehr so entscheidend war, da der Wirkungskreis dieser Nuklearwaffen so groß sein würde, daß das Ziel auch bei geringerer Treffsicherheit nicht verfehlt werden konnte. Ein dritter Faktor für die 1953 einsetzende Meinungsänderung über Fernraketen bei der amerikanischen Luftwaffe schließlich war ein Generationswechsel: Neue, junge Leute mit neuen Auffassungen und veränderten Vorstellungen rückten in Spitzenpositionen vor.

Schon 1950 war bei der amerikanischen Luftwaffe ein Konzept für eine Interkontinentalrakete entwickelt worden, die spätere ATLAS-Rakete. Es war in seinen technischen Einzelheiten weitgehendst diktiert worden vom damaligen Unwissen über das ballistische Verhalten eines Flugkörpers, der mit mehrfacher Schallgeschwindigkeit auf Höhen von mehreren hundert Kilometern einem 8000 oder 10 000 Kilometer entfernten Ziel zustreben, wieder in die Atmosphäre eintreten und dieses Ziel erreichen sollte. Man wußte noch zu wenig über die Lenkung eines solchen Projektils, die Triebwerkszündung im praktisch luftleeren Weltraum, die Treffgenauigkeit, und was dieser Dinge mehr waren.

Diese Unsicherheiten über technische Tatbestände kamen in der Art der konzipierten Rakete zum Ausdruck: Um möglichen Problemen bei einer Triebwerkszündung im Vakuum aus dem Weg zu gehen, wurde die ATLAS nicht als zweistufiges Gerät entworfen (hierbei wäre ja die zweite Stufe erst in der äußerst dünnen, technisch einem Vakuum entsprechenden Hochatmosphäre gezündet worden), sondern als »anderthalbstufig«: Beim Start wurden alle drei Triebwerke gezündet. Die zwei äußeren Triebwerke jedoch wurden nach etwa 130 Sekunden Flugzeit ausgeschaltet und zusammen mit dem sie tragenden Ring abgeworfen.

Die Entwicklungsgeschichte der ATLAS-Rakete ist im übrigen charakteristisch für den damaligen plötzlichen Meinungsumschwung über Fernraketen von einem zögernden Hinhalten zu der Erkenntnis, daß eine derartige Rakete machbar ist und aus militärischen Gründen schnellstens benötigt wird. Das für diesen Umschwung entscheidende Ereignis fand im Februar 1954 statt. Zu diesem Zeitpunkt gründete die Luftwaffe unter Vorsitz des berühmten Mathematikers John von Neumann (1903–1957) ein spezielles Komitee, dessen Aufgabe es war, alle Erkenntnisse über strategische Fernraketen auszuwerten und das Ergebnis in Relation zu der bestehenden politischen Lage zu setzen.

John von Neumann und seine Ausschußmitglieder stellten fest, daß es technisch grundsätzlich möglich sei, interkontinentale Fernraketen zu entwickeln und innerhalb des kurzen vom Militär abgesteckten Zeitraumes einsetzbar zu machen, falls man sich in dieser Richtung wirklich intensiv anstrengen würde. Insbesondere sprach sich das Komitee für die ATLAS als wasserstoffbombentragende Interkontinentalrakete aus. Damit war das Startsignal gegeben, begannen die Gelder für das ATLAS-Unternehmen zu fließen.

Im Juli 1954 nahm der junge, zielstrebige General Bernard Schriever bei der von der Luftwaffe neu gegründeten WDD (= **W**estern **D**evelopment **D**ivision, westliche Entwicklungsabteilung) in Los Angeles das Heft in die Hand. Zusammen mit der Firma Ramo-Wooldridge Corporation (früher die berühmten Space Technology Laboratories, STL, heute TRW) entwikkelte er ein neues Realisierungskonzept. Es ging von einigen vorhandenen Entwicklungen staustrahl- und raketengetriebener Flugkörper aus, die in den Vorjahren konstruiert worden waren. Neue Managementmethoden wurden eingeführt, das schon erwähnte »Anderthalb-Stufen«-Konzept entworfen und ein System aufgebaut, das die redundante (also zweifache) Entwicklung aller kritischen Untersysteme vorsah – man wollte sicher gehen, daß das schnellstens zu realisierende Raketengeschoß nicht durch ein falsches, unbrauchbares Subsystem in seiner Entwicklung verzögert würde.

Auf diese Weise konnten viele Arbeiten, die unter normalen Umständen nacheinander abgewickelt werden müßten, parallel durchgeführt werden, was eine entsprechende Zeitersparnis erbrachte. Außerdem konnten bei allen jenen Subsystemen, die zweifach entwickelt worden waren, aber in die Rakete nur mit dem ersten Gerät eingingen, die redundanten Geräte als Ausgangselemente für eine zweite, verbesserte Rakete verwendet werden. So entstanden unter gegenseitiger Wechselwirkung die Interkontinentalraketen ATLAS und TITAN parallel, wenn auch zeitlich phasenverschoben.

Es ist hier nicht der Platz, die technischen Probleme, die auftraten, und die Lösungen, die gefunden wurden, in allen Einzelheiten anzuführen. Aber einige Beispiele seien stichwortartig erwähnt.

Da war etwa das Problem des Wiedereintritts, also die Frage, wie man einen – noch dazu mit Sprengstoff oder Atomsprengköpfen geladenen – Raketenkopf bei mehrfacher Schallgeschwindigkeit aus atmosphäreloser Höhe wieder in die tieferen Atmosphäreschichten würde zurückführen können, ohne daß er durch den Reibungswiderstand und die damit verbundene

starke Aufheizung zum Schmelzen und Zerbrechen gebracht würde. Zu dem Zeitpunkt, da man die ATLAS-Rakete definierte, war dies eine noch völlig ungelöste Frage. Oder da war die Aufgabe, die Rakete möglichst leicht zu bauen, um ein akzeptables Verhältnis zwischen Startgewicht, Nutzlastgewicht und Reichweite bei möglichst kleinen Ausmaßen des Raketenkörpers zu haben. Das Ziel bestand ja immerhin darin, mit der ATLAS eine Nutzlast (sprich: Wasserstoffbombe) von 1,5 Tonnen Gewicht über 8000 bis 10000 Kilometer zu transportieren. So wurde die Rakete mit drei Triebwerken ausgelegt statt der in den ersten Entwürfen Anfang der fünfziger Jahre vorgesehenen fünf Motoren. Bei der Gewichtsabschätzung der thermonuklearen Sprengladung, die die Rakete tragen sollte, wurde von sehr kühnen Annahmen über ein niedriges Gewicht dieser noch in der Entwicklung befindlichen Bombe ausgegangen, und die Außenhülle der Rakete wurde als so dünne Aluminiumwand konzipiert, daß der Rahmen allein nicht ausreichte, die unbetankte Rakete hochstehend zu tragen: Erst durch den eingefüllten Treibstoff wurde sie so stabil, daß sie nicht mehr unter ihrem eigenen Gewicht zusammenbrach. Solange die Rakete unbetankt war, mußte sie, um nicht zusammenzusinken, deshalb stets Druckluft in ihren Tanks tragen.
Ähnlich schwerwiegende Probleme gab es bei Steuerung und Lenkung der Rakete sowie in zahlreichen anderen Bereichen. Anfang 1955 waren alle diese Fragen zumindest so weit gelöst, daß Übereinstimmung hinsichtlich der generellen Konfiguration der ATLAS-Rakete und über ihr Einsatzspektrum bestand. Im Mai 1955 wurden die zusätzlich aus Redundanzgründen entwickelten Komponenten in ein zweites ICBM-Projekt, das Vorhaben für die schon erwähnte TITAN-Rakete, eingebracht. Sie

Start einer ATLAS-CENTAUR-Rakete. Die zweite Stufe – die CENTAUR – wird durch die hochenergetische Kombination Flüssig-Wasserstoff/Flüssig-Sauerstoff angetrieben. Die ATLAS-CENTAUR wurde 1958 bis 1964 durch die NASA für Raumfahrtaufgaben entwickelt.

sollte verbesserte Baugruppen enthalten, die teilweise für die ATLAS-Rakete gesperrt wurden, um zu verhindern, daß durch ständige Verbesserungen die Zeitpunkte der Erprobung und Einsatzbereitschaft dieser Rakete verzögert wurden.
Im Oktober 1955 wurde die Western Development Division unter General Schriever beauftragt, sich mit der Entwicklung von Satelliten zu beschäftigen, die von der ATLAS in eine Erdumlaufbahn getragen werden könnten. Im November trat das Hauptquartier der Luftwaffe an Schriever mit dem Befehl heran, zusätzlich ein IRBM, also eine Rakete mittlerer Reichweite zu schaffen, ein Verlangen, das zur THOR-Mittelstreckenrakete führte.
So kam es, daß die WDD Ende 1955 mit vier Projekten gleichzeitig beschäftigt war: mit der Entwicklung der Raketen ATLAS, TITAN und THOR und mit dem ATLAS-Satellitenprojekt. Weiterhin wurde der WDD Mitte Dezember 1955 der Auftrag zuteil, die ATLAS-Rakete schnellstmöglich einsatzbereit zu machen.
Aber nicht nur bei der Air Force, sondern auch andernorts trieb man das Tempo in Erkenntnis der Raketenkrise infolge drohender sowjetischer Übermacht voran. So erhielt die Armeegruppe in Huntsville den bereits erwähnten Auftrag, in einem Eilprogramm ebenfalls ein IRBM zu konstruieren. Dies wurde die JUPITER-Rakete, die ihre Idee Überlegungen der Huntsviller Ende der vierziger Jahre über das Satellitenprojekt ORBITER verdankt, über das im übernächsten Kapitel noch zu reden sein wird.
Die Entwicklung dieser Mittelstreckenrakete vom Typ JUPITER wurde 1955 zunächst von Armee und Marine gemeinsam begonnen. Das Huntsviller Fernlenkkörper-Zentrum im Redstone-Arsenal wurde nun zur »Abteilung für die Entwicklung von Fernlenkkörpern« (Guided Missile Development Division) innerhalb der ABMA (= **A**rmy **B**allistic **M**issile **A**gency), der Armeebehörde für ballistische Flugkörper.
Im Zuge der Entwicklung der neuen Mittelstreckenrakete mußten ebenfalls viele Probleme gelöst und viele Schwierigkeiten überwunden werden. Ein Wettlauf zwischen Armee und Luftwaffe um die erste einsatzfähige Mittelstreckenrakete setzte ein. Zahlreiche Nebenentwicklungen mußten durchgeführt werden. So wurde die schon erwähnte, aus einem früheren Satellitenkonzept hervorgegangene JUPITER C, eine dreistufige Rakete, für Wiedereintrittsversuche benützt: Mit ihr wurden verkleinerte Modelle des für die JUPITER-IRBM vorgesehenen Nasenkegels in die Atmosphäre hineingetrieben und dabei unter anderem die Idee der Schmelzkühlung – auch ablative Kühlung oder Ablationskühlung genannt – als praktisch verwendbar erkannt. Hierbei ist der Raketenkopf bzw. der Wiedereintrittskörper mit einem schwerflüssigen Material niedriger Wärmeleitfähigkeit überzogen, das langsam wegschmilzt oder wegbrennt, dabei die Wärmeenergie weitgehend verbraucht und so die tieferliegende Oberfläche des Körpers vor übermäßiger Aufheizung bewahrt. Bei den Schutzschichten handelt es sich um – vielfach glasfaserverstärkte – Kunstharze nach Art von Nylon und Phenol.
Die JUPITER wurde zur ersten einsatzfähigen Mittelstreckenrakete Amerikas. Die Marine, die, wie gesagt, anfänglich an der Entwicklung dieser Rakete beteiligt war, zog sich im Dezember 1956 aus dem Programm zurück, um bereits früher begonnene Untersuchungen über Feststoffraketen in die Entwicklung einer eigenen, von See aus zu verschießenden Feststoffrakete münden zu lassen, der POLARIS. Die JUPITER-Rakete wurde später, obgleich von der Armee entwickelt, von der Luftwaffe betrieben.
Der erste Flug einer JUPITER-IRBM, der die Rakete allerdings nur über knapp 100 Kilometer führte, fand am 1. März 1957 statt, der dritte und gleichzeitig erste erfolgreiche Flug wurde am 31. Mai 1957 gemacht. Die Rakete erreichte hierbei eine Höhe von 482 Kilometern und legte über 2500 Kilometer zurück.
Die THOR-Rakete der Luftwaffe hatte zwischen Januar und August 1957 vier Fehlstarts, bevor das fünfte Gerät am 20. September 1957 den ersten erfolgreichen Flug über rund 1500 Kilometer erbrachte. Den ersten Flug über die volle Reichweite von 2400 Kilometern erzielte THOR Nr. 7 am 11. Oktober 1957.
Was die Interkontinentalrakete ATLAS angeht, so hatte sie – gleich vielen der anderen Raketen – einen langen, beschwerlichen Entwicklungsweg durchzumachen. Im Laufe dieser Entwicklung mußten zahlreiche Änderungen vorgenommen werden. Der erste Flug einer ATLAS fand am

Eine TITAN-Rakete hebt in Cape Canaveral von der Startplattform ab. Deutlich erkennt man hinter der Rakete Wolken des im Flammendeflektor unter der Startplattform verdampfenden Kühlwassers.

11. Juni 1957 statt, endete jedoch bereits in drei Kilometer Höhe. Noch bevor die zweite ATLAS-Rakete startete, gelang den Sowjets am 3. August 1957 der erste, laut verkündete erfolgreiche Flug ihrer Interkontinentalrakete. Einen Monat später, am 4. Oktober 1957, überraschten die Russen die Welt mit dem Start des ersten künstlichen Erdsatelliten, SPUTNIK 1. Von da an sollten noch zehn weitere, von hektischer Aktivität geprägte Monate vergehen, bevor der erste erfolgreiche Flug einer amerikanischen Interkontinentalrakete – der ATLAS Nr. 10 über 4000 Kilometer Entfernung – stattfand, und fast 14 Monate, bis ATLAS Nr. 15 am 28. November 1958 die volle vorgesehene Strecke von 10180 Kilometern überwand. Der Raketenwettlauf war nun in vollem Gange...

Die A 4 in Amerika

Dies war, in vereinfachender Zusammenfassung dargestellt, das politisch-militärische Wechselspiel der Nachkriegsjahre bis zum »SPUTNIK-Schock«. Betrachten wir nun die »andere Seite der Medaille«, die Chancen, die sich durch das militärische Interesse an der Rakete jenen Leuten boten, die in Raketen Transportmittel für Meßinstrumente und in letzter Konsequenz ein Gerät für die Verwirklichung des Raumfahrtgedankens sahen.
Die amerikanische Armee hatte sich schon geraume Zeit vor dem Ende des Zweiten Weltkriegs entschieden, deutsche Beutewaffen – insbesondere V-2-Raketen und diverse bodenstartende Flugkörper – nach Kriegsende in die USA zu verbringen und dort zu erproben und gegebenenfalls weiterzuentwickeln. Am 15. November 1944 hatte deshalb die General Electric Company vom Waffenamt der Armee einen Vertrag erhalten, auf Grund dessen die Firma sich darauf vorbereiten sollte, erbeutete deutsche V-2-Raketen wieder herzurichten und zu starten sowie auf der Basis deutscher Entwürfe und Erfahrungen mehrere eigene bodenstartende Flugkörper zu entwickeln. (Erst zu einem späteren Zeitpunkt entschied man sich, auch die führenden Techniker des V-2-Programms zur Weiterarbeit in den USA einzuladen.)
Aus diesem Vertrag entstand das Projekt HERMES. In der zehnjährigen Geschichte dieses Programms wurden 103 Flugkörper gestartet, darunter 67 V-2-Raketen und 8 zweistufige Raketen vom Typ BUMPER (= »Riesending«), einer Kombination aus der A 4 als erster und einer WAC CORPORAL als zweiter Stufe.
Die Auswertung deutscher Erkenntnisse brachte mehrere neue Flugkörper hervor. Zu ihnen gehörten die auf dem deutschen WASSERFALL basierende Rakete HERMES A-1, ein Boden-/Luft-Flugkörper, dann die HERMES A-2, eine flügellose Abwandlung der HERMES A-1, eine weitere HERMES-Version mit festen Treibstoffen und mehrere andere raketen- bzw. staustrahlgetriebene Flugkörper. Nicht alle diese Geräte kamen jedoch über das Planungsstadium, erste Tests oder maximal eine fliegende Versuchsserie hinaus: Die betreffenden Programme wurden jeweils sehr bald geändert oder eingestellt. Das erfolgreichste Unternehmen im Zuge des HERMES-Projekts waren ohne Zweifel die V-2-Starts in White Sands und (in zwei Fällen) von Cape Canaveral aus.
Wir hatten bereits gehört, wie die amerikanische Armee etwa 100 erbeutete V-2-Raketen von Deutschland aus nach den USA verschickt hatte. Sie kamen über Antwerpen und New Orleans schließlich im Juli 1944 in White Sands an, also rund ein Vierteljahr, bevor die erste Gruppe der Peenemünder Ingenieure Einzug in Fort Bliss hielt und das Sortieren und Übersetzen der erbeuteten V-2-Dokumente begann. Diese rund 100 Raketen waren allerdings keineswegs alles »fertige Exemplare«. Genauer gesagt, handelte es sich nur um wenige komplette A-4-Geräte; die restlichen »Raketen« bestanden aus einzelnen Baugruppen, die zunächst zusammengebaut, überprüft und in vielen Fällen durch nachgefertigte Teile ergänzt werden mußten. So gehörten zu der Beute unter anderem 127 Tragrahmen für die Treibstofftanks, etwa 100 Triebwerksrahmen, 180 Sauerstoff- und 120 Alkoholtanks, 115 Instrumentenfächer für die elektronischen Lenk- und Steuereinrichtungen, 200 Turbinen und Pumpen, 90 Schwanzsektionen, Wasserstoffperoxid- und Kaliumpermanganattanks, Wärmeaustauscher, Ventile, Lei-

Linke Seite außen: THOR-Serienproduktion bei der Firma Douglas

Linke Seite innen: Eine POLARIS-Rakete hebt von Unterwasser ab.

Rechts oben: Start einer A-4-Rakete in Neu-Mexiko

Unteres Bild: Sorgfältig werden die Trümmer der Rakete inspiziert. Sie liefern so manche Information über den Verlauf des Fluges.

tungen usw. usw. in diversen Zuständen, angefangen bei hervorragend erhalten gebliebenen Teilen bis zu Komponenten, die nicht mehr verwendbar waren, sondern in den USA nachgebaut werden mußten. Auch die weite Reise und unsachgemäße Behandlung auf dem Transport hatten den Raketen und Bauteilen übel zugesetzt. Alles mußte zerlegt, zum Teil entrostet, gesäubert und dann wieder akkurat zusammengebaut werden. General Electric steuerte Techniker und Zeichner bei, denn viele Dinge mußten neu dokumentiert werden. Ein Prüfstand wurde errichtet. Deutschen und Amerikanern gelang es schließlich in langwieriger Arbeit, an die 75 Raketen »zusammenzubasteln«, wobei die anfänglichen Voraussetzungen für diese Arbeit äußerst ungünstig waren: Es fehlte in White Sands und Fort Bliss an dem notwendigen Werkzeug, an Prüfgeräten, Werkbänken, Startvorrichtungen und tausend anderen Dingen. Bei den späteren Flügen dieser Raketen stellte sich denn auch mehrfach heraus, daß das Material überaltert war, was des öfteren zu Fehlstarts, Explosionen, dem Abriß von Schwanzflossen und ähnlichen Vorkommnissen führte. Und dies, obwohl man in White Sands bemüht war, die Raketen möglichst schnell nach Beendigung der Montage zu verschießen: Schon in Peenemünde hatten die Deutschen die Erfahrung gemacht, daß die Zuverlässigkeit stark abfiel, wenn die fertig montierte Rakete nicht binnen weniger Tage verschossen wurde. Die maximale

Zeit, die eine fertige Rakete aufbewahrt werden durfte, war deshalb dort auf drei Tage festgelegt worden.

Insgesamt betrachtet war das Programm von White Sands aber von allen Aspekten her gesehen recht erfolgreich; der amerikanischen Armee lieferte es Einsichten in Betrieb und Startdurchführung, in Konstruktionsprinzipien und Aufbau einer A-4-Rakete, über Ballistik und Bahnverfolgung und viele andere Faktoren, den Wissenschaftlern gab es vielfältige Daten an die Hand über den Aufbau der höheren Atmosphäre, über Temperaturen und Drücke, über chemische Zusammensetzung und Windgeschwindigkeiten sowie Informationen über die Sonne und Meteoriten und nicht zuletzt Fotos der Erde aus großer Höhe.

Das gesamte Programm war ursprünglich von der Armee auf mehrere Schwerpunkte ausgelegt worden: Erfahrungen in der Handhabung und dem Abschuß einer Großrakete zu vermitteln, Hinweise auf die Konstruktion der zugehörigen Bodengeräte zu geben, Versuche anzustellen, die für die Konstruktion künftiger Raketen von Bedeutung sein würden, Komponenten für zukünftige Raketen bei echten Flügen testen zu können, ballistische Daten zu erhalten, die bei der Entwicklung neuer Verfolgungs- und Bahnvermessungsgeräte zugrunde gelegt werden konnten, und schließlich, die Hochatmosphäre zu erforschen.

Wir hatten gehört, daß ja bereits während des Krieges in Deutschland eine Reihe von Wissenschaftlern den Wunsch ausgesprochen hatten, V-2-Raketen für Untersuchungen in der oberen Atmosphäre benützen zu dürfen, wie man sich ja auch bereits zuvor in Deutschland, den USA, der Sowjetunion und anderen Ländern mit der Verwendung der Rakete zur Erforschung der Hochatmosphäre auseinandergesetzt hatte.

Was die von den Amerikanern erbeuteten V-2-Raketen betraf, so dachte die Armee von vornherein nicht nur an die militärischen Aspekte ihres Schießprogramms, sondern auch daran, den Wissenschaftlern Raum im Nutzlastkopf der Raketen für Forschungsinstrumente zur Verfügung zu stellen.

Im Januar 1946 gab die amerikanische Armee bekannt, daß sie in White Sands, Neu-Mexiko, ein Schießprogramm mit V-2-Raketen durchführen werde, und lud interessierte Wissenschaftler aus staatlichen Laboratorien, von Universitäten und von privaten Forschungsanstalten ein, Vorschläge für Hochatmosphären-Experimente und Forschungsprogramme zu machen.

Zahlreiche Stellen und Personen meldeten sich, und die Armee schuf am 16. Januar 1947 ein »Komitee für V-2-Hochatmosphärenforschung« (»V 2 Upper Atmospheric Research Panel«). Ihm gehörten Vertreter der Fernmeldetruppe der Armee, des Laboratoriums für angewandte Physik der Johns-Hopkins-Universität, der Luftwaffe, des Forschungslabors der Marine sowie der Universitäten von Princeton, Harvard und Michigan und der Technischen Hochschule von Kalifornien an.

Am 15. März 1946 fand in White Sands der erste statische Brennversuch einer A-4-Rakete statt. Das Triebwerk arbeitete einwandfrei 57 Sekunden lang bis zum Brennschluß, das heißt bis die Treibstoffe aufgebraucht waren. Der erste Start am 16. April allerdings ging fehl: Wegen einer plötzlichen Drehung um 90 Grad und einer abreißenden Flosse mußte das Triebwerk nach 19 Sekunden durch Funkkommando abgeschaltet werden; die Rakete erreichte lediglich eine Höhe von acht Kilometern.

Bei den folgenden fünf Flügen zwischen dem 10. Mai und dem 9. Juli 1946 erreichten alle Raketen Höhen über 100 Kilometer und Reichweiten zwischen 50 und 100 Kilometern. Bei einigen dieser Flüge wurden bereits wissenschaftliche Instrumente mitgeschickt, so beim Flug Nr. 5 am 13. Juni zur Untersuchung der Ionosphäre und der Sonnenstrahlung im kurzwelligen, von der Erdoberfläche her nicht zugänglichen Spektralbereich. Flug Nr. 8 am 19. Juli ging daneben: Die Rakete explodierte 27 Sekunden nach dem Start in nur 5,4 Kilometer Höhe.

Flug Nr. 9 am 30. Juli 1946 kam auf 167 Kilometer Höhe; Flug Nr. 17 am 17. Dezember 1946 stellte mit knapp 187 Kilometer Gipfelhöhe einen neuen Höhenrekord für die A 4 auf. Bei diesen und den meisten anderen Flügen waren diverse wissenschaftliche Meßapparaturen an Bord. So wurden unter anderem die Zusammensetzung der Atmosphäre in großen Höhen gemessen, biologische Untersuchungen über die Wirkung der primären kosmischen Strahlung auf Pflanzenkeime und andere biologische Objekte angestellt, Lufttemperatur, Luftdruck und Luftdichte bestimmt, die Helligkeit des Nachthimmels registriert und Aufnahmen der Erdoberfläche gewonnen.

Nicht bei allen Flügen wurden wissenschaftliche Geräte mitgeführt. So ließen die Experimentatoren von White Sands beispielsweise am 22. August 1951 eine V 2 aufsteigen, bei deren Flug es ihnen darauf ankam, ohne Instrumente eine besonders große Höhe zu erreichen. Das Experiment gelang: Die V 2 stieg auf 214 Kilometer Höhe; die größte Höhe, die diese Rakete jemals erreichte. (Für instrumentierte Flüge blieben die schon erwähnten 187 Kilometer vom 17. Dezember 1946 beim Flug Nr. 17 absoluter Rekord.)

Eines der Probleme, denen sich die Wissenschaftler schon bei den ersten Flügen gegenübergesehen hatten, war die Rückgewinnung von Meßinstrumenten. Zwar wurden die meisten Meßdaten während des Fluges per Funk übertragen (ein Verfahren, das als Telemetrie bezeichnet wird und erstmals im Jahre 1925 von dem russischen Wissenschaftler Professor Pjotr Moltschanoff beim Aufstieg eines unbemannten Ballons angewendet wurde), aber es gab einige Geräte, die man zurückhaben wollte, so etwa Kameras und den von ihnen belichteten Film. Die A 4 jedoch schlug nach einem Aufstieg auf über 100 Kilometer Höhe mit solcher Gewalt auf dem Boden auf, daß sie einen großen Krater erzeugte und dabei in Hunderte von Teilen zersplitterte, die sich tief in das Erdreich eingruben.

Das Anbringen eines Fallschirms an die Rakete oder auch nur an den Nutzlastkopf war aus Platzmangel nicht möglich. Die Lösung des Problems bestand darin, den Nutzlastkopf in etwa 30 Kilometer Höhe von der Rakete abzusprengen. Beide Teile – Nutzlastkopf wie Rakete – begannen dann zu trudeln oder sich querzustellen und wurden hierbei durch die dichten Luftmassen so stark gebremst, daß sie nur noch mit geringer Geschwindigkeit am Boden aufschlugen. Zwar wurden sie dabei noch immer arg zerbeult, aber wenigstens blieben die Filmbehälter geschlossen, und der aufgenommene Film konnte unbeschädigt und ohne Lichteinfall zum Entwickeln gebracht werden. Auch mitgeführte Registrierstreifen waren natürlich noch in Ordnung und verwendbar. Nach einigen mißlungenen Versuchen bewährte sich die Methode. Das Verfahren ermöglichte es beispielsweise auch, mit der A 4 Luftproben bis aus über 70 Kilometer Höhe zu gewinnen und in irdischen Laboratorien zu analysieren.

Durch die A-4-Aufstiege von Neu-Mexiko erhielten wir zum erstenmal ein auf Messungen beruhendes Bild vom Aufbau der Atmosphäre in Höhen von über 20 Kilometern, Daten über Luftdruck, Dichte, Temperaturen und chemische Zusammensetzung der Atmosphäre. Diese Messungen bestätigten weitgehend die theoretischen Vorstellungen, die man in den vorausgegangenen Jahren über die Atmosphäre entwickelt hatte. Später allerdings, als noch größere Höhen erreicht wurden, fanden die Wissenschaftler erstaunliche neue Resultate. So erkannten sie, daß Dichte und Temperatur der Atmosphäre in mehreren hundert Kilometer Höhe schwanken, daß die Atmosphäre »atmet«, sich hebt und senkt wie ein Brustkorb, und daß die einzelnen Atemzüge in engem Zusammenhang mit den Vorgängen auf unserer Sonne stehen. Doch das sind Ergebnisse, die unserer augenblicklichen Schilderung vorauseilen – sie wurden erst mit künstlichen Erdsatelliten erzielt.

BUMPER, das »Riesending«

Ein neuer, für jene Zeit geradezu atemberaubender Höhenraketenrekord wurde im schon erwähnten Projekt BUMPER erzielt, der Kombination einer abgewandelten A-4-Rakete mit einer WAC CORPORAL zu einem zweistufigen Aggregat.
Projekt BUMPER geht zurück auf eine Idee Martin Summerfields vom Jet Propulsion Laboratory. Frank Malina veröffentlichte sie in der Ausgabe Juli/August 1946 des Journals des Heereswaffenamtes (»Army Ordnance Journal«). In dem Artikel schilderte er die Überlegung Summerfields, die A4 und die WAC CORPORAL zu einem zweistufigen Gerät zu vereinigen, um auf diese Weise mit der WAC CORPORAL über die Grenze der Atmosphäre hinauszukommen. Summerfield hatte errechnet, daß die zweite Stufe einer solchen Kombination eine Höhe von rund 600 Kilometern erreichen würde.
Das Waffenamt der amerikanischen Armee griff die Idee auf und leitete das Projekt noch im Oktober des gleichen Jahres 1946 in Zusammenarbeit mit dem JPL ein. Die Aufgabe, die definiert wurde, umfaßte nicht nur den »Höhenschuß«, sondern auch Weitflugversuche für militärische Überlegungen.
Vom technischen Gesichtspunkt her war das Unternehmen vor allem deshalb interessant, weil bis zu jenem Zeitpunkt noch keine Flüssigkeitsraketen in Stufenkombination geflogen waren; alle praktischen Erfahrungen mit dem Stufenprinzip basierten damals auf Feststoffraketen. Die Stufentrennung würde sich bei hoher Geschwindigkeit abspielen; die A4 würde im Augenblick der Trennung eine große Beschleunigung haben, während die WAC CORPORAL für einen Start vom Boden bei zunächst geringer Beschleunigung konstruiert war und unmittelbar nach der Stufentrennung im Augenblick der Inbetriebnahme ihres Raketenmotors sich selbst

Start der BUMPER – einer Kombination aus A4 und WAC CORPORAL – in Cape Canaveral, Florida

zunächst nur langsam weiterbeschleunigen würde. Das Verhalten der Treibstoffe und Zündvorgänge unter diesen Umständen stand zur Debatte; neue Überlegungen mußten angestellt, technische Lösungen für die zu erwartenden Probleme gefunden werden.
Damit der Übergang zu einem anderen Beschleunigungsbereich im Augenblick der Stufentrennung weniger abrupt vor sich gehen würde, sollte unmittelbar vor dieser Trennung der Schub der A-4-Rakete etwas zurückgenommen werden. Das aber bedeutete mehrere technische Veränderungen an der A4.

Um eine möglichst große Höhe zu erreichen, ist es notwendig, die Stufentrennung bei hoher Geschwindigkeit herbeizuführen. Die höchste Geschwindigkeit aber erreicht eine aufsteigende Rakete im Augenblick ihres Brennschlusses – beim weiteren antriebslosen Emporsteigen wird sie ja infolge der Erdanziehung ständig langsamer, bis sie schließlich im Gipfelpunkt ihrer Bahn zum Stillstand kommt, um dann wieder mit wachsender Geschwindigkeit zur Erdoberfläche zurückzufallen.
Die Trennung zwischen A4 und WAC CORPORAL wurde deshalb für rund 30 Kilometer Höhe vorgesehen, wo die Kombina-

tion - kurz vor Brennschluß der A 4 - eine Geschwindigkeit von rund anderthalb Kilometern in der Sekunde oder 5500 Kilometern pro Stunde haben würde. Unmittelbar nach der Trennung sollte die WAC CORPORAL zünden und ihr eigenes Antriebsvermögen zu demjenigen der A 4 addieren...

Bei der Neuartigkeit der Aufgabe, den angesprochenen Problemen und der Tatsache, daß es sich bei den A-4-Raketen nicht mehr um die neuesten Geräte handelte, darf es nicht verwundern, daß von den acht durchgeführten Flügen in der Endauswertung nur drei als »voll erfolgreich« eingestuft werden konnten. Zwei weitere stellten Teilerfolge dar, während drei Flüge unter die Rubrik »Versager« eingereiht werden mußten.

Die erste BUMPER wurde am 13. Mai 1948 in White Sands gestartet. Der Motor der ersten Stufe arbeitete bei diesem Flug für 66 Sekunden, während derjenige der zweiten Stufe - also der WAC CORPORAL - nur 6 Sekunden lang lief. Infolgedessen erreichte die zweite Stufe auch nur eine Höhe von 127 Kilometern.

Beim zweiten Start am 19. August fiel das Triebwerk der A 4 33 Sekunden nach dem Start aus, mit dem Ergebnis, daß die BUMPER-Kombination lediglich eine Höhe von 13,5 Kilometern erreichte. Beim dritten Flug im September 1948 funktionierte zwar die A 4 einwandfrei, jedoch zündete die WAC CORPORAL nicht. Beim vierten Flug am 1. November 1948 explodierte - offenbar infolge eines Bruchs in der Alkoholleitung der A 4 - das Schwanzstück der Rakete in knapp 5 Kilometer Höhe.

Der nächste Versuch - Nr. 5 - am 24. Februar 1949 sollte zum vollen Erfolg werden. In 32 Kilometer Höhe wurde die WAC CORPORAL vorschriftsmäßig von der A 4 bei einer Geschwindigkeit von 1,17 Kilometern pro Sekunde (= 4208 Kilometer pro Stunde) getrennt und zündete kurz danach ihren eigenen Motor. Er arbeitete für weitere 28 Sekunden und beschleunigte die Rakete auf eine Spitzengeschwindigkeit von 8296 Kilometern pro Stunde. Dementsprechend kam das Gerät auf 392 Kilometer Höhe - zwar bei weitem nicht die ideale, seinerzeit von Summerfield vorausgesagte Höhe, aber doch ein akzeptabler Wert, der die bis dahin von der A 4 gehaltene Gipfelhöhe um 205 Kilometer übertraf. Während des Fluges arbeitete der Sender in der Raketenspitze (Meßinstrumente wurden nicht mitgeführt) und bestätigte damit in der Praxis die theoretische Voraussage, daß im Ultrakurzwellenbereich Funkverbindung auch über die Ionosphäre der Erdatmosphäre hinaus möglich ist.

Der sechste Flug am 21. April 1949 wurde wieder zu einem Versager, weil das Triebwerk der A 4 bereits nach 48 Sekunden abschaltete und deshalb beide Raketen lediglich 50 Kilometer Höhe erreichten.

Experimente Nr. 7 und Nr. 8 wurden von dem neu errichteten Raketenversuchsfeld in Cape Canaveral in Florida gestartet - übrigens die Einweihung des neuen Startplatzes: Die beiden BUMPER-Raketen waren die ersten Flugkörper, die von Cape Canaveral aus flogen!

Der Start für BUMPER Nr. 7 war für den 19. Juli 1950 angesetzt. Nach einigen Verzögerungen wurde die Rakete gezündet, jedoch, es blieb bei der Vorstufe der A 4; offenbar wegen eines verklemmten Ventils begann der Treibstoff nicht mit vollem Druck zu laufen, so daß die Hauptstufe (= Triebwerkslauf mit vollem Schub) nicht erreicht wurde. Nachdem die Rakete einige Augenblicke auf der Rampe stand, aber wegen des fehlenden Schubs nicht abhob, wurde sie abgeschaltet und enttankt.

Wenige Tage später, am 24. April 1950, wurde BUMPER Nr. 8 gezündet. Sie startete einwandfrei, stieg auf über 15 Kilometer Höhe und wurde dann von ihrer Lenkeinrichtung in die Horizontale geschwenkt. Zwar war der Trennungswinkel nur 13 statt der erwünschten 20 Grad, aber nach 63 Sekunden Antrieb durch die A 4 und Stufentrennung in rund 25 Kilometer Entfernung vom Startort zündete die WAC CORPORAL einwandfrei. Sie schlug schließlich nach erfolgreichem Flug in 320 Kilometer Entfernung auf. Im Verlauf des Fluges stellte sie im Augenblick des Brennschlusses mit Mach 9 (also der neunfachen Schallgeschwindigkeit oder rund 10000 Kilometern pro Stunde) einen neuen Geschwindigkeitsrekord für einen innerhalb der Erdatmosphäre fliegenden Körper auf.

Am 29. Juli 1950 schließlich wurde BUMPER Nr. 7 erneut gestartet; diesmal gelang der Flug mit ähnlichen Resultaten wie wenige Tage zuvor bei BUMPER Nr. 8. Damit war das Projekt BUMPER abgeschlossen.

Für die Raumfahrt hatte es einen großen, vor allem ideellen Durchbruch gebracht: Bei einer Gipfelhöhe von knapp 400 Kilometern war BUMPER Nr. 5 praktisch in den freien Weltraum vorgedrungen. Zwar reicht die Atmosphäre astronomisch gesehen noch sehr viel weiter hinauf, aber vom technischen Gesichtspunkt her befand sich die Rakete bereits im luftleeren Raum; auf dieser Höhe von 400 Kilometern ist die Luft dünner als im dünnsten auf der Erdoberfläche mit technischen Geräten erzeugbaren Vakuum. Die freie Weglänge der Moleküle (die mittlere Strecke, über die ein Molekül im statistischen Durchschnitt fliegen kann, bevor es mit einem anderen Molekül zusammenstößt) beträgt hier etwa acht Kilometer!

Technisch gesehen hatte der BUMPER-Flug gezeigt, daß die Stufentrennung von Flüssigkeitsraketen unter Raumflugbedingungen durchführbar ist, und außerdem waren die bereits erwähnten funktechnischen Informationen und Angaben über die Ionosphäre erzielt worden.

Raketen für die Höhenforschung: die AEROBEE-Rakete

Wir hatten bereits angedeutet, mit welchem Enthusiasmus sich einige Wissenschaftler in den Vereinigten Staaten nach dem Ende des Zweiten Weltkriegs auf die Möglichkeit gestürzt hatten, mit den erbeuteten deutschen V-2-Raketen Meßinstrumente in die hohe Atmosphäre schicken zu können. Ansätze für solche Experimente waren in Gestalt kleinerer Raketen wie der WAC CORPORAL ja ohnedies bereits vorhanden.

So begeistert die Wissenschaftler über das Auftauchen der V 2 in White Sands auch waren, so war ihnen dennoch klar, daß der Vorrat an diesen Raketen begrenzt war. Deshalb mußte in Amerika selbst möglichst schnell etwas geschehen, wenn man diese neue Chance, die die Technik hier für die Atmosphärenforschung, die Astronomie, die Physik und andere Disziplinen bot, kontinuierlich ausnützen wollte. Das A-4-Programm in den USA war ursprünglich ohnedies nur auf einen Zeitraum von rund fünf Monaten ausgelegt worden, in deren Verlauf etwa 25 Raketen gestartet werden sollten, also ein Unternehmen relativ kurzer Dauer und geringen Umfangs.

So beschäftigte sich eine Reihe von Wissenschaftlern in den Vereinigten Staaten (unter ihnen Professor James Van Allen vom Physik-Department der staatlichen Universität von Iowa und die Doktoren Merle Tuve und Henry Porter vom Laboratorium für angewandte Physik der Johns-Hopkins-Universität) schon mit dem Gedanken, eine Höhenforschungsrakete entwickeln zu lassen, noch bevor die erste V 2 in White Sands von der Startplattform abgehoben hatte. Im Januar 1945 stellte Van Allen durch eine Umfrage bei seinen Kollegen im ganzen Land zunächst einmal den Bedarf für ein Höhenforschungsraketenprogramm fest und regte dann die Ent-

wicklung einer entsprechenden Rakete für ein solches Programm an.
Das Ergebnis wurde die AEROBEE-Rakete. Sie wurde von der Firma Aerojet General unter Leitung der Johns-Hopkins-Universität entwickelt und zunächst in 20 Exemplaren für das Waffenamt der Marine hergestellt. Die AEROBEE flog erstmalig als Instrumententräger am 24. November 1947. Sie brachte es bei diesem Flug auf über 60 Kilometer Höhe. In zahlreichen Abwandlungen und Konfigurationen, die den jeweiligen Aufgaben angepaßt waren, wurde sie zu einer der in den USA am häufigsten verwendeten Höhenforschungsraketen.
Die ursprüngliche AEROBEE war 6,25 Meter lang, trug bei einem Vollgewicht (Startgewicht) von 485 Kilogramm eine Nutzlast von 68 Kilogramm auf 110 Kilometer Höhe und wurde durch rotrauchende Salpetersäure und eine Mischung aus Anilin und Furfurylalkohol angetrieben. Gestartet wurde sie mit einer kleinen, hinter ihr sitzenden Feststoff-Hilfsrakete aus einem knapp 46 Meter hohen Startturm in einer Führungsschiene. Die Hilfsrakete brachte 9500 Kilogramm Schub auf, arbeitete für 2½ Sekunden und erteilte der AEROBEE in dieser Zeit eine Geschwindigkeit von rund 1100 Kilometern pro Stunde. Danach übernahm der Motor der AEROBEE den Antrieb mit einem Schub von 1200 Kilogramm. Er wirkte 45 Sekunden lang. Die Brennschlußgeschwindigkeit der Rakete lag bei knapp 5000 Kilometern in der Stunde.
Bereits innerhalb der ersten fünf Jahre ihrer Existenz wurden 93 Stück für Marine, Armee und Luftwaffe sowie für über 30 Universitätsinstitute, Forschungsanstalten und andere wissenschaftliche Interessenten verschossen. Bis zum Juli 1957 war diese Zahl auf 165 angewachsen. Die Raketen wurden dabei den individuellen Wünschen der Benutzer weitgehend angepaßt. Höhenraketenforschung begann sich zu einer eigenen Kunst zu entwickeln.
Bereitete es in den Anfangsjahren bereits Schwierigkeiten, eine Rakete überhaupt so zu verschießen, daß brauchbare Erfolge für die Wissenschaft dabei herauskamen, so wurde ein solches Unternehmen mit fortschreitender Zeit immer komplexer. Das hing damit zusammen, daß die Wissenschaftler außerordentlich komplizierte Meßapparaturen ersinnen mußten, um auf die Fragen, die sie stellten, brauchbare Antworten zu erhalten. Werte wie Luftdruck, Luftdichte und Temperatur lassen sich aus einer mit mehrfacher Schallgeschwindigkeit dahinfliegenden Rakete ja keineswegs so einfach messen wie in Ruhestellung und unter den gewohnten Bedingungen des Erdbodens. So mußten die Meßinstrumente, die solche Daten liefern sollten, zunächst einmal erdacht und konstruiert werden. Dann galt es, einen geeigneten Unterbringungsort an oder in der Rakete für sie zu finden. Andere Forschungsapparaturen, mit denen geladene Partikel registriert wurden, benötigten elektrischen Strom, der in Form ausreichender Batterien mitgeführt werden mußte. Geräte zur Registrierung der kosmischen Strahlung mußten unter Hochspannung stehen; die Apparate konnten, wollte man Funkensprünge vermeiden, nicht der dünnen Luft größerer Höhen ausgesetzt werden. Also hatte man sie in hermetisch verschlossenen, lufthaltenden Kabinen innerhalb der Rakete unterzubringen. Bei vielen Meßdaten war es notwendig, Höhe, Geschwindigkeit und Lage der Rakete zu kennen, also mußten auch diese Werte übermittelt werden. Für bestimmte Messungen oder beispielsweise auch für die Fotografie der Erdoberfläche oder des Sonnenspektrums mußten die Meßgeräte oder die ganze Rakete eine bestimmte, vorgegebene Lage einnehmen. Informationen hierüber mußten ebenfalls zur Erde gelangen. Ein besonderes, weiteres Problem war die

Start einer AEROBEE-Höhenforschungsrakete in White Sands, Neu-Mexiko, im Jahre 1966. Dieser Raketentyp erwies sich als vielseitiger Instrumententräger für Meteorologen, Physiker, Astronomen und Mediziner. In verschiedenen Versionen wurde diese Rakete über dreißig Jahre lang in mehreren hundert Exemplaren verschossen.

Übertragung der Meßdaten zum Erdboden. Hierfür waren zunächst Geräte notwendig, die die Messungen funktechnisch aufbereiteten und in Signale verwandelten, die mit einem Sender abgestrahlt werden konnten. Alles das benötigte viel Raum, Gewicht und elektrische Energie - die Faktoren, um die es am meisten zu feilschen galt.
Auf diese Weise wurde aus der Höhenforschungsrakete ein äußerst kompliziertes technisches Kleinlaboratorium mit speziell entwickelten, ausgeklügelten Inneneinrichtungen.
Schließlich kam man auch noch auf Forschungsmethoden, die zusätzliche Vorrichtungen erforderten: auszuwerfende Granaten, die in einer bestimmten Höhe explodierten und deren Schallausbreitung von Stationen am Erdboden gemessen wurde, fallende Kugeln, deren Abstiegsbahn registriert wurde, künstliche Meteoriten und einiges andere mehr.
Nicht nur in der Rakete war der Aufwand groß und kompliziert, waren die Geräte weitgehendst das Produkt der sich schnell entwickelnden Mikrominiaturisierung der Baukomponenten, sondern auch am Erdboden mußte viel Aufwand getrieben werden: Empfangs- und Registrierstationen mit Antennenanlagen und Verstärkern, Verfolgungskameras und Mikrophonen sowie diversen Aufzeichnungseinrichtungen waren notwendig. Alles dies bedingte natürlich eine weitgehende Anpassung der Rakete an die jeweiligen Aufgaben. So wurden aus der ursprünglichen Aerobee des Jahres 1947 schließlich andere Versionen entwickelt. Die Aerobee-Hi, 1954 zum ersten Mal gestartet, wurde zum Standardmodell für Marine und Armee der Vereinigten Staaten. Diese Rakete hatte gegenüber der ursprünglichen Aerobee ein verbessertes Massenverhältnis, größere Treibstoffbehälter, eine neue Brennkammer und größere Stabilisierungsflossen. Entsprechend größer war auch ihre Leistung: Bei einem Flug am 30. April 1957 erzielte sie von White Sands aus eine Brennschlußgeschwindigkeit von über 7700 Kilometern in der Stunde und eine Rekordhöhe von 310 Kilometern. Von den weiteren Abwandlungen der ursprünglichen Aerobee sei noch eine zweistufige Version erwähnt, die AEROBEE 300, deren Oberstufe im Oktober 1958 auf 418 Kilometer Höhe kam. Bis 1959 waren insgesamt 250 Exemplare der verschiedenen AEROBEE-Versionen verschossen worden, und dies mit einer Erfolgsquote von 90 Prozent. Noch bis zum Jahre 1978 wurde die Aerobee benützt, bevor ihre Produktion eingestellt wurde.

Die VIKING-Rakete

Doch noch einmal zurück in die Zeit der A-4-Höhenexperimente in Neu-Mexiko. Nicht nur die erwähnten Wissenschaftler an der Johns-Hopkins-Universität und Dr. Van Allen hatten sich mit der Frage auseinandergesetzt, durch welche Art von Rakete die Höhenforschungsexperimente fortgeführt, erweitert und ergänzt werden würden, wenn der begrenzte Vorrat an A-4-Raketen einmal aufgebraucht sein würde. Nachdem die Wissenschaftler um Van Allen sich entschlossen hatten, die AEROBEE zu entwickeln, also eine mittelgroße Rakete für mittlere Höhen, entschied sich das Forschungslaboratorium der Marine (das Naval Research Laboratory, NRL) dafür, eine größere Rakete zum Erreichen sehr großer Höhen zu schaffen.
Im August 1946 wurde die Glenn L. Martin Company in Denver in Colorado beauftragt, eine solche Rakete zu konstruieren und in zehn Exemplaren zu bauen. Die projektierte Rakete hatte zunächst den Namen NEPTUN getragen, war aber sehr bald in VIKING umbenannt worden. Die Reaction Motors Inc. entwickelte den Raketenmotor.
Man lehnte sich bei der Entwicklung der VIKING zwar in einigen Beziehungen an die V 2 an (so wurden Alkohol und Flüssig-Sauerstoff als Treibstoffe ausgewählt), in anderen aber wich man von diesem Vorläufer ab. So wurde auf die schwenkbaren Graphitruder im Gasstrahl verzichtet, statt dessen wurde die Raketenbrennkammer in einem Kardangelenk aufgehängt, so daß durch entsprechende Schwenkung die Schubrichtung verändert werden konnte, um Drehbewegungen um Quer- bzw. Hochachse verhindern zu können. Rollbewegungen der Rakete wurden durch Kaltgasdüsen in den Schwanzflossen kontrolliert.
Beim Transport des Treibstoffs in die Brennkammer standen Druckgas- oder Turbinenförderung zur Debatte; aus Leistungsgründen wurde die Turbinenförderung gewählt, obgleich die Rakete dadurch natürlich komplizierter wurde.
Bei der VIKING-Rakete wurde eine neue Entwicklungsphilosophie eingeführt. Sie bestand darin, daß das erste Exemplar gebaut und geflogen wurde, und erst danach nahm man Gerät Nr. 2 in Angriff, um Verbesserungen anbringen und Erfahrungen aus dem Flug von Nr. 1 berücksichtigen zu können. Damit wurde das Entwicklungsprogramm zwar über eine lange Zeitspanne ausgedehnt, aber dafür hatte man den Vorteil, neue praktische Erkenntnisse voll ausnützen zu können.

Linke Seite oben: Aufnahme der Erdoberfläche von einer AEROBEE aus 225 Kilometer Höhe. Die Infrarotaufnahme wurde bei einem Start in Fort Churchill, Kanada, gewonnen. In der oberen linken Ecke des Bildes ist am Horizont die Hudson Bay als ein dunkles Gebiet zu erkennen.

Linke Seite unten: Die AEROBEE 350 in der Fabrikation

Oben: Start der VIKING Nr. 11 am 24. Mai 1954 in White Sands, Neu-Mexiko. Die Rakete erstellte mit einer erreichten Höhe von 254 Kilometern damals einen neuen Höhenrekord.

Allerdings, die Hoffnung, auf diese Weise *die* ideale Höhenforschungsrakete zu erhalten, erfüllte sich nicht: Die Forderungen der Forscher waren hierfür viel zu differenziert und unterschiedlich, die Aufgabenstellungen zu verschieden, und die gewünschten Nutzlastkapazitäten, die erzielbaren Höhen und andere Faktoren lagen zu weit auseinander.
Das Ergebnis des Entwicklungsprogramms waren schließlich zwei unterschiedliche Modelle der VIKING. Die Unterschiede bestanden in den Ausmaßen der Rakete wie in der Größe der Treibstofftanks und demgemäß der mitführbaren Treibstoffmenge, der Antriebsdauer, der Brennschlußgeschwindigkeit und damit auch der theoretisch erzielbaren Höhe. Für das erste Modell lag diese theoretisch erreichbare Höhe bei 217, für das zweite Modell bei 254 Kilometern. Diese Werte wurden später auch in der Praxis erreicht.
Der erste Flug einer VIKING-Rakete fand am 3. Mai 1949 statt. Im Juni 1952 wurde nach dem erfolgreichen Flug von bis dahin sieben Exemplaren der Rakete eine weitere

Bild rechts: Eine NIKE-ASP*-Höhenforschungsrakete bei der letzten Überprüfung vor dem Start auf Wallops Island, Virginia, 1963*

Rechte Seite oben: Eine NIKE-CAJUN *wird auf Wallops Island, einem NASA-Startplatz für Höhenraketen, startfertig gemacht.*

Rechte Seite unten: Zur Erforschung geringerer Höhen werden mächtige Ballone verwendet. Hier der Start eines Winzen-Ballons Anfang 1960 von Bord eines amerikanischen Flugzeugträgers in der Karibik. Der Ballon hatte ein Volumen von 285 000 Kubikmetern und brachte nahezu eine Tonne an Forschungsgeräten zur Untersuchung der kosmischen Strahlen auf 35 Kilometer Höhe, das heißt über 99,5% der Erdatmosphäre hinaus. Die Forschungsapparaturen stammten von der Universität Chicago; das Experiment wurde vom Marineforschungsamt und der nationalen Stiftung für die Wissenschaft der Vereinigten Staaten durchgeführt.

Serie von vier zusätzlichen VIKINGS bestellt. Zwölf VIKING-Raketen dienten der Höhenforschung, während die beiden letzten für Testflüge des VANGUARD-Satellitenprogramms benützt wurden, das uns später noch näher beschäftigten wird.
Von den 14 VIKING-Raketen wurde lediglich eine - sozusagen ohne ihre »eigene Schuld« - zum Versager: VIKING Nr. 8 (das erste Exemplar des Modells II) riß sich am 6. Juni 1952 bei einem statischen Brennversuch aus der Verankerung und stieg beschädigt, ohne eine Nutzlast zu tragen, auf 6,5 Kilometer Höhe. Die beiden letzten Raketen der VIKING-Serie wurden in Cape Canaveral gestartet; elf der zwölf vorausgegangenen in White Sands. Eine VIKING - Nr. 4 - hob am 11. Mai 1950 im Pazifischen Ozean von dem amerikanischen Kreuzer USS NORTON SOUND ab.
Zu den Untersuchungen, die VIKING-Raketen vornahmen, gehörten Messungen von Temperatur und Druck in den verschiedenen Schichten der Atmosphäre, fotografische Aufnahmen der Erdoberfläche aus großen Höhen, Untersuchungen der Sonnenstrahlung und der kosmischen Strahlen, Messungen in der Ionosphäre (den elektrisch leitenden Schichten der Hochatmosphäre) usw.
Daß lediglich 14 Exemplare dieser erfolgreichen Höhenforschungsrakete gebaut wurden, hatte offensichtlich zwei Gründe: Zum einen erwies sich die VIKING als ein technisch sehr hochgezüchtetes und damit sehr kompliziert zu startendes und zu bedienendes Gerät. In der Regel gingen den eigentlichen Flügen statische Brennversuche voraus, was natürlich nicht nur zur Komplexität des Unternehmens beitrug, sondern auch erhebliche Kosten verursachte. Eine VIKING-Rakete kostete etwa 400 000 Dollar - den heutigen Wechselkursen nach rund 750 000 Mark, damals aber ungefähr 1,5 Millionen Mark! Derartig teuere Experimententräger konnte sich nur das amerikanische Verteidigungsministerium leisten, nicht aber ein privates Laboratorium oder eine Universität, zumal dies ja nur die Kosten für Rakete, Start usw. waren, zu denen noch weitere, oft nicht unerhebliche Summen für Konzipierung, Entwicklung und Erprobung der eigentlichen Meß- und Versuchsgeräte (heute allgemein als »Experimente« bezeichnet) hinzukommen. Ja, selbst für das Verteidigungsministerium wurden die Flüge mit dieser Rakete auf die Dauer zu teuer, und deshalb wurde die VIKING als Höhenforschungsrakete aufgegeben.
Da war die AEROBEE mit Kosten von 30 000 bis 40 000 Dollar pro Flug schon um eine Größenordnung billiger. Sie gewann deshalb auch eher das Interesse der Forschungsinstitutionen. Aber auch 30 000 Dollar waren für die meisten Forscher, die nach Möglichkeiten suchten, ihre Meßgeräte in die obere Atmosphäre zu bringen, noch viel zuviel. Überdies waren die Maximalleistungen, die man aus der Rakete in puncto Nutzlastvermögen oder erreichbarer Höhe herausholen konnte, oftmals gar nicht vonnöten; es gab viele Experimente, bei denen man mit kleinerer Nutzlast auskam und bei denen auch nur geringere Höhen benötigt wurden.
Dies führte dazu, daß ab Mitte der fünfziger Jahre mehrere kleinere Raketentypen entwickelt und eingesetzt wurden. Sie waren einfacher zu starten und kamen bei Preisen in der Größenordnung zwischen 3000 und 10 000 Dollar auch für den Ankauf durch finanziell nicht sehr kräftige Forschungsinstitute in Betracht.
So wandte sich das Interesse der Forscher einigen Raketentypen zu, die - zum größeren Teil - von den Militärs für diverse Anwendungen entwickelt worden waren oder aber - zum kleineren Teil - Mitte der fünfziger Jahre speziell für die Höhenforschung zu entstehen begannen. Zu diesen beiden Gruppen gehören unter anderem DEACON, CAJUN, ASP und TERRAPIN.

Die DEACON-Rakete: Starts mit Ballonen

Die DEACON-Rakete geht auf einen Feststoffraketenmotor zurück, der in den letzten Jahren des Zweiten Weltkriegs vom Nationalen Verteidigungsrat (National Defense Council) für Forschungszwecke konstruiert worden war. Nach Kriegsende im Jahre 1945 nahm sich das NACA (= National Advisory Committee for Aeronautics, nationales beratendes Komitee für Luftfahrt) dieses Raketenmotors an und entwickelte ihn zu einer Rakete weiter.
Die ersten beiden DEACON-Raketen flogen im Februar 1947. Das NACA benützte diese Rakete, um aerodynamische Untersuchungen vorzunehmen. So ließ sie beispielsweise Modelle von Flugzeugen und Flugkörpern, deren Widerstandsbeiwerte bestimmt werden sollten, von DEACON-Raketen in die Höhe schleppen.

UNITED STATES

Die DEACON-Rakete hatte eine Länge von 2,80 Metern und einen Durchmesser von knapp 16 Zentimetern. Ihr Startgewicht betrug 90 Kilogramm, von denen 45 Kilogramm auf den Treibstoff und 10 bis 18 Kilogramm auf die Nutzlast entfielen. Die erreichbare Höhe lag bei 25 Kilometern – zu wenig, als daß die Rakete als Einzelstufe für die Erforschung der Hochatmosphäre hätte interessant sein können, zumal sich diese Höhe auch mit den viel billigeren Forschungsballonen erreichen ließ.
Im März 1949 jedoch wies der Marineoffizier Lee Lewis bei Gesprächen während der Fahrt mit der USS NORTON SOUND zum Start der VIKING Nr. 4 Professor Van Allen auf die bisher übersehene Möglichkeit hin, Raketen wie die DEACON zunächst von einem Ballon in die Höhe tragen und erst auf der Gipfelhöhe des Ballons starten zu lassen. Der Ballon erlebte zu jener Zeit dank der neuen, leichten Kunststoffe nach Art von Polyäthylen und Mylar, aus denen er gebaut wurde, eine Renaissance für die Höhenforschung. Leutant Lewis, der zu dieser Zeit (1949) auf der USS NORTON SOUND Dienst tat, hatte zuvor als Projektoffizier der Marine bei dem Unternehmen SKYHOOK (= Himmelshaken) mitgewirkt, dem 1947 eingeleiteten Ballonprogramm der Marine. Schon damals war die Idee raketenschleppender Ballone aufgetaucht, aber nicht weiter verfolgt worden. Lewis war der Ansicht, daß die Leistung der Rakete beim Start auf der Gipfelhöhe des Ballons sehr viel wirksamer sein würde, da hier die dichtesten, stark abbremsenden Luftschichten bereits unterhalb der Rakete liegen würden.
Van Allen gefiel die Idee. Ende 1951 setzte er sich näher mit ihr auseinander. Wenn man eine DEACON-Rakete, so errechnete er, zunächst von einem solchen Ballon auf 20 oder 25 Kilometer Höhe schleppen lassen und die Rakete auf dieser Höhe durch Funkbefehl zünden würde, müßten sich mit der DEACON Höhen von 95 bis 110 Kilometern erzielen lassen. Das Vorhaben gelang, und damit war eine neue, für die Wissenschaftler brauchbare Höhenrakete gefunden worden. Der erste derartige Aufstieg fand 1952 unter dem Namen DEACON-SKYHOOK statt.
Später wurden solche Ballone auch als Träger für andere Raketen benützt, und das kombinierte System Ballon/Rakete wurde allgemein als ROCKOON bezeichnet – eine Zusammenziehung der beiden Begriffe »Rocket« (Rakete) und »Balloon« (Ballon). Allein das Forschungslaboratorium der amerikanischen Marine (Naval Research Laboratory) startete zwischen August 1953 und Juli 1956 36 DEACON-Rockoons, während die Universität von Iowa es zwischen August 1952 und August 1957 auf 73 ROCKOON-Starts brachte.
Vom 1. Juli 1957 bis zum 31. Dezember 1958 fand das Internationale Geophysikalische Jahr statt, ein weltweites Unternehmen zur Erforschung der Erde, der Erdatmosphäre und kosmischer Phänomene. Im Rahmen dieses Programms wurden DEACON-Rockoons in zahlreichen Exemplaren von den verschiedensten Punkten der Erde aus eingesetzt. Allein die Universität von Iowa hatte im Geophysikalischen Jahr ein 86 ROCKOON-Flüge umfassendes Programm.

Zweistufige Höhenforschungsraketen

Zwei Jahre nach dem ersten Aufstieg einer DEACON-Rakete an einem Ballon machte man die DEACON zur oberen Stufe eines zweistufigen Aggregats. Dies wurde erreicht, indem man die Flugabwehrrakete NIKE in eine erste Stufe für eine Höhenrakete umkonstruierte und die DEACON obenaufsetzte. Die Gesamtrakete wurde als DEACON-NIKE oder oft auch als DAN bezeichnet. Mit einer Nutzlast zwischen 5 und 30 Kilogramm erreichte ihre Oberstufe Höhen von 95 bis 130 Kilometern.
1956 wurde eine weitere Höhenrakete entwickelt, die CAJUN. Sie ist eine verbesserte DEACON und wurde als zweistufiges Aggregat in Verbindung mit der NIKE geflogen. Mit Nutzlasten von 22 bis 45 Kilogramm erreichte sie Höhen über 160 Kilometer.
Die NIKE wurde in den folgenden Jahren auch bei einigen anderen Raketen als Startstufe verwendet, so etwa der TOMAHAWK, die 1975 mit 27 Kilogramm Nutzlast 490 Kilometer Höhe erreichte, der AEROBEE, der APACHE, der HAWK usw., Raketen, die teilweise erst in den letzten Jahren entstanden, teilweise aber auch älter sind.

Raketenstart vom Flugzeug

An dieser Stelle muß noch ein Konzept erwähnt werden, das zum erstenmal bereits im Jahre 1929 von Hermann Oberth vorgeschlagen wurde: der Start einer Rakete vom Flugzeug aus.
Oberths Vorschlag blieb zunächst unverwirklicht und tauchte erst 1952 wieder auf, als Van Allens ROCKOON-Experimente Erfolg hatten. Bei den ersten Unterhaltungen, die Van Allen 1949 an Bord der USS NORTON SOUND über dieses Thema geführt hatte, war auch Dr. Fred Singer anwesend.
Er gehörte damals zum wissenschaftlichen Stab des Londoner Büros des Marine-Forschungslabors. Als er 1952 von den Erfolgen Van Allens mit ballongetragenen Raketen hörte, regte er an, auch hochfliegende Flugzeuge als Startplattform für Raketen zu benutzen. Im Jahre 1953 veröffentlichte er diese Idee in der Zeitschrift »Nature«, wobei er besonderen Wert auf den Hinweis legte, daß mit diesem Verfahren eine synoptische (das heißt von zahlreichen Orten aus gleichzeitige) Beobachtung der Hochatmosphäre gewährleistet werden könnte. Die amerikanische Marine zeigte sich interessiert, da sie zusammen mit der Luftwaffe ohnedies an einem Projekt arbeitete, Raketen mit Fallschirmen von Flugzeugen abzuwerfen und dabei während des langsamen Falls in möglichst großer Höhe zu starten. Singers Vorschlag, die Rakete direkt vom Flugzeug bei vertikalem Aufwärtsflug desselben abzuschießen, erschien als optimale Lösung. Lange Diskussionen zwischen Marine und Luftwaffe folgten, bis Singer – nunmehr an der Universität von Maryland – Ende 1954 einen konkreten Vorschlag für sein Programm machte.
Im August und November 1955 wurden je fünf Versuche durchgeführt. Hierbei wurden die 1,20 Meter langen Raketen vom Typ MIGHTY MOUSE verwendet, die im Koreakrieg von Flugzeugen aus beim Angriff auf fliegende Ziele verwendet worden waren. Für die Singerschen Versuche waren die Raketen am Physik-Department der Universität von Maryland umkonstruiert und mit einem Sender sowie einem Geiger-Müller-Zählrohr zur Registrierung der kosmischen Strahlung ausgerüstet worden.
Bei den beiden Testflügen stieg das Flugzeug in rund 10000 Meter Höhe mit einer Geschwindigkeit von 400 Kilometern pro Stunde vertikal nach oben. In dieser Phase sollten die Raketen abgeschossen werden. Beim ersten Flug zündeten sie jedoch nicht. Beim zweiten Testflug im November flogen vier der fünf Raketen erfolgreich, aber nur von einer konnten die Signale einwandfrei empfangen werden. Die Bahnanalyse zeigte, daß die Raketen innerhalb von etwa 3½ Minuten bis auf etwa 55 Kilometer Höhe gekommen waren.
Eine Rakete kostete samt Instrumentierung keine 200 Dollar, und die anteiligen Flugkosten lagen bei nur etwa 50 Dollar. Trotzdem wurde das Programm nach den gerade erwähnten Testflügen nicht mehr fortgesetzt; die Weiterentwicklung der Raketen-

starts vom Boden aus und die größeren Höhen, die mit den inzwischen entwickelten zweistufigen Höhenraketen erreicht wurden, hatten das Interesse an flugzeugstartenden Raketen wieder erlöschen lassen.
Es würde zu weit führen, alle Höhenraketentypen, die in der damaligen Zeit und in den beiden letzten Jahrzehnten entwickelt wurden, hier im einzelnen zu beschreiben. Deshalb sei lediglich zusammenfassend festgehalten, daß in den Vereinigten Staaten zwischen 1945 und 1957 (dem Zeitraum, den wir augenblicklich betrachten) allein für Forschungszwecke 423 Höhenraketen gestartet worden sind.

MIGHTY MOUSE, Rakete, aus deren Kopf Sprengladungen ausgestoßen wurden, mit denen das Eintreten von Meteoriten in die Erdatmosphäre simuliert werden sollte

Höhenforschung wird international

Waren derartige Experimente bis Mitte der fünfziger Jahre allein auf die Vereinigten Staaten beschränkt, so begannen danach auch andere Nationen, sich für die Höhenforschung mit Raketen zu interessieren, und entwickelten eigene Raketen für diesen Zweck. Es sind in diesem Zusammenhang insbesondere die Franzosen, die Engländer und die Japaner zu nennen.
Angeregt worden zu der experimentellen Erforschung der Hochatmosphäre wurden die Wissenschaftler dieser und anderer Nationen durch die spektakulären Erkenntnisse, die man in Amerika in den ersten Jahren der Hochatmosphärenforschung mit Raketen gewonnen hatte. Diese Experimente hatten gleichzeitig einen Hinweis darauf gegeben, welche Fülle an weiteren unbekannten Phänomenen und Zusammenhängen sich in der oberen Atmosphäre noch abspielten und wie wichtig diese Erscheinungen möglicherweise für die unterste Schicht der Atmosphäre sein könnten, für die Troposphäre, in der das Wettergeschehen abläuft.
Einen entscheidenden Anstoß zur Beschäftigung mit der Höhenraketenforschung schließlich gaben die Planungen für das Internationale Geophysikalische Jahr, die Mitte der fünfziger Jahre anliefen. Die englische SKYLARK-Rakete ist ein Beispiel hierfür. Ihre Entwicklung wurde 1955 im Hinblick auf die Meßaufgaben im Internationalen Geophysikalischen Jahr begonnen. Diese rund 7,50 Meter lange einstufige Feststoffrakete trug Nutzlasten von maximal 68 Kilogramm auf 160 Kilometer Höhe. Der erste Probestart einer SKYLARK fand am 13. Februar 1957 in Woomera in Australien statt; die erste vollinstrumentierte SKYLARK erreichte vom gleichen Startort aus am 17. April 1958 eine Höhe von 145 Kilometern.
Im Internationalen Geophysikalischen Jahr maßen Engländer und Australier von Woomera aus mit der SKYLARK Temperaturen und Windgeschwindigkeiten in 30 bis 100 Kilometer Höhe. SKYLARK-Raketen stießen auf dem Gipfelpunkt ihrer Bahn Granaten aus, die explodierten; aus der Schallausbreitung der Explosionen ließen sich Aussagen über Dichte und Temperatur der verschiedenen Luftschichten ableiten. Andere SKYLARK-Raketen verstreuten Aluminiumfolien, die langsam zu Boden sanken und aus deren Verfolgung mit Radar Angaben über Windbewegungen gewonnen wurden. Außerdem wurde das Nachtleuchten des Himmels registriert, das häufig mit seiner englischen Bezeichnung »airglow« (= Luftleuchten) zitiert wird. Dabei handelt es sich um ein Leuchten in der Ionosphäre, das durch geladene Teilchen ausgelöst wird, die sich wieder zu neutralen Atomen zusammenfinden, die sogenannte Rekombination. Diese Partikel sind natürlich »am Ort der Handlung« oder zumindest in dessen Nähe besser zu untersuchen als von der Erdoberfläche aus. Messungen über die Konzentration der Ionen (also der elektrisch geladenen Atome) und Untersuchungen des irdischen Magnetfeldes ergänzten die gerade erwähnten Messungen mit der SKYLARK-Rakete.
Die SKYLARK ist später zu einer ganzen Familie von Höhenforschungsraketen ausgebaut worden und wird auch heute noch in größerem Umfang verwendet. So verschießen sie beispielsweise deutsche Forschergruppen vom Höhenraketen-Startplatz Kiruna in Nordschweden im Rahmen eines Raketenvorprogramms für die künftigen Flüge des europäischen Weltraumlaboratoriums SPACELAB.
Hierbei werden mit einer zweistufigen Version der SKYLARK technologische Experimente auf rund 260 Kilometer Höhe geschickt. Im Verlauf des Fluges tritt – und dies ist der Zweck dieser Versuche – für etwa sechs Minuten Schwerelosigkeit auf. In dieser Phase wird die Reaktion von Werkstoffbearbeitungen, Mischungsvorgängen, Schmelzen, Erstarrungen usw. unter dem gewichtslosen, schwerefreien Zustand beobachtet.
Auch Frankreich hat in den frühen Jahren der Forschung mit Höhenraketen eine eigene derartige Rakete entwickelt, die VERONIQUE. Projektiert wurde sie im März 1949 durch das französische Direktorat für Waffenstudien und Waffenfabrikation (Direction des Etudes et Fabrications d'Armement). Die VERONIQUE ist also nicht ein Produkt, das ursprünglich im Hinblick auf das Internationale Geophysikalische Jahr geschaffen wurde. Immerhin aber bestanden ihre Aufgaben schon von Anfang an darin, erstens technische Erfahrungen über das Verhalten von Raketen im Flug zu vermitteln und zweitens wissenschaftliche Messungen in der Atmosphäre bis auf 65 Kilometer Höhe vorzunehmen. Die Nutzlastkapazität der VERONIQUE betrug für die genannte Höhe 60 Kilogramm.
Von der VERONIQUE wurden drei verschiedene Versionen entwickelt. Zwischen 1950 und 1954 wurden insgesamt 23 VERONIQUE-Raketen gestartet, die ersten in Südfrankreich, die späteren von Hamaguir in der damaligen französischen Sahara Algeriens. Schon sehr bald erkannte man allerdings, daß die Gipfelhöhe von 65 Kilometern nicht genügte, um die angestrebten Mes-

sungen - insbesondere in der Ionosphäre - vorzunehmen. So wurde, nicht zuletzt im Hinblick auf das Internationale Geophysikalische Jahr, eine spezielle Version der VERONIQUE mit über 200 Kilometer Gipfelhöhe in 15 Exemplaren gebaut und für die Hochatmosphärenforschung eingesetzt. Sie erreichte mit 60 Kilogramm Meßgeräten eine Gipfelhöhe von 220 Kilometern.
Die erste, frühe Version der VERONIQUE (als Typ N = normal bezeichnet) war 6,5 Meter lang, beim Start 1150 Kilogramm schwer und brachte für 31,5 Sekunden einen Schub von ca. 4000 Kilogramm auf. Die Gipfelhöhe dieser Version der VERONIQUE lag bei 36 Kilometern.
Die verbesserte Version NA (= normal-allongé, das heißt verlängert) war 7,3 Meter lang und besaß bei gleichem Schub wie der Typ N ein Startgewicht von 1440 Kilogramm - allerdings bei einer Brenndauer des Triebwerks von 45 Sekunden. VERONIQUE NA erzielte (ebenfalls bei einer Nutzlast von 60 Kilogramm) eine Gipfelhöhe von 135 Kilometern.
Die dritte Version für das Geophysikalische Jahr schließlich wurde als Typ AGI bzw. IGY (AGI = Année Géophysique Internationale; IGY = International Geophysical Year, Internationales Geophysikalisches Jahr) bezeichnet. Ihre Ausmaße entsprachen dem Typ NA, wobei es allerdings gelungen war, das Massenverhältnis der Rakete zu verbessern. Aus dieser Verbesserung resultierten die bereits erwähnten höheren Leistungen.
Die Treibstoffe wurden bei der VERONIQUE durch Druckgas gefördert, was Treibstoffbehälter verlangte, die einem Druck von 40 Atmosphären standhalten und entsprechend dick und schwer sein mußten.
Bei der ersten Version der VERONIQUE wurden die Treibstoffe Gasöl und rauchende Salpetersäure regenerativ gekühlt, das heißt die Salpetersäure wurde zur Kühlung der Brennkammerwand durch diese hindurchgeleitet und erst dann eingespritzt und der Verbrennung zugeführt. Für die zweite Version NA, die eine längere Brenndauer hatte, reichte diese Kühlmethode allein jedoch noch nicht aus, so daß zusätzlich zur Regenerativkühlung auf die Filmkühlung zurückgegriffen wurde, das heißt ein Teil des Brennstoffes wurde radial durch kleine Einspritzöffnungen in die Brennkammer geleitet und bildete entlang der Brennkammerwand eine kühlende Schicht. Bei späteren Geräten wurden übrigens als Treibstoffe Furfurylalkohol und auch Terpentinöl verwendet.
Die VERONIQUE hatte aus Gewichtsgründen kein aktives Stabilisierungssystem und wurde deshalb von vier abrollenden Stahlseilen und entsprechenden Halterungen bis auf etwa 60 Meter Höhe geführt. Hier hatte das Gerät eine Geschwindigkeit von etwa 180 Kilometern in der Stunde erreicht, was genügte, um es mittels der vier Heckflossen zu stabilisieren; die Halterungen und mit ihnen die Stahlseile wurden von der Rakete abgesprengt.
Der Kopf der Rakete war wiedergewinnbar; er konnte im Fluge abgetrennt und durch einen scheibenförmigen Bremskörper, dem in niederer Höhe ein Fallschirm folgte, abgebremst werden.
Eine weitere Rakete, die in Frankreich im Hinblick auf das Internationale Geophysikalische Jahr entwickelt wurde, war die dreistufige Feststoffrakete MONICA. Sie wurde in mehreren Versionen hergestellt, die Nutzlasten zwischen 7 und 15 Kilogramm auf Höhen zwischen 36 und 144 Kilometern brachten. Die Rakete, die maximale Beschleunigungen bis knapp 12 g erreichte, trug bei zahlreichen Flügen eine Reihe meteorologischer und physikalischer Experimente. Der Nutzlastkopf dieses kleinen, aber sehr leistungsfähigen Geräts war mit einem Fallschirm wiedergewinnbar; außerdem wurden natürlich während des Fluges Telemetriesignale abgestrahlt. Eine MONICA kostete nur etwa 1500 Dollar und konnte daher auch für umfangreichere Flugkampagnen eingesetzt werden.
MONICA-Raketen wurden von den Franzosen ab 1957 als Beitrag zum Geophysikalischen Jahr verschossen.
Auch die Japaner entwickelten für dieses weltweite Vorhaben einige Höhenforschungsraketen, die KAPPA- und die SIGMA-Serie. KAPPA war ein zweistufiges Feststoffaggregat, das mit 7 Kilogramm Nutzlast Gipfelhöhen bis zu 130 Kilometern erreichte. Von dieser Rakete sind mehrere Versionen entwickelt worden, darunter auch eine dreistufige. Später entstand übrigens aus der KAPPA-Serie die vierstufige LAMBDA-Rakete, mit deren Hilfe es Japan im Februar 1970 gelang, den ersten japanischen Erdsatelliten in eine Umlaufbahn zu bringen.
SIGMA war eine kleine einstufige Rakete, die ebenso wie ihre Schwester PI mittels Ballonen gestartet wurde. Diese Raketen, ebenfalls vornehmlich für das IGY konstruiert, erreichten mit Nutzlasten zwischen 3 und 4 Kilogramm als ROCKOONS Höhen zwischen 70 und 100 Kilometern. Dort nahmen sie während des Internationalen Geophysikalischen Jahres zahlreiche meteorologische Messungen vor, die sämtlich in dieses weltweite Unternehmen einflossen.

Linke Seite: Start einer britischen SKYLARK-Höhenforschungsrakete in Woormera, Australien, im Jahre 1957

Oben: Aluminiumfolien, wie sie hier der Physiker Dr. Hans J. aufm Kampe fallen läßt, wurden von LOKI-Raketen auf Höhen bis zu 80 Kilometern gebracht und dort ausgestoßen. Aus ihrer Radar-Verfolgung leitete man meteorologische Daten über die Hochatmosphäre ab.

Unten: Eine argentinische Forschungsrakete vom Typ ORION II wird in Wallops Island, USA, von argentinischen Forschern startfertig gemacht – Beispiel internationaler Zusammenarbeit in der Forschung.

Professor Charles bei der Füllung seines ersten Wasserstoffballons im Jahre 1783

Ein neues Bild der Atmosphäre

Wir hatten bereits die Mischung aus Beweggründen angesprochen, die nach Beendigung des Zweiten Weltkrieges zu einer intensiven Entwicklung von Höhenraketen führten: Es waren die oft miteinander parallel laufenden Interessen der Militärs und der Wissenschaftler, die erkannten, daß ihnen mit der Rakete ein neues Forschungsmittel in die Hand gegeben wurde, welches es ihnen ermöglichte, die Erdatmosphäre zu erforschen, und sie gleichzeitig zumindest zu einem Teil freimachte von den Begrenzungen, die ihnen diese Erdatmosphäre bei der Beobachtung der Gestirne von der Erdoberfläche her auferlegte.

Hieraus ergab sich ein ganzes Spektrum von Interessenten, die die verschiedensten Disziplinen reiner und angewandter Forschung sowie unmittelbarer ziviler und auch militärischer Anwendungsbereiche vertraten.

Astronomen, Meteorologen, Physiker und Chemiker interessierte es natürlich schon immer, wie weit die Atmosphäre der Erde tatsächlich reicht, wie ihre Dichte mit steigender Höhe abnimmt, ob und in welchem Maße sich die chemische Zusammensetzung der Luft nach oben verändert. Die Meteorologen wollten natürlich auch wissen, bis auf welche Höhen sich Witterungsvorgänge wirklich abspielen, ob es beispielsweise auch in 50 Kilometer Höhe noch Windbewegungen gibt. Ferner wollte man erfahren, wie sich die Temperatur in sehr großen Höhen verhält, welche Wechselwirkungen es zwischen den diversen Strahlenarten gibt, die von der Sonne her in die Erdatmosphäre eindringen, ob die kosmische Strahlung Auswirkungen auf die Atmosphäre hat, ob es Wirkungen des Magnetfeldes auf die hohen Luftschichten gibt, über deren Ladungszustände man ja damals auch noch nicht ausreichend informiert war.

Die Suche nach den Antworten auf diese und viele andere Fragen über die Erdatmosphäre begann mit der sorgfältigen Beobachtung vom Erdboden aus und mit Analysen der Luft an der Erdoberfläche und in geringeren Höhen. Sie begann, weil man wissen wollte, wie die Atmosphäre der Erde sich zusammensetzt und wie das Wetter entsteht.

Wir hatten ja bereits gehört, daß man sich bis ins 17. Jahrhundert hinein keine Gedanken über eine Grenze der Atmosphäre machte: Man nahm an, daß die Luft das Firmament überall erfüllt, daß sie Sonne,

Mond und Sterne ebenso umgibt wie die Erdoberfläche. Man glaubte, daß sie sich im Primum mobile findet und im darüber liegenden Reich der Götter - oder was immer man sich dort draußen vorstellte: Bis ins 17. Jahrhundert hinein herrschte der Glaube an den »horror vacui«, die Auffassung, daß die Natur den leeren Raum verabscheut und ein derartiges Vakuum augenblicklich ausgleicht.
Der von uns schon mehrfach zitierte griechische Philosoph Aristoteles (384-322 v. Chr.) prägte den Begriff »Meteorologie« - aber nicht etwa als eine Bezeichnung für die Wetterkunde oder für das Wissen über die Atmosphäre, sondern als Bezeichnung für »die Lehre von dem, was über uns ist«, wie der Meteorologe Dr. Heinrich Faust es einmal so treffend formulierte: »›meteoros‹ bedeutete im Griechischen in der Höhe, in der Luft schwebend, ›meteoron‹ Himmelserscheinung oder Lufterscheinung.« Wir hörten ja auch, daß erst Johannes Kepler Anfang des 17. Jahrhunderts von einer Grenze der Atmosphäre sprach und sich den Raum zwischen den Himmelskörpern als leer vorstellte. Bald darauf, 1643, erfand Evangelista Torricelli (1608-1647) das Barometer und definierte den Luftdruck. Die Idee des »horror vacui« war damit zu Fall gebracht. Der Zusammenhang zwischen Hochdruck und Tiefdruck einerseits sowie Schön- und Schlechtwetter andererseits wurde erkannt.
Trotzdem gibt es die Meteorologie als Wissenschaft über die Wettererscheinungen erst seit einem guten Jahrhundert. In der ersten Zeitspanne ihrer Existenz war sie als beobachtende und experimentelle Wissenschaft überdies auf die meteorologischen Vorgänge in der Nähe des Erdbodens beschränkt. Der Versuch, nach der Erfindung des Ballons im Jahre 1783 die Atmosphäre in die Höhe hinein zu vermessen, blieb auf sporadische Einzeluntersuchungen beschränkt, wie wir gesehen haben (siehe Seite 124), und wurde betrieben, um etwas über die Physik der Atmosphäre zu lernen, ohne in Zusammenhang mit den Witterungsvorgängen gebracht zu werden.
Zwar hatte man unmittelbar nach der Erfindung des Ballons große wissenschaftliche Hoffnungen auch hinsichtlich der Meteorologie auf dieses neue, die Vertikale erschließende Transportmittel gesetzt, doch sie erwiesen sich als trügerisch.
Anknüpfend an das berühmte Experiment Benjamin Franklins (1706-1790) im Jahre 1742, mit Hilfe eines Drachens, den er an einer Schnur in ein Gewitter aufsteigen ließ, elektrische Funken zu ziehen, glaubte eine Reihe französischer Wissenschaftler, daß man den Fesselballon sinnvoll zur Elektrizitätsgewinnung verwenden könne. Ähnlich herrschte die Auffassung, daß es durch Ballonaufstiege in Windströmungen sowie Wolken- und Regengebieten gelingen müsse, diese Phänomene an ihrem Ursprungsort zu erforschen und darauf fußend Voraussagen über ihr Auftreten in ähnlich kausaler Verknüpfung machen zu können, wie dies die Astronomen über die Bewegung der Planeten und den Eintritt von Finsternissen taten.
Doch dieser Versuch mißlang gründlich; einmal, weil man die Höhen, in denen echte meteorologische Erkenntnisse über den Aufbau der Atmosphäre zu gewinnen sind, zunächst nicht erreichte, und zum zweiten, weil man sich mit den Untersuchungen auf »Stichproben« beschränkte, die in keinerlei übergreifende Zusammenhänge gebracht werden konnten.
Das letztere wiederum hatte seine Ursache auch darin, daß man wegen mangelnder technischer Möglichkeiten nicht in der Lage war, eine synoptische - also an mehreren Orten gleichzeitig durchzuführende - Wetteranalyse vorzunehmen und daraus Wettervoraussagen abzuleiten.
Die Idee, durch die Beobachtung des Wetters an verschiedenen, weit voneinander entfernten Orten Witterungsvorhersagen für andere Orte ableiten zu können, existierte bereits gegen Ende des 18. Jahrhunderts. So ließ der Kurfürst Karl Theodor von Bayern und der Pfalz ab 1780 ein weltweites meteorologisches Beobachtungsnetz aufbauen, das schließlich aus 39 Stationen bestand, die sich vom Ural bis nach Nordamerika und von Grönland bis zum Mittelmeer erstreckten. Täglich dreimal registrierten Wissenschaftler an diesen Stationen meteorologische Daten mit geeichten (also aufeinander abgestimmten) Meßgeräten, die der Kurfürst zu diesem Zweck hatte an sie verschicken lassen. Karl Theodor sagte sich völlig zu Recht, daß man das Wetter an einem bestimmten Ort nur dann vorhersagen könne, wenn man über die herrschende Witterung in einem ausgedehnten Gebiet Bescheid wisse.
Zu einer Wettervorhersage kam es gleichwohl mit diesem Netz nicht. Der Grund war, daß die Berichte von den einzelnen Beobachtungsorten per Post an die Zentralstelle nach Mannheim geschickt werden mußten, und bis sie dort ankamen, waren die übersandten meteorologischen Daten natürlich schon längst veraltet. So brach das rühmliche Unternehmen 1792 zusammen, nicht zuletzt auch ausgelöst durch die unruhigen Zeitläufte, wie sie der Beginn der Französischen Revolution 1789, der Kampf Amerikas um seine Unabhängigkeit, der französisch-österreichische Krieg 1792 und die allgemeinen geistigen und politischen Aufbrüche jener Epoche hervorbrachten.
Das lobenswerte, weitsichtige Beginnen des Kurfürsten Karl Theodor mußte aber allein schon daran scheitern, daß damals noch die technischen Voraussetzungen fehlten, um ein solches meteorologisches Netz für eine Wettervorhersage wirksam werden zu lassen, nämlich schnelle Kommunikationsmittel nach Art des 1833 von Gauß erfundenen Telegrafen und des 1837 von Samuel Morse entwickelten Schreibtelegrafen. Erst diese neue Form der praktisch verzögerungsfreien Kommunikation ermöglichte es ja, Wetterdaten schnell genug auch über größere Entfernungen einer Zentralstelle zukommen zu lassen.
Auch die synoptische Betrachtungsweise des Wettergeschehens in Form von Wetterkarten gab es zur Zeit der vom Kurfürsten gegründeten »Societas Meteorologica Palatina«, der Pfälzischen Meteorologischen Gesellschaft, die das erwähnte Netz aufbaute, noch nicht: Die erste bekannte Wetterkarte stammt vom 24. Dezember 1821; sie wurde von dem Leipziger Astronomen und Physiker Heinrich Wilhelm Brandes 1826 im Zuge der Untersuchung älterer Wetterdaten veröffentlicht und führte die Bedeutung dieser Darstellungsart plastisch vor Augen.
Aber selbst nachdem die beiden Voraussetzungen - synoptische Betrachtungsweise des Wettergeschehens mit Hilfe der Wetterkarte und schnelle Kommunikationsmöglichkeit mit Hilfe der Telegrafie - erfüllt waren, dauerte es noch geraume Zeit, bis man zu einer ständigen Wetteranalyse und, damit verbunden, einer bescheidenen Wettervorhersage kam. Im Jahre 1848 erschien der erste Wetterbericht in einer englischen Tageszeitung, und ab 1851 gab es täglich Wetterkarten. Aber auch danach, ja bis in die jüngste Zeit hinein, war die Arbeit des analysierenden und prognostizierenden Meteorologen ein ständiger Wettlauf gegen die Zeit und ein steter Kampf um das schnelle Heranbringen möglichst vieler zusätzlicher Informationen. Das hat sich erst seit Anfang der sechziger Jahre mit dem Aufkommen der Wettersatelliten und der Einführung automatischer Verfahren im Wetterdienst geändert.
Auch heute sind ja Wetterprognosen noch keineswegs Extrapolationen auf der Basis der Naturgesetze von einem herrschenden auf einen zukünftigen Zustand; das ist

So könnte es am 5. September 1862 in dem Ballon ausgesehen haben, mit dem Glashier und Coxwell auf 9000 Meter Höhe kamen, als Coxwell verzweifelt versuchte, an die Ventilleine zu gelangen, während Glashier zeitweise bewußtlos war.

Rechte Seite oben: Piccards Ballon bei der Füllung am 27. Mai 1931 in Augsburg

Rechts unten: Piccard in der Kugelgondel unmittelbar vor seinem Start auf 15781 Meter

schon deshalb nicht möglich, weil uns bisher gar nicht sämtliche mitwirkenden Faktoren bekannt sind. Insbesondere kennt man die kausalen Zusammenhänge zwischen den Vorgängen in der Hochatmosphäre und deren Rückwirkungen auf das Wettergeschehen in den tieferen atmosphärischen Schichten, also in der Troposphäre, dem untersten »Stockwerk« der Atmosphäre, wo sich das eigentliche Wettergeschehen abspielt, noch nicht.

Die Erkenntnis, daß die höheren Luftschichten für das Wettergeschehen bedeutend sein könnten, brach sich im Sinne einer messenden Meteorologie erst spät Bahn. Das hing vor allem auch mit den – meteorologisch gesehen – geringen Höhen zusammen, die Ballone in den ersten rund einhundert Jahren ihrer Existenz erreichten: Nach dem erwähnten Aufstieg Gay-Lussacs im Jahre 1804 auf 7000 Meter wurde erst 1838 von Spencer und Rush in England mit 8275 Metern ein neuer Rekord aufgestellt. Weitere zweieinhalb Jahrzehnte vergingen, bis die Engländer Henry Coxwell und James Glashier 1862 über 9000 Meter Höhe erreichten, wobei allerdings zumindest Glashier nahe dem Gipfelpunkt der Flugbahn bewußtlos war.

Unbeschadet einiger weiterer Aufstiege in den folgenden Jahren, die auf Höhen zwischen 2000 und 8000 Metern führten, wurde der Rekord von Glashier und Coxwell erst um die Jahrhundertwende überboten: Im Dezember 1894 stieg der deutsche Meteorologe Arthur Berson (1859–1943) von Straßburg aus auf 9150 Meter, und 1901 erreichten Berson und Süring die Rekordhöhe von 10820 Metern. Es blieb die größte erzielte Höhe im offenen Korb mit Sauerstoffflasche und Atemmundstück; sie wurde erst 1931 durch den Schweizer Physiker Auguste Piccard (1884–1962) und seinen deutschen Assistenten Ingenieur Küpfer mit einem Aufstieg auf 15781 Meter in einer Druckgondel übertroffen.

In der Zwischenzeit allerdings hatten der französische Wissenschaftler Gustave Hermite und der französische Ballonfahrer Georges Besançon die Idee eines unbemannten, Meßinstrumente tragenden Ballons für Forschungszwecke ersonnen und 1892 erste derartige, aus Seide, Papier und Batist gefertigte Ballone aufsteigen lassen. 1893 verbesserte der Franzose Jules Richard diese kleinen unbemannten Ballone so, daß sie bisweilen Höhen von 15000 Metern erreichten. 1896 begann der Aufbau eines weltweiten Netzes für den Start unbemannter Wetterballone. In der Nähe von Versailles experimentierte der

französische Meteorologe Teisserence de Bort (1855–1913) mit solchen Ballonen und brachte sie gelegentlich bis auf 20000 Meter Höhe. Im Jahre 1902 veröffentlichte er seine systematischen Untersuchungen über die von diesen Ballonen gemessenen Temperaturen in großen Höhen. Die Daten wurden zu einer wissenschaftlichen Sensation: Aus den Messungen bei 236 Ballonaufstiegen auf Höhen zwischen 10 und 20 Kilometern ergab sich, daß die Luft nicht mit steigender Höhe beständig kälter wird, wie man es bis dahin unterstellt hatte, sondern daß es in 8 bis 10 Kilometer Höhe eine Grenze gibt. Von hier an, so stellte Teisserence fest, nimmt die Temperatur wieder zu oder bleibt zumindest gleich. Wenig später konnte der deutsche Meteorologe Richard Aßmann (1845–1918) auf Grund eigener, unabhängig von Teisserence vorgenommener Messungen mit den von ihm 1901 eingeführten geschlossenen, unbemannten Gummiballonen die These Teisserences bestätigen.
Auf Vorschlag des französischen Wissenschaftlers wurde die Umkehrlinie der Temperatur »Tropopause« genannt; später führte man für die dort beginnende, sich in die Höhe erstreckende atmosphärische Schicht den Namen »Troposphäre« ein. Teisserence und Aßmann waren zu Entdeckern dieses wichtigen atmosphärischen Bereichs geworden!
Allmählich begann nun mit den sich anbietenden neuen technischen Möglichkeiten und mit der systematischen Nutzung des Ballons der Vorstoß in die höheren Luftschichten mit dem Ziel systematischer meteorologischer Beobachtungen. An dieser Stelle sind vor allem die ab 1894 vorgenommenen wissenschaftlichen Freiballonfahrten des »Deutschen Vereins für Luftfahrt« zu erwähnen. Der Verein war von Aßmann begründet worden. Zahlreiche bereits genannte Forscher wie Berson und Süring scharten sich um diese Organisation. Äußerlich fand diese systematische Erforschung der Atmosphäre mit Ballonen nun auch darin ihren Ausdruck, daß im Jahre 1906 die »Internationale Kommission für wissenschaftliche Luftschiffahrt« den Begriff »Aerologie« offiziell als die Bezeichnung für die Erforschung der physikalischen und chemischen Zustände und Vorgänge in der Erdatmosphäre einführte.
Langsam addierte sich durch bemannte und unbemannte Freiballon- und Fesselballonaufstiege, Drachenflüge usw. Erkenntnis zu Erkenntnis. Es war ein schwieriger, mühsamer Weg, den die Meteorologen zu gehen hatten. Je mehr sie über die Atmosphäre lernten, je zahlrei-

cher die Erkenntnisse über Temperaturen, Strömungen und Luftbewegungen in den verschiedenen Höhen wurden, um so weiter schien das ursprünglich begeisternd dargestellte Ziel zu entschwinden, daß es möglich sein könnte, das Wetter auf Grund kausaler Zusammenhänge vorherzusagen.
Als das Flugzeug sich von einer spielerischen Erfindung zu einem brauchbaren Gerät zu wandeln begann, zeigten die Meteorologen auch hierfür Interesse. Ab 1912 wurde das Flugzeug vereinzelt, später systematischer für Windmessungen und Wetterbeobachtungen eingesetzt, denn man hatte inzwischen erkannt, daß das großräumige Wettergeschehen nicht unmittelbar in der Grundschicht über dem Erdboden erfaßt werden kann; diese Grundschicht, die vom Erdboden bis in ein oder anderthalb Kilometer Höhe reicht, wird in ihrem Verhalten stark von Strahlungs- und Reibungseinflüssen der Erdoberfläche gesteuert und ist deshalb nicht charakteristisch für das großräumige meteorologische Geschehen. In der Zeit zwischen den Weltkriegen begann man, das Flugzeug für die Wetterforschung in größerem Umfang zu verwenden. Ab 1919 fanden nach einer Unterbrechung durch den Ersten Weltkrieg in Deutschland, ab 1921 in Holland wieder systematische Wetterflüge statt. Die Wetternetze wurden ausgebaut, schließlich in Deutschland Wetterflugstellen eingerichtet. Von 1928 an stiegen hier täglich Flugzeuge bis auf 5000 Meter Höhe. 1934 erschien die erste Wetterhöhenkarte. Sie gab das Witterungsgeschehen in fünf Kilometer Höhe wieder und ergänzte damit die Bodenkarten. In den USA gab es im gleichen Jahr bereits ein Netz von 25 Wetterflugstellen; in Deutschland gab es sieben. Immer stärker begann man das Phänomen Wetter als dreidimensionalen Vorgang zu betrachten. Die Ballonaufstiege wurden erweitert, Erkenntnis auf Erkenntnis gewonnen.
Ab 1927/30 hatte auch die Ballonsonde oder Radiosonde Einzug gehalten, jener aus Gummi fabrizierte kleine Ballon, der über einen Sender während des Fluges Meßdaten über Temperatur, Dichte und Feuchtigkeit der Luft abstrahlt, während er vom Boden aus mit dem Theodoliten verfolgt wird, um Aufschlüsse über Windbewegungen zu gewinnen. Auf diese Weise fand man zum Beispiel die Starkwindschicht in etwa 10 Kilometer Höhe. 1934 führte die Sowjetunion in ihrem Land ein Radiosondennetz ein, 1938 Deutschland. Schließlich entstand ein weltweites, bis in Arktis und Antarktis reichendes Netz von täglichen Aufstiegsorten solcher Radiosonden. Höhenniveaus für Windströmungen wurden bestimmt, Wetterkarten für Höhen bis zu 20 Kilometern und darüber hinaus gezeichnet.
Allmählich schälte sich ein Bild von einem zellularen Aufbau der Atmosphäre heraus. Bei den Radiosonden-Aufstiegen entdeckte man, daß die Temperatur der Luft auch oberhalb 20, 25, 30 Kilometer noch zunimmt. Mit Granaten, die von den kleinen Ballonen auf jene Höhen gebracht wurden, löste man dort Explosionen aus: Unterschiedliche Temperaturen beinflussen die Ausbreitung des Schalls. So konnte man durch Beobachtung und Registrierung der Schallwellen dieser Explosionen am Erdboden neue Informationen über den Temperaturverlauf in noch größeren Höhen erhalten. Der Meteorologe jedoch wollte nun ebenso wie sein Kollege, der Hochatmosphären-Physiker, wissen, wie es mit Temperatur und Dichte der Atmosphäre noch weiter oben steht. Die Höhenforschungsraketen, die nach dem Zweiten Weltkrieg entwickelt wurden, haben dazu verholfen.
An diesen neuen Informationen aus bisher der Messung unzugänglichen Regionen zeigten sich jedoch nicht nur die Forscher interessiert. Mit dem Aufkommen der Strahlflugzeuge – zunächst im militärischen, dann auch im zivilen Bereich – und der damit verbundenen Anhebung der Flughöhen bekamen alle Fragen über die höheren Atmosphäreschichten eine unmittelbare praktische Bedeutung.
Die Erkenntnisse, die Höhenforschungsraketen in den Jahren 1947 bis 1957 über Meteorologie und Physik der Atmosphäre wie auch über Vorgänge und Objekte im Weltraum brachten, sind so umfangreich und vielfältig, daß sie hier nur in Stichworten angedeutet werden können.
Zunächst einmal bestätigten diese Raketen viele der vorausgesagten Erscheinungen, so die Existenz einer zweiten Orkanwindschicht in rund 60 Kilometer Höhe, wo die äußerst dünne Luft mit nahezu Schallgeschwindigkeit dahinpfeift. Auch die mit steigender Höhe zunehmende Temperatur oberhalb der Tropopause wurde bestätigt. Diese Temperatur wächst in der Tat so stark an, daß sie in rund 50 Kilometer Höhe – an der Obergrenze der Stratosphäre, der sogenannten Stratopause – etwa derjenigen am Erdboden entspricht!
In der Mesosphäre – die oberhalb der Stratosphäre liegt – nimmt die Temperatur erneut ab, um in 80 Kilometer Höhe nochmals umzuschlagen, das heißt wieder mit wachsender Höhe anzusteigen. Mit der Windgeschwindigkeit verhält es sich ähnlich. Sie nimmt oberhalb der erwähnten Orkanschicht in 60 Kilometer Höhe mit steigender Höhe zunächst ab, wächst aber ab etwa 80 Kilometer Höhe wieder an, um in 90 bis 125 Kilometer Höhe zu einem wahren Chaos auszuarten. Unvorstellbare atmosphärische Bewegungen mit andauernden Richtungsänderungen finden hier statt, Wirbel, Strömungen, Windscherungen treten kreuz und quer durcheinander auf.
Jenseits dieser wilden Schicht beginnt ein anderer Teil der irdischen Lufthülle. Alles, was darunter liegt, wird zusammenfassend als die Homosphäre bezeichnet, ein Bereich relativer Einheit. Alles, was darüber liegt, gehört bis dorthin, wo die Atmosphäre der Erde in den luftleeren Raum übergeht, zur Heterosphäre, einem uneinheitlichen Gebiet, wie der Name sagt. Nur die unteren Bereiche der Heterosphäre sind durch Höhenraketen erforscht worden. Die Heterosphäre systematisch mit Raketen zu untersuchen, wäre zu kostspielig. So wußte man über diese Bereiche der Hochatmosphäre recht wenig, hatte so lange unzureichende, ja zum Teil unzutreffende Vorstellungen über ihre Dichte und über die Vorgänge in ihr, bis künstliche Erdsatelliten begannen, ihre schnellen Bahnen in 300, 400, 600 Kilometer Höhe zu ziehen. Mit diesen Satelliten entdeckte man eine ganz Skala neuer, interessanter Phänomene, die zum Teil auch für die unteren Atmosphäreschichten von Bedeutung sind ...

Pläne für künstliche Erdsatelliten

In vorausgegangenen Kapiteln dieses Buches haben wir bereits zahlreiche Vorschläge und Ideen für künstliche Erdsatelliten kennengelernt. Doch hierbei handelte es sich, von wenigen Ausnahmen pauschaler Ideen für kleine Meßkörper abgesehen, fast ausschließlich um große, bemannte Raumstationen.
Es ist aus technik-historischen Überlegungen heraus durchaus verständlich, daß die Idee der bemannten Raumstationen chronologisch vor der geistigen Konzeption kleiner, unbemannter, die Erde umkreisender Meßsatelliten rangiert.
Zwar erörterten, wie wir hörten, einige Autoren unbemannte künstliche Erdsatelliten schon im 19. Jahrhundert und früher (so etwa Sir Isaac Newton), aber dies nur im Zusammenhang mit himmelsmechanischen Überlegungen, ohne daß sie sich über die Aufgaben oder die Instrumentierung dieser Meßsatelliten näher ausließen.

Auch Edward Everett Hale geht in seiner Geschichte aus dem Jahre 1869 über den Backstein-Mond von dem Gedanken eines (unbemannten) Navigationssatelliten für Schiffe aus, realisiert diesen Kunstmond in seiner Erzählung dann aber als bemanntes erdumkreisendes Objekt. Konstantin Eduardowitsch Ziolkowski, zumindest für den russischen Sprachraum Erfinder des Ausdrucks »künstlicher Erdsatellit«, sieht die Satellitenbahn in erster Linie als Ausgangsbasis für Flüge zu anderen Himmelskörpern und als Aufenthaltsort für bemannte Raumstationen. Romanautoren wie Theoretiker der Raumfahrt des frühen 20. Jahrhunderts beschäftigen sich denn auch vornehmlich mit Raumstationen und nicht mit unbemannten Meßsatelliten. Eine Ursache dafür mag sein, daß bemannte Raumstationen natürlich für die breite Öffentlichkeit eine sehr viel größere Attraktion besitzen denn ein mit totem technischem Gerät ausgerüsteter Satellit. Zum zweiten mußten erst die technischen und kommunikativen Voraussetzungen vorhanden sein – kleine, leistungsfähige Sender, Kodierungsmaschinen, ausgeklügelte Meßapparaturen usw. –, bevor es möglich war, einen unbemannten Meßsatelliten konsequent zu durchdenken und in seinen Einzelheiten zu konzipieren. Diese Voraussetzungen aber waren erst nach dem Ende des Zweiten Weltkrieges gegeben, wie ja überhaupt die Mikroelektronik ihr Entstehen der Raketen- und Satellitenentwicklung verdankt. Damit hängt es zusammen, daß konkrete Vorschläge für Meßsatelliten erst in den letzten Jahren des Zweiten Weltkrieges entstanden. Ab 1945 fanden sie den Weg in die Öffentlichkeit.

Ballone aus Kunststoffen wie Polyäthylen und Stratofilm begannen in den fünfziger Jahren für die Erforschung der Hochatmosphäre, für astronomische Untersuchungen und für die Vorbereitung der bemannten Raumfahrt eine große Rolle zu spielen. Das obere Bild zeigt einen solchen Ballon beim Start; noch wird der Hauptteil des Ballons schlauchförmig zusammengehalten. Erst auf großer Höhe entfaltet sich der Ballon voll.

Im unteren Bild ist das Ballonunternehmen STRATOSCOPE II zu sehen, bei dem im September 1971 in der Gegend von Huntsville in Alabama das abgebildete fast vier Tonnen schwere astronomische Teleskop auf über 25 Kilometer Höhe getragen wurde, von wo aus das Fernrohr automatisch ferne Milchstraßensysteme untersuchte, unbehelligt durch eine störende Erdatmosphäre.

So publizierte der heute weltbekannte Science-Fiction-Autor Arthur C. Clarke (damals noch ausschließlich Fachpublizist) in der technischen Zeitschrift »Wireless World« vom Februar 1945 einen Aufsatz unter dem Titel »Friedliche Verwendung für die V2«. In der gleichen Zeitschrift ließ er im Oktober 1945 einen Beitrag folgen, in dem er seinen berühmten, inzwischen dutzendfach realisierten Vorschlag für geostationäre Nachrichtensatelliten machte – ein Konzept, das in seiner Konkretion über alles bis dahin Gewesene hinausging.
Bereits wenige Monate zuvor hatte Wernher von Braun in seinem Bericht für das amerikanische Heer ebenfalls von Satelliten für Meß- und Forschungszwecke gesprochen.
Hier nun, im Regime dieser Vorschläge Wernher von Brauns, kommen wir in die Übergangsphase von der Idee zum Plan. Von Brauns Vorschlag (und Vorschläge einer Reihe anderer Fachleute) wendeten sich nicht allgemein an die Öffentlichkeit, sondern waren an eine bestimmte jeweilige Organisation gerichtet, die alle notwendigen Voraussetzungen besaß, um derartige Gedanken nicht nur esoterisch verfolgen zu können – Regierungsstellen, Heeresteile, der Kongreß. Sie waren ein möglicher Adressat für die konkrete Verwirklichung derartiger Projekte.
In einem im März 1979 bei der Jahrestagung der Amerikanischen Astronautischen Gesellschaft (American Astronautical Society, AAS) gehaltenen Vortrag stellte Dr. Eugene M. Emme – einer der führenden NASA-Historiker – fest, daß es »Clarke und von Braun waren, die den Funken für den ersten amerikanischen Satelliten-Vorschlag zündeten«.
In der Tat löste der Bericht von Brauns, als er im Juli 1945 in der Luftfahrtabteilung der amerikanischen Marine (U.S. Navy Bureau of Aeronautics) einging, emsige Bemühungen aus. Bereits einen Monat später machte Marineleutnant Robert P. Haviland den Vorschlag, mehrere V-2-Raketen zu bündeln oder zu einem Stufenaggregat zusammenzubauen, um auf diese Weise eine Trägerrakete für einen bemannten Satelliten zu erhalten. Dieser Satellit sollte für meteorologische Überwachungen, für Forschungszwecke, zur Kartografierung und Beobachtung der Erde sowie als Funkrelaisstation genützt werden. Doch dieses Projekt kam aus den ersten papierenen Anfängen nicht heraus, da man sich zu diesem Zeitpunkt höheren Ortes für Satellitenideen noch nicht interessierte.
Hingegen vertiefte sich die Marine stärker in einen Vorschlag, der den Namen HATV erhielt, ein Akronym von »High Altitude Test Vehicle« (Versuchsgerät für große Höhen) – eine vorsichtige Bezeichnung, durch die vermieden wurde, das in hohen Kreisen noch verpönte Wort »Satellit« benützen zu müssen. Im Oktober 1945 untersuchte ein von der Marine-Luftfahrtabteilung gebildetes Komitee den Vorschlag. Noch im gleichen Monat riet es dazu, einen Versuchssatelliten zu entwikkeln, der bis zum Jahre 1951 für Probeflüge zur Verfügung stehen sollte. Gleichzeitig wurde folgerichtig festgestellt, daß die Idee der Marine-Luftfahrtabteilung, für den Start des geplanten Satelliten eine einstufige Rakete zu verwenden, neue Fortschritte in der Raketentechnik erforderlich machen würde.
Die Luftfahrtabteilung der Marine vergab daraufhin mehrere Studien und Untersuchungen an diverse Organisationen, so an das Guggenheim-Laboratorium der Technischen Hochschule von Kalifornien, an die Firma Aerojet und an das Laboratorium für Strahlantriebe in Pasadena. Aus allen diesen Untersuchungen resultierte ein Vorschlag für eine durch Flüssig-Wasserstoff und Flüssig-Sauerstoff angetriebene Rakete. Die Verbrennung von Flüssig-Wasserstoff mit Flüssig-Sauerstoff in einer Rakete war ein Vorgang, den man zu jener Zeit noch keineswegs beherrschte. Doch diese energiereichen Substanzen waren das einzig in Frage kommende Treibstoffgemisch für die von der Marine favorisierte einstufige Rakete. Bei der Firma Aerojet begannen im Auftrag der Marine-Luftfahrtabteilung Experimente über Herstellung, Lagerung und Abbrennen von flüssigem Wasserstoff.
Bereits im November 1945 hatte man erste Kalkulationen über die Kosten des Vorstudien-Projekts angestellt. Sie kamen auf 5 bis 8 Millionen Dollar, ein geringer Betrag, den die Marine jedoch nicht voll aufbringen konnte.
Deshalb begann die Luftfahrtabteilung der Marine im März 1946 Gespräche mit dem Fliegerkorps der Armee über eine gemeinsame Verwirklichung des Projektes. Die Flieger gaben sich hinhaltend, leiteten eine Untersuchung für ein eigenes Satellitenprogramm ein und sagten der Marine schließlich ab.
So arbeitete die Marine allein an ihrem Vorhaben HATV weiter. Mitte 1946 wurden von der Firma North American Aviation (heute Rockwell International) im Auftrag der Marine Strukturstudien für die geplante Rakete angestellt. Der Entwurf, der herauskam, war eine einstufige, aus Edelstahl zu fertigende Rakete mit einer Länge von rund 26 Metern und einem Durchmesser von knapp 5 Metern. Sie sollte von neun gebündelten Raketenmotoren angetrieben werden. Das zentral angeordnete Triebwerk sollte 33000 Kilopond Schub aufbringen, die acht äußeren Triebwerke je 13000 Kilopond, so daß die 46 Tonnen schwere Rakete mit einem Gesamtschub von 137000 Kilopond abheben würde. Von den 46 Tonnen Startgewicht sollten über 40000 Kilogramm auf den Treibstoff und knapp 500 Kilogramm auf die Nutzlast entfallen.
Diese Rakete, so hatte man weiter errechnet, könnte gerade eine so niedrige Satellitenbahn erreichen, daß sie zwar einige Umläufe um die Erde vollführen, danach aber durch die Reibungskräfte der Atmosphäre zum Absturz gebracht würde. Deshalb sah man vor, die Rakete in eine elliptische Bahn einzuschießen und diese Bahn am erdfernsten Punkt der Ellipse mittels vier Feststoffraketen zu zirkularisieren – ein ja inzwischen mehrfach angewandtes Verfahren, wenn auch in einer technisch etwas unterschiedlichen Form.
Die Vorstudien gingen weiter, bis Ende 1946 durch eine Umorganisierung der Streitkräfte (das Fliegerkorps wurde von der Armee getrennt, und es entstand eine eigene Luftwaffe, aus dem bisherigen Kriegsministerium wurde das Verteidigungsministerium) praktisch alle Arbeiten über Satelliten eingestellt wurden. Bereits ab Mitte 1947 konnte die Marine indessen ihre Satellitenüberlegungen weiter betreiben; 1948 allerdings wurde das Projekt HATV dann endgültig aus Geldmangel eingestellt. Die noch vorhandenen Gelder wurden dem Forschungsamt der Marine (Office of Naval Research, ONR) für die Entwicklung der VIKING-Höhenforschungsrakete überschrieben. Vor der endgültigen Einstellung hatte die Marine noch versucht, Gelder für die »Hartware«-Durchführung ihres bisher nur auf dem Papier existierenden Programms zu erhalten. Man hatte erwartet, daß ein auf zwölf Satelliten ausgelegtes Fünfjahresprogramm 150 Millionen Dollar (damals über 600 Millionen Mark) kosten würde. Bis zur endgültigen Einstellung des HATV-Programms hatte die Marine 2 Millionen Dollar ausgegeben.
Unmittelbar nachdem das Fliegerkorps der Armee von der Marine von dem Satellitenprojekt HATV erfahren hatte (also im März 1946), beauftragte sie die Rand-Studiengruppe, eine Durchführbarkeitsstudie für einen Erdsatelliten zu erarbeiten.
Diese Rand-Gruppe, die Ende 1945 gegründet worden war, gehörte damals zur Firma Douglas Aircraft Corporation. Sie war

allerdings von der Firma weitgehend unabhängig, besaß eigene Räume in Santa Monica in Kalifornien und setzte sich aus hervorragenden Wissenschaftlern und Technikern verschiedener Firmen zusammen. Im November 1948 wurde sie als Rand Corporation ein unabhängiges, auf Gewinn ausgerichtetes Forschungsunternehmen.

Der erste Bericht über »Projekt RAND«, wie die Satellitenstudie genannt wurde, lag bereits im Juni 1946 vor. Aufbauend auf den Erfahrungen mit der V2 stellte der Bericht zunächst fest, daß ein Satellitenunternehmen prinzipiell technisch durchführbar ist. Projekt RAND definierte einen über 200 Kilogramm schweren Satelliten und hielt es für realisierbar, ein solches Objekt binnen fünf Jahren in eine knapp 500 Kilometer hoch gelegene Erdumlaufbahn zu transportieren. Der Report schloß zwar aus, daß ein solcher Satellit eine effektvolle Waffe und damit von militärischer Bedeutung sein könnte, sprach ihm aber andere Verwendungsmöglichkeiten nicht ab.

Diese »anderen Verwendungsmöglichkeiten« wurden im weiteren Verlauf des Berichts in aller Ausführlichkeit geschildert, um die Militärs von der generellen Nützlichkeit eines Satellitenunternehmens zu überzeugen, und es wurde empfohlen, ein entsprechendes Programm zu verwirklichen. Dabei wurde unter anderem vor allem die mittelbare Bedeutung herausgestellt, die ein Satellitenprogramm für militärische Zwecke haben könnte: Beobachtung von Wolkenformationen und Wettervorhersage, Funkverbindung über Satelliten, weltraumbiologische und -medizinische Untersuchungen, astronomische Forschungen.

Der Bericht empfahl als Träger eine mehrstufige Rakete und stellte lakonisch fest, daß einstufige Raketen die Erdumlaufbahn nicht erreichen könnten, selbst wenn sie durch Flüssig-Wasserstoff und Flüssig-Sauerstoff angetrieben werden, ein Seitenhieb auf die Studie der Marine, die, wie wir sahen, zum gegenteiligen Resultat gekommen war.

Die optimale Lösung sah der Bericht in einer vierstufigen Rakete von etwa 100 Tonnen Startgewicht; die einzelnen Stufen sollten durch Alkohol und Flüssig-Sauerstoff angetrieben werden. Die Nutzlast der vierten Stufe, also der Satellit, würde hierbei rund 225 Kilogramm wiegen.

Aus konstruktiven Gründen wurde dann allerdings geplant, das Gerät zweistufig zu konstruieren und durch Flüssig-Wasserstoff/Flüssig-Sauerstoff antreiben zu lassen. Als Abschußplatz wurde eine der pazifischen Inseln in Äquatornähe mit Abschußrichtung nach Osten vorgeschlagen, um die Drehgeschwindigkeit der Erde mit ausnutzen zu können.

Schließlich wurde auf den engen Zusammenhang zwischen der Fähigkeit, einen Erdsatelliten starten zu können, und ballistischen Interkontinentalraketen hingewiesen: Wer das eine entwickelt, besitzt auch das andere. Ferner wurde die passive militärische Bedeutung eines Erdsatelliten angesprochen: die Beobachtung von Bombeneinschlägen im Feindesland und die Registrierung des Wetters über fremdem Gebiet. Eine weitere, verfeinerte Rand-Studie wurde angefertigt und im April 1947 geliefert. In ihr wurden auch die Kosten des Projektes abgeschätzt. Dabei wurde von einer nunmehr favorisierten dreistufigen Rakete mit etwa 37000 Kilogramm Startgewicht und Flüssig-Wasserstoff/Flüssig-Sauerstoff-Triebwerken ausgegangen. Als Umlaufhöhe für den Satelliten wurden 560 Kilometer vorgeschlagen. Auf dieser Basis ergaben sich Gesamtkosten für die Durchführung von 82 Millionen Dollar; damals 350 Millionen Mark.

Start eines Winzen-Ballons von 58000 Kubikmeter Fassungsvermögen aus einer offenen Eisengrube in Minnesota Anfang der fünfziger Jahre. Solche Ballone erreichen heute mit wissenschaftlichen Instrumenten als Nutzlast Höhen über 50 Kilometer.

Mit der schon erwähnten Reorganisation der Streitkräfte im Juli 1947 kam Projekt RAND zunächst zum Erliegen. Ein überprüfendes Komitee für die Koordinierung der Bemühungen um ein Satellitenprojekt wurde geschaffen. Es stellte fest, daß ohne handfeste militärische Gründe kein Satellitenprogramm durchgeführt werden könnte, regte aber gleichzeitig weitere Studien, insbesondere über die Frage der militärischen Bedeutung von Satelliten, an. Als Folge davon griff die neugegründete Luftwaffe Projekt RAND 1949 wieder auf und bestellte nun zunächst eine Studie über den militärischen Wert von Satelliten, vor allem im Hinblick auf Erdbeobachtungen. Der Öffentlichkeit waren alle diese ersten Satellitenüberlegungen verborgen geblieben; sie wurde zum erstenmal Ende 1948 angesprochen und informiert, als der damalige Verteidigungsminister James Forrestal (zum Entsetzen vieler Eingeweihter) in seinem Jahresbericht von der »Koordinierung des Erdsatellitenprogramms« sprach. Diese Bemerkung führte im übrigen zu heftigem Lamentieren der Russen. So hieß es in der sowjetischen Presse, daß »die Satellitenidee des Verrückten Forrestal ein Instrument der Erpressung« sei. Bereits im Dezember 1947 hatten die Sowjets sich über Amerikas Anwendung »hitlerscher Ideen« und die »phantastische Idee« von Aufklärungssatelliten mokiert und diese Überlegungen lächerlich zu machen versucht – zu einer Zeit, da sie selbst bereits tüchtig auf eine ICBM (interkontinentales Raketen-Ferngeschoß) hinarbeiteten. Nach dem Hinweis des Verteidigungsministers Forrestal auf Satellitenprojekte schwiegen von Ende 1948 an die amerikanischen Behörden zu diesem Thema bis zum November 1954. Zu diesem Zeitpunkt wurde in einer kurzen Meldung mitgeteilt, daß die »Studien eines Erdsatel-

Während er darauf wartete, in den Vereinigten Staaten in der Raumfahrt durch Entwicklung echten Raumfluggeräts zum Zug zu kommen, beschäftigte sich Wernher von Braun auch literarisch mit den zukünftigen Möglichkeiten der Raumfahrt. So veröffentlichte er 1952 diesen Entwurf für eine bemannte Raumstation. Sie sollte radförmig sein bei einem Durchmesser des Rades von 75 Metern. Der äußere Radkranz sollte neun Meter Durchmesser haben und in drei Stockwerke unterteilt werden. Heute zweifelt man nicht mehr daran, daß es derartig große Raumstationen im nächsten Jahrhundert geben wird.

36
34
35
33
29
30
31
28
26
25
27
22
23
15
17
20
24
21
39
11
12
16
13
18
19
14
WELTRAUM-TAXI
(RAUM-TRANSPORTER)

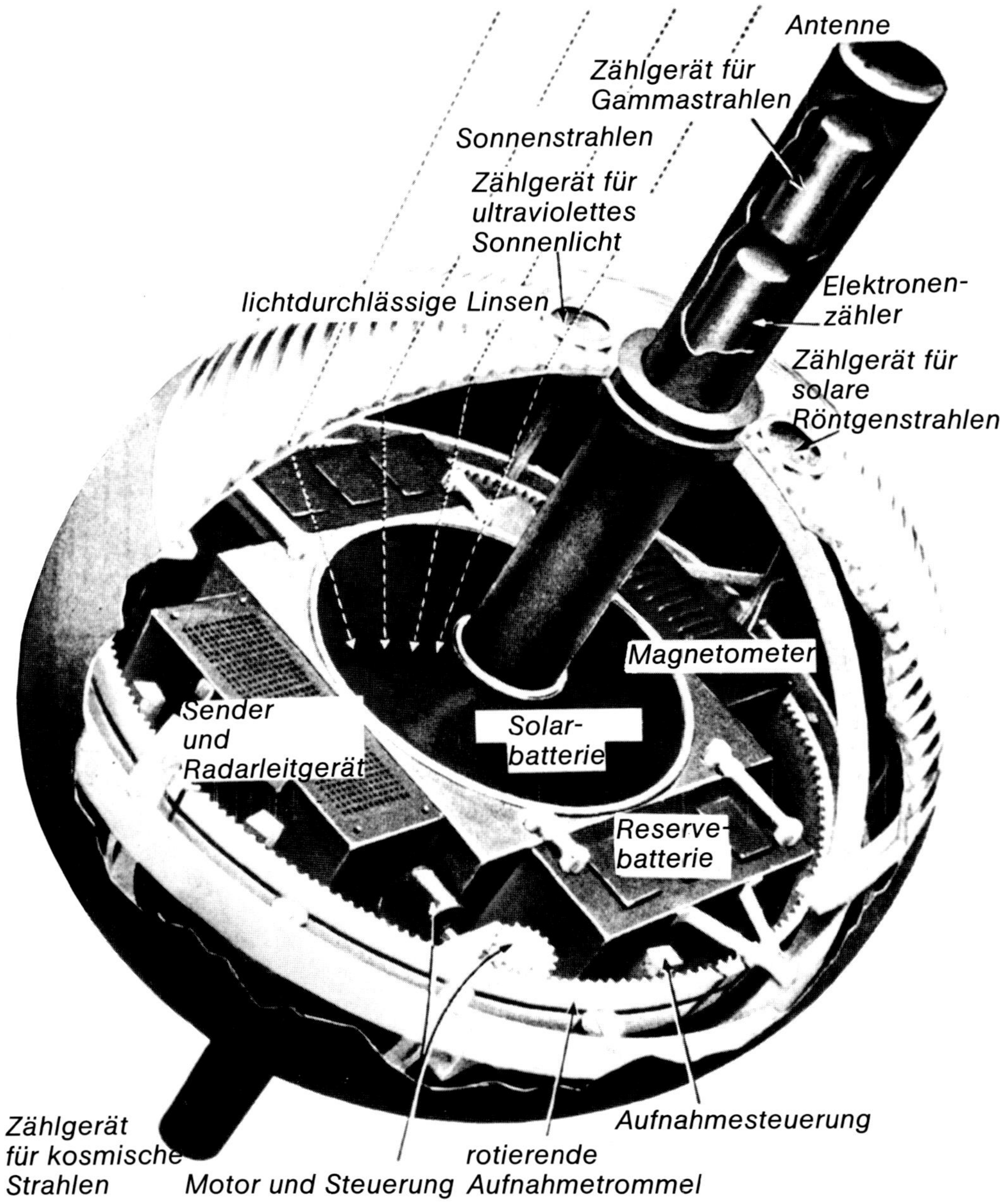

Diesen Entwurf für einen vollinstrumentierten künstlichen Erdsatelliten trug der Physiker Fred Singer bereits 1953 vor. Das kugelförmige Gebilde von 50 Kilogramm Masse sollte unter anderem kosmische Strahlen und Polarlichter untersuchen, die Röntgen-, Ultraviolett- und Gammastrahlung der Sonne registrieren und die Elektronendichte in der Hochatmosphäre bestimmen. Zu einer Verwirklichung dieses Projekts kam es indessen nicht.

litenprogramms« weiterverfolgt würden.
Um so mehr aber wurde nun die Satellitenidee Gesprächsgegenstand von Wissenschaftlern, Technikern und Journalisten in Amerika und Europa. Schon im September 1946 hatten Malina und Summerfield auf dem Sechsten Internationalen Kongreß für angewandte Mechanik in Paris einen Vortrag über »Das Problem des Freikommens von der Erde durch Raketen« gehalten und hierbei das Satellitenkonzept erwähnt.
1950 hatte der erste Internationale Astronautische Kongreß in Paris stattgefunden. 1951, beim zweiten Kongreß, wurde in London die Internationale Astronautische Föderation gegründet und ein Vortragsprogramm veranstaltet. Es wurden nicht weniger als 17 Vorträge gehalten, die sich zum großen Teil mit Raumstationen, aber in einigen Fällen auch mit kleinen unbemannten Satelliten beschäftigten. Mehrere, durchaus realisierbare Vorschläge für derartige Meßsatelliten und für Satellitenträger wurden gemacht. Zu den Autoren dieser Vorträge gehörten Wernher von Braun, der bekannte amerikanische Astronom Professor Lyman Spitzer, Guido von Pirquet, die Engländer Leslie Shephard, Kenneth Gatland, Harry Ross und Ralf Smith sowie die Deutschen Heinz-Hermann Koelle, Rudolf Nebel und Rudolf Merten. Diese Vorträge wurden noch im gleichen Jahr in England veröffentlicht.
Im März 1952 erregte Wernher von Braun in der amerikanischen Öffentlichkeit Aufsehen durch seine Artikelserie in »Colliers Magazine« über Raumfahrt. Auch hierin sprach er die Raumstation und den künstlichen Erdsatelliten an. Im gleichen Jahr (und zwar im Februar 1952) erheischte Präsident Truman erstmalig einen Überblick über den Stand des amerikanischen Satellitenprogramms. Er beauftragte einen amerikanischen Wissenschaftler, die technischen Voraussetzungen für den Start eines »amerikanischen Sterns« zu errechnen, eines Ballonsatelliten, den die Menschen in aller Welt am nächtlichen Himmel sehen könnten.
Beim vierten Internationalen Astronautischen Kongreß in Zürich im September 1953 stellte der amerikanische Physik-Professor Fred Singer ein von ihm erdachtes Satellitenprojekt vor, dem er den Namen MOUSE gab, ein Akronym für »**M**inimal **O**rbit **U**nmanned **S**atellite **E**xperiment« (Unbemanntes Satellitenexperiment in einer minimalen Umlaufbahn). Es war der erste Vorschlag für einen Satelliten, der präzise beschriebene Instrumente in seinem Inneren enthalten sollte. Die Arbeit fand unter Fachleuten und in der Öffentlichkeit einen ungeheueren Widerhall.
Auch in der Folgezeit richteten die Ergebnisse, die mit Höhenraketen erzielt wurden, das Interesse der Wissenschaftler sowie der Öffentlichkeit immer stärker auf die Vorschläge für künstliche Satelliten, das Forschungspotential derartiger Geräte wurde erkannt.
Singers Vortrag beschäftigte sich nicht primär mit der Trägerrakete (wie das bisher allgemein üblich war), sondern mit einem auf 50 Kilogramm ausgelegten Satelliten und seinen Aufgaben. Das kugelförmige Gebilde sollte von einer dreistufigen Rakete in seine Bahn getragen und dort von der letzten Raketenstufe gelöst werden. Es sollte rotieren, also spinstabilisiert werden. Die Drehachse sollte in Richtung Sonne zeigen. An dem zur Sonne weisenden Drehpol sollten Sonnenzellen angebracht werden, um den Sender des Satelliten mit ausreichender elektrischer Energie versorgen zu können. Der Satellit sollte die Erde in 300 Kilometer Höhe in einer Polarbahn umkreisen. Er würde in dieser Bahn zu einem Umlauf um die Erde 90 Minuten benötigen. Die wissenschaftlichen Informationen, die der Satellit während der Umfliegung gewinnen würde, sollten auf Magnetband gespeichert und bei jeder Überfliegung des Nordpols von einem Flugzeug aus abgerufen und im Schnellauf überspielt werden.
Eine andere Anregung für die Verwirkli-

chung künstlicher Erdsatelliten kam von der Amerikanischen Raketengesellschaft, die ein eigenes Komitee für Raumflug gebildet hatte. Dieses Komitee gab Anfang 1954 eine Arbeit über künstliche Erdsatelliten heraus und rief alle zuständigen Dienststellen der amerikanischen Regierung auf, Satellitenpläne zu verwirklichen. Im Sommer 1954 regte der heutige Raumfahrthistoriker Frederick Durant III (damals Präsident der Internationalen Astronautischen Föderation) aus Anlaß eines Besuchs Wernher von Brauns in Washington ein Treffen einer Reihe interessierter Leute im Forschungsamt der Marine (ONR) an, um über Satellitenprojekte zu diskutieren. Das Treffen fand am 25. Juni 1954 statt und wurde zur Geburtsstunde des »Projektes Orbiter«. Teilnehmer der Runde waren neben von Braun und Durant Marinekapitän George W. Hoover, Fred Singer, der Astronom Fred Whipple, David Young von der Aerojet-General Corporation und einige Offiziere des ONR. Es ging darum, einen Vorschlag für ein Satellitenprojekt zu machen, das die wissenschaftlichen Aufgaben erfüllen würde, die das ONR formuliert hatte. Von Braun schlug eine Kombination aus der neu entwickelten Redstone-Rakete und oberen Stufen aus gebündelten Feststoffraketen des Typs Loki vor. Eine derartige Kombination könnte den gewünschten »Minimal-Satelliten« von gut 2 Kilogramm Masse in die vorgesehene Umlaufbahn in 320 Kilometer Höhe bringen. Der Start sollte in der Nähe des Äquators von einem Schiff der Marine aus erfolgen, eine Technik, die man ja bereits mit einer V-2-Rakete und einer Viking erfolgreich erprobt hatte. Von Braun hatte sich mit dieser Idee der Redstone-Loki-Kombination bereits eingehend beschäftigt und konnte deshalb eine baldige Fertigstellung eines solchen Satellitenträgers zusagen. Bei einer weiteren Besprechung Anfang August in Huntsville wurde festgelegt, daß das Redstone-Arsenal der Armee die Rakete entwickeln könnte, während sich die Marine um den Satelliten kümmern und für das Bahnverfolgungsnetz sorgen würde. Kapitän Hoover wurde zum Projektmanager ernannt. Mitte September 1954 unterschrieb von Braun den Plan und schickte ihn nach Washington zur Genehmigung. Allein, die Reaktion war negativ. Politische, technische und andere Gründe führten dazu, daß nach langem Hin und Her gegen das Projekt entschieden wurde. Projekt Orbiter hätte, wäre es realisiert worden, im Sommer 1956 Amerika seinen ersten künstlichen Erdsatelliten gebracht! Doch die Entwicklung ging verschlungene Pfade, bevor es Wernher von Braun und seinen Mitarbeitern in den Strudeln der politischen, militärischen und persönlichen Auseinandersetzungen schließlich erlaubt wurde, Amerika zu seinem ersten künstlichen Erdsatelliten zu verhelfen.

Künstliche Erdsatelliten

Ein Großangriff auf die Geheimnisse der Natur

Die Idee zu dem größten bisher durchgeführten weltweiten Forschungsprogramm entstand an einer Kaffeetafel. Am Nachmittag des 5. April 1950 saßen im Hause des amerikanischen Physikers Dr. James Van Allen in Silver Springs in Maryland mehrere Wissenschaftler beisammen und diskutierten über die Erforschung der Erde als Planet. Das größte Problem, so stellten die Wissenschaftler übereinstimmend fest, bestand darin, daß es an koordinierten Beobachtungsdaten fehlte. Wenn man mehr über die Vorgänge auf unserer Erde, über die Erdgeschichte, über die Wechselwirkungen zwischen Atmosphäre und Weltraum, mehr über die kosmischen Einflüsse auf unseren Heimatplaneten und über Klima und Wetter wissen wollte, so müßte man in einem abgesteckten Zeitraum rund um die Erde sowohl auf der Erdoberfläche als auch in die Atmosphäre und in den Weltraum hinein aufeinander abgestimmte Messungen und Beobachtungen vornehmen.

Der amerikanische Geophysiker Dr. Lloyd Berkner erinnerte an die »Internationalen Polarjahre«, zwei große Forschungsprogramme, die man 1882/83 und 1932/33 durchgeführt hatte. Am Ersten Internationalen Polarjahr hatten sich zwölf Nationen beteiligt. Sie hatten innerhalb des arktischen Kreises vierzehn, in der Antarktis zwei Beobachtungsstationen errichtet und 34 zusätzliche Meßstationen zu Vergleichszwecken außerhalb der Polarkreise rund um die Welt betrieben.

An diesen Stationen wurden Temperatur-, Feuchtigkeits-, Wind-, Druck- und Magnetfeldmessungen vorgenommen, Polarlichter beobachtet, Salzgehalt und Temperatur des Meerwassers bestimmt, Eisbewegungen verfolgt. An bestimmten, ausgewählten »Meteorologischen Welttagen« wurden diese Erscheinungen weltweit in Fünf-Minuten-Intervallen registriert!

Das Ergebnis bestand aus einer Fülle vergleichbarer Daten. Aus ihnen wurden in den Folgejahren zahlreiche neue Informationen über die Erde gewonnen.

Am Zweiten Internationalen Polarjahr 1932/33 beteiligten sich bereits 49 Nationen. Die Aktivitäten wurden gegenüber denen des ersten Polarjahres erheblich ausgeweitet, auf zusätzliche Erscheinungen (so etwa die Ausbreitung der Funkwellen) ausgedehnt, und die Stationen außerhalb der Polarregionen wurden nun nicht mehr als bloße Lieferanten von Vergleichsdaten betrachtet: Im zweiten Polarjahr ging es bereits um die Erde als Ganzes, wenn auch mit besonderer Betonung der Untersuchungen in den Polargebieten der Erde. Warum, so fragten sich die Wissenschaftler an der Kaffeetafel James Van Allens, können wir eine solche weltweite Untersuchung der Erde nicht jetzt noch einmal in einem Generalangriff vieler Nationen auf die Geheimnisse der Natur als eine Art »Drittes Polarjahr« starten – nur mit dem Unterschied, daß es diesmal nicht bevorzugt die Polargebiete sein sollten, die das Interesse der Forscher finden, sondern der ganze Erdkörper und darüber hinaus auch die Hochatmosphäre der Erde und der angrenzende Weltraum?

Lloyd Berkner ließ die Idee in diversen wissenschaftlichen Organisationen kursieren. Er sprach mit den Ionosphärenphysikern, den Funktechnikern und den Astronomen, mit Polarforschern und mit den Wissenschaftlern, die sich den Wüstengebieten der Erde widmen, mit Geodäten, Geophysikern, Meteorologen und Aerologen.

Das Interesse an dem Projekt war überall groß; die Forscher griffen die Idee einer weltweiten Untersuchung des Planeten Erde begeistert auf. Vom »Internationalen Rat wissenschaftlicher Vereinigungen« (nach der Abkürzung seines englischen Namens »International Council of Scientific Unions« allgemein als ICSU apostrophiert) wurde – zunächst inoffiziell – ein spezielles Komitee für die Vorbereitung des Dritten Internationalen Polarjahres ins Leben gerufen.

Im Mai 1952 wurden alle Mitgliedsländer der ICSU ersucht, nationale Ausschüsse zu bilden und Vorschläge für die Durchführung des Dritten Polarjahres zu machen. Schon in den vorausgegangenen ersten Gesprächen mit Lloyd Berkner hatten die Ionosphärenphysiker angeregt, das Unternehmen in den Jahren 1957/58 stattfinden zu lassen. In diesem Zeitraum erwartete man ein starkes Ansteigen der Sonnenaktivität – ein Sonnenfleckenmaximum –, und ein solches Ereignis würde eine besondere Gelegenheit bieten, die Auswirkungen der Sonnentätigkeit auf die Ionosphäre und andere irdische Vorgänge zu untersuchen.

Im Oktober 1952 wurde anläßlich der Generalversammlung des ICSU beschlossen, das Unternehmen in »Internationales Geophysikalisches Jahr« umzubenennen. Aus der englischen Bezeichnung »International Geophysical Year« wurde das Akronym IGY gebildet. Das spezielle Komitee für die Vorbereitung des Projektes wurde nun offiziell gegründet. Man gab ihm die Bezeichnung CSAGI, ein Akronym des französischen »Comité Spécial de l'Année Géophysique Internationale«, spezielles Komitee für das Internationale Geophysikalische Jahr. Es wurde festgesetzt, daß das Unternehmen am 1. Juli 1957 beginnen und am 31. Dezember 1958 enden sollte – ein eigentümliches, achtzehn Monate langes Jahr. Der Grund hierfür war, daß zwölf Monate als zu kurze Zeitspanne erschienen, um die Phänomene repräsentativ erfassen zu können.

Die Planungen liefen in großem Rahmen an. Schiffe sollten von allen Ozeanen der Erde aus Messungen vornehmen, Ballone und Raketen die Vorgänge in der Atmosphäre der Erde laufend registrieren, Auskünfte über Temperatur, Druck, Feuchtigkeit, Winde und andere Faktoren in den verschiedensten Höhen der Lufthülle geben. Die Astronomen sollten die Sonnentätigkeit von Observatorien rund um die Erde aus beobachten, so daß sich daraus eine lückenlose Beobachtungskette ergeben würde, vierundzwanzig Stunden am Tag. Arbeitsgruppen für die einzelnen Fachbereiche wurden geschaffen, Verteilungspläne für die Ausrichtung und Besetzung der einzelnen vorgesehenen Stationen aufgestellt. CSAGI führte Arbeitstagungen durch. ICSU und UNESCO, die Organisationen der Vereinten Nationen für Wissenschafts-, Kultur- und Bildungsfragen, leisteten finanzielle Hilfe bei diesen Vorbereitungen des IGY. An der ersten der Arbeitstagungen, die im Juli 1953 in Brüssel stattfand, nahmen Wissenschaftler aus neun Nationen teil; bei der zweiten im Oktober 1954 in Rom waren es bereits 36 Nationen, die nationale Komitees für das Geophysikalische Jahre gebildet hatten.

Bei dieser Konferenz in Rom faßten die Teilnehmer eine Resolution, die sich als das folgenträchtigste Unternehmen des gesamten Geophysikalischen Jahres erweisen sollte: Sie empfahlen den am Geophysikalischen Jahr interessierten Ländern, »die technischen Möglichkeiten für Bau

22. Juni 1960: Eine amerikanische THOR-Rakete startet für die Marine den Navigationssatelliten TRANSIT II. Trotz seiner Prächtigkeit vermag das Bild nicht den beeindruckenden Anblick wiederzugeben, den ein solcher Start – zusammen mit dem akustischen Phänomen – in natura hervorbringt.

Links: Szene aus der Antarktis während des Internationalen Geophysikalischen Jahres. Eine von zahlreichen Höhenforschungsraketen wird gestartet und mit Theodolit und Kamera verfolgt. Rechts im Bild ein Wetterballon.

Rechte Seite: Oben ein Modell von Projekt ORBITER mit Satellit und oberen Stufen. Unten die gesamte vorgeschlagene Trägerrakete

und Abschuß eines künstlichen, mit wissenschaftlichen Meßinstrumenten ausgerüsteten Erdsatelliten zu untersuchen« und, wenn möglich, einen solchen Satelliten in eine Erdumlaufbahn zu bringen.
Der Vorschlag kam nicht von ungefähr. Schon zuvor hatten die Wissenschaftler daran gedacht, im Programm des IGY zahlreiche Aufstiege von Höhenraketen vorzusehen, um Daten aus der Hochatmosphäre zu erhalten. Natürlich waren sie über die Fortschritte informiert, die bei der Entwicklung von Höhenforschungsraketen in den letzten Jahren erzielt worden waren, und auch der sich anbahnende politische Wettlauf um eine interkontinentale Rakete war ihnen nicht entgangen. Sie erkannten, daß in dieser Raketenentwicklung die technischen Möglichkeiten lagen, einen Körper in eine Satellitenbahn um die Erde einzuschießen. Die Diskussionen in den Kreisen der Raumfahrtenthusiasten über solche Projekte und die diversen Vorschläge für Meßsatelliten wiesen darauf hin, daß die Zeit für ein solches Unternehmen gekommen schien. Es war nur folgerichtig, daß die Initiatoren des Geophysikalischen Jahres (an dem sich letztlich 67 Nationen beteiligten) auch diese Möglichkeit, unser Wissen über die Erde, ihre Atmosphäre und ihre Bindungen an das Weltall zu erweitern, ernsthaft in Betracht zogen, wobei aus der Sicht der Beteiligten in der Praxis allein die USA angesprochen wurden; daß auch die Sowjetunion eine ausreichende Raketenkapazität haben würde, glaubte kaum jemand, und alle übrigen Länder waren technisch außerstande, einen Satelliten zu starten. In der Tat basierte die Verlautbarung des CSAGI am 4. Oktober 1954 auf einem langen Gespräch zwischen amerikanischen Wissenschaftlern am Vorabend in Rom, in dessen Verlauf sie überein kamen, CSAGI zu empfehlen, ein Satellitenprogramm für das IGY anzuregen.
Die Verlautbarung der Konferenz von Rom war natürlich Wasser auf die Mühlen aller jener Leute, die sich mit Satellitenprojekten beschäftigten. Armee, Marine und Luftwaffe in den Vereinigten Staaten horchten ebenso auf wie (was man freilich damals nicht ahnte) die Herren im Kreml. Die Idee eines Forschungssatelliten wurde jetzt auch bei den skeptischsten Wissenschaftlern hoffähig.
Nun, da diese Idee offen auf dem Tisch lag und durch das Geophysikalische Jahr ein Ansporn gegeben war, begannen das nationale amerikanische Komitee für das Geophysikalische Jahr, die nationale Stiftung für die Wissenschaft (National Science Foundation, NSF), die Nationale Akademie der Wissenschaften (National Academy of Sciences, NAS) und andere Organisationen in Amerika sich mit dem Gedanken eines künstlichen Erdsatelliten zu beschäftigen.
Seit dem Jahre 1952 hatte die Amerikanische Raketengesellschaft – damals unter dem Vorsitz des emsigen und beweglichen Andrew Haley, der bald darauf jahrelang eine große Rolle in der Internationalen Astronautischen Föderation spielen sollte – der Nationalen Stiftung für die Wissenschaft empfohlen, einen kleinen Satelliten zu starten.
Im Juni 1954 hatten sich, wie im vorausgegangenen Kapitel geschildert, auf Veranlassung Fred Durants und unter tüchtiger Mithilfe des Marine-Kapitäns George Hoover Armee und das Forschungsbüro der Marine zu gemeinsamem Tun im Projekt ORBITER zusammengefunden. Im November 1954 übermittelte das ebenfalls bereits erwähnte Raumflug-Komitee der Amerikanischen Raketengesellschaft (heute American Institute of Aeronautics and Astronautics, AIAA, Amerikanisches Institut für Luft- und Raumfahrt) unter dem Vorsitz von Milton Rosen, der maßgeblich an der Entwicklung der VIKING-Rakete beteiligt war, der Nationalen Stiftung für die Wissenschaft eine Ausarbeitung über den Nutzen eines künstlichen, unbemannten Erdsatelliten. An das Pentagon schickte Rosen einen Vorschlag für ein Satellitenprogramm. Er ging von einer verbesserten, auf drei Stufen ausgebauten VIKING-Rakete als Träger aus und sah einen kleinen, kugelförmigen, mit Meßinstrumenten und einem Sender ausgerüsteten Satelliten vor.
Das nationale amerikanische Komitee für das Internationale Geophysikalische Jahr beschäftigte sich in einem Raketen-Ausschuß ebenfalls mit der Satellitenidee, ohne daß alle Beteiligten immer von den

anderen Interessenten wußten, was bei ihnen vorging - sofern sie überhaupt von ihnen wußten.
Das nationale amerikanische IGY-Komitee untersuchte zunächst die Kostenfrage und überlegte sich die internationalen Auswirkungen eines Satellitenprogramms. Dabei kam man zu der Auffassung, daß Umfang und Bedeutung des Projektes es notwendig machten, die Zustimmung des amerikanischen Präsidenten zu erhalten. So wurde Präsident Eisenhower am 22. März 1955 mit der Idee vertraut gemacht. Gleichzeitig begannen Gespräche mit dem Verteidigungsministerium, wo bereits die Vorschläge für Projekt ORBITER sowie der Vorschlag Milton Rosens lag, der in Zusammenarbeit mit dem Forschungslaboratorium der Marine, dem Naval Research Laboratory NRL, entstanden war - nicht zu verwechseln mit dem Forschungsbüro ONR der Marine, die mit Wernher von Brauns Gruppe am ORBITER-Projekt zusammenarbeitete.
Es würde zu weit führen, hier die diversen Diskussionen wiederzugeben, die in jenen Wochen und Monaten in den einzelnen Gremien geführt wurden. Deshalb sei lediglich festgehalten, daß das unter dem Vorsitz des Physikers Professor Kaplan stehende nationale amerikanische IGY-Komitee im Mai 1954 dem Direktor der Nationalen Stiftung für die Wissenschaft, Dr. Alan Waterman, und dem stellvertretenden Verteidigungsminister Donald Quarles einen Kostenvoranschlag für ein Satellitenunternehmen, wie es sich das Komitee vorstellte, unterbreitete. Dieser Kostenvoranschlag stellte fest, daß es möglich sein würde, bei einem Aufwand von nur 10 Millionen Dollar (damals rund 40 Millionen Mark) zehn Satelliten, fünf Verfolgungsstationen, alle Instrumente und die Personalkosten zu finanzieren. Der stellvertretende Verteidigungsminister änderte die Zahl zunächst einmal kurzerhand auf »15 bis 20 Millionen Dollar« ab.
Der Nationale Sicherheitsrat der Vereinigten Staaten stimmte der Absicht, einen künstlichen Erdsatelliten für das Geophysikalische Jahr zu schaffen, am 26. Mai 1955 grundsätzlich zu. Er stellte dabei die Bedingungen, daß die friedvollen Absichten des Unternehmens deutlich hervorzuheben seien und daß das Projekt in keinerlei Weise die Entwicklungsarbeiten an den militärischen Raketen beeinträchtigen dürfe. Trotzdem sollte natürlich die Verantwortung für die Startdurchführung des Satelliten beim Verteidigungsministerium liegen. Minister Quarles ersuchte sein Beraterkomitee (das unter dem Vorsitz von Homer J. Stewart vom Jet Propulsion Laboratory stand und deshalb allgemein unter der Bezeichnung »Stewart-Komitee« bekannt wurde), eine Empfehlung darüber abzugeben, welches der vorgeschlagenen Projekte realisiert werden sollte.
Es gab ja zu diesem Zeitpunkt drei konkrete Vorschläge:

1. Das ORBITER-Projekt der Armee-Gruppe unter General Medaris und Wernher von Braun und des Forschungsbüros ONR,
2. den auf der VIKING aufbauenden Vorschlag Milton Rosens des Forschungslabors NRL und
3. einen Vorschlag der Luftwaffe, die anbot, bis zum Ende des Jahres 1958 einen großen, schweren Satelliten mit einer ATLAS-Rakete in eine Erdumlaufbahn zu bringen.

Auch im Weißen Haus waren die Überlegungen weitergegangen. Schließlich, am 27. Juli 1955, entschloß sich Präsident Eisenhower, die Öffentlichkeit darüber zu informieren, daß Amerika im Laufe des Internationalen Geophysikalischen Jahres der Erde zu einem künstlichen Satelliten für Forschungszwecke verhelfen würde ...

Eine Botschaft aus dem Weißen Haus ...

Das Projekt wurde nach Fühlungnahme mit dem Generalsekretär von CSAGI, Professor Marcel Nicolet in Brüssel, am 29. September 1955 bekanntgegeben - drei Tage vor dem Beginn des Sechsten Internationalen Astronautischen Kongresses, der in jenem Jahr in Kopenhagen stattfand. Der Pressesekretär des Weißen Hauses, James Hagerty, verlas eine Ankündigung, in der er unter anderem sagte:
»Im Namen des Präsidenten der Vereinigten Staaten verkünde ich hiermit, daß der Präsident dieses Landes Pläne genehmigt hat, als einen Beitrag der Vereinigten Staaten zum Internationalen Geophysikalischen Jahr kleine, die Erde umkreisende Satelliten zu starten ... Dieses Programm wird zum ersten Mal in der Geschichte der Menschheit Wissenschaftler in aller Welt in die Lage versetzen, anhaltende Beobachtungen in den Bereichen jenseits der Erdatmosphäre zu machen. Der Präsident hat seine persönliche Befriedigung darüber ausgedrückt, daß das Unternehmen es Wissenschaftlern aller Nationen ermöglichen wird, diese wichtige und einmalige Gelegenheit für den Fortschritt der Wissenschaft zu nützen.«
Diese und die weiteren Ausführungen

Frühes Modell eines Satelliten, das in den USA als Vorbereitung auf das Internationale Geophysikalische Jahr vorgestellt wurde und später – wenn auch in stark abgewandelter Form – im VANGUARD-Satelliten Realisierung fand

waren nach langen, umfänglichen Überlegungen zu Papier gebracht worden. Bis zu jenem Zeitpunkt waren in Amerika alle Überlegungen zu Satelliten, alle Vorschläge für bestimmte Satellitenprogramme ein streng gehütetes Geheimnis gewesen, von dem pauschalen Hinweis des Verteidigungsministers Forrestal im Jahre 1948 abgesehen. Alan Waterman, der bereits erwähnte Präsident der NSF (der Stiftung für die Wissenschaft), hat später einmal geschätzt, daß vor dem 29. Juli 1955 weniger als einhundert Leute in Amerika davon wußten, daß man sich in den Vereinigten Staaten offiziell mit dem Gedanken an ein Satellitenprogramm beschäftigte.
Auch Präsident Eisenhower hatte sich die Entscheidung nicht leichtgemacht. Es hatte für ihn gegolten, zahlreiche Für und Wider gegeneinander abzuwägen: Wie würde die Reaktion der Sowjets sein? Welche rechtlichen Überlegungen galt es zu wahren? Sollte mit einem Satellitenprogramm eine Art militärischer Demonstration oder ein weltweites Bekenntnis zu friedlicher, internationaler Zusammenarbeit gegeben werden? Würde die Entwicklung militärischer Raketen durch die Entscheidung für ein Satellitenunternehmen beeinträchtigt werden? Wie würde Amerika, wie die Welt die Nachricht über ein Satellitenprojekt aufnehmen? Welche politischen und psychologischen Auswirkungen würden damit verbunden sein? Fragen über Fragen, die gewissenhaft untersucht werden mußten.

Nur eines hatte man, dem Text der Verlautbarung des amerikanischen Satellitenprogramms für das Geophysikalische Jahr nach zu urteilen, nicht einkalkuliert: die Möglichkeit, daß auch die Sowjetunion sich für ein derartiges Programm entscheiden könnte.
Bei der Sitzung des CSAGI in Rom im Oktober 1954, in der diskutiert worden war, eine Resolution für ein Satellitenprogramm an die teilnehmenden Länder zu erlassen, war auch ein sowjetischer Vertreter anwesend. Er blieb stumm wie ein Fisch, reagierte in keinerlei erkennbarer Weise. Und doch hätte man, wären nur alle Anzeichen richtig analysiert und gewertet worden, etwas mehr über mögliche sowjetische Absichten auf dem Satellitengebiet erfahren können. Der Anzeichen gab es viele. So hatte schon im November 1953 der Chemiker Aleksander N. Nesmejanow, Mitglied der Sowjetischen Akademie der Wissenschaften in Moskau, behauptet, daß es bereits möglich wäre, Erdsatelliten zu starten und Raketen zum Mond zu schießen. Im März 1954 hatte Radio Moskau in einer Sendung für die Jugend diese ermuntert, sich auf die Erkundung des Weltraums vorzubereiten. Im April 1954 hatte der Moskauer Fliegerklub darauf hingewiesen, daß nunmehr Studien über interplanetare Flüge beginnen würden. Ende Januar 1955 schließlich hatte Radio Moskau davon gesprochen, daß der Start künstlicher Erdsatelliten in nicht allzu ferner Zukunft zu erwarten sei, und am 15. April 1955 gab die sowjetische Regierung bekannt, daß an der Sowjetischen Akademie der Wissenschaften auf hoher Ebene eine »Kommission für interplanetare Kommunikation« gegründet worden sei!
Doch diese Hinweise waren teilweise übersehen, teilweise nicht sehr ernst genommen worden.

... und aus dem Kreml

Die Teilnehmer des Sechsten Kongresses der Internationalen Astronautischen Föderation hatten die Nachricht über das amerikanische Satellitenprogramm teilweise gerade noch vor ihrer Abreise nach Kopenhagen, teilweise auf dem Weg dorthin, zum Teil aber auch erst nach ihrer Ankunft in der dänischen Metropole erfahren. So mancher Schluck wurde darauf am Vorabend des Kongresses getrunken; die Raumfahrtenthusiasten aus aller Welt waren begeistert, sahen sich dem Ziel ihrer Wünsche und Träume ein Stück nähergerückt!
Die Kopenhagener Tagung war der erste

Internationale Astronautische Kongreß, an dem eine sowjetische Delegation teilnahm. Sie bestand aus dem Moskauer Physiker Professor Leonid Sedow und dem Leningrader Astronomen Professor Kyrill Ogorodnikow. Am zweiten Tage des Kongresses, dem 2. August 1955, baten die Sowjets die anwesenden Journalisten und einige prominente Tagungsteilnehmer zu einer Verlautbarung in die sowjetische Botschaft Kopenhagens. Hier verkündete Professor Sedow, seines Zeichens Vorsitzender der Kommission für interplanetare Kommunikation der Sowjetischen Akademie der Wissenschaften, häufig in ein schwarzes Notizbuch blickend, daß auch die Sowjetunion im Geophysikalischen Jahr künstliche Erdsatelliten starten werde. (Bereits am Freitag, dem 30. Juli 1955, hatte die UdSSR in Moskau angekündigt, daß sie einen Satelliten zu starten beabsichtige, aber diese Meldung kannten die Teilnehmer des Kopenhagener Kongresses nicht.)
Die Satelliten würden - so Sedow weiter - gleich den amerikanischen Satelliten der Wissenschaft allgemein zur Verfügung stehen, und jeder könne sie sich nutzbar machen. (Dieser Hinweis, in ähnlicher Form von den Amerikanern gegeben, bezog sich auf die Möglichkeit, solche Satelliten mit optischen Geräten verfolgen oder ihre Funksignale registrieren zu können. Auf beide Weisen sind Positionsbestimmungen möglich, aus denen sich Informationen über die Dichte der Atmosphäre auf der Umlaufbahnhöhe des Satelliten und Daten über die Erdgestalt ableiten lassen.)
Gleich der amerikanischen Ankündigung machte die sowjetische Verlautbarung Sedows ihren Weg um die Erde. Indessen wurde sie von vielen Menschen sehr bald wieder vergessen oder als platonisch eingestuft: Man hatte sich noch immer nicht daran gewöhnt, den Russen, zuvor als technisch rückständig verschrien, technische Großtaten wie den Start eines künstlichen Erdsatelliten zuzutrauen …

VANGUARD – Vorhut im Weltall

An dem Tag, an dem vom Weißen Haus in Washington der Weltöffentlichkeit kundgetan wurde, daß Amerika im Geophysikalischen Jahr einen künstlichen Erdsatelliten starten würde, wußte noch niemand, was für ein Satellit das sein, noch wie er heißen würde: Das Stewart-Komitee hatte seine Empfehlung für eines der drei zur Debatte stehenden Projekte noch nicht gefunden.

Man muß den Mitgliedern des Stewart-Komitees attestieren, daß sie sich ihre Aufgabe nicht leichtmachten. Sie hatten eine Fülle sachlicher Faktoren zu berücksichtigen - die Technik des Trägeraggregats, Gewicht, Ausführung, Instrumentierung und Leistung des vorgesehenen Satelliten, Bodennetz, Auswirkungen auf andere Raketenprojekte, Kosten - und sie mußten sich darüber hinaus mit Rivalitäten, Voreingenommenheiten, Pressestimmen, der Reaktion der Öffentlichkeit und ähnlichen, nicht sachbezogenen Gegebenheiten auseinandersetzen.

Der sowjetische Physiker Professor Leonid Sedow in der sowjetischen Botschaft in Kopenhagen am 2. August 1955 bei der Verkündigung des sowjetischen Satellitenprogramms für das Geophysikalische Jahr

In den sachlichen Ausführungen, die die drei Konkurrenten zu ihren Vorschlägen gemacht hatten, waren Hinweise, die jedem der drei Vorschläge positive wie negative Seiten abgewinnen ließen. Dies führte dazu, daß man beispielsweise im Komitee unter anderem überlegte, ob es nicht zweckmäßig wäre, die Rakete aus dem Vorschlag der Armee mit dem Satelliten des Forschungsamtes der Marine zu kombinieren. Allerdings, es wäre fraglich gewesen, ob ein solches System bei dem Rivalitätsdenken der Konkurrenten zu einem Erfolg hätte führen können.
Der Vorschlag der Armee vom Juli 1955 war, was die Trägerrakete betraf, durchaus überzeugend. Von Braun und seine Mitarbeiter hatten ihr ursprüngliches Konzept vom September 1954 variiert; auf Rat des Jet Propulsion Laboratory sahen sie nun anstelle der 31 kleinen LOKI-Raketen 15 verkleinerte Versionen der schubkräftigeren, erprobten SERGEANT-Feststoffraketen für die zweite, dritte und vierte Stufe vor. Der Satellit sollte nun auch einen Sender tragen, so daß er durch Funk verfolgt werden könnte und man nicht allein auf die witterungsabhängige optische Verfolgung angewiesen war. Das Satellitengewicht war allerdings mit den angegebenen 2,2 Kilogramm sehr gering, obgleich der neue vorgeschlagene Träger leicht einen schwereren Satelliten in eine Umlaufbahn hätte bringen können. Die Kostenabschätzung von 17,7 Millionen Dollar für das Projekt schien realistischer als der von dem IGY-Ausschuß angegebene Wert von knapp 10 Millionen Dollar für zehn Satelliten und ihre Instrumentierung. Keine Information gab sie über das erforderliche Bodennetz.
Die Marine hatte demgegenüber bei dem NRL-Projekt sehr genaue und handfeste Daten über den Satelliten beigebracht. Hier waren Instrumentierung und wissenschaftliche Aufgabenstellung sehr genau definiert. Die damals noch brandneue elektronische Mikrominiaturisierung wurde vorgeschlagen, und auch das Gewicht von rund 10 Kilogramm klang überzeugender als der Armeevorschlag eines 2,2-Kilogramm-»Satellitchens«. Das notwendige Bodennetz und ein spezielles Funkverfolgungsverfahren wurden in den Einzelheiten erläutert.
Dafür schwieg sich der Marinevorschlag völlig über die Gesamtkosten des Projektes aus. Für die Rakete wurden zwei Lösungen, beide basierend auf einer VIKING als erster Stufe, vorgeschlagen: eine dreistufige Rakete mit Feststoffantrieben der zweiten und dritten Stufe und - alternativ - eine dreistufige Rakete, bei der die beiden untersten Stufen Flüssigkeitsantriebe, die dritte Feststoffantrieb haben sollten.
Das Angebot der Luftwaffe schließlich schien vom Satellitengewicht her sehr verlockend: Sie bot einen Satelliten von 68 Kilogramm Masse an. Die Kosten dieses auf der in Entwicklung befindlichen (aber zu diesem Zeitpunkt noch nicht geflogenen) ATLAS-Rakete basierenden Projektes sollten 16,35 Millionen Dollar betragen. Der Nachteil dieses Vorschlags war, daß der Start des Satelliten erst für einen relativ späten Termin im Geophysikalischen Jahr zugesagt werden konnte und daß das militärische Raketenprogramm der Luftwaffe wahrscheinlich störend beeinflußt werden würde.

Außerdem wurden bei der Wertung der drei Programme von einigen Seiten Zweifel daran angemeldet, ob es zweckmäßig wäre, gerade jene Gruppe von Technikern Amerikas ersten Erdsatelliten starten zu lassen, die noch wenige Jahre zuvor dem ehemaligen Feindesland angehörten.
Es gäbe in diesem Zusammenhang noch viele Details zu erwähnen, die wir hier jedoch nicht alle anführen können. Sie sind in hervorragender Weise dargestellt in dem Buch von Constance McLaughlin Green und Milton Lomask »Vanguard: A History« (Vanguard: eine Geschichte), das 1971 in Washington erschien.
Schließlich, am 4. August 1955, gab das Stewart-Komitee eine Empfehlung an das Verteidigungsministerium ab. Sie war jedoch keineswegs eindeutig: Stewart teilte mit, daß die Mehrheit dafür plädiere, das Satellitenprojekt des Marine-Forschungslaboratoriums mit der auf drei Stufen ausgebauten VIKING-Rakete zu verwirklichen, daß aber eine deutliche Minderheit (zu der Stewart selbst gehörte) das Armee-Projekt Wernher von Brauns favorisierte.
Der Richtlinienausschuß des Verteidigungsministeriums entschied sich für den Vorschlag der Mehrheit. Die endgültige Entscheidung fällte der stellvertretende Verteidigungsminiser Quarles. Er verfügte am 9. September 1955, daß die Marine Amerikas Satellitenprogramm für das Geophysikalische Jahr durchführen sollte. Am Forschungslaboratorium der Marine wurde

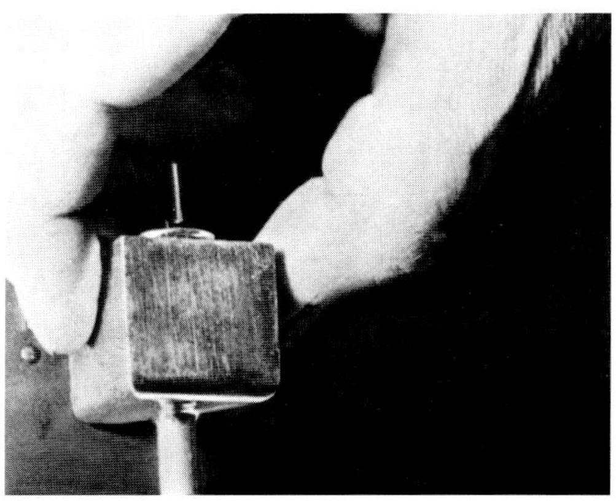

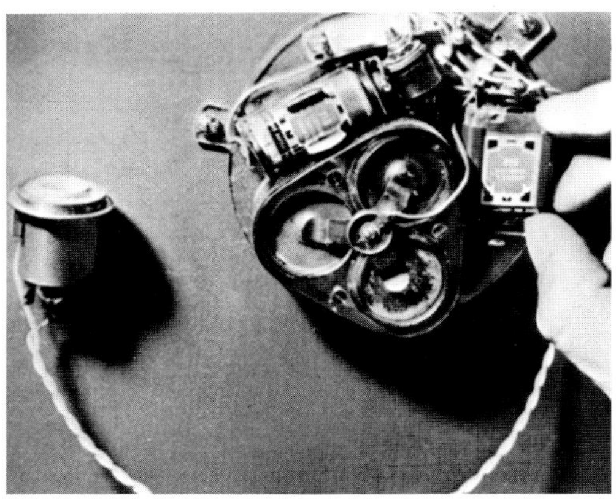

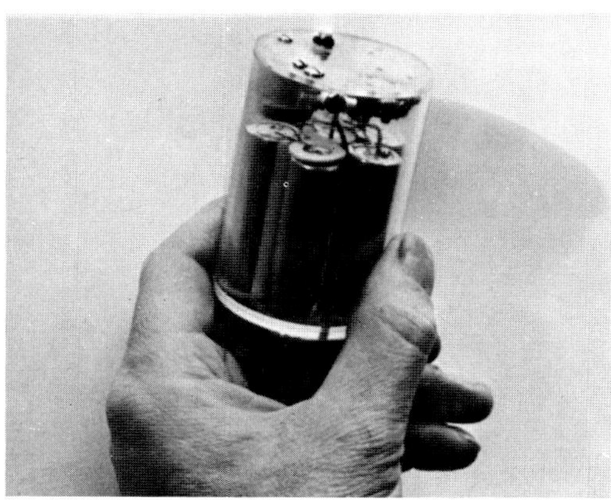

Oben: Dr. John P. Hagen, Direktor des VANGUARD-Programms, erklärt nach dem ersten Start des kleinen VANGUARD-Testsatelliten bei einer Pressekonferenz den Satelliten (von dem er ein Modell in der Hand hält) und die dritte Stufe der VANGUARD-Trägerrakete (von der ein Modell vor ihm auf dem Tisch steht).

Links: Forschungsinstrumente des »großen« VANGUARD-Satelliten, der jedoch erst am 17. Februar 1959 erfolgreich in eine Erdumlaufbahn gelangte. Linkes oberes Bild: Druckdetektor, der auf den Einschlag von Mikrometeoriten ansprechen sollte; rechtes oberes Bild: Gerät zur Messung der ultravioletten Sonnenstrahlung; darunter links: Erosionsmeßgerät zur Registrierung kosmischen Staubes, am Rand ganz links Sonnenzelle; rechtes Bild: Sender mit Quecksilberbatterien zur Datenübermittlung

eine VANGUARD-Abteilung gegründet und der Wissenschaftler John P. Hagen zum Programmdirektor gemacht. Der Raketenfachmann Milton Rosen wurde der Technische Direktor des Projektes. Die Frau Rosens hatte für das Projekt den Namen »Vanguard« vorgeschlagen, das deutsche »Vorhut« als Bezeichnung für ein Projekt, das »vorne dran ist, sich an der vordersten Front befindet«. Der Name wurde offiziell akzeptiert; Projekt VANGUARD war geboren.
Am 23. September des gleichen Jahres bekam die Glenn L. Martin Company in Denver, Colorado, den vorläufigen Vertrag für die Entwicklung der Trägerrakete. Im Vertrag mit der Glenn L. Martin Company war festgelegt, daß die Rakete eine Nutzlast von 9,75 Kilogramm in eine Bahn mit einem Perigäum (erdnächsten Punkt) von mindestens 320 Kilometer Höhe und einem Apogäum (erdfernsten Punkt) von maximal 1285 Kilometer Höhe einschießen müsse. Innerhalb von 120 Tagen sollte der endgültige Vertrag unterzeichnet werden. Als wahrscheinliche Kosten der Raketenentwicklung hatte die Firma Martin 13 Millionen Dollar genannt.
Die Armee hatte 1955 in ihrem Angebot behauptet, daß sie den Satelliten ihres Projekts ORBITER binnen achtzehn Monaten in eine Umlaufbahn bringen könne. Milton Rosen hatte den Zeitraum bis zum Start des VANGUARD-Satelliten auf 30 Monate veranschlagt. Die Martin Company aber glaubte, daß sie es in 18 Monaten schaffen würde. So hatte Rosen sich gefügt und angesichts der drohenden Konkurrenz gegen seine Überzeugung auch achtzehn Monate versprochen. Die Armee war wütend über die Entscheidung zugunsten von Projekt VANGUARD – sie glaubte, mit ihrem ORBITER das bessere Konzept zu haben. General Medaris nannte die Ablehnung des Armeekonzepts »Zeitverplemperei«. Kapitän Hoover verstand nicht, wieso Fachleute »eine Blaupause eines bleistiftförmigen Fluggeräts« den Ausführungen Wernher von Brauns und Stößen technischer Zeichnungen, die sie gesehen hatten, vorzogen.
Ein Jahr später, als VANGUARD mitten in der Vorbereitung war, am 20. September 1956, flog die schon erwähnte erste dreistufige JUPITER-C-Rakete auf über 1000 Kilometer Höhe und mit einem erfolgreichen Wiedereintritt in die Atmosphäre 5300 Kilometer weit auf den Atlantik hinaus.
Dieser Erfolg war Anlaß, die Entscheidung für den IGY-Satelliten erneut zur Debatte zu stellen. Eine weitere SERGEANT-Rakete als vierte Stufe und eine JUPITER-C könnten einen Satelliten in die Umlaufbahn bringen, so argumentierte die Armee. Doch die Entscheidung fiel erneut für VANGUARD. Das Verteidigungsministerium verbot den Männern in Huntsville ausdrücklich, die vorgeschlagene »vierte Stufe« in die Umlaufbahn zu bringen. »Der amerikanische Satellit«, so Dr. Eugene Emme, »sollte von einem nicht-militärischen Träger in die Umlaufbahn gebracht werden«. Lange Diskussionen schlossen sich an die Frage an. Doch Projekt ORBITER war gestorben und konnte nicht wieder erweckt werden. Die Männer in Huntsville sahen, was künstliche Erdsatelliten betrifft, für sich eine trostlose Zukunft.
Erste Tests für VANGUARD liefen an. VIKING-Flug Nr. 13 vom 8. Dezember 1956 wurde als Test der ersten Stufe einer VANGUARD-Rakete gewertet. Es ging bei diesem Flug darum, die Telemetriesysteme (also die Datenübertragung und Bahnverfolgung) zu erproben, die Startanlagen auf dem neuen Startgelände von Cape Canaveral auszuprobieren und den VANGUARD-MINITRACK-Sender zu testen, der erstmals an Bord einer Rakete flog.
Bis auf den letztgenannten Punkt war der Versuch erfolgreich, aber es war noch ein weiter Weg zu gehen: Die Rakete war noch einstufig; die zweite und dritte Stufe warteten auf ihre Fertigstellung. Bezeichnenderweise war dieser erste Schuß TV-0 (= Test Vehicle 0; Versuchsgerät 0) genannt worden.
Am 1. Mai 1957 flog TV-1. Diese Rakete war ein zweistufiger Träger: Auf eine etwas modifizierte erste VIKING-Stufe hatte man die spätere dritte Feststoff-Stufe der VANGUARD als zweite Stufe aufgesetzt. Auf ihr befand sich ein mit Meßgeräten ausgerüsteter Nasenkegel. Zweck dieses Unternehmens war, den Prototyp der dritten Stufe der VANGUARD-Rakete zu erproben, das Rotieren der spinstabilisierten Rakete, Stufentrennung, Zündung usw. Der Versuch verlief zufriedenstellend.
In jenem Jahre 1957 hatten sich die Nachrichten über die sowjetischen Raumflugabsichten und die militärische Raketenentwicklung verdichtet. Schon Anfang 1957 hatte das amerikanische Verteidigungsministerium der Entwicklung der IRBM's und der ICBM's, der Mittelstrecken- und Interkontinentalraketen, höchste Priorität zugewiesen. Im Februar hatte das amerikanische nationale Komitee für das Geophysikalische Jahr den beteiligten Gremien empfohlen, auch nach dem IGY ein Weltraumforschungsprogramm fortzuführen.
Im März begannen bei der Luftwaffe Untersuchungen über die Realisierbarkeit eines Frühwarnsystems mittels Satelliten.
Am 11. April hatte man mit einer Höhenrakete für den VANGUARD-Satelliten vorgesehene Meßgeräte auf 200 Kilometer Höhe geschossen und die Daten einwandfrei empfangen. In Cape Canaveral hatten die ersten Versuche mit Mittelstreckenraketen begonnen. Am 31. Mai 1957 hatte eine JUPITER-IRBM die volle erwartete Reichweite von 2400 Kilometern und eine Höhe von 400 bis 450 Kilometern erreicht; es war der erste erfolgreiche Testflug einer IRBM gewesen. Am 2. Juni hatte (wir werden darauf zurückkommen) Kapitän Joseph Kittinger von der Luftwaffe mit einem neuartigen Kunststoffballon 29644 Meter Höhe erreicht; es war der erste Ein-Mann-Ballonflug in die Stratosphäre, Vorspiel für den bemannten Raumflug kommender Jahre.
Am 1. Juli 1957 schließlich hatte das Internationale Geophysikalische Jahr, jenes achtzehn Monate währende gemeinschaftliche Forschungsunternehmen von 67 Nationen begonnen.
Am 26. August 1957 verlautbarte die sowjetische Nachrichtenagentur TASS, daß die Sowjets »vor einigen Tagen« erfolgreich eine »superweit fliegende mehrstufige ballistische Interkontinentalrakete« im Fluge erprobt hätten. Am 28. August machte der amerikanische Kongreß zusätzliche 34,2 Millionen Dollar für das amerikanische Satellitenprogramm verfügbar. Am 30. August 1957 gab Amerikas Verteidigungsministerium bekannt, daß die Sowjets bereits im Frühjahr 1957 vier bis sechs Interkontinentalraketen gestartet hätten.
Für Amerikas Interkontinentalrakete ATLAS mußte der früheste voraussichtliche Fertigstellungstermin – die Verfügbarkeit der Rakete für den praktischen Einsatz – vom März 1959 auf den Juni 1959 verschoben werden. Am 20. September 1957 flog erstmals die Luftwaffen-Mittelstreckenrakete THOR mit Erfolg.
Rußlands intensive Arbeit an militärischen Fernraketen war offensichtlich geworden, Amerikas Regierung und die Militärs beunruhigt: Die »Raketenlücke« – der sowjetische Vorsprung – war erkannt worden.
Jahre der intensiven Beobachtung der sowjetischen Entwicklung hatten zu der Erkenntnis einer echten sowjetischen Vormachtstellung in der Raketentechnik geführt. Sie wog um so schwerer, als man bereits den unerwarteten Fortschritt der Sowjets beim Bau militärischer Flugzeuge und im Bereich der Kernwaffen hatte hinnehmen müssen.
Und dann kam am 4. Oktober 1957 der wirkliche Paukenschlag . . .

Der erste Satellit hieß SPUTNIK

Es ist nicht von ungefähr, daß wir die Entwicklung der letzten Jahre vor dem Start des ersten künstlichen Satelliten der Erde am 4. Oktober 1957 so ausführlich dargestellt haben. Es waren Vorgänge, die in Ablauf, Geschehen und Auswirkungen nicht auf ihren technischen Rahmen beschränkt blieben, sondern im Grunde genommen eine neue weltweite politische, geistige, militärische und auch wirtschaftliche Evolution einleiteten, eine Entwicklung, die bis heute ihren Höhepunkt noch nicht erreicht hat.
Am Montag, dem 30. September 1957, hatten sich die Vertreter von sieben Nationen, darunter der Sowjetunion und der Vereinigten Staaten, in der Nationalen Akademie der Wissenschaften in Washington zusammengefunden, um eine CSAGI-Konferenz abzuhalten. Das Thema der Zusammenkunft waren die Raketen- und Satellitenunternehmungen des Geophysikalischen Jahres. Der sowjetische Physiker Sergeij Poloskow sprach über »Sputnik«, ein Wort, das im Deutschen »Begleiter« bedeutet und das die Sowjets als Namen für ihren ersten künstlichen Erdsatelliten gewählt hatten. Obgleich Poloskow es nicht direkt sagte, steckten seine Ausführungen voller Hinweise auf einen unmittelbar bevorstehenden Start dieses Satelliten.
Am Abend des Freitag, des 4. Oktober 1957, fand für die Teilnehmer der Konferenz ein Empfang in der sowjetischen Botschaft in Washington statt. Kurz nach 18 Uhr wurde der bei diesem Empfang anwesende Wissenschaftsjournalist der New York Times, Walter Sullivan, ans Telefon gerufen. Seine Redaktion teilte ihm mit, daß die Sowjets den ersten künstlichen Satelliten der Erde gestartet hätten und daß der SPUTNIK die Erde in 900 Kilometer Höhe umfliege. Minuten später verkündete

Unten: Raketentriebwerke müssen auf Kältebeanspruchung ebenso getestet werden wie auf Hitze, Vibration und andere extreme Einwirkungen. Hier ein Triebwerk der THOR-Mittelstreckenrakete in der Kältekammer.

Rechts: Dieser Satellit, der sowjetische SPUTNIK 1, gewann das erste Rennen in den Weltraum. Über die langen Antennen strahlte die 58 Zentimeter große Kugel ihr bald weltbekanntes »Piep-Piep« ab.

Auf der folgenden Doppelseite: Sowjetische WOSTOK-Rakete

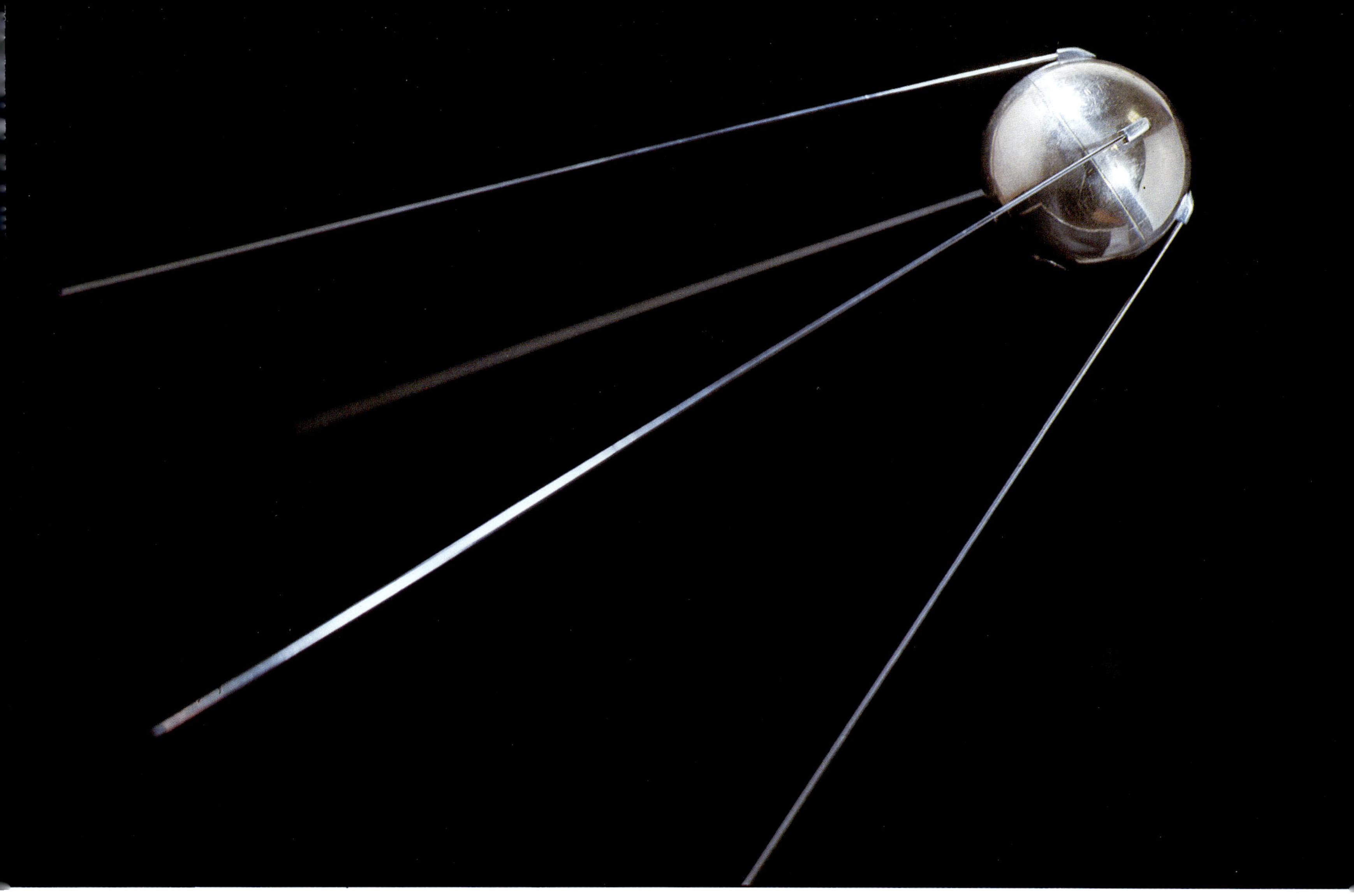

der amerikanische Vertreter bei CSAGI, Lloyd Berkner, die ihm von Sullivan zugebrachte Nachricht an die Teilnehmer des Empfangs.
Am Sonntag, dem 6. Oktober 1957, kamen die Teilnehmer des Achten Internationalen Astronautischen Kongresses in Barcelona zu dem traditionellen Vorabendempfang zusammen. Die meisten von ihnen wußten von dem Ereignis bereits aus den Samstagzeitungen. Stolz ließ der anwesende Leonid Sedow sich von den Teilnehmern beglückwünschen.
Bei der Presse in aller Welt, bei Politikern, Militärs, Strategen löste das sensationelle Ereignis emsige Geschäftigkeit und große Besorgnis zugleich aus.
Es war ein Vorgang, der doppelte Bedeutung besaß: Die Sowjets hatten der Erde zu ihrem ersten künstlichen Satelliten verholfen und damit eine neue Epoche der Forschung, aber auch der Technologie, Politik und letztlich der Geschichte der Menschheit eingeleitet. Sie hatten dies getan, indem sie einen kugelförmigen Aluminiumkörper von 58 Zentimeter Durchmesser und 86,3 Kilogramm Masse mit einer einstufigen, gebündelten Flüssigkeitsrakete vom Typ WOSTOK (SS-6) auf eine Höhe von rund 230 Kilometern schossen und ihn dort auf über 28 000 Kilometer pro Stunde Geschwindigkeit beschleunigten. Das Resultat dieses Einschusses in eine Satellitenbahn war eine Ellipse mit einem erdnächsten Punkt, einem Perigäum, in 229 und einem erdfernsten Punkt, einem Apogäum, in 946 Kilometer Höhe. In dieser Bahn umflog SPUTNIK 1, die Erde mit einer Bahnneigung von 65 Grad gegen die Äquatorebene des Erdkörpers alle 96 Minuten einmal. Seine auf die Erde projizierte Bahn wurde damit zu einer sich verschiebenden Schlangenlinie, in der SPUTNIK 1 zwischen 68 Grad nördlicher und 56 Grad südlicher Breite hin und her wanderte und von allen Orten dieses Bereiches aus, die zwischen diesen beiden Breitengraden lagen, zu bestimmten Zeiten sichtbar wurde. Die Erde drehte sich durch ihre Rotation gewissermaßen unter dieser Bahn hindurch, was für die auf die Erdoberfläche projizierte Bahn eine Art »Schnittmusterbogen« ergab. Zusammen mit dem Satelliten umflog die rund 4 Tonnen schwere Trägerrakete die Erde. 21 Tage lang strahlte der Satellit auf den Frequenzen 20 und 40 Megahertz (entsprechend den Wellenlängen 15 und 7,5 Meter) Funksignale ab – entgegen den Vereinbarungen für das Internationale Geophysikalische Jahr, die als Frequenz 108 Megahertz (2,78 Meter Wellenlänge) vorgesehen hatten.
Funkamateure in aller Welt, von den »unprogrammäßigen« Frequenzen ebenso überrascht wie die Fachleute, bastelten eilig Empfangsantennen und Empfänger zusammen, um das »Piep-Piep« des Satelliten aufzunehmen. Die Tatsache, daß man die Signale zunächst nicht entziffern konnte, tat der Freude keinen Abbruch, zumal die Fachleute versicherten, daß alle die »Radiodurchgänge«, also funktechnischen Bestimmungen des Zeitpunktes, zu dem der Satellit an einem jeweiligen Ort den Südmeridian passierte, bereits von wissenschaftlichem Wert für die Bahnanalyse des Flugkörpers seien. Mit Teleskopen wurden die Positionen des Sputnik optisch bestimmt; mit kleineren Fernrohren und Feldstechern bewaffnet zogen die Menschen abends ins Freie, um den Satelliten im Verlaufe von fünf bis zehn Minuten über den Horizont ziehen zu sehen. In den Tageszeitungen erschienen kurze Meldungen über die Sichtbarkeitszeiten des Kunstmondes an den einzelnen Orten.
Der Widerhall, den SPUTNIK in Presse und Öffentlichkeit fand, war überwältigend. Amerika fühlte sich herausgefordert; die Politiker waren überrascht ob der heftigen Reaktion der Öffentlichkeit.
Für den 23. Oktober 1957 war ein weiterer Teststart im VANGUARD-Programm geplant. Dieses Mal würde die Startstufe eine zweite und eine dritte Stufe tragen; die beiden letzteren allerdings ohne echte Antriebe: Es ging bei dem Versuch um die Flugerprobung der ersten Stufe, um Tests der Bremsraketen an der zweiten Stufe, die Erprobung des Rotationssystems der dritten, spinstabilisierten Stufe. Der Test funktionierte einwandfrei.
Schon vor diesem Versuch war jemand auf den Gedanken gekommen, daß man beim dritten Test, bei dem alle drei Stufen der Trägerrakete angetrieben werden sollten, so daß die dritte Stufe bei programmgemäßem Verlauf eine Umlaufbahn erreichen würde, einen »Experimental«-Satelliten in die oberste Stufe einbauen könnte. Es sollte nicht der 10 Kilogramm schwere

ВОСТОК
СССР

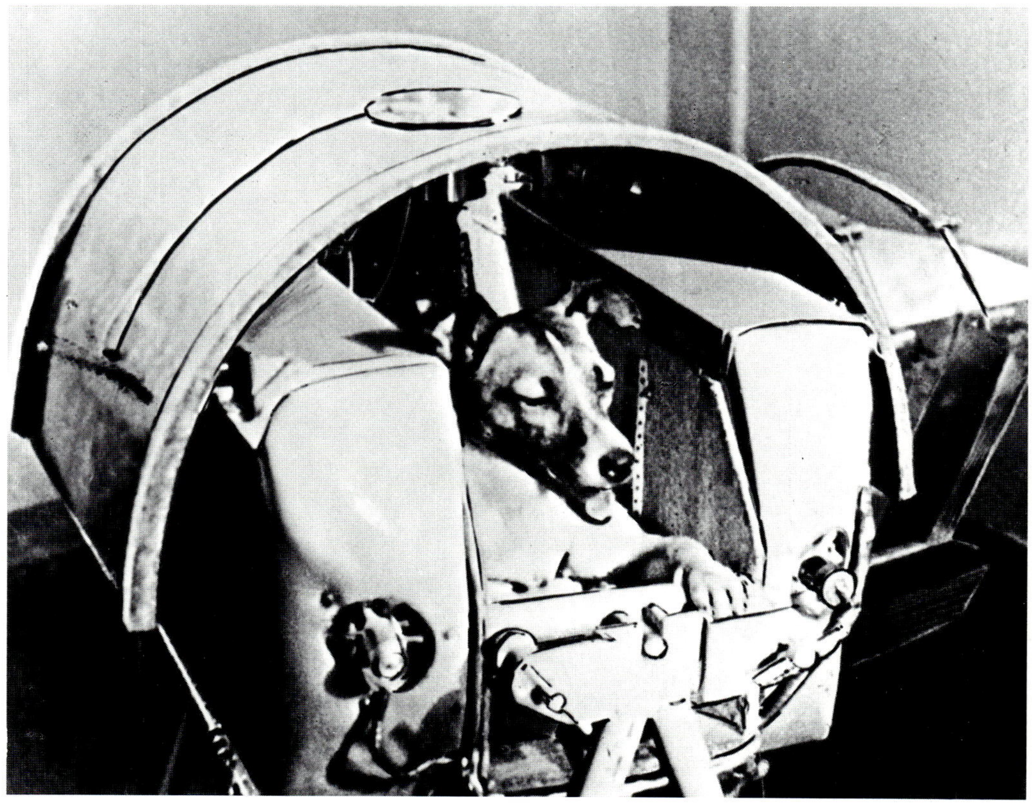

VANGUARD- Satellit von 50 Zentimeter Durchmesser sein, der als Amerikas Satellitenbeitrag zum Geophysikalischen Jahr vorgesehen war, sondern ein Vorversuch mit einem kleinen Satelliten, der aber den USA immerhin kurzfristig zu ihrem ersten Satelliten verhelfen würde. Der Testsatellit sollte einen Durchmesser von 16 Zentimetern und ein Gewicht von 1,8 Kilogramm haben und keine Meßinstrumente tragen, sondern lediglich ein Erkennungssignal abgeben.

VANGUARD-Programmdirektor Dr. John Hagen, einige Tage nach dem SPUTNIK-Start zur Berichterstattung über den Stand des VANGUARD-Projektes ins Weiße Haus gebeten, erläuterte Präsident Eisenhower die Situation und den projektierten Versuch mit dem Testsatelliten, wies dabei aber darauf hin, daß es sich um einen bloßen Vorversuch für den eigentlichen VANGUARD-Satelliten handele, dessen Gelingen als glückliche, unverdiente Fügung zu betrachten sein würde, und daß man die Öffentlichkeit nicht im vorhinein, sondern erst nach dem gelungenen Einschuß des Satelliten in die Umlaufbahn informieren sollte. Kaum jedoch hatte er das Weiße Haus verlassen, als dieses am 9. Oktober 1957 eine Presseverlautbarung des Inhalts veröffentlichte, daß im Dezember der Versuch gemacht würde, einen kleinen, kugelförmigen Testsatelliten zu starten, während der erste vollinstrumentierte Satellit im März 1958 folgen würde.

Begierig griff die Presse diese Nachricht auf und stilisierte den vorgesehenen Dezember-Start des improvisierten Satelliten, Vorschußlorbeeren verteilend, zu einer Art »Revanche« gegenüber den Russen hoch.

SPUTNIK 2: ein Tier in der Umlaufbahn

Noch während indessen die Vorbereitungen für diesen Start anliefen, inszenierten die Russen den zweiten Paukenschlag im Rennen um den Weltraum, das unversehens begonnen hatte, angestachelt von den Überlegungen der Presse der westlichen Welt und der Besorgnis der Öffentlichkeit um den sichtbaren technologischen Rückstand, um Rüstungsgleichgewicht und um das Können auf einem Gebiet, das bis dahin ausschließliche Domäne Amerikas zu sein schien – Technologie und Großtechnik: Am 3. November 1957 gelangte der Welt und Rußlands zweiter Satellit in eine Umlaufbahn!

Hatte schon SPUTNIK 1 wie ein Schock gewirkt, so löste SPUTNIK 2 eine wahre Hysterie aus, nicht zuletzt seiner Parameter wegen: Dieser Satellit, der sich in einer elliptischen Bahn in 224 bis 1661 Kilometer Höhe um die Erde bewegte, hatte eine Masse von 508 Kilogramm, war von kegelförmiger Gestalt bei einer Höhe von rund 4 Metern und einem Basisdurchmesser von etwa 1,7 Metern – und trug ein Lebewesen an Bord, die Polarhündin Laika! Der Satellit war mit der Zentraleinheit der Trägerrakete verbunden; Satellit und die knapp 3000 Kilogramm schwere »Endstufe« wurden also bei SPUTNIK 2 (im Gegensatz zu SPUTNIK 1) nicht voneinander getrennt.

Bereitwillig gaben die Sowjets der Weltpresse Fotografien der Polarhündin, wie sie – vor dem Start – in dem später hermetisch verschlossenen, zylindrischen Behälter von etwa einem Meter Länge und 80 Zentimeter Durchmesser lag, in dem sie mit Atemsauerstoff, Nahrungsmitteln und Wasser versorgt wurde, und aus der kreisrunden, noch nicht mit der dicken, durchsichtigen Abdeckscheibe verschlossenen Luke herausblickte.

Sieben Tage lang übermittelte der Satellit Informationen über das Befinden des Versuchstiers und über Temperaturen, Strahlungen, die Sonne und andere Daten.

Nach sieben Tagen stellte der Satellit seine Funkübermittlung ein; das Tier war offensichtlich schmerzlos verschieden, als der Vorrat an Atemsauerstoff zu Ende gegangen war. Darüber hinaus übermittelte SPUTNIK 2 gleich seinem Vorgänger SPUTNIK 1 eine Reihe von pysikalischen Meßdaten, von denen noch zu sprechen sein wird.

Der aufwendige Versuch der Sowjets, ein Säugetier in die Erdumlaufbahn zu bringen und genauen Aufschluß über seine Reaktion auf die Schwerelosigkeit zu erhalten, war ein deutlicher Hinweis auf ihre zielstrebigen Absichten, schließlich auch einen Menschen in das Weltall zu entsenden.

Linke Seite außen: Modell des sowjetischen Satelliten SPUTNIK 2 auf der Brüsseler Weltausstellung 1958

Das Bild rechts daneben zeigt die Polarhündin Laika in ihrer Kabine vor der Montage in SPUTNIK 2.

Rechts unten: Fehlstart des ersten VANGUARD-Testsatelliten am 6. Dezember 1957

VANGUARD: Versuch und Fehlschlag

Unmittelbar nach dem Start von SPUTNIK 1 war in Amerika an mehreren Stellen zugleich die Diskussion über die Frage aufgeflammt, ob nicht die Armee »einspringen« und ihre für einen Satellitenstart propagierte Trägerrakete, eine erweiterte JUPITER C, herrichten sollte. Am intensivsten wurde die Frage verständlicherweise in Huntsville zwischen General Medaris, Wernher von Braun und seinen Mitarbeitern diskutiert.
Am Abend des 4. Oktober 1957 fand im Redstone-Arsenal in Huntsville ein Empfang zu Ehren von Neil McElroy statt, dem designierten neuen Verteidigungsminister der USA. Er befand sich, zusammen mit führenden Militärs, auf einer Informationsreise im Redstone-Arsenal. Natürlich benützten General Medaris und Wernher von Braun die Gelegenheit, zu McElroy über ihr Satellitenprojekt zu sprechen. Wenig später, beim abendlichen Cocktail, brachte der Presseoffizier des Arsenals die Nachricht vom SPUTNIK-Start. »Wir wußten, daß sie es tun würden!« platzte von Braun heraus und fuhr fort: »Mr. McElroy, geben Sie uns eine Chance! Wir können einen Satelliten binnen sechzig Tagen starten!«
Medaris verbesserte von Braun: »Neunzig Tage, Wernher, neunzig!«
Natürlich konnte McElroy, offiziell noch nicht einmal auf seinem neuen Posten, keine Antwort geben. Aber Medaris ließ die Vorbereitungen auf eigene Kappe anlaufen.
Am 8. Oktober wies Präsident Eisenhower (wohl nicht zuletzt unter dem Eindruck der heftigen Reaktion der Öffentlichkeit auf den SPUTNIK-Start) seinen ausscheidenden Verteidigungsminister Wilson an, sofort eine REDSTONE-Rakete als Ersatz für VANGUARD startfertig zu machen. Allein, es dauerte einen Monat, bevor diese Nachricht das Redstone-Arsenal erreichte und General Medaris von seinen schlaflosen Nächten erlöste, die er sich im Vertrauen auf eine Botschaft von McElroy binnen einer Woche, mit seiner kühnen Entscheidung, die Arbeiten an der Satellitenrakete anlaufen zu lassen, eingehandelt hatte. Erst der zweite SPUTNIK-Schock löste fünf Tage nach dem Start dieses Zehn-Zentner-Satelliten die offizielle Ankündigung des Pentagon aus, daß die Armee damit beauftragt worden sei, mit der JUPITER-C-Rakete ein ergänzendes Unternehmen zum VANGUARD-Programm durchzuführen. Mit der offiziellen Aufnahme der Arbeiten an der Satellitenrakete in Huntsville war ein neues Erdsatellitenprogramm geboren, das »EXPLORER«-Programm.
Mittlerweile hetzte sich die Marine, ihren Testsatelliten für den Start herzurichten. Am 11. Oktober war die Trägerrakete für den ersten Satellitenversuch, TV-3 (= Test Vehicle, Versuchsgerät 3), in dem Ferngeschoß-Testzentrum der Luftwaffe in Cape Canaveral eingetroffen. Nach zahlreichen Überprüfungen wurde die Rakete Anfang November zur Startplattform herausgerollt. Doch dann tauchte SPUTNIK 2 am Firmament auf, und mit ihm wurde die Atmosphäre noch hektischer. Aber schließlich war es soweit: Der Start des VANGUARD-Testsatelliten wurde für den 4. Dezember 1957 angekündigt.
Reporter aus allen Ecken und Enden der Vereinigten Staaten, ja, selbst aus Europa, trafen in dem kleinen, verschlafenen Ort Cocoa Beach in Florida ein.
Mit siebeneinhalb Stunden Verspätung begann in den frühen Morgenstunden des

4. Dezember der Countdown, der minutiöse Überprüfungs-, Betankungs- und Kontrollablauf. Achtzehn Stunden später wurde er abgebrochen, ausgelöst durch technische Probleme an der Rakete und durch das schlechte Wetter.
Ein zweiter Countdown wurde einen Tag später begonnen. Er lief die Nacht hindurch bis zum folgenden Morgen, dem 6. Dezember 1957. Mit äußerster Anspannung verfolgten Beteiligte und Zuschauer die letzten Stunden, Minuten und schließlich Sekunden des nervenaufreibenden Zählablaufs. Um 11 Uhr und 44½ Minuten ostamerikanischer Standardzeit erhob sich die Rakete, einen Feuerstrahl unter sich versprühend, langsam von der Startplattform. Zwei Sekunden später und 1¼ Meter über der Plattform jedoch fiel sie plötzlich in einem sich entfaltenden Inferno aus Feuer, Lärm und Rauch zurück. Treibstofftanks zerrissen, die Startplattform wurde zu einem einzigen Feuermeer, und die Techniker, die die Funksignale des Satelliten abhören sollten, vernahmen in ihren Empfängern ein »Piep-Piep-Piep«. Später fand man den kleinen, arg verbeulten Satellitenkörper einige Dutzend Meter weiter am Strand; sein Sender meldete sich noch immer. Durch diesen Fehlstart eines Testsatelliten, an dessen erfolgreiche Mission beim ersten Flugversuch seine Urheber ohnedies kaum geglaubt hatten, der aber in der Öffentlichkeit schon im voraus zum Retter der Ehre Amerikas gestempelt worden war, wurde »Projekt Vanguard zum Prügelknaben für den verletzten Stolz der amerikanischen Nation«, wie Constance McLaughlin Green und Milton Lomask es in dem schon erwähnten Buch über die Geschichte des Vanguard-Programms so plastisch ausdrücken. Zeitungen und Politiker überschlugen sich in bitteren Kommentaren. Demütigung, Erniedrigung, Verletzung des amerikanischen Prestiges – das waren Worte, die überall hundertfach widerhallten.

Der »Erkunder« rettet die Ehre

Während all dieser Zeit trieb die Armee in Huntsville ihre Vorbereitungen zusammen mit dem kalifornischen Jet Propulsion Laboratory (JPL), dem Laboratorium für Strahlantriebe, mit dem sie sich in Partnerschaft zusammengefunden hatte, ihr Explorer-Programm voran. Die deklarierte Aufgabe bestand darin, »zwei ernsthafte Versuche« zu unternehmen, einen Satelliten in die Umlaufbahn zu bringen. »Explorer« war das Unternehmen getauft worden, weil der Satellit zu einem Erkunder, einem Erforscher des unbekannten Raumes werden sollte.
Die Rakete, die dies zuwege bringen sollte, war eine modifizierte Jupiter C, ein Aggregat aus drei Stufen, mit dem die Huntsviller in letzter Zeit erhebliche Erfolge eingeheimst hatten. So hatte eine solche Jupiter C beispielsweise bei einem Wiedereintrittsexperiment in die dichten Schichten der Erdatmosphäre ein Nasenkegel-Modell am 7. August 1957 auf 965 Kilometer Höhe und über eine Strecke von 1930 Kilometern gebracht, und der Wiedereintrittskopf, der nach dem Prinzip der Schmelzkühlung arbeitete, war anschließend aus dem Atlantik geborgen worden. Das Experiment hatte bewiesen, daß das schwierige Wiedereintrittsproblem für die Jupiter-Rakete gelöst war. Stolz hatte Präsident Eisenhower den Nasenkegel am 7. November 1957 im amerikanischen Fernsehen vorgestellt, um der Nation zu beweisen, daß es mit der militärischen Raketenentwicklung nicht so schlecht stand, wie das unter dem Eindruck der sowjetischen ICBM's und Sputniks aussah.
Die Jupiter C, die als Satellitenträger den Namen »Juno I« erhielt, wurde für den Explorer-Start lediglich um eine vierte Stufe (eine verkleinerte Sergeant-Feststoffrakete, gleich den Sergeant-Bündeln der zweiten und dritten Stufe) erweitert. Die erste Stufe war eine abgeänderte Redstone-Rakete. Die Modifizierungen bestanden vor allem in einer Verlängerung der Treibstofftanks um knapp 2½ Meter und einem Austausch des Treibstoffes Alkohol gegen das energiereichere unsymmetrische Dimethyl-Hydrazin (UDMH), einen für den Raketenantrieb gut geeigneten Kohlenwasserstoff. Verbrennungsträger war, wie schon zuvor bei der Redstone, Flüssig-Sauerstoff.
Anfang Januar 1958 bahnte sich ein Wettlauf zwischen Armee und Marine an. Die Leute des Vanguard-Projektes hatten ihren nächsten Versuch, einen Vanguard-Testsatelliten in die Umlaufbahn zu bringen, für den 23. Januar 1958 angemeldet. Da die Luftwaffenstation von Cape Canaveral nur *ein* Kommunikationsnetz, *eine* Serie von Verfolgungskameras und *eine* Unterstützungsmannschaft für die Startvorbereitung zur Verfügung hatte, war es nicht möglich, die Raketen von Armee und Marine gleichzeitig auf den Startrampen für den Abschuß vorzubereiten und abzuschießen. Der vorgesehene Vanguard-Starttermin am 23. Januar konnte indessen wegen heftiger Regenstürme nicht wahrgenommen werden: Die Wassermassen hatten zu einem Kurzschluß in Bodenkabeln geführt.
Nach mehreren weiteren fehlgeschlagenen Versuchen, den Countdown durchzuziehen, gab die Marine schließlich bekannt, daß sie ihren nächsten Start erst am 3. Februar einleiten könne. Das gab der Wernher-von-Braun-Gruppe eine knappe Woche für ihren Versuch, den Explorer in eine Umlaufbahn zu bringen.
Fieberhaft arbeitete man an der Startrampe, richtete die Rakete auf, überprüfte sie, den Satelliten, die technischen Anlagen – und dies in aller Stille. Der Starttermin wurde erst 24 Stunden vor dem beabsichtigten Startzeitpunkt bekanntgegeben: Explorer sollte am 29. Januar 1958 seine Reise in die Umlaufbahn antreten. Doch die Wetterverhältnisse – starke Winde in

Links: Strahlend heben Dr. William Pickering, Dr. James Van Allen und Wernher von Braun (von links nach rechts) nach dem gelungenen Start des Explorer 1 bei einer Pressekonferenz ein originalgroßes Modell dieses Satelliten in die Höhe.

Rechts: Die Jupiter-C-Trägerrakete auf der Startrampe mit Explorer 1 auf ihrer Spitze. Die Dampfwolken rühren von abperlendem, verdampfendem Flüssig-Sauerstoff her.

der Hochatmosphäre - verhinderten den Start an diesem Tage.

Am 30. Januar war es nicht besser. Man gab den Männern aus Huntsville noch einen Tag - dann, so lautete das Verdikt von der Zentrale des IGY-Unternehmens in Washington, müßte die Armee für die weiteren Vanguard-Startvorbereitungen Platz machen.

Am 31. Januar war das Wetter besser. Der Countdown begann um 13 Uhr 30 Minuten Ortszeit. Es gab ein paar Unterbrechungen, einige technische Störungen, aber sie konnten überwunden werden.

Um 22 Uhr 48 Minuten drückte der zuständige Ingenieur auf den Startknopf. Majestätisch hob die Juno-I-Rakete von der Startplattform ab und stieg, immer schneller werdend, in die Höhe. Aufmerksam und aufs äußerste angespannt verfolgten die Männer im Startbunker die Plotter - Zeichengeräte, mit denen die technischen Daten automatisch aufgezeichnet wurden -, lasen die Zahlen ab, lauschten den Funksignalen. Alles lief zum besten. Sechs Minuten und 44 Sekunden nach dem Start erfolgte ein zweiter Knopfdruck. Durch ihn wurde die Zündung der zweiten Stufe ausgelöst. Dritte und vierte Stufe wurden durch Zeitauslöser automatisch gezündet. Die Funksignale bestätigten die Zündung. Nun hob eine Periode gespannten Wartens an: ein schier unerträgliches Harren auf den Augenblick, da die Funksignale des Satelliten von einer Bodenstation in Kalifornien aufgenommen werden würden, nachdem Explorer die Erde nahezu ein volles Mal umflogen haben würde.

Nach genau einer Stunde und 53 Minuten - jede Sekunde davon nervenaufreibend für die Männer im Startbunker auf Cape

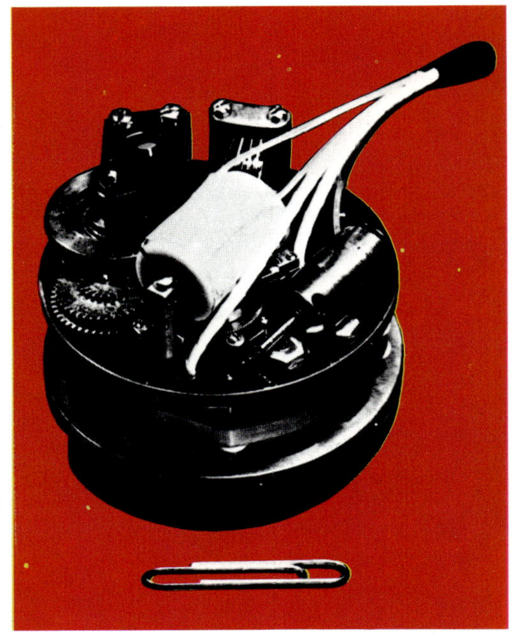

Canaveral – kam die erlösende Botschaft: Der zylindrische, aus vierter Stufe und Nutzlast bestehende, zwei Meter lange und knapp 14 Kilogramm schwere Satellit EXPLORER hatte sich über Kalifornien gemeldet!
Der Jubel, in den Amerika ausbrach, war unbeschreiblich. General Medaris, Wernher von Braun und ihre Mitarbeiter wurden zu gefeierten Helden: Sie hatten die Schmach Amerikas wieder getilgt ...
Am 5. Februar unternahm die Marine ihren zweiten VANGUARD-Startversuch. Dieses Mal erhob sich die Rakete von der Startplattform, stieg in die Höhe – aber nach 57 Sekunden eines erfolgversprechenden Fluges gab es in knapp 500 Meter Höhe eine Störung im Lenksystem der Rakete. Den resultierenden Schwankungen war das Projektil nicht gewachsen; es zerbrach. EXPLORER 1 wurde, wie wir sogleich noch näher hören werden, nicht nur zu einem großen technischen, sondern auch zu einem beachtlichen wissenschaftlichen Erfolg. Auch wenn es in der Zukunft noch weitere zahlreiche Fehlschläge beim Starten von Satelliten geben sollte (nicht nur die Marine verlor ihre beiden ersten VANGUARD-Satelliten, auch die Armee büßte am 5. März 1958 ihren zweiten EXPLORER ein, weil die vierte Stufe der Trägerrakete nicht zündete und der Satellit deshalb im Ozean landete), so war dennoch mit diesen ersten Erfolgen von Ost und West das Satellitenzeitalter eingeläutet.
Im Nachgang zu den Ereignissen jener Monate vom Oktober 1957 bis zum März 1958 ist viel darüber debattiert und kommentiert worden, was geschehen wäre, wenn General Medaris und Wernher von Braun von vornherein die Erlaubnis gehabt hätten, ihr Satellitenprojekt zu realisieren. Von Braun und andere haben wiederholt betont, daß Amerika bereits im Sommer 1956 – und damit über ein Jahr vor den Russen – einen Satelliten hätte haben können.
Kein Mensch kann sagen, wie der Gang der Dinge in einem solchen Fall ausgesehen hätte. Vielleicht hat es des SPUTNIK-Schocks bedurft, damit sich die Menschen über die Bedeutung und den Nutzen künstlicher Erdsatelliten klarwerden konnten, vielleicht wäre ohne diesen SPUTNIK-Schock und seine politischen Implikationen das »Satellitenzeitalter« eine Eintagsfliege geblieben, wäre es mit dem Ende des Geophysikalischen Jahres wieder klanglos entschlafen...
Es ist schwer zu beurteilen, welche Faktoren insgesamt zu jenem Gang der Dinge führten, den die Entwicklung nahm. Zu viele Dinge wirkten als Entscheidungskriterien mit, zu viel Politik, Sachargumente, Scheinargumente, zu viel menschliche Schwächen und Stärken, Haß und Ablehnung, aber auch Befürwortung und Hilfe sind in die Geschichte des beginnenden Satellitenzeitalters verwoben, als daß es möglich wäre, diese vielen Fäden endgültig und eindeutig zu entwirren. In dem Vorwort zu dem zitierten Buch von der Geschichte des VANGUARD-Unternehmens schreibt der berühmte Ozeanflieger Charles Lindbergh, aus dem Jahre 1969 auf die Geburtsstunde des Satellitenzeitalters zurückblickend: »Selbst im Rückblick sehen wir Projekt VANGUARD im Nebel einer Umwelt, die außer Kontrolle war – einer Umwelt, die erfüllt war von Atomwaffen, SPUTNIKS und dem Kalten Krieg mit der Sowjetunion...«
»Warum wurde das REDSTONE-von-Braun-Satellitenprojekt nicht unterstützt? Die Antwort ist verschieden, je nach der Person, der man die Frage stellt: Die hervorragenden Entwicklungen der Marine in der Satelliteninstrumentierung neigten die Waage in Richtung VANGUARD, und Budgetbegrenzungen verhinderten ein Parallelprojekt. Der Name REDSTONE war zu eng verbunden mit militärischen Fernraketen. VANGUARD schien billiger zu sein, größere Wachstumschancen zu bieten mit längeren Verweilzeiten der Satelliten in ihrer Umlaufbahn. Durch VANGUARD stand letzten Endes mehr wissenschaftliche Information zu erwarten als durch die REDSTONE.«
»Zu diesen Bemerkungen«, so Lindbergh weiter, »kann ich aus meiner eigenen Erfahrung hinzufügen, daß Rivalität zwischen den Einheiten der Streitkräfte einen starken Einfluß ausgeübt hat; auch wären alle Rückschlüsse unvollständig, die nicht den Antagonismus berücksichtigten, der damals noch gegen von Braun und seine Mitarbeiter bestand, weil sie während des Zweiten Weltkrieges auf der Seite Deutschlands gewesen sind...«
Was immer es für Einflüsse waren, die die Dinge sich so entwickeln ließen, wie sie sich entwickelten – was daraus hervorging, wurde zu einem neuen Zeitalter für die Menschheit, das zur Landung von Menschen auf dem Mond, zur Mikrominiaturisierung, zu zahlreichen neuen technischen Erfindungen und Produkten, zu neuen Erkenntnissen über Wetter und Weltall, über Planeten, Monde und Fixsterne führte und das eines Tages vielleicht sogar den Menschen zu sich selbst zurückführt, zur Besinnung über seine eigene kleine Umwelt und zur Neuordnung dieser eigenen Welt...

Linke Seite außen und Mitte: Meßgerät für kosmische Strahlung und Mikrometeoritenhäufigkeit in EXPLORER 1. Rechts daneben auf der linken Seite das Tonbandgerät von EXPLORER 3, mit dem die Meßdaten gespeichert wurden, während der Satellit in Bereichen flog, in denen er nicht empfangen werden konnte. Die Tonbandregistrierungen führten zu einer weitaus besseren Ausnützung der gewonnenen Satellitendaten und sind heute bei künstlichen Erdsatelliten allgemein üblich, wobei natürlich die Speicherungsverfahren erheblich verbessert wurden.

Unten: Fehlstarts von Raketen gehörten in den Anfängen der unbemannten Raumfahrt zum Alltag. Hier der Fehlstart eines mit einer JUNO-II-Rakete gestarteten EXPLORER-Satelliten am 16. Juli 1959 in Cape Canaveral.

Früchte für die Forschung

Das Zeitalter der Raumfahrt fand seinen Eingang in die Welt über die wissenschaftlichen Programme des Internationalen Geophysikalischen Jahres. Ermöglicht wurde der Start künstlicher Erdsatelliten durch eine Raketentechnik, die in wesentlichen Teilen aus militärischen Beweggründen heraus entstand. Es ist ein glücklicher Umstand, daß die Hoffnungen auf wissenschaftliche Ausbeute, die man in Ost und West für die ersten künstlichen Satelliten der Erde - die Satelliten des Geophysikalischen Jahres - hegte, sich voll und ganz erfüllten.

Praktisch im gleichen Augenblick, da SPUTNIK 1 die Erde zu umkreisen begann, richteten sich die Antennen und Fernrohre von Sternwarten und Amateuren auf diesen Satelliten, um aus der Analyse seiner Bewegung, der Analyse der Bahn, die er um die Erdkugel beschrieb, Aussagen über die Dichte der Atmosphäre in großer Höhe abzuleiten. Der Satellit selbst registrierte mit den an Bord mitgeführten Instrumenten Dichte und Temperatur der Atmosphäre auf seiner Umlaufbahn sowie die Konzentration der Elektronen in der Ionosphäre, also den elektrisch leitenden Luftschichten der Atmosphäre. In den Positionsbestimmungen deutete sich erstmals an, daß die hohe Atmosphäre sehr viel dichter ist, als man bis dahin angenommen hatte, ein Tatbestand, der durch die weiteren Satelliten bestätigt und in seinen Aussagen immer mehr verfeinert wurde. Die Daten über Elektronenkonzentration zeigten in Höhen

ab 850 bis 950 Kilometer eine starke Strahlungskonzentration, die bald darauf durch die Messungen des ersten erfolgreichen amerikanischen Satelliten Explorer 1 gedeutet werden konnte.
Sputnik 2 bewies, daß ein Lebewesen in der Lage ist, den Andruck, der durch die enorme Beschleunigung der Rakete in der ersten Flugphase auftritt, auszuhalten (was man freilich zu diesem Zeitpunkt durch Experimente mit Schleuderzentrifugen an Menschen sowie durch den Mitflug von Tieren in Höhenraketen schon wußte), und daß Tiere in der Lage sind, für längere Zeit die Schwerelosigkeit beim Flug in der Umlaufbahn zu ertragen (was man bis dahin noch nicht experimentell verifiziert hatte).
Aus den Bahnverfolgungen des zweiten Sputnik erkannte man, daß die Aktivität der Sonne die Dichte der Hochatmosphäre ausgeprägt beeinflußt.
Explorer 1 schließlich führte zu der vielleicht wichtigsten wissenschaftlichen Entdeckung des Geophysikalischen Jahres. Mit einem von Professor James Van Allen konstruierten Meßgerät für kosmische Strahlen, das sich an Bord des Satelliten befand, wurde von Zeit zu Zeit ein intensives Anwachsen der ionisierenden Strahlen festgestellt, also ein Anstieg schnellfliegender Elementarteilchen – Atombausteine – die beim Zusammenprall mit den Atomen der Luft aus diesen Elektronen herausgeschlagen werden und jene Atome damit elektrisch leitend machen, sie *ionisieren,* wie der Fachmann sagt.
Dr. Van Allen (derselbe James Van Allen, in dessen Haus die Idee des Internationalen Geophysikalischen Jahres geboren worden war) analysierte die Messungen und fand nach langen Bemühungen und Datenvergleichen mit Sputnik 1 und Explorer 3 (der im März 1958 erfolgreich in eine Umlaufbahn gelangte) heraus, daß die Erde von einem Strahlungsgürtel umgeben sein muß, in den Explorer 1 (der die Erde in einer elliptischen Bahn mit einem Perigäum von 360 Kilometer Höhe und einem Apogäum in 2500 Kilometer Höhe umflog) jedesmal eintauchte, wenn seine Bahn auf über 900 bis 1000 Kilometer Höhe anstieg. Weitere Satelliten und Raumsonden führten später zu der Erkenntnis, daß die Erde von zwei derartigen Strahlungsgürteln umgeben ist, einem inneren von etwa 1000 bis 4000 Kilometer Höhe und einem äußeren Strahlungsgürtel, der in 16000 Kilometer Abstand von der Erdoberfläche beginnt und bis etwa 56000 Kilometer Entfernung reicht. Noch spätere Raumsonden-Messungen ergaben, daß man zwischen drei Strahlungsgürteln unterscheiden kann, die aber im Grunde genommen zu einem Strahlungsbereich gehören, in dem je nach Höhe verschiedene Intensitätsgebiete vorherrschen. Schwankungen der Intensität und Höhe der Strahlungsgürtel ließen schließlich einen Zusammenhang zwischen diesen Partikeln und der Sonnenaktivität erkennen; es ist die Sonne, in der diese Strahlung ihren Ursprung hat. Sie setzt sich aus geladenen Partikeln (vornehmlich Protonen, also Atomkernen des Wasserstoffs, und Elektronen) zusammen, die bei der Annäherung an die Erde vom irdischen Magnetfeld eingefangen werden und dann als Gefangene dieses Feldes zwischen dem magnetischen Nordpol und dem magnetischen Südpol der Erde in großer Höhe in Spiralbahnen hin- und herpendeln.
Explorer 1 lieferte schließlich, gleich den Sputniks, interessante Angaben über Häufigkeit und Zusammensetzung des kosmischen Staubes und der Mikrometeoriten.
Selbst der erste erfolgreiche kleine Vanguard-Versuchssatellit – von Chruschtschow einmal hämisch als die »amerikanische Pampelmuse im Weltall« bezeichnet – wurde zu einem Schlager für die Wissenschaft. Sein Start gelang der Marine am 17. März 1958. Der Satellit erreichte eine Umlaufbahn mit einem Perigäum in 651 Kilometer Höhe und einem Apogäum in 3960 Kilometer. Vanguard 1 bewegt sich damit in größerer Höhe als die ihm vorausgegangenen Satelliten, unterliegt der Reibungswirkung der letzten Ausläufer der Erdatmosphäre damit weniger als seine Vorgänger und kann mit einer Lebenszeit, also einem Verweilen in der Umlaufbahn, von rund 2000 Jahren rechnen.
Vanguard 1 war der erste Satellit, der den Strom zum Betrieb seines Senders zum Teil aus Sonnenenergie bezog: Neben seinen Quecksilberbatterien, die er zur Stromversorgung des Senders mitführte, trug der Satellit auf der Außenseite sechs Sonnenzellen. Das sind kleine, extrem dünne Flächen aus Sizilium-Halbleiter-Photoelementen, die das Sonnenlicht direkt auf Elektronen des Werkstoffs übertragen und es dadurch in elektrischen Strom umwandeln. Als die Quecksilberbatterien im Satelliteninnern im Juni 1958 ausfielen, versorgten die Sonnenzellenflächen den Sender des Satelliten bis 1965 alleine weiter; erst dann stellten auch sie ihre Energieumwandlung ein!
Aus frühen Analysen der Bahn des Vanguard wurde ermittelt, daß Nord- und Südhalbkugel der Erde asymmetrisch zueinander sind: Die Nordhalbkugel ist etwas »schlanker«, die Südhalbkugel etwas »korpulenter«, ein Unterschied, der dazu führte, daß der Erde (in vielleicht unzulässiger Übertreibung) die Gestalt einer Birne angedichtet wurde. Bei diesem Vergleich muß man allerdings berücksichtigen, daß der Unterschied in der »Korpulenz« zwischen Nord- und Südhalbkugel nur etwa 15 Meter beträgt – bei einem Erddurchmesser von 12760000 Metern ein kaum darstellbarer Unterschied. Weiterhin lieferte Vanguard interessante Informationen über Dichte und Dichteschwankungen der Hochatmosphäre, über den Einfluß der Anziehungskräfte von Sonne und Mond auf die Bahnen künstlicher Erdsatelliten und die Bahnänderungen, die durch den Strahlungsdruck der Sonne auf den Satelliten ausgelöst werden.
Dies sind nur ein paar Beispiele für die wissenschaftlichen Aufschlüsse, die die ersten künstlichen Erdsatelliten erbrachten. Man kann sich ohne weiteres vorstellen, um wieviel mehr Erkenntnisse von jenen zahlreichen Satelliten gewonnen wurden, die den ersten Sputniks, Explorers und Vanguards folgten!
Vanguard 1 kam, wie wir hörten, nach den beiden Sputniks und dem ersten Explorer Mitte März 1958 in seine Umlaufbahn. Ihm folgte am 26. März 1958 Amerikas Explorer 3, ein Satellit, der aus Höhen zwischen 195 und 2810 Kilometern, ähnlich ausgerüstet wie Explorer 1, unter anderem wertvolle Daten über Strahlungen und Mikrometeoriten brachte. Er war mit einem kleinen Tonbandgerät ausgerüstet, auf dem die Daten gespeichert wurden. Der Satellit konnte damit auch Informationen aus den Gebieten über der Erde liefern, wo er nicht im Empfangsbereich einer Bodenstation war.
Diesem zweiten erfolgreichen Explorer Nr. 3 (Nr. 2 hatte einen Fehlstart, wie wir hörten) folgte am 15. Mai 1958 Sputnik 3. Mit seiner Masse von 1327 Kilogramm übertraf er seinen Vorläufer Sputnik 2 abermals um mehr als das Doppelte: Die großen sowjetischen Interkontinentalraketen – aus bloßer militärischer Notwendigkeit so schubkräftig und damit befähigt, schwere Nutzlasten zu tragen – machten sich nun beim Wettlauf ins Weltall bezahlt.
Auch Sputnik 3 untersuchte die Hochatmosphäre sowie die Sonnenstrahlung; er trug in seiner kegelförmigen Umhausung von 1,73 Meter Basisdurchmesser und 3,57 Meter Länge und an seinen Außenflächen Meßgeräte zur Registrierung von Korpuskular- oder Partikelstrahlung der Sonne, zur Messung und Bestimmung der kosmischen Strahlung, ein Magnetometer

zur Untersuchung von Stärke und Richtung des Magnetfeldes der Erde auf der Höhe der Umlaufbahn, er registrierte die Ionisation der in seiner Bahn noch vorhandenen dünnen Luftreste, die statische Aufladung und die Häufigkeit von Mikrometeoriten. Außerdem wurden die Betriebszustände der Apparaturen im Inneren des Satelliten und die Temperatur an der Satellitenaußenhaut gemessen. Alle diese technischen Meßdaten und die wissenschaftlichen Informationen wurden per Funk zur Erde übertragen. SPUTNIK 3 gewann seine Energie zur Versorgung der elektronischen Apparaturen und des Senders zum Teil mittels Sonnenzellen; die Temperatur in seinem Inneren wurde zum Schutz der elektronischen Einrichtungen durch Klappjalousien aktiv geregelt.
Und nun ging es mit den Starts der Satelliten Schlag auf Schlag weiter. EXPLORER 4 folgte am 26. Juli 1958. Er war von gleicher Gestalt und ähnlichen Ausmaßen wie EXPLORER 1, stellte Detailuntersuchungen im Van Allenschen Strahlungsgürtel an und erkundete, welches Ausmaß an Strahlung in der Hochatmosphäre durch die zuvor auf großer Höhe erfolgten amerikanischen Atombombenversuche zurückgeblieben war - die erste Teilanwendung eines Satelliten zum Erlangen militärischer Informationen.
Bereits zu diesem Zeitpunkt, im Sommer 1958 - nur rund ein Dreivierteljahr, nachdem es den Russen gelungen war, den ersten künstlichen Satelliten der Erde zu starten, und sieben Monate nach dem erfolgreichen Start des ersten amerikanichen Satelliten -, versuchte man sich an

Oben: Start eines VANGUARD-Testsatelliten in Cape Canaveral im April 1958. Beim Start funktionierte diese VANGUARD-Rakete einwandfrei, jedoch zündete die dritte Stufe nicht, so daß auch dieser Satellit keine Umlaufbahn erreichte.

Unten: VANGUARD 1, der erste erfolgreiche VANGUARD-Testsatellit, auf der noch nicht abgedeckten dritten Stufe der Trägerrakete.

einem sehr viel weiterreichenden Projekt: Am 17. August 1958 probierte die amerikanische Luftwaffe erstmals, mit einer THOR-ABLE-Rakete ein irdisches Projektil zum Mond zu schießen. Zwar mißlang das Unternehmen, weil die erste Stufe der Rakete 77 Sekunden nach dem Start explodierte, aber beim zweiten Versuch am 11. Oktober 1958 kam die PIONIER 1 genannte Sonde, wenn auch nicht zum Mond, so doch auf 113 760 Kilometer Höhe (knapp ein Drittel der Entfernung zum Mond) und lieferte während des 43stündigen Fluges, der mit dem Wiedereintritt in die Erdatmosphäre über dem südlichen Pazifik endete, erstmals Daten über Mikrometeoritendichte und das interplanetare Magnetfeld sowie zu grundsätzlichen physikalischen Erscheinungen.

PIONIER 2 wurde am 8. November 1958 gestartet, jedoch versagte die dritte Stufe der Trägerrakete, so daß dieses Unternehmen zu einem Mißerfolg wurde.

Inzwischen war übrigens die zivile Raumfahrtbehörde NASA (die Abkürzung von National Aeronautics and Space Administration, Nationale Luft- und Raumfahrtbehörde) als Nachfolger des NACA (des Nationalen Rats für Luftfahrt) entstanden, und das Mondsondenprojekt war von der Luftwaffe, gleich allen zivilen Raumflugvorhaben, in die Verantwortung dieser neuen Behörde übergegangen. Gleichwohl blieb natürlich die Luftwaffe weiterhin für die Trägerrakete verantwortlich, denn bei ihr handelte es sich auch um ein modifiziertes, zweckentfremdetes militärisches Gerät: Eine variierte Mittelstreckenrakete vom Typ THOR bildete die erste Stufe, eine modifizierte, flüssigkeitsgetriebene zweite Stufe der VANGUARD die zweite Stufe und eine Feststoffrakete, die ebenfalls auf die VANGUARD-Konstruktion zurückging, die dritte Stufe. Obenauf trug diese dreistufige Rakete die eigentliche Nutzlast, einen Doppeltoroid mit Kurskorrekturraketen.

PIONIER 3 hatte am 6. Dezember 1958 einen ähnlichen Teilerfolg wie PIONIER 1; die Sonde kam auf ein Apogäum von 102 300 Kilometern. Wiederum wurden Daten über die Partikelstrahlung übermittelt. Durch diesen Flug wurde der zweite, schon erwähnte Strahlungsgürtel im Weltall entdeckt. Die Sonde selbst kam am 7. Dezember wieder zur Erde zurück.

Kurz darauf, am 18. Dezember 1958, startete die amerikanische Luftwaffe von Cape Canaveral aus eine ATLAS-B-Rakete in eine Umlaufbahn um die Erde. Die Hauptstufe mit einem Gewicht von 3968 Kilogramm war in eine elliptische Satellitenbahn mit einem erdnächsten Punkt in 185 und einem

erdfernsten Punkt in 1470 Kilometer Höhe eingetreten. Ihre 68 Kilogramm schwere Nutzlast bestand aus zwei Sende- und Empfangsgeräten, einer Tonband-Speicheranlage, einem Peilsender, Batterien und sonstigen elektronischen Einrichtungen. Der Satellit erhielt den Namen SCORE, ein Akronym von **S**ignal **C**ommunication **O**rbit **R**epeater **E**xperiment, Signal-Kommunikationsversuch mit einem umlaufenden Wiedergabegerät. Der Satellit hatte also Signale und gesprochene Texte aufzunehmen, zu speichern und dann auf Befehl wieder abzustrahlen. Er wurde damit zum ersten Vorläufer der heutigen Kommunikationssatelliten; am Weihnachtsabend 1958 strahlte SCORE eine Botschaft Präsident Eisenhowers ab.
SCORE war der letzte Satellit des Jahres 1958. Waren im ersten Jahr der Satellitengeschichte - einem »Rumpfjahr«, da es ja erst am 4. Oktober begann - zwei Satelliten mit einem Gesamtgewicht von 592 Kilogramm in Erdumlaufbahnen gelangt, so sah das Jahr 2 des Satellitenzeitalters am Jahresende bereits sieben Satelliten mit einem Gesamtgewicht von 5349 Kilogramm in Erdumlaufbahnen. Es waren ausschließlich »friedliche« Satelliten, Objekte, die der Forschung dienten und damit nur mittelbare Bedeutung für die Militärs hatten.

Militärische Satelliten

Allerdings, die »zivilen« Satelliten, die aus den Programmen des Geophysikalischen Jahres hervorgingen oder diesen Programmen folgten, sollten nicht allzu lange unter sich bleiben.
Die Bedeutung der Erdumlaufbahnen für militärische Überlegungen war bereits von Hermann Oberth apostrophiert worden, der von Sonnenspiegeln in Satellitenbahnen sprach, die durch enorme Strahlenkonzentration des Sonnenlichtes Gebiete der Erdoberfläche, auf die sie gerichtet werden, in ein Flammenmeer verwandeln könnten.
Freilich, die Militärs der vierziger und fünfziger Jahre dachten weniger an eine solche Möglichkeit als an Aufklärungs- und Kampfsatelliten. Schon vor dem Start des ersten SPUTNIK, des EXPLORER und des VANGUARD setzte sich ja die amerikanische Luftwaffe, wie wir hörten, mit Ideen für künstliche Erdsatelliten auseinander. Eine in ihrem Auftrag 1949 von Rand durchgeführte Studie hob die Bedeutung künstlicher Erdsatelliten als »politische und psychologische Waffe«, für Kommunikation und meteorologische sowie militärische Beobachtung hervor, sprach ihnen auf Grund der damaligen technischen Situation eine große Bedeutung als Zerstörungswaffe jedoch ab.
Zu etwa dieser Zeit begannen auch die Rechtsgelehrten sich mit den juristischen Fragen der militärischen (und natürlich auch der zivilen) Nutzung des Weltraums zu beschäftigen. Auf internationaler Ebene geschah dies vor allem im Rahmen der Internationalen Astronautischen Föderation und später in dem von ihr gegegründeten Internationalen Institut für Weltraumrecht.
Am 13. Januar 1958 schrieb Präsident Eisenhower einen Brief an Nikolaij Bulganin, damals Vorsitzender des Ministerrats der UdSSR. Er begann mit den Worten: »Ich möchte, Herr Vorsitzender, einen Vorschlag zur Lösung dessen machen, was ich als das wichtigste Problem ansehe, dem sich die Welt gegenwärtig gegenübersieht. Ich rege an, daß wir uns darauf einigen, daß der Weltraum nur für friedliche Zwecke genutzt werden solle...« Appelle dieser Art wiederholte der damalige amerikanische Präsident noch mehrfach, ohne daß sie hingegen bei der UdSSR auf große Gegenliebe stießen.
Und so sah das Jahr 3 des Satellitenzeitalters (= 1959) erstmals neben den Forschungssatelliten rein militärische Satelliten am Firmament auftauchen.
Den Anfang machte die amerikanische

Linke Seite oben: Start einer THOR-ABLE-Rakete mit der ersten amerikanischen Raumsonde PIONIER 1 am 17. August 1958

Links unten: PIONIER 1 vor dem Start bei der Montage auf die Trägerrakete

Oben: Startvorbereitung der JUNO-II-Rakete während des nächtlichen Auftankens, die am 6. Dezember 1958 PIONIER 3 in eine ballistische Flugbahn in Richtung Mond schoß

Links: Start einer ATLAS-AGENA-Rakete in Cape Canaveral mit einem militärischen Frühwarnsatelliten vom Typ MIDAS

Rechte Seite innen: Vorbereitung eines Doppel-Satellitenstarts: Der untere Satellit ist der Navigationssatellit TRANSIT 3B der amerikanischen Marine, der obere der Ionosphärenforschungssatellit LOFTI. Der Start am 21. Februar 1961 gelang, aber die Satelliten trennten sich nicht voneinander und von der Trägerstufe und erreichten deshalb keine Umlaufbahnen. Andere TRANSIT-Starts waren erfolgreicher und ermöglichten es POLARIS-Unterseebooten, ihre Position unter Wasser auf 150 Meter genau zu bestimmen.

Rechts außen: Das Segel-Düsenflugzeug U 2, hier in neuem, weißem Gewand. Nach dem politischen U-2-Zwischenfall in der Sowjetunion wurde das Flugzeug an die NASA übergeben und wird dort für zivile Erderkundungsprogramme benützt.

Luftwaffe am 28. Februar 1959 mit einer THOR-AGENA-Rakete, die den Satelliten DISCOVERER 1 (= Entdecker) in eine polare Umlaufbahn in 183 bis 1120 Kilometer Höhe brachte. Das DISCOVERER-Programm hatte die Wiedergewinnung von Objekten aus der Erdumlaufbahn zum Ziel, ein Experiment, das mit DISCOVERER 13, gestartet am 10. August 1960, erstmals gelang, als die Bergungskapsel am 11. August 1960 beim Niedergang nahe dem vorgesehenen Aufschlagspunkt rund 500 Kilometer nordwestlich von Hawaii aus dem Wasser gefischt wurde. Bei DISCOVERER 14 konnte die am 19. August 1960 an einem Fallschirm zurückkehrende, 38 Kilogramm schwere Kapsel erstmals während des Niedergangs mit Hilfe eines Flugzeuges in der Luft aufgefangen und geborgen werden.

Bis zu diesem Zeitpunkt hatte die amerikanische Luftwaffe auch bereits ihren ersten MIDAS-Satelliten in die Umlaufbahn gebracht. MIDAS ist ein Akronym für **M**issile-**D**efense-**A**larm-**S**ystem, also Fernraketen-Alarmsystem für die Verteidigung – anders ausgedrückt, es handelt sich hierbei um militärische Frühwarnsatelliten. Der erste erfolgreiche Start dieses Satellitentyps fand am 24. Mai 1960 mit einer dreistufigen Rakete vom Typ ATLAS-AGENA statt. Der Satellit hatte unter anderem Meßgeräte, die auf die Wärmestrahlung von Raketentriebwerken ansprachen, an Bord und war für die Früherkennung angreifender feindlicher Raketen während deren Antriebsperiode gedacht.

Die Entwicklung zu einer militärischen Präsenz im Weltraum bahnte sich an, weil auf der einen Seite die militärischen Möglichkeiten technisch existierten und auf der

anderen Seite die Angebote Präsident Eisenhowers an die Sowjets zu friedlicher Zusammenarbeit im Weltraum, zur Weltraum-Rüstungskontrolle und zu einem Abkommen über das Verbot militärischer Aktionen im Raum, weil seine vorgeschlagenen Programme des »offenen Himmels« (also der gegenseitigen beobachtenden Rüstungsüberwachung aus großer Höhe) und »Atome für den Frieden«, die er in zahlreichen Reden, Pressekonferenzen und persönlichen Schreiben an die sowjetischen Führer Bulganin und Chruschtschow zum Ausdruck brachte, unbeantwortet blieben oder nicht zufriedenstellende, hämische Antworten fanden.
So mußte Amerika seine eigene Lage berücksichtigen, mußte abschätzen, in welche Situation es kommen würde, wenn die Sowjets im geheimen eine Militarisierung des Raumes anstrebten und die USA zurückstehen würden. Als Konsequenz dieser möglichen Entwicklung begann man in Amerika mit der Konstruktion von Frühwarn- und Strahlungsüberwachungssatelliten, mit der Errichtung eines militärischen Kommunikationssatelliten-Netzes und anderer Überwachungssysteme. Der Zwischenfall mit dem Stratosphären-Segel-Düsenflugzeug U 2, der sich ereignete, als Francis Gary Powers am 1. Mai 1960 über Swerdlowsk bei einer – zugegebenermaßen einseitigen – Fotografieraktion sowjetischen Territoriums vom Himmel geholt wurde, war ein deutlicher Hinweis auf die unterschiedlichen Philosophien, die zwischen Ost und West in Fragen der Friedenssicherung, der militärischen Offenlegung und der Zusammenarbeit herrschten.
Sicher sind in den Anfangsjahren einige der Schwierigkeiten, die sich in der Weltraumfrage zwischen Ost und West einstellten, auf bloße Kommunikationsprobleme, auf Unzulänglichkeiten in Verständigung und Übersetzung zurückzuführen.
Die Sowjets beispielsweise hatten in den vorbereitenden Jahren der Raumfahrt weit mehr über ihr Vorhaben veröffentlicht, als man gemeinhin im Westen erfuhr. Wir hatten bereits gehört, daß die Anzeichen einer beginnenden sowjetischen Weltraumaktivität in den Jahren ab 1956 eigentlich nicht mehr zu übersehen waren, aber dennoch weitgehend übersehen wurden. Trotzdem war das sowjetische Raumfahrtprogramm, als der Start der ersten Satelliten anstand, von Anfang an von Geheimniskrämerei umgeben. So herrschte jahrelang ein Rätselraten um Arten, Leistungen und Antriebssysteme sowjetischer Trägerraketen. In vielen Fällen gaben die Sowjets, von den ersten paar SPUTNIK-Satelliten abgesehen, nur magere oder gar keine Auskünfte über die Nutzlasten. Sehr bald konnte denn auch der militärische Charakter vieler sowjetischer Satelliten eindeutig erwiesen werden, doch die Sowjets bekennen sich bis heute nicht dazu.
In Amerika dagegen wurde klar zwischen militärisch sensitiven und deshalb nicht allgemein verfügbaren und zugänglichen Informationen unterschieden, wurden militärische und zivile Raumfahrt durch die Schaffung der Raumfahrtbehörde NASA bereits 1958 voneinander getrennt. Die Startzentren waren für Journalisten selbst beim Start der meisten militärischen Satelliten zugänglich; für die zivilen Starts war das eine Selbstverständlichkeit, und an den großen Missionen, wie beispielsweise den APOLLO-Flügen, konnte die Bevölkerung Amerikas und zahlreicher anderer Länder frei und ungehindert am Startplatz in Cape Canaveral teilnehmen.
Dies sind die Hintergründe, die dazu führten, daß sich zwei Arten von Raumfahrt entwickelten, die parallel nebeneinander herlaufen – natürlich bisweilen sich ergänzend und einander helfend: zivile und militärische Raumfahrt.
Inzwischen hat die Sowjetunion allein über 1100 Satelliten des Typs KOSMOS gestartet; sie alle sind, den Angaben der Sowjets zufolge, wissenschaftliche und technologische Forschungssatelliten.
Diverse westliche Untersuchungen hingegen ermöglichen es, diese Satelliten (wie natürlich auch andere Typen) ziemlich eindeutig zu klassifizieren. Daraus folgt, daß mehr als die Hälfte der östlichen Satelliten militärischen Zwecken dienen: zur militärischen Aufklärung, zum Angriff und zur Zerstörung anderer Satelliten (natürlich haben die Russen dieses Verfahren bisher nur an eigenen Satelliten, ebenfalls vom Typ KOSMOS, erprobt), zur Vorbereitung neuer militärischer Techniken und seit September 1966 auch, um eine neue Kernwaffen-Angriffstechnik aus dem Weltraum zu erproben, die nicht unter das vor den Vereinten Nationen abgeschlossene Weltraum-Friedensabkommen aus dem Jahre 1967 fällt: Flugkörper, die nach Durchfliegen eines Teils einer Satellitenbahn (also ohne eine *volle* Umfliegung der Erde zu vollenden) wieder herunterkommen. Sie werden von der westlichen Aufklärung als FOBS bezeichnet, die Abkürzung von **F**ractional **O**rbit **B**ombardment **S**ystem, Bombardierungssystem auf teilweiser Umlaufbahn. Diese Bomben

Links: Sowjetischer Satellit der Kosmos-Serie

Rechte Seite: Startvorbereitung einer Atlas-Rakete mit keramischem Wiedereintrittskopf im Juni 1960

werden von einer Rakete auf eine Umlaufbahn in etwa 160 Kilometer Höhe geschossen, dort aber mit Hilfe von kleinen Raketentriebwerken, die in Flugrichtung feuern und auch als Retro-Raketen bezeichnet werden, sogleich wieder gebremst, so daß sie vor Vollendung eines vollen Erdumlaufs ihr Ziel am Erdboden treffen. Über zwanzig Versuche haben die Sowjets mit solchen FOBS seit dem Jahre 1966 gemacht, wobei sie die Flugkörper den »langen« statt des »kurzen« Weges nehmen ließen: Sie lenkten sie dem Zielort nicht über den Nordpol entgegen, sondern ließen sie den weiten Weg über den Südpol, drei Viertel um die Erde herum, nehmen. Die Bombenkörper selbst sind bei einem Durchmesser von etwa 1,2 Metern rund 2 Meter lang; die verwendeten Trägerraketen sind vom Typ SS-9 (im NATO-Code als Scarp bezeichnet); sie sind etwa 34½ Meter lang, haben drei Meter Durchmesser und bestehen aus zwei Stufen sowie den Retro-Raketen.
Kosmos-Aufklärungssatelliten werden vielfach paarweise gestartet, wobei zu Zeiten großer politischer Spannungen deutlich eine Zunahme der Startfrequenz zu erkennen ist. Nach 12 bis 14 Tagen stoßen sie ihre Filmpakete in Trommeln mit den belichteten Filmen aus; diese Pakete werden von den Russen wiedergewonnen.
Es würde zu weit führen, hier die diversen bekannten Techniken aufzuzählen, derer sich diese Satelliten bei anderen Aufgaben bedienen, so etwa in der Anwendung als »Killersatelliten«, Satelliten, die andere Objekte im Weltall angreifen und von denen – als Angreifer und als Angegriffene in einem technischen Entwicklungsplanspiel – die Sowjets seit 1967 bis 1978 um die fünfzig Stück starteten.
Wer über diese Dinge mehr erfahren will, sei auf das Buch von Rolf Engel »Moskau militarisiert den Weltraum« (Landshut, 1979) verwiesen, in dem eine genaue Analyse der sowjetischen Entwicklung gegeben wird. Engel stellt in diesem Buch im übrigen fest, daß den Sowjets der Vorwurf zu machen sei, mit FOBS und den Killersatelliten die offensive Weltraumstrategie eingeleitet zu haben, eine Entwicklung, der nun die USA zwangsläufig folgen müssen. Weiter meint Engel, daß damit eine Eskalation der militärischen Raumfahrt eingeleitet worden sei, die in der Zukunft zwangsläufig diesen Aspekten des Vordringens in den Weltraum noch weiter in den Vordergrund schieben werde.
Die Zahlen aus jüngster Zeit belegen diese These. So wird der Anteil militärischer Satelliten, an den Zahlen der Gesamtstarts von Satelliten gemessen, von Jahr zu Jahr höher. Etwa 75 Prozent aller Satellitenstarts sind heute militärischer Natur. Zwar bilden hieran Aufklärungssatelliten einen hohen Anteil, die unter anderem zur Überwachung der Einhaltung des Abkommens über Waffenbeschränkungen benutzt werden und friedenerhaltend und damit positiv zu werten sind, aber an der generellen Tendenz der Entwicklung ändert dies nichts.
Als Reaktion auf die sowjetischen FOBS und die Killersatelliten begannen die Vereinigten Staaten 1975 ihr eigenes Programm für die Entwicklung von Angriffssatelliten.

Inflation in Satelliten

Es ist nicht die Aufgabe dieses Buches, sämtliche künstlichen Erdsatelliten, sämtliche Raumsonden und sämtliche bemannten Raumflüge im einzelnen zu betrachten – täten wir das, dann müßte das Buch zehnmal so dick sein. Überdies gibt es darüber eine ganze Reihe von Veröffentlichungen. Wir haben bisher versucht, die historische Entwicklung des Raumfahrtgedankens und der Raumfahrt bis in das beginnende Satellitenzeitalter hinein, zwar stets aus wechselnden Blickrichtungen, dennoch immer wieder, von wenigen Abweichungen abgesehen, unter dem chronologischen Aspekt zusammenhängend zu betrachten.
Nun, da wir an jener Stelle der historischen Entwicklung angelangt sind, von der an künstliche Erdsatelliten zum Alltag gehören, sie dutzendweise im Monat und hundertweise im Jahr gestartet werden, ist es nicht mehr möglich, die systematische, alle Aspekte des Programms zueinander in Beziehung setzende Betrachtungsweise fortzuführen. Es gilt jetzt vielmehr, nach Sachgebieten aufzufächern und die Dinge innerhalb einzelner Sachgruppen zusammenhängend zu betrachten, ohne daß dabei die Wechselwirkungen, die sich zwischen den einzelnen Aspekten vollzogen haben und vollziehen, außer acht gelassen werden sollen.
Deshalb werden wir auch zunächst die unbemannten Satelliten in ihrer Entwicklung und Bedeutung weiterverfolgen, bevor wir zu anderen Elementen der Raumfahrt – zu Raumsonden, zu Träger-

raketen und zum bemannten Raumflug kommen.
Die Statistik belehrt uns darüber, daß zwischen dem Start von SPUTNIK 1 (also dem 4. Oktober 1957) und dem 31. Dezember 1978 - das heißt in gut zwanzig Jahren Raumfahrt - rund 2100 künstliche Erdsatelliten erfolgreich in Umlaufbahnen um unseren Heimatplaneten gelangt sind. Etwa 950 befanden sich am genannten zweiten Stichtag, Silvester 1978, noch in Umlaufbahnen; die übrigen sind in die Erdatmosphäre zurückgekehrt und größtenteils darin verglüht bzw. (etwa bei bemannten Raumkapseln, die in dieser Statistik mit enthalten sind) kontrolliert zur Erdoberfläche zurückgeführt worden.
Auch eine Reihe - vor allem sowjetischer - Satelliten wurde nach nur kurzen Aufenthalten in der Erdumlaufbahn planmäßig aus dieser wieder ausgelenkt und an vorgegebenen Orten geborgen.
Die gerade angeführten Zahlen geben echte Raumflugkörper wieder, also Fluggeräte, die Meßinstrumente an Bord haben bzw. hatten. Darüber hinaus aber sind natürlich noch zahlreiche andere irdische Objekte in Satellitenumlaufbahnen eingetreten und damit, zumindest himmelsmechanisch gesehen, ebenfalls zu künstlichen Monden unseres Planeten geworden. Dies sind zum Beispiel die Oberstufen von Trägerraketen, die ja in der Regel samt dem Satelliten eine Umlaufbahn erreichen, abgestoßene Zwischenstufen und Zwischenringe, losgebrochene Teile usw. usw. Berücksichtigt man sie alle, dann gilt, daß (inklusive der zuvor erwähnten »echten Nutzlasten«, der Satelliten) bis zum 31. Dezember 1978 11 193 Objekte in Erdumlaufbahnen gelangten und 6565 sie wieder verließen, um in die Erdatmosphäre zurückzukehren - mit der Konsequenz, daß am genannten Stichtag 4628 Objekte die Erde umflogen.
Man kann derartige Statistiken natürlich unter den verschiedensten Gesichtspunkten auswerten. So kann man Starthäufigkeiten oder das Verhältnis von erfolgreichen Starts zu Fehlstarts untersuchen, man kann daraus eine Verhältniszahl bilden, die die Erfolgsquote ausdrückt. Oder es lassen sich Zusammenstellungen machen, die Auskunft über den Start- oder Gewichtsanteil ins Weltall verbrachter Raumflugkörper verschiedener Nationen (also etwa USA und UdSSR im Vergleich) wiedergeben, man kann Sachgruppierungen aufstellen und vieles andere mehr. Einige dieser Dinge haben wir in den Grafiken und Tabellen, die sich im Anhang des Buches befinden, getan. Diese Darstellungen sprechen für sich selbst und müssen deshalb hier nicht weiterverfolgt werden.
Wohl aber scheint der Versuch angebracht, Ordnung in die heutige Vielfalt von Satelliten zu bringen, zu sehen, wie es zu dieser Fülle an Kunstmonden für Wissenschaft und Anwendung kam, und zu verfolgen, welche neuen Technologien hierbei angewendet, welche neuen Möglichkeiten erschlossen wurden.

Satellitentypen

Wir hatten gesehen, daß die ersten künstlichen Erdsatelliten als Geräte für die Grundlagenforschung entwickelt worden sind. Sie waren nicht auf unmittelbare praktische Anwendung ausgelegt, obgleich es zu jener Zeit die Idee des Anwendungssatelliten bereits gab.
Die große Gruppe dieser Forschungssatelliten läßt sich unschwer noch einmal nach Aufgabenbereichen unterteilen. Da sind etwa jene künstlichen Monde, die zu Beginn des Satellitenzeitalters das Gros ausmachten, Satelliten, die Auskunft über den Aufbau der Hochatmosphäre und die Vorgänge in ihr lieferten. Es ging darum, mit ihrer Hilfe zu ermitteln, wie sich Luftdichte, Luftdruck, Temperatur, chemische Zusammensetzung, elektrische Leitfähigkeit, Ionisierung und viele andere Parameter mit Höhe und Zeit ändern. Es galt zu untersuchen, ob es lokale Unterschiede in der geografischen Lage oder der Ortszeit gibt. Die Wechselwirkungen mit anderen Vorgängen außerhalb der Erde mußten aufgedeckt werden, was zu einer zweiten Gruppe von Satelliten führte, nämlich jenen Satelliten, die Erscheinungen der Atmosphäre *und* Vorgänge im Raum registrieren, um sie zueinander in Beziehung zu setzen. Hier handelte und handelt es sich um Satelliten, die vor allem die von der Sonne ausgehenden Vorgänge erfassen und zu atmosphärischen Daten in Beziehung setzen.
Eine zweite große Gruppe von Forschungssatelliten sind jene, die gestartet werden, um Erscheinungen aus den Fernen des Weltalls zu untersuchen, die an der Erdoberfläche nicht oder nur verzerrt erfaßt werden können. Hierzu gehören unter anderem Satelliten, die die Sonne im kurzwelligen ultravioletten Licht oder im Röntgenspektrum fotografieren, Spektralbereiche, die nicht bis zur Erdoberfläche vordringen. Ferner gehören dieser Kategorie jene Forschungssatelliten an, die Untersuchungen an den Fixsternen und an Objekten des interstellaren Raumes vornehmen, befreit von der Atmosphäre der Erde, die den Instrumenten dieser Satelliten das Arbeiten an der Erdoberfläche verwehrt, weil die Atmosphäre die zu untersuchenden Erscheinungen verzerrt oder abblockt. In diesen Bereich gehören die gesamte Ultraviolett- und Röntgenastronomie, Teilbereiche der Himmelskunde, die erst existieren, seit künstliche Erdsatelliten vorhanden sind: Vorher gab es (von den ja auch erst wenige Jahrzehnte verfügbaren gelegentlichen Höhenraketen und Höhenballonen abgesehen) keinen Zugriff zu diesen Spektralbereichen im Weltall.
Eine dritte Gruppe von Satelliten registriert kosmische Phänomene in situ, das heißt an Ort und Stelle: Satelliten, die das Magnetfeld an dem Punkt, an dem sie sich jeweils befinden, untersuchen, die Intensität, Richtung und Zusammensetzung der kosmischen Strahlen messen oder den kosmischen Staub und die auf sie aufschlagenden Mikrometeoriten registrieren.
Soviel zu den Forschungssatelliten. Eine zweite große Hauptgruppe künstlicher Erdsatelliten sind natürlich jene Kunstmonde, die praktischen Nutzanwendungen dienen. Oftmals allerdings sind die Grenzen zwischen den beiden Hauptgruppen verwaschen. Ein Satellit kann beispielsweise primär hochatmosphärische und meteorologische Vorgänge erforschen, um auf diese Weise neue grundsätzliche Erkenntnisse über Klima und Klimaveränderungen auf der Erde zu erbringen. Derselbe Satellit kann also auf Grund seiner instrumentellen Ausrüstung gleichzeitig der Wettervorhersage dienen, ein Bereich unmittelbarer Anwendung. Umgekehrt kann natürlich ein für die Witterungsprognose entwickelter Satellit auch Informationen liefern, die dem Forscher grundsätzliche Erkenntnisse über meteorologische oder klimatologische Fragen erbringen.

Künstliche Erdsatelliten benötigen keine aerodynamisch angepaßte Form und weisen deshalb oft geradezu abenteuerlich aussehende, von der wissenschaftlichen Instrumentierung diktierte Formen auf. Dies ist eine Darstellung des Satelliten EXPLORER 21 in der Erdumlaufbahn. Er wurde am 3. Oktober 1964 gestartet und umflog die Erde bis Januar 1966 in einer Bahn mit einem erdnächsten Punkt in 196 und einem erdfernsten Punkt in 95 000 Kilometer Höhe. Der Satellit, auch Interplanetare Meßplattform genannt, erforschte den interplanetaren Raum in der Umgebung der Erde.

Auch der große Kreis der Anwendungssatelliten ist natürlich noch einmal unterteilbar in Wetter-, Nachrichten-, Materialforschungs- oder Erderkundungssatelliten, um ein paar schon einleitend in diesem Buch zitierte Gruppen zu erwähnen. Die ebenfalls bereits apostrophierten militärischen Satelliten wären eine weitere Gruppe, die sich ebenfalls unterteilen läßt – etwa in Aufklärungs-, Kommunikations- und Angriffssatelliten. Sogar im Bereich der Forschungssatelliten gibt es militärische Satelliten, etwa um grundsätzliche Fragen über die kurzwellige Sonnenstrahlung oder die Molekularveränderung von Werkstoffen unter dem Langzeiteinfluß kosmischer Strahlung zu untersuchen. In der Praxis resultiert das in gegenseitigen Beteiligungen, so etwa der Mitnahme militärischer Werkstoffproben an Bord ziviler Satelliten. Das ändert allerdings nichts an der grundsätzlichen Trennung ziviler und militärischer Raumfahrt in den USA.
Allen betrachteten Hauptgruppen und Gruppen gemeinsam ist, entwicklungshistorisch gesehen, ein Umstand: Diese Satelliten sind keine historisch im Umfeld von Politik, Weltanschauung, Meinung und Gegenmeinung der Öffentlichkeit gewachsenen Produkte mehr; ihren geschichtlichen Hintergrund haben sie ausschließlich im Bereich der Technologie, und über das Entstehen oder Nichtentstehen derartiger Satellitenunternehmungen wird nur noch entschieden nach Fragen der Notwendigkeit, der Zweckmäßigkeit und der Finanzierbarkeit. Außerhalb des Fachs stehende Gremien sind mit ihnen lediglich noch im Bereich der öffentlichen Haushalte, der Parlamentsausschüsse und ähnlicher Gruppen befaßt. Die welthistorisch wichtige Entscheidung fiel mit der politischen Proklamation für die ersten Satellitenprogramme und damit für die (zumindest zunächst) unbemannte Raumfahrt.
Der nächste wichtige historische Schritt wurde erst wieder mit der Entscheidung für die *bemannte* Raumfahrt getan, ein Schritt allerdings, der in engem Zusammenhang mit Raketen- und Satellitentechnik zu sehen ist.
Sind also die vielen Satelliten, die in den letzten zehn oder fünfzehn Jahren entwickelt wurden, und jene, die in der Zukunft entwickelt werden, allgemeinhistorisch lediglich von ihren Auswirkungen her bedeutsam, so sind sie gleichwohl technikgeschichtlich sehr relevant.
Je weiter sich die Satellitentechnik entwickelte, um so schwieriger wurden die Aufgabenstellungen für den einzelnen Satelliten, um so komplizierter und spezialisierter aber auch die Satelliten selbst. Eine Spezialisierung übrigens, die sich nicht nur in der Art der Meßapparaturen äußerte, die die Satelliten mitführen, sondern auch in der Komplexität der Satelliten selbst, auf die wir sogleich zurückkommen werden.
Zuvor jedoch wollen wir einige Satelliten in Beispielen etwas näher kennenlernen. Dabei kommen wir mit Satelliten in Berührung, die zur »zweiten Generation« zählen, eben Satelliten, die mit hochgezüchteter Technologie für die jeweiligen Spezialaufgaben entwickelt wurden.

Satelliten als »erdumkreisende Observatorien«

Wir wollen eine Gruppe von Satelliten betrachten, die in den Jahren von etwa 1959 bis 1975 entstand. Diese Satelliten repräsentieren eine technologische Philosophie, die sich Anfang der sechziger Jahre auf Grund der kurzen, aber intensiven vorausgegangenen Erfahrungen mit künstlichen Satelliten zu manifestieren begann. Es handelt sich dabei um Satelliten, die alle als »erdumkreisende Observatorien« bezeichnet werden und denen eine Nomenklatur aus jeweils drei Buchstaben zu eigen ist, wobei der erste und letzte Buchstabe ein O ist.
Beginnen wir bei den OSO-Satelliten (**O**rbiting **S**olar **O**bservatory, erdumkreisendes Sonnenobservatorium). Dieser Satellitentyp wurde zum ersten standardisierten Satellitengerät der amerikanischen Raumfahrtbehörde NASA. Acht derartige »unbemannte Observatorien« sind bei einem Kostenaufwand von rund 51 Millionen Dollar entwickelt worden, um in den elf Jahren von 1962 bis 1973 einen vollen Sonnenfleckenzyklus hindurch Vorgänge auf der Sonne zu verfolgen, die von der Erdoberfläche aus nicht beobachtbar sind. Sieben dieser Satelliten arbeiteten erfolgreich in der Umlaufbahn; einer (OSO 3) erreichte wegen frühzeitiger Zündung der dritten Stufe der Trägerrakete seine Umlaufbahn nicht.
OSO 1, im März 1962 mit einer THOR-DELTA-Rakete gestartet, funktionierte fünf Monate lang und übermittelte während dieser Zeit Informationen über 75 Energieausbrüche der Sonne. Diese Energie-Eruptionen treten vornehmlich im kurzwelligen, ultravioletten Teil des Spektrums auf und sind deshalb von der Erdoberfläche aus nicht beobachtbar.
OSO 1 stand am Anfang einer ganzen Reihe von Entdeckungen, die mit diesen Sonnenforschungssatelliten am Tagesgestirn gemacht wurden. Er war der erste, speziell auf die Erforschung der Sonne ausgelegte Satellit. Die ersten sechs Exemplare waren bei einer Masse um je 200 Kilogramm in Aufbau und Ausrüstung nahezu identisch, während OSO 7, im September 1971 gestartet, sehr viel komplizierter, anspruchsvoller und mit einer Masse von 571 Kilogramm auch sehr viel schwerer war. OSO 8, der letzte Satellit der Serie, im Juni 1975 gestartet, war neu konfiguriert und wog 1064 Kilogramm. Er hatte als erster Satellit der OSO-Serie ein ausländisches, nämlich ein französisches Experiment an Bord: ein Ultraviolett-Teleskop zur Untersuchung des Energietransports innerhalb der Sonne.
Zu den Entdeckungen, die mit OSO-Satelliten über die Vorgänge auf der Sonne gemacht wurden, gehört unter anderem die Feststellung, daß die plötzlich auftretenden solaren Energieausbrüche im Ultraviolettbereich unvorstellbar intensive Erscheinungen sind. Die betroffenen Gebiete der Sonnenoberfläche heizen sich auf Temperaturen von 30 Millionen Grad auf – ein immens hoher Wert, wie er uns erst tief im Sonneninneren wieder begegnet, während die normale, ungestörte Sonnenoberfläche knapp 6000 Grad heiß ist. Die Energie, die in einem einzigen solchen als »flare« (deutsch Auflodern, aufflackerndes Licht) bezeichneten Eruptionsgebiet über Zeiträume zwischen wenigen Minuten bis zu Stunden freigesetzt wird, entspricht dem Energieverbrauch der Erde in einem Zeitraum von etwa 100 000 Jahren!
Man hat mit OSO-Satelliten unter anderem auch gefunden, daß einige Minuten vor derartigen solaren Energieausbrüchen die weiche Röntgenstrahlung der Sonne ansteigt – ein Fingerzeig auf eine mögliche Methode, derartige Ereignisse, die sich ja auch auf die Erde auswirken (beispielsweise in Gestalt der Störung oder Unterbrechung des Kurzwellenfunks), voraussagen zu können.
Die inzwischen berühmt gewordenen »Koronalöcher« (Gebiete verminderter Temperatur in der äußersten Gashülle der Sonne, der Korona) wurden ebenfalls von OSO-Satelliten entdeckt. Wir werden auf diese interessanten Phänomene im Zusammenhang mit der Raumstation SKYLAB noch einmal zurückkommen.
Schließlich hatte OSO 1 (gleich den folgenden OSOs) Strahlenmeßgeräte an Bord, mit denen er aus seiner Umlaufbahn in 553 bis 595 Kilometer Höhe Untersuchungen über den unteren Bereich des Van Allenschen Strahlungsgürtels vornahm.
Es ist hier nicht der Platz, um auf die wei-

Rechts: OSO 7, ein komplizierter Sonnenforschungssatellit, der Ende September 1971 in eine Erdumlaufbahn gebracht wurde. Das Gerät hatte eine Masse von 571 Kilogramm und stellte gegenüber den vorausgegangenen OSO-Satelliten eine Verbesserung dar.

Unten: Einer der OGO-Satelliten, erdumkreisende geophysikalische Observatorien, mit denen zahlreiche Daten über die Erde, ihr Magnetfeld und Protonenströme gewonnen worden sind und die ausgedehnte Wasserstoffwolken im Weltall entdeckt haben.

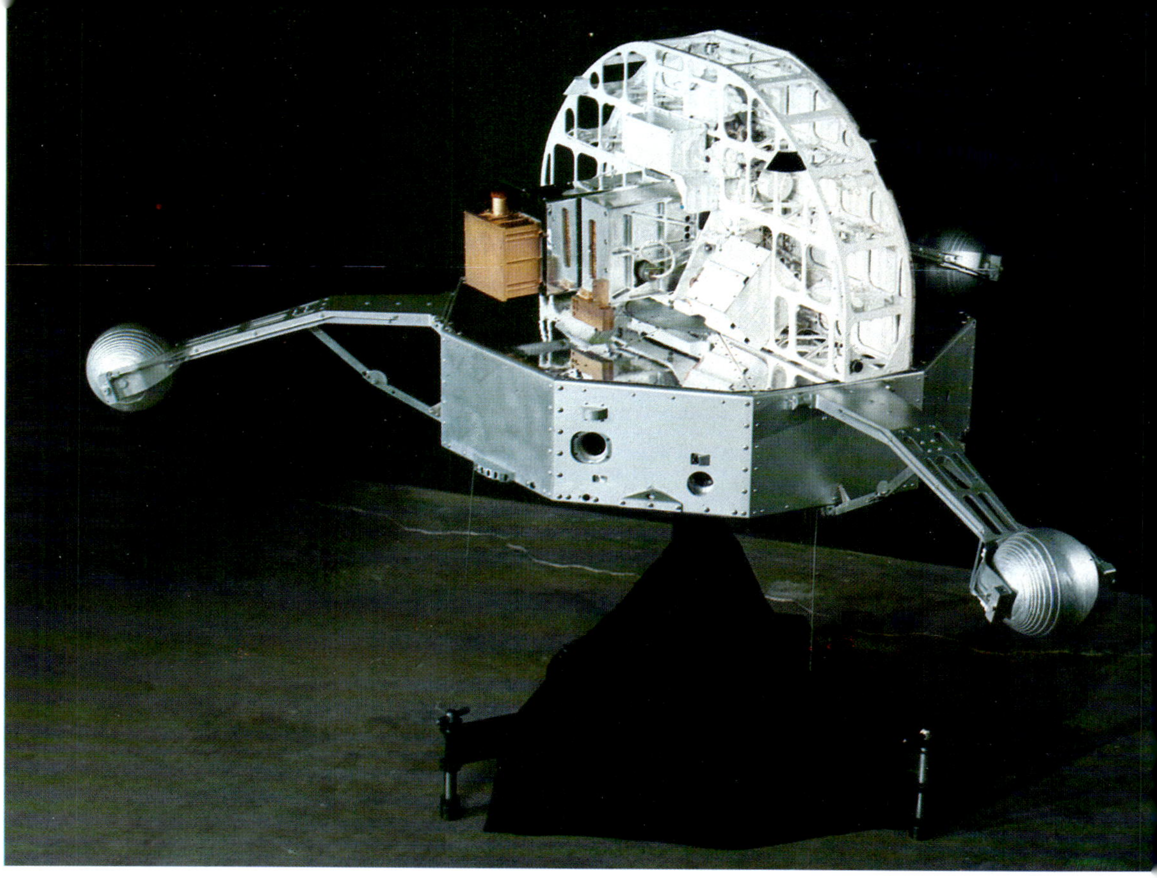

teren Satelliten zur Erforschung der Sonne wie auch der Wechselwirkungen zwischen Sonne und Erde einzugehen, die in der Zwischenzeit in Umlaufbahnen gebracht wurden. Deshalb sei lediglich festgehalten, daß die Thematik, die von den OSOs bearbeitet wurde, auch heute noch aktuell ist. So plant man, für das nächste Sonnenfleckenmaximum noch 1979 eine »Solar Maximum Mission« (SMM) durchzuführen. Mit einem solchen SMM-Satelliten werden weitere Untersuchungen über die Sonne und die Wechselwirkungen solarer Phänomene auf der Erde zu Zeiten großer Sonnenaktivität vorgenommen werden.
Wissenschaftlich und technisch nicht weniger erfolgreich als die OSOs waren auch die OGO-Satelliten (**O**rbiting **G**eophysical **O**bservatory, erdumkreisendes geophysikalisches Observatorium). Die sechs Satelliten dieser Serie untersuchten Atmosphäre und Ionosphäre der Erde, Sonnenstrahlung, irdisches und interplanetares Magnetfeld, Nachtleuchten und Polarlichter, elektrische Felder und Materie im interplanetaren Raum. Einige OGO-Satelliten beschreiben elliptische Bahnen in knapp 400 bis rund 1000 Kilometer Höhe, andere haben ein Apogäum, das bereits sehr weit draußen im Raum liegt. So läuft OGO 5 zum Beispiel in einer Bahn, deren erdnächster Punkt 27 000 Kilometer von der Erde entfernt ist, während sein erdfernster Punkt in über 120 000 Kilometer Abstand liegt.
Diese OGO-Satelliten sind kastenförmige Gebilde von 1,8 Meter Länge. Sie tragen 15 Meter weit hinausreichende Ausleger, an deren Enden sich Meßinstrumente befinden; ihre Sonnenzellen haben eine Spannweite von über 6 Metern. Die Satelliten wurden in ihrer aktiven Lebensphase durch Kaltgasdüsen und Schwungräder stabilisiert; ihre Sonnenzellen erbrachten eine elektrische Leistung von 560 Watt.
Sind die Geräte auch inzwischen ausgefallen, so ziehen die meisten dieser OGO-Satelliten noch immer, wenngleich stumm, in ihrer Bahn dahin. Bei den weit draußen im Raum umlaufenden geophysikalischen Observatorien (OGO 1, 3 und 5) ist die

Lebenszeit sehr hoch; sie wäre praktisch unbegrenzt, wenn nicht himmelsmechanische Störwirkungen von Sonne und Mond die Bahnen beeinflussen und wieder zur Erde und damit in die Erdatmosphäre zurückführen würden.

Trotz dieser Störwirkungen gibt es Objekte, deren Lebenszeit auf zehntausend und mehr Jahre veranschlagt wird. In geosynchronen Bahnen gar kann man Lebenszeiten von 100000 Jahren unterstellen.

Im Falle der weit draußen umlaufenden OGO-Satelliten allerdings trifft dies nicht zu; sie bewegen sich in Gegenden starker himmelsmechanischer Störungen, so daß sie, obgleich völlig außerhalb der Erdatmosphäre, doch nur mit kürzeren Lebenszeiten rechnen können. So gibt man OGO 1 etwa 16 Jahre (das heißt bis 1980), OGO 3 etwa 15 Jahre (also bis 1981) und OGO 5 rund 100 Jahre, also bis mitten ins 21. Jahrhundert hinein.

Die OGO-Satelliten haben erstmals die Polarlichter während des Tages (also im vollen Sonnenlicht) registrieren können, sie haben eine magnetische Schockwelle festgestellt, die die Erde bei ihrem Flug um die Sonne mit sich führt, haben um den Kometen Bennett herum eine mächtige Wasserstoffwolke von 12 Millionen Kilometer Durchmesser entdeckt und viele andere interessante Daten geliefert. Einige Wissenschaftler behaupteten, daß diese Satelliten mehr Informationen über den erdnahen Weltraum geliefert haben als zum damaligen Zeitpunkt alle anderen Satelliten zusammen.

Ein dritter Typ von »erdumkreisendem Observatorium« ist OAO (**O**rbiting **A**stronomical **O**bservatory, erdumkreisendes astronomisches Observatorium).

Auch OAO ist, wie die gerade beschriebenen Satellitentypen OSO und OGO, ein Satellit der »zweiten Generation«. Das bedeutet, er ist technisch hochgezüchtet. Derartige Satelliten der zweiten (und heute zum Teil schon dritten) Generation bestehen aus 50000 bis 100000 einzelnen Baukomponenten. 350 Menschen waren rund 5 Jahre lang beschäftigt, um OAO zu entwikkeln, Dutzende von Wissenschaftlern waren notwendig, um Forschungsaufgaben und Forschungsgeräte für ihn aufzustellen und zu ersinnen. Entwicklung und Bau von vier flugfähigen Exemplaren des Satelliten kosteten rund 365 Millionen Dollar, also etwa 700 Millionen Mark.

Drei von den vier OAO-Satelliten wurden mit ATLAS-Raketen in rund 800 Kilometer Höhe gebracht; ein OAO ging bei einem Fehlstart verloren. Der erste OAO, im April 1966 mit einer ATLAS-AGENA gestar-

tet, fiel nach drei Tagen aus, da die Batterie versagte. Der zweite, im Dezember 1968 mit einer ATLAS-CENTAUR-Rakete in seine Umlaufbahn transportiert, untersuchte im Zeitraum von vier Jahren mit seinen elf Teleskopen 1930 Himmelsobjekte. Insgesamt machte der Satellit während der 22000 Erdumkreisungen, die er in dem genannten Zeitraum absolvierte, 22560 Einzelbeobachtungen! Zu den Ergebnissen, die OAO 2 erzielte, gehörten die erste Entdeckung einer Wasserstoffwolke um einen Kometen, riesige Energieausbrüche weit entfernter Fixsterne, Sternexplosionen, Sterne mit Magnetfeldern, die 1000mal stärker sind als das Magnetfeld der Sonne, und so weiter.
OAO 3 wurde im August 1972, ebenfalls mit einer ATLAS-CENTAUR, in die Umlaufbahn gebracht. Der 2220 Kilogramm schwere Satellit wurde nach dem Erreichen seiner Bahn auf den klangvollen Namen Kopernikus umgetauft – in Erinnerung an Nikolaus Kopernikus, dessen fünfhundertster Geburtstag 1973 gefeiert wurde. »Kopernikus« fertigte unter anderem eine Karte des Himmels im Röntgenstrahlenbereich an, bestimmte die Rotationszeiten von Sterntypen und analysierte die chemische Zusammensetzung kosmischer Staubwolken. Was die Röntgenstrahlen-Astronomie betrifft, so setzte dieses erdumkreisende astronomische Observatorium damit Beobachtungen fort, die neben anderen der kleine astronomische Satellit EXPLORER 42, im Dezember 1970 gestartet, begonnen hatte...

Forschungssatelliten in bunter Vielfalt

Zahlreiche spezielle Forschungssatelliten sind im Verlaufe des letzten Jahrzehnts entwickelt worden, und viele interessante Projekte stehen für die Zukunft an. Unsere Bilder greifen einzelne von ihnen als Beispiele heraus. Da wären etwa jene vielfältigen EXPLORER-Satelliten anzuführen, deren Anzahl bei über 50 liegt. Ihr kleinster gemeinsamer Nenner allerdings ist lediglich in der Tatsache zu finden, daß sie Forschungszwecken dienen – alles andere, Gestalt, Größe, Masse ebenso wie Bahnformen, Leistungen und Aufgabenstellungen, sind sehr verschiedenartig. Viele EXPLORER-Satelliten laufen deshalb auch unter einem zweiten Namen, der die jeweiligen Aufgaben noch näher spezifiziert. Beispiele hierfür sind etwa der gerade erwähnte EXPLORER 42, der auch SAS 1 (**S**mall **A**stronomical **S**atellite, kleiner astronomischer Satellit) genannt wird, oder EXPLORER 51, 54 und 55 (die zwischen Dezember 1973 und November 1975 gestartet wurden), gemeinsam mit einigen anderen, früheren EXPLORERS zusammenfassend als »Atmosphären-EXPLORER« bezeichnet (womit ihre gemeinsame Aufgabe gekennzeichnet ist), während EXPLORER 38 und 39 »Radioastronomie-EXPLORER« sind.
Erwähnenswert sind neben vielen anderen Satelliten natürlich auch HEAO (**H**igh **E**nergy **A**stronomical **O**bservatory), das hochenergetische astronomische Observatorium, dessen zweites Gerät im November 1978 eine Umlaufbahn in 521 (Perigäum) bis 541 (Apogäum) Kilometer Höhe erreichte, während HEAO 1 im August 1977 in eine Umlaufbahn in 207 Kilometer Höhe gelangte. HEAO beschäftigt sich mit so exotischen astronomischen Objekten wie Pulsaren, Röntgenquellen im fernen Weltraum und schwarzen Löchern.
Auch das sowjetische Raumfahrtprogramm hat im Bereich der Forschungssatelliten ein sehr starkes Bein. Wir hörten bereits von den wissenschaftlichen Aufgaben und Erfolgen der ersten SPUTNIK-Satelliten. Das SPUTNIK-Programm wurde bis Satellit Nr. 25 fortgesetzt, obgleich die späteren SPUTNIKS anderen Aufgaben als der Grundlagenforschung dienten. Viele von ihnen (so im Grunde genommen bereits SPUTNIK 2 mit der Polarhündin Laika) bereiteten indirekt oder direkt den bemannten Raumflug vor. Andere waren Startplattformen für Raumsonden in der Erdumlaufbahn oder wurden selbst zu Sondenkörpern.
Doch bereits Anfang 1963 begann die KOSMOS-Satellitenserie, die inzwischen Mitte 1979 auf über 1100 Exemplare angewachsen ist.
Beileibe nicht alle KOSMOS-Satelliten sind Forschungssatelliten. Wir wiesen bereits auf die militärische und technologische Bedeutung dieser Körper hin. Doch mehrere Analysen der Startorte, Bahnneigungen, Verweilzeiten der Satelliten in der Umlaufbahn usw. führen zu einem recht aufschlußreichen Überblick über die diversen Aufgaben dieser Raumflugkörper. Das

Linke Seite oben: OAO 3, das dritte erdumkreisende astronomische Observatorium, auch »Kopernikus« genannt. Er ist einer der kompliziertesten bisher gebauten Satelliten und hat zahlreiche Untersuchungen der Sternenwelt vorgenommen.

Links unten: Der Ballonsatellit EXPLORER 9, der am 16. Februar 1961 mit einer vierstufigen SCOUT-Feststoffrakete gestartet wurde und atmosphärische Dichtemessungen vornahm.

Rechts: Der militärische Strahlenmeßsatellit VELA – sicher der bisher kleinste gestartete Satellit. VELA-Satelliten überwachen die Atmosphäre und den Weltraum auf Atombombenexplosionen.

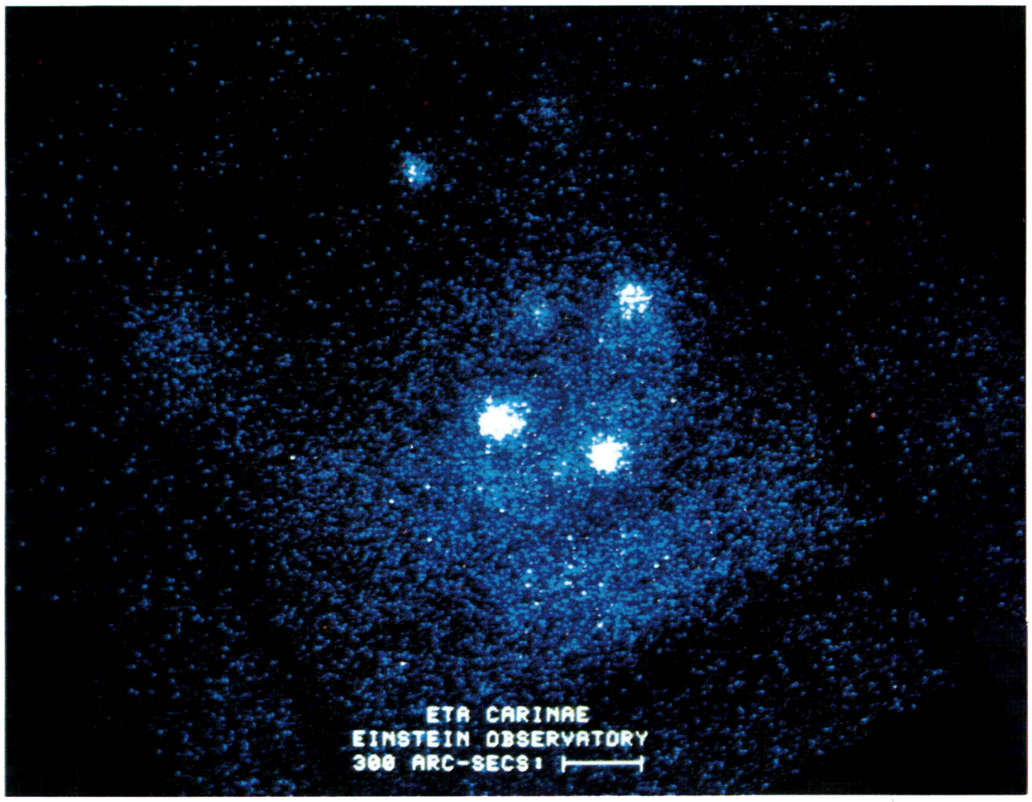

Linke Seite: Start einer ATLAS-CENTAUR-Rakete mit einem Kommunikationssatelliten der internationalen Satellitengesellschaft Intelsat

Oben links: Startvorbereitung eines Hochenergie-Astronomie-Satelliten vom Typ HEAO. Diese Satelliten untersuchen energiereiche Strahlungen astronomischer Objekte

Rechts: Röntgenaufnahme der Gegend um den Stern Eta Carinae am Südhimmel, gewonnen durch HEAO 2. Die im Röntgenlicht strahlenden Sterne sind relativ jung und ein interessantes Studienobjekt der Astronomen im Hinblick auf die Sternentstehung.

gilt natürlich nicht nur für die KOSMOS-Satelliten. Auch die zahlreichen anderen sowjetischen Satellitenkategorien, die in der Zwischenzeit erschienen sind, lassen, soweit nicht in ihren Aufgaben ausgewiesen, aus Bahnanalysen manches herauslesen: PROTON, ELEKTRON, INTERKOSMOS, PROGNOZ, MOLNIJA usw. Zum Teil sind die letztgenannten Klassen auch bereits vom Namen her eindeutigen Arbeitsbereichen zuzuordnen.

Nach derartigen Analysen entfallen über die Hälfte der sowjetischen Satelliten auf den militärischen Anwendungsbereich; der Rest verteilt sich auf alle anderen Kategorien von Atmosphärenforschung über Strahlenmessungen bis hin zur Anwendung für Kommunikation, Wetteranalyse und -vorhersage, Erderkundung und Sondenstarthilfe. Bei der großen Zahl an gestarteten Satelliten kommt das sowjetische Programm trotzdem auf ein erhebliches Potential an Grundlagenforschung mittels Satelliten.

Zu den Forschungsbereichen, die die Sowjets für ihre Satelliten genannt haben und in denen sie auch Ergebnisse veröffentlichten, gehören unter anderem Untersuchungen über die geladenen Partikel in der Ionosphäre, über Luftdichte und Luftzusammensetzung auf großer Höhe, über die Strahlungsgürtel und kosmische Strahlen, über die Sonnenstrahlung in kurzwelligen Bereichen sowie über Mikrometeoriten, Wolkenschichten, korpuskulare Strahlen aller Art, Magnetfelder und so weiter.

Auch mit einer Reihe neuartiger, interessanter Experimente trat die Sowjetunion in der Erforschung des Weltraums hervor. So startete sie am 1. November 1963 einen neuen Satellitentyp, der POLJOT genannt wird. POLJOT 1 wurde mit Hilfe seines Bordtriebwerks wenige Stunden nach dem Erreichen einer Satellitenbahn mit einem Apogäum von 592 Kilometer Höhe in eine Bahn mit einem erdfernsten Punkt in 1437 Kilometer Höhe umgelenkt. POLJOT 1 war damit der erste manövrierbare Satellit.

Mit ELEKTRON 1 und ELEKTRON 2 führte die UdSSR den Doppelstart von Satelliten ein: Die beiden Satelliten wurden am 30. Januar 1964 mit einer Trägerrakete in den Weltraum geschossen. Noch während des Antriebs der Oberstufe dieser zweistufigen Rakete wurde ELEKTRON 1 ausgestoßen. Mit Hilfe seines eigenen sogenannten Kickmotors gelangte er in eine Umlaufbahn, die von 394 (Perigäum) auf 7126 (Apogäum) Kilometer Höhe reichte. Der zweite Satellit wurde auf die gleiche Weise in eine Bahn mit einem Perigäum in 441 Kilometer Höhe und einem Apogäum in 67988 Kilometer Erdabstand gebracht. Auf diese Weise konnten die Sowjets gleichzeitig Messungen über den inneren und den äußeren Van Allenschen Strahlungsgürtel vornehmen. Beide Satelliten, die identische Meßgeräte enthielten, registrieren neben den Partikeln des Strahlungsgürtels auch Mikrometeoriten, Magnetfelder sowie kosmische Strahlen.

Haben Sowjetunion und USA auch die weitaus meisten künstlichen Erdsatelliten gestartet, so sind nicht die zahlreichen Beiträge zu vergessen, die andere Nationen zum Forschungsprogramm mit Erdsatelliten und auch Raumsonden leisteten und leisten, angefangen bei Frankreich über Großbritannien, Japan, Indien, Holland die Bundesrepublik Deutschland bis hin zu den europäischen Programmen der Weltraumbehörde ESA sowie zu multi- und bilateralen Unternehmungen mit den Vereinigten Staaten oder auch der Sowjetunion.

Anwendungssatelliten für die Praxis

Die Geschichte der Anwendungssatelliten reicht bis in die frühe Geschichte künstlicher Erdsatelliten hinein: Bereits der achte erfolgreich gestartete Erdsatellit, SCORE 1 vom Dezember 1958, gehört in die Kategorie der Anwendungssatelliten, wenngleich auch nur als Versuchsgerät und obendrein als ein Experiment, das von den Militärs durchgeführt wurde. DISCOVERER 1, gestartet im Februar 1959, ist ebenfalls militärischer und versuchsweiser Anwendungssatellit zugleich, denn mit ihm sollte ja die Rückholung von Objekten aus der Umlaufbahn erprobt werden.
Der erste zivile und praktisch verwertete Anwendungssatellit war TIROS 1, gestartet am 1. April 1960, von dem im ersten Kapitel dieses Buches ja bereits die Rede war. Er ist der Urahn einer langen Kette komplizierter meteorologischer Satelliten mit unmittelbaren Anwendungen für Wetteranalyse und Wetterprognose (aber auch nebenbei der Wettererforschung), bis hin zum europäischen Meteosat. TIROS 1 arbeitete bis zum 17. Juni 1960 und übertrug insgesamt immerhin bereits 22952 Bilder von Wolkenformationen zur Erde.
Am 12. August 1960 wurde ein Satellit in eine Umlaufbahn um die Erde gebracht, der ebenso als Forschungs- wie als Anwendungsversuchssatellit klassifiziert werden kann, denn er diente beiden Bereichen. Gemeint ist der Ballonsatellit ECHO 1, der damals viele aufmerksame Verfolger fand. Aus den Positionsbestimmungen dieses Satelliten – einer Mylarkugel von 30,5 Meter Durchmesser – wurden Informationen über Dichte und Dichteschwankungen der Hochatmosphäre sowie über den Strahlungsdruck der Sonne abgeleitet. Gleichzeitig diente er den ersten passiven Nachrichtenübertragungen mittels Satelliten.
Am 4. Oktober 1960 startete COURIER 1-B, ein aktiver Kommunikationssatellit, der 17 Tage lang aus seiner Umlaufbahn mit 586 bis 767 Kilometer Höhe für Übertragungsexperimente benützt wurde – dann fiel er aus.
Es folgten mehrere amerikanische militärische Anwendungssatelliten für Kommunikations- und Navigationszwecke sowie sowjetische SPUTNIKS, die diverse Anwendungen fanden. Auch weitere TIROS-Wettersatelliten wurden gestartet, und am 12. Dezember 1961 nahm der militärische Satellit DISCOVERER 36 einen kleinen Funkamateur-Satelliten, OSCAR 1, mit in die Umlaufbahn. 18 Tage lang konnten die Funkamateure mit ihm experimentieren, dann stellte OSCAR 1 seine Arbeit ein.
Den großen Durchbruch – nicht zuletzt im Hinblick auf die öffentliche Meinung – fanden die Kommunikationssatelliten im Juli 1962, als der Fernseh-Übertragungssatellit TELSTAR in einer großartigen Ringsendung Fernsehbilder live von Europa nach Amerika und von den USA auf den europäischen Kontinent übertrug. Hier wurde den Menschen zum erstenmal plastisch klar, was diese neue Technik bedeutet. Heute sind derartige Satellitenübertragungen über die Kontinente hinweg Alltagsvorgänge.
TELSTAR umflog die Erde noch in einer Bahn, in der er zu einem Umlauf etwa zweieinhalb Stunden brauchte. Dadurch war der Satellit von ein und demselben Ort aus jeweils nur eine halbe oder eine Dreiviertelstunde zu sehen, und es konnten viele Stunden vergehen, bis man sich den Satelliten an diesem Ort wieder zunutze machen konnte.
Wir lernten in dem einleitenden Kapitel bereits die Lösung dieses Problems kennen: synchron umlaufende Satelliten, wie sie heute für die Kommunikation (zumindest in der westlichen Welt) allgemein üblich sind. Zum ersten funktionierenden geostationären Kommunikationssatelliten wurde der NASA-Satellit SYNCOM 2. Am 26. Juli 1963 brachte eine THOR-DELTA-Rakete ihn in eine geostationäre Bahn, in der er schließlich über dem Indischen Ozean verankert wurde. Das amerikanische Verteidigungsministerium benutzte SYNCOM 2 für Kommunikationsversuche.

1

3

9

Potpourri in Satelliten: Die Typenzahl künstlicher Erdsatelliten geht heute bereits an die Hundert. Aus der Fülle der Formen und Aufgaben dieser Objekte, ihrer Inhalte und ihrer Trägerraketen hier eine Auswahl:
1 *Behälter für Hunde sowjetischer Tierversuchssatelliten* – **2** *Amerikanischer TIROS-Wettersatellit* – **3** *Sowjetischer Satellit des Typs ELEKTRON* – **4** *Sowjetischer PROTON-Satellit* – **5** *Amerikas ECHO 1 bei der Probeentfaltung im Labor* – **6** *ECHO auf der Trägerrakete vor dem Start* – **7** *Sowjetischer INTERKOSMOS-Nachrichtensatellit* – **8** *Amerikas Nachrichtensatellit COURIER 1-B* – **9** *INTERKOSMOS 17 beim Transport zur Startrampe* – **10** *SATCOM 1, ein privater Nachrichtensatellit der RCA (Radio Corporation of America) für den amerikanischen Inlandsdienst* – **11** *ATS, ein amerikanischer Technologiesatellit.*

2

6

5

8

10

11

Aus diesen ersten Anfängen wurde nach Gründung der kommerziellen Nachrichtensatelliten AG, der ComSat, ein blühendes Unternehmen in der doppelten Bedeutung dieses Wortes. ComSat verfügt heute über eine stattliche Zahl geostationärer Nachrichtensatelliten. Sie sind über Atlantischem, Indischem und Pazifischem Ozean angeordnet. Ohne dieses Satellitennetz wäre der heutige weltweite Telefonverkehr nicht mehr möglich.
Ähnliches ist von den Wettersatelliten und auch den Erderkundungssatelliten zu sagen und wurde in dem einleitenden Kapitel dieses Buches ja auch bereits angesprochen. Natürlich sind alle diese Satellitennetze in abgestuften Entwicklungsstadien unter Verwendung verschiedenartiger Satellitentypen entstanden. Hier seien als Beispiele der erste ATS-Satellit und seine Nachfolger erwähnt. ATS, die Abkürzung von Applications Technology Satellite (technologischer Anwendungssatellit), hat diverse Techniken aus dem Bereich der Kommunikation und der Erderkundung erprobt. Das erste Exemplar dieses Satellitentyps, ATS 1, wurde im Dezember 1966 gestartet und in eine geostationäre Bahn über dem Pazifik gebracht. Der Satellit wurde für wissenschaftliche und technologische Experimente verwendet und zeigte in eindrucksvoller Weise die Bedeutung der Fernsehübertragung mittels Satelliten. ATS 6, im Mai 1974 in eine geostationäre Bahn gebracht, demonstrierte unter anderem die Bedeutung des Satellitenfernsehens für unterentwickelte Gebiete der Erde.
Wir könnten an dieser Stelle noch seitenlange Aufzählungen über einzelne Anwendungssatelliten und ihre Bedeutung vornehmen. Indessen, was mit diesem kurzen Blick auf die Entwicklung diverser Satellitentypen auf den letzten Seiten gezeigt werden sollte, ist bereits demonstriert: Aus den anfänglichen zaghaften Versuchen des Geophysikalischen Jahres, der Erde zu einem Kunstmond zu verhelfen und solche Kunstmonde für die Erweiterung der Kenntnisse des Menschen sowie zum Nutzen der Menschheit einzusetzen, wurde ein vielfach gefächertes, weltweites Programm alltäglicher Satellitenanwendungen.
Der Start eines neuen künstlichen Erdsatelliten wird heute von der breiten Öffentlichkeit ebensowenig beachtet wie der Start eines Flugzeugs auf irgendeinem beliebigen Flugplatz. Doch auf einen wesentlichen Aspekt dieser Entwicklung muß noch hingewiesen werden, nämlich auf die technologischen Auswirkungen, die Satellitentechnik, Weltraumforschung und Raumfahrt mit sich brachten.

Satelliten aus vieler Herren Ländern

Das Satellitenzeitalter wurde, wie wir sahen, in der Sowjetunion und in den Vereinigten Staaten eingeleitet. Diese beiden Länder besaßen Ende der fünfziger Jahre als einzige die technische Kapazität, um Meßkörper in Erdumlaufbahnen zu schleudern.
Je weiter indessen die Satellitentechnik sich entwickelte, um so mehr wurden die Rakete und das Verbringen von Satelliten in Erdumlaufbahnen als Routinesache – gleichsam Transportangelegenheit – betrachtet und dem Satelliten selbst entsprechend größeres Augenmerk geschenkt: Das demonstrative Satellitenunternehmen, bei dem *auch* Messungen über wissenschaftliche Phänomene gewonnen wurden, wich zugunsten eines streng wissenschaftlichen Satellitenprogramms zurück.
Das aber gab auch anderen Ländern eine Chance, zumal sich, was den Satellitenstart betraf, die Zusammenarbeit mit der Weltmacht USA (später in geringerem Umfang auch der UdSSR) anbot.
Amerikas Raumfahrtbehörde NASA hatte von Anfang an auch die Aufgabe, internationale Zusammenarbeit bei der Erforschung des Weltraums zu pflegen.
Dies manifestierte sich zunächst in Höhenraketenexperimenten in Zusammenarbeit mit anderen Ländern, im Betreiben und Betreibenlassen von Bodenstationen auf außeramerikanischem Territorium für die Satellitenverfolgung und die Datenaufnahme, in Ausbildungsprogrammen, im Mitnehmen von Forschungsgeräten (»Experimenten«) nichtamerikanischer Wissenschaftler an Bord amerikanischer Satelliten und schließlich im gemeinsamen Konstruieren von Satelliten sowie in der Bereitschaft, Satelliten und Raumsonden anderer Nationen mit amerikanischen Trägerraketen zu starten.
In den gerade genannten Bereichen hatte die NASA bis zum 1. Januar 1970 mit 35 Staaten und der Europäischen Weltraumforschungsorganisation ESRO (sie wurde 1962 von zehn europäischen Ländern, darunter die Bundesrepublik Deutschland, gegründet) Abkommen geschlossen, von denen 25 Vereinbarungen für gemeinsame Weltraumprojekte betrafen. Rechnet man noch die Abkommen über Bodenstationen, Ausbildung und Austausch von Personal usw. hinzu, so bestanden zu jenem Zeitpunkt Vereinbarungen der NASA mit nicht weniger als 74 Staaten, die in irgendeiner Form mit Amerika in der Raumfahrt zusammenarbeiteten!

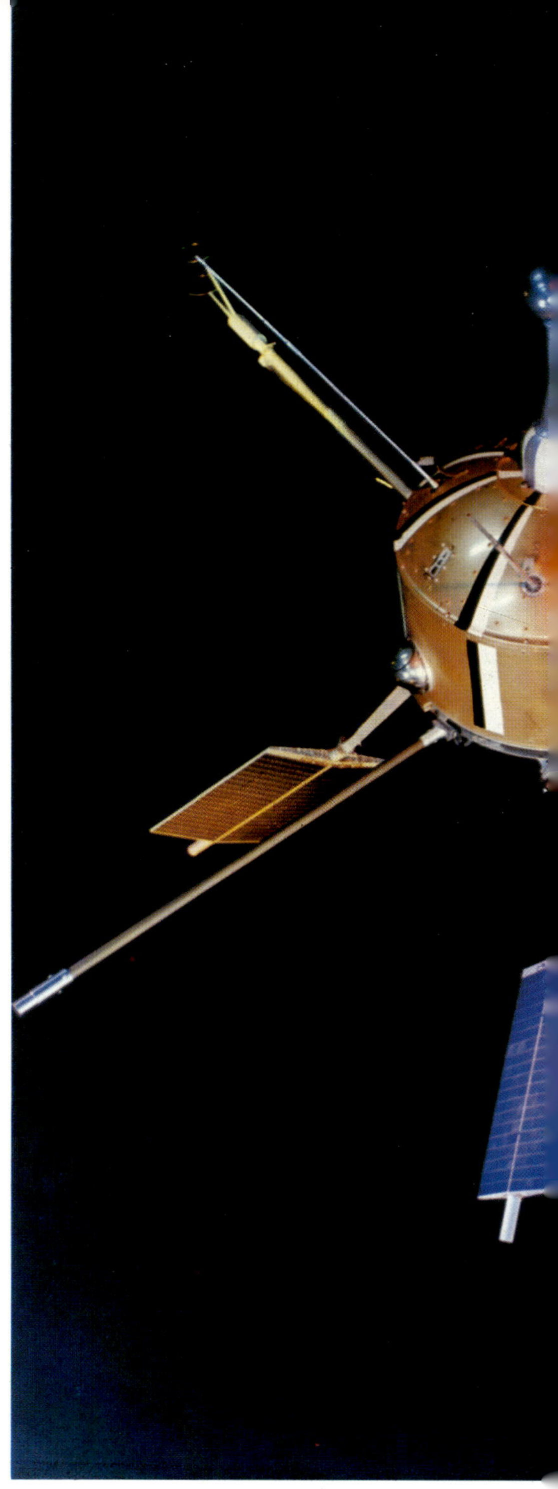

Der erste Satellit, der in internationaler Zusammenarbeit entstand, war Ariel 1, ein Produkt englisch-amerikanischer Planung und Konstruktion. Er wurde am 26. April 1962 mit einer Delta-Rakete in Cape Canaveral gestartet und erforschte die Ionosphäre der Erde.
Ein Blick auf unsere Tabelle im Anhang zeigt, wie enorm diese internationale Zusammenarbeit, ausgedrückt in der Anzahl der gestarteten Satelliten wie auch der beteiligten Länder, im Laufe der Jahre angewachsen ist. Bis Ende 1978 sind nicht weniger als 94 Satelliten und zwei Raumsonden mit Erfolg gestartet worden, die nichtamerikanischen und nichtsowjetischen Ursprungs sind. Die zwei Raumsonden (es handelt sich um zwei Exemplare der deutsch-amerikanischen Sonnensonde Helios) sowie 51 der 94 Satelliten wurden mit amerikanischen, sechs weitere Satelliten mit sowjetischen Trägerraketen und der Rest von 31 Exemplaren jeweils von den betreffenden Nationen mit ihren eigenen Raketen gestartet, und zwar von Frank-

reich, Australien, Japan, China und Großbritannien.
Die dem britisch-amerikanischen Satelliten Ariel 1 folgenden Kunstmonde Kanadas und (erneut) Großbritanniens, ebenfalls in den USA gestartet, waren Forschungs- bzw. Versuchssatelliten.
Der erste nichtamerikanische und nichtrussische Start eines Satelliten fand in Hammaguir in der französischen Sahara mit Frankreichs Diamant-Rakete am 26. November 1965 statt. Seitdem sind französische Diamant-Raketen neunmal erfolgreich für Satellitenstarts eingesetzt worden, darunter zweimal für einen Doppelstart, so am 10. März 1970 für den deutschen Hochatmosphärenforschungssatelliten Dial (auch Wika genannt) und den französischen technischen Satelliten Mika.
Die europäische Weltraumforschungsorganisation ESRO (heute ESA) hatte ihren ersten erfolgreichen Satellitenstart am 17. Mai 1968, als eine Scout-Feststoffrakete den Forschungssatelliten ESRO 2B sicher in eine Umlaufbahn brachte, nachdem der erste Start eines ESRO 2A am 29. Mai 1967 schiefgegangen war.
Mit Heos 1 kam am 5. Dezember 1968 ein höchst interessanter ESRO-Forschungssatellit, der hauptsächlich in Deutschland gebaut worden war, mit einer Thor-Delta-Rakete von Cape Canaveral aus in eine – so gewollte – stark elliptische Umlaufbahn; ihr Perigäum lag in 418 Kilometer Höhe, das Apogäum in 223 400 Kilometer Höhe. Heos 1 untersuchte unter anderem auch das interplanetare Magnetfeld.
Der erste internationale militärische Satellit machte sein Debüt im Weltraum am 20. März 1970; an diesem Tage brachte eine schubverstärkte amerikanische Thor-Rakete den Kommunikationssatelliten Nato 1 in eine geosynchrone Erdumlaufbahn.
Azur 1, der erste deutsche Satellit, wurde am 8. November 1969 mit einer Scout gestartet und erreichte eine Umlaufbahn in 385 bis 3150 Kilometer Höhe, aus der er Daten über die Strahlungsgürtel, solare

Links: Ariel 1, der erste Satellit, der in internationaler Zusammenarbeit entstand, ein amerikanisch-britisches Produkt, diente der Erforschung der Ionosphäre, also der elektrisch leitenden Schichten unserer Atmosphäre.

Rechts: Der Forschungssatellit Heos der Europäischen Weltraumforschungsorganisation ESRO wurde von der Firma Junkers (heute Messerschmitt-Bölkow-Blohm) in Ottobrunn bei München als Hauptauftragnehmer gebaut. Heos 1 und 2, im Dezember 1968 und im Januar 1972 gestartet, bewegten sich in sehr stark exzentrischen Bahnen mit erdfernsten Punkten in über 220 000 Kilometer Entfernung und lieferten jahrelang interessante Informationen über den die Erde umgebenden Raum.

Links oben: Satellitenkontrollzentrum der Deutschen Forschungs- und Versuchsanstalt für Luft- und Raumfahrt (DFVLR) in Oberpfaffenhofen bei München. Von hier aus wurde der erste deutsche Forschungssatellit AZUR *überwacht und abgefragt. Heute werden vom Kontrollzentrum in Oberpfaffenhofen die deutsch-französischen Nachrichtensatelliten* SYMPHONIE *und die deutsch-amerikanischen Sonnensonden* HELIOS *überwacht.*

Links unten: Der erste deutsche Erdsatellit AZUR, *gestartet mit einer amerikanischen* SCOUT-*Rakete am 8. November 1969, vor dem Start bei Tests in den Räumen des Hauptauftragnehmers, der Firma Messerschmitt-Bölkow-Blohm in Ottobrunn bei München*

Oben Mitte: Die Satelliten- und Sonden-Empfangsantenne der DFVLR in Lichtenau bei Weilheim/Obb.

Rechts: AEROS, *ein weiterer deutscher Satellit, der der Erforschung der Erdatmosphäre diente, beim Einbringen in die Weltraumsimulationskammer. Hauptauftragnehmer für diesen Satelliten, der am 16. Dezember 1972 – in einem zweiten Exemplar am 16. Juli 1974 – mit* SCOUT-*Rakete in den USA gestartet wurde, war die Firma Dornier System.*

Partikelstrahlung und andere Phänomene an die Bodenstationen abstrahlte. Die Verfolgung und Datenaufnahme dieses Satelliten wurden vom Deutschen Weltraumkontrollzentrum GSOC (**G**erman **S**pace **O**perations **C**enter) bei der Deutschen Forschungs- und Versuchsanstalt für Luft- und Raumfahrt in Oberpfaffenhofen bei München und seinen Bodenstationen bei Weilheim in Oberbayern, Kevo in Finnland, Reykjavik auf Island und Fort Churchill in Kanada in Zusammenarbeit mit der NASA bearbeitet und ausgewertet.
Am 16. Dezember 1972 erfolgte an der amerikanischen Westküste vom Startplatz der NASA auf dem Luftwaffenstartgelände Vandenberg in Kalifornien aus der erfolgreiche SCOUT-Start des dritten deutschen Erdsatelliten AEROS 1, eines Forschungsgeräts zur Untersuchung der kurzwelligen Sonnenstrahlung in der Hochatmosphäre. AEROS 2 folgte am 16. Juli 1974 und setzte die Aufgaben von AEROS 1 fort.
Weiterhin sind, um bei den deutschen Weltraumunternehmungen zu bleiben (neben den Sonnensonden HELIOS, die im nächsten Kapitel angesprochen werden sollen), die in deutsch-französischer Zusammenarbeit entstandenen SYMPHONIE-Versuchs-Nachrichtensatelliten zu erwähnen.
SYMPHONIE 1 wurde am 19. Dezember 1974 mit einer THOR-DELTA-Rakete in Cape Canaveral gestartet, SYMPHONIE 2 folgte am 27. August 1975. Beide erreichten mit Hilfe ihres Apogäum-Raketenmotors geostationäre Umlaufbahnen.
Die SYMPHONIE-Satelliten veranschaulichen erfolgreiche technologische Unternehmungen im Hinblick auf die spätere praktische Nutzung des Weltraums, und beide stellen ein interessantes Beispiel für die »Kommerzialisierung« der internationalen Zusammenarbeit in der Raumfahrt dar: Die anfängliche Zusammenarbeit der NASA mit anderen Nationen beschränkte sich auf Abkommen über Projekte, an denen beide Seiten wissenschaftlich und technologisch interessiert waren und bei denen jede Seite die bei ihr anfallenden Kosten trug; ein Austausch von finanziellen Mitteln fand nicht statt.
Es stellte sich aber bald heraus, daß es auch Fälle gab, in denen nur der ausländische Partner an der Realisierung eines Satellitenvorhabens interessiert war, während die USA keinerlei Interesse daran bekundeten – sei es, daß die wissenschaftliche Aufgabe die amerikanischen Forscher nicht interessierte, sei es, daß sie das Forschungsvorhaben für nicht besonders gravierend hielten, oder sei es, daß das Projekt rein technologischer Natur war und nur den Interessen des potentiellen Partners diente. Für solche Fälle führte die NASA das Verfahren der »käuflich erwerbbaren Starts« (»reimbursable launches«) ein. Es ist in allen Fällen anwendbar, die nicht in die kooperativen Programme passen und nicht den vitalen Interessen der USA oder den Abmachungen mit der Internationalen Telekommunikationsbehörde Intelsat entgegenstehen.
SYMPHONIE war ein solcher Fall. Hier lieferte die NASA die Trägerrakete und sämt-

liche Starthilfsdienste und stellte beides dem deutsch-französischen SYMPHONIE-Sekretariat in Rechnung. Die Startkosten für beide Flüge lagen bei etwa 28 Millionen Mark, die Gesamtprojektkosten inklusive Entwicklung der Satelliten und Starts beliefen sich auf 600 Millionen Mark, von denen Deutschland und Frankreich je die Hälfte trugen.

Auch die ESRO bzw. ihre Nachfolgerin ESA hatten und haben ein umfangreiches Satellitenprogramm. Die frühere ESRO beschränkte sich dabei ausschließlich auf Forschungssatelliten, während die seit 1974 arbeitende ESA auch Anwendungssatelliten entwickelt. Sie werden mit amerikanischen Trägerraketen gestartet, jedoch hat die ESA selbst durch Frankreich eine Satellitenträgerrakete in Entwicklung. Diese dreistufige ARIANE soll im Herbst 1979 ihren Jungfernflug in Kourou in Französisch-Guayana machen. Sie ist in der Lage, Nutzlasten bis zu 1700 Kilogramm in eine geostationäre Umlaufbahn zu bringen. ARIANE dürfte, sobald sie einsatzfähig ist, nicht nur für Europa eine Bedeutung haben: Bereits vor ihrer Fertigstellung hat beispielsweise Intelsat einen ARIANE-Startvertrag für einen Nachrichtensatelliten mit der ESA abgeschlossen. Auch das Satellitenstartgeschäft wird damit international und dem weltweiten Wettbewerb unterworfen …

Doch zurück zu den ESA-Satelliten. Hier sei in Ergänzung zu den bereits angeführten Kunstmonden noch ISEE 2 erwähnt,

Oben links: Test der Nutzlastverkleidung der ESA-Rakete ARIANE im Forschungszentrum ESTEC in Nordwijk in Holland

Rechte Seite: ARIANE auf der Startplattform in Kourou in Französisch-Guayana bei der Probemontage im Frühjahr 1979

Links: Statischer Brennversuch mit der BLUE-STREAK in England, der ersten Stufe der »alten«, fehlgeschlagenen Europa-Rakete

ariane
MR
esa
cnes

ein Satellit, der am 22. Oktober 1977 gemeinsam mit seinem amerikanischen Ergänzungsstück, ISEE 1, von Cape Canaveral aus mit einer THOR-DELTA-Rakete in eine hochexzentrische Umlaufbahn mit einem Apogäum in 137 000 Kilometer Erdabstand gebracht wurde. ISEE ist die Abkürzung von »International **S**un - **E**arth **E**xplorer«, internationaler Erkundungssatellit für Sonne und Erde. Dieses aus insgesamt drei Satelliten bestehende Weltraumnetz untersucht die Magnetosphäre der Erde und deren Wechselwirkung mit dem interplanetaren Raum.
Nicht vergessen werden darf an dieser Stelle auch der bereits im ersten Kapitel erwähnte METEOSAT, der am 23. November 1977 mit einer THOR-DELTA-Rakete von Cape Canaveral aus in eine geostationäre Bahn gebracht wurde und von dort Daten und Bilder für Wetterforschung, Wetteranalyse und Wettervorhersage übermittelt. Schließlich sei noch erwähnt, daß auch China bereits mehrere Satelliten mit eigenen Raketen gestartet hat, ebenso Japan. Die Japaner beschränken sich dabei keineswegs auf Forschungssatelliten, sondern experimentieren auch schon mit Anwendungsgeräten, so einem mit speziellen Heimantennen zu empfangenden Satelliten für die Fernsehübertragung.
Es ließen sich aus dem internationalen Bereich noch viele Projekte, Forschungsresultate und Anwendungen zitieren. Indessen sollte auch dieser Abschnitt lediglich einen stichwortartigen Einblick in

Auch Europas Aktivitäten in der Raumfahrt sind heute vielfältig:
Oben: ISEE 2, ein europäischer Forschungssatellit, der zur Erforschung der Wechselwirkungen zwischen Sonne und Erde in einem Gemeinschaftsprogramm mit den USA von der Europäischen Weltraumbehörde ESA entwikkelt und am 22. Oktober 1977 gestartet wurde. Hauptauftragnehmer für diesen Satelliten war ein internationales Firmenkonsortium unter Führung der deutschen Firma Dornier System.

Links: Bodenstation der Europäischen Weltraumbehörde ESA zum Empfang der Daten und Bilder des europäischen Wettersatelliten METEOSAT.

Rechte Seite: Start des ISEE 2 am 22. Oktober 1977 in Cape Canaveral mit einer amerikanischen THOR-DELTA-Trägerrakete

Oben: Neue Technologien durch Raumfahrt: Die Herstellung von Sonnenzellenflächen sind nur ein Beispiel von Dutzenden möglicher Beispiele für die Auswirkung der Raumfahrttechnik auf Bearbeitungsverfahren, Werkstoffe und neue Methoden, die auch außerhalb der Raumfahrt Anwendung finden.

Rechte Seite: Zwei Falschfarbenbilder der Erde, gewonnen durch den meteorologischen Satelliten METEOSAT *und aus 36 000 Kilometer Höhe als Funkbilder zu den Bodenstationen übertragen. Derartige spezielle Auswerttechniken verhelfen zu interessanten Aussagen über Meteorologie der Atmosphäre und über die Erdoberfläche.*

die Vielfältigkeit der Entwicklung geben. Wenden wir unser Interesse deshalb nun kurz den Auswirkungen der Satellitentechnik auf andere Gebiete der Raumfahrt zu und sehen wir zugleich, wie andere moderne Technologien dieser Satellitentechnik helfen.

Eine neue Technologie durch Satelliten

Hinter den Beispielen, die wir auf den letzten Seiten über einzelne Typen von Satelliten brachten, steckt natürlich mehr als nur wissenschaftliche und technische Fakten aus dem Weltraum. Messungen, Entdeckungen und Anwendungen, wie sie hier diskutiert wurden, zeugen ja auch von der unglaublichen Kompliziertheit der Meßapparaturen und damit der Satelliten. Denn derartige Untersuchungen und Anwendungen, wie wir sie heute mit Satelliten betreiben, setzen ja nicht nur komplizierte Meß- und Arbeitsgeräte voraus, die der Satellit trägt, sondern sie verlangen technisch kaum realisierbar erscheinende Leistungen im Satellitenbau wie auch beim Bau der Trägerrakete und in der Raketentechnik. Erkundung und Nutzung des Weltraums mit Satelliten haben zur Voraussetzung, daß ein solcher Satellit von seiner Trägerrakete präzise in eine vorgegebene Bahn eingeschossen wird. Bei den modernen Satelliten genügt es nicht mehr (wie das bei den ersten SPUTNIKS, VANGUARDS und EXPLORERS noch der Fall war), *irgendeine* stabile Umlaufbahn zu erreichen, sondern diese Bahn muß ganz bestimmte Bereiche des Raumes überstreichen. Sie darf nicht zu hoch und nicht zu tief, darf nicht zu exzentrisch oder zu kreisförmig sein. Sie muß eine bestimmte Neigung gegen den Erdäquator und eine bestimmte Umlaufzeit aufweisen. Oft spielen auch Änderungen der Bahn durch die Einflüsse anderer Himmelskörper eine Rolle oder muß die Bahn so liegen, daß der Satellit eine bestimmte Stellung zur Sonne einnimmt und so weiter.

Die Satellitentechnologie ist heute ebenfalls das Ergebnis einer langen, schwierigen Entwicklung, die nicht ohne Auswirkungen auf andere Bereiche der Technik geblieben ist. So wurden Mikrominiaturisierung und Sonnenzellentechnik durch die Raumfahrt ins Leben gerufen. Der Begriff des »Clean Rooms«, des staubfreien Raumes, entstand ebenfalls in der Satellitentechnik, in der es darauf ankommt, Komponenten völlig staubfrei zu entwickeln und zusammenzusetzen – zu *integrieren,* wie der Fachmann sagt. Diese Techniken, auf die Elektronik angewendet, ermöglichen heute den Bau genau geimpfter Halbleiterelemente und Transistoren, die Herstellung der elektronischen Kleingeräte, über die wir in der Gegenwart mannigfach in Gestalt von Kleinstradios, Taschenrechnern, Digitaluhren und vielen anderen Geräten im Alltagsleben verfügen. Der Satellit, der komplizierte wissenschaftliche oder technische Aufgaben im Raum wahrnimmt, muß Dutzende von Funktionen mit unvorstellbarer Genauigkeit ausführen. Er muß zunächst einmal seine eigene Lage im Raum genau kontrollieren und vorgegebenen oder übermittelten Lageregelungsprogrammen folgen können. Er muß seine eigene Stromversorgung überprüfen, Temperaturen und Drücke in seinem Inneren messen und diese zusammen mit einer Reihe anderer Informationen (allgemein als »housekeeping data«, Betriebsinformationen, bezeichnet) an die Erde übermitteln. Das setzt ebenso wie die Mitteilung der eigentlichen wissenschaftlichen Werte oder die Wahrnehmung der technischen Aufgabe, einen einwandfreien Sender und eine einwandfreie Kommandoaufnahme voraus. Der Satellit muß schließlich (wie auch zuvor schon die Trägerrakete, die ihn in die Umlaufbahn gebracht hat) über ausreichende Redundanz verfügen, um bei Störungen entweder das aufgetretene Problem selbst lösen zu können oder mit Hilfe entsprechender Funksignale von der Bodenstelle lösen zu lassen. Auch diese technischen Aspekte der Entwicklung darf man nicht vergessen, wenn man die gesamthistorische Bedeutung des jungen Satellitenzeitalters würdigen will.

Raumsonden

Erste Versuche: Ziel Erdmond

Künstliche Erdsatelliten sind gleichsam das erste Stadium beim Vorstoß ins Weltall gewesen. Astronomisch gesehen sind sie Körper, die ein Teil der Erde sind, denn die meisten von ihnen bewegen sich ja in unmittelbarer Nähe der Erdoberfläche um den Planeten Erde, und alle sind sie diesem Planeten durch die Gravitation verbunden.
Zum echten Weltraumflug wird ein Raketenstart erst, wenn es darum geht, dem Schwerefeld der Erde zu entfliehen, um in den Anziehungsbereich eines anderen Weltkörpers zu gelangen. Diese Flucht und die ihr zugehörige parabolische Geschwindigkeit sind der Schritt, der zwischen Satellit und Raumsonde liegt.
Wir sahen, daß die Bemühungen, derartige Sonden zu starten und zu anderen Himmelskörpern zu schicken (zunächst natürlich zum erdnahen Mond), schon kurz nach den ersten erfolgreichen Satellitenstarts einsetzten. Wenn diese ersten Versuche aus heutiger Sicht als bescheiden angesehen werden müssen, so hängt das mit der damals noch fehlenden Technologie zusammen. Die geringe Zuverlässigkeit der Trägerraketen sowie die Anfälligkeit der Baukomponenten auf der einen Seite und die hohen technologischen, bahnmechanischen und übertragungstechnischen Anforderungen auf der anderen Seite sind für die ersten Fehlschläge verantwortlich zu machen. Aber auch organisatorische Fragen, persönliche Meinungen, der Wettstreit diverser Gruppen, Uneinigkeit über die Ziele, und was dieser Dinge mehr sind, spielten eine entscheidende Rolle und zögerten die endgültigen Erfolge hinaus.
Die 1958 begonnenen Versuche der USA, mit Sonden, die von THOR-ABLE- und JUNO-Raketen getragen wurden, den Mond und den interplanetaren Raum zu erreichen, wurden 1959 fortgesetzt, wobei nun auch die Sowjets unerwartet gleichartigen Ambitionen nachgingen, damit einen Wettlauf einleiteten und ihn, gleich dem Wettstreit um den ersten Erdsatelliten, gewannen: Am 2. Januar 1959 startete die UdSSR mit ihrer zweistufigen Standard-Rakete die Mondsonde LUNIK 1. Zwar erreichte die Sonde den Mond nicht, flog aber immerhin in nur 5600 Kilometer Entfernung an ihm vorbei und wurde zum ersten künstlichen Planetoiden der Sonne. Das bedeutet, daß die Sonde das relativ schwache Anziehungsfeld des Mondes mit Überschußenergie durcheilte und danach vom mächtigen Schwerefeld der Sonne in eine Umlaufbahn um das Tagesgestirn gezwungen wurde. Noch heute bewegt sich LUNIK 1, freilich stumm, in dieser Bahn.
PIONIER 4, am 3. März 1959 von den USA ins Weltall verbracht, wurde zum zweiten künstlichen Planetoiden der Sonne. Auch diese Sonde ist heute noch in einer heliozentrischen, das heißt um die Sonne führenden Bahn. Am Mond flog sie – gewollt – in rund 60000 Kilometer Abstand vorbei.
Sowjetrußlands LUNIK 2, am 12. September 1959 gestartet, wurde zum ersten irdischen Raumflugkörper, der auf dem Mond aufschlug. Nach einer Flugzeit von 34 Stunden erreichte das Projektil den Erdbegleiter, ohne während des Fluges wissenschaftliche Daten zu übermitteln; die Sonde hatte lediglich sowjetische Insignien an Bord.

Linke Seite: Die sowjetische Sonde LUNIK 3, die als erstes Raumfluggerät Bilder der bis dahin unbekannten Rückseite des Mondes zur Erde übertrug

Oben: Eine LUNIK-Sonde in der Spitze der Trägerrakete

Erste Bilder von der Rückseite des Mondes

Am 4. Oktober 1959 folgte LUNIK 3, eine Sonde, die absichtlich in eine stark exzentrische Erdumlaufbahn eingelenkt wurde und formal somit ein Erdsatellit ist. Dies, obgleich die Sonde die Anziehungskraft des Mondes in Anspruch nahm, um in eine solche Erdsatellitenbahn zu gelangen: Die ursprüngliche Sondenbahn war so in Richtung des Mondes ausgelegt, daß dieser dem Raumflugkörper dank seiner Anziehungskraft eine Richtungsänderung geben, nämlich ihn um sich herumführen und nach einer Umfliegung von etwa 180 Grad wieder in Richtung Erde lenken würde. Damit fing das Schwerefeld der Erde den Körper wieder ein, was nun die ursprüngliche Sondenbahn zu einer Erdsatellitenbahn machte. Anders ausgedrückt; LUNIK 3 begann sein Leben als Raumsonde, wurde aber mit Hilfe des Mondes zu einem Erdsatelliten. Wäre LUNIK 3 unter sonst gleichen Voraussetzungen, aber nicht in Richtung Mond, gestartet worden, dann wäre aus dem Flugkörper ein künstlicher Planetoid geworden, das heißt LUNIK 3 wäre in eine heliozentrische Bahn eingetreten. So aber resultierte aus der ursprünglichen Sondenbahn, wie gesagt, eine Erdsatellitenbahn – ein himmelsmechanisch höchst interessantes und elegantes Experiment, das im übrigen auch sehr hohe technische Genauigkeiten beim Einschuß der Sonde in ihre Flugbahn von der Erde aus verlangte. Das Apogäum der Satellitenbahn von LUNIK 3 lag in 468 000 Kilometer Entfernung von der Erde, das Perigäum in etwa 40 000 Kilometer Erdabstand. Die anfängliche Bahn von LUNIK 3 war so ausgelegt worden, daß die Sonde bei der halben Mondumfliegung in etwa 6200 Kilometer Höhe über der bis dahin unbekannten Mondrückseite dahinziehen würde.

Das Experiment verlief genau wie vorgesehen. LUNIK 3 war mit einem Bildübertragungssystem ausgerüstet. Dieses gewann bei der Überfliegung der Mondrückseite Bilder, die später, als die Sonde sich wieder der Erde näherte, zu den sowjetischen Bodenstationen übertragen wurden. Auf diese Weise entstanden die ersten Fotos der erdabgewandten Seite des Erdbegleiters; ein propagandistischer wie sachlicher Erfolg ersten Ranges!

Bei der Überfliegung der Mondrückseite fotografierte LUNIK 3 im Zeitraum von 40 Minuten eine größere Zahl von Bildern (die genaue Anzahl haben die Sowjets nie veröffentlicht). Drei von ihnen wurden von den Russen ausgewählt und publiziert.

Einem noch im Jahre 1959 von der Sowjetischen Akademie der Wissenschaften herausgegebenen Bändchen von 36 Seiten Umfang ist der Grund für diese Beschränkung zu entnehmen. Die Autoren beschreiben darin das ungewöhnliche Fotografier- und Bildübertragungsverfahren, das ja im übrigen zum erstenmal in dieser Form angewendet wurde und deshalb von mehreren unbekannten Faktoren ausgehen mußte.

Dieser Beschreibung zufolge handelte es sich um ein echtes Fotografieren der Mondrückseite und nicht um eine elektronische Speicherung der Bilder, wie sie in den späteren Jahren zum allgemein geübten Verfahren wurde. (Auch die Amerikaner hatten, wie wir sogleich noch hören werden,

ein derartiges Verfahren für die PIONIER-Sonden geplant.)

Die Fotokamera des LUNIK 3 trug zwei Objektive mit Brennweiten von 20 und 50 Zentimetern bei Öffnungsverhältnissen von 1:5,6 bzw. 1:9,5. Die kurzbrennweitige Linse reichte aus, um die gesamte Mondscheibe auf dem 35-Millimeter-Film abzubilden. Dieser Film war speziell für die Verarbeitung bei hohen Temperaturen präpariert worden. Die langbrennweitige Linse lieferte Ausschnittbilder der Mondoberfläche. Während der erwähnten 40 Minuten wurden »zahlreiche« (so das Buch) Aufnahmen gewonnen, wobei die Belichtungszeiten fortlaufend automatisch variiert wurden. Auf diese Weise stellten die Sowjets sicher, daß zumindest einige der Negative die richtige Dichte aufweisen, das heißt richtig belichtet sein würden.

Nach der Belichtung wurde der Film in einem mitgeführten Behälter nach einem festgelegten Programm automatisch entwickelt, getrocknet und fixiert. Dabei ist zu beachten, daß sich alle diese Vorgänge unter Schwerelosigkeit abspielen mußten. Auch hierfür hatten sich die sowjetischen Wissenschaftler und Techniker spezielle Verfahren ausgedacht. Schließlich hatten sie auch Strahlenschutzvorrichtungen in den Filmteil von LUNIK 3 eingebaut, um ein »Vernebeln« der fotografischen Schichten auszuschließen.

Nach der fotografischen Behandlung wurde der Film automatisch in einen anderen Behälter weitertransportiert, von wo aus die Bilder auf Abruf zur Erde übertragen wurden. Hierfür wurde ein ähnliches Verfahren wie beim irdischen Abtasten von Kinofilm verwendet, das heißt ein Photomultiplier (ein Elektronenvervielfacher, ein Gerät, das schwache Lichteinwirkungen verstärkt) überstrich den beleuchteten Film zeilenweise. Nach Erreichen des Endes jeder vollen Zeile wurde der Film in der Zeilenhöhe verschoben. Auf diese Weise wurde das gesamte Bild zusammengesetzt. Die Bildübertragung wurde mit zwei Geschwindigkeiten vorgenommen, und auch die Zeilenzahl war variabel. Es gab eine langsame Übertragungsgeschwindigkeit, die angewendet wurde, als LUNIK 3 noch weit von der Erde entfernt war, während bei größerer Annäherung an unseren Heimatplaneten die Übertragungsgeschwindigkeit erhöht wurde. Dieses Verfahren war notwendig, um trotz der geringen Sendestärke der Sonde von nur einigen Watt (bedingt durch die begrenzte Energieversorgung) die Bilder einwandfrei übertragen zu können. Maximal konnte das Bild in 1000 Zeilen aufgelöst werden. Nach sowjetischen Angaben enthielten die elektronischen Übertragungseinrichtungen hochmoderne Baukomponenten der damaligen Zeit, wie Halbleiter, mikrominiaturisierte Elemente, Ferritkerne usw. In der erwähnten Broschüre wiesen die Sowjets unter anderem darauf hin, daß bei den beiden Bodenempfangsstationen nur etwa ein Hundertmillionstel so viel Sendeenergie ankam, wie ein Fernsehgerät beim Empfang des normalen Programms aufnimmt.

Die Mondaufnahmen von LUNIK 3, die auch Halbtöne enthalten, zeigen nach herkömmlichen fotografischen Maßstäben verhältnismäßig wenig Details. Dennoch waren sie aufsehenerregende Dokumente, konnten die Menschen doch dank dieser Fotografien zum erstenmal einen Blick auf die bis dahin unbekannte Rückseite des Mondes werfen. Auffallend an dieser Rückseite war, daß sie laut diesen Bildern wesentlich weniger dunkle Tiefebenen – die berühmten »Mare« – aufwies als die der Erde zugewandte Hemisphäre des

Mondes, ein Tatbestand, der später durch amerikanische Aufnahmen bestätigt wurde. Einige der auf der Mondrückseite gefundenen Gebiete definierten die sowjetischen Wissenschaftler und gaben ihnen Namen: Mare Moscovianum, die Krater Ziolkowski, Lomonossow und Joliot-Curie, die Sowjetischen Berge und Mare Somnii, das Traummeer. Die Namen wurden später, wie dies für Neubenennungen auf dem Mond und den Planeten gefordert wird, von der Nomenklaturkommission der Internationalen Astronomischen Union (IAU) bestätigt.

Verschlungene Pfade

Mit den Flügen und dem schließlichen Erfolg der sowjetischen LUNIK-Mondsonden hatte sich herausgestellt, daß Amerika zum zweitenmal in Sachen Raumfahrt in einen Wettlauf mit der Sowjetunion hineingezogen worden war und - zumindest zunächst - zum zweitenmal verloren hatte. Dabei setzten die Bemühungen Amerikas, mit einem unbemannten Raumflugkörper den Mond zu erreichen, nicht erst ein, nachdem die Russen ihre LUNIK-Missionen begonnen hatten - was ja durch die den LUNIKS vorausgegangenen PIONIER-Versuche bereits eindeutig und vordergründig belegt wird. Diese Bemühungen der USA gehen in der Tat bis zum Start des ersten sowjetischen Satelliten SPUTNIK 1 zurück. Es war William H. Pickering (damals Direktor des Jet Propulsion Laboratory [JPL],

Linke Seite: Dies ist die erste Aufnahme von der Rückseite des Mondes, zur Erde übertragen von LUNIK 3 im Oktober 1959.

Rechts: Eine amerikanische PIONIER-Raumsonde bei der Montage in Cape Canaveral

Ganz oben: Pionier 3 wird mit den wissenschaftlichen Instrumenten auf der Spitze der Juno-II-Rakete montiert. Der Spezialanstrich auf der Außenhaut hielt die Innentemperatur ziemlich konstant auf 43 Grad Celsius, was eine wichtige Voraussetzung für das einwandfreie Funktionieren vor allem der Batterien und damit des Senders war.

Darunter: In einer Pressekonferenz wird ein Modell der Raketenspitze von Pionier 1 und von der Sonde vorgestellt. V. l. n. r.: Keith Glennan, späterer Leiter der Luft- und Raumfahrtbehörde NASA; General O. J. Ritland, stellvertretender Kommandeur der Abteilung Ballistische Geschosse des US-Streitkräfte; Dr. William W. Kellog, amtierender Vorsitzender des Ausschusses für das amerikanische Erdsatellitenprogramm im IGY; Dr. Louis G. Dunn, leitender Mitarbeiter des Laboratoriums für Strahlantriebe (JPL) in Pasadena.

Rechte Seite: Die Thor-Able-Raketen der Luftwaffe führten bei den Starts der ersten drei Pionier-Sonden zu Fehlschlägen. Die erste dieser Sonden wurde deshalb sogar in Pionier 0 umbenannt.

des schon öfter erwähnten Laboratoriums für Strahlantriebe in Pasadena), der in den Tagen unmittelbar nach dem ersten Sputnik-Schock den Vorschlag machte, den Russen mit einem Mondprojekt pari zu bieten.

»Die Sowjets«, so argumentierte Pickering, »haben lediglich einen Satelliten um die Erde geschickt. Wir sollten diese Herausforderung beantworten, indem wir einen Raumflugkörper zum Mond schicken!«

Mit emsiger Zähigkeit setzte Pickering sich für diesen Gedanken ein und bot an, in seinem Laboratorium einen solchen Körper nach dem Prinzip des ja ebenfalls in Entwicklung befindlichen, spinstabilisierten Explorer-Satelliten konstruieren zu lassen. Als möglichen frühesten Startzeitpunkt nannte der Direktor des JPL den Juni 1958.

Die Geschichte eines jeden wissenschaftlichen, technischen oder sonstigen Projekts ist niemals allein die Geschichte der Fakten dieses Projekts. Es ist vielmehr ein Sammelsurium aus Fakten, aus menschlichen Stärken, Schwächen und Intrigen; es ist ein Produkt gegenseitigen Wettbewerbs, Neids und gegenseitiger Hilfe, das Ergebnis eines Kampfes vieler Gegner und Verbündeter, das Ergebnis existierender Umstände, Situationen, Freundschaften und Feindschaften. Niemals ist eine Herausforderung so groß und zwingend, als daß diese sekundären – aber im Ergebnis primären – Faktoren völlig verschwinden würden.

So auch nicht bei Amerikas Bemühungen, den Mond zu erreichen: Pickerings Vorschlag, neun Raketen für Mondflüge bereitzustellen, geriet gleichfalls in den Strudel divergierender Situationen und Interessen; er wurde vom Verteidigungsministerium nicht akzeptiert.

Im März 1958 war die ARPA (Advanced Research Project Agency, Behörde für fortgeschrittene Forschungsprojekte) am Verteidigungsministerium mit der Wahrnehmung aller amerikanischen Raumfahrtprogramme betraut worden – sehr vorübergehend, wie sich herausstellen sollte. Diese neue Stelle favorisierte die Anregung Pickerings und hatte in eben jenem März 1958 die Genehmigung erhalten, ein Mondflugprogramm durchzuführen.

Das PIONIER-Mondprogramm

Es wurde unter dem Namen »Pionier-Programm« bekannt und sollte fünf Flüge umfassen. Drei sollten von der Luftwaffe kommen, zwei von der Armee.

Diese Aufteilung in zwei Programmgruppen war ein typisches Ergebnis, um rivalisierende Konkurrenten zu befriedigen und einer unliebsamen Entscheidung aus dem Weg zu gehen: Beide Teile der Streitkräfte entwickelten nun ihre eigenen Sonden für ihre eigenen Trägerraketen.

Die Luftwaffe bediente sich der Hilfe der kommerziellen Firma Space Technology Laboratories (heute TRW). Sie ließ dort eine aus Glasfasermaterial bestehende Sonde herstellen, die voll instrumentiert 38 Kilogramm wog. Sie sah aus wie zwei umgekehrt aufeinander gestülpte, abgestumpfte Kegel, hatte einen Durchmesser von 74 Zentimetern und war 46 Zentimeter lang. An wissenschaftlichen Instrumenten führte sie Meßgeräte für Magnetfeld- und Partikelregistrierungen mit.

Die erste Pionier-Sonde der Luftwaffe war im Juni 1958 fertig. Bis zum August hatte die Luftwaffe ihre Thor-Able-Rakete so weit hergerichtet, daß der Start erfolgen konnte. Er wurde, wie bereits erwähnt, am 17. August 1958 zu einem brillanten Feuerwerk: Die Rakete explodierte in geringer Höhe. In ihrer Verlegenheit identifizierte die Luftwaffe den Flug fürderhin als »Pionier 0«.

Die beiden nächsten Unternehmen, Pionier 1 und Pionier 2, waren praktisch Höhenraketenflüge. War »Pionier 0« von einem technischen Versagen des Lagers einer Pumpe im Haupttriebwerk befallen, so sorgte bei Pionier 1 am 11. Oktober 1958 ein Lenkfehler für verfrühtes Abschalten der zweiten Stufe, während bei Pionier 2 am 8. November 1958 die dritte Stufe ausfiel.

Im Redstone-Arsenal in Huntsville, Alabama, ging die Armee unter der technischen Leitung Wernher von Brauns von einer modifizierten Jupiter-C-Rakete aus. Diese Rakete erhielt die Bezeichnung Juno II und war ein vierstufiges Aggregat, dessen drei oberste Stufen aus Feststoffraketen gebildet wurden. Die Sonde selbst wurde vom JPL entwickelt. Sie sollte nach Erreichen der Fluchtbahn von der vierten Stufe der Trägerrakete getrennt werden und bestand aus einem Kegel aus Glasfasermaterial von 25,5 Zentimeter Basisdurchmesser und 51 Zentimeter Höhe. Im Inneren trug sie unter anderem eine Kamera von 1,5 Kilogramm Gewicht, mit der Bilder des Mondes gewonnen werden sollten.

Für die Bildgewinnung und Bildübertragung hatte man sich ein ähnliches System ausgedacht, wie es die Russen im Oktober 1959 beim Flug von Lunik 3 verwirklichten: ein fotografisches Naßverfahren auf 35-Millimeter-Film, eine optische Abtastung der Bilder und eine Bildübertragung im Telemetrie-Code, der auf der Erde wieder zu einem Faksimilebild zusammengesetzt wurde. Man hatte errechnet, daß bei einer Annäherung an die Mondoberfläche auf 24000 Kilometer ein Auflösungsvermögen von knapp 30 Kilometern auf den Bildern zu erreichen sein müßte. Die Sonde trug eine Auslösevorrichtung, die bei einem gegebenen Abstand vom Mond die Kamera in Betrieb setzen sollte. Die erste PIONIER-Sonde der Armee sollte am Mond vorbeifliegen und hierbei Aufnahmen gewinnen, die zweite ihn umrunden und die Rückseite fotografieren – so sahen es zumindest die Planungen noch Mitte 1958 vor. Unter dem Eindruck der interessanten Entdeckung der Van Allenschen Strahlungsgürtel jedoch und angesichts der neuen Informationen über Partikelstrahlung und Magnetfelder, die EXPLORER 1, 3 und 4 erbracht hatten, begann ein intensives Werben der Vertreter jener Forschungsrichtung, die sich mit diesen Phänomenen im Umfeld der Erde beschäftigte.

Auf diesem Gebiet, so wurde argumentiert, sind weitere neue Entdeckungen in Sicht, und deshalb sollten diese Aufgaben Vorrang erhalten. Das Ergebnis war, daß die Armee das Fotografierprogramm des Mondes mit der zuvor beschriebenen Kameraeinrichtung strich. Nicht zuletzt wurde argumentiert, daß die wesentlich intensiveren Strahlen, die mit den Satelliten im Weltraum entdeckt worden waren, ohnedies zu einer Verschleierung der Platten führen würden und die Fotografiererei auf dieser Basis deshalb sinnlos sei. Raum und Gewicht für schwere, strahlenschützende Bleiabschirmungen aber standen in der Sonde nicht zur Verfügung.

So wurde das Kamerasystem mit dem Naßentwicklungsverfahren gestrichen, und JPL begann im August 1958 eine kleine Fernsehkamera für Magnetbandaufzeichnung der Bilder zu entwickeln; sie sollte für einen Flug ab Anfang 1959 zur Verfügung stehen.

Am 6. Dezember 1958 wurde PIONIER 3 gestartet, die erste Sonde von Armee und JPL, die am Mond vorbeifliegen sollte. Doch die erste Stufe der JUNO-II-Trägerrakete hatte einen frühzeitigen Brennschluß, und so schaffte der Flugkörper nur ein Drittel der Strecke bis zum Mond, lieferte dabei aber interessante Daten über die Partikelstrahlung.

Inzwischen war der Druck der Strahlenphysiker auf die Armee noch stärker geworden mit dem Ergebnis, daß man beschloß, auch bei PIONIER 4 auf die neue Fernseh-

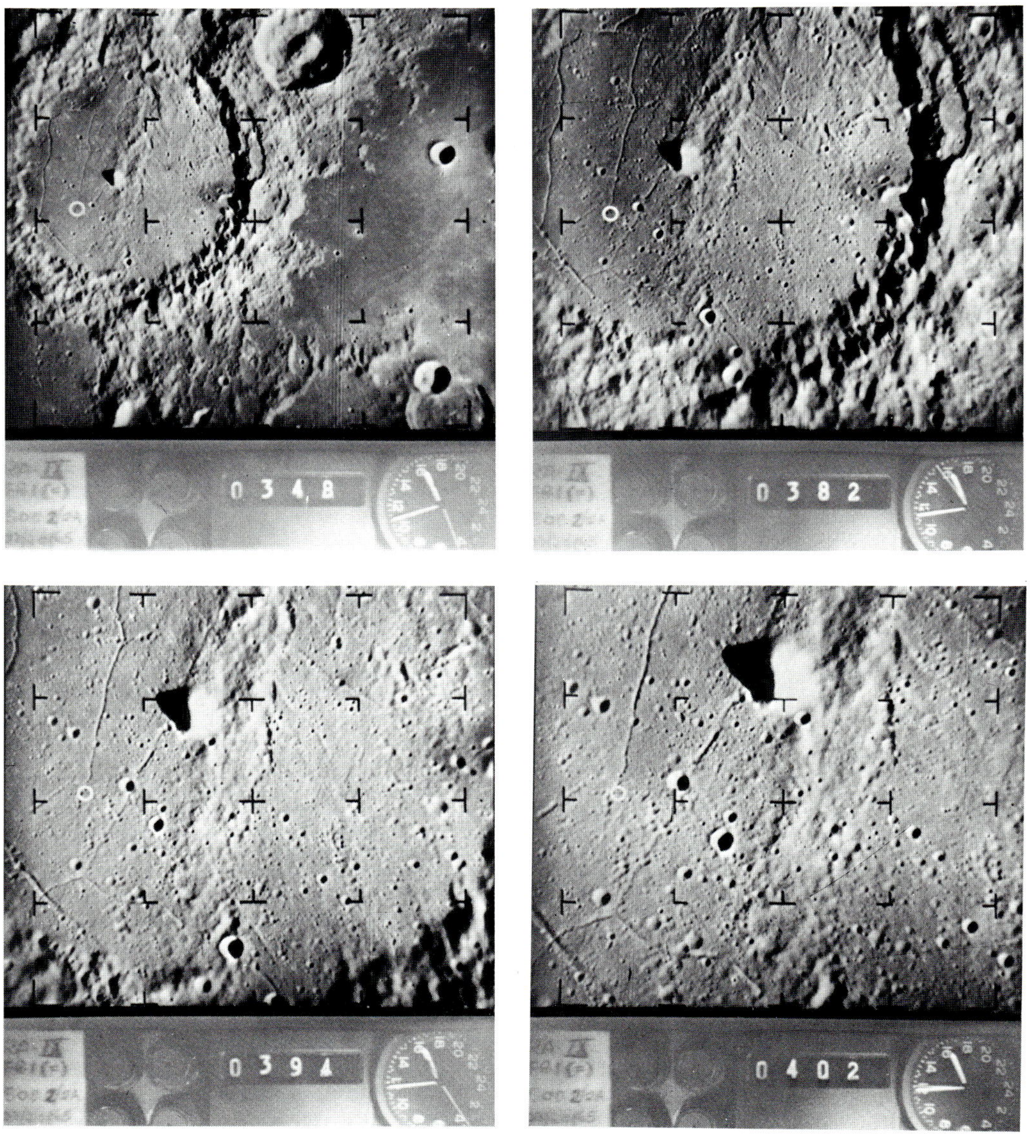

kameraeinrichtung zugunsten von Partikel- und Feldmeßgeräten zu verzichten und die Sonde im übrigen nicht um den Mond fliegen zu lassen, sondern in eine Flugbahn um die Sonne einzulenken. Diese Absicht wurde schließlich auch verwirklicht, wie wir erfuhren: PIONIER 4 wurde am 3. März 1959 zu Amerikas erstem künstlichem Planetoiden; am Mond flog die Sonde in 60 000 Kilometer Abstand vorbei. Doch der Triumph hierüber wurde im September des gleichen Jahres von LUNIK 2 und noch mehr im Oktober von dem Fotografiererfolg mit LUNIK 3 überschattet...

Projekt RANGER – Bilder von der Vorderseite des Mondes

Es fehlt hier der Platz, um den vielfältig verschlungenen Pfaden im Detail zu folgen, die die Entwicklung nach diesen ersten, fruchtlosen Anfängen eines Mond- und Raumsondenprogramms in den Vereinigten Staaten nahm. Konkurrierende Ideen und konkurrierende Streitkräfte und Behörden rangen weiterhin miteinander, teilweise auch in kräftigem Durcheinander. Wir müssen uns deshalb damit begnügen, die Resultate zu betrachten und müssen es uns versagen, den interessantesten Entscheidungsfindungen im einzelnen nachzugehen. Ein langsam die Dinge wenigstens teilweise stabilisierender Faktor kam hinzu: die Gründung der NASA.
Mit dem Entstehen dieser zivilen Raumfahrtbehörde im Herbst 1958 erlebte übrigens das Mondprogramm der Luftwaffe noch einmal eine Auferstehung unter dem Namen ATLAS-ABLE: Die neue zivile Raumfahrtbehörde übernahm das Programm und betraute die Luftwaffe und STL mit der Durchführung. Doch die vier Flüge, die in diesem Programm zwischen Oktober 1959 und Dezember 1960 stattfinden sollten, schlugen samt und sonders fehl. Keine der von technischen Problemen geplagten Raketen erreichte auch nur den Raum jenseits der Erdatmosphäre; die meisten von ihnen explodierten noch in der Nähe der Startplattform oder auf dieser. Nicht viel besser erging es anfänglich einem weiteren Mondprogramm, das im Dezember 1958 auf Drängen des Physikers Robert Jastrow und des Nobelpreisträgers Harold Urey von der Raumfahrtbehörde NASA aus der Taufe gehoben worden war: Projekt RANGER – der »Wanderer« (im Sinne eines Pfadfinders).
Es war dies der Beginn systematischer Projekte für ein umfassendes Programm zur Erforschung des Mondes und der Planeten. Die Raumfahrtbehörde hatte eine neue Rakete auf den Zeichenbrettern, genannt ATLAS-WEGA. Sie sollte aus einer ATLAS als Grundstufe und einer abgewandelten ersten Stufe der VANGUARD als zweiter Stufe bestehen. Für Flüge in den interplanetaren Raum, für die noch höhere Energien benötigt würden, so lautete der Plan, könnte eine dritte Stufe aufgesetzt werden, die sich beim Laboratorium für Strahlantriebe in Pasadena bereits in der Entwicklung befand.
Beratergremien der NASA für die Mond- und Planetenerforschung wurden geschaffen und dem JPL die Erkundung des »tieferen« Weltraums mit unbemannten Raumfahrzeugen zugesprochen, das heißt also die Erforschung des Mondes und der jenseits davon gelegenen Gebiete und Objekte. Ende 1959 schließlich erhielt JPL den speziellen Auftrag, eine Reihe unbemannter Mondflüge zu realisieren. Daraufhin entstanden am JPL eine Anzahl von Projekten, angefangen bei RANGER bis zu Ideen über eine Mondlandung von Menschen; ebenso wurde ein Fünfjahresplan für die Erkundung der Planeten aufgestellt.
Die Mondberatergruppe in der NASA-Zentrale in Washington hatte mehrere Optionen für ein erstes Mondunternehmen aufgestellt. Es gab für ein solches Programm ja verschiedene Möglichkeiten: Man konnte einen Flugkörper entwickeln, der beim Anflug auf den Mond Messungen vornehmen und zur Erde übertragen, dann aber unkontrolliert auf der Mondoberfläche aufschlagen und zerschellen würde. Oder man konnte einen Körper »hart« landen, das heißt, in der letzten Flugphase so abbremsen, daß einige, speziell gefederte Instrumente überleben würden. Weiterhin wäre es möglich, einen Körper voll abgebremst, also »weich« auf dem Mondboden abzusetzen. Schließlich existierte eine weitere Variante in einem »Orbiter«, einem Gerät, das den Mond in einer Satellitenbahn umfliegen und aus dieser Mondumlaufbahn Informationen liefern würde.
Die technisch einfachste Lösung war der

unkontrollierte Aufschlag, wie LUNIK 2 ihn demonstriert hatte. Doch das Komitee entschied sich in seiner Empfehlung für die nächstschwierigere Lösung, die gebremste harte Landung. Dieser Plan gedieh auf vielen Umwegen zum ersten Konzept für Projekt RANGER.

Im Oktober 1959 ließ die NASA die Idee des WEGA-Raketenprojekts fallen: Die Luftwaffe entwickelte zu diesem Zeitpunkt eine zweistufige ATLAS-AGENA-B genannte Rakete, deren Leistung nahezu der propagierten dreistufigen WEGA für Flüge in den interplanetaren Raum entsprach. So wurde durch Verzicht der NASA auf die WEGA eine Doppelentwicklung vermieden.

Projekt RANGER wurde zu einem Unternehmen, das alle nur möglichen Agonien eines technischen Projekts durchlief, sowohl was technische Probleme bei Auslegung, Entwurf, Entwicklung und Anwendung des Sondenkörpers betraf, als auch was die Trägerrakete und deren Entwicklung zu einem für die besondere Aufgabe brauchbaren Gerät anging, und nicht zuletzt im Gestrüpp häufig wechselnder sachlicher Zuständigkeiten, erneut aufflammender Rivalitäten zwischen Luftwaffe und Armee - bzw. nun dem neuen zivilen Marshall-Raumflugzentrum der NASA in Huntsville und der Gruppe um Wernher von Braun.

Was bei all dem schließlich herauskam, war ein Gerät, das sich in mehreren RANGER-Versionen manifestierte.

So wurden die beiden ersten Geräte, RAN-

Linke Seite: Vier Aufnahmen des Mondes, gewonnen von RANGER 9 beim Anflug auf die Mondoberfläche am 24. März 1965. Das obere linke Bild zeigt im linken Teil den Zielkrater Alphonsus 3 Minuten und 2 Sekunden vor dem Aufschlag der Sonde aus einer Höhe von 428 Kilometern. Die wiedergegebene Fläche beträgt von links nach rechts 202 und von oben nach unten 214 Kilometer. Das obere rechte Bild wurde aus 227 Kilometer Höhe 1 Minute und 35 Sekunden vor dem Aufschlag gewonnen. Die abgebildete Fläche ist 109 mal 100 Kilometer groß. Das untere linke Bild entstand in 154 Kilometer Höhe 1 Minute und 4 Sekunden vor dem Aufschlag im Krater Alphonsus und umfaßt eine Fläche von 74 mal 69 Kilometern. Der spätere Aufschlagpunkt ist markiert. Das untere rechte Bild gibt eine Fläche des Mondes von 51 mal 46 Kilometern wieder. Es entstand 43,9 Sekunden vor dem Aufprall an der markierten Stelle aus 105 Kilometer Höhe.

Rechts oben: Eine RANGER-Mondsonde vom Typ 3, wie sie für die drei erfolgreichen Aufschläge auf dem Mond benützt wurde

Rechts unten: Zweite RANGER-Version mit einer Balsaholzkugel an der Spitze, die verzögert auf dem Mond landen und von dort seismische Daten übermitteln sollte

GER 1 und 2, als Testversionen entwickelt, die nicht zum Mond fliegen, sondern in eine langgestreckte Ellipsenbahn um die Erde mit einem Apogäum von etwa einer Million Kilometer Entfernung gebracht werden sollten. Die Messungen, die vorgesehen waren, betrafen Partikel, kosmische Strahlen, Magnetfelder und die Suche nach einer Wolke neutralen Wasserstoffs um die Erde.

RANGER 1 wurde am 23. August 1961 von der ATLAS-AGENA-Rakete in eine Erdumlaufbahn in 170 bis 503 Kilometer Höhe gebracht. Hier sollte die AGENA-Stufe wieder gezündet werden, um das Gerät in die hohe elliptische Umlaufbahn einzuschießen. Indessen mißlang die Wiederzündung der AGENA; RANGER 1 verblieb in der niedrigen Erdumlaufbahn. Dasselbe geschah mit RANGER 2 am 18. November 1961.

RANGER 3 gehörte zur nächsten Konfiguration, »Block 2« genannt. Diese Sonde führte eine Fernsehkamera, ein Radargerät, ein Meßgerät für die Gammastrahlung und eine Balsaholzkugel mit, in der ein Seismometer untergebracht war. Die Kugel sollte kurz vor dem Aufschlag des RANGER auf dem Mond abgestoßen und mit Hilfe einer Retrorakete so abgebremst werden, daß das entsprechend gelagerte Seismometer samt seinem Sender den Aufschlag auf dem Erdbegleiter überleben und Meßdaten über Mondbeben an die Erde liefern würde. Indessen, RANGER 3, am 26. Januar 1962 gestartet, verfehlte den Mond um rund 37000 Kilometer und gelangte in eine Bahn um die Sonne. RANGER 4, am 23. April 1962 gestartet, schlug zwar auf dem Mond auf, jedoch versagte der Zeitgeber, so daß keinerlei Informationen gewonnen werden konnten. RANGER 5, am 18. Oktober 1962 geflogen, verfehlte den Mond um 720 Kilometer und gelangte in eine heliozentrische Umlaufbahn. Ein Stromausfall verursachte zudem, daß nur sporadische wissenschaftliche Daten gewonnen werden konnten.

Dieser Flug geschah in einer Zeit, in der Amerika bereits mitten in den Vorbereitungen des Fluges von Menschen zum Mond war – Präsident Kennedy hatte dieses APOLLO-Programm am 25. Mai 1961 verkündet. Man muß weiter zu Vergleichszwekken daran erinnern, daß zu diesem Zeitpunkt bereits vier bemannte sowjetische Erdumfliegungen (einer davon mit knapp vier Tagen Dauer) stattgefunden, daß zwei Amerikaner mit der MERKUR-Raumkapsel kurze ballistische Flüge absolviert hatten und drei andere amerikanische Astronauten Flüge in der Erdumlaufbahn gemacht hatten. TELSTAR hatte sein Fernsehdebüt gegeben, sechs TIROS-Wettersatelliten waren in Umlaufbahnen, MARINER 2 war an der Venus vorbeigeflogen, und es gab zwei Amateurfunksatelliten.

Das RANGER-Projekt aber, nun bereits einbezogen in die erkundenden Vorprogramme für die Landung von Menschen auf dem Mond, hatte bei fünf Flügen nur Mißerfolge gezeitigt!

Kommissionen wurden eingesetzt, Untersuchungen durchgeführt. RANGER ging in neuer Form daraus hervor, obgleich es bei diesen Auseinandersetzungen oftmals hart am Rande der völligen Streichung war. Unter dem Druck der Zeit und der auf Grund des APOLLO-Programms entstandenen neuen Prioritäten strich man das Experiment mit der Balsaholzkugel und setzte an seine Stelle ausgeklügelte Fernsehkameras samt Videosystem und Videosender, die den Anflug der Sonde auf den Mond bis zum Augenblick des Aufschlags im Bild übertragen sollten.

RANGER 6 war das erste Gerät dieser »Block-3«-Version. Er flog am 30. Januar 1964, schlug auf dem Erdbegleiter im Mare Tranquillitatis – dem Meer der Ruhe, späterer Landepunkt der ersten Astronauten – auf, jedoch ohne die erwarteten Fernsehbilder zu liefern: Die Fernsehübertragungsanlage war ausgefallen.

Der am 28. Juli 1964 gestartete RANGER 7 brachte endlich den sehnlich erwarteten Erfolg! Während der letzten 14 Minuten des Landeanflugs übermittelte die Sonde 4316 Aufnahmen aus einem kleinen Maregebiet zwischen Kratern, das später Mare Cognitum (Bekanntes Meer) benannt wurde. Die Bilder hatten zum Teil ein zweitausendfach besseres Auflösungsvermögen als alle vom Mond bis dahin gewonnenen Aufnahmen.

RANGER 8, am 17. Februar 1965 gestartet, schlug nach einer Flugzeit von 64 Stunden, 52 Minuten und 36 Sekunden im Mare Tranquillitatis auf und übermittelte in den letzten 23 Minuten vor dem Aufschlag mehr als 7000 Fotos.

RANGER 9 schließlich, das letzte Gerät der Serie, wiederholte die vorausgegangenen Erfolge. Die Sonde ging, am 21. März 1965 von der Erde gestartet, nach 64stündigem Flug im Krater Alphonsus, nur 4,8 Kilometer von dem berechneten Aufschlagspunkt entfernt, auf dem Mond nieder. Vor dem Aufschlag wurden in der Anflugphase 5814 Bilder übertragen. Die letzten von ihnen zeigten Einzelheiten bis herunter zu 25 Zentimeter Durchmesser! Insgesamt also hatte das RANGER-Programm, dessen Kosten letztlich bei 260 Millionen Dollar lagen, über 17000 Fotos von der Mondoberfläche sowie zahlreiche andere Daten erbracht und damit die Voraussetzungen für die nächste Phase, ein weich landendes Gerät, geschaffen. Die Hartnäckigkeit der Programm-Manager, der Experimentatoren und des JPL hatte sich schließlich doch gelohnt.

Die Sowjets hatten sich demgegenüber nach ihrem Erfolg mit LUNIK 3 nicht mehr um den Mond bemüht, wenn man von der am 2. April 1963 gestarteten Sonde LUNA 4 absieht, die zu einem Versager wurde. Statt weich auf dem Mond zu landen (diese Aufgabe vermutete man hinter dem Unternehmen, obgleich die Russen sich nie dazu äußerten), wurde die Sonde zu einem künstlichen Planetoiden. Erst 1965 wurde die UdSSR in Sachen Mond wieder aktiv. Doch bevor wir diese unbemannten sowjetischen Flüge zum Erdbegleiter betrachten, wollen wir einen Blick auf die beiden weiteren Programme der unbemannten Erforschung des Mondes durch die Vereinigten Staaten werfen, die dem RANGER-Projekt folgten und in unmittelbarem Zusammenhang damit stehen, die Projekte LUNAR ORBITER und SURVEYOR.

Ein Mondatlas aus der Mondumlaufbahn

LUNAR ORBITER ist, wie der Name dies bereits zum Ausdruck bringt, ein Gerät, das den Mond in einer Umlaufbahn umfliegt. Rückblickend mag es gerechtfertigt erscheinen, Projekt RANGER als ein Lehrlingsstück zu bezeichnen. Das Projekt gelang zwar letztlich, aber dies doch erst nach vielen Mühen, Fehlschlägen und Verzögerungen. Will man bei diesem Vergleich bleiben, so muß LUNAR ORBITER als ein hervorragendes Meisterstück apostrophiert werden. Fünf Fluggeräte des LUNAR ORBITER wurden gebaut, und sie flogen alle erfolgreich!

Trägerrakete dieser Mondsatelliten war die ATLAS-AGENA. Beim Start saß die 390 Kilogramm schwere Sonde unter der aerodynamisch angepaßten Schutzhülle auf der Rakete, 1½ Meter im Durchmesser, 2 Meter hoch. Die vier Sonnenzellenflächen unter sich angefaltet, die Antenne seitwärts angelegt. Diese Komponenten wurden erst nach dem Einschuß in die Flugbahn zum Mond und der Trennung der Sonde von der Rakete ausgefahren. Ein Raketentriebwerk und Treibstofftanks sorgten für die notwendigen Drehmanöver des Geräts in der Flugbahn; die Ausrichtung erfolgte mit Hilfe eines Dreiachsenstabilisierungssystems, das sich seine Lage mit Hilfe von Trägheitsplattformen und durch Anpeilen der Sonne sowie des Fixsterns Canopus suchte. Das fotografische System des Lunar Orbiter bestand aus einer zweilinsigen Kamera, einem Entwicklungs-, Fixier- und Trockensystem, einer Filmaufbewahrungsspule und 79 Meter unperforiertem Film von 70 Millimeter Breite. Ein elektrooptisches System tastete die Bilder ab, die schließlich nach dem Fernsehprinzip zu den Empfangsstationen auf der Erde übertragen wurden.

Außer den fotografischen und elektronischen Einrichtungen hatten die Lunar-Orbiter-Geräte noch einen Mikrometeoriten-Detektor an Bord. Außerdem konnten aus ihrer Bahnvermessung Informationen über Massenverteilung im Mondinneren abgelesen werden.

Soweit die Beschreibung, die diesem System in seiner Kompliziertheit und technischen Leistung natürlich in keiner Weise gerecht wird.

Der erste Lunar Orbiter wurde am 10. August 1966 gestartet, der letzte am 1. August 1967, also alle fünf Geräte innerhalb eines Jahres.

Jedes der fünf Geräte funktionierte einwandfrei. Zusammen übermittelten sie 3100 Bilder aus Höhen zwischen etwa 2000 und 40 (!) Kilometern über der Mondoberfläche. Unter diesen Bildern sind jene Fotos, die gewonnen und benützt wurden, um die Landeorte für die Astronauten des Apollo-Mondlandeprogramms festzule-

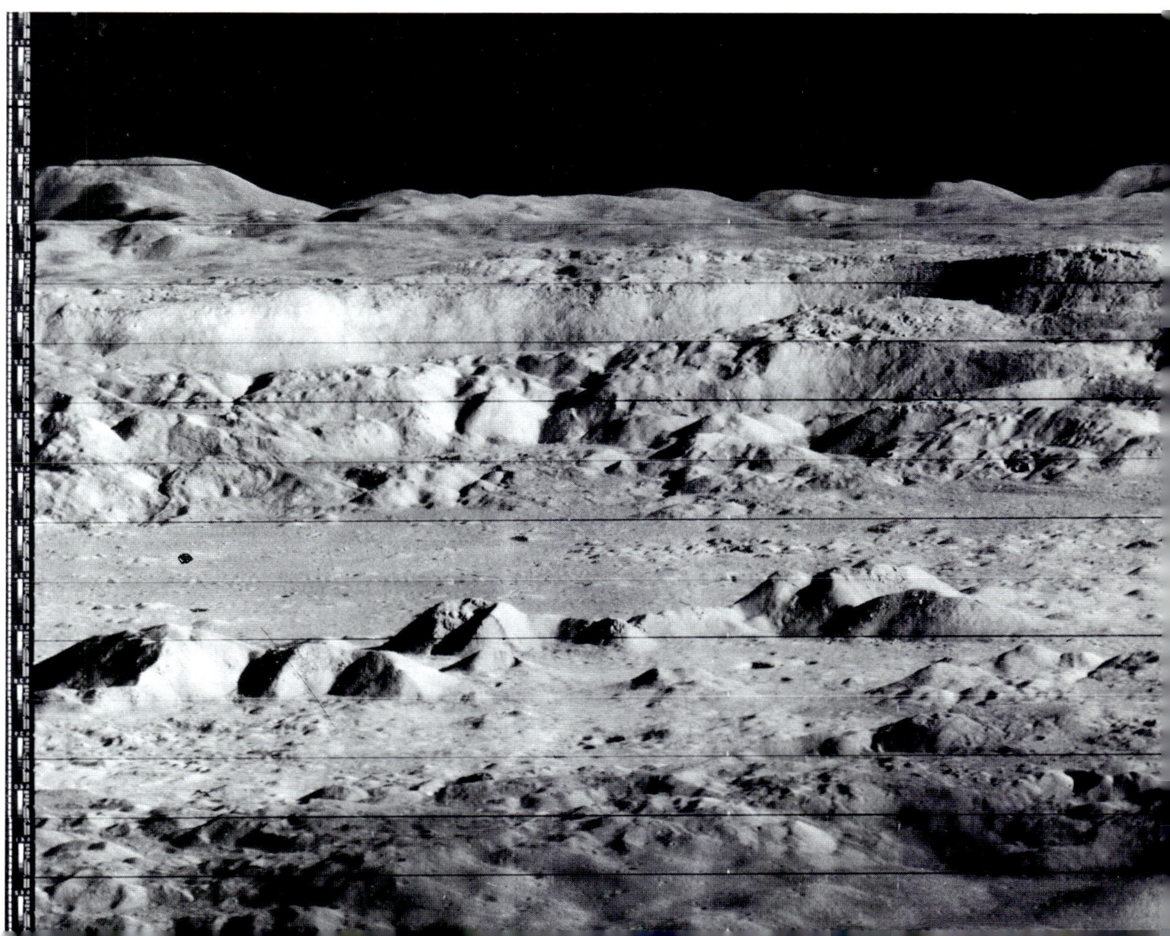

Oben: Dem Flug in den Raum gingen bei Lunar Orbiter wie bei allen anderen Raumflugkörpern umfangreiche Tests in Weltraumkammern voraus. Auf dem Bild wird ein Lunar Orbiter in eine solche Vakuumkammer eingebracht.

Mitte: Dieses eindrucksvolle Bild – die Mondoberfläche und über ihr am Firmament die sichelförmige Erde – übermittelte Lunar Orbiter 1 am 23. August 1966 als Funkbild zur Erde.

Unten: Wie aus der Vogelperspektive zeigt sich hier das Vorfeld des Ringgebirges Kopernikus auf dem Mond. Die Aufnahme wurde von Lunar Orbiter 2 am 23. November 1968 aus 46 Kilometer Höhe gewonnen. Sie umfaßt bis zum Horizont ein Gebiet von 27 Kilometern. Die Bergzüge am Horizont sind etwa 900 Meter hoch.

gen. Die Lunar-Orbiter-Fotos führten zur Zusammenstellung eines atemberaubenden Atlasses der Mondoberfläche und zu vielen wichtigen Detailuntersuchungen am Erdbegleiter.

Erste unbemannte Landungen auf dem Mond

Der nächste Schritt bei der Vorbereitung der Landung von amerikanischen Astronauten auf dem Mond bestand darin, unbemannte Geräte vorauszuschicken, um die Festigkeit des Mondbodens, die Dicke einer eventuell vorhandenen Staubschicht und ähnliche Faktoren zu untersuchen. Dies waren einige der Aufgaben des Surveyor-Programms, das parallel zum Lunar-Orbiter-Unternehmen lief.
Auch hier könnten viele Einzelheiten über Entstehungsgeschichte und technische Philosophie des Unternehmens, über Debatten zu Finanzierung und Durchführung, über persönliche Interessen und über die diversen Ziele des Programms (mit den Augen verschiedener Personen gesehen) berichtet werden. Doch auch hier soll es mit einer einfachen technischen Beschreibung und mit einem kurzen Blick auf die Resultate sein Bewenden haben.
Sieben Surveyor-Geräte wurden im Zeitraum vom 1. Juli 1966 bis zum 7. Januar 1968 gestartet. Alle erreichten sie den Mond. Zwei von ihnen allerdings stürzten kurz vor der weichen Landung ab; die rest-

lichen fünf waren volle Erfolge (siehe Tabellenanhang).
Zusammen erbrachten die SURVEYORS, während sie an verschiedenen Orten auf dem Mond standen, über 86000 Fotos, vom weiten Blick zum Horizont bis zum kleinen Steinchen neben dem Landefuß. Darüber hinaus entnahmen zwei SURVEYORS an ihren Landestellen Bodenproben für eine automatische Analyse, die uns Informationen über die chemische Beschaffenheit des Mondstaubes lieferte, noch bevor der erste Astronaut seinen Fuß auf die Mondoberfläche gesetzt hatte. Ein SURVEYOR grub eine kleine Furche in den Mondboden und informierte die Experimentatoren auf diese Weise über die Festigkeit der Mondoberfläche. Einer – SURVEYOR 7 – landete in dem Mondkrater Tycho, ein anderer – SURVEYOR 6 – erhob sich nach der Landung mit Hilfe seiner kleinen Triebwerke, kommandiert von der Erde, noch einmal auf drei Meter Höhe und versetzte sich um 2,4 Meter.
Mit dem Abschluß des SURVEYOR-Programms im Juni 1968 fand Amerikas Interesse an unbemannten Mondsonden ihr Ende, denn zu diesem Zeitpunkt war das nächste Ziel bereits fixiert: die Entsendung von Menschen zum Erdbegleiter.
Die Sowjetunion hingegen war bereits 1965 wieder mit unbemannten Mondflugkörpern aktiv geworden; sie setzte ihr LUNA-Programm in jenem Jahr mit fünf Sondenstarts fort und entwickelte dieses Programm im Laufe der Jahre zu großem Erfolg.

Sowjetische Sonden landen weich auf dem Mond

Wir wissen nicht viel von den Debatten und Strömungen, von den politischen und militärischen Einflüssen, die es auch im sowjetischen Raumfahrtprogramm gibt. Gelegentlich einmal sickert die eine oder andere Nachricht durch, wird man von russischen Fachleuten in einer Weise befragt, die darauf hindeutet, daß es in der UdSSR ähnliche Probleme im Meinungs- und Prioritätenstreit um die Raumfahrtprogramme gibt wie bei uns im Westen.
Das Fehlen konkreter Hinweise aus der Sowjetunion auf solche Vorgänge zwingt uns zu bloßen Vermutungen und Fragestellungen, die oft keinerlei Antwort finden. Warum, so muß man in unserem Zusammenhang fragen, setzten die Sowjets nach dem Erfolg mit LUNIK 3 so lange in der Monderforschung durch Sonden aus? Warum gab es mitten in der fatalen Phase des RANGER-Programms nach fast vier Jahren Pause den einzelnen Flug von LUNA 4? Warum wurden die Sowjets nach RANGER 9 wieder so aktiv?
War die Ursache ein Streit darüber, welche Raumflugprojekte Prioritäten haben sollten? War es ein Stoppen durch die Militärs, die ihre Raketen für andere Zwecke benötigten?
War der erneute Versuch ab 1965 ein Bemühen um ein Gleichziehen mit den USA?
Tatsache ist, daß die UdSSR im Jahre 1965 fünf Mondsonden startete, von denen offensichtlich vier weich auf dem Mond landen sollten, während ein Gerät – von den Sowjets als »Sonde 7« bezeichnet und am 18. Juli 1965 gestartet – ein Vorbeiflug am Mond war.
Von den vier weichen Landern – LUNA 5, 6, 7 und 8 – schlug das erste Gerät, am 9. Mai 1965 gestartet, ungebremst auf dem Mond auf und zerschellte. Das zweite flog im Juni in 160000 Kilometer Entfernung am Mond vorbei, weil das Kurskorrektur-Triebwerk nicht funktionierte. Die eben erwähnte »Sonde 7« übermittelte während des Vorbeiflugs am Mond Mitte Juli 1965 die ersten klaren Bilder der Mondrückseite. LUNA 7 stürzte im Oktober 1965 gleich LUNA 5 vor der Landung über dem Mond ab, ebenso LUNA 8 im Dezember 1965 – Versuche, die eine gewisse Parallelität zu den ersten sechs Versagern im RANGER-Projekt erkennen lassen …
Erst Anfang Februar 1966 war den Sowjets mit der am 31. Januar 1966 gestarteten Sonde LUNA 9 ein voller Erfolg beschieden: LUNA 9 gelang die erste weiche Landung auf dem Mond. Drei Tage lang übertrug die Sonde Bilder der Mondoberfläche zur Erde. Das war immerhin vier Monate vor der ersten SURVEYOR-Landung!
Schon am 31. März 1966 folgte LUNA 10, eine Sonde, die in eine Mondumlaufbahn eingelenkt wurde und bis Ende Mai von dort aus wissenschaftliche Daten übermittelte.
Am 24. August 1966 folgte LUNA 11. Die Sonde wurde ebenfalls in eine Mondumlaufbahn gesteuert und funkte Daten zur Erde, während LUNA 12 ab Ende Oktober 1966 den Sowjets Bilder der Mondoberfläche aus der Umlaufbahn übertrug.
Von nun an setzten die Sowjets die Erkundung des Mondes mit unbemannten Flugkörpern nach einem sehr schwer durchschaubaren Prinzip fort, zunächst noch mit den beiden Sondentypen LUNA und »Sonde« (im Englischen als »Zond« bezeichnet), ab 1970 nur noch mit LUNAS.
Betrachten wir einige hervorstechende Ersterfolge dieser Missionen: Am 21. Dezember 1966 startete LUNA 13 zum Mond, landete dort, übertrug Bilder und maß die Tragfähigkeit des Mondbodens. LUNA 14 folgte erst im April 1968 und ging in eine Mondumlaufbahn.
»Sonde 5«, am 15. September 1968 in der Sowjetunion gestartet, umflog den Mond und kehrte am 21. September 1968 wieder zur Erde zurück. Die Sowjets bargen den Flugkörper aus dem Indischen Ozean.
LUNA 15 erregte in der westlichen Welt großes Aufsehen, weil diese Sonde drei Tage

Linke Seite oben: Landeversuche mit SURVEYOR auf der Erde: Bevor diese SURVEYOR-Sonden, die für weiche Landungen auf dem Mond vorgesehen waren, dorthin geschickt wurden, simulierten die Techniker Landung und Bildübertragung auf der Erde.

Linke Seite unten: Dieses Bild des eigenen Landefußes mit Mondstaub, den der eigene Greiferarm auf den Fuß geschüttet hatte, übermittelte SURVEYOR 3 am 26. April 1967 von seinem Landeplatz auf dem Mond im östlichen Teil des »Ozeans der Stürme«.

Seitenmitte: Mosaik-Panoramabild der Mondoberfläche aus der Gegend des Kraters Tycho, übermittelt von SURVEYOR 7 im Januar 1968. Der steinerfüllte Krater im Vordergrund ist etwa 5,5 Meter von der Kamera entfernt. Bis zum Horizont und dem Steinfeld im Hochland sind es etwa 25 Kilometer. Der Krater im Vordergrund hat etwa anderthalb Meter Durchmesser.

vor dem beabsichtigten Flug amerikanischer Astronauten zur ersten Mondlandung gestartet wurde. Viele Menschen vermuteten, daß die Sonde die Vorgänge auf dem Mond genau verfolgen sollte, ja, einige waren sogar der Meinung, daß sie die Mondlandung der Amerikaner absichtlich stören sollte. Doch Moskau beruhigte Washington in dieser Beziehung. LUNA 15 umkreiste den Erdbegleiter für einige Tage und wurde dann von den Sowjets über der Mondoberfläche zum Absturz gebracht. LUNA 16 startete am 12. September 1970, landete auf dem Mond und ließ einen Teil von sich mit Bodenproben zur Erde zurückfliegen!

LUNA 17, am 10. November 1970 gestartet, setzte ein unbemanntes Fahrzeug auf der Mondoberfläche ab, mit dessen Hilfe Messungen vorgenommen und Bilder übertragen wurden. Das Experiment mit einem Roboterfahrzeug, LUNOCHOD genannt, wie auch das Aufsammeln einiger Dutzend Gramm Mondmaterie durch unbemannte Sonden wurde durch weitere LUNA-Geräte wiederholt. Seit 1976 indessen scheinen sich die Sowjets nicht mehr für den Mond zu interessieren ...

Sonden zu anderen Planeten

Es wird häufig argumentiert, daß das Gros der künstlichen Erdsatelliten – jene, die die Erde in wenigen hundert bis einigen tausend Kilometer Abstand umfliegen – mit Raumfahrt eigentlich wenig zu tun habe. Dieses Argument trifft – zumindest quantitativ – ohne weiteres zu, genauso wie man auch die Erdumfliegungen von Astronauten und Kosmonauten von den maßstäblichen Verhältnissen her nicht als Raumfahrt bezeichnen kann: Die Höhen, in denen die meisten Satelliten und die bemannten erdumkreisenden Raumfahrzeuge die Erdkugel umfliegen, entsprechen im Verhältnis zu dieser Erdkugel der Dicke einer Apfelschale im Verhältnis zum Apfel selbst!

Doch abgesehen davon, daß das quantitative Maß nicht allein ausschlaggebend ist, darf man nicht vergessen, daß zahlreiche Satelliten stark exzentrische Bahnen haben, die auf über 100000 Kilometer ins All hinausreichen, daß die geostationären Satelliten den Erdball immerhin in knapp drei Erddurchmesser Abstand umkreisen, daß Menschen und Geräte über eine Strecke von 384000 Kilometern oder 30 Erddurchmessern zum Mond geflogen sind. Weiterhin darf man nicht übersehen, daß seit dem Beginn des Satellitenzeitalters über 50 Raumsonden gestartet wurden, die zum Teil auf unvorstellbar lange Zeiten die Sonne umkreisen, und daß es einige Raumsonden gibt, die heute in etwa einer Milliarde Kilometer Entfernung dahinziehen und sich anschicken, unser Sonnensystem in einigen Jahren zu verlassen.

Würden wir einen D-Zug mit einer gleichbleibenden Geschwindigkeit von

Oben links: Panoramaaufnahme der Mondoberfläche, gewonnen durch die sowjetische SONDE Nr. 5, die im September 1968 den Mond umflog und zur Erde zurückkehrte

Oben rechts: Modell von LUNA 16 im »Kosmos-Pavillon« der ständigen sowjetischen Ausstellung über wissenschaftliche Errungenschaften in Moskau. LUNA 16 war die erste unbemannte automatische Sonde, die im September 1970 auf dem Mond landete, Mondmaterial aufnahm und zur Erde zurückbrachte.

Mitte: Rückkehrmodul von LUNA 16 mit Landefallschirm

Unten: Aufnahmen von Mondgesteinsproben, die LUNA 16 zur Erde zurückbrachte, in polarisiertem Licht

Links: LUNOCHOD 1, das erste sowjetische automatische Mondfahrzeug. Es wurde am 17. November 1970 durch LUNA 17 auf dem Mond im Mare Imbrium abgesetzt, bewegte sich insgesamt über eine Strecke von mehr als 10 Kilometern, übertrug mehr als 20 000 Bilder zur Erde und nahm Gesteinsanalysen vor.

Rechte Seite: Start des Satelliten OTS 2 im Mai 1978 von Cape Canaveral aus mit einer schubverstärkten DELTA-Rakete: Neun angeschnallte Feststoffraketen erhöhten den Startschub.

100 Kilometern in der Stunde ohne Halt von der Erde zur Sonne fahren lassen, dann wäre er 170 Jahre unterwegs. Von der Erde zum Jupiter brauchte er 675 bis 1000 Jahre, von der Erde zum Saturn, dem sich einige unserer Raumsonden gegenwärtig entgegenbewegen (und noch immer Funkkontakt mit uns haben!), gar 1400 bis 1900 Jahre!

Wir haben diese Zahlen unserem kurzen Überblick über die Raumsonden vorangesetzt, um die Größenverhältnisse plastisch zu veranschaulichen, mit denen wir es bei den Flügen der Raumsonden zu tun haben. Schon im Kapitel über die künstlichen Erdsatelliten hörten wir, daß die Versuche, Raumflugkörper in Sondenbahnen zu schicken, bereits sehr früh begannen, zunächst zum Mond, dann allgemein in den interplanetaren Raum und damit weit über den Mond hinaus und schließlich zu anderen Planeten.

Es ist für den Laien nicht zu ermessen, welche Menge an Ideen, an Entwicklungsarbeiten, an technischem Fortschritt und an Teamarbeit hinter dieser Aussage steckt!

Raumsonden sind jene Flugkörper, die mehr an Technik, an Können und an Ideenreichtum verlangen als alle anderen Raumfluggeräte. Wenn es mehrere Stunden dauert, bis ein Funkkommando bei einer Raumsonde eintrifft, und die gleiche Stundenzahl vergeht, bis die Empfangsbestätigung des Signals auf der Erde eintrifft, und wenn auf diese Weise über Funk angeordnete, komplizierte technische Vorgänge durchgeführt, ausfallende Teile der Sonde durch Befehle »repariert« und wissenschaftliche Daten und Bilder übertragen werden müssen, dann verlangt dies eine ausgesprochen exotische Technologie. Diese Technologie wurde – die Erfolge beweisen es – von den Sondeningenieuren in den letzten Jahren tatsächlich entwickelt. Im Grunde genommen hat sich bei den Planetensonden, mit denen wir uns in diesem Abschnitt speziell befassen wollen, eine ähnliche technologische Entwicklung vollzogen wie zuvor in der Satellitentechnik. Auch bei den Satelliten wäre das Ziel ohne Transistoren, Mikroprozessoren, elektrische Kleinstrechenmaschinen und andere vergleichbare Elemente nicht möglich gewesen. Die heutige hochgezüchtete Elektronik ist zum großen Teil das Ergebnis derartiger hochgestochener Entwicklungen, wie sie die Raumsonden verlangten. Andererseits muß man auch sagen, daß die Raumsondentechnik viele Produkte der Elektronik und verwandter Bereiche übernommen hat, um zu ihrem Ziel zu gelangen. Es ist eine gegenseitige Wechselwirkung, der wir jene Ergebnisse verdanken, die die Raumsonden insbesondere in den letzten Jahren erbrachten.

Die historische Entwicklung der Planetensonden lief ähnlich ab wie die der Satelliten: Zunächst waren die Geräte relativ einfach und die Ergebnisse bescheiden. Neben Ausfällen an den Trägerraketen gab es zahlreiche Störungen in den Sonden selbst, die die Sonden oftmals das angestrebte Flugziel nicht erreichen oder sie während des Fluges dorthin ausfallen ließen, so daß sie nach monatelanger Flugzeit stumm und damit für uns nutzlos bei Venus oder Mars ankamen.

Venus und Mars – das sind die beiden Planeten, die sich die Weltraumforscher in Ost und West, die Sonden zu anderen Planeten schickten, als erste Ziele auserkoren hatten. Verständlicherweise auserkoren hatten, möchte man hinzufügen, denn diese beiden Planeten sind die Nachbarn der Erde im All und damit leichter und schneller zu erreichen als Merkur, Jupiter oder gar Saturn.

Venus

Den Auftakt bei den Versuchen, andere Planeten zu erreichen, machte wiederum die Sowjetunion. Sie entwickelte SPUTNIK 7 zur Startplattform für eine Venussonde. Allerdings, das Experiment mißlang; die Sonde löste sich in der Erdumlaufbahn nicht von der Trägerplattform. Am 12. Februar 1961 gelang es den Russen dann, die erste Sonde zu einem anderen Planeten in den Raum hinauszuschicken. Gemäß dem Zielort wurde der Raumflugkörper von seinen Erbauern VENUS 1 getauft. Gestartet wurde die Sonde aus einer Erdumlaufbahn, in die sie zusammen mit dem Satelliten SPUTNIK 8 gelangt war. Jedoch, ein Erfolg war dem Unternehmen trotzdem nicht beschieden. Nach siebeneinhalb Millionen Kilometer Flug brach die Funkverbindung mit der Sonde ab; stumm flog sie schließlich in etwa 100 000 Kilometer Entfernung an der Venus vorbei.

Es wäre mühselig, die einzelnen Sondenmissionen zu anderen Planeten hier im Detail zu beschreiben, noch ist dies die

esa

Aufgabe unseres Buches. Unsere zusammenfassenden Tabellen im Anhang geben einen gerafften Überlick über die wesentlichsten Schritte, nach Zielorten geordnet.

An dieser Stelle sei deshalb lediglich festgehalten, daß auch auf diesem Gebiet sowjetische und amerikanische Programme weitgehend parallel liefen. Bald hatte das amerikanische, bald das russische Programm Erfolg, obgleich im Gesamtdurchschnitt die Amerikaner die wesentlich höhere Erfolgsquote verbuchen konnten.

Die amerikanischen Bemühungen um den Planeten Venus setzten mit den Sonden Mariner 1 und 2 im Sommer 1962 ein. Den Amerikanern ging es mit ihrem ersten Venusflug nicht besser als den Sowjets mit Venus 1: Mariner 1, am 22. Juli 1962 gestartet, mußte vom Sicherheitsoffizier gesprengt werden, da die Rakete unmittelbar nach dem Start einen falschen Kurs einschlug. Mariner 2, am 17. August 1962 gestartet, wurde hingegen zu einem ersten Erfolg: Die Sonde passierte Venus nach 109tägigem Flug im Abstand von knapp 35000 Kilometern und übertrug wissenschaftliche Daten zur Erde. So ermittelte sie die Temperatur der Venusoberfläche zu 430 Grad Celsius (weit höher als erwartet), stellte fest, daß die Venusatmosphäre offenbar keinen Wasserdampf enthält und daß der Planet weder ein Magnetfeld noch einen Strahlungsgürtel besitzt. Das war Anfang Dezember 1962.

Die nächsten Resultate von der Venus kamen am 18. Oktober 1967, als die am 12. Juni des gleichen Jahres gestartete russische Sonde Venus 4 in die Atmosphäre des Planeten eindrang, beim Durchfliegen atmosphärische Daten übermittelte und schließlich auf der Venusoberfläche aufschlug.

In den Jahren zwischen 1962 und 1967 hatten die Russen acht erfolglose Venusflüge unternommen. Einige dieser Sonden kamen über die Erdumlaufbahn nicht hinaus, andere erreichten ihr Ziel, verstummten jedoch bereits lange zuvor während des Fluges.

Zwei Tage nach Venus 4, also am 14. Juni 1967, hatten die Amerikaner Mariner 5 gestartet, ihr drittes Gerät, das an der Venus vorbeifliegen sollte (Mariner 3 und 4 waren Sonden, deren Ziel der Planet Mars war). Mariner 5 passierte Venus am 19. Oktober 1967 in nur 3990 Kilometer Entfernung und übermittelte weitere Werte über die Venusatmosphäre und die Oberflächentemperaturen des Planeten. Außerdem entdeckte die Sonde eine Venusionosphäre, also elektrisch leitende Schichten der Atmosphäre.

Links oben: Nachbildung der sowjetischen Sonde VENUS 4, die am 18. Oktober 1967 planmäßig in die Venusatmosphäre eindrang, dort chemisch-physikalische Untersuchungen vornahm und schließlich weich auf der Venusoberfläche landete.

Links unten: Diese Sonde, VENUS 10 – hier in der Moskauer Ausstellung –, landete am 25. Oktober 1975 auf der Venus und übertrug für 65 Minuten Daten und Bilder.

Rechts: Diese Aufnahme der Venus wurde am 6. Februar 1974 durch die amerikanische Venussonde MARINER 10 aus einer Entfernung von nur 720 000 Kilometern von der Venus gewonnen und zur Erde übertragen. Die Aufnahme, die im ultravioletten Licht entstand, zeigt erstmals Strukturen in der Wolkenhülle des Nachbarplaneten der Erde.

Unten: Dieses Bild einer kraterübersäten Merkurlandschaft gewann MARINER 10 am 29. März 1974 aus 400 000 Kilometer Abstand von dem sonnennächsten Planeten. Der größte auf dem Bild erkennbare Krater hat 120 Kilometer Durchmesser.

Weitere sowjetische Flüge folgten in Gestalt von VENUS 5, 6 und 7 im Zeitraum zwischen Januar 1969 und Dezember 1970. Diese Sonden drangen in die Venusatmosphäre ein und schlugen schließlich auf der Oberfäche des Planeten auf. Während des Durchfliegens der wolkenverhüllten Atmosphäre unseres Nachbarplaneten übermittelten sie Funkdaten über Temperatur, Luftdruck und chemische Zusammensetzung der Luft. Aus den Daten ging hervor, daß an der Venusoberfläche ein Druck von über 100 irdischen Atmosphären herrscht und daß die Venusatmosphäre zum Hauptteil (93 bis 97 Prozent) aus Kohlendioxid, aber nur zu 0,4 Prozent aus Sauerstoff besteht!
Von VENUS 7 erhielten die Sowjets 23 Minuten lang Informationen von der Venusoberfläche nach der Landung zugestrahlt. VENUS 8 wiederholte diesen Erfolg am 22. Juli 1972. An diesem Tag übermittelte die Sonde für 50 Minuten Dauer Daten von der Venusoberfläche und bestätigte mit ihnen die hohen Temperaturen und Drücke auf dem Planeten. Mit ihrer Hilfe konnte einwandfrei bestätigt werden, daß die Venusatmosphäre mit einer Umlaufzeit von 4 Tagen um den Planeten rast, während dieser selbst eine Umdrehungszeit um die eigene Achse von 243 Tagen hat.
Amerikas MARINER 10, am 3. November 1973 auf den Weg gebracht, flog am 5. Februar 1974 in nur 5769 Kilometern an der Venusoberfläche vorbei und gewann während dieser Passage 3500 Bilder – die ersten Aufnahmen dieses Planeten, die von einer Raumsonde gemacht wurden.

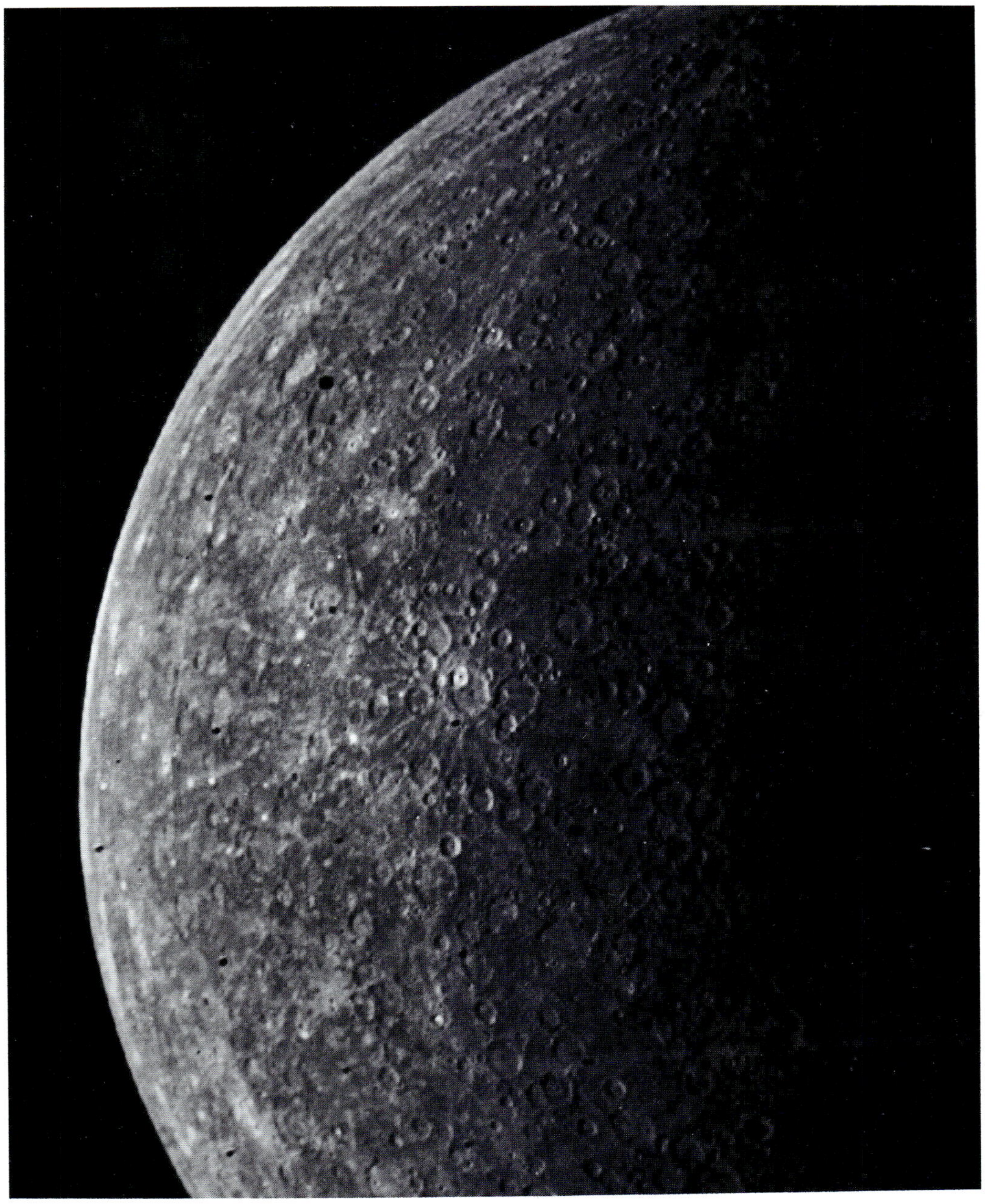

MARINER 10 flog weiter zum Merkur und nach einer Bahnkorrektur am 29. März 1974 in nur 271 Kilometer Abstand an dessen Oberfläche vorbei. 2300 hervorragende Bilder der kraterübersäten Merkuroberfläche entstanden. Dies ist bis auf den heutigen Tag (Juni 1979) die bisher einzige Raumsondenmission zum Merkur gewesen. Über die Bilder hinaus resultierten aus ihr viele weitere physikalische Informationen über den sonnennächsten Planeten.
Sowjetrußlands VENUS 9 und VENUS 10, am 8. Januar und 14. Juni 1975 gestartet, landeten auf der Venus und übermittelten neben zahlreichen physikalischen Daten die ersten Bilder von der Oberfläche dieses Planeten.
Im Mai und August 1978 starteten die Vereinigten Staaten zwei Sonden, die PIONIER-VENUS-ORBITER und PIONIER-VENUS-SONDE hießen. Der ORBITER wurde am 5. Dezember 1978 in eine Umlaufbahn um die Venus eingelenkt, die SONDE (tatsächlich bestand sie aus fünf Einzelkörpern) drang in die Atmosphäre der Venus ein und lieferte während des Niedergangs sowie nach der Landung zahlreiche Daten von der Oberfläche. So informierten die Sonden uns über den Aufbau der Atmosphäre und der Wolken (sie resultieren offensichtlich aus heftigen chemischen Reaktionen zwischen Schwefelwasserstoff und Schwefeloxiden und bestehen hauptsächlich aus Sauerstoff, Wasserdampf und Schwefelverbindungen), über Staub auf der Oberfläche der Venus und die Zusammensetzung der Atmosphäre am Boden. Danach besteht diese Atmosphäre zu 97 Prozent aus Kohlendioxid, zu 1 bis 3 Prozent aus Stickstoff und enthält geringe Anteile von Helium, Neon, Argon sowie Spuren von Wasserdampf, Schwefeldioxid und Sauerstoff.
Ebenfalls im Sommer 1978 hatten die Sowjets ihre Sonden VENUS 11 und VENUS 12 gestartet. Sie gelangten im Dezember 1978 zur Venus.

Mars

Mars, der zweite Planet, dem sich die Sondenforschung zuwandte, ist naturgemäß wegen der vieldebattierten Frage nach Lebensmöglichkeiten oder gar Leben auf diesem Planeten für die breite Öffentlichkeit noch immer besonders interessant.
Es sei sogleich vorweggenommen: Auch heute, fast zwanzig Jahre nach dem Start der ersten Marssonde und nach 22 Versuchen, den Mars mit umfliegenden oder landenden Sonden zu erreichen (was in 11 der 22 Fälle mit teilweisem oder vollem

Linke Seite oben: Die sowjetische Sonde VENUS 11 bei der Montage

Links unten: Die sowjetische Marssonde MARS 3.

Rechts: Aufnahme des Vallis Marineris auf Mars durch VIKING-ORBITER Nr. 1 am 22. Juli 1975. Das mächtige Tal, das 5000 Kilometer weit parallel zum Marsäquator verläuft, endet in einer weiten Tiefebene.

Mitte links: Marsaufnahmen von MARINER 9 im Sommer 1972. Die kraterübersäte Landschaft zeigt viele kanalartige Niederungen. Sie könnten durch Erosion von Wasser oder Wind entstanden oder durch Lavaströme gebildet worden sein.

Mitte rechts: Operatives Modell des Landegeräts von VIKING 2 im Laboratorium für Strahlantriebe in Pasadena. Mit diesem Gerät konnten die jeweilige Situation des Originals auf dem Mars simuliert und Fehler analysiert werden.

Ganz unten: Die Marslandschaft, wie sie sich VIKING 2 an dessen Landeplatz darbot.

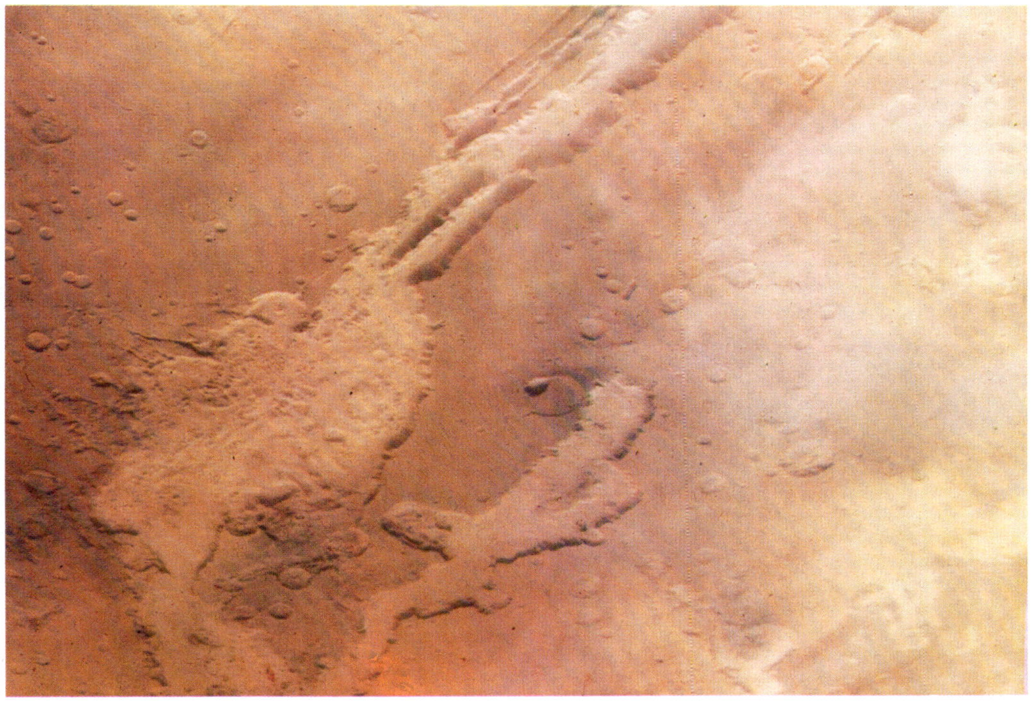

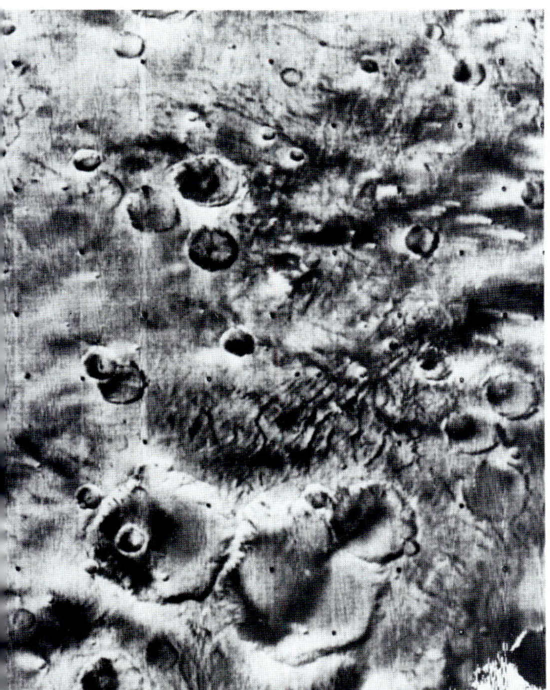

Erfolg gelang), ist die Frage noch nicht eindeutig entschieden!
Auch den Reigen der Marsflüge eröffnete die Sowjetunion, wobei ihr zunächst das Glück ebenso wenig hold war wie bei vielen anderen Weltraumprojekten: Die ersten drei Flüge in den Jahren 1960 und 1962 kamen nicht über die Erdumlaufbahn hinaus. MARS 1, gestartet am 1. November 1962, wurde zu einem Vorbeiflug in 200 000 Kilometer Entfernung vom Mars, ohne daß Informationen gewonnen werden konnten, weil die Kommunikation schon vorher zusammengebrochen war.
Auch Amerikas erster Marsflugversuch, MARINER 3, endete am 5. November 1964 in einem Fehlschlag. MARINER 4 hingegen, am 28. November 1964 gestartet, übertrug 21 Marsbilder zur Erde, als er in nur knapp 10 000 Kilometer Abstand am 14. Juli 1965 an dem Planeten vorbeiflog. Außerdem übermittelte die Sonde Daten über die Marsatmosphäre.
Weitere Bilder und Informationen kamen von den im Februar und März 1969 gestarteten Sonden MARINER 6 und 7. Auf diesen Aufnahmen zeichnete sich ein völlig neues Bild eines kraterübersäten Mars ab!
Die russische Sonde MARS 2 brachte im November 1971 zum erstenmal Daten aus der Marsumlaufbahn; der mitgeführte, vor dem Eintritt in die Marsumlaufbahn abgetrennte Landekörper allerdings stürzte auf der Marsoberfläche ab. MARS 3, am 28. Mai 1971 und damit 9 Tage nach MARS 2 gestartet, gelangte gleichfalls in eine Marsumlaufbahn; der Landekörper erreichte die Marsoberfläche und begann von dort ein Fernsehbild zu übertragen, jedoch fiel diese Übertragung bereits nach 20 Sekunden aus.
MARINER 9, gleich MARS 2 und 3 Ende Mai 1971 gestartet, wurde ebenfalls erfolgreich in eine Umlaufbahn um den Mars gebracht und übermittelte mehr als 7000 Fernsehbilder der Marsoberfläche. Die ersten Fotos zeigten einen riesigen Staubsturm, die späteren Aufnahmen Details der Oberfläche.
Zum Höhepunkt des Marsprogramms aber wurden die Untersuchungen der beiden amerikanischen Sonden VIKING 1 und VIKING 2. Am 20. August und 9. September 1975 von der Erde gestartet, landete VIKING 1 am 20. Juli und VIKING 2 am 3. September 1976 auf der Oberfläche des roten Planeten, während die dazugehörigen Umlaufkörper – VIKING-ORBITER genannt – den Mars in elliptischen Bahnen umflogen. Es fehlt hier leider der Platz, um dieses geradezu erregende Projekt (es hat über eine Milliarde Dollar gekostet) auch nur in den gröbsten Einzelheiten zu beschreiben. Festgehalten sei deshalb lediglich, das die Orbiter wie auch die Lander Hunderte von farbigen und schwarzweißen Bildern der Marsoberfläche übermittelten, während die Meßgeräte Informationen über die Beschaffenheit der Oberfläche des Planeten, über Gasdruck, Winde, Staubgehalt der Atmosphäre, chemische Zusammensetzung der »Luft« und Dutzende anderer Faktoren erbrachten. Nicht zuletzt sind hier die Analysen des Bodens auf Mikrolebewesen zu erwähnen, die äußerst merkwürdige, auch heute noch nicht völlig verständliche Informationen erbrachten. Ihre wahrscheinlichste Deutung besteht darin, daß sich auf dem Mars unter den dort herrschenden, völlig unirdischen Umweltbedingungen und unter dem unmittelbaren Einfluß des ultravioletten Sonnenlichtes exotische chemische Prozesse abspielen, die wir von der Erde her nicht kennen. Die Hoffnung, auf dem Mars auch nur primitivstes Leben oder Mikrolebewesen zu finden, muß wohl indessen aufgegeben werden – freilich, hundertprozentig kann man nicht ausschließen, daß es doch noch irgendwo Leben auf dem Mars gibt.
Die VIKING-Sonden erbrachten auch eine Reihe von Fotos der interessantesten Monde des Mars, Phobos und Deimos, Bilder, aus denen hervorgeht, daß auch diese Monde zahlreiche Krater auf ihrer Oberfläche zeigen.

Jupiter und jenseits

Ehrgeizigstes Projekt in der bisherigen Erforschung des Weltalls mit Raumsonden dürften ohne Zweifel jene Unternehmen sein, die den Jupiter und die jenseits seiner Bahn kreisenden Planeten zum Ziel haben. An diese Planeten haben sich bisher lediglich die Amerikaner herangewagt, und dies mit außerordentlichem Erfolg. Zwei Projekte wurden bisher durchgeführt, PIONIER 10 und 11 mit Starts im März 1972 sowie April 1973 und VOYAGER 1 und 2 mit Starts im August und September 1977.
Die PIONIER-Sonden flogen im Dezember 1973 und Dezember 1974 am Jupiter in Abständen von 130 000 bzw. 43 000 Kilometern vorbei und gewannen hervorragende Aufnahmen dieses mit zwölffachem Erddurchmesser größten Planeten im Sonnensystem sowie zahlreiche physikalische Daten über den Jupiter und die ihn umgebenden Magnet- und Strahlenfelder. Nicht anders als atemberaubend sind schließlich jene Fotos zu nennen, die VOYAGER 1 im Februar und März 1979 sowohl vom

Jupiter als auch von seinen Monden über eine Strecke von 800 Millionen Kilometern zur Erde übermittelte. (VOYAGER 2 ist zu dem Zeitpunkt, da diese Zeilen geschrieben werden, noch nicht am Jupiter eingetroffen, funktioniert bisher aber auch einwandfrei.) Auch diese Bilder wurden und werden wieder durch eine Fülle physikalischer Daten ergänzt.
Für die PIONIER- und die VOYAGER-Sonden ist der Planet Jupiter übrigens nur eine Station auf ihrem Weg, denn alle vier Sonden werden unser Sonnensystem auf Nimmerwiedersehen verlassen. PIONIER 11 wird im September 1979 an dem ringgeschmückten Planeten Saturn vorbeikommen, der im Mittel fast zehnmal soweit von uns entfernt ist wie die Sonne, nämlich knapp 1,5 Milliarden Kilometer. VOYAGER 1 wird im November 1980, VOYAGER 2 im August 1981 beim Saturn eintreffen. Von VOYAGER 2 schließlich erwartet man, daß er Ende

Oben links: Die Voyager-Raumsonde bei Tests im Weltraumsimulator des Laboratoriums für Strahlantriebe der NASA (JPL) in Pasadena, Kalifornien. Ein Techniker in Staubschutzkleidung überprüft die Intensität simulierter Sonnenstrahlung an den Meßgeräten.

Oben rechts: Voyager noch einmal aus anderer Perspektive im gleichen Simulator.

Rechts: Eine Tafel mit diesen Symbolen führen die Raumsonden Pionier 10 und 11 mit, die im Dezember 1973 und Dezember 1974 den Jupiter passierten und sich nun auf die Grenze des Sonnensystems zu bewegen. Es sind Botschaften an andere Intelligenzen im Weltall. Sollte eine der Sonden in Millionen von Jahren bei ihrer Odyssee durchs Weltall von intelligenten Wesen aufgegriffen werden, dann könnten diese den Ursprung der Sonde entziffern: Die Tafel zeigt, wie die Erbauer der Sonde aussehen, gibt eine Darstellung des Wasserstoffatoms als Basis, zeigt kosmische Radioquellen, die Pionier-Antenne als Größenmaßstab für die dargestellten Menschen sowie (unten) das Sonnensystem und den Ursprungsort der Sonde. Der Entwurf stammt von Prof. Carl Sagan.

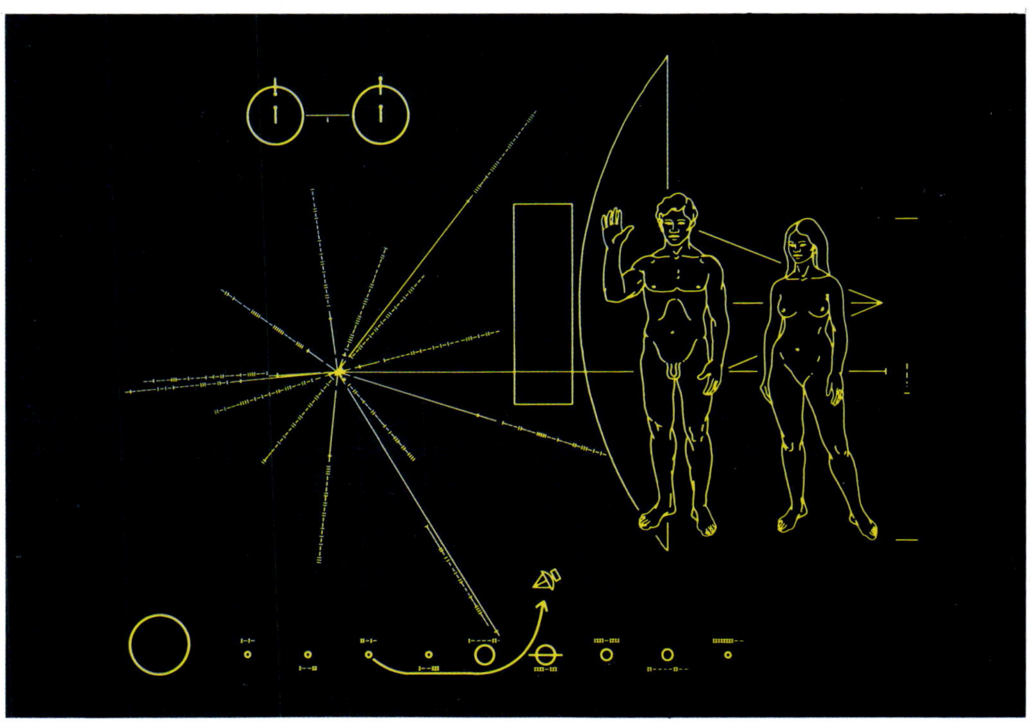

Januar 1986 den Planeten Uranus (der 2,8 Milliarden Kilometer von uns entfernt und am Himmel für das bloße Auge kaum noch erkennbar ist) passieren und dabei ebenfalls Bilder zur Erde übermitteln wird. 1989 werden die beiden VOYAGER-Sonden dieses 800-Millionen-Mark-Projekts die Bahn des Planeten Pluto überfliegen und damit unser Sonnensystem verlassen. An Bord tragen sie eine Reihe Botschaften von der Erde – für den unwahrscheinlichen Fall, daß sie in fernen Zeiten einmal auf intelligente Lebewesen stoßen sollten, die in der Lage sind, herauszufinden wie man die beispielsweise beigefügte Schallplatte abspielt...

Wir haben mit den letzten paar Zeilen in Gedanken kosmische Weiten durchmessen, die jeglicher Vorstellungskraft spotten. Dabei haben wir auch unseren Themenkreis, die *Geschichte* der Raumfahrt, durchbrochen, sind in Gegenwart und Zukunft hineingeraten.

Linke Seite: Dieses faszinierende Bild des Jupiter mit zwei seiner Monde (Io und Europa) im Vordergrund gewann VOYAGER 1 am 13. Februar 1979. Die Sonde befand sich etwa 20 Millionen Kilometer vom Jupiter entfernt, als sie das Bild aufnahm. Io ist ungefähr 350000 Kilometer, Europa 600000 Kilometer über der Wolkenschicht des Planeten, der zwölffachen Erddurchmesser hat. Die kleinsten Objekte, die man auf dem Bild sehen kann, haben etwa 400 Kilometer Ausmaß.

Rechts oben: Dieses Bild, das an ein modernes Gemälde erinnert, machte VOYAGER 1 am 1. März 1979 aus einer Entfernung von 5 Millionen Kilometern vom Jupiter. Die Aufnahme zeigt den Großen Roten Fleck (oben rechts) und daran nach Westen anschließend turbulente Regionen in der Jupiteratmosphäre. Die kleinsten Details, die das Bild zeigt, sind etwa 100 Kilometer groß.

Rechts: Dieses Bild gewann VOYAGER 2 beim Vorbeiflug am Planeten Saturn am 17. August 1981 aus 8,9 Kilometer Entfernung vom ringgeschmückten Planeten. Die Farbunterschiede zwischen den einzelnen Ringen könnten auf Unterschiede in der chemischen Beschaffenheit hindeuten.

Sonne

Doch bevor wir wieder zurückkehren zu unserem eigenen Heimatplaneten und auf ihm der Geschichte des bemannten Raumfluges des Menschen nachspüren, müssen wir noch zwei Raumsonden erwähnen, die den Weg ins *Innere* des Sonnensystems genommen haben, um den Geheimnissen *des* Sterns nachzuspüren, der das Leben auf unserer Erde überhaupt erst ermöglicht: die Sonne.

Es sind zwei Sonden, die in der Bundesrepublik Deutschland gebaut wurden, deutsche und amerikanische Forschungsgeräte an Bord tragen und mit amerikanischen TITAN-CENTAUR-Raketen 1974 und 1976 in Cape Canaveral gestartet worden sind: die Sonnensonden vom Typ HELIOS. HELIOS war das bisher einzige Raumsondenprogramm, das seinen Ursprung nicht in Amerika oder Rußland hatte, sondern in Deutschland. Es war ein Programm, dessen Verwirklichung besonders schwer war; es war geplant, die beiden Sonden näher an das Tagesgestirn heranzuschicken als alle bisherigen Raumflugkörper. Dies machte besondere Maßnahmen notwendig, verlangte raffinierte konstruktive Überlegungen. Sie erwiesen sich als zutreffend – beide Sonden wurden zu einem Erfolg.

HELIOS 1 wurde am 10. Dezember 1974 gestartet. Am 15. März 1975 erreichte die 370 Kilogramm schwere, garnrollenförmige Sonde mit einem Sonnenabstand von 48 Millionen Kilometern den sonnennächsten Punkt ihrer heliozentrischen Umlaufbahn. Spezielle Reflektoren, sogenannte Kaltspiegel, strahlten 90 Prozent der auf die Sonde auftreffenden Sonnenhitze wieder in den Raum zurück. In jeder Sekunde machte HELIOS eine Umdrehung um seine Achse, um die einfallende Hitze gleichmäßig auf seiner Oberfläche zu verteilen, während er seine Messungen vornahm und zur Erde übertrug. Es waren Untersuchungen über Strahlen- und Magnetfelder, Mikrometeoriten, die Sonnenstrahlung und andere Phänomene.

HELIOS 2, am 15. Januar 1976 gestartet, kommt der Sonne gar bis auf 45 Millionen Kilometer nahe und ist damit der intensiven Hitze noch stärker ausgesetzt als sein Vorgänger. Doch unangefochten übermittelte auch diese Sonde gleich HELIOS 1 eine Fülle an Informationen. Da nach dem Start von HELIOS 2 beide Sonden gleichzeitig arbeiteten, konnten Informationen aus zwei sonnennahen Bereichen miteinander verglichen werden. Durch Hinzunahme der Daten, die zur selben Zeit von den EXPLORER-Satelliten 47 und 50 eingingen, interplanetaren Meßplattformen in sehr exzentrischen Erdumlaufbahnen, konnten Daten aus weiten Bereichen des Sonnensystems miteinander korreliert werden. Damit ging ein Wunsch der Wissenschaftler in Erfüllung, den sie schon lange gehegt hatten. Die beiden Helios-Sonden haben den sonnennächsten Punkt ihrer Umlaufbahnen in der Zwischenzeit mehrfach passiert. Zu dem Zeitpunkt, da diese Zeilen geschrieben wurden (Mitte Juli 1979), arbeiteten sie noch immer einwandfrei und übermittelten weitere Information über den sonnennahen Weltraum. Die Erkundung unseres Sonnensystems mit so komplizierten und vielseitigen Raumsonden wie Viking, Helios und Voyager hat gerade erst begonnen. Von ähnlichen Sonden werden wir in der Zukunft noch viele Informationen über die Planeten, die Sonne und unser Sonnensystem allgemein erhalten. Sie werden uns Antworten auf Fragen geben, die sich die Menschen schon seit Jahrhunderten stellten, Fragen über die Entstehung der Erde, unseres Sonnensystems und des Kosmos, Fragen, die vom Erdboden aus nicht zu beantworten sind.

Linke Seite: Zwei Bilder der deutsch-amerikanischen Sonnensonde Helios während der Montage (oben) und einer Überprüfung (unten)

Rechts: Die Titan-Centaur-Rakete, mit der Helios 2 am 15. Januar 1976 gestartet wurde. Am oberen Teil der ersten Stufe sind die Flaggen der USA und der Bundesrepublik Deutschland zu erkennen – Symbol eines gemeinsamen Programms.

Bemannte Raumfahrt auf der Erde und um die Erde

Sehnsucht nach den Sternen

Die Geschichte der Raumfahrt hat uns gelehrt, daß die Idee eines Menschenfluges zu anderen Himmelskörpern am Anfang aller Raumfahrtbestrebungen stand. Die ersten Raumfahrtträumer sahen in ihrer Phantasie mächtige Raumschiffe zwischen den Planeten dahinziehen, sie sahen riesige Außenstationen, die Zwischenbahnhöfe beim Flug ins All darstellten, und für sie war eine Mondlandung die Ankunft von Menschen auf dem Erdbegleiter und nicht die eines seelenlosen Roboters aus Stahl, Kunststoffen und exotischen Metallen.

Daß der Weg zu dieser bemannten Raumfahrt so weit und so verschlungen sein würde, wie die Wirklichkeit uns das lehrte, unterstellte niemand. Der Grund für den langen Umweg über unbemannte Satelliten, Raumsonden und Roboter hängt mit der technischen Kompliziertheit einer bemannten Raumfahrt ebenso zusammen wie mit den äußeren Umständen – der politischen und militärischen Situation, der Art und Weise, in der Gelder bewilligt oder versagt werden, dem Prestigedenken und der Scheu der meisten Menschen vor großen, außergewöhnlichen Ideen.

Und doch hat der Gedanke an die bemannte Raumfahrt auch in ihrer ersten Phase der nüchternen Verwirklichung, in der Zeit der SPUTNIKS und EXPLORER, der militärischen Satelliten und des Prestigewettbewerbs zwischen Ost und West wie auch desjenigen zwischen einzelnen Gruppen und Institutionen stets mitgeklungen. Wir hörten, daß es selbst während der Vorbereitungen der ersten Mondsondenprogramme der NASA in den Jahren 1958 und 1959, ja selbst schon davor, bereits konkrete Gedanken an den Mondflug eines Menschen gab, die ihren Niederschlag in programmatischen Überlegungen fanden. Aber nicht nur theoretisch erörtert wurde die bemannte Raumfahrt zu jenem Zeitpunkt, sondern man bereitete sich in Form diverser Experimente und Versuche mit Tieren und Menschen, in Planungen und theoretischen Untersuchungen schon ernsthaft und aktiv auf sie vor.

Der Mensch in der Zerreißprobe

Die astronomische Grenze zum Weltall liegt in 1000, vielleicht 2000 Kilometer Höhe. Die technische Grenze findet sich in etwa 150 Kilometer Abstand von der Erdoberfläche. Für den Menschen hingegen beginnt der Weltraum bereits in weniger als 20 Kilometer Höhe, denn hier verläuft die atmungsphysiologische Grenze zum Raum, in 30 Kilometer Höhe die strahlenbiologische.

Betrachtet man die Raumfahrt vom Gesichtspunkt dieser funktionellen Weltraumgrenzen, so begann Raumfahrt für den Menschen bereits bei den ersten Höhenaufstiegen mit Ballonen, spätestens bei Piccard.

Und in der Tat waren es Ballonaufstiege von Menschen sowie Raketen- und Satellitenflüge mit Tieren und schließlich die Vorstöße in große Höhen und auf hohe Geschwindigkeiten mit Raketenflugzeugen wie Bell X-1A, SKYROCKET und X-15, mit denen für den Menschen der Raumflug begann.

Ein anderes Kapitel der beginnenden bemannten Raumfahrt wurde in jenen Laboratorien geschrieben, in denen man Menschen in Hitze- und Kältekammern, in Höhenkammern und auf Schleuderzentrifugen setzte, um zu erproben, welchen Andruck sie aushalten. Es waren jene Versuche, bei denen man mit strahlgetriebenen Flugzeugen Andruck- und Schwerelosigkeitskurven flog, um die Widerstandskraft des Menschen gegen die Einwirkungen zu erkunden, denen er beim echten Raumflug ausgesetzt sein würde. »Stärker als die Technik – der Mensch in der Zerreißprobe«, nannte Heinz Gartmann eines seiner Bücher, das sich mit dieser »Erprobung« des Menschen auf seine Raumflugtauglichkeit auseinandersetzt. Und in der Tat, der Titel ist treffend.

Solche Experimente bis kurz vor die Zerreißprobe wurden bereits vor dem Zweiten Weltkrieg angestellt. Die Luftfahrt war, was den Menschen und seine Belastung betrifft, durchaus Schrittmacher und Vorläufer der Raumfahrt; die Idee von Valier, daß der Weg zur bemannten Raumfahrt über das Raketenflugzeug führen würde, war ebenso legitim wie diejenige, daß man die bemannte Raumfahrt mit der ballistischen Rakete verwirklichen sollte. Es ist der zufällige Lauf der Weltgeschichte gewesen, der den Menschen zunächst den letztgenannten Weg gehen ließ; heute treffen im Raumtransporter beide Methoden endlich zusammen, um miteinander zu verschmelzen. Aber auch während all der vergangenen Jahre wurde von Dutzenden von Piloten und Technikern gleichzeitig der zweite Weg über das Flugzeug zur Raumfahrt beschrieben. Die Vorstöße auf immer größere Höhen und in den Bereich immer größerer Geschwindigkeiten, die sich während des Zweiten Weltkrieges diesseits und jenseits des Atlantiks abspielten, sind ein Beweis dafür.

Wir können in diesem Buch jenem interessanten Abschnitt der Luftfahrtgeschichte nicht folgen, können uns nicht befassen mit den Schwierigkeiten, die es bei der Entwicklung des Raketenflugzeugs X-15 und seiner Vorläufer gegeben hat, sondern wir können lediglich feststellen, daß auch dies Beiträge zur Vorbereitung der Raumfahrt waren. Doch halten wir einige Höhepunkte in Stichworten fest:

1939 ereignete sich der erste Flug eines Raketenflugzeuges, der Heinkel He 176, mit dem Piloten Erich Warsitz;

1941 wurde in Deutschland mit der Me 163 erstmals die Geschwindigkeitsgrenze von 1000 Kilometer pro Stunde überflogen; das ist hart an der Schallgrenze;

1947 durchbrach der amerikanische Pilot Charles Yeager diese Schallgrenze erstmalig mit dem strahlgetriebenen Flugzeug Bell XS-1; das Flugzeug erreichte Höhen von über 10 Kilometern;

1949 wurde an der Hochschule für Luftfahrtmedizin in Randolph Field in Texas von den Luftfahrtmedizinern Hubertus Strughold, einem gebürtigen Deutschen, und General Harry G. Armstrong eine Abteilung für Raumfahrtmedizin gegründet;

im November des gleichen Jahres kam das Raketenflugzeug SKYROCKET auf eine Höhe von etwa 20 Kilometern;

1951 erreichte Bill Bridgeman mit der SKYROCKET 24230 Meter Höhe;

1954 machte der Mediziner Harald von Beckh in Argentinien Schwerelosigkeits-Flugversuche mit Tieren, während in den USA der Fliegerarzt John Paul Stapp sich auf einem Raketenschlitten in Alamogordo mit halsbrecherischem Andruck abbremsen ließ …

1956 erzielte der Amerikaner Frank Everest mit der Bell X-2 die Geschwindigkeit Mach 3,3 – mehr als dreifache Schallgeschwindigkeit;

1957 begannen in Minnesota in den USA und bald darauf an Bord von Schiffen die Aufstiege der neu entwickelten Kunststoffballone des Deutschamerikaners Otto Winzen; Höhen von 29000 bis 34000 Meter wurden erreicht, die raumkapselartigen Ballongondeln verweilten bis zu 32 Stun-

Rendezvous in der Erdumlaufbahn: Während die AGENA-Rakete und die GEMINI-Raumkapsel des Fluges GEMINI-TITAN 11 mit 28000 Stundenkilometern die Erde umfliegen, sind sie relativ zueinander praktisch in Ruhe. Eine lose Leine verbindet sie miteinander.

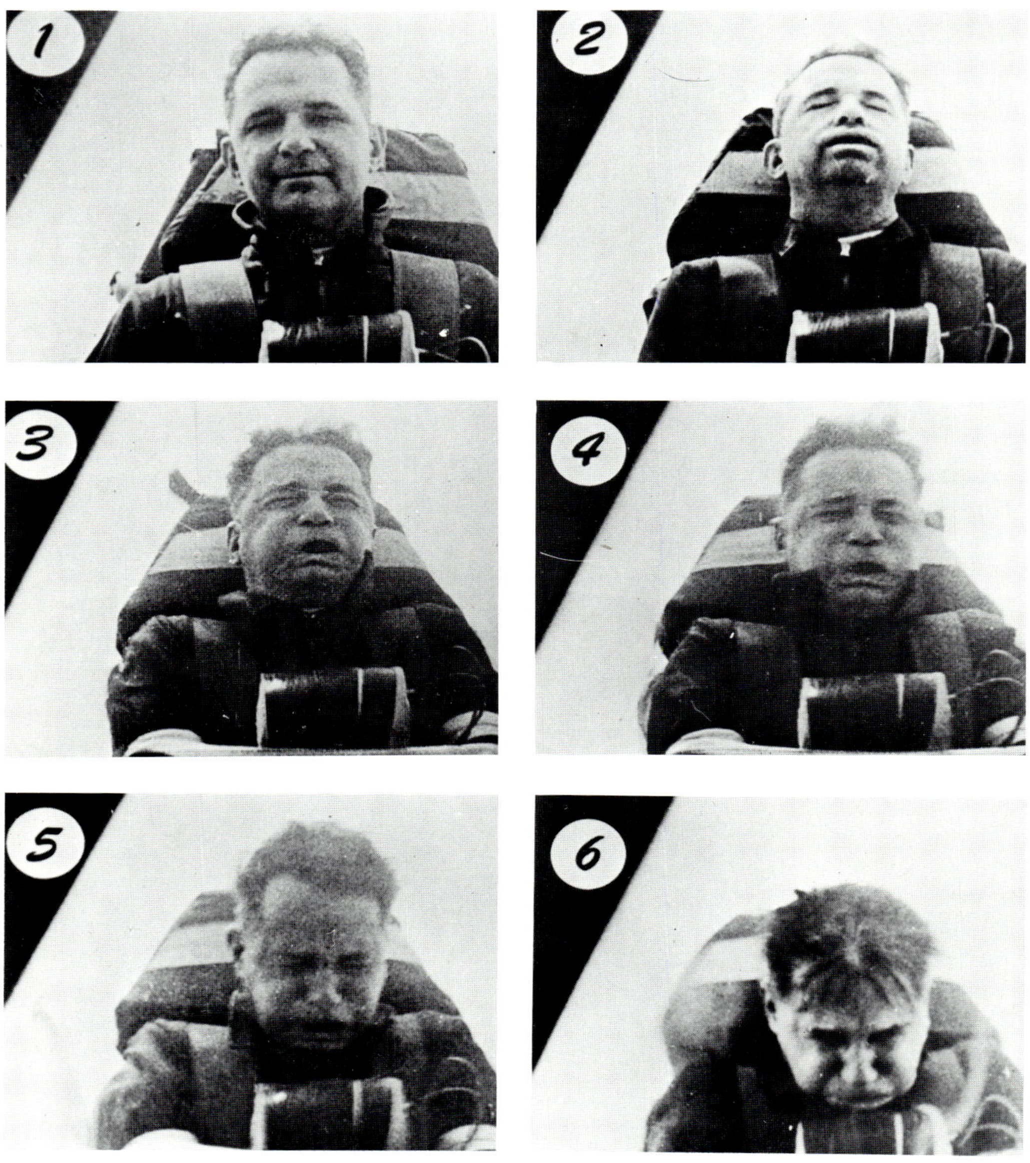

den in Höhen von 25000 Metern und darüber;
1959 begannen die ersten Testflüge mit dem Raketenflugzeug X-15, das schließlich im April 1962 auf über 75000 Meter Höhe steigen sollte – zu einem Zeitpunkt freilich, da Menschen in Raumkapseln die Erde bereits in mehreren hundert Kilometer Höhe umflogen hatten.
Alles dies waren erste Tests für den raumfliegenden Menschen, denn auf jenen Höhen muß er sich schon eines technischen Systems bedienen, das ihm die Umwelt- und damit Lebensbedingungen schafft, wie sie am oder nahe dem Erdboden herrschen.
Die Pläne für ballistische Umfliegungen der Erde durch Menschen hatten in Amerika bereits 1958 konkrete Gestalt angenommen und sich zu einem Programm verdichtet, dem »Project MERCURY«, dem MERKUR-Programm. (Auch in der Sowjetunion beschäftigte man sich zu dieser Zeit schon intensiv mit der Idee bemannter Flüge in der Erdumlaufbahn, doch der Westen ahnte noch nichts davon.)
Was das amerikanische Erdumfliegungsprogramm durch Menschen angeht, so wurde es im Oktober 1958 bei der NASA offiziell beschlossen und erhielt im November 1958 seinen Namen; doch seine gedanklichen Anfänge sind sehr viel früher zu suchen.

Ein Programm nimmt Gestalt an

Die offizielle NASA-Chronologie des MERKUR-Programms führt als erstes Datum den 16. März 1944 an und verweist auf eine Besprechung beim NACA. Dieses »National Advisory Committee on Aeronautics« (Nationales Beraterkomitee für Luftfahrt), dem wir in diesem Buch ja schon begegnet sind, war im März 1915 gegründet worden, um »die wissenschaftlichen Studien der Flugprobleme zu leiten und zu überwachen sowie Flugforschung und Flugexperimente zu betreiben«.
Bereits seit 1952 hatte sich NACA auch mit »Studien bemannter und unbemannter Flüge über 80 Kilometer Höhe und im Geschwindigkeitsregime von Mach 10 bis zur Fluchtgeschwindigkeit aus der Erdgravitation« beschäftigt. Bei der Konferenz vom 16. März 1944 nun wurde mit Vertretern der Luftwaffe und Marine über ein transsonisches Forschungsflugzeug gesprochen. Ein späteres Ergebnis jener Diskussionen waren die Flugzeuge der X-Serie: vom ersten Überschallexperimentierflug-

zeug Bell XS-1 bis hin zur North American X-15.
Unter dem Juni 1948 findet sich in der NASA-Chronologie der Hinweis auf »Albert«, den ersten Affen, der an Bord einer A-4-Rakete mitgeschickt wurde, um medizinische Erfahrungen über die Reaktion von Primaten auf Andruck und Schwerelosigkeit beim Raketenflug zu sammeln. Noch im Verlauf des gleichen Monats folgten drei weitere Versuche, aber in drei Fällen erstickten die Tiere, noch bevor ihre Rückkehrkapsel gefunden und geöffnet werden konnte, in einem Fall wurde das Tier »Albert 2« beim Aufschlag auf den Boden getötet.
Im September 1951 waren dann entsprechende Bemühungen bei einem AEROBEE-Flug erfolgreich: Ein Affe und elf Mäuse erreichten mit der Rakete knapp 73 Kilometer Höhe und kehrten wohlbehalten zur Erde zurück.
Im Januar 1952 veröffentlichte NACA einen Bericht mit mehreren Projektvorschlägen für unbemannte und bemannte Flüge über die Atmosphäre der Erde hinaus. Im Juni des gleichen Jahres nahm die Marine in Johnsville im Staate Pennsylvanien eine große Zentrifuge für Andruckuntersuchungen am Menschen in Betrieb; diese Anlage wurde später zu einem Bestandteil des Trainings- und Ausbildungsprogramms der MERKUR-Astronauten.
Im Mai 1954 wurden von NACA Eigenschaften für ein Forschungsflugzeug definiert, das später in Gestalt der X-15 gebaut wurde, im Juli des gleichen Jahres ein Memorandum für die Entwicklung dieser Maschine unterzeichnet.
Im August 1954 erhielt die Schule für Luftfahrtmedizin in Randolph Field den ersten Weltraumsimulator. Im März 1956 leitete die amerikanische Luftwaffe ein Projekt ein, das sich »Bemanntes Ballistisches Raketenforschungssystem« nannte und das Ziel hatte, eine bemannte Raumkapsel aus der Erdumlaufbahn wiederzugewinnen. Hier also begegnen uns die Vorläufer des späteren zivilen MERKUR-Programms!
Es war zugleich der Entstehungszeitpunkt für das Konzept der ATLAS-AGENA-Rakete (die zweite Stufe hieß damals allerdings noch nicht AGENA, sondern wurde HUSTLER genannt), denn dieses zweistufige Aggregat sollte die Raumkapsel in die Umlaufbahn tragen. Zwar bestand das Unternehmen zunächst nur aus Papierstudien, das eigentliche Gerät wurde nie entwickelt, aber einen zusätzlichen Anstoß zur bemannten Raumfahrt gab das Projekt dennoch.

Linke Seite oben: Raketenschlitten des Oberst John Paul Stapp.

Linke Seite unten: Sechs Phasenaufnahmen von Stapp während der enormen Abbremsung des Schlittens mit 25 g

Rechte Seite oben: Diese Zentrifuge von Johnsville – hier in fortentwickelter Version – diente der Ausbildung der ersten Astronauten des MERKUR-Programms.

Unten: Die Zentrifuge im Johnson-Raumflugzentrum der NASA, auf der die APOLLO-Astronauten Andruckexperimente über sich ergehen lassen mußten.

Mitte 1959 hatten sich bei NACA zwei Forschergruppen herausgebildet, die sich intensiv mit dem bemannten Raumflug auseinandersetzten; die eine untersuchte Flugzeugleistungen in großen Höhen und bei hohen Geschwindigkeiten, die andere bearbeitete den Hyperschallflug und das Problem des Wiedereintritts in die Erdatmosphäre aus der Umlaufbahn.
Schon zuvor hatten die Forscher von NACA bei einer Konferenz festgestellt, daß die X-15 einen Nachfolger haben müsse. Im Oktober 1957 kreierten sie deshalb die X-20, das spätere DYNA-SOAR-Programm, einen von einer ballistischen Rakete emporgetragenen Raumgleiter. Dieses Projekt der Luftwaffe wurde leider Ende April 1960 abgebrochen. In Gestalt des Raumtransporters ist es in unserer Zeit wieder auferstanden.
Im November 1957 stellte der raumfahrtbegeisterte Ingenieur Maxime Faget von NACA ein Konzept für ein bemanntes Raumfahrzeug vor. Faget, der im weiteren bemannten Raumfahrtprogramm der USA eine wichtige Rolle spielen sollte, ging bei diesem Vorschlag von existierenden ballistischen Raketen als Antriebsgeräten aus, schlug Feststoffraketen für die Abbremsung zum Wiedereintritt in die Erdatmosphäre und eine auftriebslose Form für die Raumkapsel vor. Sein Konzept wurde als der sicherste und gleichzeitig am schnellsten zu verwirklichende Vorschlag für erste bemannte Raumflüge angesehen und später in der Tat für das MERKUR-Programm übernommen.
Im Januar 1958 machte Faget zusammen mit Paul Purser einen weiteren Vorschlag für ein feststoffgetriebenes Erprobungsgerät, das später unter dem Namen LITTLE JOE für Vorversuche zum MERKUR-Projekt benützt wurde.
Nun sind wir bereits in jener Periode, da Rußlands erste künstliche Satelliten die Gemüter aufgeschreckt und die Frage bemannter Erdumfliegungen aus dem Bereich technisch-wissenschaftlicher Wunschbemühungen in die Politik und den Strudel öffentlicher Meinungen hineingerissen hatten: Ob und wie schnell Amerika bemannte Raumflüge durchführen sollte, wurde damit auch im Kongreß

Oben: DYNA-SOAR X-20 beim Start mit einer GEMINI-Rakete. Das Bild ist eine Zeichnung; zur Durchführung des DYNA-SOAR-Programms kam es leider nie.

Unten: So hätte der Wiedereintritt von DYNA-SOAR in die dichtere Atmosphäre ausgesehen, ein langsam bremsender Gleitflug, wie er jetzt beim Raumtransporter verwirklicht wird.

der Vereinigten Staaten und im Weißen Haus zu einem brennenden Diskussionsgegenstand. Der Armeegeneral James Gavin hatte SPUTNIK 1 und die daraus resultierende Erkenntnis, daß Amerika von der Sowjetunion aus mit ICBMs beschossen werden könne, als ein »technologisches Pearl Harbor« bezeichnet, und genauso dachten viele Menschen.
Im März 1958 hatte die Luftwaffe ein Projekt initiiert, das sie »Man in Space Soonest« (MISS) nannte, also auf deutsch etwa »Einen Menschen so bald wie möglich im Weltraum«.
Präsident Eisenhower entschied sich für die Gründung der NASA und für ein bemanntes Raumfahrtprogramm. Vom Kongreß verlangte er für die Erstausstattung der neuen Behörde 125 Millionen Dollar.
Noch vor ihrer offiziellen Gründung wurde die NACA-Nachfolgerin NASA mit der Durchführung des von Eisenhower verlangten bemannten Programms betraut. Der Präsident verlangte jedoch gleichzeitig ausdrücklich, daß die späteren Astronauten – damals noch Weltraum-Testpiloten genannt – Militärs sein sollten. Mit dieser Entscheidung des Präsidenten war die Luftwaffe weitgehend aus der zivilen bemannten Raumfahrt ausgeschlossen; die Armee weigerte sich zunächst, die angeordnete Eingliederung der Von-Braun-Gruppe in die zivile Raumfahrtbehörde zu vollziehen. In der Tat wurde es September 1960, bevor das zivile Marshall-Raumflugzentrum der NASA in Huntsville formal die Arbeit aufnahm; Direktor dieses für die Entwicklung zukünftiger bemannter Raumraketen entscheidenden Zentrums wurde Wernher von Braun.
Auf politischer Ebene war zu jener Zeit insbesondere der spätere Präsident Lyndon B. Johnson aus Texas, damals Sprecher der Mehrheit im Senat, in Sachen Raumfahrt äußerst aktiv. Er sorgte für die Gründung eines speziellen Raumfahrtkomitees im amerikanischen Senat, und auch im Repräsentantenhaus wurde ein entsprechender Ausschuß gebildet. In einer Botschaft Präsident Eisenhowers vom 2. April 1958 an den amerikanischen Kongreß ist auch bereits von bemannten Flügen zum Mond die Rede. Eisenhower apostrophierte den Erdbegleiter als Ziel und stellte fest: »Einen Menschen auf dem Mond zu landen und ihn sicher zur Erde zurückzubringen, verlangt eine sehr große Rakete . . .« – dies zu einem Zeitpunkt, zu dem es noch nicht einmal das MERKUR-Programm gab!
Im März 1958 hatte Max Faget einen Bericht veröffentlicht, der zur Grundlage des MERKUR-Programms werden sollte. Sein Titel: »Einführende Studien zu bemannten Satelliten ohne Tragflächen und ohne Auftrieb«. Im April 1958 konzipierten Faget und seine Mitarbeiter jenen Konturenstuhl, der den Umrissen des Astronauten angepaßt ist und damit den Andruck in der Beschleunigungs- und Abbremsphase eines Raumfahrzeugs leichter erträglich macht. Derartige Konturenstühle wurden später selbstverständlicher Bestandteil eines jeden amerikanischen Raumfahrzeugs; sie wurden sogar individuell für jeden Astronauten angefertigt, um seinen Körperkonturen völlig zu entsprechen.
Und nun begannen die Verhandlungen über Geld und Produktion des vorgesehenen Raumfluggeräts. Im Langley-Forschungszentrum der NASA, wo sich die Kernmannschaft des späteren Zentrums für den bemannten Raumflug (Johnson-Raumflugzentrum) zusammenfand, wurde das Projekt entwickelt. Industriefirmen, die auf eigene Faust Vorstudien zu diversen Raumflugvorschlägen gemacht hatten, boten ihre Projekte an. Im August 1958 erklärte Präsident Eisenhower, daß nunmehr die NASA, deren Gründung im Juli durch Gesetz beschlossen worden war, alle Luft- und Raumfahrtforschungsaktivitäten von NACA fortführen würde, insbesondere das Projekt für einen bemannten Raumflug.
Zu dieser Zeit hatten Marine und Luftwaffe bereits diverse Trainingsprogramme laufen, die zwar auf die Fliegerei abgestellt waren, im Grunde genommen aber ein Vorstadium für Raumfahrttraining und Raumfahrtausbildung darstellten. So war es bis zu diesem Zeitpunkt bereits gelungen, in der Zentrifuge von Johnsville einen Menschen dem zwanzigfachen Andruck zu unterwerfen (er saß in einem von Faget entworfenen Konturenstuhl) und hatte John Paul Stapp auf seinem Raketenschlitten in Neu-Mexiko kurzzeitig das Zweieinhalbfache dieses Wertes – 50 g – ertragen!
Ebenfalls zur gleichen Zeit hatte Max Faget die Idee, der vorgesehenen Raumkapsel eine Feststoffrakete aufzustülpen, die im Falle eines Versagens oder einer Explosion der Trägerrakete die Kapsel von dieser Trägerrakete trennen sollte, um auf diese Weise den Piloten samt der am Fallschirm absinkenden Kapsel retten zu können.
Im September und Anfang Oktober 1958 schließlich kam es in der Zentrale der neuen Raumfahrtbehörde NASA zu mehreren Treffen, an denen heute aus der späteren Raumfahrtentwicklung wohlbekannte Personen teilnahmen: Robert Gilruth, der spätere Direktor des Johnson-Raumflugzentrums in Houston, Maxime Faget, George Low, der spätere APOLLO-Programmdirektor, und so weiter. Bei diesen Treffen wurden die Detailpläne für das MERKUR-Projekt diskutiert.
Verhandlungen mit der Armee in Huntsville über den Ankauf von REDSTONE- und JUPITER-Raketen sowie mit der Luftwaffe über denjenigen der ATLAS begannen: Man hatte sich entschlossen, für unbemannte Vorversuche und bemannte ballistische Flüge die REDSTONE, für die Flüge in die Umlaufbahn die schubkräftigere ATLAS-Rakete zu wählen. Das aber bedeutete, daß diese Raketen speziell gefertigt und überprüft werden mußten, denn man verlangte von einer Rakete, die einen Menschen tragen sollte, natürlich weitaus größere Zuverlässigkeit als für Raketen, die Geschoßköpfe oder wissenschaftliche Meßinstrumente transportierten. Auch die LITTLE-JOE-Raketen mußten beschafft werden, gebündelte Feststoffraketen, mit denen Vorversuche mit Modellen der Raumkapsel gemacht werden sollten.
Gleichzeitig begannen Abwürfe der inzwischen gebauten originalgroßen Kapselmodelle vom Flugzeug aus, um Flugeigenschaften der Raumkapsel, Fallschirmentfaltung und ähnliche Dinge zu überprüfen. Was die Herstellung der endgültigen, flugfähigen Raumkapsel betraf, so bewarben sich 40 Industriefirmen um diesen Auftrag. Zwanzig von ihnen machten spezifische Einzelangebote. Inzwischen erhielt das Unternehmen auch endlich einen Namen. Am 26. November 1958 wurde es, wie erwähnt, »Projekt MERKUR« benannt.
Modelle der MERKUR-Kapsel wanderten in diverse Windkanäle. Untersuchungen über die Aufheizung der Kapsel beim Eintritt in die Atmosphäre wurden angestellt, ein Hitzeschild aus Glasfaser und Kunstharz für ablative Kühlung entwickelt, der Wiedereintrittstemperaturen von fast 1700 Grad widerstehen mußte. Konstruktionsänderungen wurden verfügt, dann Abänderungen dieser Änderungen. Diese wenigen Andeutungen über die Vielfalt der technischen Aufgaben, die gelöst werden mußten, um einen Menschen in die Erdumlaufbahn zu schicken, mögen genügen, obgleich sie nur eine vage Vorstellung davon vermitteln, welche Vielzahl an Problemen anstanden, wie viele ungelöste Fragen es gab.

Weltraummedizin

Aber da war noch ein anderer Aspekt: der Mensch. Er mußte mit dem technischen Gerät vertraut gemacht werden, mußte wissen, was bei einem Flug jenseits der

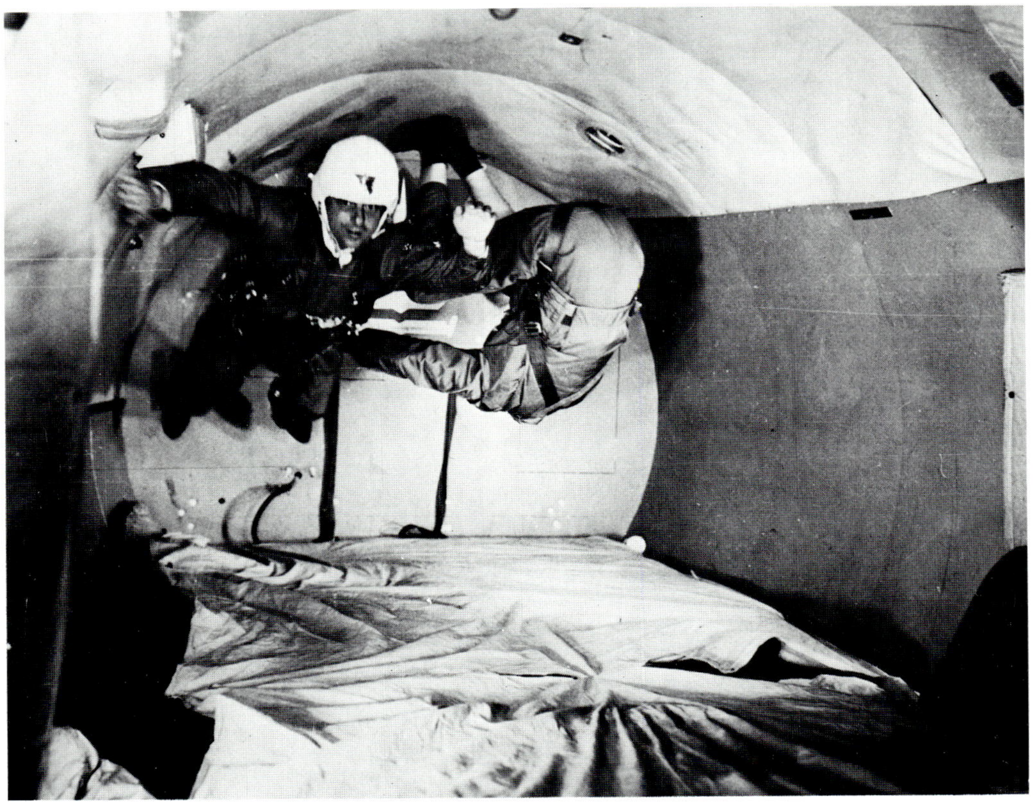

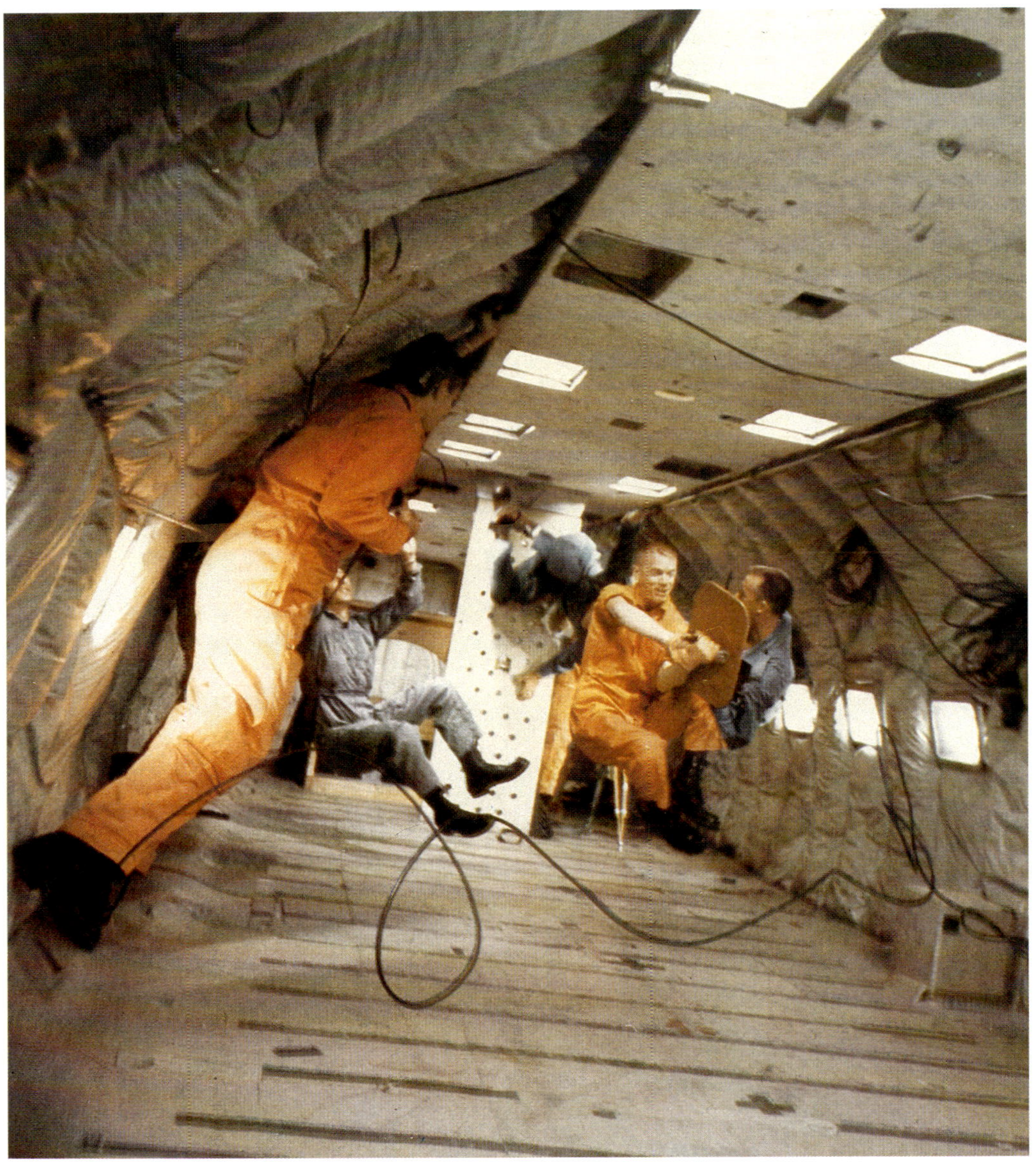

Grenze der Atmosphäre vor sich gehen würde, diesem Flug unter Schwerelosigkeit bei einer Geschwindigkeit von 28000 Kilometern in der Stunde. Dies war dem Menschen bisher ebenso wenig bekannt, wie er nicht wußte, was ihm beim Wiedereintritt der Raumkapsel in die Erdatmosphäre widerfahren würde. Beim Start der Rakete würde der Pilot infolge der heftigen Beschleunigung der Rakete das Fünf- oder Sechsfache des normalen Andrucks erleben; das Blut in seinen Adern würde halb so schwer wie Blei werden. Bei der Bremsverzögerung des Wiedereintritts könnten gar 8 oder 9 g auftreten!

Anfang Januar 1959 legte die NASA die Qualifikationen für die Piloten des MERKUR-Projekts fest. Sie lauteten: jünger als 40 Jahre, kleiner als 1,80 Meter (diese Begrenzung hatte mit den Ausmaßen der Raumkapsel zu tun), hervorragende Gesundheit, Absolvent einer Testpilotenschule, mindestens 1500 Flugstunden, Erfahrungen als Pilot einer Strahltriebwerksmaschine, also eines »Düsenflugzeugs«, und Abschlußprüfung auf wissenschaftlichem oder technischem Gebiet.

Einige der Phänomene, die auf die künftigen Astronauten warteten, konnten am Erdboden simuliert werden, so etwa das Atmen reinen Sauerstoffs verminderten Drucks. (Die MERKUR-Kapsel sollte aus technischen Gründen ein »Einstoffsystem« für die Atmung tragen und keine Luft mitführen, die ein Gemisch aus Sauerstoff und Stickstoff ist.) Auch den Andruck konnte man mit Schleuderzentrifugen nachahmen. Mit der Schwerelosigkeit jedoch war das anders. Hier gab es bisher nur Hinweise, die bei ein paar Versuchsflügen von Tieren in Höhenraketen und, was den Menschen betraf, beim Fliegen von Teilen parabolischer Kurven mit Hochgeschwindigkeitsflugzeugen gewonnen worden waren. Doch die Raketen-Tierversuche hatten nur für wenige Minuten Schwerelosigkeit erbracht; bei den Versuchsflügen von Menschen trat Schwerelosigkeit oder verminderte Schwere gar nur für 20, 30 Sekunden, maximal eine Minute auf. Derartige Versuchsflüge mit Menschen zur kurzzeitigen Erzeugung von Schwerelosigkeit hatte Heinz von Diringshofen bereits 1937 bis 1939 in Deutschland gemacht, indem er mit einem Flugzeug Sturzflüge veranstaltete und den sich aufbauenden Luftwiderstand durch Motorenantrieb kompensierte, also während des vertikalen Sturzes zusätzlich Gas gab. Er erreichte auf diese Weise bis zu acht Sekunden währende Schwerelosigkeit. Von Diringshofen stellte bei diesen Flügen durch das Fliegen entsprechender Figuren auch umfangreiche

Linke Seite: Zweimal kurzzeitige Schwerelosigkeit im Flugzeug. Im oberen Bild ein früher Schwerelosigkeitsversuch mit Harald von Beckh (links), im unteren Bild Schwerelosigkeit der amerikanischen MERKUR-Astronauten.

Rechts oben: Biomedizinische Instrumentierung eines Affen für einen Raumflug. Der weiße Anzug, den der Techniker bereithält, trägt zahlreiche Elektroden zur Datenabnahme am Körper des Tieres.

Rechts unten: »Dies ist die höchste Stufe der Welt«, steht an der Ballongondel, aus der Major Joseph Kittinger am 2. Juni 1957 in 29 644 Meter Höhe, bekleidet mit einem Raumanzug, absprang.

Experimente über den Andruck an (er erreichte bis zu 5 g!) und erforschte Orientierungsstörungen beim Trudeln. Außerdem experimentierte er am Boden mit Zentrifugen sowie Unterdruckkammern und leistete damit entscheidende Beiträge zur Luftfahrtmedizin, ja, in bescheidenem Maße auch bereits zu der damals noch nicht existierenden Raumflugmedizin.
In Argentinien machte in den Jahren ab 1951 Harald von Beckh Experimente mit Tieren, so Schildkröten, und auch mit Menschen über Orientierungs- und Koordinationsstörungen bei Sturzflügen. Er erreichte Schwerelosigkeit oder verminderte Schwere bis zu 7 Sekunden Dauer.
In den USA begann man sich Ende der vierziger Jahre für die Weltraummedizin zu interessieren. Im November 1948 organisierte General Armstrong an der Schule für Luftfahrtmedizin der amerikanischen Luftwaffe in Randolph Field in Texas ein Diskussionstreffen über »Luftfahrtmedizinische Probleme des Raumfluges«; ein Jahr später gründete er, wie wir hörten, an dieser Schule die Abteilung für Raumfahrtmedizin. Neben den Tierversuchen mit Höhenraketen, die nun einsetzten, wurden weitere intensive raumfahrtmedizinische Untersuchungen am Boden und mit Flugzeugen angestellt.
Dr. Paul Campbell, zu jener Zeit Direktor für Forschung an der Luftwaffenschule für Luftfahrtmedizin, interessierte sich sehr für die Raumflugmedizin und förderte sie bestens, Dr. John Marbarger, Direktor des

Umwelt- und Luftfahrtmedizin-Laboratoriums an der Universität von Illinois, Dr. Heinz Haber, der geborene deutsche »Vater der Raumfahrtmedizin«, Professor Hubertus Strughold vom Luftwaffenstützpunkt Brooks in San Antonio, Texas – sie alle trieben Entwicklung und Erkenntnisse auf diesem neuen Gebiet der Medizin intensiv voran, überzeugt von der Bedeutung der zukünftigen Raumfahrt des Menschen.
In Holloman Air Force Base in Neu-Mexiko machte Harald von Beckh, von Argentinien in die USA übergesiedelt, als wissenschaftlicher Direktor des luftfahrtmedizinischen Instituts weitere Flugexperimente. Außerdem bildeten er und seine Mitarbeiter dort jene Affen aus, die dem Menschen beim Flug in die Erdumlaufbahn vorausgehen sollten. Diese Ausbildungen waren so umfangreich und mit so vielen Lernvorgängen für die Tiere verbunden, daß man das Institut alsbald »Schimpansen-Universität« nannte.
Und noch eine andere Methode, bestimmte Aspekte der Weltraummedizin zu untersuchen, war entstanden: der hochfliegende Ballon. Durch bemannte Ballonaufstiege sammelten Luftwaffe und Marine Erfahrungen über Atemversorgung, psychisches Gefühl in einer kleinen Kammer in großer Höhe, Wärmeeinflüsse und dergleichen mehr. Sie hatten Ende der fünfziger Jahre bei der Firma Winzen große Ballone und dazugehörige Gondeln bauen lassen.
Otto C. Winzen, Gründer dieser Firma, hatte in den vierziger Jahren die ersten großen Kunststoffballone entwickelt, unter anderem um der Forschung ein neues, billiges Transportmittel für ihre Apparaturen in die hohe Atmosphäre zur Verfügung zu stellen. Die ersten derartigen Ballone bestanden aus speziell entwickeltem Polyäthylenfilm von nur etwa 1/50 Millimeter Stärke. Derartige dünne Ballonhüllen mit 10000 Kubikmeter Fassungsvermögen brachten erstmals im September 1947 Nutzlasten von 30 Kilogramm auf etwa 30 Kilometer Höhe. Inzwischen haben die größten dieser Ballone, heute aus dem von Winzen entwickelten Stratofilm fabriziert und noch dreimal dünner, ein Volumen von 2 Millionen Kubikmeter und Höhen bis etwa 55 Kilometer erreicht. Dort liegen 99,6 Prozent der Masse der Atmosphäre unter dem Ballon!
Bemannte Aufstiege mit solchen Ballonen für Luftwaffe und Marine begannen 1957 und wurden bis in die sechziger Jahre durchgeführt.
Beim Internationalen Astronautischen Kongreß in Barcelona im Oktober 1957 war Otto Winzens Vortrag über den Ballonaufstieg von Major Simons im August 1957 auf über 30000 Meter mit einer Aufenthaltszeit von 32 Stunden neben SPUTNIK 1 das meist interessierende Thema.
Die Erfahrungen, die bei diesem und späteren Ballonaufstiegen in geschlossenen wie auch offenen Gondeln von den Piloten gesammelt wurden, waren wichtige Beiträge zur künftigen Raumfahrt mit Weltraumkapseln nach Art des MERKUR-Geräts.
Doch zurück zur Astronautenauswahl. Auf Grund der Spezifikationen ermittelte die NASA nach einem Aussiebverfahren 110 Luftwaffenpiloten, die als MERKUR-Astronauten in Frage kamen, und befragte 69 von ihnen, ob sie Lust hätten, den Pilotensitz in einem Düsenflugzeug mit demjenigen in einer Raumkapsel zu vertauschen. 53 waren bereit. Durch weitere harte Kriterien und körperliche Tests wurden schließlich bis zum April 1959 sieben Mann ausgewählt, die von der NASA zu Astronauten ausgebildet wurden.
Auch die vielen anderen Entwicklungen, Konstruktionen und Anlagen, die für das Unternehmen benötigt wurden, waren inzwischen in Angriff genommen worden. Es wurde entschieden, daß neun Tierflüge mit LITTLE-JOE-, REDSTONE-, JUPITER- und ATLAS-Raketen den jeweiligen bemannten Flügen vorausgehen sollten.
Bei der Marine liefen die Vorbereitungen für die Bergung der Astronauten aus den Wasserungsgebieten an. Aus diversen technischen Gründen konstruierte man die Raumkapsel für eine Wasserung statt einer Landung auf festem Boden, obgleich sie im Notfall auch auf Festland hätte aufsetzen können, ohne ihren Passagier in Mitleidenschaft zu ziehen.
Die Bodenverfolgungsstationen mußten geplant und hergerichtet und das ganze weltweite Kommunikationsnetz durchdacht und erstellt werden. Ganze Computerbänke für Bahnverfolgung und Analyse mußten aufgebaut, das Kommunikationszentrum im Goddard-Raumflugzentrum der NASA in Greenbelt, Maryland, in der Nähe Washingtons errichtet werden.
Parallel zu diesen Vorgängen lief die Fertigung der Raumkapseln, der Raketen, der Raumanzüge für die Astronauten und spielten sich die diversen Erprobungen zu Lande, auf dem Wasser und in der Luft so-

Linke Seite außen: Amerikas erste sieben Astronauten, die für das Merkur-Programm ausgebildet wurden. Von links nach rechts: Carpenter, Cooper, Glenn, Grissom, Schirra, Shepard und Slayton

Linke Seite innen: Überlebenstraining im Dschungel gehörte mit zur Ausbildung der ersten Astronauten: Ihre Landung hätte ja im Notfall in irgendwelchen Urwäldern weitab der Zivilisation erfolgen können, und dort hätte es geheißen, allein auf sich gestellt zu überleben.

Oben: Training im Bewegungssimulator des Merkur-Programms. Die Lampen haben die Bewegung der letzten Augenblicke nachgezeichnet; das unkontrollierte Trudeln wird geübt.

Oben rechts: Sowjetisches Raumfahrt-Trainingszentrum. Im Vordergrund der Simulator für das Sojus-Raumfahrzeug

Mitte: Sowjetische Raumfahrtausbildung: Verständigung in der Taiga mit dem Such- und Rettungshubschrauber durch Fackeln

Unten: Obgleich sowjetische Raumfahrzeuge in der Regel auf dem Festland aufsetzen, muß auch die Notwasserung von den Kosmonauten geübt werden.

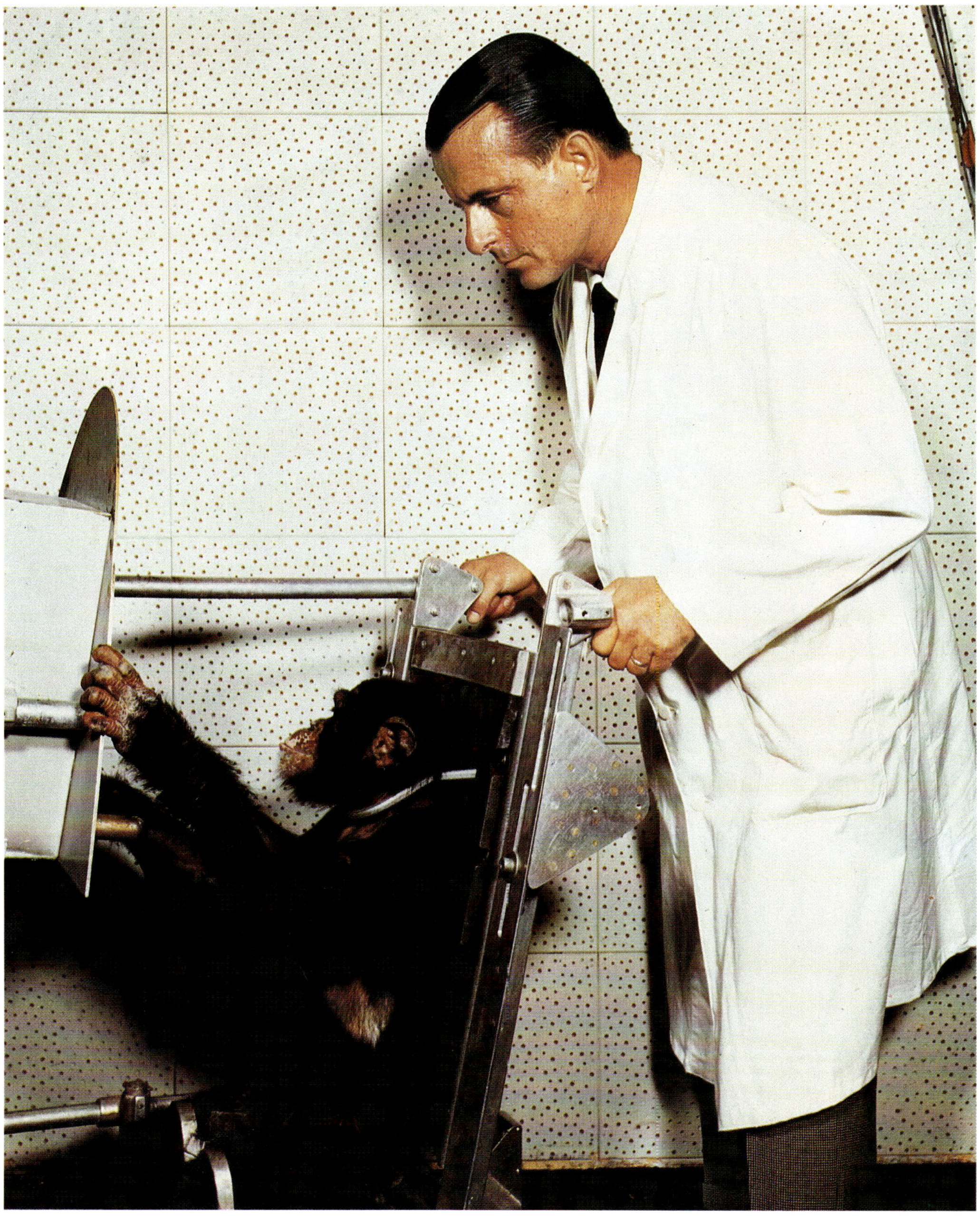

Links: Schimpanse Ham, der erste Affe, der einen ballistischen Raketenflug mit einer REDSTONE-Rakete unternahm bei der Belohnung für gutes Training: Wenn die Affen farbige Lichter mit den richtigen Hebelgriffen beantworteten, gab es eine Bananenpille. Rund 100 Affen wurden ab 1959 am luftfahrtmedizinischen Institut der amerikanischen Luftwaffe in Alamogordo in Neu-Mexiko ausgebildet. Rechts im Bild Dr. Harald von Beckh, Chefwissenschaftler des Instituts und »Chef« von Ham.

Rechts: Aufbringen der MERKUR-Raumkapsel auf eine REDSTONE-Trägerrakete für den zweiten bemannten ballistischen Flug von Grissom, der im Juli 1961 stattfand

wie darüber hinaus im Weltraum ab.
Die frischgebackenen zukünftigen Astronauten gingen sofort in die Ausbildung. Sie reichte von der Technik über körperliches Training und Tests in Zentrifugen, Hitze- und Kältekammern sowie bei Schwerelosigkeitsflügen mit Düsenflugzeugen bis hin zum Überlebenstraining im Urwald und auf hoher See (für den Fall, daß die Bergungsmannschaften nicht schnell genug zur Stelle sein würden) und Unterricht in astronomischer Navigation.
Wissenschaftliche Experimente, die die Astronauten während der Flüge anstellen sollten, wurden ausgewählt.
Die diversen Ausbildungen der künftigen Raumflieger erstreckten sich über das ganze Land; die Astronauten in spe wurden so zunächst zu andauernden Luftreisenden; bald waren sie in Cape Canaveral, bald im Ausbildungszentrum Langley, bald in Johnsville in der Zentrifuge, bald auf dem Höhenraketenstartplatz Wallops Island, wo die MERKUR-Kapsel und ihr Rettungssystem erprobt wurden. Zu der körperlichen Erprobung und Ertüchtigung kamen Übungsflüge in Düsenflugzeugen und eine Fülle an Theorie hinzu. Dieses harte Ausbildungs- und Trainingsprogramm erstreckte sich über mehr als zwei Jahre.
Alles dies ging natürlich nicht ohne gelegentliche Schwierigkeiten vor sich. Konferenzen wurden abgehalten, um Pläne zu ändern, neue Ideen einzubringen, Starttermine festzulegen, Versuchsergebnisse zu analysieren.
Endlich, am 9. September 1959, konnte die erste MERKUR-Kapsel zu Versuchszwecken unbemannt in Cape Canaveral gestartet werden.
Weitere Testflüge – teils Erfolge, teils Versager – folgten.
Am 31. Januar 1961 hatte eine MERKUR-Kapsel zum erstenmal einen Passagier an Bord, den Schimpansen Ham. Obgleich es einige Störungen gab, konnte Ham nach einem ballistischen Flug auf 253 Kilometer Höhe und über eine Strecke von 212 Kilometern (höher und weiter als erwartet) lebend geborgen werden. Grinsend nahm er den ihm zur Belohnung gereichten Apfel entgegen. Als man ihm allerdings einige Zeit später eine Raumkapsel noch einmal zeigte, gab er deutlich zu erkennen, daß er an einer weiteren Mitarbeit im Raumflugprogramm nicht mehr interessiert war. Im übrigen lebt Ham noch heute, fast 25 Jahre alt, wohlbehalten in einem Ehrenkäfig des Washingtoner Zoos.
Mit diesem Tierflug war das System, zumindest für die vorbereitenden ballistischen Flüge, erprobt. Das Programm konnte beginnen.

Menschen in der Erdumlaufbahn: WOSTOK und MERKUR

Der erste Flug eines Menschen mit einer MERKUR-Kapsel sollte ein ballistischer Flug ähnlich demjenigen des Schimpansen Ham werden. Nach vier erfolgreichen ballistischen Flügen sollte der erste Umlaufbahnflug – eine dreimalige Umrundung der Erde durch einen Astronauten in der MERKUR-Kapsel – stattfinden.
Ab Anfang 1961 trafen MERKUR-Raumkapseln und Trägerraketen für die ballistischen und die Umlaufbahnflüge in Cape Canaveral ein. Die drei Astronauten John Glenn, Virgil Grissom und Alan Shepard absolvierten in Bodenanlagen simulierte Flüge und trainierten in Zentrifugen und Raumkammern für den ersten ballistischen Flug mit einer MERKUR-Kapsel.
Da gab, mitten in diese Vorbereitungen hinein, am 12. April 1961 die Sowjetunion bekannt, daß Kosmonaut Juri Gagarin soeben eine Satellitenbahn-Umfliegung der Erde mit einer WOSTOK-Raumkapsel beendet habe! Die Raumkapsel, so wurde verlautbart, sei am 12. April 1961 um 9 Uhr 07 Minuten Moskauer Zeit mit einer WOSTOK-Rakete gestartet worden, habe eine Umlaufbahn mit einem Perigäum von 181 Kilometern und einem Apogäum von 237 Kilometern erreicht und sei 1 Stunde und 48 Minuten nach dem Start bei dem Dorf Smelowka, 30 Kilometer südwestlich der Stadt Engels im Gebiet von Saratow an der Wolga, wieder gelandet.
Die Nachricht stellte für die Weltpresse eine Sensation dar, größer als rund dreieinhalb Jahre zuvor der Start des ersten SPUTNIK. Und obgleich die UdSSR über die gerade genannten Daten hinaus kaum weitere Einzelheiten veröffentlichte, war WOSTOK 1 das Tagesgespräch in aller Welt. Dutzende von Bildern des sympathischen 27jährigen Juri Gagarin tauchten auf. Es war klar, daß Moskau zwar keine näheren Informationen geben, aber dennoch die Public-Relations-Aspekte des Unternehmens nicht missen wollte.
In Amerika wurde verbissen an der Vorbereitung des ersten ballistischen MERKUR-Fluges weitergearbeitet.
Am 5. Mai 1961 um 9 Uhr 34 Minuten Ortszeit war es schließlich soweit: Alan Shepard, 37 Jahre alt, startete mit MERKUR-REDSTONE Nr. 3 zum ersten bemannten ballistischen Flug Amerikas. Das Unternehmen verlief programmgemäß; der Flug brachte Alan Shepard auf eine Gipfelhöhe von 187,5 Kilometern und in einer Zeitspanne von 15 Minuten und 22 Sekunden von Cape Canaveral 486 Kilometer weit auf den Atlantischen Ozean hinaus. Als größte Andrücke hatte man beim Start 6 g, beim Wiedereintritt 11 g registriert.
Zwar wurde der Flug mit Interesse und Begeisterung aufgenommen, aber er stand natürlich im Schatten des Gagarin-Fluges, der ja bereits einen Großteil des Endziels des MERKUR-Programms vorweggenommen hatte: Gagarin hatte *eine* Erdumfliegung gemacht; die MERKUR-Kapsel sollte einen Astronauten *dreimal* um die Erde tragen. An diese letztgenannte Tatsache knüpfte sich die Hoffnung; aber selbst wenn durch die dreimalige Erdumfliegung ein neuer Rekord errungen würde, so änderte das an den politischen Konsequenzen des Gagarin-Fluges wenig. Diese Konsequenzen manifestierten sich unter anderem darin, daß Präsident John F. Kennedy am 25. Mai 1961 (also noch vor dem ersten bemannten amerikanischen MERKUR-Flug in die Umlaufbahn!) Amerikas Absicht verkündete, noch im gleichen Jahrzehnt einen Menschen zum Mond und wieder sicher zur Erde zurückzubringen. Wir werden auf dieses große politische Ergebnis sogleich noch einmal eingehen. Doch zunächst weiter im MERKUR-Programm.
Am 21. Juli 1961 durchflog Virgil (»Gus«) Grissom mit MERKUR-REDSTONE Nr. 4 eine ähnliche ballistische Bahn wie Alan Shepard zehn Wochen zuvor. Grissom kam dabei bis auf 190,4 Kilometer Höhe und landete 490 Kilometer vom Startort Cape Canaveral entfernt auf dem Atlantik. Bei der Bergung gab es Schwierigkeiten; die von Grissom geöffnete Kapsel nahm Wasser auf und begann zu sinken. Nur durch Schwimmen konnte Grissom sich retten, bis schließlich der Bergungshubschrauber auftauchte und ihn an Bord nahm. Die Raumkapsel versank.

Doch der Flug selbst war zufriedenstellend verlaufen. Zwei weitere geplante bemannte ballistische Flüge konnten vom Programm gestrichen werden.
Während alle Welt auf den ersten bemannten amerikanischen Flug in die Erdumlaufbahn wartete, landeten die Russen ihren zweiten Coup. Am 6. August 1961 startete der sowjetische Kosmonaut Hermann Titow mit WOSTOK 2 und verblieb volle 24 Stunden in einer Satellitenbahn. Seine Gesamtflugzeit inklusive Start- und Landephase betrug 25 Stunden und 18 Minuten; Titow umflog die Erde 17mal mit einem Perigäum der Bahn in 183 und einem Apogäum in 244 Kilometer Höhe. Der Empfang des 26jährigen und die nachfolgende Heldenparade auf dem Roten Platz in Moskau taten ein übriges, um dem Ereignis im nachhinein tagelange, weltweite Aufmerksamkeit zu sichern.
Was an technischen Details über den zweiten sowjetischen Flug bekanntgemacht wurde, war wiederum äußerst mager. Erst viele Jahre später wurden die wirklichen Zusammenhänge bekannt, erkannte man den roten Faden, der sich vom zweiten SPUTNIK-Flug mit Laika an Bord über SPUTNIK 4, 5, 6, 9 und 10 (die, wie sich herausstellte, bereits unbemannte WOSTOK-Raumkapseln waren) und den damit verbundenen Tierexperimenten bis zu den Flügen von Gagarin und Titow zog. Erst vier Jahre nach diesen Flügen, als die Sowjets erste Bilder von WOSTOK veröffentlichten, wurde ersichtlich, daß es sich bei dem Gerät um eine relativ einfache Wiedereintrittskugel handelte, die ringsherum mit einem Hitzeschutzschild belegt war. Auch Probleme beim Landen (die dazu führten, daß die Kosmonauten, die nach Gagarin flogen, in etwa 7000 Meter Höhe aus der Kapsel ausstiegen und separat mit dem Fallschirm landeten) wurden später bekannt; ebenso Orientierungsprobleme Titows während der Schwerelosigkeitsphase und Störungen im inneren Ohr.
Eine der amerikanischen Reaktionen auf diesen zweiten sowjetischen Erfolg war, daß die Raumfahrtbehörde das MERKUR-Programm auf Ein-Tages-Missionen ausdehnte, die drei- und sechsmaligen Erdumfliegungen folgen sollten.
Am 20. Februar 1962 schließlich konnte Astronaut John Glenn nach mehrfachen Startverzögerungen mit der MERKUR-ATLAS zur ersten bemannten amerikanischen Erdumfliegung in einer Satellitenbahn aufsteigen. Dreimal umrundete er die Erde in 161 bis 261 Kilometer Höhe, war für 4 Stunden und 55 Minuten schwerelos und landete wie geplant (wenn auch 64,5 Kilometer vor dem berechneten Auftreffpunkt) im Atlantischen Ozean. Geduldig wartete er mit dem Öffnen der Luke, bis ein Bergungsschiff die Kapsel an Bord genommen hatte; eine neue Prozedur, denn man wollte die Gefahr des Versinkens der Kapsel nicht ein zweites Mal eingehen. Für die Bergung Glenns waren aus Sicherheitsgründen nicht weniger als 24 Schiffe, 126 Flugzeuge und 26 000 Mann Personal aufgeboten werden...
Am 24. Mai 1962 wurde die dreimalige Erdumfliegung in der Satellitenbahn in 160 bis 269 Kilometer Höhe durch Astronaut Scott Carpenter wiederholt. Auch dieser Flug verlief einigermaßen programmgemäß. Er zeigte insbesondere, daß der Mensch im Weltraum sehr wohl in der Lage ist, Experimente anzustellen und in den Ablauf des Fluges einzugreifen.
Wiederum schienen die Vereinigten Staaten in einen Wettlauf mit der Sowjetunion hineingeraten zu sein. Doch dieses Mal war – wenn man das Ganze als »Wettlauf« betrachten wollte – der Einsatz ungleich höher, das Ziel weiter entfernt und schwerer zu erreichen: Durch Kennedys Ankündigung einer beabsichtigten Mondlandung beschränkte sich das Wettrennen nicht auf ein einzelnes Raumflugprogramm, sondern eine Serie von Programmen, an deren Ende die Landung eines Menschen auf einem 30 Erd-

Linke Seite außen: Wostok-Raumkapsel von Juri Gagarin

Mitte: Kosmonaut Juri Gagarin mit dem Akademiemitglied Koroljow, der entscheidenden Anteil an der Schaffung der sowjetischen Trägerraketen hatte

Rechts oben: Start des Raumfahrzeugs Merkur-Atlas 6 mit John Glenn an Bord am 20. Februar 1962

Rechts: Nach seiner Erdumkreisung in der Merkur-Kapsel wurde John Glenn überall begeistert empfangen; hier eine Konfettiparade in Kanada.

durchmesser entfernten Himmelskörper stand.
Kennedys Mondflugankündigung hatte in Amerika sehr schnell die Weichen gestellt: Projekt MERKUR war nun nicht mehr Selbstzweck, sondern – gleich seinem Nachfolgeprogramm – Schrittmacher für die Mondlandung. Das änderte so manches in Planung und Verwirklichung und gab allen Raumflugbemühungen zusätzliche Impulse.
Das MERKUR-Programm sollte insgesamt vier Flüge in Satellitenbahnen umfassen. Doch noch bevor der dritte dieser Flüge stattfand, machten die Russen erneut von sich reden. Am 11. August 1962 startete WOSTOK 3 mit Andreij Nikolajew an Bord. Einen Tag später folgte Pawel Popowitsch in WOSTOK 4; es war der erste Doppelflug in der kurzen Geschichte der bemannten Raumfahrt. Und, was noch mehr bedeutete, Nikolajew blieb für knapp vier Tage in der Erdumlaufbahn, bevor er nach 64 Erdumfliegungen in 183 bis 251 Kilometer Höhe zur Erde zurückkehrte. Popowitsch machte 48 Erdumkreisungen in praktisch der gleichen Höhe und kam dabei seinem Kollegen in WOSTOK 3 einmal bis auf 5 Kilometer nahe. Beide landeten an ihren Fallschirmen nur 193 Kilometer voneinander entfernt innerhalb von sechs Minuten in der Kasachstanischen Sowjetrepublik. Diese Flüge brachten die ersten Fernsehübertragungen von Bord eines Raumfahrzeuges in der Erdumlaufbahn.
Mit den beiden nun folgenden letzten Flügen des MERKUR-Programms konnten die Amerikaner zumindest gegenüber ihren eigenen bisherigen Leistungen Fortschritte erzielen, wenngleich es ihnen noch nicht gelang, den sowjetischen Rekord an Verweilzeit in der Umlaufbahn zu übertreffen.
Der Flug MERKUR-ATLAS 8 vom 3. Oktober 1963 war, was die Amerikaner einen »Bilderbuchflug« nennen: ein praktisch perfektes Unternehmen. Sechsmal umflog Astronaut Walter Schirra die Erde in 160 bis 283 Kilometer Höhe im Zeitraum von 9 Stunden und 13 Minuten; 8 Stunden und 56 Minuten lang war er schwerelos. MA 8 wasserte nur etwas mehr als 7 Kilometer vom Bergungsschiff entfernt. Während des Fluges hatte Schirra raumfahrtmedizinische und technische Versuche gemacht. Die lange Schwerelosigkeit hatte keinerlei negative Auswirkungen auf den Piloten zur Folge: Der Weg zum Ein-Tages-Flug war offen!
Das Unternehmen MERKUR-ATLAS 9, am 15. Mai 1963 von Astronaut Gordon Cooper durchgeführt, umfaßte 22 Umfliegungen der Erde in dem üblichen Höhenbereich und dauerte 34 Stunden und 20 Minuten, von denen 34 Stunden und 3 Minuten Schwerelosigkeit herrschte. Cooper machte während des Fluges zahlreiche Experimente, fotografierte gleich seinen Vorgängern die Erdoberfläche aus der Umlaufbahn und löste heftige Debatten im Kontrollzentrum aus, als er in 161 Kilometer Höhe über Tibet behauptete, Häuser und den Rauch ihrer Schornsteine sehen zu können. Im weiteren Verlauf des Fluges stieß er mit einer entsprechenden Automatik einen kugelförmigen Behälter mit einem Blinklicht von der Kapsel ab. Langsam entfernte sich das Licht auf Grund seines eigenen Impulses von der Raumkapsel und schlug eine eigene Umlaufbahn ein. Cooper beobachtete es über Dutzende von Kilometern – eine Vorbereitung auf die künftigen Rendezvous- und Koppelungsmanöver, die eine der vielen Voraussetzungen für den Mondflug waren.
Mit dem Flug MA 9 war das MERKUR-Programm beendet, die Leistungsfähigkeit dieses ersten amerikanischen Geräts für den bemannten Raumflug erschöpft. Das Ersuchen der Astronauten, einen drei Tage dauernden Flug MERKUR-ATLAS 10 zu veranstalten, lehnte die Raumfahrtbehörde ab. Alles in allem hatte das MERKUR-Programm knapp 400 Millionen Dollar gekostet (dem damaligen Kurs nach über anderthalb Milliarden Mark, nach heutigem Kurs etwa 710 Millionen Mark). Das Unternehmen hatte Amerika wenn auch nicht an die Spitze der Raumfahrt, so doch ein gutes Stück in diese Raumfahrt hineingebracht, und die Aussichten für die Zukunft waren angesichts des anlaufenden APOLLO-Programms etwas rosiger.

Weltraumerfahrungen: WOSCHOD und GEMINI

Die Geschichte des zweiten bemannten amerikanischen Raumfahrtprojektes, des GEMINI-Programms, begann, als das MERKUR-Projekt mitten in der ersten Entwicklung steckte, im April 1959.
Zu diesem Zeitpunkt nämlich stellten die Techniker der NASA erste Überlegungen an, wie ein Nachfolgeprogramm zum MERKUR-Projekt aussehen könnte und welche Aufgaben es erfüllen sollte. Ihre Vorstellungen reichten bis zu einem »bemannten Forschungslaboratorium« in der Umlaufbahn, der Erprobung von Rendezvous-Techniken und der Entwicklung höchst akkurater Lenk- und Kontrollsysteme.
Einen Monat später – also im Mai 1959 – machte ein einschlägiges Komitee den Vorschlag, eine vergrößerte MERKUR-Kapsel für zwei Mann Besatzung und drei Tage Aufenthalt in der Umlaufbahn zu entwickeln. Weiterhin wurde angeregt, diese Kapsel zur Vermeidung von Problemen mit der Schwerelosigkeit rotieren zu lassen, um so eine künstliche Gravitation zu erzeugen, falls sich herausstellen sollte, daß länger einwirkende Schwerelosigkeit dem Menschen schaden könnte. Doch dieser Vorschlag wurde sehr bald wieder verworfen.
Wir können hier nicht dem detaillierten technologischen Entwicklungsweg folgen, den das GEMINI-Programm nahm. Er führte von Vorschlägen einer erweiterten Zwei-Mann-MERKUR-Kapsel über eine Raumkapsel, die so geformt sein würde, daß sie in der Atmosphäre eigenen Auftrieb entwickelte, über eine mit Paragleitern für Landungen auf festem Boden ausgeführte Version bis hin zur Abwandlung und Ausstattung der MERKUR-Kapsel mit Landefüßen für einen Flug zum Mond.
Zahllose Entscheidungen mußten gefällt werden: Welcher Typ von Trägerrakete sollte verwendet, wie die Raumkapsel konstruiert werden? In welchem Umfang sollte die moderne Computertechnik angewendet werden? Sollte man die Geräte wie bei der MERKUR-Kapsel im Inneren »um die Astronauten herum« einbauen oder einen gesonderten Geräteteil vorsehen? Wie groß und schwer konnte die Kapsel werden? Die MERKUR-Kapsel hatte ein Startgewicht von 1935 Kilogramm gehabt, einen »umbauten Raum« für den Piloten von 3,4 Kubikmetern. Die Zwei-Mann-Kapsel müßte eindeutig größer werden – aber wie groß und schwer? Diese Frage wiederum stand in engem Zusammenhang mit der Schubkraft und Nutzlastkapazität der Trägerrakete, die gewählt würde.
Es ist nicht die Aufgabe dieses Buches, den Denkprozeß nachzuzeichnen, der die technologische Entwicklung zum GEMINI-Raumfahrzeug bestimmte. Wir können lediglich die technische Philosophie andeuten, die bei diesem Denkprozeß Pate stand.
Sie ging davon aus, daß Gemini ein sehr viel flexibleres, operatives Gerät für den bemannten Raumflug, daß es vielseitiger und für mehr Aufgaben verwendbar sein müsse. Hinzu kam nach der Verkündung des Mondprogramms, daß es ein Unternehmen sein würde, das zwischen dem MERKUR-Projekt und dem Mondlandeunternehmen stand, ein Projekt, das weit über MERKUR hinausgehen und den Astronauten den Weg zum Mond vorbereiten, das aber gleichzeitig im Schatten dieses sich abzeichnenden Mondlandeunternehmens stehen würde.
Was im Laufe der Jahre nach vielen Ideen,

vielen Verwerfungen und wieder neuen Ideen herauskam, fand Ende Oktober 1961 in einem Projekt-Entwicklungsplan, der sich »MERKUR-MARK-II-Projekt« nannte, seinen Niederschlag: So wurde das neue Programm genannt, bis im Januar 1962 Alex Nagy von der Zentrale der NASA in Washington D.C. dafür den Namen »GEMINI« erfand. Er dachte dabei an die Sterne Kastor und Pollux im Sternbild der Zwillinge, die für ihn die beiden Astronauten in der Kapsel symbolisierten.
Der endgültige Entwicklungsplan ging von einer TITAN-Rakete für das Verbringen der Zwei-Mann-Raumkapsel in die Umlaufbahn aus, sah zunächst kurzzeitige, danach langdauernde Flüge in dieser Umlaufbahn mit diversen Manövern und schließlich gesondert zu startenden ATLAS-AGENA-Raketen vor, deren Oberstufen (also die AGENAS) als Zielobjekte für Rendezvous-Übungen der Astronauten dienen sollten.
Im Dezember 1961 gab Robert Gilruth, nun Direktor des neuen »Zentrums für bemannte Raumfahrt« der NASA in Houston, Texas (Manned Spacecraft Center, MSC), der Öffentlichkeit Einzelheiten über das

Oben: Herrichtung einer GEMINI-TITAN-Rakete auf dem Startplatz in Cape Canaveral. Im linken Bildteil ist der Kipplader zu erkennen, das alte Peenemünder Prinzip.

Rechts: Training der Wasserung und Bergung einer GEMINI-Raumkapsel; eine der vielen Übungen, die die Astronauten wiederholt zu absolvieren hatten.

vorgesehene Programm bekannt und sagte, daß Raumkapseln von etwa doppelter Größe des MERKUR-Gerätes für einen Kostenaufwand von etwa 500 Millionen Dollar von der Industrie gebaut werden sollten. Die ersten Flüge waren damals noch für 1963/64 vorgesehen.
In der nun folgenden Entwicklungsphase ging man sehr stark von den bis zum jeweiligen Zeitpunkt vorliegenden Erfahrungen des MERKUR-Programms aus, was man um so mehr konnte, als sich die Entwicklung von GEMINI länger als erwartet hinzog. Weitere Ideen wurden geboren, wie etwa die, daß die Raumkapsel im Weltraum zu öffnen sein sollte, so daß der Pilot, mit dem Raumanzug bekleidet, aufstehen und mit dem Oberkörper in den Raum hinausragen könnte. Ende März 1965 kam dann unter dem Eindruck des sowjetischen WOSCHOD-2-Fluges (den wir sogleich kennenlernen werden) die Forderung hinzu, einen Astronauten durch eine solche Luke aussteigen und neben der Kapsel herfliegen zu lassen. Diese später EVA genannten Manöver (Extra-Vehicular Activity, extravehikulare Aktivität) sollten letztlich in dem Programm einen breiten Raum einnehmen.
Parallel zu allen diesen Vorgängen spielte sich die Ausbildung der Astronauten ab, die Entwicklung eines EVA-Raumanzuges, die Planungen für die Bodenstationen, die einzelnen Experimente und so weiter. Schließlich begann für die Astronauten ein speziell auf das GEMINI-Programm abgestelltes Training, ähnlich demjenigen, das für das MERKUR-Programm absolviert worden war. Neue, zusätzliche Astronauten wurden rekrutiert, neun waren im September 1962 hinzugekommen, vierzehn weitere im Oktober 1963.

Etwa zwei Jahre vergingen zwischen dem letzten MERKUR- und dem ersten GEMINI-Flug, zwei Jahre, die die Russen nicht ungenützt verstreichen ließen.
Vier Flüge absolvierten sowjetische Kosmonauten in dieser Zwischenzeit, zwei davon mit einem neuen, verbesserten Raumfahrzeug des Typs WOSCHOD (sprich Wos-chod).
Der erste dieser vier Flüge, WOSTOK 5, wurde zu einem Rekord, der für längere Zeit bestehen blieb: Kosmonaut Walerij Bikowskij startete mit WOSTOK 5 am 14. Juni 1963 und blieb 119 Stunden und 6 Minuten in der Umlaufbahn – nahezu 5 Tage!
Am zweiten Tag seines Aufenthaltes in der Erdumlaufbahn gesellte sich ihm WOSTOK 6 hinzu. In der Öffentlichkeit machte dieser Flug besondere Furore, denn Pilot war die erste (und bis heute noch einzige) Frau im Weltraum, die 26jährige Walentina Tereschkowa. Sie umflog die Erde im Verlauf von 70 Stunden und 50 Minuten 48mal, dann kehrte sie zur Erdoberfläche zurück. Drei Stunden später landete auch Bikowskij. Die Aufgaben Bikowskijs und Frau Tereschkowas während ihrer Flüge entsprachen weitgehend denen bei den früheren WOSTOK-Flügen, jedoch waren die Kapseln mit verbessertem technischem Gerät ausgestattet.
Am 12. Oktober 1964 überraschten die Sowjets mit einem neuen Typ von Raumfahrzeug. Es wog laut späteren sowjetischen Angaben beim ersten Flug 5,3, beim zweiten Flug 5,7 Tonnen gegenüber den 4,7 Tonnen des WOSTOK-Geräts und den 3,8 Tonnen der bisher noch nicht geflogenen GEMINI-Zwei-Mann-Kapsel.
Das besondere Ereignis dieses WOSCHOD-1-Fluges vom Oktober 1964 bestand darin, daß das Raumfahrzeug drei Mann Besatzung an Bord hatte, die Kosmonauten Wladimir Komarow, Konstantin Feoktistow und Boris Jegorow. Im Zeitraum von 24 Stunden und 17 Minuten umflogen sie die Erde 16mal in einer Bahn, deren erdfernster Punkt in 409 Kilometer Höhe lag. Die Kosmonauten an Bord, so die offizielle Verlautbarung, trugen keine Raumanzüge. Westliche Beobachter vermuteten, daß dies aus Gründen der Gewichtsbegrenzung geschah, weil das Raumfahrzeug ein »aufgepäppeltes« WOSTOK-Gerät gewesen sei. Es gibt eine Lesart, derzufolge der damalige sowjetische Premier Chruschtschow seinem Raketen-Chefkonstrukteur Sergeij Koroljow (gewissermaßen der »Wernher von Braun Rußlands«) den Auftrag gegeben habe, eine mit drei Piloten besetzte Raumkapsel zum Flug zu bringen, noch bevor die Amerikaner mit dem Zwei-Mann-GEMINI-Raumfahrzeug zum Zuge kommen würden ...
Dem WOSCHOD-1-Flug folgte am 18. März 1965 WOSCHOD 2 mit den Piloten Pawel Beljajew und Alexeij Leonow an Bord. Sie umflogen die Erde in einer besonders hoch hinaufreichenden Satellitenbahn im Verlauf von 26 Stunden und 2 Minuten 17mal. Das Apogäum lag 495 Kilometer über der Erdoberfläche, das Perigäum in 172 Kilometer Höhe.
WOSCHOD 2 hatte eine Luftschleuse, durch die Kosmonaut Leonow während des zweiten Umlaufs das Raumfahrzeug verließ. Zehn Minuten lang schwebte er, mit einem Raumanzug bekleidet, von Fernsehkameras im Bild festgehalten, in teilweise heftigen Bewegungen neben WOSCHOD 2 dahin; mit dem Raumfahrzeug war er durch eine dünne Versorgungsleitung verbunden.
Es war der erste »Weltraumspaziergang«

Links außen: Das sowjetische WOSTOK*-Raumfahrzeug. Es war einschließlich der Endstufe der Trägerrakete 7 Meter lang. Die eigentliche Wiedereintrittskugel hatte einen Durchmesser von 2,3 Metern. Zwischen Kugel und Stufe sind kleinere Gasdruck-Versorgungsbehälter zu erkennen.*

Links innen: Der sowjetische Kosmonaut Alexeij Leonow

Rechts: Edward White bei seinem »Weltraumspaziergang« während des Fluges GEMINI *4 am 3. Juni 1965. Rund 21 Minuten lang hielt sich der Astronaut außerhalb des Raumfahrzeuges auf. Sein Kollege McDivitt machte während dieser Zeit phantastische Aufnahmen, darunter das abgebildete Foto.*

Unten: Rendezvous zwischen GEMINI *7 und* GEMINI *6 im Dezember 1965.* GEMINI *7 blieb 14 Tage lang in der Erdumlaufbahn – ein Rekord, der erst 1970 durch den achtzehn Tage dauernden Flug von* SOJUS *9 überboten wurde.*

der Weltgeschichte, ein Experiment, das zwar mit unvorhergesehenen Störungen, im großen und ganzen aber dennoch zufriedenstellend ablief. Für die Weltöffentlichkeit war es eine weitere Sensation und ein Beweis für die fortgeschrittene sowjetische Weltraumtechnologie. Im übrigen war es eine grandiose Demonstration für Gravitation, Fliehkraft, luftleeren Raum und Schwerelosigkeit, denn es zeigte, daß unter diesen Umständen selbst ein Mensch antriebslos und ohne Widerstand mit 28000 Kilometer pro Stunde Geschwindigkeit die Erde umfliegen und Herr seiner Lage bleiben kann.
Fünf Tage nach diesem Ereignis erhob sich nach zwei vorausgegangenen unbemannten Flügen die erste bemannte GEMINI-Raumkapsel von der Startplattform in Cape Canaveral. Der Flug trug die Bezeichnung GT 3, wobei GT für GEMINI-TITAN stand, die Ziffer für die Flugnummer. Dreimal umflogen die Astronauten Virgil Grissom und John Young die Erde in einem technisch hochgezüchteten Raumfahrzeug, das einen mikrominiaturisierten Computer und viele andere automatische Systeme an Bord hatte, dank derer die bemannte Raumfahrt nun zu einem aktiven Unternehmen der beteiligten Piloten wurde und nicht mehr nur ein »Sich-fliegen-Lassen« der Astronauten war. Wohl ging der Flug zunächst angesichts des Leonowschen Weltraumspaziergangs in der öffentlichen Diskussion fast unter, aber über die Zeit hinweg waren seine Auswirkungen doch beachtlich.
Wie erwähnt, veranlaßte Leonows EVA die amerikanische Raumfahrtbehörde, für ihren nächsten Flug, GEMINI 4, ebenfalls ein Ausstiegmanöver vorzusehen. GEMINI 4 startete am 3. Juni 1965 mit James McDivitt

und Edward White an Bord und verblieb vier Tage in der Satellitenbahn. Für 21 Minuten verließ Ed White während dieses Fluges die Raumkapsel und bewegte sich frei neben ihr im Weltraum, nur durch ein Versorgungskabel – von den Amerikanern »Nabelschnur« genannt – mit der Kabine verbunden.
Das GEMINI-Programm lief mit minutiöser Genauigkeit ab: fünf Flüge im Verlaufe eines einzigen Jahres und fünf weitere im nächsten (siehe die Tabellen im Anhang des Buches).
Schon mit GEMINI 5, geflogen von Gordon Cooper und Charles Conrad im August 1965, wurde ein Langzeitrekord aufgestellt, der den sowjetischen Rekord von 119 Stunden und 5 Minuten beachtlich übertraf: 190 Stunden und 55 Minuten blieben die beiden Astronauten in der Umlaufbahn, fast acht Tage! Damit war bewiesen, daß der Mensch für die Zeit, die benötigt würde, um zum Mond zu fliegen, sich dort kurz aufzuhalten und wieder zur Erde zurückzufliegen, die Schwerelosigkeit ertragen kann.
Beim nächsten Flug, GEMINI 7 im Dezember 1965, brachten es die Astronauten Frank Borman (heute Präsident von Eastern Airlines, einer der großen amerikanischen Fluggesellschaften) und James Lovell gar auf 330 Stunden und 35 Minuten oder fast 14 Tage! – ein Rekord, der fünf Jahre lang erhalten blieb. Noch während sie die Erde umflogen, stiegen die Astronauten Walter Schirra und Thomas Stafford mit GT 6 in die Erdumlaufbahn und vollführten mit GT 7 ein Rendezvous, bei dem sich die beiden Raumfahrzeuge bis auf 2 Meter nahe kamen – die erste echte Begegnung von Menschen im Raum.
Bei den weiteren GEMINI-Flügen waren die Verweilzeiten im Raum wieder kürzer, dafür die technischen Experimente und Leistungen aber um so eindrucksvoller: Rendezvous und Koppelungsmanöver mit AGENA-Zielkörpern, das Anheben der Umlaufbahn auf 1368 Kilometer, weitere »Spaziergänge« im Weltraum und viele andere Manöver und Experimente wurden durchgeführt.
So vollführten bei GEMINI 8 die Astronauten Neil Armstrong und David Scott im März 1966 das erste Koppelungsmanöver im Weltraum, als sie ihre Raumkapsel an eine AGENA-Rakete anklinkten. Zwar gab es hierbei eine echte Notsituation, als die gekoppelten Fahrzeuge außer Kontrolle gerieten und wild zu schwanken und zu rotieren begannen, aber die beiden Piloten lösten, wenn auch unter erheblichen Anstrengungen, das lebensgefährliche Problem.
GEMINI 9 im Juni 1966 erbrachte einen zweistündigen Weltraumspaziergang von

Astronaut Eugene Cernan, GEMINI 10 im Juli 1966 die erste störungsfreie Koppelung mit einer AGENA-Rakete. In gekoppeltem Zustand zündeten die Astronauten dieses Fluges, Thomas Young und Michael Collins, das Triebwerk der Rakete und brachten sich mit ihrer Raumkapsel dadurch auf 761 Kilometer Höhe.
GEMINI 11 brachte im September ein weiteres Koppelungsmanöver mit der AGENA und die schon erwähnte Bahnanhebung auf 1368 Kilometer. Astronauten waren Charles Conrad und Richard Gordon.
GEMINI 12 verzeichnete unter anderem drei EVAs von Edwin Aldrin mit einer Gesamtdauer von fünfeinhalb Stunden und ein weiteres Koppelungsmanöver.
Damit war das GEMINI-Programm beendet. Es hatte Amerika binnen zwei Jahren an die erste Stelle in der Raumfahrt gebracht. Die Gesamtkosten dieses Programms lagen bei 1,28 Milliarden Dollar, damals etwa 4 Milliarden Mark. Am Ende des MERKUR-Programms im Mai 1963 hatten die Amerikaner auf knapp 54 Mann-Stunden Raumfahrterfahrung zurückblicken können. Am Ende des GEMINI-Programms im November 1966 hatte sich diese Zahl auf 1939 Stunden und 44 Minuten erhöht! (Die Sowjetunion hatte bis zu diesem Zeitpunkt 507 Stunden an Weltraumerfahrung akkumuliert.) Erfahrungen über EVAs. Rendevous- und Koppelungsmanöver sowie über viele technische Faktoren des Raumfluges waren hinzugekommen. Der Weg zu dem großen Ziel, der Weg zum Mond, war geebnet. Überdies hatten die Sowjets während des GEMINI-Programms keinerlei bemannte Flüge mehr durchgeführt. Sie befanden sich nun gegenüber den USA klar im Rückstand; das Blatt hatte sich gewendet.

Linke Seite: Rendezvous-Übungen zwischen einem Zielkörper (hier AGENA 8) und einem bemannten Raumfahrzeug (hier GEMINI 8 im März 1966) gehörten zu den Hauptaufgaben im GEMINI-Programm als Vorbereitung auf die Mondlandung.

Rechts: Als »verärgerten Alligator« bezeichneten die Astronauten des Fluges GEMINI 9, Stafford und Cernan, ihren Zielkörper: Bei der AGENA-Rakete hatte sich die Schutzkappe nicht völlig gelöst, so daß ein Rendezvous-, nicht jedoch ein Koppelungsmanöver möglich war. Bei dem Flug machte Cernan einen zweistündigen »Weltraumspaziergang«.

Die Eroberung des Mondes

Ein Programm wird formuliert

»Ich bin der Meinung, daß diese Nation noch vor Ablauf des Jahrzehnts einen Menschen zum Mond bringen und wieder sicher zur Erde zurückholen sollte!« ("I believe that this nation should commit itself to achieving the goal, before this decade is out, of landing a man on the moon and returning him safely to earth".) Diese unvergeßlichen Worte wurden von einem Staatsmann gesprochen, der ein sicheres Gefühl hatte für die großen, über den Augenblick hinausgehenden Aufgaben und Ziele der Menschheit. Es sind jene Worte, die der amerikanische Präsident John F. Kennedy am 25. Mai 1961 vor dem amerikanischen Kongreß sagte und mit denen er den Startschuß für das größte technisch-wissenschaftliche Unternehmen der Menschheit gab, ein Unternehmen, das bis zur Stunde seinesgleichen sucht. John F. Kennedy hatte sich nicht leichten Herzens entschieden, die Realisierung eines solchen Programms zu fordern. Er hatte mit Dutzenden von Politikern, Beratern und Fachexperten darüber diskutiert. Er hatte seinen Vizepräsidenten, den in Sachen Raumfahrt ebenso beschlagenen wie begeisterten Lyndon B. Johnson, befragt, hatte das Marshall-Raumflugzentrum in Huntsville besucht und dessen Direktor Wernher von Braun konsultiert, und er hatte die letzte Nacht vor der Verkündung des Programms im Kongreß schlaflos in Konferenzen zugebracht.
Für John F. Kennedy, der die Verwirklichung dieser seiner historisch gesehen größten Idee nicht mehr erleben durfte, war das Ganze ein politisches Kalkül. Das Verhältnis zur Sowjetunion, die Affäre Kuba, die geistigen Strömungen der Zeit, die Situation der amerikanischen Nation – alles das ging ein in dieses Kalkül. Kennedy sah in der Mondlandung einen Ausweg aus den politischen Wirren der damaligen Zeit, er glaubte fest daran, daß man der Nation, daß man der Menschheit nur eine ausreichend große, herausfordernde Aufgabe geben müsse, um die Dinge zum Besseren zu wenden.
Mit Recht sagte der Raumfahrthistoriker Eugene Emme 1979 in einem Vortrag: »Wahrscheinlich ist sein (Kennedys) inneres Verständnis für die Geschichte wie auch das Ausmaß seines Beitrages zu den ersten Exkursionen des Menschen außerhalb des Planeten Erde auch heute noch nicht voll anerkannt.« Und ein paar Sätze weiter fügte Emme hinzu: »Und in hundert Jahren, woran wird man sich dann sonst noch erinnern?«
In der Tat, die Landung von Menschen auf dem Mond (zu der wir heute erst wieder nach jahrelangen Entwicklungsarbeiten fähig wären!) ist in ihrer ganzen Größe nur aus der historischen Perspektive erkennbar. Sie ist einer der einschneidendsten Punkte der Menschheitsgeschichte gewesen – von Wernher von Braun nicht zu Unrecht auf eine Stufe gestellt mit jener Epoche, da das Leben die Ozeane verließ und sich auf dem Festland eine neue Heimstatt suchte und fand.

Viele Wege führen zum Mond

Die Arbeiten für ein bemanntes Mondflugprogramm hatten schon lange vor Kennedys Rede im amerikanischen Kongreß begonnen, zunächst in mehr allgemeinen Überlegungen, dann aber klar und eindeutig im Hinblick auf eine Mondumkreisung und schließlich eine Mondlandung. Im Juli 1960, als die Planungen für die bemannte Mondumkreisung bei der Raumfahrtbehörde NASA erste Gestalt annahmen, hatte das Mondprojekt noch keinen Namen. Abe Silverstein, damals NASA-Direktor für Raumflugentwicklungen, schlug zu jenem Zeitpunkt vor, das Projekt in Anlehnung an die griechische Mythologie, die man ja bereits bei der Benennung des Merkur-Programms in Anspruch genommen hatte, nach dem griechischen Sonnengott »Apollo« zu benennen, ein Vorschlag, der akzeptiert wurde.
Die NASA-Chronologie über das Apollo-Raumfahrzeug beginnt in ihrem Abschnitt »Konzept für Apollo« allerdings noch sehr viel früher nach den historischen Wurzeln des Unternehmens zu suchen. Sie zitiert an erster Stelle Hermann Oberth und sein Buch »Die Rakete zu den Planetenräumen« und weist darauf hin, daß Oberth in diesem Buch 1923 den Vorschlag einer bemannten Umfliegung des Mondes zur Beobachtung der unbekannten Mondrückseite gemacht und auch das Lagern von kryogenen Treibstoffen in der Erdumlaufbahn als Tankstelle für ein Raumfahrzeug zu anderen Himmelskörpern empfohlen habe.
Des weiteren werden die Gedanken Hermann Noordungs aus dem Jahre 1929, von Brauns aus den vierziger Jahren, die Ideen des Engländers Ross von 1948 und einige andere zitiert. Sodann werden die Vorarbeiten zur Kartografierung des Mondes (ein anderes wichtiges Element für ein Mondprogramm) Ende 1958 erwähnt, wird auf den Beginn der Entwicklung des H-1-Raketentriebwerks durch die Von-Braun-Gruppe in Huntsville 1958 hingewiesen, jener Triebwerke, die später in der ersten Version der Saturn-Rakete gebündelt wurden, und auf diejenige des F-1-Triebwerks der späteren Mondrakete Saturn V.
Diese gerade zitierten Triebwerkentwicklungen begannen damals zwar noch nicht im Hinblick auf eine Mondumfliegung oder Mondlandung, jedoch mit dem allgemeineren Ziel, einen »schubkräftigen Träger für weitergehende Flugmissionen« zur Verfügung zu haben. Das Huntsviller Projekt für eine gebündelte Rakete mit rund 700 000 Kilopond Startschub wurde zunächst »Juno V« genannt, im Oktober 1958 aber auf Vorschlag Wernher von Brauns auf den Namen »Saturn« getauft. Ende 1959 wurde das Projekt der ersten Saturn-Rakete – damals Saturn C 1 genannt – sowie ein langfristiges Saturn-Raketenentwicklungsprogramm für weitere Saturn-Versionen von der NASA-Zentrale in Washington gebilligt, im April 1960 die ersten statischen Brennversuche mit dem

Links: Astronautenporträt vom Mond: Dieses Bild des Astronauten Aldrin wurde von Astronaut Armstrong bei der Mondlandung Apollo 11 auf dem Erdbegleiter gewonnen.

Oben: Präsident John F. Kennedy bei seiner historischen Ansprache vor dem amerikanischen Kongreß am 25. Mai 1961, in der er zur Durchführung eines Mondlandeprogramms aufrief

aus acht H-1-Triebwerken bestehenden Bündel gemacht. Im Januar 1960 hatte die NASA ein Langfristprogramm ihrer Weltraumunternehmungen einem Ausschuß des amerikanischen Kongresses vorgetragen. In ihm war in kühner Vorausschau an vorletzter Stelle vermerkt: »1964–1967: Erster Raketenstart in einem Programm, das zur bemannten Mondumfliegung und zu einer permanenten erdnahen Raumstation führen soll«, und an letzer Stelle fand sich die Eintragung: »Nach 1970: Bemannte Mondlandung und Rückkehr«.
Und nun begann die Zeit der vielen Debatten und Planungen, der wiederholten Berichterstattungen vor dem Kongreß, die Information des Präsidenten. Die gewaltige Aufgabe der NASA bestand ja nicht nur darin, die unzählig vielen technischen Probleme zu lösen, die gemeistert werden mußten, bevor man an eine Mondumfliegung oder gar an eine Mondlandung würde denken können, sie mußte die Idee zuerst einmal verkaufen, an den Kongreß und den Präsidenten, und schließlich an die Öffentlichkeit.
Dieses »Verkaufen«, vor allem an den geldgebenden Kongreß und die kritische Öffentlichkeit, besorgte letztlich Präsident John F. Kennedy (nachdem er selbst erst einmal überzeugt worden war) in unnachahmbar gekonnter Weise mit seiner Rede vor dem Kongreß am 25. Mai 1961. Er ließ in dieser Rede keinerlei Zweifel daran, auf welches gewaltige und kostspielige Unternehmen Amerika sich mit dem Mondlandeprogramm einlassen würde. Nach den schon zitierten Einleitungssätzen stellte er fest: »Kein einzelnes Raumfahrtprojekt in dieser Zeit könnte die Menschheit mehr beeindrucken, keines für die langfristige Erkundung des Weltalls wichtiger sein und keines wird so schwierig und so teuer zu verwirklichen sein...«
Zu dieser Zeit waren die Techniker bereits vollauf mit Detailplänen beschäftigt, begannen die Auseinandersetzungen zwischen verschiedenen Gruppen, die das angestrebte Ziel mit unterschiedlichen Methoden erreichen wollten.
Bis zu Kennedys Rede vom 25. Mai 1961 hatte der Schwerpunkt mehrerer Untersuchungen, die NASA 1960 in Auftrag gegeben hatte, auf einer Mondumfliegung gelegen. Eine irgendwann einmal mögliche Erweiterung des Projekts auf eine in der Zukunft liegende Mondlandung war nur als Randfall behandelt worden. Nun, nach Kennedys strikter Forderung, »noch vor dem Ablauf des Jahrzehnts« – das hieß spätestens im Jahre 1970 – eine Mondlandung zustande zu bringen, wurden natürlich alle Überlegungen in diese Richtung gelenkt.
Mehrere Methoden für eine Mondlandung waren denkbar. Man konnte an die Entwicklung einer mächtigen Trägerrakete denken (sie wurde niemals im Detail definiert, kursierte aber unter dem Namen »NOVA« und sollte die SATURN an Größe und Schubkraft weit übertreffen), die ein Mondlandefahrzeug in eine direkte Flugbahn zum Mond einschießen könnte. Dieses Lande- und Rückkehrfahrzeug müßte über einen eigenen Raketenantrieb verfügen, mit dem es beim Anflug auf dem Mond landen und später auch wieder starten, das heißt sich in eine Rückkehrbahn zur Erde einschießen würde.
Drei sogenannte Module wurden für diesen Zweck definiert: ein Kommando-Modul (also die Raumkapsel, in der sich die Astronauten befinden würden), ein Versorgungs-Modul (mit den elektrischen und mechanischen Einrichtungen, Vorratstanks an Sauerstoff für die Atmung, Treibstoffe usw.) und ein Lande- und Start-Modul (das heißt ein Triebwerk für die Landung auf dem Mond und den Wiederstart). Um diese Kombination in die Flugbahn zum Mond einzuschießen, würde die Riesenrakete NOVA als Träger notwendig sein. Eine zweite Methode bestand darin, etwas kleinere (gleichwohl ob ihrer Ausmaße und Leistungen dennoch respekteinflößende) Raketen nach Art der konzipierten SATURN C 5 zu nehmen und zwei von ihnen in einer Erdumlaufbahn zusammenzuführen. Die eine von ihnen sollte als Nutzlast das eigentliche Raumfahrzeug in die Erdumlaufbahn tragen, die andere eine Raketenstufe, mit der das bereits beschriebene dreiteilige Raumfahrzeug in die Fluchtbahn zum Mond eingeschossen würde.
Und noch eine dritte Lösung bot sich an: der direkte Flug einer SATURN in die Flugbahn zum Mond mit einem Raumfahrzeug als Nutzlast, das aus dem geschilderten Kommando-Modul, einem Versorgungs- und Antriebs-Modul mit einem Raketentriebwerk sowie einem Mondlandefahrzeug bestehen würde. Diese Kombination aus drei Modulen würde in eine Mondumlaufbahn eintreten, von wo aus das bemannte Mondfahrzeug auf die Mondoberfläche absteigen und auf ihr landen sollte, während Kommando- und Antriebs-Modul auf die Mondfahrer in der Umlaufbahn warten würden. Vom Mond würden die gelandeten Astronauten mit dieser Mondfähre wieder in die Mondumlaufbahn auf- und in das Kommando-Modul umsteigen, um mit diesem zur Erde zurückzukehren.
Zunächst wurden die beiden zuletzt beschriebenen Methoden nicht übermäßig enthusiastisch von der Mondprojektgruppe in der NASA-Zentrale aufgenommen.
Aber die ganze Frage hing schließlich von der Trägerrakete ab, die man zur Verfügung haben würde, denn sie stand am Beginn des Unternehmens, ohne sie würde es keinen Mondflug geben, und ihre Schubkraft entschied auch darüber, welche Methode die beste sein würde...

Raketen für die Raumfahrt

Wir haben uns auf früheren Seiten dieses Buches bereits ausgiebig mit der Entwicklung der großen Flüssigkeitsraketen bis hin zu ATLAS und TITAN und den sowjetischen Raketengiganten beschäftigt. Diese Entwicklung geschah sowohl in der UdSSR als auch in den Vereinigten Staaten zunächst ausschließlich unter dem militärischen Aspekt: Bis zum Jahre 1968 waren Großraketen der Raumfahrt ausschließlich zweckentfremdete militärische Geräte.
Natürlich waren viele dieser Raketen in speziellen Modifikationen für (zivile und militärische) Raumfahrtzwecke weiterentwickelt worden, insbesondere was ihre »Aufstockung« zu mehrstufigen Aggregaten – also etwa die ATLAS zur ATLAS-AGENA, die TITAN zur TITAN-CENTAUR – betraf. Dieses Buch kann die vielen technologischen Durchbrüche, die ungeheure technische Kompliziertheit solcher Raketen, die aus 50000, 100000 und mehr Einzelteilen bestehen, nicht im Detail darstellen – dafür gibt es Spezialwerke.
Unsere Tabelle im Anhang des Buches gibt deshalb lediglich einen zusammenfassenden Vergleich der verschiedenen Typen von Trägerraketen wieder.
Die Vielzahl derartiger Typen hängt zusammen mit den bereits geschilderten militärischen und den später hinzugekommenen Raumfahrtanforderungen, Forderungen nach immer größerer Nutzlast und immer treibstoffaufwendigeren Zielen im Raum.
Der Gesetzmäßigkeit, daß einer Rakete nur durch enorme Steigerung des Startschubs zu einem geringen Zuwachs an Nutzlast und Brennschlußgeschwindigkeit (ein Maß für die erreichbare Leistung und damit das Endziel einer Mission) zu verhelfen ist, unterliegen alle Raketenbauer in Ost und West. Sie war auch, wie wir sahen, der Grund für die Einführung des Stufenprinzips, der »Übereinanderschachtelung« einzelner Raketen.
Damit vollzog sich die Raketenentwicklung

in Ost und West im Prinzip auch nach den gleichen Methoden: Bau größerer Raketen, Suche nach energiereicheren Teibstoffen, Bündelung und Stufung, Erhöhung der spezifischen Leistung durch möglichst leichte, widerstandsfähige Werkstoffe.
Das ist der Hintergrund für den enormen Aufwand, der in der Raketentechnik getrieben werden muß. Geheime »Supertreibstoffe«, wie sie eine Zeitlang den Russen nachgesagt wurden, gibt es nicht. Es gab und gibt nur die Möglichkeit, sich die energiereichsten Treibstoffkombinationen (etwa die Verbrennung von Wasserstoff mit Sauerstoff oder diejenige von Fluor) nutzbar zu machen, was voraussetzte, daß man lernen mußte, mit diesen Substanzen umzugehen, sie technisch (wiederum eine Frage der Werkstoffe) zu beherrschen.
Der andere, zweite Weg zum Erfolg (in der Praxis müssen beide Wege gemeinsam beschritten werden) führt über immer größere mehrstufige Raketen. Die Russen gingen diesen Weg konsequenter als die Amerikaner: Aus ganz wenigen Grundtypen von Triebwerken entwickelten sie die Trägerrakete für die frühen SPUTNIKS, das heißt, sie »zweckentfremdeten« ihre Interkontinentalrakete. Diese Rakete (die wir als SS-6 bezeichnen) hat 4 Brennkammern des Typs RD 107 und zwei Steuerraketen. Ihr Durchmesser beträgt 2,95 Meter, ihre Höhe 27,5 Meter; für eine niedrige Erdum-

Oben: Statischer Brennversuch mit dem F-1-Triebwerk, das in fünf Exemplaren die erste Stufe der SATURN-V-Mondrakete antrieb, in den Bergen Kaliforniens in der Mojave-Wüste, unweit von Los Angeles

Rechts: H-1-Triebwerke für SATURN-1- und -1-B-Raketen in Serienfertigung

laufbahn besitzt die Rakete eine Schubkapazität von rund 2000 Kilogramm.
Für die LUNIK-Flüge benützten die Sowjets den SS-6-Kern, versahen ihn seitwärts mit vier zusätzlichen Startraketen und setzten auf diese Kombination eine zusätzliche Stufe obenauf. (Sowjetischer Terminologie gemäß ist dies eine dreistufige Rakete.)
Das gleiche Aggregat verwendeten sie bei den bemannten WOSTOK-Flügen, während WOSCHOD eine stärkere Oberstufe erhielt, aber noch immer die gleiche gebündelte Startstufe hatte. So entstand eine Grundversion von Rakete, die auch für die weiteren diversen Flugmissionen der Russen verwendet wurde. Neue Trägerraketen haben die Sowjets nur wenige entwickelt. Neben dem WOSTOK-Träger mit rund 500 Tonnen Startschub gibt es einige mittelgroße Raketen, so etwa die abgewandelte zweistufige SS-4, mit der unter anderem KOSMOS-Satelliten gestartet werden, und eine größere mehrstufige PROTON-Trägerrakete mit einem Startschub von 1500 Tonnen. Schließlich wäre noch eine Rakete zu erwähnen, die einen größeren Startschub als Amerikas SATURN V haben soll, das heißt mehr als 3700 Tonnen. Von ihr berichtete 1967 der amerikanische NASA-Administrator James Webb erstmals. Sie soll bei drei Versuchen auf der Startplattform explodiert, aber niemals zum Flug gekommen sein. Somit ist die SATURN-V-Mondrakete bis auf den heutigen Tag die größte, schubkräftigste Rakete der Welt gewesen.
Wir hörten bereits, daß die SATURN-Raketenserie im Marshall-Raumflugzentrum der NASA entstand und unter Leitung von Wernher von Braun entwickelt wurde.
Drei Klassen von SATURN-Raketen entstanden in Huntsville. Sie gingen aus den ursprünglichen Plänen für die SATURN C 1 und C 5 hervor und erhielten später die Bezeichnung SATURN I, SATURN I-B und SATURN V. SATURN I und I-B galten dabei als Vorentwicklungen für die SATURN V, die eigentliche bemannte Mondrakete. Aber auch die SATURN I-B wurde intensiv für bemannte Raumflüge eingesetzt, wie wir noch sehen werden, nämlich für Erprobungsflüge im APOLLO-Programm und später für die Beförderung der Mannschaften zur Raumstation SKYLAB.
Die Geschichte dieser SATURN-Raketen ist die Geschichte eines eigenen technischen Großprojektes. Schon die SATURN I war ein gewaltiges Gerät im Vergleich zu den Raketen, die man bis zu jener Zeit entwickelt hatte. Für Wernher von Braun und seine Mannschaft war sie der Nachfolgeauftrag zur JUPITER-Rakete – daher auch der Name »SATURN«, der sich in der Reihenfolge der Planeten des Sonnensystems an Jupiter anschließt.
73 Quadratkilometer bedeckt das Gelände des Marshall-Raumflugzentrums der NASA in Huntsville, Alabama, wo diese Raketenserie entwickelt wurde. Das ist in etwa die Größe einer Stadt wie Münster in Westfalen. Auf diesem Gelände sind zahlreiche Werkstätten, Hallen und Prüfstände, Büros für die Entwicklungs- und Forschungsarbeiten, Laboratorien und Verwaltungsstellen verteilt. Wernher von Braun, der Direktor des Zentrums, saß im obersten Stockwerk des höchsten Gebäudes, dem man den Spitznamen »Von-Braun-Hilton« gegeben hatte.
7500 Mitarbeiter hatte Wernher von Braun zur Blütezeit der Entwicklung dieser mächtigen Raketen in den Jahren 1965 bis 1967 unter sich; er verfügte über einen Jahresetat von 1,8 Milliarden Dollar.
Von Braun selbst war zu jener Zeit unablässig in Konferenzen und auf Reisen. Er kümmerte sich um die großen Dinge seines Projektes, die Koordinierung, den Entwicklungsablauf, den Etat ebenso wie um kleine technische Details, die an ihn herangetragen wurden. Viele seiner früheren Peenemünder Mitarbeiter hatten an der Schöpfung der SATURN-Rakete Anteil, und ein paar neue, jüngere deutsche Techniker und Wissenschaftler waren in Amerika ebenfalls zu dem Team hinzugestoßen. An die hundert geborene Deutsche hatte von Braun – zum großen Teil in leitenden Stellungen – in Huntsville als Mitarbeiter. Um nur ein paar Namen als Beispiele zu nennen, seien erwähnt Ernst Stuhlinger, Heinz-Hermann Koelle, Harry Ruppe, Hans Hueter, Eberhard Rees, Helmut Hoelzer, Walter Häussermann, Karl Heimburg, Hans Maus, Willy Mrazek, Erich Neubert, Ernst Geissler, Walter Rudolf, Paul, Pauli, Tessmann und so weiter. Viele andere, die ebenfalls dazu gehörten, waren nicht in Huntsville, sondern andernorts, standen aber doch in ständiger Verbindung mit diesem Raketenzentrum. In Cape Canaveral zum Beispiel waren Kurt Debus, der später Direktor des Kennedy-Startzentrums der NASA wurde, und Hans Gruene. Alle diese Männer folgten gemeinsam mit ihren zahlreichen amerikanischen Kollegen dem großen Traum vom Flug eines Menschen zum Mond, trugen durch ihre

Sowjetische Trägerrakete mit SOJUS 28 bei der Startvorbereitung im März 1978

Oben: Ein Spezialflugzeug, in der Mitte auseinanderzunehmen, wurde entwickelt, um die dritte Stufe der Saturn V aus den Herstellerwerkstätten nach Cape Canaveral transportieren zu können. Erste und zweite Stufe kamen per Schiff.

Rechte Seite: Sojus 21 im Juni 1976 beim Transport in der Sowjetunion. Die Sowjets vertrauen auf Gleisanlagen und große Diesellokomotiven.

Arbeit dazu bei, daß dieser Traum Wirklichkeit werden konnte.
Die Saturn I wurde zum ersten gebündelten Fluggerät der neuen Serie. Sie war etwa ein Drittel länger, über viermal schwerer und fast viermal so schubkräftig wie die größten Raketen, die bis dahin in den Vereinigten Staaten entwickelt worden waren. Ihre Länge von 58 Metern und ihr Startgewicht von über 500 Tonnen waren enorm, aber dennoch winzig im Vergleich zu der sehr viel größeren Saturn V.
Zehn Exemplare dieser Saturn-I-Rakete flogen. Die erste startete am 17. Oktober 1961, die letzte am 30. Juli 1965. Die ersten vier Exemplare der Saturn I waren nur mit echter Erststufe geflogen; die zweite Stufe war eine Attrappe. Die sechs weiteren trugen aktive Zweitstufen, die in Satellitenbahnen gelangten.
Die erste Stufe der Saturn I wurde durch Kerosin und flüssigen Sauerstoff, die zweite durch Flüssig-Wasserstoff und Flüssig-Sauerstoff angetrieben.
Obgleich die Saturn I als Versuchsgerät ausgewiesen war, verliefen alle zehn Flüge hundertprozentig erfolgreich. Die letzten drei Saturn-I-Raketen brachten Pegasus-Satelliten zur Registrierung von Mikrometeoriten in Erdumlaufbahnen.
Saturn I-B war eine verbesserte, hochgezüchtete Version der Saturn I. Die Schubkraft der acht Triebwerke der ersten Stufe war bei ihr von 680 auf 725 Tonnen erhöht worden. Neunmal wurde diese Rakete in der Entwicklungsphase des Apollo-Programms gestartet, neunmal war sie erfolgreich. Der erste Start fand – noch unbemannt – am 26. Februar 1966 statt; der fünfte Flug war ihr erster bemannter Flug im Herbst 1968.
Während die Saturn I-B von Cape Canaveral aus zwischen Februar 1966 und Januar 1968 ihre ersten unbemannten Probestarts absolvierte, donnerten in Huntsville auf den Prüfständen die Triebwerke der mächtigen Saturn V. Jedes der fünf durch Kerosin und Flüssig-Sauerstoff gespeisten Triebwerke brachte dieselbe Schubkraft auf wie die acht Triebwerke der Saturn I zusammengenommen, 680 Tonnen, ein Gesamtschub für den Start der Rakete von 3400 Tonnen.
Die zweite Stufe für die Saturn V war eine völlige Neuentwicklung. Sie wurde mit Flüssig-Wasserstoff und Flüssig-Sauerstoff betrieben, gleich der dritten Stufe, die mit der zweiten Stufe der Saturn I-B identisch war.
Ausmaße und Leistungen der Saturn V waren so gewaltig, daß sie sich nahezu jeglicher Vorstellungskraft entziehen. Nur Vergleiche mit Maßstäben aus dem täglichen Leben lassen erahnen, was hier geschaffen wurde.
Die Höhe der Saturn V betrug 110,6 Meter – rund 10 Meter mehr als diejenige der Münchner Frauenkirche. Das Startgewicht der Rakete belief sich auf 2800 Tonnen – das Gewicht von 35 modernen D-Zug-Lokomotiven. Die fünf Triebwerke der ersten Stufe verbrannten in jeder Sekunde 12,9 Tonnen Treibstoff – eine Menge, mit der ein Düsenflugzeug nach Art der Boeing 707 mit 150 Passagieren an Bord von Hamburg nach Nordafrika fliegen könnte. Über den Prüfstand, in dem diese Raketenstufe im Marshall-Raumflugzentrum fest verankert zur Probe gebrannt wurde, sind bei derartigen Brennversuchen in jeder Sekunde 20 000 Liter Wasser gesprüht worden, um die Anlage zu kühlen.
Entwickelt wurde die Saturn-Rakete, wie gesagt, im Marshall-Raumflugzentrum. In Serie gebaut wurden die einzelnen Stufen bei der Industrie. Das brachte riesige logistische und Transportprobleme mit sich. Doch auch sie können wir hier nicht im einzelnen betrachten. Aber bevor wir in Stichworten sehen, was aus dieser enormen

Entwicklung wurde, wie die SATURN Menschen zum Mond brachte, wollen wir unser Augenmerk noch einmal auf jenen Mann lenken, der die Schalthebel dieser Raketenentwicklung in der Hand hielt und der sich seit den Schilderungen der ersten Raketenexperimente in Berlin-Reinickendorf in den frühen dreißiger Jahren wie ein roter Faden durch dieses Buch zieht: Wernher von Braun.

Wernher von Braun, Schöpfer der Großrakete

Wernher von Braun, der schon in seiner Jugend von dem Flug zu anderen Himmelskörpern träumte, stand am Anfang und am Ende der Entwicklung der Großrakete. Er leitete jenes technische Projekt, das während des Zweiten Weltkrieges in Deutschland in der ersten Flüssigkeitsgroßrakete der Welt gipfelte, und unter seiner Leitung und Anleitung entstand, wie wir hörten, die bisher größte Rakete, jene SATURN V, die den Flug des Menschen zum Mond ermöglichte.
Von Brauns Leben stand unter dem Zeichen der Raumfahrt. Er gehörte zu jenen glücklichen Menschen, denen der Beruf zur Berufung wurde.
Wernher von Braun wurde am 23. März 1912 in Wirsitz in Posen geboren. Schon als Schüler glaubte er an die Verwirklichung des Weltraumfluges. Ausgelöst worden war dieses Interesse bei ihm durch die Astronomie, und auf diese wiederum war er gekommen, weil seine Mutter ihm zur Konfirmation ein astronomisches Fernrohr geschenkt hatte.
Mit 14 Jahren bastelte er ein kleines raketengetriebenes Spielzeugauto und ließ es zum Entsetzen der Passanten im Berliner Tiergarten probefahren. Schon 1925, also im Alter von 13 Jahren, hatte er mit der Raketentheorie durch Oberths Buch »Die Rakete zu den Planetenräumen« Bekanntschaft gemacht. Es war ihm Ansporn für die intensive Beschäftigung mit der bis dahin eher vernachlässigten Mathematik, denn sie brauchte er, um die Gedanken Oberths verstehen zu können.
Der junge von Braun studierte an der Technischen Hochschule in Berlin Maschinenbau, ging gleichzeitig bei der Industrie in die Lehre und stieß sehr bald auf Hermann Oberth und Rudolf Nebel und den »Raketenflugplatz Berlin«. Emsig arbeitete er dort mit, kam mit den Besuchern vom Heereswaffenamt ins Gespräch und trat schließlich in die Dienste dieses Amtes.

Den weiteren Lebensweg Wernher von Brauns kennen wir aus den früheren Teilen des Buches: die Entwicklung der ersten Raketen, die Doktorarbeit, den Aufbau von Peenemünde, die ihn nie verlassende Idee vom Raumflug, den Weg in die Vereinigten Staaten, die JUPITER-Rakete, seinen Erfolg mit Amerikas erstem Erdsatelliten EXPLORER 1, seine publicityträchtige Werbung für die Raumfahrt, seine Begegnungen mit Politikern, Abgeordneten und Präsidenten, die Übernahme des Marshall-Raumflugzentrums, die Entwicklung der SATURN.
Während des APOLLO-Programms war Wernher von Braun überall in der Welt der von Journalisten meistverfolgte Raketenbauer. Er verstand es, die Probleme, die Aufgaben, die Ziele verständlich und weltgewandt darzustellen, ging auf jede Frage geduldig ein.
Während der APOLLO-Starts sah man ihn in Cape Canaveral in dem mächtigen Startgebäude, wie schon vorher so oft bei den Probeflügen der SATURN I, den Starts von JUPITERS und JUNOS. Während der Höhepunkte der einzelnen APOLLO-Missionen – den Landungen, den Ausstiegen, den Fahrten auf dem Mond – sah man ihn im Kontrollzentrum von Houston.
Mit der so erfolgreichen Entwicklung der SATURN-Rakete war seine unmittelbare Aufgabe im APOLLO-Programm abgeschlossen. 1970 wurde Wernher von Braun deshalb von Huntsville ins NASA-Hauptquartier in Washington berufen. Er wurde zu einem der Administratoren der Raumfahrtbehörde befördert, kümmerte sich fortan nicht um die »Hardware«, also das eigentliche Fluggerät, sondern um Pläne für die Zukunft. Mit Energie stürzte er sich in Washington in seine neue Aufgabe, warb wiederum bei Senatoren und Abgeordneten, bei einflußreichen Politikern, bei Militärs und Industriellen für den Gedanken der Raumfahrt, dachte nach über die große Raumstation, eine Marsexpedition und den Raumtransporter, das nächste bedeutende Projekt, mit dem die zweite Phase der Raumfahrt beginnen sollte.
Doch die Zeit war nicht mehr die gleiche. Unbeschadet eines erfolgreichen APOLLO-Programms gab es keinen, der mit dem Elan eines John F. Kennedy vom amerikanischen Kongreß Gelder fordern und bekommen konnte, um ein Amerika würdiges Raumfahrtprogramm fortzusetzen, um Expeditionen zum Mars oder den Bau einer gigantischen Raumstation durchführen zu können. Budgetkürzungen in der Raumfahrt beherrschten die Szene, die Schwerpunkte hatten sich verschoben, Probleme irdischer Art forderten die Politiker heraus und ließen Raumfahrt für sie in den zweiten Rang zurückgleiten.

In Washington beschäftigte sich Wernher von Braun eine Zeitlang damit, die Zukunftsaufgaben des Raumtransporters zu definieren. Dann aber schien die Arbeit für ihn beendet, denn über die Zeit dieses wiederverwendbaren Raumtransporters hinauszublicken, Programme für die neunziger Jahre und das nächste Jahrhundert zu machen, hatte unter den gegebenen Umständen keinen Sinn.
Im Juli 1972 verließ er deshalb die NASA und ging – nach 15 Jahren Dienst für die amerikanische Armee und 12 Jahren bei der Raumfahrtbehörde, also 27 Jahren Staatsdienst – in die Privatindustrie. Hier interessierte er sich vor allem für die neuen Möglichkeiten, die die Raumfahrt den Menschen auf der Erde eröffnete: Kommunikation mittels Satelliten, um den Lebensstandard der Völker zu heben, war eines der Themen, die ihn ansprachen.
Doch nicht mehr lange konnte er sich dieser Aufgabe widmen. Am 16. Juni 1977 starb Wernher von Braun in Washington an einem Krebsleiden. Er hatte die Raumfahrt durch die Entwicklung der Großraketen eingeleitet, hatte ihre erste Phase nahezu bis zu Ende miterlebt. Doch noch sind nicht alle seine Pläne verwirklicht. Wernher von Braun träumte beispielsweise, wie wir sahen, auch von der großen, bemannten Raumstation – ein Traum, der sicher im nächsten Jahrhundert Wirklichkeit werden wird. Die Aufgaben, die er sich stellte, werden übergehen auf künftige Generationen von Wissenschaftlern und Technikern.

Links: Wernher von Braun im Marshall-Raumflugzentrum der NASA in Huntsville, Alabama, das unter seiner technischen Leitung entstanden war

Rechts oben: Blick über einen Teil des Marshall-Raumflugzentrums mit den charakteristischen Anlagen für statische Brennversuche der Raketentriebwerke und dynamische Tests der Raketen

Rechts unten: Für einen Ausflug auf dem Mond, den er nicht machen konnte, trainiert hier James Lovell, Kommandant des Fluges APOLLO 13. Während der Übung setzt er das Bohrgerät zusammen, mit dem Bodenproben aus dem Mondboden entnommen werden sollten. Doch APOLLO 13 konnte niemals auf dem Mond landen.

Eine Mammutaufgabe wird bewältigt

Doch blicken wir wieder zurück in die Zeit der großen Vorbereitung. Wie im Marshall-Raumflugzentrum, so arbeitete man an Hunderten von Orten - in der NASA-Zentrale, in den NASA-Zentren in Cape Canaveral, in Langley, in Houston, in Greenbelt, in Michoud, in Pasadena, bei Dienststellen der Luftwaffe und in zahllosen Firmen - daran, das APOLLO-Programm voranzubringen, den Traum zu verwirklichen. Am Instrumentenlabor der Technischen Hochschule von Massachusetts wurde unter der Leitung des fähigen Dr. Stark Draper (heute Präsident der Internationalen Astronautischen Akademie) das komplizierte elektronische Navigations- und Lenksystem für APOLLO entwickelt, bei der Industrie die verschiedensten Komponenten gebaut, von den Triebwerken über die Raumanzüge bis hin zu den Experimentiergeräten und zu Gegenständen des täglichen Gebrauchs. Alles mußte »space proof« sein - den besonderen Anforderungen des Raumfluges angepaßt. Die Entwicklung eines unter Schwerelosigkeit funktionierenden Kugelschreibers wurde dadurch zum Millionenprojekt. Je weiter die Zeit fortschritt, um so mehr Entwürfe wurden »eingefroren«, das heißt für endgültig unveränderlich erklärt; sie gingen in die Produktion.
Gegen Ende 1961 wurden die wichtigsten Entscheidungshebel gestellt. Zu dieser Zeit hatte sich die Überzeugung durchgesetzt, daß die dritte der zuvor geschilderten

Links: Blick in eine der Montagebuchten im VAB (= Vehicle Assembly Building, Fahrzeug-Montagegebäude) in Cape Canaveral, wo die SATURN-V-Rakete aus ihren drei Stufen zusammengesetzt und sodann die dreiteilige APOLLO-Kombination (Mondfähre, Versorgungsteil, Raumkapsel) hinzugefügt wurde. Nach Montage und langer Überprüfung, die in dieser Bucht auf einer fahrbaren Startplattform erfolgten, wurde diese Plattform von einem Raupenschlepper angehoben und über eine Strecke von rund fünf Kilometern zur Startanlage gefahren (Bild rechts). Dort wurden die Geräte noch einmal überprüft, betankt, von der dreiköpfigen Besatzung bestiegen und schließlich gestartet.

Methoden für die Mondlandung die günstigste sein würde: direkter Flug von der Erde über eine Erdumlaufbahn (»Parkbahn«) in eine Mondumlaufbahn, dort Ablösung eines Landefahrzeuges, Verweilen des APOLLO-Kommandoteils in der Mondumlaufbahn bis zur Rückkehr des Landegeräts und Rückflug mit dem Kommando- und Versorgungsteil zur Erde.
Das bedeutete gleichzeitig Bauentscheidung für die SATURN V. Hunderte von Einzelverträgen mit Firmen, Laboratorien, Instituten wurden gemacht. Auf dem Höhepunkt der Entwicklung beschäftigte APOLLO an die 400000 Menschen und hatte Verträge mit einigen tausend Firmen. In Cape Canaveral entstanden jene von Fotos her wohlbekannten Mammutanlagen, die für Montage und Start der APOLLO-Geräte benötigt wurden.
Der »Mondbahnhof« von Cape Canaveral entstand in einem an den Luftwaffen-Raketenstartplatz anschließenden Gelände, das in Erinnerung an den im November 1963 ermordeten Präsidenten und politischen Initiator des APOLLO-Programms John F. Kennedy den Namen »Kennedy-Raumflugzentrum der NASA« (John F. Kennedy Space Center) erhielt. Hier wurde jenes mächtige Gebäude errichtet, das die Höhe des Ulmer Münsters und eine Grundfläche von 158 mal 218 Metern hat. Hier herrschte Dr. Kurt Debus als Direktor des Zentrums über 2800 NASA-Angestellte und rund 12000 Angehörige von Industriefirmen, die man mit Bauaufträgen bedacht hatte. Auch hier modernste Technologie, enorme wirtschaftliche Auswirkungen für die Umgebung, technologischer und wirtschaftlicher Aufschwung, Erprobungs- und Simulationsanlagen, Astronautenquartiere, Treibstofflager – ein Industriekomplex ureigenster Prägung.
Auch an dieser Stelle müssen wir wieder auf die spezielle Literatur bezüglich der sehr interessanten technischen Entwicklung von Raumkapsel, Mondfähre und die vielen anderen Komponenten verweisen und können es nur bei der Feststellung bewenden lassen, daß die vielen angedeuteten Aktivitäten (und tausend andere, die wir nicht erwähnen konnten) schließlich in ersten unbemannten Probeflügen der SATURN-I- und -I-B-Raketen, der APOLLO-Raumkapseln und dem vielen anderen Gerät gipfelten.

Tragische Zwischenfälle

In Cape Kennedy, wie es nun hieß, übten die Astronauten in diversen Simulatoren. Die erste für einen bemannten Flug vorgesehene SATURN I-B stand aufgerichtet im Startturm. Auf ihrer Spitze saß die APOLLO-Raumkapsel – sie trug die Fabrikationsbezeichnung 204. Wieder einmal – es war der 27. Januar 1967 – trainierten die Astronauten, die demnächst mit diesem Gerät probeweise in die Erdumlaufbahn fliegen sollten, in der Kapsel, der 36jährige Edward White, der 40jährige Virgil Grissom und der 31jährige Dr. Roger Chaffee. Es wurden Kommunikationsversuche mit dem Flugleitzentrum gemacht. Plötzlich überschlug sich Whites Stimme: »Feuer in der Kapsel!« Es waren die letzten Worte, die man von den drei Astronauten hörte. Jede Hilfe kam zu spät. Verkohlt lagen die Männer in der ausgebrannten Kapsel. Vermutlich ein elektrischer Kurzschluß hatte eine Kabelisolierung in Brand gesetzt, die reine Sauerstoffatmosphäre in der Kapsel diesen Brand vehement genährt, der sich schlagartig auf alle brennbaren Materialien in der Kapsel ausbreitete.
Untersuchungen wurden angestellt, Komissionen gebildet. Projekt APOLLO hatte einen schweren Rückschlag erlitten.
Drei Monate später, am 23. April 1967, unternahmen die Sowjets nach zweijähriger Pause wieder ein bemanntes Raumfahrtexperiment. Ein neues Raumfahrzeug, das den Namen SOJUS 1 trug, wurde erprobt. Während des Fluges in einer Erdumlaufbahn in 201 bis 224 Kilometer Höhe gab es eine Reihe von technischen Schwierigkeiten, so daß Kosmonaut Wladimir Komarow bei der achtzehnten Umfliegung zurückbeordert wurde. SOJUS 1 trat planmäßig aus der Umlaufbahn, aber beim Niedergang verschlang sich in 6½ Kilometer Höhe der Fallschirm des Geräts. Das Raumfahrzeug raste nahezu ungebremst in den Boden; Komarow kam ums Leben.

Die erste Umfliegung des Mondes

Das Feuer in APOLLO 204 verzögerte das Programm um 18 Monate. Während dieser Zeit wurden Umbauten an der Raumkapsel vorgenommen und sämtliche Komponenten auf Herz und Nieren überprüft. Nach drei unbemannten Testflügen, die von Ende 1967 bis zum Frühjahr 1968 stattfanden, konnten am 11. Oktober 1968 zum erstenmal Menschen in einer APOLLO-Raumkapsel in die Erdumlaufbahn geschickt werden. Trägerrakete war eine SATURN I-B. Sie brachte die drei Astronauten Walter Schirra, Don Eisele und Walter Cunningham in eine Bahn in 230 bis 285 Kilometer Höhe. Während ihres elftägigen Aufenthaltes in dieser Bahn erprobten sie die APOLLO-Raumkapsel und ihren Versorgungsteil, schalteten das Triebwerk mehrfach ein und aus und simulierten technische Operationen mit der Mondfähre – simulierten deshalb, weil diese Mondfähre noch nicht mit an Bord war. Das Ergebnis des Fluges war trotz einer scheußlichen Erkältung, mit der sich die Piloten gegenseitig ansteckten, so einwandfrei, das Zusammenspiel mit dem Bodennetz technisch so gut, daß APOLLO damit seine Bewährungsprobe endgültig bestanden hatte.
Schon zuvor war aus technischen Gründen festgelegt worden, daß der APOLLO 7 folgende Flug, der eine SATURN V zur Trägerrakete haben würde, zu einem Weltereignis

Linke Seite, oben links: Fabrikation einer APOLLO-Raumkapsel

Unten: Das Feuer in der ausgebrannten APOLLO-Kapsel Nr. 204 kostete die Astronauten Grissom, White und Chaffee das Leben.

Oben Mitte: Fallschirmlandung von SOJUS 29. Bei einer ähnlichen Landung kam der sowjetische Kosmonaut Komarow ums Leben.

Rechte Seite, oben links: Ein Blick zurück von der Raumkapsel APOLLO 7 auf die Oberstufe der Trägerrakete, die gleich dem APOLLO-Raumfahrzeug in die Erdumlaufbahn gelangte. Während des elftägigen Fluges um die Erde prüften die Astronauten Schirra, Eisele und Cunningham ihr APOLLO-Gerät auf Herz und Nieren und machten zahlreiche Aufnahmen der Erdoberfläche. Der Flug fand im Oktober 1968 statt.

Oben rechts: Die Raumkapsel APOLLO 8, die als erstes bemanntes Gerät mit den Astronauten Borman, Lovell und Anders im Dezember 1968 den Mond umflog, bei der Wasserung

Unten: Die Mannschaft der ersten Mondumfliegung, APOLLO-8-Astronauten (von links) James A. Lovell, William Anders und Frank Borman (Kommandant), vor dem APOLLO-Missions-Simulator in Houston

werden sollte: Die Astronauten Frank Borman, James Lovell und William Anders sollten bei diesem ersten bemannten Flug mit einer SATURN V (auch unbemannt war sie zuvor nur zweimal zur Probe geflogen) sogleich eine Umfliegung des Mondes wagen. General Samuel Phillips, Direktor des APOLLO-Programms, hatte diese sensationelle Entscheidung am 19. August 1968 bekanntgegeben. Der glatte Flug von APOLLO 7 bekräftigte diese Entscheidung.
Am 21. Dezember 1968 hob die Trägerrakete mit APOLLO 8 und den drei Astronauten in Cape Kennedy von der Startplattform ab, beförderte die Astronauten in eine Erdumlaufbahn und knapp drei Stunden später in die Fluchtbahn. Nach drei Tagen hatten Borman, Lovell und Anders den Mond erreicht, verschwanden mit ihrem Raumfahrzeug hinter ihm und sahen damit als erste Menschen die Rückseite des Erdbegleiters. Dort, außer Funkreichweite zur Erde, zündeten sie auch das Triebwerk ihres APOLLO-Raumfahrzeuges, um aus einer einmaligen, halben Umrundung des Mondes eine zehnmalige Mondumkreisung werden zu lassen: Sie traten in eine Satellitenbahn um den Erdbegleiter ein. Wie geplant, umflogen sie ihn in 112 Kilometer Höhe im Zeitraum von 20 Stunden zehnmal, beobachteten, beschrieben und fotografierten die unter ihnen liegende seltsame, schweigende Welt aus Kratern, Bergen und Tiefebenen. Dazu zündeten sie – wiederum über der Rückseite des Mondes, weil es die himmelsmechanischen Gegebenheiten so erforderten – in der Nacht vom 25. zum 26. Dezember ihr Triebwerk erneut und schossen sich auf diese Weise in eine Rückkehrbahn zur Erde ein. 147 Stunden nach ihrem Start von der Erde wasserten sie schließlich – wie der Computer berechnete, 11 Sekunden zu früh! – am 27. Dezember 1968 knapp fünf Kilometer von dem vorgesehenen Aufsetzpunkt entfernt im Pazifischen Ozean.
Der erste große Schritt war getan, der Mond von Menschen umflogen. Die Zeitungen der Welt überschlugen sich in ihren Kommentaren.

Die erste Landung auf dem Mond

Zwei weitere »Generalproben« für die Mondlandung fanden noch statt, bevor das Jahrhundertereignis eintreten, bevor Menschen erstmals ihren Fuß auf die Oberfläche des Mondes setzen konnten. Das waren APOLLO 9, ein Erprobungsflug mit APOLLO-Raumfahrzeug und Mondfähre in der Erdumlaufbahn im März 1969, und APOLLO 10 im Mai 1969, komplett mit Mondfähre in der Mondumlaufbahn.
Bei diesem Flug APOLLO 10 wurden Mondfähre und APOLLO-Raumfahrzeug in der Mondumlaufbahn voneinander getrennt, verblieb Astronaut Thomas Young in 111 Kilometer Höhe über dem Mond in einer kreisförmigen Umlaufbahn, während seine Kollegen Cernan und Stafford mit der Mondfähre in eine Ellipsenbahn um den Erdbegleiter einschwenkten und dabei bis auf 14½ Kilometer an die Mondoberfläche herankamen. Sie hatten eindrucksvolle Anblicke, brachten unglaubliche Bilder mit zur Erde zurück. Farbige Fernsehübertragungen ließen die Erdbewohner an diesem spannenden Abenteuer teilhaben.
Und doch war dies nur ein Vorgeschmack auf das, was mit APOLLO 11 folgen sollte. Begonnen hat dieser Flug am Morgen des 16. Juli 1969 mit einem nun fast schon routinemäßigen Start in Cape Kennedy. Viele Tausende beobachteten das Abheben der Trägerrakete von APOLLO 11 mit den Astronauten Neil Armstrong, Edwin Aldrin und Michael Collins an Bord vom Startgelände aus, schätzungsweise eine Million Menschen hatten sich außerhalb des Kennedy-Raumflugzentrums und entlang der Küste Floridas versammelt, um den Anfang dieses historischen Fluges, das Abheben der mächtigen Rakete, mit eigenen Augen miterleben zu können.
Am 19. Juli trat das APOLLO-Raumfahrzeug samt der Mondfähre in die Mondumlaufbahn ein. Am 20. Juli trennten die Astronauten Mondfähre und APOLLO-Raumfahrzeug voneinander: Armstrong und Aldrin setzten zur Landung auf dem Erdbegleiter an. Collins verblieb mit dem Kommandofahrzeug in der Mondumlaufbahn. In einem steinübersäten Gebiet im Mare Tranquillitatis (»Meer der Ruhe«) setzte die Mondfähre, für diesen Flug auf den Namen »ADLER« getauft, am 20. Juli 1969 um 15 Uhr und 17 Minuten Houstoner Zeit, 21 Uhr 17 Minuten Mitteleuropäischer Zeit, auf der Mondoberfläche auf. Klar hörte man im Kontrollzentrum in Houston die Stimme Armstrongs: »Hier Tranquillity Basis, der Adler ist gelandet«. Über 500 Millionen Menschen in aller Welt hörten diese Worte in Rundfunk und Fernsehen. Ein unbeschreiblicher Applaus erhob sich im Kontrollzentrum von Houston.

APOLLO 9 bei der Erdumfliegung im März 1969. Deutlich sind APOLLO-Raumkapsel und (dahinter) der Versorgungsteil zu erkennen. Vor der Kapsel ein Teil der Mondfähre. Astronaut Scott steht in der offenen Luke der Raumkapsel.

An Bord der Mondfähre, die nun auf dem Mondboden stand, wurden von den beiden Astronauten die notwendigen technischen Überprüfungen vorgenommen sowie eine Ruhe- und Essenspause eingelegt. Gleich danach aber waren die Astronauten bereit für das nächste große Ereignis: das Betreten der Mondoberfläche. Die Männer legten ihre speziellen Raumanzüge an, die für dieses erste EVA auf einem anderen Himmelskörper entwickelt worden waren, schnallten ihre »Tornister« um, die Umweltversorgungsgeräte für den atmosphärelosen Mond. Dann ließen sie langsam die Luft aus ihrer Kabine strömen, öffneten die Luke. Bedächtig stieg Armstrong die Stufen hinunter, verfolgt von der Fernsehkamera. »Dies ist ein kleiner Schritt für einen Mann, aber ein großer Sprung vorwärts für die Menschheit«, sagte er, als er am 21. Juli 1969 um 3 Uhr 56 Minuten Mitteleuropäischer Zeit (in Houston war noch der 20. Juli, 22 Uhr und 56 Minuten) die Mondoberfläche – mit dem linken Fuß zuerst, ganz wie es der Flugplan vorschrieb – betrat. Zum zweitenmal innerhalb von 12 Stunden hielten die Menschen auf der Erde den Atem an.
Aldrin folgte Armstrong, kletterte die Lei-

Links oben: in seltener Deutlichkeit sieht man hier die Apollo-Mondfähre, aufgenommen in der Erdumlaufbahn beim Flug Apollo 9, als Fähre und Raumkapsel sich versuchsweise voneinander getrennt hatten. Das Bild ist von der Apollo-Raumkapsel aus aufgenommen.

Links: Die Mondfähre in den Fertigungswerkstätten

Rechte Seite: Höhepunkt einer langen Entwicklung, Krönung einer jahrhundertealten Idee: Menschen zum erstenmal auf dem Mond. Dieses Bild zeigt Astronaut Aldrin vom Flug Apollo 11, wie er sich anschickt, die Mondfähre zu verlassen und die Leiter zur Mondoberfläche herabzuklettern. Armstrong steht bereits auf dem Mond: Er hat die Aufnahme gemacht.

Ganz links: Als Symbol guten Willens stellten Armstrong und Aldrin die amerikanische Flagge auf dem Mond am Landeort von Apollo 11 auf.

Oben rechts: Armstrong auf dem Mond in der Mondfähre. Das Bild entstand, während die Fähre auf dem Mondboden ruhte. Fotograf war der zweite Mann des Unternehmens, Aldrin.

Unten links: An Bord des Bergungsschiffes begrüßte Präsident Nixon die drei Mondflieger – allerdings nur über Mikrophon, denn die Männer unterlagen einer strengen Quarantäne. Bei späteren Mondflügen wurde sie aufgegeben; sie hatte sich sehr bald als nicht notwendig herausgestellt.

Rechte Seite: Ausbeute vom Mond. Oben: Bodenproben des Mondes vom Fluge Apollo 11. Lunare Glaskugeln und Kristalle in einem Aluminiumbehälter des »Mondempfangslaboratoriums« am Johnson-Raumflugzentrum in Houston, Texas. Unten: Dünnschliff einer Mondprobe vom Flug Apollo 17

Nächste Doppelseite: Start von Apollo 15 in Cape Canaveral am 26. Juli 1971 mit den Astronauten Scott, Worden und Irwin

ter herab und schwang sich behende zu Boden. Zweieinviertel Stunden brachten die beiden Männer auf dem Mond zu, richteten die mitgebrachte amerikanische Flagge auf, erprobten das Laufen unter einem Sechstel der irdischen Schwerkraft, machten Fotos und sammelten über 21 Kilogramm Mondgestein ein, das sie neben den wertvollen belichteten Filmen und Bildern als Dokumente ihres Fluges mit zur Erde zurückbrachten. Zum ersten Mal konnten nach ihrer Rückkehr Wissenschaftler in irdischen Laboratorien Materie von der Oberfläche eines anderen Himmelskörpers in den Händen halten und mit ihren Apparaturen analysieren.

Schließlich kehrten die beiden Männer auf dringendes Mahnen der Flugleitstelle in Houston, bepackt mit dem Mondgestein, wieder in die Mondfähre Adler zurück. Pünktlich zum vorgesehenen Zeitpunkt startete das Gerät von der Mondoberfläche, gelangte in die Umlaufbahn, aus der es gekommen war, koppelte an dem Apollo-Raumfahrzeug Columbia an. Müde und glücklich kehrten Armstrong und Aldrin zu ihrem Kollegen Collins, der die ganze Zeit über den Mond unermüdlich umkreist hatte, zurück. Dann wurde das LEM (die Abkürzung von »Lunar Excursion Module«, Mondausflugs-Modul, die damalige offizielle Bezeichnung für die Mondfähre) abgestoßen. Es wurde nicht mehr benötigt …

Über der Rückseite des Mondes, unsichtbar und unhörbar auf der Erde, zündeten die Astronauten das Triebwerk des Apollo-Raumfahrzeugs und schleuderten sich damit in die Rückkehrbahn zur Erde ein.

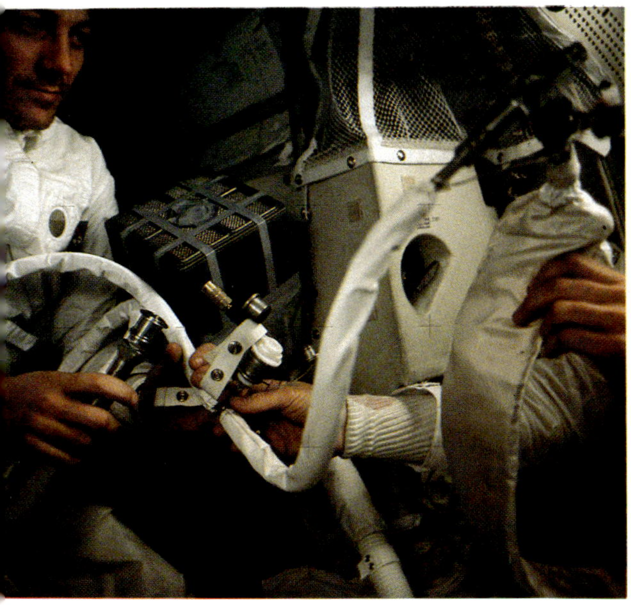

Am 24. Juli 1969, um 17 Uhr 50 Minuten Mitteleuropäischer Zeit, setzte die Raumkapsel auf dem Pazifischen Ozean auf. Knapp zwei Stunden später betraten Armstrong, Aldrin und Collins, seltsam vermummt, den Flugzeugträger HORNET und verschwanden unter dem Applaus der Umstehenden in einem hermetisch verschlossenen Gefährt, der Quarantäne-Einheit: Es sollte verhindert werden, daß die Mondfahrer möglicherweise lebensfeindliche Bakterien vom Mond einschleppten!
Präsident Nixon war an Bord des Flugzeugträgers gekommen, unterhielt sich übermütig mit den drei Männern im Quarantänewagen über Mikrophon, betrachtete sie lachend durch die dicken Scheiben des Fensters hindurch ... Das Jahrhundertereignis war vorüber, das Abenteuer bestanden.
Überall bei ihren Auftritten rund um die Welt wurden die Astronauten bestaunt, befragt, angehimmelt. In den Laboratorien aber begannen die Wissenschaftler mit der Analyse des Mondgesteins ...

APOLLO, das wissenschaftliche Unternehmen

Dies ist kein Buch über das APOLLO-Programm noch über seine Ergebnisse. Wir müssen deshalb den weiteren Verlauf jenes Programms – historisch gesehen noch fast Gegenwart – in wenigen Sätzen zusammengefaßt betrachten.
Der historischen Mondlandung des Fluges APOLLO 11 folgten sechs weitere Flüge zum Mond, von denen fünf ihr Ziel, den Mond, erreichten. Einer – APOLLO 13 im April 1970 – versagte technisch. Eine Explosion an Bord des Versorgungsteils während des Fluges im Weltall zwang die Astronauten James Lovell, Thomas Mattingly und Fred Haise zu einer gefährlichen, abenteuerlichen Umfliegung des Mondes, ohne daß sie auf ihm landen konnten. Doch durch die technische Flexibilität der Geräte kamen sie heil wieder zur Erde zurück.
Die anderen Flüge, in der Tabelle im Anhang mit den wesentlichsten Kenndaten zusammengefaßt, waren weitere Sprossen auf der Leiter des Erfolges. Es waren Missionen, bei denen die technischen Anforderungen von Flug zu Flug gesteigert, die Möglichkeiten der Astronauten, auf dem Mond zu arbeiten, erweitert wurden.
Das gilt sowohl in bezug auf die Aufenthaltsdauer auf dem Mond wie auf den Schwierigkeitsgrad der gewählten Flugbahnen und Landeorte, es gilt für die mitgeführten wissenschaftlichen Instrumente, für das Arbeitsgerät auf der Mondoberfläche und nicht zuletzt für die Exkursionen und die dabei erfüllten Aufgaben.
Waren die Erkundungen der Mondoberfläche durch Armstrong und Aldrin bei der Mondlandung von APOLLO 11 erste tastende Versuche, in deren Verlauf sich die Astronauten nicht weiter als 33 Meter von ihrer Mondfähre ADLER entfernten, legten Alan Shepard und Edward Mitchell beim Flug APOLLO 14 in zwei EVAs schon kräftigere Märsche zurück: Bei ihrem zweiten Aufenthalt auf der Mondoberfläche wanderten sie über eine Strecke von anderthalb Kilometern zum Krater Cone und überwanden dabei ein Gefälle von 122 Metern.
ADLER, das Landefahrzeug von APOLLO 11, verweilte 21 Stunden und 36 Minuten auf dem Mond. Zweieinviertel Stunden dieser Zeit brachten die Astronauten außerhalb der Mondfähre auf der Mondoberfläche zu. Bei APOLLO 17 hatte sich die Verweilzeit auf 75 Stunden gesteigert, und es fanden drei Exkursionen auf dem Mond mit einer Gesamtdauer von über 22 Stunden statt!
Mußten die Piloten von APOLLO 11 und APOLLO 12 noch zu Fuß gehen, so hatten diejenigen von APOLLO 14 wenigstens ein Wägelchen dabei, auf das sie die eingesammelten Steine und übriges Arbeitsgerät legen konnten. Demgegenüber komfortabel ausgestattet waren die Mondbesucher der drei letzten APOLLO-Flüge, APOLLO 15, 16 und 17: Sie verfügten über ein »Mondauto«, das sie von der Erde mitgebracht hatten. Dieser »Lunar Rover« war speziell für die Zustände auf dem Mond gebaut worden. Das merkwürdige, durch Batterien betriebene Gefährt hatte eine Reichweite von 92 Kilometern. Auf der Erde wog es

Linke Seite, links außen: Besuch bei einem alten Bekannten: Beim Flug Apollo 12 besuchten die Astronauten Conrad und Bean Surveyor 3, in dessen Nähe sie mit Apollo 12 gelandet waren. Im Hintergrund die Mondfähre von Apollo 12.

Rechts daneben: Nahaufnahme des Landefußes von Surveyor 3 durch die Apollo-12-Astronauten. Deutlich ist erkennbar, daß Surveyor 3 nach dem ersten Aufsetzen durch Funkkommando von der Erde her noch einmal versetzt worden war.

Unten links: Improvisation beim mißglückten Flug Apollo 13. Hier sind zwei der drei Astronauten damit beschäftigt, eine Leitung zusammenzusetzen, um mit Behältern aus der Raumkapsel das ausgeatmete Kohlendioxid in der Mondfähre zu beseitigen.

Rechts daneben: Astronaut Charles Duke füllt einen Plastikbehälter mit Gesteinsproben von einem Felsblock in der Nähe des Landeplatzes von Apollo 16.

Oben Mitte: Blick auf die Mondfähre Apollo 14. Die Fahrspur stammt von einem kleinen, von Hand zu ziehenden Transportgerät, das die Männer dabeihatten, um Geräte und Proben aufladen zu können. Neben der Mondfähre die Fernsehübertragungsantenne zur Erde.

Rechts oben: Seit Apollo 15 konnten die Astronauten sich bequem im Lunar Roving Vehicle, auf der Mondoberfläche bewegen. Hier Young bei einer Geschwindigkeitsfahrt um den »Großen Preis vom Mond«.

Rechts unten: Astronaut Duke beim Aufenthalt Apollo 16 auf dem Mond belädt an einer Zwischenstation während des EVA am 22. April 1972 sein Mondauto.

209 Kilogramm und war so zerbrechlich, daß es äußerst behutsam behandelt werden mußte. Hätte man sich auf der Erde daraufgesetzt, wäre es zusammengebrochen. Auf dem Mond hatte es ein Sechstel des irdischen Gewichtes – 35 Kilogramm – und war unter diesen Verhältnissen verminderter Gravitation durchaus stark genug, zwei Männer in gar nicht zimperlicher Weise mit einer Geschwindigkeit von knapp 17 Kilometer pro Stunde über den Mondboden rasen zu lassen, hinweg über kleine Steine, durch Löcher und Mulden, hinter sich eine Wolke von Mondstaub verbreitend.

APOLLO 11, 12 und 14 waren, den Definitionen der NASA-Planung zufolge, noch *technische* Missionen. Ab APOLLO 15 handelte es sich um *wissenschaftliche* Expeditionen zum Mond – die begleitende Technik, der Flug, die Landung usw. wurden hier als Routinesache betrachtet, das Hauptaugenmerk auf die Forschungsaufgaben der Astronauten gelegt.

Diese Forschungsaufgaben, die jene zwölf Männer, die im Laufe des APOLLO-Programms ihren Fuß auf die Mondoberfläche setzten, wahrgenommen haben, sind so umfangreich, daß ein eigenes Buch darüber gerechtfertigt ist. Nicht nur, daß sie, sämtliche APOLLO-Missionen zusammengerechnet, eine Ausbeute von 385 Kilogramm Mondmaterie erbrachten, die auch heute noch intensiver Forschungsgegenstand der Wissenschaftler ist, die Mondlandungen lieferten auch eine Fülle an geologischen, physikalischen, chemischen und astronomischen Erkenntnissen über den Mond und den interplanetaren Raum. An den über der Vorderseite des Mondes verstreuten Landepunkten haben die Astronauten komplizierte Meßstationen aufgestellt, die von fünf Orten bis zum 1. Oktober 1977 Daten über 10000 kleine Mondbeben und 2000 Meteoritenaufschläge, über Temperaturen und Wärmefluß im Mondgestein, über kosmische Partikel, die Veränderungen einer fast nicht vorhandenen Mondatmosphäre, über den Sonnenwind und das äußerst schwache Magnetfeld des Mondes erbrachten – bis zum Oktober 1977 nicht etwa, weil sie dann ausfielen (obgleich es natürlich im Laufe der Zeit auch eine Reihe von Instrumentenausfällen gegeben hat), sondern weil sie von der NASA aus finanziellen Gründen abgeschaltet wurden! (Der Betrieb der Empfangsanlagen für diese Stationen auf der Erde kostete die NASA 2 Millionen Dollar im Jahr.)

Die Astronauten haben den Mondboden angebohrt, Bohrproben aus einem Meter

Tiefe zur Erde mit zurückgebracht. Sie haben Tausende von fotografischen Aufnahmen gemacht, haben die Mondoberfläche vermessen, analysiert, und sie haben ausführlich beschrieben, was sie auf dem Erdbegleiter sahen und fanden.
Als mit dem Flug APOLLO 17 im Dezember 1972 das Mondunternehmen beendet war, da forderten viele Wissenschaftler (auch so mancher von denen, die anfänglich Projekt APOLLO für ein politisches Prestigeunternehmen ohne wissenschaftlichen Wert gehalten hatten) eine Fortsetzung der Expeditionen zum Mond aus wissenschaftlichen Gründen ...
Elf Jahre nach dem offiziellen Beschluß des amerikanischen Kongresses, dieses große technische und wissenschaftliche Abenteuer durchzuführen, war Projekt APOLLO zu Ende gegangen. Kennedys Forderung, innerhalb der Dekade auf dem Mond zu landen, war erfüllt worden. Auch die NASA hatte ihr Versprechen eingelöst, das Unternehmen für 25 Milliarden Dollar zu realisieren – zum Schluß hatte es etwas über 24 Milliarden Dollar gekostet. Es ist damit das bisher einzige Großprogramm, das in seinen ursprünglich gesetzten Zeit- und Kostengrenzen geblieben ist!
Wir stellten bereits fest, daß es heute noch zu früh ist, um die endgültige historische Bedeutung des APOLLO-Programms abzuschätzen. Darüber werden erst künftige Generationen entscheiden können. Sicher aber ist, daß das Jahr 1969 dank der ersten Landung von Menschen auf dem Mond in den Geschichtsbüchern für immer einen besonderen Platz einnehmen wird.

Linke Seite oben: Blick auf Kommando- und Geräteteil von APOLLO 15 in der Mondumlaufbahn. Die Instrumentenbucht ist geöffnet und läßt die Forschungsgeräte erkennen, mit denen der Mond untersucht und fotografiert wird. An Bord des Kommandoteils (der Raumkapsel) ist Astronaut Worden. Die Astronauten Scott und Irwin machten diese Aufnahme von der Mondfähre aus, bevor sie mit dieser auf die Mondoberfläche abstiegen.

Links unten: Ausstiegmanöver aus APOLLO 17, während das Raumfahrzeug sich auf dem Rückweg vom Mond zur Erde befindet. Zweck dieses EVA im Fluge am 17. Dezember 1972 war es, belichtete Filme in ihren Kassetten aus den Kameras in der Instrumentenbucht zu entnehmen.

Oben: APOLLO 14 auf dem Mond in einer Gegenlichtaufnahme: Die Sonne verleiht der Mondfähre einen eigenartigen Strahlenkranz.

Raumstationen

Rußland setzt auf den erdnahen Raum

Die Frage, ob es jemals – so wie das in den sechziger Jahren aussah – einen Wettlauf zum Mond zwischen Amerika und Rußland gegeben hat, ist auch heute noch nicht eindeutig zu beantworten. Es kann sein, daß die Sowjets in der ersten, ursprünglichen Phase des Apollo-Programms die Absicht hatten, die Herausforderung Amerikas anzunehmen und ebenfalls ein bemanntes Mondlandeprogramm einzuleiten.
Wenn dem so war, dann mußten sie allerdings sehr bald erkennen, daß ihre Chancen für einen Sieg in einem solchen Wettstreit äußerst gering waren.
Mit den Erfahrungen, die Amerika im Gemini-Programm gewonnen hatte, lagen die USA beim Vordringen in den Weltraum und zum Mond nun an erster Stelle. Sie hatten die Technologie, das notwendige Gerät, die eingespielten Mannschaften. Mit der konsequenten Durchführung des Apollo-Programms schließlich sicherten sie sich einen enormen Vorsprung.
Es mag sein, daß die Sowjetunion zunächst große Anstrengungen unternahm, Projekt Apollo ein gleichwertiges sowjetisches Programm entgegenzusetzen. Hinweise auf die große sowjetische Trägerrakete, die bis heute noch nicht zufriedenstellend geflogen ist, unterstreichen diese Auffassung. Ebenso sicher dürfte dann allerdings sein, daß die Russen, als sie auf erhebliche Schwierigkeiten mit dieser Rakete stießen, den Wettlauf zum Mond von sich aus abbrachen.
Es kann aber auch sein, daß die UdSSR von vornherein auf einen solchen Wettlauf verzichtete und zielstrebig eine andere Aufgabe verfolgte, der sie sich bis auf den heutigen Tag widmet und mit viel Erfolg und Geschick entledigt: den erdnahen Raum nutzbar zu machen für den Menschen, die permanente Raumstation in der Erdumlaufbahn zu schaffen.
Daß eine solche Absicht besteht, erklären die Sowjets immer wieder, und sie handeln auch seit Jahren danach.
Während des ganzen Apollo-Programms waren die sowjetischen Aktivitäten in der bemannten Raumfahrt vergleichsweise gering. Die Projekte, die die Sowjets verfolgten, setzten ihr Bemühen fort, Amerikas Erfahrungen in der Erdumlaufbahn, die vornehmlich aus dem Gemini-Programm resultierten, nachzuvollziehen und zu übertreffen.
Das gelang ihnen mit dem Sojus-Programm, unbeschadet des schon erwähnten tragischen Anfangs dieses Unternehmens und unbeschadet der vielen technischen Zwischenfälle und eines weiteren tödlichen Unfalls, der sich bei einer Sojus-Mission ereignete. Immerhin können die Sowjets gegenwärtig bereits auf den Flug des vierzigsten Sojus-Raumfahrzeuges in einer Erdumlaufbahn verweisen!
Rund anderthalb Jahre sollten nach dem unglücklichen Sojus-1-Flug Komarows vergehen, bis am 25. Oktober 1968 Sojus 2 unbemannt und einen Tag darauf Sojus 3 mit dem Kosmonauten Beregowoij in eine Umlaufbahn in 225 Kilometer Höhe stieg. Es kam zu einem Rendezvous zwischen dem bemannten und dem unbemannten Sojus-Gerät, aber ein Kopplungsmanöver führte Beregowoij nicht durch. Nach zwei Tagen kehrte der Kosmonaut mit Sojus 3 wieder zur Erde zurück.
Im Januar 1969 folgte ein Doppelflug von Sojus 4 und Sojus 5; das erstgenannte Gerät wurde am 14. Januar, das zweite am 15. Januar gestartet. Hierbei kam es zum ersten erfolgreichen Kopplungsmanöver zwischen zwei bemannten sowjetischen Raumfahrzeugen und dem Austausch der Kosmonauten in ihren Raumfahrzeugen. Sojus 4 hatte einen Kosmonauten, Vladimir Schatalow, an Bord, Sojus 5 die drei Kosmonauten Boris Wolinow, Jewgenij Krunow und Alexeij Jelisejew. Die beiden letztgenannten Männer kehrten mit Schatalow in Sojus 4 zur Erde zurück, während Wolinow einen Tag später Sojus 5 allein heimbrachte.
Weitere Flüge mit Sojus-Geräten folgten. Die Kosmonauten machten physikalische und insbesondere technische Experimente, wie zum Beispiel den Versuch, unter Weltraumbedingungen Schweißarbeiten durchzuführen. Sojus 9 brachte Anfang Juni 1970 mit knapp 18 Tagen einen neuen Aufenthaltsrekord in der Erdumlaufbahn.
Am 19. April 1971 starteten die Sowjets Saljut 1, eine Raumstation für wissenschaftliche Experimente. Sie war nur etwa ein Drittel so groß wie das in Vorbereitung befindliche, gleich zu erwähnende amerikanische Skylab, aber dennoch war sie ein erfolgreicher Schritt in der angestrebten Richtung.
Drei Tage nach dem Start von Saljut 1 beförderte Sojus 10 die drei Kosmonauten

Auf dem sowjetischen Raumflug-Startplatz Baikonur kurz vor dem Start von Sojus 26 zur Raumstation Saljut am 13. Dezember 1977

Schatalow, Jelisejew und Rukawischnikow zu der neuen Raumstation. Für fünfeinhalb Stunden koppelten sich die Kosmonauten mit ihrem Fahrzeug an Saljut 1 an, ohne indessen die Station zu betreten.

Einen solchen Aufenthalt in der Station holte die Mannschaft von Sojus 11 nach, die am 6. Juni 1971 in der Sowjetunion startete und 23 Tage lang an Bord von Saljut 1 Untersuchungen vornahm.

Nachdem die drei Kosmonauten Georgij Dobrowolski, Wladislaw Wolkow und Viktor Patsajew mit einer Verweilzeit im Raum von 23 Tagen, 17 Stunden und 30 Minuten einen neuen Dauerrekord aufgestellt hatten, kehrten sie am 30. Juni wieder zur Erde zurück. Als indessen die Hilfsmannschaften am Boden die Raumkapsel Sojus 11 nach der Landung öffneten, mußten sie eine grausame Entdeckung machen: Alle drei Kosmonauten saßen tot in ihren Stühlen. In der Wiedereintrittsphase hatte, wie die spätere Untersuchung ergab, ein Ventil versagt, und dadurch war alle Luft explosionsartig aus dem Raumfahrzeug entwichen. Die Kosmonauten aber trugen in dieser Flugphase keine Atemhelme. Nach diesem Unfall führten die Sowjets über zwei Jahre lang keine bemannten Raumflüge mehr durch.

Linke Seite oben: Die erste Weltraumstation entstand am 15. Januar 1969 durch Koppelung der Raumschiffe Sojus 4 und 5. Sie bot den vier Mann Besatzung 18 Kubikmeter Arbeitsraum.

Unten: Blick in das Innere des Raumschiffes Sojus 11, das in der Umlaufbahn mit der Station Saljut 1 zusammengekoppelt ist

Rechts oben: Aufnahme der Erdoberfläche während der Annäherung von Sojus 27 an die Raumstation Saljut 6 im Februar 1978

Rechts unten: Von einem Schiff aus wurde das Koppelungsmanöver von der Erde her geleitet.

Nächste Doppelseite: Skylab in der Erdumlaufbahn in 435 Kilometer Höhe. Das gelbe Kunststofftuch über dem Laborraum wurde von den Astronauten als neuer Schutz gegen die Wärmeeinstrahlung der Sonne und gegen Mikrometeoriten angebracht, nachdem der ursprüngliche Schutzschild beim Verbringen des Labors in die Umlaufbahn zerstört worden war. Auch eine der zwei Sonnenzellenflächen am Labor wurde dabei abgerissen; die zweite war verklemmt und wurde erst von den Astronauten repariert und ausgefahren. Das weiße tellerförmige Gebilde ist das Sonnenteleskop; die vier windmühlenflügelartigen Gebilde sind ebenfalls Sonnenzellenflächen zur Energieversorgung der Station. Dieses Bild entstand am 22. Juni 1973, als die erste Mannschaft – die Astronauten Conrad, Kerwin und Weitz – nach 28tägigem Aufenthalt die Station wieder verließ und sie mit ihrem Apollo-Raumfahrzeug für eine letzte Inspektion noch einmal umflog.

SKYLAB, das Himmelslabor

Schon während der sechziger Jahre begann man bei der NASA zu überlegen, welche Projekte dem Apollo-Programm folgen sollten, um das Potential an Erfahrung, technischem Gerät und Know-how auszunützen, das durch Projekt Apollo geschaffen wurde. 1964 wurden erste Pläne gemacht, Apollo-Hardware, die übrigbleiben würde, für mögliche weitere Flüge zum Mond sowie in der Erdumlaufbahn für Forschung und praktische Anwendungen zu benützen. Diese Untersuchungen liefen zunächst unter der Bezeichnung »Apollo Extension System«, also erweitertes Apollo-System, wurden 1965 aber unter dem Begriff »Apollo Applications Program« (Apollo-Anwendungsprogramm) zusammengefaßt.

Die Überlegungen konzentrierten sich auf den Vorschlag, Bauelemente der Saturn und des Apollo-Programms herzunehmen für Experimente in der Erdumlaufbahn. Als dann das Apollo-Programm im Gange war, auf einige der Testflüge verzichtet werden konnte und später ob des Erfolges von Apollo 11 auch noch einige vorgesehene reguläre Erprobungsflüge gestrichen wurden, nahmen die Überlegungen zu

APOLLO-Nachfolgeexperimenten konkrete Gestalt an: Es sollte eine kleine Raumstation in der Erdumlaufbahn geschaffen werden. Im Jahre 1970 wurde der Name dafür geprägt: SKYLAB, die Abkürzung für den Begriff »Laboratory in the Sky«, Laboratorium am Firmament, oder kurz »Himmelslabor«.

Die ersten Ideen für diese Raumstation gingen davon aus, den leeren Treibstofftank der zweiten Stufe der SATURN I-B in der Erdumlaufbahn zu einem »Werkstattraum«, einem »Workshop« für Untersuchungen und Experimente auszubauen sowie an diese Raketenstufe auch noch ein Forschungsgerät für astronomische Zwecke zu hängen. Das war das Konzept des »Wet Workshop«, der »Nassen Werkstatt« - naß, weil der Tank ja zunächst nach Aufbrauchen des Treibstoffs für den Flug in die Umlaufbahn würde »trockengelegt« werden müssen, um in ein Labor verwandelt werden zu können.

Dann kam der neue Vorschlag, die Raketenstufe (die ja auch die dritte Stufe der SATURN V bildete) mit der SATURN V statt mit der I-B zu starten, denn dann würde sie, von der ersten und zweiten Stufe der mächtigen SATURN V in die Umlaufbahn getragen, selbst keinen Treibstoff benötigen, könnte also »trocken« gestartet und schon vor dem Start am Boden zu einem Labor ausgebaut werden.

Was sich aus dieser Idee entwickelte, war eine veritable Raumstation mit 316 Kubikmeter Lebens- und Arbeitsraum für die dreiköpfige Besatzung.

SKYLAB wurde anhand dieser Überlegungen zu einem Großprojekt eigener Art, das parallel zu den APOLLO-Flügen eingeleitet, aber von der NASA erst im Dezember 1972 der Öffentlichkeit intensiver vorgestellt wurde; zu diesem Zeitpunkt war das APOLLO-Programm abgeschlossen und keine Ablenkung der Öffentlichkeit durch das neue Projekt mehr zu befürchten.

Die Kosten für das Unternehmen wurden von der NASA auf etwa 2,6 Milliarden Dollar veranschlagt - ein Bruchteil der Kosten des APOLLO-Programms, mit der Aussicht auf eine Fülle an Ergebnissen in Astronomie und Physik, in Sonnenforschung und Technik.

Auch hier muß, was den Projektablauf angeht, auf die Spezialliteratur verwiesen werden. In unserem Zusammenhang ist festzuhalten, daß SKYLAB als unbemanntes Labor am 14. Mai 1973 mit einigen technischen Schwierigkeiten in eine Erdumlaufbahn in rund 435 Kilometer Höhe gebracht wurde. Die erste Mannschaft, die Astronauten Charles Conrad, Dr. Joseph Kerwin und Paul Weitz, flogen mit einer SATURN I-B und ihrer Kapsel am 25. Mai 1973 zu der Station und nahmen dort zunächst eine Reihe von Reparaturen vor, zu deren Durchführung unter anderem auch ein Ausstiegmanöver notwendig war. Technische Probleme standen auch weiterhin im Vordergrund, aber dennoch blieb diese erste Mannschaft 28 Tage an Bord des Himmelslabors und unternahm interessante medizinische, wissenschaftliche und technische Untersuchungen. Allein die Wiedergabe eines stichwortartigen Aufgabenkatalogs würde viele Seiten umfassen. Während ihres Aufenthalts in dem Himmelslabor stellten sie 81 Stunden lang Sonnenbeobachtungen an, verfolgten dabei einen besonders intensiven Energieausbruch des Tagesgestirns, machten 7460 Erdaufnahmen, 16 medizinische Experimente und führten mehrere Reparaturen durch.

Zwei weitere Mannschaften besuchten die Raumstation im Juli 1973 und im November 1973. Mannschaft Nr. 2, die Astronauten Alan Bean, Owen Garriott und Jack Lousma, brachten 59 Tage, die dritte, bestehend aus Gerald Carr, Dr. Edward Gibson und William Pogue, gar 84 Tage auf der Station zu.

Es waren, besonders für die zweite Mannschaft, ebenso dramatische wie letztlich auch produktive Aufenthalte. Technische Probleme, die die NASA bereits daran denken ließen, eine Entsatzmission mit einer Rettungs-APOLLO-Kapsel hinaufzuschicken, gehörten ebenso dazu wie Raumkrankheit der Astronauten, mehrere planmäßige Ausstiegmanöver, die bis zu sieben Stunden dauerten, Beobachtungen des Kometen Kohoutek, Freiübungen in der großen, relativ komfortablen Station und unzählige wissenschaftliche und technische Beobachtungen und Untersuchungen.

Das Endresultat der drei SKYLAB-Missionen war überwältigend. Die Analyse der Forschungsdaten nahm Jahre in Anspruch, und viele Disziplinen der Naturwissenschaften und der Technik haben in der Zwischenzeit davon profitiert. Resultate und Messungen sind auf Magnetbändern von über 80 Kilometer Länge gespeichert, 40000 Bilder der Erdoberfläche, 182000 Aufnahmen von Vorgängen auf der Sonne wurden gewonnen, Erfahrungen über die Auswirkung der Schwerelosigkeit auf

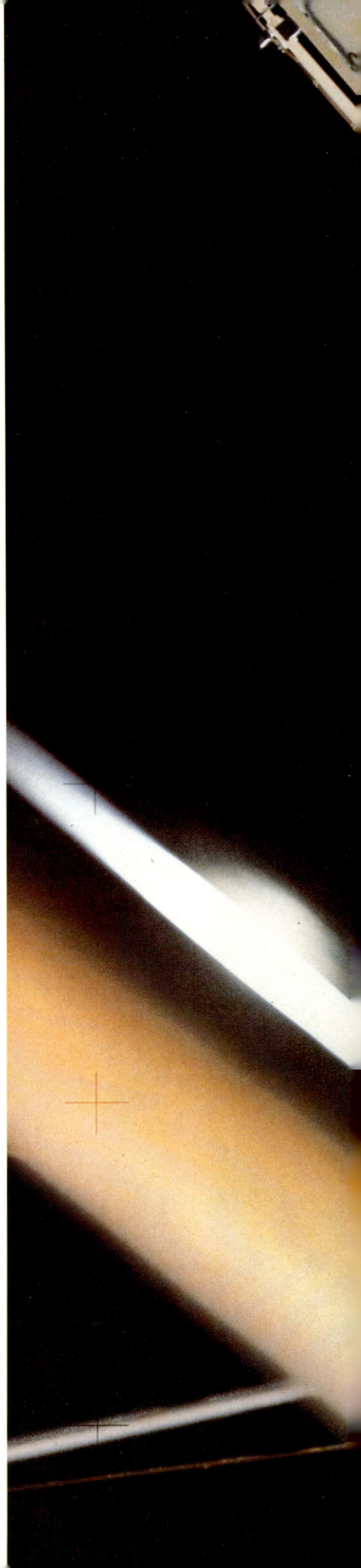

Mehrfach verließen die Astronauten die Raumstation SKYLAB, um Reparaturen auszuführen, aber auch planmäßig, um belichtete Filme vom Sonnenteleskop einzuholen.

Schweißen und Löten, auf chemische Prozesse, Materialfabrikation und Arzneimittelherstellung studiert und aufgezeichnet, und nicht zuletzt wurden wertvolle Hinweise über die Reaktion des Menschen auf langdauernde Schwerelosigkeit gewonnen. Aus allen diesen Ergebnissen ziehen Mediziner, Kartografen, Rohstoffexploratoren, Meteorologen, Biologen, Chemiker, Metallurgen und Techniker sowie Forscher vieler anderer Disziplinen enorme Erkenntnisse von praktischer Bedeutung.
Mit Skylab schließt sich der Kreis: Wir hatten das Himmelslabor bereits in dem einleitenden Kapitel dieses Buches angesprochen, als von der praktischen Bedeutung des Weltraums für den Menschen die Rede war. Skylab hat einen einmaligen Rekord für die Verweilzeit von Menschen unter Schwerelosigkeit aufgestellt, hat die Grundlagen für jene Techniken erarbeitet, die im kommenden Jahrzehnt mit neuen Raumfluggeräten erforscht werden sollen.

Freundschaftstreffen in in der Umlaufbahn

Als die Skylab-Mannschaften wochenlang die Erde umflogen, war in Amerika schon seit geraumer Zeit ein Projekt in Vorbereitung, das zu einer neuen Art von Raumfahrt führen sollte: der Raumtransporter, in seinen Grundzügen bereits ausgearbeitet von Eugen Sänger in den dreißiger Jahren. Mehrere Jahre der Entwicklung würden notwendig sein, bevor ein solches Gerät fliegen würde. Anfang 1972 war die grundsätzliche Entscheidung gefallen, ein derartiges wiederverwendbares Fahrzeug für die Erdumlaufbahn zu entwickeln. Mitte 1974 lagen die Einzelheiten fest. Der erste Flug in die Umlaufbahn wurde damals für 1979 erwartet. Das würde für Amerika eine lange Zeit ohne bemannte Raumflüge bedeuten. Erfreulicherweise stand noch ein Flug mit einem Apollo-Gerät auf dem Programm, der diese Zeit abkürzen würde. Dies schien um so notwendiger, als die Sowjets, wie sie in der Zwischenzeit mit weiteren Sojus- und Saljut-Flügen gezeigt hatten, weiterhin bei der bisherigen Verlustträgerrakete blieben. Der noch verbleibende Flug mit einem Apollo-Gerät würde in der Tat das Ergebnis einer Zusammenarbeit mit den Sowjets sein.
Diese Zusammenarbeit ging aus langen Verhandlungen zwischen Amerikanern und Russen hervor. Sie hatten bereits im Juli 1969 begonnen und betrafen zunächst allgemein eine Zusammenarbeit beider Nationen im Weltraum. Langwierig und

schwierig waren diese Verhandlungen gewesen, hatten sich über die Jahre hingezogen. Aber dann, am 24. Mai 1972, war es nach zahlreichen politischen und einigen technischen Treffen zu einer Vereinbarung über ein konkretes gemeinsames Weltraumunternehmen gekommen. Es wurde an jenem Tag von Präsident Nixon und Premierminister Kossygin in Moskau unterzeichnet, trug den Namen APOLLO-SOJUS-Test-Programm (ASTP) und sollte am 15. Juli 1975 zu einem gemeinsamen Flug von Russen und Amerikanern in der Umlaufbahn führen.
Von nun an waren die amerikanischen und sowjetischen Techniker an der Reihe. Sie handelten jenes Fluggerät aus, das Grundlage des APOLLO-SOJUS-Programms wurde: Eine APOLLO-Kommando- und Versorgungseinheit, ein SOJUS-Raumfahrzeug und ein gemeinsamer Kopplungsadapter. Das Ziel: die Kopplung der beiden Raumfahrzeuge in einer Erdumlaufbahn.
Es dauerte lange, bis man sich gut genug kannte, um zu einer gemeinsamen technischen Philosophie, zu kompatiblen Konstruktionen und zu all den einzelnen Absprachen über Bodenstationsnetze und Kommunikation, über die Auswahl und Ausbildung der Astronauten und Kosmonauten in Rußland und Amerika, über den Austausch und die Veröffentlichung der Resultate zu kommen. Aber dann war es endlich soweit: Die technischen Entwicklungen konnten durchgeführt werden. Anfang 1974 war das Projekt bei seiner Halbzeit angelangt und gut im Zeitplan. In Amerika waren zu diesem Zeitpunkt 4000 Menschen mit dem Unternehmen beschäftigt. Die Gesamtkosten für die USA, das ließ sich bereits übersehen, würden bei 250 Millionen Dollar liegen.
In der Zwischenzeit hatten die Sowjets an ihren SOJUS-Raumfahrzeugen als Auswirkung des tödlichen Unfalls von SOJUS 11 eine Reihe technischer Verbesserungen vorgenommen. Insbesondere hatte dieser Unfall dazu geführt, daß die Astronauten von nun an Raumanzüge mitzuführen und - zumindest in der Phase des Wiedereintritts - anzulegen hatten. Auf sie war bis dahin im SOJUS-Programm verzichtet worden. Die Mitnahme dieser Raumanzüge aber machte es notwendig, die Zahl der Besatzungsmitglieder von drei auf zwei zurückzunehmen, da drei Mann zusammen mit den unförmigen Raumanzügen in SOJUS nicht ausreichend Platz gefunden hätten. Ursprünglich war SOJUS ohnedies als Ein-Mann-Gerät benützt worden; erst SOJUS 5 nahm drei Besatzungsmitglieder auf. SOJUS 6, 8 und 9 flogen mit je zwei Kosmonauten, SOJUS 7, 10 und 11 mit drei Mann.
SOJUS 12, der erste bemannte sowjetische Flug nach mehr als zwei Jahren, startete am 27. September 1973 und wurde unmittelbar nach dem Start als zweitägiger Erprobungsflug bekanntgegeben, in dessen Verlauf verbesserte Flug- und Kontrolleinrichtungen sowie Veränderungen an der Struktur des Raumfahrzeuges erprobt werden sollten. Die beiden Kosmonauten waren Neulinge; es war für beide der erste Raumflug. Kommandant des Fluges war Oberstleutnant Wasilij Lazarew, ein Arzt und Testpilot, der ohne Zweifel wegen der medizinischen Aspekte des Fluges SOJUS 11 ausgewählt worden war; Kosmonaut Oleg Makarow fungierte als Flugingenieur.
Die ursprüngliche Umlaufbahn, in die SOJUS 12 gebracht wurde, lag mit dem erdnächsten Bahnpunkt (Perigäum) in 194 Kilometer Höhe, mit dem erdfernsten Bahnpunkt (Apogäum) in 249 Kilometer Höhe. Die Umlaufbahn war - wie auch in etwa bei den früheren SOJUS-Flügen - um 51,6 Grad gegen die Erdbahnebene geneigt.

Linke Seite oben: SKYLAB-Aufnahme der Bahamas aus 435 Kilometer Höhe. Das Bild zeigt Strukturen des flachen Meeresbodens um die Inseln, läßt Strömungen und (links) eine aus dem Atlantik hereinragende Tiefseezunge erkennen.
Linke Seite unten: Astronaut Alan Bean erprobt in dem großen Laborraum von SKYLAB eine Manövriervorrichtung, ein Gerät, mit dem sich Astronauten bei späteren Raumflügen im freien Weltraum bei Ausstiegmanövern bewegen können sollen.
Unten Mitte: Präsident Nixon und Alexeij Kossygin, Vorsitzender des sowjetischen Ministerrats, bei der Unterzeichnung eines Dokuments über die Zusammenarbeit zwischen den USA und der UdSSR in der Raumfahrt am 24. Mai 1972 in Moskau.
Ganz unten: Erprobung des Kopplungsadapters für das APOLLO-SOJUS-Kopplungsmanöver in einer Simulationskammer des Johnson-Raumflugzentrums

Durch Bahnmanöver während des ersten Flugtages wurden das Perigäum auf 326 und das Apogäum auf 345 Kilometer Höhe angehoben. Die Kosmonauten hatten die Aufgabe, während des Fluges Spektralbilder der Erdoberfläche »zur Lösung ökonomischer Probleme« zu gewinnen. Offensichtlich handelte es sich dabei darum, spektrale Erderkundungsverfahren im Hinblick auf das Erkennen bestimmter Anbau- und Pflanzenarten zu entwickeln.
Nach 32 Erdumkreisungen verließ Sojus 12 die Erdumlaufbahn und landete knapp 24 Stunden nach dem Start 400 Kilometer südwestlich von Karaganda in Kasachstan. Die Sowjets gaben bekannt, daß der Flug ohne Störungen verlaufen sei.
Am 18. Dezember 1973 folgte Sojus 13. Zu dieser Zeit befanden sich die amerikanischen Astronauten Gerald Carr, Edward Gibson und William Pogue seit 32 Tagen an Bord der Raumstation Skylab, um ihren 84-Tage-Flug (damals ein Verweilzeitrekord für den Aufenthalt im Weltraum) zu absolvieren. An Bord von Sojus 13 waren die Kosmonauten-Neulinge Major Pjotr Klimuk als Kommandant und Flugingenieur Walentin Lebedew, die für knapp acht Tage oder 128 Erdumfliegungen in der Erdumlaufbahn verblieben. Es war dies zum erstenmal, daß ein amerikanisches und ein sowjetisches Raumfahrzeug gleichzeitig im Weltall waren. Wegen unterschiedlicher Sendefrequenzen der Sendeanlagen in Sojus 13 und Skylab konnten die beiden Mannschaften jedoch keinerlei Verbindung miteinander aufnehmen. Sie kamen auch nicht in Sichtkontakt zueinander: Sojus flog nach einigen anfänglichen Bahnmanövern in einer Umlaufbahn mit einem Perigäum in 225 und einem Apogäum in 272 Kilometer Höhe, während Skylab sich in 400 bis 427 Kilometer Höhe bewegte.
Klimuk und Lebedew beobachteten mit einem Fernrohr des Typs Orion 2 (ein solches Teleskop befand sich seinerzeit bereits an Bord der Raumstation Saljut 1) Sterne zu Navigationszwecken und betrachteten die Erdoberfläche zu Erderkundungszwecken. Außerdem hatten sie ein »Gewächshaus«, genannt Oase 2, an Bord, in dem Wachstumsuntersuchungen über Proteine, die der Ernährung dienen konnten, angestellt wurden – eine typische Aufgabenstellung im Hinblick auf Langzeitflüge unter Schwerelosigkeit! Oase 2 bestand aus zwei miteinander verbundenen Zylindern. In dem einen wurden Fäkalien zersetzt, in dem anderen wasser-oxydierende Bakterien auf Wasserstoff gezüchtet. Die erste Protein»ernte« konnte bereits nach zwei Tagen stattfinden. Es waren dies Versuche, die bereits beim Kopplungsmanöver von Sojus 4 und 5 begonnen worden waren und langfristig auf die künftige Ernährung von Menschen an Bord einer Raumstation abzielten.
Am 26. Dezember 1973 landete Sojus 13 in einem schweren Schneesturm rund 200 Kilometer südwestlich von Karaganda. Die Kosmonauten überstanden Flug und Landung bei guter Gesundheit.
Die beiden Flüge Sojus 12 und 13 stellten offensichtlich Vorbereitungen auf das Kopplungsmanöver mit den amerikanischen Astronauten im ASTP-Programm dar, obgleich davon in sowjetischen Verlautbarungen nicht die Rede war. Dasselbe muß für den nächsten Flug, Sojus 14, gelten. Er fand zu der Zeit statt, als die amerikanischen Astronauten des ASTP-Fluges, Thomas Stafford und Vance Brand, in Sternenstadt in der UdSSR zusammen mit ihren sowjetischen Kollegen trainierten. Deshalb lag den Sowjets daran, zu beweisen, daß die technischen Schwierigkeiten mit Sojus überwunden waren. Der Start von Sojus 14 fand am 3. Juli 1974, nach Moskauer Zeit kurz vor 22.00 Uhr, statt. Kosmonauten waren zwei Veteranen des sowjetischen Raumfluges, Kommandant Oberst Pawel Popowitsch, der nach zwölf Jahren seinen zweiten Raumflug machte, und Flugingenieur Oberstleutnant Juri Artjuchin, der bereits seit elf Jahren Kosmonaut war, aber mit Sojus 14 den ersten Raumflug unternahm.
Die erste Umlaufbahn, die nach Bahnkorrekturmanövern erreicht wurde, hatte ein Apogäum von 277 und ein Perigäum von 255 Kilometern. Sojus 14 befand sich nur 3500 Kilometer hinter Saljut 3, einer neuen sowjetischen Raumstation, die am 25. Juni 1974, also gut acht Tage vor Sojus 14, unbemannt in die Umlaufbahn gebracht worden war. Langsam näherte sich Sojus 14 der neuen Raumstation. Als sie auf rund 100 Meter Abstand herangekommen war, übernahmen die Kosmonauten den bisher automatisch verlaufenen Anflug auf die Handsteuerung und koppelten schließlich an Saljut 3 an. Es war das vierte Kopplungsmanöver der Russen im Weltall, das erste nach dem Zwischenfall mit Sojus 11.
Sehr bald nach der Kopplung mit Saljut 3, die 26 Stunden nach dem Start vorgenommen worden war, begannen die beiden Kosmonauten mit der Erfüllung ihrer Aufträge. Der Flug konzentrierte sich auf die Erderkundung, die Suche nach Mineralvorkommen, die Beobachtung von Eisbergbewegungen usw. Ein Teil der Beobachtungen betraf offensichtlich militärische Aufklärung, wie die Verwendung von Codeworten bei der Konversation zwischen Kosmonauten und sowjetischen Bodenstationen andeutete.
Am 19. Juli trennte Sojus 14 sich wieder von der neuen Raumstation. 3 Stunden und 18 Minuten später landeten Popowitsch und Artjuchin wieder in der Sowjetunion, 140 Kilometer südöstlich von Dzezkazgan in der Kasachischen Sowjetrepublik, ganze 2000 Meter vom vorgesehenen Landeort entfernt.
Sojus 15 wurde am 26. August 1974 mit den Kosmonauten Kommandant Oberstleutnant Tschenadij Sarafanow und Flugingenieur Oberst Lew Demin – beides Raumflug-Neulinge – gestartet. Auch dieser Start fand, gleich seinem Vorgänger, zur Nachtzeit statt. Sojus 15 sollte während der sechzehnten Erdumkreisung zu einem Rendezvous mit Saljut 3 kommen und an der Station, deren Bahnparameter zu dieser Zeit 249 Kilometer (Perigäum) und 259 Kilometer (Apogäum) waren, anlegen. Doch das Manöver mißlang; zum Zeitpunkt des Rendezvous war Sojus 15 noch über 120 Kilometer von Saljut 3 entfernt. Auch ein zweiter Ansatz, bei dem die beiden Flugkörper nur noch 30 bis 50 Meter voneinander entfernt waren, mißlang. Schuld daran trug ein neuartiges automatisches Kopplungssystem, das versagte. Überstürzt mußten die beiden Kosmonauten mit Sojus 15 zur Erde zurückkehren, wo sie bei Nacht landeten.
Sojus 16 hingegen, am 2. Dezember 1974 auf eine sechstägige Reise ins Weltall gestartet, wurde eine hervorragende Generalprobe für den gemeinsamen amerikanisch-sowjetischen Flug. Kommandant dieses Fluges war der erfahrene Kosmonaut Anatolij Filiptschenkow (Sojus 7) und Flugingenieur der ebenfalls weltraumerfahrene Nikolaij Rukawischnikow (Sojus 10). Zunächst gelangte Sojus 16 in eine für ein ASTP-Rendezvous zu hohe Umlaufbahn (169 Kilometer Perigäum, 254 Kilometer Apogäum), aber durch einige Bahnmanöver gelang es den beiden Kosmonauten, in die richtige Anflugbahn (Perigäum 187 Kilometer, Apogäum 230 Kilometer) zu gelangen. Erst eine Stunde nach dem Start (um 4.40 Uhr Ortszeit in Houston) wurden die amerikanischen Partner im Kontrollzentrum Houston verständigt und die Flugingenieure in Houston eilends zu Hause aus den Betten getrommelt.
Im Sojus-Raumfahrzeug wurde der Luftdruck abgesenkt, eine notwendige Prozedur, um bei der wirklichen Kopplung die Anpassungszeit mit dem reinen Sauerstoff-

Atmungssystem der APOLLO-Raumkapsel vermindern zu können. Ein Kopplungsring, den SOJUS mitführte, simulierte den Kopplungsadapter des APOLLO-Raumfahrzeugs und gestattete die Simulation des Kopplungsmanövers zwischen beiden Raumfahrzeugen. Er wurde von SOJUS nach zwanzig erfolgten Simulationen abgestoßen.

SOJUS 16 machte weitere Erderkundungsaufnahmen und ein paar andere Simulationen für den vorgesehenen ASTP-Flug, dann landete das Raumfahrzeug am 8. Dezember 1974 in Kasachstan.

Fünf Minuten später wurde die NASA in Houston durch einen Telefonanruf über die geglückte Landung informiert. Die Russen fühlten sich damit auf das gemeinsame Weltraumunternehmen mit den Vereinigten Staaten vorbereitet.

Noch drei weitere Flüge sollten vor dem gemeinsamen amerikanisch-sowjetischen Flug stattfinden, doch sie standen nicht in ursächlichem Zusammenhang mit dem ASTP-Unternehmen.

SOJUS 17 war ein Nachtstart zu der neuen Raumstation SALJUT 4, welche die Sowjets am 26. Dezember 1974 unbemannt in eine Erdumlaufbahn gebracht hatten. Der Start von SOJUS 17 mit dem Kommandanten Oberstleutnant Alexeij Gubarjow und dem Flugingenieur Georgij Gretschko fand am 11. Januar 1975 kurz vor 1.00 Uhr morgens Moskauer Zeit statt. Beide Kosmonauten flogen zum erstenmal im Weltraum. Das Kopplungsmanöver mit SALJUT 4 gelang ohne Schwierigkeiten, zunächst automatisch, ab 100 Meter Abstand von Hand. Die beiden Kosmonauten brauchten allerdings fünf bis acht Tage, um sich an die Schwerelosigkeit anzupassen und diese ohne Unwohlbefinden ertragen zu können.

Gubarjow und Gretschko stellten astronomische Beobachtungen an, machten technische Versuche und Experimente im Hinblick auf künftige Langzeitaufenthalte im Weltraum. Am 9. Februar 1975 kehrten sie zur Erde zurück. Sie hatten damit die Aufenthaltszeit der ersten SKYLAB-Mannschaft im Weltall, die 28 Tage betragen hatte, übertroffen, noch nicht jedoch diejenige der zweiten (59 Tage) und dritten (84 Tage) SKYLAB-Mannschaft.

Der nächste sowjetische Raumflug wäre SOJUS 18 geworden, jedoch kulminierte er in dem ersten und bisher einzigen Abbruch eines bemannten Raumfluges und dem Nichterreichen einer Erdumlaufbahn. Der Start dieses SOJUS-Gerätes, das

Rechts: Start eines SOJUS-Raumfahrzeuges

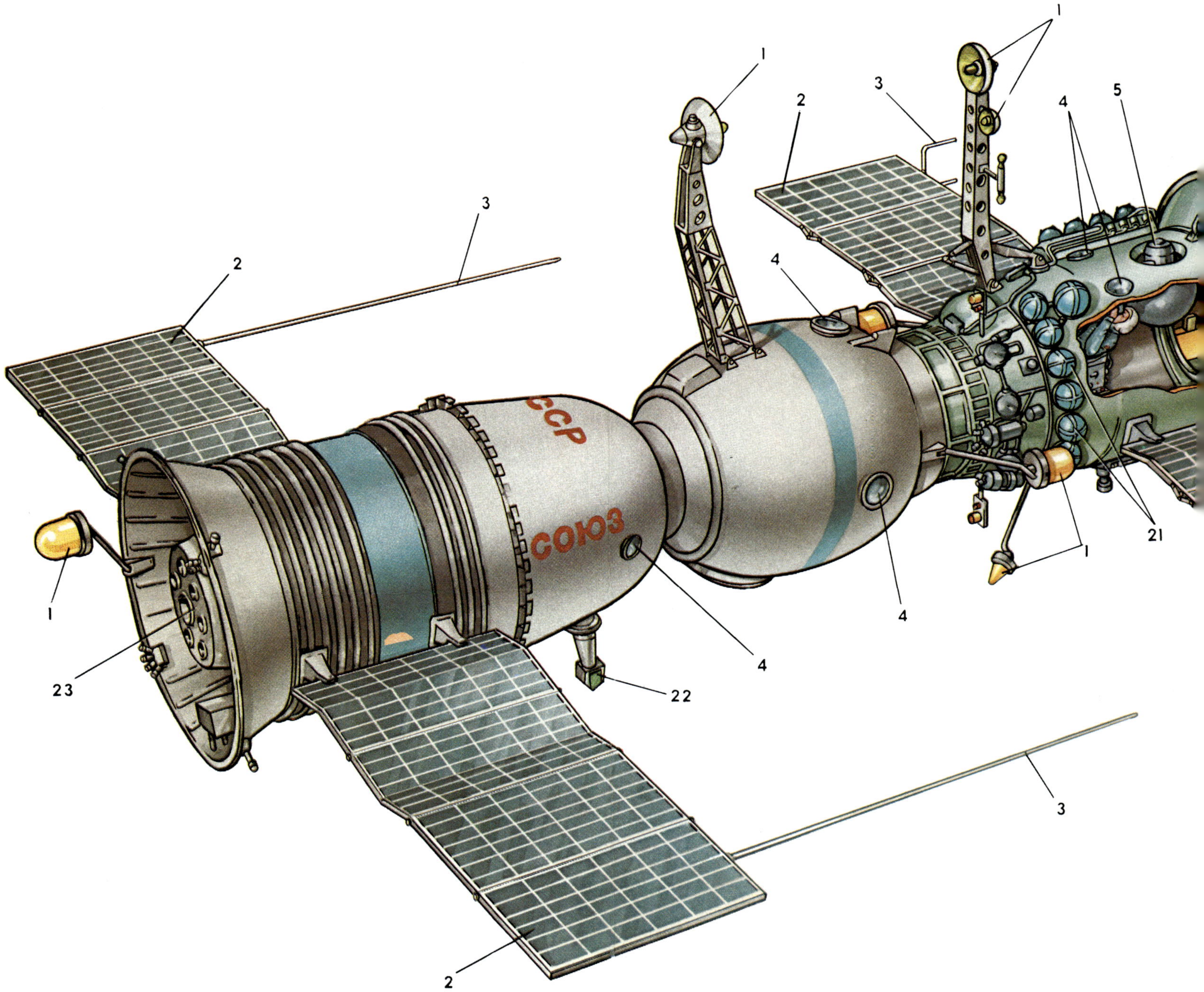

seine beiden Kosmonauten Oberst Wasilij Lazarew und Flugingenieur Oleg Makarow zu einem 60tägigen Aufenthalt in SALJUT 4 verhelfen sollte, fand am 5. April 1975 statt und endete neun Minuten später. Wegen einer Störung an der dritten Stufe der Trägerrakete mußte das Unternehmen vor Erreichen einer Erdumlaufbahn abgebrochen werden. Die Notlandung fand bei der Stadt Gorno-Altaisk am Fuße des Altai-Gebirges nahe der sowjetisch-chinesischen Grenze statt.
SOJUS 18, gestartet am 24. Mai 1975, wurde hingegen wieder zu einem vollen Erfolg. Der Flug der beiden Kosmonauten Oberstleutnant Pjotr Klimuk und Flugingenieur Witalij Sewastianow dauerte 63 Tage. 61 Tage davon brachten sie an Bord von SALJUT 4 zu. Damit wurden die beiden Kosmonauten zu den Männern mit dem bis dahin zweitlängsten Aufenthalt im Weltraum nach dem 84tägigen Flug der letzten SKYLAB-Mannschaft im Jahre 1973/74. Zahlreiche technische und wissenschaftliche Arbeiten, vor allem in Astronomie und Erderkundung, aber auch im Hinblick auf langdauernde Schwerelosigkeit, wurden von den beiden Männern vorgenommen, die sich noch in der Erdumlaufbahn befanden, als Leonow und Kubasow mit SOJUS 19 starteten, jenem Flug, der zum gemeinsamen amerikanisch-sowjetischen ASTP-Programm wurde.
Am 15. Juli 1975 um 12.20 Uhr Weltzeit startete in Baikonur planmäßig das sowjetische Raumfahrzeug SOJUS 19 mit den Kosmonauten Alexeij Leonow und Walerij Kubasow an Bord. Siebeneinhalb Stunden später – so verlangte es die Himmelsmechanik – startete in Cape Canaveral eine SATURN I-B mit einem APOLLO-Raumfahrzeug. In ihm befanden sich die Astronauten Thomas Stafford, Deke Slayton und Vance Brand. Sie hatten gelernt, Russisch zu sprechen. Die sowjetischen Kosmonauten sprachen Englisch. Nach ausgeklügelten Bahnmanövern und einer zweitägigen Erdumfliegung begegneten sich die beiden Raumfahrzeuge wie geplant am 17. Juli in einer Erdumlaufbahn in 226 Kilometer Höhe und flogen von nun an in Formation. Eine halbe Stunde später, um 16.09 Uhr Weltzeit, koppelten die Fahrzeuge aneinander an. Knapp drei Stunden später und nach vielen technischen Vorbereitungen wurden die Luken geöffnet: Leonow und Stafford schüttelten sich die Hand – die erste internationale Begegnung im Weltraum. Etwa zwei Tage blieben die beiden Raumfahrzeuge miteinander verbunden. Astronauten und Kosmonauten machten gemeinsame Experimente, stellten sich den Fragen der Fernsehjournalisten – eine internationale Pressekonferenz zwischen Weltall und Erde.
SOJUS 19 landete mit seiner Besatzung am 21. Juli 1975 wieder in der Sowjetunion.
APOLLO 18 blieb noch einige Tage in der Umlaufbahn, machte noch verschiedene wissenschaftliche und technische Experi-

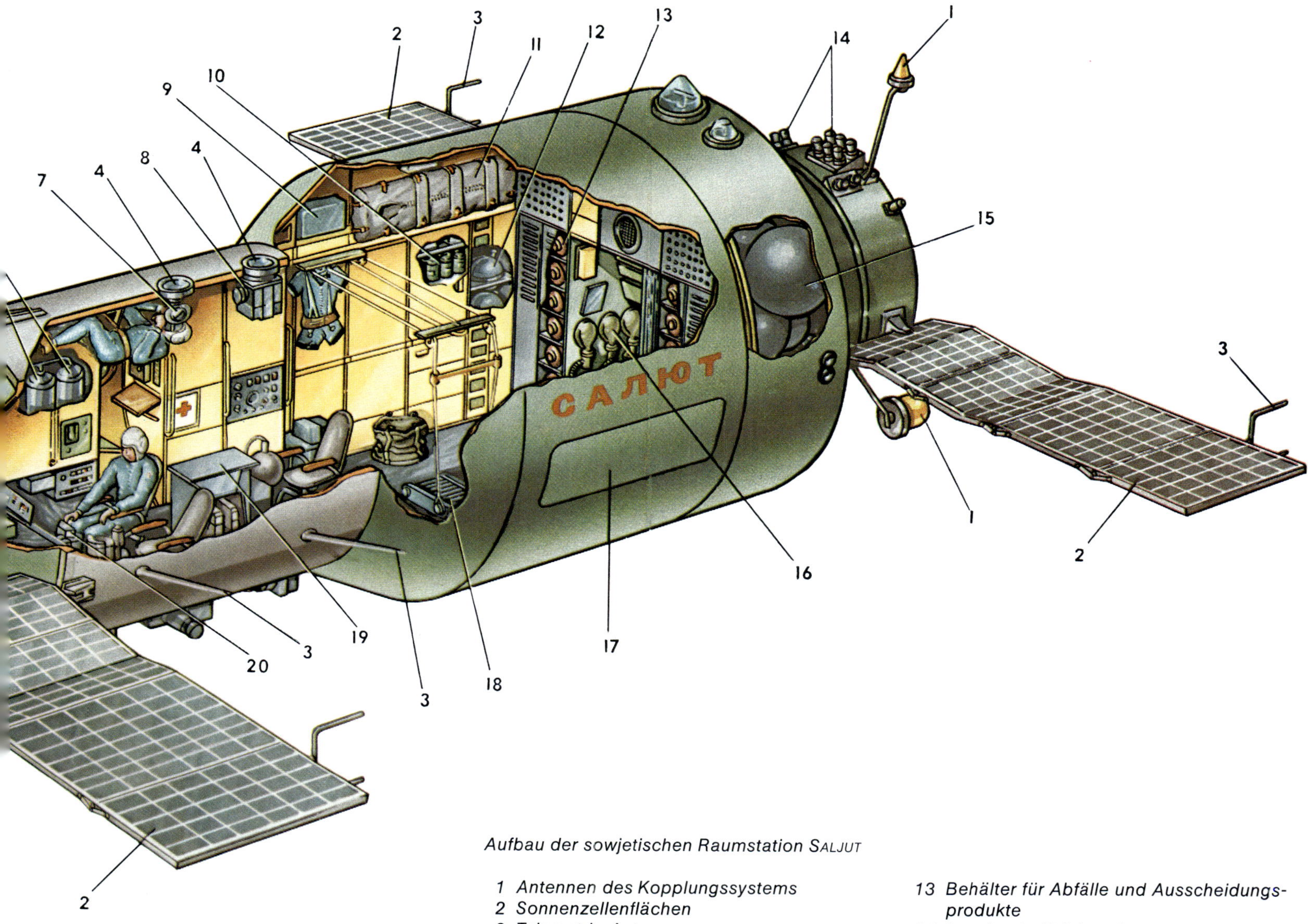

Aufbau der sowjetischen Raumstation Saljut

1 Antennen des Kopplungssystems
2 Sonnenzellenflächen
3 Telemetrie-Antennen
4 Beobachtungsfenster
5 astronomisches Fernrohr Typ Orion
6 Luftregenerierungsbehälter
7 Filmkamera
8 Fotoapparat
9 biologisches Kleinlabor
10 Kühlfach für Nahrungsmittel
11 Schlafplatz
12 Wasserbehälter
13 Behälter für Abfälle und Ausscheidungsprodukte
14 Lagekontrolltriebwerke
15 Treibstofftanks
16 Waschvorrichtungen
17 Mikrometeoriten-Detektoren
18 Laufband zum physischen Training
19 Arbeitstisch
20 Kommandoplatz
21 Aufladebehälter für Batterien
22 Periskop
23 Triebwerke

Unten: So schüttelten Kosmonaut Alexeij Leonow (im Hintergrund links, rechts von ihm Astronaut Walerij Kubasow) und Astronaut Thomas Stafford (im Vordergrund) nach dem Ankoppeln von Sojus und Apollo einander die Hände – hier allerdings noch bei einer »Generalprobe« im Simulator im Johnson-Raumflugzentrum in Houston, Texas.

mente und wasserte schließlich am 24. Juli 1975 im Pazifik. Durch einen Bedienungsfehler kamen die drei Astronauten bei dieser Wasserung in große Gefahr und holten sich eine Gasvergiftung, die ihnen zu zwei Wochen unfreiwilligem Aufenthalt im Armeehospital auf Hawaii verhalf.
Der ASTP-Flug war für amerikanische Astronauten der letzte Flug mit einer ballistischen Rakete.

Für Weltraumstationen der Zukunft

Seit jener kosmischen Begegnung zwischen Amerikanern und Russen im Juli 1975 haben die Sowjets nicht nur zwei neue Raumstationen – Saljut 5 und Saljut 6 – gestartet, sondern sie haben weitere außerordentliche Aktivitäten im Weltraum entfaltet. Neben den beiden Saljut-Stationen wurden 19 bemannte Sojus-Raumfahrzeuge, drei neue bemannte Fahrzeuge vom Typ SOJUS-T und neun unbemannte Versorgungsfahrzeuge in Erdumlaufbahnen transportiert, die zum großen Teil an den SALJUT-Stationen (seit Anfang 1978 an SALJUT 6) ankoppelten. Die Verweilzeiten der Mannschaften wurden sukzessive gesteigert; die Zahl der wissenschaftlichen, technischen, medizinischen, biologischen (und sicher auch militärischen) Experimente und Untersuchungen ist stark angestiegen.

So stellten die sowjetischen Kosmonauten Wladimir Kowaljonok und Alexander Iwantschenkow einen neuen Verweilzeitrekord im Weltraum von 139½ Tagen auf, als sie am 16. Juni 1978 mit SOJUS 29 zur Raumstation SALJUT 6 hinaufflogen, dort anlegten und am 2. November 1978 mit SOJUS 31 zur Erde zurückkehrten. Die Raumstation SALJUT 6 war mit zwei Kopplungsadaptern an beiden Enden ausgestattet, so daß nunmehr zwei Raumfahrzeuge zur gleichen Zeit angekoppelt werden konnten. Diese neue Möglichkeit wurde von der sowjetischen Raumfahrt intensiv genützt, und mehrmals befanden sich zwei Kosmonauten-Mannschaften gleichzeitig an Bord von SALJUT 6. Zum erstenmal wurde diese neue Technik bei SOJUS 27 angewendet. Dieses Raumfahrzeug startete am 10. Januar 1978 mit den Kosmonauten Wladimir Dschanibekow und Oleg Makarow von der Erde und legte am 11. Januar 1978 am zweiten Kopplungstunnel von SALJUT 6 an; am anderen Ende lag bereits das Raumfahrzeug SOJUS 26, und an Bord der Station befanden sich seit 10. Dezember 1977 die Kosmonauten Jurij Romanenkow und Georgij Gretschko. Nach sechs Tagen kehrten Dschanibekow und Makarow mit SOJUS 26 am 16. Januar 1978 wieder zur Erde zurück, während Romanenkow und Gretschko 96 Tage lang an Bord von SALJUT 6 blieben und dann am 17. März 1978 mit SOJUS 27 zurückkehrten.

Dieses Verfahren wurde in der Folgezeit wiederholt angewendet und führte zu einer sukzessiven Steigerung der Verweilzeitrekorde und damit der praktischen Erfahrungen mit Langzeit-Schwerelosigkeit über den schon erwähnten Aufenthalt von 139½ Tagen der Kosmonauten Kowaljonok und Iwantschenkow bis zum derzeitigen Rekord von 185 Tagen, den Leonid Popow und Walerij Rjumin aufstellten. Die beiden Letztgenannten verließen die Erde am 9. April 1980 mit SOJUS 35 und kehrten am 11. Oktober des gleichen Jahres mit SOJUS 37 wieder zur Erdoberfläche zurück. Während ihres Aufenthalts auf SALJUT hatten sie den Besuch von vier anderen Kosmonauten-Gruppen, die SALJUT 6 zwischenzeitlich mit SOJUS 36, 37 und 38 anflogen und sich dort für kürzere Zeiträume aufhielten.

Mit SOJUS 28 hatten die Sowjets im März 1978 auch begonnen, Kosmonauten anderer Ostblockländer in die Erdumlaufbahn mitzunehmen. Obwohl ihre Funktion weitgehend auf das Mitfliegen und die Bedienung von Experimenten in der Erdumlaufbahn beschränkt blieb, wie ja auch die sowjetischen Kosmonauten weit weniger den aktiven Flugablauf steuern und beeinflussen, als dies bei Amerikas Astronauten der Fall ist, wurde der Flug von Kosmonauten anderer Nationen weithin beachtet. So flog an Bord von SOJUS 28 neben dem Kommandanten Alexeij Gubarjow der Tschechoslowake Wladimir Remek mit. Die beiden Männer hielten sich sieben Tage lang in einer Erdumlaufbahn auf; am 3. März koppelten sie an SALJUT 6 und SOJUS 27 an. Am 27. Juni 1978 folgten der russische Kommandant Pjotr Klimuk mit dem polnischen Kosmonauten Miroslaw Hermaszewski in SOJUS 30 für acht Tage, und am 26. August 1979 starteten der sowjetische Kommandant Walerij Bikowskij und der Ostdeutsche Sigmund Jähn mit SOJUS 31. Sie legten am 27. August an SALJUT 6 an und kehrten nach 9 Tagen mit SOJUS 29 wieder zur Erde zurück.

Dieses internationale »Besuchs«programm wurde weiter fortgeführt, so mit SOJUS 33 am 10. April 1979 mit dem sowjetischen Kommandanten Nikolaij Rukawischnikow und dem bulgarischen Bordingenieur Georgij Iwanow. Danach folgten in SOJUS 36 am 26. Mai 1980 der Ungar Bertalan Farkas, mit SOJUS 37 am 23. Juli 1980 der Vietnamese Phuim Tuan, mit SOJUS 38 am 18. September 1980 der Kubaner Arnaldo Tamayo, mit SOJUS 39 am 22. März 1981 Shugderdemidyn Gurragtschaaj aus der Mongolischen Volksrepublik und mit SOJUS 40 am 14. Mai 1981 der Rumäne Dumitru Prunariu.

Natürlich lief bei diesen Flügen nicht alles einwandfrei ab. So konnten Rukawischnikow und der Bulgare Iwanow wegen Störungen am Triebwerk ihres Raumfahrzeuges nicht an SALJUT 6 ankoppeln, sondern waren gezwungen, nach nur zwei Tagen Verweilzeit im Weltraum am 12. April 1979 wieder vorzeitig zur Erde zurückzukehren.

Auf 18 Monate Lebenszeit war die Ende September 1977 gestartete Raumstation SALJUT 6 ausgelegt. Die Sowjets jedoch nützten die Gelegenheit, die sich ihnen bot, und verlängerten die aktive Lebenszeit der Station immer wieder. Obwohl der Masse nach nur etwa ein Viertel und dem Volumen nach ein Drittel so groß wie SKYLAB, war SALJUT 6 eine Station, die ihren Vorgängerinnen gegenüber viele Verbesserungen aufwies und zahlreiche zusätzliche Instrumente besaß. So trug die Station zwei Sonnenzellenflächen (ähnlich wie seinerzeit die amerikanische Raumstation SKYLAB) zur Energieversorgung, Fernrohre für astronomische Beobachtungen, Laboreinrichtungen für technologische Experimente (beispielsweise für die Werkstoffbearbeitung unter Schwerelosigkeit) und sogar eine Art botanisches Laboratorium, wo Experimente mit Pflanzen angestellt wurden.

Auch hatten die Sowjets zwischenzeitlich ein unbemanntes Versorgungsfahrzeug mit dem Namen PROGRESS entwickelt, welches sie automatisch an SALJUT anlegen lassen konnten. Auch ein neuer Typ von SOJUS, als SOJUS T bezeichnet, war entwickelt worden. Mit SOJUS T-3 transportierten die Sowjets am 27. November 1980 erstmals wieder drei Mann in die Erdumlaufbahn. Mehrere Reparaturen, die sie an Bord von SALJUT 6 vornahmen, trugen dazu bei, die aktive Lebenszeit der Station zu verlängern.

Am 26. Mai 1981 aber verließ die letzte Mannschaft SALJUT 6. Es waren die Kosmonauten Wladimir Kowaljonok und Viktor Sawinitsch, die am 12. März 1981 mit SOJUS T-4 zu SALJUT 6 gelangt waren und nun nach 75 Tagen Aufenthalt, hauptsächlich verbracht mit Erdbeobachtungen und technischen Experimenten, im Rückkehrmodul von T-4 die Heimkehr zur Erde antraten. Wohl schlossen die Sowjets nicht aus, SALJUT 6 noch einmal für das Ankoppeln eines unbemannten Satelliten zu benützen, aber der Flug einer Mannschaft zu dieser Raumstation wird nicht mehr stattfinden.

Im Dezember 1981 umfliegt SALJUT 6 noch immer unbemannt die Erde, doch die Gedanken der Sowjets sind auf das Nachfolgeprogramm, auf SALJUT 7, gerichtet.

Rechte Seite oben: Darstellung der Koppelung von SOJUS mit einer SALJUT-Raumstation

Rechts unten: Die Kosmonauten Klimuk (UdSSR), Hermaszewski (Polen) und Iwantschenkow an Bord von SALJUT 6. An der Station liegen die beiden Raumfahrzeuge SOJUS 29 und SOJUS 30: eine der internationalen Unternehmungen der Sowjets im Weltraum.

Oben: Frühes Konzept eines zweistufigen bemannten Raumtransporters aus dem Jahre 1964, entwickelt im europäischen Rahmen von der Firma Junkers

Rechts: Erprobungsflüge des Orbiter auf einer Boeing 747 über der Mojave-Wüste Kaliforniens. Diese Anflug- und Landetests sind inzwischen abgeschlossen. Im April 1981 hat der Raumtransporter seine Flüge in die Erdumlaufbahn begonnen, 1983 wird er erstmals mit dem europäischen Weltraumlaboratorium SPACELAB an Bord fliegen.

Die langen Aufenthalte der Mannschaft auf SALJUT 6 und die zahlreichen Raumflüge der letzten fünf Jahre seit ASTP im Juli 1975 bis zum Mai 1981 haben den Sowjets große Erfahrungen im bemannten Raumflug gebracht in einer Periode, in der die amerikanische bemannte Raumfahrt ausfiel, weil man auf das neue Weltraum-Transportsystem – den Raumtransporter – wartete.

Auch Bekanntschaft mit zahlreichen Problemen haben die sowjetischen Wissenschaftler in diesen fünf Jahren machen müssen. So stellte sich heraus, daß die langdauernde Schwerelosigkeit einigen der Kosmonauten erheblich zu schaffen machte. Mehrere von ihnen wurden in den ersten Tagen weltraumkrank; sie hatten Schwindelgefühle zu bekämpfen und mußten sich teilweise übergeben. Andere litten unter Schlaflosigkeit oder wurden durch die Geräusche, die die Station machte, am Schlafen gehindert. Andere – so Kosmonaut Rjumin, der zusammengerechnet nahezu ein Jahr in der Erdumlaufbahn zubrachte – konnten sich nach der Rückkehr zur Erdoberfläche nur schwer der Gravitation anpassen; sie torkelten, stießen gegen Hindernisse, fühlten sich schwindelig und hatten Schwierigkeiten mit ihrem Gleichgewichtssinn.

Auch technische Zwischenfälle gab es, wie etwa den, daß Kosmonaut Gretschko 1977 beim Inspektionsaufenthalt außerhalb von SALJUT 6 plötzlich seinen Kollegen Jurij Romanenkow unangeschnallt an sich vor-

Enterprise
NASA
United States
NASA
905

Links: Dieses Bild vom Zusammenbau eines SPACELAB läßt die Modulbauweise dieses europäischen Weltraumlaboratoriums erkennen. Im Vordergrund der Versorgungsteil, von dem aus die Geräte zur Temperaturkontrolle, Lebenserhaltung, Kommunikation usw. bedient werden, dahinter der Experimentalteil, in dem die Versuchseinrichtungen untergebracht werden. Inzwischen ist die erste Flugeinheit von SPACELAB im Bau.

Rechte Seite: Darstellung von SPACELAB im amerikanischen Raumtransporter in der Erdumlaufbahn. Die Seitenklappen des Orbiters sind zur besseren Darstellung des europäischen Weltraumlaboratoriums weggelassen worden. Ganz vorne Cockpit und Aufenthaltsräume im Orbiter (dem in die Umlaufbahn gelangenden Teil des wiederverwendbaren Raumtransporters), dahinter die Kabine von SPACELAB, mit den Orbiter-Aufenthaltsräumen durch einen Tunnel verbunden, nach der SPACELAB-Kabine die SPACELAB-Palette, die Forschungsgeräte, Kameras usw. aufnehmen soll

beischweben sah. Gretschko, der selbst durch eine Halteleine mit der Station verbunden war, konnte Romanenkow gerade noch rechtzeitig erfassen, bevor dieser in die Unendlichkeit des Raumes entschwebte. Er war im Innern der Station nicht angeschnallt gewesen und unabsichtlich durch die offene Luke der Kabine herausgeschwebt!
Bei anderer Gelegenheit bekamen die Kosmonauten an Bord von SALJUT wiederholt Kopfschmerzen, bis sie schließlich feststellten, daß dies auf einen zu hohen Kohlendioxidgehalt der Luft in der Station zurückzuführen war. Diese Erkenntnis führte zu häufigerem Austauschen der Behälter, die das Kohlendioxid absorbieren. Auch gab es Probleme im biochemischen Haushalt des Organismus, so eine Unterproduktion von roten Blutkörperchen und von Lymphozyten, die Krankheiten abwehren. Die Unterproduktion wurde dadurch ausgelöst, daß das Blut wegen der fehlenden Schwere sich nicht mehr in den Beinen sammelte, wie dies auf der Erde der Fall ist. So stand dem Herzen anscheinend mehr Blut zur Verfügung als normalerweise, und der Organismus reagierte darauf sogleich mit einer Einschränkung der Produktion an roten Blutkörperchen und Lymphozyten. Das aber bedeutete, daß die Kosmonauten anfälliger gegen Krankheiten wurden und deshalb eine intensivere Hygiene in ihrer Raumstation betreiben mußten, um Bakterienwachstum einzudämmen.
Alles dies sind Resultate, die in der Zukunft, wenn es um Langzeitaufenthalte im Weltraum geht, beachtet werden müssen, insbesondere im Hinblick auf große Raumstationskomplexe, wie sie die Sowjets ebenso wie die Amerikaner langfristig planen. Es gibt Anzeichen dafür, daß bereits SALJUT 7 drei Kopplungstunnel haben wird und selbst zum Kernstück einer allmählich aufzubauenden großen Raumstation werden könnte. Durch Hinzufügen von weiteren Modulen, die bei späteren Flügen in die Umlaufbahn gebracht werden, könnte man eine solche Station so ausbauen, daß sie ständig zwölf Mann Besatzung aufzunehmen vermag – eines der mittelfristigen Ziele der UdSSR. Eine solche Station – von den Russen prophetisch als »Kosmograd« oder »Weltraumstadt« apostrophiert – könnte ebenso als militärische Beobachtungsbasis wie als eine Fabrikationsstätte im Weltraum benutzt werden, in der Großkristalle für die Halbleiterherstellung gezüchtet, Impfstoffe fabriziert oder Legierungen hergestellt werden, die auf der Erde nicht herstellbar sind. Die Sowjets haben damit bewußt mit herkömmlichen Verlust-Trägerraketen den Weg zu jener Weltraumnutzung eingeschlagen, den Amerika flexibler und kostengünstiger zu beschreiten versucht über die Entwicklung des wiederverwendbaren Raumtransporters.
Auch die Sowjetunion beschäftigt sich mit der Entwicklung eines solchen Raumtransporters. Aber es dürfte noch geraume Zeit dauern, bis sie von den Verlust-Raketen Abschied nimmt.

Der Raumtransporter in Gegenwart und Zukunft

Für Amerika ist mit dem letzten SATURN-Flug beim ASTP, dem APOLLO-SOJUS-Testprogramm im Juli 1975, die erste Phase der Raumfahrt zu Ende gegangen. Sie wurde abgelöst von einem neuen Typ von Raumfahrzeug, das eine jahrelange Entwicklung durchmachte und schließlich im April 1981 mit dreijähriger Verspätung seinen Jungfernflug absolvieren konnte: dem wiederverwendbaren Raumtransporter. Er leitete die zweite Phase der Raumfahrt ein und wird bis über die Schwelle des Jahrtausends hinaus das bestimmende amerikanische Raumfluggerät sein.
Seinen wesentlichsten Teil, den Orbiter – die bemannte Kabine –, hat die Öffentlichkeit bereits beim Flug in der irdischen Atmosphäre sehen können. Fünf Abwurfflüge aus etwa 8000 Meter Höhe sind mit ihm zwischen August und Oktober 1977 gemacht worden. Eine umgebaute Boeing 747 hatte den Orbiter auf diese Höhe gebracht, seine Piloten – Astronauten – ihn antriebslos sicher zum Boden und auf den Landeplatz Edwards Air Force Base in Kalifornien manövriert und damit seine Flugeigenschaften erprobt, die später bei der Rückkehr aus dem Weltraum so wichtig sind.
Das gegenwärtige amerikanische Raumtransport-Projekt geht auf Pläne aus dem Jahre 1974 zurück. Damals wurde (nach vielen Konzeptänderungen) der Raum-

transporter in seiner heutigen Form eingefroren: Ein Orbiter, verbunden mit einem mächtigen Treibstofftank und zwei Feststoffraketen, steigt in Cape Canaveral von einem entsprechenden Startplatz vertikal auf, angetrieben von seinen Raketenmotoren, die den Treibstoff aus dem Tank beziehen. Die Feststoff-Starthilfsraketen werden in etwa 40 Kilometer Höhe abgeworfen und zur Wiederverwendung geborgen. Kurz vor dem Eintritt des Orbiters in die Erdumlaufbahn in einigen hundert Kilometer Höhe ist der Treibstofftank leer und wird ebenfalls abgeworfen. Er ist der einzige Teil des Raumtransporters, der nicht wiederverwendet wird. Den kleinen noch fehlenden Impuls zum Eintritt in die Umlaufbahn erhält der Orbiter durch seine Manövriertriebwerke. Mit ihrer Hilfe soll er auch wieder aus der Umlaufbahn austreten und dann antriebslos im Gleitflug zum Landeplatz zurückkehren.
5,5 Milliarden Dollar haben die Entwicklungsarbeiten des Raumtransporters betragen. Er soll, als wiederverwendbares Gerät, die Kosten des Raumflugs erheblich senken und an die Stelle praktisch aller bisher verwendeten amerikanischen Trägerraketen treten. Er soll zunächst bis zu einer, später bis zu vier Wochen in der Umlaufbahn verbleiben und Wissenschaftlern und Technikern dabei Gelegenheit zu Experimenten, Forschungen und Untersuchungen geben.
Er soll Satelliten in der Erdumlaufbahn auswerfen und Raumsonden, die mittels einer mitgeführten Rakete von dieser Umlaufbahn aus in ihre Fluchtbahn eingeschossen werden, transportieren.
Der Raumtransporter wird ganze Labors, so das europäische Weltraumlaboratorium Spacelab, in seiner Nutzlastbucht tragen, in der er Lasten bis zu 30 Tonnen in die Umlaufbahn zu transportieren vermag. Er wird Bauteile für Raumstationen ins Weltall hinausbringen können, wird Reparaturen an niedrig umlaufenden Satelliten auszuführen gestatten oder diese zur Reparatur auf die Erde zurückbringen können.
Auch die Sowjets beschäftigen sich mit der Idee des wiederverwendbaren Raumtransporters, Raumfahrt mittels wiederverwendbarer Geräte auf eine neue Basis zu stellen.
Der wiederverwendbare Raumtransporter verspricht gegenüber den bisherigen Verlustträgerraketen technische und finanzielle Vorteile. Die amerikanischen Modellvorstellungen sehen für Mitte der achtziger Jahre bis zu 60 Flüge des Raumtransporters pro Jahr vor – das ist mehr als ein Start in der Woche! Raumfahrt würde damit zu einer Routineangelegenheit werden, der Start eines Raumfluggerätes etwas ähnlich Alltägliches werden wie heute der Start eines Verkehrsflugzeuges.
Wie hatte Ziolkowski gesagt: »Der Planet Erde ist die Wiege des Verstandes, aber es ist unmöglich, immer in der Wiege zu leben.«
Der Raumtransporter könnte das Gerät sein, durch das sich diese Idee verwirklicht, er könnte zur DC 3 der beginnenden zweiten Phase der Raumfahrt werden, könnte das Zeitalter der vielfältigen Nutzung des Weltraums durch den Menschen und für den Menschen einleiten, könnte das, was heute noch Science Fiction ist, morgen Wirklichkeit werden lassen.
Es war am 12. April 1981 das erste Mal, daß sich ein Raumfahrzeug mit zwei Menschen an Bord zum Flug in eine Erdumlaufbahn von der Erdoberfläche erhob, das nicht zuvor bei mehreren oder auch nur einem unbemannten Start erprobt worden war.
Es war gleichfalls das erste Mal, daß dieses Fahrzeug nach erfolgreichem Flug 2½ Tage später wieder auf der Erdoberfläche aufsetzte und ausrollte gleich einem Flugzeug.
Beim Raumtransporter – einer Kreuzung zwischen Rakete und Flugzeug – verbot sich eine unbemannte Erprobung. Er mußte bereits beim ersten Mal von Piloten geflogen werden, so wie ein neues Verkehrsflugzeug, das man auch nicht unbemannt zur Probe starten kann. Es muß mit einer solchen Zuverlässigkeit konstruiert sein, daß man ihm sogleich Menschen, Testpiloten, anvertrauen kann.
Beim Raumtransporter jedoch war diese Aufgabe schwieriger zu lösen als bei einem herkömmlichen Flugzeug, denn er mußte technisch und physikalisch in Flugbereiche vorstoßen, in denen man aus der Praxis nur bruchstückhafte Erfahrungen hatte und sich deshalb allein auf die Theorie verlassen konnte. Erfreulicherweise bestätigte sich diese Theorie besser, als man dies erwartet hatte.
Der ursprünglich für den 10. April vorgesehene Startablauf mußte zunächst unterbrochen und später abgebrochen werden, als sich kurz vor Ende des Countdowns ein Problem einstellte: Ein Reserve-Computer kommunizierte nicht mit den vier Haupt-Computern, die gemeinsam für Lenkung, Navigation und Kontrolle zuständig sind und untereinander ausgetauscht werden können.
Die Analyse des Problems, in die Computertechniker am Johnson-Raumflugzentrum in Houston/Texas eingeschaltet waren, zog sich so lange hin, daß der Start für diesen Tag abgebrochen werden mußte. Andernfalls wäre für die Astronauten, die ja auch im Flug viele Aufgaben zu erfüllen gehabt hätten, bevor sie hätten zur Ruhe gehen können, der Tag zu lang geworden.
Über 50 Computer-Spezialisten entdeckten nach mehr als fünfstündiger Analyse die Ursache für die Verweigerung des fünften Computers in einer Asynchronität von 40 Millisekunden. Dieser kleine zeitliche Unterschied im Lauf des fünften Computers führte zu dessen Schweigen. Das Problem wurde als statistischer Fehler erkannt und ein Weg gefunden, diesen künftig zu vermeiden.
Der Countdown für einen Start am 12. April verlief denn auch völlig einwandfrei und ohne Verzögerungen. Columbia hob um 7 Uhr 00 Min. 03,98 Sekunden EST (Eastern Standard Time) von der Startplattform 39 A des Kennedy-Raumflugzentrums ab.
Lediglich eine kleine Störung, die aber nichts mit dem Raumtransporter selbst zu tun hatte, war aufgetreten: 90 Sekunden vor dem Start war eine Radar-Verfolgungsanlage ausgefallen. Schnell entschieden jedoch die Flugkontrolleure im Johnson-Raumflugzentrum in Houston, daß sie das Problem umgehen konnten.
Der Start des Raumfahrzeuges unterschied sich deutlich von den Starts der mächtigen Saturn-V-Mondrakete, sowohl visuell als auch akustisch. Zunächst wurden die drei Haupttriebwerke des Orbiters gezündet, die Flüssig-Wasserstoff mit Flüssig-Sauerstoff verbrennen.
Es dauerte etwa vier Sekunden, bis sie den geforderten Schub aufgebaut hatten, danach zündeten die beiden gewaltigen Feststoff-Starthilfsraketen – die bisher größten und die ersten Feststoffraketen überhaupt, die bei einem bemannten Start verwendet wurden. Sie verbrannten in jeder Sekunde über 8 Tonnen pulverisiertes Aluminium und Ammoniumperchlorat, eine Gesamtmenge von 1000 Tonnen über eine Brennzeit von zwei Minuten.
Bereits diese erste, kurze Phase des Fluges beinhaltete ein Problem. Es war nicht genau voraussagbar, wie gewaltig die Vibrationen sein würden, die hierbei auftreten. Um sie zu dämpfen – und zur Kühlung des Flammendeflektors –, wurde die Startrampe mit rund einer Million Liter Wasser überschüttet.
Der Start ging schnell vonstatten; nachdem das Fahrzeug von 56 Meter Höhe die ersten paar Dutzend Meter überwunden hatte, schoß es schnell davon. Aufmerksam verfolgten die Flugkontrolleure in Houston die technischen Daten, die übertragen wurden. Für den Start selbst waren die Techni-

ker des Kennedy-Raumflugzentrums in Florida verantwortlich; in dem Augenblick, in dem die Triebwerke des Raumtransporters die Spitze des Startturmes überflogen hatten, ging die Verantwortung an das 2000 Kilometer weiter westlich gelegene Johnson-Raumflugzentrum in Houston über, wo sie für den Rest des Fluges verblieb. Während des Aufstiegs der COLUMBIA unter einem Schub von nahezu 3400 Tonnen stellte sich heraus, daß die Feststoffraketen einen etwas größeren Schub abgegeben hatten als vorgesehen, daß aber andererseits die Aufstiegsbahn knapp 5 Prozent steiler war als vorausberechnet. Diese beiden Faktoren hoben sich gegeneinander fast auf und führten dazu, daß COLUMBIA dem Flugplan zeitlich ein wenig voraus war. Nach dem Ausbrennen der Feststoffraketen wurden diese 2 Minuten und 12 Sekunden nach dem Start in einer Höhe von knapp 50 Kilometern von dem restlichen Raumfahrzeug bei einer Geschwindigkeit von Mach 4,5 abgetrennt. Sie fielen zur Erde zurück. Ihre sechs Fallschirme öffneten sich in 22 Kilometer Höhe, und die beiden Raketenhülsen landeten rund 30 Kilometer von den Bergungsschiffen entfernt im Atlantik. Sie wurden nach Florida zurückgeschleppt und dort überholt und erneut mit Treibstoff aufgefüllt, um für einen weiteren Flug des Raumtransporters verwendet zu werden. Der Raumtransporter selbst – nunmehr noch bestehend aus dem Orbiter und dem großen Tank für die flüssigen Treibstoffe – stieg weiter in die Höhe. Als die Computer 8 Minuten und 34 Sekunden nach dem Start die Triebwerke des Orbiters abschalteten, hatte COLUMBIA eine Geschwindig-

Oben: Der erste Start des Raumtransporters am 12. April 1981. Die gewaltigen Dampfwolken rühren von dem Kühlwasser, mit dem der Flammendeflektor unterhalb des Startgerüsts in der Startphase überschüttet wird.

Unten: Der große Außentank für den dritten Start des Raumtransporters, der im März 1982 erfolgen soll. Der Tank enthält beim Start Flüssig-Wasserstoff und Flüssig-Sauerstoff für die Haupttriebwerke des Orbiters. Er wird kurz vor dem Eintritt des Orbiters in die Erdumlaufbahn abgetrennt und versinkt im Pazifischen Ozean. Er ist die einzige nicht wiederverwendbare Baugruppe des Raumtransporters.

keit von 7,93 Kilometer in der Sekunde erreicht – 600 Meter pro Sekunde mehr, als die Berechnungen verlangten. Der Flug bis hierher war von zahlreichen Erschütterungen begleitet gewesen, aber nicht heftiger, als die Astronauten sie in den Simulatoren in Houston erfahren hatten.
Die Flugbahn des Raumtransporters ist sehr viel komplizierter als die Bahnen, die man früher für bemannte Raumflüge gewählt hatte. Dies hat mit der Auslegung und der Funktionsweise des Raumtransporters zu tun. Beim Flug einer Rakete der SATURN-V-Bauart erfolgte die Zündung der nächsten Raketenstufe, sobald der Brennschluß der jeweils unteren Stufe erreicht war.
Beim Raumtransporter jedoch mußten die Konstruktionsprinzipien berücksichtigt werden und die Tatsache, daß die Trennung der einzelnen Baugruppen optimal zu erfolgen hat. So ist es notwendig, daß nach dem Brennschluß der Haupttriebwerke des Orbiters die Bahn so verläuft, daß man den großen Tank, der die flüssigen Treibstoffe für diese Haupttriebwerke enthält, ohne Störungen abtrennen kann. Dieser Tank für den flüssigen Wasserstoff und den flüssigen Sauerstoff fällt zur Erdoberfläche zurück und versinkt im Indischen Ozean; er ist die einzige nicht wiederverwendbare Komponente des ganzen Geräts. Deshalb muß er so frühzeitig abgestoßen werden, daß er keine Erdumlaufbahn erreichen kann, sondern wieder zur Erde zurückkehrt.
Andererseits muß der Orbiter eine Geschwindigkeit erreicht haben, die möglichst dicht an der Umlaufbahn-Geschwindigkeit liegt, so daß der Treibstoffaufwand für den restlichen Einschuß in diese Umlaufbahn mit Hilfe der Manövriertriebwerke so gering wie möglich ist. Um dies zu erreichen, wurde die Flugbahn so ausgelegt, daß der Raumtransporter für den Brennschluß kurzzeitig eine abfallende Bahn einschlägt, die ihn von 135 Kilometer auf 117 Kilometer Höhe abfallen läßt. Während dieser Zeit wird der Tank abgelöst; danach aber muß der Raumtransporter wieder in eine aufsteigende Bahn kommen. Auch das gelang bei dem Erstflug des neuen »Weltraum-Transportsystems« (Space Transportation System, STS, wie es offiziell heißt) einwandfrei.
In vier weiteren Schritten wurde nun durch Zünden der Manövriertriebwerke des Orbiters die stabile Erdumlaufbahn angestrebt. Die Manövriertriebwerke werden durch Stickstofftetroxid und Hydrazin angetrieben. In der ersten Etappe, die durch Zünden der beiden hinten seitlich angebrachten Manövriertriebwerke 10 Minuten und 32 Sekunden nach dem Start eingeleitet wird und die Geschwindigkeit des Orbiters um rund 50 m/s steigert, wurde eine Bahn angestrebt, deren erdnächster Punkt (Perigäum) in 105 Kilometer Höhe mit einem erdfernsten Punkt (Apogäum) in 240 Kilometer Höhe sein sollte. In Wirklichkeit betrug der Geschwindigkeitsgewinn 50,8 m/s, was zu einer elliptischen Bahn von 105 x 244 Kilometer führte. Beim zweiten Schritt wurde die kreisförmige Bahn erreicht, die in 240 Kilometer Höhe angestrebt worden war.
In zwei zusätzlichen Schritten wurde daraus eine kreisförmige stabile Bahn in 278 Kilometer Höhe gemacht. Diese Manöver geschahen und waren auch vorgesehen in erheblichen zeitlichen Abständen. Die letzte Bahnkorrektur, die zum Eintritt in die Kreisbahn führte, fand erst 7 Stunden und 5½ Minuten nach dem Start vom Erdboden statt. Die resultierende Bahn war nahezu kreisförmig mit einem Perigäum in 273 Kilometer und einem Apogäum in 276,2 Kilometer Höhe.
Auch der Aufenthalt in der Erdumlaufbahn und die 38fache Umkreisung des Erdballs verliefen weitgehend normal und bestätigten die Konstruktion dieses Raumfahrzeuges. Die erste Anomalie wurde etwa zwei Stunden nach dem Start gefunden, als die Astronauten John Young und Robert Crippen entdeckten, daß sich einige der Hitzeschutzkacheln für den Wiedereintritt – offensichtlich bei Vibrationen während des Aufstiegs in die Umlaufbahn – gelöst hatten; an 15 weiteren Kacheln beobachteten die Männer ebenfalls Störungen: Einige hatten sich aufgebogen, und von anderen schienen Teile zu fehlen.
All dies war das Ergebnis einer optischen Inspektion durch das rückwärtige Fenster im Cockpit des Orbiters. Die Fernsehkamera wurde hinzugezogen, um die Beschädigungen genauer zu untersuchen und auch den Flugkontrolleuren in Houston ein Bild davon zu geben. Bei den Kacheln handelte es sich um nicht besonders kritische Isolierungen an Stellen, die beim Wiedereintritt nur kurz und nicht sehr hoch aufgeheizt werden. Die Frage war jedoch, ob der Orbiter auch an der Unterseite der Tragfläche, wo sehr hohe Temperaturen während des Wiedereintritts in die irdische Atmosphäre auftreten, beschädigt wäre. Dazu ersuchte die Raumfahrtbehörde NASA die amerikanische Luftwaffe, mit Spezialkameras Aufnahmen der Tragflächenunterseite zu machen, in der Hoffnung, daß man auf diesen Fotos die Kacheln sehen könne. Dies führte zu keinem Erfolg, da Wolken die Aufnahmen verhinderten oder der Raumtransporter in der falschen Bahnlage war. Indirekte Untersuchungen überzeugten die Techniker in Houston indessen davon, daß an den entscheidenden Stellen keine Beschädigungen der Kacheln vorlagen und das Raumfahrzeug ohne Gefahr für das Leben der Astronauten den Wiedereintritt in die Atmosphäre würde einleiten können.
Der Wiedereintritt und die anschließende Landung des Raumfahrzeugs war der Höhepunkt des Unternehmens. Dieser Teil des Fluges wurde eingeleitet durch ein anderthalbminütiges Bremsmanöver mit den Manövrier-Triebwerken über dem Indischen Ozean, das COLUMBIA um 92 m/s in der Geschwindigkeit minderte, wodurch das Raumfahrzeug langsam in Richtung Erdoberfläche absank.
In rund 120 Kilometer Höhe begann bei 25facher Schallgeschwindigkeit der Wiedereintritt in die dichtere Erdatmosphäre. Der Eintrittskorridor war über 8000 Kilometer lang. Während des Wiedereintritts übernahm Astronaut Young zweimal die Steuerung: im ersten Fall, um einige notwendige Rollbewegungen vorzunehmen, im zweiten Fall in etwas über 10 Kilometer Höhe, um den Landeanflug manuell zu Ende zu führen. Auch diese Manöver liefen wie geplant ab, der Orbiter kam auf der vorgesehenen Bahn zum Stillstand. »Routine« war das Wort, mit dem man die Landung bezeichnen muß. Damit hatte das neue Weltraum-Transportsystem seine erste Feuerprobe bestanden.
Der zweite Flug des Orbiters war ursprünglich nach einigen technischen Zwischenfällen, die zu Verzögerungen geführt hatten, für den 4. November 1981, 7.30 Uhr morgens Ostamerikanischer Zeit oder 13.30 Uhr Mitteleuropäischer Zeit, vorgesehen. Unterbrechungen im Countdown aus diversen technischen Gründen führten jedoch zu einer sukzessiven Verspätung um einige Stunden und schließlich zum Abbruch des Countdown. Die Ursache für den Abbruch war eine Verschmutzung des Getriebeöls in zwei der drei Antriebsaggregate für das hydraulische System.
Ein neuer Starttermin wurde für den 12. November 1981 festgelegt, und an diesem Tag hob der Raumtransporter COLUMBIA nach einigen Verzögerungen im Countdown um 10.10 Uhr Ostamerikanischer Zeit oder 16.10 Uhr Mitteleuropäischer Zeit einwandfrei von der Startrampe in Cape Canaveral ab. An Bord waren die Astronauten Joe H. Engle und Richard H. Truly. Für beide Männer war es der Erstflug in die

Erdumlaufbahn, obgleich beide bereits bei Landetests des Orbiters in der Mojave-Wüste an Bord gewesen und das Fahrzeug geführt hatten.
Wegen einer Störung an einem der drei Brennstoffelemente, die den elektrischen Strom und das Trinkwasser für die An-Bord-Versorgung aus Flüssig-Wasserstoff und Flüssig-Sauerstoff gewinnen, mußte der ursprünglich auf 124 Stunden und 10 Minuten veranschlagte Flug auf 54 Stunden verkürzt werden. Eine Abänderung des Flugplans für die Aktivitäten der Astronauten an Bord führte aber dazu, daß dennoch 90 bis 95 Prozent der beabsichtigten Untersuchungen und Arbeiten durchgeführt werden konnten.
Zu diesen Aufgaben gehörte insbesondere die Erprobung des von Kanada beigesteuerten Schwenkarms, der bei dem Flug STS-2 (Space Transportation System 2 = zweiter Flug des Weltraum-Transportsystems) zum erstenmal an Bord war und mit dem bei späteren Flügen Nutzlasten, also beispielsweise Satelliten, in der Umlaufbahn ausgesetzt und auch wieder eingesammelt werden sollen. Ferner ging es wie beim ersten Flug des Raumtransporters wieder darum, das einwandfreie Öffnen und Schließen der Tore der Nutzlastbucht zu demonstrieren.

Rechts oben: Blick in die geöffnete Nutzlastbucht des Raumtransporters während seines zweiten Fluges am 12. November 1981. Deutlich sind die Meßinstrumente zu sehen, die – vor allem zur Beobachtung der Erdoberfläche – mitgeführt wurden und neue Methoden der Erderkundung ausprobieren sollten.

Rechts: Kanada hat beim zweiten Flug des Raumtransporters einen Schwenkarm beigesteuert, der bei späteren Flügen benützt werden soll, um Satelliten in der Erdumlaufbahn auszusetzen und reparaturbedürftige Satelliten wieder einzusammeln. Bei diesem Flug wurde die Funktionsweise des Armes erprobt. Sie verlief zur vollen Zufriedenheit.

STS-2 führte eine Reihe von Instrumenten zur Erdbeobachtung auf einer Plattform mit. Mit ihnen sollte vor allem erwiesen werden, daß das Lagekontrollsystem des Orbiters die Instrumente starr zu halten vermag, so daß Erdbeobachtungen ohne Störungen durchführbar sind. Verschiedene Radar- und Mikrowellengeräte wurden ausprobiert.
STS-2 umflog die Erde zunächst in einer kreisförmigen Bahn in 222 Kilometer Höhe, die um 38 Grad gegen die Äquatorebene geneigt war. Im Verlaufe der 38 Erdumkreisungen, die der Orbiter machte, wurde die Bahnhöhe auf eine Kreisbahn in 253 Kilometer Höhe angehoben.
Während des Landeanflugs – die Piloten hatten hierbei wiederum eine Reihe von Manövern zu fliegen – wurden mehrere aerodynamische Messungen vorgenommen. Auch der Landeanflug verlief völlig einwandfrei, und der Orbiter landete planmäßig am 14. November 1981 um 13.10 Uhr Pazifischer Zeit (= 22.10 Uhr MEZ) auf Rogers Dry Lake in der Mojave-Wüste Kaliforniens. Größere Beschädigungen, insbesondere an den Hitzeschutzkacheln des Orbiters, wurden nicht festgestellt, und am 24. November wurde der Orbiter auf der 747-Transportmaschine nach Cape Canaveral zurückgeflogen. Als der Jumbo Jet am 25. November dort ankam, wurde der Orbiter in STS-3 umbenannt: erste Vorbereitung für den dritten Erprobungsflug, der für den März 1982 vorgesehen ist.
Der zweite erfolgreiche Flug des Raumtransporters dürfte alle Zweifel an diesem neuen wiederverwendbaren Raumfahrtgerät beseitigt haben. Zu seiner wirklichen Reife und Leistungsfähigkeit aber wird der Raumtransporter erst nach dem Abschluß der Erprobungsflüge im Herbst 1982 gelangen, um dann in seine routinemäßigen Aufgaben hineinzuwachsen.
Die NASA ist sehr daran interessiert, die operationelle Phase des Raumtransporters in Gang zu bringen, denn die künftigen Kunden, die Transportraum an Bord des Space-Shuttle mieten wollen, werden ungeduldig. Drei Jahre Verspätung hatte der Raumtransporter – nicht übermäßig viel bei einem derartig komplizierten, neuartigen technischen Gerät. Aber nun ist alles darauf abgestellt, den Übergang von den bisherigen Trägerraketen zu dem neuen wiederverwendbaren Universalgerät so schnell wie möglich zu vollziehen. Mit dem ersten operationellen Flug (den gegenwärtigen Planungen nach Flug Nr. 5) sollen die ersten TDRS-Satelliten gestartet

Links oben: Landeanflug des Raumtransporters über der Mojave-Wüste Kaliforniens

Rechts oben: Der Raumtransporter beim Aufsetzen auf dem Wüstenboden bei einer Geschwindigkeit von ca. 350 Kilometern in der Stunde

Rechts Mitte: Der Raumtransporter STS-1 steht auf der Landebahn des Luftwaffenflughafens Edwards.

Rechts unten: Das Flugmissions-Kontrollzentrum der NASA im Johnson-Raumflugzentrum in Houston/Texas während des Jungfernfluges des Raumtransporters

werden. Sie sind der Beginn für ein weltweites Satellitensystem, das die Kommunikation und Datenübertragung vom Raumtransporter zur Erde in größerem Umfang sicherstellen soll, als dies mit den bisherigen Satelliten der Fall ist.
Die weiteren Flüge, in Abständen von jeweils rund drei Monaten geplant, sehen die Starts weiterer Satelliten besonders für praktische Anwendungen - vor allem im Bereich der Kommunikation - vor. So ist geplant, einige INTELSAT- und TELESAT-Satelliten mit dem Orbiter zu starten.
Der Raumtransporter wird auch militärischen Zwecken dienen, allerdings nicht in dem Umfang, in dem dies mancherorts vermutet wird. Etwa ein Drittel der Raumtransporterflüge ist vom amerikanischen Verteidigungsministerium »gebucht« worden. Es wird sich dabei vornehmlich um die Positionierung von Überwachungs-, Frühwarn- und militärischen Kommunikationssatelliten handeln.
Eine der wichtigsten Aufgaben des Raumtransporters wird darin bestehen, als Laboratorium im Weltall zu dienen. Hier leistet Europa einen erheblichen Beitrag mit dem europäischen Weltraumlaboratorium SPACELAB, das als Nutzlast in der Ladebucht des Raumtransporters mitfliegen wird.
Die Planungen sehen vor, daß SPACELAB zum erstenmal beim zehnten Flug des Raumtransporters im Juni 1983 dabei sein wird. Obwohl Erprobungsflug von SPACELAB, wird bereits eine Reihe von Experimenten vorgenommen werden. Zudem wird ein europäischer »Nutzlastexperte« mit an Bord sein. Unter den Flügen bis zum Jahre 1985 sind gegenwärtig neun SPACELAB-Flüge in verschiedenen Konfigurationen vorgesehen.
Der Raumtransporter ist als Universalgerät gedacht, das alle bisherigen Verlust-Trägerraketen ersetzen soll. Sein voluminöser Nutzlastraum und seine Nutzlastkapazität - er kann bis zu 29½ Tonnen in eine niedrige Erdumlaufbahn transportieren - machen ihn zu einem vielseitigen Gerät. Das Space-Shuttle ermöglicht nicht nur eine neue Auslegung der Nutzlasten, sondern kann beispielsweise auch benützt werden, um Bauteile für eine Raumstation, Raumlaboratorien, Kraftwerke im Weltall und ähnliches in die Erdumlaufbahn zu bringen und dort zusammenzubauen.
Es steht zu erwarten, daß das Zeitalter des Raumtransporters die Raumfahrt zu einer Routineangelegenheit machen wird. Sicher befinden wir uns nun dank dieses neuen Weltraum-Transport-Systems in einer ähnlichen Phase, in der sich die Luftfahrt zu ihrem Beginn befand. Ebenso, wie man damals die Möglichkeiten dieser »luftigen Fahrt« nur mangelhaft abschätzen konnte, dürfte dies heute für den Raumtransporter der Fall sein. Jedoch scheint festzustehen: Durch die Technik des Raumtransporters dürfte das 21. Jahrhundert sehr stark von der praktischen Anwendung der Raumfahrt und der Nutzung ihrer Ergebnisse geprägt werden.

Dankesworte

Dieses Buch hätte nicht entstehen können ohne die Mithilfe zahlreicher Personen und Institutionen. Sie stellten ihr Wissen und ihre Unterlagen - Dokumente, Briefe, Druckschriften, Protokolle und Bücher - zur Verfügung, suchten im persönlichen Gespräch strittige Punkte zu klären, offene zu ergänzen und gaben so manche Anregung zu weitergehendem Literaturstudium und Untersuchungen.
Besonders seien an dieser Stelle folgende Institutionen erwähnt, die den Verfasser unterstützt haben:
National Aeronautics and Space Administration (NASA); Deutsches Museum in München; »Interessengemeinschaft ehemaliger Peenemünder« unter Leitung von Herrn Heinz Grösser und »Münchner ehemalige Peenemünder«.
An Persönlichkeiten standen dem Autor mit Rat und Tat besonders zur Seite
Herr Professor Winfried Petri, Herr Rolf Engel, Frau Dr. Irene Sänger-Bredt und
Herr Gerd D. Priewe. Wichtige Hinweise gaben außerdem Dr. Eugene Emme (NASA Historian i. R.), Mr. Fred Durant (Direktor des Air and Space Museum in Washington), Professor Dr. Harald von Beckh, Dr. Ed Burchard und Commander George Hoover.
Herzlicher Dank für zahlreiche archivarische Nachforschungen und Bildbeschaffungen gebührt Fräulein Dr. Susanne Päch.

Werner Buedeler

Tabellen

Forschungssatelliten

Die nachfolgende Liste gibt nähere Informationen über typische Forschungssatelliten, die im Zeitraum von 1957 bis 1979 gestartet worden sind.
In der ersten Spalte ist der Satellit mit Namen sowie seinem Ursprungsland aufgeführt.
Trägt der Satellit zwei Namen, so ist der zweite in Klammern angegeben. Sind zwei Staatennamen angegeben, so bezieht sich der erste auf den Satelliten selbst, der zweite auf das Ursprungsland der Trägerrakete und damit in der Regel auch auf den Startort. Soweit Angaben über die zu erwartende Lebenszeit eines noch umlaufenden Satelliten vorliegen, sind diese in Klammern angegeben.
(B) bedeutet Bergung und bezieht sich auf Satelliten, die planmäßig zurückgeholt wurden.
Ist als Ursprungsland des Satelliten ESA angeführt, so bedeutet dies, daß der Satellit von der europäischen Weltraumbehörde entwickelt wurde.

			Ursprüngliche Umlaufbahn					
Satellit/ Land	Start-datum	Absturz-/ Rückhol-datum	Perigäum km	Apogäum km	Umlauf-zeit Min.	Bahn-neigung Grad	Satelliten-masse kg	Bemerkungen; Aufgabenbereich
Sputnik 1 (UdSSR)	4. 10. 57	7. 1. 58	229	946	96,2	65	83,6	erster künstlicher Erdsatellit; Dichte und Temperatur der Hochatmosphäre
Sputnik 2 (UdSSR)	3. 11. 57	14. 4. 58	226	1 673	103,7	65	508,3	Versuchstier Polarhündin Laika; UV- und Röntgenstrahlung der Sonne
Explorer 1 (USA)	1. 2. 58	31. 3. 70	341	2 535	114,8	33,3	8,2	erster US-Satellit; Temperatur, Strahlung und Meteoriten; Entdeckung des Van-Allen-Strahlungsgürtels
Vanguard 1 (USA)	17. 3. 58	(bis 2160)	658	3 950	134,3	34,3	1,5	atmosphärische Dichte, Temperatur, Erdgestalt
Sputnik 3 (UdSSR)	15. 5. 58	6. 4. 60	217	1 878	106	65,3	1 327	Magnetfeld, Strahlung, Mikrometeoriten
Vanguard 2 (USA)	17. 2. 59	(bis 2000)	559	3 296	125,3	32,9	9,76	(mißlungene) Wolkenbild-Übertragungsversuche
Solrad 1 (USA)	27. 6. 60	–	615	1 057	101,6	66,8	19,4	Sonnenstrahlung; erste »Huckepack«-Satelliten, Doppelstart
Samos 2 (USA)	31. 1. 61	21. 10. 73	483	563	95	97	1 860	Mikrometeoritenhäufigkeit
OSO 1 (USA)	7. 3. 62		554	595	96,2	32,8	208	Sonne
Kosmos 1 (UdSSR)	16. 3. 62	25. 5. 62	201	980	96,4	49		Forschungssatelliten-Serie
Ariel 1 (UK/USA)	26. 4. 62	24. 5. 76	390	1 214	100,9	53,9	61,7	Ionosphäre, Sonne
Alouette 1 (Kanada/USA)	29. 9. 62	–	998	1 027	105,4	80,5	145,2	Ionosphäre
Poljot 1 (UdSSR)	1. 11. 63	–	339	592	102,5	58,9	600	technischer Versuchssatellit; erster Satellit mit Antriebssystem für (erfolgte) Bahnänderungen
Elektron 1 (UdSSR)	30. 1. 64	–	394	7 126	727	61	350	erster Doppelstart von Forschungssatelliten; innerer bzw. äußerer Van Allenscher Strahlungsgürtel
Elektron 2 (UdSSR)			441	67 988	981		445	
OGO 1 (USA)	4. 9. 64		282	148 200	3 894	31,1	490	erster geophysikalischer Forschungssatellit
San Marco (Italien/USA)	15. 12. 64	13. 9. 65	206	821	94,9	37,8	115	atmosphärische Dichte
Pegasus 1 (USA)	16. 2. 65		496	743	97,0	31,7	23 000	Mikrometeoritensatellit
Proton 1 (UdSSR)	16. 7. 65	11. 10. 65	190	628	92,5	63,5	12 200	kosmische Strahlung
A – 1, Asterix (Frankreich)	26. 11. 65		528	1 768	108,7	34	41,7	erster französischer Satellit
Kosmos 100 (UdSSR)	17. 12. 65	12. 7. 66	650	650	97,7	65		
OAO 1 (USA)	8. 4. 66	–	792	804	100,9	35	1 777	astronomischer Satellit

Satellit/ Land	Start-datum	Absturz-/ Rückhol-datum	Ursprüngliche Umlaufbahn Perigäum km	Apogäum km	Umlauf-zeit Min.	Bahn-neigung Grad	Satelliten-masse kg	Bemerkungen; Aufgabenbereich
Biosatellit 2 (USA)	7. 9. 67	9. 9. 67 (B)	302	327	90,8	33,5	508	biologische Kapsel zurückgewonnen
Aurora (ESRO/NASA)	3. 10. 68	26. 6. 70	259	1 527	102,8	93,7	83,9	Ionosphäre und Polarlicht
Heos 1 (ESRO/NASA)	5. 12. 68	28. 10. 75	4 338	224 380	6 792,7	28,2	108	Magnetosphäre
Interkosmos 1 (UdSSR)	14. 10. 69	2. 1. 70	261	640	93,3	48,4	400	UV- und Röntgenstrahlung der Sonne, deren Einflüsse auf Hochatmosphäre; ostdeutsche und tschechische Experimente
Azur 1 (BRD/USA)	8. 11. 69	–	385	3 146	121,8	102,9	71	erster deutscher Satellit; Strahlungsgürtel, solare Partikel, Polarlicht
Osumi (Japan)	11. 2. 70	–	565	8 273	145	31,2	23,6	erster von Japan gestarteter Testsatellit
China 1 (China)	24. 4. 70		441	2 386	114	68,4	172	erster von Rotchina gestarteter Test- (und Propaganda-) Satellit
Prognos 1 (UdSSR)	14. 4. 72		950	200 000	5 820	65	857	Sonnenphysik, solare Auswirkungen auf Ionosphäre
Kosmos 500 (UdSSR)	10. 7. 72		509	554	95,2	74		Hochatmosphäre der Erde
Aeros 1 (BRD)	16. 12. 72	22. 8. 73	222	854	95,3	96,9	127	Hochatmosphäre, UV-Strahlung
ANS (Niederlande/USA)	30. 8. 74	14. 6. 77	256	1 098	98,2	98	129	erster niederländischer Satellit; Astronomie
Intasat (Spanien/USA)	15. 11. 74		1 444	1 461	114,9	101,7	20	erster spanischer Satellit
Aryabhata (Indien/UdSSR)	19. 4. 75		564	623	96,4	50,6	360	erster indischer Satellit; (erfolglose) Röntgenstrahlenastronomie
COS–B (ESA/NASA)	9. 8. 75		1 801	97 629	2 203,5	91,9	280	stellare Röntgen- und Gammastrahlung
LAGEOS 1 (USA)	4. 5. 76		5 840	5 947	225,4	109,8	411	geodätischer Satellit mit Laserstrahlen-Meßgerät
GEOS 1 (ESA/USA)	20. 4. 77		2 074	38 498	718,5	26,5	574	europäischer geophysikalischer Satellit
HEAO 1 (USA)	12. 8. 77		421	440	93,2	22,7	2 271	Hochenergiestrahlung
ISEE 2 (ESA/USA)	22. 10. 77		823	137 452	3 442	31,3	158	europäischer Sonne-Erde-Forschungssatellit; zusammen mit ISEE 1 (USA) gestartet
IUE 1 (ESA/USA)	26. 1. 78		163	46 378		28,7	671	Ultraviolettastronomie
Kyokko (EXOS A) (Japan)	4. 2. 78		3 975	642	134,3	65,1	103	Polarlicht
UME 2 (ISS 2) (Japan)	16. 2. 78		1 224	975	107,25	69,4	140	Ionosphäre
HCMM (USA)	26. 4. 78		651	559	96,8	97,6	134	Temperatur der hohen Atmosphäre
GEOS 2 (ESA/USA)	14. 7. 78		35 592	25 640	1 427,3	0,8	627	Magnetosphäre
ISEE 3 (USA)	12. 8. 78		in Sonnenumlaufbahn				469	Sonnenwind
HEAO 2 (USA)	13. 11. 78		523	542	95,1	23,5	3 150	Hochenergieastronomie
Solwind (USA)	24. 2. 79	(40[a])	600	562	96,4	97,7		militärische Forschung (Ionosphäre und Magnetosphäre)

Anwendungssatelliten

Die nachfolgende Liste gibt nähere Informationen über typische Anwendungssatelliten, die im Zeitraum von 1957 bis 1979 gestartet worden sind.
Erläuterungen zu dieser Tabelle siehe die Tabelle »Forschungssatelliten«.

Satellit/ Land	Start- datum	Absturz-/ Rückhol- datum	Ursprüngliche Umlaufbahn Perigäum km	Apogäum km	Umlauf- zeit Min.	Bahn- neigung Grad	Satelliten- masse kg	Bemerkungen; Aufgabenbereich
SCORE (USA)	18. 12. 58	21. 1. 59	185	1471	101,5	32,3	3969	erster Versuchs-Kommunikationssatellit
DISCOVERER 1 (USA)	28. 2. 59	5. 3. 59	183	1121	96	90	590	erster Satellit in Polarbahn (militär.)
TIROS 1 (USA)	1. 4. 60		692	753	99,2	48,3	119	erster meteorologischer Satellit; übermittelte bis 17. 6. 60 22962 Wolkenbilder
TRANSIT 1 B (USA)	13. 4. 60	5. 10. 67	373	745	95,8	51,3	120	erster (militärischer) Navigationssatellit
DISCOVERER 13 (USA)	10. 8. 60	14. 11. 60 (B)	253	693	94,1	82,2	771	erste wiedergewonnene Bergungskapsel (militärischer Satellit)
ECHO 1 (USA)	12. 8. 60	24. 5. 68	1514	1693	118,2	47,2	75,3	erster passiver Kommunikationssatellit; Funk/FS-Übertragungen
COURIER I B (USA)	4. 10. 60		943	1234	106,9	28,3	226,8	erster aktiver Kommunikationssatellit
MIDAS 3 (USA)	12. 7. 61		3427	3427	160,0	91,1	1588	erster erfolgreicher Frühwarnsatellit
OSCAR 1 (USA)	12. 12. 61	31. 1. 62	235	415	91,1	81,2	4,54	erster Radioamateur-satellit; Huckepackstart mit DISCOVERER 3
KOSMOS 4 (UdSSR)	26. 4. 62	29. 4. 62 (B)	298	330	90,6	65,0	4000	erster zurückgeholter sowjetischer Satellit; militärischer Kernexplosion-Registriersatellit
TELSTAR (USA)	10. 7. 62		954	5636	157,8	44,8	77	erster kommerzieller Fernsehübertragungssatellit
RELAY 1 (USA)	13. 13. 62		1318	7421	185,9	47,5	78	Kommunikationssatellit
SYNCOM 2 (USA)	26. 7. 63		35498	36605	1454	33,1	39	erster synchron umlaufender Kommunikationssatellit
VELA 1 (USA)	16. 10. 63		102077	113645	105 Std.	38,3	134,7	erster US-Kernexplosion-Registriersatellit; Dreifach-Satellitenstart mit VELA 2 und ERS-12-Strahlungsmeß-Satellit
ECHO 2 (USA)	25. 1. 64	7. 6. 69	1033	1313	108,8	81,5	248,1	zweiter passiver Kommunikationssatellit; erste Kommunikationsexperimente mit UdSSR
NIMBUS 1 (USA)	28. 8. 64	16. 5. 74	423	932	98,3	98,6	376,5	Wettersatellit; übermittelte bis 23. 9. 64 insgesamt 27000 Wolkenbilder
EARLY BIRD (USA)	6. 4. 65		34993	36577	1436,4	0,1	38,6	erster kommerzieller geostat. Kommunikationssatellit für Telefon, Fernsehen, Datenübermittlung
MOLNIJA 1 A (UdSSR)	23. 4. 65		497	39372	708	65		erster sowjetischer Kommunikationssatellit
ESSA 1 (USA)	3. 2. 66		695	838	100,2	97,9	138,4	erster operativer US-Wettersatellit
ATS 1 (USA)	6. 12. 66		35844	36878	1436,6	0,2	352	technischer Versuchssatellit für Kommunikation und Meteorologie; geostationär

Satellit/ Land	Start- datum	Absturz-/ Rückhol- datum	Ursprüngliche Umlaufbahn Perigäum km	Apogäum km	Umlauf- zeit Min.	Bahn- neigung Grad	Satelliten- masse kg	Bemerkungen; Aufgabenbereich
INTELSAT 2 B (PAZIFIK 1) (USA)	11. 1. 67		35791	35812	1436,1	1,3	87,1	geostationärer Kommunikationssatellit über dem Pazifik
INTELSAT 3 F-2 (USA)	18. 12. 68		35791	35812	1436	0,7	150	erster erfolgreicher Kommunikationssatellit der INTELSAT-Generation
METEOR 1 (UdSSR)	26. 3. 69		644	713	97,9	81,2		sowjetischer Wettersatellit
SKYNET 1 (UK/USA)	21. 11. 69		34690	36672	1431	2,4	129	erster britischer militärischer Kommunikationssatellit
ITOS 1 (USA)	23. 1. 70		1435	1482	115,0	102,0	309	erster Wettersatellit der 2. Generation (Doppelstart: 2. Satellit = OSCAR 5)
NATO 1 (NATO/USA)	20. 3. 70		40798	42154	1401,6	2,8	129,3	militär. Kommunikationssatellit der NATO
INTELSAT 4 F-2 (USA)	26. 1. 71		35794	36342	1436,1	0,6	707,2	kommerzieller Kommunikationssatellit der 4. INTELSAT-Generation
METEOR 8 (UdSSR)	17. 4. 71		610	632	97,17	81,24		operativer sowjetischer Kommunikationssatellit
EOLE 1 (Frankreich/USA)	16. 8. 71		677	904	100,62	50,16	84	experimenteller französischer Wettersatellit
ERTS 1 (USA)	23. 7. 72		906	919	103,2	99,1	816,4	Erderkundungssatellit
ANIK 1 (Kanada/USA)	10. 11. 72		189	36470	644,4	26,9	557	erster nationaler Kommunikationssatellit Kanadas
WESTAR 1 (USA)	13. 4. 74		35783	35794	1436,8	0,0	500	erster nationaler privater amerikanischer Kommunikationssatellit
SMS 1 (USA)	17. 5. 74		35785	36788	1436,1	1,8	234	erster geostationärer Wettersatellit
SYMPHONIE 1 (Frankreich–BRD/USA)	19. 12. 74		35017	35852	1436,1	0,5	221	experimenteller französisch-deutscher Kommunikationssatellit
KIKU (Japan)	9. 9. 75		975	1103	105,9	46,9		technologischer Versuchssatellit
GOES 1 (USA)	16. 10. 75		35728	35874	1436,2	0,8	295	geostationärer Wettersatellit
CTS (Kanada/USA)	17. 1. 76		35736	35810	1436,1	0,1	500	nationaler kanadischer Kommunikationssatellit
MARISAT 1 (USA)	19. 2. 76		35768	35806	1436,2	1,7	655	erster Nachrichtensatellit für Schiffskommunikation
METEOSAT 1 (ESA/USA)	23. 11. 77		35796	35781	1436,1	0,1	697	erster ESA-Wettersatellit
LANDSAT 3 (USA)	5. 3. 78	(100[a])	918	900	103,2	99,1	960	operative Erderkundung Doppelstart
OSCAR 8 (USA)	5. 3. 78	(100[a])	917	903	103,2	99,0	27	Radioamateurversuche
KOSMOS 1000 (UdSSR)	31. 3. 78	(1200[a])	1012	965	104,9	82,9	700 (?)	Navigation
BSE-1 (Juri) (Japan/USA)	7. 4. 78		35797	35774	1436,0	0,0	678	geostationär; Fernsehdirektempfang
OTS 2 (ESA/USA)	11. 5. 78		35779	35072	1417,0	0,1	865	geostationär; Kommunikationsversuche
GOES 3 (USA)	16. 6. 78		35802	35776	1436,2	1,0	627	geostationär; Wettererkundung
SEASAT 1 (USA)	27. 6. 78	(200[a])	800	776	100,63	108,0	2300	Meereserkundung (Wellen usw.)
COMSTAR 1 C 3 (USA)	29. 6. 78		35780	35470	1428,2	0,1	1520	US-Inland-Nachrichtensatellit

Satellit/ Land	Start- datum	Absturz-/ Rückhol- datum	Ursprüngliche Umlaufbahn Perigäum km	Apogäum km	Umlauf- zeit Min.	Bahn- neigung Grad	Satelliten- masse kg	Bemerkungen; Aufgabenbereich
RADIO 1 (UdSSR)	26. 10. 78	(15000[a])	1706	1685	120,4	82,6		sowjetische Radioamateur-satelliten; zusammen mit KOSMOS 1045 gestartet
RADIO 2 (UdSSR)	26. 10. 78	(15000[a])	1706	1686	120,4	82,6		
TELESAT 4 (ANIK 4) (Kanada/USA)	16. 12. 78		36012	35787	1441,8	0,1	900	kanadischer nationaler Kommunikationssatellit
HORIZONT (UdSSR)	19. 12. 78		48952	23311	1453,7	10,7	2000	sowjetischer Telefon- und Fernsehübertragungssatellit
SCATHA (USA)	30. 1. 79		43260	27581	1416,2	7,8	360	elektrische Aufladung von Raumflugkörpern
ECS (AYAME) (Japan)	6. 2. 79		35421	33966	1380,6	0,4	260	japanischer experimenteller Nachrichtensatellit
SAGE (USA)	18. 2. 79	(40[a])	661	549	96,7	54,9	147	Staub und Aerosole in der Hochatmosphäre
EKRAN 3 (UdSSR)	21. 2. 79						2000 (?)	sowjetischer nationaler Fernsehsatellit

In den Jahren 1957–1980 gestartete künstliche Erdsatelliten

Die nachstehende Tabelle führt alle in den Jahren 1957 bis zum 31. Dezember 1980 erfolgreich gestarteten Raumflugkörper (künstliche Erdsatelliten, bemannte Raumfahrzeuge und Raumsonden) auf. Mehrfachstarts von Satelliten sind in der Anzahl der jeweiligen Flugkörper enthalten. In der ersten Spalte findet sich das Ursprungsland von Trägerrakete und Raumflugkörper. Sofern zwei Länder angeführt sind, bedeutet dies, daß das erstgenannte Land die Trägerrakete gestellt und in der Regel auch den Start durchgeführt hat; die zweite Spalte bezieht sich auf das Ursprungsland des Raumflugkörpers. ESA = Europäische Weltraumbehörde, NATO = Nordatlantikpakt-Organisation.

Erfahrungsgemäß weichen die angeführten Zahlen gelegentlich in Einzelfällen von anderen Statistiken ab. Die vorliegenden Zahlen sind entstanden auf Grund der Satelliten-Situationsberichte der amerikanischen Raumfahrtbehörde NASA, der Statistiken der Dokumentation Space Log der Firma TRW und der Informationen des Royal Aircraft Establishment in Farnborough, Großbritannien.

Jahr / **Land**	57	58	59	60	61	62	63	64	65	66	67	68	69	70	71	72	73	74	75	76	77	78	79	80	Total
UdSSR	2	1	3	3	6	20	17	30	48	44	66	74	68	79	81	70	83	79	85	97	101	80	98	110	1345
USA		7	11	16	29	50	38	55	60	72	53	41	33	23	25	24	21	13	23	21	17	17	14	13	676
Frankreich									1	1	2			1	1				3						9
Japan														1	2	1		1	2	1	2	3	2		15
China														1	1				3	2					7
Großbritannien															1										1
USA/Intels.									1	1	3	1	3	3	2	2	1	1	2	1	1	2	1		25
UdSSR/Interk.													2	2	1	3	2	2	2	2	1	1	2		20
USA/Großbritannien						1		1			1		1	1	1			4					1		11
USA/ESA												3	1			3			1		3	3			14
USA/Kanada						1			1				1		1	1	1		1	1		1			9
USA/BRD													1			1		2		1					5
USA/Frankreich									1						1			1	1						4
UdSSR/Frankreich															1	1	1		1		1				5
USA/Italien								1			1				1			1			1				5
USA/NATO														1	1					1	1	1			5
USA/Australien											1			1											2
Frankreich/BRD														1											1
USA/Niederlande																		1							1
USA/Spanien																		1							1
UdSSR/Indien																			1				1		2
USA/Indonesien																				1	1				2
USA/Japan																					2	1			3
UdSSR/Tschechosl.																						1			1
ESA																							1		1
Gesamtstarts pro Jahr	2	8	14	19	35	72	55	87	112	118	127	119	110	114	120	106	109	106	125	128	131	110	120	123	2170

Unbemannte Mondsonden

Die Sonden der USA sind durch *Kursivschrift* gekennzeichnet.

Lfd. Nr.	Start-datum	Sondentyp	Mission	Operations-zeit	Bemerkungen
1	*17. 8. 58*	*Thor-Able 1*	(Mondaufschlag)	–	Fehlstart
2	*11. 10. 58*	*Pionier 1*	(Mondaufschlag)	(43^h)	erreichte in 113 784 km Erdabstand ≈ 1/3 der Mondentfernung; 43^h lang Daten aus dem erdnahen Raum, insbesondere über Strahlungsgürtel
3	*8. 11. 58*	*Pionier 2*	(Mondaufschlag)	–	Fehlstart wegen Nichtzündung der dritten Stufe der Thor-Able-Trägerrakete
4	*6. 12. 58*	*Pionier 3*	(Mondaufschlag)	–	erreichte nur 102 300 km Erdabstand ≈ 27% der Mondentfernung; Daten über Strahlung aus erdnahem Raum; entdeckte im Raum Strahlungsgürtel
5	2. 8. 59	Lunik 1	(Mondaufschlag)	–	flog in 5600 km Entfernung am Mond vorbei; in Sonnenumlaufbahn
6	*3. 3. 59*	*Pionier 4*	(Mondaufschlag)	–	flog in 60 000 km Entfernung am Mond vorbei; in Sonnenumlaufbahn
7	12. 9. 59	Lunik 2	Mondaufschlag	34^h	schlug nach 34^h Flugzeit auf Mondoberfläche auf
8	4. 10. 59	Lunik 3	Mondumfliegung	10^d	erste Aufnahmen der Mondrückseite aus 6300 km Abstand; danach in Erdumlaufbahn bis April 1960, dann Wiedereintritt in Erdatmosphäre
9	*26. 11. 59*	*Atlas-Able 4 (Pionier)*	(Mondaufschlag)	–	Fehlstart (Schutzhülle riß nach 45^s ab)
10	*25. 9. 60*	*Atlas-Able 5 A (Pionier)*	(Mondaufschlag)	–	Fehlstart wegen Störung in zweiter Stufe der Atlas-Able-Rakete
11	*15. 12. 60*	*Atlas-Able 5 B (Pionier)*	(Mondaufschlag)	–	70^s nach Start explodiert
12	*23. 8. 61*	*Ranger 1*	(Mondaufschlag)	–	kam nicht aus Erdumlaufbahn heraus
13	*18. 11. 61*	*Ranger 2*	(Mondaufschlag)	–	kam nicht aus Erdumlaufbahn heraus
14	*26. 1. 62*	*Ranger 3*	(Mondaufschlag)	–	verfehlte Mond um 36 800 km; in Sonnenumlaufbahn
15	*23. 4. 62*	*Ranger 4*	(Mondaufschlag)	Flugzeit $64{,}0^h$	Mondaufschlag, jedoch keine Daten bei Anflug übermittelt
16	*18. 10. 62*	*Ranger 5*	(Mondaufschlag)	–	verfehlte Mond um 725 km; in Sonnenumlaufbahn
17	2. 4. 63	Luna 4	(Mondaufschlag)	–	verfehlte Mond um 8500 km; Abbruch des Funkkontakts; in Erdumlaufbahn
18	*30. 1. 64*	*Ranger 6*	Mondaufschlag	Flugzeit $65{,}6^h$	schlug auf Mond auf; keine Fernsehbilder, da Übertragung versagte
19	*28. 7. 64*	*Ranger 7*	Mondaufschlag	Flugzeit $68{,}6^h$	Mondaufschlag; übertrug seinen Aufschlaganflug auf Mond während der letzten 15 Minuten / 4308 Bilder
20	*17. 2. 65*	*Ranger 8*	Mondaufschlag	Flugzeit $64{,}9^h$	Mondaufschlag; übertrug beim Aufschlaganflug auf Mond 73 137 Bilder der Mondoberfläche
21	*21. 3. 65*	*Ranger 9*	Mondaufschlag	Flugzeit $64{,}5^h$	Mondaufschlag in Krater Alphonsus; übertrug während Aufschlaganflug 5814 Bilder der Mondoberfläche
22	9. 5. 65	Luna 5	(weiche Mondlandung)	Flugzeit $82{,}2^h$	schlug hart auf Mond auf; erster mißlungener Versuch weicher Landung
23	8. 6. 65	Luna 6	(weiche Mondlandung)	–	verfehlte Mond um 160 000 km; in Sonnenumlaufbahn
24	4. 10. 65	Luna 7	(weiche Mondlandung)	Flugzeit $86{,}1^h$	schlug wegen Frühzündung der Bremsraketen hart auf Mond auf
25	3. 12. 65	Luna 8	(weiche Mondlandung)	Flugzeit $83{,}1^h$	schlug wegen Spätzündung der Bremsraketen hart auf Mond auf
26	31. 1. 66	Luna 9	weiche Mondlandung	Flugzeit $79{,}0^h$ auf Mond drei Tage aktiv	erste weiche Mondlandung; Bilder vom Mond nach Landung für 3^d
27	31. 3. 66	Luna 10	Mondumlaufbahn	30. 5. 66	in Mondumlaufbahn; zahlreiche Daten über Mond und aus Mondumlaufbahn
28	*30. 5. 66*	*Surveyor 1*	weiche Mondlandung;	Flugzeit $63{,}6^h$ auf Mond bis 13. 7. 66 operativ	weiche Mondlandung; übermittelte nach Mondlandung im Zeitraum von 2½ Monaten 12 150 Aufnahmen der Mondoberfläche
29	*1. 7. 66*	*Explorer 33 (= IMP D)*	(Mondumlaufbahn)	–	Überschußgeschwindigkeit verhinderte Einschuß in Mondumlaufbahn und machte Sonde zu Erdsatellit; in Erdumlaufbahn

Lfd. Nr.	Start-datum	Sondentyp	Mission	Operations-zeit	Bemerkungen
30	*10. 8. 66*	*Lunar Orbiter 1*	Mondumlaufbahn	bis 29. 8. 66	fotografierte aus Mondumlaufbahn; Absturz auf Mond am 29. 10. 66
31	24. 8. 66	Luna 11	Mondumlaufbahn	bis 1. 10. 66	Daten aus Mondumlaufbahn
32	*20. 9. 66*	*Surveyor 2*	weiche Mondlandung	Flugzeit 62,8^h	schlug wegen Versagens der Bremsraketen hart auf Mond südöstlich Krater Kopernikus auf
33	22. 10. 66	Luna 12	Mondumlaufbahn	bis 19. 1. 67 (= 602 Mond-umläufe)	übermittelte Daten und Bilder aus Mond-umlaufbahn
34	*6. 11. 66*	*Lunar Orbiter 2*	Mondumlaufbahn	11. 10. 67	erreichte Mondumlaufbahn; übermittelte 205 Aufnahmen der Mondoberfläche; schlug am 11. 10. 67 auf Mond auf
35	21. 12. 66	Luna 13	weiche Mondlandung	für 6 Tage	Übermittlung von Bildern und Meßdaten über Boden-beschaffenheit vom Mond
36	*4. 2. 67*	*Lunar Orbiter 3*	Mondumlaufbahn	9. 10. 67	übertrug 182 Bilder der Mondoberfläche; schlug am 9. 10. 67 auf Mond auf
37	*17. 4. 67*	*Surveyor 3*	weiche Mondlandung	Flugzeit 65,0^h operativ bis 3. 5. 67	Bildübertragung und Bodenanalysen des Mondes
38	*4. 5. 67*	*Lunar Orbiter 4*	Mondumlaufbahn	6. 10. 67	übertrug aus Mondumlaufbahn 163 Bilder; Absturz auf Mond am 6. 10. 67
39	*14. 7. 67*	*Surveyor 4*	(weiche Mondlandung)	Flugzeit 63,0^h	harter Mondaufschlag am 16. 7. 67 wegen Funkabbruch 2½ Min. vor Landung
40	*19. 7. 67*	*Explorer 35 (IMP E)*	Mondumlaufbahn	–	Magnetschweif der Erde alle 29,5^d aus Mondumlaufbahn gemessen
41	*1. 8. 67*	*Lunar Orbiter 5*	Mondumlaufbahn	31. 1. 68	erreichte geplante Bahn und übertrug Mondfotos; Absturz auf Mondoberfläche am 31. 1. 68; letzte Lunar-Orbiter-Mission
42	*8. 9. 67*	*Surveyor 5*	weiche Mondlandung	Flugzeit 64,8^h	weiche Mondlandung; übertrug 19000 Fotos von Mond-oberfläche und Daten über chemische Zusammen-setzung der Mondmaterie
43	*7. 11. 67*	*Surveyor 6*	weiche Mondlandung	Flugzeit 65,4^h	weiche Mondlandung; Bilder und Daten übertragen; erste Standortversetzung auf Mond mittels Raketen-antriebs
44	*7. 1. 68*	*Surveyor 7*	weiche Mondlandung	Flugzeit 66,5^h	weiche Mondlandung; Bilder- und Datenübertragung
45	7. 4. 68	Luna 14	Mondumlaufbahn		in Mondumlaufbahn; untersuchte Schwerefeld des Mondes und Massenverhältnisse von Erde und Mond
46	15. 9. 68	Sonde 5	Mondumfliegung und Rückkehr zur Erde	21. 9. 68	Umfliegung des Mondes mit Annäherung bis auf 1950 km; Bilder der Erde aus 90000 km Entfernung; Rückkehr zur Erde und Bergung aus Indischem Ozean am 21. 9. 68
47	10. 11. 68	Sonde 6	Mondumfliegung und Rückkehr zur Erde	bis 17. 11. 68	zweite unbemannte Mondumfliegung mit Rückkehr zur Erde; Landung in der UdSSR; Filmaufnahmen der Mond-rückseite aus 2420 km Abstand
48	13. 7. 69	Luna 15	Mondumlaufbahn	21. 7. 69	umflog Mond 52mal; Bahn zweimal durch Antrieb ver-ändert; am 21. 7. 69 auf Mondoberfläche zum Absturz gebracht
49	8. 8. 69	Sonde 7	Mondumfliegung und Rückkehr zur Erde	14. 8. 69	dritte unbemannte Mondumfliegung und Rückkehr zur Erde; Aufnahmen der Mondrückseite aus 2000 km Abstand; Farbfotos von Mond und Erde; Bergung nach Landung in der UdSSR
50	12. 9. 70	Luna 16	Mondlandung und Rückkehr zur Erde	24. 9. 70	weiche Mondlandung am 20. 9. 70 im Mare Serenitatis; Probenentnahme von Mondmaterie; Rückkehr zur Erde und Bergung
51	20. 10. 70	Sonde 8	Mondumfliegung und Rückkehr zur Erde	27. 10. 70	weitere Mondaufnahmen; Bergung nach Rückkehr zur Erde im Indischen Ozean
52	10. 11. 70	Luna 17	weiche Mondlandung	bis Okt. 71	weiche Mondlandung am 17. 11. 70; erstes automati-sches Mondfahrzeug für Mondoberfläche; Mondfahrzeug Lunochod 1 arbeitete für 11 Monate; über 200 Mond-panoramen und 20000 Einzelbilder sowie Bodenunter-suchungen von 500 Punkten übertragen
53	*4. 8. 71*	*P&F-Satellit (Apollo 15)*	Mondumlaufbahn	1 Jahr	in Mondumlaufbahn; erster aus bemanntem Raum-fahrzeug (Apollo 15) gestarteter Satellit

Lfd. Nr.	Start-datum	Sondentyp	Mission	Operations-zeit	Bemerkungen
54	2. 9. 71	Luna 18	(weiche Mondlandung)	11. 9. 71	Mondumlaufbahn; 54 Umläufe, dann Aufprall bei versuchter weicher Landung
55	28. 9. 71	Luna 19	Mondumlaufbahn	Okt. 72	Mondumlaufbahn; Fotografie der Mondoberfläche; Gravitationsfeld-Untersuchungen usw.; noch in Mondumlaufbahn
56	14. 2. 72	Luna 20	weiche Mondlandung und Rückkehr zur Erde	25. 2. 72	weiche Mondlandung; Bild- und Datenübertragungen; Entnahme von Bodenproben; Rückkehr zur Erde und Bergung
57	*16. 4. 72*	*P&P-Satellit (Apollo 16)*	Mondumlaufbahn	29. 5. 72	zweiter in Mondumlaufbahn von bemanntem Fahrzeug (Apollo 16) ausgestoßener Mondsatellit; Daten über Mond und Mondbahn
58	8. 1. 73	Luna 21	weiche Mondlandung	8. 5. 73	weich auf Mond gelandet am 16. 1. 73; Mondfahrzeug Lunochod 2 abgesetzt; 86 Panoramabilder und 80 000 Einzelaufnahmen und weitere Daten
59	*10. 6. 73*	*Explorer 49*	Mondumlaufbahn	bis 1976	in Mondumlaufbahn; dort Registrierung galaktischer und solarer Radiostrahlung
60	29. 5. 74	Luna 22	Mondumlaufbahn	bis Okt. 75	erreichte am 2. 6. 74 Mondumlaufbahn; zahlreiche Fotos und Daten vom Mond; mehrfache Bahnänderung
61	28. 10. 74	Luna 23	Mondumlaufbahn und -landung (Rückkehr zur Erde)	9. 11. 74	erreichte Mondumlaufbahn am 2. 11. 74; Landung am 6. 11. 74; Bodenprobenentnahme mißlang
62	9. 8. 76	Luna 24	Mondumlaufbahn und -landung; (Rückkehr zur Erde)	–	erfolgreiche Mondumlaufbahn am 14. 8. 76; Landung am 17. 8.; Bodenprobenentnahme bis aus 2 m Tiefe mit automatischem Bohrgerät; Rückkehr zur Erde

Interplanetare Sonden und Sonnensonden

Lfd. Nr.	Start-datum	Sondentyp	Mission	Operations-zeit	Bemerkungen
1	*11. 3. 60*	*Pionier 5*	interplanetar	bis 26. 6. 60	umfliegt Sonne innerhalb Erdbahn; Daten aus Entfernungen von der Erde bis zu 45 Millionen km über Energieausbrüche der Sonne und Sonnenwind
2	16. 7. 65	Sonde 3	interplanetar	–	in Sonnenumlaufbahn; lieferte Fotos der Mondrückseite während Vorbeiflug; vermutlich Testsonde für Venus 2 und 3
3	*26. 12. 65*	*Pionier 6*	interplanetar	über 10 Jahre	in Sonnenumlaufbahn; viele interplanetare Daten: Sonnenwind, kosmische Strahlen
4	*17. 8. 66*	*Pionier 7*	interplanetar	über 10 Jahre	in Sonnenumlaufbahn; interplanetare und solare Messungen
5	*13. 12. 67*	*Pionier 8*	interplanetar	–	in Sonnenumlaufbahn; Untersuchung der Sonnenstrahlung
6	*8. 11. 68*	*Pionier 9*	interplanetar	–	in Sonnenumlaufbahn; Daten über Sonnenstrahlung
7	*27. 8. 69*	*Pionier E*	(interplanetar)	–	Fehlstart; Störung in einer Stufe der Delta-Rakete
8	10. 12. 74	Helios 1	Sonnensonde; interplanetar	(noch aktiv)	Annäherung an die Sonne bis auf 48 Millionen km; zahlreiche Daten über den sonnennahen interplanetaren Raum (Rakete USA; Sonde BRD)
9	15. 1. 76	Helios 2	Sonnensonde; interplanetar	(noch aktiv)	Annäherung an die Sonne bis auf 45 Millionen km; zahlreiche Daten über den sonnennahen interplanetaren Raum (Rakete USA; Sonde BRD)

Venussonden

Lfd. Nr.	Start-datum	Objekt	Mission	Ankunfts-datum	Bemerkungen
1	4. 2. 61	SPUTNIK 7	(Venus-Vorbeiflug)	–	erreichte nur Erdumlaufbahn
2	12. 2. 61	VENUS 1 (von SPUTNIK 8)	Venus-Vorbeiflug	19. 5. 61	Kommunikationsabbruch in 7,56 Millionen Kilometer Erdabstand; ergebnisloser Vorbeiflug an Venus in 100 000 km Entfernung; erster sowjetischer interplanetarer Flug
3	*22. 7. 62*	*MARINER 1*	(Venus-Vorbeiflug)	–	durch Sprengung in 161 km Höhe zerstört
4	25. 8. 62	SPUTNIK 19	(Venus-Vorbeiflug ?)	–	vermutlich mitgeführte Venussonde; erreichte nur Erdumlaufbahn
5	*27. 8. 62*	*MARINER 2*	Venus-Vorbeiflug	14. 12. 62	passierte Venus in 34 830 km Abstand; lieferte Daten bis auf 86,7 Millionen km Erdabstand
6	1. 9. 62	SPUTNIK 20	(Venus-Vorbeiflug ?)	–	vermutlich mitgeführte Venussonde erreichte nur Erdumlaufbahn mit SPUTNIK 20
7	12. 9. 62	SPUTNIK 21	(Venus-Vorbeiflug ?)	–	dto. mit SPUTNIK 21
8	11. 11. 63	KOSMOS 21	(Venus-Vorbeiflug ?)	–	technischer Test; kam nicht aus der Erdumlaufbahn heraus
9	27. 3. 64	KOSMOS 27	(Venus-Vorbeiflug ?)	–	vermutlich mitgeführte Venussonde erreichte nur Erdumlaufbahn mit KOSMOS 27
10	2. 4. 64	SONDE 1	Venus-Vorbeiflug	–	passierte Venus nach Funkausfall in 100 000 km Entfernung; keine Daten; in Sonnenumlaufbahn
11	12. 11. 65	VENUS 2	Venus-Vorbeiflug (statt Landung)	27. 2. 66 (Vorbeiflug)	flog in 23 810 km an Venus vorbei; wegen Funkausfall keine Venusdaten
12	16. 11. 65	VENUS 3	Venus-Landung	1. 3. 66 (Aufschlag)	schlug auf Venus auf; wegen Funkausfall keine Venusdaten
13	23. 11. 65	KOSMOS 96	(Venus ?)	–	vermutlich Venussonde; kam nicht aus Erdumlaufbahn heraus
14	12. 6. 67	VENUS 4	Venus-Landung	18. 10. 67 (Landung)	übermittelte während Abstieg in Venusatmosphäre und bei Aufschlag Venusdaten
15	*14. 6. 67*	*MARINER 5*	Venus-Vorbeiflug	19. 10. 67 (Vorbeiflug)	passierte Venus in 3990 km Entfernung und übermittelte Daten
16	17. 6. 67	KOSMOS 167	(Venus ?)	–	vermutlich Venussonde; kam nicht aus Erdumlaufbahn heraus
17	5. 1. 69	VENUS 5	Venus-Landung	16. 5. 69 (Landung)	übermittelte während Abstieg in Atmosphäre und bei Aufschlag Venusdaten
18	10. 1. 69	VENUS 6	Venus-Landung	17. 5. 69 (Landung)	übermittelte während Abstieg in Atmosphäre und bei Aufschlag Venusdaten
19	17. 8. 69	VENUS 7	Venus-Landung	15. 12. 70 (Landung)	übermittelte für 23^m nach Landung auf Venus Daten
20	22. 8. 70	KOSMOS 359	(Venus ?)	–	konnte Erdumlaufbahn nicht verlassen
21	27. 3. 72	VENUS 8	Venus-Landung	22. 7. 72 (Landung)	landete auf Venus und übermittelte 50^m lang Daten von der Venusoberfläche
22	31. 3. 72	KOSMOS 482	(Venus ?)	–	konnte Erdumlaufbahn nicht verlassen
23	*3. 11. 73*	*MARINER 10*	Venus- und Merkurvorbeiflug	5. 2. 74 (Venus-Vorbeiflug)	Vorbeiflug in 5760 km Abstand; 6800 Bilder von Venus mit Atmosphärenstruktur (erste Sondenaufnahmen des Planeten) und zahlreiche physikalische Daten
24	8. 6. 75	VENUS 9	Venus-Landung und Umfliegung	22. 10. 75 (Landung)	Venussatellit und Landegerät; Lander übermittelte erste Bilder von Venusoberfläche; übermittelte 53^m lang nach der Landung Bilder und Daten
25	14. 6. 75	VENUS 10	Venus-Landung und Umfliegung	25. 10. 75 (Landung)	Venussatellit und Landegerät; Lander übertrug für 65^m nach Landung Aufnahmen der Venusoberfläche und Daten
26	*20. 5. 78*	*PIONIER-VENUS 1 (Orbiter)*	Venus-Umfliegung	5. 12. 78 (Venus-Umlaufbahn)	Daten über atmosphärische Zirkulation, Venustopografie (Radar); Sonnenwind usw.
27	*8. 8. 78*	*PIONIER-VENUS 2 (Lander)*	Venus-Landung	9. 12. 78 (Venus-Landung)	Daten über Dichte und Temperatur der Atmosphäre, chemische Zusammensetzung, Temperatur und Druck auf der Oberfläche usw.
28	9. 9. 78	VENUS 11	–	21. 12. 78	
29	14. 9. 78	VENUS 12	–	25. 12. 78	

Lfd. Nr.	Flug	Start-datum	Piloten	Mission	Dauer	Bemerkungen
68	Sojus 24	7. 2. 77	Viktor Gorbatko, Jurij Glaskow	286 Erdumläufe	$17^d16^h08^m$	Koppelung mit Saljut 5
69	Saljut 6	29. 9. 77	–	Erdumfliegungen	(noch in der Bahn; 330 km Perigäum)	sowjetische Raumstation
70	Sojus 25	9. 10. 77	Walerij Rjumin, Wladimir Kowaljonok	Erdumfliegungen	2^d (bis 11. 10. 77)	Ankoppelung an Saljut 6 mißlang
71	Sojus 26	10. 12. 77	Jurij Romanenkow, Georgij Gretschko	Erdumfliegungen	96^d10^h (bis 16. 1. 78)	Ankoppelung an Saljut 6 nach 21 Erdumfliegungen; Rückkehr mit Sojus 27
72	Sojus 27	10. 1. 78	Wladimir Dschanibekow, Oleg Makarow	Erdumfliegungen	bis 17. 3. 78	Ankoppelung an Saljut 6 am 11.1.78 – erstmals zwei Raumfahrzeuge an einer Raumstation; Rückkehr mit Sojus 26
73	Sojus 28	2. 3. 78	Alexeij Gubarjow, Wladimir Remek (ČSSR)	Erdumfliegungen	bis 10. 3. 78	erster Nichtrusse an Bord eines sowjetischen Raumfahrzeugs
74	Sojus 29	16. 6. 78	Wladimir Kowaljonok, Alexander Iwantschenkow	233 Erdumläufe	bis 2. 11. 78	EVA zur Erprobung eines neuen Raumanzuges; Rückkehr mit Sojus 31
75	Sojus 30	27. 6. 78	Pjotr Klimuk, Miroslaw Hermaszewski (Polen)	Erdumfliegungen	bis 5. 7. 78	
76	Sojus 31	26. 8. 78	Walerij Bikowskiij, Sigmund Jähn (DDR)	Erdumfliegungen	bis 2. 11. 78	Koppelung mit Saljut 6 am 27.8.79; Rückkehr mit Sojus 29
77	Sojus 32	25. 2. 79	Wladimir Ljachow, Walerij Rjumin	Erdumfliegungen	bis 19. 8. 79	Koppelung mit Saljut 6; Langzeitrekord von 175 Tagen
78	Progress 5	12. 3. 79	–	Erdumfliegungen	22 Tage (bis 3. 4. 79)	unbemanntes Versorgungsfahrzeug; Ankoppelung an Saljut 6 zur Versorgung am 14. 3. 79
79	Sojus 33	10. 4. 79	Nikolaij Rukawischnikow, Georgiij Iwanow (Bulgarien)	Erdumfliegungen	bis 12. 4. 79	Koppelung an Saljut 6 wegen Triebwerkstörungen mißlungen; frühzeitige Rückkehr
80	Progress 6	13. 5. 79	–	Ankoppeln an Saljut 6 am 15. 5.	bis 9. 6. 79	unbemanntes Versorgungsfahrzeug
81	Sojus 34	6. 6. 79	–	Ankoppeln an Saljut 6	bis 19. 8. 79	Rückholung von Ljachow und Rjumin
82	Progress 7	28. 6. 79	–	Ankoppeln an Saljut 6 am 30. 6.	bis 20. 7. 79	unbemanntes Versorgungsfahrzeug
83	Progress 8	27. 3. 80	–	Ankoppeln an Saljut 6 am 29. 3.	bis 26. 4. 80	unbemanntes Versorgungsfahrzeug
84	Sojus 35	9. 4. 80	Leonid Popow, Walerij Rjumin	Erdumfliegungen in Saljut 6	bis 11. 10. 80	zurück mit Sojus 37; neuer Langzeitrekord von 185 Tagen; Besuch von vier anderen Besatzungen
85	Progress 9	27. 4. 80	–	Ankoppeln an Saljut 6 am 29. 4.	bis 22. 5. 80	unbemanntes Versorgungsfahrzeug
86	Sojus 36	26. 5. 80	Walerij Kubassow, Bertalan Farkas (Ungarn)	Erdumfliegungen in Saljut 6	bis 3. 6. 80	Besuch bei Besatzung von Sojus 35; kehren mit Sojus 35 zurück
87	Sojus T 2	5. 6. 80	Juri Malischew, Wladimir Aksjonow	Erdumfliegungen in Saljut 6	bis 9. 6. 80	Besuch bei Besatzung von Sojus 35 für 4 Tage
88	Progress 10	29. 6. 80	–	Ankoppeln an Saljut 6 am 1. 7.	bis 19. 7. 80	unbemanntes Versorgungsfahrzeug
89	Sojus 37	23. 7. 80	Viktor Gorbatko, Phuim Tuan (Vietnam)	Erdumfliegungen in Saljut 6	bis 1. 8. 80	Besuch bei Besatzung von Sojus 35; Rückkehr mit Sojus 36
90	Sojus 38	18. 9. 80	Juri Romanenkow, Arnaldo Tamayo (Kuba)	Erdumfliegungen in Saljut 6	bis 26. 9. 80	Besuch bei Besatzung von Sojus 35; Rückkehr mit Sojus 38

Lfd. Nr.	Flug	Start-datum	Piloten	Mission	Dauer	Bemerkungen
91	Progress 11	28. 9.80	–	Ankoppeln an Saljut 6 am 30. 9.	bis 11.12.80	unbemanntes Versorgungsfahrzeug
92	Sojus T 3	27.11.80	Leonid Kisim, Gennadij Strekalow, Oleg Makarow	Erdumfliegungen in Saljut 6	bis 10.12.80	Testflug; Reparaturarbeiten an Saljut 6
93	Progress 12	24. 1.81	–	Ankoppeln an Saljut 6 am 26. 1.	bis 19. 3.81	unbemanntes Versorgungsfahrzeug
94	Sojus T 4	12. 3.81	Wladimir Kowaljonok, Viktor Sawinitsch	Erdumfliegungen in Saljut 6	bis 26. 5.81	Erdbeobachtung; 75 Tage Aufenthalt, Rückkehr in T4-Wiedereintrittsmodul
95	Sojus 39	22. 3.81	Wladimir Dschanibekow, Shugderdemidyn Gurragtschaaj (Mongolische Volksrepublik)	Erdumfliegungen in Saljut 6	bis 30. 3.81	Erdbeobachtung
96	*STS–1*	12. 4.81	John Young, Robert Crippen	Erdumfliegungen	bis 14. 4.81	Erstflug des Raumtransporters; weiche Fluglandung auf festem Landeplatz
97	Sojus 40	14. 5.81	Leonid Popow, Dumitru Prunariu (Rumänien)	Erdumfliegungen in Saljut 6	bis 22. 5.81	
98	*STS–2*	12.11.81	Joe Engle, Richard Truly	Erdumfliegungen		zweiter Flug des Raumtransporters Columbia

Von den insgesamt 98 aufgeführten Flügen entfallen 16 (davon ein amerikanischer und 15 sowjetische) auf das Verbringen zunächst unbemannter Raumstationen oder unbemannter Versorgungsfahrzeuge in Erdumlaufbahnen. Die bisherige Gesamtzahl aller bemannten Flüge in den Raum beläuft sich also auf 82, davon 34 amerikanische und 48 sowjetische.

Trägerraketen bisheriger unbemannter Raumflüge

Typ	Land	Stufenzahl	Startgewicht	Treibstoffgewicht	Nutzlastvermögen		Schubkraft	Gesamtlänge	größter Durchmesser	Treibstoffe	Erststart
					für Umlaufbahn in 500 km Höhe	für Fluchtbahn					
			kg	kg	kg	kg	kg[c)]	m	m		
A (Sputnik)	UdSSR	1	4 000[a)]		2000		509 840	27,5	2,95	LOX/Kerosin	1957
Juno I (Jupiter C)	USA	4	29 030[b)]	24 398	15	0	37 650	21,73	1,78	1. St.: LOX/UDMH Oberstufe: fest	1958
Vanguard	USA	3	10 300[b)]	8 568	40	0	1. St.: 12 250	21,95	1,14	1. St.: LOX/Kerosin 2. St.: Salpetersäure/UDMH 3. St.: feste T.	1958
Thor-Able	USA	3	51 880	46 280	250	50	1. St.: 68 900 2. St.: 3 450 3. St.: 1 410	27,3	2,44	LOX/Kerosin	1958
Juno II	USA	4	55 200	43 330	50	10	1. St.: 68 000 2. St.: 7 480 3. St.: 2 460 4. St.: 820	23,2	2,67	1. St.: LOX/Kerosin Oberstufen/feste T.	1958
A I (Lunik)	UdSSR	2	5 440[a)]		4 750	≈ 200	1. St.: 509 840 2. St.: 90 260	31,3	2,6	LOX/Kerosin	1959
Thor-Agena	USA	2	53 300	48 100	270		1. St.: 78 000 2. St.: 7 050	25,2	2,49	1. St.: LOX/Kerosin 2. St.: Salpetersäure/UDMH	1959
Thor-Ablestar	USA	2	53 700	48 000	250		1. St.: 68 900 2. St.: 3 590	24,2	2,44	1. St.: LOX/Kerosin 2. St.: Salpetersäure/UDMH	1960

Typ	Land	Stufenzahl	Startgewicht	Treibstoffgewicht	Nutzlastvermögen für Umlaufbahn in 500 km Höhe	Nutzlastvermögen für Fluchtbahn	Schubkraft	Gesamtlänge	größter Durchmesser	Treibstoffe	Erststart
			kg	kg	kg	kg	kg[c)]	m	m		
Thor-Delta	USA	3	51 700	46 850	350	60	1. St.: 79 000 2. St.: 3 590 3. St.: 2 600	27,7	2,44	1. St.: LOX/Kerosin 2. St.: Salpetersäure/UDMH 3. St.: fest	1960
Atlas-Able	USA	4	120 000	111 790	700	200	1. St.: 164 100 2. St.: 3 450 3. St.: 1 400	28,8	4,09	1. St.: LOX/Kerosin 2. St.: Salpetersäure/UDMH 3. St.: fest	1960
Atlas-Agena A	USA	2	123 500	115 600	1 200	–	1. St.: 164 100 2. St.: 7 050	26,4	4,9	1. St.: LOX/Kerosin 2. St.: Salpetersäure/UDMH	1960
Atlas-Agena B	USA	2	130 000	122 140	1 800	350	1. St.: 164 100 2. St.: 7 260	28,2	4,9	1. St.: LOX/Kerosin 2. St.: Salpetersäure/UDMH	1961
Scout	USA	4	16 450	12 730	100	30	1. St.: 46 700 2. St.: 28 100 3. St.: 6 170 4. St.: 1 270	21,65	1,02	Feststoff in allen Stufen	1961
B I (Kosmos)	UdSSR	2	1 500[a)]		450		1. St.: $\approx$74 000 2. St.: $\approx$11 000	8,0	1,65		1962
A 2 e (Venus, Prognoz, Luna)	UdSSR	3	2 940[a)]		7 500		1. St.: 509 840 2. St.: 140 160 3. St.: ?	9,5	2,6	1. St.: LOX/Kerosin 2. St.: 3. St.:	1962
Atlas-Centaur	USA	2	133 000	123 000	3 800	1 000	1. St.: 164 100 2. St.: 13 600	32,0	4,9	1. St.: LOX/Kerosin 2. St.: LOX/Flüssig-Wasserstoff	1961
Saturn I	USA	2	493 850	431 000	8 000	2 200	1. St.: 680 000 2. St.: 40 800	38,45	6,55	1. St.: LOX/Kerosin 2. St.: LOX/Flüssig-Wasserstoff	1961
Diamant	Frankreich	3	17 900	14 425	80		1. St.: 28 500 2. St.: 15 900 3. St.: 5 100	18,77	1,4	1. St.: Salpetersäure/Terpentin 2.+ 3. St.: fest	1965
Titan III C	USA	4	560 000				1. St.: 900 000 2. St.: 225 000 3. St.: 45 400 4. St.: 7 200	31,4	9,7	1. St.: Feststoff (Booster) 2. St.; 3.+ 4. St.: Stickstofftetroxid/Hydrazin und UDMH	1965
Titan-Centaur	USA	4	621 300		17 100	3 630	1. St.: (Feststoff-Booster) 1 090 000 2. St.: (Titan) 114 800 3. St.: (Titan) 45 800 4. St.: (Centaur) 13 600	48,8	4,2	1. St.: Feststoff-Booster 2. St.+ 3. St.: (Titan) Stickstofftetroxid/Hydrazin/UDMH 4. St.: (Centaur) LOX/Flüssig-Wasserstoff	1974

Typ	Land	Stu- fen- zahl	Start- gewicht kg	Treib- stoff- gewicht kg	Nutzlastvermögen für Umlauf- bahn in 500 km Höhe kg	 für Flucht- bahn kg	Schub- kraft kg[c]	Gesamt- länge m	größter Durch- messer m	Treib- stoffe	Erst- start
N	Japan	3	90 880	82 890	800		1. St.: 77 110 + 3 Feststoff- booster 70 970 = 148 080 2. St.: 5 443 3. St.: 3 950	32,57	2,44	1. St.: LOX/Kerosin; Booster fest; 2. St.: Salpetersäure/ Hydrazin 3. St.: fest	1975

a) Leergewicht (= ohne Treibstoff)
b) Vollgewicht (= betankt)
c) Für die Triebwerke der Erststufen Bodenschub, sonst Schub im Vakuum in Kilogramm

Trägerraketen bisheriger bemannter Raumflüge

Typ	Land	Stu- fen- zahl	Start- gewicht kg[b]	Treib- stoff- gewicht kg	Nutzlastvermögen für Umlaufbahn in 200 km Höhe kg	 500 km Höhe kg	Schub- kraft kg[c]	Gesamt- länge m[d]	größter Durch- messer m	Treib- stoffe	Erst- flug (be- mannt)
WOSTOK (A 1)	UdSSR	2	1 440*[e]		4 750		1. St.: 509 840[g] 2. St.: 90 265	31,5	2,60	LOX/Kerosin	1961
REDSTONE (MERKUR)	USA	1	28 100	20 030			1 × 35 400	18,4 24,9	2,01	Äthylalkohol/ LOX	1961
ATLAS (MERKUR)	USA	1[a]	116 000	110 300	1 400	500	2 × 68 000 1 × 27 200 164 100 2 × 450	20,5 29,1	Tank: 3,05 Basis: 4,9	RP-1/LOX	1962
WOSCHOD (A 2)	UdSSR	2	2 500[e]		7 000		1. St.: 650 000*) 2. St.: 140 000	35,0	2,6	LOX/Kerosin	1964
TITAN II (GEMINI)	USA	2	133 000		3 000	1 200	1. St.: 2 × 97 600 = 195 200 2. St.: 1 × 45 400	27,5 32,9	3,05	beide Stufen: 50% Hydrazin + 50% UDMH/Stick- stofftetroxid	1965
SOJUS (A 2)	UdSSR	2	2 500[e]		7 000		1. St.: 509 840 2. St.: 140 160	35,0	2,6	LOX/Kerosin	1967
SATURN I-B	USA	2	547 000	490 000	16 000	13 000	1. St.: 8 × 90 800 = 726 400 2. St.: 1 × 90 800	44,0 67,5	6,55	1. St.: RP-1/LOX 2. St.: Fl. H_2/LOX	1968
SATURN V	USA	3	2 750 000	2 600 000	150 000	120 000[b]	1. St.: 5 × 680 000 = 3 400 000 2. St.: 5 × 90 800 = 454 000 3. St.: 1 × 90 800	85,0 105,0	13,0	1. St.: RP-1/LOX 2. + 3. St.: Fl. H_2/LOX	1968

a) Die beiden Starttriebwerke werden hierbei nicht als gesonderte Stufe betrachtet
b) Startgewicht = Vollgewicht ohne Nutzlast – bei UdSSR Leergewicht e)
c) Für die Triebwerke der Erststufen Bodenschub, sonst Schub im Vakuum in Kilogramm
d) Die obere Zahl ohne Nutzlast, die untere (soweit angegeben) mit Nutzlast
e) Leergewicht (= unbetankt) *) geschätzt
f) 43 000 kg auf Fluchtbahn
g) 1. Stufe = Hauptstufe plus 4 Starthilfsraketen; insgesamt 20 Triebwerke à 25 000 kg Schub plus 12 Vernier-Triebwerke à ≈ 500 kg Schub

LOX = Flüssig-Sauerstoff, UDMH = unsymmetrisches Dimethyl-Hydrazin
Fl.H_2 = Flüssig-Wasserstoff
RP-1 = eine Kerosin-(Dieselöl-)Art

Literaturverzeichnis

AAs Publication Office: Advances in the Astronautical Sciences, Vol. 23, Commercial Utilization of Space, Tarzana 1968

Alexander, Charles C.: Grimwood, James M., Swenson Layd S., This New Ocean, a History of Project Mercury, National Aeronautics and Space Administration, Washington 1966

Alter, Dinsmore: Pictorial Guide to the Moon, Thomas Y. Crowell Company, New York 1973

American Astronautical Society: Commercial Utilization of Space, American Astronautical Society Publication, Washington 1968

Ananoff, Alexandre: Les Mémoires d'un Astronaute, Albert Blanchard, Paris 1978

Anderson, Frank W.: Orders of Magnitude, A History of NACA and NASA, National Aeronautics and Space Administration, Washington 1976

Baker, Robert H.: Astronomy, D. Van Nostrand Company, 1938

Baker, David: The Rocket, Crown Publishers, New York 1978

Barrère, M., A. Jaumotte, B. Fraeijs de Veubeke, J. Vandenkerckhove,: Raketenantriebe, Elsevier Publ. Comp., Amsterdam 1961

Becker, Friedrich: Geschichte der Astronomie, Universitäts-Verlag, Bonn 1947

Becker, Friedrich: Geschichte der Astronomie, Bibliogr. Institut, Mannheim 1968

Belew, Leland F., Ernst Stuhlinger: Skylab, National Aeronautics and Space Administration, Washington

Benson, Charles D., William B. Faherty; Moonport, A History of Apollo Launch Facilities and Operations, National Aeronautics and Space Administration, Washington 1978

Bergaust, Erik: Wernher von Braun, Econ-Verlag, Düsseldorf 1976

Bergaust, Eric: The next Fifty Years in Space, The Macmillan Company, New York 1964

C. Bertelsmann Verlag: Die Sterne rücken näher, Bd. 1, Gütersloh 1968

Bornemann, Manfred: Geheimprojekt Mittelbau, J. F. Lehmanns Verlag, München 1971

Braun, Magnus von: Weg durch vier Zeitepochen, C. A. Starke Verlag, Limburg/L. 1965

Braun, Wernher von: Konstruktive, theoretische und experimentelle Beiträge zu dem Problem der Flüssigkeitsrakete (Dissertation 1934), Deutsche Gesellschaft für Raketentechnik und Raumfahrt, Köln

Braun, Wernher von: Start in den Weltraum, Bertelsmann Lesering, Gütersloh o. J.

Braun, Wernher von, Station im Weltraum, S. Fischer Verlag, Frankfurt am Main 1953

Braun, Wernher von: Bemannte Raumfahrt, S. Fischer Verlag, Frankfurt am Main 1968

Braun, Wernher von, Frederick Ordway: History of Rocketry and Space Travel, Thomas Y. Crowell Co., 1969

Braun, Wernher von, Frederick I. Ordway: The Rockets' Red Glare, Anchor Press/Doubleday, Garden City, New York 1976

Breitenbach, Hermann: Platon und Dion, Artemis-Verlag, Zürich 1960

Bröckelmann, Dr.: Wir Luftschiffer, Verlag von Ullstein & Co., Berlin 1909

Brown, Peter Lancaster: Megaliths, Myths and Men, Harper & Row, New York 1976

Brügel, Werner: Männer der Rakete, Hachmeister & Thal, Leipzig 1933

Büdeler, Werner: Mars, Orion-Bücher Bd. 75, Sebastian Lux, Murnau

Büdeler, Werner: Teleskope, Raketen, Gestirne, Paul Müller, München 1953

dto. 3. Auflage, 1959

Büdeler, Werner: Projekt Vorhut, Union Verlag, Stuttgart 1956

Büdeler, Werner: The International Geophysical Year, UNESCO, Paris 1957

Büdeler, Werner: Vorstoß ins Unbekannte, Franz Ehrenwirth Verlag, München 1960/1963

Büdeler, Werner: Monde von Menschenhand, Union Verlag, Stuttgart 1962

Büdeler, Werner: Weltraumfahrt, Möglichkeiten und Grenzen, C. Bertelsmann Verlag, Gütersloh 1965

Büdeler, Werner: Der Mensch und das Weltall, Gersbach & Sohn Verlag, München 1967

Büdeler, Werner: Projekt Apollo, C. Bertelsmann, Gütersloh 1969

Büdeler, Werner: Skylab, das Himmelslabor, Econ-Verlag, Düsseldorf 1973

Büdeler, Werner: Raumfahrt in Deutschland, Ullstein, Berlin 1978

Bürgel, Bruno H.: Aus fernen Welten, Verlag des Druckhauses Tempelhof, Berlin 1949

Bürgel, Bruno H.: Bürgels Himmelskunde, Bertelsmann Lexikon-Verlag, Gütersloh 1975

Burgess, Eric: Rocket Propulsion, Chapman & Hall Ltd., London 1954

Burgess, Eric: Frontier to Space, Chapman & Hall Ltd., London 1955

Caidin, Martin: Wings into Space, Holt, Rinehart and Winston, New York 1964

Campbell, Paul A.: Earthman Spaceman Universal Man?, Pageant Press Inc., New York 1965

Canby, Courtlandt: Geschichte der Rakete, Editions Rencontre und ENI, 1962

Carter, L. J.: The Artificial Satellite, The British Interplanetary Society, 1951

Chapman, John L., Atlas, The Story of a Missile, Victor Gollancz Ltd., London 1960

Clarke, Arthur C.: Interplanetary Flight, Temple Press Ltd., London 1950

Clarke, Arthur C.: The Sands of Mars, Transworld Publisher's, London 1954

Clarke, Arthur C.: The Promise of Space, Pyramid Books, New York 1968

Clarke, Arthur C.: Voice across the Sea, Harper & Row, New York 1974

Coleman, James A.: Early Theories of the Universe, New American Library, New York 1967

Coleman, James A.: Early Theories of the Universe, Signet Science Library, New York 1976

Committee on Aeronautical and Space Sciences: Soviet Space Programs, 1966–70, U.S. Government Printing Office, Washington 1971

Corliss, William R.: NASA Sounding Rockets, 1958–1968, National Aeronautics and Space Administration, Washington 1971

Cortright, Edgar M.: Apollo Expeditions to the Moon, National Aeronautics and Space Administration, Washington 1975

Cottler/Jaffe: Wegbereiter, Franckh'sche Verlagsbuchhandlung, Stuttgart 1948

Crombie, A. C.: Von Augustinus bis Galilei, Kiepenheuer und Witsch, Köln 1959

Crossfield, Scott A.: Blair Clay, Testpilot der X–15, Albert Müller Verlag, Rüschlikon–Zürich 1962

Dadieu, A., R. Damm, E. Schmidt: Raketentreibstoffe, Springer-Verlag, Wien 1968

Deutsche Forschungsgemeinschaft: Planetenforschung, Harald Boldt Verlag KG, Boppard 1977

Deutsche Gesellschaft für Luft- und Raumfahrt: Pioniere der Raumfahrt, Köln September 1971

Deutsche Gesellschaft für Luft- und Raumfahrt: Kartei künstlicher Erdsatelliten, Köln

Deutsche Gesellschaft für Luft- und Raumfahrt: Raumfahrt-Typenblätter, Köln

Deutsches Museum: Galileo Galilei, R. Oldenbourg, München 1964

Deutsches Museum: Johannes Kepler, 400. Wiederkehr seines Geburtstages, R. Oldenbourg, München 1971

Dobson, G. M. B.: Exploring the Atmosphere, Clarendon Press, Oxford 1963

Doebel, Günter: Das Weltall und seine Entdeckung, DuMont Schauberg, Köln 1968

Doebel, Günter: Der Mars und das Sonnensystem, DuMont Schauberg, Köln 1971

Dolezol, Theodor: Planet des Menschen, Carl Ueberreuter, Wien 1975

Dornberger, Walter: V2, Der Schuß ins Weltall, Bechtle Verlag, Esslingen 1952

Dreyer, J. L. E.: A History of Astronomy from Thales to Kepler, Dover Publications, 1953

Durant, Frederick C.: The International Astronautical Federation 1961–1962, Bell Aerosystems Co., Buffalo 1962

Durant, Frederick C., George S. James: First Steps towards Space, Smithsonian Institution Press, Washington 1974

Eckert, Alfred: Am Himmel ohne Motor, Verlag Die Brigg, Augsburg 1976

Ekrutt, Joachim W.: Der Kalender im Wandel der Zeiten, Franckh'sche Verlagsbuchhandlung, Stuttgart 1972

Emme, Eugene M.: Aeronautics and Astronautics, National Aeronautics and Space Administration, Washington 1961

Emme, Eugene M. (Hg.): The History of Rocket Technology, Wayne State University Press, Detroit 1964

Emme, Eugene M.: A History of Space Flight, Holt, Rinehart & Winston, New York 1965

Engel, Rolf: Johannes Winkler – Ein Mann der ersten Stunde. Vortrag, gehalten auf der Jahrestagung von Deutscher Gesellschaft für Luft- und Raumfahrt und der Hermann-Oberth-Gesellschaft, Darmstadt, September 1978, und auf dem 29. Internationalen Astronautischen Kongreß, Dubrovnik, Jugoslawien, Oktober 1978

Ertel, Ivan D., Mary L. Morse: The Apollo Spacecraft, Vol. I & II, National Aeronautics and Space Administration, Washington 1969

Essers, I.: Hermann Ganswindt, Vorkämpfer der Raumfahrt, VDI-Verlag, Düsseldorf 1977

Essers, I., Max Valier, VDI-Verlag, Düsseldorf 1968

Ezell, Edward C. and Linda N.: The Partnership, A History of the Apollo-Soyuz Test

Project, National Aeronautics and Space Administration, Washington 1978
Facts Book, John F. Kennedy Space Center, 1972
Faget, Max: Manned Space Flight, Holt, Rinehart & Winston, New York 1965
Faust, Heinrich: Raketen, Satelliten, Weltraumflug, Reclam-Verlag, Stuttgart 1963
Faust, Heinrich: Der Aufbau der Erdatmosphäre, Vieweg-Verlag, Braunschweig 1968
Faust, Heinrich: Das große Buch der Wetterkunde, Econ-Verlag, Düsseldorf 1968
Feldhaus, Franz M.: Lexikon der Erfindungen und Entdeckungen, Carl Winters Univers. Buchhandlung, Heidelberg 1904
Flint, Richard F.: The Earth and its History, W. W. Norton & Co., New York 1973
Frese, Walter: Die Sache mit der Schöpfung, BLV Verlagsgesellschaft, München 1973
Fuchs, Walter R.: Bevor die Erde sich bewegte, Deutsche Verlagsanstalt, Stuttgart 1975
Gartmann, Heinz (Hg.): Raumfahrt-Forschung, R. Oldenbourg, München 1952
Gartmann, Heinz: Träumer, Forscher, Konstrukteure, Econ-Verlag, Düsseldorf 1955
Gartmann, Heinz: Jahrhundert der Raketen, Verlag Paul Müller, München 1958
Gartmann, Heinz: Künstliche Satelliten, Franckh'sche Verlagshandlung 1958
Gatland, Kenneth W.: Astronautik, Krausskopf-Flugwelt-Verlag, Mainz 1963
Gerlach, Walther, Martha List: Johannes Kepler, Franz Ehrenwirth Verlag, München 1971
Gibson, Edward G.: The Quiet Sun, National Aeronautics and Space Administration, Washington 1973
Goddard, Robert H.: Rockets, American Rocket Society, New York 1946
Goddard, Robert H.: Rocket Development, Prentice-Hall, Inc., USA, 1948
Goddard: The Papers of Robert H. Goddard, Vol. I–IV, McGraw-Hill, New York 1970
Goddard Space Flight Center, Satellite Situation Reports
Gold, Jay: To the Moon, Time-Life, New York 1969
Gordon, Arthur: Die Fliegerei, C. Bertelsmann Verlag, Gütersloh 1964
Graf, Dr. Otto (Hg.): Die Epoche des überfliegenden Sehvermögens, Der Mensch im Weltraum, Österr. Bundesverlag (Museum des 20. Jahrh.), Wien 1970
Graul, E. H.: Weltraummedizin, Ullstein, Berlin 1970
Green, Constance M., Milton Lomask: Vanguard, Smithsonian Institution Press, Washington 1971
Grimwood, James M.: Project Mercury, National Aeronautics and Space Administration, Washington 1963
Grimwood, James M., Barton C. Hacker: Project Gemini, National Aeronautics and Space Administration, Washington 1969
Grimwood, James M., Barton C. Hacker: On the Shoulders of Titans – A history of Project Gemini, National Aeronautics and Space Administration, Washington 1977
Gundel, Wilhelm: Sternglaube, Sternreligion und Sternorakel, Quelle & Meyer, Heidelberg 1959
Güttler, Adalbert, Winfried Petri: Der Mond, Heinz Moos Verlag, Heidelberg 1962
Haas, I. S., B. T. Bachofer, G. P. Fishman: Key Technological Challenges of the Earth Resources Technology Satellite Program, 23. IAF-Kongreß, Wien 1972
Hall, R. Cargill: Lunar Impact, National Aeronautics and Space Administration, Washington 1977
Hanrahan, James S., David Bushnell: Space Biology, Basic Books, Inc., New York 1960
Hansson, J., Ingemar Skoog: Analisis of Early 19th Century Swedish Solid Propellant, 26. IAF-Kongreß, Lissabon 1975
Hartl, Hans: Hermann Oberth, Theodor Oppermann Verlag, Hannover 1958
Henry, James P.: Biomedical Aspects of Space Flight, Holt, Rinehart und Winston, New York 1966
Hermann, Armin: Große Physiker, Ernst Battenberg Verlag, Stuttgart 1959
Herrmann, Dieter B.: Geschichte der Astronomie, VEB Deutscher Verlag der Wissenschaften, Berlin 1975
Herrmann, Joachim: Leben auf anderen Sternen?, C. Bertelsmann Verlag, Gütersloh 1963
Hesse, W.: Handbuch der Aerologie, Akademische Verlagsgesellschaft, Leipzig 1961
Holmann, Mary A.: The Political Economy of the Space Program, Pacific Books, Palo Alto 1974
Holzmann, Richard T.: Chemical Rockets, Marcel Dekker, New York 1969
Howard, David: Astronautics Year, An International Astronautical and Military Space, Missile Review of 1964, Pergamon Press, Oxford 1965
Howard, David: Astronautics Year 1964, Pergamon Press, Oxford 1965
Humphries, John: Rockets and Guided Missiles, Ernest Benn Ltd., 1957
Ionides, Stephen A. u. Margaret L.: One Day Telleth Another, Edward Arnold & Co, London 1939
Irving, David: Die Geheimwaffen des Dritten Reiches, Sigbert Mohn Verlag, Gütersloh 1965
Kaiser, Hans K.: Kleine Raketenkunde, Mundus-Verlag, Stuttgart 1949
Kármán, Theodore von: The Wind and Beyond, Little, Brown & Co., Boston 1967
Klee, Ernst, Otto Merk: Damals in Peenemünde, Gerhard Stalling Verlag, Oldenburg 1963
Klee, Ernst: Erdaufnahmen mit Raketen – 1906 erstmals erprobt, Weltraumfahrt-Raketentechnik, Heft 5, 1967
Klein, Richard G.: The Ecology of Early Man in Southern Africa, Science, Vol. 197, No. 4299, 8. 7. 77
Klemm, Friedrich: Technik, Karl Alber, Freiburg 1954
Klinckowstroem, Carl v.: Knaurs Geschichte der Technik, Droemersche Verlagsanstalt, München 1959
Koelle, H. H.: Handbook of Astronautical Engineering, McGraw-Hill, New York 1961
Kosofsky, L. J., Farouk El-Baz: The Moon as Viewed by Lunar Orbiter, National Astronautics and Space Administration, Washington 1970.
Kühn, Herbert: Das Erwachen der Menschheit, Fischer Bücherei Frankfurt am Main 1956
Kühn, Herbert: Der Aufstieg der Menschheit, Fischer Bücherei, Frankfurt am Main 1957
Kühn, Herbert: Die Entfaltung der Menschheit, Fischer Bücherei, Frankfurt am Main 1958
Langton, N. H.: The History of Astronautics up to 1945, The British Interplanetary Society, London
Lasswitz, Kurd: Auf zwei Planeten, Verlag Heinrich Scheffler, Frankfurt am Main 1969
Lent, Constantin Paul: Rocketry, Pen-Ink Publ. Co., New York 1947
Leonow, Alexei, Wladimir, Lebedew: Der Mensch im Weltall, Urania-Verlag, Leipzig 1969
Ley, Willy: Vorstoß ins Weltall, Universum, Wien 1949
Ley, Willy: Rockets, Missiles, and Men in Space, The Viking Press, New York 1968
Löbsack, Theo: Der Weltraum ruft, Paul List Verlag, München 1962
Lukian: Zum Mond und darüber hinaus, Artemis-Verlag, Zürich 1967
Lundmark, Knut: Das Leben auf anderen Sternen, F. A. Brockhaus, Leipzig 1930
Lusar, Rudolf: Die deutschen Waffen und Geheimwaffen des 2. Weltkrieges und ihre Weiterentwicklung, J. F. Lehmanns Verlag, München 1958
Marshall Space Flight Center: Saturn Illustrated Chronology, National Aeronautics and Space Administration, Washington 1964
Massey, Harrie: Space Physics, Cambridge University Press, London 1964
Matschoß, Conrad: Große Ingenieure, J. F. Lehmanns Verlag, München 1954
Mehl, Adolf: Der Freiballon in Theorie und Praxis, Bd. I und II, Franckh'sche Verlagshandlung, Stuttgart
Merk, Otto: Raumfahrt Report, Bruckmann, München 1967
Meyers Handbuch über das Weltall, Bibliographisches Institut, Mannheim 1973
Miller, A. G.: Und sie bewegt sich doch!, Benzinger-Jugendtaschenbuch, Bd. 31
Moore, Patrick: Wir im Weltall, Langewiesche-Brandt, Ebenhausen 1955
Moore, Patrick: Isaac Newton, Adam & Charles Black, London 1957
Moore, Patrick: Die Welt des Mondes, R. Oldenbourg, München 1957
Moore, Patrick: Blick ins Unendliche, Franckh'sche Verlagshandlung, Stuttgart 1962
Mourier, F. P. F.: Contribution to Fusther Knowledge of the War-Rockets and their History, Smithsonian Institution, Washington
MSFC Historical Office: Saturn Illustrated Chronology, National Aeronautics and Space Administration, Washington 1964
Munz, Alfred: Philipp Matthäus Hahn, Jan Thorbecke Verlag, Sigmaringen 1977
Muris, Oswald, Gert Saarmann: Der Globus im Wandel der Zeiten, Columbus Verlag Paul Oestergaard, Berlin 1961
Nagy, Istvan G.: Hungarian Rocketry in the 19th Century, 23. IAF-Kongreß, Wien 1972
NASA Historical Series: This New Ocean, A History of Project Mercury, National Aeronautics and Space Administration, Washington 1966
NASA Technical Memorandum: Space Flight Evolution, George C. Marshall Space Flight Center, Huntsville, Alabama, 1970
National Academy of Sciences: Practical Applications of Space Systems, Washington 1975
National Aeronautics and Space Administra-

tion: An Administrative History of NASA, 1958–1963, U.S. Government Printing Office, Washington 1966
National Aeronautics and Space Administration: Project Mercury, U.S. Government Printing Office, Washington 1963
National Aeronautics and Space Administration: International Programs, January 1970
National Aeronautics and Space Administration: Astronautics and Aeronautics, 1970, U.S. Government Printing Office, Washington 1972
National Aeronautics and Space Administration: On Man's Role in Space, Washington 1974
National Aeronautics and Space Administration: Aeronautics and Space Report of the President, 1974 Activities, U.S. Government Printing Office, Washington 1975
National Aeronautics and Space Administration: Space Shuttle, U.S. Government Printing Office, Washington 1976
National Aeronautics and Space Administration: Apollo-Soyuz, Pamphlet No. 2–9, Washington 1977
National Research Council: Practical Applications of Space Systems, National Academy of Sciences, Washington 1975
Nebel, Rudolf: Die Narren von Tegel, Droste Verlag, Düsseldorf 1972
Neue Sammlung, Die, München: Kalenderbauten
Newell, Homer E.: Sounding Rockets, McGraw-Hill, New York 1959
OAO News Reference Handbook, Grumman Aircraft Corp., Bethpage, New York
Oberth, Hermann: Die Rakete zu den Planeträumen, R. Oldenbourg, München 1923/1960
Oberth, Hermann: Ways to Spaceflight, National Aeronautics and Space Administration, Washington 1972
Oberth, Hermann: Wege zur Raumschiffahrt, Kriterion-Verlag, Bukarest 1974
Oberth, Hermann: Katechismus der Uraniden, Ventla-Verlag, Wiesbaden 1966
Opel, Fritz von: Die Geschichte der Raketenentwicklung und über Sinn und Grenzen aller Technik, Deutsches Museum, München 1968
Ordway, Frederick I., Ronald C. Wakeford: International Missile and Spacecraft Guide, Mac Graw-Hill, New York 1960
Paul, Günther: Die dritte Entdeckung der Erde, Econ-Verlag, Düsseldorf 1974
Petri, Winfried: Das Weltbild im Wandel der Zeit, Lehrmittelverlag Ch. Jaeger & Co., Hannover
Petri, Winfried: Weltraumfahrt, Hanns Reich Verlag, München 1970
Petri, Winfried: Kepler-Festschrift 1971, Naturwissenschaftlicher Verein, Regensburg 1971
Pfaffe, Herbert, Peter Stache: Typenbuch der Raumflugkörper, Verlag Sport und Technik, Berlin 1962
Pilz, Kurt: 600 Jahre Astronomie in Nürnberg, Verlag Hans Carl, Nürnberg 1977
Platon und Dion, Artemis-Verlag, Zürich 1960
Plutarch: Das Mondgesicht, Artemis-Verlag, Zürich 1968
Pohl, Helga: Wenn dein Schatten 16 Fuss mißt, Berenike, Wilhelm Andermann Verlag, München 1955
Probleme der Weltraumforschung, Fachvorträge des IV. Internationalen Astronautischen Kongresses, Zürich 1953, Laubscher & Co., Biel
Riabchikov, Evgeny: Russians in Space, Doubleday & Co., New York 1971
Richardson, Robert S.: Mars, George Allen & Unwin, London 1965
Rolt, L.T.C: The Aeronauts, Longmans, Green and Co. Ltd., London 1966
Romick, Darrell: Concept for a Manned Earth Satellite Terminal Evolving from Earth-to-Orbit Ferry Rockets (METEOR), Goodyear Aircraft Corp., Akron 1965
Rosholt, Robert L.: An Administrative History of NASA, 1958–1963, National Aeronautics and Space Administration, Washington 1966
Rowohlt-Sachbuch: Reisen zum Mond, Rowohlt Taschenbuch-Verlag, Hamburg 1970
Royal Aircraft Establishment: Table of Earth Satellites, Vol. 2: 1969–1973, Farnborough 1974
Scarboro, C. W.: Pictorial History of Cape Kennedy 1950–1965, National Aeronautics and Space Administration, Washington 1965
Sänger, Eugen: Raumfahrt heute, morgen, übermorgen, Econ-Verlag, Düsseldorf 1963
Sänger, Eugen: Raketen-Flugtechnik, R. Oldenbourg, München 1965
Sänger-Bredt, Irene: Entwicklungsgesetze der Raumfahrt, Krausskopf-Flugwelt-Verlag, Mainz 1964
Schmeidler, Felix: Nikolaus Kopernikus, Wissenschaftliche Verlagsgesellschaft, Stuttgart 1970
Schmitthenner, Hansjörg: Die Luftfahrer, Müller & Kiepenheuer Verlag, Bergen/Obb. 1956
Sheldon, Charles S.: United States and Soviet progress in Space, Library of Congress, Washington
Shelton, William Roy: Countdown, The Story of Cape Canaveral, Little, Brown & Co., Boston 1960
Shelton, William: Soviet Space Exploration: The First Decade, Washington Square Press, New York 1968
Smolders, Peter: Soviets in Space, Taplinger Publ. Co., New York 1973
Soviet Space Programs, 1966–70, Staff Report, Committee on Aeronautical and Space Sciences, United States Senate, U.S. Government Printing Office, Washington 1971
Space Program Benefits, Hearing, Committee on Aeronautical and Space Sciences, April 1970, U.S. Government Printing Office, Washington 1970
Steinhoff, Ernst A. (Hg.): The Eagle has Returned, American Astronautical Society, Washington 1977
Struve, Otto: Astronomie, Walter de Gruyter & Co., Berlin 1962
Stumpff, Dr. K.: Das Uhrwerk des Himmels, Franckh'sche Verlagshandlung, Stuttgart 1952
Thomas, Oswald: Astronomie, Verlag „Das Bergland-Buch“, Salzburg 1956
Tiesenhausen, Georg von, Terry H. Sharpe: Space Flight Evolution, NASA Technical Memorandum, Washington 1970
Time-Life: Reisen zum Mond, rororo Sachbuch, Hamburg 1970
Todericiu, Doru: Raketentechnik im 16. Jahrhundert, VDI-Technikgeschichte, VDI-Verlag, Düsseldorf 1977
Turnill, Reginald: The Oberserver's Spaceflight Directory, International Astronautical Federation, International Academy of Astronautics, the First Decade, Paris 1970
Turnill, Reginald: The Observer's Spaceflight Directory, Frederick Warne (Publishers) Ltd., London 1978
UdSSR Akademie der Wissenschaften: The other Side of the Moon, Pergamon Press, Oxford 1960
U.S. Government Printing Office: Project Gemini, National Aeronauticas and Space Agency, Washington 1969
U.S. Government Printing Office: Space Program Benefits (Hearing), Washington 1970
U.S. Government Printing Office, NASA Sounding Rockets, 1958–1968, Washington 1971
U.S. Government Printing Office: Statements by Presidents of the United States on International Cooperation in Space, Washington 1971
U.S. Government Printing Office: NASA, Exploring in Aerospace Rocketry, Washington 1971
U.S. Standard Atmosphere, 1976, U.S. Government Printing Office, Washington 1979
Van der Waerden, B. L.: Anfänge der Astronomie, Noordhoff Verlag, Groningen
Van der Waerden, B. L.: Science Awakening, P. Noordhoff Ltd., Groningen
VDI-Verlag: Die Erforschung des Weltraums mit Satelliten und Raumsonden, VDI, Düsseldorf 1966
Verein Deutscher Ingenieure: Technikgeschichte Bd. 34 (1967), Raketentechnik im 16. Jahrhundert, Bemerkungen zu einer in Sibiu (Hermannstadt) vorhandenen Handschrift des Conrad Haas, von Doru Todericiu
Verne, Jules: Reise durch die Sonnenwelt, Verlag Waldheim-Eberle, Wien 1948
Verne, Jules: Von der Erde zum Mond, Bärmeier & Nikel, Frankfurt am Main
Vertregt, M.: Principles of Astronautics, Elsevier, Amsterdam 1965
Viorst, Judith: Projects: Space, Washington Square Press, Washington
Wallisfurth, Rainer M.: Rußlands Weg zum Mond, Econ-Verlag, Düsseldorf 1964
Wells, H. T., S. H. Whiteley, C. E. Karegeannes: Origins of NASA Names, National Aeronautics and Space Administration, Washington 1976
White, William J.: A History of the Centrifuge in Aerospace Medicine, Missile & Space Systems Division, Douglas Aircraft Co., ca. 1965
Wilding-White, T. M.: Jane's Pocket Book of Space Exploration, Macmillan Publishing Co., New York 1977
Wissmann, Gerhard: Geschichte der Luftfahrt von Ikarus bis zur Gegenwart, VEB Verlag Technik, Berlin 1965
Zimmer, Harro, A. F. Marfeld: Weltraumfahrt, Safari-Verlag, Berlin 1978
Zinner, Ernst: Sternglaube und Sternforschung, Karl Alber, Freiburg 1953
Ziolkowski, Konstantin: Beyond the Planet Earth, Pergamon Press, Oxford 1960
Ziolkowski, Konstantin: Außerhalb der Erde, Wilhelm Heyne Verlag, München 1977

Bildquellen

APN 128
Archiv für Kunst und Geschichte, Berlin 116
Belser Verlag/APN 342/343
Bibliotheca Apostolica Vaticana, Rom 69
British Interplanetary Society 140 (2)
British Museum, London 49
Archiv Buedeler 2, 40, 117, 122, 123, 133 u., 141 l., 147 u., 157, 278 l., 279, 293, 323 o., 336, 337, 338 (5), 344 l., 367 (6), 368/369 (2), 373, 381, 382 (2), 383, 410 o., 415, 462/463 o.
Archiv Buedeler/AEG-Telefunken 376
Archiv Buedeler/APN 390, 392, 416 l., 452 o.
Archiv Buedeler/Bavaria 201 M., u.
Archiv Buedeler/Boeing 36/37
Archiv Buedeler/British Aerospace Dynamics Group 318
Archiv Buedeler/Dr. E. Burchard 407 o.
Archiv Buedeler/ComSat 17 o., 20 o., 33
Archiv Buedeler/Deutscher Wetterdienst 21 u.
Archiv Buedeler/DFVLR 370/371 M.
Archiv Buedeler/Dornier 371 r.
Archiv Buedeler/ERNO 35, 462, 468, 469
Archiv Buedeler/ESA 21 o., 372 (2), 374 (2), 377 (2), 380, 393
Archiv Buedeler/Goddard Papers 190 u.
Archiv Buedeler/Intelsat 364
Archiv Buedeler/Malina 283
Archiv Buedeler/Martin-Marietta 313
Archiv Buedeler/MBB 16, 20 u., 370 u., 402 (2)
Archiv Buedeler/NASA 9–15, 17 u., 22–31, 64/65, 139, 141 r., 144 o., 148/149, 154/155, 182, 183, 185, 186, 187 (2), 189 (2), 190 o., 191, 192, 219, 233, 282, 297, 299, 300, 301 (2), 303, 305, 307 (2), 311, 312 (2), 314, 315 o., 317, 319 u., 325 (2), 345, 346, 347, 348 (3), 349, 351 (2), 352, 353, 354, 355 (2), 357, 359, 361 (2), 362 (2), 363, 365, 375, 384 (4), 385 (2), 387 (3), 388/389 (3), 395 (2), 397 (4), 398/399 o. (2), 400, 401 (2), 403, 404, 407 u., 410 u., 411 o., 412 (2), 413 o. l., 415, 417 r. (2), 419 (2), 421 (2), 422, 423, 424, 429, 432, 433 (2), 434, 435, 436 u., 437 (3), 438/439, 440 (2), 441, 442 (2), 443 (2), 444/445, 446/447 (7), 448 (2), 449, 454/455, 456/457, 458 (2), 459 (2), 463 u., 466/467 r., 471 (2), 473 (2), 474/475 (4)
Archiv Buedeler/Opel 225 (3), 226 (2), 229 r.
Archiv Buedeler/Palomar Observatories 194
Archiv Buedeler/Rocketdyne 340, 427 (2)
Archiv Buedeler/Rockwell 436 o. l.
Archiv Buedeler/Siemens 370 o. l.
Archiv Buedeler/TRW 399 u.
Archiv Buedeler/U.S. Air Force 114 l., 406 (7), 408 (2)
Archiv Buedeler/U.S. Army 290, 309, 319 o.
Archiv Buedeler/USIS 146, 330, 334, 411 u., 425
Archiv Buedeler/U.S. Navy 306 (2), 332
Archiv Buedeler/Winzen Research Inc. 315 u., 327
Burda 205 u., 243 u. (2), 250 l., 253 (2), 262 r., 292
Cliché Musées Nationaux, Frankreich 47
DBP/Gierig 18/19
Deutsches Museum, München 71, 77, 92 r., 98, 101 l. 120, 134 o., 138, 150, 164/165 (4), 174, 181 u., 184, 199, 221, 247, 249 (2), 255 (2), 284
Deutsches Museum, München/Erhard Hehl 100, 113, 114 r., 115, 169, 175 (2), 181 o., 209, 214, 217, 228 u., 231 o., 256/257, 265 o. (4), 268 (2), 278 r., 466 l.
dpa 269
Alfred Eckert 322, 323 u.
Rolf Engel 196, 197, 198 (2), 200 (2), 201 o., 203 (2), 204 (2), 205 o., 207 (2), 208 (2), 210, 212, 213, 216 (2), 220 u., 223
aus: Wernher von Braun, »Die Eroberung des Mondes«, mit Genehmigung des S. Fischer Verlags, Frankfurt a. M. 143, 144 o.
aus: Wernher von Braun, »Station im Weltraum«, mit Genehmigung des S. Fischer Verlags, Frankfurt a. M. 142, 272, 328/329
»Flight International« 267 o.
Fürstlich Fürstenbergisches Archiv, Donaueschingen/Georg Goerlipp 163
Germanisches Nationalmuseum, Nürnberg 73, 85, 95, 97, 108/109, 166/167
Esther C. Goddard 193
Goodyear Aircraft Corporation 145
Hessisches Landesmuseum, Darmstadt 91
Historia Photo 79 l., 92 l., 96, 159, 160, 218 (3)
George Hoover 335 (2)
Illustrated London News 172, 173
Jürgens 236, 285, 287 o. l., 287 u. r., 296, 341, 344 r., 356, 366 o., M., u., 367 M. l. (2), 453 o., 461
Jürgens/APN 378, 379, 391 o., 394 o., 396 (2), 416/417 M., 420 l., 465 o.
Jürgens/TASS 391 M., u., 394 u., 413 o. r., M., u., 420 r., 428/429, 431, 436 o. r., 450/451, 452 u., 453 u., 465 u.
Kepler-Haus, Weil der Stadt/Erhard Hehl 79 r., 86, 87 o., 88 (2)
Kepler-Museum, Regensburg/Wilkin Spitta 89
Kungliga Armémuseum, Stockholm/A.I. Skoog 176, 178, 179 (2)
Library of Congress, Rare Book Division, Washington 80/81, 82/83
Metropolitan Museum, New York 48
Peter Mueck 58, 59, 61 (2), 62, 63 (2), 68 (2), 87 u., 104
Musée de l'Air, Paris 320
Musée de la Reine-Mathilde, Bayeux, mit Genehmigung der Stadt Bayeux 101 r.
Museo di Storia della Scienza, Florenz 93
Museo Nazionale, Neapel 57
Museum der Stadt Regensburg/Wilkin Spitta 72 (2)
National Army Museum, London 170 (2)
Prof. Winfried Petri 52–53 (mit Genehmigung des Lehrmittel-Verlags Ch. Jaeger, Hannover, aus »Das Weltbild im Wandel der Zeiten«), 118/119 (4), 129, 135
Gerd D. Priewe 220 o., 231 u., 235 (2), 243 o. (2), 244, 248 (2), 251, 252 (3), 254 (3), 259 (2), 260, 262 l. (2), 265 u., 267 M., u.
Gerd D. Priewe/Peter Mueck 245 (4), 261 (2), 264, 270 (2)
von Römer 222 (2)
Royal Society, London 105
Sächsische Landesbibliothek, Dresden 46
Dr. Irene Sänger-Bredt 132, 133 o., 134 u. 136/137 (2), 152, 276 (2), 277 u.
Dr. Irene Sänger-Bredt/Erhard Hehl 136 l., 147 o., 274 (2), 275, 277 o.
St.-Nikolaus-Hospital, Bernkastel-Kues 78
Science Museum, London 75, 110
Shostal Associates 42/43, 44/45
Hermann E. Sieger 280/281
Staatliche Museen, Ost-Berlin 74
Stadtbibliothek Nürnberg 99
Städtische Galerie Frankfurt am Main/Ursula Edelmann 60
Stadtmuseum Köln 102/103, 156
B. Stüwe 242
TASS/APN 295
aus: Konrad Kyeser von Eichstätt, »Bellifortis«, mit Genehmigung des VDI-Verlags, Düsseldorf 161
Verlagsarchiv 153, 162, 228 o., 229 l., 230 (2), 238, 239, 240 (3)
Württembergisches Landesmuseum, Stuttgart 111

Register

Halbfette Seitenzahlen verweisen auf Bildlegenden.